LEHRBUCH DER ASTRONOMIE

VON

DR. ELIS STRÖMGREN
PROFESSOR AN DER UNIVERSITÄT KOPENHAGEN

UND

DR. BENGT STRÖMGREN
LEKTOR AN DER UNIVERSITÄT KOPENHAGEN

MIT 186 ABBILDUNGEN

BERLIN
VERLAG VON JULIUS SPRINGER
1933

ISBN-13:978-3-642-89464-0 e-ISBN-13:978-3-642-91320-4
DOI: 10.1007/978-3-642-91320-4

SOFTCOVER REPRINT OF THE HARDCOVER 1ST EDITION 1933

Vorwort.

In der zur Zeit vorliegenden astronomischen Literatur kann man — wenn von der laufenden Forschungsliteratur abgesehen wird — zwei Hauptgruppen unterscheiden: die mehr oder weniger populären Werke, die die Forschungsresultate ohne technische Details mitteilen, und die wissenschaftlichen Lehrbücher, die in der Hauptsache Kenntnis der Arbeitsmethoden vermitteln.

Das vorliegende Werk soll ein Mittelding bilden: es soll den Lesern ein gewisses Maß konkreter astronomischer Kenntnisse beibringen, aber gleichzeitig überall wenigstens eine erste Einführung in die wissenschaftlichen Methoden geben. Das Werk ist als Übersetzung und wesentliche Erweiterung eines Lehrbuchs entstanden, das seinerseits im Jahre 1931 als eine Erweiterung und Modernisierung des in den nordischen Ländern altbekannten Lehrbuchs von MOHN und GEELMUYDEN bei Gyldendal in Oslo in dänischer Sprache erschien.

Die Verfasser haben bei der Ausarbeitung des vorliegenden Werkes besonders zwei Ziele ins Auge gefaßt: das Buch soll einerseits den angehenden Astronomen als eine erste Einführung in ihre Wissenschaft dienen können, und zwar auf allen Gebieten — auch denjenigen, die nicht im Brennpunkt des Interesses der jetzigen Astronomengeneration stehen — und die Studierenden so weit führen, daß sie für das wissenschaftliche Fachstudium genügend vorbereitet sind; es soll andererseits ein wohl zur Zeit fehlendes Bindeglied zwischen Amateurastronomie und wissenschaftlicher Astronomie bilden. Die Verfolgung dieser verschiedenen Zwecke hat bewirkt, daß das Buch auf vielen Gebieten zuerst eine elementare Behandlung eines bestimmten Problems gibt und nachher — in einem späteren Kapitel — dasselbe Problem in strengerer, mehr wissenschaftlicher Weise behandelt. Als Beispiele seien die beiden Gebiete: Beobachtungen an astronomischen Meßinstrumenten und die Probleme der Himmelsmechanik erwähnt, Gebiete, die beide in zwei verschiedenen Kapiteln behandelt werden. Wir haben versucht, das Ganze so darzustellen, daß jedermann beim Studium eines bestimmten Problems dort abbrechen kann, wo es anfängt schwierig zu werden, daß er gleichzeitig aber doch mit den Anfangsgründen vertraut geworden ist. Es ist unsere Hoffnung, daß das Werk durch diese Anordnung des Stoffes auch den vielen interessierten Amateuren unserer Zeit wird nützlich sein können.

Im Anhang finden sich einige Formeln und Sätze aus der Theorie der Beobachtungen und aus der Theorie der Interpolation, der numerischen Differentiation und der numerischen Integration. Die Ableitung dieser Formeln und Sätze fällt nicht in das Gebiet der Astronomie; da ein erfolgreiches astronomisches Studium aber nicht ohne Kenntnis der elementaren Begriffe innerhalb dieser Probleme betrieben werden kann, haben wir (auf den S. 493 bis 505) das Notwendigste, zum Teil ohne Beweise, zusammengestellt.

Das Buch ist durch Zusammenarbeit der beiden Verfasser entstanden; es soll jedoch erwähnt werden, daß das Kapitel über Himmelsmechanik (außer § 204) und der Anhang von E. STRÖMGREN stammen, und daß B. STRÖMGREN das Kapitel Stellarastronomie und Astrophysik, § 204 und den Abschnitt über die Sonne verfaßt hat.

Die grundlegende Übersetzungsarbeit ist — in Zusammenarbeit mit den Verfassern — von Frau Dr. KRÜGER in Kopenhagen ausgeführt worden. Eine durchgreifende sprachliche Revision sowie auch viele sonstigen guten Ratschläge verdanken wir Herrn Professor PRAGER in Neubabelsberg. Herr Professor E. KOHLSCHÜTTER hat uns bei den geodätischen Problemen beraten, und Herr Dr. RAUSCHELBACH hat uns einige wertvollen Winke zu dem Gezeitenproblem gegeben. Arbeiten, die nach dem Juli 1932 veröffentlicht sind, haben im allgemeinen nicht berücksichtigt werden können.

Namen lebender Forscher sind in dem Buche nicht genannt worden, von einigen wenigen Fällen abgesehen, wo ein Gesetz oder ein Prinzip in der Literatur mit einem bestimmten Namen unzertrennlich verknüpft ist, oder wenn — wie es bei den kurzperiodischen Kometen der Fall ist — ein Objekt in der ganzen astronomischen Literatur den Entdeckernamen trägt.

Eine Anzahl Zusammenstellungen sind, ungeändert oder mit kleineren Modifikationen, aus anderen Werken oder Zeitschriften übernommen: S. 390 aus R. H. FOWLER, Statistical Mechanics; S. 465 aus Groningen Publ. 38; S. 471 aus MÜLLER-POUILLET, Lehrbuch der Physik: Physik des Kosmos (nach Mt. Wilson Contr. 301); S. 480 aus Harvard College Observatory Circ. 371; S. 481 aus RUSSELL-DUGAN-STEWART, Astronomy; S. 539 (Historische Übersicht über die ungefähre Unsicherheit in gemessenen Positionen) aus Publ. Astr. Soc. Pac. **41**, 221; S. 544 aus den Hamburger Hilfstafeln. Die Parallaxen und Eigenbewegungen auf S. 459 sind hauptsächlich der Zusammenstellung in Popular Astronomy **38**, 19 entnommen.

Die Refraktionstafeln S. 540 bis 541 verdanken wir Herrn Staatsrat Prof. A. DONNER.

Der Hauptteil des Illustrationsmaterials ist vom Verlag neu hergestellt worden. Eine Anzahl Abbildungen entstammen anderen Werken, die im selben Verlag erschienen sind. In bezug auf die zwei Stereoskopbilder am Schluß des Buches soll erwähnt werden, daß Abdrucke dieser Bilder dem kleinen Werke „Zweite Sammlung astronomischer Miniaturen“ (Berlin: Julius Springer 1927) abtrennbar angeheftet sind.

Kopenhagen, Univ.-Sternwarte, November 1932.

Die Verfasser.

Inhaltsverzeichnis.

Stellarastronomie und Astrophysik.

Anhang.

Einleitung.

1. *Astronomie* bedeutet rein wörtlich die Lehre von den Sternen am Himmel, Sonne und Mond eingeschlossen. Wenn man sagt, daß Astronomie die Lehre von den Körpern im Weltenraume ist, so unterscheidet sich diese Definition von der ersten nur dadurch, daß sie unsere eigene Erde mit umfaßt.

Daß im übrigen beide Definitionen auf dasselbe hinauslaufen, konnte man im voraus nicht wissen, und in der Tat hat es einer langen Reihe von Jahrhunderten bedurft, bis die Wissenschaft Sicherheit darüber erlangte, daß es sich wirklich so verhält. Die Astronomie hat nämlich die Eigentümlichkeit, die für den Anfänger eine gewisse Schwierigkeit bedeutet, daß in vielen Fällen ein ausgeprägter Unterschied und zuweilen geradezu ein Gegensatz besteht zwischen dem unmittelbaren Eindruck der Betrachtung und den wirklichen Verhältnissen, also zwischen Phänomen und Wirklichkeit.

Die *sphärische* Astronomie behandelt die relative Stellung und Bewegung alles dessen, was am Himmel zu sehen ist, indem man sich dabei an den unmittelbaren Eindruck hält. Dieser Teil der Wissenschaft ist es, der die größte praktische Anwendung hat, indem ein wichtiger Teil der mathematischen Geographie und der Navigation darin enthalten sind.

Ein anderer Zweig der Astronomie untersucht die wirklichen Verhältnisse im Raume. Der Teil, in dem die Bewegungen der Himmelskörper als Wirkungen einer gemeinsamen Ursache angesehen werden, wird *Himmelsmechanik* genannt. Die Lehre von der physikalischen Beschaffenheit der Himmelskörper wird in der modernen Astronomie unter dem Namen *Astrophysik* abgesondert.

Unser gesamtes Wissen über die Fixsternwelt von allen verschiedenen Gesichtspunkten aus wird *Stellarastronomie* genannt. Die Stellarastronomie und die Astrophysik werden oft als die *modernen* Zweige der Astronomie bezeichnet im Gegensatz zu der sphärischen Astronomie und der Himmelsmechanik, die die *klassische* Astronomie ausmachen.

Der historische Gang der Entwicklung, in der Astronomie sowohl als in verschiedenen anderen Wissenschaften, war der folgende: Der erste Schritt ist die *Beobachtung*. Durch Nebeneinanderstellen der Beobachtungsergebnisse wird man oft eine gewisse Regelmäßigkeit oder Gesetzmäßigkeit bemerken können, die es möglich macht, die gefundenen Resultate als die einzelnen Äußerungen einer gemeinsamen Regel oder eines gemeinsamen Gesetzes zu betrachten. Hat man auf diese Weise mehrere solcher Regeln aufgefunden, so kann es vorkommen, daß diese sich unter eine umfassendere Regel oder ein umfassenderes Gesetz unterordnen lassen usw.

Es versteht sich von selbst, daß die Resultate, die durch eine solche *Induktion* erreicht werden, mit einem größeren oder kleineren Grad von Unsicherheit behaftet sein können, da die aufgestellte Regel im allgemeinen eine unbegrenzte Anzahl von Fällen umfaßt, während das bei der Induktion benutzte Beobachtungsmaterial notwendigerweise begrenzt ist. Deshalb fährt man folgendermaßen weiter fort: Das gewonnene Resultat wird vorläufig als gegeben betrachtet, wird als *Hypothese* aufgestellt, worauf man durch *Deduktion* alle die Konsequenzen aus der Hypothese ableitet, die überhaupt abzuleiten möglich ist. Das auf diese Weise entstandene Gedankengebäude wird eine *Theorie* genannt. Sofern diese richtig ist, wird man natürlich bei einer solchen Deduktion die vorher bekannten Resultate, die man bei der Induktion benutzt hatte, wiederfinden; daneben aber wird man auch andere Konsequenzen ableiten können, die man vorher nicht kannte, und die nun, soweit sie zum Gegenstand einer Beobachtung oder eines Experimentes gemacht werden können, neue Prüfsteine für die Richtigkeit der Theorie abgeben. Es ist ersichtlich, daß die Sicherheit der Theorie in hohem Grade vermehrt wird, wenn in allen Punkten volle Übereinstimmung zwischen Theorie und Erfahrung besteht, selbst wenn es nicht in menschlicher Macht steht, absolute Gewißheit zu erlangen. Zeigt sich aber in nur einem einzigen Punkt ein Widerspruch, der nicht den Beobachtungen zur Last gelegt werden kann und auch nicht durch einen Fehler im Gedankengang verschuldet ist, dann zeigt dies, daß die Hypothese verworfen oder modifiziert werden muß.

Über astronomische Instrumente im allgemeinen.

2. *Das Fernrohr.* Zur Ausführung *astronomischer Beobachtungen* sind gewisse optische und mechanische Apparate erforderlich, und zur Ableitung der Resultate ist die Mathematik in den meisten Fällen ein unentbehrliches Hilfsmittel. Zum Verständnis des Folgenden seien deshalb einige Bemerkungen darüber vorausgeschickt.

Bei den meisten Beobachtungen im Bereiche der klassischen Astronomie kommt es darauf an, Winkel zu messen. Hierzu ist einerseits ein Visierapparat und andererseits eine Vorrichtung, um die Größe von Winkeln zu messen, erforderlich.

Wenn die Genauigkeit des Visierens mit dem bloßen Auge ausreicht, ist der Visierapparat ein sog. *Diopter*, das je nach dem Zweck verschieden eingerichtet sein kann, z. B. ein Ständer mit einem feinen Loch und in einigem Abstand davon ein Fadenkreuz, das hinter dem Loch mit dem Auge anvisiert wird. Die Genauigkeit wird aber in hohem Grade gesteigert, wenn man statt des Diopters ein Fernrohr benutzt, da ein solches durch einen kleinen Zusatz zum Visierapparat umgeändert werden kann.

Das *astronomische Fernrohr* besteht in der Hauptsache aus zwei bikonvexen Linsen; die Verbindungslinie zwischen den Zentren der beiden Kugelflächen, die eine Linse begrenzen, nennt man ihre optische Achse. Die Linse, die dem entfernten Gegenstand zugewandt ist und deshalb *Objektiv* genannt wird, hat eine verhältnismäßig lange Brennweite und daher schwach gekrümmte Flächen, die andere, die *Okular* genannt wird, da sie vor dem Auge des Beobachters angebracht wird, hat eine bedeutend kürzere Brennweite. Wenn die Lichtstrahlen von einem Punkt, der so weit entfernt ist, daß die Strahlen als parallel betrachtet werden können, das Objektiv A (Abb. 1) treffen, so werden sie sich nach der Brechung in einem Punkt B sammeln, der der Brennpunkt des Objektivs genannt wird, und dessen Abstand vom Objektiv seine Brennweite ist. Als Mittelpunkt des Objektivs wird im folgenden ein Punkt mit einer solchen Lage bezeichnet, daß jeder hindurchgehende Strahl nach der Brechung entweder in derselben Richtung wie der einfallende Strahl oder in einer dazu parallelen Richtung herauskommt.

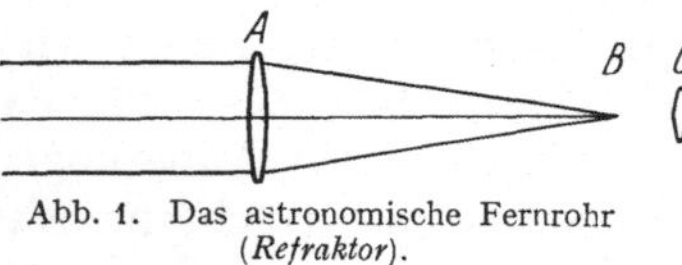

Abb. 1. Das astronomische Fernrohr (*Refraktor*).

Gehört der entfernte Punkt einem Gegenstand mit merklicher Ausdehnung an, so entsteht im Punkt B ein umgekehrtes Bild des Gegenstandes, und dies

Bild wird durch das Okular C wie durch eine gewöhnliche Lupe betrachtet. Das astronomische Fernrohr gibt deshalb umgekehrte Bilder. Bei dem terrestrischen Fernrohr, das aufrechtstehende Bilder gibt, ist dies dadurch erreicht, daß an einer passenden Stelle zwischen Objektiv und Okular eine dritte Linse angebracht ist, die den Verlauf der Strahlen umkehrt.

Wenn das Okular so angebracht wird, daß sein Brennpunkt mit dem Brennpunkt des Objektivs B zusammenfällt, dann werden die Strahlen auf der anderen Seite des Okulars wieder parallel austreten. Dies paßt ziemlich gut für ein weitsichtiges Auge, ein kurzsichtiges Auge aber verlangt divergierende Strahlen, um ein deutliches Bild auf der Netzhaut zu bekommen. Das kann dadurch erreicht werden, daß man den betrachteten Gegenstand (in diesem Falle das umgekehrte Bild in B) etwas innerhalb des Brennpunktes der Lupe anbringt. Für ein kurzsichtiges Auge muß also das Okular etwas weiter hineingeschoben werden als für ein weitsichtiges.

Ist der betrachtete Gegenstand nicht so weit entfernt, daß die Strahlen von einem Punkt als parallel angesehen werden können, dann sammeln sie sich nicht in dem Brennpunkt B, sondern in einem etwas größeren Abstand vom Objektiv. Für einen näheren Gegenstand muß deshalb das Okular weiter herausgezogen werden als für einen entfernteren.

Die *Vergrößerung* des Fernrohres ist gleich dem Verhältnis zwischen der Brennweite des Objektivs und der des Okulars. Diese Zahl gibt nämlich annähernd das Verhältnis an zwischen dem Sehwinkel, unter dem das Auge durch das Okular das Bild des entfernten Gegenstandes sieht, und dem Sehwinkel, unter dem das bloße Auge den Gegenstand selbst sieht; oder wie man es auch ausdrücken kann: die Zahl gibt an, wievielmal näher man den Gegenstand durch das Fernrohr sieht. Da es sich hier nämlich immer nur um kleine Winkel handelt, kann man mit hinreichender Annäherung die Sehwinkel als den Entfernungen umgekehrt proportional betrachten.

Zu einem astronomischen Fernrohr gehört ein Satz von Okularen mit verschiedener Brennweite. Die Erfahrung zeigt nämlich, daß der Grad der Vergrößerung, der mit Vorteil benutzt werden kann, von dem Zustande der Luft abhängig ist. Unter idealen Umständen würde das Bild eines hellen Sterns in einem guten Fernrohr wie ein helles Scheibchen aussehen, umgeben von kleinen, leuchtenden Ringen, deren Lichtstärke nach außen hin abnimmt. Diese Erscheinung wird durch die Beugung des Lichtes hervorgerufen. Aus Gründen, die später (S. 59) besprochen werden sollen, kann der Weg der Lichtstrahlen durch die Luft gestört werden, wodurch das vom Objektiv erzeugte Bild verwischt und unruhig wird. In einem solchen Falle wird durch eine starke Vergrößerung die Unvollkommenheit des Bildes nur noch erhöht.

Eine bequeme Methode zur Bestimmung der Vergrößerung eines Fernrohrs ist die folgende: Das Okular wird auf unendlich eingestellt, d. h. auf einen so weit entfernten Gegenstand, daß die von ihm ausgehenden Strahlen parallel auffallen. Wird dann das Fernrohr gegen den hellen Himmel gerichtet, so hat das in einigem Abstand hinter dem Okular befindliche Auge den Eindruck, als ob dicht hinter dem Okular ein kleiner, heller, runder Fleck schwebte. Kann man nun mit hinreichender Genauigkeit den Durchmesser d dieses Fleckes messen, und bezeichnet man den Durchmesser des Objektivs mit D, so wird die Vergrößerung $= D : d$. (Hierbei ist jedoch vorausgesetzt, daß im Innern des Fernrohrs keine Blende angebracht ist, die einen Teil der durch das Objektiv kommenden Strahlen abschneidet. Man kann dies dadurch untersuchen, daß man ein Licht unmittelbar vor dem Okular anbringt und mit dem Auge von außen auf das Objektiv blickt; kann man dann das Licht bis ganz an den Rand des Objektivs sehen, dann ist die ganze Öffnung des Objektivs frei).

Das aus dem Okular heraustretende Lichtbündel hat nämlich in einem gewissen Abstande a hinter dem Okular (Abb. 2) einen scharf begrenzten Querschnitt, und hier zeigt sich der erwähnte helle Fleck. Er ist ein von dem Okular erzeugtes Bild der Fassung des Objektivs, die an die Stelle des leuchtenden Gegenstandes tritt (die Linse des Objektivs kann man sich herausgenommen denken). Ist nun F die Brennweite des Objektivs und f die des Okulars, dann ist der Abstand vom Objektiv A zum Okular C nahezu gleich $F + f$; einem bekannten Satze der Optik zufolge hat man dann:

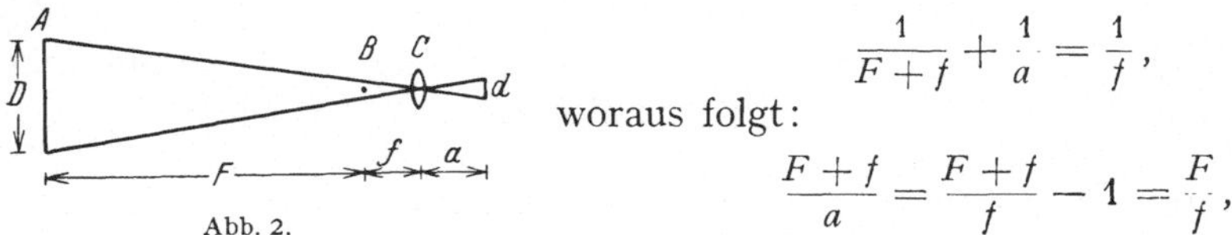

Abb. 2.

$$\frac{1}{F+f} + \frac{1}{a} = \frac{1}{f},$$

woraus folgt:

$$\frac{F+f}{a} = \frac{F+f}{f} - 1 = \frac{F}{f},$$

das ist die Vergrößerung. Aus der Abbildung sieht man, daß $D : d = (F + f) : a$, also daß auch $D : d$ gleich der Vergrößerung ist.

Ist die Vergrößerung so schwach, daß der helle Fleck einen größeren Durchmesser hat als die Pupille des Auges, dann geht ein Teil des Lichtes für das Auge verloren. Andererseits wirkt die Beugung des Lichtes störend, sobald der Durchmesser des Fleckes unter einer gewissen Grenze liegt, die erfahrungsgemäß mit ca. $^1/_4$ mm angenommen werden kann. Hierdurch ist also eine obere Grenze gegeben für die Vergrößerung, die mit Vorteil selbst bei dem besten Objektiv und den günstigsten Luftverhältnissen angewandt werden kann.

Die obengenannte Methode zur Bestimmung der Vergrößerung kann auch bei terrestrischen Fernrohren angewandt werden, dagegen nicht bei der Galileischen Anordnung, die im allgemeinen bei Doppelfernrohren benutzt wird. Bei dieser ist nämlich das Okular eine konkave Linse, wodurch der Strahlengang ein anderer wird.

Außer der Vergrößerung ist die „*Lichtstärke*" des Fernrohrs von Bedeutung. Je größer die Fläche des Objektivs zum Auffangen der Lichtstrahlen ist, um so mehr Licht sammelt sich im Brennpunkt. Dies Verhältnis bewirkt, daß man mit dem Fernrohr Sterne sehen kann, die so lichtschwach sind, daß sie mit dem bloßen Auge nicht gesehen werden können, und daß die Anzahl der Sterne, die gesehen — oder photographiert — werden können, mit wachsender Größe des Objektivs zunimmt.

Beim Betrachten (oder Photographieren) flächenhafter Gebilde (Planeten, Nebel u. dgl.) ist folgendes zu bemerken: Wenn die Brennweite des Objektivs im gleichen Verhältnis wie sein Durchmesser (oder die „Öffnung des Fernrohrs") vergrößert wird, dann bleibt die Lichtstärke an jedem Punkt einer Planetenscheibe u. dgl. unverändert, da die Dimensionen des Bildes im selben Verhältnis zunehmen wie die Brennweite. Bei gewöhnlichen visuellen astronomischen Fernrohren hat man meist eine Brennweite, die etwa 15 mal so groß ist wie die Öffnung; wenn es sich aber darum handelt, besonders große Lichtstärke zu erzielen, wird eine kleinere Verhältniszahl gewählt. Wenn ein gewöhnliches Doppelfernrohr oft mit Vorteil als „Nachtfernrohr" gebraucht wird, so beruht das zum Teil darauf, daß man beide Augen gebrauchen kann, zum Teil und besonders darauf, daß ein solches Fernrohr im Verhältnis zu seiner Öffnung immer eine kurze Brennweite hat.

Als man im 17. Jahrhundert anfing, Fernrohre zu konstruieren, machte sich der Übelstand sehr fühlbar, daß die Strahlen verschiedener Farbe, die das in das Objektiv fallende Licht enthält, verschieden stark gebrochen werden, nämlich die violetten am stärksten, die roten am schwächsten, und zwischen diesen beiden die übrigen Farben in derselben Reihenfolge wie im Regenbogen. Als Folge davon vereinigen sich in Abb. 1 nicht alle Strahlen in dem Punkte B, sondern die violetten näher am Objektiv und die roten weiter davon entfernt. Wie auch immer man das Okular einstellt, wird man stets ein undeutliches Bild mit farbigem Rand erhalten. Eine Zeitlang versuchte man sich zu astronomischen Zwecken dadurch zu helfen, daß man dem Objektiv sehr schwach gekrümmte Flächen gab, also eine sehr lange Brennweite, bis zu 60—70 m. Dann konnte man aber Objektiv und Okular nicht in demselben Rohr einfassen, sondern mußte das Objektiv auf einem Turm oder Gerüst anbringen und von der Erde aus manövrieren, wo sich das Okular befand.

Gegen Ende des 18. Jahrhunderts gelang indessen die Konstruktion *achromatischer Linsen*. Man fand, daß das sog. Flintglas, das durchschnittlich ungefähr dieselbe Lichtbrechung gibt wie gewöhnliches Glas (Kronglas), eine bedeutend größere Farbenzerstreuung hat. Man setzte daher das Objektiv aus zwei Glassorten zusammen, einer Kronglaslinse, die konvex auf beiden Seiten ist, und einer Flintglaslinse, die konkav auf der Innenseite und schwach konvex auf der Außenseite ist, und berechnete die Radien so, daß zwei bestimmte Farben, z. B. Gelb und Blau, sich in demselben Punkte vereinigten. Hierdurch wird der am meisten störende Übelstand bei der Farbenzerstreuung behoben. Bei der Benutzung von drei oder mehr Linsen kann man noch weiter kommen.

Ehe die achromatischen Linsen allgemein zur Anwendung kamen, was besonders im Anfang des vorigen Jahrhunderts durch FRAUNHOFER geschah, versuchte man mit Erfolg *Spiegelteleskope* (*Reflektoren*) zu astronomischen Zwecken zu gebrauchen. Diese sind frei von Farbenzerstreuung, haben aber den Übelstand, daß die vom Hohlspiegel reflektierten Strahlen mit einem Fangspiegel in eine andere Richtung gebracht werden müssen, damit der Kopf des Beobachters den einfallenden Strahlen nicht im Wege ist. Anfangs stellte man die Spiegel aus Metall her, zum Teil hatten sie bedeutende Dimensionen; der Spiegel von WILLIAM HERSCHELS „Riesenteleskop" hatte z. B. einen Durchmesser von 122 cm und eine 10mal so große Brennweite. In neuerer Zeit stellt man, nach einem Vorschlag von FOUCAULT, den Spiegel aus Glas her, der auf der konkaven Seite (auf chemischem Wege) mit einem gut reflektierenden Silberbelag versehen wird. Dieser muß von Zeit zu Zeit erneuert werden.

Beim *Photographieren* am Himmel muß die photographische Platte dort angebracht werden, wo das Bild erzeugt wird, also mit ihrem Zentrum im Brennpunkte des Objektivs. Da der Himmel scheinbar in ständiger Bewegung ist, so muß das Fernrohr entsprechend nachgeführt werden. Diese Nachführung wird durch ein Uhrwerk besorgt, dessen Wirkung jedoch ständig durch das Auge kontrolliert werden muß. Zu diesem Zwecke ist in starrer Verbindung mit dem photographischen Fernrohr ein zweites vorhanden, mit dessen Hilfe der Beobachter dafür sorgen kann, daß ein bestimmter Stern am Himmel sich beständig auf derselben Stelle im Felde hält. Ist das photographische Fernrohr ein *Refraktor*, so muß das achromatische Objektiv anders berechnet sein als bei gewöhnlichen Fernrohren, weil die Strahlen, die am stärksten auf die photographische Platte wirken (blau und violett) verschieden sind von denen, die am stärksten auf das Auge wirken (gelb). Wenn es sich darum handelt, sehr lichtschwache Gegenstände zu photographieren, was unter Umständen Expositionszeiten von mehreren Stunden erfordert, benutzt man vorteilhaft Spiegelteleskope mit ganz kurzer Brennweite.

Die größten Fernrohre gibt es augenblicklich in Amerika. Die Lick-Sternwarte, die auf dem Gipfel des 1300 m hohen Mount Hamilton in Kalifornien erbaut ist, besitzt einen Refraktor, dessen Objektiv 91 cm Öffnung und 17 m Brennweite hat. Im Jahre 1897 wurde ein noch größeres Fernrohr mit einer Öffnung von 102 cm und einer Brennweite von 19 m auf der Yerkes-Sternwarte aufgestellt, die zur Universität Chicago gehört, jedoch im Staate Wisconsin liegt. Der Herstellungspreis solcher großen Fernrohre ist sehr hoch. Allein das Objektiv für das letztgenannte Fernrohr kostete 66000 Dollars. Sowohl das Gießen der Glasscheiben, die aus Europa kamen, wie das in Amerika ausgeführte Schleifen derselben war mit den größten Schwierigkeiten verbunden. Auf dem Mount Wilson in Kalifornien, 1740 m über dem Meeresspiegel, befindet sich eine Sternwarte, die unter anderem ein Spiegelteleskop mit einer Öffnung von 254 cm und $12^3/_4$ m Brennweite besitzt (s. Abb. 35, S. 50); durch Anwendung eines konvexen Hilfsspiegels kann die Brennweite vergrößert werden.

3. *Visieren.* Zum *Visierapparat* wird das astronomische Fernrohr eingerichtet, indem inwendig im Rohr ein Rahmen angebracht wird, dessen Ebene durch den Brennpunkt des Objektivs geht, und in dem ein Kreuz von feinen Fäden, meistens Spinnfäden, ausgespannt ist. Die gerade Linie durch den Schnittpunkt der Fäden und das Zentrum des Objektivs wird die optische Achse des Fernrohrs genannt. Sie braucht nicht genau mit der optischen Achse des Objektivs zusammenzufallen; ist aber die Abweichung groß, so kann ein schädlicher Einfluß auf die Deutlichkeit des Bildes die Folge sein. Durch das Okular wird man immer das Fadenkreuz sehen, richtet man zugleich das Fernrohr auf einen entfernten Punkt, z. B. einen Stern, so daß sein Bild gerade mit dem Schnittpunkt der Fäden zusammenfällt, dann weiß man, daß die optische Achse des Fernrohrs auf den Stern zeigt.

Es ist ersichtlich, daß die Genauigkeit des Visierens auf diese Weise bedeutend erhöht werden kann. Kann man mit dem bloßen Auge einen Gegenstand wahrnehmen, der einen Sehwinkel von 1′ hat, so wird man in einem Fernrohr mit 60facher Vergrößerung 1″ wahrnehmen.

4. *Winkelablesung.* Als Mittel zur *Ablesung von Winkeln* wird der eingeteilte Rand eines Kreises oder eines Kreisbogens benutzt. Solche Teilungen, die mit großer Sorgfalt hergestellt werden müssen, damit alle Teile gleich groß werden, führt man mit Hilfe besonderer Teilmaschinen aus. Die Kreise werden immer aus Metall gemacht. Damit das Gewicht aber nicht unnötig groß wird, werden sie als Räder mit Speichen eingerichtet. Stellt man sich das Fernrohr mit einer Querachse versehen und in ein durch das Zentrum des Kreises führendes Lager (wie die Nabe in einem Rade) eingepaßt vor, dann ist leicht zu sehen, daß man dadurch ein Mittel hat, die Winkel zwischen zwei Visierrichtungen in der Ebene des Kreises abzulesen, falls vom Fernrohr ein Zeiger ausgeht, der bei den Bewegungen des Fernrohrs um die Achse mitfolgt und dabei nach und nach auf verschiedene Punkte der Kreisteilung zeigt. Die Einzelheiten können je nach dem Zweck verschieden sein; sie sollen später besprochen werden.

Indessen ist es leicht begreiflich, daß ein einfacher Zeiger nicht immer ausreicht. Selbst in den Fällen, in denen man sich an der Genauigkeit genügen lassen kann, die damit erreichbar ist, richtet man den Zeiger wie einen Arm ein, der in einem kleinen Bogen endet. Der äußere Rand dieses Bogens stößt dicht an den inneren Rand der Kreisteilung und ist mit einem einzelnen Strich oder *Index* versehen, der also auf einen Punkt der Teilung zeigen muß. Wenn aber der Index nicht zufälligerweise genau auf einen Strich zeigt, dann ist man darauf angewiesen, den Abstand vom nächsten Strich durch Augenmaß zu beurteilen. Daß dies oft unzureichend ist, sieht man aus folgendem Überschlag.

Angenommen, der geteilte Kreis habe einen Durchmesser von einem ganzen Meter, die Peripherie sei also 3142 mm lang, so wird, da die Peripherie $60 \times 360 = 21600$ Minuten enthält, nicht ganz $^1/_7$ mm auf jede Bogenminute kommen. Praktisch läßt sich die Teilung nicht so weit treiben; man muß sich damit begnügen, daß die kleinsten Teile z. B. 2′ oder 5′ sind, bei kleineren Kreisen entsprechend mehr. Da aber die Genauigkeit, mit der man die Winkel auf dem Kreis ablesen will, derjenigen entsprechen muß, mit der man das Fernrohr einstellen kann, so reicht ein solcher Index nicht aus, sobald das Fernrohr auf die Sekunde eingestellt werden kann.

In solchen Fällen benutzt man deshalb immer einen Hilfsapparat, um die Genauigkeit der Ablesung zu erhöhen. Das Zwischenstück zwischen Fernrohr und Kreis, das den Ableseapparat trägt, wird von alters her *Alhidade* genannt und hat entweder die Form eines Armes oder oft die eines ganzen Kreises, der konzentrisch zu dem geteilten Kreis liegt. Der geteilte Kreisrand wird *Limbus* genannt. Für die Winkelmessung ist es gleich, ob die Alhidade mit dem Fernrohr fest verbunden ist und dessen Bewegungen um die Achse folgt, während der Limbus stillsteht, oder der Limbus dem Fernrohr folgt und die Alhidade stillsteht.

Ein *Nonius* oder *Vernier* ist ein solcher Ableseapparat, der häufig benutzt wird, nicht allein bei geteilten Kreisen, sondern auch bei geradlinigen Skalen. Auf dem Bogen, der den Index trägt, wird ein Stück aufgetragen, das einer bestimmten Länge des Limbus entspricht, und mit einer Teilung versehen, die einen Teil mehr (manchmal auch weniger) enthält als die gleiche Länge des Limbus. Hat nun der Nonius n Teile, so sind $(n-1)$ Limbusteile $= n$ Noniusteilen, folglich 1 Noniusteil $= \left(1 - \frac{1}{n}\right)$ Limbusteilen, und der Unterschied zwischen einem Teil des Nonius und einem Teil des Limbus macht $1/n$ des letzteren aus. Man kann also mit einer Genauigkeit von $1/n$ Limbusteilen ablesen. Die Anwendung dieses sinnreichen Prinzips ist aus Abb. 3 zu ersehen. Hier sind 9 Teile des Limbus auf dem Nonius aufgetragen und auf diesem in 10 gleich große Teile geteilt, also ist $n = 10$. Der mit *0* bezeichnete Strich auf dem Nonius ist der Index; er zeigt zwischen Strich *1* und *2* auf dem Limbus, und die Aufgabe ist, herauszufinden, wieweit er von dem nächstvorangehenden Limbusstrich *1* entfernt ist. Wegen des kleinen Unterschiedes zwischen den Teilen des Limbus und des Nonius wird es immer einen Strich auf dem Nonius geben, der sehr nahe in die Verlängerung eines Striches auf dem Limbus fällt, mit ihm „koinzidiert". Auf der Abbildung sieht man, daß dies bei dem Noniusstrich *3* der Fall ist. Geht man von hier aus rückwärts, dann wird der Noniusstrich *2* $1/n$ (hier also 0.1) vom nächsten Limbusstrich abstehen; ferner wird der Noniusstrich *1* das Doppelte abstehen, und endlich der Noniusstrich *0* das Dreifache, also 0.3 von dem nächstvorangehenden Limbusstrich *1*. Die Ablesung wird also 1.3. Durch Aufsuchen des Noniusstriches, der in die Verlängerung eines Limbusstriches fällt, kann man also mit Hilfe der auf dem Nonius angeführten Zahlen gleich den Bruchteil ablesen. Im allgemeinen wählt man n größer als 10. Hat man z. B. einen Kreis, der nur in ganze Grade eingeteilt ist, so kann man mit einem 60teiligen Nonius die einzelnen Minuten ablesen. Für einen Kreis, der in 3′ oder 180″ geteilt ist, gibt ein Nonius mit 90 Teilen eine Ablesung von 2″.

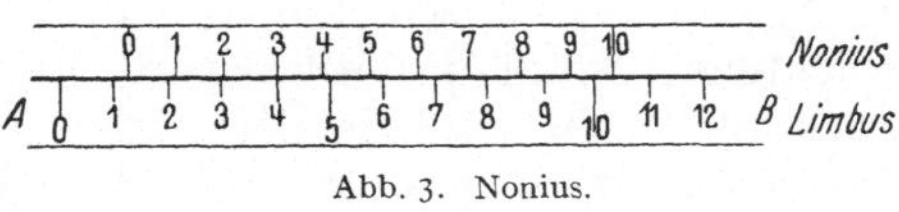

Abb. 3. Nonius.

Ein feinerer Ableseapparat beruht auf der Anwendung eines Hilfsmittels, das auch auf anderen Gebieten eine ausgedehnte Anwendung findet, nämlich der *Mikrometerschraube*. Hierunter wird eine fein geschnittene Schraube verstanden, die durch eine feste Schraubenmutter gedreht werden kann und dadurch einen Rahmen fortbewegt, in dem ein Faden (oder zwei parallele Fäden) senkrecht zur Bewegungsrichtung der Schraube und des Rahmens aufgezogen ist. Bei jeder ganzen Umdrehung der Schraube wird also der Faden so weit fortbewegt, wie der Abstand zwischen zwei Schraubengängen (die Schraubenhöhe) beträgt, und zur Ablesung von Bruchteilen ist die Schraube mit einem großen Kopf in Form eines flachen Zylinders versehen, dessen Rand eine Teilung trägt; ein fester Index zeigt darauf. Ist z. B. die Schraubenhöhe $^1/_2$ mm, und ist der Schraubenkopf in 100 Teile geteilt, dann wird man bis zu $^1/_{2000}$ mm ablesen können, da man durch Augenmaß das Zehntel eines Intervalls auf dem Schraubenkopf schätzen kann.

Wenn nun ein solcher Apparat zur Ablesung eines geteilten Kreises benutzt werden soll, z. B. des Abstandes eines Index (wie der Nullstrich des Nonius auf Abb. 3) von dem nächstvorangehenden Strich auf dem Limbus, so kann man aus naheliegenden Gründen den Faden nicht an dem Limbus entlang gleiten lassen. Wenn man aber vor diesem ein gewöhnliches *Mikroskop* anbringt, dessen Objektiv ein umgekehrtes und etwas vergrößertes Bild von den Strichen erzeugt, das dann durch das Okular betrachtet wird, dann kann der Rahmen mit dem Mikrometerfaden an der Stelle im Rohre des Mikroskops angebracht werden, wo das Bild entsteht, natürlich so, daß der Faden parallel zu den Strichen steht. Der Index braucht im Mikroskop nicht sichtbar zu sein, er kann an einer anderen Stelle des Kreises angebracht werden. Der Index wird nur dazu benutzt, um die Anzahl der ganzen Teile auf dem Limbus festzustellen. Die Ablesung der Bruchteile besorgt das Mikroskop. Es ist bequem, wenn der Index des Mikroskops auf 0 zeigt, sobald der Index des Kreises mit einem Strich des Limbus zusammenfällt; hierzu ist eine solche Einstellung des Mikroskops erforderlich, daß eine oder mehrere volle Umdrehungen der Schraube den Faden genau von einem Strich zum nächsten bringen. Ist z. B. der Kreis in 2′ geteilt, und die Schraube bringt bei 2maliger Umdrehung den Faden von Strich zu Strich, dann liefert ein Schraubenkopf mit 60 Teilen direkt die einzelnen Sekunden, und durch Augenmaß kann man noch auf 0″.1 schätzen.

5. *Der Sextant.* Wie wir später sehen werden, erfordern die meisten astronomischen Instrumente eine feste Unterlage, es gibt aber eine besondere Klasse, die sog. *Reflexionsinstrumente*, die bei der Beobachtung in der Hand gehalten werden können. Ihre Einrichtung beruht auf dem folgenden Satze der Optik: Zwei Planspiegel stehen senkrecht auf ein und derselben dritten Ebene. Wenn ein mit der letzterwähnten Ebene paralleler Strahl zuerst auf den einen Spiegel fällt, von diesem auf den zweiten Spiegel reflektiert, und von diesem abermals reflektiert wird, dann ist der Winkel zwischen dem ursprünglich einfallenden und dem doppelt reflektierten Strahl doppelt so groß wie der Winkel zwischen den Spiegeln.

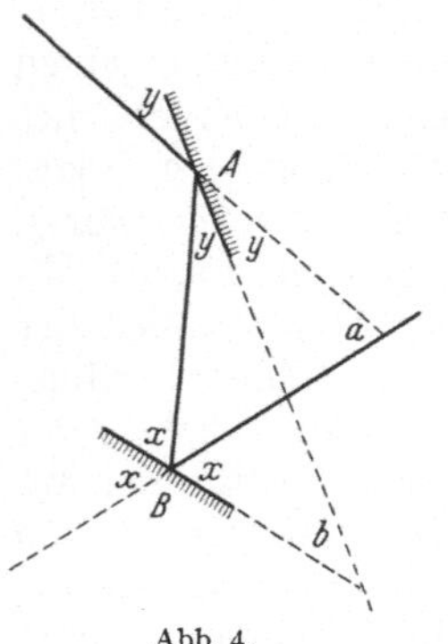

Abb. 4.

In Abb. 4 seien A und B die Spiegel, beide senkrecht zur Ebene des Papiers. Der Strahl fällt zuerst auf den Spiegel A und bildet mit ihm den Winkel y, wird darauf nach dem zweiten Spiegel B reflektiert, den er unter dem Winkel x trifft und von dem er noch einmal zurückgeworfen wird; dann ist a der Winkel zwischen dem doppelt reflektierten Strahl und der Verlängerung des zuerst einfallenden Strahls, b ist der Winkel zwischen den Verlängerungen der Spiegel. Die mit den gleichen Buchstaben bezeichneten Winkel sind gleich groß. Aus der Abbildung ersieht man, daß:

in dem einen Dreieck $a = 2x - 2y$
in dem anderen $b = x - y$,
also $a = 2b$ ist.

Die am meisten benutzte Form solcher Instrumente ist der *Sextant*, so genannt, weil der Limbus kein ganzer Kreis ist, sondern nur $^1/_6$ der Peripherie. Die Einrichtung kann aus Abb. 5 ersehen werden, wo *CD* der Limbus ist, dessen Teilung bei *N* anfängt. *H* ist die Alhidade, die bei *I* einen Nonius trägt (in der Abbildung nicht angegeben). Die Alhidade kann um einen Zapfen durch das Zentrum des Kreises gedreht werden, wobei der Nonius am Limbus entlang geführt wird. *A* und *B* sind die Spiegel, beide senkrecht zur Ebene des Sextanten; *A*, der große Spiegel genannt, ist auf der Alhidade befestigt und nimmt also an ihrer Bewegung teil, dagegen steht der kleine Spiegel *B* fest auf dem einen der Arme des Sextanten. *K* ist ein kleines Fernrohr, das auf dem anderen Arm befestigt und gegen den Spiegel *B* gerichtet ist.

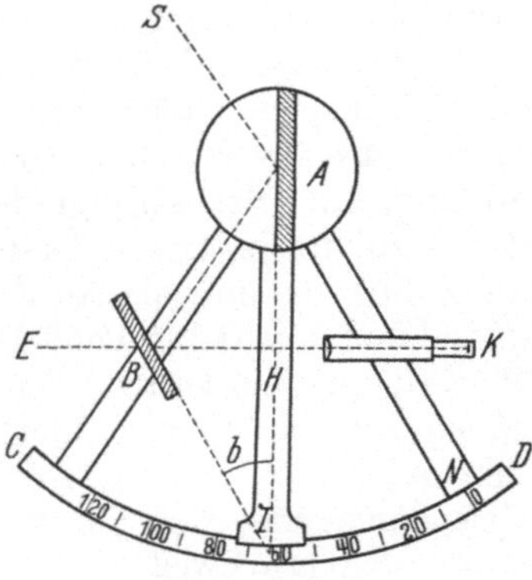

Abb. 5. Sextant.

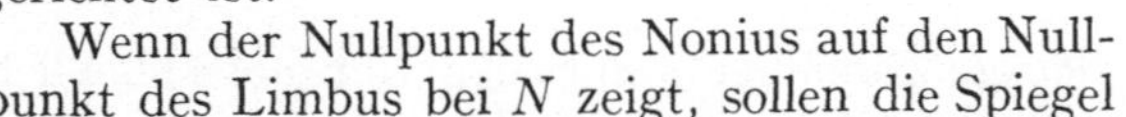

Wenn der Nullpunkt des Nonius auf den Nullpunkt des Limbus bei *N* zeigt, sollen die Spiegel parallel sein. Für eine willkürliche andere Stellung der Alhidade wird also der durchlaufene Bogen des Limbus den Winkel zwischen den Spiegeln angeben. Wenn aber bei einer gewissen Stellung des großen Spiegels ein Strahl von einem entfernten Gegenstand in der Richtung *S* durch doppelte Reflexion in das Fernrohr fällt, so, wie die Abbildung es andeutet, wird man im Fernrohr diesen Gegenstand *S* sehen; daneben wird man indessen noch etwas anderes sehen. Der Spiegel *B* ist nämlich nur auf der einen Hälfte versilbert, die andere Hälfte ist durchsichtiges Glas, durch das man mit dem Fernrohr einen anderen Gegenstand in der Richtung *E* sehen kann. Wird nun die Alhidade so weit gedreht, daß die beiden Bilder im Fernrohr einander decken, dann fällt der direkte Strahl von *E* mit dem doppeltreflektierten Strahl von *S* zusammen, und folglich ist der Winkel zwischen den Richtungen zu *S* und zu *E* das Doppelte des Winkels zwischen den Spiegeln, der wiederum auf dem Limbus gemessen werden kann. Um die Multiplikation mit 2 zu ersparen, ist der Limbus nicht von 0 bis 60, sondern von 0 bis 120 geteilt, und jeder dieser Teile ist als Grad beziffert. Man kann also mit Hilfe des Nonius die Winkel zwischen den Sehlinien zu zwei entfernten Punkten, die sich beide in der Ebene des Sextanten befinden, direkt ablesen.

Wird die Alhidade auf Null zurückgebracht (bei *N*), so wird man den entfernten Gegenstand sowohl direkt als nach doppelter Reflexion sehen können, aber es kann vorkommen, daß, wenn beide Bilder sich genau decken, was also bedeutet, daß die Spiegel parallel sind, der Nullpunkt des Nonius nicht genau auf den Nullpunkt des Limbus zeigt. Eine solche Abweichung wird *Indexfehler* des Sextanten genannt und muß beim Messen der Winkel berücksichtigt werden. Die Ablesung bei zusammenfallenden Bildern im Fernrohr ergibt den effektiven Nullpunkt des Limbus.

6. *Die Uhr.* Eine gute *Uhr* ist ein wichtiger Apparat bei den meisten astronomischen Beobachtungen, nicht allein als ein Mittel, um die Zeit anzugeben, sondern auch weil sie in gewissen Fällen (wie wir später sehen werden) den geteilten Kreis als Mittel zur Winkelmessung ersetzen kann. Jede Uhr besteht aus folgenden Teilen:

1. einer Triebkraft, die entweder ein Gewicht sein kann, das durch seine Schwere, oder eine starke Spiralfeder, die durch ihre Spannkraft wirkt;

2. dem eigentlichen Uhrwerk, einer Reihe Zahnräder, die die langsame Bewegung der Triebkraft auf die schnellere Bewegung der Zeiger überführen;

3. dem Regulator, der immer ein schwingender Körper ist, bei größeren Uhren ein Pendel, bei transportablen Uhren die sog. Balance (die Unruhe).

Die Verbindung zwischen dem Uhrwerk und dem Regulator wird Echappement oder Auslösung genannt. Sie kommt durch das letzte Zahnrad des Uhrwerks, das sog. Hakenrad, zustande, das an seinen schiefen Zähnen zu erkennen ist. Ein bogenförmiges Stück, das mit dem Regulator schwingt, endet in zwei Haken, die abwechselnd zwischen die Zähne des Hakenrades eingreifen können. So lange ein solches Eingreifen stattfindet, steht das Uhrwerk still; sobald aber der Regulator bis zur äußersten Stellung hinaus geschwungen ist, läßt der Haken die Zähne los, und die Auslösung findet statt; gleichzeitig bekommt der Haken und damit auch das Pendel oder die Unruhe einen kleinen Stoß mit auf den Weg durch den Druck, den die Triebkraft vermittels der Zahnräder ausübt. Einen Augenblick nach der Auslösung greift indessen der andere Haken auf der anderen Seite zwischen die Zähne des Hakenrades, so daß das Rad keine Gelegenheit hat, sich um mehr als einen Zahn bei jeder Schwingung des Regulators weiterzubewegen.

Hieraus geht hervor, daß der gleichmäßige Gang der Uhr ausschließlich darauf beruht, daß ein immer gleicher Zeitraum zwischen zwei Auslösungen liegt oder, mit anderen Worten, daß die Schwingungszeit des Regulators konstant ist. Bis zu einem gewissen Grade kann die Schwingungszeit durch die Stärke des Stoßes beeinflußt werden, den der Regulator bei jeder Auslösung erhält, und deshalb ist es von Wichtigkeit, daß die Zahnräder sorgfältig gearbeitet und zusammengesetzt sind, so daß keine Ungleichmäßigkeit im Druck entsteht. Man hat auch Uhren konstruiert, bei denen der Stoß gegen den Regulator nicht vom Uhrwerk direkt ausgeführt wird, sondern von einem Zwischenstück, das immer mit konstanter Kraft wirkt. Aber in erster Linie beruht doch die Schwingungszeit auf dem Regulator selbst.

Wenn der Regulator ein Pendel ist, das immer nur in kleinen Bogen schwingt, dann kann die Schwingungszeit T durch die Formel:

$$T = \pi \sqrt{\frac{l}{g}}$$

ausgedrückt werden, wo π das Verhältnis zwischen der Peripherie und dem Durchmesser eines Kreises, g die Schwerebeschleunigung und l die Länge des Pendels ist. Unter der Länge des Pendels versteht man den Abstand vom Aufhängungspunkt (oder von der Schwingungsachse) bis zu dem sog. Schwingungszentrum, das etwas tiefer als der Schwerpunkt liegt.

So lange die Uhr sich an derselben Stelle befindet, ist g unverändert, die Dimensionen des Pendels aber verändern sich mit der Temperatur; wird l größer, dann wird auch T größer, die Uhr geht langsamer. Es ist ja eine allgemeine Erfahrung, daß Pendeluhren in der Wärme langsamer gehen als in der Kälte.

Es sind viele Mittel ersonnen worden, um diesen Übelstand zu beheben, d. h. Pendel zu konstruieren mit einer *Kompensation* für die Einflüsse der Temperatur. Ein solches Mittel besteht in der Verwendung von zwei Metallen, die sich bei steigender Temperatur in verschiedenem Grade ausdehnen, und die so zusammengesetzt werden, daß die Ausdehnungen in entgegengesetzter Richtung wirken. Eine häufig angewandte Form ist, daß die Pendelstange aus Stahl am unteren Ende einen Behälter (aus Glas oder Eisen) trägt, der mit Quecksilber gefüllt ist, das sich bei steigender Temperatur nach oben ausdehnt, während die Pendelstange sich nach unten verlängert. Kennt man den Ausdehnungskoeffizienten für die beiden Metalle und für den Behälter, dann kann man die Höhe berechnen, die das Quecksilber haben muß, damit l unverändert bleibt.

Außer der Temperatur ist noch ein anderer Umstand vorhanden, der auf die Schwingungsdauer des Pendels wirkt, freilich in bedeutend geringerem Maße, aber doch so viel, daß die Wirkung bei einem gut kompensierten Pendel deutlich wahrzunehmen ist. Schwingt das Pendel in der Luft, dann ist ein schwacher Auftrieb vorhanden, der einer Verminderung von g, einer Erhöhung also der Schwingungsdauer entspricht. Wenn die Dichte der Luft immer die gleiche wäre, würde das nichts ausmachen, steht aber das Barometer hoch, dann ist die Dichte der Luft größer und also auch der Auftrieb größer als bei niedrigem Barometerstand. Demnach geht die Uhr bei hohem Luftdruck langsamer als bei tiefem. Man kann diesen Änderungen vorbeugen, indem man das Pendel hermetisch in einem Kasten verschließt, in dem die Dichte der Luft konstant gehalten wird. Auch der Widerstand der Luft gegen die Bewegung des Pendels hat Einfluß auf den Gang der Uhr. Man hat auch mit Erfolg versucht, das Pendel sowohl für Temperatur wie für Barometerstand zu kompensieren.

Astronomische Pendeluhren werden meist für eine Schwingungszeit von 1 Sekunde eingerichtet, bei Chronometern ist die Schwingungszeit dagegen $0^s,5$, bei Taschenchronometern $0^s,2$.

Die Einführung des Pendels als Regulator für Uhren bezeichnete einen wichtigen Fortschritt in der Zeitmessung. Wir verdanken ihn GALILEI; allgemeine Verbreitung gewann das Pendel aber erst durch HUYGHENS, der sich im Jahre 1657 auf eine solche Uhr ein Patent geben ließ.

Astronomische Uhren sind oft mit einem Kontakt versehen, durch den bei jeder oder jeder zweiten Schwingung des Regulators ein elektrischer Stromkreis geschlossen wird, wodurch ein Schreibapparat, der *Chronograph*, in regelmäßiger Aufeinanderfolge ein Zeichen auf ein Papier setzt, das durch ein anderes Uhr-

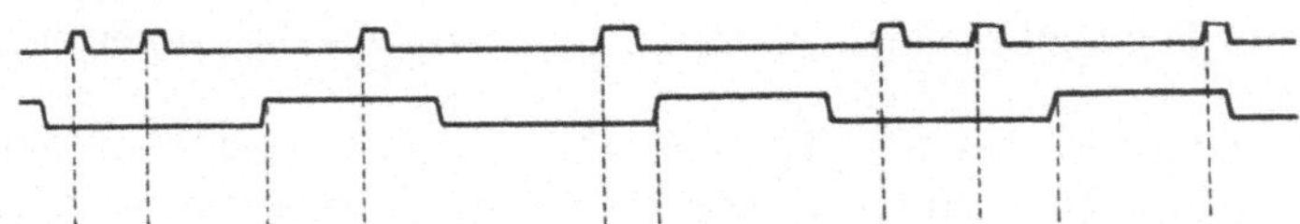

Abb. 6. Chronographenstreifen. Die gestrichelten vertikalen Linien geben die Ecken an, die gemessen werden. Aus praktischen Gründen wird von den Sekundensignalen nur jedes zweite gemessen, weil es technisch sehr schwierig ist, die Sekunden alle gleichlang zu machen. Wenn die Sekunden aber von zwei zu zwei gemessen werden, ist die konstante Länge mit sehr großer Genauigkeit gewährleistet.

werk in gleichmäßiger Bewegung gehalten wird. Will der Beobachter für eine beobachtete Erscheinung die Zeit notieren, dann drückt er auf einen Kontakt, der einen zweiten elektrischen Stromkreis schließt, wodurch ebenfalls ein Zeichen auf das gleiche Papier gesetzt wird. Hinterher kann die Stelle dieses Zeichens relativ zu den Sekundenzeichen geschätzt oder, wenn es sich um die größtmögliche Genauigkeit handelt, mit Hilfe einer Glasskala oder eines besonders zu diesem Zwecke konstruierten Apparates, des sog. OPPOLZERschen Ableseapparates, genau ausgemessen werden. Mit dem letztgenannten Apparat kann man die Beobachtungszeichen mit einer Ungenauigkeit von nur einigen wenigen Tausendsteln einer Zeitsekunde ablesen, d. h. mit einer Unsicherheit, die wesentlich geringer ist als die Unsicherheit der Beobachtung selbst.

7. *Photometrie. Visuelle Photometrie.* Bei Beobachtungen mit dem Auge allein kann man die Sterne in einer Reihenfolge nach abnehmender Lichtstärke ordnen, einen quantitativen Vergleich aber von Lichtmengen, die voneinander sehr verschieden sind, kann man mit dem Auge allein nicht ausführen.

In Photometern, die das Auge benutzen, werden deshalb Apparate angewandt, die die eine von zwei zu vergleichenden Lichtquellen abschwächen können, so daß es Aufgabe des Auges ist, zu beurteilen, wann zwei Lichtquellen gleich hell sind.

Im ZÖLLNER-*Photometer* werden die Sterne mit künstlichen Sternen, deren Helligkeit mittels zweier NICOL-*Prismen* verändert werden kann, verglichen. Um mit diesem Photometer zwei Sterne (*a* und *b*) zu vergleichen, verfährt man folgendermaßen: Durch Drehen des einen Nicol-Prismas können künstliche Sterne genau so hell gemacht werden, zuerst wie der eine Stern (*a*) und darauf wie der andere (*b*). Aus den Drehungswinkeln kann das Verhältnis zwischen den Helligkeiten der beiden Sterne *a* und *b* berechnet werden.

Ein anderes Photometer benutzt einen *Absorptionskeil* mit veränderlicher Dicke, um das Licht eines Sterns so weit zu schwächen, bis seine Helligkeit der eines künstlichen Sterns gleichkommt.

In PICKERINGS *Meridianphotometer* werden zwei Sterne direkt miteinander verglichen, indem der hellere mit Hilfe von Nicol-Prismen geschwächt wird. Dies ist dadurch möglich, daß ein optisches System die Bilder der beiden Sterne nebeneinander in das Okular bringt. Als den einen Stern wählt man den Polarstern. Der andere muß in der Nähe des Meridians stehen, damit das Bild mit Hilfe des benutzten optischen Systems neben den Polarstern gebracht werden kann. Dies Photometer hat den Vorzug, daß man die Benutzung künstlicher Sternbilder, die sich immer etwas von den wirklichen Sternbildern unterscheiden, vermeidet, aber zugleich den Nachteil, daß Sterne miteinander verglichen werden, die an sehr verschiedenen Stellen des Himmels stehen; bei ziemlich verschiedener Durchsichtigkeit der Luft können beträchtliche Verfälschungen im Resultat auftreten.

In einem früher viel benutzten *Keilphotometer* wurde das Bild eines Sterns mit Hilfe eines Keils so weit geschwächt, daß der Stern gerade eben verschwand, d. h. daß das Sternbild keinen Kontrast gegen den Himmel aufwies. Das Photometer in dieser Form gibt keine so sicheren Resultate wie die vorher besprochenen Photometer.

Photographische Photometrie. Das Aussehen eines Sternbildes auf einer photographischen Platte hängt für eine gegebene Expositionszeit von der Helligkeit des Sterns ab. Bei größerer Helligkeit nimmt der Durchmesser des Bildes und seine Schwärzung zu.

Durch Messen des Durchmessers oder durch Vergleichen der Schwärzung mit einer bekannten Schwärzungsskala kann man ein Maß für die Helligkeit erhalten. Ein anderes Maß für die Helligkeit wird durch den Bruchteil des Lichtes angegeben, der in einem kleinen kreisförmigen Lichtfleck (etwas größer als das Sternbildchen) von dem geschwärzten Sternbild absorbiert wird. Das Messen dieses Bruchteils kann objektiv vorgenommen werden durch *Thermosäule* oder *Photozelle.*

Die Aufgabe ist, aus den den Bildern auf der photographischen Platte entsprechenden Maßzahlen die Helligkeiten der Sterne abzuleiten. Kennt man im voraus die Helligkeiten einer Anzahl von Sternen, dann kann man diese direkt benutzen, wenn man sie auf der Platte mit den Sternen zusammen photographiert, deren Helligkeiten man zu bestimmen wünscht.

Man kann aber auch die Helligkeiten der Sterne dadurch erhalten, daß man die Sterne teils direkt aufnimmt, teils durch ein absorbierendes Gitter aus Metallgaze mit bekanntem Absorptionskoeffizienten photographiert. Wir nehmen

z. B. an, daß das absorbierende Gitter genau die Hälfte der Lichtmenge eines Sterns zurückhält. Wir finden auf der Platte einen durch das Gitter photographierten Stern, der z. B. genau dieselbe Maßzahl (z. B. denselben Durchmesser) hat wie ein anderer, ohne Gitter photographierter, Stern: wir haben damit festgestellt, daß die Helligkeit des helleren Sterns doppelt so groß wie die des schwächeren ist. Durch eine Anzahl solcher Vergleiche können wir eine Kurve konstruieren, die die Helligkeit eines Sterns aus den beobachteten Maßzahlen (Durchmesser, Schwärzung usw.) abzuleiten gestattet.

Man kann auch vor das Objektiv ein grobes Gitter von parallelen Stäben setzen (über die Anwendung solcher Gitter s. auch S. 333). Hiermit erhält man ein direktes Sternbild (das Zentralbild) und zwei Spektren, die bei einem groben Gitter so kurz sind, daß sie sich im Aussehen nicht wesentlich von gewöhnlichen Sternbildern unterscheiden (dies ist besonders dann der Fall, wenn die Aufnahme etwas außerhalb des Fokus gemacht wird). Das Verhältnis zwischen der Helligkeit des Zentralbildes und den beiden (gleichen) Spektren kann aus den geometrischen Konstanten des Gitters berechnet werden. Die Verhältnisse sind jetzt den Verhältnissen im vorigen Falle ganz analog.

Statt die gewöhnlichen Sternbilder auf der photographischen Platte zur Bestimmung von Helligkeiten zu gebrauchen, kann man dem Bilde auch eine größere Ausdehnung geben, entweder dadurch, daß man die Platte außerhalb der Brennebene anbringt, oder dadurch, daß man der Platte während der Exposition eine Bewegung gibt. Auf diese Weise erhält man ein größeres, gleichmäßig geschwärztes Bild des Sterns, das sich ausgezeichnet für photometrische Messungen eignet. Wird diese Methode angewandt, dann kann man Laboratoriumsmessungen dazu benutzen, um den Zusammenhang zwischen Helligkeit und Schwärzung zu bestimmen.

Um den Nordpol des Himmels herum hat man für eine Reihe von Sternen, bis zu ganz lichtschwachen herunter (die *Polsequenz*), photographische Helligkeiten bestimmt. Photographiert man die Gegend um den Nordpol auf einer Platte zugleich mit der Gegend, in der photographische Helligkeiten bestimmt werden sollen, so erhält man direkt den Zusammenhang zwischen den Maßzahlen der Sternbilder und den Helligkeiten der Sterne, und die Bestimmung der unbekannten Helligkeiten kann unmittelbar vorgenommen werden.

Photoelektrische Photometrie. Aus dünnen Schichten von Kalium, Natrium, Cäsium oder Rubidium werden durch Bestrahlung Elektronen freigemacht. Dieser Effekt, der photoelektrische Effekt, wird zu photometrischen Zwecken in den *photoelektrischen Zellen* ausgenutzt. Diese liefern bei Bestrahlung einen elektrischen Strom, den sog. Photostrom, der zwar für schwaches Licht, wie Sternlicht in einem Fernrohr, sehr klein ist, der bei helleren Sternen aber doch, z. B. mit dem Elektrometer, gemessen werden kann. Der Strom ist proportional der Lichtmenge, die auf die Photozelle fällt, so daß aus dem Strom direkt die Helligkeit berechnet werden kann.

Zu photometrischen Zwecken gebraucht man in der Astronomie auch die im *Selen* durch Bestrahlung hervorgerufene Änderung des elektrischen Widerstandes. Auch *Thermosäulen* und *Radiometer* werden in Verbindung mit lichtstarken Fernrohren zur Photometrierung von Fixsternen angewandt.

Es gilt für jede Art von Sternphotometrie, daß die Messungen wegen der Absorption des Lichtes in der Erdatmosphäre (*Extinktion*, s. Anhang S. 539) korrigiert werden müssen.

8. *Das Spektroskop.* Wenn ein schmaler Streifen weißes Licht in ein Glasprisma parallel zu dessen brechender Kante eintritt, so kommt es auf der anderen Seite wieder heraus als ein farbiges Band, das Spektrum genannt wird. Nun zeigt die Erfahrung, daß das Aussehen des Spektrums im wesentlichen auf der Beschaffenheit der Lichtquelle beruht. Die Untersuchung der Gesetze für diese Phänomene heißt *Spektralanalyse*. Das Spektroskop ist im Prinzip in folgender Weise eingerichtet. In Abb. 7 ist *ab* ein geschlossenes Rohr, dessen einer Boden bei *a* einen feinen Spalt hat, außerhalb dessen die Lichtquelle angebracht wird. Am anderen Ende des Rohrs befindet sich eine sog. Kollimatorlinse, eine gewöhnliche bikonvexe Linse mit dem Brennpunkt in *a*, so daß die Strahlen von *a* auf der anderen Seite von *b* parallel austreten. Hier treffen sie auf ein oder mehrere *Prismen* (in der Abbildung drei, *A*, *B*, *C*), deren brechende Kante dem Spalt parallel ist. Beim Durchgang durch die Prismen wird das Licht in seine farbigen Bestandteile aufgelöst, indem die violetten Strahlen am stärksten, die roten am schwächsten gebrochen werden. Aus dem letzten Prisma treten deshalb die Strahlen in verschiedenen Richtungen aus, jedoch so, daß alle Strahlen derselben Farbe untereinander parallel sind. Das Spektrum kann deshalb durch ein kleines astronomisches Fernrohr *D* betrachtet werden, auf dessen Objektiv *c* die Strahlen einfallen, und dessen Okular *d* auf einen unendlich fernen Gegenstand eingestellt ist. Da das Spektrum, besonders bei Anwendung mehrerer Prismen, eine bedeutende Ausdehnung hat, muß das Fernrohr *D* etwas zu bewegen sein, so daß man es nach und nach auf die verschiedenen Teile des Spektrums einstellen kann.

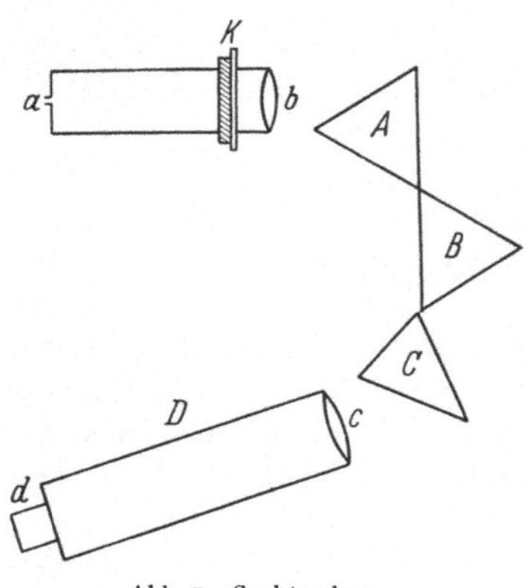

Abb. 7. Spektroskop.

Handelt es sich um eine himmlische Lichtquelle, dann wird der ganze Apparat mit Hilfe der Schraube *K* an dem Okularende eines größeren astronomischen Fernrohrs befestigt, dessen Okular herausgenommen ist. Der Apparat wird so eingestellt, daß das vom Objektiv erzeugte Bild auf den Spalt *a* fällt.

Die starke Ablenkung der Strahlen, die die Farbenzerstreuung begleitet, kann mit Hilfe eines *zusammengesetzten* Prismas vermieden werden. Geradeso wie man durch Verwendung von zwei Glassorten achromatische Linsen (oder Prismen) konstruieren kann, daß die Brechung beibehalten, die Farbenzerstreuung aber im wesentlichen aufgehoben wird, so kann man umgekehrt einen Prismensatz von der Beschaffenheit konstruieren, daß die Farbenzerstreuung beibehalten wird ohne merkbare Ablenkung der Strahlen. In Abb. 8 sind *K* drei Prismen aus Kronglas mit brechender Kante nach oben, *F* zwei Prismen aus Flintglas mit brechender Kante nach unten; wegen der überwiegenden Farbenzerstreuung des Flintglases wird ein bei *H* einfallender weißer Strahl so aufgelöst, daß die violetten Strahlen (*V*) am weitesten oben sind, die roten (*R*) am weitesten unten. Die brechenden Winkel der Prismen müssen den Eigenschaften der Gläser angepaßt werden; auf der Abbildung sind sie 102°. Wenn ein solcher Prismensatz zwischen der Kollimatorlinse und dem Fernrohr *D* in Abb. 7 angebracht wird, bleibt der ganze Apparat beinahe geradlinig; aus dem obengenannten Grunde wird jedoch der Prismensatz sowohl als auch das Fernrohr etwas beweglich gemacht.

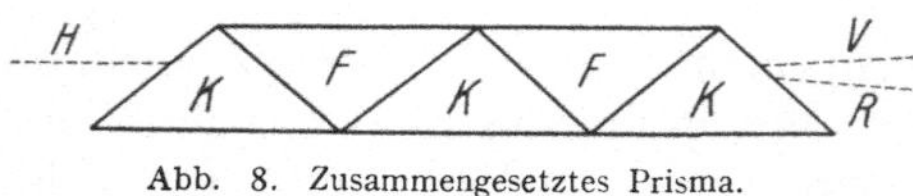

Abb. 8. Zusammengesetztes Prisma.

Statt das Spektrum durch das Okular (*d*) des Fernrohrs zu betrachten, kann man es auch auf eine photographische Platte fallen lassen, wodurch man ein Bild des Spektrums erhält. Der Apparat wird dann ein *Spektrograph* genannt.

Um ein Spektrum zu erzeugen, kann man an Stelle des Prismas ein sog. *Gitter* verwenden, das ist eine spiegelnde Fläche, auf der eine große Anzahl feiner paralleler Linien im gleichen Abstand voneinander eingeritzt ist, bis zu 2000 Linien auf jedes Millimeter. Das Spektrum entsteht bei einem solchen Gitter durch Beugung der Strahlen.

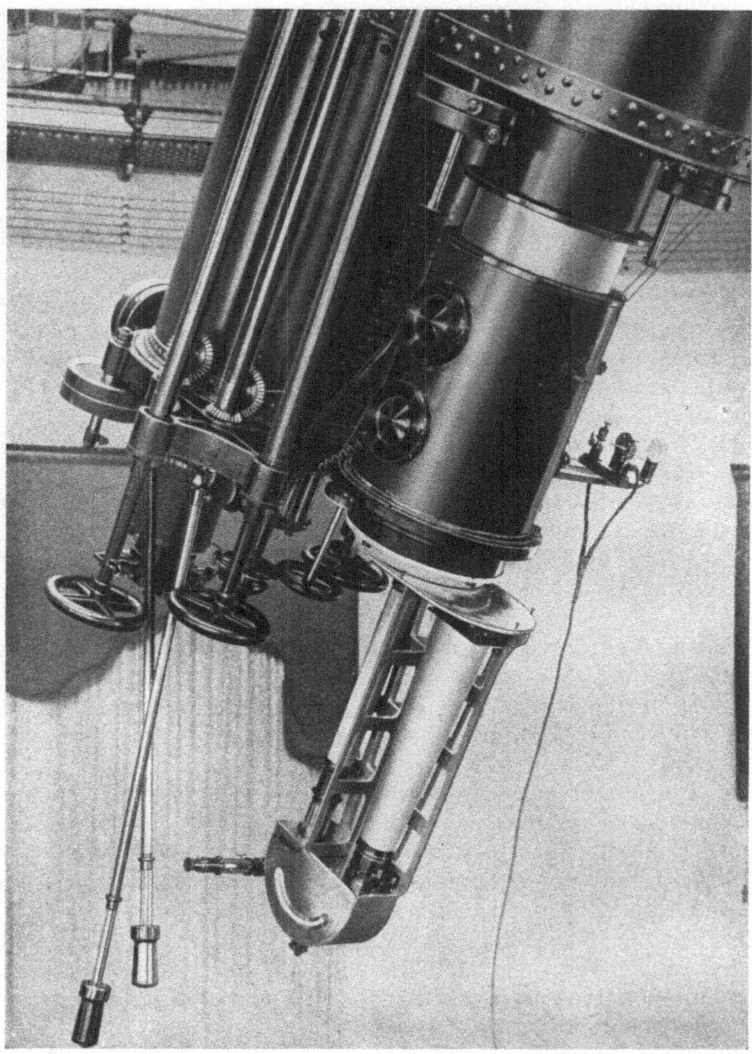

Abb. 9. Sternspektrograph montiert auf einen Refraktor (Potsdam).

Wenn das Bild eines Sterns in dem Brennpunkt eines Fernrohrs auf den Spalt eines Spektroskops fällt, wird das Spektrum zu einem schmalen Strich, der durch Anwendung einer Zylinderlinse verbreitert werden kann. Soll das Spektrum photographiert werden, so kann die Verbreiterung dadurch erreicht werden, daß man dem Fernrohr (oder der photographischen Platte) während der Exposition eine schwache Bewegung senkrecht zur Längsrichtung des Spektrums erteilt.

Zur Aufnahme von Sternspektren kann man auch ein großes Prisma benutzen, das vor dem Objektiv des Fernrohrs angebracht wird (*Objektivprisma*). Die photographische Platte kommt in die Brennebene des Fernrohrs. Bei diesem Verfahren wird jeder Stern im Felde auf der Platte als ein kleines Spektrum abgebildet (vgl. Abb. 156 auf S. 344).

9. *Das Spektrum.* Irdische Lichtquellen geben entweder ein kontinuierliches (zusammenhängendes) Spektrum, in dem das Licht über das ganze Spektrum gleichmäßig verteilt ist, oder ein Linienemissionsspektrum, bei dem das Licht hauptsächlich auf ganz schmale Gebiete des Spektrums, die hellen Spektrallinien, konzentriert ist, oder ein Linienabsorptionsspektrum, bei dem das Licht gleichmäßig über das ganze Spektrum verteilt ist mit Ausnahme von ganz schmalen Gebieten (dunklen Spektrallinien), wo die Lichtintensität geringer ist als in den Nachbargebieten des Spektrums.

Leuchtende feste und flüssige Körper geben ein kontinuierliches Spektrum, leuchtende Gasmassen geben ein Linienemissionsspektrum, in dem jedes Element durch bestimmte Linien charakterisiert ist. Geht das Licht eines leuchtenden festen oder flüssigen Körpers durch ein leuchtendes Gas, so entsteht ein Linienabsorptionsspektrum, in dem die Absorptionslinien genau an den Stellen auftreten, an denen die charakteristischen Spektrallinien des betreffenden Gases im Emissionsspektrum liegen.

Die Lage bestimmter Gebiete im Spektrum, speziell von Spektrallinien, wird durch ihre *Wellenlänge* angegeben. Dieser Begriff bezieht sich auf die elektromagnetische Wellentheorie des Lichtes und mißt die Entfernung zwischen Punkten im Raume, die denselben elektromagnetischen Schwingungszustand haben. Die Wellenlänge wird entweder in millionstel Millimeter ($\mu\mu$) oder in *Ångström* (A.E.; 1 A.E. $= 0.1\ \mu\mu$) gemessen.

Die Interferenz- und Dispersionsphänomene, die durch die elektromagnetische Wellentheorie des Lichtes gedeutet werden, geben die Möglichkeit, Wellenlängen zu messen.

Die Wellenlängen des sichtbaren Lichtes liegen zwischen ca. 4000 Ångström (violettes Licht) und 7000 Ångström (rotes Licht). Außerhalb dieses Wellenlängengebietes liegt nach der violetten Seite hin ultraviolettes Licht, Röntgenstrahlung und Gammastrahlung; nach der roten Seite hin ultrarotes Licht, Wärmewellen und Radiowellen.

Gewöhnliche photographische Platten sind für Licht der Wellenlängen zwischen 3000 und 5000 Ångström empfindlich. Die sog. orthochromatischen Platten haben einen Empfindlichkeitsbereich, der sich bis zum roten Teil des Spektrums erstreckt. Wenn man vor einer derartigen Platte ein *Filter* benutzt, das ultraviolettes und violettes Licht absorbiert (ein Gelbfilter), so wird der Empfindlichkeitsbereich ungefähr der gleiche wie der des Auges (vgl. auch S. 329).

Lichtelektrische Natrium- und Kaliumzellen haben ein Empfindlichkeitsmaximum im Violetten, bei Rubidium- und Cäsiumzellen ist das Empfindlichkeitsmaximum mehr nach Rot verschoben.

Gewöhnliche Glasoptik absorbiert so gut wie alles Licht der Wellenlängen kürzer als 3900 Ångström. Mit Spiegeloptik reicht man weiter in den ultravioletten Teil des Spektrums hinein. Auch Quarzlinsen können für diesen Zweck benutzt werden; allerdings können größere Quarzlinsen aus technischen Gründen zur Zeit nicht hergestellt werden.

Licht der Wellenlängen kürzer als etwa 3000 Ångström wird in der Erdatmosphäre praktisch vollkommen absorbiert.

Man kennt die Wellenlängen für zahlreiche Spektrallinien mit großer Genauigkeit. Wo solche Spektrallinien in einem Spektrum vorkommen, kann man die Wellenlänge einer beliebigen Stelle im Spektrum finden.

Die folgende Tabelle gibt die Wellenlängen einiger besonders hervortretenden Linien im Sonnenspektrum.

Name der Linie	Wellenlänge λ in Ångström	Element, für das die Linie charakteristisch ist
$C = H\alpha$	6562.8	Wasserstoff
D_1	5895.9	Natrium
D_2	5890.0	Natrium
E_1	5270.3	Kalzium und Eisen[1]
E_2	5269.5	Eisen
b_1	5183.6	Magnesium
b_2	5172.7	Magnesium
$F = H\beta$	4861.3	Wasserstoff
G	4307.8	Kalzium und Eisen[1]
g	4226.7	Kalzium
H	3968.5	Kalzium
K	3933.7	Kalzium

Außer durch die Wellenlänge kann Licht auch durch die Schwingungszahl, das ist die Anzahl der Schwingungen in einer Sekunde, charakterisiert werden. Der Zusammenhang zwischen der Schwingungszahl ν und Wellenlänge λ ist durch die Formel

$$\lambda \nu = c$$

ausgedrückt, wo c die Lichtgeschwindigkeit (299796 km sec^{-1}) ist.

Das Vorkommen von kontinuierlichen Spektren, Linienemissionsspektren und Linienabsorptionsspektren mit Spektrallinien, die für die Elemente in der Lichtquelle charakteristisch sind, kann von der Atomphysik gedeutet werden.

Die Lichtenergie wird von den Atomen ausgesandt, indem diese spontan von einem gewissen Zustand zu einem Zustand mit geringerem Energieinhalt übergehen. Bei einem solchen Atomprozeß wird Lichtenergie ausgesandt als ein Lichtquantum mit geradesoviel Energie wie von dem Atom bei dem spontanen Übergang zu einem Zustand mit weniger Energie verloren wurde. Wird bei solchen Atomprozessen eine Reihe Lichtquanten mit einer Energie E ausgesandt, so ist die Ausbreitung dieser Lichtquanten im Raume mit seinen verschiedenen brechenden Medien durch ihre Wellenlänge oder Schwingungszahl bestimmt. Die Schwingungszahl kann berechnet werden aus der Energie E der Lichtquanten nach der BOHRschen Frequenzbedingung:

$$E = h\nu \text{ (PLANCKsche Konstante } h = 6.55 \cdot 10^{-27}\,\text{cm}^2\,\text{gr}^1\,\text{sec}^{-1}) .$$

Lichtenergie wird absorbiert, indem Atome von einem gewissen Zustand zu einem Zustand mit größerem Energieinhalt spontan übergehen. Bei einem solchen Atomprozeß wird der Energieinhalt des Atoms vermehrt um eine Energiemenge, die gleich der Energie des absorbierten Lichtquantums ist.

Der Energieinhalt eines Atoms ist bestimmt durch die elektromagnetischen Kraftwirkungen zwischen dem Atomkern und den umgebenden Elektronen im Atom. Die Erfahrung hat gezeigt, daß ein Atom, das nicht von äußeren Kräften beeinflußt ist, eine Reihe verschiedener Energieinhalte annehmen kann. Einer dieser Energieinhalte ist der kleinste. Von einem Atom mit diesem Energieinhalt sagt man, daß es sich im Grundzustand oder Normalzustand befindet. Dann folgt eine Reihe immer größerer Energieinhalte. Diese möglichen Energieinhalte liegen immer dichter, und von einer gewissen Grenze an laufen sie zusammen, so daß ein Atom alle Energieinhalte, die größer sind als dieser Grenzwert, annehmen kann. Ist der Energieinhalt des Atoms größer als dieser Grenzwert (die Ionisationsenergie), dann ist eins seiner Elektronen freigeworden. Man

[1] Sehr nahe zusammenfallende Linien.

sagt, daß das Atom ionisiert worden ist zu einem Ion und einem Elektron (jedoch rechnet man ein Ion plus einem Elektron als eine Einheit gleich dem Atom).

Im schematischen Bild der Energieniveaus der stationären Zustände eines Wasserstoffatoms (Abb. 10) bezeichnet *1* den Grundzustand, *2*, *3*, *4* und *5* die darauffolgenden Zustände größeren Energieinhaltes. Energieniveaus entsprechend *6*, *7* . . . konnten nicht eingezeichnet werden; man muß sich vorstellen, daß sie im Gebiet zwischen *5* und der dick gezeichneten Grenzlinie liegen, immer dichter bei Annäherung an diese Linie. Das Gebiet über der Grenzlinie entspricht den kontinuierlichen Energiewerten des freien Elektrons. Die Doppelpfeile symbolisieren Übergänge zwischen verschiedenen stationären Zuständen des gebundenen Elektrons. Die Frequenzen des dabei emittierten Lichtes (bei Übergängen nach unten) bzw. absorbierten Lichtes (bei Übergängen nach oben) sind nach der BOHRschen Frequenzbedingung durch die Energiedifferenzen der betreffenden stationären Zustände gegeben. Die Frequenzen der Emissionsspektrallinien bzw. Absorptionsspektrallinien sind also den Längen der Doppelpfeile proportional. Die Spektrallinien mit gemeinsamem niederem Zustand bilden eine Serie. Man sieht, daß die höheren Glieder einer Serie sich an einer Seriengrenze häufen. Jenseits der Seriengrenze (bei höheren Frequenzen) kommt ein kontinuierliches Spektrum entsprechend Übergängen aus dem schraffierten Gebiet heraus oder in dies Gebiet hinein, wobei das Elektron also eingefangen wird (bei Emission) bzw. frei wird (bei Absorption); vgl. die beiden ersten Doppelpfeile rechts in Abb. 10. Übergänge, bei denen das Elektron in beiden Zuständen frei ist, sind auch möglich (vgl. den dritten Doppelpfeil rechts). Diesen Übergängen entspricht ein kontinuierliches Spektrum, das sich über alle Frequenzen erstreckt. Im Laboratorium wird dies letztgenannte Spektrum nicht beobachtet, weil es zu schwach ist, im Sterninnern spielt es eine Rolle.

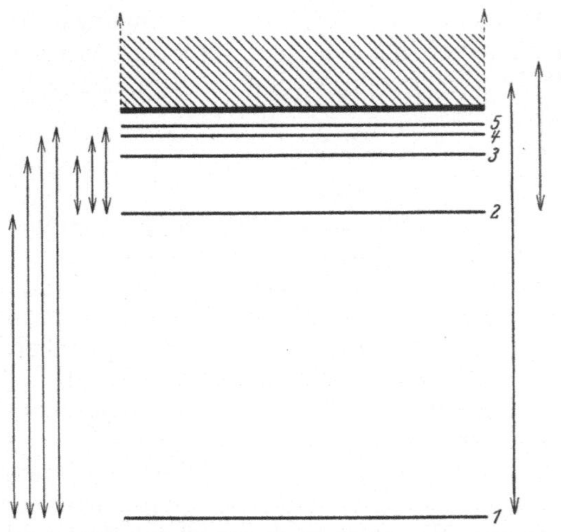

Abb. 10. Schematisches Bild der Energieniveaus der stationären Zustände eines Wasserstoffatoms.

In Gasmassen sind die Atome verhältnismäßig weit voneinander entfernt, und ihre Kraftwirkung untereinander ist so klein, daß ein Atom im Gas als unbeeinflußt von äußeren Kräften betrachtet werden kann. Es ist deshalb verständlich, daß man bei Laboratoriumsversuchen mit Gasen ein Linienemissionsspektrum beobachtet, und daß die Wellenlängen der Linien durch die Art der Atome bestimmt werden. Auch ein kontinuierliches Spektrum, den Übergängen vom System Ion + Elektron entsprechend, hat man unter Laboratoriumsverhältnissen beobachten können.

In festen und flüssigen Körpern sind die Atome einander so nahe, daß hier von ganz anderen Kraftfeldern gesprochen werden muß, die für die Bewegung der Elektronen um die Atomkerne bestimmend sind. Die diskreten Energieinhalte, die die Lichtaussendung in Spektrallinien veranlassen, gibt es hier nicht, und das Licht wird in einem kontinuierlichen Spektrum ausgesandt.

Daß ein Gas Licht in schmalen Gebieten, die seinen eigenen Emissionslinien entsprechen, absorbieren kann, ist auch verständlich. Jedem spontanen Übergang mit dazugehörender Lichtaussendung in einer Spektrallinie entspricht ein entgegengesetzter Übergang mit Absorption in der gleichen Wellenlänge.

In einer unendlich ausgedehnten homogenen Masse mit überall gleicher Temperatur wird von den Atomen beständig Lichtenergie ausgesandt und Lichtenergie absorbiert werden. Von jeder einzelnen Wellenlänge wird genau so viel Lichtenergie ausgesandt wie absorbiert, so daß die Anzahl der Lichtquanten pro Raumeinheit bei jeder einzelnen Wellenlänge konstant ist. Diese Anzahl ist nur von der Temperatur und der Wellenlänge abhängig. Die Lichtintensität und ihre Verteilung über das Spektrum ist mit anderen Worten eine Funktion der Temperatur allein. Diese Funktion ist sowohl auf experimentellem als auch auf theoretischem Wege abgeleitet. Man hat folgenden Ausdruck für die Strahlungsdichte ϱ (Lichtenergie pro Raumeinheit pro Wellenlängeneinheit) bei der Wellenlänge λ und der Temperatur T (vgl. S. 370):

$$\varrho(\lambda, T) = \frac{c_1}{\lambda^5} \cdot \frac{1}{e^{\frac{c_2}{\lambda T}} - 1} \quad \text{(PLANCKsches Gesetz)},$$

wo c_1 und c_2 Konstanten sind. Die Abhängigkeit der Strahlungsdichte von der Wellenlänge ersieht man aus Abb. 152 (S. 324).

Ist die homogene Masse nicht unendlich ausgedehnt, so wird Strahlung von ihr entweichen können, und es entstehen Abweichungen von dem vorher besprochenen Gleichgewichtszustand, so daß das PLANCKsche Gesetz nicht mehr gilt. Im Innern der Sterne ist der Idealfall sehr nahe verwirklicht, da die Ausdehnung von Massen, die als homogen betrachtet werden können, ungeheuer groß ist (im Verhältnis zur Entfernung zwischen den Atomen, die durch Strahlung in Wechselwirkung zueinander stehen). Auch unter irdischen Verhältnissen kann er annähernd verwirklicht werden, indem ein endliches Gebiet durch schwarze Wände abgegrenzt wird, die unter einer bestimmten Temperatur gehalten werden, so daß die strahlenden Atome nicht in Wechselwirkung mit Atomen von einer anderen Temperatur treten. Um die Strahlung beobachten zu können, muß man selbstverständlich eine Öffnung in die schwarze Wand machen, sie kann aber so klein gemacht werden, daß die Abweichung vom PLANCKschen Gesetz unmerklich ist.

Durch eine solche Öffnung geht pro Quadratzentimeter pro Sekunde die Energie H hindurch, definiert durch $H = {}^1/_4\, cE$, wo E das Integral der Strahlungsdichte über alle Wellenlängen ist. Diese Rechnung gibt:

$$H = \sigma T^4,$$

wo σ eine Konstante ist, die aus den Konstanten des PLANCKschen Gesetzes berechnet werden kann.

In einem nicht weit ausgedehnten leuchtenden Gas, das auch nicht durch schwarze Wände abgegrenzt ist, wird die Intensitätsverteilung vom PLANCKschen Gesetz gänzlich abweichen. Die Lichtenergie wird im wesentlichen in den schmalen Wellenlängengebieten der Spektrallinien verteilt sein.

Im Innern der Sterne hat das PLANCKsche Gesetz, wie schon gesagt, fast exakte Gültigkeit. In der Atmosphäre entstehen Abweichungen wegen der Ausstrahlung in den Weltraum. Die Erfahrung hat gezeigt (s. S. 338), daß die Intensität im Spektrum außerhalb der Spektrallinien mit einiger Annäherung dem PLANCKschen Gesetz folgt, so daß die Atmosphärentemperatur für die Intensitätsverteilung maßgebend ist und berechnet werden kann, wenn diese bekannt ist (s. S. 340).

10. *Der* DOPPLER-*Effekt.* Die Wellenlänge einer Spektrallinie, gemessen von einem Beobachter, der sich relativ zur Lichtquelle bewegt, ist verschieden von der Wellenlänge, die von einem Beobachter gemessen wird, der sich relativ zur Lichtquelle in Ruhe befindet. Dieser Effekt wird DOPPLER-*Effekt* genannt. Die Änderung der Wellenlänge hängt von der relativen Geschwindigkeitskomponente in der Richtung Lichtquelle — Beobachter ab. Entfernt sich der Beobachter von der Lichtquelle, so ist die Wellenlänge größer; nähert sich der Beobachter der Lichtquelle, so ist die Wellenlänge kleiner. Für Geschwindigkeiten, die klein sind im Vergleich zur Lichtgeschwindigkeit, hat man für die Wellenlängenänderungen $\varDelta\lambda$ für eine Spektrallinie mit der Wellenlänge λ:

$$\varDelta\lambda = \frac{v}{c}\lambda,$$

wo v die Geschwindigkeitskomponente in der Richtung der Verbindungslinie und c die Lichtgeschwindigkeit ist.

Ist v z. B. gleich 30 km in der Sekunde, so sieht man aus der Formel, daß die DOPPLER-Verschiebung für eine Linie mit $\lambda = 5000$ A.E. etwa:

$$\varDelta\lambda = \frac{30}{300000}\cdot 5000 \text{ A.E.} = 0.5 \text{ A.E.}$$

wird.

Der DOPPLER-Effekt gibt die Möglichkeit zur Bestimmung der Geschwindigkeiten der Fixsterne im Visionsradius (s. S. 403).

Einige mathematische Hilfssätze.

11. *Einige Sätze aus der ebenen Trigonometrie.* Gewöhnlich werden Winkel nach Graden, Minuten und Sekunden gemessen. In gewissen Fällen aber kann es vorteilhaft sein, sie durch unbenannte Zahlen auszudrücken (oder, wie man auch sagt, in Teilen des Radius) in derselben Weise, wie es fast immer mit den trigonometrischen Funktionen Sinus, Kosinus usw. gemacht wird. Die Umwandlung ist einfach, wenn man bedenkt, daß die Peripherie des Kreises 2π mal so groß ist wie sein Radius. Man erhält dann:

$1^\circ = \pi : 180$ oder ungefähr $1 : 57$
$1' = \pi : 180 \cdot 60$ „ „ $1 : 3438$
$1'' = \pi : 180 \cdot 60 \cdot 60$ „ „ $1 : 206264.8.$

Ein Winkel von $1'$ umspannt also bei einem Abstand von 30 cm nicht ganz 0.1 mm.

Die Zahl 206264.8, die die Anzahl Sekunden in einem Bogen von gleicher Länge wie der Radius angibt, und die gebraucht wird, wenn Bogensekunden in unbenannte Zahlen verwandelt werden sollen oder umgekehrt, wird im folgenden mit $\boldsymbol{s}$ bezeichnet werden.

Die Sinus von zwei Supplementwinkeln sind gleich groß.

Die Kosinus von zwei Supplementwinkeln sind gleich groß, haben aber entgegengesetztes Vorzeichen.

Wenn der Winkel das Vorzeichen ändert, ändert auch der Sinus das Vorzeichen, der Kosinus aber bleibt unverändert.

Die Verhältnisse bei Tangens und Cotangens lassen sich leicht hieraus ableiten, da $\operatorname{tg} = \sin : \cos$ und $\cot = \cos : \sin$; ebenso bei Secans und Cosecans, weil $\sec = 1 : \cos$ und $\operatorname{cosec} = 1 : \sin$.

Sind a und b zwei Winkel, dann ist:

$$\begin{aligned} \sin(a \pm b) &= \sin a \cos b \pm \cos a \sin b \\ \cos(a \pm b) &= \cos a \cos b \mp \sin a \sin b. \end{aligned} \qquad (1)$$

Hieraus können leicht einige Gleichungen abgeleitet werden, nach denen eine Summe oder Differenz von zwei Sinus oder Kosinus in ein Produkt verwandelt werden kann oder umgekehrt:

$$\begin{aligned}
\sin a + \sin b &= 2\sin\frac{a+b}{2}\cos\frac{a-b}{2}\\
\sin a - \sin b &= 2\cos\frac{a+b}{2}\sin\frac{a-b}{2}\\
\cos a + \cos b &= 2\cos\frac{a+b}{2}\cos\frac{a-b}{2}\\
\cos a - \cos b &= -2\sin\frac{a+b}{2}\sin\frac{a-b}{2}.
\end{aligned} \qquad (2)$$

12. Wird eine *Kugelfläche* von einer Ebene geschnitten, dann ist die Schnittlinie immer ein Kreis. Geht die Ebene durch das Zentrum der Kugel, wird sie ein größter Kreis genannt, alle anderen werden kleine Kreise genannt. Durch zwei Punkte auf der Oberfläche der Kugel kann man stets einen größten Kreis legen, und wenn die beiden Punkte nicht die Endpunkte eines Durchmessers sind, nur *einen*; denn die beiden Punkte bestimmen zusammen mit dem Zentrum der Kugel eine Ebene.

Eine Normale zur Ebene des Kreises durch das Zentrum wird die Achse des Kreises genannt, und ihre Schnittpunkte mit der Kugeloberfläche heißen die *Pole* des Kreises. Die Pole eines größten Kreises liegen in einer Entfernung von 90° von allen Punkten auf seiner Peripherie. Kennt man die Lage des einen der Pole eines größten Kreises, so ist damit auch der größte Kreis selbst bestimmt; der Pol kann also den größten Kreis vertreten, wovon man oft mit Vorteil Gebrauch macht.

Der Teil einer Kugeloberfläche, der zwischen zwei parallelen, die Kugel schneidenden Ebenen liegt, wird eine Zone genannt oder, wenn die eine Ebene die Kugel berührt, eine Kalotte. Die Oberfläche einer Zone oder einer Kalotte ist proportional ihrer Höhe (das ist der Abstand zwischen den beiden parallelen Ebenen) und unabhängig von ihrer Lage auf der Kugel.

Zwei größte Kreise schneiden einander immer in zwei diametral entgegengesetzten Punkten, da die Schnittlinie der Ebenen ein Durchmesser der Kugel ist. Der Neigungswinkel zwischen zwei größten Kreisen ist gleich dem Bogen zwischen ihren korrespondierenden Polen.

13. *Die sphärisch-trigonometrischen Grundformeln.* Ein *sphärisches Dreieck* ist der Teil einer Kugeloberfläche, der von Bogen dreier größter Kreise begrenzt ist. Diese Bogen werden die Seiten des Dreiecks genannt, und unter den Winkeln des Dreiecks versteht man die Winkel zwischen den Ebenen, die die größten Kreise miteinander bilden. Sowohl Seiten als Winkel werden hier in Winkelmaß ausgedrückt. Ist einer der Winkel ein rechter, so werden dieselben Benennungen, Hypotenuse und Kathete, benutzt wie bei dem ebenen Dreieck. Hier besteht jedoch der wesentliche Unterschied, daß in dem sphärischen Dreieck zwei oder sogar alle drei Winkel rechte sein können. Im Gegensatz zum ebenen Dreieck ist nämlich die Summe der Winkel im sphärischen Dreieck niemals gleich zwei rechten, sondern immer größer. Der Betrag, um den die Summe 180° übersteigt, wird der sphärische Exzeß genannt. Er kann gefunden werden, indem man den Flächeninhalt des Dreiecks durch das Quadrat des Radius der Kugel dividiert, er kann aber auch durch Seiten und Winkel ausgedrückt werden. Wenn das sphärische Dreieck nur einen sehr kleinen Teil der gesamten Kugeloberfläche bedeckt, kann man es zur hinreichend genauen Berechnung seines Flächeninhalts als ebenes Dreieck betrachten; man erhält den Flächeninhalt dann also durch Multiplikation des halben Produkts zweier Seiten mit dem Sinus des eingeschlossenen Winkels. Sind die Seiten in unbenannten Winkelmaßen ausgedrückt, kann man die Division durch das Quadrat des Radius sparen und erhält somit den Exzeß als unbenannte Zahl; durch Multiplikation mit der Zahl **s** erhält man sie in Sekunden. Sind also zwei der Seiten 1° lang und ist der eingeschlossene Winkel 60°, dann wird der sphärische Exzeß:

$$\frac{1}{2}\left(\frac{\pi}{180}\right)^2 \cdot \sin 60^\circ\,;$$

wird dies mit $s = \frac{180 \cdot 60 \cdot 60}{\pi}$ multipliziert, so erhält man $5\pi\sqrt{3} = 27''.2$.

Das sphärische Dreieck ist im allgemeinen bestimmt, wenn man von seinen sechs Größen drei kennt, und die für das ebene Dreieck geltende Bedingung, daß wenigstens eine davon eine Seite sein muß, fällt hier fort, weil die Summe der Winkel nicht konstant ist.

Ebenso wie in der ebenen Trigonometrie gibt es auch hier eine Ausnahme von der Regel, daß alle Stücke des Dreiecks bekannt sind, wenn drei davon bekannt sind: wenn die drei bekannten Stücke zwei Seiten und ein gegenüberliegender Winkel sind, kann es für die drei übrigen Stücke zwei verschiedene Lösungen geben. In astronomischen Problemen spielt diese Zweideutigkeit in der Regel jedoch keine Rolle. Beispiel s. Anhang S. 513.

Die Berechnung von drei Stücken in einem sphärischen Dreieck aus drei gegebenen Stücken geschieht mit Hilfe der Formeln der sphärischen Trigonometrie.

Die für astronomische Probleme wichtigsten sphärisch-trigonometrischen Formeln sind in folgendem Gleichungssystem enthalten, das eine Seite (a) und einen Winkel (B) gibt, wenn wir zwei Seiten (b und c) und den eingeschlossenen Winkel (A) kennen:

$$\begin{aligned} \cos a &= \cos b \cos c + \sin b \sin c \cos A \\ \sin a \sin B &= \sin b \sin A \\ \sin a \cos B &= \cos b \sin c - \sin b \cos c \cos A\,. \end{aligned} \tag{1}$$

Wenn wir C an Stelle von B berechnen wollen, brauchen wir in diesem System nur überall b gegen c und B gegen C zu vertauschen.

Im folgenden nennen wir diese drei Gleichungen die sphärisch-trigonometrischen Grundformeln. Wegen ihres symmetrischen Aufbaus sind sie leicht auswendig zu lernen.

Das Problem, eine Seite und einen Winkel zu bestimmen, wenn wir zwei Winkel und die dazwischenliegende Seite kennen, wird durch ein Formelsystem gelöst, das wir aus (1) durch Anwendung einer einfachen mnemotechnischen Regel erhalten: Vertausche alle großen Buchstaben gegen die entsprechenden kleinen in (1) und umgekehrt, setze außerdem überall ein Minuszeichen voran, wo in den Formeln ein Kosinus vorkommt. Das Resultat ist nach einer einfachen Umschreibung:

$$\begin{aligned} \cos A &= -\cos B \cos C + \sin B \sin C \cos a \\ \sin A \sin b &= \sin B \sin a \\ \sin A \cos b &= \cos B \sin C + \sin B \cos C \cos a\,. \end{aligned} \tag{2}$$

Ganz wie bei dem System (1) können wir durch Vertauschen von b mit c und B mit C die Formeln ableiten, die A und c an Stelle von A und b bestimmen.

Im folgenden ist System (1) das wichtigste.

Das Verfahren bei der numerischen Lösung einer hierhergehörenden Aufgabe kann auf folgende Weise skizziert werden.

Wir setzen voraus, daß wir b, c und A kennen. Führen wir mit Hilfe einer Logarithmentafel die Operationen rechts in den Gleichungen (1) aus (bei den

Beispielen im folgenden handelt es sich so gut wie immer um fünfstellige Rechnung), dann erhalten wir numerische Werte für:

$$\log\cos a$$
$$\log\sin a\sin B$$
$$\log\sin a\cos B\,.$$

Durch Subtraktion des dritten dieser drei Ausdrücke von dem zweiten erhalten wir:

$$\log\operatorname{tg} B$$

und durch Aufschlagen in der logarithmisch-trigonometrischen Tafel hieraus den Winkel B. Darauf suchen wir in der Tafel $\log\sin B$ oder $\log\cos B$ auf (Sinus, wenn B näher an 90° oder 270°, Kosinus, wenn B näher an 0° oder 180° liegt). Wir subtrahieren diesen Logarithmus von $\log\sin a\sin B$ bzw. $\log\sin a\cos B$, und erhalten dadurch:

$$\log\sin a\,.$$

Log $\cos a$ kennen wir bereits, und durch Subtrahieren desselben von $\log\sin a$ erhalten wir:

$$\log\operatorname{tg} a$$

und dadurch a.

Ein wesentlicher Vorteil bei diesem Verfahren ist, daß wir B und a beide aus dem tg erhalten, was sicherer ist als eine Bestimmung durch sin oder cos. Dies Prinzip muß der numerischen Rechnung immer zugrunde gelegt werden, sobald es sich darum handelt, die größtmögliche Genauigkeit zu erzielen.

Die wichtige *Quadranten*-Frage löst sich in unseren astronomischen Problemen von selbst (darüber Näheres auf S. 32).

Außer den bisher gegebenen Formelsystemen gibt es in der sphärischen Trigonometrie verschiedene andere Systeme, die für den geübten Rechner von großer Bedeutung sind. Für den, der die Anfangsgründe der sphärischen Astronomie studiert, ist es praktisch, sich an eine begrenzte Anzahl von Formeln zu halten, mit denen er sich aber dafür vollständig vertraut machen kann. Deshalb wollen wir hier nicht auf die übrigen Formelsysteme der sphärischen Trigonometrie näher eingehen. Aus ähnlichen Gründen sehen wir in diesem Buch von dem Gebrauch der Additions- und Subtraktionslogarithmen ab. Wir werden auch nicht auf das mächtige Hilfsmittel eingehen, das die höhere Rechenkunst unserer Tage in den modernen Rechenmaschinen hat, da von den Lesern dieses Buches normalerweise nicht vorausgesetzt werden kann, daß sie solche Hilfsmittel zur Verfügung haben.

Innerhalb des Gebietes der sphärisch-trigonometrischen Probleme gibt es zwei spezielle Fälle, die eine wichtige Rolle spielen: die Fälle, wo eine Seite (a) oder ein Winkel (A) 90° ist. Die größte Bedeutung hat der letztgenannte Fall (rechtwinklige sphärische Dreiecke). Formeln zur Auflösung dieser Dreiecke können wir uns natürlich dadurch verschaffen, daß wir in den gewöhnlichen Formeln $A = 90^\circ$ setzen. Auf diese Weise erhält man folgendes Formelsystem für solche Dreiecke:

$$\begin{aligned}
A &= 90^\circ\\
\cos a &= \cos b\cos c\\
\cos a &= \cot B\cot C\\
\sin b &= \sin B\sin a\\
\sin b &= \operatorname{tg} c\cot C\\
\sin c &= \sin C\sin a\\
\sin c &= \operatorname{tg} b\cot B\\
\cos B &= \sin C\cos b\\
\cos B &= \cot a\operatorname{tg} c\\
\cos C &= \sin B\cos c\\
\cos C &= \cot a\operatorname{tg} b\,.
\end{aligned} \tag{3}$$

14. *Die sphärisch-trigonometrischen Differentialformeln.* Von großer Bedeutung in den astronomischen Problemen ist die Anwendung der sphärisch-trigonometrischen *Differentialformeln.*

Wenn wir von dem obengenannten Ausnahmefall absehen, bei dem es eine doppelte Lösung gibt, ist ein sphärisches Dreieck ja vollständig bekannt, sobald wir drei von den sechs Größen kennen. Man kann also, sobald man drei Größen des Dreiecks kennt, jede der drei übrigen berechnen. Wenn man nun eine kleine Änderung in jeder der bekannten Größen vornimmt, dann ist es klar, daß jede dieser Änderungen eine entsprechende Änderung in den drei anderen Größen bewirkt. Und hieraus folgt unmittelbar, daß die Formeln — die sphärisch-trigonometrischen Differentialformeln — durch die man Änderungen in *einer* der sechs Größen als Funktion von Änderungen der anderen Größen berechnen kann, immer *vier* Differentiale enthalten müssen. Diese Differentialformeln, die in der sphärischen Trigonometrie abgeleitet werden, haben folgendes Aussehen:

$$\begin{aligned} da &= \cos C\,db + \cos B\,dc + \sin b \sin C\,dA \\ \cot a\,da + \cot B\,dB &= \cot b\,db + \cot A\,dA \\ \sin a\,dB &= \sin C\,db - \cos a \sin B\,dc - \sin b \cos C\,dA \\ dA &= -\cos c\,dB - \cos b\,dC + \sin b \sin C\,da\,. \end{aligned} \tag{4}$$

Mit Hilfe dieser Formeln sind wir also imstande, die Änderungen in einer Seite oder einem Winkel numerisch zu berechnen, die sich aus Änderungen von drei anderen Größen in einem sphärischen Dreieck ergeben. Wie wir später bei der Behandlung von mehreren verschiedenen Problemen sehen werden, liegt die Bedeutung dieser Differentialformeln indessen nicht nur in dieser Möglichkeit. Die sphärisch-trigonometrischen Differentialformeln helfen uns auch bei der Lösung eines anderen Problems. Mit Hilfe der sphärisch-trigonometrischen Differentialformeln kann man untersuchen, welchen Einfluß die Unsicherheit in einer Beobachtung (oder in anderen in ein Problem eingehenden Größen) unter verschiedenen Umständen auf eine gesuchte Größe hat, und man wird dadurch instand gesetzt, zu entscheiden, *wie man am besten Beobachtungen vornehmen soll, um ein möglichst genaues Resultat zu erhalten.* Im folgenden werden wir mehrere Beispiele von der Anwendung dieses Prinzips sehen.

15. Bezeichnet x eine veränderliche Größe und y eine Funktion davon, dann wird ein kleiner Zuwachs $\varDelta x$ zu der unabhängigen Variabeln im allgemeinen einen kleinen Zuwachs $\varDelta y$ zur Funktion bewirken. Nach einer bekannten Reihenentwicklung hat man dann:

$$\varDelta y = \frac{dy}{dx} \cdot \varDelta x + \frac{1}{2} \frac{d^2y}{dx^2} \cdot \varDelta x^2 + \cdots,$$

wo die folgenden Glieder immer höhere Potenzen von $\varDelta x$ enthalten, und wo die Differentialquotienten bekannt sind, wenn y eine gegebene Funktion von x ist.

Ist y zugleich die Funktion einer Größe z, die unabhängig von x variieren kann, und die einen kleinen Zuwachs $\varDelta z$ erhält, dann erhält die Reihe einen Zuwachs von derselben Form nach Potenzen von $\varDelta z$, aber außerdem noch einen Zuwachs, der die Produkte von $\varDelta x$ und $\varDelta z$ und ihre Potenzen enthält.

Wenn aber $\varDelta x$ und $\varDelta z$ so klein sind, daß ihre Produkte und Potenzen ohne Einfluß auf die Genauigkeit bleiben, die bei der Berechnung von $\varDelta y$ angestrebt wird, und wenn auch die Differentialquotienten keine besonders großen Werte annehmen, dann reduziert sich das Ganze auf:

$$\varDelta y = \frac{\partial y}{\partial x} \cdot \varDelta x + \frac{\partial y}{\partial z} \cdot \varDelta z + \cdots,$$

wo die Punkte andeuten, daß noch mehr unabhängige Variable vorhanden sein können. In diesem Falle kann man also die Wirkungen von $\varDelta x$, $\varDelta z$ usw. jede für sich untersuchen und schließlich die Ergebnisse summieren. Es kommt also darauf hinaus, daß die mit Δ bezeichneten Größen als *Differentiale* betrachtet werden können, und daß Δy durch Differentiation derjenigen Gleichung gefunden werden kann, durch die y als Funktion von x und z gegeben ist.

Die Bedingung dafür, daß die fortgelassenen Glieder der Reihe unmerklich werden, ist natürlich von der verlangten Genauigkeit abhängig. Sind y und x Winkel, und wird verlangt, daß keins von den fortgelassenen Gliedern, z. B. Δx^2, einen gewissen kleinen Wert ε übersteigen darf, dann erhält man, wenn ε in Sekunden ausgedrückt ist, und die entsprechende Änderung in y ebenfalls in Sekunden ausgedrückt werden soll:

$$\Delta x < \sqrt{\varepsilon s}\,.$$

Wird z. B. $\varepsilon = 0''.1$ gesetzt, so erhält man $\Delta x < \sqrt{20626} = 144''$ oder etwas über $2'$. Die Wirkung hiervon auf Δy wird noch durch den Differentialquotienten modifiziert, mit dem Δx^2 multipliziert ist.

Der Sternhimmel.

16. Das erste Mittel, Astronomie zu erlernen, ist das Studium der Vorgänge am Himmel. Unten wird eine kurze Beschreibung gegeben, die dem Gedächtnis als Stütze dienen kann, wenn man sich unter den helleren Sternen zu orientieren wünscht.

Die Anzahl der Sterne, die mit bloßem Auge am ganzen Himmel gesehen werden können, ist ungefähr 5000. Diese sind von alters her in sechs Klassen nach ihrer „Größe“ eingeteilt, so daß die lichtstärksten zur ersten, die lichtschwächsten zur sechsten Klasse gerechnet werden (hierüber Näheres S. 321).

Ebenso hat man von alters her die Sterne in gewisse Gruppen oder *Sternbilder* eingeteilt (Konstellationen). Innerhalb dieser werden die einzelnen besonders hervortretenden Sterne mit Buchstaben und manchmal mit Zahlen bezeichnet. Hierzu wird vorwiegend das griechische Alphabet benutzt. Teils aus diesem Grunde und teils weil griechische Buchstaben auch häufig benutzt werden, um mathematische Größen zu bezeichnen, geben wir weiter unten eine Liste dieser Buchstaben mit ihren Namen.

Einige der hellsten Sterne haben daneben auch noch besondere Namen erhalten, zum großen Teil arabischen Ursprungs.

Der *Große Wagen*, die bekannten sieben hellen Sterne, die man des Nachts immer bei uns sehen kann, wenn der Himmel klar ist, bildet einen Teil eines größeren Sternbildes, des *Großen Bären*. Diese sieben Sterne werden der Reihe nach mit den sieben ersten griechischen Buchstaben benannt, so daß α der hinterste oben im Wagen selbst ist, η der äußerste in der Wagendeichsel.

Indem man die Linie durch die beiden hintersten Sterne im Großen Wagen (α und β) fünfmal über α hinaus verlängert, trifft man auf den *Polarstern* oder α im *Kleinen Bären*. Er ist zweiter Größe wie die meisten von den Sternen im Großen Wagen (nur δ ist dritter Größe). Auch im Kleinen Bären sind sieben Sterne (wovon vier jedoch schwächer sind), die eine wagenähnliche Figur bilden, aber die Wagendeichsel ist in der entgegengesetzten Richtung gebogen.

Zwischen den beiden Wagen schlängelt der *Drache* einen Teil seines Schweifes; der Kopf wird von vier Sternen gebildet, die ungefähr ebensoweit vom Polarstern entfernt stehen wie der Kasten des Großen Wagens, aber in einer um ca. 90° verschiedenen Richtung, nach derselben Seite wie der Kasten des Kleinen Wagens.

Verlängert man die Verbindungslinie $\alpha-\beta$ im Großen Bären ein gutes Stück nach unten — also über β hinaus — trifft sie auf den *Löwen* mit dem *Regulus*, einen Stern erster Größe. Abends ist der Löwe nur gegen Ende des Winters und im Frühjahr sichtbar.

Die Linie durch die beiden oberen Sterne im Kasten des Großen Wagens (α und δ), nach hinten verlängert, trifft auf *Capella* oder α im *Fuhrmann*, einen sehr hellen Stern.

Denkt man sich den Bogen der Wagendeichsel mit gleichmäßiger Krümmung nach unten verlängert, trifft er auf *Arcturus* oder α im *Bootes*, einen sehr hellen, rötlichen Stern. Eine weitere Verlängerung wird auf *Spica* (die Ähre) treffen, den hellsten Stern in der *Jungfrau*. Diese steht jedoch immer niedrig bei uns und kann abends nur im Frühjahr gesehen werden.

In ungefähr der gleichen Entfernung vom Polarstern wie der Große Wagen, aber nach der entgegengesetzten Seite, findet man die *Cassiopeia*, kenntlich an fünf Sternen, die ein schiefes W bilden.

Zwischen Cassiopeia und dem Fuhrmann sieht man den *Perseus*, der etwas an einen krummrückigen Stuhl erinnert. Die Milchstraße zieht sich durch diese drei Sternbilder.

Zwischen dem Fuhrmann und dem Löwen stehen die *Zwillinge* mit *Castor* und *Pollux*.

Im Herbst, wenn Arcturus im Westen und Capella im Norden oder Nordosten strahlen, findet man auf der südlichen Seite des Himmels drei helle Sterne, nämlich *Wega* oder α in der *Leier*, *Deneb* oder α im *Schwan* und *Altair* oder α im *Adler*, die zusammen ein großes, beinahe gleichschenkliges Dreieck mit der Spitze (Altair) nach unten bilden. Wega, die von den dreien am weitesten nach rechts steht, ist einer der hellsten Sterne des Himmels. Der Schwan ist ein schönes Sternbild in der Milchstraße, wo die hellsten Sterne ein großes Kreuz bilden, mit Deneb an der Spitze.

Rechts von der Leier steht der *Hercules*, und rechts von diesem die *Krone*, leicht erkenntlich an einem Halbkreis von Sternen, von denen der hellste *Gemma* genannt wird.

Ein Stück links von dem erwähnten Dreieck findet man vier Sterne zweiter Größe, die annähernd ein Quadrat bilden, das Quadrat im *Pegasus* genannt. Der oberste Stern links gehört jedoch zur *Andromeda*.

Der *Orion* oder der Riese ist ein strahlendes Sternbild mit sieben hellen Sternen, von denen die beiden obersten in den Schultern, die beiden untersten in den Knien stehen; die drei mittleren bilden den Gürtel. Denkt man sich den Gürtel links nach unten verlängert, dann trifft die Linie auf den *Großen Hund*, wo *Sirius* oder der Hundsstern, der hellste aller Fixsterne, strahlt. Man sieht ihn am besten mitten im Winter. Links von der Schulter des Orion sieht man *Procyon*, einen Stern erster Größe im Sternbild des *Kleinen Hundes*.

Rechts vom Orion und etwas höher am Himmel steht der *Stier*, der zwei ins Auge fallende Gruppen von Sternen enthält, die *Hyaden* und die *Plejaden*. Die erstere enthält einen rötlichen Stern erster Größe, *Aldebaran* oder das Auge des Stiers. Die Plejaden bilden einen dichten Haufen, der von alters her auch unter dem Namen das Siebengestirn bekannt ist, obzwar normale Augen nicht mehr als sechs Sterne sehen können.

Das griechische Alphabet.

A	α	Alpha	I	ι	Jota	P	ϱ	Rho
B	β	Beta	K	$\varkappa$	Kappa	Σ	σ	Sigma
Γ	γ	Gamma	Λ	λ	Lambda	T	τ	Tau
Δ	δ	Delta	M	μ	My	Y	υ	Ypsilon
E	ε	Epsilon	N	ν	Ny	Φ	φ	Phi
Z	ζ	Zeta	Ξ	ξ	Xi	X	χ	Chi
H	η	Eta	O	o	Omikron	Ψ	ψ	Psi
Θ	ϑ	Theta	Π	π	Pi	Ω	ω	Omega.

Sphärische Astronomie.

Die tägliche Bewegung des Himmels. Sphärische Koordinaten.

17. *Die Himmelskugel und ihre tägliche Umdrehung.* Unter der *Himmelskugel* wird eine Kugelfläche mit unendlichem Radius verstanden, dessen Zentrum man sich an den Ort des zufälligen Beobachters gelegt denken kann. Sie dient dazu, *Richtungen* anzugeben, die vom Beobachter zu Sternen oder anderen Punkten am Himmel ausgehen. Wieweit sich die Richtung zu einem Stern merkbar ändert, wenn der Beobachter den Ort wechselt, soll später untersucht werden. Die Himmelswölbung selbst wird von innen gesehen. Will man aber die Himmelskugel durch einen Globus oder eine Zeichnung anschaulich machen, dann muß man sie sich von außen gesehen vorstellen.

Die Lage eines Punktes auf der Oberfläche einer Kugel kann durch zwei Winkel oder Bogen von größten Kreisen angegeben werden, die *sphärische Koordinaten* genannt werden; hierzu ist etwas erforderlich, worauf die Koordinaten bezogen werden. In der Astronomie hat man mit verschiedenen solchen Koordinatensystemen zu tun.

Die *Richtung der Schwere* gibt eine bequeme Grundlage ab, da sie leicht anschaulich gemacht werden kann, z. B. durch eine Lotschnur. Diese Richtung wird *Vertikallinie* genannt, und sie schneidet die Himmelskugel im *Zenit* (nach oben) und *Nadir* (nach unten). Jede Ebene durch die Vertikallinie wird eine *Vertikalebene* genannt. Da sie durch das Zentrum der Kugel geht, schneidet sie diese in einem größten Kreis; dieser wird *Vertikalkreis* genannt. Jeder Vertikalkreis wird also durch Zenit und Nadir gehen; durch jeden anderen Punkt auf der Oberfläche der Kugel kann man immer einen und nur einen Vertikalkreis legen. Die Ebene durch das Zentrum, die rechtwinklig zur Vertikallinie steht, wird der *Horizont* genannt. Derselbe Name wird auch von dem größten Kreis gebraucht, in dem die Ebene die Himmelskugel schneidet. Zenit und Nadir sind also die Pole des Horizontes. Stillstehendes Wasser oder andere Flüssigkeiten in Behältern veranschaulichen durch ihre Oberfläche die horizontale Ebene.

Ein dem Horizont paralleler kleiner Kreis wird manchmal ein *Almukantarat* genannt.

Die Grenze zwischen Himmel und Meer wird der *natürliche Horizont* oder die *Kimmung* genannt und fällt nicht ganz mit dem oben definierten zusammen, der, wenn es notwendig ist, ihn besonders zu bezeichnen, der wahre oder *astronomische Horizont* genannt wird.

Die Grundlage für ein anderes Koordinatensystem erhält man auf folgendem Wege: Ein flüchtiger Blick zeigt bereits, daß Sonne, Mond und Sterne in einer unaufhörlichen Bewegung sind relativ zum Horizont, der für einen gegebenen Beobachter eine feste Ebene ist. Folgt man den Sternen mit Aufmerksamkeit, so wird man finden, daß die Bewegung in einer Drehung um einen Durchmesser der Himmelskugel besteht. Dieser Durchmesser, der bei uns schräg gegen den Horizont geneigt ist, wird *Himmelsachse* oder *Weltachse*, und seine Endpunkte werden die *Himmelspole*, *Nordpol* und *Südpol*, genannt. Der letztere ist bei uns immer durch die Erde verdeckt, der erstere liegt über dem Horizont. Er ist nur etwas mehr als ein Grad von dem vorher genannten Polarstern entfernt.

Auf diese Weise beschreiben die Sterne parallele Kreise, die natürlicherweise kleiner und kleiner werden, je mehr man sich den Polen nähert. Die Drehung wird die *tägliche Bewegung* des Himmels genannt, da die Sterne im Verlaufe von 24 Stunden einmal ganz herum kommen.

Der größte Kreis, der senkrecht zur Himmelsachse steht, wird der *Himmelsäquator*, und die kleinen Kreise, die damit parallel sind, werden *Parallelkreise* genannt. Unter den Sternen, die ganz nahe am Äquator stehen, kann der oberste in dem Gürtel des Orion genannt werden. Der Äquator bildet die Grenze zwischen dem nördlichen und dem südlichen Himmel. Die Äquatorpole sind die gleichen, die oben die Himmelspole genannt werden. Ein größter Kreis durch diese Pole wird ein *Deklinationskreis* genannt; durch jeden anderen Punkt am Himmel kann man einen und nur einen Deklinationskreis legen. Deklinationskreise stehen also in derselben Beziehung zum Äquator wie die Vertikalkreise zum Horizont.

Der *Meridian* ist der größte Kreis, der durch das Zenit und den Pol geht (also auch durch den Nadir und den anderen Pol). Es ist der einzige Kreis, der sowohl Vertikalkreis als auch Deklinationskreis ist, und seine Ebene bildet rechte Winkel mit dem Horizont sowohl als mit dem Äquator. Den gemeinsamen Durchmesser für den Meridian und den Horizont nennt man die *Mittagslinie*, und ihre beiden Endpunkte den *Nordpunkt* und den *Südpunkt*, so daß der Nordpunkt derjenige ist, der dem Himmelsnordpol am nächsten liegt. Der Vertikalkreis, der senkrecht auf dem Meridian steht, wird *erster Vertikal* genannt und seine Schnittpunkte mit dem Horizont heißen *Ostpunkt* und *Westpunkt*, so daß ein Beobachter mit dem Gesicht nach Süden gewandt den Westpunkt rechts hat. Der Ost- und Westpunkt sind die Pole des Meridians und deshalb die Schnittpunkte zwischen Horizont und Äquator.

Nord, Ost, Süd und West sowie auch die dazwischenliegenden Kompaßstriche dienen also dazu, die Richtungen in der horizontalen Ebene anzugeben. Dieselben Namen werden indessen auch gebraucht, um Richtungen auf der Himmelskugel anzugeben, erfordern aber eine andere Definition, nämlich Nord die Richtung gegen den nördlichen Himmelspol, Süd die entgegengesetzte Richtung, West die Richtung mit der täglichen Bewegung, Ost gegen diese. Wer nicht im voraus orientiert ist, sollte sich vielleicht lieber zur Beschreibung einer Richtung am Himmel der Ausdrücke nach oben und nach unten, und rechts und links bedienen, z. B. nach oben, 20° nach rechts usw.

18. *Die beiden ersten sphärisch-astronomischen Koordinatensysteme.* Es ist nun leicht zu sehen, wie die Richtung der Schwere und die tägliche Bewegung des Himmels, die beide zum Gegenstand von Beobachtungen gemacht werden können, eine Grundlage für zwei verschiedene Koordinatensysteme abgeben können; das eine wird vom Horizont und Meridian gebildet, das andere vom Äquator und Meridian.

Die *Höhe* eines Sterns ist der Bogen vom Vertikalkreis des Sterns, der zwischen dem Horizont und dem Stern liegt, oder, was auf dasselbe herauskommt, der Winkel, den die Visierlinie zum Stern mit der horizontalen Ebene durch das Auge bildet. Er wird positiv (von 0° bis +90°) oberhalb, negativ (von 0° bis −90°) unterhalb des Horizontes gezählt. Das Komplement der Höhe wird die *Zenitdistanz* genannt. Das *Azimut* eines Sterns ist der Winkel, den sein Vertikalkreis mit dem Meridian bildet; er wird im allgemeinen von Süden über Westen von 0° bis 360° gezählt. Es ist leicht zu sehen, daß die beiden Koordinaten Höhe und Azimut ausreichen, um die Lage eines Punktes auf der Himmelskugel zu bezeichnen.

Die entsprechenden Koordinaten, bezogen auf den Äquator, werden *Deklination* und *Stundenwinkel* genannt. Die *Deklination* eines Sterns ist der Bogen seines Deklinationskreises, der zwischen dem Äquator und dem Stern liegt, oder der Winkel, den die Visierlinie zum Stern mit der Ebene des Äquators bildet. Sie wird nördlich oder positiv genannt, wenn der Stern auf derselben Seite des Äquators liegt wie der Nordpol, südlich oder negativ auf der anderen Seite.

Das Komplement zur Deklination wird die *Poldistanz* genannt; für Sterne mit südlicher Deklination ist diese also $> 90°$, wogegen die Deklination ebenso wie die Höhe nie einen größeren Zahlenwert als 90° hat. Der *Stundenwinkel* eines Sterns ist der Winkel, den sein Deklinationskreis mit dem Meridian bildet. Er wird von der südlichen Seite des Meridians gezählt und positiv gegen Westen. Er wächst also beständig während der täglichen Bewegung, und da der Stern sich gleichmäßig bewegt und in 24 Stunden 360° durchläuft, so entspricht jede Stunde 15°, jede Zeitminute 15′ und jede Zeitsekunde 15″. Der Stundenwinkel kann deshalb in Graden, Minuten und Sekunden oder in Stunden mit ihren Unterabteilungen ausgedrückt werden. In der Astronomie werden diese mit *h*, *m* und *s* bezeichnet.

Kennt man Höhe und Azimut eines Sterns, dann können Deklination und Stundenwinkel durch Berechnung gefunden werden und umgekehrt. Die Bedingung hierfür ist, daß man die gegenseitige Lage der Koordinatensysteme kennt. Da der Meridian beiden gemeinsam ist, und die Schnittlinie zwischen Äquator und Horizont eine feste Richtung (Ost-West) hat, so wird die gegenseitige Lage ausschließlich von dem Neigungswinkel dieser beiden Ebenen abhängen. Dieser Winkel wird *Äquatorhöhe* genannt. Da der Pol 90° vom Äquator entfernt ist, so ist die Höhe des Pols über dem Horizont das Komplement zu der Äquatorhöhe. Wie wir später sehen werden, ist die *Polhöhe* dasselbe wie die *geographische Breite*. Ist der Südpol des Himmels über dem Horizont, so wird die Polhöhe negativ gerechnet, so daß negative Polhöhe südlicher Breite entspricht.

19. Im folgenden wird bezeichnet:

die Höhe mit h
das Azimut mit Az
die Deklination mit δ
der Stundenwinkel mit t
die Polhöhe mit φ.

Abb. 11 gibt eine Darstellung der Himmelskugel mit dem Beobachter im Zentrum C. Die Gerade ZCn ist die Vertikallinie mit dem Zenit in Z und dem Nadir in n. $NWSO$ ist der Horizont, von der Seite und etwas von oben gesehen (die Zeichnung ist eigentlich nicht ganz korrekt: wenn die Himmelskugel als etwas von oben gesehen vorausgesetzt wird, dann sollten Pol und Zenit nicht in der Ebene des Papiers liegen). Die Gerade PCp ist die Weltachse mit dem Nordpol in P, dem Südpol in p. $AWQO$ ist der Himmelsäquator; die mit dem Horizont gemeinsamen Punkte W und O sind der West- und Ostpunkt. Der Kreis, der die Abbildung begrenzt und der durch das Zenit, den Nadir und die Pole geht, ist also der Meridian. NS ist die Mittagslinie mit dem Nordpunkt in N, dem Südpunkt in S. Der größte Kreis $ZWnO$ ist der erste Vertikal.

Der Meridianbogen NP ist die Polhöhe φ. Der Bogen QZ ist die Deklination des Zenits, SQ oder AN die Äquatorhöhe. Da die Bogen ZN und PQ beide 90° sind und das Stück PZ beiden gemeinsam ist, so sind NP und QZ auch gleich groß oder *die Deklination des Zenits ist gleich der Polhöhe.*

Mit St werde ein Stern bezeichnet, der während der täglichen Bewegung den Parallelkreis S_oStS_u beschreibt, wovon ein Teil unter dem Horizont liegt. ZSt ist der Vertikalkreis des Sterns, der den Winkel Az mit dem Meridian bildet; der Bogen bSt ist die Höhe des Sterns h. PSt ist der Deklinationskreis des Sterns, der mit dem Meridian den Stundenwinkel t bildet; der Bogen eSt ist die Deklination des Sterns.

Man wird bemerken, daß in das sphärische Dreieck mit den Ecken im Pol, im Zenit und im Stern, also $PZSt$, die Komplemente der Höhe, der Deklination und der Polhöhe als Seiten eingehen; der Winkel bei P ist der Stundenwinkel und der Winkel bei Z ist das Supplement des Azimuts. Sofern man von diesen fünf Größen drei kennt, wird man also mit Hilfe der Sätze aus der sphärischen Trigonometrie die übrigen berechnen können.

Der dritte Winkel im Dreieck, der Winkel also zwischen dem Vertikalkreis und dem Deklinationskreis, wird der *parallaktische Winkel* des Sterns genannt.

Die Figur sollte immer wie in Abb. 11 gezeichnet werden: die Himmelskugel von *Westen* gesehen, also P links von Z. Nur dann werden die beiden Winkel t und Az das, was sie sein sollen. Zeichnet man die Himmelskugel von *Osten* gesehen, werden die beiden Winkel in der Figur $-t$ und $-Az$, was für einen Anfänger leicht Schwierigkeiten mit sich führt.

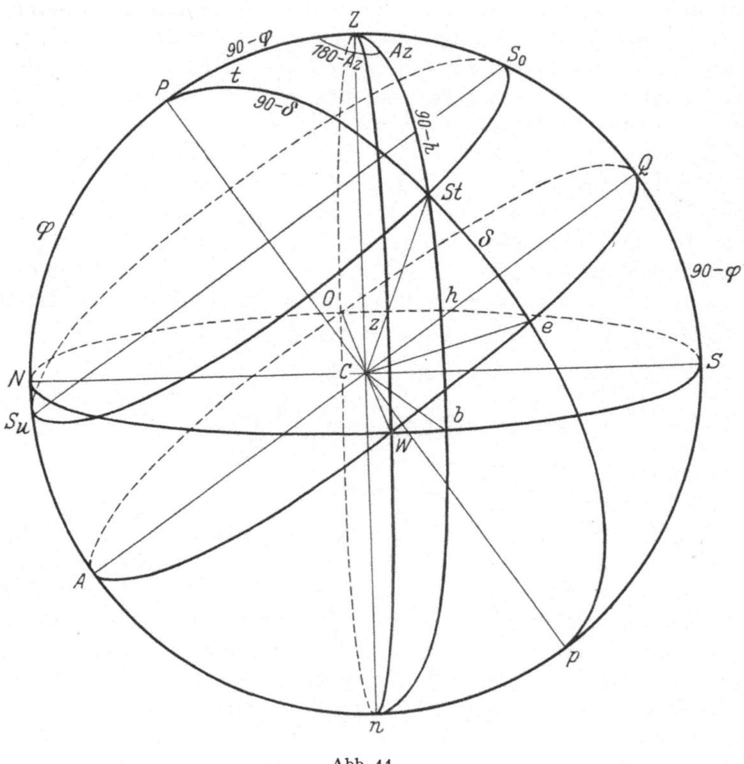

Abb. 11.

20. Aus der Abbildung ist ersichtlich, daß ein Teil der Sterne im Lauf der täglichen Bewegung an der östlichen Seite des Horizonts aufgeht, daß darauf die Höhe zunimmt, bis der Stern in den Meridian kommt (*obere Kulmination*). Auf der westlichen Seite des Meridians fängt der Stern an zu sinken; nach Verlauf einiger Zeit geht er unter, und 12 Stunden nach der oberen Kulmination passiert der Stern den Meridian zum zweiten Male (*untere Kulmination*). Er hat dann seinen größten Tiefstand unter dem Horizont erreicht. Der Teil des Parallelkreises des Sterns, der über dem Horizont liegt, wird sein *Tagbogen*, der Rest sein *Nachtbogen* genannt. Für einen Stern im Himmelsäquator, mit der Deklination Null also, sind Tagbogen und Nachtbogen gleich; hat die Deklination dasselbe Vorzeichen wie die Polhöhe, ist der Tagbogen größer als der Nachtbogen, bei entgegengesetztem Vorzeichen ist es umgekehrt. Bei uns wird also ein Stern mit nördlicher Deklination mehr als 12 Stunden über dem Horizont bleiben.

Ferner zeigt Abb. 11, daß es andere Sterne gibt, die bei der unteren Kulmination nicht bis zum Horizont hinuntergelangen, die also beständig über dem Horizont sind. Sie werden *Zirkumpolarsterne* genannt. Um den entgegengesetzten Pol herum haben wir einen entsprechenden Teil des Himmels; die Sterne, die sich in diesem Teil befinden, gehen niemals auf. Die Bedingung dafür, daß ein Stern für einen Beobachter, der den Nordpol über dem Horizont hat, zirkumpolar sein soll, ist nach Abb. 11:

$$\delta \geqq 90° - \varphi,$$

die Deklination muß also gleich der Äquatorhöhe oder größer sein. Bei einer Polhöhe von 60° wird demnach jeder Stern, dessen nördliche Deklination 30° oder mehr ist, zirkumpolar sein. Ein Stern, dessen Deklination mehr als 30° südlich ist, kann an diesem Ort nie wahrgenommen werden. Durch die *Refraktion* (vgl. S. 55 und 110) werden diese Sätze etwas modifiziert.

Der Teil des Himmels, der die Zirkumpolarsterne enthält, bildet eine Kalotte, die (bei uns) vom Parallelkreis durch den Nordpunkt abgeschnitten wird. Wieviel vom ganzen Himmel dies ausmacht, kann man aus Abb. 12 ersehen, die die Himmelskugel, mit den Parallelkreisen als gerade Linien gezeichnet, darstellt. NPS ist die zirkumpolare Kalotte mit der Höhe (Zonenhöhe) $PB = PC - BC = r(1 - \cos\varphi)$, wo r der Radius der Kugel ist. Wird die ganze Kugel als eine Zone mit der Höhe $2r$ angesehen, dann wird (da die Areale den Höhen proportional sind) das Verhältnis:

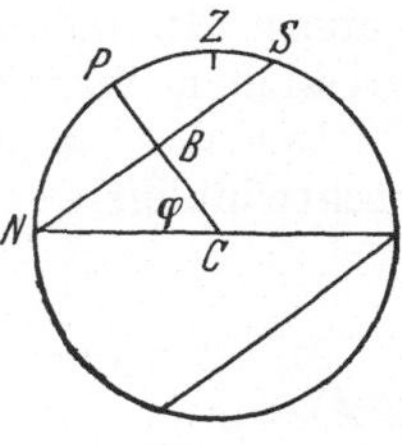

Abb. 12.

$$x = \frac{r(1 - \cos\varphi)}{2r} = \frac{1 - \cos\varphi}{2} = \sin^2\frac{\varphi}{2}.$$

Ist $\varphi = 90°$, wird x gleich $^1/_2$, d. h. die eine Hälfte des Himmels ist zirkumpolar, die andere Hälfte immer unsichtbar; das Zenit fällt mit dem Pol zusammen, und die tägliche Bewegung des Himmels geht horizontal vor sich.

Das ist an den Erdpolen der Fall.

Für $\varphi = 60°$ ist $\cos\varphi = {}^1/_2$ und $x = {}^1/_4$. Ein Viertel des Himmels ist zirkumpolar, das entgegengesetzte Viertel immer unsichtbar.

Ist $\varphi = 0$, wird auch $x = 0$, es gibt keine Zirkumpolarsterne. Der nördliche Himmelspol fällt in den Nordpunkt, der Südpol in den Südpunkt; die Weltachse liegt horizontal, die tägliche Bewegung des Himmels geht senkrecht zum Horizont vor sich. Das ist beim Erdäquator der Fall.

Auf der südlichen Halbkugel sind die Verhältnisse die gleichen, da $\cos(-\varphi) = \cos\varphi$. Die Sonne hat indessen ihre obere Kulmination im Norden, und für einen Beobachter, der sein Gesicht der Sonne zuwendet, geht die tägliche Bewegung des Himmels von rechts nach links vor sich.

Jeder Himmelskörper, dessen Deklination konstant ist, erreicht, ob er zirkumpolar ist oder nicht, seine größte Höhe im Meridian bei oberer Kulmination. Der Stern durchläuft auf der westlichen Seite des Meridians dieselben Höhen wie auf der östlichen, aber in umgekehrter Reihenfolge. Zwei gleich große Höhen desselben Sterns werden *korrespondierende Höhen* genannt; wenn die Deklination konstant ist, werden diese Höhen auf beiden Seiten vom Meridian in dem gleichen Abstand erreicht.

21. Die Art und Weise, auf die sich das Azimut eines Sterns bei der täglichen Bewegung verändert, ist (wie man aus Abb. 11 ersieht) verschieden, je nachdem der Stern bei seiner oberen Kulmination den Meridian zwischen Zenit und Pol oder auf der anderen Seite des Zenits, bei uns also im Süden, passiert. Im letzteren Fall ist das Azimut 0° bei der oberen und 180° bei der unteren Kulmination, es nimmt aber in der Zwischenzeit nicht gleichförmig zu. Im ersten

Fall dagegen ist das Azimut 180° sowohl bei der oberen wie bei der unteren Kulmination. Die Verhältnisse lassen sich dann aus Abb. 13 ersehen, die die Himmelskugel von oben gesehen darstellt, mit dem Zenit in Z und mit dem Horizont als begrenzendem Kreis. P ist der Pol, folglich PZ der Meridian, mit dem Nordpunkt in N, dem Südpunkt in S. BA ist der Parallelkreis des Sterns. Von 180° bei oberer Kulmination nimmt das Azimut dann ab, bis der Stern in A angelangt ist, wo sein Vertikalkreis den Parallelkreis tangiert. Das Supplement zu diesem kleinsten Azimut wird die *größte westliche Digression* genannt. Darauf beginnt das Azimut wieder zuzunehmen bis zu 180° bei unterer Kulmination. worauf sich derselbe Vorgang in umgekehrter Reihenfolge auf der östlichen Seite des Meridians wiederholt, so daß die größte östliche Digression ebenso lange vor der oberen Kulmination eintrifft wie die größte westliche nach ihr. Für solche Sterne bewegt sich der Vertikalkreis bei der täglichen Bewegung also nicht um den ganzen Himmel herum, sondern schwingt zwischen den beiden durch die Digressionen charakterisierten Grenzwerten hin und her.

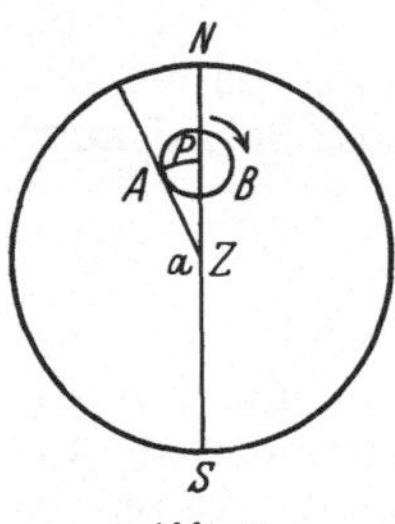

Abb. 13.

Der Wert a, den das Azimut bei der größten Digression hat, kann aus dem rechtwinkligen sphärischen Dreieck PAZ gefunden werden, wo

$$\sin PA = \sin PZ \sin a .$$

Mit den oben angeführten Bezeichnungen von Deklination und Polhöhe ist $PA = 90° - \delta$ und $PZ = 90° - \varphi$, folglich erhalten wir $\cos\delta = \cos\varphi \sin a$ oder $\sin a = \frac{\cos\delta}{\cos\varphi}$.

Ist die Poldistanz $90° - \delta$ eine kleine Größe, so kann man setzen

$$180° - a = (90° - \delta) \sec\varphi .$$

Für den Polarstern z. B. ist $90° - \delta = 1°.1$, so daß man bei 60° Polhöhe die größte Digression 2°.2, bei 70° Polhöhe 3°.2 erhält.

22. Wenn wir das Formelsystem (1) auf S. 22 auf das Dreieck Pol—Zenit—Stern (Abb. 14) anwenden, dann erhalten wir zwei Reihen von Formeln, die die Beziehungen zwischen den Koordinaten im Horizontalsystem (h und Az) und in dem Äquatorsystem (δ, t) eines Sterns ausdrücken.

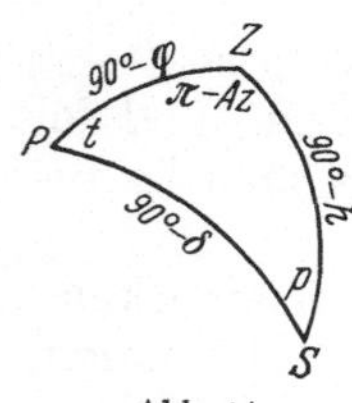

Abb. 14.

Problem I. Wir kennen Höhe und Azimut (h und Az) eines Sterns sowie die Polhöhe (φ) des betreffenden Ortes. Wir suchen die Deklination und den Stundenwinkel (δ, t) des Sterns in demselben Augenblick.

Abb. 14 gibt:

$$\begin{aligned} \sin\delta &= \sin\varphi \sin h - \cos\varphi \cos h \cos Az \\ \cos\delta \sin t &= \cos h \sin Az \qquad (1) \\ \cos\delta \cos t &= \cos\varphi \sin h + \sin\varphi \cos h \cos Az . \end{aligned}$$

Bei der Feststellung des Quadranten für t ist zu bemerken, daß $\cos\delta$ immer positiv ist, daß daher $\sin t$ und $\cos t$ dasselbe Vorzeichen haben wie die rechte Seite in der zweiten, bzw. der dritten Gleichung.

Problem II. Wir kennen δ und t eines Sterns sowie die Polhöhe des Ortes φ. Wir suchen h und Az für den Stern in demselben Augenblick. Abb. 14 gibt:

$$\begin{aligned} \sin h &= \sin\varphi \sin\delta + \cos\varphi \cos\delta \cos t \\ \cos h \sin Az &= \cos\delta \sin t \qquad (2) \\ \cos h \cos Az &= - \cos\varphi \sin\delta + \sin\varphi \cos\delta \cos t . \end{aligned}$$

Numerisches Beispiel s. Anhang. Für die Quadrantenfrage gelten hier entsprechende Bemerkungen wie bei System (1).

Ein wichtiger Spezialfall ist der folgende: Wir kennen die Polhöhe (φ) und die Deklination eines Sterns (δ). Wir wollen den Stundenwinkel (t_0) für den Aufgang, bzw. Untergang des Sterns berechnen.

Lösung. Beim Aufgang und Untergang ist $h = 0$. Wenn wir diesen Wert von h in die erste der Gleichungen (2) einsetzen, erhalten wir:

$$0 = \sin\varphi \sin\delta + \cos\varphi \cos\delta \cos t_0$$

und daraus:

$$\cos t_0 = -\operatorname{tg}\varphi \operatorname{tg}\delta\,. \tag{3}$$

Numerisches Beispiel s. Anhang.

Es ist leicht, diese Gleichung in eine andere umzuformen, bei der die Lösung durch den tg erhalten wird (vgl. S. 23).

Aus (3) erhält man:

$$1 - \cos t_0 = 1 + \frac{\sin\varphi \sin\delta}{\cos\varphi \cos\delta}$$

$$1 + \cos t_0 = 1 - \frac{\sin\varphi \sin\delta}{\cos\varphi \cos\delta}$$

und durch Division:

$$\frac{1 - \cos t_0}{1 + \cos t_0} = \frac{\cos\varphi \cos\delta + \sin\varphi \sin\delta}{\cos\varphi \cos\delta - \sin\varphi \sin\delta} = \frac{\cos(\varphi - \delta)}{\cos(\varphi + \delta)}\,,$$

woraus:

$$\operatorname{tg}^2 \frac{t_0}{2} = \frac{\cos(\varphi - \delta)}{\cos(\varphi + \delta)}$$

und:

$$\operatorname{tg}\frac{t_0}{2} = \pm\sqrt{\frac{\cos(\varphi - \delta)}{\cos(\varphi + \delta)}}\,. \tag{4}$$

In der Regel ist jedoch die Formel für $\cos t_0$ ebenso anwendbar wie diese, da es bei der Berechnung vom Aufgang und Untergang eines Himmelskörpers nie auf große Genauigkeit ankommt. Über den Einfluß der *Refraktion* auf den Stundenwinkel für den Aufgang und Untergang eines Sterns s. S. 58.

Um die Änderung der Höhe mit dem Stundenwinkel zu berechnen, können wir aus der ersten der sphärisch-trigonometrischen Differentialformeln (S. 24) die folgende Formel bilden:

$$dh = \cos p\, d\delta - \cos Az\, d\varphi - \cos\delta \sin p\, dt\,, \tag{5}$$

wo p den Winkel am Stern im Dreieck Stern—Pol—Zenit bezeichnet. Wir sollen hier φ und δ als Konstanten behandeln und erhalten:

$$dh = -\cos\delta \sin p\, dt\,.$$

Mit Hilfe von:

$$\cos\delta \sin p = \cos\varphi \sin Az$$

erhält man daraus:

$$\frac{dh}{dt} = -\cos\varphi \sin Az\,, \tag{6}$$

d. h. die Höhe eines Sterns ändert sich bei der täglichen Bewegung am stärksten bei $Az = \pm 90°$, also wenn der Stern sich im *ersten Vertikal* befindet.

23. *Das dritte sphärisch-astronomische Koordinatensystem.* Um den Ort eines Sterns am Himmel durch zwei Koordinaten anzugeben, die ebenso wie die

Deklination vollständig unabhängig von der täglichen Bewegung sind, wird ein drittes Koordinatensystem eingeführt. Dies kann dadurch geschehen, daß der Stundenwinkel durch einen anderen Äquatorbogen ersetzt wird, der nicht vom Meridian an gezählt wird, sondern von einem Punkt, der selbst an der täglichen Bewegung teilnimmt. Hierzu benutzt man einen bestimmten Punkt des Äquators, den sog. *Frühlingspunkt.* Dieser liegt im Sternbild der Fische, unter dem Quadrat im Pegasus; die linke Seite des Quadrats um seine eigene Länge nach unten verlängert trifft ziemlich genau darauf. Der Äquatorbogen, der vom Frühlingspunkt in entgegengesetzter Richtung zu der täglichen Bewegung bis zum Deklinationskreis eines Sterns geht, wird *Rektaszension* des Sterns genannt; im folgenden wird sie immer mit α bezeichnet. Sie wird bis zu $360°$ oder 24^h gezählt, indem sie genau wie der Stundenwinkel in Graden oder Stunden nach dem Verhältnis von $15°$ pro Stunde ausgedrückt werden kann. Der Unterschied zwischen den Rektaszensionen zweier Sterne wird nach den Definitionen dasselbe sein wie der Unterschied zwischen ihren Stundenwinkeln, nur mit entgegengesetztem Vorzeichen. Zur exakten Definition des Frühlingspunktes und damit der Rektaszension werden wir später kommen (S. 60). Im Augenblick begnügen wir uns damit, folgende konkreten Anhaltspunkte zu geben.

Alle Punkte auf dem halben größten Kreis, der vom Nordpol zum Südpol geht und außerdem durch:

β in der Cassiopeia, haben annähernd $\alpha = 0^h$
β und Θ im Fuhrmann, ,, ,, $\alpha = 6^h$
γ—δ im großen Wagen, ,, ,, $\alpha = 12^h$
γ im Drachen, ,, ,, $\alpha = 18^h$.

Wertvolle Hilfsmittel beim ersten Studium der Grundbegriffe der sphärischen Astronomie hat man in den drehbaren Sternkarten und — besonders eindrucksvoll — in den von Zeiss gebauten *Planetarien.*

Die astronomischen Meßinstrumente.

24. *Der Theodolit.* Zur Messung horizontaler Winkel wird ein Instrument benutzt, das auch zu anderen als astronomischen Zwecken in ausgedehntem Maße Verwendung findet, der *Theodolit.* In Abb. 15 ist dies Instrument schematisch dargestellt. Das Fernrohr ab hat das Objektiv bei a und das Okular bei b; innerhalb von b ist ein Fadenkreuz angebracht, das die optische Achse des Fernrohrs bestimmt. Das Fernrohr ist mit einer Umdrehungsachse cd verbunden, die in zwei zylindrischen Stahlzapfen endet. Diese ruhen in Lagern, zu denen das obere Ende von zwei Trägern ce und df ausgebildet ist. Die Träger sind an dem inneren der beiden horizontalen Kreise befestigt, während der äußere mit der Unterlage fest verbunden ist, die ihrerseits auf drei Stellschrauben ruht; zwei von diesen sind in der Abbildung sichtbar. Das Fernrohr mit den Trägern und dem inneren Kreise ist beweglich um eine Achse gh, während der äußere Kreis ik feststeht. Trägt dieser die

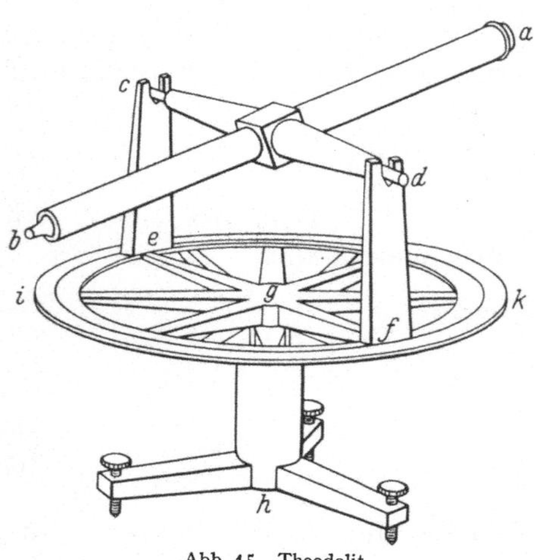

Abb. 15. Theodolit.

Teilung, dann muß der Ableseapparat auf dem inneren Kreise, der in diesem Fall zur Alhidade wird, angebracht sein. Die Ablesung geschieht fast immer mit zwei diametral gegenüberstehenden Nonien oder Mikroskopen; das Mittel zweier solcher Ablesungen ist, wie man leicht nachweisen kann, frei von der Wirkung einer etwaigen *Exzentrizität*, die dadurch zustande kommt, daß das Zentrum des beweglichen Kreises nicht genau mit dem Zentrum des festen zusammenfällt.

Um die Genauigkeit noch weiter zu erhöhen, hat man manchmal vier Nonien mit 90° Zwischenraum; hierdurch wird zugleich der Fehler aufgehoben, der dadurch entstehen kann, daß die Kreisebene nicht genau senkrecht zur Umdrehungsachse gh steht. Die optische Achse des Fernrohrs soll senkrecht zur Achse cd stehen (das ist die Zentrallinie durch die zylindrischen Zapfen), und diese wieder senkrecht zur Achse gh.

Wenn das Instrument richtig aufgestellt ist, dann soll die Achse cd horizontal und die Achse gh vertikal sein. Hier kommt es also darauf an, die Richtung der Schwerkraft für das Auge sichtbar zu machen. Dies wird durch den bekannten Hilfsapparat erreicht, der *Wasserwaage* oder *Libelle* (*Niveau*) genannt wird. Sie besteht aus einer schwach gekrümmten (oder inwendig krumm geschliffenen) Glasröhre, die teilweise mit Äther oder Spiritus gefüllt ist, so daß eine Dampfblase übrigbleibt. Diese wird sich an der höchsten Stelle der Röhre einstellen, die mit Strichen zur genauen Ablesung der Stellung der Blase versehen ist, wie Abb. 16 zeigt. Die Röhre ist in einer Metallkapsel ab (Abb. 17) eingeschlossen und mit zwei Füßen c und d versehen, die auf der zylindrischen Unterlage ef, die horizontal gestellt werden soll, aufgesetzt werden. Wenn die Libelle fehlerfrei ist, wird dies der Fall sein, wenn die Enden der Blase gleich weit von der Mitte der Röhre entfernt sind. Es kann vorkommen, daß die Röhre etwas schief in der Kapsel liegt oder daß deren Füße nicht gleich lang sind; der Zweck kann dennoch, falls der Fehler nicht zu groß ist, vollständig dadurch erreicht werden, daß man die Wasserwaage umlegt und dafür sorgt, daß die Blase in beiden Lagen gleich weit von der Mitte der Röhre steht. Die Stellung der Röhre in der Kapsel kann im allgemeinen durch Schrauben reguliert werden.

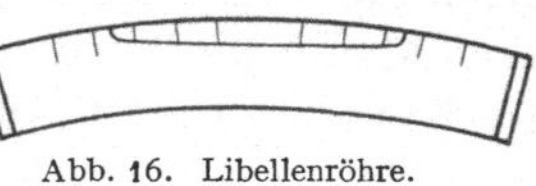
Abb. 16. Libellenröhre.

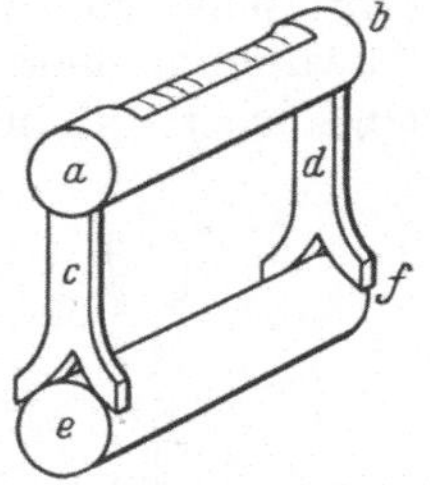

Abb. 17. Libelle.

Wird ein solcher Apparat nun auf die Achse cd des Theodolits (Abb. 15) gesetzt, dann kann man zunächst das Instrument so aufstellen, daß die Achse gh vertikal steht. Dies wird der Fall sein, wenn die Blase ihre Lage zu den Strichen der Röhre nicht verändert, wie man das Instrument auch um die Achse gh drehen mag. Um dies zu erreichen, stellt man das Instrument zuerst nach Augenmaß so ein, daß die Achse cd der Verbindungslinie durch zwei Stellschrauben parallel wird, worauf diese in entgegengesetztem Sinne so lange gedreht werden, bis die Blase einigermaßen in der Mitte steht; ohne die Libelle zu berühren, dreht man dann das Instrument um 180° um die Achse gh und sorgt durch fortgesetztes Drehen der beiden Stellschrauben dafür, daß die Stellung der Blase zu den Strichen in diesen beiden Lagen des Instrumentes die gleiche bleibt, so daß das eine Mal der Ausschlag genau so weit nach links fällt wie das andere Mal nach rechts, für den Fall, daß die Blase nicht beide Male in der Mitte steht. Führt man dann mit Hilfe der dritten Stellschraube die gleiche Operation in den beiden Lagen des Instruments aus, bei denen die Achse cd senkrecht zu den beiden vorigen Lagen steht, dann ist die Achse vertikal. Dies nennt man das *Nivellieren* des Instruments.

Sollte es sich dann beim Umlegen der Libelle zeigen, daß die Achse cd (Abb. 15) nicht genau horizontal ist, dann kann es dadurch korrigiert werden, daß das eine Lager durch ein paar Schrauben etwas gehoben oder gesenkt wird.

Die Libelle kann nicht nur dazu benutzt werden, um zu untersuchen, ob die Unterlage eine Neigung gegen den Horizont hat, sondern auch, um den Betrag der Neigung zu messen, wenn man ein für allemal den *Teilwert* der Libelle bestimmt hat, das ist die Winkeländerung, die der Bewegung der Enden der Blase von einem Strich zum nächsten entspricht. Dies kann auf verschiedene Weise gemacht werden, z. B. indem man die Libelle auf eine Unterlage setzt, deren eines Ende durch eine Mikrometerschraube gehoben oder gesenkt werden kann. Die Schraubenhöhe, dividiert durch den Abstand der Schraubenspitze vom anderen Ende der Unterlage, wird dann den Winkel geben, der einer ganzen Umdrehung der Schraube entspricht; multipliziert man mit der Zahl $\boldsymbol{s}$, erhält man diesen Winkel in Bogensekunden.

Die Anwendung des Instruments ist nun leicht verständlich. Wird das Fernrohr auf zwei Gegenstände in verschiedenen Richtungen eingestellt, und wird beide Male der horizontale Kreis abgelesen, so wird der Unterschied zwischen den Ablesungen nicht den Winkel zwischen den Ziellinien, sondern den Winkel zwischen ihren horizontalen Projektionen geben. Mit anderen Worten, das, was mit dem Theodolit gemessen wird, ist der Winkel zwischen zwei Vertikalebenen. Nur in dem Falle, daß beide Ziellinien in die horizontale Ebene fallen, werden die beiden genannten Winkel identisch werden.

Wenn die beiden Punkte in erheblich verschiedener Höhe liegen, ist es von Wichtigkeit, daß die obengenannte Forderung, wonach die optische Achse des Fernrohrs senkrecht zur horizontalen Umdrehungsachse stehen soll, erfüllt ist. Eine Abweichung hiervon wird der *Kollimationsfehler* des Fernrohrs genannt. Ist ein solcher vorhanden, dann wird die optische Achse, verlängert bis zur Himmelskugel, bei der Drehung des Fernrohrs um die horizontale Achse nicht einen Vertikalkreis oder überhaupt einen größten Kreis beschreiben, sondern einen damit parallelen kleinen Kreis. Zur Prüfung richtet man das Fernrohr zuerst auf einen entfernten Gegenstand auf der Erde, legt darauf das Fernrohr in den Lagern um und richtet es nun wieder auf denselben Punkt, ohne eine Drehung um die Vertikalachse vorzunehmen. Fällt das Bild des entfernten Gegenstandes dann neben das Fadenkreuz, so ist die Abweichung das Doppelte des Kollimationsfehlers, wie bei Abb. 18 angedeutet, wo cd die Horizontalachse des Instruments ist, Na die Normale dazu, bG die optische Achse des Fernrohrs bei der ersten Einstellung auf den Gegenstand, der sich in der Richtung aG befindet. Nach der Umlegung wird die optische Achse dann in die Richtung $b'G'$ fallen, also neben den Gegenstand.

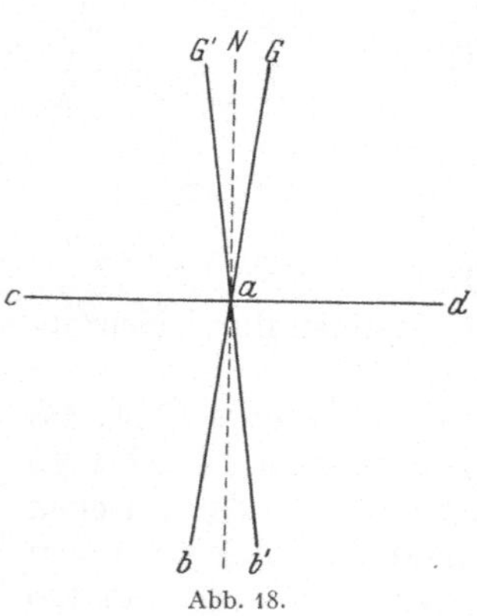

Abb. 18.

Der Kollimationsfehler kann behoben werden durch eine Verschiebung des Fadenkreuzes in seiner eigenen Ebene mit Hilfe von Schrauben, die zu diesem Zweck durch das Rohr geschraubt sind, und die auf den Rahmen, auf den die Fäden gespannt sind, wirken. Man kann aber auch, wenn der eingestellte Punkt auf der Erde nicht zu hoch über dem Horizont liegt, den Betrag des Kollimationsfehlers dadurch bestimmen, daß man nach der Umlegung eine Drehung um die Vertikalachse vornimmt, bis das Fadenkreuz den Gegenstand wieder deckt, und beide Male den Horizontalkreis abliest. Die Hälfte des Unterschiedes der Ablesung wird der Kollimationsfehler sein. Die Wirkung dieses Fehlers auf das Resultat einer Beobachtung kann dann berechnet werden.

Statt das Fernrohr in den Lagern umzulegen, kann man auch halb um die Vertikalachse herumdrehen und beide Male Einstellung und Ablesung vornehmen. Von den 180° Unterschied auf dem Kreise abgesehen, kommt dies auf dasselbe hinaus wie die Umlegung des Fernrohrs.

25. *Korrespondierende Höhen.* Soll ein solches Instrument benutzt werden, um ein Azimut zu bestimmen, so muß man die Richtung des Meridians kennen. Diese kann auf verschiedene Weise gefunden werden, vorläufig soll nur die Methode der *korrespondierenden Höhen* beschrieben werden.

Das Fernrohr wird auf einen Stern oder eine andere Stelle auf der östlichen Seite des Himmels eingestellt (nicht zu nahe am Meridian, weil sich dort die Höhe nur langsam ändert) und der Horizontalkreis wird abgelesen. Wenn nach Verlauf einiger Stunden der Stern sich derselben Höhe am westlichen Himmel nähert, wird das Instrument um die Vertikalachse gedreht, bis der Stern in das Feld kommt, und die Drehung wird fortgesetzt, bis er wieder auf dem Fadenkreuz steht. Damit beendet man die Drehung, und der Kreis wird zum zweiten Mal abgelesen. Ist das Instrument in der Zwischenzeit keiner anderen Veränderung unterworfen gewesen, so sind die beiden Höhen gleich groß (ihre Größe kommt nicht in Betracht), und wenn die Deklination des Sterns sich in der Zwischenzeit nicht geändert hat, so befanden sich ihre beiden Vertikalebenen in derselben Entfernung vom Meridian, die eine östlich, die andere westlich. Sind c und c' die beiden Kreisablesungen, dann wird demnach $^1/_2\,(c + c')$ die Ablesung geben, die der Stellung des Fernrohrs im Meridian entspricht. Diese Ablesung kann dann als Ausgangspunkt für die Bestimmung des Azimuts eines beliebigen Punktes am Himmel oder auf der Erde dienen.

Ist die Deklination nicht konstant, sondern das erstemal δ, das zweitemal $\delta + \Delta$, wo Δ einen kleinen Zuwachs bedeutet (positiv oder negativ), dann kann die Methode genau so gut angewandt werden, aber an das Mittel der Kreisablesungen muß dann eine kleine Korrektion x angebracht werden. Diese Korrektion kann mit Hilfe der ersten der Gleichungen (1) im § 22:

$$\sin\delta = \sin\varphi \sin h - \cos\varphi \cos h \cos Az$$

gefunden werden.

Hier ist φ konstant, da beide Beobachtungen an demselben Ort vorgenommen sind, ebenso wie h konstant ist, da die beiden Höhen gleich groß waren; wenn aber δ verschieden war, dann ist das westliche Azimut verschieden vom östlichen. Wird die Gleichung differenziert und $d\varphi = dh = 0$ gesetzt, so wird:

$$\cos\delta\, d\delta = \cos\varphi \cos h \sin Az\, dAz\,.$$

Ist die Deklinationsänderung Δ so klein, daß sie als differentiell angesehen werden darf, dann kann man $d\delta = \Delta$ setzen und daraus die Änderung des Azimuts dAz berechnen, vorausgesetzt, daß man die übrigen Größen kennt. Die Breite φ wird hinreichend genau bekannt sein, Az kann gleich der halben Differenz zwischen den Kreisablesungen gesetzt werden, die Höhe h aber ist unbekannt. Indessen erhält man aus demselben sphärischen Dreieck (§ 22):

$$\cos h \sin Az = \cos\delta \sin t\,,$$

woraus:

$$dAz = \frac{\Delta}{\cos\varphi \sin t}\,.$$

Der Stundenwinkel kann mit hinreichender Genauigkeit gleich der halben Zwischenzeit zwischen den Beobachtungen gesetzt werden.

Die vorhergenannte Größe x ist indessen nicht dasselbe wie dAz; letzteres bezeichnet nämlich den Betrag, um den das westliche Azimut das östliche infolge des Deklinationszuwachses Δ übersteigt, während x, das eine durch diesen Deklinationszuwachs verursachte Korrektion bezeichnet, das entgegengesetzte Vorzeichen haben muß; da ferner x die Korrektion des Mittels der Kreisablesungen bezeichnet, so erhält man schließlich:

$$x = -\frac{1}{2}\frac{\Delta}{\cos\varphi\sin t}.$$

Für die Sonne z. B. ändert sich während der Zeit des Äquinoktiums (vgl. § 40) die Deklination etwa $1'$ in der Stunde; der genaue Betrag für jeden Tag ist in den nautischen und astronomischen Jahrbüchern angegeben. Zwischen Wintersonnenwende und Sommersonnenwende ist Δ positiv, den Rest des Jahres negativ. Liegen zwischen den Beobachtungen z. B. 8 Stunden, also $t = 4^h = 60°$, dann erhält man auf einer Breite von 60°, wenn die Beobachtungen zur Zeit des Herbstäquinoktiums vorgenommen sind:

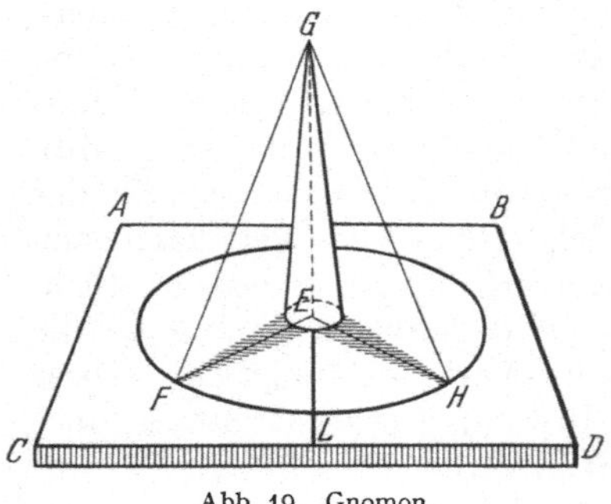

Abb. 19. Gnomon.

$$x = +\frac{1}{2}\cdot\frac{2}{\sqrt{3}}\cdot 2\cdot 8' = \text{ungefähr } 9'.$$

Bei Benutzung der *Sonne* kann die Richtung der Mittagslinie auch als Mittellinie zwischen zwei gleich langen Schatten auf einer horizontalen Ebene bestimmt werden. Wird z. B. der Schatten von der Spitze eines geraden Kegels (eines *Gnomons*) benutzt, so kann man um die Grundfläche des Zentrums einen Kreis, oder mehrere konzentrische Kreise, auf der horizontalen Ebene ziehen. Die beiden Punkte der Peripherie, in die die Schattenspitze im Laufe des Tages fällt, werden aufgezeichnet, worauf der Bogen zwischen ihnen halbiert wird. Jeder Kreis gibt dann eine Bestimmung der Richtung der Mittagslinie. Das Verfahren ist durch Abb. 19 illustriert; wo $ABCD$ eine ebene Scheibe ist, die von vornherein durch ein Niveau horizontal gestellt sein muß. Die vorhergenannte Wirkung der veränderlichen Deklination der Sonne ist bei der Genauigkeit, die mit diesen Mitteln erreicht werden kann, ohne wesentliche Bedeutung.

26. *Das Universalinstrument.* Um die *Höhe* eines Sterns zu messen, kann ein Instrument mit vertikaler und horizontaler Umdrehungsachse, ebenso wie beim Theodolit, benutzt werden, das auf dieselbe Weise wie dieser zu nivellieren ist, aber mit einem vertikalen geteilten Kreis und dazugehöriger Alhidade, statt mit dem horizontalen Kreise des Theodolits, versehen ist. Wenn der geteilte Limbus dem Fernrohr bei seiner Bewegung um die Horizontalachse folgt, dann darf die Alhidade keine Verschiebung in der Kreisebene erleiden; zur Sicherung gegen eine solche ist sie mit einer Libelle versehen, die durch ihren Ausschlag sofort zeigt, ob eine Veränderung stattfindet. Stellt sich eine solche ein, so kann sie, wenn der Teilwert der Libelle bekannt ist, leicht bei der Ablesung des Kreises in Rechnung gezogen werden.

Auch der Theodolit ist oft mit einem kleinen Vertikalkreis zur ungefähren Bestimmung der Winkel des Fernrohrs gegen den Horizont versehen; wenn aber beide Kreise die Winkel mit derselben Genauigkeit, mit der das Fernrohr eingestellt werden kann, angeben, dann wird das Instrument *Universalinstrument* (oder *Altazimut*) genannt, und es kann dann zur Bestimmung sowohl der Höhe wie des Azimuts dienen.

Ebenso wie man zur Bestimmung des Azimuts die Ablesung auf dem Horizontalkreis, die der Stellung des Fernrohrs im Meridian entspricht, kennen muß, muß man zum Messen einer Höhe die Ablesung auf dem Vertikalkreis, die der horizontalen Stellung des Fernrohrs entspricht, kennen. Dies kann, wenn das Instrument nivelliert ist, dadurch erreicht werden, daß man zuerst das Fernrohr auf einen Gegenstand auf der Erde einstellt und den Vertikalkreis abliest, darauf um 180° um die Vertikalachse dreht, das Fernrohr von neuem auf denselben Gegenstand einstellt und wieder den Kreis abliest. Aus Abb. 20, wo oO die Richtung der optischen Achse bei der ersten Einstellung und ZN die Vertikallinie vorstellt, um die die Drehung von 180° vor sich ging, sieht man, daß die optische Achse nach dieser Drehung die Stellung $o'O'$ einnimmt, deren Winkel zur ursprünglichen Stellung die doppelte Zenitdistanz des Gegenstandes ist; dieser Winkel ist die Differenz zwischen den beiden Kreisablesungen, die man erhält, wenn das Fernrohr bei der Drehung um die Horizontalachse wieder auf den Gegenstand eingestellt wird. Ebenso sieht man, daß das Mittel der beiden Ablesungen den Zenitpunkt des Kreises geben wird; 90° auf beiden Seiten davon entfernt liegen seine Horizontalpunkte, die als Ausgangspunkte zum Messen von Höhen dienen können.

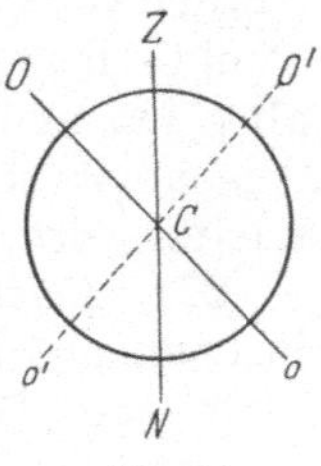

Abb. 20.

Die Einrichtung des Universalinstruments ist in Abb. 21, wo ik der Horizontalkreis, cc der Vertikalkreis mit zwei Lupen zum Ablesen der Nonien ist, schematisch dargestellt. Zugleich ist hier eine andere Eigentümlichkeit, die oft bei solchen Instrumenten vorkommt, zu erkennen. Aus Abb. 15 ersieht man, daß, wenn ein Fernrohr der dort abgebildeten Konstruktion auf einen Punkt in der Nähe des Zenits gerichtet werden soll, die beiden Träger eine genügende Höhe haben müssen, so daß nicht nur das Fernrohr selbst unbehindert vom Horizontalkreis gedreht werden kann, sondern daß auch der Kopf des Beobachters Platz hat. Bei Abb. 21 ist dies dadurch erreicht, daß das Fernrohr, wie man sagt, eine *gebrochene Achse* hat. Im Innern des Fernrohrs ist bei g ein rechtwinkliges Glasprisma angebracht, wodurch ein durch das Objektiv kommender Strahl bei totaler Reflexion in der Richtung ga weitergeht; die Achse und der eine Zapfen (b) sind deshalb hohl, und das Okular o ist am Ende des hohlen Zapfens angebracht. Das Fadenkreuz ist wie gewöhnlich etwas innerhalb des Okulars aufgezogen, an der Stelle, wo ein entfernter Gegenstand sich abbildet. Mit anderen Worten, die eine Hälfte der optischen Achse des Fernrohrs ist durch Reflexion in eine andere Richtung gelenkt, so daß das Auge sich immer in derselben Höhe befindet, wie das Fernrohr auch eingestellt ist.

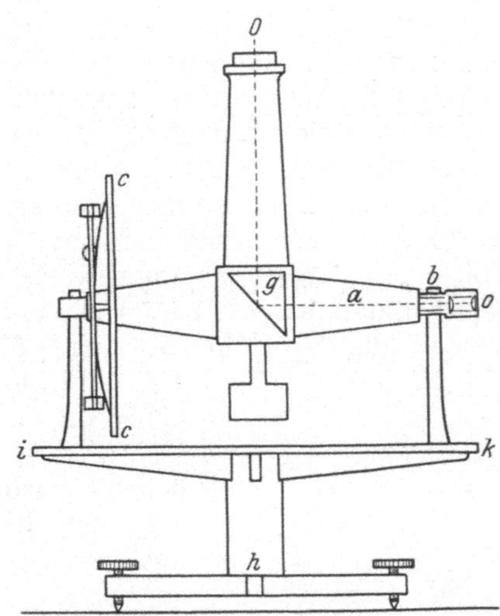

Abb. 21. Universalinstrument.

Es kann manchmal von Interesse sein, Höhe und Azimut eines Punktes am Himmel schnell angeben zu können, ohne daß man Meßapparate zur Hand hat. Man kann dann in S p a n n e n, das ist der Winkel zwischen dem voneinander ausgestreckten Daumen und Zeigefinger bei ausgestrecktem Arm, messen. Dieser

Winkel pflegt ungefähr 12° zu sein, man kann ihn aber immer dadurch bestimmen, daß man einen schon bekannten Winkel mißt, z. B. die Höhe des Polarsterns über dem Horizont, die nie mehr als ungefähr einen Grad von der Polhöhe des Ortes abweicht. Die horizontale Ebene durch das Auge kann ziemlich genau beurteilt werden. Das Azimut kann dem Horizont entlang von Süden nach Norden bis zu dem Punkt gemessen werden, der genau unter dem betreffenden Punkte liegt. Eine große Genauigkeit kann natürlich nicht erreicht werden, aber jedenfalls wird man die Höhe viel genauer als durch Beurteilung nach Augenmaß erhalten, da die Erfahrung zeigt, daß ein Winkel immer größer geschätzt wird, je näher er dem Horizont ist.

27. *Höhenmessung mit Reflexionsinstrumenten.* Theodolit und Universalinstrument erfordern wegen der Nivellierung die Aufstellung auf einer festen Unterlage. Der *Sextant* und andere Reflexionsinstrumente können dagegen während der Beobachtung in der Hand gehalten werden. Um mit einem solchen Instrument eine Höhe zu messen, muß man indessen von etwas ausgehen, was zu sehen ist, was bei dem wahren (astronomischen) Horizont nicht der Fall ist. Auf dem Meere kann man sich dadurch helfen, daß man die Höhe über dem natürlichen Horizont mißt. Indem man nach Augenmaß die Ebene des Sextanten in die Vertikalebene des betreffenden Gestirns, z. B. der Sonne, hält, stellt man das Fernrohr direkt gegen die Kimmung ein und verschiebt darauf die Alhidade mit dem großen Spiegel, bis das Sonnenbild in das Feld des Fernrohrs gelangt, worauf die schließliche Einstellung dadurch vorgenommen wird, daß man den oberen oder unteren Rand der Sonne die Kimmung berühren läßt. Um sich dagegen zu sichern, daß der dabei gemessene Bogen schief zum Horizont liegt, kann man den Sextanten etwas hin und her bewegen (um eine horizontale Achse in der Ebene des Sextanten), indem man darauf achtet, daß das Sonnenbild nicht übergreift, sondern nur an einem einzigen Punkte berührt.

Da der natürliche Horizont indessen etwas unter dem wahren liegt, muß der auf dem Limbus abgelesene Winkel um die Neigung zwischen diesen beiden Horizonten, Kimmtiefe genannt, vermindert werden. Die Größe der Kimmtiefe soll später (S. 136) bestimmt werden; hier soll nur die praktische Regel angeführt werden, daß man die Kimmtiefe in Bogenminuten erhält, wenn man die Quadratwurzel aus der Höhe des Auges über dem Meere, ausgedrückt in Metern, mit 1.78 multipliziert. In den Seekalendern findet man Tabellen für die Kimmtiefe mit der Augenhöhe als Argument.

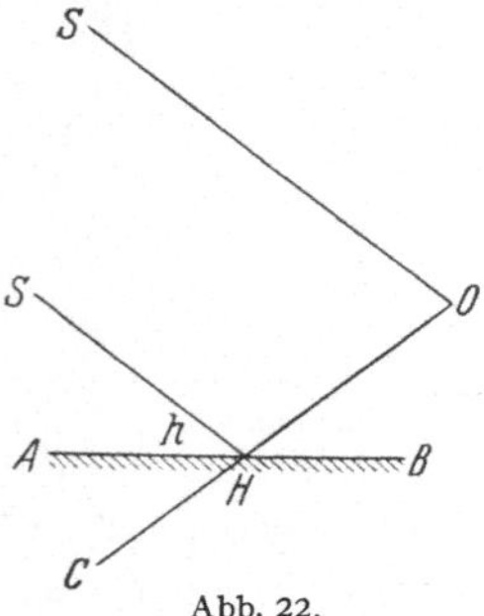

Abb. 22.

Auf dem festen Lande benutzt man einen sog. künstlichen Horizont, das ist eine horizontale, spiegelnde Ebene, entweder eine Glasplatte, die auf drei Stellschrauben ruht und durch eine Libelle nivelliert werden kann, oder besser eine Schale mit Quecksilber, das sich von selbst horizontal einstellt. Im Freien muß man sie mit einem Glasdach bedecken, um sie gegen Wind zu schützen. Im Quecksilber wird man dann ein Bild der Sonne sehen, das genau so tief unter dem Horizont steht wie die wirkliche Sonne darüber. Man stellt das Fernrohr des Sextanten auf das reflektierte Sonnenbild ein und bringt durch die Alhidade das andere herunter, bis sie sich berühren. Das, was man dabei mißt, ist die doppelte Höhe, wie man aus Abb. 22 sehen kann, wo AB der horizontale Spiegel ist, O die Stelle des Sextanten bezeichnet und OS die Richtung zum Sonnenrande oder zum Stern angibt. Wegen seiner großen Entfernung können die Strahlen SH, die das Quecksilber treffen, als parallel zu SO angesehen werden. Im Quecksilber sieht man die Sonne in der Richtung OC, und der mit dem

Sextanten gemessene Winkel SOC wird dann gleich SHC, was die doppelte Höhe ist.

28. *Das Durchgangsinstrument.* Eins der wichtigsten astronomischen Instrumente ist das *Durchgangsinstrument* (*Passageinstrument*). Es besteht aus einem Fernrohr, das ebenso wie der Theodolit mit einer horizontalen Umdrehungsachse versehen ist, deren Zapfen aber in festen Lagern ruhen. Im allgemeinen zeigt diese Achse in der Richtung Ost-West, wodurch die optische Achse des Fernrohrs sich also in der Ebene des Meridians bewegt.

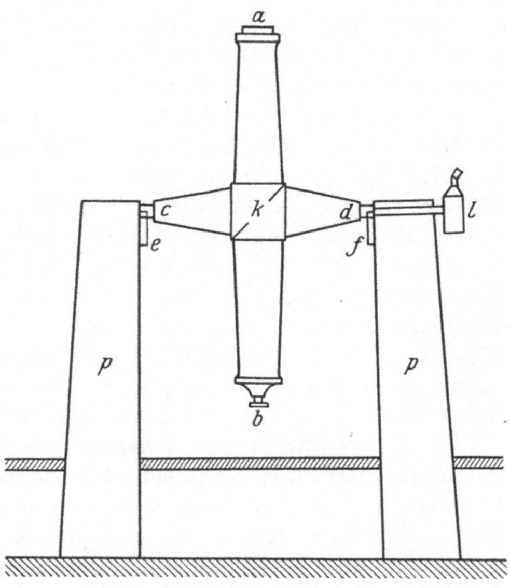

Abb. 23. Durchgangsinstrument.

Abb. 23 zeigt die Aufstellung: *a* ist das Objektiv, *b* das Okular. Das Fadenkreuz innerhalb des Okulars ist hier durch ein Fadennetz, bestehend aus einem oder zwei horizontalen und einer ganzen Reihe von vertikalen Fäden, ersetzt, von denen der mittlere, wenn das Instrument richtig aufgestellt ist, den Meridian vertritt. Durch *c* und *d* sind die beiden Zapfen der Horizontalachse angedeutet, deren Lager auf zwei soliden Steinpfeilern *pp* angebracht sind, die in der Erde fest fundamentiert sind und an keiner Stelle den Fußboden, auf dem der Beobachter sich befindet, berühren. Um das Fadennetz in der Nacht sichtbar zu machen, kann man in die Kapsel *l* einen Beleuchtungskörper einsetzen, der durch die hohle Achse leuchtet, und dessen Licht an einer passenden Stelle *k* reflektiert und so nach dem Okular heruntergesandt wird. Der reflektierende Körper darf natürlich dem vom Objektiv kommenden Strahlenkegel nicht in den Weg kommen.

Man wendet auch transportable Instrumente dieser Art an, die sich nur darin von dem erwähnten unterscheiden, daß die beiden Steinpfeiler durch ein solides Eisengerüst ersetzt sind, dessen zwei Ständer die Lager tragen und dessen flache Unterseite auf einem einzigen Steinpfeiler, im allgemeinen mit drei massiven Stellschrauben zur Regulierung der Stellung des Instruments, ruht.

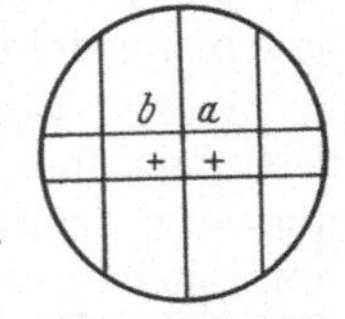

Abb. 24. Gesichtsfeld eines Fernrohrs.

Hier findet *die Uhr* ihre Anwendung als Mittel zur Winkelmessung. Das Instrument wird nämlich dazu benutzt, um den Augenblick genau zu bestimmen, in dem ein Stern den Meridian passiert. Wenn der Stern während der täglichen Bewegung durch das Gesichtsfeld des Fernrohrs geht, so wird er nach und nach alle vertikalen Fäden passieren, und alle diese Augenblicke werden notiert. Hierzu besonders wendet man den *Chronographen* (s. S. 11) an. Mit etwas Übung kann man auch ohne einen solchen jeden Durchgang auf ein oder zwei Zehntel Sekunden bestimmen; indem man die Sekunden zählt, während man in das Fernrohr sieht, kann man, wie auf Abb. 24 angedeutet, sich die Stelle *a* merken, an der der Stern beim letzten Sekundenschlag vor dem Durchgang durch den Faden stand, und die Stelle *b*, an der er sich beim ersten Sekundenschlag nach diesem Durchgang befindet; man kann dann nach Augenmaß schätzen, wie das

Intervall zwischen *a* und *b* durch den Faden geteilt ist. Kennt man ein für allemal den Abstand jedes einzelnen Seitenfadens vom Mittelfaden, dann kann man durch eine leichte Berechnung finden, wieviel Zeit ein Stern mit gegebener Deklination gebraucht, um diesen Abstand zu durchlaufen. Die Durchgänge durch die Seitenfäden können dadurch auf den Mittelfaden reduziert werden und dadurch, daß man das Mittel aller dieser Bestimmungen nimmt, kann man die Genauigkeit erhöhen. Es ist klar, daß die größtmögliche Genauigkeit angestrebt werden muß, wenn die Uhr als Winkelmesser benutzt werden soll; da nämlich 1^s der täglichen Bewegung $15''$ des Parallelkreises des Sterns entspricht, so muß man auf einen kleinen Bruchteil einer Zeitsekunde sicher sein, damit die Uhr mit dem geteilten Kreis mit feinen Ableseapparaten konkurrieren kann.

Wird der Einfachheit halber vorausgesetzt, daß die Uhr so reguliert ist, daß die Zeiger jedesmal, wenn ein Fixstern durch den Meridian geht (bei oberer Kulmination), auf dieselbe Stelle zeigen, dann kann man, wenn der Gang der Uhr gleichmäßig ist, zu jeder Zeit den *Stundenwinkel* des Sterns dadurch finden, daß man von der Uhrablesung einfach die Zeit des Meridiandurchgangs subtrahiert, weil nämlich der Stundenwinkel im letztgenannten Augenblick Null ist. Sollte die Uhr anders reguliert sein, so tut das nichts zur Sache; wenn nur der Gang gleichmäßig ist, kann der letzte Fall durch eine einfache Berechnung leicht auf den ersten reduziert werden (vgl. § 72).

Aus der Definition der *Rektaszension* eines Sterns (§ 23) ist ferner ersichtlich, daß der Unterschied zwischen den Rektaszensionen zweier Sterne gleich dem Unterschied zwischen ihren Kulminationszeiten ist, die man nach einer solchen Uhr notiert hat. Kennt man also die Rektaszension nur eines einzigen Sterns, so kann man die Rektaszension jedes anderen bestimmen, dessen Meridiandurchgang mit dem Fernrohr beobachtet werden kann.

Bei dem REPSOLDschen sog. *selbstregistrierenden Mikrometer* vermeidet man den persönlichen Beobachtungsfehler, der mit der Schwierigkeit verbunden ist, den Augenblick genau zu erfassen, in dem ein Stern durch den Faden im Gesichtsfelde des Fernrohrs geht. Dies geschieht mit Hilfe eines beweglichen Fadens, den der Beobachter die ganze Zeit während des Durchgangs durch das Feld auf dem Stern hält, wobei der Apparat selbst durch einen elektrischen Strom in bestimmten Stellungen des Fadens — also des Sterns — im Gesichtsfeld Signale auf den Chronographenstreifen gibt.

Bei Untersuchungen, die in letzter Zeit über Selbstregistrierung mit Hilfe der *photoelektrischen Zelle* angestellt wurden, wird eine von persönlichen Beobachtungsfehlern gänzlich unabhängige Meridianastronomie angestrebt.

Was die genaue Aufstellung eines Instruments anbelangt, so kann die Umdrehungsachse durch eine Libelle auf ihre horizontale Lage geprüft werden, und ein eventueller Kollimationsfehler kann durch Umlegen in den Lagern untersucht und wenn nötig durch Verschiebung des Fadennetzes berichtigt werden, wie beim Theodolit erklärt wurde. Die Bestimmung der Richtung des Meridians durch korrespondierende Höhen kann auf jeden Fall für eine vorläufige Orientierung ausreichend sein, aber das beste Mittel zu einer genaueren Bestimmung hat man durch Beobachtung eines Zirkumpolarsterns sowohl in der oberen wie in der unteren Kulmination. Hierzu wird am besten ein Stern benutzt, der nur wenige Grade vom Pol entfernt steht.

Wenn die Umdrehungsachse nämlich wohl horizontal ist, aber nicht genau auf Ost- und Westpunkt zeigt, dann wird der größte Kreis des Instruments, das ist der größte Kreis, der von einer Normalen zur Achse beschrieben wird, wohl ein Vertikalkreis sein, aber dieser fällt nicht mit dem Meridian zusammen. Die Abweichung wird das *Azimut des Instruments* genannt (vgl. § 72). In Abb. 25, die einen Teil der Himmelskugel von innen gesehen vorstellt, ist Z das Zenit, P der Pol, also ZPN der Meridian. Der Kreis um P ist der Parallelkreis des Sterns, der sich in o bei der oberen und in u bei der unteren Kulmination befindet; die Zeit zwischen diesen beiden Kulminationen wird genau die Hälfte der Zeit zwischen zwei oberen Kulminationen sein. Ist nun ZV der größte Kreis des Instruments, so wird der Durchgang durch den Mittelfaden bei den beiden Kulminationen in o' und u' stattfinden, statt in o und u, wodurch der Kreis nicht mehr in zwei gleiche Teile geteilt wird. Da die Bogen nun durch die Uhr gemessen werden, so wird selbst eine kleine Abweichung hierbei bemerkt werden können, wenn der Gang der Uhr gleichmäßig ist. Voraussetzung ist hier, daß das Azimut in der Zeit zwischen den Kulminationen sich nicht ändert. Etwaige Änderungen können durch Beobachtung einer in einigem Abstand vom Instrument aufgestellten *Meridianmarke* (*Mire*) gemessen und nachher in Rechnung gezogen werden.

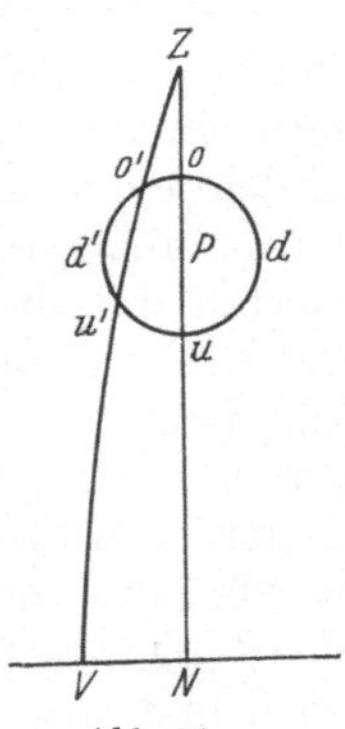

Abb. 25.

Ein Fehler im Azimut kann dadurch korrigiert werden, daß das eine Lager durch Schrauben bewegt werden kann, und zwar nicht nur auf- und abwärts zur Berichtigung der Neigung der Achse, sondern auch in horizontaler Richtung, zur Berichtigung des Azimuts.

29. *Der Meridiankreis und der Vertikalkreis.* Jedes Durchgangsinstrument muß mit einem kleinen Vertikalkreis versehen sein, mit dessen Hilfe das Fernrohr im voraus in der richtigen Richtung eingestellt werden kann, so daß ein gegebener Stern in das Gesichtsfeld kommt. Hat aber der vertikale Kreis solche Dimensionen, daß er das Ablesen von Winkeln mit derselben Genauigkeit zuläßt, mit der das Fernrohr eingestellt werden kann, so wird die Brauchbarkeit des Instruments wesentlich erhöht. Man nennt es dann einen *Meridiankreis*. Dieser kann dazu benutzt werden, gleichzeitig mit der Kulminationszeit die *Meridianhöhe* des Sterns zu bestimmen. Die Einrichtung eines älteren Typus dieses Instruments ersieht man aus Abb. 26, wo cc der geteilte Kreis, der dem Fernrohr bei dessen Bewegung im Meridian mitfolgt, und m vier Ableseapparate sind. Die Alhidade ist hier ein an dem Pfeiler befestigter viereckiger Rahmen, oben versehen mit einer Libelle v zur Kontrolle etwaiger kleiner Veränderungen seiner Lage (wie vorher beim Universalinstrument erklärt).

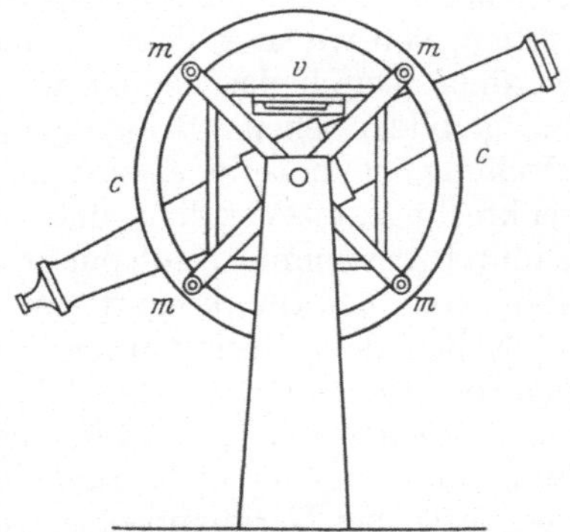

Abb. 26. Älterer Meridiankreis.

Wenn der Stern sich dem Mittelfaden nähert, wird das Fernrohr so eingestellt, daß der Stern gleichzeitig auf den Horizontalfaden kommt, oder mitten dazwischen, wenn zwei parallele vorhanden sind[1]. Hinterher kann dann der Kreis abgelesen werden.

Um hieraus die Meridianhöhe zu bestimmen, muß man indessen einen Ausgangspunkt, z. B. den *Zenitpunkt* des Kreises, haben. Die beim Universalinstrument beschriebene Methode kann hier nicht angewandt werden, da keine

[1] Während der Bewegung durch das Gesichtsfeld werden nur Äquatorsterne den Horizontalfäden genau parallel laufen; sonst beschreiben die Sterne Parallelkreise, während jede Gerade im Gesichtsfeld einen größten Kreis am Himmel darstellt, der durch die Ebene bestimmt ist, die durch die Gerade und den Mittelpunkt des Objektivs gelegt werden kann.

vertikale Umdrehungsachse vorhanden ist; eine Umlegung in den Lagern ist bei größeren Instrumenten eine zu umständliche Operation, um zu diesem Zweck mit Vorteil angewandt werden zu können. Hier sollen zwei andere Methoden erwähnt werden.

Unter einem *Kollimator* wird ein kleineres, mit einem Fadenkreuz versehenes Fernrohr verstanden, das auf einem Pfeiler nördlich oder südlich vom Hauptfernrohr und in gleicher Höhe mit diesem (meistens im selben Raum) angebracht und mit dem Objektiv dem Hauptrohr zugewandt ist. Wenn ein solcher Kollimator mit einem zylindrischen Rohr versehen ist, das in zwei Lagern auf einem Gestell mit drei Stellschrauben ruht, so kann er durch eine Libelle horizontal gestellt werden; wenn die optische Achse schief im Rohr liegt, kann dies durch eine Drehung des Fernrohrs in den Lagern untersucht und vorkommenden Falls durch Verschieben des Fadenkreuzes berichtigt werden. Wenn Tageslicht oder künstliches Licht durch das Okular des Kollimators hineingeworfen wird, dann werden die vom Fadenkreuz ausgehenden Strahlen nach dem Durchgang durch das Objektiv parallel. Richtet man das Hauptfernrohr auf den Kollimator, so wird man also dies Fadenkreuz wie einen entfernten Gegenstand sehen können. Bringt man nun die Horizontalfäden in beiden Fernrohren zur Deckung, dann ist die optische Achse des Meridianfernrohrs horizontal ebenso wie die des Kollimators. Die Ablesung des Kreises wird dann einen seiner *Horizontalpunkte* geben.

Leichter ist es, den *Nadirpunkt* des Kreises zu bestimmen. Eine Schale mit Quecksilber wird unter das Fernrohr gestellt und das Objektiv nach unten gegen diesen horizontalen Spiegel gerichtet. Wird von oben, durch ein besonders dazu angebrachtes Okular, Licht hineingeworfen, so werden die vom Fadennetz ausgehenden Strahlen parallel aus dem Objektiv austreten und auf das Quecksilber treffen, von wo sie reflektiert und ungefähr denselben Weg wieder zurückgehen werden. Durch das Okular wird man dann sowohl die Fäden selbst wie ihre Spiegelbilder sehen. Bringt man den Horizontalfaden und sein Spiegelbild zur Deckung, dann befindet sich die optische Achse in einer vertikalen Ebene, die senkrecht zum Meridian und also auch zur Ebene des Kreises steht. Der dadurch bestimmte Nadirpunkt liegt 90° von den beiden Horizontpunkten und 180° vom Zenitpunkt entfernt.

Neben dem Meridiankreis benutzt man zur Bestimmung von Höhen auch den sog. *Vertikalkreis*. Dieser hat, wie der Meridiankreis, einen vertikalen Kreis zur Ablesung von Höhendifferenzen, ist aber so eingerichtet, daß er durch Drehung um eine vertikale Säule leicht in ein beliebiges Azimut gebracht werden, bzw. bei Meridianbeobachtungen umgelegt werden kann. Man verzichtet bei dem Vertikalkreis auf die für Durchgangsbeobachtungen notwendige hohe Stabilität des Azimuts und erreicht durch die Umlegungsmöglichkeit Vorteile bei der Höhenbestimmung: bei jeder Beobachtung kann der Vertikalkreis umgelegt und der *Zenitpunkt* bestimmt werden. Daß die Drehung um eine vertikale Achse geschieht, wird durch ein in der Vertikalkreisebene angebrachtes Niveau kontrolliert, bzw. können durch das Niveau die Neigungsänderungen bestimmt und nachher berücksichtigt werden.

Bei Höhenmessungen muß man die *Biegung* des Fernrohrs berücksichtigen. Durch die Wirkung der Schwere wird sowohl das Objektivende wie das Okularende schwach gesenkt, wenn das Fernrohr nicht gerade gegen Zenit oder Nadir gerichtet ist. Sind die Senkungen des Objektivs und des Horizontalfadens gleich groß, so wird die Richtung der optischen Achse durch die Wirkung der Schwere nicht geändert. Im allgemeinen wird infolge kleiner Verschiedenheiten in den beiden Rohrhälften des Fernrohrs ein Unterschied vorhanden sein. Die Schwere bewirkt dann eine mit der Zenitdistanz veränderliche Biegung der optischen Achse (Größenordnung erfahrungsgemäß 1″). Die Biegung bewirkt, daß die Winkeldrehungen der optischen Achse und des Kreises nicht genau gleich werden.

Die Biegung ist für die Horizontallage des Fernrohrs am größten, für die Zenitlage und Nadirlage ist sie gleich Null. Die Komponente der Schwere senk-

Abb. 27. Der Meridiankreis der Sternwarte Berlin-Babelsberg.

recht zur Fernrohrachse ist dem Sinus der Zenitdistanz proportional. Es ist daher anzunehmen, daß die Biegung $\sin z$ proportional sein wird.

Die Größe der Biegung in der Horizontstellung kann man mit Hilfe von Kollimatoren bestimmen. Zwei Kollimatorfernrohre (vgl. S. 44), eines nördlich, das andere südlich vom Fernrohr, werden genau aufeinander gerichtet, so daß man durch das eine Fernrohr die beiden Fadenkreuze genau zusammenfallen sieht. Die optischen Achsen der Kollimatoren sind dann parallel. Man mißt nun mit dem zu untersuchenden Instrument durch sukzessives Einstellen auf die beiden Kollimatoren den Winkel zwischen deren optischen Achsen. Findet man genau 180°, so ist die Horizontalbiegung Null. Die Abweichung von 180° ist gleich der doppelten Horizontalbiegung.

Die Biegung in anderen Zenitdistanzen ergibt sich aus der Horizontalbiegung unter Annahme der Gültigkeit des Sinusgesetzes durch Multiplikation mit $\sin z$, und es können somit alle Beobachtungen für die Wirkung der Biegung korrigiert werden.

Durch Anbringung eines kleinen Spiegels vor dem Objektiv des Instruments entsteht ein reflektiertes Bild des Horizontalfadens neben dem direkten (vgl. S. 44). Der Abstand zwischen direktem und reflektiertem Fadenbild ist gleich dem Doppelten des Winkels zwischen der optischen Achse und der Spiegelnormale. Bei geeigneter Anbringung des Spiegels kann man erreichen, daß die Schwere nur Parallelverschiebungen des Spiegels bewirkt. Dann sind eventuelle Änderungen des Winkels zwischen der optischen Achse und der Spiegelnormale bei Drehung des Fernrohrs durch die Fernrohrbiegung allein verursacht. Durch Messungen des Abstandes zwischen direktem und reflektiertem Fadenbild in verschiedenen Stellungen des Fernrohrs können also die entsprechenden Fernrohrbiegungen ermittelt werden. Durch derartige Messungen hat man die Richtigkeit des Sinusgesetzes bestätigen können.

30. *Zur Entwicklungsgeschichte des Meridiankreises.* Abb. 26 zeigte uns das schematische Bild eines älteren Meridiankreises; Abb. 27 stellt einen modernen Meridiankreis dar.

Die historische Entwicklung dieses in der Astronomie so wichtigen Instrumententypus wird durch die Abb. 19, 28—31, 27 kurz beleuchtet.

Die erste Stufe in dieser Entwicklung bildet der *Gnomon* (Abb. 19), ein senkrecht aufgestellter Stab, deren Schattenlänge man messen kann, woraus man die Höhe der Sonne durch Rechnung erhält. Als Typus der nächsten Entwicklungsstufe können wir das *parallaktische Lineal* betrachten (Abb. 28).

Die senkrechte Stange ist ein fest aufgestellter Gnomon, die beiden anderen Stangen sind beweglich, die eine, wie man sieht, mit zwei *Visieren* versehen. Die mit Visieren versehene Stange kann um einen Punkt oben auf dem Gnomon herumgedreht werden und an der unteren beweglichen Stange entlanggleiten. Durch Einstellen der zwei Visiere auf einen Himmelskörper und nachherige Rechnung kann die Höhe des Gestirns im Beobachtungszeitpunkt festgelegt werden.

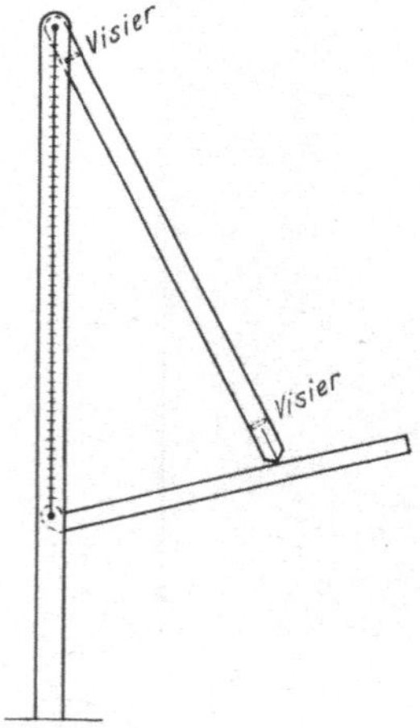

Visier
Visier

Abb. 28. Parallaktisches Lineal.

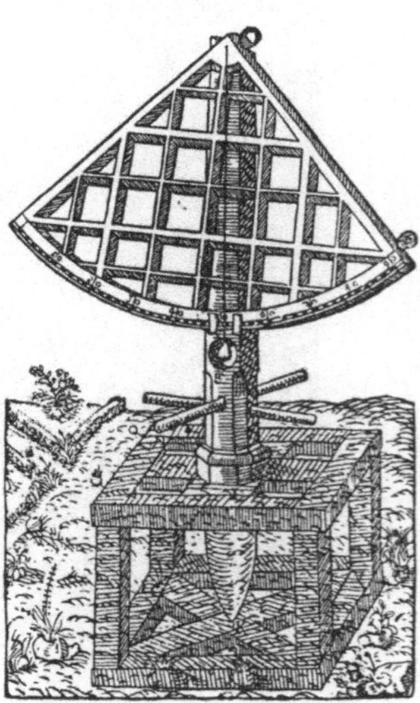

Abb. 29. Quadrant (TYCHO BRAHE).

Einen wesentlichen Fortschritt in der Entwicklung bildet der *Quadrant* (Abb. 29), wo ein geteilter Viertelkreisbogen um seinen Mittelpunkt oder — besser — um den Schwerpunkt des Instruments drehbar ist, und man nach Einstellung der Visiere den betreffenden Bogen am Himmel direkt — ohne Rechnung — ablesen kann.

In der Abb. 30 sehen wir einen sog. *Mauerquadranten*, einen fest aufgestellten Quadranten mit einem Fernrohr, das mit Hilfe eines kurzen Zapfens um den

Mittelpunkt des Kreisbogens drehbar war, und in der Abb. 31 den von OLE RÖMER konstruierten ersten *Meridiankreis*, mit Vollkreis statt nur eines Viertelkreises — was für die Elimination des Einflusses gewisser Instrumentalfehler von entscheidender Bedeutung ist — in der durch eine lange, in festen Lagern ruhende, Achse bewirkten soliden Aufstellung dieses Instrumententypus.

Abb. 30. Mauerquadrant mit Fernrohr (BIRD).

31. *Polhöhen- und Deklinationsbestimmung am Meridiankreis. Polhöhenbestimmung mit Sextant.* Der Meridiankreis bietet ein bequemes und genaues Mittel zur Bestimmung der *Polhöhe* des Ortes und der *Deklination* der Sterne. Wo astronomische Beobachtungen ausgeführt werden sollen, ist überall die Polhöhe mit das erste, was bekannt sein muß. Sie kann in der Tat unabhängig von allem anderen (die Refraktion ausgenommen) bestimmt werden, nämlich durch Messen der Höhe eines Zirkumpolarsterns in beiden Kulminationen.

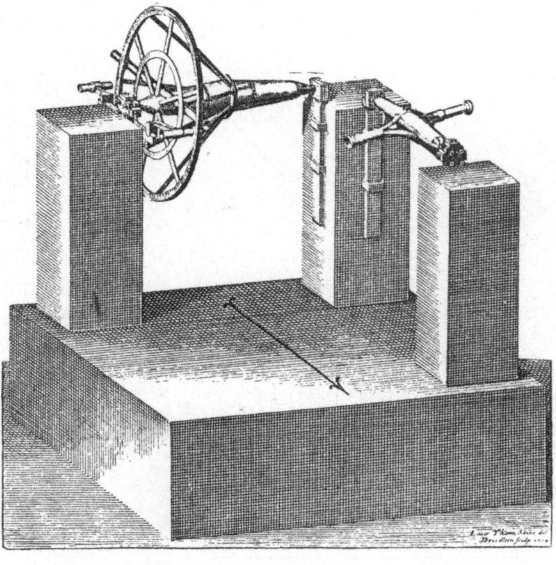

Abb. 31. OLE RÖMERS Meridiankreis (links) und Instrument im ersten Vertikal (rechts).

Abb. 32 stellt ein Viertel der Himmelskugel vor, von außen und von Westen gesehen, nach unten begrenzt vom Horizont, im übrigen vom Meridian mit dem Zenit in Z und dem Pol in P. Ein Stern, der zwischen Zenit und Pol kulminiert, z. B. in S_o, mit der Meridianhöhe H, wird sich bei unterer Kulmination in S_u befinden, mit der Meridianhöhe h. Die Abbildung zeigt, daß die erste eine Summe von zwei Bogen, nämlich der Polhöhe und der Poldistanz des Sterns, die andere die Differenz zwischen den beiden gleichen Bogen ist. Vorausgesetzt, daß die Deklination des Sterns zwischen den beiden Kulminationen keine Änderung erlitten hat, erhält man also die beiden Gleichungen:

$$H = \varphi + 90° - \delta \quad (1)$$

$$h = \varphi - (90° - \delta), \quad (2)$$

die durch Addition $\varphi = {}^1/_2(H + h)$ ergeben. Die Polhöhe ist also das Mittel der beiden gemessenen Meridianhöhen, wobei jedoch zu bemerken ist, daß diese, ebenso wie jede andere gemessene Höhe, wegen der *Refraktion* (eines Phänomens, das im nächsten Kapitel besprochen werden soll) korrigiert sein müssen.

Es gibt indessen auch Zirkumpolarsterne, die bei der oberen Kulmination südlich vom Zenit stehen, z. B. in S. Die Meridianhöhe H' muß dann von der anderen Seite her gezählt werden, und wie die Abbildung zeigt, hat man in diesem Falle (weil der Bogen $AS = \delta$):

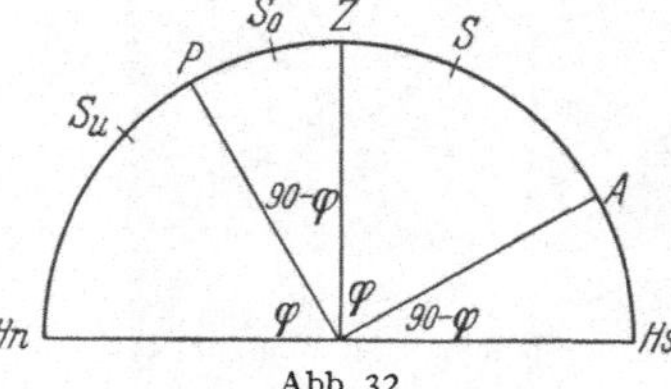

Abb. 32.

$$H' = \delta + 90^\circ - \varphi\,. \tag{3}$$

Für die untere Kulmination erhält man dieselbe Gleichung wie vorher, die jetzt:

$$h = \delta - (90^\circ - \varphi) \tag{2}$$

geschrieben werden kann.

Um nun δ zu eliminieren, muß man (2) von (3) subtrahieren und erhält dann $90^\circ - \varphi = {}^1/_2(H' - h)$, oder die Breite ist das Komplement der halben Differenz der Höhen.

Ferner sieht man, daß, wenn die Gleichungen (1) und (2) durch Subtraktion und (3) und (2) durch Addition kombiniert werden, φ fortfällt und man eine Gleichung zur *Bestimmung der Deklination* des beobachteten Sterns erhält. Ist die Polhöhe ein für allemal bestimmt, dann kann jede der drei Gleichungen zu demselben Zwecke gebraucht werden.

Im Zusammenhang hiermit soll bemerkt werden, daß die Gleichung (3) auf Reisen und namentlich zur See sehr häufig zur Bestimmung der Polhöhe beim Messen der Meridianhöhe der Sonne in Anwendung kommt. Freilich kann die Ebene des Sextanten nicht von vornherein genau in den Meridian gelegt werden, besonders dann nicht, wenn man ihn in der Hand hält; aber man macht sich hier den Umstand zunutze, daß die Meridianhöhe die größte Höhe ist. Wenn man also etwas vor Mittag das Fernrohr gegen die Kimmung richtet und durch die Alhidade den oberen oder unteren Rand der Sonne mit der Kimmung in Berührung bringt, so behält man die Berührung bei, so lange man im Fernrohr sehen kann, daß die Sonne noch steigt, aber nicht mehr, wenn sie anfängt, wieder zu sinken. Was man dann am Limbus abliest, ist die größte Höhe des Sonnenrandes. Wenn diese wegen Kimmtiefe und wegen der vorher angedeuteten Korrektion (der *Refraktion*) korrigiert ist, muß sie auf das Sonnenzentrum reduziert werden, dessen Deklination sich in den großen astronomischen Jahrbüchern für jeden Tag im voraus berechnet findet und für die dazwischenliegenden Zeiten interpoliert werden kann. Die Reduktion vom Rand zum Zentrum oder der Radius der Sonne im Winkelmaß, der ungefähr 16′ beträgt, ist auch in den Jahrbüchern zu finden, da er im Laufe des Jahres etwas variiert.

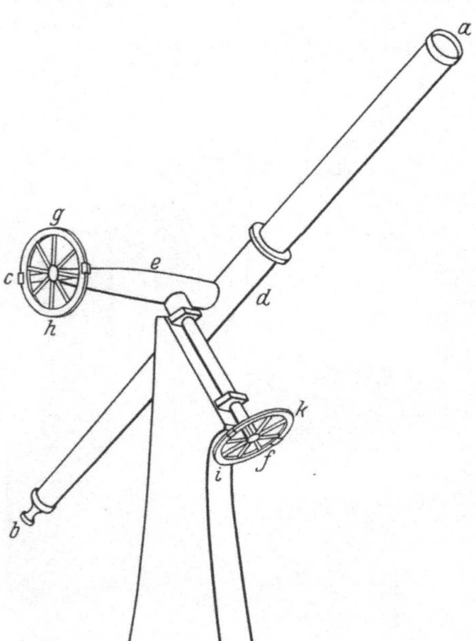

Abb. 33. Äquatoreal aufgestelltes Fernrohr.

Jede gemessene Höhe der Sonne, des Mondes oder eines Planeten muß, wenn sie mit der im Jahrbuch angegebenen Deklination kombiniert werden soll, noch einer Korrektur unterzogen werden als Folge davon, daß die Richtung vom zufälligen Standpunkt des Beobachters aus merklich verschieden sein kann von der Richtung, die bei den Koordinaten des Jahrbuchs angegeben ist (*Parallaxe*). Wie man später sehen wird (S. 139), ist es jedoch nur der Mond, für den diese Korrektur einen größeren Wert annehmen kann.

Abb. 34. Der große Refraktor des Potsdamer astrophysikalischen Observatoriums.

32. *Äquatoreal aufgestellte Instrumente.* Denkt man sich ein Universalinstrument so aufgestellt, daß die ursprünglich vertikale Achse mit der Weltachse zusammenfällt, also auf den Himmelspol statt auf das Zenit zeigt, daß also der frühere Horizontalkreis in die Äquatorebene fällt, dann erhält man ein Instrument, das *Äquatoreal* genannt wird, und das dazu dienen kann, Deklination und Stundenwinkel durch Beobachtung zu bestimmen, ganz wie das Universalinstrument Höhe und Azimut gibt. Wegen der schiefen Aufstellung relativ zur Richtung der Schwere ist es jedoch schwierig, mit Hilfe der Kreise die Genauigkeit in der Winkelmessung zu erzielen, die die Ablesung selbst geben kann, da die unvermeidlichen kleinen Spielräume zwischen den verschiedenen Teilen in den verschiedenen Stellungen des Instruments nicht gleich wirken.

Nichtsdestoweniger wird diese Aufstellungsart in weitestem Maße gerade bei den größten astronomischen Instrumenten benutzt; die Kreise erhalten aber kleinere Dimensionen, weil sie nur zur vorläufigen Einstellung des Fernrohrs in einer gegebenen Richtung dienen sollen, nicht zur Messung von Koordinaten. Abb. 33 zeigt die Anordnung. Die gegen den Pol gerichtete Achse *ef* wird *Stundenachse* genannt, die dazu senkrechte Achse *cd Deklinationsachse,* und die entsprechenden Kreise *Stundenkreis* (*ik*) und *Deklinationskreis* (*gh*).

Der praktische Vorteil bei dieser Aufstellung (die wegen des Umstandes, daß das Fernrohr außerhalb des Schnittpunkts der beiden Achsen liegt, *parallaktische*

Abb. 35. Das HOOKER-Spiegelteleskop auf Mt. Wilson in Kalifornien. Spiegeldurchmesser $2^1/_2$ m.

Aufstellung genannt wird) liegt darin, daß man einen Stern bequem längere Zeit während seiner täglichen Bewegung verfolgen kann. Das Instrument braucht nämlich nur um die Stundenachse gedreht zu werden, weil dadurch die optische Achse von selbst einen Parallelkreis am Himmel beschreibt. Da der Stundenwinkel des Sterns sich gleichmäßig ändert, bedient man sich bequem eines Uhrwerks für die Bewegung um die Stundenachse.

33. *Armillen.* Ebenso wie der Gnomon, das parallaktische Lineal und der Quadrant als Vorgänger des Meridiankreises aufgefaßt werden können, so gab es im Altertum und bis zu TYCHO BRAHES Zeiten eine Gruppe Instrumente, die wir als Vorgänger der äquatoreal aufgestellten Instrumente bezeichnen können. Es sind dies die sog. *Armillen,* die aus einem Gerüst um den Mittelpunkt drehbarer und mit festen und verschiebbaren Visieren versehener Metall- oder Holz-

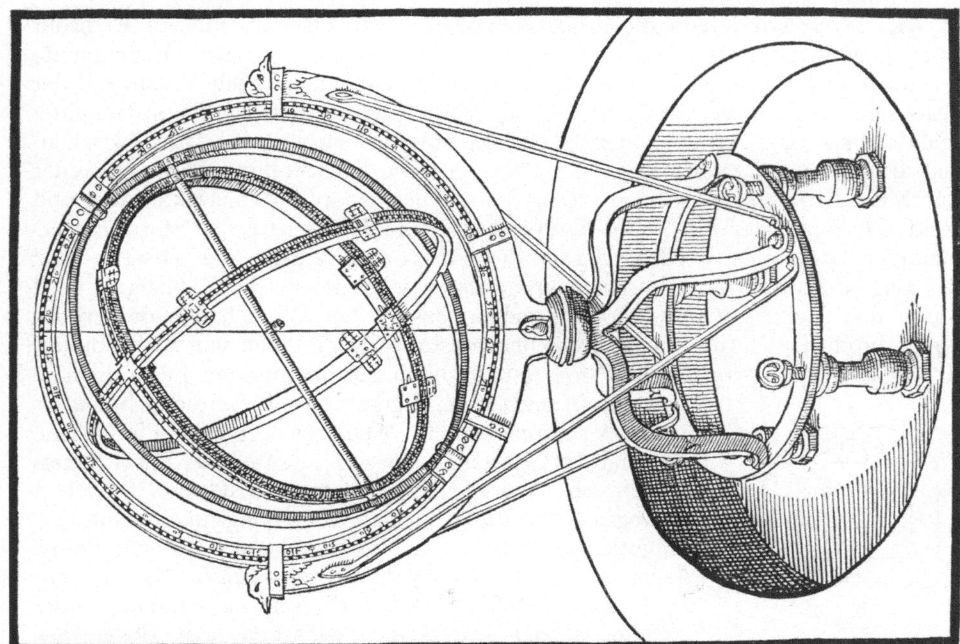

Abb. 37. Zodiakal-(Ekliptikal-)Armille (TYCHO BRAHE).

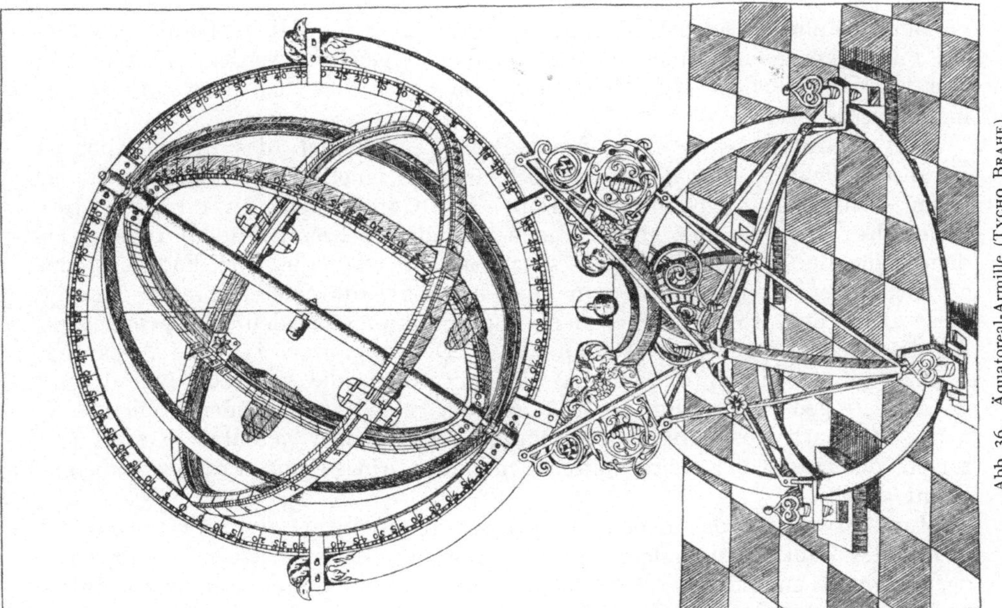

Abb. 36. Äquatoreal-Armille (TYCHO BRAHE).

kreise bestehen, mit denen man Himmelskörper einstellen und die Differenzen ihrer äquatorealen — evtl. auch ihrer ekliptikalen (vgl. § 44—45) — Koordinaten ablesen kann. Wir geben in Abb. 36 und 37 Abbildungen zweier solcher Instrumente, die TYCHO BRAHE auf Hven aufgestellt hatte. Es versteht sich von selbst, daß jede Ablesung des Stundenwinkels eines bekannten Gestirns an einem solchen Instrument eine rohe Zeitbestimmung gibt. Über die sonstige Anwendung solcher Instrumente s. S. 64.

34. *Mikrometer.* Um die große Genauigkeit im Visieren, die ein Fernrohr mit langer Brennweite geben kann, auszunutzen, wendet man solche Instrumente an, um relative Messungen am Himmel vorzunehmen, nämlich Messungen der gegenseitigen Stellung zweier Sterne, die sich entweder gleichzeitig im Gesichtsfeld des Fernrohrs befinden oder bei feststehendem Fernrohr mit kurzer Zwischenzeit durch dieses hindurchgehen. Diese gegenseitige Stellung kann entweder durch die Differenzen zwischen den gewöhnlichen Koordinaten, Deklination und Rektaszension, oder durch die Entfernung und Richtung der Sterne untereinander angegeben werden. Unter der Entfernung oder der *Distanz* wird der Bogen des größten Kreises zwischen ihnen verstanden; die Richtung wird durch den sog. *Positionswinkel* angegeben, das ist der Winkel, den der größte Kreis durch die Sterne mit dem Deklinationskreis durch einen von ihnen bildet. Er wird meistens von Norden (im umkehrenden astronomischen Fernrohr also von unten) und entgegengesetzt dem Sinn des Uhrzeigers bis 360° durchgezählt. Wenn zwei Sterne die gleiche Deklination haben, also auf demselben Parallelkreis stehen, so wird derjenige, der während der täglichen Bewegung nachfolgt, einen Positionswinkel von annähernd 90° relativ zum vorangehenden haben, dieser dagegen einen Positionswinkel von ungefähr 270°, relativ zum nachfolgenden. Wenn die Sterne einander nahe stehen, ist der Unterschied zwischen dem Bogen des größten Kreises und der Richtung des Parallels gering, oft unmerklich.

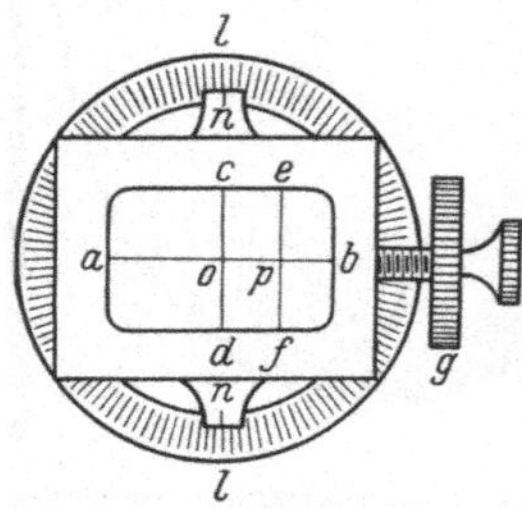

Abb. 38. Fadenmikrometer.

Zur Ausführung solcher Messungen werden besondere Hilfsapparate benutzt, die mit einem gemeinsamen Namen *Mikrometer* genannt werden. Es gibt davon viele verschiedene Konstruktionen, von denen hier nur die wichtigste genannt werden soll.

Das *Fadenmikrometer* ist auf ein Prinzip gegründet, das durch Abb. 38 veranschaulicht ist. An der gewöhnlichen Stelle innerhalb des Okulars ist ein fester Rahmen mit einem Fadenkreuz ab, cd angebracht. Ein zweiter, beweglicher Rahmen mit einem Faden ef (oder mehreren Fäden) parallel zu dem einen der festen Fäden, ist so angebracht, daß die zwei Fadensysteme gegeneinander verschoben werden können. Eine Mikrometerschraube besorgt diese Bewegung, so daß der Faden ef (der Mikrometerfaden) in verschiedene Abstände von cd gebracht werden kann. Diesen ganzen Teil des Apparates kann man um die optische Achse des Fernrohrs (die senkrecht zur Ebene des Papiers gedacht ist) drehen, wodurch die beiden Indizes oder Nonien n, n nach und nach auf verschiedene Punkte des kleinen geteilten Kreises l, l zeigen, der wegen der weiter unten genannten Anwendung *Positionskreis* genannt wird.

Zur Auswertung der Beobachtungen ist die Kenntnis des Schraubenwerts, das ist des Winkels im Gesichtsfeld des Fernrohrs, der einer ganzen Umdrehung der Schraube entspricht, erforderlich. Man kann ihn unter anderem dadurch finden, daß man die Schraubenhöhe durch die Brennweite des Objektivs dividiert und mit der Zahl $\boldsymbol{s}$ multipliziert. Ist z. B. die Schraubenhöhe $^1/_2$ mm und die Brennweite 5 m, so ist der Schraubenwert $\boldsymbol{s} : 10000 = 20''.6$. Ist der Schraubenkopf g in 100 Teile geteilt (der dazugehörige Index ist in der Abbildung weggelassen) und kann man nach Augenmaß das Zehntel schätzen, dann kann man also Winkel bis zu 0″.02 ablesen.

Der Apparat kann auf zweierlei Weise angewandt werden. Dreht man das Mikrometer so, daß der Faden *ab* im Deklinationskreis liegt — was dadurch erreicht werden kann, daß man den Stern bei seiner täglichen Bewegung an einem der zum Faden *ab* senkrecht stehenden Fäden entlang laufen läßt — dann ist der Rektaszensionsunterschied zwischen zwei Sternen, die durch das Gesichtsfeld gehen, gleich dem durch die Uhr zu messenden Unterschied zwischen ihren Durchgangszeiten durch den Faden *ab*. Läßt man den ersten Stern an dem festen Faden *cd* entlang laufen (oder eigentlich: wird das Fernrohr so eingestellt, daß der Stern beim Passieren des Fadens *ab* sich auf diesem Faden bewegt), und läßt man darauf, ohne an der Einstellung des Fernrohrs etwas zu ändern, den zweiten Stern dem beweglichen Faden folgen, so kann man nachher durch Ablesung des Schraubenkopfes (und für die ganzen Umdrehungen durch Ablesung einer Skala, die auf der Abbildung weggelassen ist) den Abstand zwischen den beiden Fäden messen, woraus sich der Deklinationsunterschied ergibt. Natürlich kann man auch beide Sterne dem beweglichen Faden folgen lassen, wenn die Zeit zwischen den Durchgängen der beiden Sterne die nötige Ablesung und die Neueinstellung des Fadens gestattet.

Sind die Sterne gleichzeitig im Gesichtsfeld des Fernrohrs, so kann das Mikrometer dazu benutzt werden, um durch Messung von Distanz und Positionswinkel die gegenseitige Lage zu bestimmen. Die obengenannte Stellung der Mikrometers gibt die Ablesung auf dem Positionskreis, die dem Positionswinkel 0 für den Faden *ab* entspricht. Wird darauf das Mikrometer so gedreht, daß der Faden *ab* beide Sterne verbindet, so kann die Distanz mit Hilfe der Schraube und der Positionswinkel mit Hilfe des Positionskreises gemessen werden. Hierbei muß das Fernrohr durch das vorher erwähnte Uhrwerk mitgeführt werden, da die Sterne bei solchen Messungen an unveränderter Stelle im Gesichtsfeld stehen müssen.

Die letztgenannten Koordinaten, Distanz und Positionswinkel, können durch eine leichte Rechnung in Rektaszensions- und Deklinationsdifferenzen verwandelt werden und umgekehrt.

35. *Das Heliometer.* Endlich soll hier ein Instrument erwähnt werden, mit dem die Messungen auf wesentlich größere Entfernungen ausgedehnt werden können als mit dem Fadenmikrometer, und das außerdem den Vorteil hat, daß es mit dunklem Felde benutzt werden kann, so daß die volle optische Kraft des Fernrohrs ausgenutzt wird, während das Fadenmikrometer künstliche Beleuchtung entweder des Feldes oder der Fäden erfordert. Das Instrument wird *Heliometer* genannt, weil es ursprünglich für die Messung des Sonnendurchmessers vorgesehen war.

Das Objektiv des Fernrohrs ist hier an einem Durchmesser entlang durchschnitten, und die beiden Hälften liegen längs der Schnittlinie aneinander, aber jede mit ihrer eigenen Fassung, so daß die eine relativ zur anderen verschoben werden kann mit Hilfe einer Mikrometerschraube, die vom Okularende des Fernrohrs aus zu handhaben ist. Außerdem kann das ganze Objektiv um die optische Achse des Fernrohrs gedreht und die Drehung an einem Positionskreis abgelesen werden.

Abb. 39 zeigt das Prinzip. Ist das Fernrohr auf zwei Sterne gerichtet, die in der Entfernung v voneinander stehen, und fällt die Schnittlinie des Objektivs mit dem sie verbindenden größten Kreis zusammen, so wird eine Verschiebung der Hälften, wie links auf der Abbildung angedeutet, bewirken, daß jede Hälfte ein Bild von den beiden Sternen ergibt, das eine z. B. a, a', das andere b, b', die alle vier auf demselben größten Kreis liegen. Wird die Schraube so weit gedreht, daß a' aus dem einen Bilderpaar mit b aus dem anderen zusammenfällt, so hat man, wenn der Teilwert der Schraube bekannt ist, ein Maß für die Entfernung der Sterne oder den Winkel v. Man sieht, daß die Sterne so weit voneinander entfernt sein dürfen, daß nur die beiden mittleren Bilder, die zur Deckung gebracht werden, gleichzeitig im Gesichtsfelde des Fernrohrs stehen.

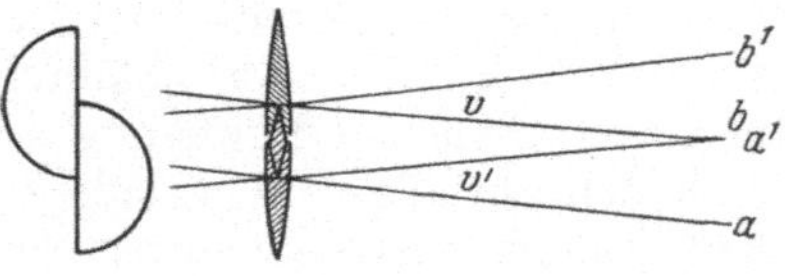

Abb. 39. Prinzip des Heliometers.

36. *Ausmessung photographischer Platten.* Statt die Positionsbestimmungen direkt am Fernrohr vorzunehmen, kann man auch ein Himmelsareal auf eine *photographische Platte* aufnehmen (vgl. S. 5) und die Messungen dann auf dieser vornehmen.

Abb. 40. Meßapparat für photographische Platten (Sternwarte Kopenhagen).

Die Messungen laufen nun darauf hinaus, rechtwinklige Koordinaten auf der ebenen photographischen Platte zu bestimmen. Diese werden mit Hilfe eines besonderen Meßapparates für photographische Platten (vgl. Abb. 40) ausgeführt. Die Platte wird auf einem Rahmen im Meßapparat fest angebracht. Der Rahmen ist durch zwei lange, zueinander senkrechte, Schrauben verstellbar; die Verstellungen können an den Schrauben genau abgelesen werden (vgl. die

Mikrometerschraube S. 52; hier handelt es sich um größere Verschiebungen, da die Platte größer ist als das benutzte Fernrohrfeld). Man beobachtet nun die Platte durch ein mit einem Fadenkreuz versehenes Meßmikroskop. Durch Drehung der Schrauben bringt man ein zu messendes Objekt auf der Platte (z. B. ein Sternbild) auf das Fadenkreuz. Man mißt gewöhnlich jede Koordinate für sich und stellt genau nur auf den einen Faden ein.

Wenn nur kleine Abstände auf der Platte auszumessen sind, kann man ein mit Mikrometer ausgestattetes Meßmikroskop benutzen und mißt dann auf der Platte genau wie am Himmel.

Aus den gemessenen rechtwinkligen Koordinaten auf der Platte können nun die sphärischen Koordinaten Rektaszension und Deklination berechnet werden. In diese Rechnung gehen eine Reihe Konstanten ein, die die Operationen charakterisieren, mit denen man zu den rechtwinkligen Koordinaten gelangte. Diese Operationen sind die Einstellung des Fernrohrs, die Anbringung der Platte im Fernrohr und nachher im Meßapparat sowie die Ausmessung mit Hilfe der Meßschrauben. Die Konstanten charakterisieren die Lage der Platte im Fernrohr sowie im Meßapparat, die Fernrohroptik und die Meßschrauben. Wenn man auf der Platte eine gewisse Anzahl Sterne mit genau bekannten Rektaszensionen und Deklinationen hat, kann man die Konstanten berechnen. Mit den so berechneten Konstanten kann man dann die gemessenen rechtwinkligen Koordinaten der übrigen Sterne auf der Platte in Rektaszensionen und Deklinationen verwandeln.

Es ist leicht, Areale von $1° \times 1°$ aufzunehmen und auszumessen. Mit geeigneter Optik gelingt es, größere Areale, bis $5° \times 5°$, meßbar auf eine Platte zu bekommen.

Die Refraktion.

37. Da die Erde von einer lichtbrechenden Atmosphäre umgeben ist, so wird der Strahl von einem Stern nicht in derselben Richtung zu einem Beobachter gelangen, die er draußen im Raum hatte. Die Dichte der Luft ist vom Druck der gesamten darüberliegenden Luftmenge abhängig, woraus folgt, daß die Dichte mit der wachsenden Entfernung von der Erdoberfläche abnehmen muß. Von zufälligen Unregelmäßigkeiten abgesehen, wird sich die Luft im großen ganzen in Schichten anordnen, deren Oberflächen überall senkrecht zur Richtung der Schwere stehen, und deren Dichte nach oben abnimmt. Da die Erde rund und die Schwere überall gegen ihr Zentrum hin gerichtet ist, können die Luftschichten als annähernd kugelförmig und konzentrisch betrachtet werden.

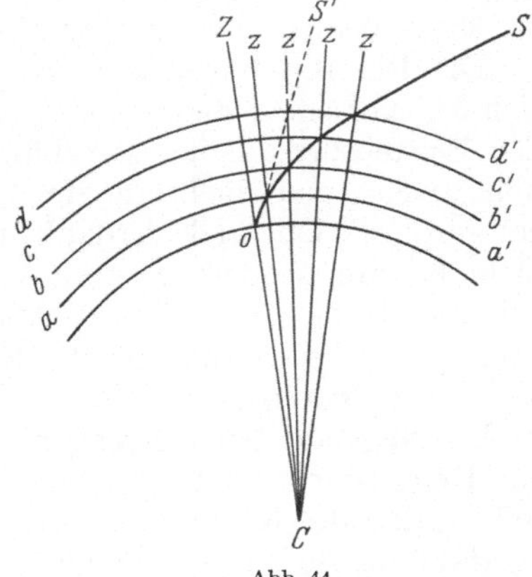

Abb. 41.

Erfahrungen, die später besprochen werden sollen, zeigen, daß die Luft sich bis zu sehr bedeutenden Höhen ausdehnt, in einer Höhe aber von mehr als 60 bis 70 km scheint die Dichte so klein zu sein, daß die Lichtbrechung ganz unmerklich wird. Wenn ein Strahl von einem dünneren zu einem dichteren Medium übergeht, so nähert der gebrochene Strahl sich dem Einfallslot, das hier mit der Vertikallinie identisch ist. Ein Stern in der Richtung S (Abb. 41) wird also einen Strahl aussenden, der geradlinig geht, bis er an die Stelle kommt, die wir als obere Grenze dd' der Atmosphäre betrachten können, aber hier wird die Brechung anfangen, merklich zu werden, und darauf durch die immer dichteren Luftschichten kontinuierlich nach unten zunehmen; der Lichtstrahl in der Luft wird deshalb zu einer krummen Linie, bis er schließlich unten auf der Erdoberfläche einen Beobachter O trifft. Diesem wird es erscheinen, als stände der Stern in der Richtung OS', der Tangente an die krumme Linie in ihrem Endpunkt. Der Winkel zwischen dieser Richtung OS' und der ursprünglichen Richtung wird *Refraktion* genannt.

Da der gebrochene Strahl in derselben Ebene liegt wie der einfallende Strahl und das Einfallslot, also in der Vertikalebene des einfallenden Strahls, so wirkt die Refraktion nicht auf das Azimut, sondern nur auf die Höhe oder die Zenitdistanz, und zwar so, daß der Stern dem Zenit immer näher erscheint, als er in Wirklichkeit ist. Die Höhe, die durch Beobachtung gefunden wird, muß deshalb wegen der Refraktion immer verkleinert werden, um sie auf diejenige Höhe zu reduzieren, in der der Stern erscheinen würde, wenn die Atmosphäre nicht vorhanden wäre.

Für einen Stern im Zenit ist die Refraktion natürlich Null. Bis zu etwa 30° vom Zenit beträgt sie ungefähr ebenso viele Sekunden, wie die Zenitdistanz Grade beträgt; bei einer Höhe von 45° ist sie etwa 1′, in einer Höhe von 20° etwas mehr als $2^1/_2{}'$, in einer Höhe von 10° über 5′, worauf sie schnell gegen den Horizont hin zunimmt, wo sie ca. 35′ beträgt. Ein Stern, den man im astronomischen Horizont sieht, steht also tatsächlich ca. 35′ unter ihm. Allein innerhalb des letzten Grades über dem Horizont nimmt die Refraktion über 10′ zu. Dies ist der Grund, weshalb die Sonne und der Vollmond in der Nähe des Horizonts flachgedrückt aussehen, so daß der vertikale Durchmesser kürzer zu sein scheint als der horizontale.

Die obengenannten Zahlen sind nur durchschnittliche und können bei niedrigen Höhen mit Luftdruck und Temperatur ziemlich stark variieren; hoher Barometerstand, also erhöhter Druck, bewirkt größere Dichte, hohe Temperatur dagegen bewirkt geringere Dichte, weil die Luft sich dann ausdehnt. Vollständige Refraktionstafeln geben deshalb auch Anweisung, wie die durchschnittlichen Werte für Barometer und Thermometer zu korrigieren sind (s. Anhang S. 540).

Kennt man die Wirkung der Refraktion auf die Höhe, so kann ihre Wirkung auf Deklination und Rektaszension (oder Stundenwinkel) leicht berechnet werden.

Ferner bewirkt die Refraktion, daß die Sterne früher auf- und später untergehen, als wenn sie in ihrer wahren Richtung gesehen würden, so daß also der Tagbogen vergrößert und der Nachtbogen verkleinert wird.

Diese beiden Probleme werden weiter unten behandelt werden.

Die Refraktion wurde ursprünglich durch Beobachtung entdeckt. Sie gibt sich auf verschiedene Arten zu erkennen, z. B. durch Nichtübereinstimmung in den Werten der aus der Meridianhöhe von Zirkumpolarsternen abgeleiteten Polhöhe, wenn man mehrere Sterne mit verschiedener Deklination benutzt. Die erste Refraktionstafel verdanken wir TYCHO BRAHE, der jedoch die Ursache nicht kannte, sondern glaubte, daß die Refraktion für Sonne und Mond bereits bei einer Höhe von 45° unmerklich sei, für Fixsterne und Planeten sogar schon bei 20°. Die erste theoretische Behandlung des Refraktionsproblems verdanken wir ISAAC NEWTON.

Die folgende Betrachtung mag eine ungefähre Vorstellung von der Theorie der Refraktion geben. Werden nur Sterne betrachtet, die so nahe dem Zenit stehen, daß die Krümmung der Luftschichten keine Rolle spielt, dann wird die Vertikallinie durch den Punkt I (Abb. 42), in dem der Lichtstrahl SI die Atmosphäre trifft, parallel werden mit der Vertikallinie OZ durch den Beobachter O. In einem solchen Falle ist die gesamte Brechung dieselbe, als ob der Strahl unmittelbar von dem leeren Raume übergegangen wäre in eine Luftschicht mit der Dichte, die die Luft am Beobachtungsort wirklich hat. Der Einfallswinkel des Strahls wird dann die wahre Zenitdistanz z und der Brechungswinkel die scheinbare Zenitdistanz z', so wie die Abbildung zeigt, indem der Beobachter den Stern in der Richtung OI sieht, während die wirkliche Richtung OS' ist, die mit IS parallel läuft. Bezeichnet n den Brechungsindex der betrachteten Luftschicht, dann erhält man dem Brechungsgesetz zufolge:

$$\sin z = n \sin z'.$$

Wird die Refraktion r genannt, also:

$$z = z' + r,$$

so ist:

$$\sin z = \sin z' \cos r + \cos z' \sin r.$$

Aus diesen beiden Gleichungen erhält man:

$$\cos z' \sin r = (n - \cos r) \sin z'.$$

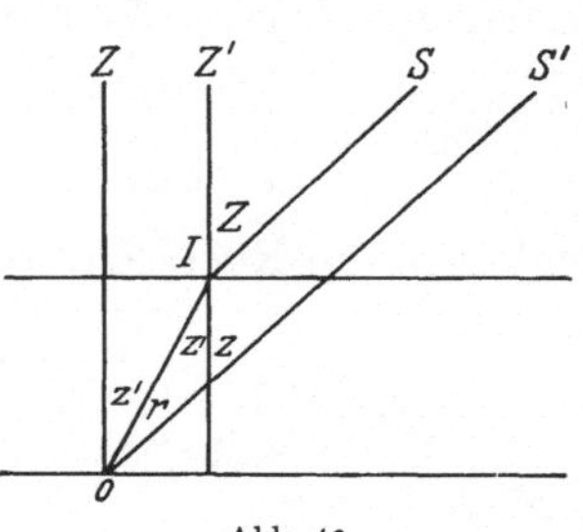

Abb. 42.

Weil der Wert von r nicht groß ist, kann man annähernd $\cos r = 1$ und in noch größerer Annäherung $\sin r = r$ setzen. Wird darauf auf beiden Seiten durch $\cos z'$ dividiert, dann erhält man die Refraktion als unbenannte Zahl:

$$r = (n - 1) \operatorname{tg} z'.$$

Will man sie in Sekunden ausdrücken, muß man mit $\mathbf{s}$ multiplizieren; wird:

$$(n - 1)\,\mathbf{s} = \alpha$$

gesetzt, so erhält man schließlich:

$$r = \alpha \operatorname{tg} z'.$$

Für einen gegebenen Barometerstand und eine gegebene Temperatur ist n und folglich auch α eine konstante Größe, und man erhält also das Resultat, daß die Refraktion der Tangente der scheinbaren Zenitdistanz proportional ist.

Dies Gesetz genügt in der Tat bis auf eine ziemliche Entfernung vom Zenit; noch in einer Höhe von 30° ist die Abweichung nur ein kleiner Bruchteil einer Bogensekunde. Auch für viel geringere Höhen pflegt man einen Ausdruck derselben Form zu benutzen, in solchem Falle aber mit abnehmenden Werten von α; ganz herunter bis zum Horizont läßt sich das Verfahren jedoch nicht anwenden.

Die durch die vorhergehende Gleichung definierte Konstante α wird *Refraktionskonstante* genannt. Mit dem Brechungsindex $n = 1.00028$ erhält man $\alpha = 58''$.

Eine vollständige Theorie der Refraktion, wobei die Krümmung der Luftschichten in Betracht kommt, ist mit der Schwierigkeit verknüpft, daß sie die Kenntnis des Gesetzes erfordert, nach dem die Dichte mit der Höhe abnimmt. Dies Gesetz hängt aber wesentlich auch von der Abnahme der Temperatur nach oben ab, die manchmal recht unregelmäßig ist. Doch kann die dadurch entstehende Unsicherheit nur in der Nähe des Horizontes von größerer Bedeutung werden. In kleinen Höhen werden in der Regel astronomische Beobachtungen nicht ausgeführt, wenn es auf große Genauigkeit ankommt.

38. *Die Einwirkung der Refraktion: 1. auf die Koordinaten und 2. auf die Zeit des Auf- und Untergangs eines Sterns.* Diese Wirkungen werden mit Hilfe des Dreiecks PZS (Pol—Zenit—Stern) berechnet.

1. Abb. 43 zeigt dies Dreieck und auch das Dreieck, das entsteht, wenn man sich den Stern S ein Stück (dh) gegen das Zenit hinauf verschoben denkt. Den

beiden Dreiecken ist $90^\circ - \varphi$ und $180^\circ - Az$ gemeinsam, wie die Abbildung zeigt. Wir wollen uns mit einer differentiellen Behandlung des Problems begnügen und müssen dann die sphärisch-trigonometrischen Differentialformeln wählen, die $d\varphi$ und dAz enthalten, die ja beide gleich Null gesetzt werden können, und außerdem auch noch dh und eins der Differentiale $d\delta$ und dt (das ja $= -d\alpha$ ist; vgl. die Definition der Rektaszension auf S. 34). Aus der ersten und dritten der Formeln (4) auf S. 24 erhalten wir:

$$\begin{aligned} d\delta &= \cos p\, dh + \cos t\, d\varphi + \cos h \sin p\, dAz \\ \cos\delta\, dt &= -\sin p\, dh + \sin t \sin\delta\, d\varphi + \cos h \cos p\, dAz \end{aligned} \tag{1}$$

und also, mit Rücksicht auf das oben Gesagte, wenn r die Refraktion bezeichnet:

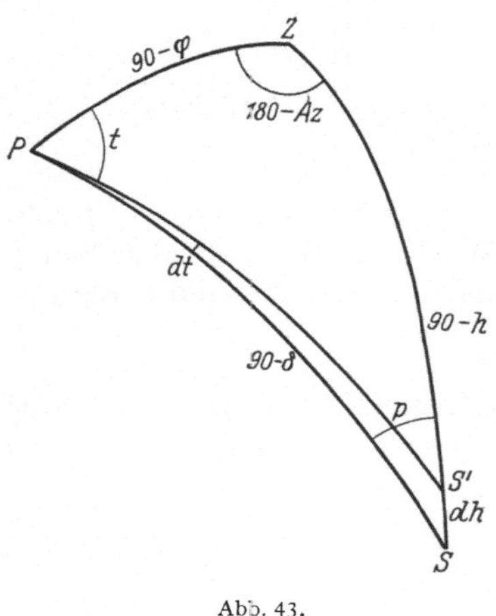

Abb. 43.

$$\begin{aligned} d\delta &= r \cos p \\ \cos\delta\, d\alpha &= r \sin p\,, \end{aligned} \tag{2}$$

Formeln also, die uns instand setzen, den Einfluß der Refraktion auf α und δ zu berechnen.

2. Für die Aufgabe, die Einwirkung der Refraktion auf die Zeitpunkte des Auf- und Untergangs eines Sterns zu berechnen, ist folgendes zu überlegen: Abb. 44 zeigt den Parallelkreis des Sterns (den punktierten Kreis), den kleinen Kreis also, in dem seine tägliche Bewegung vor sich geht. In der Abbildung sehen wir den Stern in den beiden Lagen zur Zeit des Untergangs: S, wo der Stern sich *wirklich* am Horizont befindet, und S', wo der Stern soweit (35′) unter den Horizont gesunken ist, daß er wegen der Refraktion gerade im Horizont gesehen wird. In den beiden Dreiecken, PZS und PZS', die auf diese Weise entstehen, ist, wie es die Abbildung angibt, $90^\circ - \varphi$ und $90^\circ - \delta$ gemeinsam. Wir müssen also, wenn wir uns auch hier mit einer differentiellen Behandlung des Problems begnügen, eine Differentialformel wählen, die die Differentiale $d\varphi$ und $d\delta$ (die ja gleich Null gesetzt werden können) und außerdem dh und dt enthalten. Die erste der Formeln (4) auf S. 24 gibt:

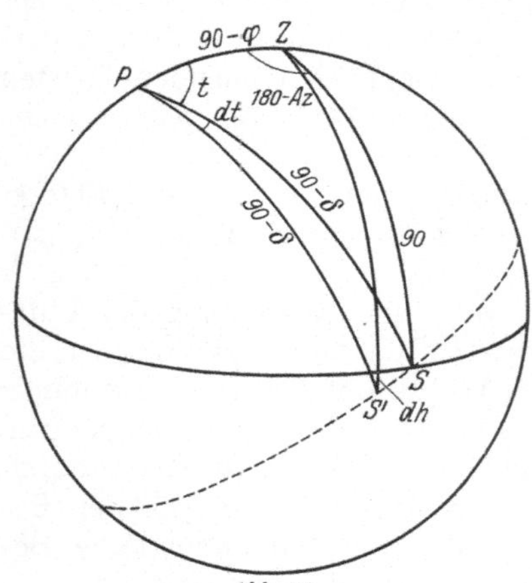

Abb. 44.

$$-dh = \cos Az\, d\varphi - \cos p\, d\delta + \cos\varphi \sin Az\, dt$$

und also, mit Rücksicht auf das oben Gesagte:

$$dh = -\cos\varphi \sin Az\, dt$$

oder:

$$dt = -\frac{dh}{\cos\varphi \sin Az}, \tag{3}$$

was also voraussetzt, daß wir zuerst Az berechnen sollten.

Diese Berechnung kann indessen vermieden werden, wenn wir die zweite der sphärisch-trigonometrischen Grundformeln (S. 22) benutzen, die im vorliegenden Fall:

$$\sin Az = \sin t \frac{\cos\delta}{\cos h} \tag{4}$$

gibt, oder da $h = 0°$ ist:

$$\sin Az = \sin t \cos\delta , \tag{5}$$

wodurch die Formel (3) übergeht in:

$$dt = -\frac{dh}{\cos\varphi \cos\delta \sin t} = -\frac{35'}{\cos\varphi \cos\delta \sin t} . \tag{6}$$

Ein numerisches Beispiel ist im Anhang (S. 514) gegeben.

39. *Die Szintillation der Sterne.* Die oben vorausgesetzte regelmäßige Verteilung der Luftschichten ist, besonders in der Nähe der Erdoberfläche, natürlich oft zufälligen Störungen ausgesetzt, am meisten vielleicht durch die durch Temperaturveränderungen hervorgerufenen auf- oder abwärtsgehenden Strömungen, wodurch Schichten von verschiedener Dichte gemischt werden. Das Licht von einem Stern kann infolgedessen kleinen Unregelmäßigkeiten in der Brechung unterworfen sein, die sich im Fernrohr dadurch zu erkennen geben, daß das Bild des Sterns unruhig ist und sich nicht nur auf- und abwärts bewegt, sondern auch in anderen Richtungen, zuweilen über mehrere Bogensekunden. Diese Luftunruhe ist oft ein Hindernis für genaue Beobachtungen.

Da kein Stern homogenes Licht aussendet, und jede Brechung des Lichtes deshalb von einer Farbenzerstreuung begleitet ist, müßte eigentlich jeder von einem Stern ausgehende Lichtstrahl das Auge in der Form eines kleinen Spektrums treffen. Es ist indessen nur bei hellen Sternen in der Nähe des Horizontes der Fall, daß dies Spektrum die nötige Ausdehnung hat, um in einem guten Fernrohr gesehen werden zu können.

Dieser Umstand aber in Verbindung mit der vorhergenannten Luftunruhe ruft ein anderes Phänomen hervor, das auch mit dem bloßen Auge wahrgenommen werden kann. Wenn der ursprünglich einfache Strahl durch die Brechung in seine farbigen Bestandteile aufgelöst wird, dann müssen diese eine gegebene Luftschicht auf verschiedenen Wegen durchschneiden, wozu noch die tägliche Bewegung kommt, die bewirkt, daß diese Wege beständig wechseln. Sind Unregelmäßigkeiten in der Dichte der Luftschichten vorhanden, so kann es geschehen, daß ein einzelnes Farbenbündel für einen Augenblick eine von den Nachbarstrahlen so verschiedene Richtung erhält, daß es außen um die Pupille des Auges (oder das Objektiv des Fernrohrs) herumgeht, ohne durch andere Strahlen ersetzt zu werden; ein anderes Mal können vielleicht ein oder mehrere Strahlenbündel, die unter normalen Verhältnissen am Auge vorbeigegangen wären, in dieses hineingelangen. Das Farbenspiel, das dadurch entstehen kann, daß einige der Farben des Spektrums für einen Augenblick dominieren, ist nur bei sehr hellen Sternen nahe dem Horizont bemerkbar; was aber bei Sternen in größeren Höhen übrigbleibt, ist das unregelmäßige Ab- und Zunehmen in der Lichtstärke, das *Funkeln* oder *Szintillieren* der Sterne. Wenn also die Sterne stark funkeln, so ist das ein Zeichen dafür, daß die Luft für astronomische Beobachtungen ungünstig ist. Das Bild im Fernrohr zeigt dann außer der vorhergenannten tanzenden Bewegung unregelmäßige Veränderungen in der Form; es wird verwaschen und unscharf.

Die größeren Planeten, die sich im Fernrohr als Scheiben zeigen, funkeln für das bloße Auge weit weniger als Fixsterne von ungefähr derselben Helligkeit. Die Strahlen von jedem einzelnen Punkt der Planetenscheibe verhalten sich wohl wie oben beschrieben, aber für die Scheibe in ihrer Gesamtheit wird leichter eine Kompensation der unregelmäßigen Brechungen entstehen. Auf dem Bilde der Planetenscheibe im Fernrohr wird sich die Wirkung dagegen zeigen, indem die feineren Einzelheiten verwischt werden.

Die jährliche Bewegung der Sonne.

40. *Die Ekliptik.* Daß die Sonne, abgesehen von ihrer Teilnahme an der täglichen Umdrehung des Himmels von Osten nach Westen, noch eine Bewegung ausführt, durch die sich von Tag zu Tag ihre Stellung relativ zu den übrigen Sternen verändert, davon kann man sich leicht überzeugen. Zwölf Stunden nachdem sie den Meridian im Süden passiert hat, wird sie im Meridian im Norden stehen, und wenn sie dann so tief unter den Horizont gesunken ist, daß der Himmel dunkel wird, kann man um Mitternacht die Sterne sehen, die gerade über der Sonne, also im gleichen Deklinationskreis, stehen. Man wird dann bei wiederholtem Nachsehen finden, daß diese Sterne von Tag zu Tag wechseln. An Herbstabenden wird man vor allem auf den Großen Wagen aufmerksam werden, der dann in der für einen Wagen natürlichen Stellung am nördlichen Himmel steht; um den 6. September herum stehen die beiden hintersten Sterne (α und β) um Mitternacht sehr nahe im Meridian, aber bereits einen Monat später ist dasselbe mit dem ersten Stern in der Wagendeichsel (ε) der Fall, und ein paar Wochen darauf wiederum mit dem letzten Stern der Wagendeichsel (η). Später findet man den Großen Wagen immer weiter aufwärts nach rechts gedreht, und im Frühling steht er, mit den Rädern nach oben, beinahe im Zenit (bei uns); um diese Zeit hat die Cassiopeja ungefähr denselben Platz eingenommen, den der Große Wagen im Herbst hatte, und nach Verlauf eines Jahres fängt alles wieder von vorn an. Hieraus geht hervor, daß die Sonne zwischen den Sternen sich von Tag zu Tag nach links bewegt, also in der der täglichen Bewegung des Himmels entgegengesetzten Richtung, und zwar so, daß sie im Laufe eines Jahres einmal ganz herum kommt (es sei daran erinnert, daß rechts und links in dieser Beziehung vertauscht sind für einen Beobachter, der die Sonne im Norden hat).

Eine nähere Bestimmung der *jährlichen Bewegung* der Sonne kann man aus der vorausgehenden Betrachtung nicht ableiten; der Umstand aber, daß die Sonne im Sommer längere Tagbogen als Nachtbogen, also nördliche Deklination hat, im Winter dagegen umgekehrt, beweist, daß die Sonne sich in den beiden Halbjahren auf je einer Seite des Himmelsäquators befindet, und daß sie also nicht nur die sämtlichen Deklinationskreise des Himmels überschreitet, sondern auch zweimal im Jahre den Äquator passiert.

Die Bahn, die das Sonnenzentrum im Laufe des Jahres zwischen den Sternen zu durchlaufen scheint, nennt man *Ekliptik.* Die obenerwähnten Erfahrungen deuten bereits an, daß sie ein größter Kreis ist, was vorläufig als eine Hypothese aufgestellt werden kann. In diesem Falle wird sie den Äquator in zwei einander diametral gegenüberliegenden Punkten schneiden. Diese Punkte werden die *Punkte der Tagundnachtgleiche* oder *Äquinoktialpunkte* genannt. Den einen davon, den *Frühlingspunkt,* den das Sonnenzentrum bei der *Frühlings-Tagundnachtgleiche* passiert, haben wir zu Orientierungszwecken schon früher (§ 23) eingeführt. Jetzt ist er mit Hilfe der Sonnenbewegung definiert. Der entgegengesetzte Schnittpunkt wird der *Herbst-Tagundnachtgleichenpunkt* (*Herbstpunkt*) genannt. Die beiden Punkte der Ekliptik, die in der Mitte zwischen den Punkten der Tagundnachtgleiche liegen, werden *Sonnenwendepunkte* (*Solstitialpunkte*) genannt. Die beiden Parallelkreise, die die Ekliptik in diesen Punkten berühren, heißen die *Wendekreise,* weil die Sonne in ihnen ihre größte nördliche oder südliche Deklination erreicht und danach wieder anfängt, sich dem Äquator zu nähern. Der nördliche wird Wendekreis des *Krebses* und der südliche Wendekreis des *Steinbocks* genannt.

Die gerade Linie durch die beiden Tagundnachtgleichenpunkte, die Schnittlinie also zwischen den Ebenen des Äquators und der Ekliptik, wird *Tagund-*

nachtgleichenlinie (*Äquinoktiallinie*) genannt. Der Neigungswinkel zwischen denselben beiden Ebenen heißt *Neigung der Ekliptik* oder *Schiefe der Ekliptik*. Die Ekliptik hat wie jeder andere größte Kreis ihre beiden *Pole*; ihr Nordpol liegt im Sternbild des Drachen zwischen dem Polarstern und dem Kopf des Drachen. Auch der Horizont wird von der Ekliptik in zwei diametral entgegengesetzten Punkten geschnitten, aber diese bewegen sich im Laufe des Tages stetig vor- und rückwärts auf beiden Seiten des Ost- und Westpunktes, die die festen Schnittpunkte des Äquators mit dem Horizont sind.

Eine Bewegung am Himmel, die, auf die Ekliptik projiziert, in derselben Richtung vor sich geht wie die jährliche Bewegung der Sonne, wird eine *direkte* oder *rechtläufige*, die entgegengesetzte eine *retrograde* oder *rückläufige* Bewegung genannt.

41. In § 28 ist erklärt worden, wie der Unterschied zwischen der Rektaszension zweier Sterne bestimmt werden kann durch ein Durchgangsinstrument und eine auf die dort beschriebene Weise regulierte Uhr. Stünde ein Stern im Frühlingspunkt, wo die Rektaszension Null ist, und könnte die Kulminationszeit dieses Sterns beobachtet werden, so erhielte man durch Subtraktion dieser Zeit von der Kulminationszeit eines jeden anderen Sterns die Rektaszension des letzteren.

Nun steht freilich gerade kein Stern genau im Frühlingspunkt, aber aus der oben gegebenen Definition ist ersichtlich, daß die Sonne demselben Zweck wird dienen können.

Die Lage eines größten Kreises auf einer Kugel ist prinzipiell durch zwei Punkte bestimmt, und zwei Beobachtungen der Sonne zu etwas verschiedenen Jahreszeiten müssen deshalb zur Bestimmung der Ekliptik und damit auch der Lage des Frühlingspunktes ausreichen. Dem Problem, die jährliche Bewegung der Sonne am Himmel zu bestimmen, kann deshalb folgende schematische Form gegeben werden.

Die beiden Beobachtungen können auf folgende Weise ausgeführt werden, wobei vorausgesetzt wird, daß das Instrument ein vollständiger Meridiankreis ist.

Nach der Uhr notiert man die Augenblicke, in denen der vorangehende und nachfolgende Rand der Sonne den Mittelfaden des Fernrohrs berührt, von dem angenommen wird, das er im Meridian steht. Das Mittel dieser beiden Zeiten ist die Kulminationszeit des Sonnenmittelpunkts. Wenn außerdem das Fernrohr so eingestellt wird, daß der obere oder untere Rand der Sonne den horizontalen Faden berührt, dann wird eine Ablesung des Kreises die Meridianhöhe des Sonnenrandes geben; die scheinbare Höhe wird wegen Refraktion auf die wahre Höhe in der früher beschriebenen Weise reduziert. Durch Addition bzw. Subtraktion des Winkelradius der Sonne erhält man die Meridianhöhe des Sonnenmittelpunkts; wäre der Radius nicht im voraus bekannt, könnte er aus der Differenz der Kulminationszeiten des vorangehenden und nachfolgenden Randes abgeleitet werden, da der vertikale und der horizontale Durchmesser der Sonne gleich groß sind. Ist dann die Polhöhe des Ortes im voraus bestimmt, so erhält man schließlich die Deklination der Sonne dadurch, daß man die Äquatorhöhe von der Meridianhöhe der Sonne subtrahiert.

Einige Wochen oder Monate später wird die Beobachtung auf genau dieselbe Art wiederholt, indem man die Kulminationszeit nach derselben Uhr notiert.

Das Resultat der beiden Beobachtungen sind also zwei Zeiten T und T' und zwei Deklinationen D und D'.

Abb. 45, die einen Teil der Himmelskugel von innen gesehen darstellt, zeigt, wie die gesuchten Größen hieraus gefunden werden können. Der horizontale Bogen ist ein Bogen des Äquators, der schräge ein Bogen der Ekliptik, dessen

Schnittpunkt mit dem Äquator der Frühlingspunkt ist, und dessen beide anderen bezeichneten Punkte die Örter der Sonne zu den beiden Beobachtungszeiten sind. Zieht man durch jeden der Punkte den Deklinationskreis, der senkrecht zum Äquator steht, so erhält man für jede Beobachtung ein rechtwinkliges sphärisches Dreieck, dessen beide Katheten die Deklination und Rektaszension der Sonne sind, und wo der der ersteren gegenüberliegende Winkel die Schiefe der Ekliptik ist. Aus diesen Dreiecken erhält man dann, wenn die Rektaszensionen mit A und A' und die Schiefe der Ekliptik mit ε bezeichnet werden, aus der ersten Beobachtung:

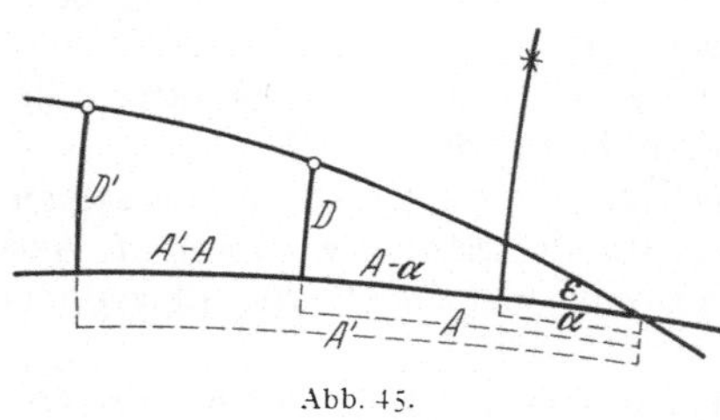

Abb. 45.

$$\operatorname{tg} D = \sin A \operatorname{tg} \varepsilon\,, \tag{1}$$

aus der zweiten:

$$\operatorname{tg} D' = \sin A' \operatorname{tg} \varepsilon\,. \tag{2}$$

Hier hat man zwei Gleichungen mit drei Unbekannten, nämlich A, A' und ε; da man aber zugleich, wenn die Uhr richtig reguliert ist:

$$A' - A = T' - T \tag{3}$$

hat, so wird dies die dritte Gleichung.

Eine bequeme Methode zur Auflösung dieser Gleichungen ist die folgende: Wird ε aus (1) und (2) durch Division eliminiert, so erhält man:

$$\frac{\operatorname{tg} D}{\operatorname{tg} D'} = \frac{\sin A}{\sin A'}\,.$$

Ein bekannter mathematischer Satz gibt dann:

$$\frac{\operatorname{tg} D' + \operatorname{tg} D}{\operatorname{tg} D' - \operatorname{tg} D} = \frac{\sin A' + \sin A}{\sin A' - \sin A}\,. \tag{4}$$

Werden Zähler und Nenner auf der linken Seite mit $\cos D \cos D'$ multipliziert, dann geht die linke Seite über in:

$$\frac{\sin D' \cos D + \cos D' \sin D}{\sin D' \cos D - \cos D' \sin D} = \frac{\sin(D' + D)}{\sin(D' - D)}\,.$$

Auch die rechte Seite in (4) kann in eine für unseren Zweck bequemere Form gebracht werden; einem Satz aus der Trigonometrie zufolge hat man nämlich:

$$\frac{\sin A' + \sin A}{\sin A' - \sin A} = \frac{\operatorname{tg}\frac{A' + A}{2}}{\operatorname{tg}\frac{A' - A}{2}}\,.$$

Wird dieser Ausdruck in (4) eingesetzt und auf beiden Seiten mit dem Nenner des letzten Ausdrucks multipliziert, so erhält man schließlich:

$$\operatorname{tg}\frac{A' + A}{2} = \operatorname{tg}\frac{A' - A}{2} \cdot \frac{\sin(D' + D)}{\sin(D' - D)}\,. \tag{5}$$

Durch Gleichung (3) ist hier auf der rechten Seite alles bekannt; man kann also die halbe Summe der Rektaszensionen berechnen, und da ihre halbe Differenz im voraus bekannt ist, erhält man A' und A durch Addition bzw. Subtraktion. Wird eine von diesen Größen in Gleichung (1) oder (2) eingesetzt, so erhält man die dritte Unbekannte ε.

Die Lage des Frühlingspunkts wird hier in der Weise bestimmt, daß man auf der benutzten Uhr seine Kulminationszeit ablesen kann. Da nämlich die tägliche Bewegung des Himmels auf der Abbildung von links nach rechts erfolgt, so sieht man, daß am ersten Beobachtungstage zuerst der Frühlingspunkt kulminierte und die Sonne darauf um so viel später wie die berechnete Größe A angibt; wenn man also A von der notierten Zeit T subtrahiert, dann erhält man die Zeit für die Kulmination des Frühlingspunkts. Die Differenz $T' - A'$ wird zu demselben Resultat führen.

Da man zur Kontrolle des Ganges der Uhr in den Zwischenzeiten zwischen den Beobachtungen regelmäßig die Kulminationszeit eines oder mehrerer Fixsterne beobachten muß (s. § 28), so erhält man gleichzeitig die Rektaszensionen dieser Sterne, indem man die berechnete Kulminationszeit des Frühlingspunktes von der beobachteten Kulminationszeit des Sterns subtrahiert. In Abb. 45 ist ein solcher Stern angedeutet, dessen Rektaszension α in der Zeit zwischen den beiden Beobachtungen der Sonne sich nicht ändert, was die Bedingung dafür ist, daß eine Uhr, die immer das gleiche zeigt, wenn ein gegebener Fixstern kulminiert, auch immer dasselbe bei der Kulmination des Frühlingspunkts zeigt.

Was unmittelbar aus den Beobachtungen folgte, war eigentlich nur, daß die Sonne die beiden Male an den in der Abbildung bezeichneten Punkten stand; aber in Übereinstimmung mit der Hypothese, daß die Ekliptik ein größter Kreis ist, nahmen wir an, daß die jährliche Bewegung der Sonne vorher und nachher in dem durch die beiden Punkte gelegten größten Kreis vor sich geht. Die Richtigkeit dieser Hypothese ist im Laufe der Zeit nachgewiesen worden, bis auf ganz kleine Abweichungen, darunter eine sehr langsame, durch Störungen seitens der großen Planeten verursachte Änderung in der Lage der Erdbahn im Raume (vgl. S. 81).

Der Wert der Schiefe der Ekliptik, den man durch die Beobachtungen findet, ist sehr nahe 23° 27'; dies ist also die größte Deklination der Sonne, nördlich im Sommer und südlich im Winter. Die Schiefe der Ekliptik kann auch für sich allein bestimmt werden, wenn man die Meridianhöhe der Sonne in dem Augenblick messen kann, wo sie in einem der Solstitialpunkte steht. Die nächstliegenden Tage vor- und nachher unterliegt diese Höhe nur einer geringen Änderung. Auch die Zeit der Äquinoktien kann für sich bestimmt werden dadurch, daß man die Deklination der Sonne in den nächstliegenden Tagen vor- und nachher mißt und den Augenblick interpoliert, in dem im Frühling die Deklination von negativen zu positiven Werten überging oder im Herbst umgekehrt.

42. *Ältere Methoden.* Der vorhergehende Paragraph gibt uns eine schematische Darstellung der Methode, mit Hilfe moderner Instrumente die scheinbare Bahn der Sonne am Himmel im Laufe des Jahres (d. h. die Schiefe der Ekliptik und die Lage des Frühlingspunkts) samt Rektaszensionen von Fixsternen zu bestimmen.

Diese Probleme sind alte astronomische Probleme, so alt wie die wissenschaftliche Astronomie überhaupt. Wie man diese Probleme im Altertum gelöst hat, kann in der folgenden Weise kurz skizziert werden:

1. Mit irgendeinem Instrument, z. B. einem Gnomon, konnte man im Mittag die Meridianhöhe der Sonne bestimmen (vgl. S. 38 und 46). Mißt man in dieser Weise die größte und die kleinste Meridianhöhe der Sonne im Laufe des Jahres, H_{max} und H_{min} (vgl. S. 47), so haben wir für die Polhöhe (wir sehen hier ganz von der Refraktion ab):

$$90° - \varphi = \tfrac{1}{2}(H_{max} + H_{min})$$

und für die Schiefe der Ekliptik:

$$\varepsilon = \tfrac{1}{2}(H_{\max} - H_{\min})\,.$$

2. Eine Meridianhöhe der Sonne (H), an einem beliebigen anderen Tage des Jahres gemessen, gibt uns jetzt die jeweilige Deklination (D) der Sonne:

$$D = H - (90^\circ - \varphi)\,.$$

3. Aus der Gleichung (1) auf S. 62:

$$\sin A = \frac{\operatorname{tg} D}{\operatorname{tg} \varepsilon}$$

erhalten wir dann durch Rechnung die Rektaszension der Sonne, d. h. wir wissen, wo der Frühlingspunkt liegt.

Damit war die erste fundamentale Aufgabe gelöst: die Schiefe der Ekliptik und die Lage des Frühlingspunkts zu bestimmen. Wie man das zweite fundamentale Problem, Rektaszensionen von Fixsternen zu bestimmen, lösen konnte, verstehen wir im Prinzip schon aus dem in § 41 Gesagten: Wenn wir gleichzeitig mit der Sonnenbeobachtung die *Differenz* zwischen der Rektaszension der Sonne und der eines Sterns in irgendeiner Weise bestimmen können, haben wir natürlich dadurch die Rektaszension des Sterns bestimmt, da wir ja die Rektaszension der Sonne kennen.

Eine solche Bestimmung der Differenz der Rektaszensionen zweier Himmelskörper ließ sich in verschiedener Weise ausführen, z. B. durch Ablesungen an Armillen (s. S. 50), indem zwei Beobachter die zwei Himmelskörper, auf die es ankam, gleichzeitig in die Visiere einstellten und nachher den Bogen am Äquatorring ablasen.

Prinzipiell ist diese Methode ja äußerst einfach. In der Praxis wurde die Sache dadurch etwas kompliziert, daß man in älterer Zeit, als es noch keine Fernrohre gab, die Sonne und einen Stern nicht gleichzeitig beobachten konnte, sondern gezwungen war, ein Bindeglied einzuschalten. Im Altertum wählte man den Mond; TYCHO BRAHE wählte die Venus, indem er zuerst die Sonne mit der Venus verglich und nachher die Venus mit dem Stern. Da in dieser Weise Sonne und Stern nicht gleichzeitig beobachtet waren, war es natürlich notwendig, die in der Zwischenzeit stattgefundene, als bekannt vorausgesetzte, Bewegung des Bindegliedes rechnerisch zu berücksichtigen (wegen der sichereren Kenntnis der Bewegungsverhältnisse war für diesen Zweck die Venus günstiger als der Mond).

43. *Absolute Beobachtungen. Fundamentalsterne. Sternkataloge.* Auf dem Umweg über die Sonne ist es also, wie wir gesehen haben, möglich, Rektaszensionen von Fixsternen zu bestimmen. Man nennt solche Beobachtungen *absolute Rektaszensionsbestimmungen.* Wie die Deklinationen in unserer Zeit bestimmt werden, sahen wir in § 31. Im Altertum hatte man den Gnomon oder die Armillen zur Verfügung, später die Quadranten (vgl. §§ 30 und 33).

Besitzt man nun in dieser Weise ein über den ganzen Himmel verteiltes Netz von Sternen, deren Örter man kennt, so kann man immer die Rektaszensionen und Deklinationen anderer Sterne durch differentielle Beobachtungen bestimmen (im Altertum z. B. mit den Armillen, in moderner Zeit, wenn möglichst genaue Positionen erstrebt werden, mit dem Meridiankreis oder durch Photographie, vgl. S. 54). Im Laufe der Zeit hat man so die genauen Positionen einer sehr großen Anzahl Sterne (Hunderttausende) ermittelt, von denen etwa 1000, die sog. *Fundamentalsterne,* durch lange Zeit fortgesetzte Beobachtungen an einer großen Anzahl Sternwarten besonders genau bestimmt sind. Das in dieser Weise gesammelte Material ist in *Sternkatalogen* niedergelegt.

44. *Ekliptikalkoordinaten.* Die Ekliptik hat unter anderem auch dadurch Bedeutung, daß der Mond und die großen Planeten immer in ihrer Nähe zu finden sind. Ein Gürtel von der Breite einiger Grade auf beiden Seiten der Ekliptik wird von alters her der *Tierkreis* (der *Zodiakus*) genannt.

In gewissen Fällen kann es bequem sein, die Ekliptik als Fundamentalebene für zwei sphärische Koordinaten zur Angabe des Orts eines Gestirns am Himmel zu benutzen.

Jeder größte Kreis durch die Pole der Ekliptik wird ein *Breitenkreis* genannt. Unter der *Breite* eines Sterns wird der Bogen seines Breitenkreises verstanden, der zwischen der Ekliptik und dem Stern liegt. Er wird positiv oder negativ gerechnet, je nachdem der Stern nördlich oder südlich der Ekliptik steht. Die Breite ist also der Deklination analog.

Die *Länge* eines Sterns ist der Bogen in der Ekliptik, der vom Frühlingspunkt zum Breitenkreis des Sterns geht. Sie wird in derselben Richtung wie die Rektaszension von $0°$ bis $360°$ gezählt, darf aber nicht in Stunden ausgedrückt werden wie die Rektaszension, da dies nur bei Bogen Sinn hat, die längs des Äquators gemessen werden.

Der Übergang von dem einen Koordinatensystem zu dem anderen kann mit Hilfe des sphärischen Dreiecks geschehen, dessen Winkelspitzen Äquatorpol, Ekliptikpol und Sternort sind. In Abb. 46, die die nördliche Hälfte der Himmels-

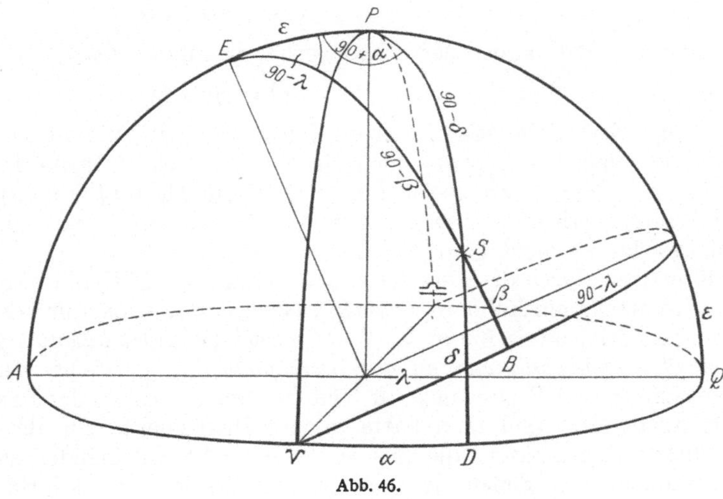

Abb. 46.

kugel von außen gesehen darstellt, ist $A♈Q$ der Äquator, P dessen Nordpol, der schräge größte Kreis die Ekliptik, E deren Nordpol. Der Frühlingspunkt ist mit ♈, der Herbstpunkt mit ♎ bezeichnet. Der Stern stehe in S, sein Deklinationskreis ist also PSD, sein Breitenkreis ESB. Wird die Länge des Sterns mit λ, seine Breite mit β, Rektaszension und Deklination wie vorher mit α und δ, die Schiefe der Ekliptik mit ε bezeichnet, dann sieht man, daß $♈D = \alpha$, $DS = \delta$, $♈B = \lambda$, $BS = \beta$ ist; ferner ist $EP = \varepsilon$, da der Bogen zwischen den zwei Polen gleich dem Winkel zwischen den zwei größten Kreisen ist. Weil der Frühlingspunkt sowohl von A wie vom höchsten Punkt der Ekliptik (dem Ort der Sonne im Sommersolstitium) $90°$ entfernt ist, so sieht man, daß Seiten und Winkel in dem sphärischen Dreieck EPS, das in Abb. 47 wiedergegeben ist, die in dieser Abbildung angegebenen Werte haben.

Sind α, δ und ε bekannt, so können Länge und Breite durch Anwendung der sphärisch-trigonometrischen Grundformeln auf dies Dreieck gefunden werden:

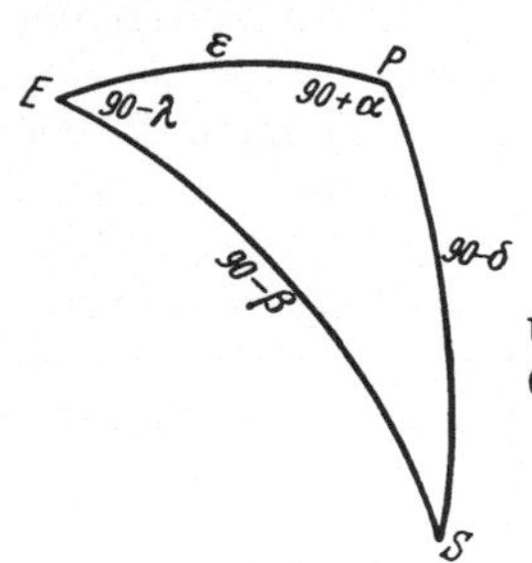

Abb. 47.

$$\begin{aligned} \sin\beta &= \sin\delta\cos\varepsilon - \cos\delta\sin\varepsilon\sin\alpha \\ \cos\beta\cos\lambda &= \cos\delta\cos\alpha \\ \cos\beta\sin\lambda &= \sin\delta\sin\varepsilon + \cos\delta\cos\varepsilon\sin\alpha\,. \end{aligned} \tag{1}$$

Auf dieselbe Weise kann umgekehrt die Rektaszension und Deklination aus Länge und Breite durch die folgenden Gleichungen bestimmt werden:

$$\begin{aligned} \sin\delta &= \sin\beta\cos\varepsilon + \cos\beta\sin\varepsilon\sin\lambda \\ \cos\delta\cos\alpha &= \cos\beta\cos\lambda \\ \cos\delta\sin\alpha &= -\sin\beta\sin\varepsilon + \cos\beta\cos\varepsilon\sin\lambda\,. \end{aligned} \tag{2}$$

Das Verfahren bei der numerischen Lösung ist auf S. 23 angedeutet. Notabene: $\cos\beta$ und $\cos\delta$ sind immer positiv. Ein Rechenbeispiel zu (1) s. Anhang.

Für die Sonne, deren Breite immer fast genau 0° ist (vgl. S. 181), nimmt die Beziehung zwischen der Länge und den übrigen Größen eine einfachere Form an; so erhält man (Abb. 48; Himmelskugel von innen gesehen):

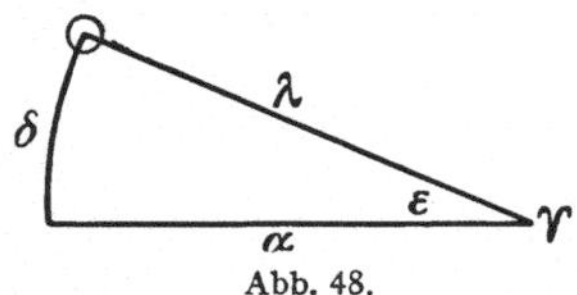

Abb. 48.

$$\begin{aligned} \sin\delta &= \sin\lambda\sin\varepsilon \\ \operatorname{tg}\alpha &= \operatorname{tg}\lambda\cos\varepsilon \\ \cos\lambda &= \cos\alpha\cos\delta \end{aligned} \tag{3}$$

außer der schon vorher benutzten Gleichung:

$$\operatorname{tg}\delta = \sin\alpha\operatorname{tg}\varepsilon\,.$$

Da die Länge der Sonne 360° in einem Jahr durchläuft, nimmt sie durchschnittlich in einem Tage etwa einen Grad zu; sie ist 0° beim Frühlingsäquinoktium, 90° beim Sommersolstitium, 180° beim Herbstäquinoktium und 270° beim Wintersolstitium. Wie wir gleich sehen werden, nimmt sie jedoch im Verlauf des Jahres nicht ganz gleichmäßig zu.

Der größte Kreis durch die Pole des Äquators und der Ekliptik, also *AEPQ* in Abb. 46, wird manchmal *Kolur der Sonnenwenden* (*Solstitialkolur*) und der darauf senkrechte Deklinationskreis *Kolur der Nachtgleichen* (*Äquinoktialkolur*) genannt.

45. *Die Ekliptikalkoordinaten in der Astronomie des Altertums.* In älterer Zeit wurden Länge und Breite auch oft benutzt, um die Örter der Fixsterne am Himmel anzugeben, und man hatte ja auch Instrumente zur direkten Bestimmung dieser Koordinaten, die aus zwei senkrecht aufeinander stehenden Kreisen bestanden, von denen der eine in die Ebene der Ekliptik gestellt werden sollte (vgl. Abb. 37). Da die Ekliptik indessen während der täglichen Bewegung ihre Stellung zum Horizont beständig ändert, brachte dies die Unbequemlichkeit mit sich, daß zwei Beobachter gleichzeitig arbeiten mußten, von denen der eine durch Visieren auf einen Stern mit bekannter Länge und Breite für die richtige Stellung des Instruments sorgte, während der andere ein zweites Diopter auf den Punkt richtete, dessen Koordinaten bestimmt werden sollten.

Damals pflegte man auch die Länge auf eine etwas andere Weise auszudrücken, indem man die Ekliptik in zwölf gleich große Teile, die sog. *Himmelszeichen*, jedes also von 30° Länge, einteilte, und die Länge wurde als soundsoviel Grad in dem und dem Zeichen angegeben. Obwohl diese Einteilung nicht mehr gebraucht wird, werden unten die Namen (auch die lateinischen) der Himmelszeichen angeführt, da sie in älteren Schriften häufig vorkommen. Die hinzugefügten Zeichen wurden oft der Kürze wegen gebraucht. Außer der Nummer des Zeichens ist die Länge seines Anfangspunkts (in Graden) hinzugefügt. Die Bewegungsrichtung der Sonne in der Ekliptik, die oben als direkte bezeichnet wurde, wird auch als in der „Reihenfolge der Zeichen“ vor sich gehend genannt.

I.	0°	♈	Widder	Aries
II.	30	♉	Stier	Taurus
III.	60	♊	Zwillinge	Gemini
IV.	90	♋	Krebs	Cancer
V.	120	♌	Löwe	Leo
VI.	150	♍	Jungfrau	Virgo
VII.	180	♎	Waage	Libra
VIII.	210	♏	Skorpion	Scorpius
IX.	240	♐	Schütze	Sagittarius
X.	270	♑	Steinbock	Capricornus
XI.	300	♒	Wassermann	Aquarius
XII.	330	♓	Fische	Pisces

Auf einer Sternkarte wird man dieselben Namen in derselben Reihenfolge als Benennung von zwölf Sternbildern längs der Ekliptik finden, nur überall um ungefähr ein ganzes Zeichen verschoben, so daß das Zeichen des Widders von dem Sternbilde der Fische umgeben ist. Der Grund dieser Verschiebung (die *Präzession*) wird später besprochen werden (§ 53).

Die Einteilung der Zeit.

46. *Sternzeit und wahre Sonnenzeit.* Aus dem oben Gesagten geht hervor, daß die Periode der täglichen Umdrehung der Himmelskugel etwas verschieden ausfallen wird, je nachdem man nach der Sonne oder nach den Sternen rechnet.

Unter einem *Sterntag* versteht man die Zeit zwischen zwei aufeinanderfolgenden *oberen* Kulminationen des *Frühlingspunkts*. Er wird in 24 Stunden geteilt und die Stunden in gewöhnlicher Weise in Minuten und Sekunden. Die *Sternzeit* in einem bestimmten Augenblick, die im folgenden immer mit Θ bezeichnet werden wird, ist der Stundenwinkel des Frühlingspunkts in diesem Augenblick, in Stunden, Zeitminuten und Zeitsekunden ausgedrückt. Sie wird von 0 bis 24 Stunden durchgezählt.

Aus der Definition der *Sternzeit* folgt ein Satz, der im folgenden eine große Rolle spielt. Wir betrachten die Abb. 49, wo der Kreis den Äquator, vom Norden gesehen, mit dem Pole in P vorstellt und N den Nordpunkt, S den Südpunkt des Meridians bezeichnet. Ein Stern St mit dem Deklinationskreis $PStT$ wird den Stundenwinkel $SPT = t$ haben. Der Frühlingspunkt steht in irgendeinem Punkte im Äquator, z. B. in ♈. Der Bogen ♈T ist dann die Rektaszension des Sterns (α); da die Zeit nach Sternzeit (Θ) nun der Stundenwinkel des Frühlingspunktes ist, so sieht man, daß:

$$\Theta = \alpha + t ,$$

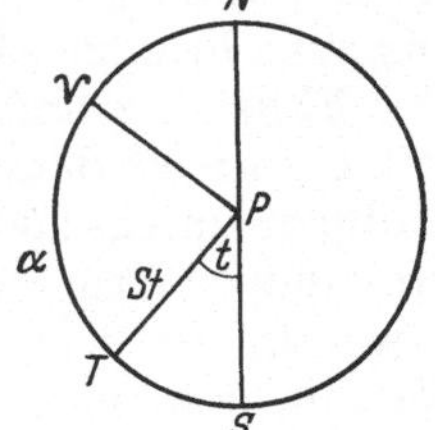

Abb. 49.

d. h. daß die Sternzeit in einem bestimmten Augenblick dasselbe ist wie die Rektaszension eines beliebigen Sterns plus dem Stundenwinkel desselben Sterns in dem gegebenen Augenblick.

Einen wichtigen Spezialfall dieses Satzes haben wir, wenn $t = 0$ ist. Wir erhalten dann das folgende Resultat:

Die Sternzeit in einem gegebenen Augenblick ist gleich der Rektaszension eines Sterns, der sich in diesem Augenblick in seiner oberen Kulmination befindet.

Ein *wahrer Sonnentag* ist die Zeit zwischen zwei aufeinanderfolgenden *unteren* Kulminationen der *Sonne* (des *Zentrums der Sonnenscheibe*). Er wird in Stunden, Minuten und Sekunden geteilt in derselben Weise wie der Sterntag. *Zeit* nach *wahrer Sonnenzeit* ist Stundenwinkel der Sonne $+12^h$. Auch die wahre Sonnenzeit wird in der Astronomie bis zu 24 Stunden durchgezählt.

Diese Definitionen sind nicht ganz in Übereinstimmung mit den in früheren Zeiten angewandten. Bis zum Jahre 1925 wurde der Sonnentag in der Astronomie von Mittag zu Mittag gezählt, also verschieden von dem bürgerlichen Tage. Im Jahre 1925 fingen die Astronomen an, den Sonnentag von Mitternacht zu Mitternacht zu rechnen, wodurch die wahre Sonnenzeit in einem bestimmten Augenblick also nicht mehr dasselbe ist wie der Stundenwinkel der Sonne, sondern dasselbe wie der Stundenwinkel der Sonne $+12^h$.

Daß ein Sterntag und ein wahrer Sonnentag von etwas verschiedener Länge sind, folgt daraus, daß die Sonne sich jeden Tag ungefähr einen Grad in der der täglichen Bewegung des Himmels entgegengesetzten Richtung, relativ zum Frühlingspunkt und zu den Sternen, bewegt. Die Sonne wird deshalb jeden Tag um soviel später in den Meridian kommen, als ungefähr einem Grad der täglichen Bewegung entspricht, was etwa 4 Minuten ausmacht, da 15° auf die Stunde gehen. Der Sonnentag wird also ungefähr 4 Minuten länger sein als der Sterntag. Nach einer Uhr, die auf die in § 28 beschriebene Weise (also nach den Sternen) reguliert ist, wird die Kulmination der Sonne schon nach einem Monat etwa 2 Stunden später eintreten.

Der Sterntag hat die für eine Zeiteinheit sehr wesentliche Eigenschaft, von beinahe unveränderlicher Länge zu sein (hierüber Näheres S. 71). Mit dem Sonnentag ist das dagegen aus zwei Gründen nicht der Fall.

Erstens ist die Bewegung der Sonne in der Ekliptik nicht ganz gleichmäßig. Bestimmt man z. B. die Deklination der Sonne im Laufe des Jahres zu wiederholten Malen, und berechnet man die Länge nach der bereits vorher gefundenen Formel:

$$\sin\lambda = \frac{\sin\delta}{\sin\varepsilon},$$

so wird man finden, daß der Zuwachs von Tag zu Tag nicht immer der gleiche ist. Man kann sich davon auch überzeugen durch Zählen der Tage zwischen den beiden Äquinoktien, die in den gewöhnlichen Jahrbüchern angegeben sind. Man findet dort, daß die Zeit vom Frühlingsäquinoktium bis zum Herbstäquinoktium über 186 Tage beträgt, während die Zeit vom Herbstäquinoktium bis zum Frühlingsäquinoktium kaum 179 ist (vgl. S. 283). Da nun der Bogen der Ekliptik zwischen den Äquinoktialpunkten in beiden Fällen genau 180° beträgt, so folgt daraus, daß die Bewegung der Sonne in der Ekliptik im Sommerhalbjahr durchschnittlich etwas langsamer vor sich geht als im Winterhalbjahr. Aus diesem Grunde muß der wahre Sonnentag im Sommer also durchschnittlich etwas kürzer sein als im Winter, da die Sonne um so früher in den Meridian kommt, je weniger sie sich in entgegengesetzter Richtung bewegt hat.

Aber selbst wenn die jährliche Bewegung der Sonne in der Ekliptik vollkommen gleichmäßig wäre, würde der wahre Sonnentag doch veränderlich sein, gerade weil die Sonne sich in der Ekliptik bewegt, während die tägliche Bewegung dem Äquator parallel vor sich geht. Wieviel später die Sonne täglich relativ zum Frühlingspunkt in den Meridian kommt, beruht selbstverständlich nicht auf ihrer täglichen Zunahme in Länge, sondern auf der täglichen Zunahme in Rektaszension. Wird die erstere Δl, die zweite $\Delta\alpha$ genannt, dann zeigt Abb. 50, wie das Verhältnis zwischen diesen beiden Größen zur Zeit des Äquinoktiums wird. Das sphärische Dreieck gibt nämlich $\operatorname{tg}\Delta\alpha$

$= \operatorname{tg} \Delta l \cdot \cos \varepsilon$, was für kleine Winkel annähernd $\Delta \alpha = \Delta l \cos \varepsilon$ geschrieben werden kann.

Da $\cos \varepsilon$ ungefähr 0.92 ist, so wird der Zuwachs in Rektaszension zu diesen beiden Zeiten des Jahres 8% kleiner als der Zuwachs in Länge. Das Verhältnis während der Solstitien dagegen kann aus Abb. 51 ersehen werden, in der P der Pol des Äquators ist, und die im übrigen keiner näheren Erklärung bedarf. Da der Winkel am Pol gleich $\Delta \alpha$ ist, so gibt das rechtwinklige sphärische Dreieck, dessen eine Kathete $90° - \varepsilon$ ist:

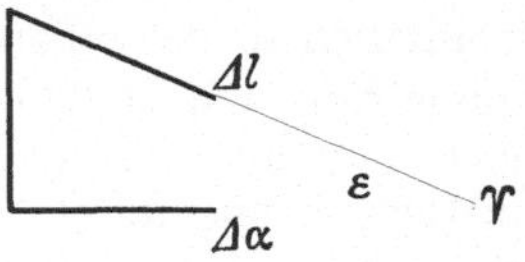

$$\operatorname{tg} \Delta l = \sin(90° - \varepsilon) \cdot \operatorname{tg} \Delta \alpha ,$$

Abb. 50.

was annähernd:

$$\Delta \alpha = \frac{\Delta l}{\cos \varepsilon}$$

geschrieben werden kann.

Hier wird $\Delta \alpha$ also in demselben Verhältnis vergrößert, wie es bei den Äquinoktien verkleinert wird. Aus diesem Grunde sollte deshalb der wahre Sonnentag bei den beiden Tagundnachtgleichen kürzer sein als bei den beiden Sonnenwenden.

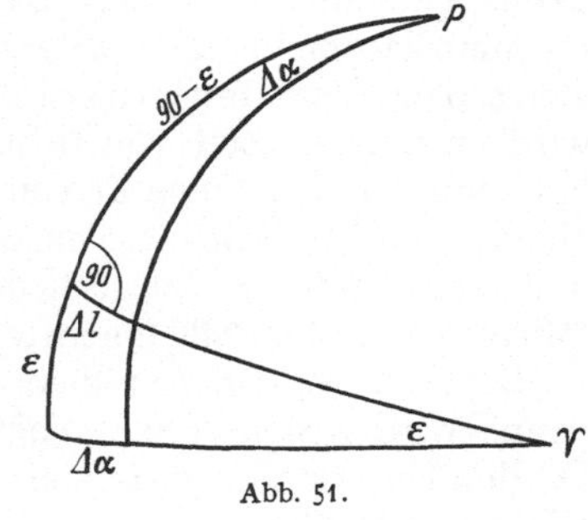

Abb. 51.

Beide Ursachen zusammen bewirken, daß der tägliche Zuwachs der Sonne in Rektaszension seinen größten Wert, ungefähr $4^m\,27^s$, im Wintersolstitium erreicht und seinen kleinsten Wert, gut $3^m\,35^s$, einige Tage vor dem Herbstäquinoktium. Der längste Sonnentag wird also beinahe 52^s länger als der kürzeste. Wenn eine Reihe von Tagen kommt, die alle länger oder kürzer als der Durchschnittswert sind, dann werden sich diese Abweichungen natürlich anhäufen.

47. *Mittlere Sonnenzeit.* Obwohl der Sterntag aus vielen Gründen in der Astronomie häufig benutzt wird, muß die Zeiteinteilung des täglichen Lebens notwendigerweise doch auf dem Sonnentag fußen, da der Wechsel von Tag und Nacht auf der Sonne beruht und nicht auf den Sternen. Dem Nachteil des wahren Sonnentages, daß seine Länge veränderlich ist, hat man dadurch abgeholfen, daß man seinen durchschnittlichen Wert als Zeiteinheit eingeführt hat. Das Mittel aller ungleich langen Sonnentage, die das Jahr enthält, wird ein *mittlerer Sonnentag* genannt. Hat man erst den Anfang eines bestimmten mittleren Sonnentages gewählt, dann folgen die anderen alle ganz von selbst, in der Zukunft und in der Vergangenheit.

Da die Berechnung eines Mittels darin besteht, die Summe durch die Anzahl zu dividieren, so ist hierzu die genaue Kenntnis der Anzahl von Sonnentagen in einem Jahr erforderlich. Unter Jahr wird hier der Zeitraum verstanden, der ein *tropisches Jahr* genannt wird, das ist die Zeit, die die Sonne gebraucht, um während ihrer Bewegung in der Ekliptik von dem Frühlingspunkt ganz herum bis wieder zum Frühlingspunkt zurück zu kommen, die Zeit also, in der die Länge der Sonne sowohl wie ihre Rektaszension um 360° wächst. Näheres in bezug auf die Definition des tropischen Jahres und in bezug auf seine Länge s. S. 82.

Das Verhältnis zwischen diesen beiden natürlichen Zeiteinheiten, dem tropischen Jahr und dem mittleren Sonnentag, hat man mit großer Genauigkeit bestimmen können durch Untersuchung der Zeit für die Äquinoktien mit einem Zwischenraum von mehreren Jahrhunderten. Dabei hat man gefunden, daß ein tropisches Jahr gleich 365.24220 mittleren Sonnentagen $= 365^d\,5^h\,48^m\,46^s$ mittlere Sonnenzeit ist.

Wie wir später (S. 82) sehen werden, ist das tropische Jahr nicht ganz konstant.

Um die genannte Berechnung zu veranschaulichen, kann folgendes geometrische Bild angewandt werden. Gleichzeitig damit, daß die wirkliche Sonne sich mit etwas ungleichmäßiger Geschwindigkeit in der Ekliptik bewegt, denkt man sich eine andere Sonne, die *mittlere Sonne* genannt, die sich mit gleichmäßiger Geschwindigkeit im Äquator bewegt, so daß beide durchschnittlich in derselben Zeit herum kommen. Hierbei ist natürlich die mittlere Sonne von den beiden Nachteilen der wahren Sonne befreit. Das einzige, was noch zu tun bleibt, ist die Wahl eines Punktes am Himmel, an dem die mittlere Sonne in einem bestimmten Anfangsmoment stehen soll. Die Wahl ist so getroffen, daß der Anfang des mittleren Sonnentages durchschnittlich so wenig wie möglich von dem Anfang des wahren Sonnentages abweichen soll.

Der Moment, in dem die mittlere Sonne im Meridian steht, wird *mittlerer Mittag* genannt im Gegensatz zum *wahren Mittag*, in dem die wirkliche Sonne im Meridian steht. *Die mittlere Sonnenzeit* in einem bestimmten Augenblick ist gleich dem Stundenwinkel der mittleren Sonne $+12^h$. In der Astronomie wird auch diese Zeit von 0 bis 24 Stunden durchgezählt. Im täglichen Leben hat man den Tag lange Zeit in zwei Teile geteilt, Vormittag von Mitternacht bis Mittag und Nachmittag von Mittag bis Mitternacht, aber man geht nun mehr und mehr, auch im bürgerlichen Leben, dazu über, den Tag fortlaufend von 0^h (Mitternacht) bis 24^h (nächste Mitternacht) zu zählen.

Der Unterschied zwischen der Rektaszension der wahren und der mittleren Sonne wird *Zeitgleichung* genannt. Diese wird im folgenden mit J bezeichnet. Da der Unterschied zwischen den Stundenwinkeln gleich dem Unterschied zwischen den Rektaszensionen, aber mit entgegengesetztem Vorzeichen, ist, so wird die Zeitgleichung so definiert, daß sie unter Berücksichtigung ihres Vorzeichens zur wahren Sonnenzeit addiert die mittlere Sonnenzeit gibt. In den großen astronomischen Jahrbüchern findet man sie für jeden Tag angegeben[1]. Sie erreicht ihr positives Maximum (ungefähr 14 Minuten) gegen Mitte Februar, ihr negatives Maximum (ungefähr 16 Minuten) in den ersten Tagen des November. Zu diesen beiden Zeiten wird also die Sonne im Meridian stehen, wenn die mittlere Sonnenzeit $0^h\,14^m$ bzw. $23^h\,44^m$ ist. Viermal im Jahr ist die Zeitgleichung Null, nämlich Mitte April, Mitte Juni, Anfang September und zu Weihnachten. Der schnellsten Änderung ist die Zeitgleichung im Dezember und der ersten Hälfte des Januar unterworfen; dies zeigt sich unter anderem dadurch, daß, wenn die Tage gegen Neujahr anfangen länger zu werden, die Zunahme am Nachmittag stärker ist als am Vormittag.

Vorhin ist gesagt worden, daß die Sonne relativ zum Frühlingspunkt jeden Tag ungefähr 4 Minuten später in den Meridian kommt. Auf die mittlere Sonne bezogen kann dieser Zeitraum jetzt genauer ausgerechnet werden, da er dasselbe ist wie die tägliche Zunahme der Rektaszension der mittleren Sonne, also 24 Stunden dividiert durch 365.2422, was $3^m\,56^s.555$ gibt. So viel später würde die mittlere Sonne also jeden Tag nach einer genau nach Sternzeit regulierten Uhr kulminieren. Bei einer nach mittlerer Sonnenzeit gehenden Uhr wird man

[1] Augenblicklich findet man in diesen Jahrbüchern die Eigentümlichkeit, daß man z. B. in dem englischen *Nautical Almanac* zu einer neuen Definition der Zeitgleichung übergegangen ist: Wahre Sonnenzeit minus mittlere Sonnenzeit, während das *Berliner Jahrbuch* die alte Definition beibehält: Mittlere Sonnenzeit minus wahre Sonnenzeit. Im folgenden wird die alte Definition der Zeitgleichung beibehalten (also die, die sich im Berliner Jahrbuch findet).

denselben Zeitraum in einer etwas kleineren Zahl ausgedrückt erhalten; da nämlich jede Stunde, Minute und Sekunde der Sternzeit etwas kürzer ist als die entsprechenden Einheiten nach mittlerer Sonnenzeit, so muß ein gegebener Zeitraum im ersten Falle durch eine größere Zahl ausgedrückt werden als im zweiten. Der Unterschied kann leicht gefunden werden, da der Frühlingspunkt (vgl. S. 86) im Laufe eines tropischen Jahres einmal mehr kulminiert als die Sonne, so daß die Anzahl der Sterntage in einem Jahre 366.2422 wird. Werden 24^h Stunden durch diese Zahl dividiert, erhält man $3^m\,55^s.909$. So viel wird also der Frühlingspunkt jeden Tag früher kulminieren nach einer nach mittlerer Sonnenzeit regulierten Uhr. Für einen Fixstern wird dies ungefähr das gleiche sein wie für den Frühlingspunkt; aus Gründen, die später besprochen werden sollen (infolge von Präzession, Nutation und Aberration), ist jedoch die Rektaszension eines Sterns von Tag zu Tag kleinen Änderungen unterworfen, und diese Änderungen bewirken entsprechende Änderungen in den Kulminationszeiten.

48. *Zonenzeit.* Die mittlere Sonnenzeit wurde schon früh in die Astronomie eingeführt; im täglichen Leben setzte man aber noch lange die Rechnung nach wahrer Zeit fort: stand die Sonne im Meridian, sollte es 12 Uhr sein. Da die Uhren in der Regel so unvollkommen waren, daß sie um ihrer selbst willen recht oft gestellt werden mußten, so machte es keine besondere Mühe, daß sie hin und wieder auch wegen der Sonne gestellt werden mußten. Erst im Anfang des vorigen Jahrhunderts (an einigen Stellen etwas eher) fing man nach und nach an, die mittlere Sonnenzeit einzuführen.

Lange dauerte es jedoch nicht, bis eine neue Reform erforderlich wurde. Wenn zwei Uhren, die sich an verschiedenen Orten befinden und die nach den vorhergehenden Definitionen beide die richtige Zeit zeigen, verglichen werden, z. B. mit Hilfe eines Telegraphen, dann zeigen sie in den meisten Fällen verschieden. Nur wenn die beiden Stellen gerade nord-südlich voneinander liegen, stimmen sie überein; sonst gilt die Regel: je weiter nach Osten, um so später ist es. Wie wir später sehen werden, *ist der Unterschied in Ortszeit gleich dem Unterschied in geographischer Länge* (vgl. S. 126). Die Orte, die im selben Augenblick dieselbe Zeit haben, liegen auf demselben Erdmeridian.

Mit der wachsenden Entwicklung der Verkehrsverhältnisse wurde dieser Unterschied der Zeiten mehr und mehr als Übelstand empfunden, und deshalb fing man an, für größere Landstrecken eine *gemeinsame Zeit* einzuführen. Die Ordnung, die schließlich in den meisten europäischen Ländern und in den Vereinigten Staaten von Nordamerika sowie teilweise auch in anderen Weltteilen eingeführt wurde, ist die, daß die Zeit innerhalb eines Gebietes für das ganze Gebiet gemeinsam ist und zwar so, daß man in allen Ländern in einem Augenblick dieselbe Minute und Sekunde zählt, so daß also zwischen den verschiedenen Ländern nur ein Unterschied von Stunden vorhanden ist. Den Ausgangspunkt bildet die mittlere Sonnenzeit von Greenwich in England, genauer: die mittlere Sonnenzeit des Mittelpunktes des Greenwicher Meridiankreises. Die mittlere Sonnenzeit Greenwich, in dieser Weise definiert, wird auch *Weltzeit* genannt; sie ist also dasselbe wie der *Stundenwinkel der mittleren Sonne* in Greenwich $+12^h$. Der Welttag fängt nach dieser Definition um Mitternacht nach mittlerer Zeit in Greenwich an (für Tagesanfang und Datumbezeichnung bei Beobachtungen veränderlicher Sterne s. S. 79). So gebraucht man in den meisten westeuropäischen Ländern: Großbritannien, Frankreich, Belgien, Spanien und Portugal mittlere Zeit Greenwich (Weltzeit oder Westeuropäische Zeit) unverändert; in den skandinavischen Ländern, Deutschland, Österreich, Ungarn, Jugoslawien, der Tschechoslowakei, der Schweiz, Italien, Polen und Litauen die Greenwichzeit + 1 Stunde. Die letztere nennt man Mitteleuropäische Zeit (M.E.Z.). Eine

Reihe anderer Länder, darunter Finnland, Estland, Lettland, Bulgarien, Rumänien, die Türkei, Griechenland, Ägypten, Südafrika, Palästina, Syrien und Sudan, benutzen eine Zeit, die 2^h mehr als die Greenwich-Zeit ist. Diese wird Osteuropäische Zeit (O.E.Z.) genannt. An allen Orten, wo eine solche gemeinsame Zeit nicht zufälligerweise mit der mittleren Sonnenzeit des Ortes zusammenpaßt, wird letztere unter dem Namen *Ortszeit* von der gemeinsamen Zeit (oder *Zonenzeit*, wie sie auch genannt wird) unterschieden. Soweit möglich sind die Gebiete so begrenzt, daß der Unterschied zwischen der gemeinsamen Zeit und der Ortszeit an den Außengrenzen $^1/_2$ Stunde nicht viel übersteigt; doch machen geographische Rücksichten manchmal größere Abweichungen notwendig, so z. B. in Norwegen, wo die gemeinsame Zeit über 1 Stunde weniger ist als die Ortszeit in dem östlichsten Teil von Finnmarken und über 40 Minuten mehr als die Ortszeit an der äußersten Westküste.

Wie wir später sehen werden, ist es die Ortszeit, die durch Beobachtung direkt bestimmt werden kann. Um die Zonenzeit zu finden, muß man zur Ortszeit eine für jeden Ort (jeden Meridian) konstante Größe addieren, die *Lokalkonstante* genannt wird. Sie wird im folgenden mit R bezeichnet.

Die Lokalkonstante ist z. B. für die Sternwarten in:

Madrid	W.E.Z.	$+14^m\ 45^s.09$
Greenwich	W.E.Z.	$0^m\ 0^s.00$
Paris	W.E.Z.	$-\ 9^m\ 20^s.93$
Rom (Kapitol)	M.E.Z.	$+10^m\ 3^s.66$
Berlin (Neubabelsberg)	M.E.Z.	$+\ 7^m\ 34^s.51$
Wien (Univ.-Sternwarte)	M.E.Z.	$-\ 5^m\ 31^s.61$
Warschau (Univ.-Sternwarte)	M.E.Z.	$-24^m\ 7^s.25$
Helsingfors	O.E.Z.	$+20^m\ 10^s.90$
Pulkowo	Greenw.Z. $+3^h$	$+58^m\ 41^s.43$

Die Zeit für die obere Kulmination der Sonne, die nach wahrer Zeit immer 12^h und nach Ortszeit 12^h + Zeitgleichung, also $12^h + J$ ist, wird nach Zonenzeit 12^h + Zeitgleichung + Lokalkonstante, also $12^h + J + R$ sein (beide Größen mit ihrem Vorzeichen gerechnet). In Rom z. B. kulminiert die Sonne Mitte Februar $14 + 10 = 24$ Minuten nach 12^h M.E.Z.

49. *Die Datumgrenze.* Die obengenannte für mittlere Sonnenzeit geltende Regel, daß die Zeit in einem gegebenen Augenblick in einem östlich gelegenen Ort später, in einem westlich gelegenen Ort früher ist, wird also im großen und ganzen auch für die gemeinsame Zeit gültig sein, nämlich beim Übergang von der einen Landstrecke zur anderen. Hieraus kann die folgende Eigentümlichkeit abgeleitet werden. Ist die Uhr bei uns z. B. 5 Uhr nachmittags, so wird man, wenn man in Gedanken nach Osten geht, schließlich zu einem Gebiet (um die Beringstraße herum) kommen, wo die Uhr 12 Stunden später zeigt, also 5 Uhr am folgenden Morgen. Geht man dagegen nach Westen zur gleichen Stelle, so erhält man wieder 5 Uhr vormittags, aber das Datum wird um eine Einheit geringer. Da nun an ein und derselben Stelle nicht mehr als ein Datum sein kann, so folgt hieraus, daß an der einen oder anderen Stelle der Erde eine *Datumgrenze* von der Beschaffenheit vorhanden sein muß, daß die Ortszeit in der nächsten Nachbarschaft auf beiden Seiten ungefähr gleich, das Datum aber um einen Tag verschieden ist. Im Laufe der Zeit ist man übereingekommen, die Grenze ungefähr auf 180° Länge von Greenwich zu legen, mit Abweichungen, die die geographischen Rücksichten erfordern. Auf der westlichen oder asiatischen Seite der Grenze hat man das größere, auf der östlichen oder amerikanischen Seite das kleinere Datum.

Auf vereinzelten Inselgruppen im Stillen Ozean richtete sich das gewählte Datum ursprünglich danach, ob die Inseln bei einer Reise gegen Osten oder gegen Westen kolonisiert waren. Auf den *Philippinen,* die viel näher an Asien als an Amerika liegen, hatte man lange Zeit hindurch das kleinere Datum, bis man auf Montag den 30. Dezember 1844 einfach Mittwoch den 1. Januar 1845 folgen ließ. In dem früheren russischen Amerika, dem jetzigen *Alaska,* kam es an Orten, wo sowohl Russen wie Amerikaner wohnten, vor, daß die Amerikaner am Sonntag in die Kirche gingen, während die Russen arbeiteten, weil sie Montag hatten. Dies dauerte bis 1871, als die Russen von den Autoritäten der griechischen Kirche Dispens erhielten, der amerikanischen Zeitrechnung zu folgen. Auf den *Samoainseln,* die auf der amerikanischen Seite der Grenze liegen, wurde das größere Datum bis zum Montag den 4. Juli 1892 gebraucht, den man 48 Stunden andauern ließ.

Bei Seereisen wird das Datum auf 180° Länge gewechselt, entweder auf die letztgenannte Art, wenn die Reise nach Osten geht, oder auf die bei den Philippinen beschriebene Weise, wenn die Reise nach Westen geht. Im ersten Fall erhält man also eine Woche mit 8, im letzten Fall eine mit 6 Tagen.

50. *Verwandlung von Zonenzeit und mittlerer Sonnenzeit in Sternzeit und umgekehrt.* Die Lösung der wichtigen Aufgabe, (Zonenzeit und) mittlere Sonnenzeit in einem gewissen Augenblick (M.S.Z.) in Sternzeit (Θ) oder umgekehrt zu verwandeln, beruht auf zwei Dingen:

1. Auf der Kenntnis der Sternzeit in einem bestimmten Augenblick an dem Tag, um den es sich handelt; in unseren Tagen wählt man 0^h Weltzeit. Die Sternzeit für 0^h Weltzeit findet man in den großen astronomischen Ephemeriden von Tag zu Tag angegeben; im folgenden wird sie immer mit Θ_0 bezeichnet.

2. Auf der Verwandlung eines *Intervalls mittlerer Sonnenzeit* (soundso viele Stunden, Minuten und Sekunden mittlerer Zeit) in ein *Sternzeitintervall* (soundso viele Sternzeitstunden, -minuten und -sekunden) oder umgekehrt. Im Prinzip ist diese Aufgabe in dem vorhergehenden gelöst, da wir wissen, daß:

$$24^h \text{ mittlere Sonnenzeit} = 24^h\,3^m\,56^s.555 \text{ Sternzeit},$$
$$24^h \text{ Sternzeit} = 23^h\,56^m\,4^s.091 \text{ mittlere Sonnenzeit}$$

sind.

Mit Hilfe dieser beiden Sätze können wir selbstverständlich ohne Schwierigkeit jedes in der einen Zeit ausgedrückte Intervall in ein in der anderen Zeit ausgedrücktes Intervall verwandeln. Da dieses jedoch Operationen sind, die der Astronom sehr oft auszuführen hat, würden diese Berechnungen unnötig viel Zeit beanspruchen. Man hat deshalb hier — wie so oft in der Astronomie — ein für allemal *Tafeln* berechnet, wodurch jegliches unnötige Rechnen erspart wird. Im Anhang (S. 542) findet man (nach dem Nautical Almanac) die beiden Verwandlungstafeln, die diesem Zwecke dienen.

Wie die Verwandlung von mittlerer Sonnenzeit in einem bestimmten Augenblick in Sternzeit im selben Augenblick und umgekehrt vor sich geht, ist aus den beiden folgenden Beispielen zu ersehen.

Aufgabe I.

Man kennt die mittlere Sonnenzeit in einem bestimmten Augenblick für einen gewissen Meridian. Gesucht wird die Sternzeit im selben Augenblick.

Beispiel. Welches ist die Sternzeit für den Meridian der Kopenhagener Sternwarte am 15. Juli 1931 in dem Augenblick, in dem die Uhr $14^h\,12^m\,16^s.27$ mittlere Sonnenzeit Kopenhagen ist?

Ausrechnung:

$14^h\ 12^m\ 16^s.27$	mittlere Sonnenzeit in Kopenhagen
0 50 18 .69	Längenunterschied Greenwich-Kopenhagen
13 21 57 .58	Weltzeit im gleichen Augenblick
13 2 8 .134	
21 3 .450	
57 .156	
0 .582	
13 24 9 .32	$13^h\,21^m\,57^s.58$ in Sternzeitintervall verwandelt
19 27 32 .09	Sternzeit in Greenwich für 0^h Weltzeit am 15. Juli 1931 (siehe z. B. Naut. Alm. oder Berl. Jahrb.)
8 51 41 .41	Sternzeit in Greenwich in dem gegebenen Augenblick
0 50 18 .69	Längenunterschied Greenwich-Kopenhagen
Antwort: $9^h\ 42^m\ 0^s.10$	Sternzeit in Kopenhagen in dem gegebenen Augenblick.

Aufgabe II.

Man kennt die Sternzeit in einem gewissen Augenblick für einen gewissen Meridian. Gesucht wird die mittlere Sonnenzeit im selben Augenblick.

Beispiel. Welches ist die mittlere Sonnenzeit in Kopenhagen am 15. Juli 1931 in dem Augenblick, in dem die Sternzeit $9^h\,42^m\,0^s.10$ ist?

Ausrechnung:

$9^h\ 42^m\ 0^s.10$	Sternzeit in Kopenhagen
0 50 18 .69	Längenunterschied Greenwich-Kopenhagen
8 51 41 .41	Sternzeit in Greenwich in dem gegebenen Augenblick
19 27 32 .09	Sternzeit in Greenwich für 0^h Weltzeit am 15. Juli 1931 (siehe Naut. Alm. oder Berl. Jahrb.)
13 24 9 .32	Sternzeitintervall, das nach 0^h Weltzeit verlaufen ist
12 57 52 .216	
23 56 .068	
8 .975	
0 .319	
13 21 57 .58	Weltzeit ($13^h\,24^m\,9^s.32$ in Intervall mittlerer Sonnenzeit verwandelt)
0 50 18 .69	Längenunterschied Greenwich-Kopenhagen
Antwort: $14^h\ 12^m\ 16^s.27$	Mittlere Sonnenzeit in Kopenhagen.

Die Berechnung kann auch ausgeführt werden, ohne daß man den Übergang zum Greenwicher Meridian hin und zurück macht. Wenn man in den beiden vorher gegebenen Aufgaben Sternzeit in mittlerer Mitternacht *für den Meridian, um den es sich handelt* — hier also Kopenhagen (Kopenhagener Sternwarte) — kennt, dann wird die Rechnung etwas einfacher. Wie wir wissen, wächst Θ_0 für jeden Tag um $3^m\,56^s.555$. Für einen Meridian, der L^h östlich von Greenwich liegt, wird Sternzeit in mittlerer Mitternacht — wir können sie mit Θ_0^L bezeichnen — etwas geringer als Θ_0. Wir erhalten

$$\Theta_0^L = \Theta_0 - \frac{L}{24} \cdot 3^m\,56^s.555.$$

Für einen Meridian westlich von Greenwich erhalten wir eine *positive* Korrektion. Im Berliner Jahrbuch findet sich für die verschiedenen Sternwarten diese Korrektion von Θ_0 ein für allemal berechnet. Wir haben z. B. folgende Werte:

	Korr. der Θ_0
Für die Sternwarte in Madrid	$+ 2^s.43$
,, ,, ,, ,, Greenwich	0 .00
,, ,, ,, ,, Paris	— 1 .53
,, ,, ,, ,, Rom (Kapitol)	— 8 .20
,, ,, ,, ,, Berlin (Neubabelsberg)	— 8 .61
,, ,, ,, ,, Wien (Univ.-Sternwarte)	—10 .76
,, ,, ,, ,, Warschau (Univ.-Sternwarte)	—13 .82
,, ,, ,, ,, Helsingfors	—16 .40
,, ,, ,, ,, Pulkowo	—19 .93

Ein Beispiel für diese Methode zur Verwandlung von Zeiten findet sich im Anhang.

Wenn man, wie es oft der Fall ist, nicht die größtmögliche Genauigkeit braucht, sondern mit der Genauigkeit von beispielsweise einigen Minuten zufrieden ist, gestalten sich diese Berechnungen wesentlich einfacher. Wir können die Tafel für Θ_0 für jeden Tag im Jahr dann ganz entbehren. Mit einer Unsicherheit von nur einigen Minuten gelten die folgenden Werte von Θ_0, gleichgültig um welches Jahr und um welchen Ort es sich handelt:

September	22.	$0^h\ 0^m$
Dezember	22.	6 0
März	22.	12 0
Juni	22.	18 0

Diese kleine Tabelle ist leicht im Gedächtnis zu behalten. Ferner wissen wir, daß Θ_0 jeden Tag um $3^m\ 56^s.555$ zunimmt. Wenn es sich um eine nur *angenäherte* Rechnung handelt, können wir ruhig $3^m\ 56^s$ schreiben oder, was für Gädächtnis und Rechnung gleich bequem ist: $4^m - 4^s$.

Wenn wir z. B. Θ_0 für den 20. Oktober suchen, so wird die Rechnung:

$$\Theta_0 \text{ Okt. } 20 = 0^h\ 0^m + 28 \cdot (4^m - 4^s) = 0^h\ 0^m + 112^m - 112^s$$

oder, wenn wir uns nur für ganze Minuten interessieren:

$$\Theta_0 \text{ Okt. } 20 = 1^h\ 50^m.$$

Als Beispiel einer angenäherten Berechnung der Sternzeit in einem bestimmten Augenblick wollen wir folgende Frage beantworten: Welche Sterne sind am 20. Oktober $17^h\ 0^m$ Uhr M.E.Z. in Kopenhagen in der oberen Kulmination?

Wenn wir die Sternzeit (Θ) für den betreffenden Meridian in dem gegebenen Augenblick kennen, wissen wir, daß die Sterne in dem Augenblick kulminieren, in dem α gerade gleich Θ ist (vgl. S. 67). Es kommt also darauf an, die *Sternzeit* in dem gegebenen Augenblick zu berechnen. Die Rechnung stellt sich nun folgendermaßen:

Mitteleuropäische Zeit	17^h	0^m
Lokalkonstante ($9^m\ 41^s$)		10
Mittlere Sonnenzeit Kopenhagen	16	50
Dies in Sternzeitintervall verwandelt ($\Theta - \Theta_0$)	16	53
Θ_0 (s. oben)	1	50
Θ	18	43

Wir erhalten also die Antwort, daß diejenigen Sterne in Kopenhagen in dem gegebenen Augenblick in oberer Kulmination sind, deren Rektaszension gleich $18^h\ 43^m$ (angenähert) ist. Die Rektaszension von *Wega* ist $18^h\ 35^m$, und wir sehen also, daß am 20. Oktober um 17 Uhr außer anderen Sternen auch Wega sich sehr nahe dem Kopenhagener Meridian in der oberen Kulmination befindet.

51. *Zur Definition des Zeitbegriffs. Zeit als Stundenwinkel.* In den vorhergehenden Paragraphen haben wir unter anderem die folgenden drei verschiedenen Zeitbegriffe definiert: Sternzeit in einem bestimmten Augenblick

= Stundenwinkel des Frühlingspunktes (S. 67), wahre Sonnenzeit = Stundenwinkel der wahren Sonne + 12^h (S. 68) und mittlere Sonnenzeit = Stundenwinkel der mittleren Sonne + 12^h (S. 70).

Gemeinsam für diese Definitionen ist es, daß sie alle drei mit dem Begriffe Stundenwinkel operieren. Wenn wir die Zeit in einem bestimmten Augenblicke etwa so formulierten (wie es in der Tat oft gemacht wird): „mittlere Sonnenzeit ist die Zeit, die seit der unteren Kulmination der mittleren Sonne verlaufen ist", so wäre diese Definition in Wirklichkeit unbestimmt, da nicht gleichzeitig gesagt wird, was für „Zeit" verlaufen ist, ob Stunden, Minuten und Sekunden mittlerer Sonnenzeit oder irgendeiner anderen Zeit. Bei der Definition der Zeit mit Hilfe eines Stundenwinkels fällt jede Zweideutigkeit fort.

Beispiel: Wir nehmen an, zwischen mittlerer Sonnenzeit in einem bestimmten Augenblick sei für zwei verschiedene Meridiane der Unterschied genau $6^h\,0^m\,0^s\,00$, und wir fragen: Wie groß ist im selben Augenblick für dieselben beiden Meridiane der Unterschied in Sternzeit? So wie wir unsere Zeitbegriffe definiert haben, sieht man sofort, daß es sich in beiden Fällen einfach um denselben Unterschied im Stundenwinkel handelt. Die Antwort lautet also: genau $6^h\,0^m\,0^s.00$.

52. *Der Kalender.* In dem bei uns benutzten *Kalender* ist das bürgerliche Jahr so eingerichtet, daß es sich durchschnittlich sehr nahe an das tropische Jahr anschließt, das die Periode für die Jahreszeiten ist. Er ist eine Modifikation des Kalenders, den JULIUS CÄSAR im Jahre 45 v. Chr. in Rom einführte, und der nach ihm der *Julianische* genannt wird. Cäsar setzte die Regel fest, daß drei aufeinanderfolgende Jahre 365 Tage haben sollen, aber das vierte, das Schaltjahr, 366, und daß der Schalttag im Februar eingeschoben wird. Jede Jahreszahl n. Chr., die durch 4 teilbar ist, ist ein Schaltjahr, für die Jahre aber v. Chr. soll die Division den Rest 1 geben. Dies kommt daher, daß das Jahr 1 n. Chr. unmittelbar auf 1 v. Chr., ohne Null dazwischen, folgt[1]. Die durchschnittliche Länge eines solchen Jahres wird also 365.25 Tage, was man ein Julianisches Jahr nennt. Mit dem tropischen verglichen ist dies Jahr 0.0078 Tage zu lang, ein Unterschied, der nach 128 Jahren auf einen ganzen Tag anwächst. Die Folge davon ist, daß Tagundnachtgleiche und Sonnenwende nach Verlauf von 128 Jahren um einen Tag im Kalender zurückgehen. Das Frühlingsäquinoktium wurde von Cäsar und seinem Ratgeber SOSIGENES für den 25. März angesetzt, fiel aber zu jener Zeit tatsächlich auf den 23. oder 24.

Im Jahre 1582, als vom Papst GREGOR XIII. der *Gregorianische* Kalender eingeführt wurde, war die Verschiebung seit Cäsars Zeiten auf ungefähr 13 Tage angewachsen, und die Frühlings-Tagundnachtgleiche fiel auf den 11. März. Die nächstliegende Veranlassung zur Reform war, daß bei dem großen Kirchenkonzil zu Nicäa 325 n. Chr. ein Beschluß gefaßt worden war (über das Osterfest, darüber später s. S. 97), der auf der Voraussetzung beruhte, daß das Frühlingsäquinoktium dauernd auf den 21. März fallen sollte, wie es zu der Zeit des Konzils oder etwas früher der Fall war. Um diese Voraussetzung zu erfüllen, befahl der Papst erstens, daß 10 Tage übersprungen werden sollten, indem man im Jahre 1582 auf den 4. Oktober gleich den 15. Oktober folgen ließ, während die Wochentage in gewohnter Weise weitergezählt wurden, und zweitens führte er in der Schaltregel Cäsars die Änderung ein, daß von den Säkularjahren, die ja in dem Julianischen Kalender Schaltjahre sind (da 4 in einer Zahl,

---

[1] In der astronomischen Chronologie werden die Jahre vor und nach Christus oft mit − und + bezeichnet, aber dann so, daß das Jahr 1 v. Chr. gleich 0 gerechnet wird, wodurch alle vorhergehenden Jahre um eine Einheit niedriger werden. Das Jahr −44 ist also dasselbe wie 45 v. Chr.

die auf zwei Nullen endet, immer aufgeht), nur jedes vierte ein Schaltjahr sein sollte, nämlich wenn die Jahreszahl durch 400 ohne Rest teilbar ist. Die Ausnahmen gelten also für drei Viertel aller Säkularjahre wie 1700, 1800 und 1900, aber nicht für 1600 und 2000.

10000 julianische Jahre enthalten 3652500 Tage; da sich in diesem Zeitraum 100 Säkularjahre und also auch 100 Säkularschalttage befinden, von denen drei Viertel oder 75 fortfallen sollen, so enthalten 10000 gregorianische Jahre demnach 3652425 Tage. Wird dies mit 10000 tropischen Jahren verglichen, die 3652422 Tage enthalten, so sieht man, daß der Unterschied sich erst nach dem Verlauf von über 3000 Jahren auf einen Tag beläuft.

In den römisch-katholischen Ländern wurde der Gregorianische Kalender teils im Jahre 1582, teils in den darauffolgenden Jahren eingeführt. In den meisten protestantischen Ländern wurde er, was die Datierung anbelangt, im Jahre 1700 eingeführt. Der Unterschied zwischen *altem* und *neuem Stil* beträgt jetzt, seit dem 1. März 1900, 13 Tage.

Zur Erklärung eines Ausdrucks, der noch in unseren Jahrbüchern vorkommt, soll hier etwas über die Entstehung des Kalenders hinzugefügt werden. Es war während eines Aufenthalts in Ägypten, nach der Eroberung des Landes, daß Cäsar die Gelegenheit benutzte, sich mit der dort angewandten Zeitrechnung vertraut zu machen, um danach den alten römischen Kalender, der vorher ganz anders eingerichtet war, zu reformieren.

Die Ägypter gehörten zu den wenigen Völkern des Altertums, die nach Sonnenjahren rechneten, ohne Zweifel weil sie in den jährlichen Überschwemmungen des Nils ein Naturphänomen besaßen, das sich mit großer Regelmäßigkeit wiederholt, da es auf der tropischen Regenzeit im Innern Afrikas beruht, und mit dessen Hilfe sie eine annähernde Kenntnis der Länge des Sonnenjahres erhalten konnten, lange bevor von astronomischen Beobachtungen die Rede war. Anfangs rechneten sie das Jahr zu 360 Tagen, auf 12 gleich lange Monate verteilt. Die Teilung des Kreises in 360° steht ohne Zweifel hiermit in Verbindung, da die Sonne dadurch einen Grad am Tage zurücklegte (gradus bedeutet einen Schritt). Als sie später entdeckten, daß noch 5 Tage mehr vorhanden waren, fügten sie diese unter dem Namen *Epagomenen* hinter dem 12. Monat des Jahres ein. Nach und nach zeigte es sich, daß noch ein Bruch vorhanden war, von dem sie herausfanden, daß er ein Viertel betrug. Sie bemerkten, daß der *Sirius*, der Sothis der Ägypter, seinen *heliakischen Aufgang* hatte, d. h. daß er anfing, am östlichen Himmel kurz vor Sonnenaufgang sichtbar zu werden, zu einer Zeit, wenn der Nil, einige Tage nach dem Sommersolstitium, zu steigen anfing. Da sie das Erscheinen des Sterns als Ursache für das Steigen des Flusses betrachteten, wurde er zum Gegenstand sorgfältiger Beobachtung gemacht. Durch ein merkwürdiges Zusammentreffen war im Laufe von ein paar Jahrtausenden, ungefähr 3000 v. Chr., der durchschnittliche Zeitverlauf zwischen zwei heliakischen Aufgängen des Sirius beinahe genau $365^1/_4$ Tag. Dieser Aufgang beruht nämlich nicht allein auf der jährlichen Wanderung der Sonne in der Ekliptik, sondern auch auf einem anderen Phänomen (der Präzession), das im nächsten Kapitel besprochen werden soll.

Beim Graben des Suezkanals im vorigen Jahrhundert fand man einen Stein (den Kanopusstein), der ein Dekret aus dem Jahre 238 v. Chr. (König Ptolemäus III. Euergetes) über Einführung eines Schalttages in jedem vierten Jahre, zur Regulierung der Tempelfeste, enthielt. Für das tägliche Leben bedienten sich die Ägypter jedoch noch lange ihres sog. beweglichen Jahres von 365 Tagen ohne Schaltjahr, Cäsar aber nahm die Verbesserung mit auf. Bereits vor Cäsars Zeit hatte übrigens der griechische Astronom Hipparch herausgefunden, daß der Bruch etwas kleiner als ein Viertel war, obwohl er ihn nicht so genau bestimmen konnte, wie wir ihn jetzt kennen.

Da das Steigen des Nils gerade in dem heißesten Teil des Jahres einsetzte, in dem Monat, in dem die Sonne durch das Zeichen des Löwen geht (s. § 45), wurde dieser Zeitraum aus dem vorhergenannten Grunde, nach dem Hundsstern Sirius, die *Hundstage* genannt. Nach unserem Kalender dauern sie vom 23. oder 24. Juli bis zum 23. oder 24. August. Die Jahreszeit für den heliakischen Aufgang des Sirius in Ägypten ist seit dem Altertum nun sehr verändert.

Auf Grund des vorher Gesagten können wir eine Tabelle über die Anzahl Tage aufstellen, die in den verschiedenen Jahrhunderten in der gregorianischen Zeitrechnung verflossen sind, so wie wir diese rückwärts rekonstruieren können bis zum Anfang unserer Zeitrechnung:

Im Jahrh. Jan. 1 des Jahres		bis Dez. 31 des Jahres				
Im Jahrh. Jan. 1 des Jahres	1	bis Dez. 31 des Jahres	100	sind verflossen	36525	Tage
,, ,, ,, ,, ,,	101	,, ,, ,, ,,	200	,, ,,	36525	,,
. . . . .	. . .	. . . . .	. . .	. . . .	. . .	. .
. . . . .	. . .	. . . . .	. . .	. . . .	. . .	. .
. . . . .	. . .	. . . . .	. . .	. . . .	. . .	. .
. . . . .	. . .	. . . . .	. . .	. . . .	. . .	. .
,, ,, ,, ,, ,,	1401	,, ,, ,, ,,	1500	,, ,,	36525	,,
,, ,, ,, ,, ,,	1501	,, ,, ,, ,,	1600	,, ,,	36515	,,
,, ,, ,, ,, ,,	1601	,, ,, ,, ,,	1700	,, ,,	36524	,,
,, ,, ,, ,, ,,	1701	,, ,, ,, ,,	1800	,, ,,	36524	,,
,, ,, ,, ,, ,,	1801	,, ,, ,, ,,	1900	,, ,,	36524	,,
,, ,, ,, ,, ,,	1901	,, ,, ,, ,,	2000	werd. verlauf.	36525	,,
,, ,, ,, ,, ,,	2001	,, ,, ,, ,,	2100	,, ,,	36524	,,
,, ,, ,, ,, ,,	2101	,, ,, ,, ,,	2200	,, ,,	36524	,,
,, ,, ,, ,, ,,	2201	,, ,, ,, ,,	2300	,, ,,	36524	,,
,, ,, ,, ,, ,,	2301	,, ,, ,, ,,	2400	,, ,,	36525	,,

usw.: dreimal 36524, jedes vierte Mal 36525.

Mit Hilfe dieser Tabelle, die natürlich einer kleinen Änderung unterworfen werden muß, wenn es sich um Länder handelt, die nicht bereits im 16. Jahrhundert den Gregorianischen Kalender angenommen haben, können wir auf eine sehr einfache Weise verschiedene Fragen beantworten, unter anderem solche, die sich auf Wochentage eines gewissen Datums in der Zukunft oder in der Vergangenheit beziehen. Wenn wir uns nur merken, daß der letzte Tag vor Anfang unserer Zeitrechnung ein *Freitag* war (Januar 1. des Jahres 1 war also ein Sonnabend), so gibt die obengenannte Tabelle uns alles, was zur Lösung solcher Aufgaben notwendig ist.

Wenn wir von einem gewissen Tage aus 7 Tage vorwärts (oder zurück) gehen, kommen wir selbstverständlich wieder zu demselben Wochentag. Ebenso wenn wir 70 Tage, 700 Tage oder 7000 Tage, d. h. eine Anzahl ganzer Wochen vorwärts oder rückwärts gehen. Gehen wir 7001 Tag vorwärts, ist es dasselbe, als gingen wir einen Tag vorwärts usw. Wir können also überhaupt den Teil der angegebenen Anzahl Tage, der durch 7 teilbar ist, streichen, und brauchen nur mit dem Rest zu operieren.

Wichtige spezielle Fälle sind:

1 gewöhnliches Jahr	= 365 Tagen	= 1 Tag
1 Schaltjahr	= 366 ,,	= 2 Tagen
1 Jahrhundert von	36515 ,,	= 3 ,,
1 ,, ,,	36524 ,,	= 5 ,,
1 ,, ,,	36525 ,,	= 6 ,,

Ein Beispiel wird hinreichend sein, um die Anwendung der Methode zu beleuchten.

Wir gehen ganz zurück auf den Tag vor dem Beginn unserer Zeitrechnung, der ein Freitag war, und werden auf dieser Basis die Frage beantworten: Welchen Wochentag hatten wir am 31. Dezember 1929? Die Rechnung stellt sich folgendermaßen:

Von dem letzten Tag vor dem Beginn unserer Zeitrechnung (einem Freitag) sollen wir die folgende Anzahl Tage vorwärtsgehen:

bis zum 31. Dez. des Jahres	1500	15 × 36525 = 1 × 6 = 6
von da aus „ „ 31. „ „ „	1600	36515 = 3
„ „ „ „ „ 31. „ „ „	1900	3 × 36524 = 3 × 5 = 1
„ „ „ „ „ 31. „ „ „	1929	29 × 365 = 1 × 1 = 1
		+ 7 Schalttage = 0 = 0
		Summe 11 = 4

Wir sollen also vom Freitag 4 Tage vorwärts gehen und kommen so auf einen Dienstag.

Um eine durchlaufende Rechnung nach mittleren Sonnentagen zu ermöglichen, hat man die sog. *Julianische Periode* eingeführt. Der Anfang dieser Ära ist auf Januar 1.5 des Jahres —4712 (4713 v. Chr.; vgl. Fußnote S. 76) festgesetzt; von da an sind die Jahre bis 1581 einschließlich als julianische gezählt, das Jahr 1582 erhält 365 — 10 = 355 Tage, dann wird nach den Vorschriften des Gregorianischen Kalenders weitergerechnet. Wie man sieht, fängt in der Julianischen Periode der Tag am Mittag an (sie wird hauptsächlich bei Arbeiten über veränderliche Sterne angewandt). Eine Tafel über die seit Anfang der Julianischen Periode verflossenen Tage in den zwei Jahrhunderten 1800—2000 ist im Anhang gegeben.

Zur Zeit wird von verschiedenen Seiten aus auf eine Veränderung des jetzt geltenden Kalenders hingearbeitet. Die Änderung, die anscheinend die größte Aussicht hat, durchgeführt zu werden, ist eine Fixierung der christlichen Feste.

Präzession. Nutation. Aberration. Jährliche Parallaxe.

53. *Die Präzession.* Weder der Äquator noch die Ekliptik behalten, relativ zu den Sternen, ihre Lage vollkommen unverändert bei. Selbst wenn ein Stern vollständig der Bezeichnung Fixstern entsprechen würde, werden doch die Koordinaten, durch die seine Lage in bezug auf den einen oder den anderen dieser beiden Kreise und ihre Schnittpunkte ausgedrückt ist, im Laufe der Zeit langsame Veränderungen erleiden. Die hier auftretenden Phänomene werden wir vielleicht durch Verfolgen der historischen Entwicklung am besten verstehen.

Einer der hervorragendsten Astronomen des Altertums, HIPPARCH, der um das Jahr 140 v. Chr. auf der Insel Rhodos arbeitete, hatte eine Reihe Beobachtungen angestellt, um die Örter einer Anzahl Fixsterne zu bestimmen. Dem Gebrauch der damaligen Zeit folgend, gab er sie durch Länge und Breite an. Solche Beobachtungen waren auch früher angestellt worden, und namentlich hatten andere griechische Astronomen Jahrhunderte vorher teilweise dieselben Sterne beobachtet. Beim Vergleich dieser Resultate mit seinen eigenen fand nun Hipparch, daß die Breiten so nahe übereinstimmten, wie aus der Genauigkeit der Beobachtungen zu erwarten war, wogegen durchgehends ein Unterschied in den Längen vorhanden war, die um ein paar Grade zugenommen hatten. Da diese Änderung sich für alle Sterne gemeinsam zeigte, nahm er an, daß der Ausgangspunkt der Längen, also der Frühlingspunkt, sich längs der Ekliptik entgegengesetzt dem Sinn der Längenzählung verschoben hatte. Spätere Beobachtungen haben diese Wahrnehmung bestätigt, und man hat gefunden, daß die Bewegung des Frühlingspunktes und natürlich auch des Herbstpunktes etwas über 50″ im Jahr beträgt.

Diese Bewegung der Äquinoktiallinie, die nach der früher aufgestellten Definition der Bewegungsrichtung retrograd verläuft, wird *Präzession* genannt. Da die Äquinoktiallinie die Schnittlinie zwischen den Ebenen des Äquators und der Ekliptik ist, muß diese Bewegung, wenn sich die Lage der Ekliptik nicht verändert, darin bestehen, daß die Ebene des Äquators langsam ihre Stellung ändert, so daß die Schnittlinie ständig nach derselben Seite geht, aber, nach Hipparch, mit konstanter Neigung zur Ekliptik oder, wie es auch ausgedrückt werden kann, daß der Pol des Äquators sich ständig in einem kleinen Kreis um den Pol der Ekliptik bewegt, wobei er in ungefähr 26000 Jahren einen Umlauf vollenden wird, wenn die Bewegung immer 50″ im Jahr beträgt, da die Länge der Peripherie 1296000″ beträgt. Das Phänomen ist in Abb. 52 dargestellt. Hierin ist E der Pol der Ekliptik; P der Pol des Äquators zu der Zeit, zu der der Äquator die Stellung A♈Q hat; P' ist der Äquatorpol, wenn der Frühlingspunkt bis zu ♈′ zurückgegangen ist; $PP'P''$ ist der kleine Kreis, in dem der Pol des Äquators um den Pol der Ekliptik mit dem konstanten Winkelabstand ε herumläuft.

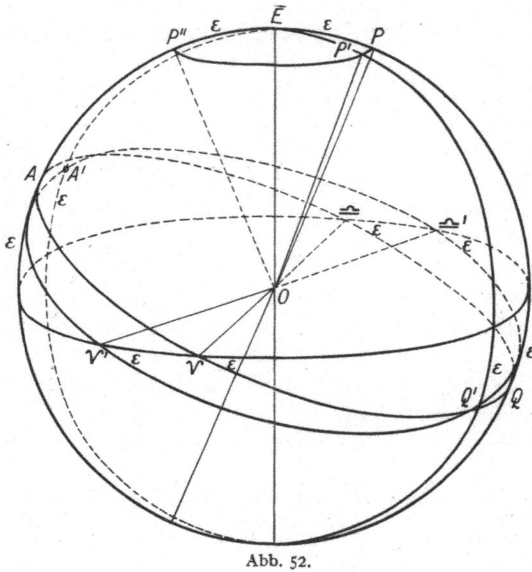

Abb. 52.

Weil 50″ jährlich in 72 Jahren einen Grad ausmachen, ist die Präzession seit Hipparchs Zeiten auf ca. 29° oder beinahe ein ganzes Himmelszeichen angewachsen. Zu jener Zeit war also jedes Himmelszeichen von dem Sternbild gleichen Namens umgeben, während sie jetzt alle verschoben sind (vgl. § 45).

Weil der Äquator und sein Pol unter den Sternen beständig den Platz wechseln, so verändert sich die Rektaszension und Deklination derselben, und da der Tagbogen eines Sterns von seiner Deklination abhängt, so kann die Präzession im Laufe der Zeit merkbare Veränderungen im Aussehen des Sternhimmels für eine gegebene Polhöhe herbeiführen. Sterne, die jetzt nie über den Horizont kommen, können im Laufe der Zeit sichtbar werden, während andere verschwinden. Es gibt z. B. einen hellen Stern *Fomalhaut,* der zur Zeit eine südliche Deklination von 30° 4′ hat und deswegen nördlich von 59° 56′ Breite (oder 60° 31′, wenn auf die Refraktion Rücksicht genommen wird) unsichtbar ist, der sich aber in der Gegend des Himmels befindet, der der Äquator sich nähert, wodurch der numerische Wert der (südlichen) Deklination beständig abnimmt und der Stern auf immer höheren Breiten sichtbar wird. Der *Polarstern,* dessen Entfernung vom Pol etwas über einen Grad ist, wird noch lange seinem Namen entsprechen, da der Pol ihm immer näher kommt, so daß die Entfernung in einigen hundert Jahren nur $^1/_2$ Grad betragen wird; dann aber wird sie wieder zunehmen, und nach Verlauf von Jahrtausenden wird der Stern nicht mehr als Polarstern betrachtet werden können. In 12000 Jahren wird der helle Stern *Wega,* der bei uns bereits zirkumpolar ist, bis zu einer Entfernung von 5 Grad zum Pol heraufgerückt sein, während der *Große Wagen* bereits einige Jahrtausende früher aufhören wird, zirkumpolar zu sein. Ebenso war es die Wirkung der Präzession auf die Koordinaten des *Sirius*, die bewirkte, daß der heliakische Aufgang des Sterns in Ägypten sich durch einen langen Zeitraum im Altertum auf demselben Datum nach dem zurückdatierten Julianischen Kalender hielt (vgl. S. 77).

Die Präzession bewirkt auch, daß die Sonne in einem tropischen Jahr eigentlich nicht um den ganzen Himmel herum kommt, weil ihr der Frühlingspunkt ein kleines Stück entgegenläuft. Da die Sonne täglich etwa 1 Grad zurücklegt, also etwa $2'.5$ oder $150''$ in der Stunde, so wird sie ungefähr 20 Minuten gebrauchen, um die fehlenden $50''$ zurückzulegen. Die Zeit eines vollen Umlaufs der Sonne nennt man ein *Sternjahr* oder ein *siderisches Jahr*, das also ca. 20^m länger ist als das tropische. Der genaue Wert ist:

$$1 \text{ siderisches Jahr} = 365.25636 \text{ mittleren Sonnentagen.}$$

Hier beträgt der Bruch also etwas *über* $^1/_4$ Tag, aber das bürgerliche Jahr ist dem tropischen angepaßt, weil die Jahreszeiten auf diesem beruhen, nicht auf dem siderischen.

54. *Änderungen in der Schiefe der Ekliptik. Lunisolarpräzession. Präzession durch die Planeten. Allgemeine Präzession.* Bereits im Mittelalter bemerkte man, daß die Schiefe der Ekliptik, die man zweckmäßig durch Messung der Deklination der Sonne zur Zeit des Sommersolstitiums bestimmte, nicht ganz konstant war. COPERNICUS sagt, daß er und mehrere seiner Zeitgenossen etwas über $23°\,28'$ gefunden hätten, während der im Altertum angegebene Wert $23°\,51'$ betrug. Er nahm an, daß auch diese Änderung durch eine Bewegung des Äquators hervorgerufen sein müsse. TYCHO BRAHE aber zeigte, daß der Grund ein anderer war. Aus seinen zahlreichen Beobachtungen von Fixsternen fand er, daß die Breiten derselben sich seit dem Altertum merklich geändert hatten, nämlich so, daß sie auf der einen Seite des Himmels zugenommen, auf der entgegengesetzten Seite aber abgenommen hatten. Dies mußte einer langsamen Bewegung der Ekliptik um einen ihrer eigenen Durchmesser zugeschrieben werden, durch spätere Beobachtungen wurde dies auch bestätigt. Die Bewegung ist jedoch so langsam, daß sich die Abnahme der Schiefe der Ekliptik nicht einmal auf $^1/_2''$ im Jahre beläuft, also wesentlich weniger, als sich aus den Beobachtungen des Altertums und Copernicus' Beobachtungen ergibt. Würde diese Bewegung jedoch unausgesetzt andauern, so daß die Neigung der Ekliptik zuletzt gleich Null werden könnte, so würde dies einen sehr bedeutenden Einfluß auf die klimatischen Verhältnisse der Erde ausüben, da der Wechsel der Jahreszeiten von diesem Winkel abhängt. Wie wir später sehen werden (vgl. S. 254), wird dies aber nicht stattfinden, jedenfalls nicht in absehbarer Zeit.

Die in § 40 aufgestellte Hypothese, daß die Ekliptik ein größter Kreis ist, hat sich als nicht ganz exakt erwiesen, da die Sonne nach einem vollen Umlauf am Himmel nicht genau zu demselben Punkt zurückkehrt. Es steht jedoch nichts im Wege, die Ekliptik als einen größten Kreis zu betrachten, wenn man nur die gehörige Rücksicht darauf nimmt, daß die Lage dieses größten Kreises im Laufe der Zeit etwas veränderlich ist.

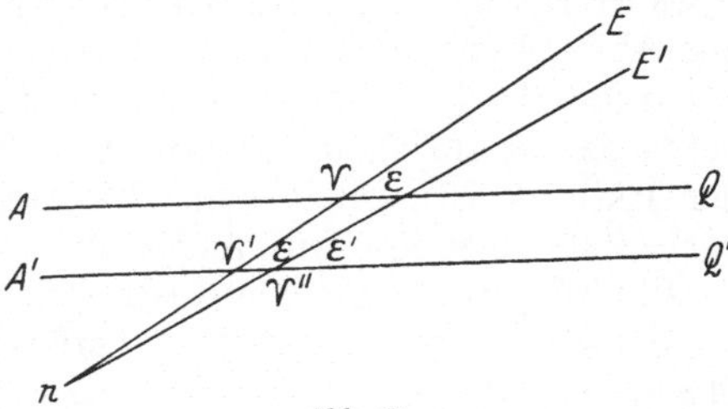

Die Bewegung der Ekliptik wirkt auch etwas auf den Betrag der Präzession zurück, wie aus Abb. 53 ersichtlich, die einen kleinen Teil der Himmelskugel von außen gesehen darstellt. AQ ist ein Bogen des Äquators, nE ein Bogen der Ekliptik zur gleichen Zeit; n ist der eine Endpunkt des Durchmessers, um den die Ekliptik sich dreht, so daß sie die Stellung nE'

Abb. 53.

einnimmt, wenn der Äquator wegen der Präzession nach $A'Q'$ gekommen ist. Der Zweck der Abbildung ist, die Geschwindigkeiten darzustellen, mit denen die verschiedenen Bewegungen vor sich gehen; da es aber nicht möglich ist, die Bogen in dem richtigen gegenseitigen Verhältnis zu zeichnen, sei bemerkt, daß n zur Zeit ungefähr 6 Grad vom Frühlingspunkt ♈ liegt, eine Entfernung, die sich beständig verringert, doch nicht um 50″, sondern nur um 33″ im Jahre, weil n selbst eine jährliche Bewegung von 17″ in derselben Richtung wie der Frühlingspunkt hat. Aus den angegebenen Zahlen ist ersichtlich, daß der Winkel zwischen den Ekliptikbogen nE und nE' im Verhältnis zur Entfernung zwischen den Äquatorbogen zu groß gezeichnet ist. Es geht aus der Abbildung hervor, daß der mit ε' bezeichnete Winkel kleiner ist als die ursprüngliche Neigung ε.

Der Bogen ♈♈′ der ursprünglichen Ekliptik, der zwischen den beiden Äquatorbogen liegt, wird *Lunisolarpräzession* genannt, ein Name, der mit der physikalischen Ursache des Phänomens, die später (s. S. 182 und 534) besprochen werden soll, zusammenhängt. Der Äquatorbogen ♈′♈″ zwischen den beiden Ekliptikbogen wird *Präzession durch die Planeten* genannt; dieser wirkt auf die Rektaszensionen ein, beträgt aber jährlich nicht mehr als $^1/_8$″ und wird außerdem mit der Annäherung des Äquators an den Punkt n kleiner werden. Schließlich wird die Differenz n♈ $-$ n♈″, die die effektive Verschiebung des Frühlingspunktes auf der beweglichen Ekliptik angibt, die *allgemeine Präzession* genannt. Die Stellung, die die Ekliptik zu einer willkürlich gewählten Epoche hatte, wird der Kürze wegen oft die feste Ekliptik genannt.

Der *jährliche* Betrag dieser Bewegungen, die mit der Zeit etwas veränderlich sind, und der daraus folgende Wert der Schiefe der Ekliptik sind nach Newcomb, wenn t die Jahreszahl bedeutet:

Lunisolarpräzession	$= 50''.3708 + 0''.0000495\,(t - 1900)$
Präzession durch die Planeten	$= 0''.1248 - 0''.0001887\,(t - 1900)$
Allgemeine Präzession	$= 50''.2564 + 0''.0002225\,(t - 1900)$
Schiefe der Ekliptik	$= 23^\circ\,27'\,8''.3 - 0''.4685\,(t - 1900)$

Die Formeln gelten nicht für alle Zeiten, aber für mehrere Jahrhunderte vorwärts und rückwärts.

Da die Präzession im Zunehmen begriffen ist, wird das tropische Jahr etwas abnehmen, aber es dauert mehrere Jahrhunderte, bis der in § 47 angeführte Wert ($365^d\,5^h\,48^m\,46^s$) sich um eine Sekunde ändert.

55. *Der Einfluß der Präzession auf Rektaszension und Deklination eines Himmelskörpers* kann, wenn es sich nicht um lange Zeiten handelt, mit Hilfe der sphärisch-trigonometrischen Differentialformeln gefunden werden.

Die Lunisolarpräzession für einen gewissen Zeitraum — also der Zuwachs eines Sterns in Länge auf der *festen* Ekliptik — werde mit $\Delta\lambda$ bezeichnet. Wie aus Abb. 53 ersichtlich, kann man zuerst den entsprechenden Zuwachs in Rektaszension $\Delta\alpha$ berechnen und nachher den Betrag der Präzession durch die Planeten davon abziehen. Für die Deklination, die unabhängig von der Bewegung der Ekliptik ist, erhält man $\Delta\delta$ direkt aus der Lunisolarpräzession mit Hilfe der entsprechenden Differentialformel.

Für die Rektaszension stellt sich die Rechnung folgendermaßen:

Bei Benutzung der dritten Differentialformel (4) auf S. 24 in dem Dreieck Stern—Äquatorpol—Ekliptikpol erhält man:

$$\cos\delta\, d\alpha = -\sin\eta\, d\beta - \cos\alpha \sin\delta\, d\varepsilon + \cos\beta \cos\eta\, d\lambda\,, \tag{1}$$

wo η den Winkel am Stern bezeichnet.

Da hier nur von der festen Ekliptik die Rede ist, sollen β und ε als konstant betrachtet werden, und man erhält:

$$\cos\delta\, d\alpha = \cos\beta \cos\eta\, d\lambda\,. \tag{2}$$

Dies kann mit Hilfe der dritten Gleichung im Formelsystem (1) auf S. 22 geschrieben werden:

$$\cos\delta\, d\alpha = (\cos\varepsilon \cos\delta + \sin\varepsilon \sin\delta \sin\alpha)\, d\lambda\,,$$

oder:

$$d\alpha = (\cos\varepsilon + \sin\varepsilon \sin\alpha\, \mathrm{tg}\delta)\, d\lambda\,. \tag{3}$$

Für die Deklination erhält man mit Hilfe der ersten der Gleichungen (4) auf S. 24:

$$d\delta = \cos\eta\, d\beta + \sin\varepsilon \cos\alpha\, d\lambda + \sin\alpha\, d\varepsilon \tag{4}$$

oder, weil $d\beta = d\varepsilon = 0$:

$$d\delta = \sin\varepsilon \cos\alpha\, d\lambda\,. \tag{5}$$

Mit Hilfe der Formeln im vorigen Paragraphen berechnet man nun die Werte der Konstanten für die Lunisolarpräzession und die Präzession durch die Planeten. Wir bezeichnen diese mit P und p und erhalten, wenn wir der Kürze wegen:

$$P\cos\varepsilon - p = m$$

$$P\sin\varepsilon = n$$

schreiben, folgenden Ausdruck für die Präzession in α und δ:

$$\left.\begin{aligned} \alpha' - \alpha &= (m + n \sin\alpha\, \mathrm{tg}\,\delta) \cdot t \\ \delta' - \delta &= n \cos\alpha \cdot t\,, \end{aligned}\right\} \tag{6}$$

wo t in tropischen Jahren ausgedrückt ist.

Mit diesen Näherungsformeln kann die Präzession in α und δ für kurze Zeiträume (einige wenige Jahre) berechnet werden; wenn es sich um längere Zeiträume handelt, werden die Formeln komplizierter.

56. *Die Nutation.* Einer der ersten Astronomen, der in größerem Maßstabe die große Genauigkeit des Fernrohrs als Visierapparat ausnutzte, war der englische Astronom BRADLEY, der um die Mitte des 18. Jahrhunderts die Koordinaten einer großen Zahl von Fixsternen bestimmte. Nachdem ein Teil davon eine Reihe von Jahren hindurch beobachtet worden war, fand er heraus, daß Rektaszensionen sowohl wie Deklinationen, wegen Präzession auf denselben Zeitpunkt reduziert, kleine periodische Änderungen zeigten, die meist nur einige Bogensekunden betrugen und deshalb der Aufmerksamkeit früherer Beobachter entgangen waren. Eine dieser Änderungen mußte einer periodischen Bewegung des Äquators und seines Pols zugeschrieben werden, eine Bewegung, die den Namen *Nutation* erhielt. Der Punkt, der sich in dem vorher beschriebenen kleinen Kreis mit einer jährlichen Geschwindigkeit von $50''$ um den Pol der Ekliptik bewegt, ist das Zentrum einer kleinen geschlossenen Kurve, auf deren Peripherie sich der Pol des Äquators in retrograder Richtung bewegt, so daß er in 18.6 Jahren, die also die Periode der Nutation sind, einen Umlauf vollendet. Diese Kurve kann annähernd als eine kleine Ellipse betrachtet werden, deren größter Durchmesser in dem größten Kreis durch das Zentrum der Ellipse und den Pol der Ekliptik liegt. Die Hälfte dieses Durchmessers, also die halbe große Achse der Ellipse, wird *Nutationskonstante* genannt und beträgt $9''.21$. Die dazu senkrechte kleine Halbachse beträgt $6''.86$ (nämlich $9''.21 \cos 2\varepsilon : \cos\varepsilon$, wenn ε die Schiefe der Ekliptik ist). Das Zentrum der Ellipse wird der *mittlere Pol* und der wirkliche Ort des Pols auf der Peripherie der *wahre Pol* genannt. Denkt man sich die Bewegung dieses wahren Pols auf der Peripherie mit der

Bewegung der ganzen Ellipse in dem kleinen Kreis zusammengesetzt, so wird der Pol alles in allem eine schwach wellenförmige Kurve am Himmel beschreiben.

Die Verhältnisse sind auf Abb. 54 dargestellt, doch — wie aus den obengenannten Zahlen leicht ersichtlich — stark übertrieben. ♈S ist die Ekliptik, E ihr Pol, M der mittlere Pol und ♈A die entsprechende Lage des Äquators, abc die Hälfte der Nutationsellipse, in der der wahre Pol sich im Sinne der alphabetischen Reihenfolge der Buchstaben bewegt. Man sieht, daß die Nutation erstens etwas auf die Schiefe der Ekliptik ε einwirken wird; wenn nämlich der wahre Pol im Punkte a steht, wird ε um $9''.2$ größer, im Punkt c dagegen um $9''.2$ kleiner sein, als wenn der Pol die ganze Zeit in M gestanden hätte. Diese periodische Veränderlichkeit ist in der in § 54 angeführten Formel für die Schiefe der Ekliptik nicht mit inbegriffen; diese gibt nur ihren mittleren Wert, d. h. den Winkelabstand des mittleren Äquatorpols vom Pol der Ekliptik.

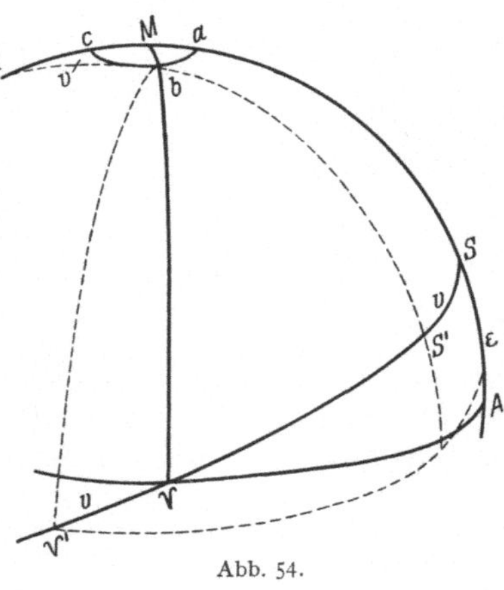

Abb. 54.

Außerdem sieht man, wie die Nutation eine periodische Verschiebung des Frühlingspunktes und dadurch wieder eine periodische Veränderung in der Länge eines Sterns hervorruft (wogegen die Breite nicht davon beeinflußt wird). Wenn nämlich der wahre Pol sich in a oder c befindet, so hat der Solstitialpunkt S dieselbe Lage, als ob der Pol sich in M befände; dann wird auch der Frühlingspunkt seine mittlere Lage einnehmen. Aber wo auch immer der Pol sich außerhalb dieser beiden Punkte befinden wird, wird eine Verschiebung eintreten, die ihr Maximum erreicht, wenn er sich in b oder in dem entsprechenden Punkte auf der abgewandten Seite der Kugel befindet. Der Solstitialpunkt wird dann von S nach S' verschoben sein und der Frühlingspunkt (um genau so viel) von ♈ bis nach ♈'. Nach Verlauf von 18.6 Jahren werden sich diese Vorgänge wieder von neuem abspielen.

57. *Der Einfluß der Nutation auf Rektaszension und Deklination eines Himmelskörpers.* Wie wir später S. 183 sehen werden, wird die Nutation hauptsächlich durch den Mond verursacht. Die obenstehende Betrachtung der Nutationskurve als einer Ellipse gilt eigentlich nur für diese Wirkung allein. Die größte Verschiebung der Solstitial- und Äquinoktialpunkte, der Bogen v auf Abb. 54, kann leicht aus dem sphärischen Dreieck EMb gefunden werden, wo der punktierte größte Kreis EbS' der Solstitialkolur ist, wenn der Pol sich in b befindet. Da der Winkel bei E gleich v ist, erhält man:

$$\operatorname{tg} Mb = \sin\varepsilon \operatorname{tg} v .$$

Hier beträgt Mb nur $6'',86$; man kann deshalb die Tangente mit dem Bogen vertauschen und erhält dann:

$$v = \frac{6''.86}{\sin\varepsilon} = 17''.24.$$

Unter dem Namen Nutation aber wird alles mit einbegriffen, was in der Lage des Frühlingspunktes und der Schiefe der Ekliptik periodischer Natur ist, und ein kleiner Teil hiervon wird auch durch die Sonne verursacht. Bezeichnet Ω den Winkel, der die Länge des aufsteigenden Knotens der Mondbahn genannt wird (s. hierüber nächstes Kapitel) und $\odot$ die Länge der Sonne, so ist:

$$\begin{aligned} N_\lambda &= \text{Nutation in Länge} = -17''.24 \sin\Omega - 1''.27 \sin 2\odot + \cdots \\ N_\varepsilon &= \text{Nutation in Schiefe der Ekliptik} = 9''.21 \cos\Omega + 0''.55 \cos 2\odot + \cdots, \end{aligned} \tag{1}$$

wo die fortgelassenen Glieder nur kleine Bruchteile einer Sekunde betragen.

Die Wirkung der Nutation auf Rektaszension und Deklination kann auf genau dieselbe Weise wie in § 55 die Wirkung der Präzession gefunden werden; nur muß man bei der Differentiation auch ε als veränderlich betrachten. Aus (1) und (4) in § 55 erhalten wir für die Nutation in α und δ, wenn wir oben in (1) nur die Hauptglieder mitnehmen:

$$\begin{aligned} d\alpha &= -17''24 \cos\varepsilon \sin\Omega - 17''.24 \sin\varepsilon \sin\Omega \sin\alpha \operatorname{tg}\delta - 9''.21 \cos\Omega \cos\alpha \operatorname{tg}\delta \\ d\delta &= -17''.24 \sin\varepsilon \sin\Omega \cos\alpha + 9''.21 \cos\Omega \sin\alpha. \end{aligned} \tag{2}$$

Hier werden die Differentialformeln immer ausreichen (bei $d\alpha$ solche Fälle ausgenommen, wo δ *sehr* nahe $= 90°$ ist), da die Nutation nicht, wie die Präzession, im Laufe der Zeiten zu großen Beträgen anwachsen kann.

58. *Zusammenstellung der Formeln zur Berechnung von Präzession und Nutation in Rektaszension und Deklination.* Wenn wir die Formeln für Präzession vom Anfang eines Jahres bis zu einem gegebenen Beobachtungsdatum [Formelsystem (6) auf S. 83] und die Formeln für Nutation [Formelsystem (2) oben] zusammenstellen, erhalten wir für die Reduktion wegen Präzession und Nutation auf ein bestimmtes Datum, wenn die Position des Sterns für den Jahresanfang bekannt ist, die folgenden Ausdrücke, wo τ die vom Jahresanfang bis zum betreffenden Datum verlaufene Zeit (in Bruchteilen des tropischen Jahres) bedeutet:

$$\begin{aligned} \text{Red. in } \alpha &= (m + n \sin\alpha \operatorname{tg}\delta)\,\tau - 17''.24 \cos\varepsilon \sin\Omega - \\ &\quad - 17''.24 \sin\varepsilon \sin\Omega \sin\alpha \operatorname{tg}\delta - 9''.21 \cos\Omega \cos\alpha \operatorname{tg}\delta \\ \text{Red. in } \delta &= n \cos\alpha \cdot \tau - 17''.24 \sin\varepsilon \sin\Omega \cos\alpha + 9''.21 \cos\Omega \sin\alpha. \end{aligned} \tag{3}$$

In der Praxis zieht man diese Ausdrücke mit Hilfe einiger Hilfsgrößen f, g und G in der folgenden Weise zusammen. Wir setzen:

$$\begin{aligned} f &= m\tau - 17''.24 \cos\varepsilon \sin\Omega \\ g \cos G &= n\tau - 17''.24 \sin\varepsilon \sin\Omega \\ g \sin G &= -9''.21 \cos\Omega. \end{aligned} \tag{4}$$

Aus (3) ergibt sich dann, nach einer einfachen Reduktion, für Präzession vom Jahresanfang und Nutation:

$$\begin{aligned} \alpha' - \alpha &= f + g \sin(G + \alpha) \operatorname{tg}\delta \\ \delta' - \delta &= g \cos(G + \alpha). \end{aligned} \tag{5}$$

Die Größen f, g und G sind von dem Ort des betreffenden Sterns unabhängig und können für jeden Tag des Jahres im voraus berechnet werden. Sie werden in den großen astronomischen Ephemeriden gegeben. Siehe weiter unten § 66 und S. 506.

59. *Die Aberration.* Einige Jahre vor der Entdeckung der Nutation, nämlich im Jahre 1728, hatte Bradley eine andere Veränderlichkeit in den Koordinaten abgeleitet, die leichter nachzuweisen war, teils weil sie etwas größere Beträge erreichte (auch hier jedoch nur Bogensekunden), teils weil die Periode wesentlich kürzer war, nämlich genau 1 Jahr. Sie erhielt den Namen *Aberration.* Bestimmt man die Koordinaten eines Sterns zu wiederholten Malen im Laufe eines Jahres und zeichnet man die Örter eines Sterns, auf ein gemeinsames Koordinatensystem bezogen, also wegen Präzession und Nutation reduziert, in eine Sternkarte von genügend großem Maßstab ein, dann zeigt es sich, daß die eingezeichneten Punkte auf einer Ellipse liegen, die der Stern in einem Jahr durchläuft, wie in Abb. 55 angedeutet, wo die Richtung des Pfeils für einen Stern mit nördlicher Breite gilt, wenn man sich den Himmel von innen gesehen denkt. Diese Ellipsen haben die bemerkenswerte Eigenschaft, daß die große Achse für alle Sterne dieselbe Richtung hat, nämlich parallel der Ekliptik, und dieselbe Größe, nämlich ungefähr 41″; dagegen ist die kleine Achse verschieden für die verschiedenen Sterne, und zwar ist sie gleich der großen Achse multipliziert mit dem Sinus der Breite des Sterns. Für einen Stern im Pol der Ekliptik geht die Ellipse also in einen Kreis über, für einen Stern in der Ekliptik selbst schrumpft sie zu einem kleinen Bogen eines größten Kreises ein, auf dem der Stern sich ein halbes Jahr vorwärts und das andere halbe Jahr rückwärts bewegt. Es sieht also aus, als ob jeder Stern in einem Jahr sich in einem Kreis herumbewegte, dessen Ebene parallel zur Ebene der Ekliptik ist, und den wir von der Erde aus in Verkürzung sehen; das Verkürzungsverhältnis wird dann nämlich der Sinus des Winkels sein, den die Visierlinie mit der Ebene bildet, also der Breite des Sterns. Die für alle Sterne gemeinsame halbe große Achse wird *Aberrationskonstante* genannt und beträgt 20″.47.

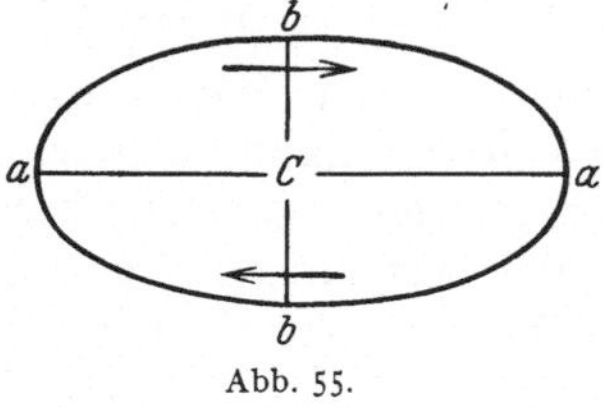

Abb. 55.

60. *Scheinbarer (apparenter) Ort, wahrer Ort, mittlerer Ort. Eigenbewegung eines Fixsterns.* Obwohl die Aberration ein Phänomen ganz anderer Natur ist wie die Präzession und die Nutation, wird sie hier in Verbindung mit diesen behandelt, weil alle drei zusammenwirken, um die Koordinaten der Fixsterne veränderlich zu machen, die erstere weil sie den Ort des Sterns am Himmel verändert, die beiden anderen, weil sie die Lage des Koordinatensystems verändern.

Der wegen Refraktion korrigierte Ort eines Sterns am Himmel, so wie er unmittelbar durch Beobachtung gefunden wird, also mit Nutation und Aberration behaftet, wird *scheinbarer Ort* genannt. Sind die Koordinaten von der Aberration befreit, also auf das Zentrum der Aberrationsellipse bezogen, hat man den *wahren Ort*. Sind schließlich die Koordinaten auch von der Nutation befreit, so geben sie den *mittleren Ort* der Sterne an, indem die Koordinaten dann auf das System bezogen sind, das durch den mittleren Pol und das mittlere Äquinoktium charakterisiert ist. Diese Koordinaten können dann wegen Präzession auf einen beliebigen Zeitpunkt reduziert werden, z. B. auf den Jahresanfang (die Koordinaten sind dann also auf das mittlere Äquinoktium des Jahresanfangs bezogen). Wenn wir (S. 69 und 82) den Frühlingspunkt bei der Definition des *tropischen Jahres* angewandt haben, handelt es sich wohlgemerkt um das mittlere Äquinoktium, nicht um das wahre Äquinoktium. Für die Definition des *Anfangs des „astronomischen Jahres“* s. Anhang S. 538.

In den größeren Jahrbüchern findet man eine Liste von mehreren hundert Sternen, deren mittlere Örter für den Jahresanfang angegeben sind. Außerdem findet man für jeden Stern eine *Ephemeride,* die die scheinbaren Koordinaten für jeden 10. Tag das ganze Jahr hindurch enthält, für Sterne in der Nähe des Himmelspols sogar für jeden Tag.

Wenn die Koordinaten eines Sterns mit mehreren Jahren Zwischenzeit wiederholt bestimmt und alle Beobachtungen auf den mittleren Ort ein und desselben Zeitpunktes reduziert werden, so kommt es vor, daß die Zahlen dann nicht ganz übereinstimmen. Sind die Differenzen nicht nur größer als man es im voraus wegen der begrenzten Genauigkeit der Beobachtungen erwarten könnte, sondern gehen sie auch in einer bestimmten Richtung, dann sagt man, daß der Stern eine *Eigenbewegung* (E.B.) hat. Darüber wird später eingehend gesprochen werden (s. S. 400).

61. *Die Aberrationskonstante.* Größe und Richtung der Aberration wird durch folgende Regel gefunden: Ein Pfeil von einer Länge, die der Lichtgeschwindigkeit entspricht, und in der Richtung, in der der Stern von einem Beobachter mit der Geschwindigkeit Null gesehen würde, wird mit einem Pfeil in der Bewegungsrichtung des Beobachters und von der der Bewegungsgeschwindigkeit des Beobachters entsprechenden Länge zusammengesetzt. Der resultierende Pfeil geht in der durch die Aberration verschobenen Richtung. Die Richtung auf einen Himmelskörper wird also durch die Aberration immer gegen die Bewegungsrichtung des Beobachters hin verschoben. Diese Regel gilt für Geschwindigkeiten, die im Verhältnis zu der Geschwindigkeit des Lichtes klein sind; also gilt sie auch mit hinreichender Genauigkeit für einen Beobachter auf der Erde.

Abb. 56 illustriert die Verhältnisse für eine Bewegung des Beobachters senkrecht zur Richtung der Lichtquelle. Die Formel zur Berechnung des Aberrationswinkels a geht unmittelbar aus der Abbildung hervor, die:

$$\operatorname{tg} a = \frac{CD}{AC} = \frac{v}{c}$$

ergibt, wo v die Geschwindigkeit des Beobachters und c die Lichtgeschwindigkeit ist.

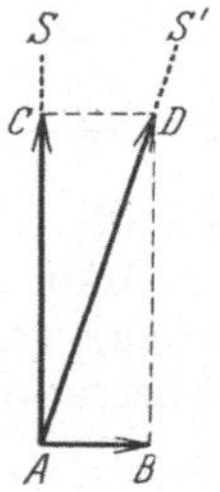

Abb. 56.

Das Auge erhält die Bewegung, von der hier die Rede ist, dadurch, daß es an der jährlichen Bewegung der Erde um die Sonne teilnimmt. Wie später gezeigt werden soll, geht diese mit einer durchschnittlichen Geschwindigkeit von nicht ganz 30 km in der Sekunde vor sich; wird also v zu nicht ganz 30 und c zu 300000 angenommen, so wird $\operatorname{tg} a$ nicht ganz $^1/_{10000}$. Der Winkel ist dann so klein, daß man a statt $\operatorname{tg} a$ schreiben kann, und wenn man ihn dann, um ihn in Bogensekunden zu erhalten, mit $s = 206265''$ multipliziert, so erhält man a gleich nicht ganz $20''.6$. Bei Anwendung der genauen Werte erhält man $20''.48$ (vgl. S. 91). Wie vorher schon gesagt, ist die Aberrationskonstante durch Beobachtung zu $20''.47$ bestimmt worden.

Die Regel lautete, daß jeder Stern in einer Richtung verschoben erscheint, die mit der Bewegungsrichtung des Beobachters in dem gegebenen Augenblick parallel ist. Da nun die Erde in einer gekrümmten Bahn um die Sonne herum geht, und die Bewegungsrichtung sich auf diese Weise beständig ändert, so muß sich auch die Verschiebung eines Sterns beständig ändern, und erst nach Verlauf eines Jahres wird der Umlauf vollendet sein.

Zieht man von einem festen Punkt gerade Linien, die der veränderlichen Bewegungsrichtung eines anderen Punktes parallel sind, und macht man die Länge der Linien den Geschwindigkeiten zur gleichen Zeit proportional, so ist der geometrische Ort für die Endpunkte dieser Linien eine Kurve, die in der Mechanik *Hodograph* genannt wird. Für die Geschwindigkeiten, von denen hier die Rede ist, ist der Hodograph ein Kreis. Dieser Kreis ist es, der von der Erde aus in Verkürzung als die Aberrationsellipse gesehen wird.

Die Aberration, die einer konstanten Bewegungsgeschwindigkeit in einer konstanten Richtung entspricht (wie z. B. die Translationsgeschwindigkeit des Sonnensystems als Ganzes), ist für jeden Fixstern eine Konstante und kann deshalb außer Betracht gelassen werden.

62. *Die Einwirkung der Aberration auf die Koordinaten eines Himmelskörpers* kann mit Hilfe von Abb. 57 berechnet werden, in der EE_1 die Bewegungsgeschwindigkeit des Beobachters (also der Erde), ES die nicht verschobene Richtung zum Himmelskörper, ES' die scheinbare (durch Aberration verschobene) Richtung zu demselben Himmelskörper und das Linienstück $EA = E_1B$ die Geschwindigkeit des *Lichtes* (c) bezeichnet. Wenn wir mit α, δ die nicht verschobenen Winkelkoordinaten des Himmelskörpers bezeichnen, mit α', δ' seine scheinbaren Koordinaten im Äquatorsystem, und mit $\frac{dx}{dt}, \frac{dy}{dt}, \frac{dz}{dt}$ die Komponenten der Erdgeschwindigkeit in den drei Koordinatenachsen im selben Koordinatensystem, dann erhalten wir aus der Abbildung, wenn wir das Stück EB mit l bezeichnen:

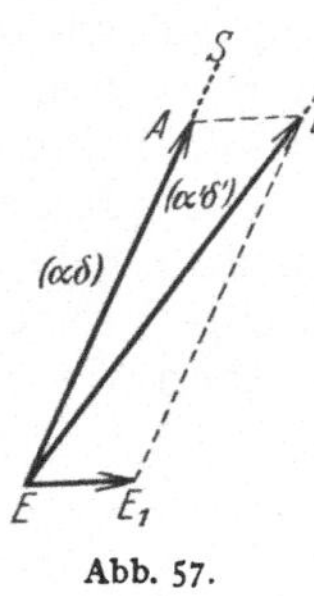

Abb. 57.

$$\begin{aligned} l\cos\delta'\cos\alpha' &= c\cos\delta\cos\alpha + \frac{dx}{dt} \\ l\cos\delta'\sin\alpha' &= c\cos\delta\sin\alpha + \frac{dy}{dt} \\ l\sin\delta' &= c\sin\delta + \frac{dz}{dt}\,. \end{aligned} \tag{1}$$

Mit Hilfe dieser Gleichungen kann man α' und δ' berechnen (die Kenntnis von l ist nicht notwendig), wenn man:

$$\alpha, \delta, c, \frac{dx}{dt}, \frac{dy}{dt}, \frac{dz}{dt}$$

kennt.

Man erreicht indessen eine wesentlich größere Genauigkeit in der Berechnung, wenn man dies Gleichungssystem erst in ein anderes umformt, das die Aberrationswirkung:

$$\alpha' - \alpha\,, \quad \delta' - \delta$$

direkt gibt. Dies kann mit Hilfe folgender Operationen geschehen, die für die Lösung verschiedener astronomischer Problème typisch sind (das analoge Problem, die *Parallaxe* betreffend, wird in § 100 behandelt werden).

Wir multiplizieren die zweite der Gleichungen (1) mit $\cos\alpha$, die erste mit $\sin\alpha$ und subtrahieren; hierauf multiplizieren wir die erste mit $\cos\alpha$ und die zweite mit $\sin\alpha$ und addieren. Mit Hilfe einer leichten Umformung erhalten wir daraus die beiden folgenden Gleichungen:

$$\begin{aligned} l\cos\delta'\sin(\alpha' - \alpha) &= \frac{dy}{dt}\cos\alpha - \frac{dx}{dt}\sin\alpha \\ l\cos\delta'\cos(\alpha' - \alpha) &= c\cos\delta + \frac{dy}{dt}\sin\alpha + \frac{dx}{dt}\cos\alpha\,. \end{aligned} \tag{2}$$

Die Division dieser beiden Gleichungen ergibt:

$$\operatorname{tg}(\alpha' - \alpha) = \frac{\frac{1}{c\cos\delta}\left\{\frac{dy}{dt}\cos\alpha - \frac{dx}{dt}\sin\alpha\right\}}{1 + \frac{1}{c\cos\delta}\left\{\frac{dy}{dt}\sin\alpha + \frac{dx}{dt}\cos\alpha\right\}}\,. \tag{3}$$

Auf der rechten Seite dieser Gleichung haben wir im Nenner zwei Glieder, von denen das zweite im Verhältnis zum ersten gewöhnlich sehr klein ist, weil $\frac{dy}{dt}$ und $\frac{dx}{dt}$, die Projektionen auf die y-Achse und die x-Achse der Geschwindigkeit der Erde in der Bahn, also ungefähr 30 km pro Sekunde, sind und vor der Klammer $\frac{1}{c}$, also ungefähr $\frac{1}{300000}$, steht; das ganze zweite Glied wird deshalb von der Größenordnung $\frac{1}{10000}$ sein (Ausnahme: Wenn der Himmelskörper einem der Himmelspole sehr nahe stehen sollte und $\cos\delta$ aus diesem Grunde eine sehr kleine Größe ist. In diesem seltenen Ausnahmefall muß ein anderes Verfahren gewählt werden). Wir können deshalb in normalen Fällen das ganze zweite Glied im Nenner von (3) streichen und erhalten:

$$\operatorname{tg}(\alpha' - \alpha) = \frac{1}{c\cos\delta}\left\{\frac{dy}{dt}\cos\alpha - \frac{dx}{dt}\sin\alpha\right\}. \tag{4}$$

Aus demselben Grunde können wir hier, weil $\alpha' - \alpha$ ein sehr kleiner Winkel ist (Ausnahme, wie oben: wenn $\cos\delta$ sehr klein ist), statt $\operatorname{tg}(\alpha' - \alpha)$ einfach den Winkel selbst schreiben (selbstverständlich durch Multiplikation mit s auf Bogenmaß reduziert), also:

$$\alpha' - \alpha = \frac{1}{c\cos\delta}\left\{\frac{dy}{dt}\cos\alpha - \frac{dx}{dt}\sin\alpha\right\}. \tag{5}$$

Hierdurch haben wir uns nun einen Ausdruck für die Aberration in *Rektaszension* verschafft. Um einen entsprechenden Ausdruck für die Aberration in *Deklination* zu erhalten, können wir auf folgende Weise vorgehen.

Aus der Theorie der trigonometrischen Funktionen (s. die Reihenentwicklungen im Anhang) wissen wir, daß wir, sobald wir es mit einem sehr kleinen Winkel x zu tun haben, nur kleine Größen zweiter Ordnung vernachlässigen, wenn wir 1 statt $\cos x$ schreiben. Wir schreiben nun die dritte der Gleichungen (1) zusammen mit der zweiten der Gleichungen (2), in der wir $\cos(\alpha' - \alpha) = 1$ setzen, und erhalten:

$$\begin{aligned} l\sin\delta' &= c\sin\delta + \frac{dz}{dt} \\ l\cos\delta' &= c\cos\delta + \frac{dy}{dt}\sin\alpha + \frac{dx}{dt}\cos\alpha. \end{aligned} \tag{6}$$

Mit diesen beiden Gleichungen operieren wir auf dieselbe Weise wie bei der Ableitung des Ausdrucks für $\alpha' - \alpha$. Wir multiplizieren die erste der Gleichungen (6) mit $\cos\delta$, die zweite mit $\sin\delta$ und subtrahieren, darauf multiplizieren wir die erste mit $\sin\delta$ und die zweite mit $\cos\delta$ und addieren. Wir erhalten:

$$\begin{aligned} l\sin(\delta' - \delta) &= -\frac{dy}{dt}\sin\delta\sin\alpha - \frac{dx}{dt}\sin\delta\cos\alpha + \frac{dz}{dt}\cos\delta \\ l\cos(\delta' - \delta) &= c + \frac{dy}{dt}\cos\delta\sin\alpha + \frac{dx}{dt}\cos\delta\cos\alpha + \frac{dz}{dt}\sin\delta. \end{aligned} \tag{7}$$

Durch Division dieser beiden Gleichungen und eine leichte Umformung erhält man:

$$\operatorname{tg}(\delta' - \delta) = \frac{-\frac{1}{c}\left\{\frac{dy}{dt}\sin\delta\sin\alpha + \frac{dx}{dt}\sin\delta\cos\alpha - \frac{dz}{dt}\cos\delta\right\}}{1 + \frac{1}{c}\left\{\frac{dy}{dt}\cos\delta\sin\alpha + \frac{dx}{dt}\cos\delta\cos\alpha + \frac{dz}{dt}\sin\delta\right\}}. \tag{8}$$

Aus demselben Grunde wie oben können wir hier das zweite Glied im Nenner rechts vernachlässigen und links $\delta' - \delta$ statt $\operatorname{tg}(\delta' - \delta)$ setzen, wodurch wir für die Aberration in Deklination den folgenden Ausdruck erhalten:

$$\delta' - \delta = -\frac{1}{c}\left\{\frac{dy}{dt}\sin\delta\sin\alpha + \frac{dx}{dt}\sin\delta\cos\alpha - \frac{dz}{dt}\cos\delta\right\}. \tag{9}$$

In (5) und (9) haben wir die gewünschten Ausdrücke für die Aberration in α und δ für einen Himmelskörper, dessen Koordinaten wir kennen. Um diese Ausdrücke aber anwenden zu können, müssen wir auch die drei Größen $\frac{dx}{dt}$, $\frac{dy}{dt}$, $\frac{dz}{dt}$ kennen, d. h. die Komponenten der Geschwindigkeit in den drei Achsen im Äquatorsystem.

In den großen astronomischen Ephemeriden findet man für jeden Tag des Jahres die numerischen Werte für die *Entfernung der Sonne von der Erde* (R) und *die Länge der Sonne in der Ekliptik* ($\odot$), die letztgenannte von einem festen Äquinoktium aus gezählt. Wenn wir die Schiefe der Ekliptik (ε) kennen, können wir hieraus die rechtwinkligen Äquatorialkoordinaten der Sonne relativ zur Erde (X, Y, Z) berechnen. Mit Hilfe von Abb. 58, in der wir die Erde im Anfangspunkt haben, x die Richtung von der Erde zum Frühlingspunkt bedeutet und xy die Äquatorebene ist, erhalten wir:

$$\begin{aligned} X &= R\cos\odot \\ Y &= R\sin\odot\cos\varepsilon \\ Z &= R\sin\odot\sin\varepsilon\,. \end{aligned} \tag{10}$$

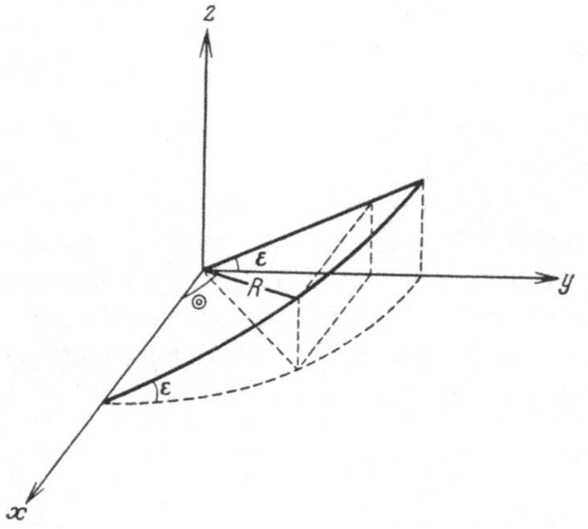

Abb. 58.

Was wir für unsere Aufgabe nötig haben, sind indessen nicht die Koordinaten der Sonne relativ zur Erde, sondern gerade das Umgekehrte: die Koordinaten der Erde relativ zur Sonne. Wir bezeichnen diese Koordinaten mit x, y, z, und es ist klar, daß diese genau dasselbe sind wie X, Y, Z, nur mit entgegengesetztem Vorzeichen. Wir können also schreiben:

$$\begin{aligned} x &= -R\cos\odot \\ y &= -R\sin\odot\cos\varepsilon \\ z &= -R\sin\odot\sin\varepsilon\,. \end{aligned} \tag{11}$$

Wenn wir diese Gleichungen nach der Zeit differenzieren, erhalten wir:

$$\begin{aligned} \frac{dx}{dt} &= -\cos\odot\frac{dR}{dt} + R\sin\odot\frac{d\odot}{dt} \\ \frac{dy}{dt} &= -\sin\odot\cos\varepsilon\frac{dR}{dt} - R\cos\odot\cos\varepsilon\frac{d\odot}{dt} + R\sin\odot\sin\varepsilon\frac{d\varepsilon}{dt} \\ \frac{dz}{dt} &= -\sin\odot\sin\varepsilon\frac{dR}{dt} - R\cos\odot\sin\varepsilon\frac{d\odot}{dt} - R\sin\odot\cos\varepsilon\frac{d\varepsilon}{dt}\,. \end{aligned} \tag{12}$$

Die Schiefe der Ekliptik (ε) ist, wie wir wissen, nur sehr langsam veränderlich. In unserer Aufgabe hat diese Veränderlichkeit einen ganz verschwindenden Einfluß. Die beiden Differentialquotienten $\frac{dR}{dt}$ und $\frac{d\odot}{dt}$ können gefunden werden, wenn wir die Bewegung der Erde in ihrer Bahn kennen. Aber bei unserer Aufgabe wird das ganze sehr einfach, weil man hier die Bewegung der Sonne als kreisförmig betrachten kann. Man vernachlässigt dabei nur sehr kleine Größen, die nur mitgenommen zu werden brauchen, wenn es sich um die allergrößte Genauigkeit handelt. Wir können mit anderen Worten:

R = einer Konstante = der mittleren Entfernung der Erde von der Sonne,

ferner:

$$\frac{d\varepsilon}{dt} = 0 \quad \text{und} \quad \frac{dR}{dt} = 0 \tag{13}$$

setzen und $\frac{d\odot}{dt}$ (die Winkelgeschwindigkeit der Erde in ihrer Bahn) als eine konstante Größe behandeln. Die letztgenannte ist in der Regel für die Zeiteinheit von einem mittleren Sonnentag, also 86400 mittleren Zeitsekunden, gegeben, und hat mit dieser Zeiteinheit den Wert $3548''.19$ (etwas weniger als $1°$).

Wenn wir nun (13) in (12) und (12) in (5) und (9) einsetzen, erhalten wir folgende Ausdrücke für die Aberration in α und δ:

$$\alpha' - \alpha = -\frac{R}{c}\frac{d\odot}{dt}\left\{\cos\odot\cos\varepsilon\cos\alpha + \sin\odot\sin\alpha\right\}\sec\delta$$

$$\delta' - \delta = -\frac{R}{c}\frac{d\odot}{dt}\left\{-\cos\odot\cos\varepsilon\sin\alpha\sin\delta + \right. \qquad (14)$$

$$\left. + \sin\odot\cos\alpha\sin\delta + \cos\odot\sin\varepsilon\cos\delta\right\}.$$

Für den gemeinsamen Faktor $\frac{R}{c}\frac{d\odot}{dt}$, die sog. *Aberrationskonstante*, erhalten wir den numerischen Wert mit den bekannten Werten für R (die mittlere Entfernung der Erde von der Sonne in Kilometern ausgedrückt), für c (Kilometer pro Sekunde) und für $\frac{d\odot}{dt}$ (mit der Zeiteinheit mittlere Sonnenzeitsekunde):

$$\frac{R}{c}\frac{d\odot}{dt} = \frac{149\,500\,000}{299\,796}\cdot\frac{3\,548''.19}{86400} = 20''.48\,.$$

Der durch Beobachtung gefundene Wert ist 20''.47 (vgl. S. 86). Dieser letztere Wert wird im folgenden angewandt werden.

Das Formelsystem (14) wird dann:

$$\alpha' - \alpha = -20''.47\{\cos\odot\cos\varepsilon\cos\alpha + \sin\odot\sin\alpha\}\sec\delta$$

$$\delta' - \delta = -20''.47\{-\cos\odot\cos\varepsilon\sin\alpha\sin\delta + \sin\odot\cos\alpha\sin\delta + \qquad (15)$$

$$+ \cos\odot\sin\varepsilon\cos\delta\}\,.$$

In der astronomischen Praxis benutzt man hier — wie bei der Präzession und der Nutation — einfachere Formeln, die man sich durch die Einführung einiger Hilfsgrößen h, H und i in der folgenden Weise verschafft. Wir setzen (vgl. die Bemerkung auf S. 506 im Anhang):

$$\begin{aligned} h\cos H &= -20''.47\,\sin\odot \\ h\sin H &= -20''.47\,\cos\odot\cos\varepsilon \\ i &= -20''.47\,\cos\odot\sin\varepsilon\,. \end{aligned} \qquad (16)$$

Aus (15) ergeben sich dann mit Hilfe von (16) für die Reduktion eines Ortes wegen Aberration die folgenden Ausdrücke:

$$\begin{aligned} \alpha' - \alpha &= h\sin(H + \alpha)\sec\delta \\ \delta' - \delta &= h\cos(H + \alpha)\sin\delta + i\cos\delta\,. \end{aligned} \qquad (17)$$

Die Größen h, H und i sind von dem Ort des betreffenden Sterns unabhängig und können für jeden Tag des Jahres im voraus berechnet werden. Sie werden, zusammen mit den entsprechenden Hilfsgrößen für Präzession und Nutation (S. 85), in den großen astronomischen Ephemeriden gegeben.

Der Ausdruck für die Aberration in den *Ekliptikalkoordinaten* λ und β kann direkt aus (14) abgeleitet werden, indem man einfach überall α und δ mit λ und β vertauscht und $\varepsilon = 0$ setzt. Nach einer einfachen Reduktion erhalten wir:

$$\begin{aligned} \lambda' - \lambda &= -20''.47\cos(\lambda - \odot)\sec\beta \\ \beta' - \beta &= +20''.47\sin(\lambda - \odot)\sin\beta\,. \end{aligned} \qquad (18)$$

Für den Spezialfall die Sonne ist $\lambda = \odot$ und $\beta = 0$, also

$$\begin{aligned} \lambda' - \lambda &= -20''.47 \\ \beta' - \beta &= 0\,. \end{aligned} \qquad (19)$$

Wenn wir die Gleichungen (15) in der Form schreiben:

$$\begin{aligned}(\lambda' - \lambda)\cos\beta &= -20''\,47\cos(\lambda - \odot)\\ \frac{(\beta' - \beta)}{\sin\beta} &= +20''.47\sin(\lambda - \odot)\end{aligned}\tag{20}$$

und $(\lambda' - \lambda)\cos\beta$ mit ξ und $(\beta' - \beta)$ mit η bezeichnen, erhalten wir durch Quadrieren und Addieren:

$$\left(\frac{\xi}{20''.47}\right)^2 + \left(\frac{\eta}{20''.47\sin\beta}\right)^2 = 1\,.\tag{21}$$

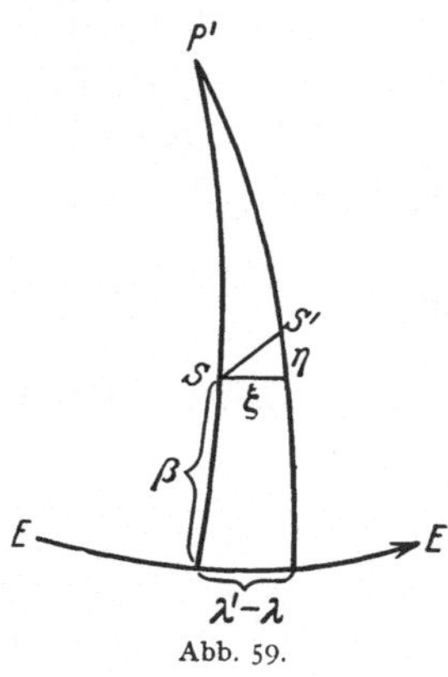

Abb. 59.

Das ist die Gleichung einer Ellipse. In Abb. 59 bezeichnet P' den nördlichen Pol der Ekliptik, EE die Ekliptik, S den nicht verschobenen Ort eines Sterns, S' seinen scheinbaren Ort. Wir sehen dann, daß in der Abbildung $\xi = (\lambda' - \lambda)\cos\beta$ und $\eta = \beta' - \beta$ ist. Diese beiden Bogen sind so klein, daß sie als gerade Linien behandelt werden können, und die Gleichungen (20) zeigen dann, daß der Stern wegen der Aberration im Laufe des Jahres eine kleine Ellipse mit den Halbachsen $a = 20''.47$ und $b = 20''.47\sin\beta$ (vgl. § 59) am Himmel beschreibt.

63. *Aberrationszeit.* Das in den letzten Paragraphen behandelte Problem war das Problem der sog. jährlichen Aberration. Wenn ein Gestirn in der Zeit, während der ein von ihm ausgesandter oder zurückgeworfener Lichtstrahl zur Erde gelangt, seinen Ort verändert, so entspricht die wegen jährlicher Aberration korrigierte Richtung des Lichtstrahls nicht dem wahren geozentrischen Ort des Gestirns zur Zeit der Beobachtung, sondern zur Zeit der Aussendung des Lichtstrahls. Den Unterschied dieser beiden Zeiten nennt man die *Aberrationszeit.* Die Aberrationszeit ist also gleich der Zeit, die das Licht gebraucht, um von dem betreffenden Gestirn zur Erde zu gelangen. Die Aberrationszeit spielt bei Bahnbestimmungen eine wichtige Rolle, und das Problem wird in den Lehrbüchern der sphärischen Astronomie und der Bahnbestimmung eingehend behandelt.

64. *Die tägliche Aberration.* Theoretisch wird jede Bewegung des Auges eine Aberration bewirken. Die Geschwindigkeiten, die auf der Erdoberfläche erreicht werden können, sind gänzlich verschwindend gegen die des Lichts. Wegen der rotierenden Bewegung der Erde erhält aber ein Beobachter auf der Erde eine Geschwindigkeit, die, mit der des Lichtes verglichen, nicht ganz verschwindend ist. Die dadurch hervorgerufene sog. *tägliche Aberration* wird in gewissen Fällen, wo die äußerste Genauigkeit verlangt wird, mit in Rechnung gezogen. Am Erdäquator ist die Rotationsgeschwindigkeit rund 40000 km in 24^h Sternzeit oder 86164^s mittlerer Sonnenzeit, was 0.46 km in der Sekunde ergibt. Wird dies durch die Geschwindigkeit des Lichts dividiert und mit s multipliziert, erhält man $0''.32$. Für einen Beobachter unter der Polhöhe φ wird die Geschwindigkeit und also auch die Aberration in dem Verhältnis $\cos\varphi : 1$ verringert. Da die Rotation der Erde von Westen nach Osten vor sich geht, wird ein Stern im Meridian also um $0''.32\cos\varphi$ nach Osten verschoben erscheinen. Für Sterne an anderen Stellen des Himmels wird die Verschiebung in einer Verkürzung gesehen, der Betrag ist also noch geringer.

Die Formeln der täglichen Aberration in α und δ lassen sich durch Analogie direkt aus dem Formelsystem (18) S. 91 ableiten, wenn wir:

und:

$$\begin{array}{ccc} \lambda & \text{mit} & \alpha \\ \beta & ,, & \delta \\ \lambda-\odot & ,, & 12^h - t \\ 20''.47 & ,, & 0''.32\cos\varphi \end{array}$$

vertauschen. Wir erhalten:

$$\alpha' - \alpha = 0''.32\cos\varphi\cos t\sec\delta$$
$$\delta' - \delta = 0''.32\cos\varphi\sin t\sin\delta.$$

65. *Die jährliche Parallaxe.* Außer den Phänomenen, die wir jetzt unter den Namen Präzession, Nutation und Aberration kennen, gibt es noch eins — die jährliche Parallaxe — das merkbare Änderungen in dem Ort eines Fixsterns am Himmel bewirken kann. Da die Erde im Laufe des Jahres sich in einer Bahn um die Sonne bewegt, die sehr nahe als eine Kreisbahn angesehen werden kann, und die Richtungen von der Erde zu einem Fixstern im Laufe des Jahres entsprechenden Änderungen unterworfen ist, so wird ein Stern, wenn er uns überhaupt nahe genug ist, im Laufe des Jahres eine kleine Ellipse am Himmel beschreiben. Ein Stern im Pol der Ekliptik wird in einem Kreis wandernd beobachtet werden, ein Stern in der Ekliptik wird sich in dieser hin und her bewegen, und alle anderen Sterne werden im Laufe des Jahres in einer kleinen Ellipse herumlaufen, deren kleine Achse um so größer ist, je näher der Stern dem Ekliptikpol steht. Wie schon erwähnt, ist die durch die jährliche Parallaxe verursachte Änderung im Ort eines Sterns nur bei den allernächsten Sternen direkt wahrnehmbar.

Die Formeln für die jährliche Parallaxe sind im Anhang (S. 509) abgeleitet. Ganz analog wie bei der Aberration [vgl. (20) S. 92] kann man aus diesen Formeln die Gleichung der Ellipse ableiten, in der der Stern der jährlichen Parallaxe zufolge im Laufe des Jahres herumwandert (vgl. Anhang S. 511).

Wenn wir für die jährliche Parallaxe eines Sterns eine ähnliche Figur zeichnen, wie wir sie (S. 86) für die Aberration gezeichnet haben, so zeigt sich, daß zwischen der Parallaxenellipse und der Aberrationsellipse der Unterschied vorhanden ist, daß der Ort des Sterns in der Parallaxenellipse seinem Ort in der Aberrationsellipse beständig $^1/_4$ Jahr voraus ist. Ferner besteht selbstverständlich zwischen dem Parallaxen- und dem Aberrationseffekt für einen Stern der wesentliche Unterschied, daß die halbe große Achse in der Parallaxenellipse individuelle Werte hat, verschieden für die verschiedenen Sterne (die größte bekannte Fixsternparallaxe beträgt etwa 0''.8), während die halbe große Achse in der Aberrationsellipse einen für alle Sterne gemeinsamen Wert (20''.47) besitzt. Das Problem der jährlichen Parallaxe ist eins der Hauptprobleme der *Stellarastronomie* (vgl. § 279).

66. *Die Reduktion eines Fixsterns vom mittleren Ort für den Jahresanfang auf den scheinbaren Ort für ein gegebenes Datum.* Das Formelsystem (5) auf S. 85 gibt die Präzession vom Jahresanfang und die Nutation in α und δ in einer kurzen Form. In (17) auf S. 91 haben wir die entsprechenden Formeln für die Fixsternaberration. Wenn wir die evtl. bekannte Eigenbewegung des betreffenden Sterns (vgl. § 60) noch hinzufügen, so haben wir die auf S. 505 im Anhang zusammengestellten Ausdrücke, die also die Reduktion eines Sterns vom mittleren Ort für den Jahresanfang auf den scheinbaren (apparenten) Ort für ein bestimmtes Datum geben, die Eigenbewegung vom Anfang des Jahres an mit eingeschlossen.

Diese Form der Reduktion von Fixsternörtern ist die übliche, wenn es sich darum handelt, eine Anzahl von Sternen zu reduzieren, die als Vergleichssterne bei Refraktorbeobachtungen von Planeten und Kometen gedient haben (Rechenbeispiel s. Anhang S. 514).

Wenn es sich aber darum handelt, für einen einzelnen Stern eine ganze Reihe von Örtern zu rechnen, was z. B. bei Fixsternbeobachtungen an Meridianinstrumenten eine besonders häufig vorkommende Aufgabe ist, so wählt man für die Reduktion auf den scheinbaren Ort eine andere Form, die für diesen Zweck bequemer ist. Das betreffende Formelsystem ist u. a. in den Erläuterungen zu den großen astronomischen Jahrbüchern sowie in den Spezialwerken über sphärische Astronomie zu finden.

Die scheinbare Bewegung des Mondes und der Planeten.

67. Es ist bereits erwähnt worden, daß der *Mond* und die *großen Planeten* sich immer in der Nähe der Ekliptik befinden. Davon, daß sie ihren Ort unter den Fixsternen beständig wechseln, kann man sich leicht dadurch überzeugen, daß man sich ihre Örter relativ zu den Nachbarsternen in gewissen Zeitabständen merkt. Für den Mond wird bereits eine Stunde, oder noch weniger, genügen.

Zur Bezeichnung der gegenseitigen Stellung der Himmelskörper finden oft folgende Ausdrücke Anwendung, die besonders bei der Sonne, dem Mond und den Planeten benutzt werden. Zwei Körper, die die gleiche Länge haben, befinden sich in *Konjunktion* miteinander. Sind sie außerdem — wie die großen Planeten — nahe der Ekliptik, werden sie nahe beieinander stehen. *Opposition* bezeichnet einen Längenunterschied von 180°. Befindet sich einer der großen Planeten in Opposition zur Sonne, so wird er ihr ziemlich genau diametral gegenüberstehen, so daß er nahe um die Zeit des Sonnenuntergangs aufgeht, ungefähr um Mitternacht kulminiert und nahe um die Zeit des Sonnenaufgangs untergeht. Die *Elongation* eines Planeten ist sein Längenunterschied von der Sonne. Sie wird als östlich oder westlich bezeichnet, je nachdem ob der Planet der Sonne in der täglichen Bewegung folgt oder ihr vorangeht. Da die Breite des Planeten klein ist, wird die auf diese Weise definierte Elongation nur wenig von dem Winkelabstand von der Sonne verschieden sein. Eine Elongation von 90°, die Stellung also mitten zwischen Konjunktion und Opposition, nennt man *Quadratur.*

68. *Siderischer, tropischer und drakonitischer Monat.* Die Bewegung des *Mondes* von Tag zu Tag geht so schnell vor sich, daß der Mond in etwas mehr als 27 Tagen den ganzen Himmel durchläuft, sich also ungefähr 13° täglich in gleicher Richtung bewegt wie die Sonne bei der jährlichen Bewegung. Die Zeit für einen ganzen Umlauf nennt man einen *siderischen Monat,* und sein durchschnittlicher Wert ist:

$$1 \text{ siderischer Monat} = 27.321661 \text{ mittleren Sonntagen} = 27^d\,7^h\,43^m\,11^s.5.$$

Ebenso wie bei der Sonne kann man zwischen dem siderischen und dem *tropischen* Monat unterscheiden, das ist die Zeit, in der die Länge des Mondes 360° wächst, und der wegen der Präzession etwas kürzer ist als der siderische. Da aber der siderische Monat nur $^1/_{13}$—$^1/_{14}$ des Jahres beträgt, so wird die Präzession nur diesen Bruchteil der jährlichen Präzession ausmachen; da der Mond sich außerdem 13mal schneller bewegt als die Sonne, so wird der Unterschied zwischen dem tropischen und dem siderischen Monat beinahe 180mal geringer als der Unterschied zwischen dem tropischen und dem siderischen Jahr. Danach beträgt der Unterschied nur ungefähr 7 Sekunden (vgl. S. 81).

Beobachtungen des Mondes können auf gleiche Weise, wie vorher bei der Sonne erklärt, ausgeführt werden, und die Berechnung derselben unterscheidet sich nur darin, daß ein bei der Sonne angedeutetes noch nicht behandeltes Phänomen (die Parallaxe, s. S. 136), die dort nur eine kleine Rolle spielt, beim Mond von größerer Bedeutung wird. Berechnet man auf diese Weise die Breite des Mondes, so zeigt es sich, daß der Mond sich in der einen Hälfte des Umlaufs auf der nördlichen Seite der Ekliptik, in der anderen auf der südlichen Seite der Ekliptik hält. Seine größte Breite ist etwas über 5°, sie kann aber von einem Mal zum anderen um einige Minuten abweichen. Die Punkte, in denen der Mond die Ekliptik überschreitet, werden die *Knoten der Mondbahn* genannt, und zwar ist der *aufsteigende* Knoten der Punkt, in dem der Mond von südlicher zu nördlicher Breite übergeht, der *absteigende* der gegenüberliegende Punkt.

Bereits im Altertum war man auf ein eigentümliches Verhalten der Knoten aufmerksam geworden, nämlich daß sie bei jedem Umlauf ein Stück auf der Ekliptik zurücklaufen, und zwar so schnell, daß sie in 18.6 Jahren um den ganzen Himmel herumkommen. Die Länge des aufsteigenden Knotens nimmt demnach beständig um einen Betrag von beinahe 20° jährlich oder beinahe 1°.5 für jeden Umlauf des Mondes ab. Daß die Zeit für einen ganzen Umlauf der Knoten mit der Periode für die Nutation zusammenfällt, ist, wie wir später sehen werden (§ 141), kein Zufall.

Die Umlaufszeit des Mondes relativ zu ein und demselben Knoten wird von alters her *Knotenmonat* (*drakonitischer Monat*) genannt. Da der Knoten dem Mond jedesmal ungefähr 1°.5 entgegen wandert und der Mond ungefähr $^1/_2$° in der Stunde geht, wird der drakonitische Monat etwa 3 Stunden ($2^h\,37^m.6$) kürzer als der siderische Monat. Dies ist jedoch nur der durchschnittliche Betrag; im Laufe eines halben Jahres verändert er sich etwas.

Die Bahn des Mondes zwischen den Sternen ist also kein größter Kreis, sie kann aber als solcher betrachtet werden, wenn man sich die Bewegung vorstellt als in einer Ebene verlaufend, die in 18.6 Jahren eine Umdrehung vollführt, mit einer nahezu konstanten Neigung von gut 5° gegen die Ebene der Ekliptik, oder, mit anderen Worten, deren Pol in 18.6 Jahren um den Pol der Ekliptik in einem kleinen Kreis mit dem Radius 5° herumläuft.

Die Bewegung der Knotenlinie ruft eine starke Veränderlichkeit in der Lage des Mondes zum Horizont eines Ortes hervor. Ebenso wie der Mond zweimal im Monat die Ekliptik überschreitet, wird er auch zweimal im Monat den Äquator überschreiten und also die eine Hälfte des Monats eine nördliche, die andere Hälfte des Monats eine südliche Deklination haben. Die größte Deklination des Mondes aber, die Neigung der Bahnebene gegen den Äquator also, verändert sich mit der Lage der Knoten. Die beiden extremen Fälle sind auf Abb. 60 dargestellt, auf der AQ der Äquator von außen gesehen ist, Ee die Ekliptik und ♈ der Frühlingspunkt. Wenn nun die Mondbahn die Stellung Mm hat, mit dem aufsteigenden Knoten im Frühlingspunkt, wird die größte Deklination des Mondes gleich der Summe der Schiefe der Ekliptik und der Neigung der Mondbahn, also ungefähr $28^1/_2$°; wenn aber nach Verlauf von 9.3 Jahren die Knoten halb herumgelaufen sind, so daß der *absteigende* Knoten im Frühlingspunkt steht, nimmt die Mondbahn die Stellung Nn ein, wodurch die größte Deklination die Differenz zwischen den genannten Winkeln wird, also $18^1/_2$°. Wenn wir von Refraktion und Parallaxe absehen, wird der Mond im ersten Fall zirkumpolar — und kommt $^1/_2$ Monat später gar nicht über den Horizont — bereits auf $61^1/_2$° Breite, was im zweiten Fall erst bei $71^1/_2$° eintritt.

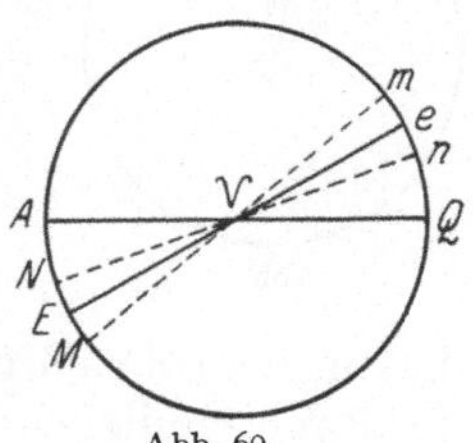

Abb. 60.

69. *Synodischer Monat. Mondphasen.* Sehr auffällig ist beim Mond seine wechselnde Form, die *Mondphasen.* Man überzeugt sich leicht davon, daß diese nicht auf der Stellung des Mondes zu den Sternen, sondern auf seiner Stellung zur Sonne beruhen. Wenn der Mond in Konjunktion mit der Sonne ist, ist er unsichtbar, ausgenommen wenn seine Breite gleichzeitig so gering ist, daß er sich wie ein dunkler Schirm vor die Sonne stellt und sie ganz oder teilweise verdeckt (Sonnenfinsternis). Diese Phase wird *Neumond* genannt. Da der Mond ungefähr 13° täglich in seiner Bahn fortschreitet, während die Sonne 1° in der ihrigen vorwärts wandert, so wird sich der Mond täglich 12° nach Osten (bei uns nach links) von der Sonne entfernen. Wenn die östliche Elongation nach 7 bis 8 Tagen auf 90° gestiegen ist, wird die Phase *erstes Viertel* — ein Halbkreis mit der runden Seite nach rechts — genannt. Nach Verlauf von ungefähr 15 Tagen tritt *Vollmond* ein, und 7 bis 8 Tage darauf das *letzte Viertel*, mit der runden Seite nach links. Neu- und Vollmond werden mit einem gemeinsamen Namen die *Syzygien* genannt.

Die Erklärung dieser Phänomene liegt sehr nahe und war bereits im Altertum bekannt: der Mond ist ein nahe kugelförmiger Körper, der in einer geschlossenen Bahn um die Erde kreist und nur darum leuchtet, weil er von der Sonne bestrahlt wird, die so weit entfernt ist, daß die von ihr zu den verschiedenen Teilen der Mondbahn gelangenden Strahlen annähernd parallel sind. Die Phase wird dann davon abhängen, wieviel von der dunklen Seite des Mondes der Erde zugekehrt ist. Einige Tage vor oder nach Neumond, wenn die Phase klein ist, kann man den ganzen Rest der Scheibe in einem schwachen, grauen Licht sehen, das von dem von der Erde reflektierten Sonnenlicht herrührt, denn je mehr uns der Mond von seiner dunklen Seite zuwendet, desto mehr kehrt die Erde von ihrer hellen Seite dem Mond zu.

Die Periode der Mondphasen wird der *synodische Monat* genannt. Daß dieser länger sein muß als der siderische, folgt daraus, daß die Sonne im Laufe der 27 Tage, die der Mond gebraucht, um nach Neumond einen Umlauf am Himmel zu vollführen, sich ungefähr 27° in der Ekliptik weiter fortbewegt hat, und da der Mond täglich 13° zurücklegt, wird er mehr als zwei Tage gebrauchen, bis er die Sonne wieder eingeholt hat. Durch folgende Betrachtung, die für die *durchschnittliche* Bewegung gilt, kann die Beziehung zwischen diesen beiden verschiedenen Monaten noch genauer gefunden werden. Auf Abb. 61, wo die Richtungen vom Beobachter C zur Sonne und zum Mond auf die Ekliptik projiziert gedacht sind, bezeichnet MS die gemeinsame Richtung bei einem Neumond. Nach Verlauf einer gewissen Zeit ist der Mond nach m gekommen, die Sonne nur nach s; der Winkel mCs ist also der Vorsprung, den der Mond vor der Sonne hat, und der synodische Monat ist die Zeit, in der dieser Vorsprung auf 360° anwächst. Bezeichnet nun:

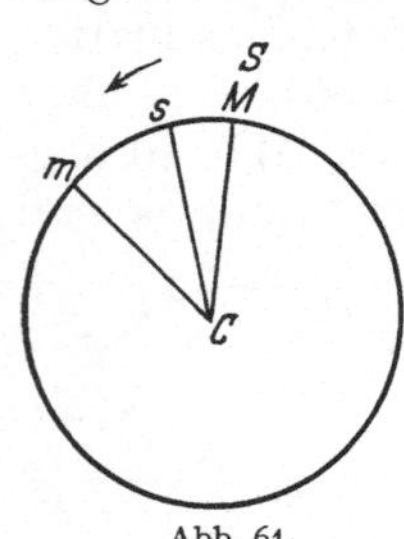

Abb. 61.

A das siderische Jahr
T den siderischen Monat
M den synodischen Monat,

alles in derselben Einheit, z. B. dem mittleren Sonnentag, ausgedrückt, so wird die durchschnittliche Bewegung des Mondes in einem Tage $360°/T$ ausmachen, die der Sonne $360°/A$, und der tägliche Vorsprung wird $360°/T - 360°/A$. Die Gleichung:

$$\frac{360°}{M} = \frac{360°}{T} - \frac{360°}{A}$$

gibt also die Beziehung zwischen den drei Größen. Ist T und A gegeben, erhält man hieraus:

$$M = \frac{A\,T}{A - T}$$

Werden hier die früher angegebenen Werte von A und T eingesetzt, so erhält man den synodischen Monat = 29.530588 mittleren Sonnentagen = $29^d 12^h 44^m 2^s.8$.

Dies ist der durchschnittliche Wert, da aber die Bewegung der Sonne und in einem noch höheren Grade die des Mondes ungleichmäßig ist, können die wirklichen Zwischenzeiten zwischen zwei Neumonden oder zwei Vollmonden mehrere Stunden voneinander abweichen.

70. *Mond und Zeitrechnung. Die* GAUSS*sche Osterregel.* Der synodische Monat hat im Laufe der Zeiten eine große Rolle in der Zeitrechnung gespielt. Dieser legten im Altertum nur die wenigsten Völker das Sonnenjahr zugrunde, da die Sonne das ganze Jahr hindurch gleich aussieht, dagegen jeder die wechselnden Phasen des Mondes erkennen konnte. Man fing den neuen Monat an, wenn die Mondsichel zum ersten Male sichtbar wurde, was bei klarem Wetter 1 bis 2 Tage nach der Konjunktion mit der Sonne eintritt und in südlichen Ländern eine auffallendere Erscheinung ist als in unseren nördlichen Breiten, wo im Herbst von der Konjunktion bis zur ersten Sichtbarkeit oft mehrere Tage verstreichen können. Der Vollmond fiel dann in jedem Monat ungefähr auf den 14., und in der Regel erhielt man abwechselnd Monate von 29 und 30 Tagen. Zwölf solcher Monate, die also 354 Tage enthalten, werden ein *freies Mondjahr* genannt, und dies wird noch jetzt bei der mohammedanischen Bevölkerung gebraucht. Da ein solches Jahr 11 Tage kürzer ist als das Sonnenjahr, wandert der Neujahrstag schnell durch alle Jahreszeiten. Um dies zu vermeiden, gebrauchte man das *gebundene Mondjahr*, dadurch charakterisiert, daß man in bestimmten Zwischenräumen, meistens jedes dritte Jahr, einen ganzen Monat von 30 Tagen einschob, so daß man ein Jahr von 384 Tagen erhielt. Das gebundene Mondjahr wurde von den Juden gebraucht, und ein Überrest davon ist noch bei der Ordnung der beweglichen Kirchenfeste in unserem Kalender zu finden.

Um eine Zeitrechnung, die sich auf dem synodischen Monat aufbaute, einigermaßen in Übereinstimmung mit dem Sonnenjahr zu halten, war es von Wichtigkeit, ein gemeinsames Vielfaches für beide zu finden. Bereits im Altertum bemerkte der Athener METON (ungefähr 430 v. Chr.), daß dies bei einem Zeitraum von 19 Jahren fast genau der Fall war. Bei Anwendung des oben angegebenen Wertes des synodischen Monats findet man, daß 235 von ihnen 6939.7 Tage betragen, während 19 von unseren Jahren entweder 6939 oder 6940 Tage enthalten, je nachdem ob der Zeitraum 4 oder 5 Schaltjahre enthält, welch letzterer Fall in 3 von 4 Fällen eintreffen wird. Nach Verlauf von 19 Jahren werden deshalb die Mondphasen annähernd genau auf dasselbe Datum nach unserem Kalender treffen. Dieser nach METON benannte 19jährige *Metonsche Zyklus* wurde in der Folgezeit in ausgedehntem Maße benutzt. Er ist auch als Grundlage zu Wetterprophezeiungen gebraucht worden, übereinstimmend mit dem alten Glauben, daß Veränderungen des Wetters beim Mondwechsel eintreten, so daß man nach Verlauf von 19 Jahren ungefähr dasselbe Wetter erwarten könnte.

Zur Erklärung gewisser noch gebräuchlicher Ausdrücke soll folgendes über die Berechnung des *Ostertages* angeführt werden, nach dem sich ja auch die anderen beweglichen Feste richten. Als dies uralte jüdische Fest in die christliche Kirche überging, konnten die alten Regeln nicht ohne weiteres auf andere Länder übertragen werden, da sie zu einem Teil durch die klimatischen Verhältnisse in Palästina bedingt waren. Im Laufe der ersten paar Jahrhunderte wurden die alten jüdischen Regeln dahin modifiziert, daß der erste Ostertag der erste Sonntag nach dem ersten Vollmond nach dem Frühlingsäquinoktium sein sollte; er wurde Ostervollmond genannt. Doch gab es viele Gemeinden, die in Übereinstimmung mit den Juden das Fest am Vollmondstag selbst, ohne Rücksicht auf den Wochentag, feierten. Auf dem Kirchenkonzil in Nicäa wurde jedoch ein Beschluß zugunsten des Sonntags gefaßt; gleichzeitig wurde es den Bischöfen in Alexandria, dem berühmten, alten wissenschaftlichen Zentrum, übertragen, die notwendigen Berechnungen vorzunehmen und jedes Jahr die Resultate den anderen Gemeinden mitzuteilen. Zur Vorausberechnung des Ostervollmondes bediente man sich dort des obenerwähnten 19jährigen Zyklus; die Tafeln, die zu diesem Zweck aufgestellt wurden, fußten aber auf der Voraussetzung, daß das Frühlingsäquinoktium stets auf den 21. März fallen würde, wodurch die obengenannte Regel tatsächlich den Wortlaut erhielt, daß der Ostervollmond der Vollmond ist, der auf den 21. März fällt oder der erste auf den 21. März folgende ist, und daß also der erste Ostertag der auf diesen Vollmond folgende Sonntag ist. Dieser Umstand war es, der später den Papst Gregor dazu veranlaßte, die nach ihm benannte Kalenderreform einzuführen, da es sich im Laufe der Zeit herausstellte, daß die obenerwähnte Voraussetzung der Konstanz des Datums des Frühlingsäquinoktiums nach dem Julianischen Kalender nicht zutreffend war.

So lange der Julianische Kalender in Gebrauch war, wurde der Ostervollmond mit Hilfe der *Goldenen Zahl*, die die Laufnummer des Jahres in dem 19jährigen Zyklus ist, berechnet, indem man den ersten Zyklus mit dem Jahr 1 v. Chr. beginnen ließ. Sie ist also der Rest, den man bei der Division der um 1 vergrößerten Jahreszahl durch 19 findet, doch so, daß beim Aufgehen der Division die Goldene Zahl nicht 0, sondern 19 ist.

Die gregorianische Reform bestand nun nicht allein in der früher (§ 76) besprochenen Datumregulierung, sondern auch in einer Abänderung der Grundlage für die Osterberechnung, weil der 19jährige Zyklus auf die Dauer nicht ausreichte. Statt der Goldenen Zahl wurden die sog. *Epakten* als Grundlage benutzt, unter denen die Anzahl Tage verstanden wird, die am 1. Januar seit dem letzten Neumond verflossen sind, also das Alter des Mondes am Neujahrstage. Als die Protestanten nach und nach zum Gregorianischen Kalender übergingen, taten sie es in den meisten Ländern nur in bezug auf die Datumregulierung; das Frühlingsäquinoktium und den Ostervollmond wollte man streng astronomisch berechnen. Da die zyklische Berechnung indessen nur den Tag, die astronomische gleichzeitig eine bestimmte Stunde gibt, mußte die Zeit auf einen bestimmten Meridian bezogen werden; denn wenn ein Ostervollmond in einem Lande etwas vor Mitternacht eintritt, wird es in einem östlicher gelegenen Lande nach Mitternacht sein, man hat also zwei verschiedene Tage, und wenn diese Tage ein Sonnabend und Sonntag sind, würde es einen Unterschied von einer Woche für den Ostertag ausmachen. Man wählte den Meridian der Insel Hven, der Stätte von Tycho Brahes Sternwarte. Indessen war dieser sog. reformierte Kalender nicht von langer Dauer; im 18. Jahrhundert geschah es nämlich ein paarmal (1724 und 1744), daß das Osterfest der Protestanten eine Woche vor dem der Katholiken fiel, und als dies ein drittes Mal einzutreffen drohte, entschloß man sich endlich im Jahre 1777 in Deutschland, Dänemark und Norwegen dazu, den Gregorianischen Kalender vollständig einzuführen; in Schweden dagegen, wo man eine etwas andere Berechnungsart hatte, geschah dies erst im Jahre 1844.

Das ziemlich weitläufige System von Tafeln, das die päpstliche Bulle über die Osterberechnungen begleitete, ist von Gauss in die folgende Regel umgesetzt worden, die für den Julianischen sowohl wie für den Gregorianischen Kalender gilt.

Bezeichnet T die Jahreszahl, M und N zwei Zahlen, die weiter unten erklärt werden sollen, und bezeichnet man ferner mit:

a den Rest nach der Division $T:19$
b ,, ,, ,, ,, ,, $T:\ 4$
c ,, ,, ,, ,, ,, $T:\ 7$
d ,, ,, ,, ,, ,, $(19a + M):30$
e ,, ,, ,, ,, ,, $(2b + 4c + 6d + N):7$,

wo jeder Rest gleich Null zählt, wenn die Division aufgeht, so ist der erste Ostertag der $(22 + d + e)$. März oder der $(d + e - 9)$. April, doch mit den folgenden beiden Ausnahmen:

1. Wenn $d = 29$ und $e = 6$, dann ist Ostern nicht am 26., sondern am 19. April.
2. Wenn $d = 28$ und $e = 6$ und außerdem $a > 10$, so ist Ostern nicht am 25., sondern am 18. April.

Die Ausnahmen treten nur selten ein, in diesem Jahrhundert zweimal, nämlich die erstere 1981, die letztere 1954.

Die Zahlen M und N sind konstante Zahlen für den Julianischen Kalender, nämlich $M = 15$ und $N = 6$; für den Gregorianischen wechseln sie in den Säkularjahren, die keine Schaltjahre sind, und können für jedes beliebige Jahrhundert nach folgender Regel berechnet werden:

Ist k die Zahl, die als Rest übrigbleibt, wenn die beiden letzten Ziffern der Jahreszahl gestrichen werden, und bezeichnet ferner:

p den Quotienten bei der Division $(13 + 8k):25$ (ohne Rücksicht auf den Rest),
q ,, ,, ,, ,, ,, $k:4$,, ,, ,, ,, ,,

so ist:

M der Rest nach der Division $(15 - p + k - q):30$

und:

N ,, ,, ,, ,, ,, $(4 + k - q) \quad :7$.

Für die Jahre 1900 bis 2099 ist $M = 24$ und $N = 5$, für 1800 bis 1899 waren sie 23 und 4.

71. *Die scheinbare Bewegung der Planeten.* Die Planeten, die ohne Schwierigkeit mit dem bloßen Auge gesehen werden können und deshalb schon im frühesten Altertum bekannt waren, sind *Merkur, Venus, Mars, Jupiter und Saturn.* Jetzt kennt man weit über tausend Planeten, von denen jedoch die meisten sehr klein sind. Venus ist der am hellsten leuchtende, danach kommt Jupiter; die Helligkeit des durch seine rötliche Farbe kenntlichen Mars ist starken Schwankungen unterworfen.

Die alten großen Planeten halten sich immer in der Nähe der Ekliptik, die Art und Weise aber, in der sie ihre Stellungen relativ zu den Fixsternen ändern, ist bedeutend unregelmäßiger als bei Sonne und Mond. Meistens bewegen sie sich in derselben Richtung wie diese, haben also rechtläufige Bewegung, aber in gewissen Zwischenräumen, die für die verschiedenen Planeten verschieden sind, fängt die Bewegung an umzukehren und bleibt dann einige Zeit retrograd. Zeichnet man deshalb im Laufe der Zeit die Örter eines Planeten in eine Sternkarte ein, so werden die Linien durch die Punkte Formen erhalten, von denen Abb. 62 und 63 zwei Beispiele geben. Es hat sich gezeigt, daß diese Unregelmäßigkeiten mit der Stellung des Planeten relativ zur Sonne in Verbindung stehen.

Man teilt die Planeten in zwei Gruppen ein, die *unteren* und die *oberen* Planeten, von denen die erste Gruppe nur zwei, nämlich Merkur und Venus, die andere alle übrigen umfaßt.

Der Lauf der *unteren Planeten* geht in folgender Weise vor sich. Wenn der Planet in Konjunktion mit der Sonne und gleichzeitig in rechtläufiger Bewegung ist, was man die *obere Konjunktion* nennt, so ist er wegen der Nähe der Sonne unsichtbar; da seine rechtläufige Bewegung in diesem Falle immer einen Grad am Tage übersteigt, also schneller ist als die der Sonne, wird er nach einigen Wochen so weit östlich (für uns links von) der Sonne stehen, daß er nach Sonnenuntergang tief am Westhimmel gesehen werden kann. Im Laufe der Zeit wird

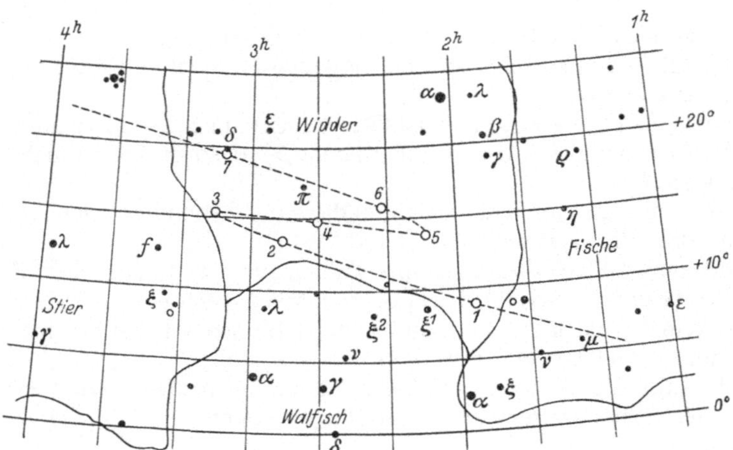

Abb. 62. Die Bewegung des Planeten *Mars* Ende 1926 und Anfang 1927. Die numerierten Punkte an der gestrichelten Linie geben den Ort des Planeten zu folgenden Zeiten an: *1.* 1926, Aug. 1; *2.* 1926, Sept. 1; *3.* 1926, Okt. 1; *4.* 1926, Nov. 1 (Opposition Nov. 4); *5.* 1926, Dez. 1; *6.* 1927, Jan. 1; *7.* 1927, Febr. 1.

diese östliche Elongation größer und größer, so daß der Planet leichter zu sehen ist; gleichzeitig nimmt seine rechtläufige Bewegung zwischen den Sternen ab, und wenn diese bis zu 1° im Tage gesunken ist, so daß der Planet gerade Schritt mit der Sonne hält, hat er seine g r ö ß t e *östliche Elongation* erreicht. Für Venus

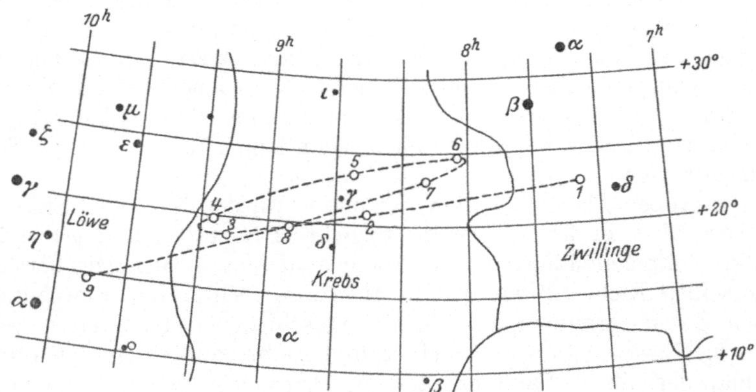

Abb. 63. Die Bewegung des Planeten *Mars* vor und nach der Opposition am 27. Jan. 1931. Die numerierten Punkte an der gestrichelten Linie geben den Ort des Planeten für die folgenden Zeiten an: *1.* 1930, Okt. 1; *2.* 1930, Nov. 1; *3.* 1930, Dez. 1; *4.* 1931, Jan. 1; *5.* 1931, Febr. 1; *6.* 1931, März 1; *7.* 1931, April 1; *8.* 1931, Mai 1; *9.* 1931, Juni 1.

α im Löwen = Regulus; α und β in den Zwillingen = Castor und Pollux.

ist diese immer annähernd 46°, für Merkur aber wechselt sie; manchmal kann sie auf 28° steigen, ist aber meistens geringer, manchmal nur 18°. Merkur ist deshalb selten für das bloße Auge sichtbar, da er sich bei uns immer nur am Himmel zeigt, so lange dieser hell ist; wenn er aber zu sehen ist, hat er die Helligkeit eines Sterns erster Größe.

Nach der größten östlichen Elongation von der Sonne behält der Planet seine rechtläufige Bewegung zwischen den Sternen noch eine Zeitlang bei, aber mit beständig abnehmender Geschwindigkeit; die Elongation nimmt ab, und zuletzt hört die rechtläufige Bewegung ganz auf, so daß der Planet in bezug auf die Länge einen Augenblick zum *Stillstand* unter den Sternen kommt; für die Venus trifft dies ein, wenn die Elongation ungefähr 29° beträgt. Darauf fängt die retrograde Bewegung an, bei der der Planet der Sonne entgegenläuft und sich nach Verlauf einer kurzen Zeit in der *unteren Konjunktion* mit der Sonne befindet. Er ist dann wieder unsichtbar, einige seltene Fälle ausgenommen, in denen der Planet sich gerade zwischen uns und der Sonne befindet, indem er sich wie ein dunkler Schirm davorstellt, der jedoch nur einen ganz kleinen Teil der Sonnenscheibe verdeckt (vgl. S. 199 und 281).

Nach der unteren Konjunktion, bei der die rückläufige Bewegung am stärksten ist, kommt der Planet nach Verlauf einer kurzen Zeit auf der anderen Seite der Sonne wieder zum Vorschein, worauf dieselben Phänomene sich in umgekehrter Reihenfolge mit *westlicher Elongation* wiederholen; der Planet ist dann also am östlichen Himmel vor Sonnenaufgang sichtbar.

Wenn einer der unteren Planeten eine einigermaßen große östliche Elongation hat, wird es immer eine günstige Bedingung für die Sichtbarkeit des Planeten als *Abendstern* sein; aber diese Bedingung allein ist nicht ausreichend. Da der Planet nämlich immer in der Nähe der Ekliptik steht, wird seine Stellung zum Horizont wesentlich von der Neigung der Ekliptik gegen diesen nach Sonnenuntergang abhängen. Wie man sich leicht überzeugen kann, nimmt diese Neigung im Laufe von 24 Stunden alle Werte zwischen zwei Grenzen an, von denen die eine die Summe der Äquatorhöhe und der Schiefe der Ekliptik, die andere die Differenz zwischen den beiden ist. Auf einer Breite von 60° beträgt erstere über 53°, letztere weniger als 7°. Es ist klar, daß bei einer gegebenen Elongation von der Sonne und einer gegebenen Zeit nach Sonnenuntergang der Planet im ersten Fall bedeutend höher am Himmel stehen wird als im zweiten. Für eine gegebene Tageszeit ändert sich dies Verhalten im Laufe des Jahres. Nach Sonnenuntergang findet der erste Fall im Frühjahr oder im letzten Teil des Winters statt, der zweite im Herbst oder dem letzten Teil des Sommers. Ein unterer Planet wird deshalb bei uns immer leichter als Abendstern bei östlicher Elongation im Frühling als bei östlicher Elongation im Herbst zu sehen sein. Ist die Elongation westlich, der Planet also als *Morgenstern* sichtbar, so wird alles umgekehrt.

Diese Sätze, die auch für die Mondphasen zu verschiedenen Zeiten des Jahres Geltung haben, können noch auf andere Weise ausgedrückt werden. Der Mond im ersten Viertel, also bei 90° östlicher Elongation von der Sonne, befindet sich in der Nähe des Punktes der Ekliptik, zu dem die Sonne ein Vierteljahr später kommt. Im Frühling wird der Mond also im ersten Viertel ungefähr dieselbe hohe Deklination und denselben langen Tagbogen wie die Sonne im Hochsommer haben, im Herbst dagegen ungefähr denselben kurzen Tagbogen und dieselbe kleine Höhe wie die Sonne mitten im Winter. Für den Mond im letzten Viertel gilt das Umgekehrte; er steht im Herbst am höchsten am Himmel. Der Vollmond, der sich der Sonne ziemlich diametral gegenüber befindet, steht im Sommer tief, im Winter aber hoch am Himmel.

Die Veränderlichkeit in dem Winkel der Ekliptik und damit auch in dem Winkel der Mondbahn gegen den Horizont läßt sich auch an der Lage erkennen, die der Mond einige Tage vor oder nach Neumond als dünne Sichel gegen den Horizont einnimmt, ob er „steht" oder „liegt". Da der Mond der Sonne, die dann etwas unter dem Horizont steht, immer die konvexe Seite zuwendet, wird die steile Stellung der Ekliptik einen liegenden Mond bewirken. Ein solcher wird deshalb häufiger in niedrigen Breiten als bei uns gesehen werden.

Der Lauf der *oberen Planeten* relativ zur Sonne ist ganz anders als der der unteren. Wir wollen auch hier mit der Konjunktion mit der Sonne anfangen. In diesem Zeitpunkt ist der Planet rechtläufig, bewegt sich also in derselben Richtung wie die Sonne, aber langsamer, so daß die Sonne sich von ihm entfernt; der Planet kommt dadurch auf der westlichen (rechten) Seite der Sonne zum Vorschein, und seine Unsichtbarkeitsperiode hört damit auf, daß er morgens so viel vor der Sonne aufgeht, daß man ihn tief im Osten sehen kann, bevor es zu hell wird. Dies ist früher in einer anderen Verbindung unter dem Namen heliakischer Aufgang besprochen worden (S. 77). Im Laufe der Zeit wird die westliche Elongation größer und größer. Der Planet geht früher und früher in der Nacht auf. Hierbei setzt der Planet seine rechtläufige Bewegung zwischen den Sternen fort, aber mit beständig abnehmender Geschwindigkeit, und nach Verlauf einer gewissen Zeit (bei Mars nahezu ein Jahr, bei Jupiter und Saturn 4 bis 5 Monate) tritt der Stillstand ein. Die westliche Elongation ist dann auf über 100° angewachsen, für Mars auf ungefähr 130°. Während der darauf folgenden retrograden Bewegung wächst die westliche Elongation weiter, aber nun schneller, da Sonne und Planet in entgegengesetzter Richtung laufen, bis sie 180° erreicht. Der Planet befindet sich dann in Opposition zur Sonne und geht ungefähr bei Sonnenuntergang auf; die retrograde Bewegung ist dann am stärksten. Darauf wiederholen sich dieselben Phänomene in umgekehrter Reihenfolge bei östlicher Elongation, bis der Planet endlich als tiefer Abendstern im Westen verschwindet und so in eine neue Unsichtbarkeitsperiode um die nächste Konjunktion mit der Sonne herum eintritt. Die retrograde Bewegung bei der Opposition dauert für Mars 2 bis 3 Monate, für Jupiter und Saturn 4 bis 5 Monate. Die Periode der ganzen Bewegung, die im übrigen nach der Formel auf S. 96 berechnet werden kann, beträgt für Mars etwas über 2 Jahre, für die übrigen etwas über 1 Jahr.

Hierbei wechselt auch die Helligkeit der Planeten, aber nur für Mars so viel, daß es besonders augenfällig wird. Die größte Helligkeit tritt immer bei der Opposition ein.

Da der Mond in einem Monat um den ganzen Himmel läuft, kommt er nach und nach mit den verschiedenen Planeten in Konjunktion.

Bestimmung der Zeit und der Rektaszension durch Beobachtung.

72. *Zeitbestimmung an einem im Meridian aufgestellten Durchgangsinstrument.* Unter *Uhrstand* oder *Uhrkorrektion* versteht man den Betrag, den die Uhr in einem gegebenen Augenblick zu wenig zeigt, gleichgültig ob sie für Sternzeit, mittlere Sonnenzeit oder Zonenzeit reguliert ist. Eine Uhr, die nachgeht, hat deshalb einen positiven Stand. Unter dem *Gang* einer Uhr wird der Zuwachs des Standes in einer bestimmten Zeit, im allgemeinen in 24 Stunden, verstanden. Eine Uhr, die verliert, hat positiven Gang, eine Uhr, die gewinnt, negativen. Man findet indessen Stand und Gang auch so definiert, daß sie das entgegengesetzte Vorzeichen haben.

Das genaueste und zugleich bequemste Mittel, die Zeit zu bestimmen, ist die Beobachtung der Kulminationszeit eines Sterns mit bekannter Rektaszension mit Hilfe eines im Meridian aufgestellten *Durchgangsinstruments.* Ist das Instrument so orientiert, daß der Mittelfaden während der Bewegung um die Horizontalachse sich beständig in der Meridianebene befindet, dann wird der Augenblick, in dem der Stern durch den Mittelfaden geht, die Kulminationszeit sein. Da nun die Rektaszension eines kulminierenden Sterns gleich der Sternzeit ist (S. 67), so besteht die ganze Berechnung darin, daß man einer Ephemeride die Rektaszension des Sterns entnimmt und sie mit der Zeit vergleicht, die man im Augenblick des Durchgangs des betreffenden Sterns durch den Mittelfaden auf der Uhr, deren Stand bestimmt werden soll, abgelesen hat. Der Unterschied gibt den Stand der Uhr nach Sternzeit. Diese kann wiederum in mittlere Sonnenzeit verwandelt werden, und durch Vergleich kann der Stand einer Uhr berechnet werden, die für mittlere Sonnenzeit reguliert ist.

Hat man statt eines Sterns die Sonne beobachtet, so könnte dasselbe Verfahren angewandt werden, da die großen astronomischen Jahrbücher auch Tafeln für die Rektaszension der Sonne enthalten; wird aber die mittlere Sonnenzeit gesucht, so würde dies ein Umweg sein. Da die mittlere Sonnenzeit für die Kulmination der Sonne nämlich 12^h + Zeitgleichung ist (die dem Jahrbuch entnommen werden kann), so wird ein Vergleich zwischen diesem Wert und der notierten Zeit unmittelbar den Stand für die nach mittlerer Sonnenzeit gehende Uhr geben.

Es sei bemerkt, daß die Lokalkonstante mit ihrem Vorzeichen der berechneten Zeit hinzuzufügen ist, wenn der Stand einer nach Zonenzeit gehenden Uhr gesucht wird.

Die Erfahrung zeigt, daß, auch wenn das Instrument ursprünglich genau im Meridian aufgestellt war, kleine Fehler auftreten werden, besonders bei Temperaturschwankungen. Statt nun das Instrument jedesmal auf die in § 28 beschriebene Weise zu korrigieren, ist es leichter, die Fehler zu bestimmen und die Wirkung dieser Fehler auf das Resultat zu berechnen. Sind die Fehler so klein, daß ihre Quadrate bei der überhaupt erreichbaren Genauigkeit unmerklich werden, so kann ihre Wirkung für jeden einzelnen berechnet werden; nachher summiert man die verschiedenen Glieder (vgl. § 15).

Erstens kann es vorkommen, daß die Umdrehungsachse des Fernrohrs eine kleine *Neigung* b hat; diese wird positiv gerechnet, wenn das Westende der Achse zu hoch ist. Sie kann mit einem Niveau mit bekanntem Teilwert gemessen werden. Auf Abb. 64, die die Himmelskugel auf den Horizont projiziert vorstellt, mit dem Zenit in Z und dem Pol in P, sieht man, daß der größte Kreis des Instruments NAS zwar den Horizont im Nordpunkt und im Südpunkt schneidet, aber in der Entfernung b am Zenit vorbeistreicht. Ein Stern mit der Deklination δ wird dann auf dem Mittelfaden im Punkt A stehen, wenn $PA = 90° - \delta$, also etwas früher, als er in den Meridian kommt; die notierte Zeit muß dann um den Betrag x vermehrt werden, der in der Abbildung durch den Winkel APS gegeben ist. Da der Winkel $ASP = b$, so gibt dies Dreieck $\sin x : \sin AS = \sin b : \cos\delta$. Unter der erwähnten Voraussetzung über die Größe der Fehler kann AS hier gleich der Meridianhöhe des Sterns, also $= 90° - \varphi + \delta$, und ebenso können x und b gleich ihren Sinus gesetzt werden. Man erhält also für den Einfluß der Neigung:

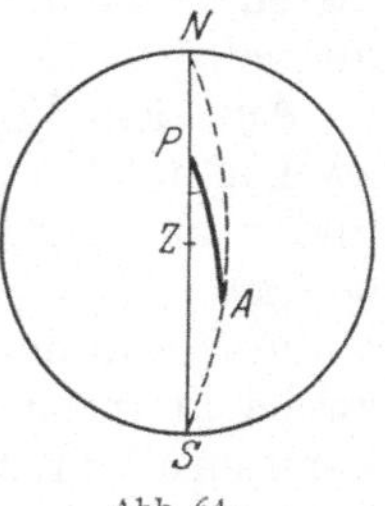

Abb. 64.

$$x = b\frac{\cos(\varphi - \delta)}{\cos\delta}.$$

Ferner ist es möglich, daß die Umdrehungsachse zwar horizontal ist, aber nicht genau auf die Ost- und Westpunkte zeigt. Die Abweichung a wird positiv genannt, wenn das Westende etwas nach Süden zeigt. Der größte Kreis des Instruments geht jetzt zwar durch das Zenit, schneidet aber den Horizont in n und s (Abb. 65), statt in N und S, wo $Nn = Ss = a$. Wie dieser Winkel, der das *Azimut des Instruments* genannt wird, bestimmt werden kann, soll weiter unten gezeigt werden. Ein Stern auf dem Mittelfaden in A wird dann um den Betrag $y = APZ$ zu früh beobachtet. Aus dem Dreieck APZ, wo der Winkel bei $Z = 180° - a$ ist, erhält man $\sin y : \sin ZA = \sin a : \cos\delta$ und, in derselben Annäherung wie oben, $ZA = \varphi - \delta$, also:

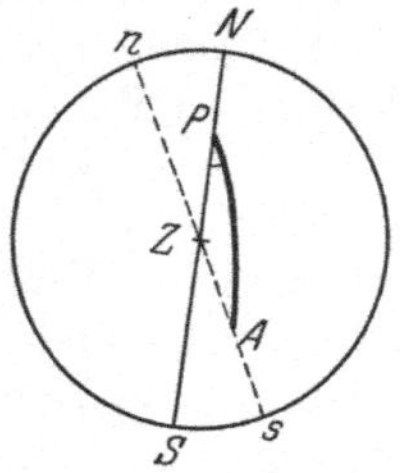

$$y = a \frac{\sin(\varphi - \delta)}{\cos\delta}.$$

Abb. 65.

Endlich kann das Fernrohr einen *Kollimationsfehler* c (vgl. S. 36) haben, der so definiert werden kann, daß das Westende der Umdrehungsachse einen Winkel $90° + c$ mit dem Objektivende der optischen Achse bildet. Diese Achse wird dann nicht den Meridian beschreiben, sondern einen damit parallelen kleinen Kreis ns (Abb. 66) in der Entfernung $AB = c$ von diesem. Ein Stern auf dem Mittelfaden in A wird zu früh beobachtet werden, und zwar um den Betrag $z = APB$ in dem rechtwinkligen Dreieck, das $\sin c = \cos\delta \sin z$ gibt, also um:

$$z = \frac{c}{\cos\delta}.$$

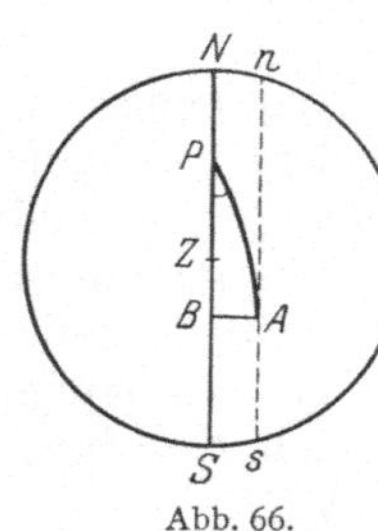

Abb. 66.

Ist nun T die notierte Zeit, die mit der Wirkung aller drei Fehler behaftet ist, und ΔT der Uhrstand, so erhält man für die wirkliche Kulminationszeit:

$$T_0 = T + \Delta T + b \frac{\cos(\varphi - \delta)}{\cos\delta} + a \frac{\sin(\varphi - \delta)}{\cos\delta} + \frac{c}{\cos\delta}. \quad (1)$$

Es ist früher (§ 24) erklärt worden, wie man durch Umlegen des Fernrohrs in den Lagern untersuchen kann, ob es einen Kollimationsfehler hat, aber zum Messen dieser Größe ist es erforderlich, daß das Okular des Fernrohrs mit einem beweglichen Faden versehen ist, der dem Mittelfaden parallel läuft, so daß man den Abstand vom Mittelfaden zum Bilde des eingestellten Objekts in beiden Stellungen messen kann. Der Kollimationsfehler wird dann die halbe Differenz zwischen diesen Winkeln sein. Die Größen b, a und c werden zweckmäßig in Zeitsekunden ausgedrückt.

Aus dem Vorhergehenden ist ersichtlich, daß von den Instrumentalfehlern zwei, nämlich b und c, ohne Beobachtungen am Himmel bestimmt werden können, und zwar b mit Hilfe des Niveaus und c durch Anvisieren eines entfernten Gegenstandes (z. B. eines Kollimatorfadens) und Messung relativ zum Mittelfaden. Wenn b und c bestimmt sind, kann das Azimut a des Instruments durch Beobachtung zweier Sterne gefunden werden, wodurch man zwei Gleichungen mit zwei Unbekannten erhält, nämlich den Stand der Uhr (ΔT) und a, von denen der erstere durch Subtraktion der Gleichungen eliminiert werden kann. Damit aber die Bestimmung der Unbekannten nicht zu unsicher wird, müssen die Koeffizienten für a in den beiden Gleichungen merklich verschieden sein. Das ist der Fall, wenn man einen Stern mit kleiner Deklination (einen Zeitstern) mit einem anderen in der Nähe des Pols kombiniert, da der Faktor $\sec\delta$ den numerischen Wert bei dem letzteren vergrößert. Hat man, um eine größere Genauigkeit zu erlangen, mehrere Zeitsterne beobachtet, so werden nur diese zu der definitiven Zeitbestimmung benutzt, und der Polstern dient ausschließlich dazu, durch Kombination mit einem oder mehreren Zeitsternen das Azimut des Instruments zu bestimmen.

Wenn das Fernrohr, wie es oft der Fall ist, leicht umlegbar ist, kann die Beobachtung eines solchen Polsterns auch bequem zur Bestimmung des Kollimationsfehlers benutzt werden. Da ein polnaher Stern nämlich sehr langsam durch das Gesichtsfeld geht, verfolgt man zuerst seinen Durchgang durch einige Seitenfäden, legt, während der Stern durch die Mitte des Gesichtsfeldes geht, das Fernrohr um, und beobachtet wieder die letzten Durchgänge, die dann durch dieselben Fäden in der umgekehrten Reihenfolge vor sich gehen. Wenn diese Durchgänge durch die Seitenfäden auf die unten beschriebene Weise auf den Mittelfaden reduziert werden, so wird dieser eine Stern zwei Gleichungen geben, in denen alles gleich ist, ausgenommen T und das Vorzeichen des letzten Glieds, da c ja beim Umlegen sein Vorzeichen ändert. Durch Subtraktion der beiden Gleichungen erhält man c durch eine leichte Rechnung, bei der sich auch ergibt, in welcher Lage des Instruments c positiv ist. Bei kleinen Durchgangsinstrumenten kann man bei jeder Durchgangsbeobachtung das Instrument umlegen und so den Kollimationsfehler eliminieren.

Um die Genauigkeit zu steigern, werden auch bei den anderen Sternen die Durchgänge durch die Seitenfäden beobachtet. Wie man die Reduktion auf den Mittelfaden ausführen kann, ersieht man mit Hilfe der Abb. 66. Denkt man sich nämlich hier das Instrument fehlerfrei aufgestellt, den Stern in A aber auf einem Seitenfaden in einer im voraus bekannten Entfernung $AB = f$ vom Mittelfaden, so gibt das Dreieck PAB, in dem der Winkel bei P die gesuchte Reduktion ist, die mit F bezeichnet werden soll:

$$\sin F = \sin f \sec \delta . \tag{2}$$

Für Sterne, die dem Pol nicht zu nahe stehen, kann man dafür:

$$F = f \sec \delta \tag{2'}$$

schreiben.

Die Distanzen der verschiedenen Seitenfäden vom Mittelfaden bestimmt man ein für allemal dadurch, daß man eine Reihe Sterne, am besten mit hoher Deklination, über alle Fäden beobachtet. Da F hierbei unmittelbar gegeben ist, kann man f für jeden Faden aus (2) berechnen, und das Mittel aus den Werten, die die verschiedenen Sterne geben, wird dann später zur Reduktion auf den Mittelfaden benutzt.

Wenn die Neigung der Achse b sich während einer Beobachtungsreihe konstant hält, kann Gleichung (1), die Tobias Mayers Formel genannt wird, mit Vorteil durch eine andere ersetzt werden, die nach Bessel benannt ist, und in der ein von der Deklination unabhängiges Glied ausgeschieden ist. Entwickelt man nämlich $\sin(\varphi - \delta)$ und $\cos(\varphi - \delta)$ in den Koeffizienten der Gleichung (1), und setzt man der Kürze halber:

$$b \cos\varphi + a \sin\varphi = m$$

$$b \sin\varphi - a \cos\varphi = n ,$$

woraus wieder folgt:

$$m \cos\varphi + n \sin\varphi = b ,$$

so geht (1) über in:

$$T_0 = T + \Delta T + m + n \operatorname{tg}\delta + c \sec\delta . \tag{3}$$

Wenn m hier konstant ist, kann die Kombination eines Polsterns mit einem Zeitstern dazu dienen, n zu bestimmen, wenn c bekannt ist, worauf m durch die Gleichung:

$$m = b \sec\varphi - n \operatorname{tg}\varphi$$

bestimmt werden kann, eine Formel, die das Azimut des Instruments also nicht direkt enthält. Die Größen m und n stehen im selben Verhältnis zu Äquator und Pol wie a und b zu Horizont und Zenit. Besonders wenn es nur auf Rektaszensionsunterschiede ankommt, ist die Besselsche Formel bequem. Ist m konstant, fällt es bei der Differenzbildung fort. Ist m gleichmäßig veränderlich, kann die Änderung mit dem Uhrgang vereinigt werden.

Die geometrischen Betrachtungen, die der Formel (1) zugrunde liegen, setzen voraus, daß der Stern in der oberen Kulmination beobachtet wird. Die Formeln werden indessen auch für die untere Kulmination Gültigkeit haben, wenn man beim Übergang auf die andere Seite des Pols die Deklination weiter in derselben Richtung wie vorher zählt, mit anderen Worten, wenn man mit δ in beiden Formeln nicht die Deklination, sondern ihr Supplement bezeichnet. Natürlich kann man auch besondere Formeln für die untere Kulmination mit unveränderter Bedeutung von δ aufstellen, indem man statt δ überall $180° - \delta$ einführt. In Gleichung (3) besteht die ganze Änderung darin, daß die beiden letzten Glieder ihr Vorzeichen umkehren.

Endlich ist zu bemerken, daß, wenn die allergrößte Genauigkeit angestrebt wird, die tägliche Aberration (§ 64) berücksichtigt werden muß, deren Wirkung auch aus Abb. 66 abgeleitet werden kann, wenn BA die Verschiebung des Sterns nach Osten wegen der Aberration, die $0''.32 \cos\varphi = 0^s.02 \cos\varphi$ beträgt, bedeutet. Wegen dieser Verschiebung wird der Stern um $0^s.02 \cos\varphi \sec\delta$ später in den Meridian kommen, so daß die notierte Uhrzeit um diesen Betrag vermindert werden muß. Am bequemsten wird deshalb in den Formeln c um $0^s.02 \cos\varphi$ verringert, wobei darauf geachtet werden muß, daß c beim Umlegen des Fernrohrs das Vorzeichen wechselt, während die an c anzubringende tägliche Aberration immer negativ ist.

73. *Rektaszensionsbestimmungen.* Die beiden Formeln (1) und (3) stellen auch implizite die Formeln dar, die man bei der Bestimmung von *Rektaszensionen* mit Hilfe von Durchgangsbeobachtungen im Meridian anwendet. Wir wählen Formel (1) als Beispiel. Wir bezeichnen wie bisher mit T die beobachtete Uhrzeit und nennen die (a priori unbekannte) Uhrkorrektion ΔT. Da die Rektaszension (α) eines Sterns gleich der Sternzeit in dem Augenblick ist, in dem der Stern durch den Meridian geht, so erhalten wir aus (1):

$$\alpha = T + \Delta T + b\,\frac{\cos(\varphi - \delta)}{\cos\delta} + a\,\frac{\sin(\varphi - \delta)}{\cos\delta} + \frac{c}{\cos\delta}. \tag{4}$$

Aus dem vorigen wissen wir, wie man b, a und c bestimmen kann. Mit Hilfe von Durchgängen von Sternen mit bekannten Rektaszensionen können wir nach (4) ΔT und dessen Gang bestimmen, und wenn alle diese Größen bestimmt sind, gibt uns (4) die Möglichkeit, für andere Sterne, deren Durchgangszeiten wir beobachtet haben, die Rektaszensionen zu berechnen. Über Deklinationsbestimmung mit dem Meridiankreis s. § 31.

74. *Zeitbestimmung mit Hilfe korrespondierender Höhen.* Dasselbe Prinzip, das der in Paragraph 72 angegebenen Methode der Zeitbestimmung zugrunde liegt, kann auch dann angewandt werden, wenn man kein Durchgangsinstrument hat, nämlich mit Hilfe von *korrespondierenden Höhen.* Ebenso wie die Richtungen nach zwei solchen dazu dienen können, die Richtung des Meridians (§ 25) zu bestimmen, wird auch das Mittel aus den Zeiten für zwei korrespondierende Höhen die Kulminationszeit geben, vorausgesetzt daß die Deklination des Sterns sich in der Zwischenzeit nicht merkbar geändert hat. Die weitere Behandlung dieses Mittels ist dieselbe wie bei einem genau orientierten Durchgangsinstrument. Da in diesem Falle kein horizontaler Kreis benötigt wird, kann die Beobachtung auch mit einem Sextanten ausgeführt werden. Zur Erreichung größerer Genauigkeit kann man das Instrument im voraus auf mehrere gewählte Höhen einstellen und jedesmal den Augenblick notieren, in dem die Höhe erreicht wird, worauf dieselben Höhen in umgekehrter Reihenfolge eingestellt werden, wenn der Stern auf die westliche Seite des Meridians hinübergekommen ist.

Ebenso große Genauigkeit wie beim Durchgangsinstrument darf jedoch nicht erwartet werden, da die lange Zeit, die zwischen den Beobachtungen verstreichen muß, gewisse Fehlerquellen mit sich führt.

Bei Beobachtungen der *Sonne* kann es notwendig werden, auf die Änderung ihrer Deklination in der Zwischenzeit Rücksicht zu nehmen. Der Einfluß dieser Änderung kann durch Differentiation der Gleichung:

$$\sin h = \sin\varphi \sin\delta + \cos\varphi \cos\delta \cos t\,, \tag{5}$$

in der nur der Stundenwinkel t und die Deklination δ veränderlich sind, gefunden werden. Dies gibt:

$$0 = (\sin\varphi \cos\delta - \cos\varphi \sin\delta \cos t)\, d\delta - \cos\varphi \cos\delta \sin t\, dt\,,$$

woraus:

$$\frac{dt}{d\delta} = \frac{\operatorname{tg}\varphi}{\sin t} - \frac{\operatorname{tg}\delta}{\operatorname{tg} t}\,.$$

Ist nun $\Delta\delta$ der Zuwachs der Deklination von der ersten bis zur letzten Beobachtung, so wird:

$$\Delta t = \frac{dt}{d\delta}\Delta\delta$$

der Betrag sein, um den der westliche Stundenwinkel den numerischen Wert des östlichen übersteigt, vorausgesetzt, daß Glieder höherer Ordnung unmerklich sind. Die Korrektion x, die man an das Mittel der beiden notierten Zeiten anbringen muß, um die Kulminationszeit zu erhalten, ist dann $= -\frac{1}{2}\Delta t$. Folglich erhält man:

$$x = \frac{1}{30}\left(\frac{\operatorname{tg}\delta}{\operatorname{tg} t} - \frac{\operatorname{tg}\varphi}{\sin t}\right)\Delta\delta\,, \tag{6}$$

wo noch der Faktor $^1/_{15}$ hinzugefügt ist, weil man die Deklinationsänderung der Sonne in den Jahrbüchern in Bogensekunden (pro Stunde) angegeben findet, während x in Zeitsekunden ausgedrückt werden muß. $\Delta\delta$ ist vom Sommersolstitium bis zum Wintersolstitium negativ. Der in der Formel auftretende Stundenwinkel t kann gleich dem halben Unterschied zwischen den Beobachtungszeiten gesetzt werden; für δ kann man die Deklination am Mittag benutzen.

Diese Korrektion nennt man die *Mittagskorrektion.* Man kann jedoch auch die erste Höhe am Nachmittag und die zweite am darauffolgenden Morgen nehmen. An das Mittel der Zeiten muß man, um die wahre Mitternacht zu erhalten, eine Korrektion y anbringen, die man *Mitternachtskorrektion* nennt, die aus dem vorhergehenden dadurch abgeleitet werden kann, daß man den Stundenwinkel um 180° vergrößert, wodurch $\operatorname{tg} t$ unverändert bleibt, aber $\sin t$ das Vorzeichen wechselt. Man erhält also:

$$y = \frac{1}{30}\left(\frac{\operatorname{tg}\delta}{\operatorname{tg} t} + \frac{\operatorname{tg}\varphi}{\sin t}\right)\Delta\delta\,. \tag{7}$$

Es bedeutet t hier, wie oben, den halben Unterschied zwischen den Uhrzeiten, und δ ist die Deklination um Mitternacht.

Wenn es vorkommen sollte, daß zwei Höhen, die als korrespondierend gedacht waren, aus dem einen oder anderen Grunde etwas verschieden werden, z. B. durch einen kleinen Fehler in einer Einstellung oder durch eine (von Änderungen in Temperatur und Barometerstand herrührende) Änderung in der Refraktion, können sie trotzdem ausgenutzt werden, wenn an das Mittel der Zeiten eine Korrektion angebracht wird, die mit Hilfe der ersten Differentialformel in (4) auf S. 24 abgeleitet werden kann:

$$\frac{dt}{dh} = -\frac{\cos h}{\cos\varphi \cos\delta \sin t}\,.$$

Ist die westliche Höhe um den Betrag Δh zu groß, also im Verhältnis zur östlichen Höhe zu früh beobachtet, dann wird die Korrektion:

$$+\frac{1}{30}\frac{\cos h}{\cos\varphi\cos\delta\sin t}\Delta h, \tag{8}$$

wenn Δh in Bogensekunden ausgedrückt ist. Hier muß also die Höhe selbst gemessen sein, wenn man es nicht vorzieht, sie aus φ, δ und t zu berechnen.

75. *Zeitbestimmung durch Messung einer Höhe in der Nähe des ersten Vertikals.* Die Zeit kann auch gefunden werden, indem man eine einzige Höhe mißt, am besten in der Nähe des ersten Vertikals, wo sich die Höhe am schnellsten ändert. Wenn man gleichzeitig die Zeit nach einer Uhr notiert, ist dadurch ihr Stand bestimmt. Denn durch die Höhenformel [s. oben Formel (4)]:

$$\cos t = \frac{\sin h - \sin\varphi\sin\delta}{\cos\varphi\cos\delta} \tag{9}$$

kann man den Stundenwinkel des beobachteten Sterns berechnen.

Wenn die *Sonne* beobachtet ist, so wird $12^h + t$ die Zeit nach wahrer Sonnenzeit sein. Addiert man die Zeitgleichung, so erhält man mittlere Sonnenzeit. Die Deklination und die Zeitgleichung müssen durch Interpolation aus dem Jahrbuch für die Beobachtungszeit entnommen werden; sollte der Stand der Uhr mit einer für diesen Zweck ausreichenden Genauigkeit nicht im voraus bekannt sein (die Deklination ändert sich in der Zeit der Äquinoktien um ungefähr $1''$ in der Minute), so sucht man erst einen angenäherten Wert von t, indem man die Deklination und die Zeitgleichung für die nächste volle Stunde benutzt.

Hat man dagegen die Höhe eines *Sterns* gemessen, wird es am bequemsten sein, erst die Sternzeit zu bestimmen, die ja (vgl. S. 67):

$$\Theta = \alpha + t$$

ist.

Die so berechnete Sternzeit gibt, mit der notierten Uhrzeit verglichen, den Uhrstand für Sternzeit.

Aus Θ können wir auf die gewöhnliche Weise (vgl. § 50) mittlere Sonnenzeit und Zonenzeit berechnen.

Eine Formel zur Berechnung von t mit Hilfe einer Tangente erhält man auf folgende Weise. Führt man die Zenitdistanz $z = 90° - h$, also $\cos z$ statt $\sin h$, ein, und bildet zuerst $1 - \cos t$, so erhält man im Zähler [s. Formel (9)]:

$$\cos(\varphi - \delta) - \cos z = 2\sin\frac{z+\varphi-\delta}{2}\sin\frac{z-\varphi+\delta}{2}.$$

Bildet man dann $1 + \cos t$, so erhält man im Zähler [s. (9)]:

$$\cos(\varphi + \delta) + \cos z = 2\cos\frac{\varphi+\delta+z}{2}\cos\frac{\varphi+\delta-z}{2}.$$

Wird hier zur Abkürzung die Bezeichnung:

$$s = \frac{z+\varphi+\delta}{2}$$

eingeführt, wodurch:

$$\frac{z+\varphi-\delta}{2} = s - \delta$$

usw. wird, so erhält man durch Division von $1 - \cos t$ durch $1 + \cos t$ und Wurzelausziehen:

$$\operatorname{tg}\frac{t}{2} = \pm\sqrt{\frac{\sin(s-\delta)\sin(s-\varphi)}{\cos s\cos(s-z)}}.$$

76. *Sonnenuhren.* Früher gebrauchte man in weitem Umfang die sog. *Sonnenuhren* zur Zeitbestimmung. Unter den verschiedenen Formen soll hier eine erwähnt werden, die leicht zu konstruieren ist.

Senkrecht zu einem Brett, das — z. B. mit Hilfe einer gewöhnlichen Zimmermannswasserwaage — horizontal gestellt wird, ist ein aus Zink oder anderem Metallblech ausgeschnittenes Dreieck ABC (Abb. 67) befestigt, so daß die Kante BA mit der horizontalen Ebene den Winkel φ (die Polhöhe) bildet. Die Kante BC wird später nicht gebraucht, es erleichtert aber die Aufstellung, wenn das Dreieck rechtwinklig in C und mit dem Winkel $BA = \varphi$ geschnitten ist, da in diesem Fall die Kante BC vertikal stehen soll. Um sie zu befestigen, muß natürlich etwas von der Platte in das Brett hineinragen. Letzteres soll so gestellt sein, daß die Ebene des Dreiecks mit A nach Süden im Meridian steht. Ist die Richtung der Mittagslinie im voraus nicht bekannt, kann sie mit Hilfe des Apparats selbst auf die in § 25 beschriebene Weise bestimmt werden, indem man einen Kreis um C als Zentrum zeichnet und den Schatten der Spitze B beobachtet.

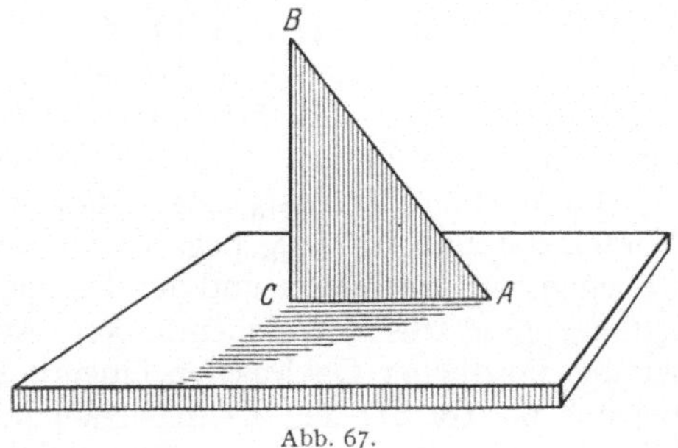

Abb. 67.

Ist der Apparat in dieser Weise aufgestellt, so wird die Kante AB auf den Himmelspol zeigen, und der Schatten dieser Kante gibt den Stundenwinkel der Sonne an. Wie die Striche für die verschiedenen Zeitangaben von A aus auf dem Brett gezogen werden müssen, sieht man aus Abb. 68, wo A das Zentrum der Himmelskugel ist, AB und AC dieselben Richtungen bezeichnen wie in der vorigen Abbildung, aber bis zur Himmelskugel verlängert. Wenn der Schatten von AB längs AD fällt, so ist BD der Deklinationskreis der Sonne und folglich CBD gleich dem Stundenwinkel t der Sonne (ohne Rücksicht auf das Vorzeichen); den entsprechenden Winkel a auf dem Brett findet man dann aus dem rechtwinkligen sphärischen Dreieck BCD.

Wir erhalten:

$$\operatorname{tg} a = \operatorname{tg} t \sin\varphi . \qquad (10)$$

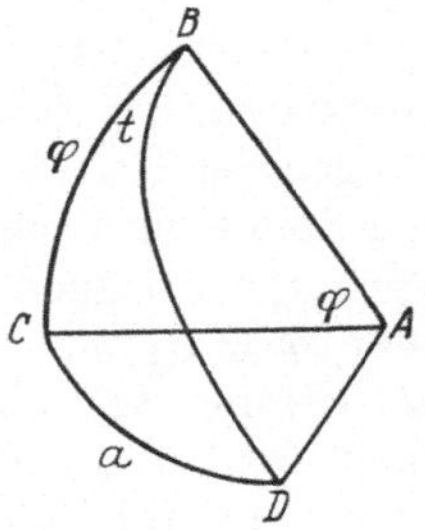

Abb. 68.

Nach dieser Formel kann a z. B. für jede ganze oder halbe Stunde berechnet und für kleinere Teile interpoliert werden. Die Striche für Vormittag und Nachmittag liegen naturgemäß symmetrisch zur Mittagslinie AC, also 11^h wie 13^h, 10^h wie 14^h usw. Die Sonnenuhr gibt natürlich wahre Sonnenzeit.

Auch *vertikale* Sonnenuhren sind in Gebrauch gewesen und können noch hier und da an alten Häusern gefunden werden. Für eine Wand im ersten Vertikal hat man in der Formel dann nur $\sin\varphi$ gegen $\cos\varphi$ zu vertauschen.

Man darf nicht vergessen, daß eine Sonnenuhr immer wahre Zeit zeigt, so daß die Summe der Zeitgleichung und der Lokalkonstante addiert werden muß, wenn man Zonenzeit haben will. In einem gewöhnlichen Jahrbuch, der die Zeit für die Kulmination der Sonne enthält, ist diese Summe als der Überschuß der Zeit über 12^h (also negativ, wenn die Sonne vor 12^h kulminiert) angeführt, gilt aber nur für den Meridian, für den das Jahrbuch berechnet ist; für einen anderen Meridian wird der Unterschied nahezu derselbe sein wie der Unterschied zwischen den Lokalkonstanten (Zeitgleichung veränderlich).

77. *Auf- und Untergang eines Sterns. Mitternachtssonne. Bürgerliche und astronomische Dämmerung. Polarnacht. Die hellen Nächte.* Ein spezieller Fall der Anwendung der Formel (9) in § 75 ist es, die Zeit des Auf- oder Untergangs eines Sterns zu finden. Den Stundenwinkel für ein Gestirn im Horizont findet man, wie auf S. 33 besprochen, indem man in der dort für $\sin h$ benutzten Formel $h = 0$ setzt. Wir fanden:

$$\cos t_0 = -\operatorname{tg}\varphi \operatorname{tg}\delta . \tag{11}$$

Wie der Einfluß der Refraktion auf die Zeit des Auf- und Untergangs differentiell berechnet werden kann, ist auf S. 58 gezeigt worden. Zu einer genaueren Berechnung setzt man in der Formel (9) für $\cos t$ die Höhe $h = -0^\circ 35'$, wodurch $\cos t$ den Zusatz $-\sin 35' \sec\varphi \sec\delta$ erhält.

Die Formel für $\cos t_0$ zeigt, daß, wenn Polhöhe und Deklination dasselbe Vorzeichen haben, $\cos t_0$ negativ ist, also $t_0 > 90^\circ$ oder der Tagbogen $> 12^h$, wogegen $\cos t_0$ positiv ist und der Tagbogen $< 12^h$, wenn Polhöhe und Deklination entgegengesetztes Vorzeichen haben. Auf die Sonne angewandt, besagt dies, daß wir bei nördlicher Deklination längere Tage als Nächte haben (weil die Polhöhe bei uns positiv ist), ein Kennzeichen für das Sommerhalbjahr, gleichzeitig aber haben Orte mit negativer Polhöhe (südlicher Breite) kürzere Tage als Nächte, also Winter. Für $\varphi = 0$ ist (wenn wir von der Refraktion absehen) $\cos t_0 = 0$, also $t_0 = 90^\circ$, unabhängig von der Deklination, d. h. am Erdäquator sind (wenn wir von der Refraktion absehen) Tag und Nacht das ganze Jahr hindurch gleich lang; für $\delta = 0$ wird $t_0 = 90^\circ$ unabhängig von der Polhöhe, d. h. Tag und Nacht werden (von der Refraktion abgesehen) zur Zeit der Äquinoktien überall auf der ganzen Erde gleich lang.

Wenn der numerische Wert von $\operatorname{tg}\varphi \operatorname{tg}\delta > 1$ ist, wird t_0 imaginär, d. h. das Gestirn befindet sich während des ganzen Tages über oder unter dem Horizont. Die vorher gefundene Bedingung dafür, daß ein Stern zirkumpolar sein soll, nämlich $\delta \gtreqless 90^\circ - \varphi$, stimmt hiermit überein. Die Bedingung dafür, daß ein Ort *Mitternachtssonne* haben kann, wird also $\varphi \gtreqless 90^\circ - \delta$, was im Sommersolstitium, da $\delta = +23^\circ 27'$, $\varphi = 66^\circ 33'$ (den Polarkreis) als Grenze gibt. Wegen der Refraktion erscheint aber die Sonne etwas höher, und das Zentrum der Sonne wird schon $35'$ außerhalb des Polarkreises um Mitternacht im Horizont stehen; wird auch der Radius der Sonne, der $16'$ beträgt, mitgerechnet, erhält man $\varphi = 65^\circ 42'$ als Grenze für die Mitternachtssonne zur Zeit des Sommersolstitiums, von einem Beobachter am Meere gesehen. In größeren Höhen darüber wird die Kimmtiefe die Grenze noch weiter verschieben, nämlich $5',6$ für 10 m, $18'$ für 100 m Höhe.

Aus den Tafeln für die Deklination der Sonne können der erste und der letzte Tag der Mitternachtssonne, für den oberen Sonnenrand gerechnet, aus der Gleichung:

$$\delta = 90^\circ - \varphi - 35' - 16' = 89^\circ 9' - \varphi$$

gefunden werden.

Für die Zeitperiode, in der die Sonne n i c h t a u f g e h t, erhalten wir, wenn auch hier nach dem oberen Rande im Horizont (jetzt im Süden) gezählt wird, die entsprechende Bedingung:

$$-\delta = 90^\circ - \varphi + 35' + 16' = 90^\circ 51' - \varphi ,$$

woraus also folgt, daß die äußerste Grenze für diese Periode im Wintersolstitium ($-\delta = +23^\circ 27'$) $\varphi = 67^\circ 24'$ wird. Für den Sonnenmittelpunkt erhält man $67^\circ 8'$.

Die *Dämmerung* nach Untergang der Sonne und vor ihrem Aufgang geht allmählich vom Tag in die Nacht und umgekehrt über. Man pflegt jedoch zu unterscheiden zwischen dem helleren Teil, der sog. *bürgerlichen* Dämmerung, und dem Rest, der z. B. am Abend mit der letzten Spur von Tageslicht an der Stelle des Horizonts endet, wo sich die Sonne befindet, wobei aber zu bemerken ist, daß der gesamte übrige Teil des Himmels dann bereits ganz dunkel ist. Die Grenze für die bürgerliche Dämmerung ist bis zu einem gewissen Grad willkürlich. Sie liegt in der Nähe von $h = -6°$[1]; die Grenze des zweiten Teils, der sog. *astronomischen* Dämmerung, ist erfahrungsgemäß ungefähr bei $h = -18°$. Die Zeit für beide kann dadurch gefunden werden, daß man $h = -6°$ bzw. $h = -18°$ in der Formel für $\cos t$ setzt. Die Refraktion kommt hier nicht in Betracht.

Da die Meridianhöhe der Sonne im Süden $90° - \varphi + \delta$ ist, ihre Tiefe unter dem Horizont also $= -90° + \varphi - \delta$, so sieht man, daß im Wintersolstitium die Tiefe $= \varphi + 23° 27' - 90° = \varphi - 66° 33'$ wird, also selbst am Nordkap ($\varphi = 71° 10'$) nicht mehr als $4° 37'$. Die eigentliche *Polarnacht,* ohne eine Spur von Tageslicht während voller 24 Stunden, trifft im Wintersolstitium erst ein, wenn $\varphi - 66° 33' = 18°$, also $\varphi = 84° 33'$.

Die *hellen Nächte* treten in dem Teil des Jahres ein, in dem die Sonne um Mitternacht nicht bis 18° unter den Horizont sinkt. Die Zeiten für ihren Anfang und ihr Ende können mit Hilfe der Deklination der Sonne aus der Gleichung $90° - \varphi - \delta = 18°$ gefunden werden, also:

$$\delta = 72° - \varphi .$$

Hieraus ist zu ersehen, daß die tiefste Breite, unter der man noch helle Nächte hat, $\varphi = 72° - 23° 27' = 48° 33'$ ist. Bei 72° Breite wird $\delta = 0$, d. h. die hellen Nächte dauern vom Frühlings- bis zum Herbstäquinoktium. Auf 81° Breite wird die Sonne Ende Februar und Mitte Oktober ($\delta = -9°$) am Mittag im Süden im Horizont stehen, und um Mitternacht im Norden 18° unter dem Horizont, so daß man den ganzen Tag und die ganze Nacht astronomische Dämmerung hat. Die Refraktion am Mittag bewirkt eine kleine Verschiebung der Breite.

Hat man keine Tafeln für die Deklination der Sonne zur Hand, so kann die Zeit für den Anfang und das Ende der hellen Nächte aus der Gleichung:

$$\sin\delta = \sin\varepsilon \sin\lambda ,$$

wo $\sin\varepsilon = 0.4$ ist, also:

$$\sin\lambda = \tfrac{5}{2} \sin\delta$$

gefunden werden.

Da die Länge der Sonne etwa einen Grad täglich zunimmt, wird λ im Frühjahr, in Graden ausgedrückt, mit einer für diesen Zweck hinreichenden Genauigkeit die Anzahl der Tage nach dem Frühlingsäquinoktium und im Herbst das Supplement von λ die Anzahl der Tage vor dem Herbstäquinoktium angeben. Auf so hohen Breiten, daß die Entfernung vom Äquinoktium einen Monat nicht übersteigt, kann man sogar, wenn diese Anzahl Tage mit n bezeichnet wird, $n = \frac{5}{2}\delta$ setzen, also:

$$n = \tfrac{5}{2}(72° - \varphi) ,$$

wenn φ in Graden ausgedrückt ist. Für $\varphi = 60°$ erhält man $n = 30$ Tage, also den 20. April und 24. August (in Wirklichkeit ist es der 22. April und 22. August). Negatives n bezeichnet Tage vor dem Frühlings- und nach dem Herbstäquinoktium.

78. *Berechnung des Azimuts beim Auf- und Untergang eines Sterns.* Es kann manchmal von Interesse sein, außer der Zeit für den Auf- und Untergang eines

[1] Wenn die Tiefe der Sonne 5° beträgt, kann man in einem freigelegenen Haus bei klarem Wetter am Fenster noch lesen.

Sterns auch die Richtung nach dem Punkt des Horizonts zu kennen, wo dieser Auf- und Untergang stattfindet. Diese Richtung kann gefunden werden, indem man in der ersten Gleichung (1), S. 32:

$$\sin\delta = \sin\varphi \sin h - \cos\varphi \cos h \cos Az$$

$h = 0$ setzt oder (unter Berücksichtigung der Refraktion) $h = -35'$. Im ersten Falle erhält man:

$$\cos Az = -\frac{\sin\delta}{\cos\varphi}. \tag{12}$$

Wenn das Azimut positiv nach Westen *von der oberen Kulmination,* also auf der südlichen Halbkugel der Erde von Norden, gezählt wird, so ändert $\cos Az$ dort sein Vorzeichen. Die südliche Deklination wird dann dort, wie es ganz natürlich ist, dieselbe Rolle spielen wie die nördliche Deklination bei uns.

Bestimmung der Polhöhe durch Beobachtung.

79. *Bestimmung der Polhöhe durch Höhenbeobachtungen in der Nähe des Meridians.* Wir haben bereits früher (§ 31) gezeigt, wie die Polhöhe durch Messung der Meridianhöhe eines Sterns mit bekannter Deklination bestimmt werden kann. Hat man eine Uhr mit bekanntem Stand, so kann das Ziel auch durch Messung einer Höhe außerhalb des Meridians erreicht werden, wenn gleichzeitig die Zeit notiert wird. Die Aufgabe wird mit Hilfe der Gleichung:

$$\sin h = \sin\varphi \sin\delta + \cos\varphi \cos\delta \cos t \tag{1}$$

gelöst, wo alles außer φ bekannt ist; aus der gegebenen Zeit erhält man den Stundenwinkel des beobachteten Gestirns mit Hilfe seiner Rektaszension oder, bei der Sonne, mit Hilfe der Zeitgleichung. Ist die mittlere Zeit des Ortes gegeben, muß die Zeitgleichung mit entgegengesetztem Vorzeichen angebracht werden. Man hat dann wahre Sonnenzeit oder den Stundenwinkel der Sonne $+12^h$.

Eine bequeme Lösung der obigen Gleichung kann man durch Einführung von zwei Hilfsgrößen m und M erhalten, die durch die Gleichungen:

$$\begin{aligned} \cos\delta \cos t &= m \sin M \\ \sin\delta &= m \cos M \end{aligned} \tag{2}$$

definiert werden, wo m zwar durch Division der Gleichungen eliminiert werden kann, diese Form aber doch beibehalten worden ist, weil der Quadrant für M dadurch bestimmt wird, da m immer positiv gewählt werden kann.

Werden diese Ausdrücke in (1) eingesetzt, nimmt die gegebene Gleichung die Form an:

$$\sin h = m \cos M \sin\varphi + m \sin M \cos\varphi = m \sin(M + \varphi),$$

also:

$$\sin(M + \varphi) = \frac{\sin h}{m} = \frac{\sin h \cos M}{\sin\delta}, \tag{3}$$

wenn der Ausdruck für m aus der zweiten Gleichung (2) eingesetzt wird.

Es läßt sich natürlich auch in diesem Problem eine Tangentenformel aufstellen. Um die Rechnung möglichst einfach zu gestalten, haben wir jedoch dem im Anhang gegebenen Rechenbeispiel das obige Formelsystem zugrunde gelegt, wie es z. B. auch in der Navigation gebräuchlich ist.

Da einem gegebenen Sinus zwei Bogen entsprechen, von denen der eine das Supplement des anderen ist, so hat diese Aufgabe, auf jeden Fall mathematisch, immer zwei Lösungen, die auch imaginär sein können. Bei einer wirklich ausgeführten Beobachtung kann letzteres natürlich nicht eintreten, und der einzige

Fall, in dem ein Zweifel in der Wahl zwischen den beiden Lösungen auftreten könnte, ist, wenn die Höhe in der Nähe des ersten Vertikals gemessen würde; aber so geeignet eine solche Beobachtung ist, um die Zeit zu bestimmen, wenn die Polhöhe gegeben ist, so ungeeignet ist sie für die Lösung der umgekehrten Aufgabe, weil dann selbst eine kleine Ungenauigkeit in der gemessenen Höhe einen sehr bedeutenden Fehler in der berechneten Polhöhe erzeugen kann. Zur Bestimmung dieser muß die Höhe so nahe wie möglich am Meridian gemessen werden.

Hat man eine ganze Reihe solcher Höhen gemessen, am besten auf beiden Seiten des Meridians — Zirkummeridianhöhen — dann kann man auch, statt jede Höhe für sich zu berechnen, mit Hilfe einer besonderen Formel den kleinen Unterschied zwischen der gemessenen Höhe und der Meridianhöhe finden und dann die Polhöhe in der gewöhnlichen Weise aus der Meridianhöhe bestimmen.

Die Höhe für den Stundenwinkel t ist, wie oben erwähnt, durch die Gleichung:

$$\sin h = \sin\varphi \sin\delta + \cos\varphi \cos\delta \cos t \tag{1}$$

gegeben. Für die Meridianhöhe H erhält man, indem man $t = 0$ setzt:

$$\sin H = \sin\varphi \sin\delta + \cos\varphi \cos\delta\,. \tag{4}$$

Subtrahiert man die beiden Gleichungen (4) und (1), so erhält man:

$$\sin H - \sin h = \cos\varphi \cos\delta\,(1 - \cos t) = 2 \cos\varphi \cos\delta \sin^2\frac{t}{2}\,. \tag{5}$$

Unter Anwendung der zweiten der Formeln (2) in § 11 erhalten wir:

$$2 \cos\frac{1}{2}(H + h) \sin\frac{1}{2}(H - h) = 2 \cos\varphi \cos\delta \sin^2\frac{t}{2}\,. \tag{6}$$

Wenn der Stundenwinkel klein ist, kann diese Formel näherungsweise durch die folgende sehr einfache Formel ersetzt werden:

$$(H - h) \cdot \cos H = \cos\varphi \cos\delta \cdot \frac{t^2}{2}\,. \tag{7}$$

Hierbei wurde $\frac{1}{2}(H + h)$ durch H ersetzt und die Sinus der kleinen Winkel $H - h$ und t durch die Winkel selbst. Bei kleinen Stundenwinkeln (bis zu etwa einer halben Stunde, wenn die Höhe nicht zu nahe an 90° ist) ist diese Formel namentlich für Navigationszwecke genügend genau. Für die Berechnung der kleinen Größe $H - h$ nach der Formel (7) braucht man nur grobe Näherungswerte von H und φ zu kennen. Wird größere Genauigkeit verlangt, kann man mit dem nach der Näherungsformel (7) gefundenen $\frac{1}{2}(H + h) = h + \frac{1}{2}(H - h)$ die Größe $H - h$ aus der strengen Formel genauer ermitteln. Der Vorteil ist dann hauptsächlich der, daß man eine kleine Größe auszurechnen hat und mit einer kleineren Anzahl Stellen in der Rechnung auskommt.

Die Näherungsgleichung formt man gewöhnlich etwas um. Man hat:

$$90° - H = \varphi - \delta \tag{8}$$

und hiermit aus (7):

$$H - h = \frac{1}{2} \frac{\cos\varphi \cos\delta}{\sin(\varphi - \delta)} \cdot t^2\,. \tag{9}$$

In der Formel (9) sind die Winkel $H - h$ und t in Bogenmaß auszudrücken. Es ist bequemer, $H - h$ in Bogenminuten und t in Zeitminuten auszudrücken. Wir erhalten dann:

$$(H - h)' = 3438 (H - h)$$
$$t^{\mathrm{m}} = \left(\tfrac{1}{15} \cdot 3438\right) t\,.$$

Somit ergibt sich schließlich

$$(H - h)' = \left\{\frac{1}{2} \cdot \frac{15^2}{3438} \cdot \frac{\cos\varphi\cos\delta}{\sin(\varphi - \delta)}\right\} (t^{\mathrm{m}})^2 . \tag{10}$$

In nautischen Tafelwerken findet man Tafeln des eingeklammerten Faktors in der Formel (10) mit den Argumenten φ und δ.

Wenn der Stundenwinkel in der Nähe von 12^{h} liegt, gelten ähnliche Formeln für die Reduktion auf den Meridian.

Für den Polarstern ist die Reduktion auf die Meridianhöhe, bzw. direkt auf die Polhöhe, immer klein. Tafeln zur Berechnung dieser Reduktion findet man auch in den nautischen Tafelwerken.

80. *Bestimmung der Polhöhe mit Hilfe eines Durchgangsinstruments in der Nähe des ersten Vertikals.* In den §§ 72 und 75 ist gezeigt worden, wie die Zeit entweder mit einem im Meridian aufgestellten Durchgangsinstrument bestimmt werden kann oder durch Messung einer Höhe, am besten in der Nähe des ersten Vertikals; danach (im § 79), wie die Polhöhe durch Messung einer Höhe, am besten im oder in der Nähe des Meridians bestimmt werden kann. Es soll nun gezeigt werden, daß auch die Polhöhe mit großer Genauigkeit mit Hilfe eines *Durchgangsinstruments* bestimmt werden kann, wenn das Instrument im *ersten Vertikal* aufgestellt ist. Hierbei finden besonders die in § 28 genannten transportablen Instrumente Anwendung.

Wenn die Richtung des Meridians bestimmt ist, kann die auf der Mittagslinie senkrechte Richtung durch einen Theodolit oder auf andere Weise leicht festgelegt und durch eine Ost- oder Westmarke markiert werden, nach der das Durchgangsinstrument eingestellt werden kann. Die horizontale Umdrehungsachse wird jetzt also in der Richtung Nord-Süd liegen.

Richtet man das Fernrohr auf einen Stern, so wird dieser schräg durch das Gesichtsfeld wandern und dabei nach und nach die Vertikalfäden unter mehr oder weniger spitzen Winkeln passieren. Die Beobachtung besteht dann darin, die Zeiten dieser Durchgänge nach einer Uhr zu notieren, deren Stand nach Sternzeit bekannt ist.

Hier soll vorausgesetzt werden, daß der Stern nur am Mittelfaden beobachtet ist, von dem vorläufig angenommen werde, daß er genau im ersten Vertikal steht.

Setzt man in der dritten der Gleichungen (2) S. 32 $Az = \pm 90°$, so erhält man:

$$\cos t \sin\varphi - \cos\varphi \operatorname{tg}\delta = 0 ,$$

also:

$$\operatorname{tg}\varphi = \operatorname{tg}\delta \sec t ,$$

was auch direkt aus dem rechtwinkligen Dreieck abgeleitet werden könnte.

Die ganze Rechnung besteht also darin, daß man auf der rechten Seite die Deklination δ des Sterns und den Stundenwinkel $t = \Theta - \alpha$ einsetzt, wo Θ die wegen des Uhrstandes korrigierte Sternzeit ist.

Die Wirkung eines etwaigen Fehlers im Uhrstande oder in den Koordinaten des Sterns kann man durch Differentiation der obenstehenden Gleichung finden. Wird logarithmisch differenziert, so erhält man:

$$\frac{d\varphi}{\sin\varphi\cos\varphi} = \frac{d\delta}{\sin\delta\cos\delta} + \frac{\sin t\, dt}{\cos t} .$$

Da man im ersten Vertikal:

$$\frac{\sin\varphi}{\sin\delta} = \frac{1}{\sin h}$$

und:

$$\cos\varphi \operatorname{tg} t = \operatorname{cotg} h$$

hat, so erhält man durch Multiplikation mit $\sin\varphi\cos\varphi$:

$$d\varphi = \frac{\cos\varphi}{\cos\delta\sin h}d\delta + \frac{\sin\varphi}{\operatorname{tg} h}dt.$$

Hieraus sieht man die Notwendigkeit der Benutzung von Zenitsternen, d. h. von solchen Sternen, deren Deklination nur wenig kleiner ist als die Polhöhe, und die deshalb den ersten Vertikal in einer geringen Entfernung vom Zenit überschreiten. Ist nämlich die Höhe klein, so erhalten beide Koeffizienten große Werte, so daß selbst ein kleiner Fehler in Deklination oder Stundenwinkel einen bedeutenden Einfluß auf das Resultat erhalten kann. In der Nähe des Zenits dagegen wird der Koeffizient von dt sehr klein, und der erste Koeffizient ist ziemlich genau 1; denn φ und δ haben beinahe denselben Wert, und $\sin h$ ist nur wenig von 1 verschieden. Ein Fehler im Uhrstand beeinflußt also die Polhöhe nur in geringem Grade. Für einen Fehler in der beobachteten Durchgangszeit gilt dasselbe; dafür wird aber die Genauigkeit der beobachteten Durchgangszeit gegen das Zenit hin durch das immer langsamere Wandern des Sterns ungefähr im selben Maße vergrößert. Ein Fehler in der Deklination geht wohl mit seinem vollen Betrag in die Polhöhe ein, wird aber nicht vergrößert wie bei tieferstehenden Sternen.

Wenn man sich die Richtung des Meridians und den Ort des Pols darin gegeben denkt, so ist die geometrische Bedeutung der Gleichung für $\operatorname{tg}\varphi$ die, daß ein größter Kreis vom Stern senkrecht zum Meridian den Ort des Zenits treffen wird. Nebenbei sei bemerkt, daß diese Betrachtung zu demselben Resultat wie die obenstehende Differentialgleichung führt; denn je kürzer das Lot ist, desto sicherer wird die Lage des Fußpunkts bestimmt sein. Der Grenzfall ist der, daß der Durchgang eines Sterns im Ost- oder Westpunkt beobachtet wird; da diese Punkte aber die Pole des Meridians sind, wird jeder größte Kreis durch diese Punkte senkrecht zum Meridian stehen, so daß der Ort des Zenits ganz unbestimmt bleibt; dies kommt in der Differentialgleichung dadurch zum Ausdruck, daß beide Koeffizienten unendlich groß werden.

Auf die unvermeidlichen kleinen Fehler in der Aufstellung des Instruments muß man in analoger Weise wie bei Meridianbeobachtungen (S. 103 bis 105) Rücksicht nehmen.

81. *Polschwankungen. Polhöhenbestimmungen durch die* HORREBOW-TALCOTT*sche Methode.* Die Erfahrung hat gezeigt, daß die Polhöhe eines Ortes keine absolut unveränderliche Größe ist. Die Veränderung besteht im wesentlichen aus einer Summe von zwei Veränderungen mit Perioden von ungefähr 14 Monaten und 1 Jahr. Der Unterschied zwischen dem größten und dem kleinsten Wert hat bislang $0''.7$, d. h. ca. 20 m ($1''$ auf der Erdoberfläche = ca. 31 m) nicht überschritten (vgl. Anhang S. 534).

Auf Grund der Theorie der Rotation eines vollkommen starren Körpers war EULER zu dem Resultat gekommen, daß, wenn eine Bewegung der Umdrehungsachse innerhalb des Erdkörpers vorhanden ist, sie dann eine Periode von etwa 10 Monaten haben muß. Die eben erwähnte, durch Beobachtungen festgestellte Periode von 14 Monaten läßt sich als eine natürliche Verlängerung der Eulerschen Periode erklären, wenn man auf den Elastizitätskoeffizienten der Erde Rücksicht nimmt, den man von anderer Seite her kennt. Für die jährliche Periode in der Polschwankung nimmt man an, daß sie durch die von der Jahreszeit abhängigen Massenverlagerungen in der Atmosphäre sowie durch die auch mit der Jahreszeit veränderliche Schneebelastung der Kontinente und andere ähnliche Massenverschiebungen mit jährlicher Periode verursacht ist. Zur näheren Untersuchung dieser Fragen, in die auch andere kleine periodische Veränderungen hineinzuspielen scheinen, sind eine Reihe von Jahren hindurch auf internationale Kosten auf sechs von Japan im Osten bis Kalifornien im Westen verteilten Stationen, sämtlich mit annähernd derselben Polhöhe (39° 8′), fortlaufende Beobachtungen angestellt worden.

Wenn ein Stern den Meridian genau im Zenit überschreitet, so ist seine Deklination gleich der Polhöhe des Ortes. Wenn zwei Sterne, auf verschiedenen Seiten aber gleichweit vom Zenit entfernt, den Meridian überschreiten, so ist das Mittel ihrer Deklinationen gleich der Polhöhe, weil die Refraktion gleich stark und in

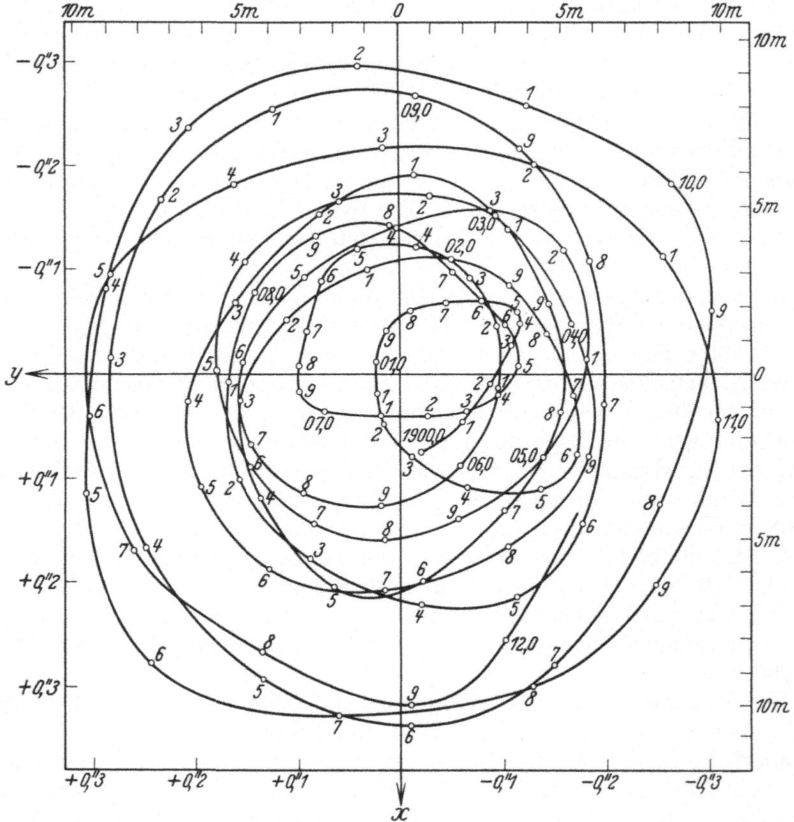

Abb. 69 zeigt die Wanderung des Nordpols auf der Erdoberfläche im Zeitraume 1900—1912 (nach Wanach).

entgegengesetzter Richtung auf die Zenitdistanzen wirkt. Zwei Sterne, die diese Bedingungen genau erfüllen, wird man niemals finden; dagegen ist es leicht, ein Sternpaar zu finden, das den Meridian mit einigen Minuten Zwischenzeit überschreitet, der eine südlich und der andere nördlich vom Zenit und mit einem Unterschied von einigen wenigen Bogenminuten in Zenitdistanz. Kann man diesen Unterschied dann mit hinreichender Genauigkeit messen, so läßt sich die Bestimmung der Polhöhe auf den zuerst vorausgesetzten Fall zurückführen, daß die beiden Sterne auf verschiedenen Seiten gleich weit vom Zenit den Meridian überschreiten.

Die hierauf beruhende Methode wird Horrebow- oder Talcott-Methode genannt. Zur Ausführung der Beobachtungen wird ein dazu konstruiertes, transportables Instrument, ein sog. *Zenitteleskop*, benutzt. Dies Instrument kann im wesentlichen als ein im Meridian aufgestelltes Durchgangsinstrument betrachtet werden, das leicht ein halbes Mal um seine vertikale Achse gedreht werden kann, und dessen Okular mit einer Mikrometerschraube versehen ist, die einen horizontalen Faden bewegt; dieser steht also senkrecht zum Meridian, und seine Bewegung geht in der Richtung des Meridians vor sich. Wird nun das Fernrohr auf einen Stern auf der einen Seite des Zenits eingestellt und der Mikrometerfaden durch Drehen der Schraube auf den Stern gestellt, wenn er durch den Mittelfaden geht, darauf dasselbe Verfahren mit dem anderen Stern wiederholt, nachdem das Instrument ein halbes Mal herumgedreht ist, dann wird der Unterschied zwischen den Ablesungen am Mikrometer den Unterschied zwischen den Zenitdistanzen geben, vorausgesetzt daß die Umdrehungsachse des Instruments genau vertikal stand. Zur Untersuchung einer etwaigen Abweichung von dieser Voraussetzung ist das Rohr des Zenitteleskops auf der einen Seite mit einer sehr empfindlichen Libelle versehen, die parallel zum Meridian steht, die aber um eine darauf senkrechte Achse gedreht werden kann. Wenn diese Libelle bei den Beobachtungen von beiden Sternen abgelesen wird, kann ein eventueller Unterschied mit in Rechnung gezogen werden. Ebenso muß auf den kleinen Unterschied zwischen den Refraktionen Rücksicht genommen werden.

Die Genauigkeit, mit der die Polhöhe auf diese Weise bestimmt werden kann, wird natürlich davon abhängen, wie genau man die Deklinationen der beiden Sterne kennt. Kommt es aber nur darauf an, die Veränderungen der Polhöhe zu untersuchen, so spielt dies keine Rolle: der Zweck kann dann durch fortgesetzte Beobachtung desselben Sternpaares (oder mehrerer solcher Paare) während längerer Zeit erreicht werden. Die gewählten internationalen Polhöhenstationen haben so nahe die gleichen Polhöhen, daß man dieselben Sternpaare auf allen Stationen benutzen kann.

82. *Bestimmung der geographischen Länge* (vgl. S. 71 und 126) *und der Polhöhe zur See. Standlinien.* In § 75 ist besprochen worden, wie die Ortszeit aus der gemessenen Höhe eines Sterns mit bekannter Rektaszension und Deklination bestimmt werden kann, wenn die Polhöhe bekannt ist. Ist die Greenwichzeit im Moment der Beobachtung bekannt, so kann die *Länge des Beobachtungsortes* hieraus gefunden werden. Wir sehen also, daß die *Länge* durch eine Höhenmessung (zusammengehöriges h und Greenwichzeit) bestimmt werden kann, wenn die Polhöhe bekannt ist. Nach § 79 kann die Polhöhe durch eine Höhenmessung gefunden werden, wenn die Länge bekannt ist.

Aus zwei gemessenen Höhen (zusammengehörige Werte von h und Greenwichzeit) von Himmelskörpern mit bekannter Rektaszension und Deklination können nun Länge sowohl als Polhöhe gefunden werden. Die Behandlung dieser Aufgabe erhält eine übersichtliche und praktische Form, indem man sich des Begriffes der *Standlinien* bedient.

Ein Himmelskörper mit der Rektaszension α und der Deklination δ wird in einem Augenblick, in dem die Sternzeit in Greenwich Θ_{grw} ist, im Zenit des Ortes auf der Erde gesehen werden, der die Länge $L = \Theta_{\mathrm{grw}} - \alpha$ und die Polhöhe $\varphi = \delta$ hat.

Alle Orte der Erde, wo der Himmelskörper in diesem Augenblick die Zenitdistanz z (die Höhe $h = 90^\circ - z$) hat, haben Lotlinien, die den Winkel z mit der Lotlinie des Ortes mit der Länge $\Theta_{\mathrm{grw}} - \alpha$ und der Breite δ bilden. Diese Orte liegen auf der Standlinie, die der Höhe h, der Greenwichsternzeit Θ_{grw} und dem Gestirn (α, δ) entspricht.

Werden die Punkte der Erdoberfläche auf einer Kugel abgebildet, so daß die Verbindungslinien der Bildpunkte mit dem Zentrum der Kugel den Lotlinien der abgebildeten Orte parallel sind (wegen der Abweichung der Erde von der Kugelgestalt ist die Bildkugel der Erdkugel nicht genau ähnlich), so werden die Standlinien kleine Kreise mit dem Zentrum in den Punkten $(\Theta_{grw} - \alpha, \varphi)$ und dem Winkelradius z. Die Standlinie ist überall senkrecht zur Vertikalebene des Himmelskörpers. Die Verhältnisse sind in Abb. 70 illustriert.

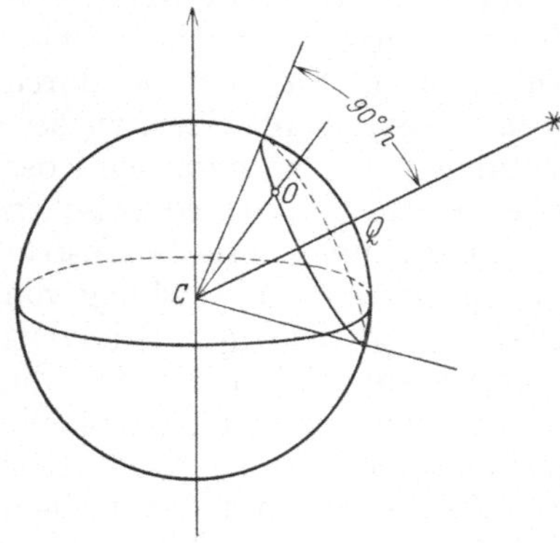

Abb. 70.

Werden die Punkte der Erdoberfläche auf einer ebenen Karte abgebildet, so bilden die Standlinien Kurven, deren Charakter von der Art der Kartenprojektion abhängt.

Zwei gemessene Höhen geben zwei Standlinien, die im allgemeinen einander in zwei Punkten schneiden. Einer dieser Punkte ist der Beobachtungsort, welcher von ihnen es ist, wird in der Praxis fast immer eindeutig festzustellen sein. Der Schnitt wird am besten, wenn die Azimute der beobachteten Himmelskörper um 90° verschieden sind. Bei einer Änderung des Beobachtungsorts ist die erste Standlinie entsprechend zu verschieben.

Die Polhöhe aus der Länge und einer Höhenbeobachtung zu bestimmen, heißt den Schnitt zwischen der der Höhe entsprechenden Standlinie und einem gegebenen Erdmeridian suchen. Damit der Schnitt gut wird, darf die Richtung der Standlinie nicht allzusehr von der Richtung Ost-West abweichen. Die Höhe muß also in der Nähe des Meridians beobachtet werden. Die Länge aus der Polhöhe und einer Höhenbeobachtung zu finden, heißt den Schnitt zwischen der der Höhe entsprechenden Standlinie und einem gegebenen Breitenkreis suchen. Damit der Schnitt gut wird, darf die Richtung der Standlinie nicht allzusehr von der Richtung Nord-Süd abweichen. Die Höhe muß also in der Nähe des ersten Vertikals beobachtet werden.

Die praktische Konstruktion von Standlinien auf einem Globus ist zumeist zu ungenau. In der Regel wird sie auf einer ebenen Karte ausgeführt. Man braucht auf einer solchen nicht die ganze Standlinie zu konstruieren, sondern nur einen kleinen Teil davon, da man im voraus ungefähr weiß, wo der Beobachtungsort liegt. Das kleine Stück der Standlinie in der Nähe des Beobachtungsortes, das man braucht, darf als geradlinig betrachtet werden.

Kennt man einen Punkt der Standlinie in der Nähe des Beobachtungsortes, so kann das geradlinige Stück, das man benötigt, unmittelbar gezeichnet werden; seine Richtung ist senkrecht zur Richtung des beobachteten Himmelskörpers.

Einen solchen Punkt findet man, indem man die Höhe des Himmelskörpers für einen beliebigen Punkt in der Nähe des Beobachtungsortes berechnet. Diese berechnete Höhe wird im allgemeinen von der beobachteten Höhe abweichen, da der gewählte Punkt in der Regel nicht auf der Standlinie liegen wird. Zeichnet man indessen den Unterschied zwischen beobachteter und berechneter Höhe in der Richtung des Azimuts des Himmelskörpers ein, so erhält man einen Punkt der Standlinie.

Dieser Konstruktion entspricht die folgende Berechnung.

Für einen willkürlichen Punkt (φ_0, L_0) berechnet man die Höhe h_b durch:

$$\sin h_b = \sin\varphi_0 \sin\delta + \cos\varphi_0 \cos\delta \cos(\Theta_{grw} - \alpha - L_0).$$

In einem Punkt $(\varphi_0 + d\varphi, L_0 + dL)$ ist nach den sphärisch-trigonometrischen Differentialformeln (s. S. 24) die Höhe $h = h_b - \cos Az\, d\varphi + \sin Az \cos\varphi\, dL$.

In dieser Gleichung ist also alles außer $d\varphi$ und dL bekannt. Das betrachtete geradlinige Stück der Standlinie ist die graphische Darstellung dieser Gleichung.

Zwei Höhenmessungen geben zwei Gleichungen für $d\varphi$ und dL, die diese beiden Größen und damit den Beobachtungsort bestimmen; die den Gleichungen äquivalenten Standlinien schneiden einander im Beobachtungsort.

Endlich soll bemerkt werden, daß das Problem, einen Beobachtungsort aus zwei gemessenen Höhen zu bestimmen, verhältnismäßig leicht gelöst werden kann, auch wenn eine annähernde Kenntnis der Koordinaten des Beobachtungsortes nicht vorausgesetzt wird.

Man hat die beiden Gleichungen:

$$\sin h_1 = \sin\varphi \sin\delta_1 + \cos\varphi \cos\delta_1 \cos(\Theta_{1\,\mathrm{grw}} - \alpha_1 - L)$$
$$\sin h_2 = \sin\varphi \sin\delta_2 + \cos\varphi \cos\delta_2 \cos(\Theta_{2\,\mathrm{grw}} - \alpha_2 - L)$$

oder umgeformt, indem man:

$$\begin{aligned} m_1 &= \sin h_1 \\ m_2 &= \sin h_2 \\ a &= \cos\delta \cos(\Theta_{\mathrm{grw}} - \alpha) \qquad & x &= \cos\varphi \cos L \\ b &= \cos\delta \sin(\Theta_{\mathrm{grw}} - \alpha) & y &= \cos\varphi \sin L \\ c &= \sin\delta & z &= \sin\varphi \end{aligned}$$

einführt:

$$m_1 = a_1 x + b_1 y + c_1 z$$
$$m_2 = a_2 x + b_2 y + c_2 z\,.$$

Durch diese beiden Gleichungen kann man z. B. x und y durch z linear ausdrücken. Ferner ist:

$$x^2 + y^2 + z^2 = 1\,.$$

Wir können also x, y und z und damit φ und L finden. Die beiden abgeleiteten Gleichungen sind die Gleichungen für die beiden Standlinien, die den gemessenen Höhen entsprechen, und drücken die Eigenschaften aus, die die Standlinien definieren.

Bestimmung des Azimuts durch Beobachtung.

83. Diese Aufgabe, die häufig vorliegt, wenn es sich um die gegenseitige Lage zweier Punkte auf der Erde oder um die magnetische Abweichung handelt, kommt praktisch auf die Bestimmung der Richtung des Meridians heraus. Wir haben bereits früher gesehen, wie diese Bestimmung mit Hilfe von korrespondierenden Höhen erfolgen kann; hat man indessen eine Uhr mit bekanntem Stand und kennt man gleichzeitig die Polhöhe des Ortes, so kann die Aufgabe schneller und genauer durch eine einzige Beobachtung gelöst werden.

Am besten führt man die Beobachtung mit einem Theodolit oder einem Universalinstrument aus. Nachdem das Instrument nivelliert ist, wird das Fernrohr auf einen Stern mit bekannter Rektaszension und Deklination eingestellt und der Moment beobachtet, in dem der Stern durch den Vertikalfaden geht; darauf wird der Horizontalkreis abgelesen. Will man das Azimut, das jetzt berechnet werden kann, auf einen terrestrischen Gegenstand beziehen, so wird das Fernrohr auf diesen eingestellt und der Kreis von neuem abgelesen. Der Unterschied zwischen den beiden Kreisablesungen ist der Unterschied der Azimute. Gewöhnlich wird die Beobachtung wiederholt, nachdem das Instrument ein halbes Mal um seine Vertikalachse gedreht worden ist.

Benutzt man die Sonne, so kann man die Zeit für die Berührung des vorausgehenden und nachfolgenden Randes mit dem Faden beobachten und das Mittel daraus nehmen.

Die Berechnung des Azimuts des Gestirns im gegebenen Augenblick kann mit Hilfe der Formeln (2) auf S. 32 geschehen. Der Stundenwinkel t läßt sich aus der gegebenen Zeit berechnen.

Ein Stern, der häufig zu solchen Beobachtungen benutzt wird, ist der Polstern, teils weil er selbst mit einem kleineren Fernrohr während des Tages gesehen werden kann, so daß das Resultat ohne besondere Umstände für einen terrestrischen Gegenstand nutzbar gemacht werden kann, teils weil er wegen seiner langsamen Bewegung geringere Anforderungen an die Genauigkeit des Uhrstandes stellt.

84. Das Gleichungssystem (2) auf S. 32 kann auch zur Lösung folgender Aufgabe benutzt werden:

Zu welcher Tageszeit wird an einem gegebenen Ort ein gegebener Stern in einem gegebenen Azimut stehen?

Durch Division der dritten Gleichung durch die zweite erhält man:

$$\cot Az = \frac{-\cos\varphi \operatorname{tg}\delta + \sin\varphi \cos t}{\sin t},$$

eine Gleichung, die folgendermaßen geschrieben werden kann:

$$\sin\varphi \sin Az \cos t - \cos Az \sin t = \sin Az \cos\varphi \operatorname{tg}\delta .$$

Setzt man hier:

$$\begin{aligned} \sin\varphi \sin Az &= n \sin N \\ \cos Az &= n \cos N , \end{aligned} \quad (n \text{ wird positiv gewählt})$$

so geht die Gleichung nach Division durch n über in:

$$\sin(N - t) = \frac{\sin Az \cos\varphi \operatorname{tg}\delta}{n}.$$

Hieraus kann der Stundenwinkel des Sterns und also auch die gesuchte Zeit bestimmt werden. Ob der Stern zu der Zeit über oder unter dem Horizont steht, wird davon abhängen, ob:

$$\sin h = \sin\varphi \sin\delta + \cos\varphi \cos\delta \cos t$$

positiv oder negativ ist oder, was auf dasselbe herauskommt, ob $\operatorname{tg}\varphi \operatorname{tg}\delta + \cos t$ positiv oder negativ ist.

Die astronomische Bewegungslehre und einige damit zusammenhängenden Probleme.

Einleitende Bemerkungen.

85. *Geschwindigkeit.* Die Geschwindigkeit einer Bewegung ist das Verhältnis zwischen dem Stück Weg, das zurückgelegt wird, und der dazu gebrauchten Zeit. Da es oft bequem ist, zwei entgegengesetzte Richtungen mit entgegengesetzten Vorzeichen zu bezeichnen, kann infolgedessen die Geschwindigkeit als positive oder negative Größe auftreten. Wenn die Geschwindigkeit nicht während der ganzen Dauer der Bewegung dieselbe bleibt, kann man sich trotzdem in vielen Fällen mit dem Durchschnittswert begnügen, den man erhält, wenn man das Verhältnis zwischen einem endlichen Stück Weg und der dazu gebrauchten endlichen Zeit nimmt; in jedem Fall aber wird man einen korrekten Wert der Geschwindigkeit in einem gegebenen Augenblick dadurch erhalten, daß man ein unendlich kleines Stück Weg und die dazu gebrauchte unendlich kurze Zeit betrachtet. Selbstverständlich kann man die Geschwindigkeit trotzdem durch endliche Größen ausdrücken, z. B. Kilometer in der Stunde oder Meter in der Sekunde.

86. *Beschleunigung.* Indem man so die Geschwindigkeit als das Verhältnis zwischen zwei Größen betrachtet, die man so klein wählen kann wie man will, kann man gleichzeitig volle Rücksicht auf ihre Veränderung im Lauf der Zeit nehmen. Das Verhältnis zwischen der Zunahme der Geschwindigkeit und der dazu gebrauchten Zeit nennt man die *Akzeleration* der Bewegung oder *Beschleunigung*. Auch hier kann man, wenn die Beschleunigung veränderlich ist, einen korrekten Ausdruck dadurch erhalten, daß man eine unendlich kleine Änderung in der Geschwindigkeit und die dazu gebrauchte unendlich kurze Zeit betrachtet.

Wird eine Weglänge mit L, eine Zeit mit T bezeichnet, so sagt man, daß die Geschwindigkeit von der Dimension L/T, die Beschleunigung dagegen von der Dimension L/T^2 ist; soll aber die Beschleunigung in Worten angegeben werden, so nennt man der Kürze wegen die Zeit nicht zweimal; so sagt man, daß die Beschleunigung durch die Schwere 9.8 m in der Sekunde ist, statt 9.8 m pro Sekunde in der Sekunde.

Geschwindigkeiten können bekanntlich immer zerlegt (oder, umgekehrt, zusammengesetzt) werden, nach dem Gesetz vom Parallelogramm der Kräfte. Dasselbe gilt auch für *Rotationsgeschwindigkeiten*, das ist das Verhältnis zwischen einem durchlaufenen Winkel und der dazu gebrauchten Zeit. Hat z. B. ein Körper eine Rotation um die Achse AB (Abb. 71) mit einer Winkelgeschwindigkeit, die in einer willkürlichen Skala durch die Linie Ab bezeichnet ist, so kann die Rotation in zwei Rotationen um die willkürlichen Achsen AC und AD mit den Winkelgeschwindigkeiten Ac und Ad zerlegt werden, wenn diese die Seiten eines Parallelogramms bilden, dessen Diagonale Ab ist.

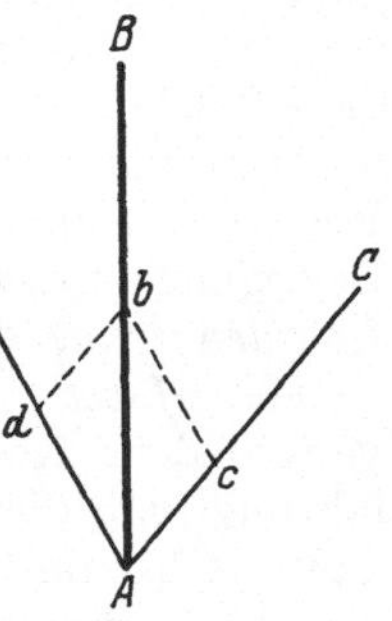

Abb. 71.

Wenn zwei Pfeile (z. B. Geschwindigkeiten) nach der Regel vom Parallelogramm der Kräfte zusammengesetzt werden, nennt man die Resultante ihre geometrische Summe. Ähnlich wird auch die geometrische Differenz definiert: Auf Abb. 71 ist z. B. Ac (oder db) die geometrische Differenz zwischen Ab und Ad.

In der Definition der Beschleunigung als Verhältnis zwischen dem Zuwachs der Geschwindigkeit und der dazu gebrauchten Zeit soll der Zuwachs als geometrischer Zuwachs der Geschwindigkeit verstanden werden, also als die geometrische Differenz zwischen den Geschwindigkeiten vor und nach dem betrachteten Zeitintervall. Dies ist die ausführliche Definition der Beschleunigung. Daraus folgt, daß auch Beschleunigungen nach der Regel vom Parallelogramm der Kräfte zerlegt und zusammengesetzt werden können.

Werden zwei geradlinige Bewegungen, die einen Winkel einschließen und die beide mit gleichförmiger Geschwindigkeit vor sich gehen, zusammengesetzt, so kann man sich durch geometrische Betrachtungen leicht davon überzeugen, daß auch die resultierende Bewegung gleichförmig und geradlinig wird; wenn dagegen die eine Bewegung z. B. mit gleichförmiger, die andere mit veränderlicher Geschwindigkeit vor sich geht, dann erfolgt die resultierende Bewegung gekrümmt.

87. *Der Kraftbegriff. Das Gesetz der Trägheit.* Viele Erfahrungen des täglichen Lebens geben eine Vorstellung von der Bedeutung des Wortes *Kraft*. Man macht auch leicht die Erfahrung, daß Kräfte sehr verschiedene Größe haben können. Als Grundlage zur Messung von Kräften mit Hilfe ihrer Wirkungen erfordert die Mechanik jedoch eine bestimmtere Definition. Hier sollen nur Kräfte betrachtet werden, die eine Bewegung oder eine Änderung einer bereits bestehenden Bewegung hervorbringen.

Kein Körper kann eine Bewegung erhalten, ohne daß eine Kraft auf ihn einwirkt, und wenn der Körper sich selbst überlassen bleibt, nachdem einmal die Bewegung zustande gebracht ist, dann setzt sie sich in unveränderter Richtung und mit gleichförmiger Geschwindigkeit so lange fort, bis von neuem Kräfte auf den Körper einwirken.

Diese gleichförmige und geradlinige Bewegung hat also mit der Ruhe gemeinsam, daß sie nur möglich ist, wenn keine Kräfte wirken, oder, was in diesem Zusammenhang auf dasselbe herauskommt, wenn evtl. wirkende Kräfte sich gegenseitig aufheben.

Dies Gesetz, das sich auf Erfahrung gründet, gibt einen deutlichen Hinweis, wie eine bewegende Kraft durch die Bewegung selbst gemessen werden kann, soweit diese der Beobachtung zugänglich ist; denn jede Abweichung von der geraden Linie oder der gleichförmigen Geschwindigkeit zeigt, daß eine solche Kraft vorhanden ist. Geht die Bewegung geradlinig, aber mit veränderlicher Geschwindigkeit vor sich, dann fällt die Richtung der Kraft mit der Bewegungsrichtung zusammen (in gleichem oder entgegengesetztem Sinne); ist die Geschwindigkeit konstant, die Bahn aber gekrümmt, so bildet die Kraft in jedem Augenblick einen rechten Winkel mit der Bewegungsrichtung; sind endlich Geschwindigkeit sowohl als Richtung veränderlich, so bildet die Kraft einen schiefen Winkel mit der Bewegungsrichtung. In allen diesen Fällen ist eine Beschleunigung vorhanden; deshalb kann man die Kraft definieren als Ursache einer Bewegung, die der Beschleunigung proportional ist und in derselben Richtung wie diese wirkt. Ist die Richtung der Beschleunigung im voraus nicht bekannt, so kann man durch Beobachtung ihre Komponenten längs gewisser willkürlicher Richtungen finden und die Resultante daraus suchen. Statt Beschleunigung der Bewegung in der Richtung der Kraft zu sagen, sagt man der Kürze wegen oft *Beschleunigung der Kraft* (z. B. Beschleunigung der Schwere).

88. *Masse. Dichte (spezifisches Gewicht).* Wenn ein und dieselbe Kraft auf verschiedene Körper unter sonst gleichen Umständen einwirkt, so lehrt die Erfahrung, daß die Bewegung im allgemeinen verschieden wird. Man kann sagen, daß durchschnittlich große Körper geringere Beschleunigung erhalten als kleine, obwohl es in einzelnen Fällen auch umgekehrt sein kann. Es zeigt sich nämlich, daß jeder Körper eine besondere Fähigkeit hat, der Bewegung oder auch dem Aufhören derselben, wenn sie einmal zustande gekommen ist, Widerstand entgegenzusetzen; weil große Körper im großen ganzen größeren Widerstand leisten als kleine, hat man angenommen, daß diese eigentümliche Fähigkeit auf der Stoffmenge beruht, die der Körper enthält. Deshalb hat man diese Eigenschaft als *Masse* des Körpers bezeichnet. Der Grund dafür, daß nicht immer große Körper größeren Widerstand entgegensetzen (größere Masse haben) als kleine, ist natürlich der, daß der Stoff mehr oder weniger dicht verteilt sein kann. Unter der *Dichte* oder dem *spezifischen Gewicht* eines Körpers wird das Verhältnis zwischen seiner Masse und seinem Volumen verstanden.

Diese Erfahrung und die darauf fußende Definition des Begriffs Masse kann auch so ausgedrückt werden, daß dieselbe Kraft eine um so größere Bewegung (Beschleunigung) in ihrer eigenen Richtung hervorbringt, je kleiner die Masse ist, auf die sie wirkt.

Die so definierte Masse wird *träge Masse* genannt. Man kann indessen die Masse eines Körpers auch aus der allgemeinen Anziehung definieren (die Kraft ist proportional den Massen der beiden Körper und umgekehrt proportional dem Quadrat ihrer Entfernung). Die auf diese Weise definierte Masse wird *schwere Masse* genannt, da ja gerade durch die allgemeine Anziehung bewirkt wird, daß die Körper Gewicht haben. Es zeigt sich nun bei Versuchen, daß träge und schwere Masse bei allen Körpern einander proportional sind; man hat die feinsten Messungsmethoden der modernen Physik angewandt und keine Abweichung von diesem Gesetz finden können.

Indem die Richtigkeit dieses Satzes als ein physikalisches Axiom aufgestellt und die vollen Konsequenzen daraus gezogen wurden, entstand im Jahre 1915 die *allgemeine Relativitätstheorie,* die auf so vielen Gebieten Bedeutung erhalten hat.

Unter Hinzuziehung des oben über die Abhängigkeit der Bewegung von der Kraft Gesagten erhält man dann den folgenden Satz:

Wenn eine Kraft auf eine Masse wirkt, so erfolgt die *Beschleunigung der Bewegung in der Richtung der Kraft, sie ist direkt proportional der Kraft und umgekehrt proportional der Masse.* Der mathematische Ausdruck für die Beschleunigung wäre dann das Verhältnis zwischen der Kraft und der beeinflußten Masse, multipliziert mit einer konstanten Größe; da letztere aber nur davon abhängig ist, welche Einheiten man wählt, kann sie gleich 1 gesetzt werden, und man erhält, wenn P die Kraft, M die Masse und G die Beschleunigung der Bewegung von M in der Richtung der Kraft ist:

$$G = \frac{P}{M}. \tag{1}$$

Die Bestimmung der Masse eines Körpers oder des Verhältnisses zwischen den Massen verschiedener Körper ist nicht immer ganz einfach. Für solche Körper, die auf der Erdoberfläche bewegt werden können, kann es durch Wägen geschehen. Das Gewicht bezeichnet aber nur die Größe der Kraft, mit der der Körper nach unten gezogen wird, ist also nicht dasselbe wie die Masse; bezeichnet aber g die Beschleunigung derjenigen Bewegung, die die Schwere einem Körper zu geben vermag, so hat man (1) zufolge, wenn p das Gewicht ist:

$$M = \frac{p}{g}.$$

Hieraus folgt, daß es zur Bestimmung der Masse eines Körpers nicht genügt, diesen zu wägen; man muß gleichzeitig die Beschleunigung der Bewegung kennen, die die Schwere diesem Körper erteilen kann. Nun lehrt aber die Erfahrung, daß, so lange man sich an demselben Ort befindet, die Schwerebeschleunigung für alle Körper die gleiche ist; sie fallen im luftleeren Raum alle gleich schnell. Wie wir später sehen werden (§§ 103 und 104), ist g aber nicht überall auf der Erde gleich groß. Wägt man also mehrere Körper am gleichen Erdort, so haben ihre Massen dasselbe Verhältnis wie ihre Gewichte. Wird das Wägen an verschiedenen Orten mit Schalenwaagen vorgenommen, so wird das Resultat natürlich dasselbe, sofern die Gewichte richtig justiert, d. h. direkt oder indirekt miteinander verglichen sind; der Druck aber, den ein Gewicht von einem Kilo auf die Erdoberfläche oder auf eine Federwaage ausübt, wird verschieden, trotzdem die Masse die gleiche ist, wo sie sich auch befinden mag.

Wie die Massen der Himmelskörper in gewissen Fällen bestimmt werden können, soll später an verschiedenen Stellen gezeigt werden.

Soll eine Masse in Zahlen ausgedrückt werden, so muß man eine beliebige Masse als Einheit wählen. Für Körper auf der Erde gebraucht man oft die Masse des einen oder anderen Gewichts dazu, man drückt die Masse z. B. in Gramm aus. In der Astronomie sind solche Einheiten nicht bequem.

89. *Tangentialkraft. Zentripetalkraft und Zentrifugalkraft. Zentralkräfte.* Wenn eine Partikel eine gekrümmte Bahn beschreibt, so ist dies, wie wir oben gesehen haben, eins der beiden sicheren Zeichen, die man für das Vorhandensein einer wirkenden Kraft hat. Welche Größe oder Richtung die Kraft auch haben mag, sie kann immer in eine *Tangentialkraft,* die längs der Bewegungsrichtung wirkt (in gleichem oder entgegengesetztem Sinne), und eine *Zentripetalkraft,* die senkrecht dazu steht, zerlegt werden. Die erstere wirkt auf die Geschwindigkeit, die andere auf die Bewegungsrichtung. Die *Zentrifugalkraft* ist dasselbe wie die Zentripetalkraft, aber sie wirkt in entgegengesetzter Richtung. Der Name rührt daher, daß jedes materielle Teilchen, das sich in einer gekrümmten Bahn bewegt, infolge der Trägheit die Tendenz hat, sich nach außen zu entfernen, und zwar in der Tangente der gekrümmten Bahn, während die Zentripetalkraft, die eine Komponente der wirklich vorhandenen Kraft ist, den Punkt nach innen zwingt, d. h. nach der konkaven Seite der Bahn hin.

Eine große Rolle spielt in der Natur der Fall, daß die Kraft immer auf ein und denselben Punkt gerichtet ist; diese Kraft wird dann *Zentralkraft* genannt. Besonders einfach wird die Bewegung, wenn die Kraft gleichzeitig in jedem Augenblick senkrecht zur Bewegungsrichtung steht. Die Bahn ist dann ein Kreis und die Kraft ist gegen dessen Zentrum gerichtet, da der Kreis die einzige Kurve ist mit der Eigenschaft, daß alle Bahnnormalen einen gemeinsamen Schnittpunkt haben. In diesem Fall wird die Tangentialkraft Null, die Geschwindigkeit also gleichförmig, und die Zentralkraft fällt mit der Zentripetalkraft zusammen.

Die Beschleunigung der Zentripetal- oder Zentrifugalkraft bei der Bewegung in einem Kreise kann mittels einer einfachen geometrischen Betrachtung durch die Geschwindigkeit und den Radius des Kreises ausgedrückt werden. Ist v die Geschwindigkeit, mit der der Punkt A (Abb. 72) sich auf dem Kreise mit dem Radius $CA = r$ bewegt, und die zunächst als gleichförmig angenommen werden soll, so wird der Punkt nach einer gewissen Zeit t den Weg $AE = vt$ (da $v = AE : t$) durchlaufen haben. Wird nun die Zeit t und folglich auch der Weg AE als unendlich klein betrachtet, so gibt das Stück BE, um das die gekrümmte Bahn in der zu AC parallelen Richtung von der Tangente abweicht, ein Maß für die Kraft, die in A die Abweichung von der Tangente hervorbrachte. Unter derselben Voraussetzung kann in der Abbildung AEF als rechtwinkliges Dreieck, mit dem rechten Winkel bei E, angesehen werden, da der kleine Bogen AE als mit seiner Sehne zusammenfallend betrachtet werden kann. Da $AD = BE$ ist, hat man einem bekannten geometrischen Satz zufolge:

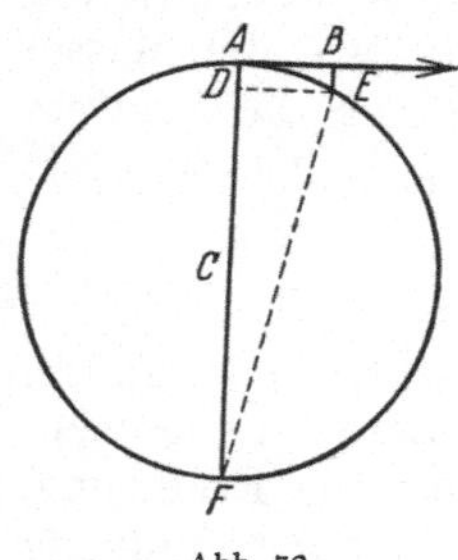

Abb. 72.

$$AD : AE = AE : AF$$

oder, wenn man $AE = vt$, $AF = 2r$ einsetzt und AD mit s bezeichnet:

$$s = \frac{v^2 t^2}{2r}.$$

Die Größe s aber steht genau in demselben Verhältnis zur Beschleunigung der Zentripetalkraft wie die Fallstrecke zur Beschleunigung der Schwere; ebenso wie man in der Physik beweist, daß die Fallstrecke $\frac{1}{2}gt^2$ ist, wenn g die Schwerebeschleunigung ist, erhält man hier $s = \frac{1}{2}ct^2$, wenn c die Beschleunigung der Zentripetalkraft, also $c = 2s : t^2$ ist, oder, wenn der obenstehende Wert von s eingesetzt wird:

$$c = \frac{v^2}{r}. \tag{2}$$

Wenn v die Geschwindigkeit im Punkte A bezeichnet, so sieht man, daß man sich durch die vorhergehende Betrachtung von der ursprünglichen Voraussetzung freigemacht hat, nach der die Geschwindigkeit während des ganzen Weges die gleiche sein sollte, weil der Zeitraum t so kurz ist, daß die Beschleunigung c innerhalb dieses Zeitraums als konstant betrachtet werden kann.

Größe und Gestalt der Erde.

90. *Das Geoid. Geographische Koordinaten.* Während man in der sphärischen Astronomie nur die beiden sphärischen Koordinaten benötigt, die zusammen eine *Richtung* bestimmen, braucht man sonst in der Astronomie auch die dritte Koordinate, die *Entfernung.* Wie wir später sehen werden, hat man Mittel zur direkten Messung der Entfernung von Punkten im Sonnensystem außerhalb der Erde, ihre Anwendung erfordert aber die Kenntnis von der Gestalt und Größe der Erde.

Einige allgemein bekannten Erfahrungen deuten darauf hin, daß die Oberfläche der Erde gekrümmt ist, mit der konvexen Seite nach außen. Dies tritt namentlich auf dem Meere deutlich in Erscheinung, wenn man mit dem Fernrohr auf einen entfernten Gegenstand, z. B. ein Schiff oder einen Leuchtturm, blickt; dann wirkt der dazwischenliegende Teil des Meeres wie ein Hügel, der den unteren Teil des beobachteten Gegenstandes verdeckt.

Eine weitere Erfahrung zeigt, daß die Erdoberfläche, von einigen verhältnismäßig unbedeutenden Unregelmäßigkeiten auf festem Boden abgesehen, nicht viel von der Kugelform abweichen kann; die Begrenzung des Erdschattens, den man nach dem Untergang und vor dem Aufgang der Sonne in der Luft oder bei einer Mondfinsternis auf dem Mond sehen kann, hat nämlich immer die Gestalt eines Kreisbogens. Nun ist die Kugel der einzige Körper, der einen kreisförmigen Schatten gibt, von welcher Seite sie auch beleuchtet wird. Der Teil der Schattengrenze, den man auf einmal sehen kann, ist jedoch nicht so groß und erlaubt auch keine so genauen Messungen, daß man der Sache auf diese Weise näher auf den Grund kommen könnte.

Da die Mittel, die man zu einer direkteren Untersuchung der Form der Erde hat, nicht auf der gesamten Erdoberfläche zur Anwendung kommen können, kann man den gewöhnlichen Weg gehen und eine Hypothese aufstellen, deren theoretische Konsequenzen mit der Erfahrung verglichen werden können. Was im folgenden Erdoberfläche genannt wird, ist die *mathematische Erdoberfläche,* die dadurch definiert ist, daß sie überall senkrecht zur Richtung der Schwere steht, so wie das Meer, wenn es unbeeinflußt ist von Wind und Sturm. Sie wird auch *Geoid* genannt (vgl. hierüber näher S. 134).

Die auf Grund der Erfahrungen nächstliegende Hypothese, die in der Tat auch bereits im Altertum aufgestellt wurde, ist, daß die Erde eine um das Zentrum symmetrisch aufgebaute *Kugel* ist. Diese Hypothese wird im folgenden, bis zum § 93, unseren Betrachtungen zugrunde gelegt. In diesem Fall muß die Schwere überall auf der Erde gegen ihr Zentrum gerichtet sein, und der Erdradius durch einen Ort trifft, nach oben verlängert, die Himmelskugel im Zenit des Ortes, fällt also mit der Vertikallinie des Ortes zusammen. Obwohl diese Hypothese die Probe der Erfahrungen nicht ganz bestanden hat, wird es doch von Interesse sein, der historischen Entwicklung in Kürze zu folgen. Die Abweichung ist so klein, daß sie für viele Probleme ohne praktische Bedeutung ist.

Da die Erdradien in allen möglichen Richtungen nach außen zeigen, muß auf der Erdoberfläche ein Punkt vorhanden sein, wo die Vertikallinie auf den nördlichen Himmelspol zeigt, und ein anderer, diametral entgegengesetzter, wo sie auf den südlichen Himmelspol zeigt. Man nennt diese beiden Punkte die *Pole der Erde* und die Verbindungslinie zwischen ihnen die *Erdachse.* Der größte Kreis, der 90° von den Polen entfernt liegt, heißt *Erdäquator.* Es ist klar, daß für einen Beobachter auf diesem größten Kreis oder für einen gedachten Beobachter im Zentrum der Erde die Äquatorebene der Erde mit der Äquatorebene des Himmels, deren Lage durch die tägliche Bewegung des Himmels bestimmt ist, genau zusammenfällt (vgl. § 17). Bis jetzt haben wir den zufälligen Standort des Beobachters als Zentrum der Himmelskugel betrachtet, und da in diesem Sinn die Himmelskugel einen unendlich großen Radius hat, wird die Gerade von jedem Punkt der Erdoberfläche zu einem der Himmelspole, die wir die Weltachse genannt haben, mit der Erdachse genau parallel. Folglich geht der Meridian, der als größter Kreis durch Zenit und Pol oder als die Ebene durch Vertikallinie und Weltachse definiert ist, auch durch die Erdachse, und der *Meridian eines Ortes* auf der Erde kann dann als Ebene durch die Erdachse und die Vertikallinie des Ortes definiert werden. Auf einer kugelförmigen Erde werden alle Erdmeridiane größte Kreise durch die Pole sein. Im folgenden wird es bequemer sein, sich das Zentrum der Himmelskugel in das Zentrum der Erde versetzt zu denken. Den Einfluß, den eine Veränderung des Ortes des Beobachters auf der Erdoberfläche auf die Beobachtung von Himmelskörpern in endlicher Entfernung hat (die *tägliche Parallaxe*), werden wir später (§§ 98 bis 100) untersuchen.

Die Lage eines Ortes auf der Oberfläche der Erde ist durch die Richtung seiner Vertikallinie bestimmt, und diese Richtung kann durch zwei sphärische Koordinaten angegeben werden, wozu man im allgemeinen die geographische Breite und Länge benutzt.

Die *geographische Breite* ist der Winkel, den die Vertikallinie des Ortes mit der Ebene des Äquators bildet. Da die Vertikallinie nach dem Zenit zeigt, ist dieser Winkel gleich der Deklination des Zenits, die wiederum gleich der Polhöhe ist. Wie diese gefunden werden kann, ist früher gezeigt worden. Wenn die Hypothese von der Kugelform der Erde richtig ist, also die Vertikallinie mit dem Erdradius zusammenfällt, so hat dieser Winkel seinen Scheitel im Zentrum der Erde und wird durch den Meridianbogen gemessen, der zwischen dem Äquator und dem Orte selbst liegt. Die Breite wird nördlich oder südlich genannt, je nachdem der Ort nördlich oder südlich vom Äquator liegt, und entspricht einer positiven oder negativen Polhöhe.

Die *geographische Länge* ist der Winkel, den der Meridian des Ortes mit einem willkürlich gewählten Ausgangsmeridian bildet, wozu man im allgemeinen den Meridian durch *Greenwich* benutzt. Westliche Längen werden als positiv, östliche als negativ bezeichnet.

91. *Längenbestimmung.* Um den Längenunterschied zwischen zwei Orten zu bestimmen, benutzt man, wie früher gezeigt ist, die tägliche Bewegung des Himmels. Während dieser wird jeder Himmelskörper, z. B. die Sonne (also auch die mittlere Sonne) zuerst durch den Meridian des östlicheren Ortes gehen, und wenn er nach Verlauf einiger Zeit zu den Orten des westlicheren Meridians gelangt, dann ist der Stundenwinkel am ersten Ort gleich dem Winkel zwischen den beiden Meridianen, also gleich dem Längenunterschied. Als Folge davon wird der Längenunterschied ebenso wie der Stundenwinkel oft in Zeit statt in Graden (eine Stunde gleich 15°) ausgedrückt. Bei der fortgesetzten täglichen Bewegung wird der Unterschied zwischen den Stundenwinkeln des Sterns an den beiden Orten immer gleich dem Längenunterschied sein (vgl. § 51).

Da nun der Unterschied zwischen den beiden Stundenwinkeln derselbe ist wie der Unterschied zwischen der Ortszeit der beiden Orte im selben Augenblick, so besteht die Bestimmung des Längenunterschiedes aus zwei Teilen. Erstens muß man an beiden Orten, nach einer der früher entwickelten Methoden, den Stand einer Uhr bestimmen, und danach muß man ein Mittel haben, um festzustellen, welche Zeit beide Uhren im gleichen Augenblick zeigen. Ob die Uhren Sonnenzeit oder Sternzeit zeigen, ist gleichgültig; wenn der Längenunterschied zwischen zwei Orten z. B. 10° beträgt, so wird die Sonne 40^m Sonnenzeit gebrauchen, um von dem einen Meridian zum anderen zu wandern, ein Stern dagegen wird 40^m Sternzeit nötig haben; an und für sich ist dies ja ein kürzerer Zeitraum, der Winkel aber wird in jedem Falle derselbe, da die tägliche Bewegung des Sterns entsprechend schneller vor sich geht als die der Sonne (vgl. § 51).

Überall wo *telegraphische Verbindungen* vorhanden sind, geben diese ein bequemes und genaues Mittel zur Ausführung eines solchen Vergleichs ab. Man richtet sich dann so ein, daß man im Laufe der Beobachtungsreihen, die an beiden Orten zur möglichst genauen Bestimmung des Uhrstands angestellt werden, telegraphische Signale wechselt, die sowohl auf der Sendestation als auch auf der Empfangsstation nach der betreffenden Uhr abgelesen werden. Das Signal kommt natürlich nicht in demselben Augenblick an, in dem es abgesandt wird, da der elektrische Strom eine Arbeit leisten muß (die Anziehung des Ankers durch einen Elektromagneten), damit das Signal auf der Empfangsstation für Auge oder Ohr wahrnehmbar wird, aber der kleine Fehler, der dabei entsteht, kann durch Auswechseln gegenseitiger Signale unschädlich gemacht werden. Ist nämlich A die auf der östlichen Station notierte Zeit, B die auf der westlichen, beide wegen des Uhrstandes korrigiert, dann würde $A - B$ gleich dem Längenunterschied sein, sofern die Signale an beiden Orten genau gleichzeitig notiert worden wären. Wenn nun ein Signal von A nach B gesandt wird, so kommt es etwas zu spät an, die notierte Zeit B wird also zu groß und die Differenz $A-B$ zu klein; sendet man dagegen das Signal von B nach A, dann wird A zu groß und die Differenz $A-B$ zu groß. Sind nun die Apparate an beiden Orten einander gleich, dann wird das Mittel einen korrekten Wert geben. Die Erfahrung lehrt, daß die Verspätung im allgemeinen nur einen ganz kleinen Bruchteil einer Sekunde ausmacht.

Bei der Längenbestimmung zwischen Orten, die nicht durch eine Telegraphenlinie oder drahtlosen Telegraphen verbunden sind, und die einander auch nicht so nahe liegen, daß *optische Signale* benutzt werden könnten, kann man sich damit helfen, daß man vom einen zum anderen Ort mit einem Chronometer reist, das an beiden Orten mit Uhren verglichen wird, deren Stand auf die gewöhnliche Weise bestimmt ist. Wird darauf das Chronometer zur Ausgangsstation zurückgebracht, so kann man seinen durchschnittlichen Gang in der Zwischenzeit bestimmen, die Bedingung aber für ein korrektes Resultat ist, daß der Chronometergang sich unterwegs nicht geändert hat. Um die dadurch hervorgerufene Unsicherheit so weit wie möglich zu eliminieren, kann man mehrere Male hin und her reisen und jedesmal mehrere Chronometer mitnehmen. Solche Chronometerexpeditionen wurden vor der Zeit des Telegraphen oft unternommen und waren damals die beste Methode zur Längenbestimmung. Heute benutzt man fast immer die drahtlose Telegraphie für diese Vergleiche.

Auch auf See muß man sich, wenn kein drahtloser Telegraph an Bord ist, bei der Längenbestimmung auf den Gang des Chronometers verlassen. Bei der Abreise aus dem Hafen stellt man den Stand nach Greenwichzeit fest und kennt diese daher jederzeit, wenn der Gang bekannt ist. Wird nun durch eine Beobachtung an Bord der Stand desselben Chronometers nach Ortszeit bestimmt (vgl. § 75), dann ist der Unterschied der beiden Zeiten die Länge des Ortes, östlich oder westlich von Greenwich, je nachdem die Ortszeit mehr oder weniger als die Zeit von Greenwich im selben Augenblick beträgt.

92. *Ältere Methoden zur Längenbestimmung.* Als in früheren Zeiten keins der obengenannten Mittel zur Verfügung stand, war man auf die Beobachtung des *Mondes* angewiesen, der als ein Zeiger angesehen werden kann, der in etwas mehr als 27 Tagen einmal um den Sternhimmel als eine Art Zifferblatt herumgeht.

Nebenbei sei bemerkt, daß der Anfang und das Ende einer *Mondfinsternis* überall, wo das Phänomen überhaupt gesehen werden kann, im gleichen Augenblick stattfindet, also ein optisches Signal darstellt. Aus Gründen aber, die wir später (§ 144) erklären werden, kann das Phänomen nicht mit der notwendigen Genauigkeit beobachtet werden. Eine größere Genauigkeit erreicht man oft durch Beobachtung der Verfinsterungen der Trabanten des Planeten Jupiter, die auch weit häufiger stattfinden. Da es hier indessen darauf ankommt, einen verschwindenden oder, nach Ende der Verfinsterung, wiedererscheinenden Lichtpunkt zu verfolgen, hängt das Resultat bis zu einem gewissen Grad von der Stärke des benutzten Fernrohrs ab.

Dagegen kann Anfang und Ende einer *Sonnenfinsternis* und noch mehr einer *Sternbedeckung durch den Mond* (*Okkultation*) bedeutend größere Genauigkeit geben. Dies sind indessen Phänomene ganz anderer Art, die sich nicht gleichzeitig an den beiden Beobachtungsorten abspielen und deshalb eine weitläufigere Berechnung erfordern.

Wenn man an beiden Orten ein Durchgangsinstrument im Meridian aufgestellt hat, kann man damit den Längenunterschied durch *Mondkulminationen* bestimmen. Man findet die Kulminationszeit des Mondes dann nach einer Uhr, deren Stand durch Beobachtung von Sternen vorher und nachher mit demselben Instrument bestimmt wird. Die Methode läuft darauf hinaus, die Rektaszension des Mondes zu bestimmen; da diese beständig zunimmt, wird man sie an dem östlichen Ort kleiner als an dem westlichen finden. Die Rektaszension des Mondes wächst ungefähr 2^s in der Minute; kann man an beiden Orten die Kulminationszeit auf $0^s.1$ bestimmen, so kann man also erwarten, den Längenunterschied mit einem Fehler zu finden, der nicht größer als ungefähr 3^s ist. Durch Wiederholung der Beobachtungen kann die Genauigkeit gesteigert werden. Die Geschwindigkeit, mit der die Rektaszension des Mondes wächst, ist aus der Theorie der Bewegung des Mondes bekannt und findet sich in den größeren astronomischen Jahrbüchern angegeben.

Will man auf See den Mond zur Längenbestimmung benutzen, so ist man auf *Monddistanzen* angewiesen. Mit dem Sextanten mißt man die Entfernung des hellen Mondrandes vom Sonnenrand oder von einem Stern, der annähernd auf der Bahn des Mondes am Himmel liegt, und notiert die Zeit nach einem Chronometer, dessen Stand nach Ortszeit ungefähr gleichzeitig durch Messen einer Höhe bestimmt wird. Um die ziemlich weitläufigen Berechnungen, die diese Beobachtung erfordert, bis zu einem gewissen Grade zu erleichtern, enthielten die größeren Jahrbücher früher die Winkelentfernungen des Mondes von der Sonne und von einer Anzahl heller Sterne für jede dritte Stunde während der ganzen Zeit des Monats, in dem der Mond sichtbar war, im voraus berechnet. Durch Vergleich der beobachteten, in der erforderlichen Weise reduzierten, Distanz mit dem vorausberechneten Wert läßt sich durch Interpolation die Greenwichzeit finden. Da jedoch die in späterer Zeit verbesserten Chronometer in Verbindung mit den schnelleren Seereisen und vor allem die drahtlose Telegraphie bewirkt haben, daß die Beobachtung des Mondes immer mehr zu einem Notbehelf geworden ist, werden die Monddistanzen nicht mehr vorausberechnet; doch ist der Beobachter in der Lage, sie aus den übrigen Daten der Jahrbücher selbst zu berechnen.

93. *Gradmessungen.* Die Gestalt und die Dimensionen der Erde werden durch sog. *Gradmessungen* bestimmt. Der Name kommt daher, daß man ursprünglich die Länge eines Breitengrades gemessen und daraus den Erdhalbmesser berechnet hat. Später ging man dazu über die Länge von Bögen zu messen, die viele Grade und Bruchteile davon betragen. Eine Gradmessung erfordert teils *astro-*

nomische Beobachtungen, die den Winkel zwischen den Vertikallinien zweier Orte bestimmen sollen, teils *geodätische* Beobachtungen, um die lineare Entfernung zwischen denselben beiden Orten zu bestimmen.

Nimmt man an, daß die Erde eine Kugel ist, so wird *eine* solche Gradmessung genügen. Die Richtigkeit der Hypothese wird dadurch geprüft, daß man untersucht, ob mehrere Gradmessungen in verschiedenen Gebieten zu demselben Resultat führen.

Auf Abb. 73 ist N einer der Erdpole, A und B zwei andere Punkte auf der Erdoberfläche. Die beiden Meridianbogen NA und NB bilden dann in Verbindung mit dem größten Kreis AB (der gleich dem Winkel zwischen den beiden Vertikallinien des Ortes ist) ein sphärisches Dreieck. Kann man nun den Winkelwert v sowohl als auch die lineare Länge b des Bogens AB bestimmen, so hat man, wenn r der Erdradius ist:

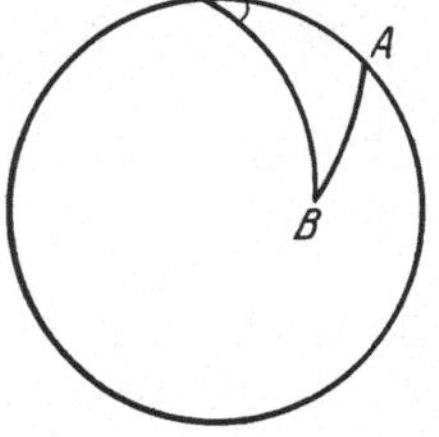

Abb. 73.

$$\frac{b}{2\pi r} = \frac{v}{360^\circ},$$

woraus r also bestimmt werden kann.

Den Winkelwert v kann man auf astronomischem Wege dadurch finden, daß man die Polhöhe in A und in B und außerdem den Längenunterschied, der in der Abbildung gleich dem Winkel bei N ist, bestimmt. Man kennt im Dreieck dann die beiden Seiten NA und NB, die die Komplemente der beiden Polhöhen sind, und den eingeschlossenen Winkel, man kann also die dritte Seite AB oder v berechnen. Liegen die beiden Orte auf demselben Meridian, wird v gleich der Differenz zwischen den beiden Polhöhen.

Um die lineare Länge b zu bestimmen, pflegte man in älterer Zeit die Entfernung AB direkt zu messen; dazu ist natürlich ein geeignetes Terrain erforderlich.

Die älteste Gradmessung, von der man weiß, wurde von ERATOSTHENES (276 bis 194 v. Chr.) ausgeführt. Er bestimmte die Länge des Bogens zwischen Alexandria und Syene, die ungefähr auf demselben Meridian liegen, zu 5000 Stadien, indem er für den nördlichen Teil Messungen der Feldmesser, für den südlichen die Anzahl von Tagesreisen benutzte, die man brauchte, um nach Syene zu gelangen. Ferner hatte er gehört, daß zur Zeit des Sommersolstitiums die Mittagssonne in Syene im Zenit stand (sie schien in einen tiefen Brunnen hinein, ohne einen Schatten zu werfen). In Alexandria beobachtete er selbst, daß sie zur gleichen Zeit um ein Fünfzigstel der ganzen Peripherie vom Zenit entfernt blieb, woraus er schloß, daß der Umfang der Erde $50 \times 5000 = 250000$ Stadien ist (ein Stadion scheint nicht überall dasselbe gewesen zu sein. Man findet Werte von 157, 180 und 210 m angegeben, von denen der erstgenannte Wert im vorliegenden Falle wahrscheinlich der richtige ist).

Unter den weiteren Versuchen, die im Laufe der Zeit gemacht wurden, soll der des Kalifen ALMAMUN erwähnt werden, der im Jahre 827 von einem Punkt in der mesopotamischen Ebene zwei Expeditionen ausgehen ließ, die eine nach Norden, die andere nach Süden, bis sich die Polhöhe um 1° geändert hatte, und dann die Entfernung mit Stäben maß. Das Resultat ist in arabischen Ellen angegeben, mit dem Zusatz, daß eine Elle 27 Zoll enthält und ein Zoll 6 Gerstenkörnern gleich ist.

Eine wesentliche Verbesserung des geodätischen Teils der Operationen verdankt man dem Holländer SNEL VAN ROIEN oder SNELLIUS, der die *Triangulation* erfand. Sehr wichtige Verbesserungen brachte PICARD am Verfahren von SNELLIUS an und gab ihm im wesentlichen die Gestalt, in der es heute noch gebraucht wird. Statt den Abstand zwischen den beiden Punkten A und B direkt zu messen (Abb. 74), wählt man eine Anzahl Stationen zwischen ihnen, die so gelegen sind, daß man von jeder einzelnen aus die nächstliegenden sehen kann; gleichzeitig sorgt man dafür, daß die Dreiecke, die bei der Verbindung dieser Punkte entstehen, nicht zu spitze Winkel erhalten. Man mißt in einem bequemen Terrain mit größtmöglicher Genauigkeit eine Grundlinie, z. B. AC, die nicht besonders lang zu sein braucht. Der Rest der Arbeit besteht darin, horizontale Winkel mit einem Theodolit zu messen. Stellt man sich zuerst in den Punkt A, so kann man dort den Winkel zwischen den Richtungen AC und AD messen; wenn man danach auf der Station C den Winkel zwischen den Richtungen CA und CD mißt, so ist das Dreieck ACD bestimmt, da man eine Seite und zwei anliegende Winkel kennt; somit kann man die beiden anderen Seiten AD und CD berechnen. Die letztere kann darauf als Grundlinie in dem nächsten Dreieck CDE benutzt werden, wo man wieder die Winkel mißt (am besten alle drei) usw. durch die ganze Kette der Dreiecke bis B. Es ist klar, daß man auf diese Weise Größe und Gestalt der ganzen Dreieckskette erhält.

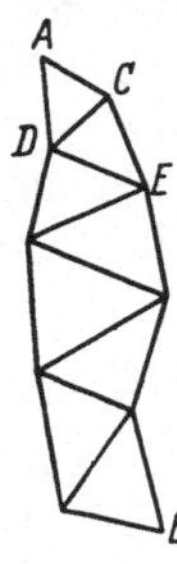

Abb. 74.

Mit dem Theodolit mißt man die Winkel zwischen zwei Vertikalebenen; daher werden die Dreiecksseiten die Schnittlinien dieser Vertikalebenen mit der mathematischen Erdoberfläche, wenn die Grundlinie darauf reduziert ist; dadurch werden sie etwas kürzer, da ja die Vertikallinien nach unten konvergieren. Ist die Erde eine Kugel, so werden die Dreiecke also sphärische Dreiecke. Es ist jedoch nicht nötig, die Sätze aus der sphärischen Trigonometrie zur Berechnung heranzuziehen; im allgemeinen erreicht man eine vollständig ausreichende Genauigkeit, wenn man sich die gekrümmten Seiten des Dreiecks in gerade Linien ausgestreckt denkt und gleichzeitig (LEGENDREsches Theorem) jeder der Winkel um ein Drittel des sphärischen Exzesses verkleinert wird (s. S. 21). Die Dreiecke werden dann als ebene Dreiecke berechnet. Zur Berechnung des sphärischen Exzesses ist eine genäherte Kenntnis der Erddimensionen erforderlich. Im allgemeinen wird jedoch der sphärische Exzeß nur einige wenige Sekunden betragen; in einem gleichseitigen Dreieck von 100 km Seitenlänge ist er z. B. 22″. Gewöhnlich liegen die Längen der Dreiecksseiten zwischen 30 und 60 km. Die längste Seite einer in Norwegen gemessenen Dreieckskette beträgt 150 km. Das Viereck, das Algerien mit Spanien über das westliche Mittelmeer hinweg verbindet, enthält Seiten von 270 km Länge. In den Vereinigten Staaten kommen Dreiecksseiten von 300 km, in Nordwestindien eine von rund 400 km vor. Zur fehlerfreien Sichtbarmachung der Zielpunkte verwendet man auch bei kurzen Dreiecksseiten das von GAUSS erfundene *Heliotrop*, einen Apparat, der durch einen Spiegel die Sonnenstrahlen zu der Station hinüberwirft, wo der Theodolit aufgestellt ist. In neuerer Zeit beobachtet man häufig nachts und verwendet für die Sichtbarmachung der Zielpunkte starke künstliche Lichtquellen.

Soll eine solche Dreieckskette zu einer Gradmessung benutzt werden, so sind folgende astronomischen Beobachtungen erforderlich. Zuerst muß die Polhöhe in den beiden Endpunkten A und B bestimmt werden. Sodann muß die Dreieckskette durch Messung des Azimuts einer der Dreiecksseiten orientiert werden, was durch Beobachtungen der Sonne oder eines Sterns geschehen kann, wenn der Stand der Uhr bekannt ist. Zu diesem Zweck sind also auch Zeitbestimmungen erforderlich. Erstreckt sich die Dreieckskette hauptsächlich von Osten nach Westen, so tritt an Stelle der einen Breitenbestimmung eine Bestimmung des Längenunterschieds der Endpunkte.

Wenn eine Breitengradmessung ausgeführt, d. h. ein Meridianbogen gemessen werden soll, brauchen die Endpunkte A und B nicht genau auf demselben Meridian zu liegen, da man mit Hilfe der Dreieckskette und ihres Azimutes die Länge des Meridianbogens zwischen den beiden durch A und B gehenden Parallelkreisen berechnen kann. Ebenso brauchen bei einer Längengradmessung die Endpunkte A und B nicht genau auf demselben Parallelkreis zu liegen, da man mit Hilfe des Azimutes der genähert ostwestlich verlaufenden gemessenen Strecke die Länge des Parallelkreisbogens zwischen den durch A und B gehenden Meridianen berechnen kann. Bei einer Gradmessung schief zum Meridian werden in A und B die Breiten und der Längenunterschied AB gemessen. Eine solche Messung hat daher den Wert von zwei Gradmessungen.

Nebenbei sei bemerkt, daß dieselben astronomischen und geodätischen Arbeiten als Grundlage für jede größere Kartenarbeit erforderlich sind, nur mit dem Unterschied, daß in dem Falle eine Polhöhe und ein Azimut genügen, da Größe und Gestalt der Erde hier als bekannt vorausgesetzt werden; hierzu kommt eine Längenbestimmung, wenn die Dreieckskette relativ zu einem außerhalb liegenden Meridian orientiert werden soll. Die Ecken der Dreiecke nennt man trigonometrische Punkte. Was sich zwischen ihnen befindet, wird durch eine Detailmessung ausgefüllt.

Die erste genaue Gradmessung durch Triangulation wurde in den Jahren 1669 bis 1670 von PICARD im nördlichen Frankreich ausgeführt. Er fand, daß die Länge eines Grades 57060 französische Toisen oder ungefähr 111200 m betrug.

94. *Die Erde ein abgeplattetes Umdrehungsellipsoid. Große und kleine Achse. Abplattung. Exzentrizität. Geozentrische Breite.* Einige Jahre darauf sprach NEWTON einen Gedanken aus, auf den er durch theoretische Betrachtungen geführt worden war, daß nämlich die Krümmung der Erde an den Polen etwas geringer sein müsse als am Äquator. Wenn also zwei Gradmessungen ausgeführt würden, eine in hoher und eine in niedriger Breite, so müßte die Länge eines Grades im ersten Fall mehr betragen als im letzteren; denn je flacher die Erde ist, desto weiter muß man reisen, um die Richtung der Vertikallinie um einen Grad oder einen anderen gegebenen Winkel verändert zu finden.

Zur Untersuchung dieser Frage sandte die französische Akademie zwei Expeditionen aus, eine nach dem schwedischen Lappland und eine nach Peru, wo in den Jahren 1736 bis 1743 Gradmessungen ausgeführt wurden. Die Berechnung ergab das Resultat, daß ein Meridiangrad am Polarkreis 57422 Toisen lang war, am Äquator dagegen nur 56753. Obwohl die Beobachtungen nicht die Genauigkeit besaßen, die der Anzahl der Ziffern in den angeführten Zahlen entspricht, war sie doch vollkommen ausreichend, um die Vermutung NEWTONS zu bestätigen.

Danach mußte nun die alte Hypothese von der Kugelgestalt aufgegeben werden. Statt dessen stellte NEWTON auf Grund seines Anziehungsgesetzes die Hypothese auf, daß die mathematische Erdoberfläche ein *abgeplattetes Umdrehungsellipsoid* sei, das ist eine Fläche, die entsteht, wenn eine Ellipse um ihre kleine Achse gedreht wird. Alle Meridiane werden in diesem Falle kongruente Ellipsen, wogegen der Äquator ein Kreis bleibt, ebenso alle Parallelkreise. Mehrere Mathematiker, unter denen besonders STIRLING zu nennen ist, versuchten diese Hypothese zu beweisen. Aber erst CLAIRAUT gelang dieser Versuch unter sehr wahrscheinlichen Annahmen. Im Laufe der Zeit stellte sich heraus, daß diese Annahmen im großen und ganzen tatsächlich zutreffen. Ob aber nicht doch kleine Abweichungen von der Hypothese NEWTONS und CLAIRAUTS vorhanden sind, ist heute noch unentschieden.

Nach dieser Hypothese werden die Vertikallinien nur an den Polen und am Äquator genau nach dem Zentrum der Erde zeigen, sonst aber werden sie überall daran vorbeigehen, obschon sie alle die Erdachse schneiden, so daß die Definition des Meridians eines Ortes dieselbe bleibt wie vorher. Da die geographische Breite der Winkel ist, den die Vertikallinie mit der Ebene des Äquators bildet, so wird er seinen Scheitel also nicht im Zentrum der Erde haben. Auf Abb. 75 (wo die Abplattung stark übertrieben ist) ist CA der Radius des Äquators, SZ die Vertikallinie für den Punkt S, und der mit φ bezeichnete Winkel ist die geographische Breite. Der Winkel SCA, den der Erdradius in S mit der Ebene des Äquators bildet, wird die *geozentrische Breite* genannt. Im folgenden wird diese immer mit φ' bezeichnet. Der Meridianbogen SA kann jetzt nicht als Maß für die geographische Breite und ebensowenig für die geozentrische Breite benutzt werden.

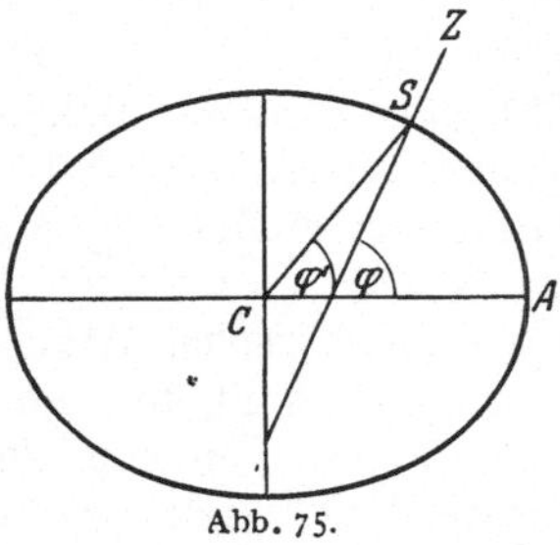

Abb. 75.

Da die geodätischen Dreiecke durch den Schnitt der Oberfläche mit vertikalen Ebenen entstehen, so werden die Dreiecksseiten jetzt elliptische Bogen. Man kann sie jedoch mit hinreichender Genauigkeit als sphärische betrachten und sie also auf die früher erklärte Weise behandeln, nur mit dem Unterschied, daß man sich das Dreieck als auf einer Kugel liegend denkt, deren Radius der durchschnittlichen Krümmung in der betreffenden Gegend entspricht.

Gestalt und Größe einer Ellipse sind durch zwei Konstanten bestimmt. Zur Bestimmung der Dimensionen der Erde sind deshalb zwei unter verschiedenen Breiten ausgeführte Breitengradmessungen oder zwei Längengradmessungen unter verschiedenen Breiten oder eine Breiten- und eine Längengradmessung unter derselben Breite oder eine Gradmessung schief zum Meridian erforderlich. Die Richtigkeit der Hypothese wird dadurch geprüft, daß man untersucht, ob verschiedene Paare solcher Gradmessungen zu demselben Resultat führen.

Ist a der Äquatorradius und b der Polarradius, so kann man entweder diese beiden als Bestimmungsstücke benutzen oder den einen davon, z. B. a, in Verbindung mit der Abplattung, unter der die unbenannte Zahl:

$$\alpha = \frac{a-b}{a}$$

verstanden wird.

Statt der Abplattung kann man auch die Exzentrizität e der Meridianellipse benutzen, die durch die Gleichung:

$$e^2 = \frac{a^2-b^2}{a^2}$$

definiert ist.

Da:

$$\alpha = 1 - \frac{b}{a} \text{ und } 2 - \alpha = 1 + \frac{b}{a},$$

wird:

$$e^2 = \alpha(2-\alpha).$$

95. *Bestimmung der Konstanten des Erdellipsoids.* Eine der längsten Gradmessungsreihen ist die russisch-skandinavische, die in den Jahren 1817 bis 1852 von Ismaila an der Donau in der Nähe des Schwarzen Meeres zum Eismeer geführt wurde, wo der „Meridianpfeiler" auf Fuglenaes bei Hammerfest ihren nördlichen Endpunkt bezeichnet. Sie erstreckt sich über gut 25°, nämlich von 45° 20′ bis zu 70° 40′ Breite. Noch länger ist der englisch-französich-spanische Bogen von Saxavord auf den Shetlandinseln bis zur Oase Laghouat in der Sahara. Er umfaßt 28°. Zur Zeit wird an einem Meridianbogen Kap—Kairo gemessen, der später mit dem skandinavisch-russischen Bogen zusammengeschweißt werden soll, so daß ein Bogen vom Nordkap bis zur Kap der Guten

Hoffnung erhalten werden wird. In der zweiten Hälfte des vorigen Jahrhunderts wurde eine Längengradmessung vom westlichen Irland bis Sibirien über beinahe 69 Längengrade auf 52° Breite ausgeführt. Es ist geplant, sie bis nach Wladiwostok weiterzuführen. Auch an vielen anderen Stellen sind solche Arbeiten unternommen worden. Aus den Reihen, die bis zur Mitte des vorigen Jahrhunderts ausgeführt waren, hat BESSEL die Dimensionen der Erde berechnet; später hat der englische Oberst CLARKE noch neuere Reihen mit in die Berechnung einbezogen. HELMERT in Potsdam hat außerdem einen Teil der von der Internationalen Erdmessung ausgeführten Beobachtungsreihen verwertet, und der Amerikaner HAYFORD hat ausgedehnte Dreiecksketten in den Vereinigten Staaten berechnet. Statt der Ableitung der Erddimensionen aus einzelnen Bogen (Bogenmethode) hat HELMERT vorgeschlagen und begonnen, sie aus Netzen, die größere Gebiete flächenartig bedecken, abzuleiten (Flächenmethode). Dieser Gedanke ist namentlich in den Vereinigten Staaten aufgegriffen worden. Bessel benutzte die französische Toise als Einheit, Clarke den englischen Fuß; in der untenstehenden Tabelle sind die Resultate in Metern ausgedrückt.

Als während der französischen Revolution das metrische System eingeführt wurde, wurde das Meter ursprünglich als der zehnmillionste Teil des durch Paris gehenden Meridianquadranten definiert. Die älteren französischen Dreiecksketten um den Meridian von Paris herum wurden teilweise erneuert und außerdem nach Süden bis zu den Balearen verlängert; um sich so weit als möglich von der Unsicherheit in der Abplattung zu befreien, wollte man nämlich die Mitte des gemessenen Meridianbogens bei 45° Breite haben. Noch ehe diese Arbeiten beendet waren, wurde auf Drängen des Konvents im Jahre 1799 das erste Normalmeter (mètre des Archives) konstruiert. Damit war jedoch die Verschiedenheit der Längenmaße nicht beseitigt. Erst 1875 wurde von 20 Staaten der Internationale Maß- und Gewichtsvertrag abgeschlossen, durch den das Maß- und Gewichtsbüro in Breteuil bei Paris begründet wurde, dessen erste Aufgabe die Herstellung eines Urmeters (𝔐) war, das 1889 vollendet wurde. Kopien davon bekamen alle Länder, in denen das metrische System eingeführt ist (in Frankreich waren bereits im Jahre 1795 Meter zum Gebrauch im täglichen Handel und Wandel verfertigt). Als legales Meter bezeichnet man nach einem vom Konvent erlassenen Gesetz 443.296 Linien der Toise du Pérou bei 13° C (1 Toise hat 864 Linien). Sowohl das metre des Archives wie das internationale Urmeter (𝔐) sind von diesem legalen Meter (m) verschieden.

Spätere Gradmessungen haben gezeigt, daß das in dieser Weise festgelegte Meter etwas zu kurz ist, um der ursprünglichen Definition genau zu entsprechen, so daß also der Meridianquadrant etwas mehr als 10 Millionen Meter enthält.

Die Resultate der oben angedeuteten Untersuchungen geben für den Äquatorradius a, den Polarradius b und die Abplattung α die folgenden Werte:

	BESSEL	CLARKE (1880)	HELMERT	HAYFORD
a	6377397 m	6378249 m	6378140 m	6378388 m
b	6356079	6356515	6356758	6356912
α	$^1/_{299}$	$^1/_{293}$	$^1/_{298}$	$^1/_{297}$

BESSELS Werte geben dem Meridianquadranten 856 m, CLARKES 1868 m, HELMERTS 1973 m, HAYFORDS 2288 m mehr als 10 Millionen Meter. Im folgenden sind HELMERTS Werte benutzt.

Die mangelhafte Übereinstimmung kann vielleicht teilweise der Unvollkommenheit der Beobachtungen zugeschrieben werden; die obenstehenden Zahlen aber deuten doch bereits darauf hin, daß die Hypothese, daß die Erde ein

Umdrehungsellipsoid sei, nicht ganz zutrifft. Dies wird auch noch auf andere Weise bestätigt.

Auf der Grundlage der vorliegenden Beobachtungsresultate kann behauptet werden, daß keine Aussicht dazu vorhanden ist, ein System elliptischer Konstanten zu finden, die allen Beobachtungen genügen; aber die Abweichungen haben im großen ganzen einen ausgeprägt zufälligen Charakter. Die Richtung der Schwere, auf der das ganze fußt, ist an vielen Orten lokalen Abbiegungen, den sog. *Lotabweichungen*, unterworfen. Diese können oft auf sichtbare Ursachen zurückgeführt werden, so z. B. wenn das untere Ende der Lotlinie auf der einen Seite eines Berglandes landeinwärts zeigt; ebenso wie die Hauptrichtung der Schwere nach unten von der Anziehung der gesamten Erde verursacht ist, kann nämlich eine genügend große Landmasse eine merkbare seitliche Abweichung hervorbringen. Dies trifft z. B. für die Westküste Norwegens, verglichen mit den östlichen Teilen des Landes, zu. Aber auch in weit ausgedehnten Ebenen findet man solche lokalen Anomalien, die dann der ungleichen Dichte in den oberen Schichten der Erdkruste zuzuschreiben sind.

Man muß daher drei Erdoberflächen unterscheiden: 1. die *physische* Erdoberfläche, die wir sehen und fühlen; 2. die *hydrostatische* Erdoberfläche, die überall auf der Schwererichtung senkrecht steht und zahlreiche kleine Unregelmäßigkeiten der Krümmung aufweist; sie fällt mit der ungestörten Oberfläche der Ozeane zusammen (man nennt sie auch *Geoid*); 3. die *Grundform* oder *Idealform* der Erdoberfläche, die dasjenige Umdrehungsellipsoid ist, das sich der hydrostatischen Erdoberfläche möglichst eng anschmiegt. Die beiden letzteren sind im Gegensatz zur ersteren nur gedachte Oberflächen. Eigentlich sollte man nur die Grundform als mathematische Erdoberfläche bezeichnen. Dieser Name wird aber vielfach auch für die hydrostatische Oberfläche (das Geoid) gebraucht. Obwohl zwei dieser Oberflächen nur gedacht sind, haben sie doch große praktische Bedeutung. Auf der Grundform liegt das Koordinatennetz, in dem die Horizontalkoordinaten der Punkte der physischen Erdoberfläche, d. s. ellipsoidische Länge und Breite, gezählt werden. Die dritte Koordinate, die Höhe eines Punktes, kann infolge des Messungsverfahrens, das geometrisches Nivellement oder Einwägung genannt wird, nur vom Geoid aus gemessen werden. Will man alle drei Koordinaten auf dieselbe Grundfläche beziehen, was das natürliche ist, muß man die Abstände des Geoids vom Ellipsoid kennen. Diese sind bis jetzt nur für wenige kleine Gebiete und auch für diese nur näherungsweise bekannt. Sie sind teils positiv teils negativ und rufen daher die Undulationen, gewissermaßen Berge und Täler des Geoids, hervor. Diese sind sehr flach und verhältnismäßig klein, sie erreichen höchstens rund ± 100 m.

In gewissen Fällen, in denen große Genauigkeit verlangt wird, so z. B. wenn ein langer Tunnel durch gleichzeitige Arbeit von beiden Seiten gebohrt werden soll, wird nicht nur eine sorgfältige Triangulation und Nivellierung zwischen den beiden Endpunkten erforderlich sein, sondern es kann auch notwendig werden, auf die Lotabweichungen Rücksicht zu nehmen, so wie sie aus astronomischen Beobachtungen in den bei geodätischen Messungen benutzten Dreieckspunkten hervorgehen.

Die untenstehende Tafel gibt die Länge eines Grades längs des Meridians und längs des Parallelkreises unter verschiedenen Breiten, mit HELMERTS Konstanten berechnet. Wäre die Erde eine Kugel mit dem Radius a gleich dem Äquatorradius, so würde in einem Parallelkreis unter der Breite φ der Radius $a \cos\varphi$ sein, wegen der Abplattung aber wird er etwas größer als $a \cos\varphi$, wenn φ die geographische Breite ist. Die Tafel enthält auch den Krümmungsradius im Meridian (R) und im Transversalschnitt (N), das ist der Vertikalschnitt, der senkrecht zum Meridian steht und also den Parallelkreis berührt. Den Meridiangrad erhält man dadurch, daß man R durch 57.2958 (Anzahl der Grade in einem Bogen von der Länge des Radius) dividiert.

φ	Mer.-Grad	Par.-Grad	R	N
0°	110.57 km	111.33 km	6335.3 km	6378.1 km
10	110.61 ,,	109.64 ,,	6337.3 ,,	6378.7 ,,
20	110.70 ,,	104.65 ,,	6342.8 ,,	6380.6 ,,
30	110.85 ,,	96.48 ,,	6351.3 ,,	6383.4 ,,
40	111.03 ,,	85.39 ,,	6361.7 ,,	6386.9 ,,
50	111.23 ,,	71.70 ,,	6373.0 ,,	6390.7 ,,
60	111.41 ,,	55.80 ,,	6383.4 ,,	6394.1 ,,
70	111.56 ,,	38.19 ,,	6391.9 ,,	6397.0 ,,
80	111.66 ,,	19.39 ,,	6397.5 ,,	6398.8 ,,
90	111.69 ,,	0.00 ,,	6399.5 ,,	6399.5 ,,

Wie man sieht, ist die Krümmung überall auf der Erde in der Richtung Nord-Süd etwas stärker als in der Richtung Ost-West, aber der Unterschied wird geringer und geringer, je weiter man sich vom Äquator entfernt, bis er zuletzt bei den Polen verschwindet. Den durchschnittlichen Krümmungsradius erhält man ziemlich genau als Mittel aus R und N; so ist er z. B. auf 60° Breite 6389 km.

Eine geographische Meile wird als ein Fünfzehntel eines Grades am Äquator definiert, also 7.422 km. Eine Seemeile ist gleich 1.852 km, gleich rund einer Bogenminute.

96. *Formeln zur Berechnung der geozentrischen Breite und des Radiusvektors eines Ortes auf der Oberfläche der Erde.* Aus den geometrischen Eigenschaften der Ellipse kann eine Relation zwischen der *geozentrischen* Breite (φ') und der *geographischen* Breite (φ) abgeleitet werden. Wir haben auf der einen Seite mit Hilfe von Abb. 75, wenn x und y die rechtwinkligen auf das Zentrum der Erde bezogenen, dem Äquator bzw. der Polachse parallelen Koordinaten des Punktes S bezeichnen:

$$\operatorname{tg}\varphi' = \frac{y}{x}. \tag{1}$$

Auf der anderen Seite haben wir:

$$\operatorname{tg}\varphi = -\frac{dx}{dy}, \tag{2}$$

da φ der Winkel ist, den die Normale der Ellipse mit der x-Achse im Punkte S bildet. Aus der Gleichung der Ellipse aber:

$$\frac{x^2}{a^2} + \frac{y^2}{b^2} = 1 \tag{3}$$

wird durch Differentiation:

$$\frac{dx}{dy} = -\frac{a^2 y}{b^2 x} \tag{4}$$

abgeleitet, und aus (1) und (2) erhält man dann mit Hilfe von (4) folgende Gleichung:

$$\operatorname{tg}\varphi' = \frac{b^2}{a^2}\operatorname{tg}\varphi, \tag{5}$$

woraus unter anderem zu ersehen ist, daß $\varphi' = \varphi$ wird für $\varphi = 0$ und $\varphi = \pm 90°$, also am Äquator und an den Polen, während φ' für alle anderen Orte auf der Erde numerisch kleiner ist als φ, da ja $b < a$.

Aus (5) kann eine Reihenentwicklung abgeleitet werden, deren erste Glieder folgendes Aussehen haben, wenn die HELMERTschen Konstanten angewandt werden:

$$\varphi' = \varphi - 11' \, 32''.6 \sin 2\varphi + 1''.2 \sin 4\varphi \ldots$$

Wenn man ferner den *Radiusvektor* CS des betreffenden Ortes auf der Erdoberfläche mit ϱ bezeichnet, erhält man aus Abb. 75 folgende Formeln:

$$\begin{aligned} x &= \varrho \cos\varphi' \\ y &= \varrho \sin\varphi'. \end{aligned} \tag{6}$$

Wenn wir diese Ausdrücke in die Gleichung (3) der Ellipse einsetzen, erhalten wir nach einer leichten Reduktion folgenden Ausdruck für ϱ:

$$\varrho = \frac{a \sec\varphi'}{\sqrt{1 + \frac{a^2}{b^2} \operatorname{tg}^2 \varphi'}}, \tag{7}$$

wodurch wir also eine Formel zur Berechnung von ϱ haben, wenn wir φ' kennen.

In den großen astronomischen Ephemeriden werden außer φ auch φ' und $\log\varrho$ für die verschiedenen Sternwarten gegeben.

97. *Die Kimmtiefe.* Die Kimmtiefe für einen Punkt A (Abb. 76) in der Höhe h über der Oberfläche des Meeres ist der Winkel, den die Visierlinie zum Meeresrand mit der horizontalen Ebene bildet. Wenn die Visierlinie eine Gerade wäre, würde die Kimmtiefe also der Winkel sein, den die Tangente AB mit der horizontalen Linie AH bildet, was dasselbe ist wie der Winkel $ACB = \alpha$. In dem rechtwinkligen Dreieck ACB hat man:

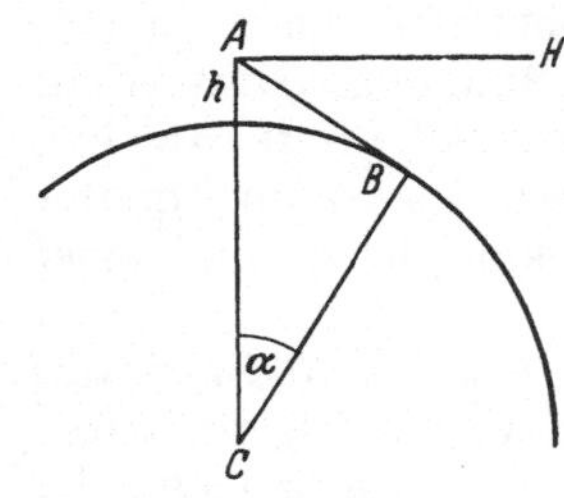

Abb. 76.

$$\varrho = (\varrho + h) \cos\alpha$$

oder:

$$\sec\alpha = 1 + \frac{h}{\varrho}.$$

Da nun die Höhe des Auges immer nur einen kleinen Bruchteil des Erdradius ausmacht, wird α so klein, daß man sich bei einer Reihenentwicklung damit begnügen kann, $\sec\alpha = 1 + \frac{1}{2}\alpha^2$ zu setzen, woraus:

$$\alpha = \sqrt{\frac{2h}{\varrho}}$$

folgt.

Diese Formel wird etwas modifiziert, wenn auf die Refraktion Rücksicht genommen wird. Numerische Werte für die Kimmtiefe erhält man mit Hilfe der Regel auf S. 40.

Die tägliche Parallaxe.

98. *Die tägliche Parallaxe, wenn die Erde als Kugel vorausgesetzt wird.* Im allgemeinen versteht man unter *Parallaxe* die Richtungsänderung, die eine Visierlinie dadurch erleidet, daß der Beobachter den Platz wechselt. Die Parallaxe ist also ein Winkel, der seinen Scheitel in dem beobachteten Punkt hat.

Wenn das Zentrum der Himmelskugel von dem zufälligen Standpunkt des Beobachters in das Zentrum der Erde verlegt wird, entsteht die Frage, welche Wirkung es auf das Resultat einer Beobachtung haben würde, wenn sie vom Zentrum statt von der Oberfläche der Erde aus angestellt worden wäre. Das Zentrum kann einfach als ein Punkt dienen, auf den alle Richtungen von der Oberfläche der Erde reduziert werden können.

Unter der *täglichen Parallaxe* für einen Punkt im Raum versteht man den Winkel, den die Visierlinie zum Punkt mit der Linie vom Zentrum der Erde zum Punkt bildet. Die beiden sphärischen Koordinaten, durch die die letztgenannte Richtung ausgedrückt werden kann, nennt man *geozentrische* Koordinaten. Im Gegensatz hierzu nennt man manchmal die von dem Ort auf der Erdoberfläche ausgehende Richtung *topozentrisch.*

Man sieht sofort, daß dieser Winkel wesentlich von der Entfernung des Punktes abhängt. Setzt man zunächst die Entfernung als bekannt voraus, dann ist es leicht, die Wirkung der Parallaxe auf die Koordinaten zu berechnen, besonders wenn die Erde als eine Kugel betrachtet wird. Die Erfahrung lehrt, daß es nur eine sehr begrenzte Anzahl Himmelskörper gibt, deren tägliche Parallaxe überhaupt merkbar ist, selbst für die feinsten Winkelmessungen, und für die allermeisten ist sie so klein, daß die Abplattung der Erde keine Rolle spielt.

Abb. 77 stellt die Erdkugel dar mit dem Zentrum in C und dem Beobachter in o; der verlängerte Erdradius Co wird dann nach oben auf das Zenit des Beobachters zeigen (auf der Abbildung ist gleichzeitig der geozentrische Horizont HH parallel mit dem gewöhnlichen astronomischen Horizont $H'H'$ eingezeichnet). S ist ein Gestirn, und der Winkel $oSC = \pi$ ist die Parallaxe des Gestirns nach der obenstehenden Definition. Da das Dreieck SoC in einer Vertikalebene durch den Beobachter liegt, so sieht man, daß die Parallaxe ausschließlich auf die Höhe oder die Zenitdistanz, nicht aber auf das Azimut wirkt. Man nennt sie deshalb oft Höhenparallaxe. Hat der Beobachter die wegen Refraktion korrigierte Zenitdistanz z' des Gestirns bestimmt, dann sieht man aus der Abbildung, daß die geozentrische Zenitdistanz $z = z' - \pi$ ist. Zur Bestimmung von π hat man aus demselben Dreieck, wenn der Erdradius mit r und die geozentrische Entfernung CS des Gestirns mit a bezeichnet wird:

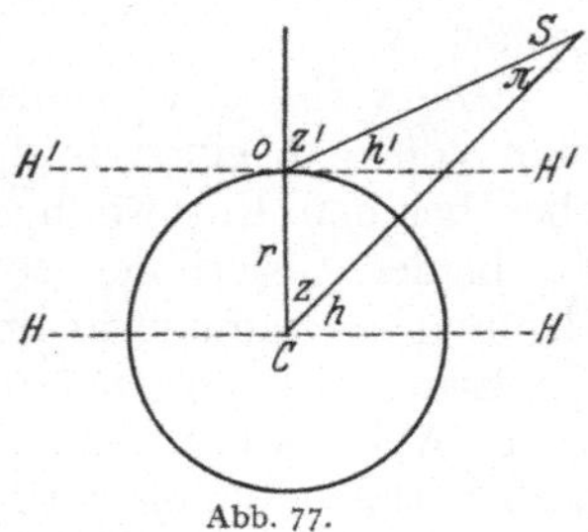

Abb. 77.

$$\sin\pi = \frac{r}{a}\sin z'.$$

Die Parallaxe wird also während der täglichen Bewegung des Gestirns ihren größten Wert erreichen, wenn $z' = 90°$, das heißt, wenn das Gestirn im Horizont steht. Diesen speziellen Wert nennt man *Horizontalparallaxe*; sie soll hier mit P bezeichnet werden. Man hat also:

$$\sin P = \frac{r}{a}$$

und $\sin\pi = \sin P \sin z'$.

Da die Parallaxe in der Regel sehr klein ist, kann man in der letzten Gleichung in den allermeisten Fällen den Sinus durch den Bogen ersetzen, also:

$$\pi = P\sin z' = P\cos h'$$

schreiben, wenn h' die topozentrische Höhe ist. Ist also die Horizontalparallaxe, die ausschließlich von den Dimensionen der Erde und der Entfernung des Gestirns abhängt, bekannt, so kann die Höhenparallaxe hieraus berechnet werden, wonach man:

$$z = z' - \pi$$

oder:

$$h = h' + \pi$$

hat, wo h die geozentrische Höhe ist. Dies ist die in § 31 angedeutete Korrektion, die bei gewissen Himmelskörpern an jede gemessene Höhe angebracht werden muß. Ebenso wie die Refraktion wirkt die Parallaxe nur auf die Höhe, aber nicht auf das Azimut, und ebenso wie die Refraktion ist sie Null im Zenit und wächst nach unten gegen den Horizont, jedoch nach einem anderen Gesetz: Die Parallaxe ist dem Sinus proportional, die Refraktion aber (bis ziemlich nahe dem Horizont) ist der Tangente der Zenitdistanz proportional. Im Gegensatz zur Refraktion muß die Parallaxe immer zu der gemessenen Höhe *addiert* werden. Der Grund dafür, daß jede gemessene Höhe auf das Zentrum der Erde reduziert werden muß, um benutzt werden zu können, ist, daß die Koordinaten für Sonne, Mond und Planeten in den Jahrbüchern geozentrische sind.

99. *Bestimmung der Horizontalparallaxe.* Die Bestimmung der Horizontalparallaxe läuft natürlich auf dasselbe hinaus wie die Bestimmung der Entfernung eines Himmelskörpers. Es kommt hier das gleiche Prinzip zur Anwendung, das auch auf der Erde benutzt wird, um die Entfernung eines unzugänglichen Punktes zu bestimmen, nämlich eine Grundlinie zu messen, von deren Endpunkten aus man den Punkt sehen kann, und danach die beiden Winkel an der Grundlinie zu messen, wie es bei der Besprechung der Triangulation erklärt wurde.

Eine völlig unveränderte Anwendung dieser Methode würde erfordern, daß man von dem einen Endpunkt der Grundlinie aus den anderen sehen könnte, aber bei den Entfernungen, von denen hier die Rede ist, würde der Schnitt der beiden Visierlinien so spitz werden, daß man damit eine brauchbare Entfernungsbestimmung nicht erhalten könnte. Kennt man indessen die Dimensionen der Erde, so kann ein großer Teil ihres Durchmessers als Basis benutzt werden.

In Abb. 78 bezeichnen a und b zwei Beobachter, von denen der Einfachheit halber angenommen wird, daß sie sich auf demselben Meridian befinden. Der Himmelskörper S wird dann an beiden Stellen gleichzeitig kulminieren, so daß man gleichzeitige Bestimmungen seiner Meridianhöhe erhalten kann. Sind z' und z_1' die beiden topozentrischen, z und z_1 die entsprechenden geozentrischen Zenitdistanzen, P die der Entfernung a entsprechende Horizontalparallaxe, so ist dem vorigen Paragraphen zufolge:

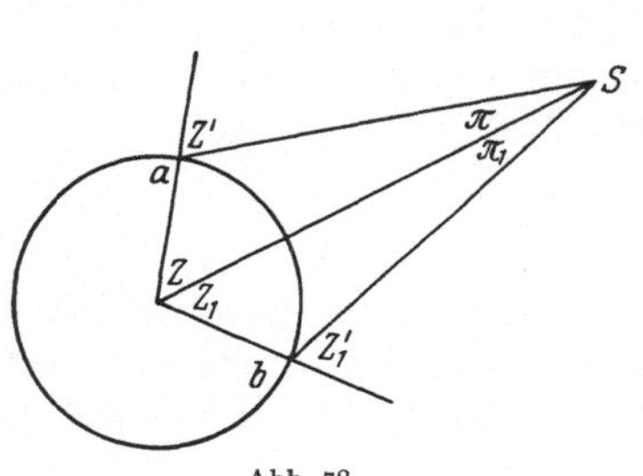

Abb. 78.

$$z' - z = P \sin z'$$
$$z_1' - z_1 = P \sin z_1'.$$

Hieraus erhält man:

$$P = \frac{z' + z_1' - (z + z_1)}{\sin z' + \sin z_1'}.$$

Nun sind die geozentrischen Zenitdistanzen jede für sich unbekannt, aber wie die Abbildung zeigt, sind ihre Summen gleich dem Meridianbogen zwischen den Orten, also bekannt, wenn die Polhöhen der Orte bekannt sind; werden diese φ und φ_1 genannt, so ist $z + z_1 = \varphi - \varphi_1$. Hierdurch ist also alles auf der rechten Seite der Gleichung bekannt, so daß P berechnet werden kann, wonach die Entfernung aus der Gleichung $a = r : \sin P$ oder, wenn P sehr klein ist und in Bogensekunden ausgedrückt wird, aus:

$$a = \frac{s}{P} r$$

gefunden wird.

Liegen zwei Orte nicht auf demselben Meridian, so muß natürlich auch der Längenunterschied in Betracht gezogen werden. Sind die Beobachtungen nicht genau gleichzeitig, so können sie trotzdem benutzt werden, wenn man die Ortsveränderung des betreffenden Himmelskörpers relativ zu den Fixsternen in der betreffenden Zwischenzeit kennt.

Unter der letzteren Voraussetzung kann die Methode auch in Anwendung kommen, ohne daß zwei verschiedene Beobachter nötig sind. Wenn nämlich ein und derselbe Beobachter zuerst den Ort des Himmelskörpers relativ zu den umgebenden Fixsternen am östlichen Himmel bestimmt hat, braucht er nur die Beobachtungen zu wiederholen, nachdem der Himmelskörper weit genug auf die westliche Seite des Meridians hinübergekommen ist. Da die Parallaxe nämlich nur in der Vertikalebene wirkt, während die Stellung des Himmelskörpers zum Horizont im Osten und Westen verschieden ist, so wird die parallaktische Verschiebung relativ zu den Nachbarsternen für die beiden Fälle verschieden und kann deshalb dazu dienen, die Parallaxe selbst zu bestimmen. Das heißt also nichts anderes, als zwei gleichzeitige Beobachter durch einen zu ersetzen, der infolge der Rotation der Erde seinen Platz wechselt.

Auf diese Weise hat man erstens gefunden, daß die tägliche Parallaxe der Fixsterne vollständig unmerklich ist. Wie wir später sehen werden, kann man für die Fixsterne über eine Grundlinie disponieren, die mehr als 23000mal größer ist als der Durchmesser der Erde, da man den ganzen Durchmesser der Erdbahn zur Verfügung hat, aber selbst dann ist es schwierig genug, ein brauchbares Resultat aus einer solchen Triangulation zu erhalten. Weiter hat es sich gezeigt, daß die Horizontalparallaxe für die Sonne und die Planeten nur einige wenige Bogensekunden beträgt, 8″.8 für die Sonne. Für einige unter ihnen ist die Parallaxe so klein, daß die Bestimmung der Entfernung sehr unsicher sein würde, wenn man darauf angewiesen wäre, jede einzeln für sich auf die obengenannte Weise zu bestimmen. Wie wir später sehen werden, kennt man indessen auf andere Weise das Verhältnis zwischen den Entfernungen der verschiedenen Planeten von der Sonne, so daß die Bestimmung einer dieser Entfernungen genügt, um sie alle zu kennen. Um die Kenntnis dieser einen mit größtmöglicher Genauigkeit zu erhalten, hat man verschiedene Phänomene benutzt, die hin und wieder eintreffen und besonders günstige Bedingungen für eine Parallaxenbestimmung schaffen. Auch diese werden später behandelt werden (vgl. die §§ 152 bis 155).

Nur für den Mond und einzelne Kometen erreicht die Horizontalparallaxe einen größeren Betrag. Für den Mond beträgt sie ungefähr einen Grad. Sie variiert etwas im Lauf der Zeit zwischen 54′ und 61′. Der Durchschnittswert ist ziemlich genau 57′, dem eine Entfernung von 3438 : 57 oder etwa 60 Erdradien entspricht (vgl. § 133).

Hat man nun auf die angedeutete Weise die Entfernung eines Himmelskörpers bestimmt, der im Fernrohr als Scheibe mit meßbarem Winkeldurchmesser erscheint, so können auch die wirklichen Dimensionen des Himmelskörpers berechnet werden, wie in Abb. 79 gezeigt ist, wo ϱ der gemessene Winkelradius, a die Entfernung, und also der wirkliche Radius:

$$k = a \sin \varrho$$

ist.

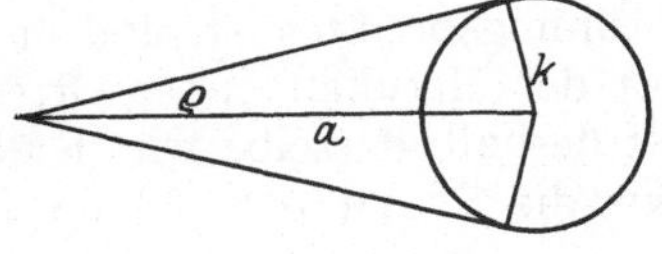

Abb. 79.

Beim Mond hat die Parallaxe eine merkliche Wirkung auf seine scheinbare Größe. Stellt man sich nämlich vor, daß der Mond im Zenit steht, so ist er dem Beobachter 1 Erdradius näher, als wenn er (bei derselben Entfernung vom Zentrum der Erde) sich im Horizont befindet; da der Mond 60 Erdradien von der Erde entfernt ist, so wird der Winkeldurchmesser, der ungefähr 31′ beträgt, im ersten Fall um ein Sechzigstel des Wertes, also eine halbe Bogenminute, größer sein als im letzteren.

Das steht scheinbar im Widerspruch mit der wohlbekannten Erfahrung, daß nicht nur der Mond, sondern auch die Sonne und die scheinbare Distanz zwischen zwei Sternen in der Nähe des Horizonts deutlich größer erscheinen als hoch am Himmel. Letzteres ist indessen eine reine Sinnestäuschung, deren Erklärung nicht zur Astronomie gehört.

100. *Die tägliche Parallaxe eines Himmelskörpers in α und δ.* Formeln zur Berechnung der täglichen Parallaxe in Rektaszension und Deklination für einen Himmelskörper können auf folgende Weise abgeleitet werden.

In Abb. 80 denken wir uns einen Beobachtungsort (O) auf der Erdoberfläche und einen Himmelskörper (S). Den Äquator denkt man sich in der xy-Ebene, mit der x-Achse gegen den Frühlingspunkt gerichtet; die z-Achse sei die Polachse, ϱ der Radiusvektor im Erdkörper, Δ die Entfernung des Himmelskörpers vom Zentrum (C) der Erde, Δ' seine Entfernung vom Beobachtungsort (O). Mit α und δ bezeichnen wir die *geozentrische* Rektaszension und Deklination, mit α' und δ' seine Rektaszension und Deklination vom Beobachtungsort aus gesehen.

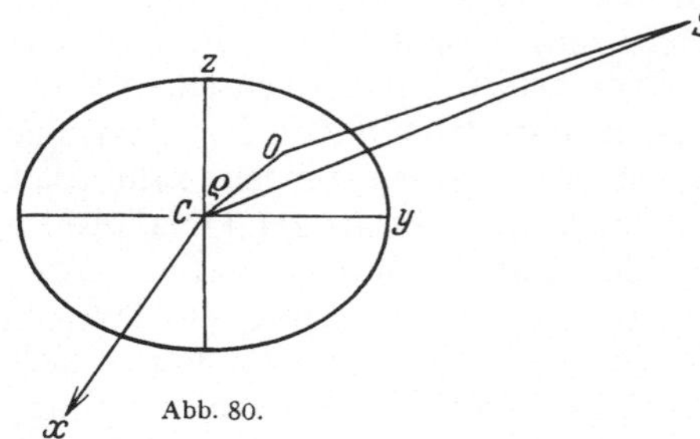

Abb. 80.

Wir erhalten dann folgende Ausdrücke für die geozentrischen, rechtwinkligen Äquatorkoordinaten (x, y, z) des Himmelskörpers:

$$\begin{aligned} x &= \Delta \cos\delta \cos\alpha \\ y &= \Delta \cos\delta \sin\alpha \\ z &= \Delta \sin\delta \end{aligned} \tag{1}$$

und für seine auf den Beobachtungsort bezogenen rechtwinkligen Äquatorkoordinaten (x', y', z'):

$$\begin{aligned} x' &= \Delta' \cos\delta' \cos\alpha' \\ y' &= \Delta' \cos\delta' \sin\alpha' \\ z' &= \Delta' \sin\delta' . \end{aligned} \tag{2}$$

Wir betrachten jetzt die Erde nicht mehr als eine Kugel, sondern als ein Umdrehungsellipsoid.

Wenn wir dann Ausdrücke für die geozentrischen Äquatorkoordinaten (ξ, η, ζ) des Beobachtungsortes ableiten wollen, so sehen wir, daß φ' die geozentrische Deklination des Beobachtungsortes ist. Ferner sehen wir aus der Abbildung, daß die Ebene durch die Z-Achse und die X-Achse der Deklinationskreis des Frühlingspunktes ist, und die Ebene durch die Z-Achse und den Beobachtungsort der Meridian dieses Ortes ist. Der Winkel zwischen diesen beiden Ebenen ist deshalb dasselbe wie der Stundenwinkel des Frühlingspunktes, dasselbe also wie die Sternzeit (Θ) im Beobachtungsaugenblick. Wir erhalten dann:

$$\begin{aligned} \xi &= \varrho \cos\varphi' \cos\Theta \\ \eta &= \varrho \cos\varphi' \sin\Theta \\ \zeta &= \varrho \sin\varphi' . \end{aligned} \tag{3}$$

Abb. 80 gibt jetzt:

$$\begin{aligned} \Delta' \cos\delta' \cos\alpha' &= \Delta \cos\delta \cos\alpha - \varrho \cos\varphi' \cos\Theta \\ \Delta' \cos\delta' \sin\alpha' &= \Delta \cos\delta \sin\alpha - \varrho \cos\varphi' \sin\Theta \\ \Delta' \sin\delta' &= \Delta \sin\delta - \varrho \sin\varphi' , \end{aligned} \tag{4}$$

ein Gleichungssystem, das als die Fundamentalgleichungen des Parallaxenproblems bezeichnet werden kann.

Wir kennen hier ϱ, Θ und φ'. Wenn wir nun voraussetzen, daß wir die geozentrischen Koordinaten des Himmelskörpers Δ, α und δ kennen, können wir also mit Hilfe von (4) Δ', α' und δ' berechnen. In der Regel sind es nur α' und δ', die Interesse haben, und ganz wie im Aberrationsproblem können wir auch hier eine Transformation der Formeln vornehmen, so daß wir einen direkten Ausdruck für den Unterschied zwischen topozentrischer und geozentrischer Rektaszension und Deklination erhalten.

Wir multiplizieren die zweite der Gleichungen (4) mit $\cos\alpha$, die erste mit $\sin\alpha$ und subtrahieren. Darauf multiplizieren wir die erste Gleichung mit $\cos\alpha$, die zweite mit $\sin\alpha$ und addieren. Wir erhalten dann nach einer leichten Reduktion und unter Berücksichtigung des Satzes:

$$\Theta - \alpha = t$$

die beiden folgenden Formeln:

$$\begin{aligned} \Delta' \cos\delta' \sin(\alpha' - \alpha) &= -\varrho \cos\varphi' \sin t \\ \Delta' \cos\delta' \cos(\alpha' - \alpha) &= \Delta \cos\delta - \varrho \cos\varphi' \cos t \end{aligned} \tag{5}$$

und daraus durch Division:

$$\operatorname{tg}(\alpha' - \alpha) = -\frac{\frac{\varrho \cos\varphi'}{\Delta \cos\delta} \sin t}{1 - \frac{\varrho \cos\varphi'}{\Delta \cos\delta} \cos t}. \tag{6}$$

Genau wie im Aberrationsproblem können wir hier in den allermeisten Fällen $\alpha' - \alpha$ statt $\operatorname{tg}(\alpha' - \alpha)$ setzen. Ausnahmen: der Mond und einzelne Kometen, die der Erde besonders nahe kommen. Ferner ist der Ausdruck $\frac{\varrho \cos\varphi'}{\Delta \cos\delta}$ gewöhnlich eine sehr kleine Größe, da ϱ (die Entfernung des Beobachtungsortes vom Zentrum der Erde) sehr klein ist im Verhältnis zu Δ (der geozentrischen Entfernung des Himmelskörpers). Ausnahmen: wenn der Himmelskörper uns sehr nahe ist oder wenn $\cos\delta$ sehr klein ist (im letztgenannten Fall kann man ein anderes Koordinatensystem wählen).

Deshalb können wir in den meisten Fällen statt (6) die einfachere Formel:

$$\alpha' - \alpha = -\frac{\varrho \cos\varphi'}{\Delta \cos\delta} \sin t \tag{7}$$

schreiben, die uns also dann einen Ausdruck für die Parallaxe eines Himmelskörpers in Rektaszension gibt.

Um eine entsprechende Formel für die Parallaxe in Deklination zu erhalten, gehen wir auf folgende Weise vor: In der zweiten der Formeln (5) können wir, da $\alpha' - \alpha$ eine kleine Größe ist, $\cos(\alpha' - \alpha) = 1$ setzen. Die dadurch erhaltene Formel kombinieren wir mit der dritten der Formeln (4). Wir erhalten:

$$\begin{aligned} \Delta' \sin\delta' &= \Delta \sin\delta - \varrho \sin\varphi' \\ \Delta' \cos\delta' &= \Delta \cos\delta - \varrho \cos\varphi' \cos t. \end{aligned} \tag{8}$$

Wir führen zwei Hilfsgrößen β und γ ein, die auf folgende Weise definiert werden:

$$\begin{aligned} \beta \sin\gamma &= \sin\varphi' \\ \beta \cos\gamma &= \cos\varphi' \cos t, \end{aligned} \tag{9}$$

wobei wir festsetzen, daß β immer positiv sein soll.

Aus (8) erhalten wir dann:

$$\begin{aligned} \Delta' \sin\delta' &= \Delta \sin\delta - \varrho\beta \sin\gamma \\ \Delta' \cos\delta' &= \Delta \cos\delta - \varrho\beta \cos\gamma. \end{aligned} \tag{10}$$

Wir führen nun ähnliche Operationen wie mit dem Gleichungssystem (4) aus und erhalten:

$$\begin{aligned} \Delta' \sin(\delta' - \delta) &= -\varrho\beta \sin(\gamma - \delta) \\ \Delta' \cos(\delta' - \delta) &= \Delta - \varrho\beta \cos(\gamma - \delta) \end{aligned} \tag{11}$$

und durch Division:

$$\operatorname{tg}(\delta' - \delta) = -\frac{\frac{\varrho\beta}{\Delta}\sin(\gamma - \delta)}{1 - \frac{\varrho\beta}{\Delta}\cos(\gamma - \delta)}. \tag{12}$$

Da wir ja kleine Größen, die in bezug auf $\frac{\varrho}{\Delta}$ von der zweiten Ordnung sind, vernachlässigen, so können wir das zweite Glied im Nenner streichen und außerdem $\delta' - \delta$ statt $\operatorname{tg}(\delta' - \delta)$ schreiben, wodurch wir:

$$\delta' - \delta = -\frac{\varrho\beta}{\Delta}\sin(\gamma - \delta)$$

erhalten oder, mit Hilfe von (9):

$$\delta' - \delta = -\frac{\varrho \sin\varphi'}{\Delta}\frac{\sin(\gamma - \delta)}{\sin\gamma}. \tag{13}$$

Die beiden Gleichungen (7) und (13) enthalten die Lösung unseres Problems, und es bleibt jetzt nur noch übrig, den numerischen Wert der Koeffizienten in diesen beiden Gleichungen festzulegen.

In unseren Ephemeriden ist ϱ immer in Einheiten des Äquatorradius (a) des Erdkörpers ausgedrückt, Δ dagegen in Einheiten der halben großen Achse der Erdbahn (der gewöhnlichen astronomischen Längeneinheit im Sonnensystem). Um diese beiden Größen in derselben Einheit ausgedrückt zu erhalten, müssen wir deshalb das Verhältnis $\frac{\varrho}{\Delta}$ in den Gleichungen (7) und (13) mit $\frac{a}{1}$ multiplizieren, das ja aber dasselbe wie $\sin\pi$ ist, wenn wir die Äquatorial-Horizontal-Parallaxe der Sonne mit π bezeichnen (für die scharfe Definition dieser Größe s. S. 197). Da π ein sehr kleiner Winkel ist ($8''.80$), können wir in den Formeln π statt $\sin\pi$ schreiben. Wir erhalten dann endlich aus (7) und (13) folgende Ausdrücke für die Parallaxe eines Himmelskörpers in Rektaszension und Deklination:

$$\begin{aligned} \alpha' - \alpha &= -\frac{\pi\varrho\cos\varphi'}{\Delta\cos\delta}\sin t \\ \delta' - \delta &= -\frac{\pi\varrho\sin\varphi'}{\Delta}\frac{\sin(\gamma - \delta)}{\sin\gamma}, \end{aligned} \tag{14}$$

wo π also $8''.80$ ist, ϱ die Entfernung des Beobachtungsortes vom Zentrum der Erde, in Einheiten des Äquatorradius der Erde, Δ die Entfernung des beobachteten Himmelskörpers vom Zentrum der Erde in Einheiten der halben großen Achse der Erdbahn, φ' die geozentrische Breite, t der Stundenwinkel des Himmelskörpers, und wo γ mit Hilfe der Gleichungen (9) definiert ist. Numerisches Beispiel s. Anhang S. 515.

Es ist zu beachten, daß $\alpha' - \alpha$ und $\delta' - \delta$ die Korrektionen bedeuten, die man zu den geozentrischen Koordinaten addieren soll, um die Koordinaten für den Beobachtungsort zu erhalten. Wenn wir eine beobachtete Position besitzen, müssen wir also $\alpha' - \alpha$ und $\delta' - \delta$ von dieser subtrahieren, um die Beobachtung auf das Zentrum der Erde zu beziehen. Diese Operation ist es, die in dem Rechenbeispiel S. 515 im Anhang ausgeführt wird. Par α und Par δ sind also dasselbe wie $\alpha - \alpha'$ und $\delta - \delta'$.

Wenn wir α' und δ' statt α und δ kennen, kann (mit den oben gegebenen Ausnahmen) ganz dasselbe Formelsystem benutzt werden, da wir nur Größen zweiter Ordnung vernachlässigen, wenn wir rechts in den Gleichungen (14) die Werte für α' und δ' statt α und δ einsetzen.

Rotation der Erde.

101. *Die Rotationszeit.* Daß die tägliche Bewegung des Himmels von Osten nach Westen erklärt werden kann durch die Annahme, unsere eigene Erde drehe sich um dieselbe Achse und in derselben Zeit, aber in entgegengesetzter Richtung, bedarf keines näheren Nachweises, da nach dieser Hypothese die relative Bewegung selbstverständlich genau dieselbe wird wie unter der Voraussetzung, daß sich alles mit dem unmittelbaren Eindruck übereinstimmend verhielte. Aus der Hypothese der Rotation der Erde aber lassen sich mehrere theoretische Konsequenzen ableiten, die man mit der Erfahrung vergleichen kann.

Unter der Rotationszeit der Erde wird die Zeit verstanden, in der, nach dieser Hypothese, die Erde sich relativ zu einer festen Richtung einmal herumdreht. Da die Richtung zur Sonne sich um ungefähr 1 Grad täglich ändert, wird der Sonnentag nicht mit dieser Definition übereinstimmen; dagegen kann der Sterntag als sehr nahe damit übereinstimmend betrachtet werden. Nun richtet sich zwar der Sterntag nach dem Frühlingspunkt, der wegen der Präzession (und der — periodischen — Nutation) etwas beweglich ist, wodurch eigentlich eine kleine Verlängerung des Sterntages veranlaßt wird; da aber die Präzession im Laufe eines Tages nicht mehr als ungefähr $50'' : 366 = 0''.136$ beträgt, dem 0.009 Zeitsekunden der täglichen Bewegung entsprechen, spielt diese Verlängerung nur eine sehr geringe Rolle. Die Rotationszeit der Erde, die also sehr nahe dasselbe ist wie der Sterntag, enthält deshalb 86164 Sekunden mittlerer Zeit.

102. *Die Erklärung der ellipsoidischen Gestalt der Erde.* In § 89 ist erwähnt worden, daß bei jeder gekrümmten Bewegung eine *Zentrifugalkraft* entsteht, deren Richtung jederzeit senkrecht zur Bewegungsrichtung, in diesem Falle also auch senkrecht zur Rotationsachse, steht. Stellt man sich die Erde zunächst stillstehend und kugelförmig vor, dann wird die Schwere gegen ihr Zentrum gerichtet sein; in einem Punkte B (Abb. 81) auf der Oberfläche wird sie also die Richtung BC haben, und ihre Beschleunigung kann durch eine gewisse Länge in dieser Richtung dargestellt werden, z. B. durch BC selbst. Erhält nun die Erde eine Rotation um die Achse CD, dann entsteht sofort eine Zentrifugalkraft, die in B die Richtung $BA \perp CD$ hat; ihre Beschleunigung sei durch BA, in derselben Skala wie die Schwerebeschleunigung, dargestellt. Die beiden auf B wirkenden Kräfte können dann zu einer Resultante zusammengesetzt werden, deren Beschleunigung die Diagonale in dem Parallelogramm mit den Seiten BA und BC ist.

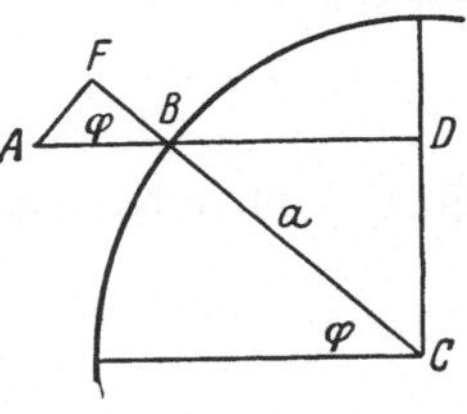

Abb. 81.

Diese Änderung der Kraft führt eine Abplattung der Erde herbei, infolge deren die Anziehung wiederum einen nach Richtung und Größe etwas verschiedenen Wert annimmt. Die Resultante dieser modifizierten Anziehung und der Zentrifugalkraft, die nicht durch das Zentrum der Erde geht, bezeichnet die effektive Richtung der Schwere, die Vertikallinie also, wie sie durch Beobachtung bestimmt werden kann. Wenn nun die Erde von der Beschaffenheit ist (oder gewesen ist), daß sie ihre Form nach den wirkenden Kräften annimmt (angenommen hat), so wie das Meer jetzt, so müßte ihre Oberfläche überall senkrecht zur effektiven Richtung der Schwere stehen, also eine Abweichung von der Kugelgestalt genau von der Beschaffenheit erhalten, die sie nach unseren Erfahrungen wirklich hat. Eine solche Betrachtung war es, die seinerzeit NEWTON zu der Vermutung von der Abplattung der Erde führte (§ 94). Die von CLAIRAUT gegebene mathematische Theorie der Vermutung von NEWTON zeigt eben, daß die Erdoberfläche ein abgeplattetes Rotationsellipsoid ist, wenn die zweite Potenz der Abplattung vernachlässigt werden darf.

103. *Die Schwerebeschleunigung.* Die Zentrifugalkraft wirkt indessen nicht allein auf die Richtung der Schwere, sondern auch auf ihre Intensität, und für eine kugelförmige Erde ist diese Wirkung leicht zu berechnen. Ist φ die Breite des Punktes B, G die Schwerebeschleunigung auf der stillstehenden Erde, die in der Abb. 81 durch BC dargestellt ist, c die Beschleunigung der Zentrifugalkraft BA, so sieht man, daß letztere eine Komponente $BF = c \cos\varphi$ hat, die entgegengesetzt BC wirkt. Bezeichnet also g die Schwerebeschleunigung in dem Punkte B, wie sie durch Beobachtung gefunden wird, so ist bei Vernachlässigung der zweiten Potenz der kleinen Größe $c:G$:

$$g = G - c\cos\varphi\,.$$

Wenn die Bewegung mit der Geschwindigkeit v in einem Kreise mit dem Radius r vor sich geht, so ist nach § 89 die Beschleunigung der Zentrifugalkraft $c = v^2/r$; hier, wo die Geschwindigkeit gleichmäßig ist, kann sie bequem durch das Verhältnis der ganzen Peripherie zu der Umlaufszeit U, also durch $v = 2\pi r : U$, ausgedrückt werden; eingesetzt gibt dies:

$$c = \frac{4\pi^2 r}{U^2}\,.$$

In unserem Fall ist U die Rotationszeit der Erde und r der Radius des Parallelkreises; in der Abbildung ist $BD = a\cos\varphi$, wenn a der Erdradius ist. Setzt man diesen Wert und danach den Wert von c in die Gleichung für g ein, so erhält man:

$$g = G - \frac{4\pi^2 a\cos^2\varphi}{U^2}\,.$$

Dieser Ausdruck kann noch nicht zur Bestimmung von g benutzt werden, da G nicht bekannt ist; wenn aber g_0 die Schwerebeschleunigung am Äquator bezeichnet, wo $\varphi = 0$, also $\cos^2\varphi = 1$, dann geht die Gleichung in:

$$g_0 = G - \frac{4\pi^2 a}{U^2}$$

über, und durch Subtraktion dieser beiden Gleichungen erhält man:

$$g - g_0 = \frac{4\pi^2 a}{U^2}(1 - \cos^2\varphi)\,,$$

also:

$$g = g_0 + \frac{4\pi^2 a}{U^2}\sin^2\varphi\,.$$

Unter den gegebenen Voraussetzungen sollte man also hieraus überall auf der Erde die Schwerebeschleunigung berechnen können, wenn nur ihr Wert am Äquator durch Beobachtung bestimmt ist; je weiter man sich vom Äquator entfernt, desto größer wird die Schwere, bis sie an den Polen, wo die Zentrifugalkraft gleich Null ist, ihr Maximum erreicht.

Hierzu ist jedoch folgendes zu bemerken. Da dieselbe Zentrifugalkraft bereits im voraus eine Abweichung von der hier vorausgesetzten Kugelgestalt hervorgerufen hat, wird, wie schon oben bemerkt wurde, die Anziehung eine andere. Die Änderung hängt außer von der Größe der Abplattung noch von der Massenverteilung im Erdinnern ab. Ein Beobachter unter hoher Breite wird dem Kern der Erde wegen ihrer Abplattung etwas näher sein, ein Beobachter unter niedriger Breite dagegen etwas weiter davon entfernt, als hier vorausgesetzt ist. Wenn die Anziehung, die die Schwere genannt wird, ihren Ursprung hauptsächlich in diesem inneren Kern hat, so muß man aus diesem Grund auch einen entsprechenden Zuwachs in der Größe der Schwere vom Äquator zu den Polen erwarten. Wie groß dieser ist, kann nicht ohne Kenntnis der Verteilung der Massen im Innern der Erde berechnet werden, und hierüber weiß man nur, daß die Dichte nach innen zunimmt, aber nicht nach welchem Gesetz. Unter derselben Voraussetzung aber wie oben, nämlich der, daß die zweite Potenz der Abplattung außer Betracht gelassen werden darf, kann nachgewiesen werden, daß auch dieser Zuwachs der Schwere dem Quadrat des Sinus der Breite proportional ist. Was man nach dieser Theorie erwarten kann, ist also, daß die Schwerebeschleunigung durch einen solchen Ausdruck wie den obengenannten dargestellt werden kann, nur mit einem etwas größeren Koeffizienten für das zweite Glied als dem dort angeführten $4\pi^2 a : U^2$. Der Wert dieses Koeffizienten kann leicht berechnet werden; a bezeichnet den Radius des Äquators, also ist $a = 637800000$ cm; da die für die Schwerebeschleunigung benutzte Zeiteinheit die Sekunde mittlerer Zeit ist, so muß man auch U darin ausdrücken, also $U = 86164^s$. Wird dies eingesetzt, so erhält man:

$$4\pi^2 a : U^2 = 3.3915 \text{ cm in der Sekunde.}$$

104. *Schweremessungen.* Die Erfahrung lehrt nun folgendes.

Zur Bestimmung der Schwerebeschleunigung benutzt man ein *Fadenpendel* oder ein *Reversionspendel*, die beide die Eigenschaft haben, daß man aus ihren Massen die reduzierte Pendellänge, d. h. die Länge l desjenigen Pendels ableiten kann, das dieselbe Schwingungsdauer hat wie das physische Pendel (vgl. S. 10). Das Fadenpendel besteht aus einem dünnen an einer Schneide befestigten Faden und einer schweren Kugel. Das Reversionspendel hat an den Enden einer möglichst starren Stange je ein schweres und ein leichtes Gewicht. In der Nähe einer jeden dieser Gewichte, aber zwischen ihnen ist je ein Schneidenkörper derart an der Stange befestigt, daß die beiden Schneiden parallel und einander zugewandt sind. Die Schneiden sind sowohl beim Fadenpendel wie beim Reversionspendel aus Achat und ruhen auf Achatplatten, so daß die Pendel, wenn sie einmal in Gang gesetzt sind, lange Zeit weiter schwingen. Das Reversionspendel muß so abgestimmt werden, daß die Schwingungszeiten auf beiden Schneiden, also einmal schweres Gewicht oben und dann schweres Gewicht unten, einander genau gleich sind. Beim Fadenpendel ist die reduzierte Pendellänge l gleich der Fadenlänge plus einiger kleiner Verbesserungen. Beim Reversionspendel ist l gleich dem Schneidenabstand. Die Schwingungszeiten der Pendel kann man durch Vergleich mit einer Uhr, deren Gang durch astronomische Beobachtungen bestimmt ist, mit großer Genauigkeit ermitteln. Der vorher (S. 10) benutzten Formel $T = \pi \sqrt{\frac{l}{g}}$ zufolge hat man dann:

$$g = \frac{\pi^2 l}{T^2},$$

wenn T die Schwingungszeit des Pendels und l seine reduzierte Länge ist. Da die genaue Bestimmung dieser Länge schwierig ist (sie muß auf ± 0.01 mm erfolgen), sind solche absoluten Bestimmungen nur an verhältnismäßig wenigen Stellen ausgeführt worden; für die übrigen begnügt man sich mit relativen Bestimmungen, d. h. man läßt ein unveränderliches möglichst einfaches Pendel sowohl auf einer Basisstation, wo eine absolute Messung gemacht ist, als auch auf vielen Feldstationen schwingen; da l hierbei überall (natürlich unter gebührender Rücksichtnahme auf den Einfluß der Temperatur und mehrerer anderer Verbesserungen) gleich groß ist, so wird:

$$g_{\text{Feld}} = g_{\text{Basis}} \frac{T^2_{\text{Basis}}}{T^2_{\text{Feld}}}.$$

Solche Beobachtungen sind an einer großen Zahl von Orten ausgeführt worden. Dabei hat sich gezeigt, daß, ebenso wie die Richtung der Schwere, den

Gradmessungen zufolge (vgl. § 95), häufig mit kleinen, lokalen Abweichungen behaftet ist, dasselbe auch mit der Intensität der Schwere der Fall ist; bis auf eine Ausnahme aber haben beide den Charakter der Zufälligkeit. Die Ausnahme besteht darin, daß man an Küsten die Schwere etwas größer findet als unter derselben Breite im Binnenlande und auf isolierten Inseln im Ozean noch erheblich größer. Für das Festland können die Beobachtungen nach HELMERT mit großer Annäherung durch folgende Formel dargestellt werden:

$$g = 978.030 + 5.186 \sin^2\varphi = 978.030\,(1 + 0.005302 \sin^2\varphi).$$

Die Einheit, in der g ausgedrückt ist, ist $\mathrm{cm\,sec^{-2}}$. Sie wird *gal* genannt (zu Ehren von GALILEI). Hieraus sieht man, daß der Koeffizient des zweiten Gliedes, der 3.4 sein sollte, wenn er nur von der Zentrifugalkraft herrührte, infolge der Abplattung und der Dichtezunahme im Erdinnern auf 5.2 gestiegen ist, also um gut die Hälfte seines Betrages.

Daß die Dichte der Erde nach innen zunimmt, kann durch Versuche direkt nachgewiesen werden. Auf verschiedene Weise, durch sehr genaues Wägen einer kleinen Masse, auf deren Gewicht die Anziehung einer Masse von bekannter Dichte, z. B. einer Bleikugel, einmal in der Richtung der Schwere, dann in der entgegengesetzten Richtung wirkt, oder durch die Ablenkung eines empfindlichen Torsionsapparates durch eine solche Kugel, kann man deren Anziehung mit der Schwere, also mit der gesamten Anziehungskraft der Erde (Anziehung weniger Zentrifugalkraft), vergleichen. Dabei hat man gefunden, daß die durchschnittliche Dichte der Erde 5.5 mal die des Wassers ist; da nun die durchschnittliche Dichte der Erdkruste (spezifisches Gewicht gewöhnlicher Steine) nicht mehr als die Hälfte davon beträgt, so muß die Dichte im Innern bedeutend größer sein.

105. *Das* CLAIRAUT*sche Theorem.* Die obengenannte theoretische Untersuchung des Einflusses der Abplattung auf die Schwere führt zu folgendem Satz, den man das CLAIRAUT*sche Theorem* nennt. Bezeichnet der Kürze wegen:

β den Zuwachs der Schwere vom Äquator zu den Polen, dividiert durch g_0,

γ das Verhältnis zwischen der Beschleunigung der Zentrifugalkraft und der Schwere, beide Male am Äquator, also:

$$\frac{4\,\pi^2 a}{T^2} : g_0,$$

α die Abplattung der Erde,

so ist, wenn Potenzen und Produkte dieser kleinen Größen außer Betracht gelassen werden:

$$\alpha + \beta = \tfrac{5}{2}\gamma.$$

Man kann also aus Pendelbeobachtungen die Gestalt der Erde bestimmen. Wird der in HELMERTs Formel angeführte Wert $\beta = 0.005302$ und $\gamma = 3.3915 : 978.030 = 0.0034677$ eingesetzt, so erhält man $\alpha = 0.003367 = {}^1/_{297}$. Durch Mitnahme von Gliedern zweiter Ordnung hat HELMERT ${}^1/_{298}$ gefunden (vgl. § 95).

106. *Die Abweichung fallender Körper nach Osten.* Die lineare Geschwindigkeit von Westen nach Osten, die ein Punkt durch seine Teilnahme an der Rotation erhält, ist um so größer, je entfernter der Punkt von der Rotationsachse ist. Die Spitze eines hohen Turms hat deshalb eine größere Geschwindigkeit gegen Osten als der Fuß, und wenn man einen Körper von der Spitze herunterfallen läßt, so gibt sich seine Beteiligung an der größeren östlichen Geschwindigkeit darin zu erkennen, daß er nicht auf den vertikal unter der Spitze liegenden Punkt fällt, sondern etwas östlich davon.

Es soll hier nur angeführt werden, daß man unter Vernachlässigung des Luftwiderstands, also bei Berechnung der Fallzeit für den leeren Raum, für die Fallhöhe h und die Breite φ:

$$\text{die östliche Abweichung in Millimetern} = 0.022\, h\sqrt{h}\cos\varphi$$

findet, wenn h in Metern ausgedrückt ist.

Versuche, die zu verschiedenen Zeiten ausgeführt sind, zeigen, daß auch hier die Erfahrung mit der Theorie übereinstimmt, wenn auch verschiedene Fehlerquellen, die schwierig zu eliminieren sind, bei den Versuchen existieren.

107. *Der* FOUCAULT*sche Pendelversuch.* Endlich führt die Hypothese von der Rotation der Erde zu einem interessanten Schluß, der ebenfalls mit der Erfahrung übereinstimmt, und der unter der entgegengesetzten Voraussetzung ganz unerklärlich wäre.

Ein Pendel, das vollständig frei in allen Richtungen schwingen kann, eine Kugel z. B., die an einer dünnen Schnur aufgehängt ist, wird, einmal in Gang gesetzt, ihre Schwingungsebene unverändert beibehalten, so lange sie keinem äußeren Zwang ausgesetzt wird. Wird ein solches Pendel an einem der Erdpole aufgehängt, so beeinflußt die Drehung der Erde unter ihm die Richtung der Schwingungsebene nicht. Der Apparat, in dem das Pendel aufgehängt ist, wird natürlich an der Umdrehung der Erde teilnehmen, dies aber wird nur bewirken, daß eine Drehung der Schnur entsteht, der diese gleich nachgibt. Wenn also das Pendel zu Anfang in der Richtung eines bestimmten Sterns in Gang gesetzt wird, dann wird es dauernd auf den Stern zeigen, so lange die Schwingungen anhalten. Für einen Beobachter, der sich die Richtung der Schwingungsebene relativ zu Gegenständen auf der Erdoberfläche merkt, muß es den Anschein haben, als drehte die Schwingungsebene sich beständig nach Westen mit einer Geschwindigkeit von 15° in der Stunde.

Ist das Pendel dagegen am Äquator aufgehängt, so kann sich keine derartige Wirkung zeigen. Die Lage der Schwingungsebene im Raum wird wohl eine Veränderung durchmachen, wenn die Vertikallinie wegen der Rotation ihre Stellung ändert, aber relativ zur Erdoberfläche wird keine Änderung eintreten.

Das Verhalten an einem Punkt zwischen dem Äquator und den Polen kann durch Anwendung des in § 86 über die Zerlegung von Rotationsgeschwindigkeiten Gesagten gefunden werden. In Abb. 82 ist P der Nordpol der Erde, A ein Punkt auf der Breite φ, in dem das Pendel aufgehängt ist. Die wirkliche Rotation der Erde geht dann um die Achse CP vor sich, mit einer Geschwindigkeit, die in der Abbildung durch das Linienstück $Cp = 15°$ in der Stunde dargestellt ist; diese Rotation kann aber durch zwei gleichzeitige Rotationen um die beiden zueinander senkrechten Achsen CA und CB ersetzt werden, wenn nur die Geschwindigkeiten nach dem Parallelogramm, in dem Cp die Diagonale ist, gewählt werden, so daß die erste mit der Geschwindigkeit Ca, die andere mit der Geschwindigkeit Cb vor sich geht. Jetzt sieht man, daß A sich der Rotation von CB gegenüber im Äquator befinden wird, so daß diese Rotation ohne Wirkung auf die Schwingungsebene bleibt; dagegen wird die Rotation um CA mit ihrem vollen Betrag wie eine scheinbare Drehung der Pendelebene wirken. Da nun $Ca = Cp \sin\varphi$, so sieht man, daß die Schwingungsebene für ein Pendel auf der Breite φ sich mit einer Geschwindigkeit von $15° \sin\varphi$ in der Stunde gegen Westen drehen wird.

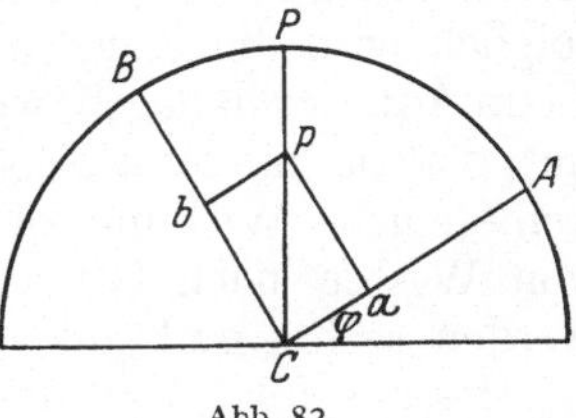

Abb. 82.

Dieser Versuch wurde von FOUCAULT ausgedacht und zum erstenmal von ihm im Jahre 1851 zur Ausführung gebracht mit einem 67 m langem Pendel, das in Paris unter der Pantheonkuppel aufgehängt war. Die Erfahrung stimmte vollkommen mit der Theorie überein.

Bei der Ausführung des FOUCAULTschen Pendelversuchs muß genau darauf geachtet werden, daß das Pendel wirklich in einer Ebene schwingt. Erhält nämlich das Pendel, wenn man es aus einer extremen Lage losläßt, die geringste Seitenbewegung, so daß dadurch sein unteres Ende eine gekrümmte ovale Bahn beschreibt (konische Pendelbewegung), so entsteht ein Phänomen ganz anderer Natur. Die Pendelebene (das ist die Vertikalebene durch die beiden extremen Lagen des Pendels) dreht sich dann in derselben Richtung, die das Pendel in seiner gekrümmten Bahn beschreibt. Hat man z. B. ein Pendel von 3 m Länge, das 10° zu beiden Seiten der Mittelstellung ausschwingt, in seiner tiefsten Stellung aber 1 mm von der Vertikallinie abweicht, dann dreht sich die Pendelebene ungefähr 8° in der Stunde. Je nachdem das Pendel, während es sich vom Beobachter entfernt, links oder rechts von der Vertikallinie schwingt, wird dies wie ein Zuwachs oder eine Verminderung zu der durch die Rotation der Erde hervorgebrachten scheinbaren Drehung wirken, die z. B. auf der Breite 50° ungefähr $11^1/_2$° beträgt.

108. *Sonstige Phänomene, die von der Rotation der Erde abhängen.* Die Betrachtung, die dem FOUCAULTschen Pendelversuch zugrunde liegt, enthält auch die Erklärung einer ganzen Reihe von Naturphänomenen, die unter der folgenden Regel zusammengefaßt werden können: Jede Bewegung längs der Erdoberfläche wird infolge der Rotation der Erde auf der nördlichen Halbkugel eine Abweichung nach rechts erhalten oder, im Falle eines Hindernisses, einen Druck nach rechts ausüben; auf der südlichen Halbkugel nach links. Dies ist z. B. der Fall bei den großen Meeresströmungen und bei Winden, die längere Zeit hindurch in derselben Richtung wehen, z. B. Passatwinde und Monsune.

Denkt man sich eine Kanonenkugel, vom Nordpol der Erde gegen eine Scheibe z. B. in 5 km Entfernung abgeschossen, so wird die Kugel nicht die Scheibe treffen, sondern westlich daran vorbeigehen, weil die Scheibe, die an der Rotation der Erde teilnimmt, sich in der Zwischenzeit nach Osten bewegt hat. Für den Beobachter wird es also aussehen, als hätte die Bahn der Kugel eine Abweichung nach rechts. Steht umgekehrt die Scheibe im Pol und die Kanone 5 km davon entfernt, dann erhält die Kugel außer der Schußgeschwindigkeit auch noch eine Geschwindigkeit nach Osten, die der Kanone eigen ist, nicht aber der Scheibe; folglich wird die Kugel auch in diesem Fall rechts an der Scheibe vorbeigehen. Beim Äquator dagegen, wo die Geschwindigkeit wegen der Rotation ihr Maximum hat, ist sie in der nächsten Nachbarschaft so wenig verschieden davon, daß keine solche Wirkung zu merken wäre. Am Südpol ist die Drehung der Erde von Westen nach Osten dieselbe wie am Nordpol; für den Beobachter aber werden rechts und links vertauscht sein.

Hieraus folgt, daß die Regel für Punkte zwischen Pol und Äquator dieselbe wird wie für das FOUCAULTsche Pendel, und daß es für die Abbiegung nach rechts oder links gleichgültig ist, ob die Bewegung in der Richtung Nord-Süd oder in der Richtung Ost-West oder in einer dazwischenliegenden Richtung anfängt. Natürlich wird die Größe der Abbiegung von dem Verhältnis der Wind- oder Stromgeschwindigkeit zur Oberflächengeschwindigkeit und deren Änderung mit der Breite abhängen. Die Länge des Parallelgrades (s. § 95) gibt an, wieweit ein Punkt der Erdoberfläche in 4 Minuten Sternzeit gegen Osten wandert. Will man die Geschwindigkeit in Metern pro Sekunde ausgedrückt haben, muß die angeführte Zahl mit 1000 multipliziert und durch die Anzahl Sekunden mittlerer Zeit in 4^m Sternzeit, also 239.345, dividiert, d. h. mit 4.178 multipliziert werden; 5 km vom Pol entfernt beträgt die Geschwindigkeit nur $\frac{15}{s}$ 5000 m oder 36 cm in der Sekunde.

Weltsysteme.

109. *Das Altertum.* Die Erklärung der Planetenbewegungen, wie wir sie in früheren Kapiteln geschildert haben, hat im Laufe der Zeit große Schwierigkeiten verursacht. Die Anschauungen des Altertums hierüber finden sich entwickelt in einem Werk, genannt „Das mathematische System“, dessen Verfasser CLAUDIUS PTOLEMÄUS in der ersten Hälfte des zweiten Jahrhunderts n. Chr. in Alexandria lebte. Er nahm an, daß die Erde im Mittelpunkt der Welt stillstehe, und um sie herum ließ er die Himmelskörper sich bewegen, die man damals (und lange Zeit nachher) die 7 Planeten nannte, und zwar in der folgenden Reihenfolge: Mond, Merkur, Venus, Sonne, Mars, Jupiter und Saturn. Unmittelbar außerhalb der Sphäre des Saturn stellte er sich die Fixsterne auf einer Kugelfläche, das Firmament genannt, befestigt vor. Außer der Bewegung des Ganzen von Osten nach Westen im Laufe eines Tages hatten die 7 Planeten jeder eine Bewegung für sich.

Hierbei ging er von dem Axiom aus, daß jede Bewegung im Weltenraum in Kreisen und mit gleichförmiger Geschwindigkeit vor sich geht. Wendet man diesen Grundsatz auf die Sonne an, so findet man gleich einen Widerspruch. Denn wenn die Erde im Zentrum eines Kreises stehen soll, auf dessen Peripherie die Sonne in einem Jahr mit gleichmäßiger Geschwindigkeit wandert, stimmt dies nicht mit der Erfahrung überein, daß die Winkelgeschwindigkeit der Sonne im Laufe des Jahres etwas veränderlich ist. Mit einer für die Beobachtungen der damaligen Zeit ausreichenden Genauigkeit kam man aber hierüber hinweg, indem man den Standpunkt der Erde etwas außerhalb des Zentrums des Kreises annahm, wodurch die gleichmäßige Bewegung bald aus größerer, bald aus kleinerer Entfernung gesehen würde. Dies Mittel, der *exzentrische Kreis*, wurde sowohl damals wie auch später vielfach gebraucht, um gewisse Ungleichmäßigkeiten in der Bewegung der Sonne und anderer Himmelskörper zu erklären.

Für die Planeten aber reichte dies Mittel natürlich nicht aus, da die retrograde Bewegung nie entstehen kann, wenn die Erde sich überhaupt innerhalb der Peripherie des Kreises befindet. Um diese Schwierigkeit zu überwinden, führte man ein weiteres Hilfsmittel, den *Epizykel* ein, der auch sehr viel benutzt wurde. Es ist dies ein kleinerer Kreis, auf dessen Peripherie der Planet sich vorwärts bewegt, dessen Zentrum sich aber gleichzeitig auf der Peripherie des größeren Kreises um die Erde vorwärts bewegt. Der letztgenannte Kreis hieß der *Deferent.* Bei einer passenden Wahl von Radien und Geschwindigkeiten in den beiden Kreisen konnte man in großen Zügen den Beobachtungen genügen. Es kam auch vor, daß man noch einen dritten Kreis, einen kleineren Epizykel, einführen mußte. Wenn man sich diesen Prozeß fortgesetzt denkt, erhält man in der Tat Ausdrücke für die Bewegung der Planeten, die dieselbe Form haben (trigonometrische Reihen mit abnehmenden Koeffizienten) wie die Ausdrücke, die in dem Zweikörperproblem (s. S. 219 bis 221) abgeleitet werden.

PTOLEMÄUS' Theorie genoß das ganze Mittelalter hindurch großes Ansehen. Als die Astronomie in Europa in Verfall geriet, wurde sie von den Arabern aufgenommen, die im 9. Jahrhundert PTOLEMÄUS' Werk übersetzten. Durch die Mauren in Spanien wurde diese arabische Übersetzung unter dem Namen *Almagest* in Westeuropa bekannt. Im 12. Jahrhundert wurde der Almagest ins Lateinische übersetzt. Dies ist der Grund dafür, daß so viele Sternnamen und technischen Ausdrücke der Astronomie arabischen Ursprungs sind. Die lateinische Übersetzung des Almagest ist gleichzeitig dadurch bemerkenswert, daß sie das erste lateinische Buch ist, in dem die jetzt gebräuchlichen indischen oder arabischen Zahlen vorkommen. Der griechische Text des Ptolemäus wurde erst später in Westeuropa bekannt; er wurde zum erstenmal im Jahre 1538 gedruckt. Eine griechische Ausgabe des Almagest wurde 1898 bis 1903 von J. L. HEIBERG herausgegeben; diese ist später von MANITIUS ins Deutsche übersetzt worden.

110. COPERNICUS. *Die Erklärung der scheinbaren Bewegungen der Planeten.* Bereits im Altertum waren einzelne Männer darauf aufmerksam geworden, daß die Erklärung in vieler Beziehung einfacher werden würde, wenn man die Sonne statt der Erde als Mittelpunkt der Bewegung annehmen würde; der Gedanke kam jedoch erst zum Durchbruch, als NICOLAUS COPERNICUS auf der Grundlage dieser Hypothese eine vollständige Theorie ausgearbeitet hatte. Sein Werk darüber erschien in seinem Todesjahre 1543.

Ebenso wie PTOLEMÄUS geht COPERNICUS von der gleichmäßigen und kreisförmigen Bewegung aus. Um die Sonne herum bewegen sich die Planeten in exzentrischen Kreisen in folgender Reihenfolge: Merkur, Venus, Erde, Mars, Jupiter und Saturn. Der Mond scheidet aus der Reihe der Planeten aus, indem er sich in einem exzentrischen Kreise um die Erde herum bewegt. Das siderische Jahr (§ 53) bezeichnet jetzt die Umlaufszeit der Erde um die Sonne. Alle Bewegungen sind vorwärts gerichtet, und die Geschwindigkeit eines Planeten wird um so größer angenommen, je näher er der Sonne ist. Die Bahnebenen der Planeten bilden nur kleine Winkel miteinander, und COPERNICUS nahm an, daß alle Bahnebenen nicht durch die Sonne, sondern durch das Zentrum der Erdbahn gehen. Für Fixsterne mußte er eine bedeutend größere Entfernung voraussetzen, als man bisher angenommen hatte; denn wenn die Erde im Laufe eines Jahres eine Bahn von bedeutender Ausdehnung durchläuft, so muß die Visierlinie zu einem Punkt im Raum im Lauf des Jahres eine Richtungsänderung erleiden; es wird mit anderen Worten eine *jährliche Parallaxe* entstehen, die sich dadurch zu erkennen geben müßte, daß die Koordinaten eines Fixsterns, durch Beobachtung zu verschiedenen Zeiten des Jahres bestimmt, je nach der Jahreszeit verschieden ausfallen. Da nun weder COPERNICUS noch sonst jemand etwas Derartiges bemerkt hatte, war kein anderer Ausweg vorhanden, als die Entfernung so groß vorauszusetzen, daß die jährliche Parallaxe für die Beobachtungen der damaligen Zeit unmerklich sein müßte, ebenso wie man bereits vorher wußte, daß die tägliche Parallaxe der Fixsterne unmerklich ist.

Daß die Erklärung schwieriger Punkte auf diese Weise bedeutend einfacher wird, ist leicht einzusehen. Erstens wird die Teilung der Planeten in obere und untere einfach von der Stellung der Erde in der Planetenreihe abhängen. Wenn die beiden unteren Planeten Merkur und Venus niemals eine bestimmte größte Elongation von der Sonne überschreiten, so rührt das daher, daß ihre Bahnen innerhalb der Erdbahn liegen. In Abb. 83 bezeichnen die beiden Kreise die Bahn der Erde und die eines unteren Planeten. Zieht man von dem Ort der Erde in a die Tangenten an die Planetenbahn, dann bezeichnen die Berührungspunkte A und B den Ort des Planeten in der größten östlichen und größten westlichen Elongation. Werden die beiden Kreise (mit den Radien r und R) als konzentrisch vorausgesetzt, dann wird die größte Elongation e durch die Gleichung $r = R \sin e$ bestimmt. Für Venus, deren größte Elongation nie viel von 46° (der zugehörige Sinus ist 0.72) abweicht, werden die wirklichen Verhältnisse nicht viel von dieser Voraus-

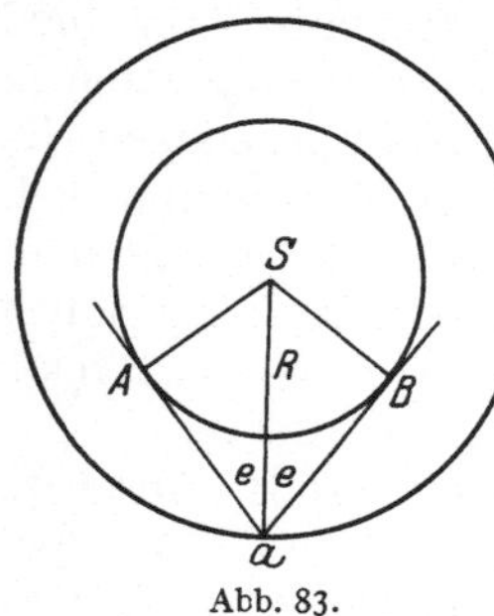

Abb. 83.

setzung abweichen; die Bahn Merkurs dagegen, bei der die größte Elongation im Lauf der Zeit zwischen 18° und 28° variieren kann, muß als bedeutend exzentrischer liegend gedacht werden.

Bezeichnet der innere Kreis in Abb. 83 die Erdbahn und der äußere die Bahn eines der oberen Planeten, so sieht man gleich, daß ein solcher im Lauf der Zeit in alle möglichen Elongationen von der Sonne kommen kann.

Die Erklärung für die retrograde Bewegung, die alle Planeten in gewissen Zwischenräumen haben, fußt auf der Annahme, daß ein innerer Planet sich mit größerer Geschwindigkeit bewegt als ein äußerer. In Abb. 84, wo der Pfeil die rechtläufige oder direkte Bewegung kennzeichnet, geht der innere Planet von A bis B, wenn gleichzeitig der äußere das kürzere Stück von a bis b geht; ob nun der äußere oder der innere Kreis die Bahn der Erde darstellt, man sieht, daß die Visierlinie ihre Lage in der Richtung der rechtläufigen Bewegung geändert hat. Dies wird folglich immer stattfinden, wenn die Erde und der betrachtete Planet sich auf verschiedenen Seiten der Sonne befinden; für einen oberen Planeten also, wenn er in Konjunktion ist, für einen unteren, wenn er in oberer Konjunktion mit der Sonne ist.

Abb. 84.

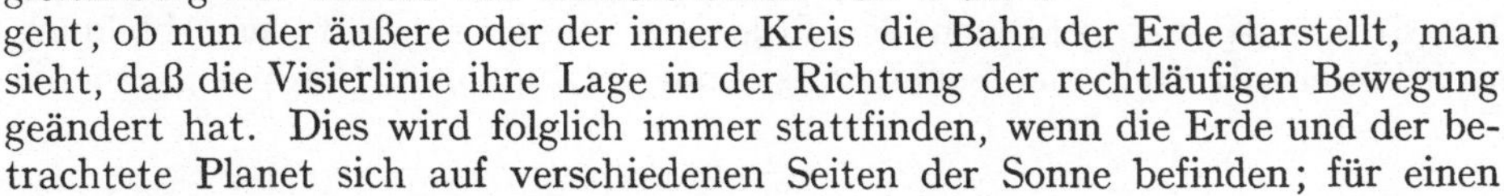

Zugleich zeigt die Abb. 84, daß der Austritt eines unteren Planeten aus den Sonnenstrahlen nach der oberen Konjunktion in der Richtung bB erfolgt, also links von der Sonne, d. h. der Planet kann im Westen nach Sonnenuntergang als Abendstern gesehen werden; wird dagegen ein oberer Planet nach der Konjunktion sichtbar, so kommt er in der Richtung Bb hervor, für den Beobachter rechts von der Sonne, so daß der Planet vor Sonnenaufgang im Osten gesehen werden kann — alles in Übereinstimmung mit der Erfahrung (§ 71).

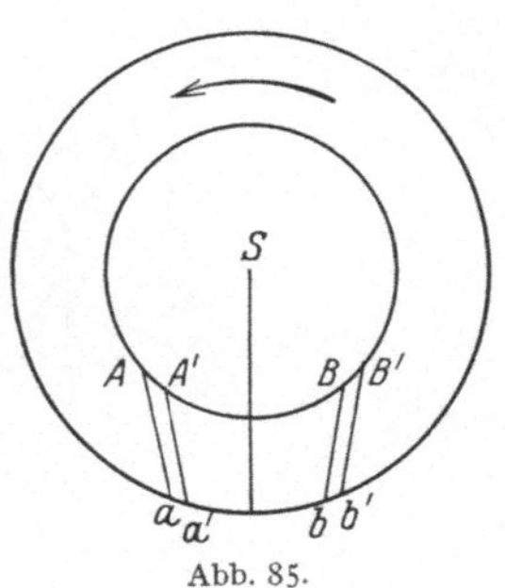

Abb. 85.

Nach Verlauf einiger Zeit wird der Fall eintreten, der in Abb. 85 angedeutet ist, wo der innere Planet in ganz kurzer Zeit von A bis A' wandert, während gleichzeitig der äußere das noch kürzere Stück aa' zurücklegt, so daß die Linien Aa und $A'a'$ parallel werden, mit anderen Worten, daß die Geschwindigkeit des inneren Planeten, parallelprojiziert in der Richtung der Visierlinie auf die Bewegungsrichtung des äußeren Planeten, gleich der Geschwindigkeit dieses äußeren Planeten wird. Der Planet wird sich dann im Stillstand befinden, einerlei ob der äußere oder der innere Kreis die Erdbahn darstellt. Diese und die entsprechende Stellung auf der anderen Seite, in der Abbildung durch Bb und $B'b'$ angedeutet, bezeichnen den Übergang von direkter zu retrograder Bewegung oder umgekehrt.

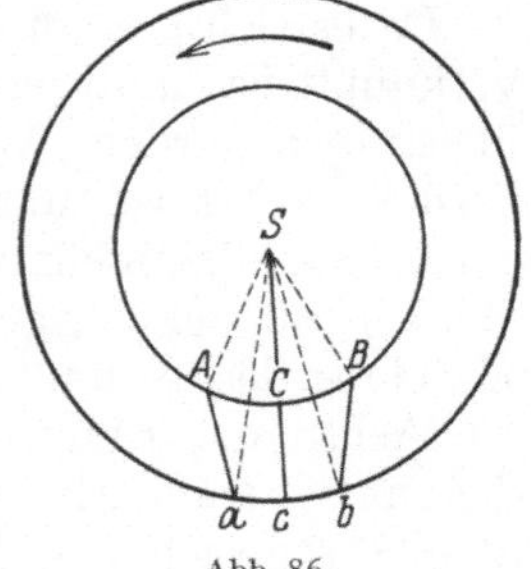

Abb. 86.

Abb. 86 zeigt ganz allgemein, wie die Verhältnisse werden, wenn die beiden Planeten auf derselben Seite der Sonne stehen, also wenn ein unterer Planet in unterer Konjunktion mit der Sonne, ein oberer in Opposition zu der Sonne steht. Im ersten Fall, wenn die Erde sich in der äußeren Bahn bewegt, verändert die Visierlinie ihre Stellung von aA bis bB, im anderen Falle, wenn der innere Kreis der Erdbahn entspricht, von Aa zu Bb; in beiden Fällen bezeichnet die Richtungsänderung die retrograde Bewegung zwischen den Sternen, die man sich in sehr großer Entfernung vorstellen muß.

Zur Erklärung der jährlichen Bewegung der Sonne in der Ekliptik kann es in geometrischer Hinsicht ganz gleichgültig sein, ob man mit PTOLEMÄUS die Sonne in einem exzentrischen Kreis um die Erde oder mit COPERNICUS die Erde sich in demselben exzentrischen Kreis um die Sonne bewegen läßt, da die relative Bewegung nach beiden Hypothesen die gleiche ist. Nach COPERNICUS ist die Ebene der Ekliptik dasselbe wie die Ebene der Erdbahn, in der sich auch die Sonne befindet, und während des Umlaufs der Erde in ihrer Bahn wird die Richtung zur Sonne auf alle Punkte in dem größten Kreis hinzeigen, in dem die Ebene der Ekliptik die Himmelskugel schneidet. Abb. 87 zeigt einige der Stellungen, die die Erde mit ihrer Rotationsachse pp', die $66° 33'$ gegen die Ebene der Ekliptik geneigt ist, im Laufe des Jahres relativ zur Sonne S einnimmt. In der Stellung I in der Abbildung geht die Verlängerung der Äquatorebene der Erde aa durch das Zentrum der Sonne; die Deklination der Sonne ist also Null, d. h. es ist Äquinoktium, Frühlingsäquinoktium, und die Richtung nach dem Frühlingspunkt geht von der Erde zur Sonne, also auf der Abbildung nach hinten. II stellt das Sommersolstitium vor, mit dem Nordpol gegen die

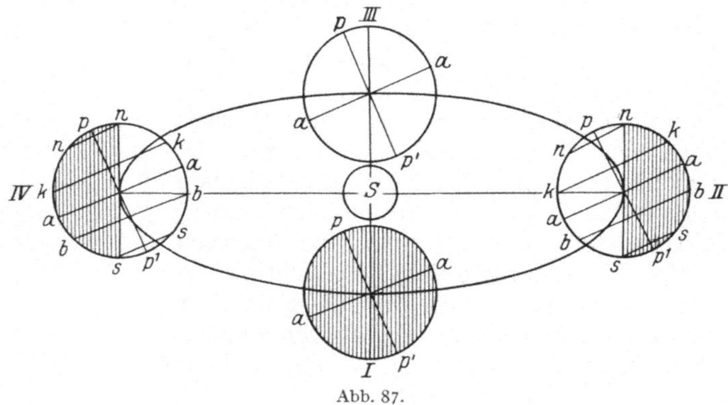

Abb. 87.

Seite hin gerichtet, wo die Sonne steht, III das Herbstäquinoktium, IV das Wintersolstitium, alles für die nördliche Halbkugel. Die Abbildung zeigt, daß für die südliche Halbkugel Sommer und Winter, Frühling und Herbst vertauscht werden müssen.

Da es sich gezeigt hat, daß der Himmelsäquator mit der Rotation der Erde verknüpft ist, muß jetzt auch die Präzession des Frühlingspunktes auf die Erde übertragen werden. Wenn die Erde nach Verlauf eines Jahres zu der Stellung I zurückgekehrt ist, nimmt infolge der Präzession die Rotationsachse pp' nicht genau dieselbe Stellung wie das vorige Mal ein, sondern bildet einen kleinen Winkel mit der vorigen Stellung. Im weiteren Verlauf wird die Erdachse eine Kegeloberfläche um die Normale der Ekliptikebene beschreiben, d. h. um die Achse der Ekliptik. Die Nutation besteht in einer ganz kleinen periodischen Veränderlichkeit der Stellung der Erdachse, wodurch die Kegelfläche in eine schwach gewellte Fläche übergeht, mit einer Periode der Wellen von 18.6 Jahren.

111. *Die Phasen bei den Planeten.* COPERNICUS leitete aus seiner Hypothese noch ein anderes Resultat ab, das zu seiner Zeit nicht mit der Erfahrung verglichen werden konnte, das sich aber nach Erfindung des Fernrohrs als richtig erwies. Aus der Erkenntnis, daß die Erde ein Planet ist, schloß er, daß die übrigen Planeten Himmelskörper derselben Art wie die Erde sein müßten, also dunkel und undurchsichtig, und wenn wir sie als helle Sterne sehen, kommt es nur daher, daß sie von der Sonne beleuchtet werden. Dann aber müssen sie bei näherer Betrachtung *Phasen* zeigen. Nimmt man außerdem an, daß die Planeten annähernd kugelförmig sind, müssen diese Phasen denen des Mondes gleichen. Indessen ist in dieser Hinsicht ein Unterschied zwischen den oberen und unteren Planeten vorhanden.

In Abb. 88, wo der Halbkreis mit dem Radius r um die Sonne S einen Teil der Bahn eines unteren Planeten, z. B. der Venus, bedeutet, ist der Planet in vier Stellungen gezeichnet, gesehen von einem Beobachter auf der Erde, den man sich in dem untersten Punkt der Abbildung in der Entfernung R von der Sonne zu denken hat. In der oberen Konjunktion würde der Planet, wenn er dann gesehen werden könnte, voll beleuchtet sein, analog dem Vollmond, in der nächsten Stellung mit der Elongation e wird nur ein kleines Stück links seitlich fehlen (beide Erscheinungen sind ebenso wie die folgenden in der Abbildung neben dem Planeten angedeutet). In der größten östlichen Elongation ist die Phase halb, wie der Mond im ersten Viertel, und in der unteren Konjunktion wendet der Planet der Erde die dunkle Seite zu, ebenso wie der Neumond. Wenn der Planet auf die andere Seite der Sonne hinübertritt, also westliche Elongation hat, werden dieselben Phasen in umgekehrter Reihenfolge und auf der entgegengesetzten Seite der Planetenoberfläche (der helle Teil links) durchlaufen werden. Der Winkel, unter dem die Linien von Sonne und Erde beim Planeten zusammentreffen, und der auf der Abbildung mit φ bezeichnet ist, heißt *Phasenwinkel*, da er gleichzeitig angibt, wieviel von den beleuchteten 180° auf der der Erde zugewandten Seite des Planeten fehlt. Kennt man das Verhältnis zwischen den beiden Entfernungen, so kann φ, wie die Abbildung zeigt (mit Rücksicht auf die Deutlichkeit ist der Planet hier in größerem Maßstab gezeichnet) mit Hilfe der Gleichung:

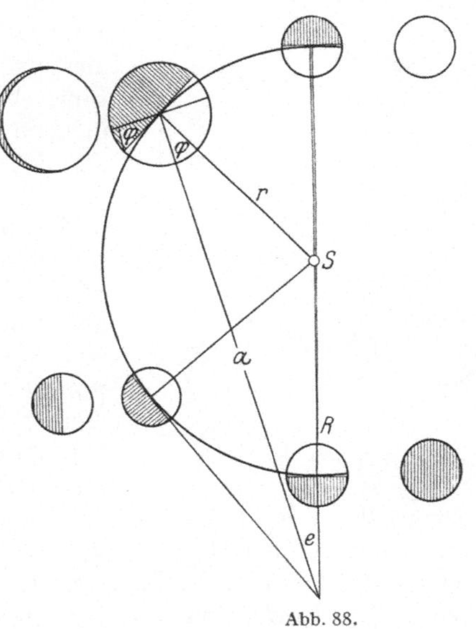

Abb. 88.

$$\sin\varphi = \frac{R}{r}\sin e$$

aus der Elongation berechnet werden.

In beiden Konjunktionen ist $e = 0$, in der oberen aber ist $\varphi = 0$, in der unteren $\varphi = 180°$. Ist d der Durchmesser des Planeten, so ist, wie die Abbildung zeigt, der der Erde zugewandte beleuchtete Teil davon dann:

$$\frac{1}{2}d + \frac{1}{2}d\cos\varphi = d\cos^2\frac{\varphi}{2}$$

und der fehlende Teil:

$$d\sin^2\frac{\varphi}{2}.$$

Die oberen Planeten, deren Elongation alle Werte annehmen kann, verhalten sich dagegen wie in Abb. 89 gezeigt wird, wo der innere Kreis jetzt die Erdbahn ist. Bezeichnet man ferner die größere der beiden Entfernungen von der Sonne mit R, die kleinere mit r, so erhält man jetzt:

$$\sin\varphi = \frac{r}{R}\sin e,$$

aber hier ist $\varphi = 0$, sowohl bei der Konjunktion, wo $e = 0$, als auch bei der Opposition, wo $e = 180°$. An einer Stelle zwischen beiden, nämlich wenn $e = 90°$, erreicht φ ein Maximum, das in der Abbildung mit Φ bezeichnet ist, und durch die Gleichung:

$$\sin \Phi = \frac{r}{R}$$

bestimmt wird.

Für Mars ist das Verhältnis $r : R$ durchschnittlich 0.656, ein Wert, dem $\Phi = 41°$ entspricht, und der fehlende Teil des Durchmessers, $\sin^2 \frac{\Phi}{2}$, wird 0.12. Um die Quadratur herum wird die Phase daher merkbar werden, aber um die Zeit der Konjunktion und Opposition erscheint der Planet als völlig runde Scheibe.

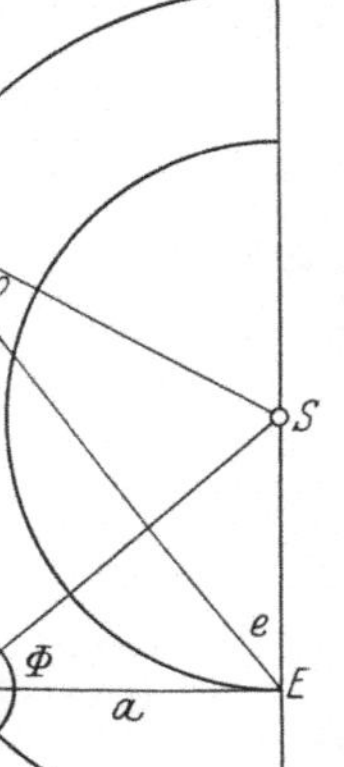

Abb. 89.

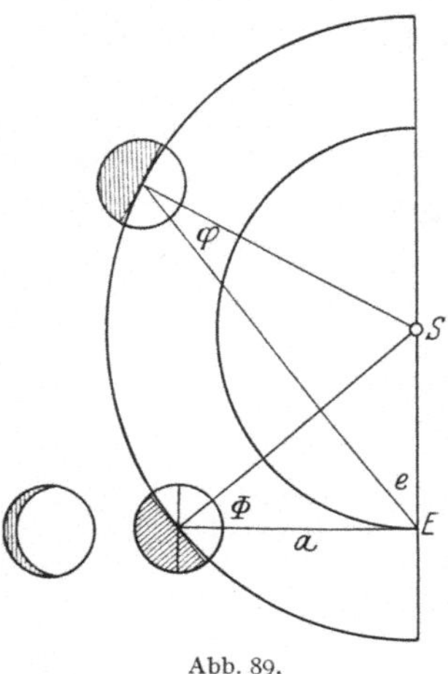

Für Jupiter ist $r : R$ durchschnittlich 0.19 und entsprechend $\Phi = 11°$; der fehlende Teil des Durchmessers wird nur 0.01, so daß selbst die größte Phase beinahe unmerklich wird. Dies gilt natürlich in noch höherem Maße für die Planeten außerhalb der Jupiterbahn.

112. *Die Helligkeit der Planeten.* Die Helligkeit, in der ein Planet dem bloßen Auge erscheint, hängt teils von seiner Entfernung von der Sonne, teils von seiner Entfernung von der Erde, teils von der Phase ab. Für die oberen Planeten, bei denen die Phase eine kleinere Rolle spielt, und deren Entfernungen von der Sonne auch nicht sehr variieren, wird die Änderung der Helligkeit fast ausschließlich von der Entfernung von der Erde abhängen. Da diese immer am kleinsten ist, wenn der Planet in Opposition zur Sonne steht, wird die Helligkeit dann am größten sein. Indessen ist die Veränderung nur bei Mars besonders augenfällig. Seine Entfernung von der Sonne ist rund 1.5, wenn die Entfernung der Erde von der Sonne gleich Eins gesetzt wird. Die Entfernung des Mars von der Erde wird im Lauf der Zeit zwischen $1.5 + 1 = 2.5$ in der Konjunktion und $1.5 - 1 = 0.5$ in der Opposition schwanken. Da die Entfernung im letzteren Fall also etwa ein Fünftel beträgt, so wird der Durchmesser 5 mal und die Oberfläche ungefähr 25 mal so groß erscheinen wie in der Konjunktion.

Für die unteren Planeten wird die Phase von größerer Bedeutung. Aus Abb. 88 ersieht man, daß nach der oberen Konjunktion, in der die Phase voll und die Entfernung am größten ist, beide abnehmen, also in entgegengesetztem Sinn auf die Helligkeit einwirken; zuerst wird die Wirkung der Annäherung überwiegen, so daß die Helligkeit zunimmt, in der Nähe der unteren Konjunktion dagegen, wo die Phase verschwindet, muß die Helligkeit wieder abnehmen. Folglich muß sie an einer Stelle zwischen den Konjunktionen ein Maximum erreichen. Setzt man voraus, daß die Planetenscheibe gleichmäßig hell ist, dann wird die vom Auge empfangene Lichtmenge der scheinbaren Größe des sichtbaren Teils der Scheibe proportional sein. Man kann somit die Zeit der größten Helligkeit berechnen. Sie tritt für Venus einen Monat nach der größten östlichen und einen Monat vor der größten westlichen Elongation ein. Bei Merkur, bei dem die veränderliche Entfernung von der Sonne eine größere Rolle spielt, tritt die größte Helligkeit durchschnittlich einige Tage vor der größten östlichen und nach der größten westlichen Elongation ein.

Abb. 90 zeigt die Phase der Venus, wie man sie in einem astronomischen Fernrohr sieht, wenn die Helligkeit bei östlicher Elongation am größten ist. Die größte Breite des hellen Teils ist dann nicht viel mehr als ein Viertel des Durchmessers. In der darauffolgenden Zeit nimmt die Helligkeit bedeutend schneller ab, als sie vor dem Maximum zugenommen hat.

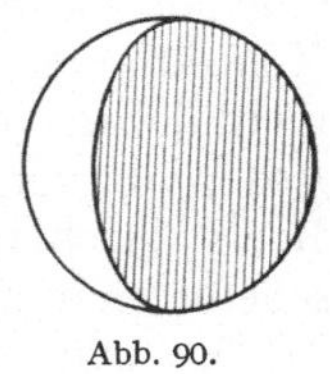
Abb. 90.

113. *Die Einwände gegen die Copernicanische Theorie.* Die Theorie des COPERNICUS rief lange Zeit mehrfachen Widerspruch wach, und unter den Gegnern war TYCHO BRAHE. Sein Hauptargument war folgendes. Bei seinen Beobachtungen der Fixsterne hatte er wiederholt versucht, für einige unter ihnen eine jährliche Parallaxe (vgl. § 110) zu finden, aber immer vergebens. Da er Winkel mit einer Unsicherheit von weniger als 1′ messen konnte, durfte er daraus schließen, daß der Winkel, unter dem der Durchmesser der Bahn, in der, COPERNICUS zufolge, die Erde um die Sonne läuft, von den von ihm beobachteten Sternen aus gesehen erscheint, kleiner als 1′ sein muß. Gleichzeitig hatte er versucht, die Größe verschiedener Sterne zu messen und kam dabei zu dem Resultat, daß die hellsten Sterne einen Winkeldurchmesser von 3′ haben. Hieraus folgte also, daß der wirkliche Durchmesser dieser Sterne mindestens 3mal so groß sein müßte wie der ganze Durchmesser der Erdbahn, von dem der Durchmesser der Sonne nur einen geringen Bruchteil beträgt. Dies fand er aber unwahrscheinlich. In unserer Zeit kennt man tatsächlich Sterne mit Dimensionen von solcher Größenordnung (vgl. S. 334). Diese Sterne sind aber von uns so weit entfernt, daß ihre Durchmesser nur kleine Bruchteile einer Bogensekunde betragen.

Wenn diese Beobachtungen richtig gewesen wären, hätte das Argument zweifelsohne ein ziemliches Gewicht gehabt, und TYCHO BRAHE fand keinen anderen Ausweg, um diese Konsequenz zu umgehen, als den, die Copernicanische Hypothese gegen eine neue zu vertauschen, in der er die Erde und die Sonne den Platz wechseln ließ. Er nahm also die Erde als in der Mitte stillstehend an (wodurch die jährliche Parallaxe fortfällt) und um sie herum zuerst den Mond und danach die Sonne mit ihrem ganzen Gefolge von Planeten, übereinstimmend mit der Annahme von COPERNICUS. Die relative Bewegung innerhalb des Sonnensystems bleibt nach beiden Hypothesen genau die gleiche. Alles was im vorhergehenden von der scheinbaren Bewegung der Planeten und ihren Phasen gesagt worden ist, würde sich ebensogut aus TYCHO BRAHES Theorie ergeben, wenn auch in bezug auf die Phasen die Analogie, die COPERNICUS zu dem Gedanken geführt hatte, nun fortfiel.

Als das erste Fernrohr gegen den Himmel gerichtet wurde (im Jahre 1609), zeigte es sich, daß die Messung der Durchmesser von Fixsternen auf einer Illusion beruhte. Ihre scheinbar verschiedene „Größe“ hängt ausschließlich von ihrer Helligkeit ab. Selbst mit den größten Fernrohren der Gegenwart können die wirklichen Durchmesser nicht direkt gemessen werden. Hiermit wurde das Argument gegen die jährliche Bewegung der Erde hinfällig. In rein geometrischer Hinsicht konnten aber die beiden Hypothesen auch fernerhin als gleich gut gelten. Unter den im vorhergehenden besprochenen Phänomenen ist nur eins, das unbedingt für die Copernicanische Hypothese spricht, nämlich die Aberration des Lichtes, die unerklärlich wäre, wenn die Erde still stände. Schon zu NEWTONS Zeiten — vor der Entdeckung der Aberration durch BRADLEY — stellte sich indessen das Verhältnis zwischen COPERNICUS' und TYCHO BRAHES Systemen ganz anders als ursprünglich.

114. *Heliozentrische Koordinaten.* Wie wir gleich sehen werden, mußte die Copernicanische Hypothese gewissen Modifikationen unterworfen werden, der Grundgedanke selbst aber hat sich als richtig erwiesen.

Da die Planeten sich um die Sonne bewegen, ist es notwendig, ein Mittel zu haben, ihre Richtung von der Sonne aus anzugeben. Das kann ebenso geschehen wie bei Richtungen von der Erde aus, nämlich durch zwei sphärische Koordinaten, die in diesem Fall *heliozentrische* genannt werden. Als Fundamentalebene benutzt man am bequemsten die Ekliptik, da das Zentrum der Erde, von der Sonne aus gesehen, im Laufe des Jahres genau denselben größten Kreis durchlaufen wird, den das Zentrum der Sonne für uns zu durchlaufen scheint, nur zu entgegengesetzten Jahreszeiten.

Die *heliozentrische Breite* eines Sterns ist der Winkel, den die Linie von der Sonne zum Stern mit der Ebene der Ekliptik bildet. Sie wird positiv oder negativ gezählt in derselben Art wie die geozentrische Breite. Die Ebene, in der der Winkel liegt und die also senkrecht zur Ebene der Ekliptik steht, wird in der Verlängerung die heliozentrische Himmelskugel im Breitenkreis des Sterns schneiden.

Die *heliozentrische Länge* eines Sterns ist der Bogen der Ekliptik, der vom Frühlingspunkt nach Osten zum heliozentrischen Breitenkreis des Sterns geht. Sie wird ganz herum bis 360° gezählt, ebenso wie die geozentrische Länge.

Der Frühlingspunkt ist nun zwar ein Punkt, der mit der Erde verknüpft ist, da er durch ihre Rotation definiert ist, seine Lage aber auf der heliozentrischen Himmelskugel ist genau dieselbe wie auf der geozentrischen; oder, wie man es auch ausdrücken kann, die Richtung von der Sonne zum Frühlingspunkt ist der Richtung von der Erde zum Frühlingspunkt genau parallel; die Himmelskugel als Mittel Richtungen anzugeben, hat unendlichen Radius.

Die Keplerschen Gesetze.

115. *Das erste* Kepler*sche Gesetz.* Während Tycho Brahes Aufenthalt in Prag war unter seinen Mitarbeitern auch Kepler. Er fing sofort mit der Bearbeitung der zahlreichen Beobachtungen auf Hven an und setzte diese Arbeit auch nach Tycho Brahes Tod fort.

Hierbei erfand er ein sinnreiches Mittel, um die Richtigkeit des alten vom Altertum als Erbe übernommenen Axioms von der kreisförmigen und gleichmäßigen Bewegung zu untersuchen.

Die Möglichkeit, dies Mittel benutzen zu können, beruhte auf der genauen Kenntnis der Umlaufszeit der einzelnen Planeten um die Sonne.

Ebenso wie bei der Erde kann man bei einem Planeten unterscheiden zwischen der siderischen Umlaufszeit, der Zeit eines vollen Umlaufs, und der tropischen Umlaufszeit, in der die heliozentrische Länge um 360° zunimmt, und die wegen der Präzession etwas kürzer ist als die siderische. Keine der beiden kann indessen durch Beobachtung von der Erde aus direkt bestimmt werden; dagegen kann man leicht die *synodische* Umlaufszeit eines Planeten finden, das ist die Zeit zwischen zwei Augenblicken, in denen der Planet für einen irdischen Beobachter in derselben Stellung zur Sonne steht, z. B. die Zeit zwischen zwei Oppositionen oder zwei Konjunktionen. Wie wir gleich sehen werden, ist die synodische Umlaufszeit zwar nicht vollkommen konstant, da aber Planetenbeobachtungen aus sehr entfernten Zeiten vorlagen, konnte der Durchschnittswert der synodischen Umlaufszeit genau bestimmt werden, und das gerade war es, was Kepler brauchte.

Die Beziehung zwischen der siderischen und der synodischen Umlaufszeit eines Planeten kann in derselben Weise gefunden werden wie für den Mond (s. S. 96). Bezeichnet:

A das siderische Jahr,
T die siderische Umlaufszeit des Planeten,
S „ synodische „ „ „ ,

so kann man für einen oberen Planeten von dem Augenblick ausgehen, in dem er in Opposition zur Sonne ist, also wenn Erde und Planet von der Sonne aus gesehen in derselben Richtung stehen (d. h. wenn sie gleiche heliozentrische Länge haben). Mit Hilfe dieser Größen ist die Bedingung dafür auszudrücken, daß der tägliche Vorsprung der Erde vor dem Planeten nach einem synodischen Umlauf auf 360° angewachsen ist, nämlich:

$$S\left(\frac{360^\circ}{A} - \frac{360^\circ}{T}\right) = 360^\circ,$$

woraus:

$$\frac{1}{T} = \frac{1}{A} - \frac{1}{S}$$

und:

$$T = \frac{SA}{S-A}. \tag{1}$$

Ist es dagegen einer der unteren Planeten, der in einem bestimmten Augenblick dieselbe heliozentrische Länge hat wie die Erde, so gewinnt der Planet einen Vorsprung vor der Erde; dies gibt:

$$S\left(\frac{360^\circ}{T} - \frac{360^\circ}{A}\right) = 360^\circ,$$

also:

$$\frac{1}{T} = \frac{1}{A} + \frac{1}{S}$$

und:

$$T = \frac{SA}{S+A}. \tag{2}$$

Der Planet, den KEPLER zuerst zur Untersuchung vornahm, war Mars. Seine durchschnittliche synodische Umlaufszeit beträgt 2.135 Jahre; wird dieser Wert in die Formel (1) eingesetzt, so erhält man: $T = 2.135 : 1.135 = 1.881$ Jahre. Indem KEPLER davon ausging, daß Mars in einer geschlossenen Bahn um die Sonne läuft, ohne jedoch eine Voraussetzung über ihre Form zu machen, wußte er also, daß der Planet sich an derselben Stelle des Raumes befunden haben mußte, wenn zwischen zwei Beobachtungen 1.881 Jahre verflossen waren; da aber die Erde in denselben beiden Augenblicken sich an verschiedenen Punkten ihrer Bahn befand, würde der Schnittpunkt der beiden Visierlinien den Ort des Planeten im Raum bestimmen. Er ging, in Übereinstimmung mit der Copernicanischen Hypothese, davon aus, daß die Erde um die Sonne in einem etwas exzentrischen Kreis läuft. In einem bestimmten Augenblick, als die Erde sich in dem Punkte A befand (Abb. 91), hatte TYCHO BRAHE den Planeten in der Richtung Aa beobachtet, ausgedrückt z. B. durch Länge und Breite; 1.88 Jahre später, als die Erde sich in B befand, hatte er ihn wieder beobachtet und gefunden, daß er in der Richtung Bb stand. Der Schnittpunkt M gibt dann den Ort des Planeten im Raum an. Auf diese Weise erhielt KEPLER eine ganze Reihe von Punkten in der Bahn des Mars; wenn die Zwischenzeit zwischen zwei Beobachtungen nicht genau die Zeit eines Umlaufs betrug, ersetzte er das Fehlende durch Interpolation zwischen zeitlich benachbarten Beobachtungen. Was wir hier durch geometrische Betrachtung angedeutet haben, wurde in Wirklichkeit durch eine Reihe umständlicher Berechnungen durchgeführt.

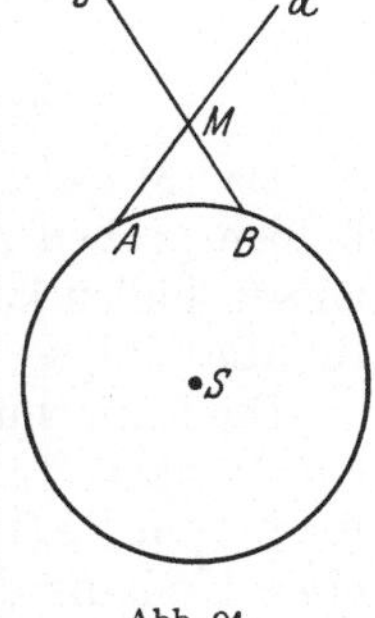

Abb. 91.

Als KEPLER nun die so bestimmten Punkte untersuchte, fand er, daß sie nicht auf einem Kreise lagen, und indem er die Entfernung von Punkt zu Punkt ausmaß, fand er weiter, daß die Geschwindigkeit nicht überall dieselbe war.

Damit war das alte Axiom der gleichförmigen Kreisbewegung also umgestoßen. Die Frage war jetzt, was man an seine Stelle setzen sollte. Er versuchte es mit einer Ellipse und fand, daß diese auf jeden Fall mit den Beobachtungen in besserer Übereinstimmung stand als der Kreis. Wenn aber die alte Hypothese nicht für den Mars zutraf, so würde sie aller Wahrscheinlichkeit nach für die Erde ebensowenig zutreffen; er wiederholte deshalb die ganzen Berechnungen unter der Voraussetzung, daß die Bahn der Erde kein exzentrischer Kreis, sondern eine Ellipse von solcher Form und Lage ist, daß eine Übereinstimmung mit den Beobachtungen der Sonne erzielt wurde. Nach dem Resultat dieser Untersuchung hielt er sich für berechtigt, folgende allgemeine Regel aufzustellen, die den Namen *erstes* KEPLER*sches Gesetz* trägt: Die Planetenbahnen sind Ellipsen, in deren einem Brennpunkt die Sonne steht.

Abb. 92 stellt eine solche Planetenbahn dar; die Sonne befindet sich in S und der Planet bewegt sich in Richtung PBD. Es muß jedoch ein für allemal bemerkt werden, daß keine Planetenbahn bekannt ist, die so langgestreckt ist wie die Ellipse in der Abbildung. Wenn die Form ebenso wie bei den Meridianellipsen auf der Erde, also durch die Abplattung, ausgedrückt wird, dann ist diese bei der Marsbahn $^1/_{230}$, bei der Erdbahn weniger als $^1/_{7000}$.

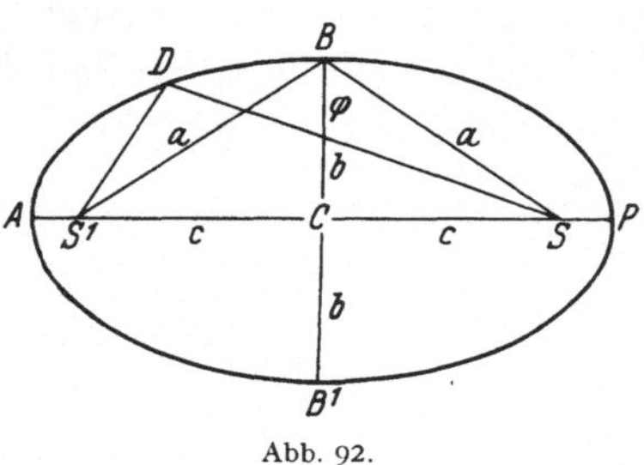

Abb. 92.

Größe und Gestalt der Ellipsen werden durch zwei Konstanten bestimmt. Diese können auf verschiedene Weise gewählt werden. In der Geometrie werden oft die beiden *Halbachsen* $a = CP = SB$ und $b = CB$ benutzt. In der Astronomie wird die letztere durch die Exzentrizität e ersetzt, worunter das Verhältnis zwischen der Entfernung des Brennpunkts vom Zentrum (in der Abbildung $CS = c$) und der halben großen Achse verstanden wird. Die Exzentrizität ist bei der Ellipse also eine unbenannte Zahl zwischen 0 und 1. Der Winkel SBC, der in der Abbildung mit φ bezeichnet ist, heißt *Exzentrizitätswinkel*; da $c = a \sin\varphi$, ist $\sin\varphi = e$.

Der Punkt P, in dem der Planet der Sonne am nächsten steht, wird *Perihel*, der entgegengesetzte Punkt A *Aphel* genannt. Diese beiden Punkte nennt man mit einem gemeinsamen Namen die *Apsiden* und die Verbindungslinie zwischen ihnen die *Apsidenlinie*; diese bezeichnet also die Richtung der großen Achse. Die Distanz SP wird *Periheldistanz*, SA *Apheldistanz* genannt. Wird die erste mit q, die zweite mit Q bezeichnet, so ist, wie die Abbildung zeigt:

$$q = a - c = a(1 - e)$$
$$Q = a + c = a(1 + e)\,.$$

Das Mittel aus der größten und der kleinsten Entfernung ist also gleich der halben großen Achse a; diese wird oft die *mittlere Entfernung* genannt. In gewissen Fällen kann es bequem sein, q und e statt a und e als Bestimmungsstücke für die Ellipse zu benutzen.

Die Entfernung eines Planeten von der Sonne, $SD = r$, heißt *Radiusvektor*, und der Winkel $PSD = v$, der also den Winkel des Radiusvektors mit der Apsidenlinie, vom Perihel aus gezählt, bezeichnet, heißt die *wahre Anomalie*. Während eines Umlaufs des Planeten wächst die wahre Anomalie von 0° im Perihel über 180° im Aphel auf 360° oder 0° beim nächsten Periheldurchgang. Kennt man eine der beiden Größen r und v, dann kann die andere aus der Gleichung der Ellipse:

$$r = \frac{p}{1 + e\cos v} = \frac{a(1 - e^2)}{1 + e\cos v} \tag{1}$$

berechnet werden, in der der Zähler die Ordinate durch den Brennpunkt bezeichnet. Diese wird auch der *halbe Parameter* genannt.

Die Lage der Ellipse in ihrer Ebene kann durch den Winkel angegeben werden, den die Apsidenlinie mit einer festen Ausgangsrichtung von der Sonne bildet. Wie man eine solche bequem wählen kann, soll weiter unten (§ 118) gezeigt werden. Ein solcher Winkel heißt die *Länge in der Bahn*, zum Unterschied von einer Länge in der Ekliptik.

116. *Das zweite* KEPLER*sche Gesetz.* Wie oben gesagt, fand KEPLER aus TYCHO BRAHES Beobachtungen, daß Mars sich nicht mit gleichförmiger Geschwindigkeit bewegt. Wenn der Planet der Sonne näher ist, bewegt er sich schneller, als wenn er weiter entfernt ist. Auch hier fand KEPLER eine Gesetzmäßigkeit, die so ausgedrückt werden kann, daß die Geschwindigkeit in einem gegebenen Punkt der Bahn umgekehrt proportional ist dem Lot von der Sonne auf die im selben Punkt an die Bahn gelegte Tangente. In Abb. 93 bezeichnen h und h' zwei Geschwindigkeiten, d und d' die dazugehörigen Normalen. Er fand also, daß:

$$h : h' = d' : d$$

oder:

$$hd = h'd' .$$

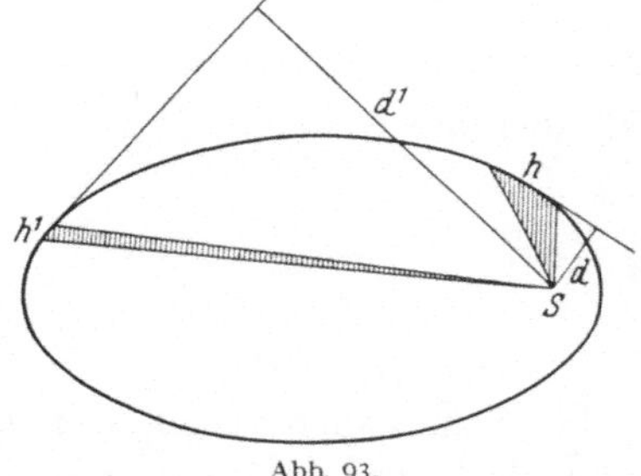

Abb. 93.

Die Hälfte dieses Produktes hd, das also in der ganzen Bahn denselben Wert hat, wird die *Flächengeschwindigkeit* genannt. Wird nämlich ein so kurzer Bogen s betrachtet, daß die Krümmung vernachlässigt werden darf, dann kann der kleine elliptische Sektor als ein Dreieck behandelt werden, dessen Flächeninhalt das halbe Produkt aus der Grundlinie s und der Höhe d ist; da nun die Geschwindigkeit h dasselbe ist wie s, dividiert durch die Zeit, so wird $^1/_2\,hd$ dasselbe sein wie die Fläche des Dreiecks, dividiert durch die Zeit; daher der Name Flächengeschwindigkeit.

Die von KEPLER gefundene Regel kann also so ausgedrückt werden, daß die Flächengeschwindigkeit ein und desselben Planeten konstant ist. Mit dieser Auffassung, wobei von den obenerwähnten Normalen nicht mehr die Rede ist, erhält die Regel auch für Sektoren von endlicher Ausdehnung Gültigkeit. Die Regel wird gewöhnlich in folgender Form ausgedrückt und trägt den Namen *zweites* KEPLER*sches Gesetz*: Die Radienvektoren eines Planeten beschreiben in gleichen Zeiten gleiche Flächenräume.

117. *Das dritte* KEPLER*sche Gesetz.* Einige Jahre nach der Entdeckung der beiden ersten Gesetze, die im Jahre 1609 veröffentlicht wurden, gelang es KEPLER nach verschiedenen vergeblichen Versuchen, auch eine gesetzmäßige Beziehung zwischen Entfernungen und Umlaufszeiten nachzuweisen. Sie wird ausgedrückt durch das *dritte* KEPLER*sche Gesetz*: Die Quadrate der siderischen Umlaufszeiten der Planeten verhalten sich wie die Kuben der mittleren Entfernungen von der Sonne.

Sind a und a_1 die mittleren Entfernungen zweier Planeten, U und U_1 ihre Umlaufszeiten, so hat man also:

$$\frac{U^2}{U_1^2} = \frac{a^3}{a_1^3} . \tag{2}$$

Da die Umlaufszeiten genau bekannt sind, hat man hier ein wichtiges Mittel, das Verhältnis zwischen den Entfernungen zu bestimmen, so daß man alle kennt, wenn eine von ihnen in irgendeinem irdischen Maß bekannt ist.

So lange nur nach den relativen Werten gefragt wird, benutzt man die mittlere Entfernung der Erde von der Sonne als Einheit für die Entfernungen; wird auch das siderische Jahr als Einheit für die Zeit benutzt, so kann man in der obenstehenden Gleichung $a = 1$ und $U = 1$ setzen und erhält dann:

$$a_1 = U_1^{2/3}$$

oder:

$$U_1 = a_1^{3/2}.$$

Das dritte KEPLERsche Gesetz kann auch zur angenäherten Berechnung der durchschnittlichen Geschwindigkeit h eines Planeten dienen. Werden nämlich die Bahnen als Kreise mit der mittleren Entfernung als Radius betrachtet, so ist für den einen Planeten:

$$h = 2\pi a : U$$

und für den anderen:

$$h_1 = 2\pi a_1 : U_1,$$

also:

$$\frac{h}{h_1} = \frac{a\, U_1}{a_1\, U}.$$

Da aber nun:

$$\frac{U_1}{U} = \frac{a_1}{a}\sqrt{\frac{a_1}{a}},$$

so wird:

$$h = h_1 \sqrt{\frac{a_1}{a}}. \qquad (3)$$

Setzt man auch hier $a_1 = 1$, so daß h_1 die durchschnittliche Geschwindigkeit der Erde bezeichnet, die ungefähr 30 km in der Sekunde beträgt, so erhält man:

$$h = \frac{h_1}{\sqrt{a}}. \qquad (4)$$

Je weiter ein Planet von der Sonne entfernt ist, desto langsamer bewegt er sich also, aber selbst für Pluto, wo a nahe $= 40$ ist, wird die durchschnittliche Geschwindigkeit doch etwa $4^3/_4$ km in der Sekunde.

118. *Bahnelemente.* Obwohl die KEPLERschen Gesetze in der Form, wie sie auf empirischem Wege gefunden wurden, noch nicht die volle Wahrheit enthalten (wie wir später sehen werden), wurden sie doch von größter Wichtigkeit für die weitere Entwicklung der Astronomie.

Nimmt man die KEPLERschen Gesetze als richtig an, so kann der jeweilige Ort eines Planeten am Himmel berechnet werden mit Hilfe von 6 konstanten Größen, die die *Elemente* der Bahn genannt werden; 5 dienen dazu, Größe, Gestalt und Lage der Bahn im Raum anzugeben, während das sechste den Ort des Planeten in der Bahn in einem gewissen gegebenen Augenblick angibt.

Erstens muß man die Lage der Ebene der Planetenbahn kennen. Nach dem ersten KEPLERschen Gesetz geht diese durch die Sonne. Für uns ist es auch hier am bequemsten, die Ebene der Erdbahn oder die Ekliptik als Fundamentalebene zu benutzen. Die Schnittlinie zwischen der Ebene einer Planetenbahn und der Ekliptik wird die *Knotenlinie* der Planetenbahn genannt; sie geht durch die Sonne. Der *aufsteigende Knoten* bezeichnet den Punkt, in dem der Planet während seines Laufes um die Sonne von Süden nach Norden die Ebene der Ekliptik überschreitet, wo also die heliozentrische und die geozentrische Breite gleichzeitig von negativen zu positiven Werten übergehen. Den entgegengesetzten Schnittpunkt nennt man den *absteigenden Knoten.* Die Richtung zu dem aufsteigenden Knoten wird durch den Winkel mit der Richtung zum Frühlingspunkt, rechtläufig gezählt, angegeben. Diesen Winkel nennt man *die Länge des aufsteigenden Knotens* (Ω). Kennt man außer der Richtung der Knotenlinie auch den Winkel zwischen der Ebene der Planetenbahn und der Ekliptik, den man die *Neigung* (i) der Planetenbahn nennt, dann ist damit die Lage der Bahnebene bestimmt.

Die Lage der Ellipse in ihrer Bahn wird, wie schon früher erwähnt (§ 115) durch die *Länge des Perihels* (π), die eine Länge in der Bahn ist, angegeben. Die Richtung, von der aus dieser Winkel gerechnet wird, ist in Abb. 94 angedeutet; sie stellt die Himmelskugel von außen gesehen vor, mit der Sonne im Zentrum. AB ist die Ekliptik, also der größte Kreis, den die Erde für einen gedachten Beobachter auf der Sonne im Laufe eines Jahres beschreibt, CD ist der Weg, den der Planet durchlaufen würde, also der größte Kreis, in dem die Ebene der Planetenbahn die Himmelskugel schneidet. Ω ist die Projektion des aufsteigenden Knotens von der Sonne aus. Auch dieser Schnittpunkt zwischen den größten Kreisen heißt der aufsteigende Knoten. Der Frühlingspunkt, der in der Ekliptik liegt, ist in ♈ eingezeichnet, folglich ist der Bogen ♈Ω die Länge des aufsteigenden Knotens.

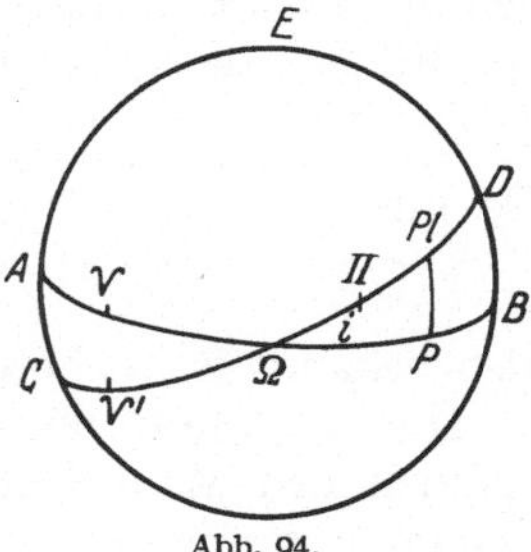

Abb. 94.

Π ist der Punkt, in dem die Verbindungslinie von der Sonne zum Perihel des Planeten die Himmelskugel schneidet. Wenn man nun den Bogen Ω♈$' = \Omega$♈ auf der Planetenbahn aufträgt, so ist ♈$'\Pi$ die Länge des Perihels (π) oder, wie man es auch ausdrücken kann: die Länge des Perihels ist die Summe der Länge des Knotens und des Abstands des Perihels vom Knoten, in der Bewegungsrichtung gerechnet. Der Punkt ♈$'$ bildet auch den Ausgangspunkt der Zählung für jede andere Länge in der Bahn.

Größe und Gestalt der Ellipse werden, wie oben auseinandergesetzt, mit Hilfe der *halben großen Achse* (a) und der *Exzentrizität* (e) angegeben.

Das sechste Element wird *Länge für die Epoche* des Planeten genannt und ist die Länge in der Bahn zu einem gewissen bestimmten Zeitpunkt (der Epoche). Wählt man als Epoche den Augenblick, in dem der Planet, von der Sonne aus gesehen, im Punkt Pl steht, so ist ♈$'$ Pl die Länge für die Epoche. Als sechstes Element wird auch oft die *Perihelzeit* (T) benutzt, die den Zeitpunkt des Durchgangs eines Planeten durch das Perihel angibt. Der Epoche T entspricht die Länge für die Epoche π.

Hier seien die Bahnelemente mit den Buchstaben, durch die sie bezeichnet werden, in der üblichen Reihenfolge zusammengestellt:

1. T Perihelzeit
2. π Länge des Perihels
3. Ω Länge des aufsteigenden Knotens
4. i Neigung (Inklination)
5. e Exzentrizität der Ellipse
6. a mittlere Entfernung des Planeten von der Sonne.

Die siderische Umlaufszeit eines Planeten wird im folgenden mit U bezeichnet werden. Sie braucht unter den Elementen nicht mit angeführt zu werden, da sie, wie wir später (s. § 164) sehen werden, nach dem dritten KEPLERschen Gesetz aus a gefunden werden kann, wenn die Masse bekannt ist (die in den meisten Fällen gleich Null gesetzt werden kann).

119. *Berechnung des Ortes eines Planeten für einen gegebenen Augenblick.* Es soll nun kurz angedeutet werden, wie man den Ort eines Planeten am Himmel für einen gegebenen Augenblick (t) berechnen kann, wenn man die Elemente kennt. Die Aufgabe kann mit Hilfe der bereits gegebenen Entwicklungen gelöst werden. Wir wollen die Lösung hier nur skizzieren; sie wird in dem Abschnitt über das Zweikörperproblem eingehender behandelt werden.

Die Aufgabe zerfällt in zwei Teile, erstens die Berechnung der heliozentrischen Koordinaten aus den Elementen und zweitens die Berechnung der geozentrischen Koordinaten aus den heliozentrischen.

Das erste, was man benötigt, ist der Zeitraum $t - T$, der zwischen der Perihelzeit und dem gegebenen Zeitpunkt liegt. Ist S der elliptische Sektor, den der Planet in dieser Zeit durchlaufen hat, und F der gesamte Flächeninhalt der Ellipse, dann hat man nach dem zweiten KEPLERschen Gesetz:

$$S : F = (t - T) : U .$$

Da nun:

$$F = \pi a^2 \sqrt{1 - e^2} ,$$

also bekannt ist, ebenso wie $t - T$ und U, so kann S berechnet werden.

Hier tritt nun eine Aufgabe auf, die man das KEPLER*sche Problem* nennt, nämlich den Winkel zwischen den beiden den Sektor begrenzenden Radien zu finden, wenn man die Fläche des Sektors kennt. Unten soll gezeigt werden, wie diese Aufgabe gelöst werden kann, wenn, wie hier, der eine Radiusvektor auf das Perihel zeigt. Denkt man sich diese Aufgabe gelöst, dann kennt man also den Winkel v, der in § 115 die wahre Anomalie genannt wurde, und aus dem dann wieder der Radiusvektor r berechnet werden kann [Formel (1) § 115].

Die Koordinaten des Planeten in einem Koordinatensystem mit dem Anfangspunkt in der Sonne und den Achsen in den Richtungen der großen Achse, der kleinen Achse und der Normalen auf der Bahnebene sind dadurch bekannt. Die Richtungen der Achsen sind bekannt, wenn man die Elemente Ω, i und π kennt.

Um die geozentrischen Koordinaten aus den heliozentrischen zu berechnen, muß man natürlich den Radiusvektor R der Erde und ihre heliozentrische Länge L als bekannt voraussetzen. Letztere ist 180° von der geozentrischen Länge der Sonne ⊙ verschieden, die man ebenso wie R in den großen astronomischen Jahrbüchern (vgl. S. 90) für jeden Tag angegeben findet.

Hiermit haben wir alle Daten zusammen, die für die Berechnung der geozentrischen Koordinaten eines Planeten nötig sind.

120. *Das* KEPLER*sche Problem.* Die Lösung des obengenannten KEPLERschen Problems kann man durch geometrische Betrachtung der Ellipse und des umschriebenen Kreises finden, unter Anwendung des Satzes, daß das Verhältnis zwischen den Ordinaten der Ellipse und des Kreises dasselbe ist wie das Verhältnis zwischen der kleinen und der großen Achse der Ellipse. In Abb. 95 ist C das gemeinsame Zentrum der Ellipse und des umschriebenen Kreises, S der Ort der Sonne in dem einen Brennpunkt, also $CS = c = ae$, P das Perihel, O der Ort des Planeten mit dem Radiusvektor $SO = r$ und der wahren Anomalie $PSO = v$. Statt der letzteren soll vorläufig der Winkel $PCA = E$ eingeführt werden, wo A der Punkt ist, in dem der Kreis von der durch den Planeten verlängerten Ordinate geschnitten wird. Diesen Winkel E nennt man die *exzentrische Anomalie* des Planeten.

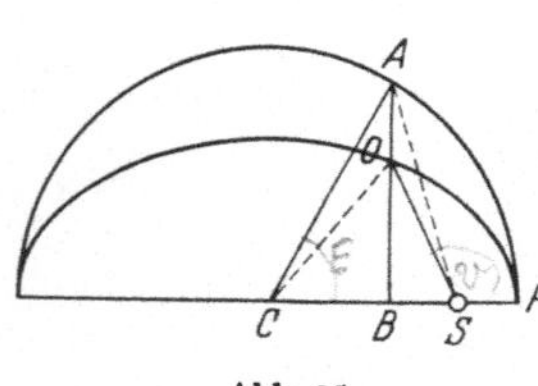

Abb. 95.

Die Aufgabe geht also darauf hinaus, den Winkel E zu finden, wenn man den Sektor $PSO = \frac{t - T}{U} \pi a b$ kennt, wo $t - T$ die Zeit seit dem letzten Periheldurchgang und U die Umlaufszeit ist. Dieser Sektor kann als die Differenz zwischen der Fläche PBO und dem Dreieck SBO betrachtet werden. Letzteres hat dieselbe Grundlinie wie das Dreieck SBA, und die Höhen verhalten sich wie $b:a$; folglich wird auch der Flächeninhalt der Dreiecke das Verhältnis $b:a$ haben. Ebenso sieht man leicht, daß die Fläche PBO sich zu PBA verhält wie $b:a$, da auch hier die Grundlinie gemeinsam ist, und die Ordinaten überall das genannte Verhältnis haben, wovon man sich überzeugt, indem man die Fläche in schmale vertikale Streifen teilt. Folglich erhält man:

$$\text{Sektor } PSO = \frac{b}{a} PSA .$$

Die Fläche PSA ist die Differenz zwischen dem Kreissektor PCA und dem Dreieck SCA, dessen Grundlinie ae und dessen Höhe $AB = a\sin E$ ist, und dessen Flächeninhalt also $= {}^1/_2 a^2 e \sin E$ ist; da nun der Flächeninhalt des Sektors:

$$\frac{E}{2\pi}\pi a^2$$

ist, so wird die Fläche $PSA = {}^1/_2 a^2 E - {}^1/_2 a^2 e \sin E = {}^1/_2 a^2 (E - e\sin E)$, und der elliptische Sektor:

$$PSO = {}^1/_2 ab(E - e\sin E) .$$

Wird hier der obenstehende Wert des Sektors, in Zeit ausgedrückt, eingesetzt, so fällt ab fort, und man erhält schließlich die exzentrische Anomalie aus der Gleichung:

$$E - e\sin E = \frac{t-T}{U} 2\pi . \tag{1}$$

Da die Gleichung transzendent ist, muß man die numerische Lösung durch Reihenentwicklungen oder durch Versuche finden (vgl. S. 220 und Anhang S. 516).

Wie man sieht, ist der Winkel auf der rechten Seite 0° im Perihel und 180° im Aphel (wo $t - T = {}^1/_2 U$) ebenso wie die wahre und die exzentrische Anomalie; aber im Gegensatz zu diesen wächst er während des ganzen Umlaufs vollständig gleichmäßig von 0° bis 360° und wird deshalb die *mittlere Anomalie* (M) genannt.

121. Endlich muß man die *wahre Anomalie* v finden, die bei der Berechnung der heliozentrischen Koordinaten des Planeten als bekannt vorausgesetzt war. Aus Abb. 95 ersieht man, daß $CB = CS - BS$, also:

$$a\cos E = ae + r\cos v$$

ist (v liegt in der Abb. zwischen 90° und 180°, $r\cos v$ hat also einen negativen Wert).

Setzt man hier den durch die Gleichung der Ellipse ausgedrückten Wert von r ein, so findet man nach Division durch a:

$$\cos E = e + \frac{(1-e^2)\cos v}{1 + e\cos v} = \frac{e + \cos v}{1 + e\cos v} .$$

Hieraus könnte $\cos v$ gefunden werden; eine bequemere Relation aber erhält man, indem man erst $1 - \cos E$ und dann $1 + \cos E$ findet, nämlich:

$$1 - \cos E = \frac{(1-e)(1-\cos v)}{1 + e\cos v}$$

$$1 + \cos E = \frac{(1+e)(1+\cos v)}{1 + e\cos v} ,$$

zwei Gleichungen, die durch Division:

$$\operatorname{tg}^2 \frac{E}{2} = \frac{1-e}{1+e} \operatorname{tg}^2 \frac{v}{2} \tag{2}$$

geben, woraus auch umgekehrt v gefunden werden kann. Wird der Exzentrizitätswinkel φ eingeführt, also $e = \sin\varphi$, so erhält man:

$$\operatorname{tg}\frac{v}{2} = \operatorname{tg}\left(45^\circ + \frac{\varphi}{2}\right)\operatorname{tg}\frac{E}{2}. \tag{3}$$

Das doppelte Vorzeichen ($\pm$), das eigentlich nach dem Wurzelausziehen hier auftreten sollte, fällt fort, da, der Definition von E zufolge, $\operatorname{tg}\frac{v}{2}$ und $\operatorname{tg}\frac{E}{2}$ immer dasselbe Vorzeichen haben.

Der Unterschied zwischen der wahren Anomalie und der mittleren Anomalie, also:

$$v - \frac{t-T}{U}2\pi = v - M$$

wird *Mittelpunktsgleichung* genannt.

Auch der *Radiusvektor* r der Ellipse kann leicht durch E ausgedrückt werden; multipliziert man nämlich die Gleichung $a\cos E = ae + r\cos v$ mit e, so wird auf der rechten Seite das letzte Glied $re\cos v$; dies aber ist der Gleichung der Ellipse zufolge $= a(1 - e^2) - r$, das eingesetzt:

$$r = a(1 - e\cos E) \tag{4}$$

gibt.

122. *Bestimmung der Bahnelemente.* Die umgekehrte Aufgabe, aus Beobachtungen die Bahnelemente eines Planeten zu finden, muß natürlich in der Praxis der oben behandelten Aufgabe vorausgehen.

Zur Bahnbestimmung braucht man drei beobachtete Örter.

Es ist nicht möglich, die gesuchten Elemente durch die beobachteten Größen direkt auszudrücken. Der erste, der eine verhältnismäßig leichte Lösung der Aufgabe fand, die Elemente einer Planetenbahn aus drei Beobachtungen zu berechnen, war GAUSS, der eine solche Methode entwickelte, kurz nachdem im Jahre 1801 der erste der kleinen Planeten entdeckt worden war. Etwas früher hatte LAPLACE gezeigt, daß man, wenn mehr als drei Beobachtungen vorliegen, die Koordinaten und deren Änderungen dazu benutzen kann, einen Punkt in der Bahn und gleichzeitig die Bewegungsrichtung und die Geschwindigkeit im selben Punkt zu bestimmen. Daß diese Größen als Grundlage für eine Bahnbestimmung ausreichend ist, wird sich später zeigen. Sowohl GAUSS' als auch LAPLACES Methoden sind später Gegenstand weiterer Entwicklung gewesen. Ebenso hatte, ungefähr gleichzeitig mit LAPLACE, LAGRANGE eine Methode zur Bahnbestimmung aus drei Beobachtungen entwickelt. Näheres über Bahnbestimmung s. §§ 176 bis 178.

123. *Bestimmung der Elemente der Erdbahn.* Eine angenäherte Bestimmung der Elemente der *Erdbahn* ist einfacher als die Bestimmung der Bahnelemente der anderen Planeten, teils weil zwei der Elemente (Länge des Knotens und Neigung) fortfallen, da die Erde sich in der Fundamentalebene selbst bewegt, und ein drittes, nämlich die mittlere Entfernung, als Einheit für Entfernungen benutzt wird, teils weil die übrigen Elemente, jedes für sich, aus Beobachtungen der Sonne direkt bestimmt werden können. Man findet so, daß der tägliche Zuwachs der Länge der Sonne seinen größten Betrag, $1^\circ\,1'\,10''$, Anfang Januar, seinen kleinsten Betrag, $0^\circ\,57'\,11''$, Anfang Juli hat, woraus man sofort schließen kann, daß die Erde ungefähr zu diesen Zeiten im Perihel und Aphel steht (oder, wie man es auch ausdrücken kann, die Sonne steht im Perigäum und Apogäum); die genauen Zeitpunkte aber können hieraus nicht abgeleitet werden, weil die Geschwindigkeit der Bewegung mehrere Tage hindurch hier sehr nahe konstant bleibt. Da die Bewegung jedoch nach dem ersten und zweiten KEPLERschen Gesetz auf beiden Seiten der Apsidenlinie symmetrisch ist, so kann man durch

Beobachtung der Sonne zu anderen Zeiten des Jahres, in denen die Winkelgeschwindigkeit sich schneller ändert, zwei Tage finden, an denen sie gleich ist, und daraus die Zeit des Periheldurchgangs genauer ermitteln. Es ist dies eine Anwendung desselben Prinzips, das zur Bestimmung der Richtung des Meridians bei korrespondierenden Höhen benutzt wird.

Hat man auf diese Weise die beiden Zeitpunkte im Jahr gefunden, in denen die Erde im Perihel und im Aphel steht, so kann die Exzentrizität der Bahn dadurch bestimmt werden, daß der Winkelradius der Sonne, der natürlich um so größer ist, je näher die Sonne steht, an diesen beiden Tagen gemessen wird; nennt man seinen Wert im ersten Fall α und im zweiten Fall β, so ist der wirkliche Radius der Sonne im Perihel $a(1-e)\sin\alpha$ und im Aphel $a(1+e)\sin\beta$, und da er in beiden Fällen derselbe ist, so erhält man:

$$(1-e)\sin\alpha = (1+e)\sin\beta\,,$$

woraus e gefunden werden kann. Die Beobachtungen zeigen, daß $\alpha = 16'\,17''$, $\beta = 15'\,45''$ ist. Setzt man die Bogen statt der Sinus, so erhält man:

$$e = \frac{\alpha-\beta}{\alpha+\beta} = \frac{32}{1922}$$

oder etwa ein Sechzigstel.

Die Exzentrizität kann auch aus den oben angeführten Werten der Winkelgeschwindigkeit der Sonne in Perigäum und Apogäum gefunden werden. Nennt man sie γ und δ, so ist die doppelte Flächengeschwindigkeit der Erde im Perihel $a^2(1-e)^2\gamma$ und im Aphel $a^2(1+e)^2\delta$. Da diese nun nach dem zweiten KEPLERschen Gesetz gleich groß sind, kann e auch aus der Gleichung:

$$(1-e)\sqrt{\gamma} = (1+e)\sqrt{\delta}$$

gefunden werden.

Hieraus ersieht man zugleich folgendes: Als man, so gut es ging, die Bewegung der Sonne durch einen exzentrischen Kreis mit der Exzentrizität e' unter gleichförmiger Bewegung auf der Peripherie des Kreises zu erklären suchte mußte die entsprechende Bedingung durch die Gleichung $a(1-e')\gamma = a(1+e')\delta$' ausgedrückt werden, wobei die Exzentrizität beinahe doppelt so groß herauskommt wie in der KEPLER-Ellipse. Daß dies nicht mit den Messungen des Sonnendurchmessers übereinstimmte, war bei der Genauigkeit, mit der man zu COPERNICUS' Zeit Winkel messen konnte, nicht weiter verwunderlich.

Das Gravitationsgesetz.

124. NEWTON *und das Gravitationsgesetz.* Es ist interessant, den Gedankengang zu verfolgen, der NEWTON zu der Entdeckung des Naturgesetzes führte, nach dem die Bewegungen der Körper im Weltraume vor sich gehen.

NEWTON war einer der ersten, der eine richtige Auffassung vom Gesetz der Trägheit (§ 87) und vom Verhältnis zwischen Kraft und Bewegung überhaupt besaß. Schon allein aus dem Umstand, daß die Planeten sich in gekrümmten Bahnen um die Sonne und der Mond sich um die Erde bewegen, konnte er deshalb mit Sicherheit schließen, daß sie von einer ständig wirkenden Kraft beeinflußt wurden, von der man vorläufig nichts anderes wußte, als daß sie in irgendeiner Weise nach innen, nach der konkaven Seite der Bahn hin gerichtet sein mußte. Beim Mond lag jedoch die Vermutung nahe, daß die Kraft genau auf die Erde gerichtet sei, und daß es dann dieselbe Kraft sein könnte, die wir auf der Erdoberfläche unter dem Namen Schwerkraft kennen.

Zur Prüfung dieser Frage benutzte NEWTON die Planeten und bewies durch eine einfache geometrische Betrachtung, daß, die Richtigkeit des zweiten KEPLERschen Gesetzes vorausgesetzt, die Kraft, die die stetige Krümmung in den Planetenbahnen bewirkt, genau nach innen auf die Sonne gerichtet ist, also eine *Zentralkraft* sein muß. Die gekrümmte Bahn kann als Grenzfall einer gebrochenen Geraden betrachtet werden, die mit starker Übertreibung in Abb. 96 dargestellt ist; die Sonne ist hier S, der Ort des Planeten in einem gegebenen Augenblick A. In einer kurzen Zeit, z. B. einer Sekunde, laufe der Planet von A nach D, und wäre er nicht durch eine Kraft beeinflußt, so würde er in der nächsten Sekunde, dem Trägheitsgesetz zufolge, ein genau so langes Stück DE in derselben Richtung durchlaufen. Der Flächeninhalt der beiden Dreiecke SAD und SDE würde dann gleich groß werden. In D aber erhält die Bahn einen Knick; der Planet bewegt sich nicht in derselben Richtung weiter, sondern wird abgebogen, so daß er in der zweiten Sekunde das Stück DG durchläuft. Dem zweiten KEPLERschen Gesetz zufolge sind die beiden Sektoren (hier Dreiecke) SAD und SDG gleich groß; folglich ist auch $SDG = SDE$. Da aber diese beiden Dreiecke dieselbe Grundlinie SD haben, so wird die Verbindungslinie durch ihre Spitzen, EG, mit der Grundlinie parallel. Da nun die wirkliche Bewegung DG die Resultante aus der ursprünglichen Bewegung DE und aus der Abbiegung DF sein muß, die die Kraft in ihrer eigenen Richtung verursacht hat, so folgt hieraus, daß die Kraft längs der Grundlinie gewirkt hat, das ist auf die Sonne hin.

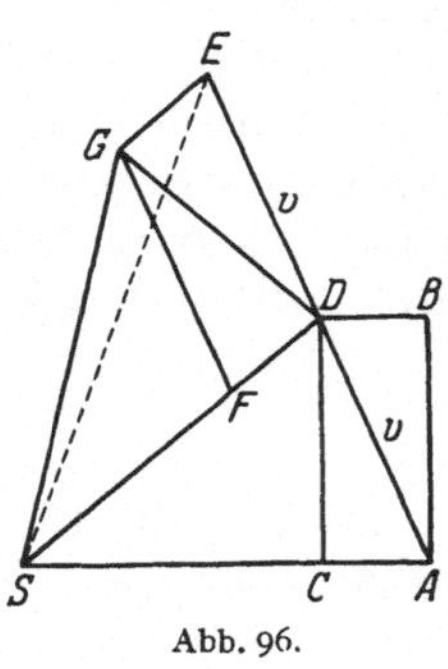

Abb. 96.

Überträgt man dies Resultat auf den Mond, so stimmt es also mit NEWTONS Vermutung überein, soweit es die Richtung der Kraft betrifft. Um aber einen Schluß über die Identität dieser Kraft mit der Schwere ziehen zu können, mußte er ihre Intensität auf dem Monde kennen. Die Schwerebeschleunigung auf der Erde war einige Jahre vorher von GALILEI untersucht worden, man konnte aber nicht von ihr annehmen, daß sie auf eine so große Entfernung draußen im Raum ebenso stark wirken würde. Hier wandte sich NEWTON nun wieder den Planeten zu, und mit Hilfe des dritten KEPLERschen Gesetzes bewies er, daß die Zentralkraft, die auf die Planeten wirkt, dem *Quadrat der Entfernung umgekehrt proportional* ist. NEWTON führte den Beweis für die Planetenbahnen, so wie sie nach dem KEPLERschen Gesetz tatsächlich sind; bereits etwas früher war dieselbe Eigenschaft der Kraft für kreisförmige Planetenbahnen abgeleitet worden, wobei die Erleichterung entsteht, daß die ganze Zentralkraft mit der Zentripetalkraft (§ 89) zusammenfällt. Ist also R der Radius und U die Umlaufszeit für die eine Planetenbahn, R_1 und U_1 für die andere, und bezeichnen C und C_1 die Beschleunigung der Kraft in den beiden Fällen, dann ist nach § 89:

$$C = \frac{4\pi^2 R}{U^2} \quad \text{und} \quad C_1 = \frac{4\pi^2 R_1}{U_1^2},$$

folglich:

$$\frac{C}{C_1} = \frac{R U_1^2}{R_1 U^2}.$$

Da aber nach dem dritten KEPLERschen Gesetz:

$$\frac{U_1^2}{U^2} = \frac{R_1^3}{R^3},$$

so erhält man:

$$C : C_1 = R_1^2 : R^2.$$

Also sind die Beschleunigungen der zweiten Potenz der Kreisradien umgekehrt proportional.

Setzte man voraus, daß auch dies Ergebnis sich auf den Mond übertragen ließ, so konnte nun die endgültige Prüfung ausgeführt werden. Ist g die Schwerebeschleunigung in der Entfernung des Mondes, g auf der Erdoberfläche, dann ist die Entfernung vom Zentrum der Erde, das als Ausgangspunkt der Schwere anzusehen ist, im ersten Falle 60mal so groß wie im zweiten, also $g' = g/60^2$. Setzt man g zu 9.8 m in der Sekunde, so erhält man $g' = 2.7$ mm in der Sekunde.

Um C in denselben Einheiten wie g zu erhalten, muß man in dem Ausdruck $C = \frac{4\pi^2 R}{U^2}$, der mit derselben Annäherung für den Mond gilt wie für die Planeten, die Entfernung R in Metern, und U, den siderischen Monat, in Sekunden ausdrücken. Wir schreiben $4\pi^2 R = 2\pi \cdot 2\pi R$, wo $2\pi R = 60$mal dem Umkreis der Erde, also 60mal 40 Millionen Meter; ferner ist $U = 2.36$ Millionen Sekunden. Setzt man diese Zahlen ein, so erhält man $C = 2.7$ mm, also dasselbe wie oben für g'.

Hiermit hatte NEWTON also zwei wichtige Eigenschaften der Kraft nachgewiesen, nämlich ihre Richtung und ihre Abhängigkeit von der Entfernung; davon aber, daß noch etwas in dem vollständigen Ausdruck fehlte, konnte er sich leicht dadurch überzeugen, daß er den Fall eines Planeten, z. B. den der Erde gegen die Sonne, mit dem Fall des Mondes gegen die Erde verglich. Im obenstehenden Ausdruck für C muß man dann R ungefähr 400mal und U (das siderische Jahr) 13.4mal vergrößern, wodurch C $400 : (13.4)^2$ oder mehr als doppelt so groß wird. Wäre nun die Erde in derselben Entfernung von der Sonne, wie der Mond von der Erde ist, also 400mal näher, so wäre die Beschleunigung noch 400^2mal größer geworden. Es ist also offenbar, daß die Sonne im Besitz einer bedeutend größeren Anziehungskraft als die Erde ist. Was für eine Eigenschaft der Himmelskörper es ist, die diese Anziehungskraft bewirkt, konnte man vorläufig nicht wissen; da es aber aus dem oben Angeführten bereits hervorzugehen schien, daß die Eigenschaft für die Materie überhaupt charakteristisch ist, so lag es nahe, sie mit der einzigen Eigenschaft der Materie, die von den äußeren Umständen unabhängig ist, nämlich mit der *Masse*, in Verbindung zu setzen.

Das Endresultat dieser vorläufigen Untersuchung, das also der nachfolgenden Deduktion zugrunde gelegt werden müßte, kann unter dem Namen des NEWTON*schen Gravitationsgesetzes* folgendermaßen ausgedrückt werden:

Zwei materielle Partikeln ziehen einander an mit einer Kraft, die proportional ist den beiden Massen und umgekehrt proportional dem Quadrat ihrer gegenseitigen Entfernung.

125. *Die Anziehung ausgedehnter Körper. Relative Bewegung.* Wenn wir uns die Aufgabe stellen, die Anziehung zwischen zwei Körpern zu berechnen, so wird das Resultat selbstverständlich von der Verteilung der Massen im Innern der Körper abhängen. Dies Problem wird in der Mechanik behandelt. Hier soll nur das Resultat erwähnt werden, daß bei zwei kugelförmigen Körpern, deren Dichte in gleicher Entfernung vom Zentrum überall die gleiche ist, die gegenseitige Anziehung dieselbe sein wird, wie wenn die gesamte Masse eines jeden Körpers in seinem Schwerpunkt (hier identisch mit dem Zentrum) vereinigt wäre. Es versteht sich auch von selbst, daß, ganz allgemein, unabhängig von der Gestalt der Körper dieser Satz mit um so größerer Annäherung gelten wird, je kleiner die Dimensionen der Körper im Verhältnis zur Entfernung sind. Beides findet natürlich eine wichtige Anwendung bei den Himmelskörpern. Man kann deshalb jedenfalls zunächst diese als Punkte betrachten, die im Besitze einer Anziehungskraft oder Masse sind. Sollte die Abweichung von der Kugelform in einem Falle einen merkbaren Einfluß auf das Resultat der weiteren

Deduktion erhalten, so wird dieser Einfluß jedenfalls so klein sein, daß er bequemer nachträglich berücksichtigt wird (als eine „Störung").

Hat man also zwei solche Himmelskörper mit den Massen M und m, deren Schwerpunkte in einem gegebenen Augenblick die gegenseitige Entfernung r haben, so wird die zwischen ihnen wirkende Kraft durch:

$$K = f\frac{Mm}{r^2} \tag{1}$$

ausgedrückt sein, wo f denselben Wert behält, ganz gleich, von welchen Körpern die Rede ist; der numerische Wert von f hängt von den gewählten Einheiten für Masse, Entfernung und Zeit ab.

Sind mehr als zwei Körper vorhanden, so erhält man einen ähnlichen Ausdruck für jede Kombination von je zweien, die weitere Deduktion aber wird wesentlich verschieden, je nachdem ob nur zwei oder mehr als zwei Körper vorhanden sind.

Stellt man sich im ersteren Fall vor, daß die beiden Himmelskörper zunächst in einem bestimmten Augenblick relativ zueinander im Weltraum ruhen und darauf ihrer gegenseitigen Anziehung überlassen werden, dann werden sie sich natürlich sogleich mit wachsender Geschwindigkeit gegeneinander bewegen und zuletzt zusammenstoßen. Da die Beschleunigung der Bewegung in der Richtung der Kraft gleich der Kraft dividiert durch die Masse ist, auf die die Kraft wirkt (§ 88), so wird:

die Beschleunigung in der Bewegung von m gleich $f\frac{M}{r^2}$

„ „ „ „ „ „ M gleich $f\frac{m}{r^2}$ (2)

und folglich die Beschleunigung in der relativen Bewegung gleich $f\frac{M+m}{r^2}$.

Die Beschleunigung in der relativen Bewegung ist also der Summe der Massen proportional. Hieraus folgt gleichzeitig, daß die Beschleunigung in der relativen Bewegung ebenso groß ist, wie wenn die gesamte Masse $(M + m)$ in dem einen Körper vereinigt wäre. Hierdurch wird das Problem vereinfacht, denn man kann sich dabei vorstellen, daß die Kraft von einem festen Zentrum ausgeht, und hat dann nur die Bewegung eines einzigen Punktes zu untersuchen. Hierüber Näheres bei der mathematischen Behandlung des Zweikörperproblems (vgl. S. 205).

126. *Verschiedene Bahnformen bei Anziehung seitens eines festen Massenpunktes.* Wir stellen uns nun die Aufgabe, die Bewegung eines Himmelskörpers zu finden, der, nachdem er zuerst irgendwie in den Raum geschleudert worden ist, der Anziehung seitens eines festen Massenpunktes ausgesetzt wird, die in Übereinstimmung mit dem Gravitationsgesetz wirkt. Der obengenannte Ausdruck für die Beschleunigung der Bewegung längs der Verbindungslinie gilt dann unverändert, die spätere Bewegung aber hängt natürlich auch von der ursprünglichen Richtung und Geschwindigkeit ab. Wie wir später sehen werden, ist die Lösung dieser Aufgabe verhältnismäßig einfach. Eins der Resultate lautet, daß die Bewegung in einem Kegelschnitt (Kreis, Ellipse, Parabel oder Hyperbel) erfolgt, in dessen einem Brennpunkt das Anziehungszentrum liegt. Die Anwendung auf die Sonne und einen anderen Himmelskörper zeigt also, daß das erste KEPLERsche Gesetz nicht alle Lösungen des Problems umfaßt; nach der Theorie kann die Bewegung auch in einer Parabel oder Hyperbel vor sich gehen. Abb. 97 deutet an, wie die verschiedenen Fälle eintreffen können. F ist das Anziehungszentrum, z. B. die Sonne, a der Punkt, von dem aus der Körper geschleudert wird; der

Einfachheit halber denken wir uns diese Fortschleuderung längs der Geraden ab, senkrecht zum Radiusvektor Fa; es muß aber bemerkt werden, daß die Art des Kegelschnitts, bis auf eine einzige Ausnahme, nur von der Geschwindigkeit des Wurfes, nicht aber von der Richtung abhängt. Je nach der Größe der Wurfgeschwindigkeit würde der Körper, wenn keine Kraft auf ihn wirkt, nach Verlauf einer bestimmten (unendlich kurzen) Zeit zu den auf der Linie ab eingezeichneten Punkten gelangen; der Fall gegen die Sonne in derselben Zeit ist in allen Fällen der gleiche und auf der Abbildung mit c bezeichnet.

Ist die Wurfgeschwindigkeit klein, dann gewinnt sofort die Anziehung die Oberhand, und die Bahn wird eine Ellipse ap mit dem Aphel in a, während eine größere Geschwindigkeit die Ellipse ap' hervorbringt mit dem Perihel in a. Unter den unendlich vielen Fällen, die hierbei möglich sind, gibt es eine bestimmte Geschwindigkeit, die den Kreis aa' ergibt. Damit die Bewegung kreisförmig werden soll, muß der Wurf, wie es in der Abbildung der Fall ist, senkrecht zum Radiusvektor erfolgen. Dies ist der oben erwähnte Ausnahmefall.

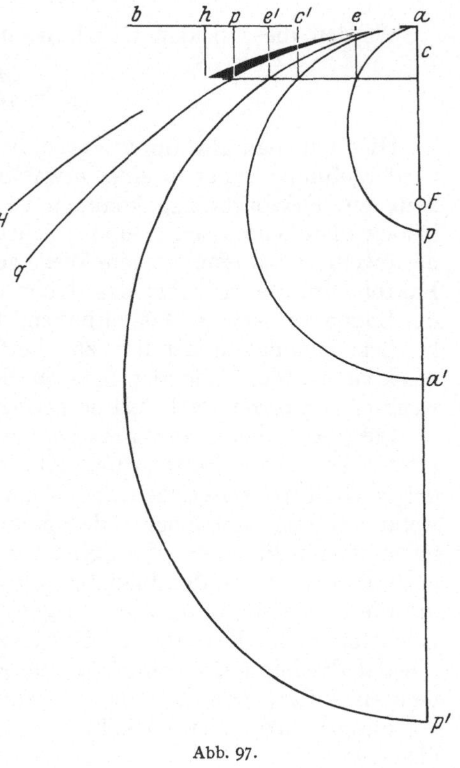

Abb. 97.

Je mehr die Geschwindigkeit des Wurfes wächst, um so langgestreckter wird die Ellipse, und bei einer ganz bestimmten Geschwindigkeit verschwindet das andere Ende der Ellipse in der Unendlichkeit. Die Bahn geht dann in eine Parabel aq über. Die beiden Äste der Parabel nähern sich immer mehr der Parallelität mit der Achse aF, je weiter der Körper sich in der Parabel fortbewegt, und die Geschwindigkeit nähert sich immer mehr dem Wert Null. Bei noch größerer Wurfgeschwindigkeit tritt wieder eine unendliche Anzahl von Fällen ein, in denen die Bahnen Hyperbeln (aH) sind. Die Äste einer Hyperbel entfernen sich immer mehr voneinander, indem sie sich den Asymptoten nähern, und die Geschwindigkeit draußen im Raum nähert sich während der Bewegung ins Unendliche immer mehr einem bestimmten Endwert. Bei dem allerletzten Grenzfall, der eine unendlich große Wurfgeschwindigkeit (oder verschwindende Anziehung seitens F) voraussetzt, geht die Hyperbel in die Gerade ab über, ebenso wie beim ersten Grenzfall, der der Wurfgeschwindigkeit Null entsprach, die Ellipse in die Gerade aF überging.

Daß man auch das zweite KEPLERsche Gesetz bei Lösung dieser Aufgabe wiederfinden wird, geht bereits daraus hervor, daß die Kraft eine Zentralkraft ist.

127. *Die exakte Form des dritten* KEPLER*schen Gesetzes bei kreisförmiger Bewegung.* Durch Anwendung des in § 125 gefundenen Ausdrucks für die Beschleunigung der Gravitation, zuerst auf die Sonne und einen Planeten, danach auf die Sonne und einen zweiten Planeten, kann man noch eine weitere Folgerung ableiten. Wir nehmen der Einfachheit halber an, daß beide Planeten sich in Kreisen bewegen. Hierbei wird derselbe Vorteil wie vorhin erreicht, daß die Gravitationskraft ganz mit der Zentripetalkraft zusammenfällt, so daß die Beschleunigungen gleich groß gesetzt werden können, wodurch man für den einen Planeten:

$$\frac{4\pi^2 R}{U^2} = f\frac{M+m}{R^2}$$

erhält, also:

$$\frac{4\pi^2}{U^2} = f\frac{M+m}{R^3},$$

wo M jetzt die Masse der Sonne bezeichnet. Werden die entsprechenden Größen für den anderen Planeten mit dem Index 1 bezeichnet, erhält man für diesen:

$$\frac{4\pi^2}{U_1^2} = f\frac{M+m_1}{R_1^3}.$$

Werden diese beiden Gleichungen durcheinander dividiert, so erhält man:

$$\frac{U_1^2}{U^2} = \frac{M+m}{M+m_1} \cdot \frac{R_1^3}{R^3}. \qquad (3)$$

Hier hat man also für kreisförmige Bahnen das dritte KEPLERsche Gesetz wiedergefunden, aber in einer etwas modifizierten Form, indem auf der rechten Seite ein Faktor hinzugekommen ist, der von Eins verschieden ist, wenn die beiden Planetenmassen m und m_1 nicht gleich groß sind. Wenn KEPLER nichtsdestoweniger auf empirischem Wege gefunden hat, daß der Ausdruck ohne diesen Faktor stimmte, so rührt das daher, daß sämtliche Planeten, im Vergleich mit der Sonne, so geringe Massen haben, daß die Abweichung des Faktors von Eins, bei der Genauigkeit der ihm zur Verfügung stehenden numerischen Werte, unmerkbar wurde. Wie der Satz in dem allgemeinen Fall — elliptische Bewegung — aussieht, soll später gezeigt werden (S. 212).

128. *Bestimmung von Planetenmassen mit Hilfe des dritten* KEPLER*schen Gesetzes.* Die obige Betrachtung gibt ein Mittel zur angenäherten Bestimmung des Verhältnisses zwischen der *Masse der Sonne* und der *Masse eines Planeten*, wenn letzterer von einem oder mehreren Trabanten begleitet ist, deren Entfernung vom Planeten und deren Umlaufszeit bekannt sind. Für die Bewegung eines Trabanten um den Planeten gilt dieselbe Gleichung wie für dessen Bewegung um die Sonne; wenn also im vorigen Paragraphen die mit Index 1 bezeichneten Buchstaben die Entfernung eines Trabanten vom Planeten usw. bezeichnen, so erleidet die letzte Gleichung nur die Änderung, daß $M + m_1$ im Nenner auf der rechten Seite gegen $m + m_1$, die Summe der Masse von Planet und Trabant, vertauscht wird. Werden Zähler und Nenner durch m dividiert, geht der Bruch über in:

$$\left(\frac{M}{m} + 1\right) : \left(1 + \frac{m_1}{m}\right).$$

$\frac{M}{m}$ wird hier immer eine große Zahl, $\frac{m_1}{m}$ dagegen immer eine kleine, und wenn man diese vernachlässigen kann (oder wenn m_1/m auf andere Weise bekannt ist, was jedoch selten der Fall ist), dann ist M/m die einzige unbekannte Größe in der Gleichung und kann also ermittelt werden. Selbst für den größten aller Planeten, nämlich für Jupiter, findet man auf diese Weise, daß $\frac{m}{M}$ kleiner ist als $1 : 1000$.

Bei der Erde würde es nur eine rohe Annäherung geben, wenn man m_1/m außer Betracht ließe, aber, wie wir später sehen werden, kennt man das Verhältnis zwischen der Masse des Mondes und der Masse der Erde auf andere Weise.

Zur Bestimmung der Masse der Erde brauchen wir indessen gar nicht bis zum Mond zu gehen, um ein Maß für die Anziehungskraft zu finden, da man ein näherliegendes Mittel in der Schwere auf der Erdoberfläche hat. Vergleicht man die Gleichung:

$$\frac{4\pi^2 R^3}{U^2} = f(M + m)$$

mit der Gleichung:

$$g = f\frac{m}{\varrho^2},$$

wo ϱ ein passend gewählter Erdradius ist (s. den nächsten Paragraphen), so wird man durch Division das Verhältnis zwischen der Masse der Sonne M und der Masse der Erde m finden; damit aber g ein Maß für die Anziehungskraft selber angeben soll, muß der durch Beobachtung gefundene Wert um die Wirkung der Zentrifugalkraft vergrößert werden. Man findet auf diese Weise, daß das Verhältnis zwischen den Massen der Sonne und der Erde etwas größer als 300000 ist.

Bezeichnet g_1 die Schwerebeschleunigung auf der Oberfläche eines anderen Himmelskörpers mit der Masse m_1 und dem Radius ϱ_1, dann hat man auf dieselbe Weise:

$$g_1 = f\frac{m_1}{\varrho_1^2},$$

woraus folgt:

$$g_1 = \frac{m_1}{m}\left(\frac{\varrho}{\varrho_1}\right)^2 g.$$

129. *Die Anziehung eines Rotationsellipsoids.* Die mathematische Behandlung der in § 125 genannten Aufgabe, den Ausdruck für die Anziehung zwischen zwei Körpern zu finden, soll hier übergangen werden. Es soll nur erwähnt werden, wie man die Beschleunigung der Anziehung berechnet, die ein Rotationsellipsoid mit geringer Abplattung, dessen innere Schichten nach ähnlichen Rotationsflächen angeordnet sind, auf einen Punkt ausübt, der sich auf der Oberfläche des Körpers oder außerhalb desselben befindet. Ist die Entfernung dieses Punktes von seinem Schwerpunkt r und bildet die Verbindungslinie zwischen beiden mit der Ebene des Äquators den Winkel φ, so ist die Beschleunigung mit großer Annäherung durch die Gleichung:

$$g' = f\frac{m}{r^2} + \frac{\varkappa}{r^4}(1 - 3\sin^2\varphi) \tag{4}$$

gegeben, wo m die gesamte Masse des Körpers, f dieselbe Konstante wie vorher und $\varkappa$ eine andere Konstante ist, die von der Abplattung abhängt.

Bei der Anwendung auf die Erde sollte φ also eigentlich die geozentrische Breite bezeichnen, aber in der Annäherung, die die Formel überhaupt gibt, kann man ebensogut die geographische Breite nehmen. Hieraus folgt, daß unter den beiden Parallelkreisen $\varphi = \pm 35° 16'$, wo $\sin^2\varphi = {}^1/_3$, die Anziehung die gleiche sein wird, als wäre die ganze Masse im Zentrum vereinigt. Wenn man zu dem empirischen Ausdruck für die Schwerebeschleunigung in § 104 $0^{\mathrm{m}}.0339\cos^2\varphi$ addiert, d. h. den Betrag, um den die Zentrifugalkraft die Schwere verringert, und darauf $\sin^2\varphi = {}^1/_3$ setzt, also $\cos^2\varphi = {}^2/_3$, so erhält man $g' = 9.8202$ m in der Sekunde als Maß für die wirkliche Anziehung der Erde in der Entfernung $r = a(1 - {}^1/_3\alpha)$, wenn a der Radius des Äquators und α die Abplattung ist (s. § 94). Dies ist der Erdradius, der im vorigen Paragraphen ϱ genannt wurde.

Wird die Gleichung $g = f\frac{m}{\varrho^2}$ differenziert, so erhält man:

$$\frac{dg}{g} = -\frac{2d\varrho}{\varrho},$$

wodurch man also berechnen kann, um wieviel g verringert werden wird, wenn die Höhe über dem Meeresspiegel um $d\varrho$ größer wird.

130. *Elementare Betrachtungen über das Dreikörperproblem und die Störungsprobleme.* Die Aufgabe, die relative Bewegung der Schwerpunkte zweier Himmelskörper unter dem Einfluß der gegenseitigen Anziehung der Körper zu bestimmen (das Zweikörperproblem), wird in einem der folgenden Kapitel behandelt werden (§ 156 bis 179).

Die Aufgabe, die relative Bewegung von drei oder mehreren Körpern unter dem Einfluß der Gravitation zu bestimmen, wird danach (§ 180 bis 205) behandelt werden. Ganz allgemein gestellt ist diese Aufgabe so schwierig, daß der Mathematik die Mittel fehlen, die Bewegungen in endlicher Form auszudrücken. Für das Sonnensystem indessen können die verschiedenen sich darbietenden Aufgaben gelöst werden, jedoch nur durch fortgesetzte Annäherungen. Ob es sich um die Bewegung eines Planeten um die Sonne oder um die Bewegung eines Trabanten um seinen Planeten handelt, immer wird die Anziehung des Zentralkörpers so überwiegend sein, daß man eine brauchbare, in den meisten Fällen sogar eine erhebliche Annäherung dadurch erhält, daß man für jeden einzelnen Körper die Bewegung zuerst nach den KEPLERschen Gesetzen berechnet, so wie sie aus dem Gravitationsgesetz hervorgehen, so lange nur von zwei Himmelskörpern die Rede ist. Die Art der weiteren Annäherung wird durch folgende geometrische Betrachtung angedeutet.

In Abb. 98 ist A ein Himmelskörper, dessen Bewegung in einem Kegelschnitt um den Zentralkörper C als bekannt vorausgesetzt wird. Nun tritt ein dritter Körper P auf, der auf die beiden anderen eine Anziehung ausübt; hierdurch entstehen Abweichungen in den zuerst berechneten gegenseitigen Bewegungen von C und A. Diese Abweichungen nennt man *Störungen*; P heißt der störende Körper. Die Beschleunigung der Bewegungen, die die Anziehung von P hervorruft, ist in der Abbildung durch die Pfeile Cc und Aa dargestellt, von denen der erste größer ist, weil C näher an P steht.

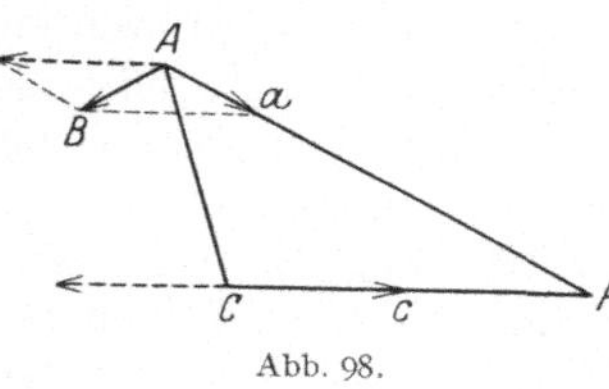

Abb. 98.

Um jetzt dieselbe Erleichterung wie vorher zu erreichen, daß nämlich der Zentralkörper als ruhend und die ganze Bewegung als auf A bezogen betrachtet werden kann, trage man den auf C wirkenden Pfeil in entgegengesetzter Richtung sowohl an C als auch an A ab, wie es in der Abbildung angedeutet ist; wenn auf beide Körper gleich große parallele Kräfte wirken, wird ihre gegenseitige Stellung natürlich davon unbeeinflußt bleiben, da aber C jetzt in Ruhe ist, wird die gesamte Wirkung der Störung durch die Resultante AB von den beiden Pfeilen, die nun auf A wirken, dargestellt. Der Pfeil AB wird also die Beschleunigung der von P ausgeübten *störenden Kraft* darstellen. Wie man sieht, geht sie in diesem Fall in anderer Richtung als auf P. Die Richtung wird je nach der gegenseitigen Stellung der drei Körper verschieden sein; es gibt in dieser Hinsicht nur die eine allgemeine Regel, daß die störende Kraft auf den einen oder anderen Punkt in der Verbindungslinie zwischen P und C oder deren Verlängerung über C hinaus gerichtet ist. Sie wird sich mit der Hauptkraft selbst, der Anziehung von C auf A, zusammensetzen und bewirken, daß die Endresultante im allgemeinen keine Zentralkraft wird.

Richtung und Größe der Beschleunigung der störenden Kraft kann durch eine einfache Konstruktion gefunden werden. In Abb. 99 sollen C, A und P dieselbe Bedeutung haben wie vorher, aber jetzt sind sie in einer anderen Stellung. Setzt man die Entfernung $PA = \varrho$ und $PC = R$, so wird jede mit AC parallele

Gerade von den beiden anderen Seiten des Dreiecks Stücke in dem Verhältnis $\varrho : R$ abschneiden. Die Beschleunigung der Anziehung von P auf A soll durch die Gerade AP, die also dem Pfeil Aa in der vorigen Abbildung entspricht, in einer willkürlichen Skala dargestellt sein. Es kommt zunächst darauf an, aus der Anziehung von P auf C die Beschleunigung x in demselben Maßstabe zu finden, also so, daß $x : AP = \varrho^2 : R^2$.

Trägt man $PL = PA$ ab und zieht $LD \parallel CA$, so ist:

$$PD = \frac{\varrho}{R} \cdot PL = \frac{\varrho}{R} \cdot PA .$$

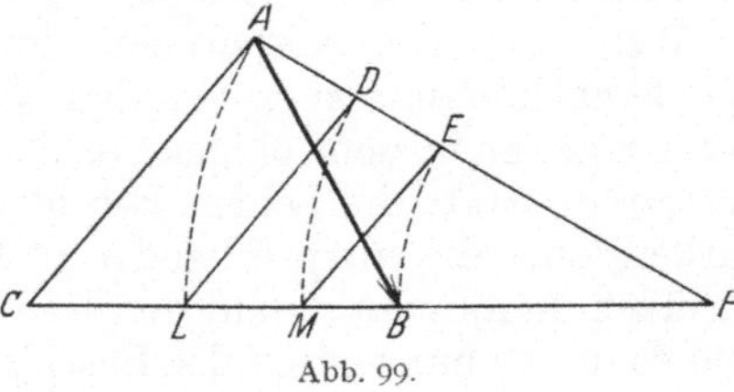

Abb. 99.

Macht man darauf $PM = PD$ und zieht $ME \parallel CA$, so ist:

$$PE = \frac{\varrho}{R} \cdot PD = \left(\frac{\varrho}{R}\right)^2 \cdot PA .$$

Folglich ist PE die gesuchte Länge x. Wollte man dasselbe Verfahren anwenden wie in Abb. 98, dann müßte x erst von C gegen P, und dann in entgegengesetzter Richtung sowohl von C als auch von A abgetragen werden; dies alles kann man sich jedoch sparen. Man braucht nur $PB = PE$ zu machen und die Linie AB zu ziehen, die dann die Diagonale im Parallelogramm der Kräfte wird, von dem nur die Hälfte in der Abb. 99 gezeichnet ist. AB wird also in dem gegebenen Maßstabe die Beschleunigung der störenden Kraft darstellen.

131. *Eine wichtige Eigenschaft der störenden Kraft.* Eine charakteristische Eigenschaft der störenden Kraft erhält man bei Betrachtung des einfachen Falles, daß die drei Körper auf einer Geraden stehen, z. B. A zwischen C und P. Die Resultante AB, die der Kürze halber mit L bezeichnet werden soll, wird dann gleich der Differenz zwischen den beiden Beschleunigungen sein, also, wenn die Masse von P mit m bezeichnet wird:

$$L = f\frac{m}{\varrho^2} - f\frac{m}{R^2} .$$

Wird hier die Entfernung $CA = r$ eingeführt, so ist $\varrho = R - r$. Aus Rücksicht auf einige spätere Anwendungen soll hier vorausgesetzt werden, daß r klein ist im Vergleich zu R. Dann kann man L in eine schnell konvergierende Reihe entwickeln, indem man die Division $1 : (R - r)^2$ ausführt, die:

$$\frac{1}{R^2} + \frac{2r}{R^3} + \frac{3r^2}{R^4} + \cdots$$

gibt.

Setzt man dies für $1 : \varrho^2$ ein, so erhält man:

$$L = fm\left[\frac{1}{R^2} + \frac{2r}{R^3} + \frac{3r^2}{R^4} + \cdots - \frac{1}{R^2}\right] = 2fm\frac{r}{R^3}\left(1 + \frac{3}{2}\frac{r}{R} + \cdots\right).$$

Befindet sich A auf der anderen Seite von C, aber immer noch auf derselben Geraden, so daß die störende Kraft in entgegengesetzter Richtung wirkt, dann erhält man:

$$L' = f\frac{m}{R^2} - f\frac{m}{(R+r)^2} ,$$

und, wenn dies auf dieselbe Weise entwickelt wird:

$$L' = 2fm\frac{r}{R^3}\left(1 - \frac{3}{2}\frac{r}{R} + \cdots\right).$$

Der Unterschied ist also nur, daß das zweite Glied in der Klammer das entgegengesetzte Vorzeichen hat. Ist nun $r : R$ so klein, daß dies zweite Glied im Verhältnis zu 1 keine Rolle spielt, dann folgt hieraus, daß, während die Anziehung selbst der zweiten Potenz der Entfernung umgekehrt proportional ist, die *störende* Kraft der dritten Potenz der Entfernung R umgekehrt proportional ist. Man sieht ferner, daß sie der Entfernung r des störenden Körpers vom Zentralkörper proportional ist.

Wenn die drei Körper eine andere gegenseitige Stellung einnehmen, wird die Beschleunigung auch von dem Winkel ACP abhängen, der Faktor außerhalb der Klammer in dem obigen Ausdruck wird aber auch fernerhin als Koeffizient auftreten. Statt die beiden Beschleunigungen, die auf den Punkt A in Abb. 98 wirken (oder die entsprechenden in Abb. 99), zu einer Resultante AB zusammenzusetzen, kann man sie auf den Radiusvektor CA und senkrecht dazu projizieren und so die Komponenten der Beschleunigung in diesen beiden Richtungen finden. Setzt man der Kürze wegen den Faktor $fm = 1$, so werden die beiden Größen, die projiziert werden sollen, $1 : \varrho^2$ und $1 : R^2$. Bezeichnet man die Komponente im Radiusvektor mit P, positiv gerechnet nach außen, und die andere Komponente mit Q, positiv gerechnet in der Bewegungsrichtung, d. h. mit wachsendem Winkel bei C, so ist, wenn der Winkel PCA mit C und das Supplement des Winkels CAP mit A bezeichnet wird:

$$P = \frac{1}{\varrho^2}\cos A - \frac{1}{R^2}\cos C$$

und:

$$Q = -\frac{1}{\varrho^2}\sin A + \frac{1}{R^2}\sin C\,.$$

Hier kann A mit Hilfe von C ausgedrückt werden, indem man $\varrho\cos A = R\cos C - r$ und $\varrho\sin A = R\sin C$ hat, wodurch man:

$$P = \frac{R\cos C - r}{\varrho^3} - \frac{\cos C}{R^2}$$

und:

$$Q = -\frac{R\sin C}{\varrho^3} + \frac{\sin C}{R^2}$$

erhält.

Zugleich ersieht man aus der Abbildung, daß man $\varrho^2 = R^2 + r^2 - 2Rr\cos C$ hat, also:

$$\frac{1}{\varrho^3} = \frac{1}{R^3}\left\{1 - 2\frac{r}{R}\cos C + \frac{r^2}{R^2}\right\}^{-\frac{3}{2}}.$$

Setzt man nun wie oben voraus, daß r/R eine kleine Größe ist, dann kann dieser Ausdruck in eine schnell konvergierende Reihe entwickelt werden; wenn man die zweiten und höheren Potenzen dieser Größe vernachlässigt, so erhält man:

$$\frac{1}{\varrho^3} = \frac{1}{R^3}\left\{1 + 3\frac{r}{R}\cos C + \cdots\right\}.$$

Wird dieser Wert eingesetzt, so erhält man die beiden Komponenten:

$$P = \frac{r}{R^3}(3\cos^2 C - 1) + \cdots$$

$$Q = -\frac{3}{2}\frac{r}{R^3}\sin 2C + \cdots$$

132. *Die Störungen der Planeten.* Von den Störungen im Planetensystem soll hier folgendes angeführt werden. Wird die Bewegung eines bestimmten Planeten relativ zur Sonne gesucht, dann kann man die übrigen Planeten, deren störender

Einfluß bemerkbar werden kann, jeden für sich behandeln, die Abweichungen in den elliptischen Koordinaten, die jeder von ihnen verursacht, berechnen und die Resultate summieren. Ebenso für jeden einzelnen der anderen Planeten. Es kann dann vorkommen, daß die berechnete gegenseitige Stellung für einige von ihnen so starke Änderungen erlitten hat, daß sie einen Einfluß auf das Resultat dieser Berechnung ausüben können. Die Rechnung muß dann mit den neuen Werten wiederholt werden.

Man kann aber auch die Vorstellung festhalten, daß die Planeten sich in elliptischen Bahnen bewegen, aber dann so, daß die Bahnelemente im Laufe der Zeit veränderlich sind — mit anderen Worten, man berechnet die Wirkung der Störungen auf die Elemente, statt direkt auf die Koordinaten (vgl. § 193). In beiden Fällen gehen die Massen der störenden Planeten in das Problem ein, und für Planeten, die nicht von Trabanten begleitet sind, sind die von ihnen ausgeübten Störungen das einzige Mittel, um ihre Masse zu bestimmen (oder eine vorläufig angenommene Masse zu korrigieren), indem man nämlich die berechneten Örter mit den beobachteten vergleicht. Unter der großen Anzahl Planeten, die man kennt, sind es daher nur die größten, deren Massen bekannt sind, und diese alle sind, bis auf drei, von Trabanten begleitet.

Die Knotenlinien sämtlicher Planetenbahnen sind rückläufig; die Neigungen nehmen zu einer bestimmten Zeit für einige zu, für andere ab. Die Ebene der Erdbahn, auf die die Neigungen der übrigen bezogen werden, hat selbst eine etwas veränderliche Lage im Raum als Folge der Anziehung durch die anderen Planeten, besonders durch die des Nachbarplaneten Venus. Dies ist der Grund für die in § 54 besprochene Änderung in der Schiefe der Ekliptik, die ihrerseits wiederum etwas auf die Präzession wirkt.

Die Apsidenlinien sind in der Hauptsache rechtläufig. Die Folge hiervon ist, daß die *anomalistische* Umlaufszeit, das ist die Zeit, die ein Planet braucht, um relativ zum Perihel einmal herumzulaufen, in der also die Anomalie um 360° wächst, etwas länger ist als die siderische. So rückt die Apsidenlinie der Erde 11″.6 im Jahre vor, da aber die durchschnittliche Winkelgeschwindigkeit der Erde 2″.46 in der Minute ist (3548″.193 : 1440), so ist das anomalistische Jahr noch nicht 5 Minuten länger als das siderische.

Die Exzentrizität nimmt zu einer bestimmten Zeit für einige Planeten zu, für andere ab. Gegenwärtig nimmt sie zu für Merkur, Mars, Jupiter und Neptun, und nimmt ab für Venus, Erde, Saturn und Uranus. Die jährliche Abnahme der Exzentrizität der Erdbahn beträgt jedoch nicht mehr als 4 Einheiten der siebenten Dezimalstelle.

Die Bewegung des Mondes. Präzession und Nutation. Ebbe und Flut.

133. *Die Bahnbewegung des Erdmondes. Rückwärtsschreiten der Knoten und Vorwärtsschreiten der Apsidenlinie.* Da der Mond sich um die Erde bewegt und beide Körper gleichzeitig um die Sonne wandern, könnte man erwarten, daß die Mondbahn im Raume eine schleifenförmige oder wellenförmige Bewegung wäre. Aus dem vorher (§ 124) erwähnten Umstand, daß der gemeinsame Fall der Erde und des Mondes gegen die Sonne doppelt so groß ist wie der Fall des Mondes gegen die Erde, geht aber hervor, daß die Bahn des Mondes relativ zur Sonne immer konkav ist. Die doppelte Bewegung bewirkt nur, daß bei Neumond, wo der Mond gegen die Erde in entgegengesetzter Richtung fällt wie die Erde mit dem Mond gegen die Sonne, die Krümmung der Bahn geringer ist als bei Vollmond, wo der Fall beider in derselben Richtung vor sich geht.

Wenn man von der Bewegung des Mondes relativ zur Erde annehmen könnte, daß sie analog den KEPLERschen Gesetzen für die Planeten erfolgte, so wäre es leicht, seine Bahnelemente zu bestimmen. Die Lage der Bahnebene, durch die Länge des aufsteigenden Knotens (die natürlich hier geozentrisch ist) und die Neigung ausgedrückt, könnte durch zwei Beobachtungen des Mondes zu verschiedenen Zeiten des Monats bestimmt werden, ebenso wie in § 41 die Bestimmung der Lage der Ekliptik durch zwei Sonnenbeobachtungen erklärt worden ist. Die Lage der Apsidenlinie könnte dadurch bestimmt werden, daß zwei Zeitpunkte im Monat gefunden werden, zu denen die Winkelgeschwindigkeit des Mondes gleich ist, und wenn dadurch die Zeit seines Durchgangs durch das Perigäum und Apogäum bekannt wäre, könnte die Exzentrizität der Bahn durch Messung des Winkeldurchmessers des Mondes zu diesen beiden Zeiten bestimmt werden, genau so wie in § 123 in bezug auf die Sonne erklärt wurde. Die *mittlere Entfernung* kann mit Hilfe der täglichen Parallaxe bestimmt werden. Man hat gefunden, daß die Horizontalparallaxe durchschnittlich $57' 2''.7$ beträgt, welchem Werte eine Entfernung von 60.27 Äquatorradien der Erde entspricht. Wie wir später sehen werden, ist die Parallaxe der Sonne zu $8''.80$ bestimmt, woraus folgt, daß die Sonne $3423 : 8.80 = 389$mal weiter entfernt ist als der Mond.

Indessen wird man durch solche Beobachtungen bald herausfinden, daß die KEPLERschen Gesetze hier nur eine mäßige Annäherung geben. Bereits in § 68 ist erwähnt worden, daß die Lage der Bahnebene so schnell veränderlich ist, daß die Knotenlinie in 18.6 Jahren rückläufig um die ganze Ekliptik herumwandert. Die Apsidenlinie bewegt sich bald rechtläufig, bald rückläufig, die direkte Bewegung überwiegt aber so stark, daß das Perigäum in 8.85 Jahren in dieser Richtung um den ganzen Himmel herumkommt. Als Folge davon ist der *anomalistische Monat* 5 bis 6 Stunden länger als der siderische; durchschnittlich beträgt jener 27.55455 Tage, aber durch die Unregelmäßigkeit der Bewegung der Apsidenlinie kann er sehr stark von einem zum anderen Male variieren (zwischen 25 und 29 Tagen).

134. *Die Sonne als störender Körper. Zerlegung der störenden Kraft in drei Komponenten.* Der Grund für diese und andere Ungleichmäßigkeiten in der Bewegung sind die starken Störungen, denen der Mond ausgesetzt ist, indem hier die Sonne selbst als störender Körper auftritt. Aus dem in § 131 entwickelten Ausdruck für die Beschleunigung der störenden Kraft kann man berechnen, daß der Mond stärkeren Störungen von seiten der Sonne ausgesetzt ist als irgendein anderer Körper im Sonnensystem.

Die der in § 130 angegebenen Konstruktion entsprechende Darstellung findet man in Abb. 100, wo C die Erde ist, A eine beliebige Stellung des Mondes. Da der störende Körper, jetzt die Sonne (S), 389mal weiter entfernt ist als A, werden die Richtungen zu ihm, in der Abbildung mit AS und CS bezeichnet, so nahe parallel (sie können nie einen größeren Winkel als $60 \cdot 9''$ $= 9'$ bilden), daß die Konstruktion darin besteht, AL, DM und $EB \perp CS$ und LD und ME beide $\parallel CA$ zu ziehen. Da in diesem Fall $CL = LM = MB$, kann dies auch so ausgedrückt werden, daß, wenn $AL \perp CS$ gezogen ist, man CL noch zweimal von der Erde nach außen abtragen muß, um nach B zu kommen. Die Linie AB gibt dann, wie vorher, die Beschleunigung der störenden Kraft im selben Maßstabe an, in dem die Entfernung AS (für die in der Abbildung kein Platz ist) die Beschleunigung der Anziehung der Sonne auf den Mond angeben würde.

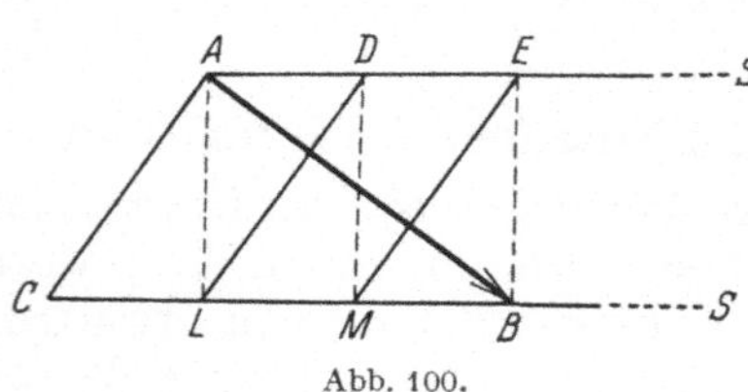

Abb. 100.

Bezeichnet man den Winkel ACB mit C und ABC mit B, so ist $AL = CL \cdot \operatorname{tg} C$ $= LB \cdot \operatorname{tg} B$. Da nun $LB = 2\,CL$, so hat man immer $\operatorname{tg} C = 2 \operatorname{tg} B$. Ist der

Winkel bei A ein rechter, wirkt die störende Kraft also senkrecht zum Radiusvektor des Mondes, dann ist auch $B = 90° - C$, also $\operatorname{tg} B = \operatorname{cotg} C$, woraus:

$$\operatorname{tg} C = \pm\sqrt{2}.$$

Hieraus folgt, daß AB senkrecht zum Radiusvektor steht, wenn C, das ist die Elongation des Mondes von der Sonne, $\pm 54° 44'$ oder $\pm 125° 16'$ ist. Dies stimmt mit der vorletzten Formel in § 131 überein, aus der hervorgeht, daß die Komponente P (längs des Radiusvektors) verschwindet, wenn $\cos^2 C = {}^1/_3$, also $\operatorname{tg}^2 C = 2$.

Abb. 101 zeigt Richtung und Größe der Beschleunigung der störenden Kraft für verschiedene Mondphasen, so wie man sie mit der obengenannten Konstruktion findet, doch nur im halben Maßstabe, verglichen mit Abb. 100. N und V sind Neu- und Vollmond, *2* und *5* die beiden Viertel, *1, 3, 4* und *6* die vier Punkte, die durch die Gleichung $\operatorname{tg}^2 C = 2$ (oder $\cos^2 C = {}^1/_3$) bestimmt werden. Bei den Syzygien ist der Pfeil von der Erde nach außen gerichtet und hat dann zugleich seinen größtmöglichen Wert, nämlich (nach § 131) $2fMr : R^3$, wo M die Masse der Sonne ist. Bei den beiden Vierteln ist er nach innen gegen die Erde gerichtet, ist aber dort nur halb so groß wie bei den Syzygien; in Abb. 100 wird nämlich der Punkt B dann mit C zusammenfallen. In den Punkten *1, 3, 4* und *6* ist er, wie man leicht aus der Konstruktion in Abb. 100 (oder aus der Formel für Q in § 131) ersieht, gleich dem Wert in den Vierteln multipliziert mit $\sqrt{2}$.

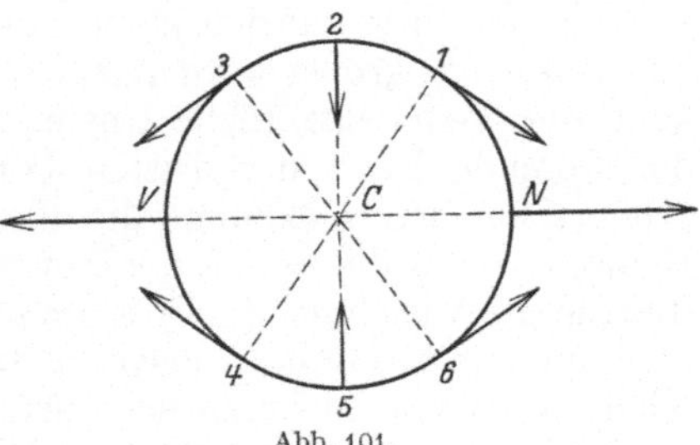

Abb. 101.

In Abb. 99 und 100 liegt AB immer in der Ebene durch die drei Körper, hier also durch Sonne, Erde und Mond; da aber diese Ebene nur zweimal im Jahr mit der Ebene der Mondbahn zusammenfällt, nämlich dann, wenn die Knotenlinie des Mondes auf die Sonne zeigt, so wird AB im allgemeinen einen Winkel mit der Ebene der Mondbahn bilden. Welche Richtung es auch hat, es kann immer geteilt werden in eine Komponente, die in die Ebene der Mondbahn fällt, und eine, die senkrecht dazu steht; die erste kann wieder in eine Komponente geteilt werden, die im Radiusvektor des Mondes liegt (die radiale Komponente), und eine, die senkrecht dazu steht; letztere soll der Kürze wegen die tangentiale Komponente genannt werden, obwohl der Ausdruck eigentlich nur dann paßt, wenn die Mondbahn als ein Kreis betrachtet wird.

135. *Die tangentiale Komponente. Die Variation.* Die tangentiale Komponente ist, wie Abb. 101 zeigt, Null in den Syzygien und in den Vierteln, von Neumond aber bis zum ersten Viertel wirkt sie gegen die Bewegungsrichtung des Mondes, vom ersten Viertel bis zum Vollmond dagegen mit der Bewegungsrichtung, wonach das Ganze sich in der zweiten Hälfte des synodischen Monats wiederholt. Es ist klar, daß dies eine periodische Veränderlichkeit in der Geschwindigkeit des Mondes hervorrufen wird, und daß die Periode dieser Veränderlichkeit ein halber synodischer Monat oder etwa 15 Tage sein muß. Wie die Wirkung auf den Ort des Mondes in der Bahn wird, kann man daraus ersehen, daß die Bewegung während des ganzen Weges vom letzten Viertel bis zum Neumond und vom ersten Viertel bis zum Vollmond beschleunigt wird, in beiden Syzygien sich also ein Überschuß von Geschwindigkeit angesammelt hat, der noch ein Stück in die nächsten Quadranten hinein wirken wird; hier aber verliert dieser Überschuß sich mehr und mehr, weil die störende Kraft gegen die Bewegungsrichtung wirkt. Die Folge wird sein, daß der Mond seinem elliptischen Ort am weitesten voraus ist an einer Stelle zwischen Neumond und erstem Viertel und an einer Stelle zwischen Vollmond und letztem Viertel, am weitesten zurück dagegen in den beiden anderen Quadranten.

Die halbmonatliche Störung in der Bewegung des Mondes, die von TYCHO BRAHE entdeckt, aber erst von NEWTON erklärt wurde, heißt die *Variation*. Ihr maximaler Wert ist 39′ 30″. Dieser Betrag wird jedoch nicht ausschließlich durch die tangentiale Komponente verursacht.

136. *Die radiale Komponente. Die jährliche Ungleichheit.* Betrachtet man nun die radiale Komponente, so ersieht man sofort aus Abb. 101 (und ebenso aus dem Ausdruck für P in § 131), daß diese bedeutend mehr nach außen als nach innen wirkt. Im Durchschnitt wird sie deshalb so wirken, daß sie die Anziehung der Erde auf den Mond abschwächt, so daß seine Entfernung und Umlaufszeit etwas größer werden, als wenn die Sonne nicht da wäre. An und für sich kann dies keine eigentliche Ungleichheit in der Bewegung hervorrufen, da aber die störende Kraft der dritten Potenz der Entfernung der Sonne umgekehrt proportional ist, so kommt die Exzentrizität der Erdbahn zur Wirkung. Um Neujahr, wenn die Sonne uns am nächsten steht, ist ihr abschwächender Einfluß auf die Anziehung der Erde am stärksten. Im Laufe der Zeit aber, während des Frühlings und Sommers, gewinnt die Erde ihre über den Mond verlorene Herrschaft mehr und mehr zurück; der Mond wird sozusagen strammer und immer strammer am Zügel gehalten und gezwungen, sich schneller und schneller zu bewegen, bis Anfang Juli, wenn die Sonne am weitesten entfernt ist. Der angehäufte Überschuß an durchschnittlicher Geschwindigkeit wird noch eine Zeit lang in das nächste Halbjahr hinein vorhalten, wird aber hier mehr und mehr aufgebraucht, da der schwächende Einfluß der Sonne wieder zunimmt. Die Folge muß eine *jährliche Ungleichheit* in der Bewegung des Mondes werden. Der größte Unterschied in der Umlaufszeit ist ungefähr 10 Minuten nach beiden Seiten des mittleren Wertes, und die größte Wirkung auf den Ort des Mondes in der Bahn ist 11′ 10″, um die er dem elliptischen Ort Anfang Oktober voraus und Ende März hinter ihm zurück ist.

Auch diese Ungleichheit (die *jährliche Gleichung*) wurde zuerst von TYCHO BRAHE bemerkt. KEPLER war, schon bevor er nach Prag ging, zu einem ähnlichen Resultat gekommen. Als Herausgeber von Kalendern hatte er gefunden, daß einige der von ihm berechneten Fisternisse im Frühling später und im Herbst früher eintrafen als berechnet. Aus diesem Anlaß stellte er einige Betrachtungen an, die auf ein Gravitationsgesetz hinweisen. TYCHO BRAHE sowohl als auch KEPLER brachten in ihren Mondtafeln die jährliche Gleichung nicht als eine Korrektion des Ortes des Mondes an, sondern als eine Korrektion der Zeit, indem sie eine besondere Zeitgleichung für den Mond benutzten.

137. *Die säkulare Akzeleration des Mondes.* Die jährliche Gleichung gibt auch indirekt den Anlaß zu einer anderen Merkwürdigkeit in der Bewegung des Mondes. Der englische Astronom HALLEY hatte durch Vergleich von älteren und neueren Beobachtungen des Mondes gefunden, daß der siderische Monat zu seiner Zeit merklich kürzer war als im Altertum. LAPLACE wies nach, daß die Ursache hierfür die Abnahme der Exzentrizität der Erdbahn ist. Wenn die Erde nach Verlauf eines Jahres zu derselben Stelle in ihrer Bahn zurückkommt, ist die Periode der jährlichen Ungleichheit in der Bewegung des Mondes vorbei, und alles sollte wieder von vorn anfangen; da aber die Exzentrizität der Erdbahn abnimmt, wird keine vollständige Kompensation erreicht, und LAPLACE zeigte, daß, so lange die Exzentrizität abnimmt, die Restwirkung sich in einer Verkürzung der Umlaufszeit des Mondes auswirkt, genau wie HALLEY es gefunden hatte. Die Wirkung auf die Umlaufszeit selber ist zwar sehr unbedeutend — die Umlaufszeit ist heute knapp eine halbe Sekunde kürzer, als sie es vor 2000 Jahren war — da aber eine Verkürzung der Umlaufszeit, also eine Vermehrung der durchschnittlichen Winkelgeschwindigkeit, eine Beschleunigung in der Bewegung des Mondes bedeutet, wird die Wirkung auf den Ort des Mondes in der Bahn der zweiten Potenz der Zeit proportional und kann deshalb nach Verlauf langer Zeiträume merkbar werden. Die Länge des Mondes wird also folgenderweise ausgedrückt werden können:

$$L = L_0 + \mu t + \alpha t^2 + \text{periodischen Gliedern},$$

wo μ die durchschnittliche Winkelgeschwindigkeit zur Zeit $t = 0$ bedeutet. DELAUNAY fand auf theoretischem Wege, daß der Koeffizient $\alpha = 6''.1$ ist, wenn die Zeit in Jahrhunderten ausgedrückt wird. Neuere Untersuchungen haben einen Wert gegeben, der um ein Unbedeutendes kleiner ist (6″.0). Nach Verlauf von 2000 Jahren wird die Wirkung ungefähr 40′ betragen.

138. *Die Evektion. Variation in der Mondparallaxe. Die parallaktische Ungleichheit.* Die größte aller Störungen, denen der Mond ausgesetzt ist, ist sehr bedeutend und wurde bereits von PTOLEMÄUS bemerkt. Man nennt sie die *Evektion.* Sie ist ziemlich komplizierter Natur, da sie auf der gegenseitigen Stellung von Sonne, Mond und Apsidenlinie der Mondbahn beruht, und es soll hier nur erwähnt werden, daß sie ihren größten Betrag $\pm 1°\,16'\,26''$ erreicht, wenn die Elongation des Mondes von der Sonne und die Elongation des Perigäums von der Sonne zusammen $\pm 90°$ betragen, z. B. wenn der Mond im Perigäum mitten zwischen Neumond und erstem Viertel steht. Die Periode beträgt 31.8 Tage (etwas mehr als einen synodischen Monat). Die Evektion steht in naher Beziehung zu der vorher besprochenen bald rechtläufigen, bald retrograden Bewegung der Apsidenlinie, die zusammen mit einer gleichzeitig damit verknüpften Veränderlichkeit in der Exzentrizität eine Periode von etwas über einem halben Jahr hat. Die Exzentrizität der Mondbahn beträgt durchschnittlich 0.0549, sie variiert aber im Laufe einer solchen Periode zwischen 0.044 und 0.066.

Daß die radiale Komponente der störenden Kraft eine Änderung in der Lage der Apsidenlinie bewirken muß, wenn diese gegen die Sonne zeigt, ist durch eine geometrische Betrachtung leicht einzusehen; ebenso, daß diese Wirkung größer sein muß, wenn der Mond im Apogäum steht, als wenn er sich im Perigäum befindet, da die Beschleunigung der störenden Kraft der Entfernung des Mondes von der Erde proportional ist.

Eine bemerkenswerte Wirkung der Evektion und der Variation tritt in dem auf theoretischem Wege abgeleiteten Ausdruck für die Horizontalparallaxe P des Mondes in Erscheinung. Unter Weglassung einiger kleinen Glieder mit Koeffizienten $<2''$ hat man, wenn S die Elongation des Perigäums von der Sonne bezeichnet:

$$\text{im Perigäum } P = 60'\,19''.2 + 65''.6 \cos 2S$$

$$\text{dagegen im Apogäum } P = 54'\;\;6''.2 - \;\;9''.2 \cos 2S\,.$$

Während also die Parallaxe des Mondes im Perigäum im Laufe eines Vierteljahres um 2′ 11″ variieren kann, kann sie im Apogäum nur 18″ variieren.

Nach ADAMS beträgt der größte mögliche Wert der Parallaxe des Mondes 61′ 31″.5, dem eine Perigäumdistanz $q = 55.87$ entspricht, wenn der Äquatorradius der Erde als Einheit benutzt wird. Näher kann der Mond also niemals kommen. Die Bedingung dafür, daß dieser maximale Parallaxenwert erreicht wird, ist, daß der Vollmond im Perigäum mitten zwischen den Knoten steht, und daß die Sonne sich gleichzeitig im Perigäum befindet. Wenn dagegen der Neumond unter im übrigen gleichen Verhältnissen im Apogäum steht, so erhält man die kleinste mögliche Parallaxe 53′ 54″.7 und die größte mögliche Apogäumdistanz $Q = 63.77$.

Bei Sonnenfinsternissen ist von Bedeutung, wenn das Perigäum bei Neumond in einem der Knoten eintritt und gleichzeitig die Sonne im Apogäum steht; dann ist $P = 61' 21''.6$, welchem Werte $q = 56.03$ entspricht.

Außer den drei obengenannten großen Störungen gibt es noch eine große Menge anderer, die sich in den Beobachtungen zu erkennen geben. Von diesen soll nur die *parallaktische Ungleichheit* genannt werden, die auf dem zweiten Glied in der Klammer im Ausdruck für L und L' in § 131 beruht, das bei Neu- und Vollmond entgegengesetztes Vorzeichen erhält. Die Periode dieser Ungleichheit ist deshalb ein synodischer Monat; die größte Wirkung auf die Länge des Mondes beträgt ungefähr 2′, um die der Mond beim ersten Viertel zurückbleibt und beim letzten Viertel voraneilt. Diese Störung hat ein besonderes theoretisches Interesse; wenn der Betrag der Ungleichheit durch Beobachtungen hinreichend genau gefunden werden kann, kann sie umgekehrt dazu dienen, die Größe zu bestimmen, die bei Neu- und Vollmond in dem mathematischen Ausdruck mit umgekehrten Vorzeichen auftritt, nämlich das Verhältnis zwischen den Entfernungen von Mond und Sonne und damit indirekt, wenn die Entfernung des Mondes als bekannt vorausgesetzt wird, die Parallaxe der Sonne.

139. *Die Bewegung der Erde um den gemeinsamen Schwerpunkt von Erde und Mond.* Hier sollen auch noch einige andere Phänomene erwähnt werden, die eine Folge davon sind, daß die Erde überhaupt von einem Mond begleitet ist. Erde und Mond treten der Sonne gegenüber als eine Art Doppelplanet auf, und der Punkt, der die elliptische Bahn um die Sonne beschreibt, ist nicht das Zentrum der Erde, sondern mit sehr großer Annäherung der gemeinsame Schwerpunkt von Erde und Mond. Die Lage dieses Schwerpunkts kann auf die gewöhnliche Weise gefunden werden. Ist M die Masse der Erde, m die des Mondes, a ihre gegenseitige Entfernung, x die Entfernung des Schwerpunkts vom Zentrum der Erde, so ist:

$$Mx = m(a - x)\,,$$

woraus:

$$x = \frac{m}{M + m}\,a\,.$$

Wie wir gleich sehen werden, ist die Masse der Erde etwa 82mal größer als die des Mondes; a kann zwischen den obengenannten Grenzen 55.9 und 63.8 Erdradien variieren, durchschnittlich wird x also ungefähr $^3/_4$ Erdradius. Der Schwerpunkt liegt demnach im Innern der Erde, jedoch der Oberfläche näher als dem Zentrum.

Abb. 102 zeigt eine Folge hiervon. S ist die Sonne, m der Mond im letzten Viertel, T der gemeinsame Schwerpunkt; π ist die Parallaxe der Sonne, das ist der Winkel, unter dem der Erdradius ϱ, l der Winkel, unter dem x auf der Sonne erscheint, also $l = {}^3/_4\pi$. Für einen Beobachter auf der Sonne würde dies aussehen, als läge das Zentrum der Erde in ihrer Bahn um so viel hinter dem elliptischen Ort T; einen halben synodischen Monat später, wenn der Schwerpunkt auf die andere Seite gekommen ist, würde das Zentrum der Erde um genau so viel dem elliptischen Ort vorangehen. Jede Ungleichheit in der Bewegung der Erde aber wird sich für uns wie eine entsprechende Ungleichheit in der Bewegung der Sonne

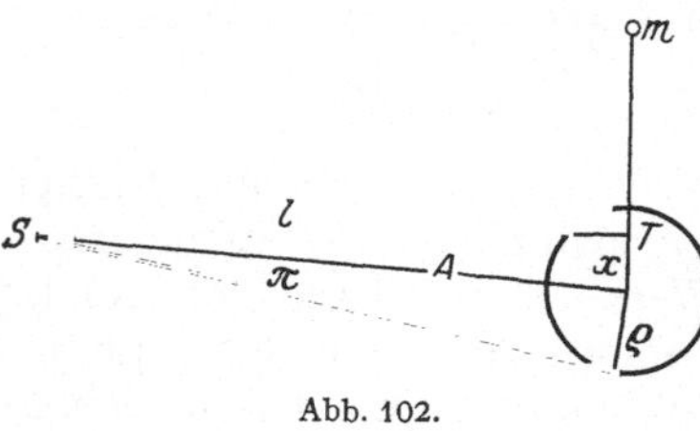

Abb. 102.

in der Ekliptik widerspiegeln. Die Periode wird hier ein synodischer Monat. Setzt man $\pi = 8''.80$, so wird $l = 6''.6$.

Ein anderes Phänomen ist in Abb. 103 dargestellt. Hier sei der Mond m in Konjunktion mit der Sonne S und habe gleichzeitig seine maximale Breite, indem der Winkel i die Neigung der Mondbahn (in der Abbildung stark übertrieben) bezeichnet. ST ist die Ebene der Ekliptik, senkrecht zur Papierebene gedacht; von der Sonne aus wird also das Zentrum der Erde etwas unterhalb der Ekliptik erscheinen und das Zentrum der Sonne, vom Zentrum der Erde aus gesehen, etwas oberhalb der Ekliptik. Die Abweichung ist jedoch sehr unbedeutend; aus der Abbildung sieht man nämlich, daß $Tt = x \sin i$, und da i ungefähr 5° ist, dessen Sinus $^1/_{11}$ ist, so wird auch der Winkel b, unter dem Tt von der Sonne erscheint, $^1/_{11}$ des Winkels l, also $0''.6$. Man sieht jedoch schon hieraus, daß die geozentrische Breite der Sonne nicht immer absolut Null sein kann.

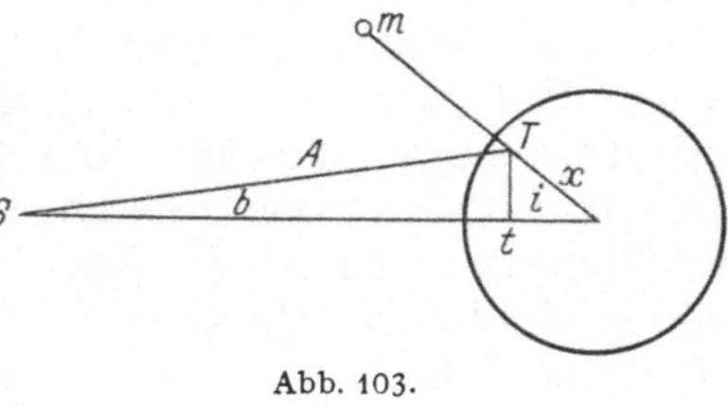

Abb. 103.

140. *Die dritte Komponente der störenden Kraft. Störungen in Knotenlänge und Neigung der Mondbahn.* Es bleibt noch übrig, die Wirkung der dritten Komponente der störenden Kraft, die die Sonne auf den Mond ausübt, zu untersuchen, die senkrecht zur Ebene der Mondbahn steht. Nach dem früher von der Richtung der störenden Kraft Gesagten muß diese Komponente im allgemeinen gegen die Ekliptik gerichtet sein (es gibt jedoch Situationen, in denen dies nicht der Fall ist). Befindet der Mond sich also über der Ebene der Ekliptik, wird er in der Regel nach unten gezogen, und ist er unter der Ekliptik, wird er in der Regel nach oben gezogen.

Man sollte daher annehmen, daß die Mondbahn schließlich mit der Ekliptik zusammenfallen müßte, aber Abb. 104 zeigt, wie es sich in Wirklichkeit verhält.

Hier stellt die viereckige Platte die Ebene der Ekliptik von der Seite und von oben gesehen vor, mit der Erde in T und der Sonne weit entfernt in der Richtung TS; $KABN$ ist die eine Hälfte der Mondbahn, wie sie ohne Störung sein würde, mit dem aufsteigenden Knoten in K, dem absteigenden in N. Stellt man sich nun vor, daß die Störung in dem Augenblick anfängt, in dem der Mond sich z. B. in A befindet, so wird die hier behandelte Komponente ihn normalerweise nach unten ziehen, so daß er in der nächstfolgenden Zeit einen Bogen Aa durchläuft, der unter der alten Bahn liegt. Wenn wir diese neue Bahn rückwärts verlängern, bis sie die Ekliptik in k trifft, so sieht man, daß der aufsteigende Knoten von K bis k zurückgegangen ist. Gleichzeitig ist, wie man sieht, die Neigung etwas verkleinert worden, da der Bogen Ak etwas über der alten Bahn liegt.

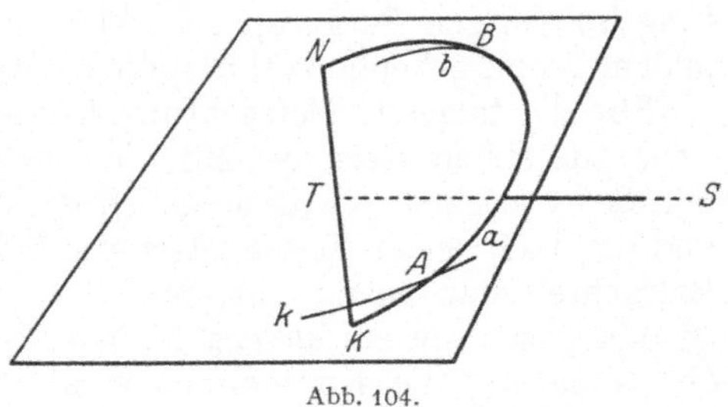

Abb. 104.

Hätte die Störung angefangen, als der Mond in B war, würde er auch hier nach unten gezogen worden sein, so daß er in der nächstfolgenden Zeit den Bogen Bb hätte durchlaufen müssen. Wird dieser Bogen nach vorn verlängert, so wird er die Ekliptik rechts von N schneiden, wodurch der absteigende Knoten zwar wieder zurückgegangen, die Neigung aber jetzt etwas größer geworden ist.

Wird dieselbe Überlegung für die beiden anderen Quadranten angestellt, die unter der Ekliptik liegen, und wo der Mond senkrecht nach oben gezogen wird, so erhält man ein entsprechendes Resultat.

Hieraus folgt, daß die Neigung der Mondbahn im Laufe eines Monats bald ab- und bald zunehmen wird, die Wirkung hiervon hebt sich aber bereits nach Verlauf von 13—14 Tagen auf; dagegen wird die Knotenlinie durchgehends zurückweichen. Hier haben wir die Erklärung für den bereits im Altertum bemerkten Rückgang der Knoten der Mondbahn. Die Periode kann auf theoretischem Wege abgeleitet werden und stimmt mit der aus der Erfahrung gewonnenen von 18.6 Jahren überein. Der genaue Wert der siderischen Umlaufszeit ist 6793.45 Tage, der der tropischen 6798.36 Tage. Ebenso wie die Bewegung des Mondes selbst ist auch die Knotenbewegung einer säkularen Veränderung unterworfen, die jedoch sehr klein ist. Vor 1000 Jahren war die Periode nur 0.15 Tage kürzer als jetzt.

Indessen ist zu bemerken, daß unsere Überlegung nur gilt, wenn die Knotenlinie KN einen Winkel mit der Richtung Erde—Sonne bildet; denn wenn KN auf die Sonne zeigt, fällt die störende Kraft ganz in die Ebene der Mondbahn, so daß keine zu ihr senkrechte Komponente vorhanden ist. Die beiden Male im Jahre, wo dies eintrifft, stehen die Knoten also still; die Wirkung ist offenbar am größten, wenn die Knotenlinie senkrecht zur Syzygienlinie TS steht. Hieraus folgt, daß der Rückgang der Knotenlinie nicht gleichmäßig, sondern etwas veränderlich ist, mit einer Periode von etwa einem halben Jahr. Dasselbe ist auch mit der Neigung der Fall; diese ist durchschnittlich $5°\,9'$; wenn aber die Knotenlinie auf die Sonne zeigt, ist sie $5°\,18'$, dagegen $5°\,0'$, wenn die Knotenlinie senkrecht auf der Syzygienlinie steht. Die obenerwähnte Änderung der Neigung mit einer Periode von etwa 14 Tagen hat eine bedeutend geringere Amplitude. Für die Berechnung der numerischen Werte der größten Störungsglieder in Ω und i siehe die ausführliche Behandlung dieses Problems S. 527 bis 532.

141. *Erklärung der Präzession und der Nutation.* Die geometrische Betrachtung im vorigen Paragraphen erklärt auch die Ursache eines Phänomens, das in dem Vorhergehenden oft besprochen worden ist: *der Präzession der Äquinoktien.*

Für die folgende Betrachtung können wir annehmen, daß die abgeplattete Erde aus einem Kern besteht, dessen Masse in seinem Schwerpunkt vereinigt und der von einer Schale umgeben ist, deren Dicke am Äquator am größten ist und die nach beiden Seiten gegen die Pole abnimmt, bei denen sie verschwindet. Betrachtet man zuerst ein kugelförmiges Stück dieser Schale am Äquator, so ist dies gleichsam ein kleiner Trabant der Erde. Seine Bahnebene ist die Ebene des Äquators; die Knotenlinie ist also die Äquinoktiallinie, und die Neigung ist $23°\,27'$. Die Umlaufszeit beträgt 24 Stunden. Die Bahn ist ein Kreis, dessen Radius der Äquatorradius ist. Auf diesen Trabanten wird die Sonne störend wirken, genau in derselben Weise wie auf den wirklichen Trabanten, den Mond. Da die Beschleunigung der störenden Kraft der Entfernung des gestörten Körpers vom Zentralkörper (hier dem Zentrum der Erde) proportional ist, so wird sie in diesem Falle 60mal geringer als beim Monde; dafür wird aber die zur Bahnebene senkrechte Komponente hier verhältnismäßig größer, da die Schiefe der Ekliptik größer ist als die Neigung der Mondbahn. Es ist dann klar, daß diese Komponente eine rückläufige Bewegung der Äquinoktiallinie hervorbringen muß, in derselben Weise wie bei der Knotenlinie der Mondbahn. Wäre nur dieser kleine kugelförmige Trabant vorhanden, so müßte man gleichzeitig eine kleine Veränderlichkeit der Schiefe der Ekliptik mit einer Periode von einem halben Umlauf, also 12 Stunden, erwarten; betrachtet man aber einen Ring von der

Dicke des Trabanten rund um den ganzen Äquator herum, so fällt die letztgenannte Wirkung fort, und es bleibt nur das Rückwärtsschreiten der Äquinoktiallinie. Daß dieser Ring eine Fortsetzung mit abnehmender Dicke auf beiden Seiten des Äquators hat, kann den Charakter des Phänomens offenbar nicht verändern. In quantitativer Hinsicht besteht natürlich ein bedeutender Unterschied zwischen dem Rückwärtsschreiten der Äquinoktialpunkte und dem Rückwärtsschreiten der Mondknoten, nicht nur weil die Kraft geringer ist, sondern besonders deshalb, weil dieser Schalentrabant nicht frei ist, sondern die ganze innere Erde mitschleppen muß.

Nun ist die Sonne jedoch nicht der einzige Himmelskörper, der auf diese Weise störend wirkt. Theoretisch wird das jeder fremde Körper tun; es gibt aber außer der Sonne nur einen, dessen Wirkung merkbar wird, das ist der Mond. Wie wir gleich in einer anderen Verbindung sehen werden, ist seine Wirkung sogar größer als die der Sonne. Wie nun die Wirkung der Sonne darin bestand, daß die Schnittlinie des Äquators mit der Ekliptik auf der Ekliptik zurückgeht, ebenso muß die Wirkung des Mondes darin bestehen, daß die Schnittlinie des Äquators mit der Ebene der Mondbahn auf dieser zurückgeht. Da die Mondbahn nur einen kleinen Winkel mit der Ekliptik bildet, werden diese beiden Wirkungen in der Hauptsache zu *einer* Größe vereinigt. Diese heißt die *Lunisolarpräzession* (§ 54).

Hier kommt indessen ein Umstand hinzu, der die Sachlage in einem gewissen Grad kompliziert, nämlich, daß die Mondbahn selbst gerade diese eben erklärte rückwärtsgehende Bewegung hat. Es erleichtert die Übersicht, wenn man statt der drei Ebenen ihre Normalen betrachtet oder, was auf dasselbe herauskommt, die Pole der drei größten Kreise auf der Himmelskugel. Daß der Äquator mit konstanter Neigung gegen die Ekliptik rückwärts schreitet, kann auch so ausgedrückt werden, daß der Pol des Äquators sich senkrecht zur Richtung nach dem Pol der Ekliptik bewegt; ganz ähnlich steht es mit der Bewegung des Pols der Mondbahn.

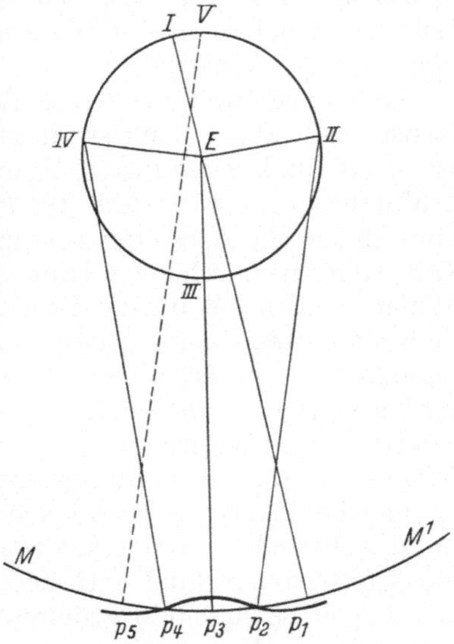

In Abb. 105, die einen Teil der Himmelskugel von außen gesehen vorstellt, ist E der Pol der Ekliptik, I, II, III ... verschiedene Stellungen, die im Lauf von 18.6 Jahren der Pol der Mondbahn einnimmt, der die ganze Zeit etwa 5° von E entfernt ist; MM^1 ist ein Teil des kleinen Kreises, in dem der Pol des Äquators infolge der Lunisolarpräzession in ungefähr 26000 Jahren um E herumgeht.

Abb. 105.

Fängt man z. B. mit dem Augenblick an, in dem der Pol der Mondbahn in II und der Äquatorpol in p_2 ist, so muß letzterer wegen der Wirkung der Sonne längs des kleinen Kreises wandern, wegen der Wirkung des Mondes dagegen senkrecht zum größten Kreis $p_2 II$; die Resultante zeigt in diesem Fall nach innen relativ zum Kreise MM^1. Nach Verlauf einiger Jahre, wenn der Pol der Mondbahn nach III gekommen ist, werden die Richtungen beider Bewegungen zusammenfallen, und fährt man so fort, dann sieht man, daß der Äquatorpol eine wellenförmige Linie, wie auf der Abbildung, beschreiben wird. Diese periodische Veränderlichkeit in Länge und Schiefe der Ekliptik (die Entfernung von E zu den Punkten $p_1 p_2$ usw.) ist gerade das Hauptglied der *Nutation* (§ 57). Hieraus ersieht man auch den Grund dafür, daß die Periode dieses Nutationsgliedes mit der Periode der rückwärtsschreitenden Bewegung der Mondknoten zusammenfällt.

Da die Nutation eine periodische Veränderlichkeit in den Koordinaten der Sterne bewirkt, kann man durch Beobachtung derselben die Größe bestimmen, die in § 56 die Nutationskonstante genannt ist. Hierin hat man eines der besten Mittel zur Bestimmung der Masse des Mondes. NEWCOMB zufolge ist die Nutationskonstante 9''.21, woraus er wiederum berechnet hat, daß die Masse der Erde 81.6mal so groß wie die des Mondes ist.

Die Erklärung der Präzession hat NEWTON gegeben, dagegen scheint er auf die Nutation nicht aufmerksam geworden zu sein. Als diese später durch Beobachtungen von BRADLEY entdeckt wurde, wurde sie kurz darauf von D'ALEMBERT erklärt (Näheres über die Theorie siehe Anhang S. 534 bis 538).

Wie in § 57 besprochen, umfaßt man unter dem Namen Nutation nicht nur die obengenannte Hauptwirkung, die durch den Mond veranlaßt wird, sondern auch alle anderen Veränderungen in der gegenseitigen Lage von Äquator und Ekliptik, die periodischer Natur sind. Daß einige davon durch die Sonne hervorgerufen sein müssen, kann man aus der geometrischen Betrachtung in § 140 ersehen. Auf dieselbe Weise, wie dort für die Mondbahn nachgewiesen, wird nämlich hier die Wirkung der Sonne auf die Bewegung des Äquators am größten sein, wenn die Äquinoktiallinie senkrecht zur Verbindungslinie mit der Sonne steht, also bei den beiden Solstitien, dagegen aber Null, wenn sie auf die Sonne zeigt. Als Folge davon entsteht eine kleine halbjährliche Veränderlichkeit in der Präzession und in der Schiefe der Ekliptik. Diese ist in den Formeln für die Nutation in § 57 mitgenommen.

142. *Ebbe und Flut.* Endlich soll hier ein Phänomen erwähnt werden, das, ebenso wie das eben besprochene, durch eine störende Wirkung auf gewisse Teile der Erdoberfläche hervorgerufen wird, nämlich die regelmäßige *Ebbe* und *Flut* oder die *Gezeiten.*

Ganz ungeachtet der Form der Erde wird die Anziehung eines Himmelskörpers auf allen Punkten ihrer Oberfläche wegen der verschiedenen Entfernungen und Richtungen dieser Punkte zu dem fremden Körper störende Kräfte hervorrufen. In Abb. 101 (S. 177) sei der Kreis ein Schnitt durch die Erde, dann stellen die dort eingezeichneten Pfeile die Beschleunigung der störenden Kräfte dar, die durch einen Himmelskörper in der Richtung CN oder CV hervorgerufen werden. Wäre die Erde durch und durch ein starrer Körper, so daß die beeinflußten Punkte relativ zum Zentrum der Erde den Platz nicht wechseln könnten, so würden hierdurch nur unbedeutende Spannungen hervorgerufen werden; nimmt man die Erde vorläufig als stillstehend und ganz vom Meer bedeckt an, so würde die tangentiale Komponente eine Bewegung im Wasser hervorrufen, die andauern würde, bis ein Gleichgewicht vorhanden ist, das ist bis die Oberfläche des Meeres sich überall senkrecht zur Resultante der Schwere und der störenden Kraft gestellt hat. Das Wasser wird dann von den Punkten 2 und 5 fortströmen (und natürlich auch von allen anderen Punkten in dem auf dem Papier senkrechten größten Kreis durch 2 und 5) und sich in zwei Erhöhungen um N und V sammeln.

Da nun aber die Erde rotiert, so ändert sich das Verhalten des Meeres, da kein permanentes Gleichgewicht mehr entstehen kann; die quantitative Untersuchung des Phänomens ist sehr verwickelt, weil die unregelmäßige Verteilung von Land und Meer andere und weit größere Abweichungen von dem ursprünglichen Resultat hervorruft. Das Hauptresultat ist, daß an den meisten Küsten abwechselnd Ebbe und Flut ist in einer Periode, die die Hälfte der Rotationszeit der Erde relativ zu dem fremden Himmelskörper beträgt. Die veränderliche Entfernung desselben hat einen gewissen Einfluß.

Die beiden Körper, deren Wirkung merkbar ist, sind wieder Sonne und Mond. Ihre relative Bedeutung in dieser Beziehung kann für jeden von ihnen leicht gefunden werden durch Berechnung des längsten Pfeils in Abb. 101, der von N und V ausgeht. Wird die von der Sonne bewirkte Beschleunigung mit $\odot$, die von dem Mond bewirkte mit ☾, der Erdradius mit ϱ, Masse und Entfernung der Sonne mit M und R, Masse und Entfernung des Mondes mit m und r bezeichnet, so ist nach § 131, wenn nur das erste Glied in der Reihenentwicklung von L oder L' mitgenommen wird:

$$\text{☾} = 2fm\frac{\varrho}{r^3}$$

und:

$$\odot = 2fM\frac{\varrho}{R^3},$$

also:

$$\frac{\text{☾}}{\odot} = \frac{m}{M}\left(\frac{R}{r}\right)^3.$$

Benutzt man die Masse der Erde als Einheit, so ist, wie oben erwähnt:

$$m = 1 : 81.6;$$

M kann gleich 332000 gesetzt werden, woraus folgt:

$$M : m = \text{annähernd } 27 \text{ Millionen.}$$

Vorhin haben wir gesehen, daß der Durchschnittswert von $R : r = 389$, dessen dritte Potenz 59 Millionen ist, woraus folgt:

$$\frac{\text{☾}}{\odot} = \frac{59}{27} = 2.18\,.$$

Die Wirkung des Mondes ist also mehr als doppelt so groß wie die der Sonne; deshalb gibt der Mond dem ganzen Phänomen seinen Charakter und die Hauptperiode ist die Hälfte eines Mondtages, das ist die Zeit zwischen zwei Kulminationen des Mondes. Wegen der unregelmäßigen Bewegung des Mondes kann dieser Zeitraum zwischen $24^h\,39^m$ und $25^h\,8^m$ variieren, da aber der synodische Monat 29.53 Tage beträgt, in welcher Zeit der Mond 1mal weniger kulminiert als die Sonne, wird die durchschnittliche Länge der Periode:

$$\frac{1}{2}\cdot\frac{29.53}{28.53} \text{ mittlere Sonnentage} = 12^h\,25^m.$$

Die Periode der Sonnenflut beträgt 12 Stunden; ihre Wirkung äußert sich als eine periodische Veränderlichkeit in der Höhe der Mondflut und in dem Zeitpunkt für das Eintreten dieser. Wenn Sonnenwelle und Mondwelle in derselben Richtung wirken, was etwa 1 bis 2 Tage nach Neu- und Vollmond der Fall ist, tritt *Springflut* ein; bringt dagegen die Sonne Niedrigwasser, während gleichzeitig der Mond Hochwasser bringt oder umgekehrt (dies ist etwa 1 bis 2 Tage nach den Mondvierteln der Fall), so tritt *Nippflut* ein. Das Verhältnis zwischen Springflut und Nippflut sollte dem Obenstehenden zufolge gleich:

$$(2.18 + 1) : (2.18 - 1) = 2.7$$

sein, weicht aber oft davon ab. Die Periode für diese Wirkung der Sonne ist ein halber synodischer Monat oder 14.77 Tage. Die Zeit zwischen der Kulmination des Mondes und dem nächstfolgenden Hochwasser nennt man *Hafenzeit*. Sie muß an jedem Ort durch Beobachtung bestimmt werden. Aus dem obengenannten

Grunde ist sie im Laufe eines halben Monats etwas veränderlich; wird sie als eine konstante Größe angeführt, so ist es entweder ihr Durchschnittswert oder ihr Wert bei Neu- und Vollmond.

Die Aufstauung von Wasser in Buchten hat oft eine bedeutende Vergrößerung der Gezeiten (Tidenhubs) zur Folge. Der Springtidenhub, das ist der Unterschied zwischen Hoch- und Niedrigwasser um die Zeit der Syzygien, erreicht so z. B. in der Bucht zwischen der Bretagne und der Normandie eine Höhe von 10 m, im Bristolkanal an mehreren Stellen 10 bis 13 m, in dem östlichen breiten Teil der Magellanstraße und dem angrenzenden Teil der Küste Patagoniens 11 bis 14 m und in der Fundybucht zwischen Neuschottland und Neubraunschweig 15 m.

Wenn die Gezeitenwelle in einen schmalen Sund eindringt, entsteht oft ein reißender Strom, so z. B. der Salzstrom in der Nähe von Bodö in Norwegen, der zur Springzeit, besonders wenn der Mond in der Nähe des Perigäums steht, stark werden kann; ebenso an vereinzelten Stellen der Westküste Schottlands und besonders in den Durchfahrten zwischen Schottland und den Orkneyinseln und in den Sunden zwischen diesen Inseln.

Wenn die Gezeitenwelle in einen Fluß eindringt, dessen Tiefe nach und nach abnimmt, entsteht manchmal die Flutbrandung, die französisch *mascaret*, englisch *bore* heißt. Die Welle erstreckt sich dann wie eine Mauer quer über den Fluß und ist an ihrer Vorderseite so steil, daß sie vornüber bricht.

Die Form, in der die Gezeiten in der Nordsee auftreten, ist durch die halbtägige Gezeitenwelle des Nordostatlantischen Ozeans bestimmt; diese dringt um Schottland herum von Norden in die Nordsee ein und schreitet an der englischen Ostküste entlang bis zu den Hoofden und dann nach Osten in die Deutsche Bucht hinein fort, wo sie nach Norden umbiegt und an der Küste Jütlands entlang bis zum Skagerrak sich noch bemerkbar macht. An der deutschen Nordseeküste kann der Springtidenhub bis zu 4 m betragen.

An der Küste Norwegens, etwas westlich von Lindesnaes, ist die Gezeitenerscheinung unmerklich, weil dort eine Interferenz der von Süden kommenden Gezeitenwelle mit der aus Norden eindringenden entsteht, so daß an dieser Stelle das Hochwasser der einen mit dem Niedrigwasser der anderen Welle zusammenfällt. Östlich von Lindesnaes ist die Gezeitenwelle überall unbedeutend. Der Tidenhub beträgt hier nur wenige Dezimeter. An der Ostküste Norwegens und im Oslofjord wird eine Eigentümlichkeit der Gezeitenwelle beobachtet, die auch an mehreren Stellen in den inneren dänischen Fahrwassern nachgewiesen ist, nämlich, daß die Springzeit nicht wie im allgemeinen auf der Erde wenige Tage nach den Syzygien, sondern mehrere Tage vor Neu- und Vollmond eintritt.

Finsternisse.

143. *Einleitende Bemerkungen. Kernschatten und Halbschatten. Mondfinsternisse sind absolute, Sonnenfinsternisse parallaktische Phänomene.* Die Sonne ist ein selbstleuchtender Körper. Jeder Planet und jeder Trabant wirft einen von der Sonne weggerichteten Schatten. Gelangt ein dritter Himmelskörper in einen solchen Schatten, so entsteht eine Verfinsterung. Auf Abb. 106 sei S die Sonne, T ein Planet oder ein Trabant. Zieht man die äußeren Tangenten an beide, so wird ein konischer Teil des Raumes hkh' abgegrenzt, von dem das Sonnenlicht ausgeschlossen ist, vorausgesetzt daß die Strahlen geradlinig gehen. Dieser Teil des Raumes heißt der *Kernschatten*. Kommt ein dritter Himmelskörper in diesen hinein, so wird er also im eigentlichen Sinne des Wortes verfinstert, und Anfang und Ende des Phänomens werden auch von anderen Orten des Raums aus gesehen werden können.

Zieht man auch die inneren Tangenten an S und T, so erhält man ebenfalls einen konischen Teil des Raums, der seitlich von den Richtungen ha und $h'a'$ begrenzt wird, der aber in der Abbildung nach rechts unbegrenzt ist. Diesen Raum nennt man den *Halbschatten*, da jeder Punkt zwischen seinen Grenzen und den Grenzen des Kernschattens nur Licht von einem Teil der Sonnenscheibe erhält. Die Erfahrung lehrt, daß ein außerhalb stehender Beobachter, z. B. auf der dunklen Seite von T, im allgemeinen nichts Ungewöhnliches sehen wird, wenn ein dritter Körper in den Halbschatten hineinkommt. Nur in der nächsten Nähe des Kernschattens ist ein Abnehmen der Helligkeit zu bemerken. Für

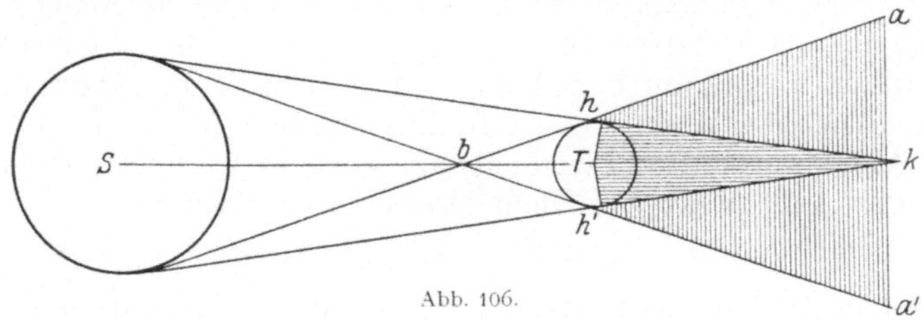

Abb. 106.

einen Beobachter auf dem dritten Himmelskörper selbst wird das Phänomen dagegen merkbar werden, weil der Körper T sich wie ein dunkler Schirm vor die Sonne stellt und einen größeren oder kleineren Teil von ihr verbirgt. Auch dies nennt man eine Finsternis, obwohl es eigentlich ein Phänomen ganz anderer Art ist.

Es sei hier bei dieser und ähnlichen Abbildungen ein für allemal bemerkt, daß es unmöglich ist, die Dimensionen und Entfernungen in den richtigen gegenseitigen Verhältnissen darzustellen. Die Dimensionen der Himmelskörper sind nämlich im Verhältnis zu den Entfernungen so klein, daß man sie nur mit starker Übertreibung ihrer Größe darstellen kann.

Die beiden Himmelskörper, deren Verhalten in obenerwähnter Beziehung das größte Interesse für uns haben, sind die Erde und der Mond. Wenn T die Erde bezeichnet, und der Mond in ihren Kernschatten gelangt, entsteht eine *Mondfinsternis*. Eine solche kann also nur bei Vollmond stattfinden. Bezeichnet dagegen T den Mond, und kommt die Erde in seinen Halb- oder Kernschatten, so entsteht eine *Sonnenfinsternis*, die also nur bei Neumond stattfinden kann.

Bei der Vorausberechnung von Finsternissen kommt es in der Hauptsache auf eine Vorausberechnung der Örter von Sonne und Mond am Himmel an. Eine Mondfinsternis zeigt sich an jedem Ort der Erde gleich, wenn der Mond überhaupt über dem Horizont des Beobachtungsortes steht; eine Sonnenfinsternis dagegen ist ein parallaktisches Phänomen, dessen Verlauf von dem Standpunkt des Beobachters abhängt und das deshalb eine umständlichere Berechnung erfordert. Diese Berechnungen sollen hier übergangen werden. Dagegen sollen gewisse allgemeine Verhältnisse untersucht werden.

144. *Mondfinsternisse.* Das erste, worauf es bei einer Mondfinsternis ankommt, sind die Dimensionen des Kernschattens der Erde. Wie man sie findet,

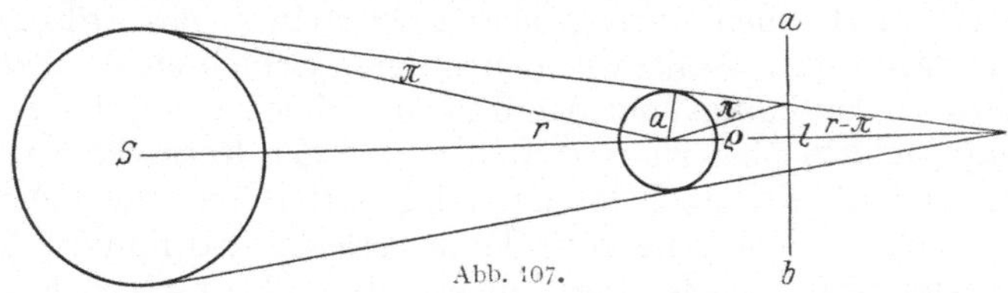

Abb. 107.

lehrt Abb. 107, wo S die Sonne, r ihren Winkelradius und π ihre Parallaxe bezeichnet. Die Länge des Schattens l, das ist die Entfernung vom Zentrum der

Erde bis zur Spitze des Schattens, ist die Hypotenuse in einem rechtwinkligen Dreieck, dessen eine Kathete der Erdradius a ist, der der Winkel $r - \pi$ gegenüberliegt. Es ist also:

$$l = a : \sin(r - \pi).$$

Durchschnittlich ist $r = 16' 0''$, $\pi = 9''$, also $r - \pi = 15' 51''$. Setzt man dies ein, so erhält man $l = 217a$. Da die Entfernung des Mondes $64a$ niemals übersteigen kann (vgl. S. 180), sieht man also, daß der Schatten reichlich lang genug ist, um bis an den Mond heranzureichen.

Der Querschnitt des Schattens an der Stelle, wo der Mond hindurchgeht, kann aus derselben Abbildung gefunden werden, wo ab eine Ebene bezeichnet, die senkrecht auf der Schattenachse in der Entfernung des Mondes steht. Die Schnittlinie dieser Ebene mit dem Schattenkegel wird (abgesehen von der Abplattung der Erde) ein Kreis, dessen Radius am besten durch seinen Winkelwert (in der Abbildung mit ϱ bezeichnet) ausgedrückt wird. Da die Parallaxe Π des Mondes der Außenwinkel an dem Dreieck ist, erhält man:

$$\varrho = \Pi - (r - \pi).$$

Setzt man hier den Durchschnittswert $\Pi = 57' 3''$ ein, so erhält man $\varrho = 41'12''$. Die extremen Werte der Parallaxe (s. § 138) werden $3' - 4'$ größere oder kleinere Werte für ϱ ergeben. Da der Winkelradius des Mondes $17'$ niemals übersteigen kann, kann der Schatten den Mond also reichlich umhüllen.

Hieraus kann man weiter die Dauer der Finsternis berechnen. Ist die Verfinsterung *zentral*, d. h. geht das Zentrum des Mondes durch die Schattenachse, dann kann man zwei Kreise zeichnen, den einen mit dem Radius ϱ, den anderen mit dem Winkelradius R des Mondes, der durchschnittlich $15' 33''$ beträgt. Die beiden äußeren Berührungen werden dann Anfang und Ende der *partiellen*, die beiden inneren Anfang und Ende der *totalen* Finsternis bezeichnen. Das Stück Weg, das der Mond relativ zum Schatten zwischen den beiden Berührungen zu durchlaufen hat, ist also:

für die Finsternis überhaupt $2(\varrho + R) = 113'.5$

für die totale Finsternis $2(\varrho - R) = 51'.3$.

Die durchschnittliche Geschwindigkeit des Mondes relativ zur Sonne, also auch relativ zum Schatten, ist $360° : 29.53$ oder in runder Zahl $12°$ täglich, d. h. $30'$ in der Stunde. Das gibt für:

die ganze Dauer der zentralen Finsternis den Wert $113.5 : 30 = 3^h.8$

die Dauer der totalen zentralen Finsternis den Wert $51.3 : 30 = 1^h.7$.

Ist die Parallaxe groß, der Mond also näher als im Durchschnitt, so vergrößern sich die Dimensionen der beiden Kreise, aber gleichzeitig vergrößert sich auch die Winkelgeschwindigkeit des Mondes, und zwar in stärkerem Maße, so daß die Dauer der Finsternis dann etwas kürzer wird; das Umgekehrte tritt ein, wenn die Parallaxe kleiner als im Durchschnitt ist.

Die Beobachtungen stimmen nicht ganz mit den obenstehenden Zahlen überein, sondern erfordern einen etwas größeren Querschnitt des Erdschattens. Zum Teil liegt das daran, daß Wolken in den unteren Schichten der Erdatmosphäre die Sonnenstrahlen aufhalten und dadurch die Dimensionen des Schattens vergrößern; hauptsächlich aber rührt es daher, daß der Kernschatten nicht scharf begrenzt ist, sondern allmählich in den Halbschatten übergeht. Der Beobachter wird unwillkürlich die Schattengrenze dahin verlegen, wo ihm der Übergang am schärfsten erscheint, und das ist etwas außerhalb des Kernschattens. Bei Vorausberechnungen von Mondfinsternissen pflegt man deshalb ϱ um ein Fünfzigstel seines Wertes zu erhöhen.

Bei der Berechnung der Dimensionen des Erdschattens haben wir vorausgesetzt, daß die Sonnenstrahlen geradlinig verlaufen. Da aber die Strahlen, die durch die Atmosphäre gehen, besonders durch die unteren, dichteren Luftschichten eine merkliche Brechung erleiden, so wird Licht in den zuerst berechneten Schattenkegel eindringen, am meisten außen an der Spitze, weniger und weniger nach innen zu. Die Grenze des Kegels, in den kein Sonnenlicht mehr eindringt, findet man, indem die Ablenkung doppelt so groß wie die Horizontalrefraktion an der Erdoberfläche gerechnet wird, weil der Strahl zuerst in die Luft eintreten und danach auf der anderen Seite wieder austreten muß. Wird die Horizontalrefraktion zu 35′ gerechnet, muß also der halbe Öffnungswinkel des Schattens, der in runder Zahl 16′ war, um 70′ = 1° 10′ vermehrt werden. Die Länge des Schattens wird dann:

$$a : \sin 1^\circ 26' = 40 \text{ Erdradien.}$$

Dieser Schattenkegel ist also nicht lang genug, um den Mond zu erreichen. Dies hat zur Folge, daß der Mond noch gesehen werden kann, selbst wenn er mitten in dem zuerst berechneten Schatten steht; im allgemeinen hat er dann eine tiefrote Farbe, in Übereinstimmung mit der Erfahrung, daß die unteren Luftschichten vorzugsweise die roten Strahlen hindurchlassen. Es ist also die Morgen- oder die Abendröte in verdoppeltem Grad, die wir auf dem verfinsterten Mond sehen.

145. *Totale und ringförmige Sonnenfinsternisse.* Die Verhältnisse bei einer Sonnenfinsternis werden auf ähnliche Weise von den Dimensionen des Mondschattens abhängen. Es ist hier bequemer, die linearen Dimensionen als Grundlage für die Berechnung zu nehmen statt der Winkel.

Abb. 108, wo S die Sonne und M der Mond ist, zeigt den Kernschatten. Die Radien der Sonne und des Mondes sind mit K und k bezeichnet, ihre Entfernung von dem Zentrum der Erde mit A und a, ihre gegenseitige Entfernung bei Neumond also mit $A - a$. Zieht man vom Berührungspunkte h auf dem Monde eine der Schattenachse parallele Gerade, so erhält man zwei ähnliche Dreiecke, aus denen man die Länge des Schattens:

$$l = \frac{k}{K - k}(A - a)$$

findet.

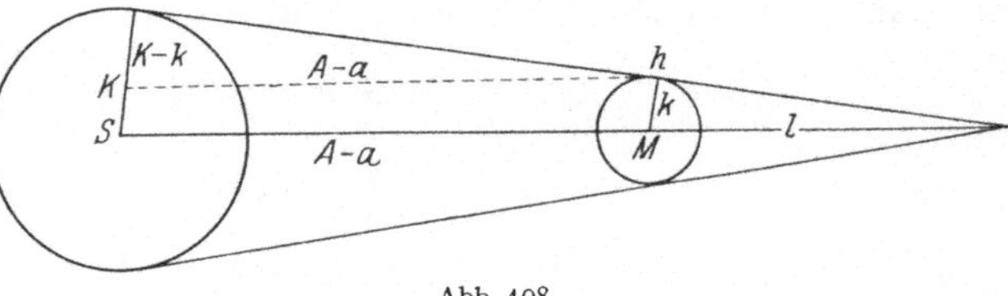

Abb. 108.

Hier ist der erste Faktor konstant, $A - a$ aber kann verschiedene Werte annehmen. Da der wirkliche Radius, in Erdradien (ϱ) ausgedrückt — nicht zu verwechseln mit ϱ im vorigen Paragraphen — gleich dem Sinus des Winkelradius dividiert durch den Sinus der Horizontalparallaxe ist, so wird mit den vorher angegebenen Werten dieser Winkel für Sonne und Mond:

$$K = 109.1\,\varrho \quad \text{und} \quad k = 0.2726\,\varrho$$

gefunden, woraus:

$$l = 0.002505\,(A - a)$$

oder in runder Zahl $^1/_{400}$ von $(A - a)$. Ist die Sonne während der Finsternis in mittlerer Entfernung, dann ist:

$$A = \varrho : \sin 8''.80 = 23\,440\,\varrho,$$

wo jedoch die beiden letzten Ziffern unsicher sind. Hier kann man mit genügender Genauigkeit:

$$a = 60\,\varrho$$

setzen, also:

$$A - a = 23380\,\varrho,$$

wodurch man:

$$l = 58.56\,\varrho$$

erhält.

Diese Schattenlänge ist mit der kleinsten Entfernung, die der Mond bei einer Sonnenfinsternis haben kann, d. h. $56.03\,\varrho$ (vgl. S. 180), zu vergleichen. Es ist also bei mittlerer Sonnenentfernung der Kernschatten etwas länger als die kleinstmögliche Mondentfernung. Ist aber der Mond in mittlerer Entfernung ($a = 60\,\varrho$), so ist der Kernschatten des Mondes nicht lang genug, um ganz bis zum Zentrum der Erde zu reichen, nicht einmal bis zur Oberfläche der Erde, die um einen Erdradius näher ist, wenn die Schattenachse genau auf das Zentrum gerichtet ist. Ein Beobachter, der sich in der Verlängerung dieser Achse befindet, wird zwar eine zentrale Finsternis haben, aber die Sonnenscheibe wird nicht vollständig von der dunklen Mondscheibe verdeckt sein: es wird ein schmaler heller Ring am Rande übrigbleiben. Eine solche Sonnenfinsternis nennt man *ringförmig*. Damit die Finsternis *total*, d. h. die Sonne ganz vom Mond verdeckt sein soll, müssen die Verhältnisse in bezug auf die Entfernungen günstiger liegen als bei den mittleren Entfernungen der Fall ist.

Aus der Abbildung (oder aus der Formel für l) ersieht man, daß die größte totale Sonnenfinsternis eintreten wird, wenn die Sonne ihren größtmöglichen und der Mond seinen kleinstmöglichen Abstand von der Erde hat. Wir betrachten deshalb den Fall, wo die Sonne sich in der größtmöglichen Entfernung befindet (Apogäum der Sonne). Wird die Exzentrizität der Erdbahn zu $^1/_{60}$ gerechnet, so erhält man für die Entfernung der Sonne im Apogäum:

$$A = 23440\,(1 + {}^1/_{60})\,\varrho = 23831\,\varrho,$$

und damit, in derselben Weise wie vorher:

$$A - a = 23771\,\varrho$$

und:

$$l = 59.54\,\varrho.$$

Der Schatten wird also etwas länger als bei mittlerer Sonnenentfernung. Steht der Mond in mittlerer Entfernung, so wird die äußerste Spitze des Schattenkegels von der Oberfläche der Erde abgeschnitten werden können, und es wird dann auf ihr einen kleinen runden Fleck geben, wo die Finsternis total ist. Dieser Fleck wird nach und nach in einer gekrümmten Bahn von Osten nach Westen über die Erdoberfläche hinwandern. Seinen größten Durchmesser wird der Fleck haben, wenn die Schattenachse auf das Zentrum der Erde gerichtet ist, also wenn die verfinsterte Sonne im Zenit steht; die Entfernung des Flecks von der Spitze des Kegels ist dann $l - a + \varrho$, wie man durch eine geometrische Betrachtung leicht sehen kann. Der Fleck wird dann ein Kreis sein, dessen Radius x leicht aus den beiden ähnlichen Dreiecken gefunden werden kann, die man dann erhält, nämlich:

$$\frac{x}{l - a + \varrho} = \frac{k}{l}$$

oder:

$$x = \frac{l - a + \varrho}{l}\,k.$$

Werden hier die obengegebenen, der kleinstmöglichen Mondentfernung und der größtmöglichen Sonnenentfernung entsprechenden Werte von l und a eingesetzt, so erhält man:

$$x = 0.0207\,\varrho = 132 \text{ km}.$$

Der Schatten des Mondes auf der Erde kann also höchstens einen Durchmesser von 264 km haben.

146. *Die Dauer einer totalen Sonnenfinsternis.* Wie lange eine totale Sonnenfinsternis für einen gegebenen Punkt auf der Erde dauern kann, hängt teils von der Geschwindigkeit des Schattens, teils von der Geschwindigkeit des Punktes infolge der Rotation der Erde ab, teils auch von der relativen Richtung dieser beiden Bewegungen. Hier soll angedeutet werden, wie die größtmögliche Dauer berechnet werden kann.

Die geozentrische Winkelgeschwindigkeit des Mondes im Verhältnis zur Sonne, die durchschnittlich etwa 30″ in der Minute beträgt, wird unter den oben vorausgesetzten Umständen 35″.8 in der Minute betragen. Wird diese Zahl durch die Zahl $\boldsymbol{s}$ dividiert und mit $a = 56.03\,\varrho = 56.03 \cdot 6378$ km multipliziert, so erhält man die Geschwindigkeit des Mondes relativ zur Verbindungslinie zwischen Erde und Sonne zu 62.02 km in der Minute. Die Geschwindigkeit des Schattens an der Erdoberfläche wird nur um ein Unbedeutendes größer; er wird gefunden, wie man leicht sehen kann, indem man die Zahl um $55 : 23830 = {}^1/_{433}$ seines Wertes vergrößert, was 62.16 km in der Minute ergibt. Die Geschwindigkeit, mit der ein Punkt am Äquator sich wegen der Rotation der Erde relativ zu derselben Geraden bewegt, ist 27.83 km in der Minute (${}^1/_4$ der Länge des Äquatorgrades, s. § 95). Wenn jetzt der Schatten einen Punkt am Äquator trifft, der die Sonne und den Mond im Meridian hat, und wenn der Schatten an diesem Ort außerdem gerade in der Richtung West-Ost geht, ebenso wie die Rotation, dann wird die relative Geschwindigkeit des Schattens $62.16 - 27.83 = 34.33$ km in der Minute, und die Dauer der Finsternis, d. h. die Zeit, die der Schatten braucht, um seinen eigenen Durchmesser zu durchlaufen, wird $264 : 34.33 = 7.7$ Minuten.

Hierbei ist indessen folgendes zu bemerken: Damit der Schatten genau nach Osten wandern kann, muß gleichzeitig der Mond seine größte Deklination haben, und da die Jahreszeit dadurch gegeben ist, daß die Sonne in oder in der Nähe ihres Apogäums stehen soll, anfangs Juli also, so muß diese Deklination etwa 23° sein. Wenn die Finsternis im aufsteigenden Knoten eintritt, wird dies für die Deklination 22° 52′ zutreffen, was eine bestimmte Stellung der Mondbahn erfordert. In diesem Falle findet die Finsternis im Zenit, aber nicht am Äquator, sondern unter 22° 52′ nördlicher Breite statt. Hier ist jedoch die Rotationsgeschwindigkeit geringer, so daß auch die Dauer der Finsternis etwas geringer wird. Wenn dagegen der Schatten, wie oben vorausgesetzt, den Äquator trifft, so hat das zur Folge, daß der Querschnitt des Schattens etwas kleiner wird, ungefähr 260 km. Folglich beträgt die größte mögliche Dauer $260 : 34.33$ Minuten $= 7^m.57 = 7^m\,34^s$.

Wegen der vielen Bedingungen, die gleichzeitig erfüllt sein müssen, wird eine so langdauernde Finsternis in Wirklichkeit kaum jemals eintreten. Bereits eine Dauer von 6 Minuten ist ungewöhnlich.

147. *Partielle Sonnenfinsternisse.* Eine *partielle* Sonnenfinsternis findet für jeden Punkt statt, der sich im Halbschatten des Mondes befindet. Die Dimensionen des Halbschattens können aus Abb. 109 gefunden werden, wo P der Schnittpunkt zwischen den inneren Tangenten an Sonne (S) und Mond (M) ist. Von Interesse ist hier der Querschnitt in der Entfernung a vom Monde, dort also, wo der Halbschatten die Erde treffen kann; der Radius dieses Querschnitts ist in der Abbildung mit h bezeichnet. Wie früher ist $SM = A - a$. Zieht man durch das Zentrum des Mondes M eine Gerade, parallel zu der einen der inneren Tangenten, so entstehen zwei ähnliche Dreiecke, die in M zusammenstoßen, und in denen man:

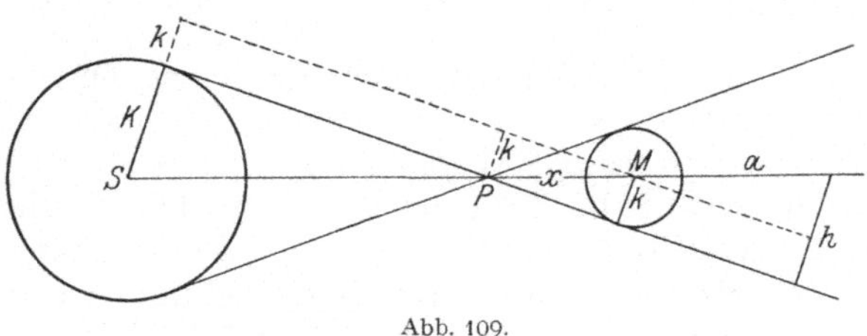

Abb. 109.

$$\frac{h-k}{a} = \frac{K+k}{A-a}$$

hat, also:

$$h = k + \frac{a}{A-a}(K+k).$$

Der Querschnitt des Halbschattens ist also am größten, wenn der Mond im Apogäum und die Sonne im Perigäum ist. Benutzt man die mittleren Werte $a = 60.27$ und $A - a = 23380$ zusammen mit $K = 109.1$ und $k = 0.27$, alles in Erdradien ausgedrückt, so findet man:

$$h = 0.55 \text{ Erdradien}.$$

Selbst der Halbschatten ist also nicht ausreichend, um die ganze Erde einzuhüllen. Trifft er die Erde zentral, so wird er eine Kalotte abgrenzen, deren begrenzender Durchmesser nur etwas mehr als die Hälfte des Erddurchmessers beträgt. Durch eine einfache Rechnung erhält man hieraus das Resultat, daß die Kalotte nur $^1/_{12}$ der Erdoberfläche bedeckt, also $^1/_6$ der Oberfläche der gegen die Sonne gerichteten Halbkugel. Mit dem Fortschreiten des Schattens nach Osten wird die partielle Finsternis auf einem breiten Streifen der Erdoberfläche zu sehen sein. In der Nähe ihrer Nordgrenze wird der nördliche Rand des Mondes nur etwas über den südlichen Rand der Sonne hinstreifen; in der Nähe der Südgrenze wird der südliche Rand des Mondes den nördlichen Rand der Sonne streifen. Außerhalb der Grenzen findet keine Finsternis statt, weil der Mond bei der Konjunktion entweder unterhalb oder oberhalb der Sonnenscheibe vorbeigeht.

148. *Verlauf einer Sonnenfinsternis auf der Erde. Häufigkeit der Mond- und Sonnenfinsternisse*. Gewisse allgemeine Erscheinungen beim Verlauf einer Sonnenfinsternis für die Erde als Ganzes können bei Betrachtung von Abb. 110 ge-

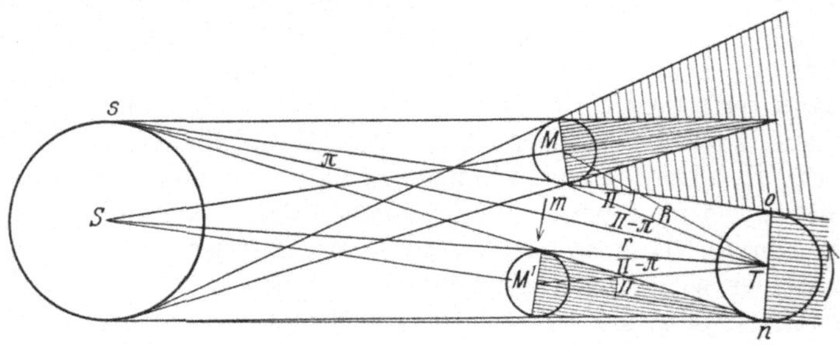

Abb. 110.

funden werden, in der T die Erde sein soll. Die partielle Finsternis beginnt, wenn der Mond M im Punkte m die gemeinsame äußere Tangente so von Sonne und Erde berührt. Ein Beobachter in o sieht demnach den Anfang der Finsternis früher als irgendein anderer; er hat Sonne und Mond im Horizont und, wie man aus der durch den Pfeil angedeuteten Richtung der Rotation der Erde sieht, fällt der Anfang der Finsternis mit Sonnenaufgang zusammen. Nach und nach beginnt die Finsternis auch an anderen Orten um *o* herum; unter diesen ist eine Reihe von Punkten, wo der Anfang ebenfalls bei Sonnenaufgang stattfindet. Wenn der Mond nach Verlauf einiger Zeit auf die andere Seite hinübergekommen ist, so daß der entgegengesetzte Rand die andere gemeinsame äußere Tangente von Sonne und Erde berührt (auf der Abbildung ist dies nicht eingezeichnet), dann wird ein Beobachter in *n*, auf der entgegengesetzten Seite der Erde, das Ende der Finsternis später sehen als irgendein anderer, und zwar bei Sonnenuntergang. Da der Punkt *o* inzwischen, infolge der Rotation, ein Stück auf die helle Seite der Erde hineingelangt ist, so bleibt die Entfernung zwischen den beiden Punkten, in denen die Finsternis zuerst und zuletzt gesehen wird, immer kleiner als 180°.

Am Schluß des Buches ist der Verlauf zweier typischer Sonnenfinsternisse auf der Erdoberfläche wiedergegeben.

In bezug auf eine später folgende Anwendung ist bei dieser Betrachtung von besonderem Interesse, daß sie den geozentrischen Winkelabstand des Mondes von der Sonne bei Anfang und Ende der Finsternis für die Erde überhaupt zeigt. Der Winkel STM besteht, wie man sieht, aus drei Teilen, von denen die beiden äußeren die Winkelradien R und r des Mondes und der Sonne sind, und der mittlere der Unterschied zwischen ihren Parallaxen $\Pi - \pi$. Werden die früher angegebenen mittleren Werte dieser Winkel eingesetzt, so erhält man:

$$STM = R + r + \Pi - \pi = 1^\circ\, 28'\, 27'' = 1^\circ.474\,.$$

Das Doppelte hiervon, also 2°.95 ist dann der geozentrische Winkel, den der Mond relativ zur Sonne während der Finsternis für die Erde als Ganzes zu durchlaufen hat. Hieraus findet man auch die Dauer der Finsternis für die ganze Erde; rechnet man nämlich die Winkelgeschwindigkeit des Mondes relativ zur Sonne mit einer runden Zahl zu $^1/_2{}^\circ$ in der Stunde, so erhält man eine Dauer von 5.9 Stunden. Der Betrag kann natürlich etwas mit der Entfernung des Mondes variieren; ebenso ist leicht zu ersehen, daß die Dauer kürzer wird, wenn der Halbschatten sich nicht zentral bewegt, sondern nur die eine oder andere Seite der Erde streift.

Wenn der Mond von der Stellung M aus so weit gewandert ist, daß die Kernschattenachse die Erde berührt, beginnt die zentrale (totale oder ringförmige) Finsternis. Die entsprechende Stellung auf der anderen Seite, wo also die zentrale Finsternis endet, ist bei der Stellung M^1 des Mondes gezeigt, wo die Gerade SM^1 die Erde in n berührt. Der geozentrische Winkelabstand ist $\Pi - \pi = 0^\circ.95$, wenn die linearen Entfernungen ihre mittleren Werte haben. Die Dauer der zentralen Finsternis für die Erde als Ganzes wird dann 3.8 Stunden. Es kann aber auch vorkommen, daß die Schattenachse die Erde überhaupt nicht berührt; man erhält dann nur eine partielle Finsternis in den nördlichen oder südlichen Polargegenden oder jedenfalls unter hohen Breiten. Die Stellung der Rotationsachse der Erde kann natürlich verschieden sein, je nach der Jahreszeit, in der die Finsternis eintritt.

Abb. 111 zeigt die relative Häufigkeit von Sonnen- und Mondfinsternissen für die Erde als Ganzes. Legt man um das Zentrum T der Erde eine Kugelfläche mit der Entfernung des Mondes als Radius, so wird um den Punkt N herum auf dieser Kugel eine Kalotte sein, deren Zentriwinkel (in der Abbildung mit Δp bezeichnet) der oben berechnete Winkel STM in der Abb. 110 ist (in der Abb. 111 STn). Sobald das Zentrum des Mondes in diesen Winkel eintritt, findet eine Sonnenfinsternis statt. Man nennt ihn deshalb manchmal die *Sonnenfinsternissphäre.* Auf der anderen Seite, um den Vollmond herum, wird eine entsprechende *Mondfinsternissphäre* vorhanden sein, deren Zentriwinkel der früher berechnete Winkel $\varrho + R$ ist. Mit Mond und Sonne in mittlerer Entfernung ist der erste Winkel 1°.474, der andere 0°.946. Die Wahrscheinlichkeit für eine Sonnenfinsternis ist also 1.474 : 0.946 = 1.56mal so groß wie für eine Mondfinsternis. Da jedoch eine Mondfinsternis über einen weit größeren Teil der Erdoberfläche sichtbar ist als eine Sonnenfinsternis, wird die relative Häufigkeit für einen bestimmten Ort eine ganz andere.

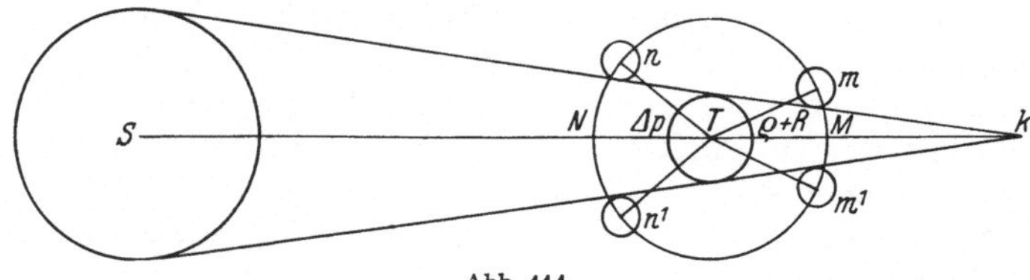

Abb. 111.

Nach Oppolzer treten in 1000 julianischen Jahren durchschnittlich 1543 Mondfinsternisse (darunter 716 totale und 827 partielle) und 2375 Sonnenfinsternisse ein (darunter 838 partielle, 773 ringförmige, 105 ringförmig-totale und 659 totale). Unter ringförmig-totalen werden solche Sonnenfinsternisse verstanden, bei denen der Kernschatten des Mondes zwar bis zu dem nächsten Teil der Erde vordringt, aber nicht bis zu den ferneren; eine Finsternis, die an dem einen Ort total ist, kann also an einem anderen ringförmig sein.

149. *Berechnung der Grenzen der Finsternisgebiete. Größte und kleinste Anzahl Mond- und Sonnenfinsternisse in einem Jahre.* Wie aus dem Gesagten hervorgeht, genügt es für das Zustandekommen einer Finsternis nicht, daß der Mond neu oder voll ist; er muß außerdem auch einem der Knoten so nahe stehen, daß seine Entfernung von der Ekliptik hinreichend klein wird. Der Mond geht zweimal im Monat durch seine Knoten, da aber die Knotenlinie nur zweimal im Jahre auf die Sonne zeigt, werden die Finsternisse immer in Gruppen verteilt sein, mit Zwischenzeiten von etwa einem halben Jahr (die Zeit wird weiter unten genauer berechnet werden). Wie viele Finsternisse in jeder Gruppe möglich sind, kann auf folgende Weise gefunden werden.

Abb. 112 stellt einen kleinen Teil der Himmelskugel von innen gesehen vor. ΩM ist ein Bogen der Mondbahn mit dem aufsteigenden Knoten in Ω; wenn sich der Mond in M in der Entfernung u vom Knoten und in der geozentrischen Breite b befindet, dann ist er in Konjunktion mit dem Punkte S, der entweder das Zentrum der Sonne (bei Sonnenfinsternissen) oder das Zentrum des Erdschattens (bei Mondfinsternissen) ist. Kennt man die Breite des Mondes und die Neigung der Mondbahn i, so findet man u und den Bogen der Ekliptik l zwischen dem Knoten und dem Punkte S aus den Gleichungen:

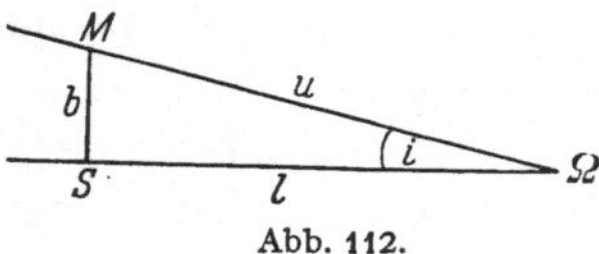

Abb. 112.

$$\sin u = \sin b : \sin i$$

und:

$$\sin l = \operatorname{tang} b : \operatorname{tang} i\,.$$

Wenn die Knotenlinie auf die Sonne zeigt, hat i den maximalen Wert 5° 18′. Setzt man nun für b die früher (für die mittleren Entfernungen) berechneten Grenzwerte der geozentrischen Entfernung des Mondes von der Schattenachse oder von der Sonne für die verschiedenen Finsternistypen ein, so erhält man die folgenden Werte von l (u ist nur wenig davon verschieden), nämlich:

für eine totale Mondfinsternis $b = \varrho - R = 25'\,39''$, $l = 4°\,37'$
für eine partielle Mondfinsternis $b = \varrho + R = 56'\,45''$, $l = 10°\,15'$
für eine Sonnenfinsternis $b = 1°\,28'\,27''$, $l = 16°\,6'$.

Um die Zeit herum, in der die Knotenlinie auf die Sonne zeigt, steht sie beinahe still (§ 140); für ein und dieselbe Finsternisgruppe kann die Bewegung der Sonne relativ zu den Knoten deshalb zu ca. 1° täglich gerechnet werden. Hieraus können folgende Schlüsse gezogen werden:

1. Tritt ein Neumond etwas weniger als 16°, z. B. 15° vor einem Knoten ein (das ist ehe der Durchgang durch den Knoten stattfindet), dann wird es eine Sonnenfinsternis geben. Der nächste Neumond trifft dann etwa 30 Tage später ein; in dieser Zeit hat sich die Sonne etwa 30° vorwärts bewegt, ist also 15° auf die andere Seite des Knotens hinübergekommen; es wird wieder eine Sonnenfinsternis eintreten. Diese beiden Finsternisse werden indessen klein und jede nur auf einem kleinen Gebiet der Erde, um die Pole herum, sichtbar; da aber der dazwischenliegende Vollmond in diesem Fall sehr nahe bei einem Knoten eintritt, wird zwischen zwei solchen Sonnenfinsternissen immer eine große totale Mondfinsternis eintreten.

Wenn dagegen der erste Neumond über 16°, z. B. 18° vor einem Knoten, eintritt, dann gibt es keine Sonnenfinsternis; da aber der nächste Neumond in diesem Falle 12° auf der anderen Seite des Knotens eintreten wird, wird eine solche stattfinden.

Hieraus folgt, daß es in jeder Finsternisgruppe mindestens eine und höchstens zwei Sonnenfinsternisse geben wird.

2. Tritt ein Vollmond weniger als 10°, z. B. 9°, vor einem Knoten ein, so erhält man eine partielle Mondfinsternis. Da aber der nächste Vollmond in diesem Fall 21° auf der anderen Seite des Knotens eintreten wird, können niemals zwei Mondfinsternisse mit einem Monat Zwischenzeit eintreten.

Tritt der erste Vollmond etwas mehr als 10°, z. B. 12°, vor einem Knoten ein, so gibt es keine Mondfinsternis. Beim nächsten Vollmond gibt es ebenfalls keine, da er 18° auf der anderen Seite des Knotens eintreten wird. Eine Finsternisperiode kann also gut ohne eine Mondfinsternis vorübergehen.

Der häufigste Fall ist, daß in jeder Gruppe eine Finsternis jeder Sorte auftritt.

Aus dem Obigen geht hervor, daß die kleinste Anzahl Finsternisse, die im Laufe eines Jahres eintreten kann, zwei ist, in diesem Fall beides Sonnenfinsternisse. Die größte Anzahl ist sieben, von denen mindestens vier Sonnenfinsternisse sein müssen. Das kommt dann zustande, wenn im Anfang des Jahres eine Gruppe mit zwei Finsternissen, in der Mitte des Jahres eine mit drei und am Ende des Jahres wieder eine mit zwei auftritt. Das war im Jahre 1917 der Fall und wird im Jahre 1982 wieder der Fall sein. Es kann auch vorkommen, daß von zwei aufeinanderfolgenden Gruppen jede[1] drei Finsternisse hat, wonach eine Sonnenfinsternis aus der darauffolgenden Gruppe noch vor dem Ablauf von 365 Tagen eintritt; es werden dann also im Laufe eines Jahres fünf Sonnenfinsternisse und zwei Mondfinsternisse stattfinden; es ist jedoch äußerst selten, daß dies im Laufe eines Kalenderjahres vorkommt.

150. *Finsternisperioden. Die Sarosperiode.* Der durchschnittliche Zeitverlauf zwischen zwei Finsternisgruppen ist die Hälfte der synodischen Umlaufszeit der Sonne relativ zur Knotenlinie, die auf die gewöhnliche Weise aus der Gleichung:

$$\frac{1}{A} + \frac{1}{K} = \frac{1}{x}$$

gefunden werden kann, in der A die Umlaufszeit der Sonne, K die der Knoten-

[1] Dies kann im Laufe von 2—300 Jahren verhältnismäßig häufig eintreffen, um danach ebenso lange Zeit auszubleiben.

linie und x der gesuchte Zeitraum ist. Benutzt man das tropische Jahr als Zeiteinheit, so ist:

$$A = 1 , \quad K = 18.613 ,$$

also:

$$x = \frac{18.613}{19.613} \text{ tropische Jahre} = 346.620 \text{ mittlere Sonnentage.}$$

In jedem folgenden Jahr werden die Finsternisgruppen also etwa drei Wochen früher fallen als im vorhergehenden.

Bezeichnet T die Hälfte dieses Zeitraums, also:

$$T = 173.310 \text{ mittlere Sonnentage,}$$

dann wird dies in Verbindung mit dem synodischen Monat $S = 29.5306$ Tagen für die Art und Weise maßgebend sein, mit der die Finsternisse im Laufe der Zeit eintreten. Kann man nämlich einen Zeitraum finden, der mit größerer oder kleinerer Annäherung ein gemeinsames Multiplum dieser beiden ist, so hat man damit eine Periode, in der die Finsternisse sich in derselben Reihenfolge wiederholen, jedoch mit der Einschränkung, daß die genannte Zahl nur die durchschnittlichen Verhältnisse angibt, ohne Rücksicht auf Ungleichmäßigkeiten in der Bewegung von Sonne und Mond.

Von solchen Perioden können z. B. die folgenden drei aufgestellt werden:

$23\,T = 3986.13$ Tage	$38\,T = 6585.78$ Tage	$61\,T = 10571.91$ Tage
$135\,S = 3986.63$,,	$223\,S = 6585.32$,,	$358\,S = 10571.95$,,
11 Jahre − etwa 31 Tage	18 Jahre + etwa 11 Tage	29 Jahre − etwa 20 Tage.

Die letzte Periode gibt also die beste Übereinstimmung, die mittlere aber von 18 Jahren 11 Tagen ist in vieler Hinsicht die merkwürdigste, einmal weil sie einer Anzahl von ganzen Jahren so nahe ist, wodurch die Ungleichheiten in der Bewegung der Sonne fast ganz eliminiert werden, besonders aber deshalb, weil sie nahezu eine ganze Anzahl anomalistischer Monate beträgt, wodurch auch die Ungleichheiten in der Bewegung des Mondes in der Hauptsache fortfallen; 239 anomalistische Monate betragen nämlich 6585.54 Tage. Diese Periode ist seit dem frühen Altertum unter dem Namen der *Saros*periode bekannt. Es sei auch erwähnt, daß sie eine *gerade* Anzahl T enthält und daher die Finsternisse mit demselben Knoten in Beziehung setzt, während die beiden anderen Perioden sie mit dem entgegengesetzten Knoten verknüpfen.

Der Umstand, daß 223 synodische Monate um 0.46 Tage zu kurz sind, um die Sonne zur selben Stellung relativ zum Knoten zurückzuführen, bringt folgende bemerkenswerten Verhältnisse bei den Sonnenfinsternissen mit sich. Da die durchschnittliche Bewegung der Sonne relativ zum Knoten $360° : 346.6 = 1°.04$ täglich beträgt, wird der genannte Unterschied bewirken, daß die Konjunktion nach jeder Sarosperiode $0°.48$ Grad weiter westlich relativ zum Knoten stattfindet, also rechts in Abb. 112. Da nun die Sonne ein Gebiet von über 16° auf beiden Seiten des Knotens zur Verfügung hat, so werden über 67 Sarosperioden vergehen, ehe diese 32° bis 33° verbraucht sind. Es kommt natürlich auch vor, daß das Gebiet den durchschnittlichen Betrag übersteigt. Wenn einmal eine Sonnenfinsternis am aufsteigenden Knoten, nahe der Außengrenze östlich vom Knoten (also als eine kleine partielle Finsternis in den Nordpolargegenden sichtbar) eintritt, so wird sie ohne Ausnahme fortdauernd jedes 18. Jahr wiederkommen, indem sie sich jedesmal auf der Erde etwas mehr nach Süden hinarbeitet, bis sie nach Verlauf von 1200 bis 1400 Jahren zu einer kleinen partiellen Finsternis um den Südpol herum wird, worauf sie dann nicht mehr wiederkommt. Findet die Finsternis beim absteigenden Knoten statt, wird sie sich in demselben Zeitraum von Süden nach Norden hinaufarbeiten.

151. *Sternbedeckungen durch den Mond. Merkur- und Venusdurchgänge.* Es gibt ein paar andere Phänomene am Himmel, die jedes auf seine Weise etwas Gemeinsames mit den Sonnenfinsternissen haben. Das eine sind die *Sternbedeckungen,* bei denen der Mond sich wie ein Schirm vor einen Stern stellt. Die Erfahrung zeigt, daß das Verschwinden eines Sterns hinter dem einen Mondrand und sein Wiedererscheinen an dem anderen ganz plötzlich geschieht, so daß sie mit großer Genauigkeit beobachtet werden können. Lichtschwache Sterne werden sehr häufig bedeckt, aber bei gewissen Stellungen der Mondbahn kommt es auch bei einigen helleren Sternen vor, z. B. Regulus und Aldebaran sowie den Plejaden. Auch Planetenbedeckungen treten hin und wieder ein. Für die letzteren ist das Phänomen vollständig analog den Sonnenfinsternissen; für die Fixsterne wird der Teil des Raumes, der dem Schattenkegel bei der Sonne entspricht, ein Zylinder mit demselben Querschnitt wie der Mond werden. Anfang und Ende der Bedeckungen werden dann nach und nach längs eines Streifens auf der Erde von bedeutend geringerer Ausdehnung als bei partiellen Sonnenfinsternissen sichtbar.

Beobachtungen von Sternbedeckungen sind eines der besten Mittel zur Bestimmung von Mondörtern.

Das andere Phänomen besteht darin, daß einer der beiden unteren Planeten, Merkur oder Venus, bei unterer Konjunktion einem ihrer Knoten so nahe steht, daß der Planet wie ein kleiner, runder, schwarzer Fleck auf der Sonnenscheibe erscheint. Merkur ist so klein, daß er mit bloßem Auge auf der Sonnenscheibe nicht gesehen werden kann. Da der Planet sich in der unteren Konjunktion in derselben Richtung wie die Erde bewegt, aber schneller, so tritt er auf der linken Seite in die Sonnenscheibe ein und bewegt sich langsam darüber hinweg. Gewisse Eigentümlichkeiten bei diesen Merkur- und Venusdurchgängen sollen später besprochen werden; hier soll nur die Art des Phänomens durch Abb. 113 beleuchtet werden. Diese Abbildung zeigt die beiden letzten Venusdurchgänge, die im Jahre 1874 und 1882 stattfanden. Der Kreis ist die Sonnenscheibe, N ihr nördlichster Punkt, der Punkt also, der mittags am höchsten steht; OW ist dem Äquator parallel, ab ist ein Bogen der Ekliptik. Vom Zentrum der Erde aus gesehen trat der Planet bei B ein und bei E aus. Man sieht, daß diese beiden Durchgänge in der Nähe des aufsteigenden Knotens stattfanden.

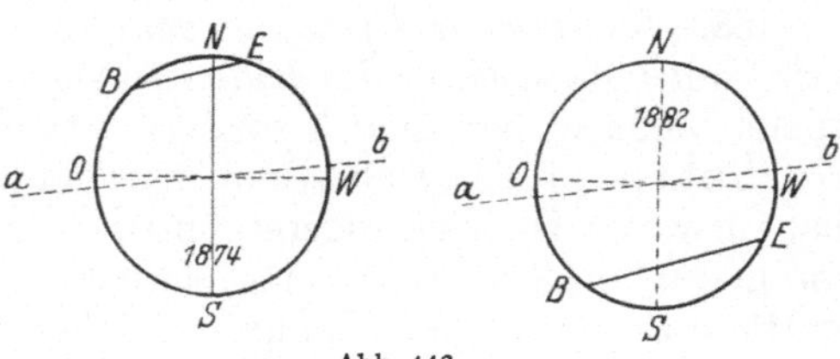

Abb. 113.

Die Entfernung der Erde von der Sonne.

152. *Ältere Versuche, die Sonnenparallaxe zu bestimmen.* Das dritte KEPLERsche Gesetz bietet in der Form, in der es aus dem Gravitationsgesetz hervorgeht, ein Mittel, das Verhältnis zwischen den Entfernungen der verschiedenen Planeten von der Sonne mit großer Genauigkeit zu ermitteln. Wenn dann eine von diesen, z. B. die Entfernung der Erde, in einem irdischen Maß bestimmt werden kann, so sind damit auch die Dimensionen des gesamten Sonnensystems in demselben Maß gegeben. Diese Aufgabe wird Bestimmung der *Sonnenparallaxe* genannt, d. h. des Winkels, unter dem der Äquatorradius der Erde im Zentrum der Sonne erscheint, wenn die Erde sich in der mittleren Entfernung davon befindet („mittlere Äquatorial-Horizontal-Parallaxe" der Sonne).

Bereits im Altertum suchte man nach Mitteln, die Entfernung der Sonne zu bestimmen. ARISTARCH von Samos (etwa 270 v. Chr.) versuchte es damit, daß er den Winkelabstand des Mondes von der Sonne in dem Augenblick maß, in dem der Mond im ersten oder letzten Viertel war. Wie Abb. 114 zeigt, ist dann in dem Dreieck zwischen der Sonne S, der Erde T und dem Mond M der Winkel bei M ein rechter und der Winkel bei der Sonne also das Komplement zu dem gemessenen Winkel e; setzt man die Entfernung a des Mondes als bekannt voraus, dann ist die Entfernung der Sonne $A = a : \cos e$.

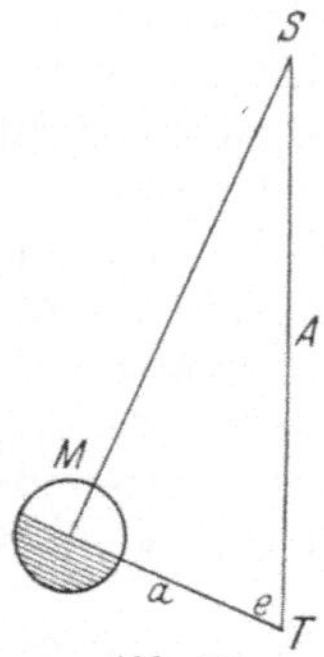

Abb. 114.

Bei Ausführung der Beobachtung fand Aristarch $e = 87°$, also $S = 3°$, woraus folgt, daß die Entfernung der Sonne $57 : 3 = 19$ mal der Entfernung des Mondes ist. Dieser Wert ist nur $^1/_{20}$ des richtigen. Daß das Resultat so schlecht wurde, lag hauptsächlich in der Schwierigkeit, den Augenblick zu bestimmen, in dem der Mond genau halb beleuchtet war.

Hipparch versuchte zu demselben Zweck Mondfinsternisse zu benutzen. Auf S. 187 bis 189 ist gezeigt, wie man die Dimensionen des Erdschattens, und daraus die Dauer der zentralen Finsternis, berechnen kann, wenn man die dort benutzten Winkel, darunter die Parallaxe der Sonne, kennt. Hat man umgekehrt die Dauer der Finsternis durch Beobachtung gefunden, so läßt sich die Parallaxe berechnen. Auch dieser Versuch scheiterte an der Unsicherheit der Beobachtung, in diesem Fall wegen der unscharfen Begrenzung des Erdschattens. Sowohl Hipparch als auch später Ptolemäus glaubten eine Bestätigung des Resultats von Aristarch zu finden.

Das ganze Altertum und Mittelalter hindurch und noch zu Tycho Brahes Zeiten nahm man infolgedessen alle Entfernungen und Dimensionen im Sonnensystem (die des Mondes ausgenommen) 20 mal zu klein an.

Kepler fand beim Studium von Tycho Brahes Beobachtungen, daß die Parallaxe der Sonne $1'$ nicht übersteigen könne, da ein Parallaxeneffekt sich sonst bei den Planetenbeobachtungen hätte zeigen müssen.

153. *Bestimmung der Sonnenparallaxe durch Beobachtungen von erdnahen Planeten unter Anwendung des dritten* Keplerschen *Gesetzes.* Die Methoden, die man später versucht hat, sind besonders darauf ausgegangen, die Parallaxe für einen Nachbarplaneten zu bestimmen, wenn dieser der Erde entweder ungewöhnlich nahe gewesen ist oder andere günstige Umstände vorhanden waren. Hierbei ist die in § 99 erklärte allgemeine Methode zur Anwendung gekommen. Wenn die mittlere Entfernung der Sonne als Einheit benutzt wird, so kennt man im voraus jederzeit sehr genau die Entfernung des beobachteten Planeten von der Sonne. Hieraus berechnet man auch leicht seine Entfernung (D) von der Erde zur selben Zeit und in derselben Einheit, ebenso kennt man die Entfernung A der Sonne, die nie viel von 1 abweicht; ist jetzt Π die durch Beobachtung gefundene Horizontalparallaxe des Planeten, so hat man, da diese kleinen Winkel der Entfernung umgekehrt proportional sind, für die Parallaxe der Sonne:

$$\pi = \frac{D}{A} \cdot \Pi. \tag{1}$$

Zum erstenmal erhielt man mit dieser Methode im Jahre 1672 einen brauchbaren Näherungswert. Die französische Akademie sandte eine Expedition unter Richer nach Cayenne in Südamerika aus, um Beobachtungen des Mars anzustellen, der uns damals ungewöhnlich nahe war, gleichzeitig beobachteten Picard und der dänische Astronom Ole Römer den Planeten in Paris. Man fand, daß die Parallaxe der Sonne $9''$ bis $10''$ betrage.

Später hat man zu wiederholten Malen die Gelegenheit benutzt, wenn der Mars sich in seiner größten Erdnähe befand. Die Werte, die man auf diese Weise gefunden hat, lagen meistens in der Nähe von $8''.9$.

Auch einige der kleinen Planeten sind in dieser Hinsicht schon seit langem mit Erfolg beobachtet worden. Obwohl die kleinen Planeten mit ganz wenigen Ausnahmen der Erde nicht so nahe kommen können wie Mars, haben sie auf der anderen Seite den Vorzug, daß sie wie Lichtpunkte aussehen und deshalb mit größerer Genauigkeit gemessen werden können als die Scheibe des Mars. Diese Beobachtungen haben einen etwas kleineren Wert ergeben, um 8''.8 herum.

Während Mars der Erde niemals näher als 0.37 kommen kann, kann sich der kleine Planet Eros ihr unter günstigen Umständen bis auf 0.15 nähern. Dies ist jedoch, seit der Planet im Jahre 1898 entdeckt wurde, noch nicht eingetreten; gegen Ende des Jahres 1900 kam er in die Entfernung 0.315 und wurde um diese Zeit zum Gegenstand einer Reihe ausgedehnter Beobachtungen, größtenteils photographischer, gemacht. Das Resultat sämtlicher Beobachtungen war 8''.806 mit einer berechneten Unsicherheit von 3 bis 4 Einheiten in der dritten Dezimalstelle. Im Jahre 1931 traf eine sehr günstige Erosopposition ein, für die umfassende Vorbereitungen getroffen wurden. Die Berechnung des Beobachtungsmaterials ist noch nicht abgeschlossen.

154. *Die Methode mit Hilfe von Venusdurchgängen.* Unser anderer Nachbarplanet, die Venus, kann uns bedeutend näher kommen als Mars, jedoch tritt dies bei der unteren Konjunktion des Planeten ein, und er kann dann nur in den seltenen Fällen beobachtet werden, wenn er über die Sonnenscheibe geht. Erst Kepler und später Halley machten auf die großen Vorteile aufmerksam, die durch Beobachtung eines solchen Phänomens erwartet werden könnten.

Auf Abb. 115 ist T die Erde (in stark übertriebener Größe), ♀ das Zentrum der Venus, S die Sonnenscheibe, schräg gesehen. Wird der Einfachheit halber

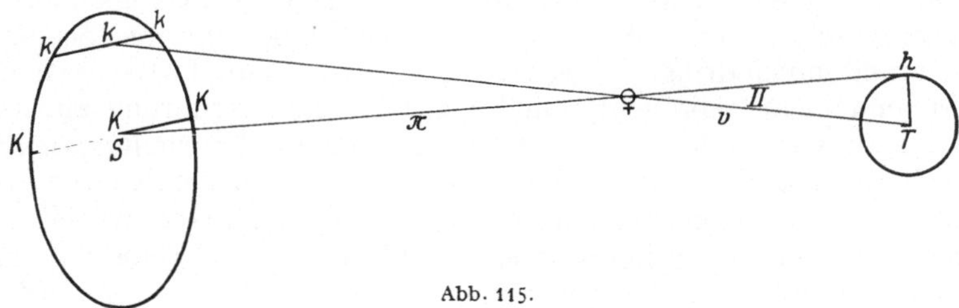

Abb. 115.

angenommen, daß der eine Beobachter sich in h mit der Venus im Horizont, der andere sich in T, dem Zentrum der Erde, befindet, so wird die Venus für den ersten die Sehne KK beschreiben, für den anderen die Sehne kk. Stellt man sich vorläufig beide Sehnen auf der Sonnenscheibe sichtbar vor, so würde ein Beobachter auf der Erde den Winkelabstand v zwischen ihnen messen können. Aus der Abbildung sieht man dann, daß die Parallaxe Π der Venus und π der Sonne durch die Gleichung:

$$\Pi - \pi = v \tag{2}$$

verbunden sind, die in Verbindung mit der Gleichung (1) dazu dienen kann, die beiden Parallaxen zu bestimmen. Eliminiert man Π, so erhält man:

$$\pi = \frac{D}{A - D} \cdot v\,. \tag{3}$$

Um eine Vorstellung davon zu erhalten, wieweit die beiden Sehnen voneinander liegen, kann man die mittleren Entfernungen benutzen, nämlich 0.72 für die Venus und 1.00 für die Erde, also $D = 0.28$ und $A - D = 0.72$, woraus $v = \frac{72}{28} \cdot \pi =$ annähernd 23''. Wenn der andere Beobachter sich auf der Erde diametral gegenüber von h befunden hätte, so würde die Entfernung zwischen den Sehnen 46″ betragen. Größer kann sie nicht werden.

Nun kann der Winkel v natürlich nicht direkt gemessen werden, indirekt jedoch kann er bestimmt werden, wenn beide Beobachter die Zeiten für den Eintritt des Planeten in die Sonnenscheibe und für seinen Austritt aus ihr beobachtet haben. Die Zeit, die die Venus braucht, um den Durchmesser der Sonnenscheibe zu durchlaufen, kann nämlich genau im voraus berechnet werden, da sie ausschließlich von den Elementen der Venusbahn und der Erdbahn sowie von dem Winkeldurchmesser der Sonne abhängt, aber unabhängig von den absoluten Entfernungen ist. Die Aufgabe ist dann darauf zurückgeführt, die Entfernung einer Sehne vom Zentrum zu suchen, wenn die Länge der Sehne gemessen und der Durchmesser des Kreises gegeben ist. Der Unterschied zwischen den Entfernungen der beiden Sehnen vom Zentrum ist dann der gesuchte Winkel v. Da die Beobachtungen auf der Erdoberfläche ausgeführt werden, muß man bei der Berechnung natürlich auch auf die Rotation der Erde Rücksicht nehmen.

Wenn die beiden Sehnen einigermaßen zentral auf der Sonnenscheibe liegen, so werden sie so nahe gleich lang, daß die Bestimmung des Abstandes zwischen ihnen allzu unsicher wird. Je näher sie dem Rande liegen, desto größer ist der Unterschied zwischen ihren Längen bei gegebenem Abstand. Es ist vorgekommen, daß der Unterschied in der Dauer eines Durchgangs an zwei passend gewählten Stationen auf der Erde bis zu einer halben Stunde betragen hat. Mit anderen Worten, die Messung eines Winkels von etwa 9″ war durch die Messung eines Zeitraums von einer halben Stunde ersetzt. Man konnte deshalb einen hohen Grad von Genauigkeit im Resultat erwarten.

Indessen haben sich in der Praxis hier unerwartete Schwierigkeiten bei der Beobachtung gezeigt. Wenn die Venus wie eine kleine schwarze Scheibe über den Sonnenrand hineindringt, wobei sie sich so langsam fortbewegt, daß sie 20 Minuten und mehr gebraucht, um bis zur inneren Berührung zu kommen, so treten dabei gewisse Beugungsphänomene auf, die die Beurteilung des Augenblicks der Berührung unsicher machen. Wenn man nach der Kontur sonst erwarten sollte, daß die Berührung stattfindet, so hängt der Planet wie ein Tropfen am Sonnenrand; wenn er weiter wandert, wird noch eine Verbindung aufrechterhalten, einer dunklen Brücke gleich, die schmaler und schmaler wird. Wenn diese zuletzt abreißt, dann steht der Planet bereits ein merkliches Stück innen auf der Sonnenscheibe. Deshalb ist es notwendig, daß die beiden Beobachtungen, die kombiniert werden sollen, für dieselbe Phase des Phänomens gelten.

Venusdurchgänge können indessen auch auf andere Weise ausgenutzt werden, z. B. durch fortgesetzte Messungen der Entfernung des Planeten vom Sonnenrand, so lange er sich vor der Sonnenscheibe befindet. Die Werte, die man auf diese Weise gefunden hat, liegen meistens zwischen 8″.8 und 8″.9.

Merkurdurchgänge, die weit häufiger eintreffen, können nicht mit Vorteil zur Bestimmung der Sonnenparallaxe benutzt werden, weil Merkur bei der unteren Konjunktion der Sonne näher ist als der Erde. Die entsprechende Gleichung, die für die Venus:

$$\pi = \frac{28}{72} \cdot v$$

lautet, ergibt für Merkur, dessen mittlere Entfernung 0.39 ist:

$$\pi = \frac{61}{39} \cdot v = 1.6\, v;$$

eine Unsicherheit in der Bestimmung von v wird hier also vergrößert in die Sonnenparallaxe eingehen.

Der erste Venusdurchgang nach HALLEYS Zeit trat im Jahre 1761, der nächste im Jahre 1769 ein. Beide wurden an weit voneinander verschiedenen Stellen der Erde beobachtet. Aus dem oben besprochenen Grunde entsprachen die Resultate nicht den gehegten Erwartungen. Im vorigen Jahrhundert trafen, wie oben schon erwähnt, in den Jahren 1874 und 1882 Venusdurchgänge ein. Auch damals wurden eine Menge Expeditionen ausgesandt. Obwohl man nun auf die Schwierigkeiten vorbereitet war, gelang es nicht überall, sie zu überwinden.

155. *Sonstige Methoden zur Bestimmung der Sonnenparallaxe.* Die Parallaxe der Sonne geht auch in verschiedene anderen Größen ein, die durch Beobachtung bestimmt werden können. Auf S. 180 ist angedeutet, wie die parallaktische Ungleichheit in der Bewegung des Mondes zur Bestimmung der Sonnenparallaxe benutzt werden kann. Die kleine monatliche Ungleichheit in der Bewegung der Sonne (vgl. S. 180) kann auch demselben Zwecke dienen, sobald die Masse des Mondes mit Hilfe der Nutation zur Berechnung der Lage des gemeinsamen Schwerpunkts von Erde und Mond hinreichend genau bestimmt ist. Dies war in der Tat eines der ersten Mittel, durch die LEVERRIER nachwies, daß ein aus den Venusdurchgängen 1761 und 1769 abgeleiteter Wert der Sonnenparallaxe, 8″.57, dem lange Zeit ein hoher Grad von Sicherheit zugeschrieben wurde, zu klein sein mußte.

Wie bekannt, wurde die Endlichkeit der Lichtgeschwindigkeit durch ein Phänomen am Himmel entdeckt. Als es jedoch ungefähr in der Mitte des vorigen Jahrhunderts gelang, sie durch Experimente auf der Erde zu bestimmen, wodurch man sie also in irdischem Maß ausgedrückt erhält, konnte sie als Mittel zur Bestimmung der Sonnenentfernung dienen. Nach § 61 hängt die Aberrationskonstante ja von dem Verhältnis zwischen der Geschwindigkeit der Erde und der des Lichtes ab; diese Konstante kann durch astronomische Beobachtungen bestimmt werden, was namentlich auf der russischen Sternwarte in Pulkovo und auf der Kap-Sternwarte durch langjährige Arbeit mit großer Genauigkeit geschehen ist. Ist die Geschwindigkeit des Lichtes bekannt, dann kann die Geschwindigkeit der Erde in denselben Einheiten berechnet werden, und daraus wieder die Dimensionen der Erdbahn in Kilometern. Die Geschwindigkeit des Lichtes ist durch irdische Experimente zu 299796 km in der Sekunde bestimmt worden, mit einer Unsicherheit von etwa 3 km; dem durch die sichersten der vorliegenden Beobachtungen gefundenen Wert der Aberrationskonstante, 20″.47, wird dann $\pi = 8''.80$ entsprechen.

In § 128 ist gezeigt worden, wie das Verhältnis zwischen den Massen der Erde und der Sonne berechnet werden kann, wenn man außer der Umlaufszeit der Erde auch ihre mittlere Entfernung und ihre Dimensionen und außerdem die Schwerebeschleunigung, alles in denselben Einheiten ausgedrückt, kennt. Die Masse der Erde aber läßt sich auch durch die Störungen erkennen, die sie auf die Nachbarplaneten ausübt, und namentlich können die säkularen Änderungen ihrer Bahnelemente als Mittel zur Massenbestimmung dienen, da sie durch Beobachtung im Laufe der Zeit mit immer wachsender Genauigkeit gefunden werden. Wenn das Verhältnis zwischen den Massen der Erde und der Sonne auf diese Weise bestimmt ist, kann alsdann die mittlere Entfernung der Sonne berechnet werden.

NEWCOMB hat die nach allen diesen Methoden abgeleiteten Resultate bearbeitet und zusammengestellt und dabei für die Sonnenparallaxe Werte zwischen 8″.76 und 8″.86 gefunden. Der aus den Erosbeobachtungen abgeleitete Wert, der damals noch nicht vorlag, scheint der zuverlässigste zu sein. Der Wert, der zur Zeit in den Jahrbüchern angewandt wird, ist 8″.80, dem für die mittlere Entfernung der Erde von der Sonne ein Wert von 149500000 km entspricht.

Mathematische Behandlung des Zweikörperproblems, des Drei- und n-Körperproblems und des Störungsproblems.

Das Zweikörperproblem.

156. *Die Himmelskörper als Massenpunkte.* Auf S. 167 ist erwähnt worden, daß das Gesetz der Anziehung, die zwei Himmelskörper aufeinander ausüben, von der Massenverteilung im Innern der beiden Körper abhängig ist. Wenn die Dichte innerhalb eines Himmelskörpers in gleich großen Entfernungen vom Zentrum überall dieselbe ist (d. h. wenn der Körper kugelförmig und die Dichte nur von der genannten Entfernung abhängig ist), dann wirkt der Körper auf einen äußeren Massenpunkt genau so, als ob die Masse des ganzen Körpers in seinem Zentrum vereinigt wäre. Die mathematische Untersuchung hat gezeigt, daß die Anziehung, die ein Körper mit einer anderen Massenverteilung als der genannten auf einen äußeren Massenpunkt ausübt, einem komplizierteren Gesetz unterliegt. Wenn wir uns jedoch die Körper immer weiter und weiter voneinander entfernt denken, so nähert sich dies Gesetz immer mehr der Identität mit dem oben angeführten einfachen Gesetz: der Körper wirkt so, als ob seine gesamte Masse in seinem Zentrum vereinigt wäre. Da nun alle Himmelskörper, die im folgenden eine Rolle spielen, sehr nahe kugelförmig sind und man von ihnen annehmen darf, daß ihre Massenverteilung wenigstens annähernd der oben angedeuteten entspricht, und sie sich außerdem alle in großen Entfernungen voneinander befinden, so werden die wirkenden Kräfte sehr nahe dieselben sein, als wenn wir nur mit Massenpunkten zu tun hätten. Die Abweichungen, die dadurch entstehen, daß die Dichteverteilung in den Körpern nicht so ist wie in dem oben angegebenen einfachen Gesetz, sind innerhalb unseres Sonnensystems so klein, daß sie entweder gar keine Rolle spielen oder auf jeden Fall als kleine Korrektionen in Rechnung gestellt werden können.

Im folgenden werden wir, wenn nicht ausdrücklich das Entgegengesetzte gesagt wird, die Himmelskörper als Massenpunkte behandeln.

157. *Die Differentialgleichungen des Zweikörperproblems.* Auf den S. 120 bis 123 haben wir die Prinzipien und Sätze entwickelt, auf denen die Bewegungsgleichungen für Massenpunkte, die einander nach dem NEWTONschen Gesetz anziehen, aufgebaut werden können:

1. Wir betrachteten die *Geschwindigkeit* eines Körpers in einem bestimmten Augenblick als das Verhältnis zwischen einem unendlich kleinen Wegstück und der im normalen Falle unendlich kurzen Zeit, die der Körper braucht, um dies Wegstück zu durchlaufen. In der Ausdrucksweise der Infinitesimalrechnung wird dies folgendermaßen ausgedrückt: Geschwindigkeit $= \frac{ds}{dt}$, wenn wir die Weglänge mit s und die Zeit mit t bezeichnen.

2. In entsprechender Weise wird die *Beschleunigung* als das Verhältnis zwischen einer unendlich kleinen Geschwindigkeitsänderung und der zu dieser Geschwindigkeitsänderung gebrauchten unendlich kurzen Zeit definiert. Dies wird z. B. bei geradliniger Bewegung so geschrieben:

$$\text{Beschleunigung} = \frac{d\left(\frac{ds}{dt}\right)}{dt} \quad \text{oder} \quad \frac{d^2 s}{dt^2}.$$

Wenn wir uns ein rechtwinkliges Koordinatensystem vorstellen, in dem ein Massenpunkt m die Koordinaten x, y, z hat, so können wir Geschwindigkeit und Beschleunigung auf die Koordinatenachsen projizieren. Wir schreiben:

für die Geschwindigkeitskomponenten $\frac{dx}{dt}, \frac{dy}{dt}, \frac{dz}{dt}$

und für die Komponenten der Beschleunigung $\frac{d^2x}{dt^2}, \frac{d^2y}{dt^2}, \frac{d^2z}{dt^2}$.

3. Ferner haben wir die Relation zwischen Beschleunigung, Kraft und Masse: Die Beschleunigung ist gleich der Kraft, dividiert durch die Masse, also Masse × Beschleunigung = Kraft.

Wenn wir die oben besprochene Projektion auf die Koordinatenachsen vornehmen, so erhalten wir für die Bewegung der Massenpunkte die folgenden drei Bewegungsgleichungen:

$$\begin{aligned} m\frac{d^2x}{dt^2} &= P\cos\alpha \\ m\frac{d^2y}{dt^2} &= P\cos\beta \\ m\frac{d^2z}{dt^2} &= P\cos\gamma, \end{aligned} \tag{1}$$

wo P die auf m wirkende Kraft bedeutet und α, β, γ die Winkel sind, die die Richtung der Kraft mit den drei Koordinatenachsen x, y und z bildet.

In unserem Problem handelt es sich um zwei Massenpunkte (m und m_1), die nach dem NEWTONschen Gesetz aufeinander wirken:

$$P = k^2\frac{m m_1}{\varrho^2}, \tag{2}$$

wo k eine Konstante (die *Gravitationskonstante*) bezeichnet, deren Bedeutung im folgenden näher besprochen werden soll, und ϱ die Entfernung zwischen den beiden Massenpunkten. Wir wählen ein rechtwinkliges Koordinatensystem, mit festem Anfangspunkt und festen Achsenrichtungen (X, Y, Z). Der Einfachheit halber zeichnen wir in der Abbildung (Abb. 116) nur die beiden Achsen X und Y; die dritte Achse (Z) denken wir uns senkrecht zur Ebene des Papiers.

Die Bedeutung der verschiedenen Buchstaben geht aus der Abbildung hervor.

Man sieht auch, daß:

$$\begin{aligned} r^2 &= x^2 + y^2 + z^2 \\ r_1^2 &= x_1^2 + y_1^2 + z_1^2 \\ \varrho^2 &= (x_1 - x)^2 + (y_1 - y)^2 + (z_1 - z)^2. \end{aligned} \tag{3}$$

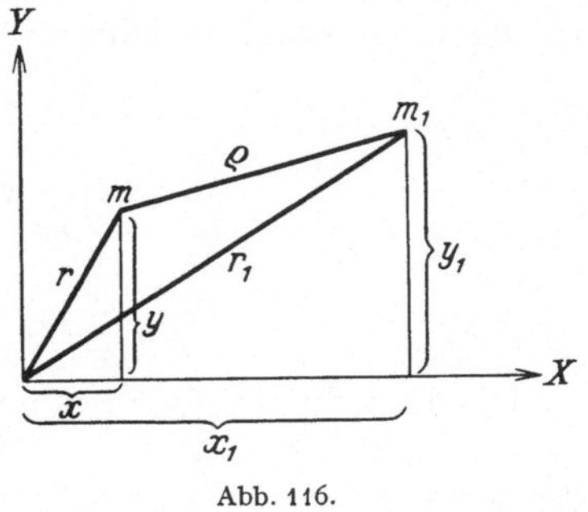

Abb. 116.

Ferner geht aus Abb. 116 hervor, daß wir für die drei Winkel α, β, γ, die die Verbindungslinie $m m_1$ mit den Koordinatenachsen bildet, folgende Relationen erhalten:

$$\begin{aligned} \cos\alpha &= \frac{x_1 - x}{\varrho} \\ \cos\beta &= \frac{y_1 - y}{\varrho} \\ \cos\gamma &= \frac{z_1 - z}{\varrho}. \end{aligned} \tag{4}$$

Wenn wir nun (2) und (4) in (1) einsetzen, erhalten wir für die Bewegung des einen Körpers (m) folgendes Gleichungssystem:

$$\begin{aligned} m\frac{d^2x}{dt^2} &= k^2 m m_1 \frac{x_1 - x}{\varrho^3} \\ m\frac{d^2y}{dt^2} &= k^2 m m_1 \frac{y_1 - y}{\varrho^3} \\ m\frac{d^2z}{dt^2} &= k^2 m m_1 \frac{z_1 - z}{\varrho^3} \end{aligned} \tag{5}$$

und für den anderen Körper (m_1) das folgende System:

$$\begin{aligned} m_1\frac{d^2x_1}{dt^2} &= -k^2 m m_1 \frac{x_1 - x}{\varrho^3} \\ m_1\frac{d^2y_1}{dt^2} &= -k^2 m m_1 \frac{y_1 - y}{\varrho^3} \\ m_1\frac{d^2z_1}{dt^2} &= -k^2 m m_1 \frac{z_1 - z}{\varrho^3}\,. \end{aligned} \tag{6}$$

158. *Reduktion auf relative Bewegung.* Wir haben hier sechs Differentialgleichungen zweiter Ordnung. Deshalb müssen zwölf Integrationen ausgeführt werden. Das Problem wird indessen durch folgende Transformation wesentlich vereinfacht.

Wenn wir im System (5) durch m und im System (6) durch m_1 dividieren, so erhalten wir:

$$\begin{aligned} \frac{d^2x}{dt^2} &= k^2 m_1 \frac{x_1 - x}{\varrho^3} \\ \frac{d^2y}{dt^2} &= k^2 m_1 \frac{y_1 - y}{\varrho^3} \\ \frac{d^2z}{dt^2} &= k^2 m_1 \frac{z_1 - z}{\varrho^3} \end{aligned} \tag{7}$$

und

$$\begin{aligned} \frac{d^2x_1}{dt^2} &= -k^2 m \frac{x_1 - x}{\varrho^3} \\ \frac{d^2y_1}{dt^2} &= -k^2 m \frac{y_1 - y}{\varrho^3} \\ \frac{d^2z_1}{dt^2} &= -k^2 m \frac{z_1 - z}{\varrho^3}\,. \end{aligned} \tag{8}$$

Durch Subtraktion der drei Gleichungen (8) von den entsprechenden Gleichungen (7) erhalten wir:

$$\begin{aligned} \frac{d^2(x - x_1)}{dt^2} &= -k^2 (m_1 + m) \frac{x - x_1}{\varrho^3} \\ \frac{d^2(y - y_1)}{dt^2} &= -k^2 (m_1 + m) \frac{y - y_1}{\varrho^3} \\ \frac{d^2(z - z_1)}{dt^2} &= -k^2 (m_1 + m) \frac{z - z_1}{\varrho^3}\,. \end{aligned} \tag{9}$$

Die Koordinaten der beiden Körper haben wir hier nur in der Kombination $(x - x_1)$, $(y - y_1)$, $(z - z_1)$. Diese drei Ausdrücke aber sind die Koordinaten der Masse m relativ zur Masse m_1. Man nennt sie die relativen Koordinaten.

Das Gleichungssystem (9) gibt also einfach die Differentialgleichungen für die Bewegung von *m relativ zu* m_1. Wir können dies folgendermaßen ausdrücken: Wir denken uns die Masse m_1 als Anfangspunkt in einem rechtwinkligen Koordinatensystem mit festen Achsenrichtungen. Die Differentialgleichungen (9) definieren dann die Bewegung der Masse *m in diesem Koordinatensystem.*

Wir können das Gleichungssystem (9) in einer einfacheren Form schreiben. Erstens können wir, wenn wir m_1 in dem Anfangspunkt des Koordinatensystems anbringen, $x_1 = y_1 = z_1 = 0$ setzen. Zweitens schreiben wir r statt ϱ, nach einem Prinzip, das wir von nun an konsequent durchführen wollen: r (mit oder ohne Index) bezeichnet den Radiusvektor eines Punktes vom Anfangspunkt des

Koordinatensystems aus, ϱ eine Distanz zwischen zwei Punkten, von denen sich keiner im Anfangspunkt befindet. Wir erhalten dann die Gleichungen:

$$\begin{aligned}\frac{d^2x}{dt^2} &= -k^2(m_1+m)\frac{x}{r^3}\\ \frac{d^2y}{dt^2} &= -k^2(m_1+m)\frac{y}{r^3}\\ \frac{d^2z}{dt^2} &= -k^2(m_1+m)\frac{z}{r^3},\end{aligned} \tag{10}$$

die uns also die *Differentialgleichungen für die Bewegung eines Massenpunktes m relativ zu einem anderen Massenpunkt m_1 geben.*

Wie wir später sehen werden, wählen wir in Problemen, die mit dem Planetensystem zu tun haben, immer die Masse der Sonne als Einheitsmasse. Die Differentialgleichungen für die Bewegung eines Planeten um die Sonne erhalten dann folgende einfache Form:

$$\begin{aligned}\frac{d^2x}{dt^2} &= -k^2(1+m)\frac{x}{r^3}\\ \frac{d^2y}{dt^2} &= -k^2(1+m)\frac{y}{r^3}\\ \frac{d^2z}{dt^2} &= -k^2(1+m)\frac{z}{r^3}.\end{aligned} \tag{11}$$

159. *Vergleich mit der Bewegung um eine anziehende feste Masse.* Wie man aus den Gleichungen (10) sieht, hängen die Differentialgleichungen für die *relative Bewegung* im Zweikörperproblem nur von der *Gesamtmasse* der beiden Körper ab, nicht davon, wie diese Gesamtmasse auf die beiden Körper verteilt ist.

Wenn wir die Bewegungsgleichungen für einen Massenpunkt μ, der von einem festen Massenpunkt M angezogen wird, aufstellen wollen, so erhalten wir, in einem Koordinatensystem mit M im Anfangspunkt und mit festen Achsenrichtungen:

$$\begin{aligned}\mu\frac{d^2x}{dt^2} &= -k^2\mu M\frac{x}{r^3}\\ \mu\frac{d^2y}{dt^2} &= -k^2\mu M\frac{y}{r^3}\\ \mu\frac{d^2z}{dt^2} &= -k^2\mu M\frac{z}{r^3},\end{aligned}$$

woraus:

$$\begin{aligned}\frac{d^2x}{dt^2} &= -k^2M\frac{x}{r^3}\\ \frac{d^2y}{dt^2} &= -k^2M\frac{y}{r^3}\\ \frac{d^2z}{dt^2} &= -k^2M\frac{z}{r^3}.\end{aligned} \tag{12}$$

Wenn wir (12) mit (10) vergleichen, sehen wir, daß die Differentialgleichungen für die relative Bewegung zweier Massen m und m_1 ganz dieselben sind wie die Gleichungen für die Bewegung eines Massenpunktes (μ) um einen festen Massenpunkt mit der Masse $m_1 + m$.

160. *Das Flächenintegral.* Durch den Übergang von der Bewegung der beiden Massen in einem festen Koordinatensystem zu ihrer relativen Bewegung haben wir vorläufig die Bewegungsgleichungen des Zweikörperproblems auf drei Differentialgleichungen zweiter Ordnung reduziert. Die Lösung des Problems verlangt also jetzt nur die Ausführung von sechs Integrationen, und sie muß zu sechs Integrationskonstanten führen. Diese Integrationen können alle ausgeführt werden.

Drei Integrale erhalten wir auf folgende Weise. Wir multiplizieren die zweite der Gleichungen (11) mit x, die erste mit y und subtrahieren. Wir erhalten:

$$x \frac{d^2 y}{dt^2} - y \frac{d^2 x}{dt^2} = 0 .$$

Auf ganz analoge Weise erhält man:

$$\begin{aligned} y \frac{d^2 z}{dt^2} - z \frac{d^2 y}{dt^2} &= 0 \\ z \frac{d^2 x}{dt^2} - x \frac{d^2 z}{dt^2} &= 0 . \end{aligned} \tag{13}$$

Aus diesen drei Gleichungen erhalten wir durch Integration:

$$\begin{aligned} x \frac{dy}{dt} - y \frac{dx}{dt} &= c_3 \\ y \frac{dz}{dt} - z \frac{dy}{dt} &= c_1 \\ z \frac{dx}{dt} - x \frac{dz}{dt} &= c_2 , \end{aligned} \tag{14}$$

wo c_1, c_2, c_3 Integrationskonstanten sind.

Multipliziert man diese drei Gleichungen der Reihe nach mit z, x und y und addiert, so erhält man die folgende Gleichung:

$$c_1 x + c_2 y + c_3 z = 0 . \tag{15}$$

Aus der analytischen Geometrie wissen wir, daß dies die Gleichung einer *Ebene* ist, und wir erhalten hierdurch den Satz, daß die relative Bewegung der beiden Massenpunkte in einer Ebene vor sich geht (ein Satz, den wir eigentlich a priori, ohne mathematische Ableitung, hätten aufstellen können: Wenn wir die Ebene betrachten, in der die relative Bewegung in einem gegebenen Augenblick vor sich geht, so sieht man leicht, daß niemals eine Kraft auftreten wird, die nicht in dieser Ebene liegt).

Um das ganze Problem einfacher zu gestalten, wählen wir von nun ab die Bahnebene zur XY-Ebene. Hierdurch fällt alles fort, was mit der z-Koordinate zu tun hat. Die Gleichungen (11) und (14) werden dadurch auf die beiden folgenden Differentialgleichungen reduziert:

$$\begin{aligned} \frac{d^2 x}{dt^2} &= -k^2 (1 + m) \frac{x}{r^3} \\ \frac{d^2 y}{dt^2} &= -k^2 (1 + m) \frac{y}{r^3} , \end{aligned} \tag{16}$$

mit dem Integral:

$$x \frac{dy}{dt} - y \frac{dx}{dt} = c , \tag{17}$$

wo c eine Integrationskonstante ist (die nicht mit c_3 identisch ist). Nachdem das Problem diese Form erhalten hat, bleiben noch drei Integrationen auszuführen.

Das Integral (17) hat eine einfache kinematische Bedeutung, da der Ausdruck links in dieser Formel die *doppelte Flächengeschwindigkeit* (vgl. S. 159) bezeichnet. Das Integral nennt man das *Flächenintegral,* und der Satz (17) sagt aus, daß die *Flächengeschwindigkeit in der Bewegung konstant ist,* d. h. daß *die vom Radiusvektor überstrichene Fläche der Zeit proportional ist.*

161. *Das Integral der lebendigen Kraft.* Wir multiplizieren jetzt die erste der Gleichungen (16) mit $2\frac{dx}{dt}$, die zweite mit $2\frac{dy}{dt}$ und addieren. Wir erhalten:

$$2\frac{d^2x}{dt^2}\frac{dx}{dt} + 2\frac{d^2y}{dt^2}\frac{dy}{dt} = -2k^2(1+m)\frac{1}{r^3}\left(x\frac{dx}{dt} + y\frac{dy}{dt}\right). \tag{18}$$

Die linke Seite dieser Gleichung kann wie folgt geschrieben werden:

$$\frac{d}{dt}\left\{\left(\frac{dx}{dt}\right)^2 + \left(\frac{dy}{dt}\right)^2\right\}.$$

Setzt man dies ein und beachtet, daß:

$$r^2 = x^2 + y^2,$$

woraus:

$$r\frac{dr}{dt} = x\frac{dx}{dt} + y\frac{dy}{dt}, \tag{19}$$

so erhält die Gleichung (21) folgendes Aussehen:

$$\frac{d}{dt}\left\{\left(\frac{dx}{dt}\right)^2 + \left(\frac{dy}{dt}\right)^2\right\} = -2k^2(1+m)\frac{1}{r^2}\frac{dr}{dt}. \tag{20}$$

Diese Differentialgleichung kann direkt integriert werden. Wir erhalten:

$$\left(\frac{dx}{dt}\right)^2 + \left(\frac{dy}{dt}\right)^2 = h + \frac{2k^2(1+m)}{r}, \tag{21}$$

wo h eine Integrationskonstante ist. Das linke Glied in dieser Gleichung ist die zweite Potenz der *linearen Geschwindigkeit* von m in seiner Bahn um den zweiten Massenpunkt. Im folgenden bezeichnen wir diese Geschwindigkeit mit V, und (24) kann also folgendermaßen geschrieben werden:

$$V^2 = h + 2\frac{k^2(1+m)}{r}. \tag{22}$$

Dies Integral wird das *Integral der lebendigen Kraft* genannt, weil es das Quadrat der Geschwindigkeit enthält, das der lebendigen Kraft bekanntlich proportional ist.

162. *Die Relation zwischen Radiusvektor und wahrer Anomalie.* Hierauf gehen wir zur dritten Integration über.

Als Vorbereitung zur weiteren Behandlung des Problems der Integration der Gleichungen (16) führen wir *Polar*koordinaten ein, wie Abb. 117 zeigt.

Wir ersehen aus der Abbildung, daß:

$$x = r\cos w$$
$$y = r\sin w, \tag{23}$$

woraus:

$$\frac{dx}{dt} = \cos w\frac{dr}{dt} - r\sin w\frac{dw}{dt}$$
$$\frac{dy}{dt} = \sin w\frac{dr}{dt} + r\cos w\frac{dw}{dt}. \tag{24}$$

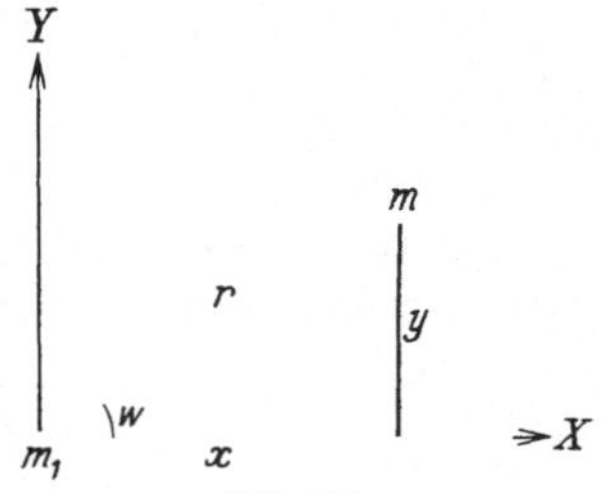

Abb. 117.

Setzt man (23) und (24) in (17) ein, so sieht man, daß das Flächenintegral die folgende Form erhält:

$$r^2\frac{dw}{dt} = c. \tag{25}$$

Mit Hilfe von (24) erhalten wir aus (21):

$$\left(\frac{dr}{dt}\right)^2 + r^2\left(\frac{dw}{dt}\right)^2 = h + \frac{2k^2(1+m)}{r}. \tag{26}$$

Aus (25) erhalten wir:

$$dt = \frac{r^2}{c}\,dw,$$

das, eingesetzt in (26):

$$\frac{c^2}{r^4}\left(\frac{dr}{dw}\right)^2 + \frac{c^2}{r^2} = h + \frac{2k^2(1+m)}{r} \tag{27}$$

gibt.

Wenn wir $\frac{1}{r}$ nach w differenzieren, so erhalten wir:

$$\frac{d\frac{1}{r}}{dw} = -\frac{1}{r^2}\frac{dr}{dw}$$

und also:

$$\frac{dr}{dw} = -r^2\frac{d\frac{1}{r}}{dw}.$$

Dies eingesetzt in (27) gibt:

$$c^2\left(\frac{d\frac{1}{r}}{dw}\right)^2 + \frac{c^2}{r^2} = h + \frac{2k^2(1+m)}{r},$$

eine Gleichung, die so geschrieben werden kann:

$$dw = \pm\frac{d\frac{c}{r}}{\sqrt{h + \frac{2k^2(1+m)}{r} - \frac{c^2}{r^2}}}.$$

Mit Hilfe einer Operation, die sich direkt verifizieren läßt, erhalten wir hieraus:

$$dw = \pm\frac{d\frac{c}{r}}{\sqrt{\left(\frac{k^4(1+m)^2}{c^2} + h\right) - \left(\frac{c}{r} - \frac{k^2(1+m)}{c}\right)^2}}$$

und, da $\frac{k^2(1+m)}{c}$ eine Konstante ist, hieraus wieder:

$$dw = \pm\frac{d\left(\frac{c}{r} - \frac{k^2(1+m)}{c}\right)}{\sqrt{\left(\frac{k^4(1+m)^2}{c^2} + h\right) - \left(\frac{c}{r} - \frac{k^2(1+m)}{c}\right)^2}}. \tag{28}$$

Die Integration rechts in dieser Gleichung kann direkt ausgeführt werden nach der bekannten Formel:

$$\int\frac{dx}{\sqrt{a^2 - x^2}} = K - \arccos\left(\frac{x}{a}\right),$$

wo K eine Integrationskonstante ist.

Wir erhalten dann:

$$w = \pm K \mp \arccos\left(\frac{\frac{c}{r} - \frac{k^2(1+m)}{c}}{\sqrt{\frac{k^4(1+m)^2}{c^2} + h}}\right). \tag{29}$$

Wenn wir hier erst $\pm K$ auf die linke Seite bringen, ferner auf beiden Seiten den Kosinus nehmen, dann nach $\frac{c}{r}$ und zuletzt nach r auflösen, so erhalten wir, da K eine willkürliche Konstante bezeichnet und das doppelte Vorzeichen von K deshalb überflüssig ist:

$$r = \frac{c}{\frac{k^2(1+m)}{c} + \sqrt{\frac{k^4(1+m)^2}{c^2} + h \cdot \cos(w-K)}}$$

und hieraus schließlich:

$$r = \frac{\frac{c^2}{k^2(1+m)}}{1 + \sqrt{1 + \frac{c^2 h}{k^4(1+m)^2}} \cdot \cos(w-K)}. \tag{30}$$

Die Größen c, k, m, h und K sind Konstanten in dieser Relation zwischen den beiden veränderlichen Größen r und w.

Wenn wir:

$$\frac{c^2}{k^2(1+m)} = p$$

$$\sqrt{1 + \frac{c^2 h}{k^4(1+m)^2}} = e \tag{31}$$

$$w - K = v$$

definieren, erhält (30) folgendes Aussehen:

$$r = \frac{p}{1 + e\cos v}. \tag{32}$$

Das ist aber die Gleichung eines *Kegelschnittes*, wo p den halben Parameter bezeichnet, e die Exzentrizität, r den Radiusvektor vom Brennpunkt aus und v, das ist die „wahre Anomalie“, den Winkel, den der Radiusvektor mit der Richtung vom Brennpunkt zum Perihel (vgl. S. 158) bildet. Wir sind also zu folgendem wichtigen Resultat gelangt: *Wenn zwei Massenpunkte einander nach dem* NEWTON*schen Gesetz anziehen, wird der eine Massenpunkt relativ zu dem anderen sich in einem Kegelschnitt bewegen, in dessen einem Brennpunkt der andere Massenpunkt sich befindet.*

163. *Die Bedeutung der bis jetzt eingeführten drei Integrationskonstanten.* Wir sind nun imstande, die Bedeutung der drei Integrationskonstanten, die wir bisher eingeführt haben, näher anzugeben:

1. Aus der ersten der Gleichungen (31) erhalten wir für die Konstante im Flächenintegral folgenden Ausdruck:

$$c = k\sqrt{1+m}\sqrt{p}. \tag{33}$$

2. Aus der zweiten der Gleichungen (31) erhält man:

$$1 - e^2 = -\frac{c^2 h}{k^4(1+m)^2}.$$

Die Elimination von c mit Hilfe der ersten der Gleichungen (31) gibt:

$$h = -\frac{k^2(1+m)(1-e^2)}{p}.$$

Wir sehen, daß das Vorzeichen für h — oder + ist, je nachdem ob e kleiner oder größer als 1, also je nachdem ob die Bahn eine Ellipse oder eine Hyperbel ist. Für die Parabel ist $h = 0$. Man ersieht also aus (25), daß die Bewegung elliptisch, parabolisch oder hyperbolisch ist, je nachdem ob V^2 kleiner, gleich oder größer als $2\frac{k^2(1+m)}{r}$ ist. Mit Hilfe der bekannten Gleichung aus der Theorie der Ellipse:

$$p = a(1 - e^2), \tag{34}$$

wo a die halbe große Achse ist, erhalten wir:

$$h = -\frac{k^2(1+m)}{a}, \tag{35}$$

was wir auch für die Parabel und Hyperbel gelten lassen können. Der Ausdruck $\frac{1}{a}$ ist dann positiv, Null oder negativ, je nachdem ob der Kegelschnitt eine Ellipse, Parabel oder Hyperbel ist. Das Integral der lebendigen Kraft (25) erhält nun folgende Form:

$$V^2 = k^2(1+m)\left(\frac{2}{r} - \frac{1}{a}\right). \tag{36}$$

3. Die Bedeutung der dritten Integrationskonstante K geht aus der dritten der Gleichungen (31) hervor. Der Winkel w ist der Winkel in der Bahnebene von einem gewissen Ausgangspunkt aus; wenn wir zu diesem Ausgangspunkt den Punkt (♈′) in der Bahnebene wählen, der dem Frühlingspunkt (♈) in der Ekliptik entspricht (vgl. Abb. 94, S. 161), so zeigt die Relation $v = w - K$, daß K die *Länge des Perihels* in der Bahn bezeichnet, denselben Winkel also, den wir auf S. 161 mit dem Buchstaben π bezeichnet haben.

164. *Die* KEPLER*sche Gleichung. Mittlere Bewegung.* Wir gehen nunmehr zu der vierten und letzten Integration über. Wir sind zu dem Resultat gekommen, daß die Bewegung im Zweikörperproblem immer in einem *Kegelschnitt* vor sich geht. Wir haben, wie angeführt, drei Typen von Kegelschnitten: die Ellipse mit $e < 1$ (Spezialfall der Kreis mit $e = 0$), die Parabel mit $e = 1$ und die Hyperbel mit $e > 1$.

Bisher waren alle unsere Betrachtungen und Formeln für jeden Kegelschnitt gültig; von jetzt an müssen wir zwischen Ellipse, Parabel und Hyperbel unterscheiden.

Vorläufig wollen wir ausschließlich das Problem der Ellipse behandeln. Wir werden später auf die Parabel und Hyperbel zurückkommen.

Auf S. 208 hatten wir eine Gleichung der folgenden Form:

$$\left(\frac{dr}{dt}\right)^2 + r^2\left(\frac{dw}{dt}\right)^2 = h + \frac{2k^2(1+m)}{r}. \tag{26}$$

Mit Hilfe des Flächenintegrals kann dies:

$$\left(\frac{dr}{d}\right)^2 = h + \frac{2k^2(1+m)}{r} - \frac{c^2}{r^2}$$

geschrieben werden, und mit Hilfe von (35), von der ersten der Gleichungen (31) und von (34):

$$\left(\frac{dr}{dt}\right)^2 = -\frac{k^2(1+m)}{a} + \frac{2k^2(1+m)}{r} - \frac{k^2(1+m)\,a(1-e^2)}{r^2},$$

d. h.

$$\left(\frac{dr}{dt}\right)^2 = k^2(1+m)\left\{-\frac{1}{a} + \frac{2}{r} - \frac{a(1-e^2)}{r^2}\right\}.$$

Wird diese Gleichung nach dt aufgelöst, so erhält man:

$$\pm dt = \frac{\sqrt{a}}{k\sqrt{1+m}} \cdot \frac{r\,dr}{\sqrt{-r^2 + 2ar - a^2(1-e^2)}}.$$

Mit Hilfe einiger einfacher Umformungen erhalten wir hieraus sukzessive:

$$\pm\, dt = \frac{\sqrt{a}}{k\sqrt{1+m}} \cdot \frac{r\,dr}{\sqrt{a^2e^2-(a-r)^2}}$$

$$\pm\, dt = -\frac{\sqrt{a}}{k\sqrt{1+m}} \cdot \frac{[a-(a-r)]\,d(a-r)}{\sqrt{a^2e^2-(a-r)^2}}$$

$$\begin{aligned}\pm\, dt = &-\frac{a\sqrt{a}}{k\sqrt{1+m}} \cdot \frac{d(a-r)}{\sqrt{a^2e^2-(a-r)^2}} + \\ &+\frac{\sqrt{a}}{k\sqrt{1+m}} \cdot \frac{(a-r)\,d(a-r)}{\sqrt{a^2e^2-(a-r)^2}}\,.\end{aligned} \qquad (37)$$

Hieraus erhält man durch direkte Integration:

$$\pm\,(t-t_0) = \frac{a^{3/2}}{k\sqrt{1+m}}\left\{\arccos\left(\frac{a-r}{ae}\right) - e\sqrt{1-\left(\frac{a-r}{ae}\right)^2}\right\}, \qquad (38)$$

wo t_0 eine Integrationskonstante ist.

Wenn es sich um eine elliptische Bewegung handelt, ist $a - r$ immer kleiner oder gleich ae. Wir können deshalb:

$$\frac{a-r}{ae} = \cos E \qquad (39)$$

schreiben, und erhalten dann aus (38):

$$\pm\,(t-t_0) = \frac{a^{3/2}}{k\sqrt{1+m}}\,(E - e\sin E)\,. \qquad (40)$$

Über das Vorzeichen von E können wir frei verfügen, da E durch einen Kosinus definiert ist. Wir setzen nun fest, daß E mit t wachsen soll (vgl. S. 162). Dabei fällt das doppelte Vorzeichen in (40) fort und wird durch + ersetzt. Eine einfache Umschreibung der Formel gibt dann:

$$E - e\sin E = \frac{k\sqrt{1+m}}{a^{3/2}}\,(t-t_0)\,, \qquad (41)$$

worin wir die auf empirischem Wege gefundene sog. KEPLER*sche Gleichung* (vgl. S. 163) wiedererkennen, wenn wir t_0 mit T (der Perihelzeit) identifizieren und:

$$\frac{k\sqrt{1+m}}{a^{3/2}} = \frac{2\pi}{U} \qquad (42)$$

schreiben, wo U die Umlaufszeit in der Bahn ist.

Für die Größe $\frac{k\sqrt{1+m}}{a^{3/2}}$ hat man die Bezeichnung μ eingeführt. Da U immer n mittleren Sonnentagen ausgedrückt wird, so ersieht man aus der Gleichung:

$$\mu U = 2\pi\,,$$

daß μ *die durchschnittliche Winkelbewegung für einen mittleren Sonnentag* bezeichnet.

Gewöhnlich nennt man μ die *mittlere Bewegung*. Sie wird in Bogensekunden ausgedrückt. Sie kann immer berechnet werden, wenn man a und m kennt. Wenn, wie bei den kleinen Planeten, m verschwindend ist, braucht man außer der Gravitationskonstante nur die Kenntnis der halben großen Achse der Bahn (a).

165. *Das dritte* KEPLER*sche Gesetz in der exakten Form.* Wir haben bei der Behandlung des Zweikörperproblems unter anderem (vgl. S. 209 und 206) die beiden ersten KEPLERschen Gesetze (S. 156 und 159) als notwendige Konsequenzen des NEWTONschen Gesetzes der Anziehung wiedergefunden. Wie verhält es sich aber nun mit dem dritten KEPLERschen Gesetz?

Die Gleichung (42) schreiben wir in der folgenden Form:

$$\frac{U}{a^{3/2}}\sqrt{1+m} = \frac{2\pi}{k}. \tag{43}$$

Diese Gleichung gilt für einen Planeten mit der Masse m, der Umlaufszeit U und der halben großen Achse a. Für einen anderen Planeten mit der Masse m_1, der Umlaufszeit U_1 und der halben großen Achse a_1 erhalten wir:

$$\frac{U_1}{a_1^{3/2}}\sqrt{1+m_1} = \frac{2\pi}{k}. \tag{44}$$

Durch Division von (44) durch (43) und Quadrieren erhalten wir:

$$\frac{U_1^2}{U^2} = \frac{1+m}{1+m_1}\cdot\frac{a_1^3}{a^3}. \tag{45}$$

In dem allgemeinen Fall, wo wir es nicht mit unserem Planetensystem zu tun haben (Masse der Sonne $= 1$), sondern wo wir zwei Systeme, das eine mit den Massen M und m, das andere mit den Massen M_1 und m_1, vergleichen, erhalten wir:

$$\frac{U_1^2}{U^2} = \frac{M+m}{M_1+m_1}\cdot\frac{a_1^3}{a^3}, \tag{46}$$

womit wir also eine Generalisierung der wichtigen Gleichung (3) auf S. 170 haben, und zwar in einer Form, die für die *allgemeine elliptische* Bewegung gültig ist. Über wichtige Anwendungen dieser Sätze s. für das Sonnensystem S. 197, für stellarastronomische Probleme S. 410.

166. *Die Gravitationskonstante.* Die Gleichung (43) gibt uns ein Mittel, um den numerischen Wert der Gravitationskonstante k zu berechnen. Wir schreiben (43) auf die folgende Weise:

$$k = \frac{2\pi a^{3/2}}{U\sqrt{1+m}}. \tag{47}$$

Wenn wir die Bewegung der *Erde* um die *Sonne* betrachten, haben wir in (47) die Werte für die halbe große Achse (a) der Erdbahn, die siderische Umlaufszeit der Erde um die Sonne (U) und die Masse der Erde in Einheiten der Sonnenmasse (m) einzusetzen. Wenn wir die halbe große Achse der Erdbahn als Längeneinheit wählen, müssen wir in (47) $a = 1$ setzen. Wir erhalten dann:

$$k = \frac{2\pi}{U\sqrt{1+m}}.$$

GAUSS berechnete k mit Hilfe der beiden Werte:

$$U = 365.2563835 \text{ mittlere Sonnentage}$$
$$m = \frac{1}{354\,710}.$$

Daraus erhalten wir:

$$\begin{aligned}\log k &= 8.2355814 - 10\\ k &= 0.01720210\,.\end{aligned} \tag{48}$$

Wenn wir für die Berechnung der mittleren Bewegung für einen Planeten (μ) k in Bogensekunden ausdrücken wollen, so müssen wir mit 206264''.8 multiplizieren. Wir erhalten:

$$\begin{aligned} \log k'' &= 3.5500066 \\ k'' &= 3548''.188\,. \end{aligned} \tag{49}$$

Heutzutage hat man genauere numerische Werte, namentlich für m; die daraus folgende Änderung im numerischen Wert der Gravitationskonstante ist aber in der siebenten Dezimalstelle noch nicht merkbar. Theoretisch betrachtet sollte k indessen einen neuen Wert erhalten, sobald man für U oder m neue, genauere Werte als die vorher bekannten einführt. Man hat sich aber geeinigt, diese Unbequemlichkeit dadurch zu umgehen, daß man ein für allemal an dem GAUSSschen Wert für k festhält, dafür aber in (47) a nicht genau $= 1$ setzt, sondern a den dem GAUSSschen k-Wert entsprechenden numerischen Wert gibt, so daß die Längeneinheit nicht genau identisch ist mit der halben großen Achse der Erdbahn. Wie oben gesagt, spielt dies indessen nicht einmal in der siebenten Dezimalstelle eine Rolle.

Die konkrete Bedeutung von k können wir auf die beiden folgenden Arten charakterisieren:

1. Wenn wir uns einen Massenpunkt m denken, der sich in einem bestimmten Augenblick in der Entfernung x von der Sonne relativ zu ihr in Ruhe befindet, so wird er sofort anfangen, gegen die Sonne hin zu wandern. Für seine Bewegung erhalten wir die folgende Differentialgleichung:

$$\frac{d^2x}{dt^2} = -k^2(1+m)\frac{1}{x^2}\,.$$

Wir nehmen an, daß die Masse m verschwindend klein ist, und daß der Massenpunkt sich in einem bestimmten Augenblick in der Entfernung 1 von der Sonne befindet. Wir sehen dann, daß k^2 dasselbe ist wie die Beschleunigung gegen die Sonne für einen Körper mit unendlich kleiner Masse, der sich im Augenblick in der Entfernung 1 von der Sonne befindet. Diese Beschleunigung wird in Einheiten der halben großen Achse der Erdbahn ausgedrückt und gilt für den mittleren Sonnentag.

Numerisch erhalten wir:

$$\begin{aligned} \log k^2 &= 6.4711629 - 10 \\ k^2 &= 0.000295912\,. \end{aligned}$$

2. Für die mittlere Bewegung eines Körpers, der von der Sonne angezogen wird, haben wir:

$$\mu = \frac{k''\sqrt{1+m}}{a^{3/2}}\,.$$

Hieraus ersehen wir, daß k'' die mittlere Bewegung eines Körpers mit unendlich kleiner Masse bedeutet, der sich um die Sonne bewegt in einer Ellipse, die dieselbe halbe große Achse wie die Erdbahn hat. Wir haben oben den Wert:

$$k'' = 3548''.188 \text{ (für den mittleren Sonnentag)}$$

abgeleitet.

Zum Vergleich kann angeführt werden, daß die mittlere Bewegung der *Erde* 3548''.193 ist (die Masse der Erde ist nicht verschwindend klein).

167. *Die beiden Bahnelemente Ω und i.* Wir haben gesehen (S. 206), wie man die Bewegungsgleichungen auf ein System von zwei Differentialgleichungen zweiter Ordnung reduzieren konnte, indem man die Bahnebene als XY-Ebene wählt. Die Integration dieser Gleichungen führte zu vier Integrationskonstanten, c, h, K und t_0, und im vorhergehenden haben wir gesehen, wie diese vier

Konstanten als Funktionen der vier Bahnelemente a, e, π und T ausgedrückt werden können:

$$c = k\sqrt{1+m}\sqrt{p} = k\sqrt{1+m}\sqrt{a}\sqrt{1-e^2}$$
$$h = -\frac{k^2(1+m)}{a}$$
$$K = \pi$$
$$t_0 = T.$$

Wir werden jetzt sehen, wie die beiden Bahnelemente Ω und i (vgl. S. 161) bei der Integration der Differentialgleichungen des Zweikörperproblems auftreten.

Wenn wir das Gleichungssystem (14) betrachten, sehen wir, daß die Integration des Systems (13) zu drei Integralen und drei Integrationskonstanten (c_3, c_1, c_2) führte. Wir wählen jetzt die *Ekliptik* zur XY-Ebene.

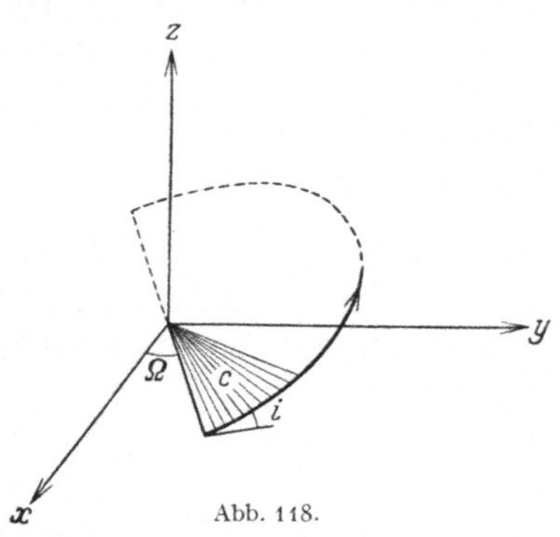

Abb. 118.

Wenn wir ein Areal c in der Bahnebene auf die drei Koordinatenebenen projizieren, so erhalten wir, wie aus Abb. 118 ersichtlich, für die drei Projektionen:

$$\begin{aligned} c_{xy} &= c\cos i \\ c_{yz} &= c\sin i \sin\Omega \\ c_{zx} &= -c\sin i\cos\Omega\,. \end{aligned} \qquad (50)$$

Die Ausdrücke auf der rechten Seite in (14) aber sind gerade die drei Projektionen der Flächengeschwindigkeit in der Bahnebene:

$$c = x\frac{dy}{dt} - y\frac{dx}{dt} \quad \text{[s. Gleichung (17)].}$$

Wenn wir hier $c = k\sqrt{1+m}\sqrt{p}$ einsetzen, dann erhalten wir:

$$\begin{aligned} x\frac{dy}{dt} - y\frac{dx}{dt} &= c_3 = k\sqrt{1+m}\sqrt{p}\cos i \\ y\frac{dz}{dt} - z\frac{dy}{dt} &= c_1 = k\sqrt{1+m}\sqrt{p}\sin i\sin\Omega \\ z\frac{dx}{dt} - x\frac{dz}{dt} &= c_2 = -k\sqrt{1+m}\sqrt{p}\sin i\cos\Omega \end{aligned} \qquad (51)$$
$$[p = a(1-e^2)]\,.$$

168. *Berechnung der heliozentrischen Koordinaten eines Planeten.* Kennt man die Bahnelemente eines Planeten, so kann man dessen Ort für jeden Augenblick berechnen: 1. in der Bahn, 2. am Himmel von der Sonne aus gesehen (heliozentrische Koordinaten) und 3. am Himmel von der Erde aus gesehen (geozentrische Koordinaten).

Der erste Schritt ist die Berechnung des Radiusvektors (r) und der wahren Anomalie (v). Zur Berechnung dieser beiden Größen haben wir das im vorhergehenden abgeleitete Formelsystem:

für die mittlere Bewegung (S. 211): $\mu = \frac{k\sqrt{(1+m)}}{a^{3/2}}$

für die mittlere Anomalie (S. 163): $M = \mu(t-T)$

für die exzentrische Anomalie (S. 211): $E - e\sin E = M$

für die wahre Anomalie (S. 163): $\operatorname{tg}\frac{v}{2} = \sqrt{\frac{1+e}{1-e}}\operatorname{tg}\frac{E}{2}$ (52)

für den Radiusvektor (S. 164 und 209): $r = a(1-e\cos E)$

oder: $r = \frac{a(1-e^2)}{1+e\cos v}$.

Mit Ausnahme der Formel für E (der KEPLERschen Gleichung) sind alle diese Formeln für die direkte Rechnung verwendbar.

Die KEPLERsche Gleichung kann auf viele verschiedenen Weisen gelöst werden: durch besonders dazu eingerichtete Tafeln, durch Reihenentwicklung (vgl. S. 219) oder durch Versuche mit wiederholten Näherungen. Ein Beispiel zur Berechnung durch die letzte — in der Praxis sehr viel angewandte — Methode ist auf S. 516 im Anhang gegeben.

Wenn wir r und v des Planeten für den gegebenen Augenblick berechnet haben, dann erhalten wir die heliozentrischen, rechtwinkligen Koordinaten auf folgende Weise.

Abb. 119 stellt einen Teil der Himmelskugel, von außen gesehen, vor. ♈ bezeichnet den Frühlingspunkt, Π die Projektion des Perihels (von der Sonne aus) auf die Himmelskugel und P die Projektion des Ortes des Planeten auf die Himmelskugel (NB: ♈$'P$ ist nicht die elliptische Bahn selber, sondern ihre Projektion auf die Himmelskugel); Ω ist wie gewöhnlich die Länge des aufsteigenden Knotens in der Ekliptik, i die Neigung der Bahn gegen die Ekliptik und ε die Schiefe der Ekliptik.

Für den Bogen $\pi - \Omega$ (Länge des Perihels in der Bahn, *von dem aufsteigenden Knoten aus gerechnet*) führen wir die kürzere Bezeichnung ω ein und für $\pi - \Omega + v = \omega + v$ (die Länge des Planeten in der Bahn, auch vom Knoten aus gerechnet) die Bezeichnung u. Dieser Winkel wird *Argument der Breite* genannt.

Wir wählen nun ein rechtwinkliges Koordinatensystem mit der Sonne im Anfangspunkt, die Bahnebene als XY-Ebene und die X-Achse in der Richtung zum aufsteigenden Knoten. Wir erhalten dann mit Hilfe von Abb. 119 für die rechtwinkligen heliozentrischen Koordinaten des Planeten, die wir mit x_2, y_2, z_2 bezeichnen wollen, die folgenden Formeln:

$$x_2 = r\cos u \qquad y_2 = r\sin u \qquad z_2 = 0\,. \tag{53}$$

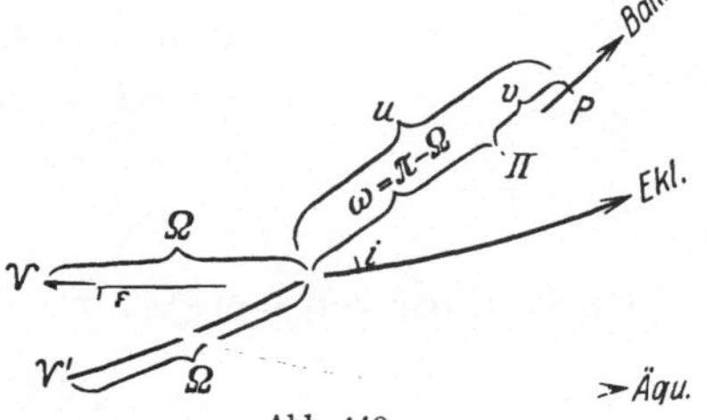

Abb. 119.

Wir drehen nun das Koordinatensystem um den Winkel i um die X-Achse, so daß die XY-Ebene mit der Ekliptik zusammenfällt, aber mit der X-Achse unverändert in der Richtung zum aufsteigenden Knoten. Für die Koordinaten in diesem neuen Koordinatensystem (x_1, y_1, z_1) erhalten wir dann:

$$\begin{aligned} x_1 &= x_2 = r\cos u \\ y_1 &= y_2\cos i = r\sin u\cos i \\ z_1 &= y_2\sin i = r\sin u\sin i\,. \end{aligned} \tag{54}$$

Jetzt nehmen wir eine Drehung rückwärts um den Winkel Ω um die Z-Achse vor, wodurch die X-Achse nach dem Frühlingspunkt zeigt, während die XY-Ebene unverändert mit der Ekliptik zusammenfällt. In diesem Koordinatensystem werden die Koordinaten des Planeten (die rechtwinkligen, heliozentrischen *Ekliptikal*koordinaten) x_0, y_0, z_0:

$$\begin{aligned} x_0 &= x_1\cos\Omega - y_1\sin\Omega = r(\cos u\cos\Omega - \sin u\sin\Omega\cos i) \\ y_0 &= x_1\sin\Omega + y_1\cos\Omega = r(\cos u\sin\Omega + \sin u\cos\Omega\cos i) \\ z_0 &= z_1 \qquad\qquad\qquad\quad\;\; = r\sin u\sin i\,. \end{aligned} \tag{55}$$

Es sind dies die Koordinaten, die in (51) mit x, y, z bezeichnet wurden.

Schließlich führen wir nun eine Drehung um ε um die X-Achse aus, so daß die XY-Ebene in den Äquator fällt. Für die neuen Koordinaten (die rechtwinkligen, heliozentrischen *Äquatorial*koordinaten) x, y, z erhalten wir:

$$\begin{aligned}
x &= x_0 &&= r(\cos u \cos\Omega - \sin u \sin\Omega \cos i) \\
y &= y_0 \cos\varepsilon - z_0 \sin\varepsilon &&= r(\cos u \sin\Omega \cos\varepsilon + \\
&&&\quad + \sin u \cos\Omega \cos i \cos\varepsilon - \sin u \sin i \sin\varepsilon) \qquad (56)\\
z &= y_0 \sin\varepsilon + z_0 \cos\varepsilon &&= r(\cos u \sin\Omega \sin\varepsilon + \\
&&&\quad + \sin u \cos\Omega \cos i \sin\varepsilon + \sin u \sin i \cos\varepsilon)\,.
\end{aligned}$$

Wir können selbstverständlich x, y, z mit Hilfe des Systems (56) direkt berechnen, und wenn es sich um die Berechnung eines einzelnen Planetenortes handelt, werden diese Formeln benutzt. Diese Berechnung ist jedoch, wie wir sehen, ziemlich umständlich, und man hat deshalb für die in der astronomischen Praxis gewöhnlich vorkommenden Zwecke (Berechnung einer „Ephemeride") eine Transformation zurechtgelegt, die die Berechnung wesentlich abkürzt.

Unter Berechnung einer *Ephemeride* versteht man die Berechnung der Örter eines Himmelskörpers für eine Reihe von äquidistanten Zeitpunkten (z. B. 1 Tag, oder 2 Tagen, oder 4, oder 8 Tagen ...).

Wir führen, nach GAUSS, mit Hilfe der folgenden Gleichungen sechs Hilfsgrößen a, b, c, A, B, C ein (die sog. GAUSSschen Konstanten):

$$\begin{aligned}
a \sin A &= \cos\Omega \\
a \cos A &= -\sin\Omega \cos i \\
b \sin B &= \sin\Omega \cos\varepsilon \\
b \cos B &= \cos\Omega \cos i \cos\varepsilon - \sin i \sin\varepsilon \qquad (57)\\
c \sin C &= \sin\Omega \sin\varepsilon \\
c \cos C &= \cos\Omega \cos i \sin\varepsilon + \sin i \cos\varepsilon\,.
\end{aligned}$$

Durch Einsetzen von (57) in (56) erhalten wir nach einer einfachen Reduktion:

$$\begin{aligned}
x &= ra \sin(A + u) \\
y &= rb \sin(B + u) \qquad (58)\\
z &= rc \sin(C + u)\,.
\end{aligned}$$

Die sechs Größen a, b, c, A, B, C sind, wie man aus (57) ersieht, unabhängig von der Zeit und können deshalb für einen gegebenen Himmelskörper ein für allemal berechnet werden. Wenn diese Größen vorliegen, ist die Berechnung von x, y, z, wie man aus (58) ersieht, äußerst einfach.

Die GAUSSschen Gleichungen können auch in einer anderen Form, die die Rechnung in der Praxis noch kürzer macht, geschrieben werden.

Wir definieren:

$$\begin{aligned}
A' &= A + \omega \\
B' &= B + \omega \qquad (59)\\
C' &= C + \omega\,.
\end{aligned}$$

Das System (58) geht dann, weil $u = \omega + v$, über in:

$$\begin{aligned}
x &= ra \sin(A' + v) \\
y &= rb \sin(B' + v) \qquad (60)\\
z &= rc \sin(C' + v)\,.
\end{aligned}$$

Man kann diese Formelsysteme in eine Form bringen, die die Rechnung unter Anwendung der Rechenmaschine viel bequemer macht. Für die hierzu nötigen Transformationen wird auf die Spezialliteratur verwiesen.

169. *Die Berechnung der geozentrischen Koordinaten eines Planeten.* Wenn wir die rechtwinkligen heliozentrischen Koordinaten eines Himmelskörpers im Äquatorsystem kennen, brauchen wir zur Berechnung der rechtwinkligen *geozentrischen* Koordinaten in demselben System nur die Kenntnis der *heliozentrischen* Koordinaten der *Erde* oder der *geozentrischen* Koordinaten der *Sonne.* Letztere — die rechtwinkligen geozentrischen Äquatorialkoordinaten der Sonne — findet man für jeden Tag des Jahres in den großen astronomischen Ephemeriden. Im folgenden werden sie mit X, Y, Z bezeichnet. Wenn wir die rechtwinkligen geozentrischen Äquatorialkoordinaten des Planeten mit ξ, η, ζ bezeichnen, erhalten wir:

$$\begin{aligned} \xi &= x + X \\ \eta &= y + Y \\ \zeta &= z + Z\,. \end{aligned} \tag{61}$$

Für den Übergang zu den geozentrischen äquatorialen *Polarkoordinaten,* Rektaszension α, Deklination δ und geozentrischer Distanz Δ, haben wir dann folgende Formeln:

$$\begin{aligned} \Delta \cos\delta \cos\alpha &= \xi \\ \Delta \cos\delta \sin\alpha &= \eta \\ \Delta \sin\delta &= \zeta\,. \end{aligned} \tag{62}$$

In den Gleichungssystemen (52), (57), (60), (61) und (62) *haben wir alles, was wir brauchen, um aus den Bahnelementen die geozentrischen Koordinaten eines Planeten für einen gegebenen Augenblick zu berechnen.*

170. *Berechnung der Bahnelemente eines Planeten, wenn seine Koordinaten und seine Geschwindigkeitskomponenten in einem bestimmten Augenblick bekannt sind.* Das Gleichungssystem (51) kann folgendermaßen geschrieben werden:

$$\begin{aligned} \sqrt{p}\cos i &= \frac{1}{k\sqrt{1+m}}\left(x\frac{dy}{dt} - y\frac{dx}{dt}\right) \\ \sqrt{p}\sin i \sin\Omega &= \frac{1}{k\sqrt{1+m}}\left(y\frac{dz}{dt} - z\frac{dy}{dt}\right) \\ \sqrt{p}\sin i \cos\Omega &= -\frac{1}{k\sqrt{1+m}}\left(z\frac{dx}{dt} - x\frac{dz}{dt}\right). \end{aligned} \tag{63}$$

Die Koordinaten sind hier dieselben, die in (55) mit x_0, y_0, z_0 bezeichnet wurden. Der Einfachheit halber streichen wir den Index 0. Die in diesem Paragraphen vorkommenden Koordinaten und Geschwindigkeiten sind also auf die Ekliptik bezogen (nicht auf den Äquator).

Wenn wir die Masse des Planeten kennen (in den meisten Fällen kann sie gleich Null gesetzt werden) wie auch seine Koordinaten und die Geschwindigkeitskomponenten in dem gegebenen Augenblick, ist auf der rechten Seite in (63) alles bekannt. Wir können also:

$$\Omega,\ i,\ p$$

berechnen.

Ferner haben wir aus (32):

$$r = \frac{p}{1 + e\cos v}\,,$$

woraus:

$$e\cos v = \frac{p}{r} - 1\,. \tag{64}$$

Wir differenzieren diese Gleichung nach der Zeit und erhalten:

$$-e\sin v\frac{dv}{dt} = -\frac{p}{r^2}\frac{dr}{dt}. \tag{65}$$

Aus:

$$r^2 = x^2 + y^2 + z^2 \tag{66}$$

erhält man:

$$r\frac{dr}{dt} = x\frac{dx}{dt} + y\frac{dy}{dt} + z\frac{dz}{dt}. \tag{67}$$

Ferner wissen wir, daß:

$$r^2\frac{dv}{dt} = k\sqrt{1+m}\sqrt{p}. \tag{68}$$

Setzen wir (67) und (68) in (65) ein, dann erhalten wir:

$$e\sin v = \frac{\sqrt{p}}{k\sqrt{1+m}\cdot r}\left(x\frac{dx}{dt} + y\frac{dy}{dt} + z\frac{dz}{dt}\right). \tag{69}$$

In den beiden Gleichungen (64) und (69) kennen wir nun alles auf der rechten Seite, und wir können daher:

e und v und — mit Hilfe von p — auch die halbe große Achse a

berechnen.

Wir kennen also jetzt die Elemente Ω, i, a, e und die wahre Anomalie.

Wir ersehen aus dem Gleichungssystem (55), daß wir $r\cos u$ und $r\sin u$ berechnen können, wenn wir Ω und i und die drei rechtwinkligen heliozentrischen Ekliptikalkoordinaten kennen. Wir können z. B. aus (55) die folgenden Formeln bilden, in denen wie vorher der Index 0 weggelassen ist:

$$r\cos u = x\cos\Omega + y\sin\Omega$$
$$r\sin u = -x\sin\Omega\cos i + y\cos\Omega\cos i + z\sin i.$$

Aus diesen Gleichungen können u und r berechnet werden; der erhaltene r-Wert kann als Kontrolle des früheren, mit Hilfe von (66) gefundenen, Wertes benutzt werden.

Wir haben jetzt: r und u,

also: $u - v = \omega = \pi - \Omega$

und damit: π.

Wir haben dann bis jetzt:

$$\Omega,\ i,\ a,\ e \text{ und } \pi,$$

und es bleibt nur das sechste Element (T) zu berechnen übrig.

Wir finden die exzentrische Anomalie (E) mit Hilfe der Gleichung:

$$\operatorname{tg}\frac{E}{2} = \sqrt{\frac{1-e}{1+e}}\operatorname{tg}\frac{v}{2},$$

ferner die mittlere Anomalie (M) aus:

$$M = E - e\sin E,$$

die mittlere Bewegung (μ) aus:

$$\mu = \frac{k\sqrt{1+m}}{a^{3/2}}$$

und schließlich die Perihelzeit T aus:

$$\mu(t - T) = M.$$

171. *Eine wichtige Konsequenz der Sätze in* § 170. In dem vorhergehenden Paragraphen haben wir gesehen, daß man die Bahnelemente für einen Planeten berechnen kann, wenn man die drei Koordinaten und die drei Geschwindigkeitskomponenten in einem bestimmten Augenblick kennt. Wir wissen auch, daß wir die Koordinaten in einem gegebenen Augenblick berechnen können, sobald wir die Elemente kennen; und wir können — z. B. durch Differentiation von (60) — uns Formeln zur Berechnung der Geschwindigkeitskomponenten verschaffen. Mit anderen Worten: Die sechs Größen: Koordinaten und Geschwindigkeitskomponenten in einem bestimmten Augenblick entsprechen eindeutig den sechs Bahnelementen.

Wenn man sich jetzt einen Planeten denkt, der in einer ungestörten Bahn um die Sonne läuft (also genau nach den Formeln des Zweikörperproblems), und wenn man zu verschiedenen Zeitpunkten während der Bewegung des Planeten die den jeweiligen Werten von:

$$x, y, z, \frac{dx}{dt}, \frac{dy}{dt}, \frac{dz}{dt}$$

in den verschiedenen Punkten der Bahn entsprechenden Bahnelemente berechnet *dann wird man für alle diese verschiedenen Zeitpunkte* aus den ganz verschiedenen Sätzen von Koordinaten und Geschwindigkeitskomponenten *genau dasselbe Elementensystem erhalten.* Dies Resultat wird später (in dem Abschnitt über *Störungen*) eine wichtige Rolle spielen.

172. *Reihenentwicklung für die exzentrische Anomalie im Zweikörperproblem.* Wenn wir den Spezialfall der elliptischen Bewegung betrachten, wo $e = 0$ ist (kreisförmige Bewegung), so erhalten wir für E, v und r die folgenden einfachen Ausdrücke:

$$E = M = \mu(t - T)\,,$$

wo T einen festen Zeitpunkt bezeichnet, der hier (bei kreisförmiger Bewegung) natürlich nichts mit einem *Perihel* zu tun hat, ferner:

$$v = E = M$$

und:

$$r = a$$

statt der Formeln:

$$E - e\sin E = M$$

$$\operatorname{tg}\frac{v}{2} = \sqrt{\frac{1+e}{1-e}}\operatorname{tg}\frac{E}{2}$$

und:

$$r = a(1 - e\cos E)\,.$$

Die KEPLERsche Gleichung im allgemeinen, elliptischen Fall kann in der folgenden Weise geschrieben werden:

$$E = M + e\sin E\,. \tag{70}$$

Betrachten wir nun eine elliptische Bewegung, wo e eine *kleine Größe* ist, so sehen wir, daß E von M nicht sehr verschieden ist. Wenn wir statt (70) $E = M$ schreiben, so sagen wir, daß wir eine kleine Größe erster Ordnung vernachlässigt haben. Wir sehen aber auch, daß wir mit noch größerer Annäherung:

$$E = M + e\sin M \tag{71}$$

schreiben können, da der kleine Fehler, der dabei entsteht, daß wir im letzten Glied in (71) $\sin M$ statt $\sin E$ geschrieben haben, außerdem mit der kleinen Größe e multipliziert ist. Wir sagen, daß wir in (71) nur eine kleine Größe zweiter Ordnung vernachlässigt haben. Wir können dies in der folgenden Weise bezeichnen:

$$E_1 = M + e\sin M\,, \tag{72}$$

wo E_1 also die exzentrische Anomalie bezeichnet, wenn wir nur kleine Größen erster Ordnung mitnehmen (d. h. kleine Größen zweiter Ordnung vernachlässigen).

In Analogie hiermit schreiben wir:

$$E_2 = M + e \sin E_1 = M + e \sin(M + e \sin M),$$

was:

$$E_2 = M + e \sin M \cdot \cos(e \sin M) + e \cos M \cdot \sin(e \sin M)$$

geschrieben werden kann.

Mit Hilfe der bekannten Reihenentwicklungen für $\sin x$ und $\cos x$ (s. Anhang S. 493) wissen wir, daß wir hier 1 statt $\cos(e \sin M)$ und $e \sin M$ statt $\sin(e \sin M)$ schreiben können, wenn wir in dem Endresultat nur Größen zweiter Ordnung mitnehmen wollen. Wir erhalten also:

$$E_2 = M + e \sin M + e^2 \sin M \cos M$$

oder:

$$E_2 = M + e \sin M + \frac{e^2}{2} \sin 2M,$$

wodurch wir also einen Ausdruck für E haben, in dem Größen bis zur zweiten Ordnung inklusive mitgenommen sind.

Wir können diesen Prozeß jetzt wiederholen, indem wir E_2 rechts in (70) einsetzen. Dadurch werden wir einen Ausdruck für E_3 erhalten, d. h. einen Ausdruck für E, wo kleine Größen bis zur dritten Ordnung inklusive berücksichtigt sind. Den Ausdruck, den wir dadurch erhalten, schreiben wir folgenderweise:

$$E = M + \left(e - \frac{e^3}{8} \cdots\right) \sin M + \left(\frac{e^2}{2} \cdots\right) \sin 2M + \frac{3}{8} (e^3 \ldots) \sin 3M \ldots, \tag{73}$$

wobei wir gleichzeitig die allgemeine Form des Resultates angedeutet haben: *Die exzentrische Anomalie kann in eine trigonometrische Reihe entwickelt werden, die nach Vielfachen der mittleren Anomalie fortschreitet und in der die Koeffizienten selbst Reihenentwicklungen nach Potenzen der Exzentrizität sind.* Eine wichtige allgemeine Eigenschaft dieser Reihenentwicklung sehen wir bereits hier angedeutet: *Die niedrigste Potenz von e im Koeffizienten für* $\sin qM$ *ist q.*

173. *Andere Reihenentwicklungen im Zweikörperproblem.* Im vorhergehenden Paragraphen haben wir mit Hilfe einer sehr elementaren Methode angedeutet, wie man eine Reihenentwicklung für die exzentrische Anomalie ableiten kann. Durch dieselbe Methode können wir Reihenentwicklungen für verschiedene andere *Funktionen von M* aufstellen. Wir geben hier einige besonders wichtige Beispiele solcher Reihenentwicklungen im Zweikörperproblem:

$$v = M + \left(2e - \frac{e^3}{4} \cdots\right) \sin M + \left(\frac{5}{4} e^2 \ldots\right) \sin 2M + \left(\frac{13}{12} e^3 \ldots\right) \sin 3M \ldots \tag{74}$$

$$\frac{r}{a} = \left(1 + \frac{e^2}{2} \cdots\right) - \left(e - \frac{3}{8} e^3 \ldots\right) \cos M - \left(\frac{e^2}{2} \cdots\right) \cos 2M - \left(\frac{3}{8} e^3 \ldots\right) \cos 3M \ldots \tag{75}$$

$$\frac{a}{r} = 1 + \left(e - \frac{e^3}{8} \cdots\right) \cos M + (e^2 \ldots) \cos 2M + \left(\frac{9}{8} e^3 \ldots\right) \cos 3M \ldots \tag{76}$$

$$\left(\frac{a}{r}\right)^2 = \left(1 + \frac{e^2}{2} \cdots\right) + \left(2e + \frac{3}{4} e^3 \ldots\right) \cos M + \left(\frac{5}{2} e^2 \ldots\right) \cos 2M + \left(\frac{13}{4} e^3 \ldots\right) \cos 3M \ldots \tag{77}$$

In allen diesen Reihenentwicklungen finden wir dieselben allgemeinen Züge wieder, die wir oben bei der Besprechung der Reihenentwicklung für E angedeutet haben. Die in diesem und dem vorigen Paragraphen besprochenen Reihenentwicklungen konvergieren für kleine Werte von e sehr schnell.

Als ein numerisches Beispiel wählen wir die Berechnung der Koeffizienten in der Entwicklung von E für einen Planeten mit $\log e = 9.22103$. Wenn die Glieder bis zu e^3 inklusive mitgenommen werden, erhalten wir nach der Reduktion auf Bogenmaß:

$$E = M + 569'.90 \sin M + 47'.57 \sin 2M + 5'.93 \sin 3M \ldots$$

Wollen wir hier z. B. E für $M = 54^\circ\, 51'.12$ berechnen, so erhalten wir:

$$E = 54^\circ\, 51'.12 + 7^\circ\, 45'.990 + 44'.782 + 1'.580 = 63^\circ\, 23'.47.$$

Zum Vergleich sei der Wert mitgeteilt, den wir durch genaue Rechnung erhalten. Er ist:

$$E = 63^\circ\, 22'.34\,.$$

Der Fehler, den wir begangen haben, indem wir nur bis zur dritten Potenz von e gingen, ist in diesem Falle also $1'.13$.

Je größer e ist, desto langsamer konvergieren die Reihen, und für $e > 0.6627\ldots$ können sie nicht nur praktisch unbrauchbar, sondern sogar im mathematischen Sinne *divergent* werden.

174. *Reihenentwicklung von Funktionen der Koordinaten zweier Planeten.* Die Reihenentwicklungen, die im vorigen Paragraphen besprochen wurden, sind Entwicklungen von Funktionen der Koordinaten eines Planeten. Wir haben gesehen, wie diese Reihenentwicklungen zur Berechnung von numerischen Werten für gegebene Zeitpunkte gebraucht werden können. Hierin liegt jedoch nicht die wesentliche Bedeutung dieser Reihen, da man andere — indirekte — Methoden hat, die bei solchen Rechnungen schneller und sicherer zum Ziele führen. Die fundamentale Rolle, die diese Reihenentwicklungen spielen, liegt auf einem ganz anderen Gebiete. Wenn wir zur Behandlung des *Störungsproblems* kommen, werden wir sehen, daß die Lösung der Differentialgleichungen in diesem Problem davon abhängt, daß die Funktionen der Koordinaten im Zweikörperproblem, die in diesen Gleichungen vorkommen, in einer ganz bestimmten Form auftreten, und es wird sich zeigen, daß diese Form gerade dieselbe ist, die in den obenerwähnten Reihenentwicklungen für E, v, $\frac{r}{a}$ usw. angedeutet ist.

Die Ausdrücke, von denen im Störungsproblem die Rede sein wird, sind indessen bedeutend komplizierter als die, die wir bis jetzt behandelt haben, da diese Ausdrücke durchgehends Funktionen von Koordinaten zweier Planeten gleichzeitig sind und nicht nur die Koordinaten eines einzigen.

Prinzipiell besteht jedoch keine Schwierigkeit, auch in diesem Fall Reihen zu bilden.

Wir werden ein besonders einfaches Beispiel geben [wo der Winkel zwischen den beiden Bahnebenen nicht vorkommt (vgl. S. 245)].

Im vorhergehenden haben wir eine Reihenentwicklung für $\frac{r}{a}$ für einen Planeten mitgeteilt. Wir schreiben, wenn wir uns mit der dritten Potenz von e begnügen:

$$\frac{r}{a} = \left(1 + \frac{e^2}{2}\right) - \left(e - \frac{3}{8}\, e^3\right) \cos M - \frac{e^2}{2} \cos 2M - \frac{3}{8}\, e^3 \cos 3M.$$

Eine entsprechende Reihe hatten wir für $\frac{a}{r}$.

Nehmen wir jetzt an, daß wir es mit zwei Planeten m und m_1 zu tun haben, und daß wir eine Reihenentwicklung für $\frac{r}{a}$ für den einen Planeten (m) und für $\frac{a}{r}$ für den anderen Planeten (m_1) gebrauchen. Im letzteren Fall schreiben wir $\frac{a_1}{r_1}$ statt $\frac{a}{r}$ und die Reihenentwicklung wird (s. oben):

$$\frac{a_1}{r_1} = 1 + \left(e_1 - \frac{e_1^3}{8}\right)\cos M_1 + e_1^2 \cos 2M_1 + \frac{9}{8} e_1^3 \cos 3 M_1 ,$$

wo der Index 1 überall angibt, daß wir es jetzt mit dem Planeten m_1 zu tun haben. Wenn die Funktion, die wir in eine Reihe zu entwickeln wünschen, $\frac{r}{a} \cdot \frac{a_1}{r_1}$ ist, multiplizieren wir die beiden Reihen Glied für Glied. Wir erhalten, wenn wir alle Glieder fortlassen, die in bezug auf e *und* e_1 von höherer Ordnung als der dritten sind:

$$\begin{aligned}\frac{r}{a} \cdot \frac{a_1}{r_1} = 1 + \frac{e^2}{2} + \left(e_1 + \frac{e^2 e_1}{2} - \frac{e_1^3}{8}\right)\cos M_1 + e_1^2 \cos 2M_1 + \frac{9}{8} e_1^3 \cos 3 M_1 - \\ - \left(e - \frac{3}{8} e^3\right)\cos M - e e_1 \cos M \cos M_1 - e e_1^2 \cos M \cos 2 M_1 - \\ - \frac{e^2}{2}\cos 2M - \frac{e^2 e_1}{2}\cos 2M \cos M_1 - \frac{3}{8} e^3 \cos 3 M .\end{aligned} \tag{78}$$

Dieser Ausdruck kann mit Hilfe der bekannten Sätze über Verwandlung von Produkten (und Potenzen) von trigonometrischen Funktionen in trigonometrische Funktionen von Summen (und Vielfachen) umgeformt werden (vgl. S. 21). Die Formel, die wir für den vorliegenden Fall brauchen, ist:

$$\cos a \cos b = \tfrac{1}{2}\cos(a + b) + \tfrac{1}{2}\cos(a - b) .$$

Wenn wir diese Formel auf (78) anwenden und nach Potenzen von e und e_1 ordnen, erhalten wir:

$$\begin{aligned}\frac{r}{a} \cdot \frac{a_1}{r_1} = 1 - e \cos M + e_1 \cos M_1 + \frac{e^2}{2} - \frac{e^2}{2}\cos 2M - \frac{e e_1}{2}\cos(M + M_1) - \\ - \frac{e e_1}{2}\cos(M - M_1) + e_1^2 \cos 2M_1 + \frac{3}{8} e^3 \cos M - \frac{3}{8} e^3 \cos 3 M + \\ + \frac{e^2 e_1}{2}\cos M_1 - \frac{e^2 e_1}{4}\cos(2M + M_1) - \frac{e^2 e_1}{4}\cos(2M - M_1) - \\ - \frac{e e_1^2}{2}\cos(M + 2M_1) - \frac{e e_1^2}{2}\cos(M - 2M_1) - \frac{e_1^3}{8}\cos M_1 + \\ + \frac{9}{8} e_1^3 \cos 3 M_1 .\end{aligned} \tag{79}$$

Eine wertvolle Kontrolle der Richtigkeit einer solchen Rechnung gibt uns die folgende Überlegung. Wenn wir $a_1 = a$ und $r_1 = r$ setzen, wird die linke Seite in (79) einfach $= 1$. Dasselbe muß dann natürlich auch mit der rechten Seite dieser Gleichung der Fall sein, wenn wir überall e statt e_1 und M statt M_1 einsetzen. Es zeigt sich in der Tat auch, daß diese Bedingung erfüllt ist.

In der Gleichung (79) haben wir nun bereits einige der wesentlichsten Eigenschaften der Reihenentwicklungen von Funktionen der Koordinaten zweier Planeten:

1. Die Reihenentwicklungen sind trigonometrisch in Summen und Differenzen von Vielfachen der beiden mittleren Anomalien M und M_1. Wir schreiben:

$$\begin{matrix}\cos \\ \sin\end{matrix}\left(i M + i_1 M_1\right) .$$

2. Die Koeffizienten enthalten selber Reihenentwicklungen von Produkten der Potenzen von e und e_1. Wir schreiben $e^m e_1^n$.

3. Wenn wir uns diese Reihen bis zu immer höheren und höheren Potenzen der Exzentrizitäten berechnet denken, erhalten i und i_1 nach und nach alle ganzzahligen Werte, positive und negative, von $-\infty$ bis $+\infty$; m und n erreichen gleichzeitig alle ganzzahligen positiven Werte von 0 bis ∞.

Wir werden später sehen, welche wichtige Rolle diese Eigenschaften der Reihenentwicklungen des Zweikörperproblems im *Störungsproblem* spielen.

175. *Parabolische und hyperbolische Bewegung.* In § 168 haben wir die Gleichungen zusammengestellt, durch die man die wahre Anomalie (v) in einer elliptischen Bahn berechnen kann. Für Bahnen, bei denen die Exzentrizität der Einheit sehr nahe liegt, für *parabelnahe* Bahnen also, braucht man ganz andere, kompliziertere Formeln. Solche parabelnahen Bahnen (e ein wenig kleiner oder größer als die Einheit) haben, wie wir später (S. 305) sehen werden, im *Kometenproblem* eine große Bedeutung, während Hyperbeln mit e wesentlich größer als Eins in der Theorie der Bewegung der Planeten und Kometen keine Rolle spielen.

Der Grund dafür, daß unsere Formeln in § 168 nicht gebraucht werden können, wenn die Exzentrizität sich der Einheit nähert oder diesen Wert übersteigt, ist der, daß die Begriffe mittlere Bewegung, mittlere Anomalie und exzentrische Anomalie keinen Sinn haben, wenn e gleich 1 oder größer als 1 ist, und daß die Berechnung dieser Größen nach den besprochenen Formeln allzu umständlich werden würde, auch in Fällen, in denen e weder größer als 1 oder genau gleich 1 ist, sondern sich dem letztgenannten Werte nur nähert.

Wir wollen hier nicht auf die komplizierten Formeln eingehen, die für die Berechnung der wahren Anomalie und des Radiusvektors gebraucht werden, wenn die Exzentrizität in der Nähe von 1 liegt, sondern uns auf den rein parabolischen Fall beschränken.

In der Parabel ist $e = 1$, und wir haben es deshalb nur mit fünf Bahnelementen zu tun.

Wenn wir die *Periheldistanz* der Bahn (den kleinsten Radiusvektor) mit q bezeichnen, haben wir in dem allgemeinen Kegelschnitt folgende Relationen:

$$\begin{aligned} q &= a(1-e) \\ p &= q(1+e)\,. \end{aligned} \tag{80}$$

In der Parabel ist $a = \infty$. Deshalb können wir a nicht als Bahnelement gebrauchen. Statt dieses Elementes führen wir die Periheldistanz q ein. Wir erhalten dann für die Parabel die folgenden fünf Bahnelemente:

$$\begin{matrix} T \\ \pi \\ \Omega \\ i \\ q \end{matrix}$$

Wenn wir nun in (32) $p = q(1+e)$ und $e = 1$ einsetzen, erhalten wir:

$$r = \frac{2q}{1+\cos v}$$

oder, mit Hilfe einer bekannten trigonometrischen Formel:

$$r = \frac{q}{\cos^2 \frac{v}{2}}\,, \tag{81}$$

d. h. wir haben eine Formel zur Berechnung des *Radiusvektors* in der parabolischen Bewegung gefunden, wenn v bekannt ist.

Um eine Formel zur Berechnung der *wahren Anomalie* in der parabolischen Bewegung zu finden, benutzen wir das Flächenintegral:

$$r^2 \frac{dv}{dt} = k\sqrt{1+m}\,\sqrt{p},$$

das hier:

$$r^2 \frac{dv}{dt} = k\sqrt{1+m}\,\sqrt{2q}$$

wird.

Wir setzen den Ausdruck für r aus (81) ein und erhalten nach einer einfachen Reduktion:

$$\frac{dv}{dt} = \frac{k\sqrt{1+m}\,\sqrt{2}}{q^{3/2}} \cos^4 \frac{v}{2},$$

woraus wir mit Rücksicht darauf, daß wir hier immer $m = 0$ setzen können, erhalten:

$$dt = \frac{q^{3/2}}{k\sqrt{2}} \frac{dv}{\cos^4 \frac{v}{2}},$$

eine Formel, die:

$$dt = \frac{\sqrt{2}q^{3/2}}{k}\left(1 + \mathrm{tg}^2 \frac{v}{2}\right) \frac{d\frac{v}{2}}{\cos^2 \frac{v}{2}} = \frac{\sqrt{2}q^{3/2}}{k} \left\{ \frac{d\frac{v}{2}}{\cos^2 \frac{v}{2}} + \mathrm{tg}^2 \frac{v}{2} \frac{d\frac{v}{2}}{\cos^2 \frac{v}{2}} \right\}.$$

geschrieben werden kann. Diese Gleichung kann direkt integriert werden. Wenn wir die Integrationskonstante wie im Ellipsenproblem wählen, erhalten wir:

$$t - T = \frac{\sqrt{2}q^{3/2}}{k}\left(\mathrm{tg}\frac{v}{2} + \frac{1}{3}\mathrm{tg}^3\frac{v}{2}\right)$$

oder:

$$\mathrm{tg}\frac{v}{2} + \frac{1}{3}\mathrm{tg}^3\frac{v}{2} = \frac{k}{\sqrt{2}q^{3/2}}(t - T), \tag{82}$$

wo T, wie früher, die Perihelzeit bezeichnet.

Wir haben hier die Gleichung, die uns instand setzt, im Parabelproblem die wahre Anomalie für einen gegebenen Augenblick zu berechnen oder umgekehrt die nach dem Periheldurchgang verlaufene Zeit, wenn wir die wahre Anomalie kennen. Für die Anwendung der Formel (82) hat man ausführliche Tafeln berechnet.

Die Berechnung der heliozentrischen und der geozentrischen Koordinaten kann jetzt nach genau denselben Formeln wie im Ellipsenproblem ausgeführt werden.

176. *Bahnbestimmung.* Im vorhergehenden haben wir die Aufgabe behandelt, den Ort eines Himmelskörpers in einem gegebenen Augenblick zu berechnen, wenn wir die Bahnelemente kennen. Auf S. 164 haben wir einige Worte über das umgekehrte Problem gesagt: aus beobachteten Positionen eines Planeten dessen Bahn um die Sonne zu berechnen.

Wenn ein neuer Planet — wir fügen jetzt hinzu: oder ein Komet — an dem einen oder anderen Orte auf der Erde entdeckt worden ist, wird die Entdeckung sofort an eine astronomische Zentrale mitgeteilt, die diese Mitteilung an eine große Anzahl von Sternwarten weitersendet.

Wenn ein hinreichendes Beobachtungsmaterial vorliegt, wird eine *vorläufige Bahn* und aus dieser eine *Ephemeride* berechnet. Handelt es sich um einen Planeten, so soll, wenn möglich, eine *Ellipse* berechnet werden. Eine elliptische Bahn ist, wie wir wissen, durch sechs Größen (sechs Bahnelemente) definiert. Zur Berechnung einer solchen Bahn sind sechs Beobachtungsdaten erforderlich, die wir haben, wenn drei Beobachtungen (drei Rektaszensionen und drei Deklinationen) vorliegen. Um ein einigermaßen zuverlässiges Resultat zu erhalten, ist es im allgemeinen erforderlich, daß diese drei Beobachtungen über einen Zeitraum von einigen Wochen verteilt liegen. Handelt es sich aber um einen *Kometen*, dann kann man, wie die Erfahrung lehrt, sich zunächst mit der Berechnung einer parabolischen Bahn begnügen, eine Aufgabe, die viel einfacher ist als die Berechnung einer Ellipse. Hier sind nur fünf Bahnelemente zu berechnen, und diese Tatsache ist für die Berechnungsmethode von solch entscheidender Bedeutung, daß man oft eine brauchbare Bahn bereits mit Hilfe von Beobachtungen aus drei aufeinanderfolgenden Nächten erhält. Vom prinzipiellen Standpunkt aus könnte man sich für die Bahnberechnung mit $2^1/_2$ Beobachtungen (z. B. drei Rektaszensionen und zwei Deklinationen) begnügen; so aber, wie die Formelsysteme aufgebaut sind, gehen — ebenso wie bei der Ellipse — alle sechs Beobachtungsdaten mit in die Rechnung ein.

177. *Berechnung einer Kreisbahn.* Auf die Formelsysteme zur Berechnung von parabolischen und elliptischen Bahnen wollen wir nicht näher eingehen; sie sind sehr kompliziert. Verhältnismäßig einfach ist dagegen die Berechnung einer Kreisbahn. In der Praxis spielt sie keine so große Rolle wie die Berechnung parabolischer oder elliptischer Bahnen; nur wenn man für einen neuentdeckten kleinen Planeten nicht mehr als zwei Beobachtungen zur Verfügung hat, berechnet man eine Kreisbahn, die aber in der Regel als Hilfsmittel für fortgesetzte Beobachtung nicht ausreicht. Da jedoch, wie gesagt, das Formelsystem ziemlich einfach ist und außerdem manches enthält, was das Bahnbestimmungsproblem im allgemeinen charakterisiert, wollen wir hier eine kurze Skizze der Methode geben.

Wir nehmen an, daß man Beobachtungen eines Planeten (α, δ; α_1, δ_1) zu zwei Zeiten t und t_1 angestellt hat. Wir verwandeln die beobachteten Rektaszensionen und Deklinationen in *Ekliptikalkoordinaten* (vgl. S. 65). Wir haben dann:

$$t\ \lambda\ \beta$$
$$t_1\lambda_1\beta_1\,.$$

Wenn wir mit ϱ und ϱ_1 die geozentrischen Distanzen eines Planeten bezeichnen, erhalten wir für die rechtwinkligen geozentrischen Ekliptikalkoordinaten des Planeten für die Zeit t die folgenden Ausdrücke:

$$\begin{aligned} \xi &= \varrho\cos\beta\cos\lambda \\ \eta &= \varrho\cos\beta\sin\lambda \\ \zeta &= \varrho\sin\beta \end{aligned} \tag{83}$$

und entsprechende für die Zeit t_1. Wenn wir mit l, b, r und l_1, b_1, r_1 die entsprechenden heliozentrischen Polarkoordinaten eines Planeten bezeichnen, erhalten wir für die rechtwinkligen heliozentrischen Ekliptikalkoordinaten:

$$\begin{aligned} x &= r\cos b\cos l \\ y &= r\cos b\sin l \\ z &= r\sin b \end{aligned} \tag{84}$$

und entsprechend für t_1.

Ferner bezeichnen wir mit R, $\odot$ und R_1, $\odot_1$ die geozentrischen Polarkoordinaten der *Sonne* im System der Ekliptik (die *Breite* der Sonne setzen wir gleich Null). Wir erhalten dann für die rechtwinkligen geozentrischen Ekliptikalkoordinaten der Sonne zur Zeit t:

$$\begin{aligned} X &= R\cos\odot \\ Y &= R\sin\odot \\ Z &= 0 \end{aligned} \tag{85}$$

und entsprechend für t_1.

Wir können dann für die beiden Beobachtungszeiten sofort die folgenden Gleichungssysteme hinschreiben:

$$\begin{aligned} r\cos b\cos l &= \varrho\cos\beta\cos\lambda - R\cos\odot \\ r\cos b\sin l &= \varrho\cos\beta\sin\lambda - R\sin\odot \\ r\sin b &= \varrho\sin\beta \end{aligned} \tag{86}$$

$$\begin{aligned} r_1\cos b_1\cos l_1 &= \varrho_1\cos\beta_1\cos\lambda_1 - R_1\cos\odot_1 \\ r_1\cos b_1\sin l_1 &= \varrho_1\cos\beta_1\sin\lambda_1 - R_1\sin\odot_1 \\ r_1\sin b_1 &= \varrho_1\sin\beta_1 . \end{aligned} \tag{87}$$

In diesen Gleichungen kennen wir die folgenden Größen: β, λ, β_1, λ_1, R, $\odot$, R_1, $\odot_1$ (die vier letztgenannten findet man für jeden Tag des Jahres in den großen astronomischen Ephemeriden). Wenn wir voraussetzen, daß die Bahn kreisförmig ist, wissen wir ferner, daß $r_1 = r$ ist.

Unbekannt sind $r(= r_1)$, b, l, b_1, l_1, ϱ, ϱ_1. Wir haben also hier sechs Gleichungen mit sieben Unbekannten. Es ist noch eine Gleichung notwendig, wenn wir die Unbekannten in (86) und (87) bestimmen wollen.

Wenn wir ϱ in (86) kennen würden, könnten wir r, b und l berechnen.

Ferner erhalten wir durch Quadrieren und Addieren der drei Gleichungen (87), wenn wir uns erinnern, daß $r_1 = r$ ist:

$$r^2 = \varrho_1^2 - 2\varrho_1 R_1\cos\beta_1\cos(\lambda_1 - \odot_1) + R_1^2. \tag{88}$$

Diese Gleichung kann nach ϱ_1 aufgelöst werden, dann gibt (87) uns b_1 und l_1.

Wenn wir ϱ kennten, könnten wir also alle in (86) und (87) eingehenden Größen finden. Und wir werden später sehen, daß *wir alle Bahnelemente berechnen können, sobald wir die heliozentrischen Koordinaten des Planeten für zwei Zeitpunkte kennen.*

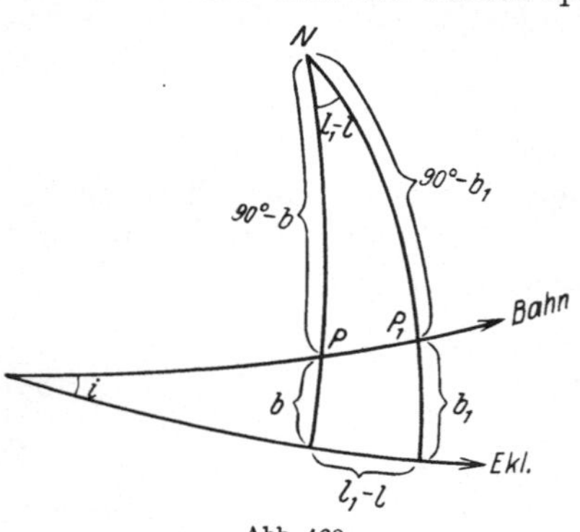

Abb. 120.

Es kommt also darauf an, den richtigen Wert für ϱ zu bestimmen. Dieser kann *durch Versuche* auf folgende Weise gefunden werden.

In Abb. 120 sehen wir einen Bogen der Projektion der Ekliptik auf die Himmelskugel und auch einen Bogen der Projektion der Planetenbahn. N bezeichnet den Nordpol der Ekliptik. PP_1 ist der in der Zeit $t_1 - t$ durchlaufene Winkel in der Bahn.

Wir können nun zwei verschiedene Ausdrücke für PP_1 finden.

I. Aus dem Dreieck PNP_1 in der Abbildung sehen wir, daß:

$$\cos PP_1 = \sin b\sin b_1 + \cos b\cos b_1\cos(l_1 - l) . \tag{89}$$

II. Andererseits haben wir, wenn wir den Radius in der Kreisbahn mit a (das ja gleich $r = r_1$ ist) bezeichnen, und die Masse des Planeten gleich Null setzen:

$$\mu = \frac{k}{a^{3/2}}$$

und daraus:

$$PP_1 = \frac{k}{a^{3/2}}(t_1 - t) . \tag{90}$$

PP_1 in (89) und (90) kann also nach zwei voneinander unabhängigen Prinzipien berechnet werden. Wenn wir einen Wert für ϱ wählen und daraus die beiden Werte für PP_1 berechnen, werden diese beiden Werte im allgemeinen nicht übereinstimmen. Wir wählen nun einen neuen Wert für ϱ und berechnen ein neues Wertepaar für PP_1, das im allgemeinen auch keine Übereinstimmung zeigen wird. Der Vergleich der beiden Sätze aber wird zeigen, in welcher Richtung wir den ϱ-Wert verändern müssen, um uns dem richtigen Wert zu nähern, und mit Hilfe einiger weniger Hypothesen werden wir den richtigen Wert finden können.

Sobald wir den richtigen ϱ-Wert gefunden haben, ist das Problem im Prinzip gelöst, und es bleibt nur noch die Aufgabe übrig, die Bahnelemente zu berechnen. In unserem Problem ist $e = 0$, und ein Perihel ist nicht vorhanden; deshalb sind nur vier Elemente zu bestimmen: a, Ω, i und der Ort des Planeten in der Bahn in einem bestimmten Augenblick (der Begriff Perihelzeit hat ja hier keinen Sinn).

Von den vier Elementen kennen wir bereits a. Wir müssen uns jetzt also Formeln zur Bestimmung von Ω und i verschaffen und von einem vierten Element, für das wir den Bogen in der Projektion der Bahn auf den Himmel vom aufsteigenden Knoten bis zu dem Punkt wählen, wo der Planet sich befindet, z. B. zur Zeit t.

In Abb. 121 bezeichnet P den Ort des Planeten zur Zeit t. Wir denken uns ganz analog einen Punkt P_1 als Ort des Planeten zur Zeit t_1. Wir erhalten dann aus der Abbildung:

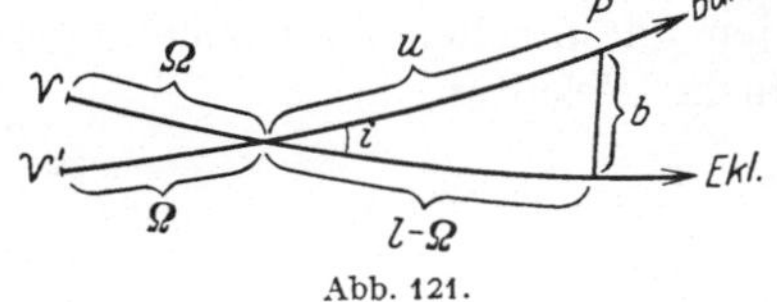

Abb. 121.

$$\operatorname{tg} i \sin(l - \Omega) = \operatorname{tg} b$$
$$\operatorname{tg} i \sin(l_1 - \Omega) = \operatorname{tg} b_1 , \qquad (91)$$

wo wir b, l, b_1, l_1 kennen.

Es kommt darauf an, Ω und i zu finden. Wir schreiben $l_1 - \Omega = (l - \Omega) + (l_1 - l)$ und setzen in die zweite Gleichung (91) ein. Wir erhalten dann:

$$\operatorname{tg} i \sin(l - \Omega) \cos(l_1 - l) + \operatorname{tg} i \cos(l - \Omega) \sin(l_1 - l) = \operatorname{tg} b_1$$

und daraus mit Hilfe der ersten Gleichung in (91):

$$\operatorname{tg} b \cos(l_1 - l) + \operatorname{tg} i \cos(l - \Omega) \sin(l_1 - l) = \operatorname{tg} b_1 ,$$

eine Gleichung, die:

$$\operatorname{tg} i \cos(l - \Omega) = \frac{\operatorname{tg} b_1 - \operatorname{tg} b \cos(l_1 - l)}{\sin(l_1 - l)} \qquad (92)$$

geschrieben werden kann.

Wenn wir diese Gleichung mit der ersten Gleichung (91) kombinieren, haben wir zwei Gleichungen, die uns i und $l - \Omega$ geben, oder, da l bekannt ist, i und Ω. (In dem allgemeinen Fall wird i von $0°$ bis zu $180°$ gezählt, wobei man nicht zwischen direkter und retrograder Bewegung zu unterscheiden braucht. Bei Kreisbahnen handelt es sich immer um einen Planeten, und dann liegt i immer im ersten Quadranten).

Wir haben also jetzt die drei Bahnelemente a, Ω und i. Für das vierte Element u findet man aus Abb. 121 folgende Formel:

$$\operatorname{tg} u = \operatorname{tg}(l - \Omega) \sec i . \qquad (93)$$

Der Quadrant von u ist dadurch bestimmt, daß u und $l - \Omega$ immer in demselben Quadranten liegen, und damit ist das Problem gelöst, eine Kreisbahn aus zwei Beobachtungen zu berechnen.

178. *Bahnverbesserung.* Wenn man für einen Planeten oder einen Kometen ein großes Beobachtungsmaterial gesammelt hat, das sich über einen längeren

Zeitraum erstreckt, kann man eine *Bahnverbesserung* ausführen. Das Prinzip einer solchen Bahnverbesserung ist folgendes: Mit Hilfe einer vorläufigen Bahn berechnet man eine *Ephemeride*; dann vergleicht man diese Ephemeride mit allen vorliegenden Beobachtungen oder auf jeden Fall mit einer großen Anzahl Beobachtungen. Die Abweichungen Beobachtung — Rechnung ($B - R$) können dann benutzt werden, um mit Hilfe der Methode der kleinsten Quadrate (s. Anhang S. 495) die wahrscheinlichsten *Verbesserungen* zu den Bahnelementen zu finden, mit denen die Ephemeride berechnet war. Erstrecken sich die Beobachtungen über längere Zeit, so ist es notwendig, auch auf die *Störungen* seitens der großen Planeten (namentlich von Jupiter und Saturn) Rücksicht zu nehmen.

179. *Die absoluten Bewegungen im Zweikörperproblem.* Die Formelsysteme (5) und (6) auf S. 204 gaben die Bewegungsgleichungen für die Bewegung der beiden Massenpunkte in einem absoluten Koordinatensystem. Durch eine einfache Transformation war es möglich, die Bewegungsgleichungen für die *relative* Bewegung im Problem aufzustellen, d. h. die Differentialgleichungen der Bewegung des einen Massenpunktes relativ zum anderen, die Gleichungen also für eine Bewegung relativ zu einem Koordinatensystem, das selbst in Bewegung ist.

Wir werden jetzt sehen, wie sich die Bewegung der beiden Massenpunkte in einem *festen Koordinatensystem* gestaltet.

Wenn wir die erste, die zweite und die dritte Gleichung (5) auf S. 204 zu den entsprechenden Gleichungen (6) addieren, erhalten wir das folgende einfache Resultat:

$$\begin{aligned} m\frac{d^2x}{dt^2} + m_1\frac{d^2x_1}{dt^2} &= 0 \\ m\frac{d^2y}{dt^2} + m_1\frac{d^2y_1}{dt^2} &= 0 \\ m\frac{d^2z}{dt^2} + m_1\frac{d^2z_1}{dt^2} &= 0\,. \end{aligned} \tag{94}$$

Diese Gleichungen können zweimal nacheinander integriert werden. Wir erhalten:

$$\begin{aligned} mx + m_1x_1 &= \alpha\ t + \beta \\ my + m_1y_1 &= \alpha' t + \beta' \\ mz + m_1z_1 &= \alpha'' t + \beta'', \end{aligned} \tag{95}$$

wo α, α', α'', β, β', β'' Integrationskonstanten sind.

Aus der Mechanik wissen wir, daß die Koordinaten $(\bar{x}, \bar{y}, \bar{z})$ des gemeinsamen Schwerpunktes von zwei Massen m und m_1 mit den Koordinaten x, y, z und x_1, y_1, z_1 durch folgende Formeln berechnet werden können:

$$\begin{aligned} (m + m_1)\,\bar{x} &= mx + m_1x_1 \\ (m + m_1)\,\bar{y} &= my + m_1y_1 \\ (m + m_1)\,\bar{z} &= mz + m_1z_1\,. \end{aligned} \tag{96}$$

Der Vergleich zwischen (95) und (96) gibt das folgende Resultat: Wenn sich zwei Massenpunkte nach dem NEWTONschen Gesetz anziehen und nicht von anderen Kräften beeinflußt werden, so wird ihr gemeinsamer Schwerpunkt (der Schwerpunkt des Systems) entweder im Raum in Ruhe sein ($\alpha = \alpha' = \alpha'' = 0$) oder sich geradlinig und mit konstanter Geschwindigkeit im Raum bewegen. Mit anderen Worten: Das System als solches hat ein für allemal eine bestimmte geradlinige Bewegung im Raume mit konstanter Geschwindigkeit (evtl. der Geschwindigkeit Null), und *diese Bewegung wird nicht von der gegenseitigen Anziehung der beiden Massenpunkte beeinflußt.*

Sehen wir von der eventuellen gemeinsamen Bewegung des Systems im Raum ab, so haben wir das Resultat, daß jeder der beiden Massenpunkte *innerhalb des Systems* in einer Bahn um den Schwerpunkt des Systems wandert. Diese beiden Bahnen sind einander und der relativen Bahn ähnlich. Das Verhältnis zwischen den Dimensionen der drei Bahnen wird, wie man beim Vergleich der drei Gleichungssysteme (7), (8) und (9) auf S. 204 sieht:

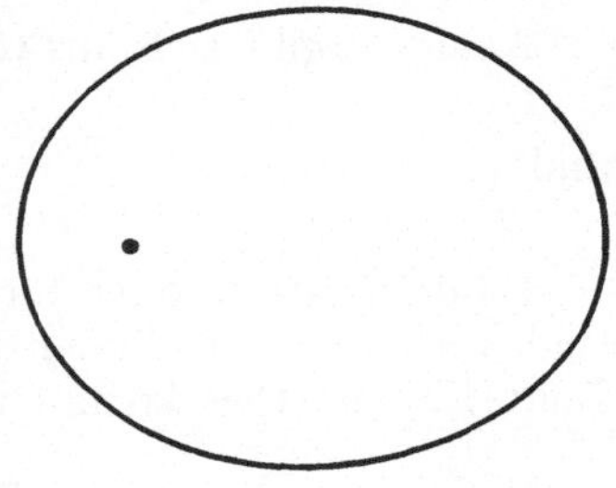

$$\text{Bahn von } m : \text{Bahn von } m_1 : \text{relativer Bahn} = m_1 : m : (m + m_1)\,. \qquad (97)$$

Diese Sätze spielen in den Doppelsternproblemen eine wichtige Rolle (vgl. z. B. S. 410).

Es ist insbesondere:

$$a : a_1 : (a + a_1) = m_1 : m : (m + m_1)\,. \qquad (98)$$

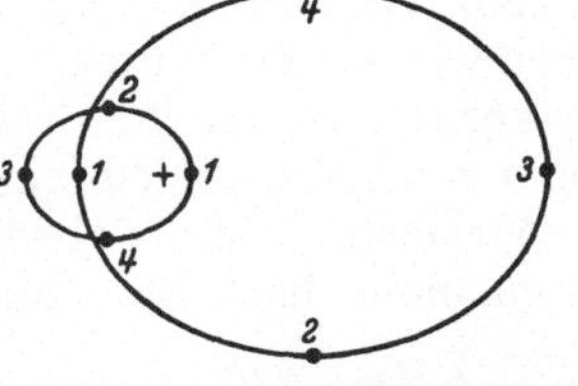

Abb. 122. Die drei Ellipsen im Zweikörperproblem: die relative und die zwei absoluten.

Für die relative Bewegung hat man [vgl. (42), S. 211]:

$$\mu = \frac{2\pi}{U} = \frac{k\sqrt{m + m_1}}{(a + a_1)^{3/2}}\,. \qquad (99)$$

Führt man mit Hilfe von (98) a statt $(a + a_1)$ in (99) ein, so erhält man:

$$\mu = \frac{2\pi}{U} = \frac{k\sqrt{m + m_1}}{\left(a\dfrac{m + m_1}{m_1}\right)^{3/2}} = \frac{k\sqrt{m + m_1}}{a^{3/2}}\left(\frac{m_1}{m + m_1}\right)^{3/2} = \frac{k}{a^{3/2}}\,\frac{m_1^{3/2}}{m + m_1}\,. \qquad (100)$$

Die Umlaufszeit U und die mittlere tägliche Bewegung μ sind für die relative Bahnbewegung und die absoluten Bahnbewegungen gleich. Gleichung (100) zeigt folglich den Zusammenhang zwischen der Umlaufszeit und der halben großen Achse in der absoluten Bahn der Masse m. Eine analoge Gleichung gilt für die absolute Bahn der Masse m_1:

$$\mu = \frac{2\pi}{U} = \frac{k\sqrt{m + m_1}}{a_1^{3/2}}\left(\frac{m}{m + m_1}\right)^{3/2} = \frac{k}{a_1^{3/2}}\,\frac{m^{3/2}}{m + m_1}\,. \qquad (101)$$

Für die Konstante c im Flächensatz:

$$r^2 \frac{dv}{dt} = c$$

gilt in der relativen Bewegung die folgende Gleichung [vgl. (33), S. 209]:

$$c_{\text{rel.}} = k\sqrt{m + m_1}\sqrt{a + a_1}\sqrt{1 - e^2}\,. \qquad (102)$$

In der absoluten Bewegung der Masse m ist die Größe $\frac{dv}{dt}$ dieselbe, r^2 aber kleiner im Verhältnis $\left(\frac{m_1}{m + m_1}\right)^2$. Es gilt also für die absolute Bewegung der Masse m:

$$c_{m\,\text{abs.}} = k\sqrt{a + a_1}\sqrt{1 - e^2}\,\frac{m_1^2}{(m + m_1)^{3/2}} \qquad (103)$$

oder:

$$c_{m\,\text{abs.}} = k\sqrt{a}\sqrt{1 - e^2}\,\frac{m_1^{3/2}}{m + m_1}\,. \qquad (104)$$

Für die Masse m_1 erhalten wir selbstverständlich entsprechend:

$$c_{m_1\,\text{abs.}} = k\sqrt{a + a_1}\sqrt{1 - e^2}\,\frac{m^2}{(m + m_1)^{3/2}} \qquad (105)$$

oder:

$$c_{m_1\,\text{abs.}} = k\sqrt{a_1}\sqrt{1 - e^2}\,\frac{m^{3/2}}{m + m_1}\,. \qquad (106)$$

Gleichung (102) kann auch mit Hilfe von (99) so geschrieben werden:

$$c_{\text{rel.}} = \mu (a + a_1)^2 \sqrt{1 - e^2}. \tag{107}$$

Analog ergibt sich aus (104) und (100) bzw. (106) und (101):

$$\begin{aligned} & c_{m\,\text{abs.}} = \mu\, a^2 \sqrt{1 - e^2} \\ \text{und:} \quad & c_{m_1\text{abs.}} = \mu\, a_1^2 \sqrt{1 - e^2}. \end{aligned} \tag{108}$$

Da die Umlaufszeiten für die absolute und die relative Bahnbewegung gleich sind, verhalten sich die entsprechenden Flächenkonstanten wie die Flächen der Bahnellipsen. Dies kommt in (107) und (108) klar zum Ausdruck.

Das Dreikörperproblem.

180. *Die Differentialgleichungen des Dreikörperproblems.* Im vorigen Kapitel haben wir das Zweikörperproblem behandelt. Wir gehen jetzt zu dem berühmten Dreikörperproblem über. Die Aufstellung der Bewegungsgleichungen des Problems geschieht auf eine ganz ähnliche Weise wie in dem einfacheren Falle.

Wir nehmen an, daß wir es jetzt mit drei Massenpunkten zu tun haben, die einander nach dem NEWTONschen Gesetz anziehen. In Abb. 123 bedeuten m, m_1 und m_2 die drei Massenpunkte, und wir bezeichnen die Koordinaten dieser Punkte in einem festen rechtwinkligen Koordinatensystem mit $x, y, z, x_1, y_1, z_1, x_2, y_2, z_2$. Der Einfachheit halber begnügen wir uns damit, in der Abbildung die XY-Ebene zu zeichnen. Die dritte Koordinatenachse denken wir uns senkrecht zur Ebene des Papiers. Mit $\varrho_{01}, \varrho_{02}, \varrho_{12}$ bezeichnen wir die Distanzen zwischen den drei Massenpunkten. Für diese Distanzen haben wir die folgenden Ausdrücke:

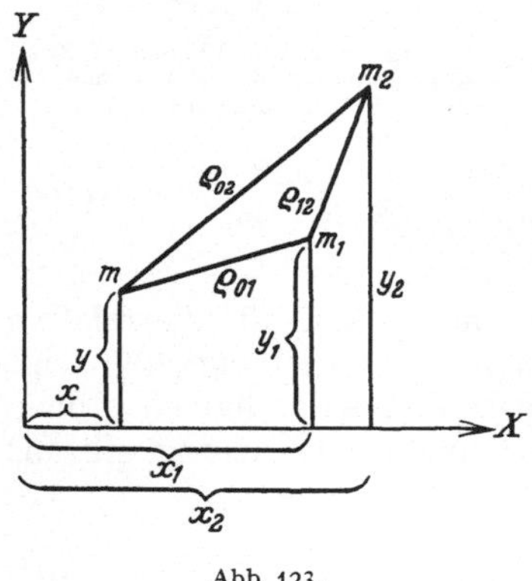

Abb. 123.

$$\begin{aligned} \varrho_{01}^2 &= (x_1 - x)^2 + (y_1 - y)^2 + (z_1 - z)^2 \\ \varrho_{02}^2 &= (x_2 - x)^2 + (y_2 - y)^2 + (z_2 - z)^2 \\ \varrho_{12}^2 &= (x_2 - x_1)^2 + (y_2 - y_1)^2 + (z_2 - z_1)^2. \end{aligned} \tag{1}$$

Nach den auf S. 202 bis 204 angewandten Prinzipien können wir die Differentialgleichungen für die Bewegung der drei Massen sofort hinschreiben. Für die Bewegung der Masse m erhalten wir:

$$\begin{aligned} m \frac{d^2 x}{dt^2} &= k^2 m m_1 \frac{x_1 - x}{\varrho_{01}^3} + k^2 m m_2 \frac{x_2 - x}{\varrho_{02}^3} \\ m \frac{d^2 y}{dt^2} &= k^2 m m_1 \frac{y_1 - y}{\varrho_{01}^3} + k^2 m m_2 \frac{y_2 - y}{\varrho_{02}^3} \\ m \frac{d^2 z}{dt^2} &= k^2 m m_1 \frac{z_1 - z}{\varrho_{01}^3} + k^2 m m_2 \frac{z_2 - z}{\varrho_{02}^3}, \end{aligned} \tag{2}$$

wo das erste Glied rechts die Anziehung darstellt, die m_1 auf m ausübt, und das zweite Glied die Anziehung, die m_2 auf dieselbe Masse m ausübt.

Ganz analog erhalten wir für die Bewegung von m_1:

$$\begin{aligned} m_1 \frac{d^2 x_1}{dt^2} &= -k^2 m m_1 \frac{x_1 - x}{\varrho_{01}^3} + k^2 m_1 m_2 \frac{x_2 - x_1}{\varrho_{12}^3} \\ m_1 \frac{d^2 y_1}{dt^2} &= -k^2 m m_1 \frac{y_1 - y}{\varrho_{01}^3} + k^2 m_1 m_2 \frac{y_2 - y_1}{\varrho_{12}^3} \\ m_1 \frac{d^2 z_1}{dt^2} &= -k^2 m m_1 \frac{z_1 - z}{\varrho_{01}^3} + k^2 m_1 m_2 \frac{z_2 - z_1}{\varrho_{12}^3} \end{aligned} \tag{3}$$

und für die Bewegung von m_2:

$$\begin{aligned}
m_2 \frac{d^2 x_2}{dt^2} &= -k^2 m m_2 \frac{x_2 - x}{\varrho_{02}^3} - k^2 m_1 m_2 \frac{x_2 - x_1}{\varrho_{12}^3} \\
m_2 \frac{d^2 y_2}{dt^2} &= -k^2 m m_2 \frac{y_2 - y}{\varrho_{02}^3} - k^2 m_1 m_2 \frac{y_2 - y_1}{\varrho_{12}^3} \\
m_2 \frac{d^2 z_2}{dt^2} &= -k^2 m m_2 \frac{z_2 - z}{\varrho_{02}^3} - k^2 m_1 m_2 \frac{z_2 - z_1}{\varrho_{12}^3}.
\end{aligned} \tag{4}$$

Wir haben also neun Differentialgleichungen zweiter Ordnung. Zur Lösung des Problems sind deshalb 18 Integrationen auszuführen.

In dem ganz allgemeinen Problem (dem n-Körperproblem), wo wir nicht mit drei Körpern, sondern mit n zu tun haben, werden wir $3n$ Gleichungen zweiter Ordnung erhalten. Es sind also $6n$ Integrationen auszuführen. Rechts in den Gleichungen werden wir also ein Glied für jeden auf die betreffende Masse wirkenden Körper erhalten, im 4-Körperproblem also drei Glieder, im n-Körperproblem $n-1$ Glieder.

181. *Die zehn bekannten Integrale des Dreikörperproblems.* Von den 18 Integrationen im Dreikörperproblem ist man imstande, 10 durch folgende Operationen auszuführen:

I. Im System (2), (3), (4) addieren wir die drei x-Gleichungen für sich, die drei y-Gleichungen für sich und die drei z-Gleichungen für sich. Wir erhalten:

$$\begin{aligned}
m \frac{d^2 x}{dt^2} + m_1 \frac{d^2 x_1}{dt^2} + m_2 \frac{d^2 x_2}{dt^2} &= 0 \\
m \frac{d^2 y}{dt^2} + m_1 \frac{d^2 y_1}{dt^2} + m_2 \frac{d^2 y_2}{dt^2} &= 0 \\
m \frac{d^2 z}{dt^2} + m_1 \frac{d^2 z_1}{dt^2} + m_2 \frac{d^2 z_2}{dt^2} &= 0.
\end{aligned} \tag{5}$$

Diese drei Gleichungen können alle zweimal direkt integriert werden. Wir erhalten:

$$\begin{aligned}
mx + m_1 x_1 + m_2 x_2 &= \alpha\ t + \beta \\
my + m_1 y_1 + m_2 y_2 &= \alpha' t + \beta' \\
mz + m_1 z_1 + m_2 z_2 &= \alpha'' t + \beta'',
\end{aligned} \tag{6}$$

wo α, α', α'', β, β', β'' sechs Integrationskonstanten sind.

Auf dieselbe Weise wie beim Zweikörperproblem (§ 179) stellen diese drei Gleichungen einen Satz für den gemeinsamen Schwerpunkt des ganzen Systems dar: *Der Schwerpunkt des Systems ist entweder im Raum in Ruhe* ($\alpha = \alpha' = \alpha'' = 0$) *oder er bewegt sich im Raum geradlinig und mit konstanter Geschwindigkeit.* Man nennt (6) die *Schwerpunktsintegrale.*

II. Wir multiplizieren die zweite Gleichung in (2) mit x, die erste mit y und subtrahieren. Wir behandeln die beiden ersten Gleichungen in (3) und die beiden ersten Gleichungen in (4) analog. Wir addieren die drei dabei gefundenen Gleichungen und erhalten:

$$m\left(x \frac{d^2 y}{dt^2} - y \frac{d^2 x}{dt^2}\right) + m_1\left(x_1 \frac{d^2 y_1}{dt^2} - y_1 \frac{d^2 x_1}{dt^2}\right) + m_2\left(x_2 \frac{d^2 y_2}{dt^2} - y_2 \frac{d^2 x_2}{dt^2}\right) = 0.$$

Diese Gleichung kann einmal integriert werden. Wir erhalten:

$$m\left(x \frac{dy}{dt} - y \frac{dx}{dt}\right) + m_1\left(x_1 \frac{dy_1}{dt} - y_1 \frac{dx_1}{dt}\right) + m_2\left(x_2 \frac{dy_2}{dt} - y_2 \frac{dx_2}{dt}\right) = c_3,$$

wo c_3 eine Integrationskonstante ist, oder kürzer:

$$\sum m\left(x\frac{dy}{dt} - y\frac{dx}{dt}\right) = c_3,$$

wo $\sum$ also bedeutet, daß man den Ausdruck $m\left(x\frac{dy}{dt} - y\frac{dx}{dt}\right)$ für jede der drei Massen bilden und dann addieren muß. Ganz analog können wir:

$$\sum m\left(y\frac{dz}{dt} - z\frac{dy}{dt}\right) = c_1 \tag{7}$$

und

$$\sum m\left(z\frac{dx}{dt} - x\frac{dz}{dt}\right) = c_2$$

ableiten, wo c_1 und c_2 Integrationskonstanten sind.

Die drei Gleichungen (7) werden *Flächenintegrale* genannt (vgl. § 160).

III. Wir haben also neun Integrale der Differentialgleichungen des Problems abgeleitet, und wir kommen nun zu dem letzten der zehn obenerwähnten Integrale, die auch in dem allgemeinen n-Körperproblem abgeleitet werden können. Wir definieren eine Funktion U (sie wird die *Kräftefunktion* genannt) auf folgende Weise:

$$U = k^2\left\{\frac{m\,m_1}{\varrho_{01}} + \frac{m\,m_2}{\varrho_{02}} + \frac{m_1\,m_2}{\varrho_{12}}\right\}. \tag{8}$$

In dem allgemeinen n-Körperproblem können wir eine Kräftefunktion auf ganz entsprechende Weise definieren, es treten aber dort eine größere Anzahl Glieder in der Klammer in (8) auf, da wir *ein Glied für jede Kombination von zwei Massen* brauchen, also sechs Glieder im 4-Körperproblem, zehn im 5-Körperproblem und $\frac{n}{2}(n-1)$ Glieder im n-Körperproblem.

In (1) haben wir die Gleichungen, die die Distanzen als Funktionen der *Koordinaten* ausdrücken.

Wir wählen die erste Gleichung in (1) und schreiben sie in folgender Form:

$$\frac{1}{\varrho_{01}} = \{(x_1 - x)^2 + (y_1 - y)^2 + (z_1 - z)^2\}^{-1/2}. \tag{9}$$

Wir sehen daraus, daß:

$$\frac{\partial \frac{1}{\varrho_{01}}}{\partial x} = \frac{x_1 - x}{\{(x_1 - x)^2 + (y_1 - y)^2 + (z_1 - z)^2\}^{3/2}} = \frac{x_1 - x}{\varrho_{01}^3}.$$

Auf diese Weise führen wir die partiellen Differentiationen der reziproken Werte aller drei Distanzen nach allen Koordinaten aus, die in sie eingehen ($x, y, z, x_1, y_1, z_1, x_2, y_2, z_2$). Wenn wir alle diese Operationen ausführen und in (2), (3) und (4) einsetzen, erhalten wir die Differentialgleichungen des Problems in der folgenden eleganten Form:

$$\begin{aligned} m\frac{d^2x}{dt^2} &= \frac{\partial U}{\partial x} & m_1\frac{d^2x_1}{dt^2} &= \frac{\partial U}{\partial x_1} & m_2\frac{d^2x_2}{dt^2} &= \frac{\partial U}{\partial x_2} \\ m\frac{d^2y}{dt^2} &= \frac{\partial U}{\partial y} \quad (10) & m_1\frac{d^2y_1}{dt^2} &= \frac{\partial U}{\partial y_1} \quad (11) & m_2\frac{d^2y_2}{dt^2} &= \frac{\partial U}{\partial y_2} \quad (12) \\ m\frac{d^2z}{dt^2} &= \frac{\partial U}{\partial z} & m_1\frac{d^2z_1}{dt^2} &= \frac{\partial U}{\partial z_1} & m_2\frac{d^2z_2}{dt^2} &= \frac{\partial U}{\partial z_2}. \end{aligned}$$

Wir multiplizieren jetzt die erste Gleichung (10) mit $2\frac{dx}{dt}$, die zweite mit $2\frac{dy}{dt}$ und die dritte mit $2\frac{dz}{dt}$; ferner die erste Gleichung (11) mit $2\frac{dx_1}{dt}$ usw.

Wenn wir dann alle neun Gleichungen, die wir auf diese Weise erhalten haben, addieren, wird das Resultat:

$$
\begin{aligned}
&2m\left(\frac{d^2x}{dt^2}\frac{dx}{dt}+\frac{d^2y}{dt^2}\frac{dy}{dt}+\frac{d^2z}{dt^2}\frac{dz}{dt}\right)+2m_1\left(\frac{d^2x_1}{dt^2}\frac{dx_1}{dt}+\frac{d^2y_1}{dt^2}\frac{dy_1}{dt}+\frac{d^2z_1}{dt^2}\frac{dz_1}{dt}\right)+\\
&+2m_2\left(\frac{d^2x_2}{dt^2}\frac{dx_2}{dt}+\frac{d^2y_2}{dt^2}\frac{dy_2}{dt}+\frac{d^2z_2}{dt^2}\frac{dz_2}{dt}\right)=2\left\{\frac{\partial U}{\partial x}\frac{dx}{dt}+\frac{\partial U}{\partial y}\frac{dy}{dt}+\frac{\partial U}{\partial z}\frac{dz}{dt}+\right. \qquad (13)\\
&\left.+\frac{\partial U}{\partial x_1}\frac{dx_1}{dt}+\frac{\partial U}{\partial y_1}\frac{dy_1}{dt}+\frac{\partial U}{\partial z_1}\frac{dz_1}{dt}+\frac{\partial U}{\partial x_2}\frac{dx_2}{dt}+\frac{\partial U}{\partial y_2}\frac{dy_2}{dt}+\frac{\partial U}{\partial z_2}\frac{dz_2}{dt}\right\}.
\end{aligned}
$$

Diese Gleichung kann aber in bedeutend einfacherer Form geschrieben werden. Erstens können wir den Operationen auf S. 207 analog den Ausdruck links in (13) durch:

$$\frac{d}{dt}\sum m\left\{\left(\frac{dx}{dt}\right)^2+\left(\frac{dy}{dt}\right)^2+\left(\frac{dz}{dt}\right)^2\right\}$$

ersetzen, wo $\sum$ die Summation über die drei Massen bezeichnet.

Zweitens sehen wir, daß der Ausdruck rechts in (13) die doppelte Summe der *Differentialquotienten von U nach der Zeit über alle in U eingehenden Veränderlichen* oder einfach der *doppelte totale Differentialquotient von U nach der Zeit* ist, also:

$$2\frac{dU}{dt}.$$

Wir erhalten dann aus (13):

$$\frac{d}{dt}\sum m\left\{\left(\frac{dx}{dt}\right)^2+\left(\frac{dy}{dt}\right)^2+\left(\frac{dz}{dt}\right)^2\right\}=2\frac{dU}{dt}. \qquad (14)$$

Diese Gleichung kann direkt integriert werden. Wir erhalten:

$$\sum m\left\{\left(\frac{dx}{dt}\right)^2+\left(\frac{dy}{dt}\right)^2+\left(\frac{dz}{dt}\right)^2\right\}=2U+h, \qquad (15)$$

wo h eine Integrationskonstante ist.

Dies Integral nennt man *das Integral der lebendigen Kraft* (vgl. S. 207). Die Formel kann auch:

$$\sum mV^2=2U+h \qquad (16)$$

geschrieben werden, wenn wir mit V die lineare Geschwindigkeit bezeichnen.

Von den unter I, II und III abgeleiteten Integralen des Dreikörperproblems kann auf ganz analoge Weise gezeigt werden, daß sie auch in dem allgemeinen n-Körperproblem gültig sind, wenn man sich die Summation über alle n Massen erstreckt denkt.

Außer den zehn Integralen, die wir jetzt besprochen haben, kennt man keine weiteren Integrale des Dreikörperproblems; es ist sogar möglich gewesen, zu beweisen (BRUNS und POINCARÉ), daß keine anderen Integrale von ähnlichem einfachem Typus existieren können. Mit Hilfe unendlicher Reihen ist es zwar möglich, die Bewegungen im Dreikörperproblem in einer mathematisch korrekten Form auszudrücken, da die Existenz solcher Reihen bewiesen ist, die, mathematisch betrachtet, konvergent sind. Abgesehen aber von dem großen mathematischen Interesse, das diese Reihen haben, können sie nicht in der Praxis benutzt werden, da die Konvergenz allzu langsam ist, sobald es sich um nicht sehr kurze Zeiten handelt. Deshalb ist es bisher nicht möglich gewesen, die Bahnformen in dem Dreikörperproblem durch rein mathematische Methoden zu studieren, gewisse spezielle Probleme ausgenommen. In allen anderen Fällen ist man gezwungen, numerische Methoden anzuwenden.

182. *Fälle des Dreikörperproblems, deren Lösung möglich gewesen ist.*

A. Die Fälle des Dreikörperproblems, die durch rein mathematische Methoden gelöst werden konnten, kann man in zwei Hauptgruppen einteilen: 1. spezielle Fälle, die *exakt, in geschlossener Form* gelöst werden können, und 2. Probleme, die gelöst werden können mit Hilfe von *Näherungen* durch Entwicklung in Reihen, die auch für längere Zeiträume hinreichend schnell konvergieren. Dieser letzten Gruppe gehören die *Störungsprobleme* an, sobald man imstande ist, die Störungen *explizit als Funktionen der Zeit* auszudrücken, so daß man, um die Störung in einem bestimmten Augenblick zu berechnen, nur die gegebenene Zeit in die Formeln einzusetzen braucht. Wenn die Störungen in einer solchen Form vorliegen, nennt man sie *allgemeine Störungen.* Solche Probleme sind das Hauptthema des nächsten Abschnitts (S. 242f.; s. auch die einleitenden Bemerkungen S. 172).

B. Innerhalb der Himmelsmechanik existiert ein großes Gebiet, das sich mit rein numerischer Berechnung der Bewegung von drei Himmelskörpern ohne mathematische Entwicklungen der obenerwähnten Art beschäftigt. Die Methode wird *numerische Integration* genannt, und das Prinzip kann folgenderweise angedeutet werden. Wir fangen unsere Betrachtungen in einem gewissen Augenblicke an, und wir setzen voraus, daß wir die Koordinaten und die Geschwindigkeitskomponenten der drei Körper in diesem Augenblick kennen. Um die in diesem Augenblick wirkenden Kräfte und daraus die Beschleunigungen numerisch zu berechnen, braucht man außer der Kenntnis der Massen nur die der Koordinaten. Mit Hilfe der so numerisch berechneten Beschleunigungen sowie der numerisch gegebenen Geschwindigkeiten in dem gegebenen Augenblick können wir den Verlauf der Bewegung im „nächsten Augenblick" usw. numerisch berechnen. Auf diese Weise können wir der Bewegung der drei Körper, so lange wir es wünschen, Schritt für Schritt folgen.

Eine gewisse Form dieser Methode ist bereits lange und in großem Umfang in der Astronomie angewandt worden: zur Berechnung der Störungen für kleine Planeten und Kometen für einen gewissen Zeitraum. In diesem Falle sind die Formeln allerdings im allgemeinen so umgestaltet, daß das, was wir berechnen, zwar *Störungen* sind, die Berechnungsmethode aber eine rein numerische ist. Im Gegensatz zu der oben angedeuteten Form von Störungen, den „allgemeinen Störungen" (Störungen als Reihen, die die Zeit t explizit enthalten), wird diese Form *spezielle Störungen* genannt.

In den letzten Jahrzehnten ist, wie wir später sehen werden, die numerische Integrationsmethode in großem Umfang auf Fälle des Dreikörperproblems angewandt worden, wo nicht — wie im Sonnensystem — solche Umstände vorliegen (z. B. eine dominierende Masse oder besondere Verhältnisse in bezug auf die Distanzen), die die Berechnung der Bewegung von kleinen Planeten, Kometen und Monden verhältnismäßig leicht machen, indem sie bewirken, daß man sie als Störungsprobleme behandeln kann.

183. *Spezielle Fälle des Dreikörperproblems, die exakt und in endlicher Form mit Hilfe bekannter mathematischer Funktionen gelöst werden können.* Solche Fälle sind sowohl im 3-Körperproblem als auch im n-Körperproblem leicht zu konstruieren. Wir wollen ein Beispiel nennen: Wir denken uns zwei Massenpunkte mit gleich großen Massen, die auf Grund der gegenseitigen Anziehung in einer kreisförmigen Bahn um den gemeinsamen Schwerpunkt wandern. Wir lassen einen dritten Körper mit unendlich kleiner Masse sich in einem bestimmten Augenblick mit einer gewissen Geschwindigkeit auf der geraden Linie bewegen, die senkrecht zu der Bahnebene der beiden endlichen Massen steht und durch den gemeinsamen Schwerpunkt des Systems geht. Der dritte Körper wird dann, wenn die Anfangsgeschwindigkeit unter einer gewissen Grenze liegt, in Zukunft für immer auf der genannten geraden Linie hin und zurück wandern, mit einer veränderlichen Geschwindigkeit, deren mathematisches Gesetz leicht zu finden ist.

184. *Die von* LAGRANGE *gefundenen Spezialfälle.* In einer berühmten Abhandlung, „Essai sur le problème des trois corps" wies LAGRANGE im Jahre 1772 nach, daß eine bestimmte Anzahl spezieller Fälle des Dreikörperproblems existiert, die exakt gelöst werden können. Diese speziellen Fälle gaben für die drei Körper eine periodische Bewegung, d. h. eine Bewegung solcher Art, daß die drei Körper nach bestimmten, genau gleich langen Zwischenzeiten in Zukunft immer wieder genau dieselben Stellungen relativ zueinander einnehmen werden.

Mit modernen Bezeichnungen können wir diese LAGRANGEschen Fälle in folgender Weise definieren. Wir denken uns (Abb. 124) zwei Massenpunkte m_1 und m_2. Wir können dann fünf Punkte L_1, L_2, L_3, L_4, L_5 definieren, von denen jeder der beiden letzten mit m_1 und m_2 ein gleichseitiges Dreieck bildet und die drei ersten auf derselben geraden Linie wie m_1 und m_2 liegen, L_3 links, L_1 zwischen den beiden Massenpunkten und L_2 rechts, und zwar so, daß die genaue Lage dieser drei Punkte auf der geraden Linie $m_1 m_2$ von dem Verhältnis zwischen den im Problem auftretenden Massen abhängt. Diese fünf Punkte — sie werden *Librationspunkte* genannt — haben die folgende Eigenschaft: Wenn wir eine dritte Masse m_3 in einem dieser fünf Punkte anbringen, ist es möglich, den drei Massen eine solche Bewegung in der Ebene zu geben, in der sie sich befinden, daß *das Verhältnis zwischen ihren gegenseitigen Entfernungen* in Zukunft für immer unverändert bleibt. Eine nähere Untersuchung zeigt, daß die drei Massen sich in der genannten Ebene in ähnlichen Kegelschnitten bewegen werden.

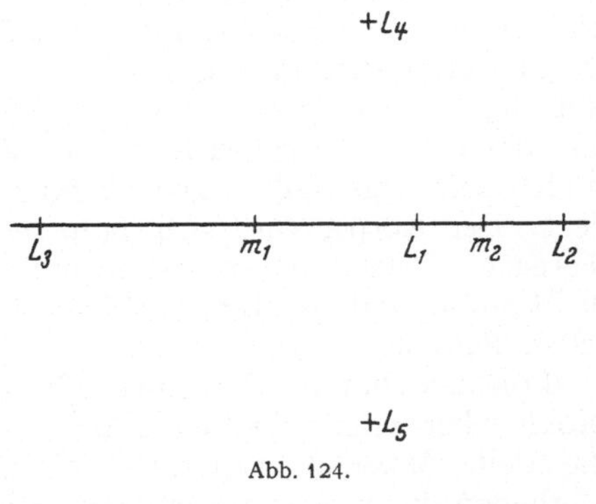

Abb. 124.

Von diesen speziellen Fällen des Dreikörperproblems sagt LAGRANGE selbst in der genannten Abhandlung: „Obwohl diese Fälle im Weltsystem nicht vertreten sind, glauben wir doch, daß sie die Aufmerksamkeit der Mathematiker verdienen, weil sie imstande sein werden, das allgemeine Dreikörperproblem zu beleuchten." Ganz abgesehen von der Tatsache, daß man lange Zeit nach LAGRANGE in unserem Sonnensystem wirklich eine Gruppe Himmelskörper gefunden hat, die sog. Jupitergruppe der kleinen Planeten („die Trojaner"), die mit einer gewissen Annäherung einem der speziellen Fälle LAGRANGES entsprechen (vgl. S. 292), ist die Richtigkeit der LAGRANGEschen Vermutung von der Bedeutung seiner Lösungen in reichem Maß bestätigt worden, indem diese Lösungen den Ausgangspunkt gebildet haben für die wesentlichsten der Fortschritte, die unsere konkrete Kenntnis der Bewegungsmöglichkeiten innerhalb des Dreikörperproblems seit der Zeit LAGRANGES bis zu unseren Tagen gemacht hat.

Der Gedanke einer möglichen Erweiterung der an und für sich sehr speziellen LAGRANGEschen Lösungen stammt von LAGRANGE selbst; in der obenerwähnten Abhandlung äußert er den Gedanken, daß man untersuchen müßte, wie die Bewegung der drei Körper sich gestalten würde, wenn die Konstellation und Bewegung der Körper nicht exakt den LAGRANGEschen Fällen entsprächen, ihnen aber sehr nahe kämen. In einem solchen Fall würde es möglich sein, das

Bewegungsproblem durch bekannte analytische Näherungsmethoden (Reihenentwicklungen nach Potenzen kleiner Größen) zu lösen. Es dauerte hundert Jahre, bevor dieser Gedanke — von verschiedenen Seiten (GASCHEAU, ROUTH, GYLDÉN u. a.) — verwirklicht wurde. Bei diesen Untersuchungen wurde ein wichtiger Schritt vorwärts getan; sie bezeichnen aber trotzdem nur den allerersten Anfang der folgenden Entwicklung, indem die angewandten Näherungsmethoden nur gebraucht werden können, wenn es sich um verhältnismäßig kleine Abweichungen von den exakten LAGRANGEschen Lösungen handelt. Um weiterzukommen, ist es notwendig gewesen, Zuflucht zu anderen, wirksameren Methoden zu nehmen.

185. *Problème restreint.* JACOBI hat innerhalb des Dreikörperproblems ein Spezialproblem definiert, dem POINCARÉ später eingehende Studien gewidmet hat. Wir denken uns zwei Massen, m_1 und m_2, die sich auf Grund der gegenseitigen Anziehung nach den Formeln des Zweikörperproblems um den gemeinsamen Schwerpunkt bewegen. Wir nehmen an, daß die eine Masse (wir wählen m_2) wesentlich kleiner als die andere (m_1) ist und ferner, daß die Bewegung von m_1 und m_2 um den Schwerpunkt *kreisförmig* ist. Die Aufgabe ist jetzt, die Bewegung eines dritten Körpers *mit verschwindend kleiner Masse* unter dem Einfluß der Anziehung seitens m_1 und m_2 zu untersuchen. Wir setzen ferner fest, daß der dritte Körper sich in der Bahnebene der beiden endlichen Massen befinden soll, und daß er eine Anfangsgeschwindigkeit hat, die in dieser Ebene liegt. Der Körper wird sich dann selbstverständlich beständig in dieser Ebene bewegen. Wegen seiner verschwindend kleinen Masse wirkt der dritte Körper nicht auf m_1 und m_2. Dies Problem ist das „problème restreint" in der POINCARÉschen Fassung.

POINCARÉ hat das Problem der Bewegung des dritten Körpers als ein Störungsproblem behandelt: die Bewegung des dritten Körpers mit Rücksicht auf die durch die kleine Masse m_2 bewirkten Störungen. Er wies durch rein mathematische Methoden die Existenz von *periodischen* und *asymptotischen* Lösungen nach.

In den Arbeiten, die in den letzten Jahrzehnten auf diesem Gebiete ausgeführt sind, hat man dem „problème restreint" eine umfassendere Definition und damit eine größere Reichweite gegeben, indem man die Forderung aufgegeben hat, daß die eine endliche Masse wesentlich kleiner sein soll als die andere. Mit der Aufgabe dieser Forderung ist das Problem (das wir das *erweiterte problème restreint* nennen können) kein Störungsproblem mehr. Es ist nicht möglich gewesen, dies Problem mit rein mathematischen Methoden zu lösen.

Die Methode, die allein in dem so formulierten Problem hat angewandt werden können, ist die obenerwähnte *numerische Integrationsmethode*: schrittweise numerische Berechnung der Bewegung des dritten Körpers. Durch passende Wahl des Zeitintervalls ist es unter normalen Umständen möglich, jede nur gewünschte Genauigkeit in der Rechnung zu erhalten. In außergewöhnlichen Fällen, in denen der dritte Körper einer der beiden endlichen Massen sehr nahe kommt, und die wirkenden Kräfte deshalb abnorm groß werden, muß vor der numerischen Rechnung eine passende mathematische Transformation der Koordinaten des dritten Körpers *und der Zeit* vorgenommen werden. Mit Hilfe einer solchen Transformation ist es sogar möglich gewesen, numerisch der Bewegung in solchen extremen Fällen zu folgen, wo der dritte Körper mit einer der beiden endlichen Massen zusammenstößt und — wegen der jetzt auftretenden unendlich großen anziehenden Kraft — eine unendlich große Geschwindigkeit erreicht.

Die numerische Integration ist ein mächtiges Arbeitsmittel: wir können mit Hilfe dieser Methode praktisch jedes beliebige Bewegungsproblem lösen. Die

Methode hat jedoch auch ihre Grenzen: Wenn man mit ihrer Hilfe die Bewegung eines oder mehrerer Körper für einen bestimmten Zeitraum berechnet hat, so kennt man diese Bewegung innerhalb des Zeitraums, über den sich die Berechnung erstreckt hat — *aber nicht mehr*: weder vorwärts noch rückwärts in der Zeit. Ausgenommen — und dies ist ein sehr wichtiger Punkt — wenn es sich zeigt, daß die Bewegung *periodisch* ist. Wenn sie das ist, und wenn man die Bewegung durch eine ganze Periode verfolgt hat, so kennt man die Bewegung für alle Zeiten, rückwärts und vorwärts. Hier sehen wir die Bedeutung der *periodischen Lösungen* klar beleuchtet.

186. *Das Programm für die modernen Arbeiten über das problème restreint.* Wir haben gesehen, welche Bedeutung die periodischen Lösungen für unser Problem haben. Da es nicht möglich war, das Problem mit Hilfe rein mathematischer Entwicklungen zu behandeln — und da nicht viel Aussicht dafür vorhanden war, daß dies überhaupt geschehen könnte, auf jeden Fall nicht ohne vorausgehende Kenntnis der konkreten Bewegungsformen — so waren die periodischen Lösungen vorläufig der einzige Punkt, wo es möglich war, eine Bresche in die hohe Mauer zu schlagen, die ein paar Jahrhunderte hindurch das Terrain des Dreikörperproblems umgeben hat.

T. N. Thiele und G. H. Darwin führten in den neunziger Jahren des vorigen Jahrhunderts die ersten Angriffe aus, indem sie numerische Fälle des problème restreint in solchen Variationen berechneten, daß man eine Übersicht über ganze Klassen periodischer Lösungen erhalten sollte. Für das Verhältnis zwischen den beiden endlichen Massen wählte Darwin $m_2 : m_1 = 1 : 10$; Thiele wählte das Verhältnis $m_2 = m_1$, um überhaupt *so weit wie möglich von den Störungsproblemen* abzukommen.

Unter den periodischen Lösungen im Problem gibt es eine Gruppe, die in erster Linie Interesse hat: die einfachsten, das sind die Lösungen, die bereits nach einem Umlauf periodisch sind. Und es waren im wesentlichen diese *einfach-periodischen Lösungen*, auf die die Arbeit mit Hilfe der Methode der numerischen Integration gerichtet gewesen ist.

187. *Die Bewegungsgleichungen des Problems.* Die Differentialgleichungen für die Bewegung des dritten Körpers im problème restreint aufzustellen, ist eine einfache Sache. Wir wählen der Einfachheit wegen gleich das Massenverhältnis $m_2 = m_1$, weil es gerade dies Problem ist, das wir im folgenden besonders behandeln wollen. Durch dieselben Betrachtungen, auf denen die Aufstellung der Differentialgleichungen im Zwei- und Dreikörperproblem beruhte, erhalten wir aus Abb. 125 die folgenden Gleichungen, wo x und y die Koordinaten des dritten Körpers in einem festen Koordinatensystem mit dem Anfangspunkt in der Mitte zwischen den beiden endlichen Massen (hier also gleich dem Schwerpunkt des Systems) sind, ferner m_1 und m_2 die Lage der beiden Massen zur Zeit t, n die (konstante) Winkelgeschwindigkeit der beiden Massen, und a die halbe (konstante) Entfernung zwischen m_1 und m_2 bedeuten:

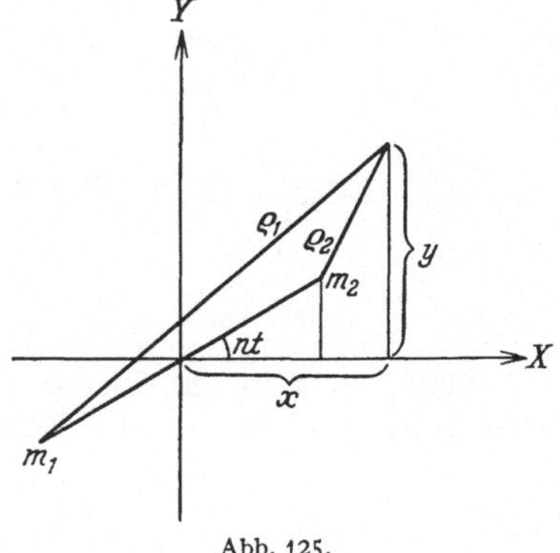

Abb. 125.

$$\begin{aligned} \frac{d^2x}{dt^2} &= -k^2 m_1 \frac{x + a\cos nt}{\varrho_1^3} - k^2 m_2 \frac{x - a\cos nt}{\varrho_2^3} \\ \frac{d^2y}{dt^2} &= -k^2 m_1 \frac{y + a\sin nt}{\varrho_1^3} - k^2 m_2 \frac{y - a\sin nt}{\varrho_2^3}, \end{aligned} \tag{17}$$

wo:

$$\varrho_1^2 = (x + a\cos nt)^2 + (y + a\sin nt)^2$$
$$\varrho_2^2 = (x - a\cos nt)^2 + (y - a\sin nt)^2 .$$

Um diese Gleichungen in möglichst einfacher Form zu erhalten, wählen wir jetzt die Einheiten für Länge und Zeit in folgender Weise. Wir setzen $a = 1$ (also die konstante Entfernung zwischen m_1 und $m_2 = 2$) und wählen die Zeiteinheit so, daß $n = 1$ wird.

Mit Hilfe der Formel für die mittlere Bewegung aus dem Zweikörperproblem haben wir:

$$n = k\frac{\sqrt{m_1 + m_2}}{(2a)^{3/2}} .$$

Da $a = 1$ und $n = 1$ sein sollen und wir ja $m_2 = m_1$ gewählt haben, erhalten wir:

$$1 = k\frac{\sqrt{m_1}}{2} = k\frac{\sqrt{m_2}}{2} ,$$

woraus:

$$k^2 m_1 = k^2 m_2 = 4 . \tag{18}$$

Die Gleichungen (17) werden dann:

$$\begin{aligned} \frac{d^2x}{dt^2} &= -4\left\{\frac{x + \cos t}{\varrho_1^3} + \frac{x - \cos t}{\varrho_2^3}\right\} \\ \frac{d^2y}{dt^2} &= -4\left\{\frac{y + \sin t}{\varrho_1^3} + \frac{y - \sin t}{\varrho_2^3}\right\}, \end{aligned} \tag{19}$$

wo:

$$\varrho_1^2 = (x + \cos t)^2 + (y + \sin t)^2$$
$$\varrho_2^2 = (x - \cos t)^2 + (y - \sin t)^2 .$$

Diese Bewegungsgleichungen sind auf ein festes Achsensystem bezogen. Im ganzen problème restreint aber ist es natürlicher, die Koordinaten und die Bewegung auf ein anderes Koordinatensystem zu beziehen, das wir — mit Beibehaltung des Anfangspunkts — dadurch erhalten, daß wir die Verbindungslinie $m_1 m_2$ zur X-Achse machen. Dies Achsensystem dreht sich also beständig mit konstanter Winkelgeschwindigkeit ($n = 1$) relativ zu dem festen System (Abb. 126).

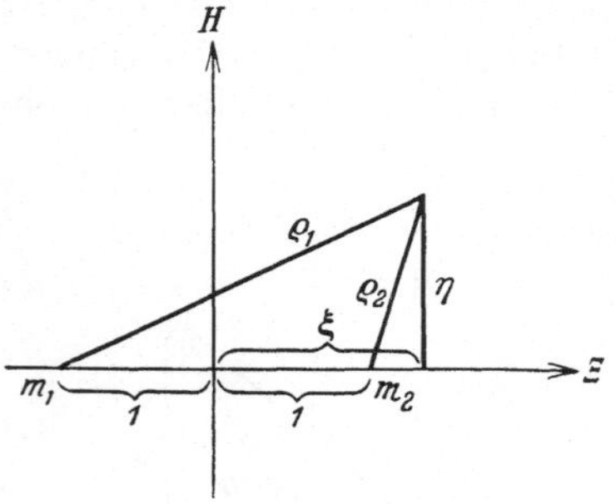

Abb. 126.

Wenn wir die Koordinaten des dritten Körpers in diesem neuen (beweglichen) Koordinatensystem mit ξ, η bezeichnen, haben wir mit Hilfe von elementaren Formeln aus der analytischen Geometrie:

$$\begin{aligned} x &= \xi\cos t - \eta\sin t \\ y &= \xi\sin t + \eta\cos t \end{aligned} \tag{20}$$

oder:

$$\begin{aligned} \xi &= x\cos t + y\sin t \\ \eta &= -x\sin t + y\cos t . \end{aligned} \tag{21}$$

Wenn wir nun (20) in (19) einsetzen, erhalten wir nach einer etwas langen, aber prinzipiell einfachen, Reduktion folgendes Gleichungssystem:

$$\begin{aligned} \frac{d^2\xi}{dt^2} - 2\frac{d\eta}{dt} - \xi &= -4\left\{\frac{\xi + 1}{\varrho_1^3} + \frac{\xi - 1}{\varrho_2^3}\right\} \\ \frac{d^2\eta}{dt^2} + 2\frac{d\xi}{dt} - \eta &= -4\left\{\frac{\eta}{\varrho_1^3} + \frac{\eta}{\varrho_2^3}\right\}, \end{aligned} \tag{22}$$

wo:

$$\varrho_1^2 = (\xi + 1)^2 + \eta^2$$
$$\varrho_2^2 = (\xi - 1)^2 + \eta^2 .$$

Die Gleichungen (22) können auch folgendermaßen geschrieben werden:

$$\begin{aligned}\frac{d^2\xi}{dt^2} - 2\frac{d\eta}{dt} &= \frac{\partial U}{\partial \xi}\\ \frac{d^2\eta}{dt^2} + 2\frac{d\xi}{dt} &= \frac{\partial U}{\partial \eta},\end{aligned} \tag{23}$$

wo U definiert ist durch:

$$U = \frac{1}{2}(\xi^2 + \eta^2) + 4\left\{\frac{1}{\varrho_1} + \frac{1}{\varrho_2}\right\}. \tag{24}$$

Wenn wir die erste Gleichung (23) mit $2\frac{d\xi}{dt}$, die zweite mit $2\frac{d\eta}{dt}$ multiplizieren und addieren, erhalten wir:

$$2\left(\frac{d^2\xi}{dt^2}\frac{d\xi}{dt} + \frac{d^2\eta}{dt^2}\frac{d\eta}{dt}\right) = 2\left(\frac{\partial U}{\partial \xi}\frac{d\xi}{dt} + \frac{\partial U}{\partial \eta}\frac{d\eta}{dt}\right) = 2\frac{dU}{dt},$$

eine Gleichung, die mit folgendem Resultat direkt integriert werden kann:

$$\left(\frac{d\xi}{dt}\right)^2 + \left(\frac{d\eta}{dt}\right)^2 = 2U + h,$$

wo h eine Integrationskonstante ist. Statt h schreibt man in diesem Problem in der Regel $-K$. Wir erhalten dann:

$$\left(\frac{d\xi}{dt}\right)^2 + \left(\frac{d\eta}{dt}\right)^2 = (\xi^2 + \eta^2) + 8\left(\frac{1}{\varrho_1} + \frac{1}{\varrho_2}\right) - K, \tag{25}$$

Diese Gleichung nennt man das JACOBI*sche Integral* und K heißt die JACOBI*sche Konstante*.

188. *Die* THIELE*sche Transformation.* Das Gleichungssystem (22) ist ein ausgezeichnetes Arbeitsinstrument bei der numerischen Integration unter der Voraussetzung, daß die dritte Masse nicht in die Nähe einer der beiden endlichen Massen kommt. Wir haben weiter oben (S. 236) erwähnt, daß man durch eine mathematische Transformation der Koordinaten und der Zeit Formeln bilden kann, die uns instand setzen, der Bewegung des dritten Körpers zu folgen, auch wenn dieser Körper einer der endlichen Massen sehr nahe kommt, ja sogar in solchen Fällen, wo der dritte Körper (mit unendlicher Geschwindigkeit) in die eine endliche Masse hineinstürzt.

Die Transformation, die in solchen Fällen in der Praxis angewandt worden ist, wurde von THIELE vorgeschlagen. Statt ξ, η und t führen wir E und F als Koordinaten und ψ als Repräsentanten der Zeit ein, diese drei Größen definiert durch die Gleichungen:

$$\begin{aligned}\xi &= \frac{e^F + e^{-F}}{2}\cos E\\ \eta &= -\frac{e^F - e^{-F}}{2}\sin E\\ dt &= \varrho_1\varrho_2\,d\psi.\end{aligned} \tag{26}$$

Wenn wir diese Ausdrücke in (22) einsetzen, erhalten wir ein Gleichungssystem, das in der Praxis anwendbar ist, und ganz besonders in Fällen, in denen die Gleichungen (22) aus den obenerwähnten Gründen versagen. Das Fundamentale in der THIELEschen Transformation ist in der letzten der drei Gleichungen (26) enthalten. Wenn wir Fälle betrachten, in denen die eine der beiden Distanzen ϱ_1 und ϱ_2 sehr klein wird, sehen wir, daß die Einführung der neuen „Zeit“ ψ sozusagen bedeutet, daß wir die schnelle Bewegung in der Nähe der betreffenden Masse mit einer *Zeitlupe* betrachten.

189. *Resultate.* Bei der Besprechung der von LAGRANGE gefundenen speziellen Lösungen des Dreikörperproblems führten wir den Begriff Librationspunkte ein. Im problème restreint liegen in dem beweglichen Achsensystem die fünf Librationspunkte fest, L_1, L_2, L_3 auf der ξ-Achse, L_4 und L_5 auf der η-Achse in den Ecken der beiden gleichseitigen Dreiecke, die die Verbindungslinie $m_1 m_2$ als gemeinsame Seite haben (vgl. Abb. 124). Wenn $m_2 = m_1$, liegt L_1 mitten zwischen m_1 und m_2. Die fünf Librationspunkte haben dann nach dem Vorhergehenden die Eigenschaft, daß der dritte Körper für immer in demselben Punkte liegen bleiben wird, wenn er mit der Geschwindigkeit Null relativ zu dem beweglichen Achsensystem in einen der fünf Librationspunkte gebracht wird.

Wir haben dann sieben Punkte, die eine Sonderstellung im Problem einnehmen: die fünf Librationspunkte und die beiden Massenpunkte m_1 und m_2. Das Programm, das zur Entdeckung der einfach-periodischen Lösungen im problème restreint aufgestellt und durchgeführt worden ist, wurde gerade nach dem Verhältnis der periodischen Lösungen zu diesen sieben Punkten eingeteilt: periodische Lösungen um jeden der fünf Librationspunkte, um die eine der beiden endlichen Massen oder um sie beide. Und überall sind dort zwei Möglichkeiten zu diskutieren: direkte Bewegung (Bewegung in derselben Richtung wie die Rotation der beiden endlichen Massen) und retrograde Bewegung (dieser Rotation entgegengesetzt). Alle diese Bewegungsmöglichkeiten sind untersucht worden. Im Laufe der Untersuchung hat man auch eine große Anzahl Klassen periodischer Lösungen gefunden, von deren Existenz man a priori keine Ahnung hatte.

Man hat sich nicht darauf beschränkt, alle existierenden Klassen einfach-periodischer Lösungen zu finden; das Programm umfaßte auch die wichtige Aufgabe, der Entwicklung jeder Klasse von einem natürlichen Anfang bis zu einem natürlichen Abschluß zu folgen. Von den erzielten Resultaten wollen wir drei andeuten, die, jedes auf seine Art, typisch genannt werden können. Die Bahnen sind alle in dem beweglichen Achsensystem gezeichnet.

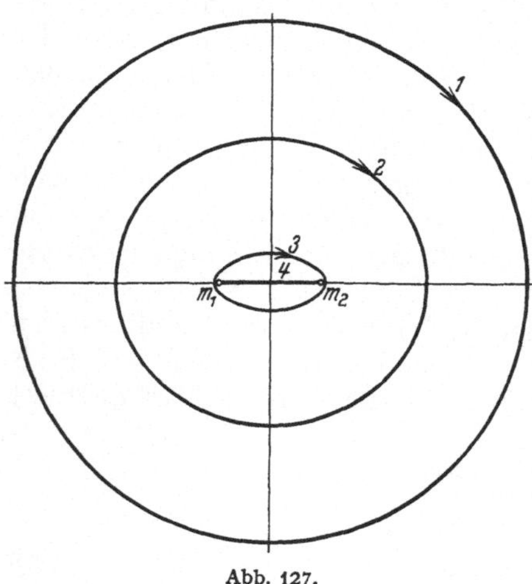

Abb. 127.

I. Retrograde periodische Bahnen um die beiden endlichen Massen, mit retrograder Bewegung auch in dem festen Achsensystem (Abb. 127).

Die Klasse umfaßt eine unendliche Anzahl periodischer Bahnen. Unendlich weit draußen haben wir kreisförmige Bewegung. Wenn wir nach innen wandern, werden die Bahnen abgeplattet. Die Klasse endet in einer geradlinigen Bewegung hin und zurück zwischen m_1 und m_2, mit unendlich großer Geschwindigkeit in jedem Punkte der Bahn. Wir haben also eine in sich selbst abgeschlossene Bahnklasse mit natürlichem Anfang und Ende.

II. Retrograde periodische Bahnen um die beiden endlichen Massen, mit direkter Bewegung in dem festen Achsensystem. Unendlich weit draußen Kreisbahnen. Wenn wir gegen m_1 und m_2 hineinrücken, werden die Bahnen abgeplattet. Es entsteht jetzt zuerst eine Einbuchtung nach innen, danach eine Spitze und zuletzt eine Schleife nach innen in der Nähe von L_4 und L_5. Auf dieser Schleife bilden sich später kleinere und immer kleinere Unterschleifen nach außen — nach innen — nach außen ... Die Klasse endet in einer Bahn, die sich *asymptotisch* in unendlich vielen, immer kleineren Windungen in L_4 und L_5 hinein (und aus diesen Punkten heraus) bewegt (solche asymptotische Bewegungen spielen überhaupt eine sehr große Rolle als Grenzbahnen im problème restreint). Also wieder eine in sich selbst abgeschlossene Bahnklasse (Abb. 128).

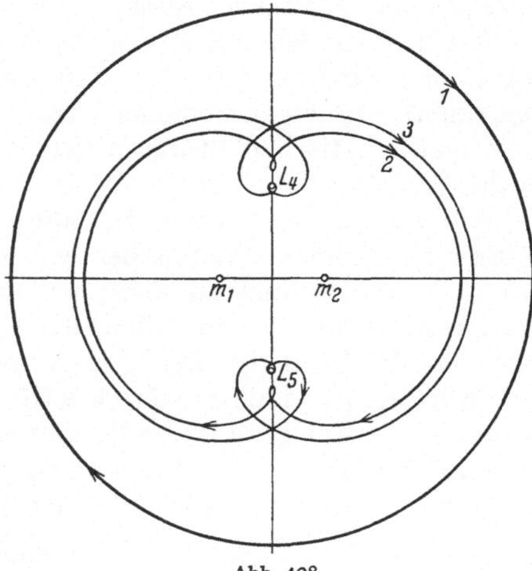

Abb. 128.

III. Retrograde periodische Bahnen (Librationen) um L_2 (und L_3).

Die Klasse fängt mit dem Librationspunkt selbst an (Abb. 129) und geht weiter als infinitesimale, danach als endliche periodische Bahnen (*1*, *2*) um diesen herum. Später kommt eine sog. Ejektionsbahn (*3*) mit unendlich großer Geschwindigkeit aus der einen Masse heraus und in sie hinein. Nach der Ejektionsbahn folgt eine Bahn mit Schleife (*4*); diese Schleife erweitert sich, wenn man die Entwicklung weiter verfolgt, während die Bahn selbst kleiner wird; allmählich gelangen wir zu einer Bahn (*5*), in der Bahn und Schleife beinahe gleich groß sind. Etwas später fallen Bahn und Schleife zusammen, und von jetzt ab geht die Entwicklung so vor sich: die Bahn wird zur Schleife, und die Schleife geht über in die Bahn; das Ganze vollzieht sich jetzt in umgekehrter Reihenfolge, und die Entwicklung endet im Librationspunkt L_2, wo sie anfing. Wiederum: eine in sich selbst abgeschlossene Bahnklasse.

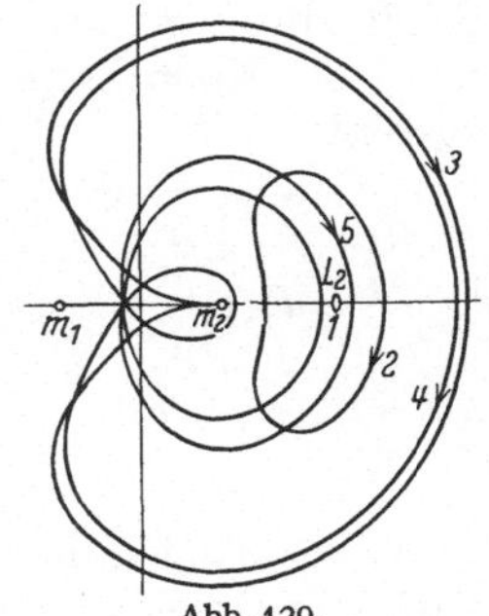

Abb. 129.

Als zusammenfassendes Resultat der hier angedeuteten Arbeiten kann man sagen, daß wir zur Zeit eine vollständige Übersicht über alle wesentlichen Züge hinsichtlich der einfach-periodischen Lösungen im problème restreint besitzen, wenn $m_2 = m_1$ gesetzt wird. Verschiedene Umstände (unter anderem die gute qualitative Übereinstimmung mit den Resultaten Darwins für den Fall $m_2 = \frac{1}{10} m_1$) deuten darauf hin, daß die gefundenen Resultate unter normalen Verhältnissen qualitativ auf alle Probleme übertragen werden können, wo das Verhältnis zwischen den beiden endlichen Massen ein anderes ist (nur ein einziges Problem ist bekannt, wo dies nicht der Fall ist, aber auch hier liegt der Zusammenhang völlig aufgeklärt vor). Ferner sind viele Anzeichen dafür vorhanden, daß die im problème restreint gefundenen Resultate normalerweise auch für das allgemeine Dreikörperproblem in der Ebene, wo die drei Massen m_1, m_2 und m_3 von derselben Größenordnung sind, verallgemeinert werden können. In einigen Fällen liegt der Beweis dafür vor, daß eine solche Verallgemeinerung durchführbar ist.

Ein Punkt ist noch zu erwähnen: Im problème restreint hat man nur das ebene Dreikörperproblem behandelt. Hier ist also noch eine Lücke, die vom mathematischen Gesichtspunkt aus nicht unwesentlich ist. Denkt man aber an das Dreikörperproblem in der Wirklichkeit, so mag man sich vorläufig vor Augen halten, daß die Natur selbst, im Sonnensystem sowohl als auch in den Milchstraßensystemen, eine Gruppierung der Körper in einer Ebene oder in der Nähe einer Ebene bevorzugt.

Das Störungsproblem.

190. *Verschiedene Störungsprobleme. Die Differentialgleichungen für die Bewegung eines Planeten, der von einem anderen Planeten gestört wird.* Durch die vorhergehenden Kapitel sind wir mit der Bedeutung des Begriffes *Störung* vertraut, und wir haben (S. 234) den Unterschied zwischen „speziellen“ und „allgemeinen“ Störungen kennengelernt. Das vorliegende Kapitel ist als Einleitung zum mathematischen Studium des Problems der allgemeinen Störungen gedacht.

Wie wir aus dem früher Erwähnten wissen, gibt es verschiedene Arten von Störungsproblemen. Wir haben von dem *Planetenproblem* gesprochen, das dadurch gekennzeichnet ist, daß sich in dem System, dessen Bewegungsverhältnisse untersucht werden sollen, eine dominierende Masse befindet; wir haben von dem Problem der *Bewegung unseres Mondes* gesprochen, das dadurch gekennzeichnet ist, daß der störende Körper (die Sonne) sich in einer Entfernung befindet, die sehr groß ist im Verhältnis zu der Entfernung des gestörten Körpers vom Zentralkörper (der Erde); und wir haben von dem Problem gesprochen, das dadurch entsteht, daß infolge der *Massenverteilung* eines anziehenden Körpers dieser als Ganzes nicht nach dem einfachen Gesetz der Anziehung $\frac{m_1 m_2}{r^2}$ wirkt.

Im folgenden wollen wir uns hauptsächlich mit dem Planetenproblem beschäftigen.

Wir greifen auf die Differentialgleichungen des Dreikörperproblems zurück, wie wir sie in § 180 aufgestellt haben. Wir dividieren die Gleichungen (2) auf S. 230 durch m und die Gleichungen (4) auf S. 231 durch m_2 und subtrahieren für jede Koordinate besonders. Wir erhalten dadurch folgendes Gleichungssystem:

$$\begin{aligned}
\frac{d^2(x-x_2)}{dt^2} &= -k^2(m+m_2)\frac{x-x_2}{\varrho_{02}^3} + k^2 m_1 \frac{x_1-x}{\varrho_{01}^3} - k^2 m_1 \frac{x_1-x_2}{\varrho_{12}^3} \\
\frac{d^2(y-y_2)}{dt^2} &= -k^2(m+m_2)\frac{y-y_2}{\varrho_{02}^3} + k^2 m_1 \frac{y_1-y}{\varrho_{01}^3} - k^2 m_1 \frac{y_1-y_2}{\varrho_{12}^3} \qquad (1) \\
\frac{d^2(z-z_2)}{dt^2} &= -k^2(m+m_2)\frac{z-z_2}{\varrho_{02}^3} + k^2 m_1 \frac{z_1-z}{\varrho_{01}^3} - k^2 m_1 \frac{z_1-z_2}{\varrho_{12}^3}.
\end{aligned}$$

Dieses Gleichungssystem gibt, wie wir aus den Ausdrücken links sehen, die Differentialgleichungen für die Bewegung der Masse m *relativ zur Masse* m_2, also einer *relativen* Bewegung.

In unserem Problem bezeichnet m_2 immer die Sonne. Ganz wie im Zweikörperproblem (S. 204) verlegen wir jetzt den Anfangspunkt des Koordinatensystems in das Zentrum der Sonne. Wir können die Formeln dann etwas einfacher schreiben, indem wir

$$\begin{aligned}
x &\quad \text{statt} \quad x - x_2 \\
x_1 &\quad \text{statt} \quad x_1 - x_2
\end{aligned}$$

schreiben, während $x_1 - x$ unverändert bleibt.

Ferner schreiben wir (vgl. die Bemerkung auf S. 204):

$$\begin{aligned}
r &\quad \text{statt} \quad \varrho_{02} \\
r_1 &\quad \text{statt} \quad \varrho_{12} \\
\varrho &\quad \text{statt} \quad \varrho_{01}
\end{aligned}$$

wo:

$$\begin{aligned}
r^2 &= x^2 + y^2 + z^2 \\
r_1^2 &= x_1^2 + y_1^2 + z_1^2 \qquad (2) \\
\varrho^2 &= (x_1 - x)^2 + (y_1 - y)^2 + (z_1 - z)^2 .
\end{aligned}$$

Wenn wir dann für m_2 (die Masse der Sonne) wie gewöhnlich Eins schreiben, so erhalten wir statt (1) die folgenden Gleichungen:

$$\begin{aligned}
\frac{d^2x}{dt^2} + k^2(1+m)\frac{x}{r^3} &= k^2 m_1 \frac{x_1 - x}{\varrho^3} - k^2 m_1 \frac{x_1}{r_1^3} \\
\frac{d^2y}{dt^2} + k^2(1+m)\frac{y}{r^3} &= k^2 m_1 \frac{y_1 - y}{\varrho^3} - k^2 m_1 \frac{y_1}{r_1^3} \\
\frac{d^2z}{dt^2} + k^2(1+m)\frac{z}{r^3} &= k^2 m_1 \frac{z_1 - z}{\varrho^3} - k^2 m_1 \frac{z_1}{r_1^3}.
\end{aligned} \tag{3}$$

Dies sind die Differentialgleichungen für die Bewegung eines Planeten m relativ zur Sonne (deren Masse wir als Masseneinheit gewählt haben), wenn die Bewegung von einem anderen Planeten mit der Masse m_1 gestört wird. Wenn wir uns in diesen Gleichungen m_1 (die störende Masse) gleich Null denken, wird die rechte Seite in den Gleichungen gleich Null. Wir haben dann ganz einfach die Gleichungen für die ungestörte Bewegung von m um die Sonne (vgl. S. 205).

Rechts vom Gleichheitszeichen in (3) haben wir zwei Glieder, von denen das erste die Beschleunigung ausdrückt, die m_1 der Masse m gibt, das zweite Glied stellt (mit negativem Vorzeichen) die Beschleunigung dar, die m_1 der Sonne gibt, eine Beschleunigung, die selbstverständlich von der Beschleunigung von m abgezogen werden muß, da die Bewegung von m ja nun auf die Sonne bezogen wird.

Für die Bewegung des Planeten m_1 relativ zur Sonne können wir auf dieselbe Weise folgendes Gleichungssystem aufstellen:

$$\begin{aligned}
\frac{d^2x_1}{dt^2} + k^2(1+m_1)\frac{x_1}{r_1^3} &= k^2 m \frac{x - x_1}{\varrho^3} - k^2 m \frac{x}{r^3} \\
\frac{d^2y_1}{dt^2} + k^2(1+m_1)\frac{y_1}{r_1^3} &= k^2 m \frac{y - y_1}{\varrho^3} - k^2 m \frac{y}{r^3} \\
\frac{d^2z_1}{dt^2} + k^2(1+m_1)\frac{z_1}{r_1^3} &= k^2 m \frac{z - z_1}{\varrho^3} - k^2 m \frac{z}{r^3}.
\end{aligned} \tag{4}$$

Das Gleichungssystem (3) kann in einer wesentlich einfacheren Form geschrieben werden mit Hilfe einer Funktion R, die in der folgenden Weise definiert wird:

$$R = k^2 m_1 \left\{\frac{1}{\varrho} - \frac{x x_1 + y y_1 + z z_1}{r_1^3}\right\}. \tag{5}$$

Die partielle Differentiation von R nach den Koordinaten x, y, z von m gibt, wenn wir uns der Gleichungen (2) erinnern, das Resultat:

$$\begin{aligned}
\frac{d^2x}{dt^2} + k^2(1+m)\frac{x}{r^3} &= \frac{\partial R}{\partial x} \\
\frac{d^2y}{dt^2} + k^2(1+m)\frac{y}{r^3} &= \frac{\partial R}{\partial y} \\
\frac{d^2z}{dt^2} + k^2(1+m)\frac{z}{r^3} &= \frac{\partial R}{\partial z}.
\end{aligned} \tag{6}$$

R wird die *Störungsfunktion* genannt. Wenn wir (4) in einer entsprechenden Form zu schreiben wünschen, so definieren wir:

$$R_1 = k^2 m \left\{\frac{1}{\varrho} - \frac{x x_1 + y y_1 + z z_1}{r^3}\right\}, \tag{7}$$

wodurch wir:

$$\begin{aligned}
\frac{d^2x_1}{dt^2} + k^2(1+m_1)\frac{x_1}{r_1^3} &= \frac{\partial R_1}{\partial x_1} \\
\frac{d^2y_1}{dt^2} + k^2(1+m_1)\frac{y_1}{r_1^3} &= \frac{\partial R_1}{\partial y_1} \\
\frac{d^2z_1}{dt^2} + k^2(1+m_1)\frac{z_1}{r_1^3} &= \frac{\partial R_1}{\partial z_1}
\end{aligned} \tag{8}$$

erhalten.

R_1 ist also die Störungsfunktion im Problem von der durch m gestörten Bewegung von m_1.

191. *Die erste Hauptoperation im Problem: Die Entwicklung der Störungsfunktion in eine Reihe.* Die Lösung des Problems der Bewegung eines Planeten, der von einem anderen Planeten gestört wird, setzt in der Form, in der wir das Problem hier skizzieren wollen, zwei prinzipielle Operationen voraus: 1. Die Entwicklung der Störungsfunktion in eine unendliche Reihe und 2. die Umformung der Differentialgleichungen der Bewegung. Wir wollen den Gang der ersten Operation zuerst andeuten.

In den §§ 171 bis 173 haben wir das Problem von Reihenentwicklungen im Zweikörperproblem skizziert. Wenn wir dieselben Prinzipien auf die Störungsfunktion anwenden — die ja eine Funktion der Koordinaten von zwei Planeten ist — so ist es klar, daß die Störungsfunktion in einer Form muß entwickelt werden können, die der im § 173 für $\frac{r}{r_1}$ gegebenen Reihe ähnlich ist. Es ist indessen zu bemerken, daß eine Funktion der Koordinaten von zwei Planeten im allgemeinen, außer den in der Entwicklung für $\frac{r}{r_1}$ auftretenden Größen, auch den Winkel zwischen den beiden Bahnebenen (wir nennen ihn I), ferner die beiden Perihellängen und die beiden Knotenlängen enthalten wird. Die vier letztgenannten Bahnelemente werden in der Reihenentwicklung unter trigonometrischen Zeichen auftreten, ähnlich wie M und M_1, und der Winkel zwischen den Bahnebenen wird in den Koeffizienten außerhalb von cos und sin in der Form von wachsenden Potenzen der einen oder anderen Funktion von I auftreten, z. B. $\sin\frac{I}{2}$.

Dazu kommt noch ein wichtiger Umstand.

Das erste Glied in der Klammer rechts in (5) kann:

$$\frac{1}{\varrho} = \{(x_1 - x)^2 + (y_1 - y)^2 + (z_1 - z)^2\}^{-1/2}$$

geschrieben werden, oder:

$$\frac{1}{\varrho} = \{(x_1^2 + y_1^2 + z_1^2) - 2(xx_1 + yy_1 + zz_1) + (x^2 + y^2 + z^2)\}^{-1/2}$$

also:

$$\frac{1}{\varrho} = \{r_1^2 - 2(xx_1 + yy_1 + zz_1) + r^2\}^{-1/2}. \tag{9}$$

Wir setzen jetzt voraus, daß m_1 relativ zu m ein äußerer Planet ist (daß also $a_1 > a$ ist), und wir nehmen an, daß e und e_1 solche Werte haben, daß r_1 immer größer ist als r.

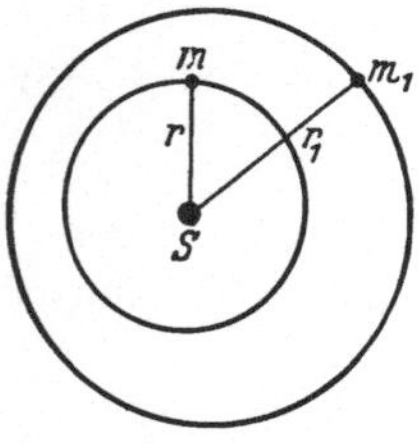

Abb. 130.

Wir nehmen mit (9) folgende Operationen vor.

Wir nehmen r_1 im Nenner aus der Klammer heraus und erhalten:

$$\frac{1}{\varrho} = \frac{1}{r_1}\left\{1 - 2\frac{xx_1 + yy_1 + zz_1}{r_1^2} + \frac{r^2}{r_1^2}\right\}^{-1/2}. \tag{10}$$

Die beiden Ellipsen in Abb. 130 seien zwei Planetenbahnen (die man sich nicht in derselben Ebene vorstellen soll). Aus der analytischen Geometrie wissen wir, daß der Winkel (φ) zwischen den Radienvektoren der beiden Planeten durch die Gleichung:

$$\cos\varphi = \frac{xx_1 + yy_1 + zz_1}{rr_1} \tag{11}$$

bestimmt wird. Wir setzen in (10) ein und erhalten:

$$\frac{1}{\varrho} = \frac{1}{r_1}\left\{1 - 2\frac{r}{r_1}\cos\varphi + \frac{r^2}{r_1^2}\right\}^{-1/2}. \tag{12}$$

Dieser Ausdruck aber kann mit Hilfe der Binomialformel und einiger elementaren Operationen in eine Reihe von der folgenden Form entwickelt werden:

$$\frac{1}{\varrho} = \frac{1}{r_1}\{C_0 + C_1 \cos\varphi + C_2 \cos 2\varphi + C_3 \cos 3\varphi + \cdots\} \tag{13}$$

wo C_0, C_1, C_2, $C_3 \ldots$ selbst als Reihen ausgedrückt werden können, die nach Potenzen von $\frac{r}{r_1}$ fortschreiten, und zwar so, daß die niedrigste Potenz, in der $\frac{r}{r_1}$ in einem Koeffizienten C_n vorkommt, die $n$te ist.

So ist z. B.:

$$C_0 = 1 + \frac{1}{4}\left(\frac{r}{r_1}\right)^2 + \frac{9}{64}\left(\frac{r}{r_1}\right)^4 + \cdots$$

$$C_1 = \left(\frac{r}{r_1}\right) + \frac{3}{8}\left(\frac{r}{r_1}\right)^3 + \cdots$$

Die Funktion $\frac{1}{\varrho}$ kann also in eine Reihe entwickelt werden, die in Vielfachen von φ trigonometrisch ist, und die nach Potenzen von $\frac{r}{r_1}$ fortschreitet, einer Größe, von der wir ja vorausgesetzt haben, daß sie immer kleiner als Eins ist (wenn wir mit einem Problem zu tun hätten, wo der störende Planet der innere der beiden ist, würden wir $\frac{1}{\varrho}$ nach Potenzen von $\frac{r_1}{r}$ entwickeln).

Was hierbei herauskommt, sehen wir, wenn wir einen Augenblick an den einfachen Fall denken, in dem die beiden Bahnen — die für m und die für m_1 — in derselben Ebene liegen und kreisförmig sind. Der Winkel φ wird dann einfach der Zeit proportional, indem er $M - M_1$ enthalten wird, also $(\mu - \mu_1)t + (M^0 - M_1^0)$, wo M^0 und M_1^0 die Werte von M und M_1 für die Zeit $t = 0$ sind (die *Perihelzeiten* T und T_1 existieren hier ja nicht), und $\frac{r}{r_1}$ wird zu $\frac{a}{a_1}$, also zu dem Verhältnis zwischen den beiden Bahnradien. Und hieraus folgt, daß $\frac{1}{\varrho}$ in eine Reihe entwickelt werden kann, die beständig wachsende Potenzen von $\frac{a}{a_1}$ enthält. Das zweite Glied in der Klammer in (5) verursacht keine Schwierigkeiten, und das Resultat wird dann, daß die Störungsfunktion in eine Reihe entwickelt werden kann, die nach den Kosinus von Vielfachen von $(M - M_1)$ fortschreitet, einer Größe, die ja hier dasselbe ist wie $(v - v_1)$, und wo die Koeffizienten beständig wachsende Potenzen von $\frac{a}{a_1}$ enthalten.

Wir hatten aber hier für einen Augenblick vorausgesetzt, daß wir es mit zwei *kreisförmigen* Bewegungen in *einer Ebene* zu tun hatten. Wenn wir die Voraussetzung der kreisförmigen Bewegung verlassen und zu elliptischen Bahnen übergehen, wird das Ganze zwar komplizierter werden, im Prinzip wird aber nichts geändert. Die Größen r, r_1, $\cos\varphi$, $\cos 2\varphi$, $\cos 3\varphi$ usw. werden nun selbst Reihen von demselben Typus sein wie die Reihen im § 173, Reihen also, die nach Kosinus oder Sinus von Summen und Differenzen von Vielfachen der beiden mittleren Anomalien und der beiden Perihellängen fortschreiten, und wo die Koeffizienten Potenzen der Exzentrizitäten e und e_1 enthalten. Und wenn wir dann den letzten Schritt tun und die beiden Bahnen einen Winkel (I) miteinander bilden lassen, so wird sich die Störungsfunktion in eine Reihe entwickeln lassen, die nach wachsenden Potenzen von $\frac{a}{a_1}$, e, e_1 und der einen oder anderen Funktion des Winkels zwischen den beiden Bahnebenen $\left(\text{z. B. } \sin\frac{I}{2}\right)$ fortschreitet, und die trigonometrisch ist in linearen Kombinationen der mittleren

Anomalien und der beiden Perihelabstände von der Schnittlinie der Bahnebenen. Es ist zu bemerken, daß I selbstverständlich eine Funktion sowohl der Winkel der beiden Planetenbahnen mit der Ekliptik als auch ihrer Knotenlängen ist.

Für das allgemeine Glied dieser Reihenentwicklung können wir dann schematisch schreiben:

$$m_1 \cdot K \cdot \sin^p \frac{I}{2} \cdot \left(\frac{a}{a_1}\right)^q \cdot e^m \cdot e_1^n \cdot \frac{\cos}{\sin} (i M + i_1 M_1), \tag{14}$$

wo $M = \mu(t - T)$ und $M_1 = \mu_1(t - T_1)$, wo p, q, m und n positive ganze Zahlen von 0 bis ∞ und i und i_1 ganze positive oder negative Zahlen von $-\infty$ bis $+\infty$ sind. Unter $\frac{\cos}{\sin}$ in der Formel (14) gehen, wie bereits angedeutet, auch lineare Kombinationen von Vielfachen der beiden Perihelabstände von der Schnittlinie der Bahnebenen ein.

192. *Die Bedeutung der Form, in der wir jetzt die Reihenentwicklung der Störungsfunktion haben.* Es wird sich später (§ 195) zeigen, daß es bei der Lösung des Störungsproblems auf eine Integration nach der Zeit t von Reihen ankommt, die gerade dieselbe Form haben wie die jetzt angedeutete Reihe für die Störungsfunktion. Wir sehen dann gleich, welche Bedeutung es für die Lösung des Problems hat, daß wir diese Reihe in einer solchen Form erhalten haben, daß sie die Zeit t nur linear unter den trigonometrischen Zeichen Kosinus und Sinus enthält, also in der Form von Ausdrücken, die direkt integriert werden können.

193. *Die zweite Hauptoperation im Störungsproblem: Umformung der Bewegungsgleichungen.* Störungen können nach verschiedenen Methoden berechnet werden. Man kann das Gleichungssystem in einer solchen Weise lösen, daß man die Störungen als Störungen in den *rechtwinkligen Koordinaten* erhält. Man kann das Problem auch als Störungen in *Polarkoordinaten* behandeln. Hier wollen wir uns an das in der Geschichte der Himmelsmechanik fundamentale Problem halten: die Berechnung von *Störungen in den Bahnelementen.*

Wenn man die sechs Elemente einer Planetenbahn kennt, kann man nach den Formeln des Zweikörperproblems Ort und Bewegung des Planeten für jeden Zeitpunkt t berechnen, ausgedrückt z. B. durch drei Koordinaten und drei Geschwindigkeitskomponenten, alles unter der Voraussetzung, daß keine anderen Kräfte als die Anziehung zwischen dem Planeten und der Sonne wirken. Umgekehrt haben wir (§ 170) gesehen, daß wir, wenn wir x, y, z, $\frac{dx}{dt}$, $\frac{dy}{dt}$, $\frac{dz}{dt}$ in einem bestimmten Augenblick für einen Planeten kennen, ein Elementensystem berechnen können, das diesen Koordinaten und diesem Bewegungszustand eindeutig entspricht. Wenn wir bei einer ungestörten elliptischen Bewegung diese Elementenberechnung für verschiedene Zeitpunkte ausführen, so erhalten wir überall genau dasselbe Elementensystem.

Wenn wir uns jetzt eine *gestörte* Bewegung vorstellen, so haben wir die Sache bisher so aufgefaßt, daß wir erst mit Hilfe der Formeln des Zweikörperproblems den ungestörten Ort und die ungestörte Bewegung zu verschiedenen Zeiten berechnen und die auf die eine oder andere Weise berechnete Störung in Ort und Bewegung addieren. Wir können die Sache aber auch anders auffassen. Wenn wir der gestörten Bewegung Schritt für Schritt folgen, so wird jede Situation, d. h. jeder Satz von drei Koordinaten und drei Geschwindigkeitskomponenten ein Elementensystem definieren, das 1. diese Koordinaten und Geschwindigkeitskomponenten in dem gegebenen Augenblick gibt und 2. die zukünftige Bewegung des Planeten definieren würde, wenn in diesem Augenblick alle Störungen aufhörten. Wenn man sich nun eine solche Elementenberechnung für verschiedene Punkte in einer andauernd gestörten Bewegung ausgeführt denkt, so ist es einleuchtend, daß die sechs Koordinaten und Geschwindigkeitskomponenten jedesmal verschiedene Elementensysteme geben werden. Wir werden also für jeden Zeitpunkt ein neues Elementensystem erhalten, das dem wirklichen Ort und der wirklichen Bewegung *relativ zur Sonne* in diesem Augenblick genau entspricht. Sind die Störungen beständig klein, so werden wir Elementensysteme erhalten, die sich wohl beständig verändern, jedoch nur um kleine Größen. Ein solches Elementensystem, das dem Ort und der Bewegung in einem gewissen Augenblick genau entspricht, wird *das System der in diesem Augenblick oskulierenden Elemente* genannt.

Hiernach ist es aber auch klar, daß wir das Störungsproblem von einer ganz neuen Seite betrachten können: wir sprechen von *Störungen* in den *Bahnelementen.* Wir berechnen das gestörte Elementensystem (die oskulierenden Elemente) für einen gegebenen Zeitpunkt. Mit Hilfe der Formeln des Zweikörperproblems können wir danach den Ort und den Bewegungszustand des Planeten in dem gegebenen Augenblick aus diesem Elementensystem berechnen.

Im Gleichungssystem (6) haben wir, wie wir wissen, die Differentialgleichungen für die Koordinaten (und indirekt für die Geschwindigkeiten) in einer gestörten Bewegung. Eine mathematische Analyse zeigt nun, daß wir in der Tat diese drei Differentialgleichungen zweiter Ordnung in den Koordinaten in sechs Differentialgleichungen erster Ordnung in den Bahnelementen umformen können. Die Ableitung ist ziemlich kompliziert und die Resultate ebenfalls. Wir werden als Beispiel hier nur die Ableitung einer dieser sechs Gleichungen, der Differentialgleichung für das Bahnelement a, geben. Diese Differentialgleichung hat das folgende Aussehen:

$$\frac{da}{dt} = -\frac{2}{\mu^2 a}\frac{\partial R}{\partial T}, \tag{15}$$

wo wir mit der Bedeutung aller auftretenden Größen vertraut sind.

194. *Ableitung der Gleichung (15).* Wir haben ganz allgemein, wenn ds das Wegstück bezeichnet, das ein Massenpunkt in der Zeit dt durchläuft und $\frac{ds}{dt}$ also die Bewegungsgeschwindigkeit ist:

$$\left(\frac{ds}{dt}\right)^2 = \left(\frac{dx}{dt}\right)^2 + \left(\frac{dy}{dt}\right)^2 + \left(\frac{dz}{dt}\right)^2 \tag{16}$$

$$r^2 = x^2 + y^2 + z^2$$

$$r\frac{dr}{dt} = x\frac{dx}{dt} + y\frac{dy}{dt} + z\frac{dz}{dt}. \tag{17}$$

Im Störungsproblem haben wir:

$$\begin{aligned} \frac{d^2x}{dt^2} &= -\frac{k^2(1+m)}{r^2}\frac{x}{r} + \frac{\partial R}{\partial x} \\ \frac{d^2y}{dt^2} &= -\frac{k^2(1+m)}{r^2}\frac{y}{r} + \frac{\partial R}{\partial y} \\ \frac{d^2z}{dt^2} &= -\frac{k^2(1+m)}{r^2}\frac{z}{r} + \frac{\partial R}{\partial z}. \end{aligned} \tag{18}$$

Wenn wir (16) differenzieren, erhalten wir:

$$\frac{d^2s}{dt^2}\frac{ds}{dt} = \frac{d^2x}{dt^2}\frac{dx}{dt} + \frac{d^2y}{dt^2}\frac{dy}{dt} + \frac{d^2z}{dt^2}\frac{dz}{dt}.$$

Mit Hilfe von (18) erhalten wir dann:

$$\frac{d^2s}{dt^2}\frac{ds}{dt} = -\frac{k^2(1+m)}{r^2}\left\{\frac{x}{r}\frac{dx}{dt} + \frac{y}{r}\frac{dy}{dt} + \frac{z}{r}\frac{dz}{dt}\right\} + \left\{\frac{\partial R}{\partial x}\frac{dx}{dt} + \frac{\partial R}{\partial y}\frac{dy}{dt} + \frac{\partial R}{\partial z}\frac{dz}{dt}\right\},$$

und mit Hilfe von (17), und da R eine Funktion von x, y, z, x_1, y_1, z_1 ist:

$$\frac{d^2 s}{dt^2}\frac{ds}{dt} = -\frac{k^2(1+m)}{r^2}\frac{dr}{dt} + \left(\frac{dR}{dt}\right), \tag{19}$$

wo $\left(\frac{dR}{dt}\right)$ den Differentialquotienten von R nach der Zeit über *die Koordinaten x, y, z des gestörten Körpers* (aber nicht über x_1, y_1, z_1) bedeutet.

In (19) hängt das erste Glied rechts von der Bewegung in der oskulierenden Bahn und das zweite Glied von der *Störung* ab.

Dies war der erste Schritt. Jetzt kommen wir zu dem zweiten.

Wir kennen aus dem Zweikörperproblem die folgende Formel:

$$V^2 = \left(\frac{ds}{dt}\right)^2 = \frac{2k^2(1+m)}{r} - \frac{k^2(1+m)}{a}, \tag{20}$$

eine Gleichung, die ganz allgemein für *eine in einem bestimmten Augenblick oskulierende Bahn* gilt.

Wir differenzieren (20) und erhalten:

$$\frac{d^2 s}{dt^2}\frac{ds}{dt} = -\frac{k^2(1+m)}{r^2}\frac{dr}{dt} + \frac{1}{2}\frac{k^2(1+m)}{a^2}\frac{da}{dt}. \tag{21}$$

Das erste Glied rechts entspricht der Bewegung in der oskulierenden Bahn, das zweite der Störung.

Jetzt müssen (19) und (21) identisch sein. Dadurch erhält man:

$$\left(\frac{dR}{dt}\right) = \frac{1}{2}\frac{k^2(1+m)}{a^2}\frac{da}{dt} \tag{22}$$

und also:

$$\frac{da}{dt} = \frac{2a^2}{k^2(1+m)}\left(\frac{dR}{dt}\right). \tag{23}$$

$\left(\frac{dR}{dt}\right)$ war der Differentialquotient von R nach der Zeit über die Koordinaten von m allein (x, y, z). Die Zeit t und die Perihelzeit T gehen, wie wir wissen, in diese Koordinaten nur in der Form $t - T$ ein, und wir haben deshalb:

$$\left(\frac{dR}{dt}\right) = -\frac{\partial R}{\partial T}. \tag{24}$$

Aus (23) und (24) erhalten wir dann schließlich:

$$\frac{da}{dt} = -\frac{2a^2}{k^2(1+m)}\frac{\partial R}{\partial T},$$

und, weil:

$$k^2(1+m) = \mu^2 a^3,$$

wird:

$$\frac{da}{dt} = -\frac{2}{\mu^2 a}\frac{\partial R}{\partial T},$$

wodurch die Differentialgleichung (15) bewiesen ist.

195. *Die Differentialgleichungen (Störungsgleichungen) für die fünf anderen Bahnelemente.* Für die Differentialquotienten der fünf anderen Elemente nach der Zeit, also $\frac{d\Omega}{dt}, \frac{di}{dt}, \frac{d\pi}{dt}, \frac{de}{dt}$ und $\frac{dT}{dt}$, haben wir ganz ähnliche wenn auch, was die vier letzten anbelangt, wesentlich kompliziertere Ausdrücke.

Schematisch können wir allgemein für ein Element (E_m) schreiben:

$$\frac{dE_m}{dt} = \sum_n f_{mn}(E_1, E_2 \ldots) \cdot \frac{\partial R}{\partial E_n}, \tag{25}$$

d. h. wir haben für den totalen Differentialquotienten eines Bahnelements nach der Zeit eine Summe von Gliedern (es zeigt sich, daß ein, zwei oder drei Glieder vorhanden sind).

196. *Die Integration der Differentialgleichungen der Bahnelemente. Störungen erster Ordnung mit Rücksicht auf die störende Masse.* Das Fundamentale für die Integration der Gleichungen (25) ist, daß die Ausdrücke $\frac{dE_m}{dt}$ in (25) mit Hilfe von (14) als unendliche trigonometrische Reihen ausgedrückt werden können, wo die Zeit t unter Kosinus oder Sinus nur linear auftritt. Wenn wir die partiellen Differentiationen der Störungsfunktion, die in (25) angedeutet sind, ausführen, so erhalten wir zwar andere Koeffizienten in den Reihen, aber mit Rücksicht auf die Form, in der die Zeit t auftritt, tritt keine Veränderung ein.

Der Übersichtlichkeit halber halten wir uns vorläufig an die spezielle Gleichung (15) statt an die allgemeinere (25). Mit Hilfe von (14) erhalten wir dann:

$$\frac{da}{dt} = m_1 \sum K \cdot \sin^p \frac{I}{2} \cdot \left(\frac{a}{a_1}\right)^q \cdot e^m \cdot e_1^n \cdot {\cos \atop \sin}(iM + i_1 M_1), \tag{26}$$

wo jedoch K, p, q, m, n in den verschiedenen Gliedern durch die partielle Differentiation nach den Bahnelementen teilweise andere Werte als in (14) erhalten haben.

Da nun, wie wir wissen:

$$M = \mu(t - T) \quad \text{und} \quad M_1 = \mu_1(t - T_1),$$

so tritt die Zeit in (26) nur in der folgenden Form auf:

$${\cos \atop \sin}(i\mu t + i_1 \mu_1 t),$$

wo μ und μ_1 die mittleren Bewegungen der beiden Planeten sind und i und i_1 ganze Zahlen bezeichnen, positive oder negative, von $-\infty$ bis $+\infty$.

Die Methode zur Berechnung der Störungen in den Bahnelementen (hier also in a) ist nun die folgende.

Wir wissen, daß die störende Masse m_1 im Planetensystem immer eine kleine Größe ist. Der Ausdruck rechts in (26) ist deshalb numerisch immer klein. Wenn wir einfach $m_1 = 0$ setzen, erhalten wir:

$$\frac{da}{dt} = 0,$$

eine Gleichung, die durch Integration:

$$a = a_0$$

gibt, d. h. einen konstanten Wert, und ebenso für alle übrigen Elemente. Das ist ja aber nichts anderes als das Zweikörperproblem: wir erhalten einen Satz Integrationskonstanten = den konstanten Bahnelementen. Dies ist die erste Näherung in den Versuchen, das Problem zu lösen.

Doch jetzt nehmen wir an, daß m_1 nicht gleich Null ist. Wir erhalten dann rechts in (26) Ausdrücke, mit denen wir aus dem Vorhergehenden vertraut sind. Wir sehen, daß die Bahnelemente selbst in den verschiedenen Gliedern der Reihe vorkommen. Da wir nun gerade die Störungen in den Bahnelementen berechnen wollen, und wir uns aus dem früher Gesagten klar darüber sind, daß die Bahnelemente sich beständig ändern werden, so können wir rechts in (26) die Elemente nicht als Konstanten behandeln, wenn wir exakt sein wollen. Da indessen die Variationen in den Bahnelementen der störenden Masse m_1 proportional sind und in (26) außerdem m_1 als Faktor für das ganze steht, so *vernachlässigt man tatsächlich nur kleine Größen zweiter Ordnung in bezug auf die störende Masse,* wenn man die Bahnelemente rechts in (26) konstant setzt.

Wir geben dann allen sechs Elementen rechts in (26) und in den entsprechenden fünf anderen Gleichungen konstante Werte und erhalten dadurch sechs

Gleichungen, die uns instand setzen, die *Störungen in den Bahnelementen von der ersten Ordnung in bezug auf* m_1 zu berechnen.

Die Gleichung (26) — und die entsprechenden Gleichungen für die fünf anderen Elemente — können jetzt direkt integriert werden. Wir erhalten aus (26):

$$a = a_0 + m_1 \sum \left\{ \pm K \cdot \sin^p \frac{I}{2} \cdot \left(\frac{a}{a_1}\right)^q \cdot e^m \cdot e_1^n \cdot \frac{1}{i\mu + i_1\mu_1} \cdot {\sin \atop \cos} (iM + i_1 M_1) \right\}, \quad (27)$$

wo a_0 eine Integrationskonstante ist und $+$ zu sin und $-$ zu cos gehört.

197. *Verschiedene Typen von Störungsgliedern.* Im Prinzip hat die Reihenentwicklung in (27) dieselbe Form wie die Reihenentwicklung der Störungsfunktion und wie die Reihenentwicklung in (26). Durch die Integration der letztgenannten Differentialgleichung wurde cos in sin verändert und sin in cos, aber außerdem kam in allen Gliedern noch ein Divisor $(i\mu + i_1\mu_1)$ hinzu. Dieser Divisor spielt in der Theorie der Störungen eine wichtige Rolle.

Wir wissen, daß μ und μ_1 die mittleren täglichen Bewegungen für die beiden Planeten, den gestörten und den störenden, bezeichnen, und daß in unseren Reihen i und i_1 alle positiven und negativen ganzen Zahlenwerte von $-\infty$ bis $+\infty$ haben können. Der Faktor von t unter den trigonometrischen Zeichen, der bei der Integration zu dem Divisor $(i\mu + i_1\mu_1)$ außerhalb der trigonometrischen Zeichen führt, macht es jetzt notwendig, zwischen verschiedenen Typen von Gliedern in den Ausdrücken für die Störungen zu unterscheiden.

I. Da i und i_1 alle möglichen ganzen Zahlenwerte annehmen sollen, müssen in (26) — und in den entsprechenden Gleichungen für die anderen fünf Elemente — auch Glieder vorhanden sein, wo $i = i_1 = 0$. In einem solchen Falle wird der Faktor von t unter dem cos oder sin gleich Null: die Zeit kommt überhaupt in diesen Gliedern nicht vor, die deshalb die Bedeutung von *Konstanten* erhalten. Wenn die Konstante in einem Falle σ ist, erhalten wir nach der Integration in der betreffenden Elementenstörung ein Glied σt, also ein der Zeit proportionales Glied. In diesem Falle ist von einem Divisor $(i\mu + i_1\mu_1)$ in dem entsprechenden Koeffizienten keine Rede. Solche Glieder werden *säkulare Glieder* genannt.

II. Da i und i_1 sowohl positive als auch negative Werte haben können, werden Glieder auftreten, wo die eine dieser Größen positiv, die andere negativ ist. Wenn dies in einem bestimmten Glied der Fall ist, und wenn es eintreten sollte, daß die beiden Zahlen i und i_1 sich numerisch genau wie μ_1 zu μ verhielten, so würde der Ausdruck $(i\mu + i_1\mu_1) = 0$ sein. Auch in diesem Falle würde also der Faktor von t in (26) gleich Null sein.

Dieser spezielle Fall (streng kommensurable mittlere Bewegungen) spielt eine hervorragende Rolle in verschiedenen Mondproblemen in unserem Sonnensystem. In der Planetentheorie haben wir häufig mit Fällen zu tun, in denen $(i\mu + i_1\mu_1)$ zwar nicht genau, aber nahezu gleich Null ist. In solchen Fällen wird der nach der Integration auftretende Divisor sehr klein und das betreffende Störungsglied also abnorm groß für seinen Platz in der unendlichen Reihe.

III. Wenn weder $i = i_1 = 0$ noch $(i\mu + i_1\mu_1)$ streng oder angenähert gleich Null ist (wie in II angegeben), so haben wir normale periodische Glieder.

198. *Langperiodische Glieder.* Den unter I im vorigen Paragraphen besprochenen Störungsgliedern gaben wir den Namen *säkulare Glieder*, die unter III erwähnten nannten wir *normale periodische Glieder.*

Wenn wir jetzt die im zweiten Stück unter II im vorigen Paragraphen besprochenen Glieder betrachten, so werden diese durch zwei verschiedene Umstände charakterisiert: 1. durch den großen Koeffizienten außerhalb des trigonometrischen Zeichens, von dem wir schon gesprochen haben, und damit zusammenhängend: 2. durch die abnorme Länge der Periode, während der das betreffende Glied in der Reihe alle seine Werte durchläuft.

Da das Glied einen Kosinus oder Sinus von $[(i\mu + i_1\mu_1)t]$ enthält, so ist es klar, daß die Periode (U) dieses Gliedes:

$$U = \frac{2\pi}{i\mu + i_1\mu_1}$$

geschrieben werden kann.

In dem vorliegenden Falle, wo wir voraussetzen, daß $(i\mu + i_1\mu_1)$ sehr klein ist, wird also die *Periode sehr lang*. Solche Störungsglieder heißen deshalb *langperiodische Glieder*. Diese Bezeichnung ist in der Tat charakteristischer als eine Bezeichnung nach der Größe der Koeffizienten sein würde, da die Größe der Koeffizienten in wesentlichem Grade auch von dem *Platz des Gliedes in der Reihe* abhängt: Je größere Werte i und i_1 haben, desto weiter hinaus kommen wir in der Reihe und desto kleiner ist der Koeffizient, wenn wir von einem eventuellen kleinen Divisor absehen. Normalerweise wird deshalb die angenäherte Kommensurabilität nur im Anfang der Reihenentwicklung eine größere Rolle spielen, also wenn μ und μ_1 sich nahe wie zwei kleine ganze Zahlen zueinander verhalten.

Wir wählen als Beispiel die Störungen, die *Jupiter* und *Saturn* in ihrer Bewegung gegenseitig aufeinander ausüben.

Für die mittlere Bewegung dieser beiden Planeten benutzen wir die beiden Werte:

$$\text{für Jupiter: } \mu = 299''.12838\ldots$$
$$\text{für Saturn: } \mu_1 = 120''.45504\ldots$$

die ja nahezu kommensurabel sind im Verhältnis 5 : 2.

Wir erhalten für $i = 2$ und $i_1 = -5$:

$$2\mu - 5\mu_1 = -4''.01844$$

und:

$$U = \frac{360.60.60}{4.01844} = 322513 \text{ mittleren Sonnentagen} = \text{etwa } 883 \text{ Jahren.}$$

Wenn wir ganz allgemein für zwei Planeten finden wollen, für welche Werte von i und i_1 Glieder mit angenäherter Kommensurabilität entstehen, so können wir uns aus den obenerwähnten Gründen normalerweise mit kleinen Werten von i und i_1 begnügen. Wir finden die gesuchten Werte, indem wir das Verhältnis $\mu_1 : \mu$ in einen Kettenbruch entwickeln. In dem hier behandelten Fall der Störungen Jupiter—Saturn erhalten wir:

$$\frac{\mu_1}{\mu} = \cfrac{1}{2 + \cfrac{1}{2 + \cfrac{1}{14 + \cfrac{1}{2 + \cfrac{1}{19 + \cdots}}}}}$$

Wenn wir in diesem Kettenbruch nach der zweiten 2 und nach 14 abbrechen, so erhalten wir für das Verhältnis $\mu_1 : \mu$ die folgenden angenäherten Werte:

$$\frac{\mu_1}{\mu} = \frac{2}{5}, \ \frac{29}{72},$$

von denen nur der erste Wert eine merkliche Rolle in den Störungen spielt. Daß der Divisor $2\mu - 5\mu_1$ im vorliegenden Fall eine kleine Größe sein muß, ersieht man direkt aus dem Kettenbruch, wo nach der zweiten 2 ein verhältnismäßig kleiner Bruch folgt. Daß $29\mu - 72\mu_1$ und die folgenden Divisoren keine Rolle spielen, liegt natürlich daran, daß wir hier in der unendlichen Reihe bereits weit fortgeschritten sind.

199. *Störungen zweiter und höherer Ordnung in bezug auf die störende Masse.* Im § 196 haben wir die Form für die Störungen erster Ordnung in bezug auf die störende Masse gefunden. Wenn wir jetzt in (26) — und in den entsprechenden Gleichungen für die fünf anderen Elemente — die Ausdrücke einsetzen, die wir in (27) — und in den entsprechenden fünf anderen Gleichungen — für die *gestörten* Elemente haben, und wenn wir gewisse notwendige elementare Operationen ausführen, so werden wir für ein Element, z. B. a, eine Differentialgleichung folgender Form erhalten:

$$\frac{da}{dt} = m_1 \Sigma_{(1)} + m_1^2 \Sigma_{(2)}, \tag{28}$$

wo unter $\Sigma_{(2)}$ auch der Zeit t proportionale Glieder auftreten werden, ferner Glieder, wo t vorkommt multipliziert mit einem Kosinus oder Sinus von Kombinationen von Vielfachen der beiden mittleren Anomalien. Solche Glieder nennen wir *gemischtsäkulare Glieder.* Die Gleichung (28) aber kann ebenso wie (26) direkt integriert werden. Wir erhalten wieder Glieder desselben Typus wie früher, abgesehen davon, daß jetzt in den Ausdrücken für die Elementenstörungen auch gemischtsäkulare Glieder auftreten.

Wir haben damit die *Störungen bis zur zweiten Ordnung in bezug auf die störende Masse inklusive berechnet.*

Wenn wir denselben Gedankengang weiter verfolgen, können wir in den Gleichungen (26) für die Elemente die jetzt gefundenen Ausdrücke bis zu den Störungen zweiter Ordnung in bezug auf m_1 einsetzen und dann wieder integrieren, wodurch wir die Ausdrücke für die Störungen bis zur dritten Ordnung in bezug auf m_1 usw. erhalten.

Theoretisch können wir uns diese Operationen beliebig lange fortgesetzt denken. Wir werden dann für ein Bahnelement, z. B. a, Ausdrücke folgender Form erhalten:

$$a = a_0 + \Sigma m_1^r \cdot K \cdot t^s \cdot \sin^p \frac{I}{2} \cdot \left(\frac{a}{a_1}\right)^q \cdot e^m \cdot e_1^n \cdot {\cos \atop \sin} (iM + i_1 M_1), \tag{29}$$

Ausdrücke also, die uns die gestörten Elemente bis zur $r$ten Ordnung in bezug auf die störende Masse geben. In der Praxis pflegt man selten weiter als bis zur dritten Ordnung zu gehen.

Es ist zu bemerken, daß wir hier im wesentlichen nur an die Einwirkung eines Planeten auf einen anderen gedacht haben. Dies ist typisch für das Problem der Berechnung von Störungen in der Bewegung der *kleinen Planeten,* wo die eine Masse immer gleich Null gesetzt werden kann. Wenn es sich um die *großen Planeten* handelt, wo die Einwirkung gegenseitig ist, werden die Ausdrücke noch komplizierter, sobald wir zu höheren Potenzen der Massen gehen wollen. Wir haben dann nicht nur mit m_1, m_1^2, $m_1^3 \ldots$ zu tun, sondern auch mit m, m^2, mm_1, m^3, $m^2 m_1$, mm_1^2 usw.

200. *Die rein säkularen und die gemischtsäkularen Störungsglieder. Störungen in Exzentrizität und Neigung.* In den Störungen *erster Ordnung* in bezug auf die störende Masse treten in den Elementen rein säkulare aber keine gemischtsäkularen Glieder auf. In den folgenden Näherungen kommen sowohl rein säkulare als auch gemischtsäkulare Glieder vor.

Man sieht leicht, daß säkulare Glieder, wenn sie streng richtig sind, auf die Verhältnisse des Planetensystems fundamental einwirken werden. Säkulare Störungen in Perihellängen und Knotenlängen würden für das System nicht gefährlich sein, da sie ja nur eine Verschiebung verursachen würden, die in sich selbst periodisch wäre. Säkulare Störungen aber in den Elementen a, e und i würden selbstverständlich auf die Dauer fundamentale Veränderungen im System mit sich führen.

Nun ist es indessen klar, daß, sobald eine säkulare Veränderung sich zu großen Beträgen summiert hat, die ganze Grundlage unserer Entwicklungen zusammenfällt, da wir das Problem ja immer unter der Voraussetzung behandelten, daß die Elemente nicht wesentlich geändert würden. Wir müssen deshalb damit rechnen, daß unsere Entwicklungen nur innerhalb von Zeiträumen benutzt werden dürfen, die nicht sehr lang sind. Wir können es auch so ausdrücken: Wir müssen damit rechnen, daß unsere Reihenentwicklungen nur innerhalb gewisser begrenzter Zeiträume praktisch konvergent sind.

Die Gleichung (15) und die entsprechenden fünf Gleichungen für die fünf anderen Elemente sind exakt. Wenn man diese sechs Gleichungen integrieren könnte, wäre das ganze Problem gelöst. Die Bahnelemente und die Zeit treten aber in diesem Gleichungssystem so miteinander verschlungen auf, daß jeder Gedanke an eine exakte Lösung als ausgeschlossen betrachtet werden muß.

Wir haben ja bis jetzt unsere Störungsausdrücke in einer solchen Form erhalten, daß wir Glieder mit wachsenden Potenzen der Zeit t (mit oder ohne trigonometrischen Faktoren) erhielten. Prinzipiell kann man sich nun gut denken, daß säkulare Störungen in Wirklichkeit nicht existieren, sondern daß die Glieder in t, t^2, t^3, ..., die wir in unseren Entwicklungen erhalten, in der Tat nur die ersten Glieder in periodischen Ausdrücken sind, ganz in derselben Weise wie der Ausdruck:

$$x - \frac{x^3}{3!} + \frac{x^5}{5!}$$

die ersten Glieder in der Reihenentwicklung für die periodische Funktion sind, die wir $\sin x$ nennen.

Man hat versucht, sich auf folgende Weise Klarheit über diese Frage zu verschaffen.

Wir betrachten die Ausdrücke rechts in den sechs Gleichungen, die durch (15) repräsentiert sind [vgl. auch (25)]. Es treten dort alle Bahnelemente für die beiden Planeten und die Zeit auf. Nach der Reihenentwicklung können wir die Störungsfunktion in zwei Teile teilen:

$$R = R_0 + R_t\,,$$

wo R_t die Glieder in der Entwicklung bedeutet, die t enthalten (trigonometrisch, wie wir wissen) und R_0 die Glieder, die kein t enthalten, sondern nur die Bahnelemente selbst (wir nennen R_0 den säkularen Teil der Störungsfunktion). Wenn wir annehmen, daß die *periodischen* Glieder in der Entwicklung der Störungsfunktion auf die Dauer keine bleibende Einwirkung haben und deshalb in (15) und in den entsprechenden fünf anderen Gleichungen R_t außer acht lassen, so haben wir sechs Gleichungen des Typus:

$$\frac{dE_m}{dt} = \sum^n f_{mn}(E_1, E_2 \ldots)\frac{\partial R_0}{\partial E_n}, \tag{30}$$

ein System also von sechs Differentialgleichungen, die rechts nur Bahnelemente und nicht die Zeit enthalten. Nun kann nicht einmal dies Gleichungssystem exakt gelöst werden; wenn wir aber in der Reihenentwicklung für R_0 nur die ersten Glieder mitnehmen, dann zeigt es sich, daß wir die Gleichungen unter anderem in bezug auf e und i lösen können. Und das Resultat lautet: In diesem Annäherungsgrad werden die säkularen Störungen in e und i in rein periodische Glieder verwandelt (mit Perioden, die nach Zehntausenden und Hunderttausenden von Jahren zählen), so daß Exzentrizitäten sowohl als auch Neigungen nur *periodischen* Veränderungen unterworfen sind. Das Problem ist hiermit in seiner Allgemeinheit nicht gelöst, da wir ja gewisse Operationen mit der Störungsfunktion vorgenommen haben, die streng genommen nicht zulässig waren. Soviel kann aber auf jeden Fall gesagt werden, daß die Stabilität des Planetensystems, soweit es sich um Exzentrizitäten und Neigungen handelt, für wesentlich längere Zeiten garantiert ist, als die Ausdrücke für die säkularen Störungen erster Ordnung in bezug auf die störenden Massen vermuten lassen würden.

201. *Die Störungen in dem Bahnelement T.* Im § 200 haben wir den Satz ausgesprochen, daß in den Störungen erster Ordnung in bezug auf die störende Masse zwar rein säkulare, aber keine gemischtsäkularen Glieder in den Bahnelementen auftreten. Der letzte Teil dieses Satzes ist jedoch bei einem der sechs Elemente — der Perihelzeit T — nur mit einem bestimmten Vorbehalt gültig. In den Differentialgleichungen der Elemente haben wir, wie wir wissen, rechts vom Gleichheitszeichen partielle Ableitungen der Störungsfunktion nach den verschiedenen Elementen selbst [vgl. Gleichung (25)]. Bei einer dieser partiellen Ableitungen — $\frac{\partial R}{\partial a}$ — liegt nun ein besonderer Umstand vor, der dieser Ableitung eine Form verleiht, die die Ableitungen nach den fünf anderen Elementen nicht besitzen. Die Reihenentwicklung der Störungsfunktion enthält [vgl. Gleichung (14)] das Bahnelement a explizit in den Koeffizienten der trigonometrischen Glieder in der Form $\left(\frac{a}{a_1}\right)^q$, aber außerdem noch unter den trigonometrischen Zeichen in der Reihenentwicklung durch die mittlere Bewegung μ, die ja mit a durch die folgende Gleichung verbunden ist:

$$\mu = \frac{k\sqrt{1+m}}{a^{3/2}}. \tag{31}$$

Wenn wir die verschiedenen Glieder in der Entwicklung der Störungsfunktion nach a differenzieren wollen, können wir deshalb schreiben:

$$\frac{\partial R}{\partial a} = \left(\frac{\partial R}{\partial a}\right) + \frac{\partial R}{\partial \mu}\frac{d\mu}{da}, \tag{32}$$

wo, nach (31):

$$\frac{d\mu}{da} = -\frac{3}{2}\frac{k\sqrt{1+m}}{a^{5/2}} = -\frac{3}{2}\frac{\mu}{a},$$

und wo wir mit $\left(\frac{\partial R}{\partial a}\right)$ die partielle Ableitung nach a in den Koeffizienten außerhalb der trigonometrischen Zeichen bezeichnen.

Das Glied $\left(\frac{\partial R}{\partial a}\right)$ bereitet nun keine besonderen Schwierigkeiten, ebensowenig wie die Ableitungen von R nach den fünf übrigen Elementen. Mit dem zweiten Gliede in (32), $\frac{\partial R}{\partial \mu}\frac{d\mu}{da}$ verhält es sich aber folgendermaßen: μ kommt unter den trigonometrischen Zeichen in der Form:

$$\mu(t-T)$$

vor. Wenn wir die Ableitung $\frac{\partial R}{\partial \mu}$ bilden, tritt deshalb ein t außerhalb des trigonometrischen Zeichens auf. In $\frac{\partial R}{\partial a}$ werden also Glieder vorkommen, die schon in der Reihenentwicklung der Störungsfunktion dem gemischtsäkularen Typus angehören.

Nun kommt, wie die genaue Analyse zeigt, die partielle Ableitung $\frac{\partial R}{\partial a}$ nur in der Differentialgleichung für das Element T, also nur in:

$$\frac{dT}{dt}$$

vor, nicht in den Differentialgleichungen der fünf anderen Bahnelemente. Wir haben deshalb nur bei den Störungsausdrücken für T mit der angedeuteten Schwierigkeit, daß die Zeit t in (25) auch außerhalb der trigonometrischen Zeichen auftritt, zu tun.

Es würde zu weit führen, wenn wir hier im Detail zeigen wollten, wie man diese Schwierigkeit umgehen kann. Das Wesentliche läßt sich jedoch in ziemlich einfachen Worten folgendermaßen ausdrücken.

Im § 193 haben wir den Vorgang bei der Berechnung des Ortes (und der Bewegung) eines gestörten Körpers skizziert: 1. wir berechnen die für einen gegebenen Zeitpunkt oskulierenden Bahnelemente und 2. mit diesen oskulierenden Elementen und dem aus dem oskulierenden Element a folgenden Werte der mittleren Bewegung μ berechnen wir dann für den gegebenen Zeitpunkt den Wert von $\mu(t - T)$ und daraus die Koordinaten und die Geschwindigkeitskomponenten des Himmelskörpers.

Es zeigt sich aber nun für das jetzt vorliegende Problem, daß die nach der Operation *1* im Ausdruck für das gestörte Bahnelement T auftretenden Glieder mit t außerhalb der trigonometrischen Zeichen einfach verschwinden, wenn wir in der Operation *2* statt μt den Ausdruck $\int \mu dt$ berechnen und in die Formeln für die Berechnung der Koordinaten und der Geschwindigkeitskomponenten einsetzen, d. h.: Das Bahnelement T verhält sich ganz so wie die übrigen fünf Elemente, wenn wir nur bei der Berechnung der Koordinaten und der Geschwindigkeitskomponenten aus den oskulierenden Elementen die mit einem konstanten (oskulierenden) μ berechnete „mittlere Bewegung“ durch eine Integration ersetzen, die auf die stetige Änderung in μ infolge der Störungen Rücksicht nimmt.

202. *Das Auftreten der zweiten Potenz kleiner Divisoren in den Ausdrücken für die Störungen erster Ordnung in Länge.* Die in dem vorigen Paragraphen angestellten Überlegungen bringen eine Konsequenz mit sich, die für die Größenordnung der Störung in dem Orte eines Himmelskörpers wichtig ist.

Wir haben gelernt, daß man gezwungen ist, den Ausdruck $\int \mu dt$ zu berechnen, wenn man in dem Element T die schon in der Differentialgleichung dieses Elements auftretenden Glieder vom gemischtsäkularen Typus vermeiden will. Die gestörte „mittlere Bewegung“ μ ist in jedem Augenblick durch die Gleichung:

$$\mu = \frac{k\sqrt{1+m}}{a^{3/2}}$$

mit dem Bahnelement a verbunden. Wenn wir die Störungen des Elementes a berechnet haben, können wir deshalb auch die Störungsausdrücke für μ bilden. Diese Ausdrücke werden genau dieselbe allgemeine Form haben wie die Ausdrücke für die Störungen in a. Es werden also in der Entwicklung der Störungsausdrücke für μ Divisoren von der Form $i\mu + i_1\mu_1$ auftreten, Divisoren, die, wie wir aus dem Vorhergehenden wissen (vgl. § 198), in einzelnen Fällen sehr klein sind und deshalb abnorm große Störungsglieder bewirken. Wenn wir nun das Integral $\int \mu \, dt$ zu berechnen haben, so sehen wir, daß durch diese Integration die Divisoren — und also auch die kleinen Divisoren — noch einmal vor den trigonometrischen Zeichen auftreten werden. Wir werden also in den Koeffizienten der Störungsglieder Faktoren von der Form:

$$\frac{1}{(i\mu + i_1\mu_1)^2}$$

erhalten. Und damit können wir verstehen, daß in dem Ausdruck für die gestörte Länge des Himmelskörpers in der Bahn sehr große Glieder auftreten können.

203. *Säkulare Störungen im Bahnelement a.* Mit Rücksicht auf das wichtige Bahnelement a gilt ein Satz, der für die Frage der Stabilität des Planetensystems von besonderer Bedeutung ist: in diesem Element existieren überhaupt *keine der Zeit proportionalen Störungsglieder, so lange wir uns an Störungen erster Ordnung in bezug auf die störende Masse halten.* Dieser interessante Satz kann auf folgende einfache Weise bewiesen werden:

Wir haben die Gleichung (15):

$$\frac{da}{dt} = -\frac{2}{\mu^2 a}\frac{\partial R}{\partial T}. \tag{15}$$

Die Bedingung für die Existenz eines säkularen Gliedes in den Störungen erster Ordnung in bezug auf die störende Masse ist (vgl. S. 250), daß i (und i_1) $= 0$ sein sollen. In der Störungsfunktion aber, die ja eine Funktion der Koordinaten ist, kommt das Bahnelement T nur in der Kombination $i\mu(t-T)$ vor. Wenn $i = 0$, wird T also nicht in R auftreten. Der partielle Differentialquotient des betreffenden Gliedes in $\frac{\partial R}{\partial T}$ ist deshalb gleich Null, und ein konstantes Glied wird überhaupt in (15) rechts nicht auftreten; dies bedeutet aber, daß durch die Integration kein säkulares Glied im Bahnelement a entstehen wird.

Es kann hinzugefügt werden, daß in a auch kein rein säkulares Glied auftritt, wenn wir die Ausdrücke für die Störungen zweiter Ordnung in bezug auf die Masse ableiten. Es treten gemischtsäkulare Glieder in dieser Näherung auf, man muß aber bis zu den Störungen dritter Ordnung in bezug auf die störende Masse vordringen, bevor man rein säkulare Glieder in der halben großen Achse der Planetenbahnen erhält.

Zur Definition der in der Himmelsmechanik benutzten Koordinatensysteme.

204. Wir nehmen unseren Ausgangspunkt in den Gleichungen der Newtonschen Mechanik. Wie wir wissen, haben die astronomischen Messungen gezeigt, daß die Newtonschen Gleichungen mit hoher Genauigkeit erfüllt sind für die Planetenbewegungen, gemessen relativ zum Koordinatensystem der astronomischen Praxis (P) — auf die genauere Definition dieses Koordinatensystems kommen wir weiter unten zurück. Aus der Form der Newtonschen Gleichungen ist ersichtlich, daß sie dann auch erfüllt sind in jedem Koordinatensystem, das sich relativ zum obengenannten Koordinatensystem ohne Drehung der Achsen geradlinig-gleichförmig bewegt; ein Koordinatensystem, in dem sich der Schwerpunkt des Planetensystems geradlinig-gleichförmig mit nicht verschwindender Geschwindigkeit bewegt, ist allerdings für die Planetenmechanik sehr unbequem. Ferner ist ersichtlich, daß die Newtonschen Gleichungen nicht erfüllt sind, wenn relativ zu einem Koordinatensystem gemessen wird, dessen Achsen in (P) nicht feste Richtungen haben oder gegenüber (P) beschleunigt ist; in einem solchen Koordinatensystem sind die Beschleunigungen der Körper nicht mehr durch die einfachen Newtonschen Ausdrücke gegeben. Somit sind durch die Form der Newtonschen Gleichungen gewisse Koordinatensysteme vor allen anderen ausgezeichnet; nur wenn man relativ zu einem dieser Koordinatensysteme mißt, sind die NEWTONschen Gleichungen erfüllt. Solche Koordinatensysteme nennt man *Inertialsysteme* der NEWTONschen Mechanik. Sie unterscheiden sich voneinander durch geradlinig-gleichförmige Translationen.

Durch die Definition ist auch der Weg zur Bestimmung der Inertialsysteme gegeben. Man wählt ein Koordinatensystem, mißt relativ zu ihm die Koordinaten der Körper eines mechanischen Systems. Sind die NEWTONschen Gleichungen erfüllt, so ist das Koordinatensystem ein Inertialsystem.

In der astronomischen Praxis sind nun zwei Wege zur Bestimmung der Inertialsysteme möglich. Man kann die Bewegungen entweder im Planetensystem oder im Fixsternsystem betrachten.

Die Störungen des Planetensystems durch äußere NEWTONsche Kräfte sind verschwindend klein. Um zu entscheiden, ob in einem gegebenen Koordinatensystem die NEWTONschen Gleichungen erfüllt sind, richtet man das Augenmerk auf die aus den NEWTONschen Gleichungen durch Integration gewonnenen Gleichungen. So muß der Schwerpunkt des Planetensystems in bezug auf das Koordinatensystem geradlinig-gleichförmig bewegt sein; hierdurch ist die Bewegung des Anfangspunkts bis auf eine gleichförmige Translation festgelegt. Wären im Sonnensystem alle Massen mit Ausnahme der Sonnenmasse verschwindend klein, so hätte man zu untersuchen, ob in dem betreffenden Koordinatensystem die Bahnnormale und Apsidenlinien der Planetenbahnen konstante Richtungen hätten. Nun sind ja die Massen der Planeten nicht verschwindend klein, man muß die Störungen berücksichtigen. Nach Abzug der aus den NEWTONschen Gleichungen gefolgerten Störungen müssen aber die genannten Richtungen konstant sein.

So einfach die Bestimmung der Inertialsysteme durch Beobachtungen im Planetensystem im Prinzip auch ist, so leidet die Methode in der Praxis an dem Übelstand, daß Sonnen- und Planetenbeobachtungen von größter Genauigkeit wegen der Flächenausdehnung dieser Objekte schwierig anzustellen sind (bei Sonnenbeobachtungen ist außerdem auch mit Temperaturstörungen zu rechnen). Die Genauigkeit bleibt in der Tat immer hinter der Genauigkeit von Sternbeobachtungen zurück. Nur für die kleinen Planeten trifft dies nicht zu, für diese sind aber die Beobachtungsreihen weniger ausgedehnt.

Die Aufgabe, die Inertialsysteme aus Fixsternbeobachtungen abzuleiten, ist auf dem jetzigen Stand der Wissenschaft nicht lösbar. Wir kennen nur ganz kurze als gerade Linien anzusehende Stücke der Sternbahnen (abgesehen natürlich von den Bewegungen innerhalb doppelter und mehrfacher Systeme), auch ist das Sternsystem für eine Berechnung der Gravitationskräfte noch nicht genügend erforscht, so daß man nicht daran denken kann, in ähnlicher Weise vorzugehen wie bei dem Planetensystem. Um aus Fixsternbeobachtungen dennoch Schlüsse in bezug auf die Inertialsysteme ziehen zu können, muß man mehr oder weniger willkürliche Annahmen machen. Die nächstliegende Annahme ist die, daß das Fixsternsystem — eigentlich das System der jeweils beobachteten Sterne — im Durchschnitt, d. h. wenn man die zufälligen Bewegungen der einzelnen Sterne durch Mittelbilden ausgleicht, in einem Inertialsystem ruhen. Dann entspricht die scheinbare Winkelbewegung (die Eigenbewegung) der Fixsterne einer reinen Translation des Sonnensystems; gegenüber den Achsen eines Inertialsystems darf der Fixsternhimmel in diesem Fall keine Rotationsbewegung zeigen. Auf Grund dieser Annahme können also aus Fixsternbeobachtungen in den Inertialsystemen konstante Richtungen leicht gefunden werden.

Es ist aber durchaus nicht unwahrscheinlich, daß das Milchstraßensystem, in dem die Sonne sich befindet, um eine Achse rotiert, wenn auch die Rotationszeit sehr groß ist (vgl. S. 486). Ist dies der Fall, dann gibt die genannte Methode natürlich falsche Resultate. Eine vorsichtigere Annahme ist die, daß das Milchstraßensystem um eine bestimmte Achse rotiert, nämlich die durch die Struktur des Milchstraßensystems bestimmte Achse in der Richtung $\alpha = 190°$, $\delta = +28°$ (vgl. S. 456). Man kann dann natürlich feste Achsen nur bis auf eine Rotationsbewegung um diese Achse bestimmen. Wie wir gleich sehen werden, können auf Grund dieser vorsichtigeren Annahme jedoch wichtige Schlüsse gezogen werden.

Wir wollen jetzt das Problem im Zusammenhang mit dem Koordinatensystem der praktischen Astronomie (P) betrachten. Die Beobachtungen von Richtungen werden immer zunächst auf die Umdrehungsachse der Erde bezogen: man mißt Winkel mit der Achse (gleich $90° - \delta$) und Drehungswinkel um die Achse, vom Frühlingspunkt gerechnet (Rektaszensionen). Um auf Achsen mit konstanten Richtungen im Sinne der Inertialsysteme übergehen zu können, muß man die Änderungen in der Richtung der Umdrehungsachse der Erde und in der Richtung zum Frühlingspunkt kennen. Die Richtungsänderungen der Umdrehungsachse der Erde sind durch die Anziehung der Sonne und des Mondes verursacht (Präzession und Nutation, s. S. 79f. und 534) und prinzipiell nach der NEWTONschen Mechanik berechenbar. Jedoch sind für die Rechnung wichtige Größen (Trägheitsmomente der Erde) nicht genügend genau bekannt, um die Präzessionskonstante mechanisch zu bestimmen (vgl. S. 537). Die Änderungen in der Richtung zum Frühlingspunkt sind durch Änderungen: 1. in der Richtung der Umdrehungsachse der Erde und 2. in der Richtung der Bahnnormale der Erdbahn infolge der Störungen durch die anderen Planeten verursacht (vgl. S. 81). Diese letzteren Änderungen können aber berechnet und damit kann die entsprechende Wanderung des Frühlingspunktes berücksichtigt werden.

Wir sehen also, daß die Umdrehungsachse der Erde und die wegen Störungen korrigierte Bahnnormale bis auf eine unbekannte Korrektion der Rotation um die Ekliptiknormale (der Präzession) ein Inertialsystem definieren. Ist die Präzessionskonstante bekannt, so ist auch ein Inertialsystem angebbar. Umgekehrt, wenn man durch Planetenbeobachtungen ein Inertialsystem festlegt, bestimmt man dadurch die Präzessionskonstante. Wie man aus Sternbeobachtungen auf Grund der gemachten Annahme, daß die Rotation des Milchstraßensystems um die geometrische Achse der Milchstraße ($\alpha = 190°$, $\delta = +28°$) vor sich geht, die Präzessionskonstante bestimmen kann, wollen wir noch untersuchen.

Zu zwei weit auseinanderliegenden Zeitpunkten seien Rektaszensionen und Deklinationen einer Reihe von Fixsternen bestimmt. Sie beziehen sich auf die Lage der Erdachse zu den beiden Zeitpunkten. Die Bestimmung des Frühlingspunkts ist beidemal durch Sonnenbeobachtungen erfolgt. Wir vergleichen nun die Rektaszensionen und Deklinationen für die beiden Zeitpunkte. Durch Mittelbilden gleichen wir die zufälligen Bewegungen der einzelnen Fixsterne aus. Dann sind die Unterschiede in den Koordinaten durch folgende Ursachen bewirkt: 1. die Nutationsbewegungen der Erdachse und die Bewegung der Erdbahnnormale, 2. die Präzessionsbewegung der Erdachse, 3. die Translation des Sonnensystems in bezug auf die beobachteten Fixsterne, 4. die Rotation des Fixsternsystems um die Achse der Milchstraße. Die Nutationsbewegungen der Erdachse und die Bewegung der Erdbahnnormale sind aber bekannt, und ihr Einfluß kann rechnerisch berücksichtigt werden. Für die Präzessionskonstante hat man einen guten Näherungswert und kann also die Koordinaten annähernd auch wegen Präzession korrigieren. Die Unterschiede der so korrigierten Koordinaten rühren dann her: 1. von dem kleinen Fehler in der Präzessionskonstante und 2. von der genannten Translation und der Rotation des Fixsternsystems.

Die systematischen Unterschiede in den beobachteten Rektaszensionen und Deklinationen hat man also rechnerisch auf eine Translation und eine Rotation zurückzuführen. Die Translation deutet man als Translation des Sonnensystems, die Rotation als die Resultante einer Rotation um die Ekliptiknormale von dem Betrag der Korrektion der Präzessionskonstante und einer Rotation um die Achse des Milchstraßensystems. Durch Zerlegung der Resultante nach den beiden Rotationsachsen erhält man numerische Werte der Korrektion der Präzessionskonstante und der Rotation um die Milchstraßenachse.

Man muß erwarten, daß die aus den systematischen Rektaszensions- und Deklinationsunterschieden berechnete Rotation in der durch die Ekliptiknormale und die Milchstraßenachse bestimmten Ebene liegt — als Resultante zweier Rotationen um diese beiden Achsen. Nach den Beobachtungen ist dies nun nicht ganz der Fall. Dies führt man auf folgenden Umstand zurück. Der Frühlingspunkt ist durch Sonnenbeobachtungen bestimmt und diese sind weniger genau als die Sternbeobachtungen. Es ist also möglich, daß Fehler in den Sonnenbeobachtungen die Rektaszensionen verfälscht haben. Ist der Frühlingspunktsfehler für die beiden Beobachtungsepochen verschieden, so bewirkt dies eine scheinbare zusätzliche Rotation um die Äquatorachse.

Hiernach hat man die gefundene Rotation nach drei Achsen zu zerlegen: nach der Ekliptiknormale, nach der Milchstraßenachse und nach der Äquatorachse. Die so gefundenen Komponenten geben die Korrektion der Präzessionskonstante, die Rotation um die Milchstraßenachse und die Frühlingspunktsbewegung infolge von Fehlern in den Sonnenbeobachtungen.

Wie man sieht, ist man hierdurch von den Sonnenbeobachtungen gewissermaßen unabhängig geworden.

Als numerisches Beispiel seien die Zahlen angeführt, die aus den Eigenbewegungen des Bossschen Katalogs (vgl. S. 401) gefunden wurden. Die Eigenbewegungen ergaben die folgenden Werte für die Komponenten der Translation (u, v, w) und der Rotation (p, q, r) nach den Achsen des Äquatorsystems:

$$u = +0''.0003 \text{ im Jahr} \qquad p = +0''.0019 \text{ im Jahr}$$
$$v = -0\ .0318 \qquad q = -0\ .0034$$
$$w = +0\ .0217 \qquad r = -0\ .0037$$

Die Translationskomponenten zeigen eine Bewegung des Sonnensystems gegen die Sterne des Bossschen Katalogs in der Richtung $\alpha = 270°$, $\delta = +34°$ an. Zerlegt man die gefundene Rotation nach den obengenannten drei Achsen, so erhält man:

Korrektion der von Boss benutzten Präzessionskonstante	$+0''.0094$
Rotation um die Milchstraßenachse	$-0''.0022$ im Jahr
Frühlingspunktsbewegung	$+0''.0113$ im Jahr

Es ist eine wichtige Frage, ob das aus den Sternbeobachtungen auf Grund der gemachten Annahme bestimmte Inertialsystem mit dem aus den Planetenbeobachtungen bestimmten genügend übereinstimmt. Es hat sich in der Tat gezeigt, daß bei Berücksichtigung der von der Relativitätstheorie geforderten kleinen Korrektionen (vgl. S. 319) die Übereinstimmung befriedigend ist.

Schließlich sei noch bemerkt, daß es vielleicht in absehbarer Zeit möglich sein wird, auch Beobachtungen von Objekten außerhalb des Milchstraßensystems für die Bestimmung der Inertialsysteme heranzuziehen.

Bewegungsformen innerhalb eines Sternsystems auf Grund der gesamten Anziehung des Systems.

205. In den vorhergehenden Abschnitten haben wir uns mit Gravitationsproblemen beschäftigt, bei denen es sich um die Anziehung zwischen einer Anzahl von Himmelskörpern handelt, zweier, dreier oder mehrerer, die alle individuell in Rechnung gezogen werden.

Wir wollen jetzt über die Frage von einer *Massenwirkung*, d. h. von der Anziehung ganzer Systeme, wo der einzelne Körper in der Menge verschwindet, einige Worte sagen.

Die Milchstraße ist ein solches System, und die Sternhaufen sind solche Systeme, wenn auch in kleineren Dimensionen. Als ein besonders einfaches und doch von wesentlichen Gesichtspunkten aus typisches Beispiel wählen wir die Frage von den Bewegungsmöglichkeiten innerhalb eines kugelförmigen Sternhaufens.

Abb. 166 (S. 447) gibt die Reproduktion einer auf der Mt. Wilson-Sternwarte aufgenommenen Photographie eines kugelförmigen Sternhaufens, des bekannten großen Haufens im Herkules (Messier 13). Die Grundzüge der Sternverteilung innerhalb eines solchen Haufens fallen sofort ins Auge: größte Sterndichte im Zentrum, beständig abnehmende Dichte nach außen, und für das System im ganzen in großen Zügen Kugelform. Umfassende Zählungen der Sterne auf solchen photographischen Aufnahmen haben ein zahlenmäßiges Resultat für die Sterndichte in verschiedenen Entfernungen vom Zentrum eines solchen Haufens ergeben, so wie sie auf der Platte erscheint, und mit Hilfe einfacher mathematischer Formeln ist es möglich, hieraus das Gesetz für die Sterndichte *im Raume* abzuleiten (s. auch S. 449). Das Resultat war, übereinstimmend für verschiedene solche Haufen, daß die räumliche Sterndichte S (Anzahl Sterne pro Volumeneinheit) mathematisch wenigstens genähert als eine verhältnismäßig einfache Funktion des Abstandes r vom Zentrum des Haufens ausgedrückt werden konnte. Unter der Voraussetzung einer geeigneten Wahl der Einheiten des Problems (unter anderem Dichte im Zentrum gleich Eins) erhält die aus den Sternzählungen abgeleitete Formel für die Sterndichte folgendes Aussehen:

$$S = \left(\frac{1}{1+r^2}\right)^{5,2}. \tag{1}$$

Wenn man nun von der Bewegung der einzelnen Sterne in einem solchen System wie einem kugelförmigen Sternhaufen spricht, bieten sich zwei Hauptgesichtspunkte dar.

Erstens wird jeder Stern, der dem System angehört, sich beständig unter der Einwirkung der Gesamtmasse des Systems befinden, und zweitens kann es geschehen, daß sich einzelne Sterne im Laufe der Bewegung einander so nahe kommen, daß die individuellen Anziehungskräfte eine Rolle spielen. Das zweite Problem wird später (S. 449) gestreift, hier werden wir uns nur mit dem ersteren beschäftigen.

Mit dem in (1) angegebenen Gesetz für die Sternverteilung innerhalb eines Haufens können wir, falls wir auch die Massen der Sterne im Haufen kennen, die gesamte Anziehung berechnen, die auf die einzelnen Sterne im Haufen wirkt. In bezug auf die Massen der Sterne haben nun moderne stellarastronomische Forschungen zu dem Resultat geführt, daß die Grenzen nach oben und nach unten nicht sehr weit voneinander liegen, und daß wir deshalb wahrscheinlich keinen wesentlichen Fehler begehen, wenn wir in einem Sternsystem, das aus einer sehr großen Anzahl von Sternen besteht, die Massen der Sterne als gleich groß annehmen oder — besser ausgedrückt — wenn wir für die Massen mit einem Durchschnittswert rechnen. Die Tatsache, daß die größeren Massen wahrscheinlich etwas mehr gegen das Zentrum hin konzentriert sind als die kleineren (vgl. S. 449), wird auf die folgenden Schlüsse quantitativ nur einen geringen, qualitativ gar keinen Einfluß haben. Daraus folgt aber, daß wir wahrscheinlich keinen wesentlichen Fehler begehen, wenn wir unseren Ausdruck für die Sterndichte als einen annähernd richtigen Ausdruck für die *Massenverteilung* gelten lassen und so unsere Formel (1) als Basis für die Berechnung der gesamten Anziehung benutzen, die der Haufen auf einen individuellen Stern, je nach dem zufälligen Ort dieses Sterns, ausübt.

In dem klassischen Problem der Himmelsmechanik, dem Störungsproblem, dem wir den vorigen Abschnitt gewidmet haben, beschäftigt man sich mit der dominierenden Anziehungskraft eines Zentralkörpers (gewöhnlich der Sonne), einer Kraft, die mehr oder weniger durch die Existenz von störenden Kräften modifiziert wird. In dem jetzt vorliegenden Problem, dem Problem der kugelförmigen Sternhaufen, können wir von den störenden Kräften absehen, und die Zentralkraft ist hier ganz anderer Art als im Sonnensystem.

Ein elementarer Satz aus der Mechanik besagt, daß eine symmetrisch aufgebaute kugelförmige Masse auf eine kleine Partikel innerhalb der Masse auf folgende Weise wirkt.

Wir denken uns das Partikelchen P innerhalb des Haufens in einem bestimmten Abstand r vom Zentrum C der Kugel. Wir stellen uns diejenige Kugelschale innerhalb der Masse vor, die durch P hindurchgeht. Die gesamte Anziehung der ganzen Masse mit dem Radius R $(R > r)$ auf die Partikel P ist genau gleich der Anziehung, die die Masse in der Kugel mit dem Radius r auf diese Partikel ausübt; diese Anziehungskraft ist gegen das Zentrum der Kugel gerichtet, und sie ist genau so groß, als wenn die Masse der Kugel mit dem Radius r im Zentrum gesammelt wäre. In unserem Problem bedeutet dies: Ein Stern P in einem symmetrisch aufgebauten, kugelförmigen Sternhaufen wird nur von derjenigen Masse beeinflußt, die sich innerhalb der Kugelschale befindet, die durch den Stern selbst gelegt werden kann. Die Sterne, die sich außerhalb dieser Kugelschale befinden, heben gegenseitig ihre Anziehung auf P auf. Dies bedeutet mit anderen Worten: sobald wir uns den Stern P in Bewegung nach außen oder nach innen versetzt denken, nimmt die Masse, die anziehend auf ihn wirkt, beständig zu oder ab.

Unter den angegebenen Voraussetzungen erhalten wir mit Hilfe von (1) den folgenden Ausdruck für die auf P wirkende Masse:

$$M = \int_0^r 4\pi r^2 S\, dr = 4\pi \cdot \frac{1}{3} \cdot \frac{r^3}{(1 + r^2)^{3/2}} \tag{2}$$

und hieraus für die auf P gegen das Zentrum wirkende Anziehungskraft K, wenn wir die Masse des Sterns P mit m bezeichnen:

$$K = \frac{k^2 m M}{r^2} = \frac{4}{3}\pi \frac{k^2 m r}{(1 + r^2)^{3/2}}. \tag{3}$$

Die Differentialgleichungen der Bewegung des Sterns P lauten dann (vgl. S. 203):

$$\begin{aligned} \frac{d^2 x}{dt^2} &= -\frac{4}{3}\pi \frac{k^2 x}{(1 + r^2)^{3/2}} \\ \frac{d^2 y}{dt^2} &= -\frac{4}{3}\pi \frac{k^2 y}{(1 + r^2)^{3/2}} \end{aligned} \qquad r^2 = x^2 + y^2. \tag{4}$$

Dies Gleichungssystem läßt sich mit Hilfe bekannter Funktionen (elliptischer Funktionen) integrieren. Für die Bahnformen erhalten wir ganz allgemein solche

Bahnen wie die in Abb. 131 dargestellte: ellipsenähnliche Bahnen mit sich drehender Apsidenlinie; Spezialfälle: 1. geradlinige Bewegung durch das Zentrum des Haufens hinaus und hinein, mit maximaler (endlicher) Geschwindigkeit beim Passieren des Zentrums, und 2. ein System von unendlich vielen Kreisbewegungen, und zwar mit konstanter Geschwindigkeit um das Zentrum (wie im Planetenproblem) und mit der Geschwindigkeit Null in der Kreisbahn unendlich weit vom Zentrum (wie im Planetenproblem), aber mit maximaler Geschwindigkeit in einer bestimmten Entfernung vom Zentrum und gegen einen endlichen Wert konvergierender Umlaufszeit bei Annäherung an das Zentrum — Bewegungsverhältnisse also, die von den Bewegungen der klassischen Himmelsmechanik ganz wesentlich verschieden sind.

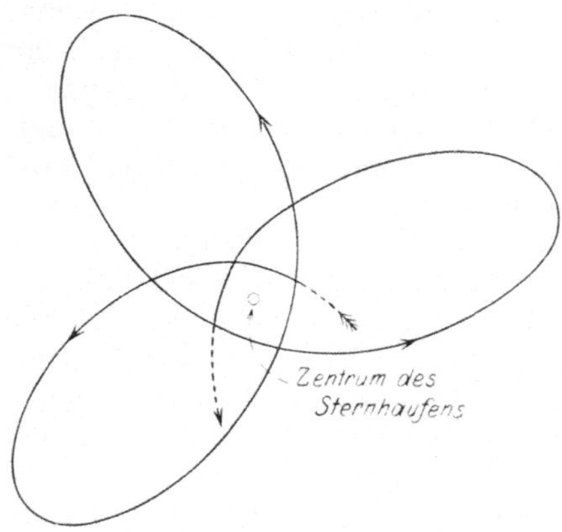

Abb. 131. Bewegungsform eines Sterns in einem kugelförmigen Sternhaufen.

Die Andeutungen über Bewegungsmöglichkeiten in Sternsystemen, die wir jetzt gegeben haben, bezogen sich auf den idealisierten Fall einer kugelsymmetrisch nach einem bestimmten Gesetz aufgebauten Masse. Es liegt auf der Hand, daß die Untersuchung und die Resultate im allgemeinen komplizierter werden, wenn wir die hier angewandten Vereinfachungen aufgeben. Einige weitere Andeutungen über Bewegungsverhältnisse in Sternsystemen werden in § 317 gegeben werden.

Das Sonnensystem.

Die Sonne.

206. *Dimensionen, Masse, Dichte.* Der Parallaxe 8″.80 entspricht eine Entfernung von 23439 Erdäquatorradien oder 149.50 Millionen Kilometern; einer Vergrößerung der Parallaxe um 0″.01 entspricht eine Verkleinerung der Entfernung um 26.6 Erdradien oder beinahe 170000 km.

Durch eine umfassende Bearbeitung der Heliometerbeobachtungen während der Venusdurchgänge in den Jahren 1874 und 1882 hat AUWERS für den Winkelradius der Sonne in der mittleren Entfernung den Wert 15′ 59″.6* gefunden.

Auf dieser Grundlage kann man für die Sonne folgende Größen berechnen, wobei überall die entsprechende Größe für die Erde als Einheit benutzt ist. Die Zahlen sind meistens mit einer größeren Anzahl von Ziffern angegeben, als durch unsere Kenntnis der Sonnenparallaxe eigentlich berechtigt ist. Zugleich ist die Änderung angeführt, die jede Zahl für einen Zuwachs der Parallaxe um 0″.01 erleidet.

		Veränderung für 0″.01 Zuwachs in der Parallaxe
Radius der Sonne	109.05	−0.124
Oberfläche „ „	11918	−27
Volumen „ „	1301000	−4435
Masse „ „	332270	−1133
Dichte „ „	0.255	0
Schwere auf der Oberfläche	27.941	−0.032

* Für die Reduktion von Beobachtungen des Sonnenrandes auf das Zentrum benutzt man in einigen Jahrbüchern einen etwas größeren Wert, 16′ 1″.2 oder 16′ 1″.5, da die Irradiation des Lichtes eine scheinbare Vergrößerung des Sonnendurchmessers bewirkt.

Eine Veranschaulichung der Größe der Sonne erhält man, wenn man sich die Erde in ihr Zentrum versetzt denkt; der Mond, in seiner wirklichen Entfernung von der Erde angebracht, würde dann nicht viel weiter als die Hälfte des Weges bis zur Oberfläche vom Sonnenmittelpunkt abstehen.

Der Radius der Sonne ist mit dem Äquatorradius der Erde als Einheit ausgedrückt, und bei der Berechnung der Oberfläche und des Volumens ist auf die Abplattung der Erde Rücksicht genommen (s. § 95).

Die Masse ist in der in § 128 angegebenen Weise unter Benutzung von HELMERTS Erddimensionen und dem in § 104 angeführten Wert der Schwerebeschleunigung als Maß für die wirkliche Anziehung der Erde berechnet.

Die Dichte oder das spezifische Gewicht, das Verhältnis zwischen Masse und Volumen, ist der durchschnittliche Wert mit der durchschnittlichen Dichte der Erde als Einheit; will man sie mit der Dichte des Wassers vergleichen, muß die Zahl mit 5.5 multipliziert werden. Trotz des ungeheuren Druckes, der im Innern der Sonne vorhanden sein muß, hat also die hohe Temperatur zur Folge, daß die durchschnittliche Dichte nicht mehr als 1.4 beträgt.

Während der freie Fall im luftleeren Raum an der Oberfläche der Erde in der ersten Sekunde etwas weniger als 5 m beträgt, würde er an der Oberfläche der Sonne mehr als 137 m betragen. Wie wir unten sehen werden, wird auch auf der Sonne eine Zentrifugalkraft entstehen, sie ist aber von noch geringerer Bedeutung als auf der Erde.

207. *Sonnenflecke. Fackeln. Granulation. Rotation der Sonne.* Soll die Sonne mit dem Fernrohr untersucht werden, so muß man entweder ein gefärbtes Glas (oder ein anderes Schutzmittel) zwischen Okular und Auge anbringen oder man erhält bei einer passenden Stellung des Okulars außerhalb des Fernrohrs ein Bild, das auf einem weißen Schirm aufgefangen werden kann. Bei Sonnenbeobachtungen bedient man sich oft eines *Zölostaten.* Zwei Planspiegel reflektieren das Sonnenlicht auf das für die Abbildung benutzte optische System. Dies ist fest aufgestellt; die Planspiegel werden so bewegt, daß das Sonnenbild immer auf derselben Stelle erscheint.

Man kann sich leicht davon überzeugen, daß das Licht nicht gleichmäßig über die ganze Scheibe verteilt ist, indem es allmählich zum Rande hin abnimmt. Das auffallendste Phänomen sind jedoch die dunklen Flecke, die sich häufig zeigen.

Die *Sonnenflecke* sind manchmal so groß, daß sie ohne Fernrohr wahrgenommen werden können; dies wird der Fall sein, wenn ihr Durchmesser mehr als ca. 50″ beträgt; der Erddurchmesser, in derselben Entfernung gesehen, würde unter einem Winkel von 17″.6 erscheinen. Die Flecke sind häufig ziemlich kreisförmig oder oval, wenn sie schräg außen am Rande gesehen werden, oft aber haben sie eine unregelmäßige Form, besonders wenn sie in Gruppen zusammen vorkommen. Ein Sonnenfleck besteht meistens aus zwei Teilen, einem inneren Kern, von einem weniger dunklen Teil umgeben, den man Halbschatten oder Pänumbra nennt. Weder Kern noch Halbschatten sind jedoch vollständig schwarz, und wenn die Flecke überhaupt dunkel erscheinen, geschieht es nur durch den Kontrast gegen das blendende Licht rings herum. Sie sind nie so schwarz wie die unteren Planeten, wenn diese über die Sonnenscheibe gehen. Ein und derselbe Fleck kann sich oft mehrere Monate hindurch erhalten, wenn auch nicht in unveränderter Form, die meisten Flecke aber verschwinden nach kürzerer Zeit wieder. In der Nähe des Sonnenrandes, besonders in der Nachbarschaft von Flecken, findet man oft Partien, die ausgeprägt heller als der umliegende Teil der Sonnenscheibe sind, und die deshalb *Sonnenfackeln* genannt werden. Unter günstigen Beobachtungsumständen kann ein drittes Phänomen, die sog.

Granulation, auf der Sonnenscheibe beobachtet werden: die Oberfläche der Sonne ist nicht gleichmäßig leuchtend; man sieht ganz kleine leuchtende Körner mit kleinen dunkleren Flecken abwechseln.

Die Häufigkeit der Sonnenflecke ist einer ausgeprägten Periode unterworfen, deren Länge von einem zum anderen Mal etwas wechseln kann, die jedoch durchschnittlich etwas über 11 Jahre beträgt. Die Häufigkeit der Sonnenflecke kann

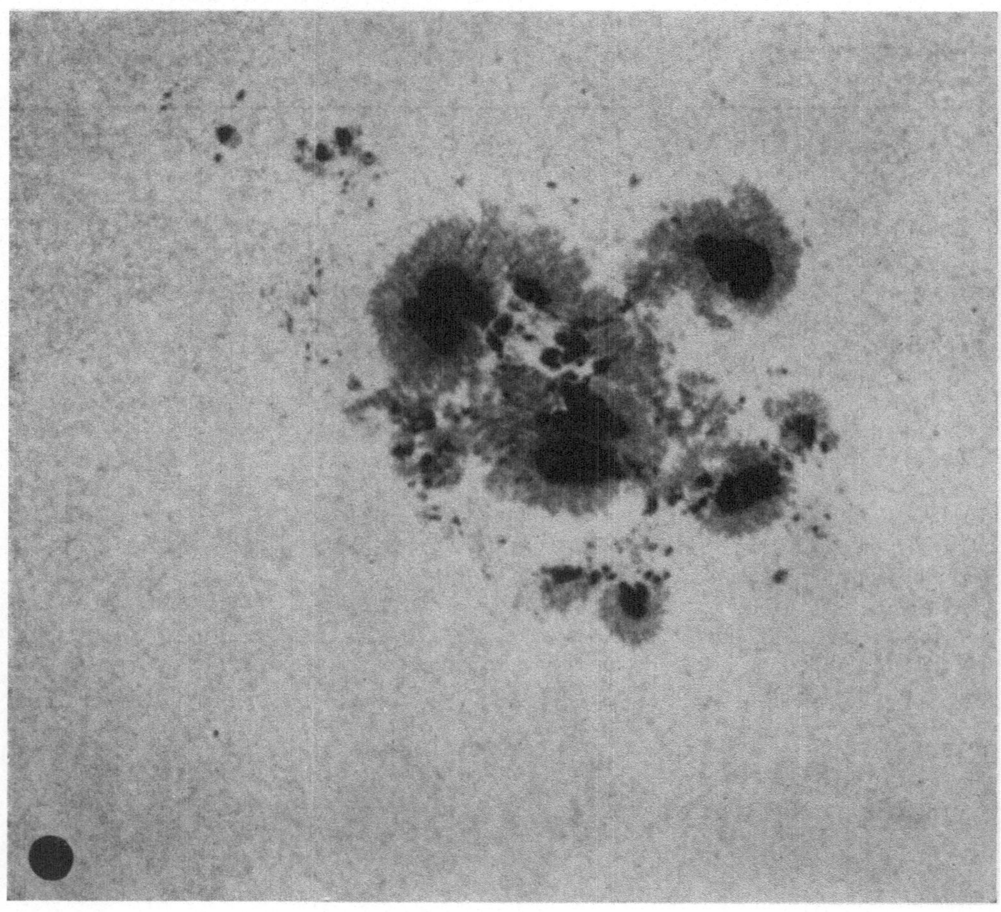

Abb. 132. Großer Sonnenfleck (Mt. Wilson 8. Aug. 1917). Der schwarze Kreis links unten zeigt die Größe der Erde an.

entweder durch ihre Anzahl oder durch den Teil der Sonnenoberfläche, der von ihnen bedeckt ist, angegeben werden. Beide Methoden führen im wesentlichen zu demselben Resultat.

Der Unterschied von Jahr zu Jahr ist sehr groß; so war z. B. im Jahre 1859 durchschnittlich 1.4 Tausendstel der Sonnenoberfläche mit Sonnenflecken bedeckt, im Jahre 1867 war die entsprechende Zahl nur 0.2 Tausendstel.

Die 11jährige Periode ist dadurch besonders bemerkenswert, daß sie auf der Erde in verschiedenen Phänomenen wiedergefunden wird, die in Verbindung mit dem *Erdmagnetismus* stehen. Nicht allein finden die sog. magnetischen Stürme, die oft von Nordlichtern (oder auf der anderen Halbkugel von Südlichtern) begleitet sind, am häufigsten statt, wenn die meisten Sonnenflecke vorhanden sind, sondern auch in den regelmäßigen täglichen Verhältnissen findet man dieselbe Periode wieder.

Wenn ein Sonnenfleck sich genügend lange erhält, bewegt er sich immer vom östlichen Rand der Sonne nach dem westlichen zu (bei uns also von links nach rechts) im Laufe von ein paar Wochen; wenn er dann für einen ebenso langen Zeitraum verschwunden ist, kommt er am linken Rand wieder hervor, worauf dasselbe sich wiederholen kann. Dies zeigt, daß die Sonne eine Rotation um eine Achse hat; die Lage dieser Achse hat man durch Messung der Ortsveränderung der Flecke während der Zeit, in der sie sichtbar sind, bestimmen können. Die Genauigkeit dieser Bestimmung ist jedoch nicht besonders groß, weil die Flecke neben ihrer Teilnahme an der Sonnenrotation auch häufig eine eigene Bewegung gegen die Oberfläche haben. Die Rotationsachse bildet einen Winkel von 83° mit der Ekliptik, der Sonnenäquator hat also eine Neigung von 7° gegen diese. Die Lage eines Punktes auf der Sonnenoberfläche kann durch Breite und Länge angegeben werden, ebenso wie auf der Erde; da man keine Abplattung bei der Sonne hat nachweisen können, besteht kein Unterschied zwischen heliozentrischer und heliographischer Breite. Anfang Juni und Dezember geht die Verlängerung der Äquatorebene der Sonne durch die Erde; zu diesen Zeiten werden die Flecke also gerade Linien über die Sonnenscheibe beschreiben, und zwar etwas nach rechts abwärts im Juni, etwas nach rechts aufwärts im Dezember, relativ zur Ekliptik. Die Periode für die Rückkehr eines Fleckes zur selben Stellung auf der Sonnenscheibe beträgt durchschnittlich ungefähr 27 Tage, und da dies für einen Beobachter auf der Erde die synodische Umlaufzeit ist, kann die wirkliche Rotationszeit daraus in der gewöhnlichen Weise (vgl. z. B. S. 96) zu ungefähr 25 Tagen berechnet werden. Nähere Erläuterungen über die Rotationszeit sollen unten gegeben werden.

Wie oben erwähnt, halten sich manche Flecke längere Zeit, oft monatelang. Die Flecke treten gewöhnlich in Gruppen auf. Zwei Flecke entwickeln sich ungefähr gleichzeitig, und allmählich entstehen im Zwischenraum zwischen diesen beiden kleinere Flecke. Der vorangehende Fleck hält sich gewöhnlich am längsten.

Die Flecke befinden sich immer nur auf bestimmten Gebieten der Sonne, in der Regel nämlich nur in zwei Gürteln auf beiden Seiten des Äquators, zwischen 5° und 35° Breite; außerhalb von 40° findet man sie äußerst selten. Die Verteilung aber innerhalb dieser Gürtel ist auch mit der 11jährigen Periode veränderlich. Bei den am besten entwickelten Maxima war ihr Verhalten folgendermaßen: Während der Minimumzeit sind die nicht zahlreichen Flecke auf zwei schmale Gürtel zwischen 5° und 15° Breite eingeschränkt, hauptsächlich zwischen 5° und 10°. Das Ende der Minimumzeit gibt sich durch Ausbruch von Flecken unter höherer Breite, etwa unter 30°, zu erkennen; noch ein oder zwei Jahre nach dem Minimum wächst daher die Durchschnittsbreite. Gleichzeitig mit der schnellen Zunahme der Anzahl der Flecke gegen das Maximum treten neue Flecke unter immer niedrigeren Breiten auf, so daß man um die Maximumzeit selbst zwar noch Flecke bis zu 35° oder darüber findet, am meisten aber zwischen 15° und 20°. Wenn darauf die Anzahl abzunehmen beginnt, wird auch nach und nach die Durchschnittsbreite geringer. Die Zeit vom Minimum bis zum Maximum ist kürzer als die Zeit vom Maximum bis zum Minimum.

Was die Rotationszeit anbetrifft, so war man bereits frühzeitig darauf aufmerksam geworden, daß die Winkelgeschwindigkeit vom Äquator gegen die höheren Breiten, unter denen die Flecke vorkommen können, kleiner wird. Im Spektroskop hat man ein Mittel gefunden, dies auch für andere Gebiete auf der Sonnenoberfläche zu untersuchen. Die Rotation wird nämlich bewirken, daß ein Punkt am linken Rand sich dem Beobachter nähert, während gleichzeitig ein Punkt am rechten Rand sich von ihm entfernt; wenn man nun mit hinreichender Genauigkeit die dadurch verursachte relative Verschiebung ein und derselben Linie im Spektrum für zwei Punkte unter derselben Breite, aber einen am linken, den anderen am rechten Sonnenrand, messen kann, so läßt sich daraus die doppelte lineare Geschwindigkeit in der Richtung der Gesichtslinie berechnen, also angenähert längs der Tangente an dem betreffenden Parallelkreis auf der Sonne, woraus dann wieder die Winkelgeschwindigkeit leicht gefunden werden kann. DUNÉR hat auf diese Weise durch zahlreiche Beobachtungen von Punkten um die unten angeführten Breiten herum Winkelgeschwindigkeiten gefunden, die den darunter stehenden Werten der Rotationszeit, ausgedrückt in mittleren Sonnentagen, entsprechen:

Heliographische Breite . .	0°.4	15°.0	30°.0	44°.9	60°.0	75°.0
Rotationszeit	24.19	24.79	25.77	28.21	31.61	33.55 Tage

Spätere Beobachtungen gleicher Art haben zu ähnlichen Resultaten geführt. Die tägliche Winkelbewegung n kann ziemlich genau durch die Formel

$$n = a + b\cos^2\varphi$$

dargestellt werden, wo φ die Breite ist; die Rotationszeit ist gleich $360° : n$. Die Konstante a ist ca. 11°, b ca. 3°.5.

208. *Spektrum der Sonne. Korona. Chromosphäre. Protuberanzen.* Das Spektrum der Sonne ist ein kontinuierliches Spektrum, von Tausenden von dunklen Linien durchzogen. Die Wellenlängen der am meisten hervortretenden Linien wurden bereits von FRAUNHOFER gemessen, und die Linien wurden von ihm mit Buchstaben von A im äußersten Rot bis zu H im Violett bezeichnet. ROWLAND hat auf photographischem Wege die Lage von etwa 20000 Linien gemessen, von denen über 6000 in den ultravioletten Teil des Spektrums fallen, mit Wellenlängen von 2970 bis 3800 A.E. Neuerdings wurden auf dem Mt. Wilson die ROWLANDschen Wellenlängen revidiert und der Wellenlängenbereich des Linienverzeichnisses bis etwa 10200 A.E. erweitert.

Ein Teil der Linien im Sonnenspektrum wird durch Absorption in unserer eigenen Atmosphäre hervorgerufen, die übrigen aber haben ihren Ursprung in der Sonne selbst. Je länger der Weg ist, den die Sonnenstrahlen durch die Erdatmosphäre zurücklegen müssen, bis sie den Beobachter erreichen, um so kräftiger werden die Linien, die durch die Atmosphäre verursacht werden. Die irdischen Linien können von den solaren unterschieden werden, weil sie nicht den DOPPLER-Effekt zeigen wie die solaren Linien bei der Beobachtung des Sonnenrandes (vgl. § 207). Viele Sonnenlinien haben dieselben Wellenlängen wie die hellen Linien, die man bei der Untersuchung des Spektrums verschiedener Stoffe auf der Erde erhält. Den Erfahrungen zufolge, die der Spektralanalyse zugrunde liegen (vgl. § 9), kann man daraus schließen, daß die Sonnenatmosphäre auf der Erde bekannte Elemente enthält. Wasserstoff gibt sich durch ausgeprägte Linien zu erkennen, darunter FRAUNHOFERS C und F. Die starke Doppellinie D (auch als D_1 und D_2 bezeichnet) in dem gelben Teil des Spektrums wird durch Natriumdampf hervorgerufen; ebenso haben Kalzium und Magnesium mehrere ausgeprägte Linien. Von den schweren Metallen ist besonders das Eisen zu bemerken, dessen Spektrum aus einigen tausend Linien besteht. Für diese hat man entsprechende dunkle Linien im Sonnenspektrum gefunden. Daß es nicht immer leicht ist, eine Linie zu identifizieren, und daß ein hoher Grad von Dispersion für solche Untersuchungen nötig ist, ersieht man daraus, daß LOHSE in

Potsdam die Spektren von 19 Elementen untersuchte und dabei am einen Ende des Spektrums, zwischen den Wellenlängen 3360 und 4020 A.E., nicht weniger als 4979 Linien festlegte, wodurch also das durchschnittliche Intervall zwischen zwei Linien 0.13 A.E. wird. LOHSE hat die Unsicherheit seiner Messungen zu 0.02 A.E. berechnet.

In einem folgenden Kapitel wird die Theorie der Sternspektren im allgemeinen behandelt. Diese Theorie gilt auch für das Sonnenspektrum. Für jeden anderen Fixstern aber ist nur das Gesamtlicht der ganzen Sternoberfläche der Beobachtung zugänglich; die Oberflächen werden unter so kleinen Winkeln gesehen, daß sie auch bei dem größten Auflösungsvermögen nicht als Scheiben erscheinen. Für die Sonne ist es dagegen möglich, verschiedene Teile der Scheibe getrennt zu untersuchen. Im folgenden werden diesbezügliche Ergebnisse behandelt.

In großen Zügen kann man die Verhältnisse auf der Sonnenoberfläche folgendermaßen beschreiben: Für die zentralen Teile außerhalb der Sonnenflecken und Fackeln ist das Spektrum ein normales G0-Spektrum eines Zwergsternes (vgl. S. 342, 348 und 396).

Gegen den Rand hin wird das Licht aller Wellenlängen schwächer, die kurzen Wellen werden am meisten geschwächt; Form und Intensität der Absorptionslinien ändern sich etwas. In Sonnenflecken ist das Spektrum ein K0-Spektrum.

Wird die Sonne in der Nähe des Sonnenrandes beobachtet, so geht die Gesichtslinie sehr schräg zur Sonnenoberfläche, und die Schichten, die beobachtet werden, liegen in geringerer Tiefe unter der Oberfläche als die Schichten, die im zentralen Teil der Sonne beobachtet werden. Daß die Lichtintensität wächst, wenn man gegen das Zentrum geht und tiefere und immer tiefere Schichten beobachtet, zeigt, daß die Temperatur nach innen zunimmt; die kurzen Wellen nehmen bei einer Temperaturerhöhung am meisten zu. Das Gesetz des Temperaturzuwachses nach innen kann aus dem Gesetz für die Abnahme der Intensität nach dem Rande zu und umgekehrt abgeleitet werden.

Daß sich beim Übergang zu den Sonnenflecken das Spektrum von G0 nach K0 ändert, zeigt, daß die Temperatur im Sonnenfleck niedriger ist als in der Umgebung.

Wird die Sonne bei einer totalen Sonnenfinsternis beobachtet, so sieht man in dem Augenblick, in dem die Totalität eintritt, die Sonne von ausgedehnten leuchtenden Massen umgeben. Diese leuchtenden Massen können zu anderen Zeiten als bei totalen Sonnenfinsternissen im allgemeinen nicht wahrgenommen werden, weil das Sonnenlicht in der Erdatmosphäre zerstreut wird und dies zerstreute Licht von weit größerer Intensität ist als die besprochenen leuchtenden Massen. Ganz außen um die total verfinsterte Sonne sieht man eine leuchtende Masse, die bis zu einer Entfernung von mehr als einem halben Grad hinausreicht; dies ist die sog. *Korona* (vgl. Abb. 133). Die innerste ca. 10000 km dicke Schale der leuchtenden Massen wird die *Chromosphäre* genannt. Innerhalb der Chromosphäre ist während eines ganz kurzen Augenblickes bei der Finsternis (ca. 1 Sekunde) eine ganz dünne Schicht sichtbar, die nach außen in die Chromosphäre übergeht, aber heller als diese ist. Ferner sieht man unregelmäßige, stark leuchtende Massen aus der verfinsterten Sonnenscheibe herausragen, die *Protuberanzen* (vgl. Abb. 134).

Wie gesagt, wird man an der Beobachtung der Chromosphäre, der Protuberanzen und der Korona außer bei totalen Sonnenfinsternissen von dem in der Erdatmosphäre zerstreuten Sonnenlicht behindert. Die Lichtenergie in diesem zerstreuten Licht ist einigermaßen gleichmäßig über das ganze Spektrum verteilt; man weiß jedoch seit JANSSENS Untersuchungen bei der Sonnenfinsternis im

Jahre 1868, daß die Energie im Licht der Protuberanzen stark konzentriert ist auf ganz schmale Gebiete des Spektrums, hauptsächlich auf die Wasserstofflinien. Benutzt man deshalb kein weißes Licht, sondern mit Hilfe eines Spektrographen Licht aus einem der schmalen Spektralgebiete, in denen das Protuberanzenlicht konzentriert ist, so wird das Protuberanzenlicht relativ bedeutend stärker sein als das störende zerstreute Licht. Dies Prinzip, Licht von Wellenlängen anzuwenden, in denen das Licht, für das man sich interessiert, dominiert, kann auch auf die Chromosphäre angewandt werden, indem auch ihr Licht im

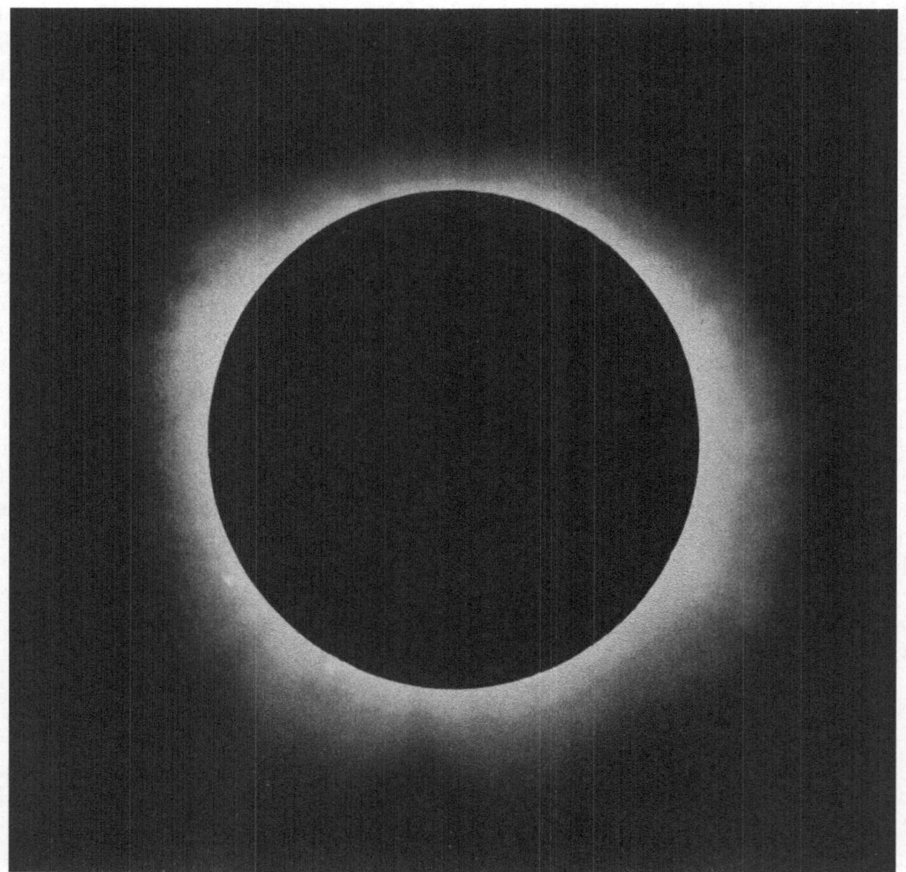

Abb. 133. Sonnenkorona.

wesentlichen in schmalen Spektralgebieten konzentriert ist. Was die Korona anbetrifft, so hat man das Prinzip nicht mit demselben Erfolg anwenden können. Wohl ist das Koronalicht teilweise in Linien konzentriert, diese sind aber sehr verwaschen und enthalten auch nur einen kleinen Bruchteil des Koronalichtes.

Das Prinzip wurde von LOCKYER angegeben und mit Erfolg angewandt, ungefähr gleichzeitig mit und unabhängig von den Untersuchungen JANSSENS.

Neuerdings gelang es, auf dem 2870 m hohen Pic du Midi in den Pyrenäen Protuberanzen und Chromosphäre außerhalb einer Sonnenfinsternis im unzerlegten Licht zu beobachten. Ebenso erwies es sich unter denselben Umständen als möglich, die Korona wahrzunehmen und im gelbroten Licht zu photographieren. Schließlich gelangen auch Spektralaufnahmen der Korona. Diese Resultate zu erreichen, war infolge der besonders günstigen atmosphärischen Bedingungen

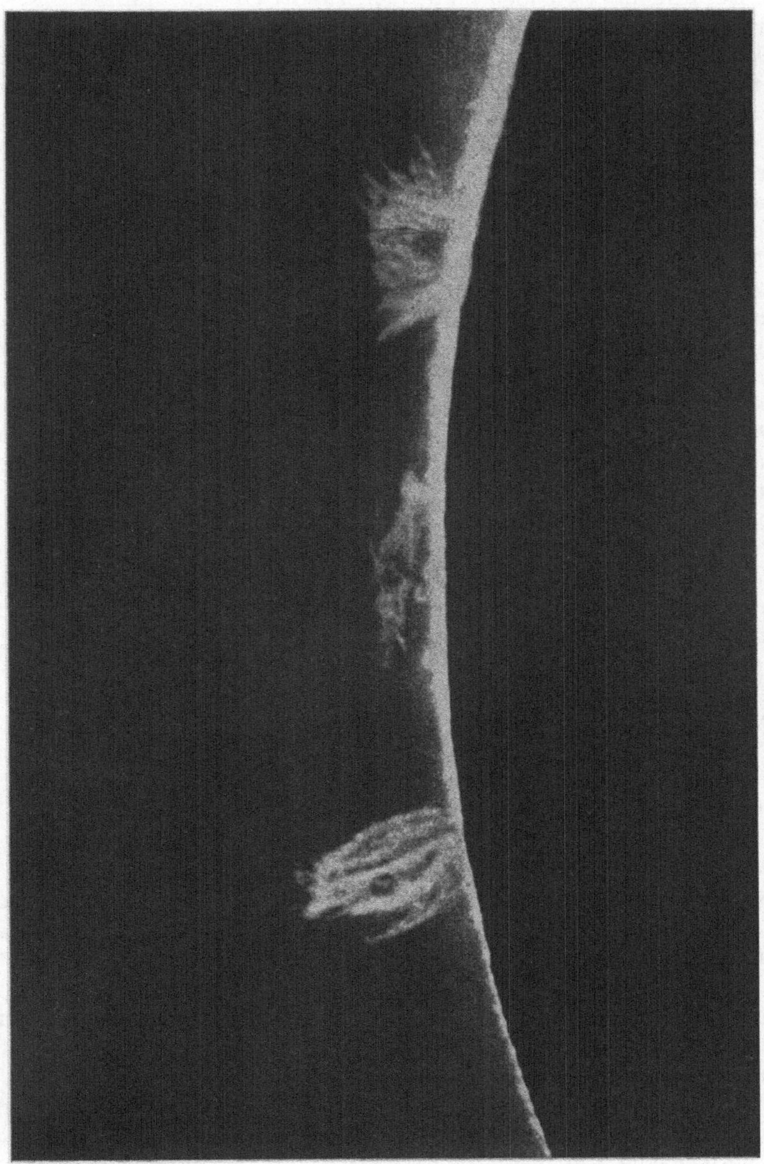

Abb. 134. Protuberanzen während der totalen Sonnenfinsternis am 28. Mai 1900 (BARNARD und RITCHEY) auf der Lickssternwarte.

möglich. Ferner wurde die größte Sorgfalt verwendet, um Streulicht im benutzten Fernrohr zu vermeiden.

Die durchschnittliche Höhe der Protuberanzen beträgt ca. 30000 km, man hat aber Protuberanzen von annähernd einer Million Kilometer beobachtet.

Die Protuberanzen können große Geschwindigkeiten erreichen, wenn sie von der Sonne ausgeschleudert werden und auf sie zurückfallen, Geschwindigkeiten von mehreren hundert Kilometern in der Sekunde. Das genauere Studium der Protuberanzen hat gezeigt, daß man nach der Art ihrer Bewegung zwischen zwei Gruppen unterscheiden muß: den *eruptiven* Protuberanzen und den *ruhenden* Protuberanzen.

Das *Spektrum der Protuberanzen* besteht, wie schon erwähnt, aus hellen Spektrallinien ohne ein dazwischenliegendes kontinuierliches Spektrum. Die Spektrallinien in den ruhenden Protuberanzen zeigen, daß sie außer Wasserstoff Helium und einfach ionisiertes Kalzium enthalten; die eruptiven Protuberanzen enthalten außer den drei genannten Stoffen auch Metalle und werden deshalb manchmal auch metallische Protuberanzen genannt.

Die eruptiven Protuberanzen weisen eine deutliche Beziehung zu den Sonnenflecken auf. Sie treten so gut wie ausschließlich in den Sonnenbreiten auf, wo auch die Sonnenflecke auftreten; außerdem folgt die Häufigkeit der eruptiven Protuberanzen der Sonnenfleckenperiode. Die ruhenden Protuberanzen treten dagegen unter allen Sonnenbreiten auf, wenn sie auch in den Sonnenfleckenbreiten am häufigsten sind; ihre Häufigkeit ist mit der Sonnenfleckenperiode etwas veränderlich.

Das *Chromosphärenspektrum* besteht aus hellen Spektrallinien einiger weniger Elemente ohne ein dazwischenliegendes kontinuierliches Spektrum. Die Chromosphärenatome senden also, ebenso wie die Atome in den Protuberanzen, nur Licht in Spektrallinien aus; daraus kann man schließen, daß die Chromosphären- und Protuberanzenatome von dem Licht, das aus den tieferliegenden Schichten der Sonne durch die Chromosphäre strahlt, nur das Licht der schmalen Wellenlängengebiete absorbieren, das den Spektrallinien entspricht. Die Dichte in der Chromosphäre und in den Protuberanzen ist mit anderen Worten so gering, daß nur solche Gebiete im Spektrum, wo der Absorptionskoeffizient besonders groß ist, merkbar absorbiert werden (vgl. S. 372).

Die Höhe der Chromosphäre beträgt etwa 10000 km. In den höchsten Schichten findet man ganz wenige Linien, die Wasserstoff, Helium und einfach ionisiertem Kalzium entsprechen. Bei Annäherung an den Sonnenrand wird das Spektrum immer linienreicher. Das Spektrum der höheren Chromosphäre ist dem Spektrum der ruhenden Protuberanzen sehr ähnlich.

Das Spektrum von der dünnen Schicht unter der Chromosphäre wird das „*Flash*"-*Spektrum* (flash = Blitz) genannt wegen der kurzen Zeit, in der es bei Sonnenfinsternissen sichtbar ist. Es besteht im wesentlichen aus Emissionslinien in denselben Wellenlängen, in denen im normalen Sonnenspektrum Absorptionslinien vorkommen. Die Erklärung ist dieselbe wie bei der Chromosphäre. Die Chromosphäre kann als eine sehr verdünnte Fortsetzung der Schicht aufgefaßt werden, die das „Flash"-Spektrum gibt, eine Fortsetzung, die nur einige wenige Elemente enthält.

Das *Spektrum der Korona* ist ein kontinuierliches Spektrum, das dem Sonnenspektrum ähnlich ist. In den äußeren Teilen der Korona sind in diesem Spektrum FRAUNHOFERsche Linien deutlich sichtbar. In den inneren Teilen sind keine FRAUNHOFERschen Linien beobachtet worden (vielleicht liegt dies aber nur daran, daß dieser Teil gewöhnlich auf den Aufnahmen überexponiert erscheint). Außerdem hat man aber in den inneren Teilen der Korona helle Linien auf dem kontinuierlichen Untergrund feststellen können. Von diesen sog. *Koronalinien* kennt man zur Zeit etwa 20. Die hellsten sind eine grüne Linie mit der Wellenlänge 5302.8 A.E. und eine rote bei 6374.8 A.E. Beide Linien sind etwa 1 A.E. breit. Der Ursprung der Koronalinien ist noch nicht aufgeklärt.

209. *Der Spektroheliograph.* Im weißen Licht sieht man weder die Chromosphäre noch die Protuberanzen auf dem Hintergrund der leuchtenden Sonnenscheibe; wird jedoch das weiße Licht in ein Spektrum aufgelöst, und werden ganz schmale Spektralgebiete um die Absorptionslinien herum benutzt, so werden Chromosphäre und Protuberanzen sichtbar dadurch, daß Licht von Wellenlängen, für die der Absorptionskoeffizient sehr groß ist, nur von denjenigen Atomen zum Beobachter gelangen kann, die in den höchsten Schichten der Sonne, also in der Chromosphäre oder in den Protuberanzen, liegen.

Photographiert man daher die Sonnenoberfläche im Licht von ganz schmalen Wellenlängengebieten um die Spektrallinien herum, so können Chromosphäre und Protuberanzen wahrgenommen werden, auch wenn sie auf die Sonnenscheibe projiziert sind.

Solche Aufnahmen sind möglich mit Hilfe des *Spektroheliographen.* Wenn ein Spektrograph an dem Okularende eines auf die Sonne gerichteten astronomischen Fernrohrs angebracht ist, so daß das Sonnenbild auf den Spalt fällt, dann kann man, bevor das Spektrum auf die photographische Platte fällt, mit Hilfe eines zweiten Spaltes eine einzelne Linie des Spektrums herausschneiden, so daß nur diese auf die Platte fällt. Wenn man darauf dem Sonnenbilde und der Platte relativ zu den Spalten dieselbe Bewegung erteilt, so erhält man ein photographisches Bild der Sonne in dem Licht der betreffenden Linie; ist der erste Spalt nicht hoch genug, um den ganzen Durchmesser des Sonnenbildes zu umfassen, so erhält man einen Streifen der Sonne photographiert.

Der Absorptionskoeffizient ist innerhalb einer Spektrallinie veränderlich. Bei Annäherung an das Zentrum der Linie wird er immer größer (vgl. S. 357). Wird die Sonne mit Hilfe des zentralen Teils einer Spektrallinie abgebildet, so erhält man infolgedessen ein Bild der höchsten Schichten der Sonnenatmosphäre. Mit Licht etwas seitlich von der Linienmitte werden etwas tiefere Teile der Atmosphäre wahrgenommen. Gewöhnlich benutzt man für Spektroheliographenaufnahmen *(Spektroheliogramme)* die Linien H und K des ionisierten Kalziums oder die Wasserstofflinie H_α (vgl. Abb. 135). Die höchsten Schichten der Sonnenatmosphäre werden durch Aufnahmen im Zentrum der Linie H_α erfaßt, etwas tiefere Schichten durch Aufnahmen im Zentrum der Linien H und K.

Eine genauere Untersuchung von Spektroheliogrammen der höheren Schichten hat gezeigt, daß auf diesen dunkle Partien ruhende Protuberanzen sind, während helle Partien eruptive Protuberanzen sind. Besonders deutlich ist dies auf Aufnahmen nahe am Sonnenrande zu sehen, wo eine dunkle bzw. helle Partie auf der Sonnenscheibe infolge der Sonnenrotation in eine über dem Sonnenrand sichtbare Protuberanz übergeht. Die hellen Partien kommen in der Umgebung der Sonnenflecke häufig vor. Dies zeigt sehr deutlich, daß die eruptiven Protuberanzen mit den Sonnenflecken in Verbindung stehen (vgl. S. 270).

Die erweiterten Beobachtungsmöglichkeiten haben über die Dynamik der Protuberanzen wichtige Aufschlüsse gegeben, indem sie die Beziehungen derselben zu den Sonnenflecken bestätigt und weiter aufgeklärt haben. So hat man eine Protuberanz außerhalb des Sonnenrandes beobachtet, die ganz bis in einen Sonnenfleck hineinreichte; dort, wo sie den Sonnenfleck traf, war sie gekrümmt, als würde sie wie von einem Wirbel in den Sonnenfleck hineingesogen. Als die Protuberanz mit Hilfe des Spektroheliographen weiter beobachtet wurde, während sie nach und nach vor die Sonnenscheibe trat, sah man sie allmählich in dem Wirbel des Sonnenflecks, der noch immer sichtbar war, verschwinden.

Spektroheliographenaufnahmen zeigen ganz deutlich Wirbelbewegungen in den Sonnenflecken. Ein Nachweis dieser Wirbelbewegungen ist durch ein genaues Studium der Absorptionslinien im Sonnenfleckenspektrum gelungen.

Dadurch wurde das Vorhandensein des sog. ZEEMAN-*Effekts* (der Aufspaltung einer jeden Spektrallinie in mehrere, die durch das Einwirken eines Magnetfeldes hervorgerufen wird) konstatiert. Von diesem Magnetfeld wird angenommen, daß es von einer Wirbelbewegung von Elektronen herrührt. Durch sehr genaues Studium der Spektrallinien konnte in ähnlicher Weise ein viel kleineres allgemeines magnetisches Feld auf der Sonne, analog dem magnetischen Feld auf der Erde, nachgewiesen werden. Die Feldstärke ist ungefähr hundertmal größer als auf der Erde, der magnetische Nordpol ist etwa 4° von dem Rotations-Südpol entfernt.

Abb. 135. Sonnenaufnahme im Lichte der Kalziumlinie *H*.

Die nähere spektroskopische Untersuchung der Sonnenflecke bestätigt, was man erwarten konnte: daß die Sonnenflecke dunkler als ihre Umgebung erscheinen wegen ihrer bedeutend (ca. 1000°) niedrigeren Temperatur. Die niedrigere Temperatur rührt daher, daß die Sonnenflecke sich ausdehnen und dabei gegen ihre Umgebung Arbeit leisten, wodurch sie eine niedrigere Temperatur als diese annehmen müssen, obwohl sie ebensoviel Energie vom Innern der Sonne empfangen wie die Umgebung. Diese Ausdehnungsbewegung ist im übrigen durch Radialgeschwindigkeitsmessungen an Sonnenflecken in der Nähe des Sonnenrandes nachgewiesen worden.

Das Aussehen der *Korona* folgt der Sonnenfleckenperiode. Man geht wohl nicht fehl, wenn man dies mit den von den Sonnenflecken ausgeschleuderten und teilweise wieder eingesogenen Massen in Verbindung bringt.

Eine Reihe von Strömungsphänomenen in der Sonnenatmosphäre steht somit mit den Sonnenflecken in Verbindung. Auch in den ungestörten Teilen der Sonnenatmosphäre finden wahrscheinlich Strömungen statt. Die Spektrallinien zeigen kleine Verschiebungen, die, als Dopplerverschiebungen gedeutet, Strömungsgeschwindigkeiten bis zu 0.5 km pro Sekunde ergeben. Dabei scheinen die höchsten Schichten nach unten zu strömen, die niederen nach oben. Eine befriedigende Deutung dieser Phänomene steht noch aus.

210. *Physikalische und chemische Verhältnisse in den äußersten Schichten der Sonne.* Das Licht zwischen den Spektrallinien stammt von Atomen, die sich in den am tiefsten liegenden Schichten der Sonne befinden, deren Licht den Beobachter überhaupt direkt erreichen kann. Diese Schicht nennt man die *Photosphäre.*

Die Materie unmittelbar unter der Oberfläche ist einer Strahlung ausgesetzt, die in allen nach innen gehenden Richtungen Null und in allen nach außen gehenden gleich der beobachteten Sonnenstrahlung ist. Die Temperatur, die die Materie bei dieser Bestrahlung annimmt, kann aus der beobachteten Sonnenstrahlung berechnet werden; man hat eine Temperatur von 4700° gefunden. Die gesamte Energieausstrahlung der Sonne entspricht der Ausstrahlung einer isothermen Kugel mit der Temperatur 5740°. Diese Temperatur ist ein Durchschnittswert der Temperatur in den Schichten, deren Licht direkt gesehen wird (vgl. S. 339).

Über der Photosphäre liegt eine Schicht von ca. 500 km Dicke, in der die Dichte bedeutend geringer ist als in der Photosphäre (der Druck ist von der Größenordnung 10^{-5} Atmosphären); diese Schicht wird die *umkehrende Schicht* genannt, weil die Beschaffenheit dieser Schicht für den Charakter des Absorptionsspektrums maßgebend ist. Diese Schicht ist es, die das „Flash"-Spektrum bei totalen Sonnenfinsternissen erzeugt.

Über der umkehrenden Schicht liegt die bereits besprochene Chromosphäre, deren Dichte so gering ist, daß nur Licht in den Spektrallinien absorbiert und emittiert wird.

Über der Chromosphäre liegt die Korona, wo der Druck noch geringer ist.

Die drei Schichten, die Photosphäre, die umkehrende Schicht und die Chromosphäre gehen kontinuierlich ineinander über, indem der Druck kontinuierlich nach außen abfällt.

Die Temperatur nimmt durch diese drei Schichten nicht besonders stark ab: von ca. 6000° bis ca. 5000°. Der Druck dagegen fällt von ca. 10^{-2} bis zu ca. 10^{-15} Atmosphären.

Aus der Breite der Absorptionslinien können auf das Vorkommen der Elemente Schlüsse gezogen werden (vgl. S. 382). Wasserstoff ist das häufigste Element in allen drei Schichten. Die folgenden Zahlen geben das Mischungsverhältnis von Elementen und von freien Elektronen in der Sonnenatmosphäre: Wasserstoff 60, Helium 2, Sauerstoff 2, Metalldämpfe 1 und freie Elektronen 0.8 Volumteile (die Elektronen stammen hauptsächlich von ionisierten Metallen). Für ein Drittel aller Elemente hat man die Linien im Sonnenspektrum nicht identifiziert. Die meisten dieser Elemente haben ihre stärksten Spektrallinien außerhalb des Wellenlängengebiets im Sonnenspektrum, das der Beobachtung zugänglich ist.

211. *Das Innere der Sonne.* Nur in den alleräußersten Schichten der Sonne sind die physikalischen Verhältnisse durch direkte Beobachtungen bekannt. Von der Materie im Innern weiß man durch Beobachtung dreierlei: 1. daß sie die Gesamtmasse $M = 1.985 \cdot 10^{33}$ g hat, 2. daß sie eine Kugel mit dem Radius $R = 6.951 \cdot 10^{10}$ cm ausfüllt, so daß die Durchschnittsdichte ϱ_m gleich 1.411 g cm^{-3} ist, und 3. daß ihr gesamter Energieverlust durch Ausstrahlung von Lichtenergie $L = 3.8 \cdot 10^{33}$ erg pro Sekunde beträgt.

Von den physikalischen Verhältnissen im Innern der Sonne kann man sich weitere Kenntnis nur auf indirektem Wege, durch Berechnung, verschaffen.

Eine solche Rechnung kann unter der natürlichen Annahme vorgenommen werden, daß die Sonne sich im *mechanischen Gleichgewicht* und im *Strahlungsgleichgewicht* befindet.

Das Vorhandensein des mechanischen Gleichgewichts bedeutet, daß der Druck (und zwar muß man auch den *Strahlungsdruck* berücksichtigen) überall nach dem Zentrum zu steigt, dem größeren Gewicht der getragenen Schichten genau entsprechend. Ein beliebig herausgegriffenes Volumenelement wird von der Schwerewirkung der ganzen Sonne nach dem Zentrum hin gezogen (vgl. hierzu S. 261); der Druck auf der unteren Begrenzungsfläche nach oben ist gerade so viel größer als der Druck auf der oberen Fläche nach unten, daß Gleichgewicht vorhanden ist.

Beim Strahlungsgleichgewicht steigt die Temperatur nach innen, so daß ein gewisser Überschuß an Strahlungsenergie nach außen fließt; die Zunahme der Temperatur ist mit dem Nettostrom nach außen durch eine Gleichung verbunden, in die außerdem der Absorptionskoeffizient der Materie eingeht. Man kann zeigen, daß der Nettostrom dem Temperaturgradienten (der Änderung der Temperatur pro Längeneinheit) proportional und dem Absorptionskoeffizienten umgekehrt proportional ist.

Nun ist es klar, daß die Schwerebeschleunigung mit der Dichteverteilung zusammenhängt. Andererseits sind Dichte, Druck und Temperatur miteinander durch eine Zustandsgleichung verbunden.

Die genannten Zusammenhänge lassen sich in Gleichungen ausdrücken. Die Bedingungen für mechanisches Gleichgewicht und Temperaturgleichgewicht werden durch zwei Differentialgleichungen ausgedrückt, die die *Veränderungen* der *Temperatur* und des *Druckes* bestimmen, wenn man sich durch die Sonne nach innen bewegt. Ferner haben wir eine Differentialgleichung, die die *Veränderung* der *Schwerebeschleunigung* gibt, wenn man sich durch die Sonne nach innen bewegt, und die *Zustandsgleichung* zwischen Dichte (spezifischem Gewicht), Temperatur und Druck. Diese vier Gleichungen sollen hier nicht abgeleitet werden, sie sind aber einfach, und um die Übersicht über das Problem zu erleichtern, geben wir sie hier:

$$d(T^4) = -\frac{3}{a\,c}\frac{L_r}{r^2}\,k(\varrho, T)\,\varrho\,dr,$$

$$dP = -g\,\varrho\,dr,$$

$$dg = 4\pi G\,\varrho\,dr - 2\frac{g}{r}\,dr,$$

$$P = p_{\text{Gas}} + p_{\text{Strahlung}} = \varphi(\varrho, T) + \frac{a}{3}T^4.$$

Für ein ideales Gas ist:

$$p_{\text{Gas}} = \varphi(\varrho, T) = \frac{\overline{R}}{\mu(\varrho, T)}\,\varrho\,T.$$

Die benutzten Buchstaben haben die folgende Bedeutung:

T die Temperatur,

r die Entfernung vom Sonnenzentrum,

L_r der Energiestrom in der Sekunde nach außen durch eine Kugel in der Entfernung r vom Zentrum,

k der Absorptionskoeffizient, der von Temperatur und Druck abhängt,

P der Gesamtdruck, die Summe des Gasdrucks und des Strahlungsdrucks.

g die Schwerebeschleunigung,

ϱ die Dichte (das spezifische Gewicht),

μ das Molekulargewicht, das von Druck und Temperatur abhängt,
a die STEFANsche Konstante,
c die Lichtgeschwindigkeit,
G die Gravitationskonstante,
R die Gaskonstante.

Die rechten Seiten und damit die Veränderungen in T^4, P und g mit r können für jedes r berechnet werden, wo ϱ, T, g und ferner k, μ und L_r bekannt sind. Auf der Oberfläche kennt man: $\varrho = 0$, $T =$ der Oberflächentemperatur, $g = \frac{GM}{R^2}$. Von der Oberfläche aus kann die Rechnung jetzt nach innen geführt werden, indem $d(T^4)$ und dp zusammen mit der letzten Gleichung $d\varrho$ geben; allerdings muß man k, μ und L_r aus ϱ und T berechnen können.

Es zeigt sich nun ganz allgemein, daß man schnell Temperaturen von Millionen von Graden erreicht. Bei diesen Temperaturen wird die Materie sehr stark ionisiert (S. 17 und 365), so daß die meisten Elektronen der Elemente frei werden. Unter diesen Bedingungen sind die Eigenschaften der Materie besonders einfach. Die Radien der freien Partikeln sind so klein, daß der Stoff auch bei relativ sehr hohen Dichten sich wie ein ideales Gas verhalten wird. Das durchschnittliche Molekulargewicht ist wegen des Vorhandenseins der vielen freien Elektronen klein und im größten Teil der Sonne annähernd konstant.

Absorptionskoeffizient und Molekulargewicht können unter diesen Umständen aus der chemischen Zusammensetzung, der Dichte ϱ und der Temperatur T verhältnismäßig leicht berechnet werden. Über den Nettostrom nach außen durch eine Kugelfläche mit dem Radius r, L_r, erhält man in der folgenden Weise Auskunft. Auf der Oberfläche ist L_r gleich der gesamten ausgestrahlten Energie L. Andererseits kann man die Änderung von L_r von Schicht zu Schicht mit dem Energieverlust der verschiedenen Schichten in Verbindung bringen. Betrachten wir zwei Kugelflächen mit den Radien r_1 und r_2, wo $r_1 > r_2$. Ein gewisser Teil der von der ganzen Sonne sekundlich verlorenen Energie wird auf den Teil der Materie fallen, der sich zwischen den betrachteten Kugelflächen befindet. Dieser Verlust ist gleich der aus dem betrachtetem Volumen ausströmenden minus der einströmenden Energie, d. h. gleich $L_{r_1} - L_{r_2}$. Ist der Energieverlust der verschiedenen Schichten bekannt, dann kann auch L_r für alle Schichten berechnet werden. In einem späteren Abschnitt (§ 321) werden wir sehen, daß die Änderungen der potentiellen Energie der Partikeln unter sich, der kinetischen Energie sowie der Strahlungsenergie sehr langsam verlaufen. In der Tat ergibt sich aus dem bekannten Alter der Erde, das eine untere Grenze für das Alter der Sonne ist, daß die sekundlichen Änderungen so klein sein müssen, daß sie für den Energieverlust der verschiedenen Schichten überhaupt keine Rolle spielen. Etwaige Energieverluste müssen vielmehr die Energien der Atomkerne treffen. So sind die Energieverluste von der chemischen Zusammensetzung abhängig. Ferner ist es nicht unwahrscheinlich (vgl. S. 277), daß die Energieverluste nur in der Nähe des Zentrums erheblich sein werden, wobei dann L_r durch große Teile der Sonne annähernd konstant ist, um erst in der Nähe des Zentrums abzunehmen.

Durch diese allgemeinen Bemerkungen ist es klar, wie man bei Untersuchungen über das Innere der Sonne vorzugehen hat.

Anstatt nun zu versuchen, das spezielle Problem der Sonne vollständig zu lösen, kann man sich einem allgemeineren Problem zuwenden. Es sei gegeben ein Stern der Masse M von bestimmter chemischer Zusammensetzung. Es wird gefragt, wie dieser Stern im Gleichgewichtszustande aufgebaut sein und wie er dem Beobachter erscheinen wird, d. h. mit welchem Radius und welcher

Leuchtkraft (vgl. S. 273). Es ist klar, daß mit dem allgemeineren Problem auch das speziellere der Sonne gelöst ist.

Man muß sich nun zuerst klarmachen, wie die chemische Zusammensetzung in das Problem hineinspielt. Aus dem bereits Entwickelten geht hervor, daß die Kenntnis der chemischen Zusammensetzung für die Berechnung des Molekulargewichts und des Absorptionskoeffizienten notwendig ist und außerdem für die Berechnung der Änderungen im Nettostrom; wenn auch der Nettostrom für große Teile des Sterns konstant sein mag, so wird er doch jedenfalls in der Nähe des Zentrums abnehmen müssen (um im Zentrum Null zu werden), und hier wird die chemische Zusammensetzung dann mit hineinspielen. Prinzipiell sind Molekulargewicht, Absorptionskoeffizient und Nettostromänderung bei bekannter chemischer Zusammensetzung und gegebener Temperatur und Dichte berechenbar. Praktisch ist man natürlich von dem jeweiligen Stand der theoretischen Physik abhängig.

Angenommen, die theoretische Physik sei vollkommen entwickelt. Man könnte dann die Untersuchung der gegebenen Sternmasse M vollständig durchführen. Um zu entscheiden, ob die Sternmasse mit einem bestimmten Radius (R) und einer bestimmten Leuchtkraft (L) existieren kann, rechnet man von der Oberfläche nach innen, so wie es oben beschrieben worden ist. Molekulargewicht, Absorptionskoeffizient und Nettostrom können jetzt durch den ganzen Stern bis zum Zentrum verfolgt werden. Im Zentrum muß nun die ganze Sternmasse gerade verbraucht und ebenso der Nettostrom gerade auf Null herabgegangen sein. Wenn nun der betrachtete Stern mit dem Radius R und der Leuchtkraft L nicht existieren kann, so zeigt sich dies, indem für die mit (R, L) durchgerechnete Lösung diese beiden Bedingungen nicht erfüllt sind. In der Tat sind die beiden Bedingungen gleichbedeutend mit zwei Gleichungen für die unbekannten Größen R und L. Es wird sich eine eindeutige Lösung ergeben (oder vielleicht zwei Lösungen, so wie eine Gleichung zweiten Grades zwei reelle Lösungen haben kann). Es sind also Radius und Leuchtkraft und auch der ganze Aufbau (Dichteverteilung usw.) eindeutig (oder, was im Gegensatz zu unendlichdeutig prinzipiell dasselbe ist, vielleicht zweideutig) durch die Masse und die chemische Zusammensetzung bestimmt. Unter der Voraussetzung einer vollkommenen theoretischen Physik könnte man durch das beschriebene Verfahren R und L berechnen. Für die Sonne, wo Masse, Radius und Leuchtkraft beobachtet sind, würde man umgekehrt auf die chemische Zusammensetzung zurückschließen und dann auch den inneren Aufbau vollständig bestimmen können.

Jede Lücke in der theoretischen Physik führt zu Unsicherheiten in den berechneten R- und L-Werten und über den inneren Aufbau, obgleich natürlich an dem Satz, daß diese durch die Masse und chemische Zusammensetzung gegeben sind, nichts geändert wird. Dieser Satz gilt immer, wenn ein konstanter Gleichgewichtszustand vorhanden ist. Wenn aber z. B. ein merkliches Zusammenschrumpfen der Sternmasse stattfindet (s. oben), so gilt der Satz nicht mehr. In unseren Schlußfolgerungen würde ein Zusammenschrumpfen sich da bemerkbar machen, wo wir von dem von Temperatur, Dichte und chemischer Zusammensetzung abhängigen Energieverlust der Materie zwischen zwei Kugelflächen auf die Änderung im Nettostrom schließen; hier müßten wir dann die durch die Schrumpfung verursachten Änderungen mitberücksichtigen. Bei der Berechnung des Radius würde die Schrumpfungsgeschwindigkeit eingehen. Oder, anders ausgedrückt, der Radius wäre beliebig, die Schrumpfungsgeschwindigkeit (oder Ausdehnungsgeschwindigkeit) durch den Radius bestimmt.

Gegenwärtig ist man nun von der vollständigen Durchführung der oben skizzierten Rechnungen noch weit entfernt. In der Tat besteht in der gegenwärtigen theoretischen Physik eine Lücke, die sich gerade auf diesem Gebiet empfindlich bemerkbar macht. Die Erscheinungen, die auf die Hüllenelektronen der Atome zurückzuführen sind, lassen sich befriedigend deuten. Ebenso ist man in der Lage, Atomkernphysik zu treiben, so lange man sich auf die Behandlung der schweren Teilchen (α-Partikeln, Protonen, Neutronen) beschränken kann. Bei der Deutung derjenigen Phänomene aber, wo Elektronen, die den großen Kraftwirkungen in den Atomkernen ausgesetzt sind, mit hineinspielen, versagt die jetzige theoretische Physik. Dies bedeutet auch für das hier behandelte Problem eine Unsicherheit, weil die Zustandsgleichung der Materie bei extrem hohen Dichten, bei denen alle Elektronen sehr großen Kräften ausgesetzt sind, vorläufig als unbekannt gelten muß. (In einem Neutronengas kommen die Elektronen allerdings nur in schweren Teilchen vor).

Es besteht infolgedessen zur Zeit einige Unsicherheit über den inneren Aufbau der Sonne und der Sterne. Zwei wesentlich verschiedene Auffassungen sind möglich.

Nach der älteren Theorie kommen extreme Dichten im Innern der Sterne überhaupt nicht vor. Sind Masse, chemische Zusammensetzung sowie Radius gegeben, so kann man in der Tat die Leuchtkraft derartig wählen, daß die e i n e der beiden Bedingungen erfüllt wird, nämlich die, daß die gesamte Masse bei Erreichung des Zentrums gerade aufgebraucht ist, und zwar ohne daß extreme Dichten oder Temperaturen überhaupt erreicht werden. Untersucht man, wie es mit der anderen Zentrumsbedingung steht, so kommt man, zunächst jedenfalls, zu dem Schluß, daß sie nicht erfüllt ist. Die Temperaturen und Dichten sind verhältnismäßig so niedrig, daß man physikalisch erwarten muß, daß die Atomkerne nur ganz geringe Energiemengen verlieren können, L_r wird nach dieser Lösung also bis zum Zentrum ungefähr konstant bleiben, also nicht bis auf Null abnehmen. Um diese Theorie aufrechthalten zu können, muß man sich auf den Standpunkt stellen, daß wir auch über durchaus normale Materie keine sicheren Aussagen machen können, uns also irren können, wenn wir behaupten, bei normalen Temperaturen und Dichten werden die Atomkerne von äußeren Kräften nicht beeinflußt und können keine großen Energien verlieren.

Die neuere Theorie empfindet die letztbesprochene Schwierigkeit viel ernster und sucht sie folgendermaßen zu beseitigen. Wählt man, wieder unter der Voraussetzung, daß Masse, chemische Zusammensetzung und Radius gegeben sind, die Leuchtkraft kleiner als den der älteren Theorie entsprechenden Wert L_0 (s. oben), so wird alle Masse verbraucht, ehe das Zentrum erreicht wird; wählt man die Leuchtkraft größer als diesen Wert, so scheint zunächst bei Erreichung des Zentrums Masse übrigzubleiben. In beiden Fällen wären die entsprechenden Lösungen zu verwerfen. Nun tritt aber bei L größer als L_0 gerade der Fall ein, daß die Dichte in der Nähe des Zentrums extrem hohe Werte erreicht. Daraus folgt, daß man gegenwärtig überhaupt nicht imstande ist, die $L > L_0$ entsprechenden Lösungen bis zum Zentrum zu verfolgen, man also auch nicht behaupten kann, die Zentrumsbedingung für die Masse sei nicht erfüllt. Um nun diese neuere Theorie zu behaupten, muß man annehmen, daß die Materie bei extrem hohem Druck überkompressibel wird, so daß sie viel stärker zusammengepreßt werden kann, als man durch Extrapolation der für normale Materie geltenden Zustandsgleichungen erwarten würde. Ist dies der Fall, so kann die gesamte Masse bei Erreichung des Zentrums gerade verbraucht sein. Der Grad der Überkompressibilität legt den Überschuß von L über L_0 fest. Nach dieser Lösung ergeben sich keine Schwierigkeiten bei der zweiten Bedingung: L_r bleibt bis zur Erreichung der extremen Zone in der Nähe des Zentrums ungefähr konstant, fällt aber durch diese bei richtig gewähltem Radius gerade auf Null ab.

Bei größerer Vollkommenheit der theoretischen Physik wird man entscheiden können, welche der beiden Theorien die richtige ist.

Es ist nun auch klar, wieweit es möglich ist, die gegebenen Massen und chemischen Zusammensetzungen entsprechenden Radien und Leuchtkräfte zu berechnen (s. oben). Die Zentrumsbedingung für die Masse führt auf eine Relation zwischen Masse, Radius und Leuchtkraft, in die auch gewisse Konstanten, die die chemische Zusammensetzung charakterisieren, eingehen. Die Relation ist verschieden nach den beiden Theorien, indem unter anderem die Kompressibilität der Sternmaterie für die beiden Theorien verschieden sein muß; es ist ja auch $L > L_0$. Man wird aber erwarten, daß der Unterschied zwischen L und L_0 nicht so sehr groß sein wird, da wahrscheinlich nur ein kleiner Teil der Masse sich im überdichten Kern befindet. Die Zentrumsbedingung für L_r liefert die andere Relation, es leuchtet aber nach dem bereits Gesagten ein, daß man gegenwärtig nicht daran denken kann, diese Relation wirklich aufzustellen.

Die erstgenannte Relation, die man also angenähert wirklich aufstellen kann, nennt man gewöhnlich die *Masse-Leuchtkraft-Relation.* Von dieser wird in einem folgenden Abschnitt die Rede sein (vgl. S. 398).

Setzt man in die Masse-Leuchtkraft-Relation die bekannten Werte von Masse, Radius und Leuchtkraft für die Sonne ein, so hat man eine Gleichung für die genannten, die chemische Zusammensetzung charakterisierenden Konstanten. Es zeigt sich, daß eine Zusammensetzung, wie sie in der Atmosphäre der Sonne gefunden wurde, Konstanten ergibt, die zu der Gleichung passen. Es ist daher wahrscheinlich, daß die chemische Zusammensetzung von der Oberfläche bis zu tiefen Schichten ungefähr dieselbe bleibt. Speziell sollte Wasserstoff ungefähr ein Drittel der Materie nach Gewicht ausmachen.

Zusammenfassend kann man sagen, daß es als gesichert gelten kann, daß der größte Teil der Sonne aus hochionisierter Materie besteht. Die Temperatur steigt schnell auf einige Millionen Grad, schließlich auf jedenfalls etwa 20 Millionen Grad. Die Dichte ist in den äußeren Schichten niedrig, steigt aber jedenfalls auf ein Vielfaches der Durchschnittsdichte (die 1.4mal der Dichte des Wassers beträgt), wobei jedoch die Materie infolge der Ionisation sich wie ein ideales Gas verhält. Wahrscheinlich bleibt die chemische Zusammensetzung bis weit in die Sonne hinein ungefähr dieselbe wie auf der Oberfläche, d. h. ein Drittel Wasserstoff und sonst hauptsächlich Helium, Stickstoff, Natrium, Magnesium, Kalium, Kalzium, Silizium und Eisen. Dies Ergebnis ist schon weniger gesichert.

Vielleicht besitzt die Sonne einen überdichten Kern, auf den dann der beobachtete zeitliche Energieverlust fällt oder, wie man zu sagen pflegt, der die gesamte ausgestrahlte Energie erzeugt.

Der Radius und die Leuchtkraft der Sonne entsprechen der Masse und der chemischen Zusammensetzung in der Weise, daß die Ausstrahlung durch den Gleichgewichts-Temperaturverlauf bestimmt ist, der Radius aber dadurch, daß er sich geändert hat, bis die von den Atomkernen erzeugte Energie der Leuchtkraft entsprach.

Die Planeten und die Trabanten.

212. *Allgemeines über die Hauptplaneten.* In der untenstehenden Tabelle sind die Bahnelemente für die acht alten Hauptplaneten und den neuentdeckten äußersten Planeten, Pluto, zusammengestellt: die mittlere Entfernung a, die Exzentrizität e, die Perihellänge π, die Länge des aufsteigenden Knotens Ω und die Neigung i. Die Zahlen haben Gültigkeit für das Jahr 1930. Bei π und Ω ist die jährliche Änderung ($\Delta\pi$ und $\Delta\Omega$), teils als Folge der säkularen Störungen, teils und besonders auf Grund der Präzession angeführt. Die Änderung der Neigung beträgt für alle nur den Bruchteil einer Sekunde im Jahr; die Änderung der Exzentrizität wird im Laufe von 100 Jahren im allgemeinen nur einige wenige Einheiten in der fünften Dezimalstelle betragen. Im übrigen werden diese Zahlen etwas verschieden ausfallen, je nachdem ob man unter den säkularen Änderungen gewisse langperiodische Störungen aufführt, die im Laufe von mehreren Jahrhunderten in derselben Richtung wirken können oder nicht. Kurze Perioden können in einer solchen Tafel natürlich nicht mit aufgenommen werden.

In der letzten Spalte ist das Verhältnis zwischen der Masse der Sonne und der des Planeten angeführt.

	a	e	π	$\Delta\pi$	Ω	$\Delta\Omega$	i	Masse Sonne: Planet
Merkur . . .	0.38710	0.20562	76° 22′	+0′.9	47° 30′	+0′.7	7° 0′	5—10 Mill.
Venus . . .	0.72333	0.00681	130 35	+0 .8	76 3	+0 .3	3 24	408000
Erde	1.00000	0.01674	101 44	+1 .0	—	—	—	332270
Mars	1.52369	0.09334	334 46	+1 .1	49 1	+0 .5	1 51	3093500
Jupiter . . .	5.20280	0.04839	13 12	+1 .0	99 44	+0 .6	1 18	1047.35
Saturn . . .	9.53884	0.05579	91 41	+1 .2	113 3	+0 .5	2 29	3501.6
Uranus . . .	19.19098	0.04713	169 32	+0 .9	73 38	+0 .3	0 46	22869
Neptun . . .	30.07067	0.00855	44 1	+0 .5	131 1	+0 .7	1 47	19700
Pluto	39.5177	0.24864	222 28	—	108 57	—	17 9	3000000?

Schreibt man die Zahlen 0, 3, 6, 12, 24, 48, 96, 192, 384 auf und addiert überall 4, so erhält man die Reihe:

4, 7, 10, 16, 28, 52, 100, 196, 388,

Zahlen, die mit einer gewissen Annäherung die mittleren Entfernungen der Planeten, mit 10 multipliziert, wiedergeben; nur Neptun fällt ganz aus der Reihe heraus. Die Zahl 28 fällt zwischen Mars und Jupiter. Diese sog. BODEsche Reihe wurde vor der Entdeckung der kleinen Planeten zwischen Mars und Jupiter und vor der Entdeckung von Uranus, Neptun und Pluto aufgestellt.

Die im folgenden angeführten Dimensionen der Planeten gründen sich auf Messungen von BARNARD, die er teils auf der Lick-, teils auf der Yerkes-Sternwarte ausführte. Zum Vergleich mit den entsprechenden Größen auf der Erde ist die Sonnenparallaxe 8″.80 benutzt worden. Wird diese um 0″.01 vermindert, müssen alle linearen Dimensionen um sehr nahe $^1/_{880}$ ihres Wertes vergrößert werden, die Oberfläche und das Volumen bzw. um das Doppelte und das Dreifache davon. Bei der Berechnung von Oberfläche und Volumen ist auf die Abplattung sowohl der Erde als auch des Planeten Rücksicht genommen, bei letzterem soweit sie bekannt ist.

Merkur.

213. *Bahn. Dimensionen. Masse. Dichte. Oberfläche. Rotation.* Merkur ist der kleinste der neun großen Planeten (evtl. Pluto ausgenommen), und nächst Pluto hat er die Bahn mit der größten Exzentrizität. Aus den in der obigen Tabelle angeführten Werten für a und e folgt die Periheldistanz 0.3075 und die Apheldistanz 0.4667, die gleich den Sinus von 17° 55′ bzw. 27° 49′ sind; diese Winkel bestimmen also die größte Elongation des Merkur von der Sonne, wenn der Planet die größte Elongation im Perihel bzw. im Aphel erreicht (vgl. S. 151). Selbst für diese Bahn beträgt die Abplattung nicht mehr als $^1/_{47}$.

Die siderische Umlaufszeit ist 87.969 Tage, woraus in gewöhnlicher Weise gefunden wird, daß die synodische durchschnittlich 116 Tage beträgt. Merkur wird deshalb durchschnittlich dreimal im Jahre in die obere und ebensooft in die untere Konjunktion mit der Sonne kommen. Wegen des großen Unterschieds der Geschwindigkeit in den verschiedenen Teilen der Bahn kann die Zeit zwischen zwei Konjunktionen jedoch mehrere Tage vom Durchschnittswert abweichen.

Wenn eine untere Konjunktion genügend nahe einem der Knoten eintritt, wird ein Merkurdurchgang stattfinden. Da die Länge des aufsteigenden Knotens 47° ist, die Länge des absteigenden also 227°, so wird ein Durchgang eintreten, wenn die heliozentrische Länge der Erde gleichzeitig diese Werte hat, also die geozentrische Länge der Sonne dieselben Werte in umgekehrter Reihenfolge. Das ist der Fall am 10. November und am 8. Mai; um diese Tage herum können also Merkurdurchgänge eintreten. Die Durchgänge wiederholen sich sehr nahe in einer Periode von 217 Jahren, in der 20 im November und 9 im Mai eintreten. Für die Novemberdurchgänge ist die Zwischenzeit 7 oder 13, selten 6 Jahre, für die Maidurchgänge 13 oder 33, selten 20 Jahre. Nach einem Maidurchgang folgt immer $3^1/_2$ Jahre später ein Novemberdurchgang.

Der Winkeldurchmesser des Merkur, aus der Entfernung 1 gesehen, ist 6″.59; da seine Entfernung von der Erde niemals kleiner als 0.55 werden kann (steht nämlich der Planet im Aphel zwischen Sonne und Erde, so ist die Entfernung der letzteren 1.015), so kann Merkur also niemals größer als 12″ erscheinen. Sein Radius ist 0.374, seine Oberfläche 0.141 und sein Volumen 0.053, alles in Einheiten der entsprechenden Größen für die Erde. Es ist schwierig, die Masse des Merkur zu bestimmen, da er nur geringe Störungen auf die anderen Planeten ausübt; den in § 212 angeführten Grenzwerten entsprechen: die Masse 0.066 und 0.033, die Dichte 1.25 und 0.63, die Schwere auf der Oberfläche 0.47 und 0.24 in Einheiten derselben Größen für die Erde. Wie wir später sehen werden, kann einer der periodischen Kometen (der ENCKEsche Komet) dem Merkur manchmal sehr nahe kommen; durch Berechnung der Beobachtungen dieses Kometen hat BACKLUND einen Wert der Masse des Merkur gefunden, der der unteren der erwähnten Grenzen (1 : 10 Millionen) sehr nahe liegt.

Die Helligkeit des Merkur ist im Maximum etwa gleich der des Sirius. Die Helligkeit eines Planeten ändert sich mit dem Abstand Sonne—Planet, mit dem Abstand Planet—Erde und mit dem Phasenwinkel (vgl. S. 153). Sie ist von dem Reflexionsvermögen des Planeten abhängig.

Das Reflexionsvermögen eines Körpers charakterisiert man durch Angabe seiner *Albedo.* Die geometrische Albedo definiert man als das Verhältnis zwischen der diffus reflektierten Lichtmenge und der auffallenden Lichtmenge, wenn das Licht senkrecht auf den Körper fällt. Die astronomische Albedo ist das Verhältnis zwischen diffus reflektierter und auffallender Lichtmenge, wenn der Körper kugelförmig ist und das auffallende Licht paralleles Licht ist. Die Planeten sind in großer Näherung Kugeln, die von parallelem Licht erleuchtet werden. In der Astronomie benutzt man immer die letztgenannten Albedo; die im folgenden angeführten Albedowerte beziehen sich auf diese.

Für Merkur hat man aus den beobachteten Helligkeiten die Albedo 0.07 gefunden. Diese Albedo ist sehr gering. Zum Vergleich sei die Albedo einiger irdischer Gegenstände angeführt. Kreide hat die Albedo 1, dunkle Lava 0.05. Kumuluswolken haben hohe Albedo (etwa 0.8), Wälder und Tiefseen sehr geringe (0.03 bis 0.05).

Die Oberfläche des Merkur erscheint für gewöhnlich gleichmäßig hell. Nur unter besonders günstigen Umständen hat man schwache Schattierungen, also eine Andeutung von hellen sowohl als auch dunklen Flecken sehen können. SCHIAPARELLI, der den Planeten während einer Reihe von synodischen Umläufen mit Aufmerksamkeit verfolgt hat, war der Meinung, daß er einzelne solcher Flecken nach Verlauf einer längeren Zeit habe wiederfinden können, und er hat auf dieser Grundlage eine Art Karte der Oberfläche angefertigt. Er kam dabei zu dem Resultat, daß Merkur eine sog. gebundene Rotation hat, d. h. daß die Rotationszeit gleich der Umlaufszeit sein sollte, also 88 Tage; der Äquator des Planeten sollte nahezu mit der Bahnebene zusammenfallen. Er würde dann der Sonne immer dieselbe Seite zuwenden.

Neuere Untersuchungen haben indessen das Resultat SCHIAPARELLIS nicht bestätigt, insofern die Temperaturmessungen nicht den großen Unterschied in der Temperatur auf der Tages- und Nachtseite gegeben haben, der aus der Annahme einer gebundenen Rotation folgen würde. Man nimmt jetzt an, daß die Rotationszeit des Merkur höchstens einige wenige Tage beträgt (über Temperaturmessungen s. unter dem Planeten Mars).

Venus.

214. *Bahn. Venusdurchgänge. Dimensionen. Masse. Dichte. Oberfläche. Rotation.* Von allen großen Planeten besitzt Venus die Bahn, die sich der Kreisform am meisten nähert. Ihre Entfernung von der Sonne kann nur zwischen 0.718 und 0.728 variieren, wogegen ihre Entfernung von der Erde zwischen 0.26 und 1.74 wechselt.

Die siderische Umlaufszeit beträgt 224.7008 Tage, woraus die synodische 583.9212 Tage oder nahezu 1.6 Jahre folgt. Da so fünf synodische Umläufe 8 Jahre betragen, wird der Planet nach Verlauf von 8 Jahren zu derselben Zeit des Jahres in dieselbe Stellung zur Sonne kommen; infolge der geringen Exzentrizität der Bahn wird sich dies von einem Mal zum anderen nur sehr wenig ändern. Namentlich kann bemerkt werden, daß die Venus zur Zeit jedes 8. Jahr (1929, 1937 usw.) ihre größte östliche Elongation Anfang Februar und 3 Jahre danach (1932, 1940 usw.) Mitte April hat. In beiden Fällen steht der Planet unter unseren Breiten besonders günstig als Abendstern (§ 71).

Diese 8 Jahre spielen auch eine Rolle in der Periode der Venusdurchgänge. Da die Länge des aufsteigenden Knotens 76° beträgt, sieht man in derselben Weise wie bei Merkur, daß solche um den 8. Dezember herum (beim aufsteigenden Knoten) und um den 7. Juni herum (beim absteigenden Knoten) stattfinden müssen; diese Zeitpunkte können auch daraus abgeleitet werden, daß die Länge des Knotens ungefähr 29° größer ist als bei Merkur, die Venusdurchgänge also etwa 29 Tage später im Jahr eintreten müssen als die Merkurdurchgänge. Venusdurchgänge treten in der Regel paarweise mit einem Zwischenraum von 8 Jahren auf, und dann immer so, daß der folgende Durchgang auf ein 2 bis 3 Tage früheres Datum fällt als der vorhergehende, wie man aus der folgenden Zusammenstellung ersieht; diese enthält auch die Anzahl Tage in 13 Umläufen der Venus relativ zum Knoten, die übrigens nur 0.025 Tage kürzer sind als 13 siderische Umläufe, da das Rückwärtsschreiten des Knotens nur 0'.3 im Jahre beträgt, also 2'.4 in 8 Jahren, und die heliozentrische Bewegung der Venus $21600' : 225 = 96'$ täglich ist:

8 julianische Jahre	= 2922.00	Tagen
5 synodische Umläufe der Venus	= 2919.61	„
13 Umläufe der Venus relativ zum Knoten	= 2921.09	„

Wenn die Venus nach fünf synodischen Umläufen wieder in untere Konjunktion mit der Sonne kommt, fehlen also 2.4 Tage an 8 vollen Jahren. Nach 30 solchen Perioden, 240 Jahren also, ist der Unterschied auf 72 Tage gestiegen; da aber zwei synodische Umläufe 3 Jahre und 72 Tage betragen, so sieht man, daß nach 243 Jahren am selben Knoten eine neue Periode beginnen wird, und in jeder solchen Periode können vier Durchgänge eintreten, und zwar je zwei mit einem Zwischenraum von 8 Jahren. Die untenstehende Tafel zeigt die Zeit für einige beobachtete und zwei kommende Venusdurchgänge, woraus die Periode hervorgeht:

1761 Juni 6	1874 Dezember 8	2004 Juni 7
1769 Juni 3	1882 Dezember 6	2012 Juni 5

Es kann indessen auch vorkommen, daß der eine von zwei Durchgängen mit achtjährigem Zwischenraum ausbleibt. Dies folgt aus der Tatsache, daß nach fünf synodischen Umläufen noch 1.48 Tage an 13 vollen Umläufen relativ zum Knoten fehlen. Damit ein Durchgang stattfinden soll, darf nämlich die geozentrische Breite der Venus den Winkelradius der Sonne, der 16′ ist, nicht übersteigen; bei unterer Konjunktion ist die heliozentrische Breite im Verhältnis 277 : 723 kleiner, darf also 6′.1 nicht übersteigen. In derselben Weise wie bei Finsternissen (§ 149) findet man hieraus, daß die Entfernung vom Knoten 6′.1 : $\sin i$ nicht übersteigen darf, wo $i = 3^\circ\, 24'$, was als Grenze auf der einen oder der anderen Seite des Knotens 103′ gibt, zusammen also ein Gebiet von 206′, in dem ein Durchgang stattfinden kann. Da nun die Bewegung der Venus (96′ täglich) in 1.48 Tagen 142′ beträgt, so muß ein Durchgang notwendigerweise innerhalb dieses Gebietes stattfinden, zugleich aber sieht man, daß, wenn ein solcher weniger als 39′ vom Knoten auf der einen Seite eintritt, die Konjunktion 8 Jahre vorher oder nachher mehr als 103′ vom Knoten auf der anderen Seite stattfinden muß, also außerhalb der Grenze fällt.

Die Verhältnisse werden durch Abb. 136 illustriert, wo *EE* ein Bogen der Ekliptik, *VV* ein Bogen der Venusbahn von der Erde aus gesehen ist; ☊ ist

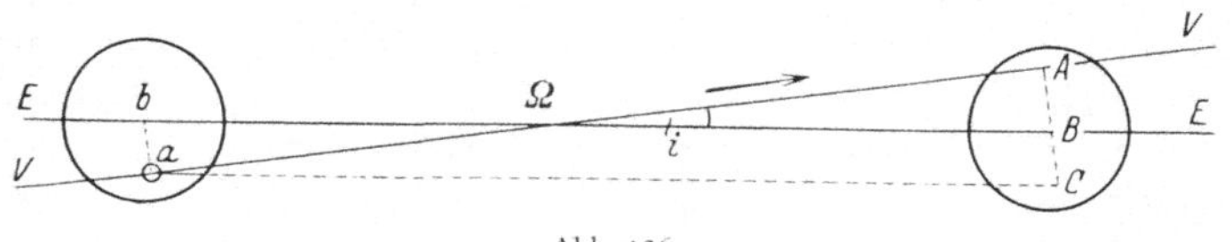

Abb. 136.

der aufsteigende Knoten, und die Bewegung geht in der Pfeilrichtung vor sich. Die erste Konjunktion findet statt mit dem Sonnenzentrum in *B* und der Venus in *A*, die nächste, nach Verlauf von 8 Jahren in einer heliozentrischen Entfernung von 142′ davon entfernt, mit der Sonne in *b* und der Venus in *a*. Hier fallen also beide Konjunktionen innerhalb des Gebietes für Durchgänge, da aber $142 > 103$, müssen sie notwendigerweise auf verschiedenen Seiten des Knotens stattfinden, und die Sehnen, die man die Venus über der Sonnenscheibe beschreiben sieht, müssen auf verschiedenen Seiten vom Sonnenzentrum liegen. Aus dem Obenstehenden geht hervor, daß die Entfernung (*AC* auf der Abbildung) 142 : 206 oder ungefähr 0.7 des Sonnendurchmessers betragen wird. Der Winkel, den die Sehne mit der Ekliptik bildet, hängt zugleich von der Bewegung der Erde ab und ist immer größer als die Neigung.

Der Winkeldurchmesser der Venus in der Entfernung 1 ist 17″.14, wenn sie uns aber in der unteren Konjunktion so nahe als möglich ist, beträgt der Durchmesser 17″.14 : 0.26 = 66″, dagegen in der oberen Konjunktion nur 10″. Der wirkliche Radius ist 17.14 : 17.60 = 0.974 vom Äquatorradius der Erde, das Volumen 0.925 von dem der Erde. Dem § 212 zufolge ist ihre Masse 0.814, ihre Dichte folglich 0.88 und die Schwere auf der Oberfläche 0.86 der entsprechenden Größen für die Erde.

Im Maximum erreicht Venus die Größenklasse $-4^{m}.3$ und ist dann mehr als 10mal so hell wie Sirius.

Die Albedo der Venus ist sehr groß, gleich 0.59.

Wenn die Venus bei ganz kleiner Phase nahe der unteren Konjunktion steht, hat man manchmal die ganze Scheibe sehen können, ebenso wie beim Mond vor und nach Neumond. Dies hat wahrscheinlich seinen Grund in der Atmosphäre des Planeten, die eine sich bis auf die Nachtseite erstreckende Dämmerung hervorbringt, wodurch die Konturen des Planeten sichtbar werden.

Schattierungen in dem starken, gleichmäßigen Licht der Venus sind noch schwerer zu sehen als auf dem Merkur. Aus seinen diesbezüglichen Beobachtungen glaubte SCHIAPARELLI schließen zu können, daß die Venus eine gebundene Rotation hat, also immer dieselbe Seite gegen die Sonne kehrt. Wegen der großen Entfernung von der Sonne ist die Richtigkeit dieses Resultats nicht sehr wahrscheinlich. Man hat versucht, die Spektralanalyse auf dies Problem anzuwenden, die Geschwindigkeiten aber, von denen hier die Rede ist, sind so klein, daß sie sich der Grenze des überhaupt Meßbaren nähern. Die Frage der Rotationsdauer der Venus muß als ungelöst betrachtet werden.

Erde und Mond.

215. *Länge der verschiedenen Jahreszeiten.* Die mittlere Entfernung der Erde ist im Abschnitt über die Sonne in § 206 angeführt worden; sie beträgt 149500000 km. Im Perihel und im Aphel weicht die Entfernung 2.5 Millionen Kilometer davon ab. Die Geschwindigkeit der Bahnbewegung kann aus der Gleichung (36) in § 163 berechnet werden und beträgt in mittlerer Entfernung 29.765, im Perihel 30.27 und im Aphel 29.27 km in der Sekunde.

Wie in der Tabelle § 212 angeführt, wächst die Perihellänge 1′, genauer 61″.9, im Jahre, wovon 11″.6 von der rechtläufigen Bewegung der Apsidenlinie, der Rest von der retrograden Bewegung der Äquinoktiallinie (der Präzession) herrühren. Hiervon geht im Lauf der Zeit ein Einfluß auf die Länge der Jahreszeiten aus. Abb. 137 stellt die Erdbahn (mit übertriebener Exzentrizität) dar, mit der Sonne in s, dem Perihel in P, dem Aphel in A; F ist die Stellung der Erde im Frühlingsäquinoktium, folglich zeigt die Linie Fs auf den Frühlingspunkt ♈; S, H und W sind die Stellungen im Sommersolstitium, Herbstäquinoktium und Wintersolstitium. Dem zweiten KEPLERschen Gesetz zufolge sind die zwischen diesen Stellungen verlaufenen Zeiten den elliptischen Sektoren FsS usw. proportional; diese können nach § 120 berechnet werden. Der Tafel in § 212 zufolge war im Jahre 1930 der Winkel ♈$sP = 101° 44'$, also $WsP = 11° 44'$, d. h. die Erde kam 12 Tage nach dem Wintersolstitium in das Perihel. Da dieser Winkel aber beständig wächst, wird die Gerade WS im Laufe der Zeit immer stärker gegen die Apsidenlinie geneigt sein. Vor ungefähr 700 Jahren stand die Äquinoktiallinie senkrecht zur Apsidenlinie, WS fiel also mit PA zusammen, die Erde war im Wintersolstitium im Perihel; von den vier Jahreszeiten waren dann je zwei gleich lang. Die jetzigen Verhältnisse können aus der untenstehenden Tabelle ersehen werden, die die Länge der Jahreszeiten in den Jahren 1900 und 1950 angibt. In der Tabelle ist auch darauf Rücksicht

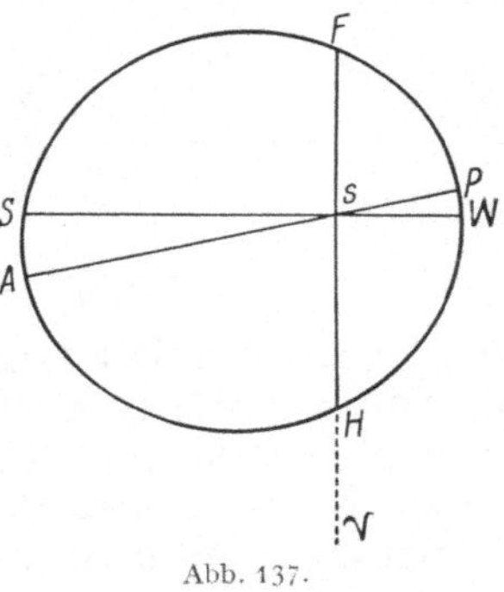

Abb. 137.

		1900	1950	
Vom Frühlingsäquinoktium bis zum Sommersolstitium . .	FS	92.832	92.795	Tage
,, Sommersolstitium bis zum Herbstäquinoktium . . .	SH	93.609	93.629	,,
,, Herbstäquinoktium bis zum Wintersolstitium . . .	HW	89.770	89.806	,,
,, Wintersolstitium bis zum Frühlingsäquinoktium . .	WF	89.031	89.012	,,
		365.242	365.242	Tage

genommen, daß die Exzentrizität im Jahre 1950 um 0.000021 kleiner sein wird als im Jahre 1900. Es soll gleichzeitig bemerkt werden, daß die periodischen Störungen kleine Abweichungen von diesen Durchschnittswerten hervorbringen können.

Das Sommerhalbjahr ist also zur Zeit 7.6 Tage länger als das Winterhalbjahr.

216. *Rotation des Mondes. Libration in Länge und Breite. Die tägliche Libration.* Die Bewegung des *Mondes* um die Erde ist in einem früheren Kapitel behandelt worden. Der Parallaxe $57' 2''.7$ entspricht die mittlere Entfernung 384400 km, den Äquatorradius der Erde zu 6378.14 km gesetzt. Die größtmögliche bzw. die kleinstmögliche Entfernung (§ 138) ist 406730 und 356400 km. Einem Winkel von $1''$ in der Entfernung des Mondes entspricht dann 1.97 bzw. 1.73 km.

Außer dieser Bewegung hat der Mond auch eine Rotation. Daß er während dieser immer dieselbe Seite der Erde zuwendet, kann man bereits mit dem bloßen Auge sehen. Die Rotationszeit ist also dieselbe wie die mittlere siderische Umlaufszeit, d. h. 27.32 Tage. Hier entsteht indessen ein Phänomen — es wird *Libration in Länge* genannt — als Folge davon, daß die Rotation des Mondes gleichmäßig, die Bewegung in der Bahn aber ungleichmäßig ist. Abb. 138 macht dies anschaulich. E ist die Erde und M der Mond im Perigäum. Zu dieser Zeit ist die Winkelgeschwindigkeit in der Bahn größer als die Rotationsgeschwindigkeit. Wenn deshalb der Mond den Winkel MEM' durchlaufen hat, hat die Rotation erst von Ma bis $M'a'$ mitfolgen können. Ein Beobachter auf der Erde wird in dem letzteren Fall etwas mehr auf der rechten und etwas weniger auf der linken Seite des Mondes sehen können als in der Stellung M. Ein Beobachter auf der Erde wird also zu gewissen Zeiten des Monats etwas weiter auf die rechte, zu anderen Zeiten etwas mehr auf die linke Seite des Mondes hineinblicken können. Der Betrag kann $7° 53'$ niemals übersteigen, ein Bogen, der in der Mitte der Mondscheibe von der Erde aus unter einem Winkel von etwas über $2'$ erscheint; am Rande sieht man ihn nur in starker Verkürzung.

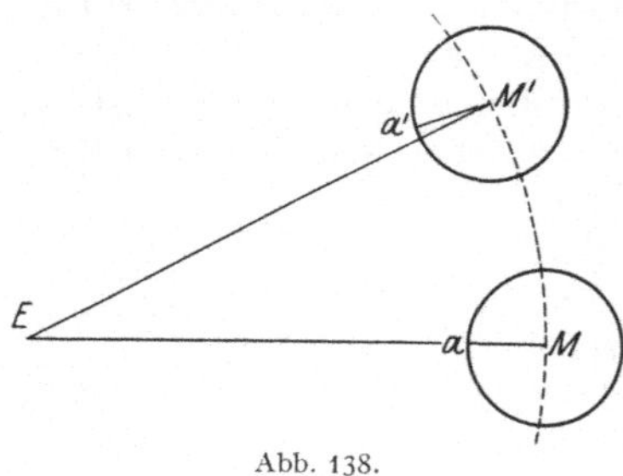

Abb. 138.

Beim Mond entsteht auch eine *Libration in Breite,* während der man zu Zeiten etwas mehr über seinen oberen Rand hinaus, zu anderen Zeiten etwas mehr über den unteren Rand hinaus sehen kann. Bei genauer Messung der Lage der Details auf der Mondoberfläche, die zur Bestimmung der Lage seines Äquators ausgeführt werden, hat man nämlich gefunden, daß dessen Schnittlinie mit der Ekliptik der Knotenlinie der Mondbahn parallel ist, und daß der Neigungswinkel $1° 31'$ beträgt; da nun die Neigung der Mondbahn durchschnittlich $5° 9'$ beträgt, so erhält der Äquator des Mondes eine Neigung von $6° 40'$ gegen die Bahnebene. Die Wirkung hiervon sieht man in Abb. 139, die die Ebenen der Erdbahn und der Mondbahn im Aufriß darstellt. Die Erde stehe in E. Wenn der Mond seine größte nördliche Breite in A hat, nimmt seine Umdrehungsachse die Stellung ns ein, wobei der Südpol s $6° 40'$ vom unteren Rand entfernt vorn auf der uns zugekehrten Seite liegt, während der Nordpol n auf der Rückseite verborgen ist; wenn aber der Mond nach Verlauf von 14 Tagen

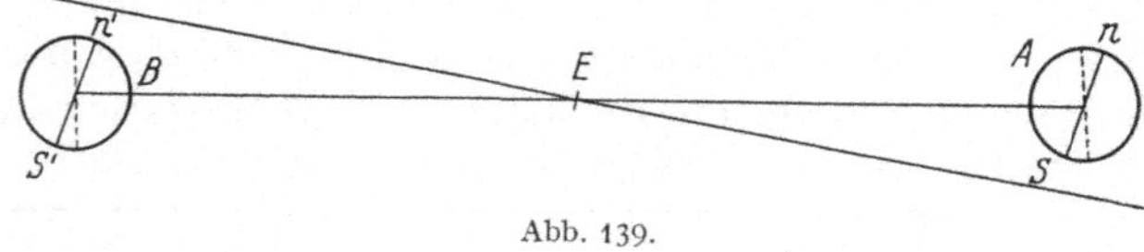

Abb. 139.

zu der Stellung B gekommen ist, wo die Umdrehungsachse $n's'$ mit der vorigen Stellung parallel ist, wird das Umgekehrte der Fall sein. Da die Schwankungen, die der Mond auf diese Weise scheinbar im Laufe eines Monats ausführt, senkrecht zur Ekliptik vor sich gehen, wird das Phänomen *Libration in Breite* genannt.

Schließlich bewirkt die Teilnahme des Beobachters an der Rotation der Erde auch eine *tägliche* oder *parallaktische Libration*, wie man in Abb. 140 sieht, wo ein Beobachter auf der Erdoberfläche im Punkte A, für den der Mond aufgeht, die eine Hälfte des Mondes überblicken wird, die von der Linie ab begrenzt ist; wenn er aber nach ungefähr einer halben Erdumdrehung zum Punkte B gekommen ist, wo der Mond untergeht, wird cd die Grenzlinie. Daß sowohl Erde als Mond sich in der Zwischenzeit in ihren Bahnen bewegen, kommt hierbei nicht in Betracht. Das Stück, das ein Beobachter am Erdäquator auf diese Weise im Laufe eines Tages auf beiden Seiten der mittleren Stellung wird überblicken können, ist gleich der Parallaxe des Mondes, also ungefähr 1°.

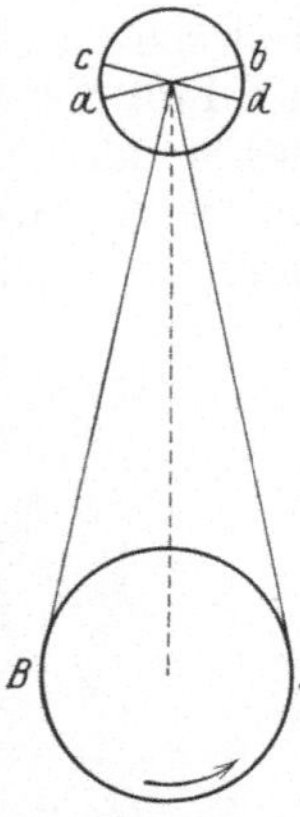

Abb. 140.

Alles in allem kann man deshalb im Laufe der Zeit von der Erde aus etwas mehr als die Hälfte der Mondoberfläche sehen.

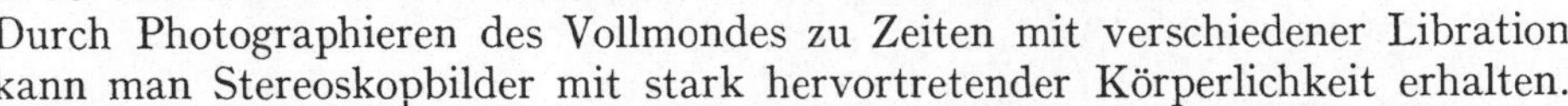

Durch Photographieren des Vollmondes zu Zeiten mit verschiedener Libration kann man Stereoskopbilder mit stark hervortretender Körperlichkeit erhalten.

217. *Dimensionen, Masse, Dichte des Mondes. Details auf der Oberfläche des Mondes.* Aus zahlreichen Sternbedeckungen hat man gefunden, daß der durchschnittliche Winkelradius des Mondes in der mittleren Entfernung 15′ 32″.8 beträgt; dies gibt in Verbindung mit der Parallaxe 57′ 2″.7 für den Radius 0.27255 Erdradien oder 1738 km. Die Oberfläche wird dann 0.074, das Volumen 0.020, beide in Einheiten der entsprechenden Größen bei der Erde ausgedrückt. Dem § 141 zufolge ist die Masse des Mondes 0.012, die Dichte also 0.6 und die Schwere auf seiner Oberfläche ein Sechstel der entsprechenden Größen bei der Erde. Eine Abplattung an den Polen hat man nicht nachweisen können, was bei der langsamen Rotation auch nicht zu erwarten war; dagegen scheint aus der Messung der Wirkung der Libration auf Details in der Mitte der Mondscheibe hervorzugehen, daß der der Erde zugewandte Radius ein paar Kilometer länger ist als der Radius in dem Kreis, der die Mondscheibe begrenzt. Dies ist vielleicht die Wirkung einer erstarrten Flutwelle.

Die Albedo des Mondes ist gering: 0.07, wie bei Merkur.

Der Mond ist sehr gebirgig. Die flachsten Teile der Oberfläche sind die, die das bloße Auge als dunklere Flecke sieht. Seit alters her gehen sie unter dem Namen *Meere*, meistens mit lateinischen Bezeichnungen wie Mare Imbrium (das Regenmeer, das rechte Auge in dem Gesicht, das der Vollmond zeigt), Mare Nubium (das Wolkenmeer, der Mund des Gesichtes) usw., Namen, die jedoch nicht buchstäblich zu verstehen sind, da Wasser auf der Mondoberfläche eine Atmosphäre hervorrufen müßte und man eine solche niemals hat nachweisen können: weder bei Sternbedeckungen noch auf andere Weise zeigt sich die Andeutung einer Lichtbrechung. Hieraus folgt nicht gerade, daß der den Mond umgebende Raum absolut leer ist, sondern nur, daß eine Atmosphäre, wenn sie vorhanden ist, eine so geringe Dichte hat, daß sie für uns unmerklich, also praktisch gleich Null ist.

Durch ein gutes Fernrohr gesehen, treten die Ungleichmäßigkeiten der Oberfläche bereits in der Kontur des hellen Randes in Erscheinung, noch deutlicher aber mit Hilfe der Schatten, die jede Erhöhung wirft. Für die Grenze zwischen dem hellen und dem dunklen Teil geht die Sonne bei zunehmendem Mond auf, bei abnehmendem unter. Der Sonnentag fällt also mit dem synodischen Monat, $29^1/_2$ Tage, zusammen. Die Schatten erscheinen am deutlichsten bei den beiden Vierteln, denn dann fallen die Sonnenstrahlen senkrecht zur Gesichtslinie. Man kann dann helle Punkte etwas außerhalb der Lichtgrenze im dunklen Teil sehen; dies sind *Bergspitzen,* die von der Sonne beleuchtet sind, während der Fuß des Berges im Dunkeln liegt. Umgekehrt können auf dem hellen Teil des Mondes schalenförmige Vertiefungen vorhanden sein, deren Boden im Schatten liegt. Aus der Länge der Schatten kann man die Höhe der Berge berechnen. Man hat solche gefunden, deren Gipfel bis zu 8000 m über ihren Fuß hinausragt, dies kann man jedoch nicht ohne weiteres mit der Höhe der Berge über dem Meeresspiegel auf der Erde vergleichen, da auf dem Monde kein gemeinsames Niveau vorhanden ist, auf das die Höhen bezogen werden können. Bei einer Höhe von 8000 m wird die Sonne beim Aufgang wegen der langsamen Rotation mindestens $10^h.8$ gebrauchen, um vom Gipfel bis zum Fuße zu gelangen.

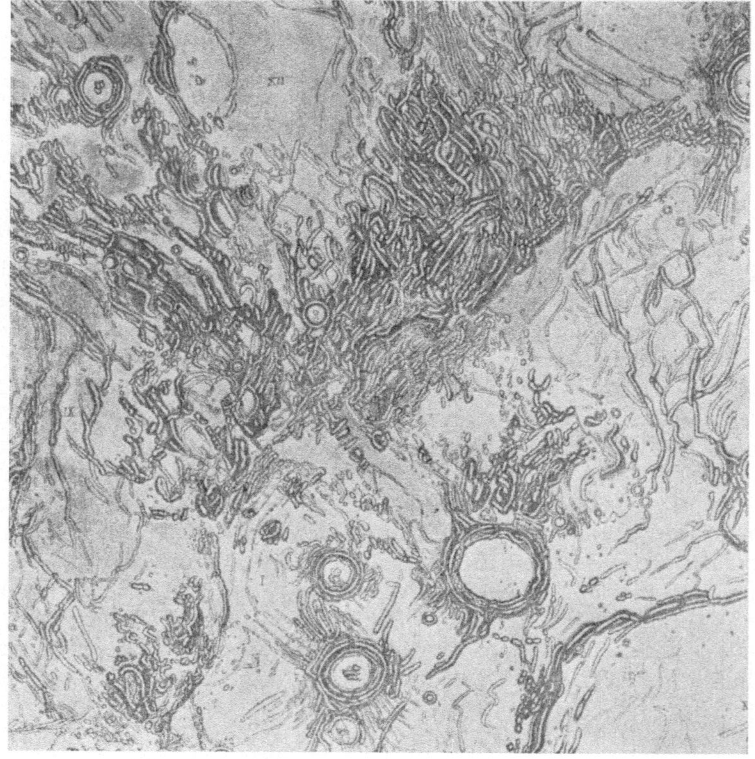

Abb. 141. Eine der Mondkarten von Schmidt (Zeichnung).

Die zwei Abb. 141 und 142 legen ein eindrucksvolles Zeugnis ab für den Erfolg der Photographie in der Astronomie. Abb. 141 zeigt uns ein Blatt aus J. F. Schmidts Mondatlas, der aus mühsamem Zeichnen hervorgegangen ist (25 solche Blätter im Laufe von 34 Jahren). Abb. 142 zeigt uns eine moderne Photographie einer Mondpartie (zum Teil dieselbe Gegend wie auf Abb. 141), die mit einer Belichtung von ungefähr einer Sekunde erhalten wurde.

Eigentliche *Bergketten* finden sich nur wenige, am häufigsten am Rande der großen Ebenen. Desto öfter kommen die sog. *Ringgebirge* vor, geschlossene Wälle mit unebenem Kamm, die auf der Innenseite jäh abstürzen, nach außen aber meistens langsamer abfallen. Im allgemeinen liegt das Niveau der inneren Vertiefung niedriger als die draußen befindliche Ebene. Mitten in der Vertiefung

Abb. 142. Moderne Mondphotographie, aufgenommen auf Mt. Wilson (sie stellt einen Teil des Gebietes dar, das auf Abb. 141 wiedergegeben ist).

erhebt sich oft eine isolierte Spitze, ein *Zentralberg*, der jedoch niemals so hoch ist wie der Kamm des Ringgebirges. Die Formen deuten auf vulkanischen Ursprung, und die kleinsten Ringgebirge tragen auch den Namen Krater, die Dimensionen aber sind bedeutend größer als bei den vulkanischen Formationen der Erde. Es kommen Ringgebirge mit einem Durchmesser von einigen hundert Kilometern vor.

Bei Vollmond verschwinden alle Schatten, und die Formationen sind nur durch die verschiedene Fähigkeit, das Licht zu reflektieren, kenntlich. Dabei kommt ein eigentümliches Phänomen zum Vorschein. Von einzelnen großen Ringgebirgen, besonders von *Tycho*, der nicht weit vom südlichen Rande liegt, strahlen eine Menge heller Streifen nach allen Seiten aus, einzelne in einer Länge von über 1000 km. Sie stehen nicht mit den Konturen der Berge in Verbindung und müssen ihren Ursprung in der Beschaffenheit des Bodens selbst haben.

218. *Der Anblick des Himmelsgewölbes auf dem Monde.* Vom Monde aus gesehen muß der Himmel einen eigentümlichen Anblick gewähren. Da keine Atmosphäre vorhanden ist, ist der Himmelsgrund Tag und Nacht gleich schwarz, und die Sterne stehen wie helle (aber nicht funkelnde) Punkte darauf, ob die Sonne scheint oder nicht. Der Himmel dreht sich von Osten gegen Westen, ebenso wie bei uns, die Sterne aber brauchen über 27, die Sonne über 29 Tage, um einen Umlauf zu vollenden. Das Tageslicht hat am Mondäquator eine Dauer von etwa 15 Tagen, die Nacht ist ebenso lang. Unsere eigene Erde kann von der Rückseite des Mondes aus niemals gesehen werden, für jeden Punkt aber der Vorderseite wird sie — von den kleinen Verschiebungen durch die Libration abgesehen — an derselben Stelle des Himmels stehen als eine mächtige Scheibe, die einen etwa 13mal so großen Platz wie der Mond an unserem Himmel einnimmt; im Laufe der 29 Tage, die der Mondtag dauert, wird sie dieselben Phasen durchlaufen wie der Mond bei uns, aber zu entgegengesetzten Zeiten, und sie kann dadurch ziemlich stark leuchten zu der Zeit, in der die Sonne fort ist. Das Phänomen, das wir eine totale Mondfinsternis nennen, wird sich dort daran zu erkennen geben, daß die verhältnismäßig kleine Sonnenscheibe mehrere Stunden hindurch hinter der Erdscheibe verborgen bleibt, die dann dunkel, aber von einer feuerroten Gloriole — einer Wirkung unserer Atmosphäre — umgeben ist. Das, was wir Sonnenfinsternis nennen, wird dagegen kaum merkbar, ausgenommen wenn die Finsternis total ist: ein kleiner, oft fast unsichtbarer schwarzer Fleck — der Kernschatten des Mondes — wird dann über die helle Erdscheibe hinwandern.

Mars.

219. *Bahn. Dimensionen. Masse. Dichte. Oberflächendetails.* Aus der Tabelle in § 212 ersieht man, daß Mars nächst Pluto und Merkur die exzentrischste Bahn von den neun großen Planeten hat. Seine Entfernung von der Sonne ist im Perihel 1.38, im Aphel 1.67; seine Entfernung von der Erde kann zwischen 0.37 und 2.68 variieren; das bringt eine sehr bedeutende Veränderlichkeit in der Helligkeit mit sich. Diese ist immer am größten, wenn der Planet in Opposition zur Sonne ist; je nachdem aber, ob die Opposition in dem einen oder dem anderen Teil seiner Bahn eintritt, kann die Entfernung von der Erde zwischen 0.37 und 0.68 variieren, so daß die Helligkeit nicht unbedeutend von der einen Opposition zur anderen variiert. Da die Länge des Perihels 334° beträgt, welche heliozentrische Länge die Erde Ende August hat, zu einer Zeit, wo die Entfernung der Erde von der Sonne 1.01 beträgt, so wird eine Opposition zu dieser Zeit des Jahres dem Mars die größtmögliche Helligkeit geben. Indessen hat der Planet dann immer südliche Deklination.

Die Albedo des Mars ist ziemlich klein, gleich 0.15. Nur Merkur und der Mond haben kleinere Albedo.

Die siderische Umlaufszeit beträgt 686.9797 Tage oder 1.880815 siderische Jahre, woraus die durchschnittliche synodische Umlaufszeit 2.1353 Jahre gefunden wird; infolge der Exzentrizität der Bahn und der daraus folgenden veränderlichen Geschwindigkeit kann sie in Wirklichkeit zwischen 2 Jahren und

34 Tagen und 2 Jahren und 80 Tagen variieren. Da 7 synodische Umläufe annähernd 15 Jahre betragen, wird Mars nach dem Verlauf von 15 Jahren zu ungefähr derselben Zeit des Jahres in Opposition zur Sonne kommen.

Der Äquatordurchmesser des Mars erscheint in der Entfernung 1 unter einem Winkel von $9''.67$; er beträgt also 0.550 desjenigen der Erde. Selbst in der kleinstmöglichen Entfernung wird der Durchmesser deshalb nicht mehr als $9''.67 : 0.37 = 26''$ betragen. Die Oberfläche des Planeten beträgt 0.303 und sein Volumen 0.165; seine Masse ist 0.107, folglich deren durchschnittliche Dichte 0.648 und die Schwere auf der Oberfläche 0.355 der entsprechenden Größen bei der Erde.

Die Oberfläche des Mars ist besser bekannt als die irgendeines der anderen Planeten. Selbst mit kleineren Fernrohren kann man Flecke sehen, von denen einige beständig in so bestimmter Gestalt wiederkehren, daß sie sicher zu der natürlichen Beschaffenheit des Planeten in Beziehung stehen, vielleicht zur Verteilung von Land und Meer oder zur Verteilung einer etwa vorhandenen Vegetation. SCHIAPARELLI, der detaillierte Karten des Mars gezeichnet hat, hat dabei die Eigentümlichkeit bemerkt, daß kleine dunkle Flecke oft durch feine dunkle Streifen verbunden sind, die er *Kanäle* genannt hat, ohne sie damit jedoch als künstliche Produkte bezeichnen zu wollen. Die Breite des feinsten Streifens, den er noch wahrnehmen konnte, hat er zu 70 km veranschlagt. Die Realität der Kanäle muß indessen als zweifelhaft bezeichnet werden. Eine Reihe von Marsbeobachtern neigt am meisten dazu, sie als optische Täuschung aufzufassen. Unter den Details des Mars haben SCHIAPARELLI sowohl als auch andere einen Teil im Laufe der Zeit als veränderlich gefunden. Von den veränderlichen Flecken sind besonders zwei bemerkenswert, nämlich helle Flecke an den Polen. Daß diese durch Schnee oder Eis, auf jeden Fall durch einen Stoff, der von der Wärme beeinflußt wird, hervorgerufen werden, scheint daraus hervorzugehen, daß sich ihr Umfang verringert in dem Maße, wie der Sommer fortschreitet.

Durch die konstanten Flecke, von denen einige bereits vor über 200 Jahren beobachtet worden sind, hat man die Rotationszeit des Planeten zu $24^h\,37^m\,22^s.7$ gefunden, die also der Länge eines Sterntages bei uns entspricht. Das Jahr auf dem Mars enthält 669.60 solcher Tage (686.98 mittl. Sonnentage). Die Neigung des Äquators gegen die Bahnebene ist nach SCHIAPARELLI $24°\,52'$; sie entspricht der Schiefe der Ekliptik bei uns. Das südliche Sommersolstitium findet 36 Tage nach dem Periheldurchgang statt; während der günstigsten Oppositionen ist es deshalb immer der Südpol des Planeten, der auf uns gerichtet ist. Das Sommerhalbjahr auf der nördlichen Halbkugel des Mars beträgt 381, das Winterhalbjahr 306 unserer Tage.

220. *Marsatmosphäre. Physikalische Verhältnisse.* Die direkten Beobachtungen der Marsoberfläche zeigen, daß der Mars eine Atmosphäre mit Wolkenbildungen haben muß: zeitweise sieht man die Formationen der Oberfläche scharf, zeitweise sind sie unsichtbar, wolkenbedeckt.

Wird der Mars mit Hilfe von Filtern photographiert, teils im violetten, teils im roten Licht, so sieht man die Marsscheibe mit verschiedenem Durchmesser auf den beiden Photographien. Violettes Licht gibt den größten Durchmesser. Das deutet man als eine Wirkung der Atmosphäre. Violettes Licht von der Sonne gelangt nicht bis zur Oberfläche des Mars durch die Marsatmosphäre hindurch; was man im violetten Lichte sieht, ist also von der Marsatmosphäre reflektiertes Licht. Der Durchmesser des Marsbildes auf einer Photographie mit violettem Licht entspricht deshalb dem Durchmesser des Mars, einschließlich seiner Atmosphäre. Rotes Licht durchdringt die Atmosphäre, und der

Bilddurchmesser entspricht dem Durchmesser des Mars ohne Atmosphäre. Aus dem gemessenen Unterschied der Durchmesser hat man abgeleitet, daß die Höhe der Marsatmosphäre etwa 200 km beträgt.

Im Spektrum des von Mars reflektierten Sonnenlichts hat man Linien nachgewiesen, die von Absorption durch Wasserdampf und Sauerstoff in der Marsatmosphäre herrühren. Die Linien zeigen einen der Bahngeschwindigkeit von Mars entsprechenden DOPPLEReffekt (vgl. die Linien im Sonnenspektrum, die der Absorption in der Erdatmosphäre entsprechen, S. 266). Diese Linien sind sehr schwach; dies zeigt, daß der Druck von Wasserdampf und Sauerstoff in der Marsatmosphäre gering ist.

Man muß erwarten, daß die Temperatur auf der Marsoberfläche geringer als auf der Erdoberfläche ist, da die Entfernung von der Sonne größer und die Marsatmosphäre ein schlechterer Wärmekonservator als die Erdatmosphäre ist. Direkte Messungen haben diese Vermutung bestätigt. Mit Hilfe von Thermosäulen hat man die vom Mars ausgesandte ultrarote Wärmestrahlung gemessen; diese ist ein Maß für die Temperatur, da sie der vierten Potenz der Oberflächentemperatur im absoluten Maß proportional ist. Aus den Messungen hat man Temperaturen zwischen $-70°$ Celsius (Morgentemperatur) und $+6°$ (Mittagstemperatur) für die Polargegenden, zwischen $-45°$ und $+18°$ für die Äquatorgegenden gefunden.

221. *Marsmonde.* Im Jahre 1877, als der Planet sich in einer der günstigsten Oppositionen befand, entdeckte ASAPH HALL in Washington, daß Mars von zwei Trabanten begleitet ist, die kurz darauf die Namen *Phobos* und *Deimos* (Furcht und Schrecken, die Trabanten des Kriegsgottes bei Homer) erhielten. Obwohl sie so klein sind und dem Planeten so nahe stehen, daß sie nur in sehr großen Fernrohren beobachtet werden können, gehören sie doch zu den interessanteren Körpern im Sonnensystem, wie man aus den folgenden Zahlen ersehen kann:

	Entf. vom Zentrum des Planeten	Umlaufszeit
Phobos	2.77 Marsradien	$7^h\ 39^m\ 13^s.9$
Deimos	6.95 ,,	30 17 54 .9

Der innere Mond bewegt sich also schneller in seiner Bahn, als der Planet sich um seine Achse dreht, der einzige bekannte Fall dieser Art. Bezeichnet T die Rotationszeit des Planeten, t die Umlaufszeit des Trabanten, x die Zeit, die der Trabant gebraucht, um während der täglichen Bewegung des Himmels (vom Mars gesehen) zum selben Meridian zurückzukommen, so hat man:

$$\frac{1}{x} = \frac{1}{T} - \frac{1}{t}.$$

Werden hier die obengenannten Werte der Umdrehungszeit und der Umlaufszeiten eingesetzt, so findet man für Phobos $x = -11^h\ 6^m$, für Deimos $x = 131^h\ 26^m$. Das bedeutet folgendes:

Von einem Punkt auf der Marsoberfläche gesehen wird der Himmel und seine tägliche Bewegung ähnlich wie bei uns unter derselben Breite aussehen, da die Rotationszeit sowohl als die Schiefe der Ekliptik nur wenig verschieden sind. Für die Monde aber entsteht ein bedeutender Unterschied. Daß x für Phobos negativ ist, bedeutet, daß dieser Mond im Westen auf- und im Osten untergeht, und er bewegt sich so schnell, daß er seinen nächsten Aufgang im Westen bereits erreicht hat, ehe die Sonne und die Sterne während ihres täglichen Laufs einen halben Umlauf in der entgegengesetzten Richtung vollendet haben. Deimos geht nun zwar im Osten auf, da er aber über 131 Stunden oder $5^1/_3$ Marstage gebraucht, um einmal herumzukommen, wird er für einen Beobachter unter einer niedrigen Breite beinahe 3 Tage lang über dem Horizont bleiben, und in der Zeit alle seine Phasen zweimal durchlaufen. Indessen würde er, trotz der kleinen Entfernung, mit dem bloßen Auge nicht als Scheibe gesehen werden können so wie unser Mond. Nach der Helligkeit zu urteilen kann der Durchmesser des Trabanten nämlich kaum 10 km übersteigen; da nun die Entfernung des Deimos von der Oberfläche des Planeten 5.95 Marsradien oder etwa 20000 km beträgt, so ist sein Winkeldurchmesser $^1/_{2000}$ oder $1'.7$. Er wird dann nur wie ein Punkt aussehen.

Die Bahnebenen der Trabanten fallen nahezu mit der Äquatorebene des Planeten zusammen. Die Bahn des äußeren ist beinahe kreisförmig, für Phobos aber ist eine merkliche Exzentrizität vorhanden, die H. Struve zu 0.022 berechnet hat. Gleichzeitig hat er gefunden, daß die Apsidenlinie vorwärts geht, und zwar so schnell, daß sie in etwas über 2 Jahren einen vollen Umlauf am Himmel vollführt. Dies muß von der Abplattung des Planeten herrühren, die er daraus zu $^1/_{190}$ berechnet hat (vgl. S. 202 und 300).

Die kleinen Planeten.

222. *Entdeckung. Anzahl. Bahnverhältnisse. Größe.* Piazzi in Palermo, der im Jahre 1792 eine Reihe Fixsternbeobachtungen angefangen hatte, behandelte diese in Gruppen, so daß dieselben Sterne mehrere Tage hintereinander beobachtet wurden. Dabei wurde er darauf aufmerksam, daß ein Stern, den er zum ersten Male am 1. Januar 1801 gesehen hatte, seinen Ort in den folgenden Tagen geändert hatte, und aus der Art der Bewegung konnte er darauf schließen, daß der Stern ein Planet zwischen Mars und Jupiter sein müsse. Mit Unterbrechungen wurden die Beobachtungen bis zum 11. Februar fortgesetzt, nach der Konjunktion mit der Sonne konnte er ihn aber nicht wiederfinden. Inzwischen hatte Gauss die Aufgabe gelöst, die Elemente einer Planetenbahn aus drei Beobachtungen zu finden, und nach seiner Bahnrechnung wurde der Planet im Dezember desselben Jahres wiedergefunden. Er erhielt den Namen *Ceres*.

In den nächstfolgenden Jahren, bis 1807, fand man noch weitere drei, die *Pallas, Juno* und *Vesta* genannt wurden, seit dem Jahre 1845 aber, als der fünfte gefunden wurde, hat man systematische Nachforschungen angestellt. Anfangs wurden diese so ausgeführt, daß man genaue Sternkarten des Teils des Himmels (um die Ekliptik herum) aufnahm, wo die Planeten sich erfahrungsgemäß befinden; indem man später die Sterne, die man im Felde des Fernrohrs sah, mit der Karte verglich, konnte man dann feststellen, ob mangelnde Übereinstimmung durch einen kleinen Planeten oder einen Fehler in der Karte verursacht war, da ein Planet sich ja bewegt. Auf diese Weise fand man im Laufe der Zeit eine Menge neuer Planeten, die zum Unterschied gegen die alten, viel größeren Planeten auch *Planetoiden* oder *Asteroiden* genannt werden. Während die vier ersten um die Opposition herum aber 7. oder 8. Größe sind (Vesta sogar 6. Größe), sind die späteren in den meisten Fällen viel lichtschwächer, bis zur 16. Größe und darunter.

Eine Zeitlang sah es so aus, als sei die Anzahl neuer Entdeckungen im Abnehmen begriffen. Im Jahre 1891 trat jedoch ein neuer Aufschwung dadurch ein, daß man anfing, die Photographie als Entdeckungsmittel zu benutzen. Ein Fernrohr, das anstatt eines Okulars mit einer photographischen Platte versehen ist, wird längere Zeit hindurch, z. B. einige Stunden lang, immer auf denselben Punkt am Himmel gerichtet, indem das Uhrwerk, das das Fernrohr treibt, mit Hilfe eines Leitsterns kontrolliert wird, der durch ein mit dem Hauptfernrohr fest verbundenes anderes Fernrohr beständig auf demselben Punkt des Gesichtsfeldes festgehalten wird. Wenn die Platte entwickelt wird, findet man die

Fixsterne als Punkte, die Planeten dagegen als kurze Striche abgebildet. Zur Entdeckung von Asteroiden wie zur Entdeckung von Unterschieden zwischen zwei Platten überhaupt, die von derselben Himmelsgegend und mit demselben Fernrohr gemacht sind, wird häufig entweder der unter dem Namen *Stereokomparator* bekannte Apparat oder das *Blinkmikroskop*, (s. S. 438), verwandt. Durch Ausmessung der Platte kann der Ort des Planeten bestimmt werden (vgl. S. 54). Der erste Planet, der in dieser Weise gefunden wurde — von Wolf auf der Sternwarte Heidelberg im Dezember 1891 — war (323) *Brucia.*

Heutzutage weiß man eigentlich nie, wie viele man kennt. Abgesehen davon, daß für einen Teil derselben nicht genug Beobachtungen zu einer Bahnbestimmung vorliegen, hat es sich als unmöglich erwiesen, die fortlaufende Berechnung von Ephemeriden für alle zu bewältigen; die Entscheidung, ob ein Strich auf einer photographischen Platte einen neuen oder einen alten Planeten bezeichnet, kann deshalb weitläufige Berechnungen mit sich führen.

Wenn für einen kleinen Planeten eine sichere Bahn berechnet ist, wird er mit einer laufenden Nummer versehen. Nachher erhält er auch einen Namen. Bis zum Herbst 1932 hatten 1223 kleine Planeten Nummern erhalten. Bis auf einige Ausnahmen liegen ihre Bahnen zwischen Mars und Jupiter, mit Umlaufszeiten zwischen 2 und 9 Jahren. Die Exzentrizität ist oft bedeutend größer als bei den großen Planeten, bis zu 0.65, die die größte bisher gefundene ist, nämlich die des Planeten (944) *Hidalgo.* Ebenso weichen die Bahnebenen stärker von der Ekliptik ab, so daß die kleinen Planeten oft außerhalb des eigentlichen Tierkreises vorkommen. Die größte Neigung hat wieder Hidalgo, nämlich 43° 4′.

Die Ausnahmen sind die folgenden:

I. *Die Jupitergruppe* (*die Trojaner*). Es gibt 10 Planeten, die annähernd in der Bahn des Jupiter laufen; deshalb haben sie Umlaufszeiten von etwa 12 Jahren: (588) *Achilles,* (617) *Patroclus,* (624) *Hector,* (659) *Nestor,* (884) *Priamus,* (911) *Agamemnon,* (1143) *Odysseus,* (1172) *Aeneas,* (1173) *Anchises* und (1208) *Troilus.* Alle 10 bewegen sich nicht weit von einem der Librationspunkte L_4 oder L_5 (s. S. 235).

II. (433) *Eros.* Dieser Planet wurde durch Photographie im Jahre 1898 in Berlin entdeckt und wurde später auf der Harvard-Sternwarte auf Platten aus den Jahren 1893—1896 gefunden. Er hat die Umlaufszeit 1.761 Jahre und die mittlere Entfernung 1.458 (die mittlere Entfernung des Mars ist 1.524). Da seine Bahn die Exzentrizität 0.223 hat, kommt er in der Entfernung 1.133 von der Sonne in sein Perihel und kann deshalb der Erde sehr nahe kommen, nämlich wenn er in Opposition zur Sonne kommt, während er sich gleichzeitig in der Nähe des Perihels befindet; damit dies stattfinden kann, muß die Opposition gegen Ende Januar eintreten. Da die Entfernung der Erde zu dieser Zeit 0.984 ist und Eros das Perihel sehr nahe dem absteigenden Knoten passiert, wird die Entfernung des Planeten von der Erde 0.149 oder 22 Millionen Kilometer. Solche günstige Oppositionen treffen indessen ziemlich selten ein; da die durchschnittliche synodische Umlaufszeit 1.761 : 0.761 = 2.314 Jahre ist, so gehören 16 solcher Umläufe dazu, bis der Bruch einer ganzen Zahl sehr nahe kommt; nach dem Verlauf von 37 Jahren wird die Opposition deshalb annähernd zu derselben Jahreszeit stattfinden. Eine noch größere Annäherung wird nach 35 synodischen Umläufen oder nahezu 81 Jahren erreicht.

Abb. 143, wo S die Sonne ist, zeigt unter anderem die Bahnen der Planeten Erde, Eros und Mars. Im November 1900 trat eine besonders günstige Opposition ein. Der Planet wurde damals zum Gegenstand zahlreicher Beobachtungen zur Bestimmung seiner Parallaxe gemacht (über die Opposition 1931 s. § 153). Der Winkel der Bahnebene mit der Ekliptik ist 1° 51′ für Mars und 10° 50′ für Eros.

Während der Beobachtungen des Eros in den Jahren 1900—1901 und 1930 bis 1931 bemerkte man eine Zeitlang deutlichen Wechsel in der Helligkeit mit einer Periode von etwas über 5 Stunden, ohne Zweifel als Folge einer Rotation, vielleicht in Verbindung mit einer unregelmäßigen Form. Auch bei einzelnen anderen kleinen Planeten hat man etwas Ähnliches bemerkt. Einige Beobachter haben Eros länglich gesehen. Die Richtung der längsten Achse änderte sich mit der Periode des Lichtwechsels.

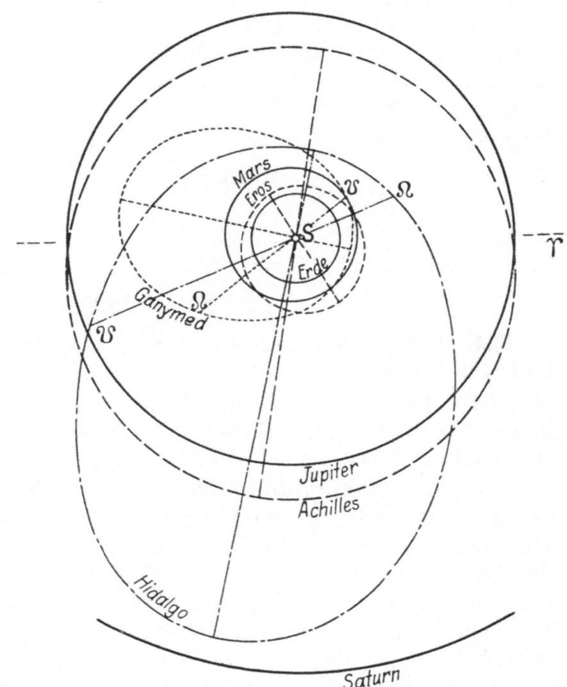

Abb. 143. Verschiedene Planetenbahnen.

III. Im Frühling 1932 wurden zwei planetenähnliche Himmelskörper entdeckt, die der Erde noch näher kommen können als Eros. Der eine, der den Namen *Amor* erhalten hat, wurde am 12. März 1932 auf der Sternwarte Uccle entdeckt. Seine Bahn liegt teilweise innerhalb der Marsbahn, und seine kleinste Entfernung von der Erde in der Entdeckungsopposition ist 0.10—0.11 astronomische Einheiten gewesen. Der andere Planet, der die vorläufige Bezeichnung 1932 HA erhalten hat, wurde am 27. April 1932 auf der Heidelberger Sternwarte gefunden. Dieser Planet kommt nach den vorliegenden Bahnrechnungen zeitweise sogar innerhalb der Venusbahn und ist in der Entdeckungsopposition der Erde bis auf 0.07 astronomische Einheiten nahe gekommen.

IV. *Die Albert-Gruppe.* Diese Gruppe umfaßt 3 Planeten: (719) *Albert,* (887) *Alinda* und (1036) *Ganymed.* Diese zeichnen sich durch große Exzentrizitäten aus. Im Perihel gelangen sie innerhalb des Bereiches der Bahn des Mars, und nächst 1932 HA, (1221) Amor und Eros sind sie die Planeten, die der Erdbahn am nächsten kommen können.

V. (944) *Hidalgo.* Dieser Planet wurde im Jahre 1920 auf der Hamburger Sternwarte entdeckt. Die Bahn zeichnet sich durch große Exzentrizität, große Neigung (vgl. S. 292) und eine große Achse aus, die größer ist als die der Jupiterbahn. In seinem Aphel erreicht Hidalgo beinahe die Entfernung des Saturn.

Die Messung des *Durchmessers* ist nur bei den größten Asteroiden möglich gewesen; BARNARD fand: für Ceres 0.060, für Pallas 0.038, für Juno 0.015 und für Vesta 0.030 des Erddurchmessers. Ceres ist der größte, mit einem Durchmesser von 765 km, Vesta aber kann heller werden, da er uns näher kommen kann. Nach der Helligkeit zu urteilen, werden die allermeisten der anderen Durchmesser in Kilometern wahrscheinlich durch zweistellige Zahlen ausgedrückt werden können.

223. *Maxima und Minima in der Verteilung der Umlaufszeiten der kleinen Planeten.* Die Verteilung der kleinen Planeten in dem breiten Gürtel zwischen Mars und Jupiter ist unregelmäßig. Es treten in dieser Verteilung mehrere ausgeprägte Maxima und Minima bei bestimmten mittleren Bewegungen auf. Diese sind wahrscheinlich durch starke Störungen veranlaßt, denen die kleinen Planeten von seiten Jupiters ausgesetzt sind. In dem Teil des Raumes, wo die Umlaufszeit in einem durch kleine Zahlen ausgedrückten kommensurablen Verhältnis zur Umlaufszeit des Jupiters stehen würde (vgl. § 197), erhalten die Störungen einen besonderen Charakter, der, wie es scheint, zur Folge hat, daß in diesen Teilen des Raumes große Lücken zwischen den Bahnen der kleinen Planeten entstehen. Als solche Bruchteile von der Umlaufszeit des Jupiter mögen die folgenden erwähnt werden:

$^1/_3$	der Umlaufszeit	des	Jupiter	= 3.954	Jahren
$^2/_5$	,,	,,	,,	= 4.745	,,
$^3/_7$	,,	,,	,,	= 5.084	,,
$^1/_2$	,,	,,	,,	= 5.931	,,

Jupiter.

224. *Umlaufszeit. Dimensionen. Masse. Dichte. Rotation.* Die siderische Umlaufszeit beträgt 4332.588 mittlere Sonnentage oder 11.86177 siderische Jahre (11.86198 julianische Jahre). Die synodische Umlaufszeit beträgt durchschnittlich 1 Jahr 34 Tage, der Planet kommt also in der Regel jedes Jahr in Opposition, jedesmal aber etwa einen Monat später.

Jupiter ist der größte aller Planeten. Wenn die Opposition in der Nähe des Perihels (Anfang Oktober) eintritt, erscheint Jupiter unter einem Winkel von mehr als 50″. Sein Äquatorradius ist 11.4 und der Polradius 10.7mal dem Äquatorradius der Erde, so daß seine Abplattung sehr bedeutend ist, nämlich etwa ein Sechzehntel. Die ovale Form der Scheibe ist auch sehr deutlich im Fernrohr zu sehen. Seine Oberfläche ist 124 und sein Volumen 1400mal größer als bei der Erde, da aber die Masse nur 318mal größer ist, beträgt seine durchschnittliche Dichte nur 0.23, so daß er nur etwas schwerer als Wasser ist. Die Schwere an seinem Äquator ist (von der Wirkung der Zentrifugalkraft abgesehen) 2.45mal größer als auf der Erde.

Jupiter ist im Maximum erheblich heller als Sirius. Die Albedo ist groß (0.56).

Davon, daß der Jupiter eine Umdrehung hat, kann man sich durch die Flecke auf seiner Oberfläche leicht überzeugen. Dabei hat es sich gezeigt, daß die Umdrehungsachse nahezu senkrecht zur Bahnebene steht; der Äquator ist nur etwa 3° gegen sie geneigt. Es gibt also auf Jupiter kaum einen Unterschied der Jahreszeiten. Am meisten in die Augen fällt auf der Oberfläche des Jupiter eine Reihe von Streifen, die etwas unregelmäßig sind, abwechselnd hell und dunkel und dem Äquator des Planeten ziemlich parallel. Sowohl diese als auch die ausgeprägteren Flecke, die man häufig sieht, sind indessen im Laufe der Zeit so veränderlich, daß man sie ausschließlich der hohen und dichten Atmosphäre zuschreiben muß. Infolgedessen haben wir niemals Gelegenheit, bis auf die feste Oberfläche des Planeten hinunterzublicken, wenn eine solche überhaupt vorhanden ist. Als Folge hiervon findet man auch keinen konstanten Wert für die Umdrehungszeit. In dem hellen Gürtel, dem Äquator am nächsten, scheint sie ungefähr $9^h 50^m$ zu betragen, unter höheren Breiten aber beträgt sie etwa $9^h 55^m$. Im Jahre 1878 wurde man auf einen großen und ausgeprägt roten Fleck auf der südlichen Halbkugel (ungefähr unter 20° Breite) aufmerksam. Die rote Farbe verlor sich nach und nach, die Stelle aber hat man nachher eine lange Reihe von Jahren hindurch noch sehen können. Vielleicht war dieser Fleck durch den Ausbruch glühender Massen aus dem Innern des Planeten verursacht, deren Licht sich durch die Atmosphäre hindurch zu erkennen gab. Der Fleck hat keine vollkommen konstante Umdrehungszeit ergeben, der Wert hat sich jedoch immer in der Nähe von $9^h\,55^m\,40^s$ gehalten. Überall auf dem Jupiter gibt es über 10000 Tage im Jahre.

In einer ähnlichen Weise wie beim Mars (vgl. S. 290) hat man die Oberflächentemperatur des Jupiter bestimmt. Man hat Werte zwischen $-110°$ und $-135°$ C gefunden.

225. *Die Jupitermonde.* Jupiter ist von *Monden* oder *Trabanten* begleitet, deren man zur Zeit neun kennt. Hiervon sind vier so groß, daß sie ohne Schwierigkeit mit dem bloßen Auge wahrgenommen werden könnten, wenn sie frei am dunklen Himmel ständen, das starke Licht des Planeten aber wirkt störend. Sie wurden entdeckt, als die ersten Fernrohre gegen den Himmel gerichtet wurden, ungefähr gleichzeitig von Galileo Galilei und Simon Marius, einem früheren Schüler Tycho Brahes in Prag. Die beinahe kreisförmigen Bahnen fallen nahezu mit der Äquatorebene des Jupiter zusammen. Da diese nur einen kleinen Winkel mit der Ekliptik bildet, blickt man von der Erde aus stets nahe auf die Kanten der Bahnen, und dies hat zur Folge, daß die Monde fast immer in einer annähernd geraden Linie in der Verlängerung des Äquatorstreifens des Jupiter stehen. Sie werden durch die Zahlen I, II, III, IV von innen nach außen bezeichnet.

Die anderen Trabanten, die später entdeckt worden sind, werden mit den nachfolgenden Zahlen bezeichnet, nach der Zeit ihres Entdeckungszeitpunktes geordnet. Nr. V, der im Jahre 1892 von Barnard mit dem großen Refraktor auf der Lick-Sternwarte entdeckt wurde, hat seine beinahe kreisförmige Bahn innerhalb der vier alten und ebenso wie diese sehr nahe der Äquatorebene. Er ist so lichtschwach, daß er nur in einigen wenigen sehr großen Fernrohren gesehen worden ist.

Nr. VI und VII sind photographisch entdeckt, zuerst auf Platten, die in den Jahren 1904 und 1905 mit dem großen Spiegelteleskop der Lick-Sternwarte aufgenommen wurden, später sind sie auch auf anderen Platten gefunden worden; so ist Nr. VI nachträglich auf Platten der Harvard-Sternwarte aus den Jahren 1894 und 1899 aufgefunden worden. Diese Trabanten wandern weit außerhalb der Bahnen der alten. Ihre Bahnen sind ziemlich exzentrisch ($e = 0.16$ und 0.21), und sie bilden Winkel von annähernd 30° mit der Bahnebene des Jupiter.

Nr. VIII, der im Jahre 1908 auf einer photographischen Platte in Greenwich entdeckt wurde, befindet sich in noch größerer Entfernung von Jupiter. Die Bahn hat eine Exzentrizität von 0.38, und die Bahnebene ist ungefähr 22° gegen die Ekliptik geneigt. Die Bewegung des VIII. Trabanten in seiner Bahn ist retrograd. Beim Photographieren dieses Trabanten auf der Lick-Sternwarte im Jahre 1914 fand man auch Nr. IX als einen Stern 19. Größe. Er hat eine Umlaufszeit von etwa 800 Tagen und retrograde Bewegung.

Die folgende Tabelle zeigt die mittlere Entfernung vom Zentrum des Jupiter, mit dem Äquatorradius des Planeten als Einheit (dieser ist zu 72590 km gerechnet), darauf die Umlaufzeit in Tagen und schließlich für die vier alten Trabanten den Durchmesser, in Erddurchmessern ausgedrückt, nach den Messungen Barnards.

Mond	Entfernung	Siderische Umlaufszeit	Synodische Umlaufszeit	Durchmesser
V	2.5	$0^d.49818$	$0^d.49824$	
I	5.8	1 .76914	1 .76986	0.310
II	9.2	3 .55118	3 .55409	0.258
III	14.7	7 .15455	7 .16639	0.449
IV	25.9	16 .68902	16 .75355	0.422
VI	160	251		
VII	167	265		
VIII	330	739		
IX	345	800		

III ist also der größte und erscheint auch als der hellste, und zwar als ein Stern 5. Größe; dagegen ist IV, der den zweitgrößten Durchmesser hat, schwächer als die drei anderen (im allgemeinen unter 6. Größe), so daß er eine geringere Albedo haben muß. Gewisse periodische Veränderungen in der Helligkeit deuten darauf hin, daß die Trabanten eine gebundene Rotation, ebenso wie unser Mond, besitzen.

Die vier großen Trabanten üben ziemlich bedeutende Störungen aufeinander aus, durch die man ihre Massen zu bestimmen versucht hat; für III hat man, jedoch mit einiger Unsicherheit, etwa $^1/_{10000}$ der Masse Jupiters oder etwa $^1/_{30}$ der der Erde gefunden. Für die anderen ist sie erheblich geringer. Für die äußeren Trabanten erhalten auch die Störungen durch die Sonne Bedeutung.

Für die Bewegung der Trabanten I, II und III gelten zwei bemerkenswerte Relationen, zuerst nachgewiesen und näher untersucht von LAPLACE. Werden die Umlaufszeiten mit T_1, T_2 und T_3 bezeichnet, so hat man:

$$\frac{1}{T_1} - \frac{3}{T_2} + \frac{2}{T_3} = 0 .$$

Bezeichnen ferner L_1, L_2 und L_3 die Länge der drei Trabanten in der Bahn (von einem willkürlichen Ausgangspunkt gerechnet), aber mit der durchschnittlichen Winkelgeschwindigkeit berechnet, so ist:

$$L_1 - 3\,L_2 + 2\,L_3 = 180^\circ ,$$

ein Satz, der den vorigen in sich enthält.

Nach der letzten Gleichung können diese drei Trabanten von Jupiter aus nie auf derselben Seite gesehen werden.

226. OLE RÖMERS *Bestimmung der Lichtgeschwindigkeit mit Hilfe der Finsternisse der Jupitermonde.* Jupiter wirft einen mächtigen Schatten, dessen Länge über 1200 Jupiterradien beträgt. Die Trabanten, deren Bahnebenen nur einen kleinen Winkel mit der Bahnebene des Planeten bilden, kommen deshalb bei jedem Umlauf in den Schatten hinein und werden verfinstert; bei IV findet dies jedoch im Laufe von etwa 3 Jahren nur einmal statt, worauf er in den folgenden 2—3 Jahren (zusammen $^1/_2$ Jupiterumlauf) vorbeiwandert, ohne verfinstert zu werden. Eine Verfinsterung von V ist bis jetzt noch nicht beobachtet worden, da er zu klein ist, um so dicht am Jupiter gesehen werden zu können, die Verfinsterungen der vier alten Trabanten aber können häufig von der Erde aus beobachtet werden. Es war dies das Phänomen, daß im Jahre 1675 Anlaß zu der Entdeckung gab, daß die Lichtgeschwindigkeit nicht unendlich groß ist. In Abb. 144, wo S die Sonne und p Jupiter ist, kommt ein Trabant bei i in den Schatten hinein und bei e wieder heraus. OLE RÖMER, der sich zu jener Zeit in Paris aufhielt, bemerkte, daß diese Verfinsterungen nicht immer zu der berechneten Zeit eintrafen; dies war allerdings der Fall, wenn die Erde sich in der Nähe der Punkte mm befand, wo die Entfernungen Sonne—Jupiter und Erde—Jupiter ungefähr gleich sind, wenn sich die Erde aber in der Nähe von o (der Opposition) befand, trafen sie mehrere Minuten früher ein, in der Nähe von c (der Konjunktion) dagegen später; dies erklärte RÖMER damit, daß das Licht im ersten Fall einen kürzeren, im zweiten

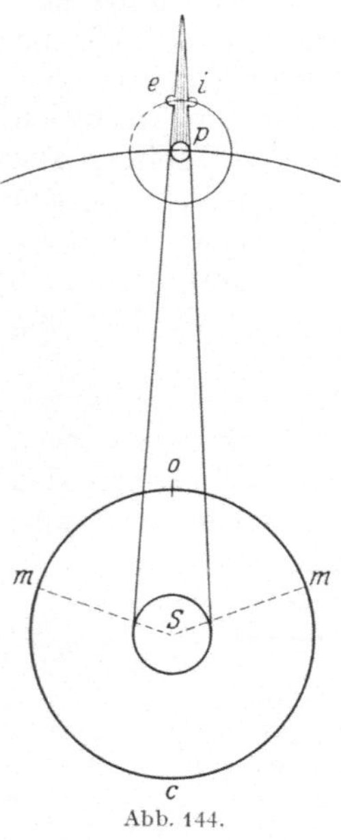

Abb. 144.

Fall einen längeren Weg zu durchlaufen hatte. Die Zeit, die das Licht braucht, um von der Sonne bis zur Erde zu gelangen (die *Lichtzeit*), ist $8^m\,18^s.7$.

Wenn ein Trabant zwischen Erde und Jupiter hindurchgeht, kann man oft den Schatten des Trabanten als einen kleinen, schwarzen Fleck über die helle Planetenscheibe hinwandern sehen.

Die im vorigen Paragraphen angeführten synodischen Umlaufszeiten zeigen die durchschnittliche Periode für die Verfinsterungen der verschiedenen Trabanten. Man sieht, daß diese Perioden für I, II und III sehr nahe ein gemeinsames Vielfaches von 437.15 Tagen haben, das 247mal die Periode des ersten, 123mal die des zweiten und 61mal die des dritten umfaßt. Nach einem solchen Zeitraum werden die Verfinsterungen sich also in derselben Reihenfolge wiederholen.

Saturn.

227. *Bahn. Dimensionen. Masse. Dichte. Oberfläche. Rotation.* Dieser Planet, dessen siderische Umlaufszeit 29.4566 siderische oder 29.4571 julianische Jahre beträgt, ist nächst Jupiter der größte. Mit dem Äquatorradius der Erde als Einheit ausgedrückt ist sein Äquatorradius 9.6 und der Polradius 8.8, die Abplattung ungefähr $^1/_{11}$. Da das Verhältnis zwischen den Entfernungen des Saturn und der Erde von der Sonne (§ 212) nahezu dasselbe ist wie das Verhältnis zwischen ihren Durchmessern, wird Saturn, von der Erde aus gesehen, in ungefähr gleicher Größe erscheinen wie die Erde von der Sonne. Die Oberfläche Saturns ist 88, das Volumen 820, die Masse 95.0, die durchschnittliche Dichte also nur 0.115 der entsprechenden Größen für die Erde. Die Schwere auf der Oberfläche ist nahezu dieselbe wie bei uns. Saturn ist im Maximum ungefähr so hell wie Wega. Die Albedo ist noch größer als bei Jupiter, gleich 0.63.

Die Oberfläche des Saturn zeigt ähnliche Streifen wie die des Jupiter, jedoch schwächer; ausgeprägte Flecke aber sieht man sehr selten. Durch solche hat man eine Umdrehungszeit von etwas über 10 Stunden gefunden, meistens um $10^h\,14^m$ herum, einzelne Flecke aber haben bis zu $10^h\,39^m$ gegeben. Der Planet scheint danach eine ähnliche lose Beschaffenheit wie Jupiter zu haben. Sein Äquator ist $28°\,5'$ gegen die Ekliptik und $26°\,4'$ gegen die Bahnebene geneigt.

228. *Der Saturnring.* Saturn ist vor allen anderen Planeten dadurch ausgezeichnet, daß er von einem *flachen Ring* begleitet ist, der frei in der Verlängerung seiner Äquatorebene schwebt. Der Ring ist sowohl außen wie innen von Kreisen begrenzt, von der Erde aus sieht man ihn aber immer in der Verkürzung. Während der Bewegung des Planeten in seiner Bahn um die Sonne wird die Ringebene sich selbst parallel mitgeführt. Wenn die Schnittlinie der Ringebene mit der Ebene der Ekliptik senkrecht zur Gesichtslinie von der Erde steht, was zweimal während jedes Umlaufs vorkommt, also ungefähr alle 15 Jahre, dann erscheint der Ring als eine Ellipse, deren kleine Achse $\sin 28°\,5'$ oder 0.47 der großen Achse ist. In allen anderen Stellungen wird die Ellipse flacher, und wenn die Ringebene verlängert durch die Sonne geht, was auch zweimal während jedes Umlaufs vorkommt, sollte die Ellipse zu einer geraden Linie zusammenfallen; der Ring ist aber so dünn, daß er unsichtbar wird, wenn er gerade von der Kante beleuchtet wird. Da die Peripherie der Bahn des Saturn ungefähr $9.5\,\pi = 30$ Erdbahndurchmesser lang ist und die Umlaufszeit nahezu 30 Jahre beträgt, so braucht die Ringebene ungefähr 1 Jahr, um den ganzen Durchmesser der Erdbahn zu durchlaufen; man sieht jetzt leicht ein, daß es im Verlauf eines Jahres um den Zeitpunkt, in dem die Ringebene durch die Sonne geht, 1 oder 3mal, seltener 2mal, vorkommen kann, daß die Ringebene durch die Erde geht, wobei der Ring gerade von der Kante gesehen und dadurch unsichtbar wird. Auch in der Zwischenzeit zwischen zwei Stellungen, wo die Ringebene durch die Erde geht, kann der Ring unsichtbar werden, nämlich wenn Sonne und Erde sich auf verschiedenen Seiten der Ringebene befinden. Dann kehrt der Ring also seine unbeleuchtete Seite der Erde zu; dabei kann es vorkommen, daß der Schatten des Ringes als ein feiner schwarzer Streifen auf dem Planeten sichtbar ist.

Der Ring des Saturn wurde zum erstenmal im Jahre 1610 von GALILEI gesehen; da die Ringebene aber im Jahre 1612 durch die Sonne hindurch ging, hatte er 1610 nur eine geringe Öffnung, so daß es für GALILEI aussah, als ob der Planet auf jeder Seite einen Auswuchs hätte. Als nach und nach die Fernrohre besser wurden, merkte man, daß der Ring durch dunkle Streifen geteilt ist, wovon namentlich einer, den man die CASSINIsche Teilung nennt, sehr ausgeprägt ist und eine konstante Lage hat, wogegen andere, die in der Regel nicht über den ganzen Ring verfolgt werden können, sondern nur in der Nähe der Enden der großen Achse (wo man einen Streifen in voller Breite sieht) sichtbar sind, veränderlich zu sein scheinen. Schließlich hat man gefunden, daß unmittelbar innerhalb des inneren Randes ein schmaler Ring mit viel schwächerer Leuchtkraft vorhanden ist; die Planetenscheibe schimmert durch ihn hindurch. Dieser sog. „dunkle Ring" oder Florring wurde erst im Jahre 1838 von GALLE in Berlin bemerkt.

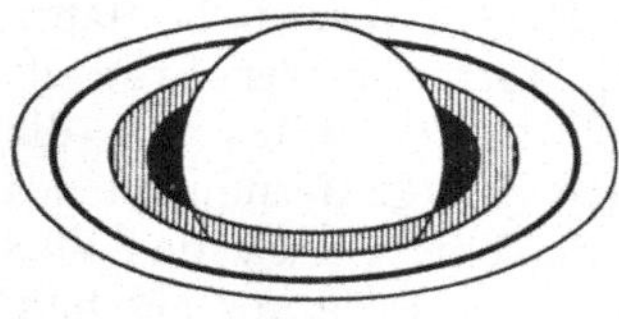
Abb. 145.

Abb. 145 gibt eine schematische Darstellung des Ringsystems mit der CASSINIschen Teilung, wenn der Ring am weitesten geöffnet ist. Die Dimensionen sind nach BARNARDS Messungen die folgenden:

Äquatorradius des Planeten	= 1.00 = 61 500 km
Innerer Radius des dunklen Ringes	= 1.15
Innerer „ „ inneren hellen Ringes .	= 1.44
Äußerer „ „ „ „ „	= 1.91
Innerer „ „ äußeren „ „	= 1.97
Äußerer „ „ „ „ „	= 2.25

Die Frage der Stabilitätsverhältnisse des Saturnringes ist seit LAPLACES Zeit Gegenstand vieler theoretischer Untersuchungen gewesen. Diese haben dazu geführt, daß der Ring als ein Konglomerat von Trabanten betrachtet werden muß, die zu klein sind, um einzeln gesehen werden zu können, die sich aber jeder für sich mit der der Entfernung entsprechenden Umlaufszeit bewegen. Spektroskopische Beobachtungen der Radialgeschwindigkeiten haben diese Annahme bestätigt.

229. *Die Saturnmonde.* Von *Trabanten* um Saturn kennt man zur Zeit 10. In der folgenden Tabelle sind die Entfernung vom Saturn, in Saturnradien ausgedrückt, die Umlaufszeit und das Entdeckungsjahr für diese 10 Monde zusammengestellt.

	Entfernung	Umlaufszeit	Entdeckungsjahr
Mimas	3.1	$0^d.942$	1789
Enceladus	3.9	1 .370	1789
Tethys	4.9	1 .888	1684
Dione	6.2	2 .737	1684
Rhea	8.7	4 .517	1672
Titan	20.2	15 .95	1655
Themis	24.2	20 .85	1905
Hyperion	24.5	21 .28	1848
Japetus	58.9	79 .33	1671
Phoebe	214.4	550 .5	1898

Die Bahnebenen weichen nur unbedeutend vom Äquator des Planeten und der Ringebene ab. Die Bewegung Phoebes ist, im Gegensatz zu der Bewegung der anderen Monde, retrograd. Die Abweichung der Bahnen von Kreisen ist auch nicht bedeutend, ausgenommen für Hyperion, Themis und Phoebe, für die die Exzentrizität bzw. 0.10, 0.23 und 0.17 beträgt.

Der Durchmesser des Titan beträgt nach BARNARDS Messungen etwa $^1/_3$ von dem der Erde. H. STRUVE hat aus den Störungen, die er auf die Bewegung der übrigen Trabanten ausübt, die Masse zu $^1/_{4700}$ der Masse des Saturn berechnet; für alle anderen ist die Masse bedeutend kleiner, ebenso für den Ring, dessen Wirkung jedoch schwer von der Wirkung der Abplattung des Planeten zu trennen ist.

Mimas—Tethys und Enceladus—Dione bilden auf eine Weise Systeme für sich, da die Umlaufszeit des einen nahezu die doppelte des anderen ist; ebenso verhalten sich die Umlaufszeiten von Titan und Hyperion nahezu wie 3 : 4. Dies gibt Anlaß zu periodischen Störungen einer besonderen Art.

In der Nähe der Zeitpunkte, zu denen die Ringebene durch die Sonne geht, können die Trabanten in den Schatten des Planeten kommen. Diese Verfinsterungen sind aber viel schwieriger zu sehen als die Verfinsterungen der Trabanten des Jupiter. Es können überhaupt nur die 5 größten in kleineren Fernrohren (10—15 cm Öffnung) gesehen werden; die beiden inneren Trabanten und Hyperion snid ungefähr 13. Größe, Phoebe noch schwächer. Auch bei einigen dieser Trabanten hat man Veränderungen in der Helligkeit bemerkt, die auf eine gebundene Rotation hindeuten.

230. *Die gegenseitigen Störungen der Planeten Jupiter und Saturn.* Jupiter und Saturn, die beiden größten Planeten, üben einen bedeutenden Einfluß aufeinander aus. Eine der bemerkenswertesten Ungleichheiten in ihrer Bewegung war durch Beobachtung gefunden, bevor man sie noch auf theoretischem Wege erklären konnte. Bereits zu NEWTONS Zeit bemerkte man, daß Jupiter immer vor dem berechneten Ort, Saturn immer, und zwar noch mehr, hinter ihm zurück war; die Abweichungen wurden größer und größer, bis sie Ende des 18. Jahrhunderts ihre größten Beträge erreichten. Kurz vor dieser Zeit wies LAPLACE nach, daß die Ursache in Störungen zu suchen ist, die eine Folge einer angenäherten Kommensurabilität zwischen den Umlaufszeiten von Jupiter und Saturn sind, indem 5 der ersteren nur wenig verschieden von 2 der letzteren sind. Auf S. 251 ist die mathematische Theorie dieser Störungen angedeutet. Wir wollen hier mit Hilfe der Abb. 146 eine elementarere Erklärung des Phänomens geben.

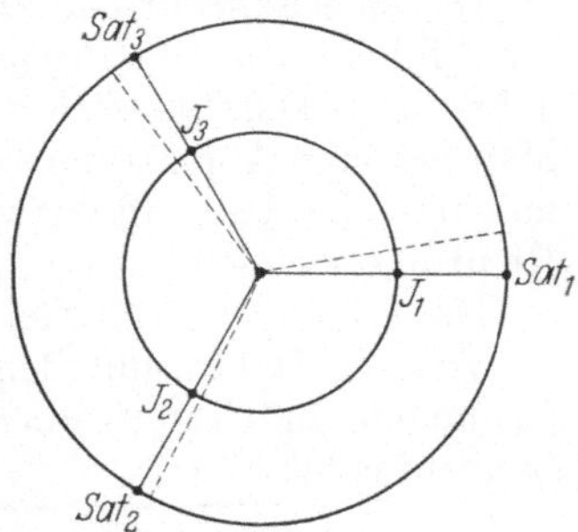

Abb. 146. Die Bewegung Jupiters und Saturns um die Sonne.

Rechnet man die Umlaufszeiten in runden Zahlen zu 12 und 30 Jahren, so wird die synodische Umlaufszeit 20 Jahre; alle 20 Jahre werden die Planeten also in Konjunktion kommen, und da die Entfernung zwischen ihnen dann am kleinsten ist, wird ihre gegenseitige Einwirkung am gıößten. Wenn die genannten Zahlen genau wären, würden diese Konjunktionen immer an denselben Stellen der Bahnen stattfinden, nämlich auf drei Geraden, die Winkel von 120° miteinander bilden; rechnet man aber mit den wirklichen Umlaufszeiten, so findet man die synodische Umlaufszeit etwas kürzer als 20 Jahre. Die durchschnittliche Bewegung des Saturn um die Sonne in diesem Zeitraum beträgt 242°.7, die des Jupiter ebensoviel mehr als ein ganzer Umlauf. Wenn also die Planeten einmal in einer bestimmten Stellung in Konjunktion (Sat_1 in Abb. 146) gewesen sind, so wird die nächste Konjunktion, von der ersten Stellung aus gerechnet, 240° + 2°.7 weiter nach vorn stattfinden, die dritte 120° + 5°.4 weiter nach vorn, wieder von der ersten Konjunktion gerechnet, die vierte $+8°.1$ in derselben Weise nach vorn gerechnet usf. Nach drei Konjunktionen oder etwa 60 Jahren ist die Konjunktionslinie also 8°.1 vorwärts gerückt; nach 15 solchen Zeiträumen oder 45 Konjunktionen (ca. 883 Jahren) haben diese sich zu etwas mehr als 120° angehäuft, und die Konjunktionen werden von jetzt ab wieder nahezu in den ursprünglichen Stellungen stattfinden. Die größte Wirkung für Saturn ist über 48′, für Jupiter nahezu 20′, um die die Länge des einen Planeten vergrößert, die des anderen verkleinert werden kann. Der Periodenwert (883 Jahre) ist gegen kleine Änderungen von μ und μ_1 (vgl. S. 251) sehr empfindlich.

Uranus.

231. *Bahn. Dimensionen. Rotation. Monde. Masse. Dichte.* Am 13. März 1781 war WILLIAM HERSCHEL damit beschäftigt, eine Sterngruppe in den Zwillingen zu untersuchen und wurde dabei auf einen Stern aufmerksam, der eine kleine Scheibe zeigte. Aus der Art der Bewegung zog LAPLACE im August desselben Jahres den Schluß, daß es ein neuer Planet außerhalb Saturns sein müsse; dies war die erste Erweiterung des vom Altertum her bekannten Planetensystems. Es zeigte sich bald, daß der neue Planet mehrfach schon früher beobachtet, aber für einen Fixstern gehalten worden war. Solche Beobachtungen fanden sich bis zurück zum Jahr 1690, wodurch die Berechnung seiner Bahn erleichtert wurde. Der neue Planet erhielt den Namen *Uranus*. Er ist etwas schwächer als 6. Größe und kann hin und wieder bei ganz dunklem und klarem Himmel mit dem bloßen Auge wahrgenommen werden.

Die siderische Umlaufszeit beträgt 84.01204 siderische oder 84.01350 julianische Jahre. Die synodische Umlaufszeit beträgt nur etwa 4 Tage mehr als ein Jahr. Der Durchmesser des Planeten ist 4.52mal so groß wie der der Erde. Man hat eine Abplattung von $^1/_{12}$ gemessen. Aus spektrographischen Messungen hat man eine Umlaufszeit von $10^3/_4{}^h$ gefunden. Die Rotation geht in retrograder Richtung vor sich.

Die Albedo ist die gleiche wie bei Saturn (0.63).

Von *Trabanten* um den Uranus kennt man vier, mit den folgenden Entfernungen, in Uranusradien ausgedrückt, und den Umlaufszeiten in mittleren Sonnentagen:

	Entfernung	Umlaufszeit	Entdeckungsjahr
Ariel	7.7	2d.520	1851
Umbriel	10.8	4 .144	
Titania	17.6	8 .706	1787
Oberon	23.6	13 .463	

Nach NEWCOMB sind die Bahnen so nahe kreisförmig und fallen so nahe in dieselbe Ebene, daß die Beobachtungen eine Abweichung davon nicht mit Sicherheit haben nachweisen können, und diese Ebene bildet einen Winkel von 98° mit der Bahnebene des Planeten; die Trabanten bewegen sich also fast senkrecht zu dieser Ebene, und die Projektion ihrer Bewegung auf sie ist retrograd.

Aus den Untersuchungen über die Bewegung der beiden inneren Trabanten hat man gefunden, daß die Masse des Uranus $^1/_{22869}$ der Sonnenmasse beträgt. Dies gibt eine Dichte ungefähr wie die des Jupiter. Aus Störungen in der Bewegung Ariels hat man eine Abplattung des Uranus von $^1/_{15}$ abgeleitet. Mit Hilfe dieser Abplattung war man, bereits bevor die obengenannten spektrographischen Beobachtungen angestellt wurden, zu einem wahrscheinlichen Wert der Rotationszeit von 11^h gekommen.

Neptun.

232. *Entdeckungsgeschichte. Bahn. Dimensionen. Masse. Dichte. Rotation. Der Neptunmond.* Die Entdeckung dieses Planeten bedeutet ein interessantes Kapitel in der Geschichte der Astronomie.

Als Uranus so lange beobachtet worden war, daß man die Theorie seiner Bewegung ausarbeiten konnte, zeigte es sich, daß es unmöglich war, eine so genaue Übereinstimmung zwischen Beobachtung und Theorie zu erreichen, wie man aus der Genauigkeit der Beobachtungen hätte erwarten können. BOUVARD sprach im Jahre 1821 aus, daß der Grund für die mangelnde Übereinstimmung möglicherweise in der Wirkung eines unbekannten Planeten außerhalb der Uranusbahn zu suchen sei. Das Material, das nach und nach als Grundlage für die Untersuchung dieser Frage gesammelt wurde, war eine Reihe von Differenzen zwischen der Länge des Uranus, so, wie sie aus der Beobachtung (B) und aus der auf der Theorie basierten Rechnung (R) hervorgingen. Die untenstehende Tabelle gibt einen Auszug aus diesem Material.

Jahr	$B-R$	Jahr	$B-R$	Jahr	$B-R$	Jahr	$B-R$
1783	+ 8″.5	1798	+21″.0	1813	+22″.0	1828	+10″.8
1786	+12 .4	1801	+22 .2	1816	+22 .9	1831	− 4 .0
1789	+19 .0	1804	+24 .2	1819	+20 .7	1834	−20 .8
1792	+18 .7	1807	+22 .1	1822	+21 .0	1837	−42 .7
1795	+21 .4	1810	+23 .2	1825	+18 .2	1840	−66 .6

Wie man sieht, bilden diese Zahlen nicht gerade eine breite Basis für die Entdeckung eines neuen Planeten. Die Ausnutzung wurde auch dadurch erschwert, daß die Differenzen (von kleinen Beobachtungsfehlern abgesehen) nicht ausschließlich der störenden Wirkung des unbekannten Planeten zugeschrieben werden konnten, sondern auch bis zu einem gewissen Grade den Fehlern in den Elementen der Bahn des Uranus, die eine Folge der Unkenntnis der Störungen waren.

Zwei Astronomen, J. C. ADAMS in Cambridge und U. J. J. LEVERRIER in Paris, fingen ungefähr gleichzeitig mit dem Versuch an, das Problem zu lösen. Für die ungefähre Entfernung des unbekannten Planeten von der Sonne mußte eine Hypothese aufgestellt werden, und sie hielten sich beide an die aus der Erfahrung bei den übrigen Planeten abgeleitete BODEsche Reihe (vgl. S. 279). Wie sich später herausstellte, kamen sie beide zu nahezu demselben Resultat, durch zufällige Umstände aber war es die Berechnung LEVERRIERS, die zur Entdeckung des neuen Planeten führte. LEVERRIER hatte sich die Aufgabe in der folgenden Form gestellt:

„Können die Abweichungen in der Bewegung des Uranus durch einen Planeten verursacht sein, der sich in der doppelten mittleren Entfernung wie Uranus in der Ebene der Ekliptik bewegt? Und im bejahenden Fall: Wo steht dieser Planet jetzt, wie groß ist seine Masse, und welches sind die Elemente seiner Bahn?“

Als LEVERRIER im August 1846 diese Aufgabe gelöst hatte, sandte er die Mitteilung des Resultats an verschiedene Sternwarten, darunter die Berliner Sternwarte, wo die Nachforschung leicht fiel, da man gerade eine Sternkarte von der betreffenden Gegend des Himmels fertiggestellt hatte. Der Brief kam am 23. September 1846 in Berlin an, und am selben Abend fand GALLE den Planeten als einen Stern 8. Größe noch nicht einen Grad von dem von LEVERRIER angegebenen Orte entfernt.

Aus der Tabelle in § 210 ersieht man, daß die von den beiden Berechnern vorausgesetzte mittlere Entfernung, 38, beträchtlich größer war als die wirkliche,

30. Dies hatte zur Folge, daß die Masse des neuen Planeten zu groß gefunden wurde, und daß die errechnete Exzentrizität der Bahn und die Richtung der Apsidenlinie von der wirklichen ziemlich stark abwichen. So fand ADAMS, bei den verschiedenen Versuchen der Lösung, eine Exzentrizität von 0.16, also eine Periheldistanz von 32, ferner, daß der Planet sich während des betreffenden Zeitraums seinem Perihel näherte; hierdurch wurde der Fehler der zu groß angenommenen mittleren Entfernung und der daraus folgenden langsameren Bewegung zu einem wesentlichen Teil kompensiert. Die Differenzen in der obenstehenden Tabelle sind hauptsächlich durch die im Jahre 1821 eingetroffene Konjunktion zwischen Uranus und Neptun entstanden, wodurch Uranus erst eine Reihe von Jahren in seiner Bewegung beschleunigt, später verzögert wurde. Eine solche Konjunktion tritt nur in Zwischenräumen von durchschnittlich 171.4 Jahren ein.

Die siderische Umlaufszeit des Neptun ist 164.7848 julianische Jahre. Der Durchmesser ist 4.15mal so groß wie der der Erde, woraus für die Oberfläche das 17.3fache und für das Volumen das 72.0fache folgt. Da die Masse 17 beträgt, wird die durchschnittliche Dichte 0.24 der der Erde. Die Schwere auf der Oberfläche ist sehr nahe dieselbe wie auf der Erde. Die Rotation des Neptun ist direkt; die Rotationszeit beträgt $15^{h}.8$.

Neptun hat unter den großen Planeten die größte Albedo (0.73).

Man kennt nur einen *Trabanten*. Er wurde im Jahre 1847 von LASSELL entdeckt. Er bewegt sich in einer nahezu kreisförmigen Bahn in einer Entfernung von 13.3 Neptunradien, mit einer Umlaufszeit von 5.877 Tagen. Seine Bewegung geht in retrograder Richtung vor sich.

Vergleich zwischen den vier inneren und den vier äußeren der alten Planeten.

233. Aus dem Vorhergehenden ersieht man, daß die vier Planeten Jupiter, Saturn, Uranus und Neptun sich durch ihre Größe und geringe Dichte vor den vier inneren auszeichnen. Auch in spektroskopischer Beziehung ist ein Unterschied vorhanden. Da die Planeten in reflektiertem Licht leuchten, geben sie, ebenso wie der Mond, ein abgeschwächtes Sonnenspektrum mit FRAUNHOFERschen Linien; bei den äußeren Planeten findet man aber gleichzeitig in gewissen Teilen des Spektrums, die jedoch nicht für alle dieselben sind, ausgeprägte dunkle Bänder. Diese sind besonders ausgeprägt bei Uranus und Neptun.

Pluto.

234. *Entdeckungsgeschichte. Bahnverhältnisse.* Am 13. März 1930 empfingen die astronomischen Zentralen ein Telegramm von der LOWELL-Sternwarte in Arizona mit der Mitteilung, daß man dort beim Suchen nach einem von LOWELL auf der Grundlage von Störungen in der Bewegung des Uranus vorausgesagten transneptunischen Planeten einen Himmelskörper gefunden hatte, dessen Ort und Bewegung mit den von LOWELL angegebenen Daten übereinstimmte. Der neue Planet, der etwa 15. Größe war, wurde sofort Gegenstand einer eifrigen Beobachtungstätigkeit auf einer Reihe von Sternwarten. Es gelang später, den Planeten auf älteren photographischen Platten aus den Jahren 1927 (Uccle und Yerkes), 1921 (Yerkes), 1919 (Mt. Wilson) und weiter zurück bis 1914 (Königstuhl und Harvard) zu finden. Mit Hilfe aller dieser Beobachtungen sind dann verschiedene Bahnelemente berechnet worden. Die zur Zeit sicherste Berechnung gibt die auf S. 279 mitgeteilten Elemente. Die Umlaufszeit ist zu 248.42 siderischen Jahren berechnet.

Für Pluto ist der Winkeldurchmesser so klein, daß man ihn nicht hat messen können. Man hat nur festgestellt, daß er unter $0''.3$ sein muß.

Umlaufs- und Rotationsrichtung im Planetensystem.

235. Wenn man von den folgenden Ausnahmen absieht: Rotation des Uranus, Umlaufsrichtung der beiden äußersten Jupitermonde, des Saturnmondes Phoebe, der vier Uranusmonde und des Neptunmondes, gilt für alle Umlaufsbewegungen und alle bekannten Rotationsbewegungen im Planetensystem die Regel, daß sie, vom nördlichen Ekliptikpol aus gesehen, entgegengesetzt der Bewegung des Uhrzeigers vor sich gehen. Mit Ausnahme des Uranussystems, wo die Umlaufs- und Rotationsebenen einen großen Winkel mit der Ekliptik bilden, gelten dieselben Sätze in bezug auf den *Äquatorpol* wie in bezug auf den *Ekliptikpol*, und wir erhalten dann, mit den angegebenen Ausnahmen, unmittelbar die folgende einfache Regel: *Umlaufs- und Rotationsbewegungen im Planetensystem gehen, vom nördlichen Pol des Äquators gesehen, entgegengesetzt der Bewegung des Uhrzeigers vor sich* (eine nähere Untersuchung zeigt, daß die Regel in dieser Form auch für das Uranussystem Gültigkeit hat). Beispiele:

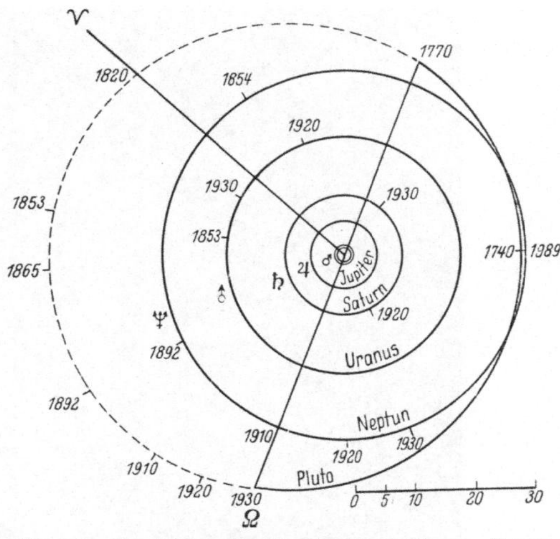

Abb. 147. Die Bahnen der Planeten Pluto, Neptun, Uranus, Saturn und Jupiter. Einheit der Skala: die halbe große Achse der Erdbahn.

1. Es ist der *linke* Rand der Sonnenscheibe, der sich infolge der Rotation der Sonne um ihre Achse auf einen Beobachter auf der nördlichen Halbkugel zu bewegt; der rechte bewegt sich von ihm fort.

2. Wenn ein Beobachter auf der nördlichen Halbkugel die vier großen Jupitermonde in einem terrestrischen Fernrohr betrachtet, sind es die Monde links, die sich in ihrer Bahnbewegung um den Jupiter auf ihn zu bewegen, die zur rechten Seite bewegen sich von ihm fort (im astronomischen Fernrohr wird es umgekehrt).

Bei den *Kometen* liegen die Verhältnisse, wie wir später sehen werden, anders.

Die Kometen.

236. *Das Aussehen der Kometen* kann stark wechseln, es ist aber doch ein gemeinsamer Zug vorhanden, nämlich der, daß ihr Licht diffus und nebelartig ist. Die meisten Kometen kann man nur im Fernrohr sehen; in der Regel als Objekte mit einem Durchmesser von mehreren Bogenminuten, bedeutend größer also als die Planetenscheiben. Häufig befindet sich in der Mitte ein hellerer Punkt, der *Kern*; der umliegende Nebel, dessen Helligkeit sich allmählich nach außen gegen den, nicht scharf begrenzten, Rand hin verliert, wird von alters her die *Koma* oder das Haar genannt. Komet bedeutet also Haarstern. Kern und Koma zusammen bilden den *Kopf*, im Gegensatz zum *Schweif*, der, wenn er vorhanden ist, sich immer in der dem Standort der Sonne entgegengesetzten Richtung am Himmel erstreckt. Manchmal sieht man mehr als e i n e n Kern, es kommt aber auch vor, besonders bei ganz lichtschwachen Kometen, daß keiner da ist. Kometen können so hell sein, daß Kopf sowohl als Schweif mit bloßem Auge gesehen werden können, bisweilen in strahlender Helligkeit. Es hat Kometen gegeben, deren Schweif sich über 60° und mehr erstreckt hat, und ganz ausnahmsweise hat man einen Kometen mit dem bloßen Auge am hellen Mittag sehen können. Es kommt auch vor, daß kürzere Nebenschweife auftreten, deren

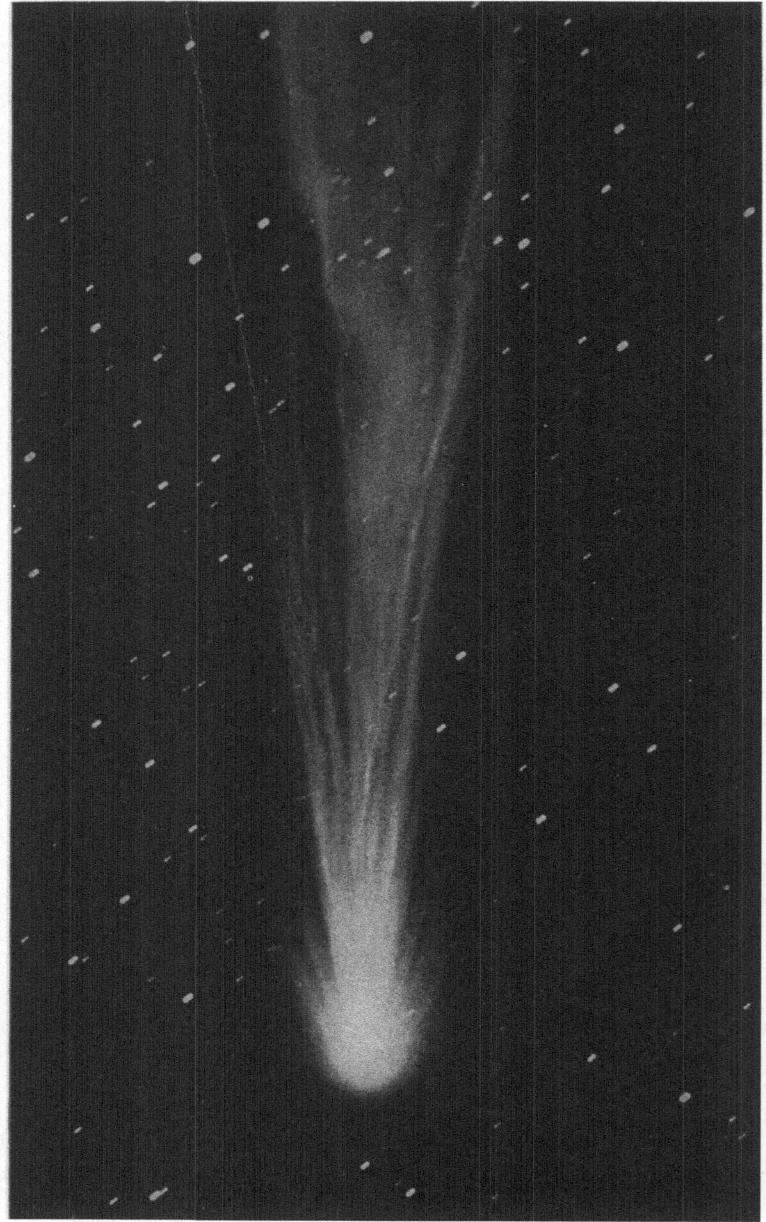

Abb. 148. Komet 1908 III nach einer Aufnahme auf Königstuhl-Heidelberg.

Richtungen mit der Richtung des Hauptschweifes Winkel bilden. Die Schweife entwickeln sich nach und nach, wenn sich der Komet der Sonne nähert, und verschwinden wieder, wenn er sich wieder entfernt. Die Kometen nehmen an der täglichen Bewegung des Himmels teil und verändern gleichzeitig ihren Ort unter den Sternen; im Gegensatz zu den Planeten aber sind sie nicht auf einen bestimmten Gürtel am Himmel beschränkt, und sie können sich in allen möglichen Richtungen bewegen. Wenn ein Komet vor einem Fixstern erscheint, kann man diesen durch den Kometen hindurch sehen; eine Lichtbrechung hat man dabei nicht mit Sicherheit nachweisen können.

237. *Die Bahnen der Kometen im Raume.* Daß die Kometen zu den Himmelskörpern gehören und nicht, wie man lange Zeit annahm, zu atmosphärischen Phänomenen, wurde mit Sicherheit von TYCHO BRAHE nachgewiesen, der während seines Aufenthaltes auf Hven Gelegenheit hatte, verschiedene Kometen zu beobachten. Aus seinen Beobachtungen ging hervor, daß die Kometen auf jeden Fall bedeutend weiter als der Mond entfernt sein müßten. DÖRFFEL sprach im Jahre 1681 aus, daß die Kometen sich wahrscheinlich in *parabolischen* Bahnen bewegen. NEWTON ersann eine Methode, um die Bahn eines Kometen im Raume mit Hilfe von drei Beobachtungen zu berechnen unter der Voraussetzung, daß die Bahn eine *Parabel* ist, und er wandte diese Methode mit positivem Resultat auf den Kometen vom Jahre 1680 an.

HALLEY berechnete parabolische Bahnen für 24 Kometen und fand dabei, daß die Bahnelemente von dreien dieser, den Kometen von 1531, 1607 und 1682, einander so ähnelten, daß man diese drei Kometen als identisch betrachten und annehmen müsse, daß die Exzentrizität wesentlich geringer als 1 sei. Damit war der erste sog. periodische Komet — der berühmte HALLEYsche Komet — gefunden. Gegen Schluß des 18. Jahrhunderts arbeiteten mehrere der größten Mathematiker und Astronomen der Zeit (LAGRANGE, LAMBERT, LAPLACE, OLBERS u. a.) an dem Problem, parabolische Bahnen aus drei Beobachtungen (vgl. § 176) zu berechnen. Grundlegend für die spätere Entwicklung ist die OLBERSsche Methode geworden.

Eine parabolische Bahn wird durch fünf Bahnelemente (vgl. S. 161) definiert, die in der Regel in der folgenden Reihenfolge aufgeführt werden:

$$\begin{array}{l} T \\ \pi, \text{ oder } \omega = \pi - \Omega \\ \Omega \\ i \\ q \end{array}$$

Im Gegensatz zu den Planeten haben viele Kometen eine *retrograde Bewegung*. Dies wird in den Verzeichnissen der Kometenbahnelemente dadurch ausgedrückt, daß die Neigung zwischen 90° und 180° angesetzt wird; das Element ω wird dann (vom aufsteigenden Knoten) in der Richtung der Bahnbewegung gezählt. Es liegen Bahnen für mehrere hundert Kometen berechnet vor. Möglichst schnell nach der Entdeckung eines neuen Kometen wird eine Bahn zur Ermöglichung der weiteren Beobachtung des Kometen berechnet. Diese erste Bahn ist so gut wie immer eine Parabel. In den meisten Fällen ist eine parabolische Bahn eine genügende Annäherung für die Fortsetzung der Beobachtung des Kometen, in einzelnen Fällen aber zeigt es sich bald, daß die Bahn stark von der Parabelform abweicht. Es ist dann notwendig, eine elliptische Bahn zu berechnen. Daher ist zu unterscheiden zwischen solchen Kometen, deren Bewegung näherungsweise durch eine Parabel dargestellt wird (die meisten bekannten Kometen) und solchen, die sich in ausgesprochen elliptischen Bahnen bewegen (ein kleiner Bruchteil aller bekannten Kometen). Es gibt jedoch keine bestimmte Grenze zwischen diesen beiden Gruppen von Kometen; die beiden Gruppen gleiten ineinander über, vom ENCKEschen Kometen, der von allen die kürzeste Umlaufszeit hat, angefangen bis zu den Kometen, für die die Bahnberechnung nahezu parabolische Bahnen ergeben hat. Wenn für einen neuentdeckten Kometen eine elliptische Bahn mit kurzer Umlaufszeit berechnet ist, wird ein Zeitpunkt abgewartet, zu dem er — nach einer gewissen Anzahl von Jahren — wieder erscheinen soll. Kann der Komet nach der Vorausberechnung wiedergefunden werden — nach einem oder mehreren Umläufen — so wird er definitiv in das Verzeichnis der sog. periodischen Kometen aufgenommen (es würde, wie wir später sehen werden, richtiger sein sie die kurzperiodischen Kometen zu nennen).

Zur Zeit sieht dies Verzeichnis — nach Umlaufszeit geordnet — wie folgt aus:

	Entdeckt	Zuletzt gesehen bis zum Herbst 1932	Kleinste	Größte	Umlaufszeit in Jahren	Neigung geg. die Ekliptik
			Entfernung von der Sonne mit der mittleren Entfernung der Erde von der Sonne als Einheit.			
Encke	1818	1931	0.3	4.1	3.3	12°.5
Grigg-Skjellerup.	1902	1932	0.9	4.9	5.0	17 .5
Tempel II	1873	1930	1.3	4.7	5.2	12 .8
Neujmin II	1916	1926	1.3	4.8	5.4	10 .6
Brorsen I	1846	1879	0.6	5.6	5.5	29 .4
Tempel III-L. Swift . . .	1869	1908	1.2	5.2	5.7	5 .4
de Vico-E. Swift	1844	1894	1.4	5.1	5.9	2 .1
Tempel I	1867	1879	1.8	4.8	6.0	9 .8
Pons-Winnecke	1858	1927	1.0	5.6	6.0	18 .9
Perrine I.	1896	1922	1.2	5.8	6.5	15 .7
Kopff	1906	1932	1.7	5.3	6.6	8 .7
Giacobini II-Zinner . . .	1900	1927	1.0	6.0	6.6	30 .7
Biela	1826	1852	0.9	6.2	6.6	12 .6
d'Arrest	1851	1923	1.4	5.7	6.6	18 .1
Finlay	1886	1926	1.1	6.2	6.9	3 .4
Holmes	1892	1906	2.1	5.1	6.9	20 .8
Borrelly	1905	1932	1.4	5.8	6.9	30 .5
Brooks II	1889	1932	1.9	5.4	6.9	5 .6
Faye	1843	1932	1.6	5.9	7.3	10 .6
Schaumasse	1911	1927	1 2	6.8	8.0	14 .7
Wolf I.	1884	1925	2.4	5.8	8.3	27 .3
Tuttle I	1858	1926	1.0	10.3	13.5	55 .0
Schwassmann-Wachmann (1925 II)	1927[1]	1932	5.5	7.3	16.3	9 .4
Neujmin I	1913	1931	1.5	12.0	17.7	15 .2
Pons-Forbes	1818	1928	0.7	18.0	28.7	28 .9
Westphal.	1852	1913	1 3	30.0	61.7	40 .9
Brorsen II-Metcalf. . . .	1847	1919	0.5	33.2	69.1	19 .2
Pons-Brooks	1812	1884	0.8	33.7	71.6	74 .0
Olbers	1815	1887	1.2	33.6	72.7	44 .6
Halley.	—	1910	0.6	35.3	76.0	162 .2

In diesem Verzeichnis der Kometen mit gesicherten kurzperiodischen Bahnen findet sich nicht mehr als ein einziger Fall retrograder Bewegung: der HALLEYsche Komet, mit einer Neigung von etwa 162°. Alle übrigen haben direkte Bewegung, also $i < 90°$, während die vielen Hunderte von Kometen, die sich

[1] Später auf einer Königstuhlplatte aus dem Jahre 1902 gefunden. Der Komet wird mit Rücksicht auf den Zeitpunkt des letzten Perihels Komet 1925 II genannt; infolge der geringen Bahnexzentrizität kann dieser Komet in jeder Opposition beobachtet werden.

in sehr langgestreckten Bahnen bewegen, alle möglichen Werte der Neigung zwischen 0° und 180° haben.

238. *Die vier Hauptgruppen unter den periodischen Kometen.* Die im vorigen Paragraphen angeführten Bahnelemente gelten für die Zeit, die in der dritten Spalte angeführt ist, es muß aber bemerkt werden, daß die Kometen wegen ihrer Bewegung zwischen den Planetenbahnen häufig starken Störungen ausgesetzt sind, wodurch die Bahnen manchmal erheblich verändert werden können. Daß die Periheldistanzen nicht besonders verschieden sind, beruht natürlich auf der Stellung der Erde im Sonnensystem; es gibt ohne Zweifel unzählige periodische Kometen, deren Perihelien zu weit draußen liegen, als daß wir sie jemals zu sehen bekommen könnten. Dagegen besteht in einer anderen Hinsicht ein ausgeprägter Unterschied zwischen den vier Gruppen, in die die Liste eingeteilt ist, nämlich der, daß die *Aphelien* in die Nähe der Bahnen von bzw. Jupiter, Saturn, Uranus und Neptun fallen (der Platz des Kometen 1925 II in dieser Gruppeneinteilung ist jedoch zweifelhaft). Von diesen Gruppen ist besonders die erste von Interesse. Daß die Kometen dieser Gruppe auf die eine oder andere Weise ihre jetzigen Bahnen durch die Anziehung des Jupiter erhalten haben, kann kaum bezweifelt werden. Bereits das im § 237 genannte Verhalten der Bahnneigungen für die kurzperiodischen Kometen spricht dafür, und in einzelnen Fällen konnte nachgewiesen werden, daß ein Komet, der früher in einer langgestreckten Bahn wanderte, eingefangen wurde. Vom *kosmogonischen* Gesichtspunkt aus muß deshalb betont werden, daß kein Grund vorliegt, die verschiedenen Typen von Kometenbahnen als Beweise eines verschiedenartigen Ursprungs zu betrachten.

239. *Einzelne interessante Kometen.* Der ENCKEsche Komet wurde im Jahre 1819 als periodisch erkannt, wobei es sich zeigte, daß er in den Jahren 1805 und 1795 und sogar einige Male 1786 beobachtet worden war. Später ist er in jeder Opposition beobachtet worden. ENCKE war nicht sein Entdecker, er besorgte aber eine Reihe von Jahren hindurch die Vorausberechnung. Hierbei zeigte sich die Eigentümlichkeit, daß der Komet meistens einige Stunden früher als berechnet zu seinem Perihel zurückkehrte. Es hatte also den Anschein, als würde die Bewegung durch die eine oder andere Ursache beschleunigt. Dies lenkte die Gedanken auf die Existenz eines widerstehenden Mittels: Wenn die Geschwindigkeit verringert wird, so schrumpft die Bahn etwas ein und die Umlaufszeit wird kürzer. Da man etwas Ähnliches bei anderen Kometen nicht hat nachweisen können, kann ein solcher Widerstand kaum von einem Medium herrühren, das das ganze Sonnensystem erfüllt. Der ENCKEsche Komet kommt der Sonne näher als irgendein anderer kurzperiodischer Komet, denn sein Perihel liegt innerhalb der Merkurbahn. Wenn deshalb die genannte Erklärung überhaupt richtig ist, so muß sie mit diesem Umstand in Verbindung stehen. Wie wir später sehen werden, gibt es noch ein anderes Phänomen (das Zodiakallicht), das darauf deutet, daß sich in der Nähe der Sonne ein Stoff befindet, von dem man annehmen könnte, daß er imstande wäre, einen solchen Widerstand zu leisten. Infolge der kleinen Periheldistanz ist der ENCKEsche Komet dem Merkur manchmal so nahe gekommen, daß man ihn als Mittel, die Masse dieses Planeten (§ 212) zu berechnen, hat benutzen können (vgl. S. 280).

Der BIELAsche Komet gehört zu den bemerkenswertesten in dieser Gruppe. Er wurde zum erstenmal im Jahre 1772, danach im Jahre 1805 gefunden, und bereits damals vermutete man die Identität der beiden; aber erst als der Komet im Jahre 1826 wiederum gefunden wurde (von BIELA), wurde diese Vermutung sicher bestätigt. Der Komet kam nach der Berechnung in den Jahren 1832, 1845 und 1852 wieder. In den letzten Tagen des Jahres 1845 wurde man darauf aufmerksam, daß der Komet sich in zwei Teile geteilt hatte, die einander folgten. Sie waren jedoch nicht gleich hell; als der Komet sich wieder von der Sonne entfernte, war der eine Teil beinahe einen Monat länger sichtbar als der andere (bereits aus dem Jahre 1805 liegt eine vereinzelte Beobachtung vor, die auf eine beginnende Teilung zu deuten scheint). Bei der Erscheinung im Jahre 1852 hatten die beiden Teile sich noch weiter voneinander entfernt als im Jahre 1846. Die Bahn des BIELAschen Kometen hat ihren absteigenden Knoten so nahe der Erdbahn, daß die kürzeste Entfernung zwischen beiden Bahnen im Jahre 1832 auf 2—3 Erddurchmesser berechnet war; der Komet ging aber einen Monat vor der Erde durch den Annäherungspunkt. Im Jahre 1772 war die heliozentrische Länge dieses Punktes 77°; die Störungen des Jupiter bewirken aber, daß die Knotenlinie fortdauernd rückwärts schreitet, so daß im Jahre 1852 die Länge des absteigenden Knotens 66° betrug. Die Zeit des Jahres, in der die Erde durch den Ort der geringsten Entfernung zwischen den Bahnen hindurchging, war deshalb im Jahre 1772 der 10. Dezember, im Jahre 1852 aber der 28. November. Später ist der Knoten noch weiter zurückgegangen.

Der HOLMESsche Komet ist bemerkenswert durch seine Lichtänderungen, die durch Prozesse im Kometen selbst veranlaßt sein müssen. Er wurde am 6. November 1892 entdeckt und konnte anfangs mit dem bloßen Auge wahrgenommen werden; bis zum Schluß des November nahm er an Umfang von 5′ bis 30′ zu, gleichzeitig nahm die Helligkeit etwas ab, und im Laufe des Dezember wurde er allmählich so lichtschwach, daß er Anfang Januar nur noch mit den größten Fernrohren beobachtet werden konnte. Am 16. Januar aber leuchtete er plötzlich auf und glich einem Stern 7. bis 8. Größe mit einer Koma von 30″; dann nahm er das gewöhnliche Aussehen eines Kometen an und wurde nach und nach größer und lichtschwächer, bis er im April 1893 verschwand. Der Komet war bereits Mitte Juni 1892 durch sein Perihel gegangen und stand bei der Entdeckung in der Entfernung 2.4 von der Sonne. Beim Wiedererscheinen im Jahre 1899 war der Komet so lichtschwach, daß er nur mit den größten Fernrohren beobachtet werden konnte; im Jahre 1906 wurde er photographiert, aber nun war er so schwach, daß er nicht mehr visuell beobachtet werden konnte. Nach dem Jahre 1906 ist er nicht wieder aufgefunden worden.

Der FAYEsche Komet wurde im Jahre 1843 entdeckt und war der erste der in der vorangehenden Liste angeführten Kometen mit kurzer Umlaufszeit, für die eine elliptische Bahn berechnet wurde, ohne daß der Komet früher gesehen worden war.

Der HALLEYsche Komet war der erste, der als periodisch erkannt wurde (vgl. S. 305). Er ist der einzige der auf unserer Liste aufgeführten periodischen Kometen, der mit einem ansehnlichen Schweif aufgetreten ist. In der letzten Erscheinung wurde er am 11. September 1909 auf einer photographischen Platte gefunden und am 23. Mai 1911 zum letztenmal gesehen. Am 19. Mai 1910 frühmorgens ging er durch seinen absteigenden Knoten und war fast gleichzeitig in unterer Konjunktion mit der Sonne. Er ist also nahezu zentral über die Sonnenscheibe gegangen, aber weder mit dem Fernrohr noch mit dem Spektroskop konnte etwas davon bemerkt werden.

Von Kometen mit bekannten Bahnen gibt es mehrere, die sich durch kleine Periheldistanz auszeichnen. Von diesen gibt es wiederum einige, die eine Gruppe für sich bilden, und die einen gemeinsamen Ursprung zu haben scheinen. Dies ist z. B. mit den beiden folgenden der Fall:

Im Jahre 1843 erschien plötzlich ein Komet, der am 28. Februar an mehreren Stellen des südlichen Europa und in Amerika am hellen Tage, nur einige wenige Grad von der Sonne entfernt, mit dem bloßen Auge wahrgenommen wurde. In den nächstfolgenden Wochen konnte man seinen gewaltigen Schweif am westlichen Himmel nach Sonnenuntergang über den Horizont ragen sehen, den Kern selbst aber konnte man in den ersten Tagen nicht entdecken. Bereits im April verschwand das Ganze.

Im September 1882 erschien ein Komet (1882 II), der auch kurze Zeit mit bloßem Auge am Tage gesehen werden konnte und den ganzen Herbst mit leuchtendem Schweif am Morgenhimmel stand. Diesmal war der Komet einige Wochen vor dem Periheldurchgang entdeckt, so daß man besser darauf vorbereitet war, ihm zu folgen. Auf der Sternwarte in Kapstadt machte man dabei eine Beobachtung, die einzig in ihrer Art dasteht, indem der Komet am 17. September im Fernrohr genau bis zu dem Augenblick verfolgt werden konnte, als er am Sonnenrande verschwand. Er ging dann vor der Sonnenscheibe vorbei, ohne daß dies den geringsten Einfluß auf das normale Aussehen der Sonne hatte. Abb. 149 zeigt die Bewegung des Kometen vorher und nachher. S ist die Sonne, A der Punkt, wo der Komet am Sonnenrande verschwand; b, c, d sind die Punkte, bei denen er später heraus, hinein und wieder heraus trat; diese drei Momente wurden nicht beobachtet, sie werden hier aber nach KREUTZ' Berechnung angeführt. T bezeichnet die Zeit des Periheldurchgangs.

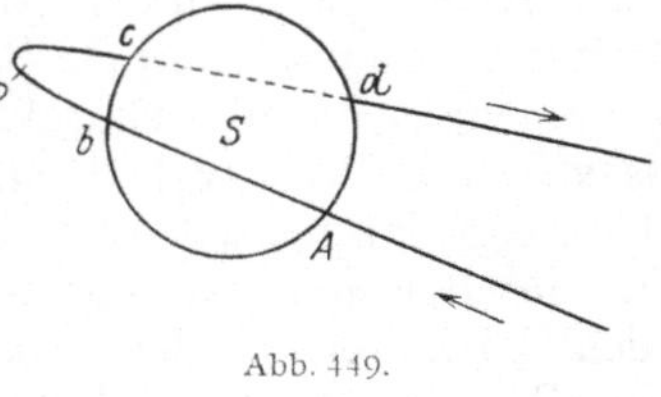

Abb. 149.

	A	b	T	c	d	
1882 Sept. 17	$15^h 37^m$	$16^h 54^m$	$17^h 31^m$	$19^h 5^m$	$21^h 5^m$	Weltzeit.

Im Laufe von weniger als 6 Stunden bog der Komet also um die Sonne herum. Die Geschwindigkeit im Perihel war 16mal so groß wie die der Erde, d. h. etwa 480 km in der Sekunde.

240. *Die genaue Berechnung einer Kometenbahn.* Bei einer solchen werden alle vorliegenden Beobachtungen benutzt, und es wird auf die durch die größten Planeten (namentlich Jupiter und Saturn) bewirkten Störungen Rücksicht genommen. Man erhält dann als Resultat einen Satz von sechs Bahnelementen, der so gut wie möglich das gesamte Beobachtungsmaterial befriedigt. Von größtem Interesse ist dabei die *Exzentrizität* der Bahn, die ja entscheidend ist für die fundamentale Frage der Gestalt der Bahn und damit entscheidend für die Frage, ob der Komet unserem Sonnensystem angehört oder von außen in unser Sonnensystem hineingekommen ist.

In älteren Zeiten war das Beobachtungsmaterial oft so gering und die Beobachtungszeit so kurz, daß die durch die Bahnberechnung erhaltenen Exzentrizitäten ganz illusorisch waren, abgesehen natürlich von solchen Fällen, wo die Bahn dem kurzperiodischen Typus angehörte. Heutzutage gibt es oft Fälle, bei denen das Beobachtungsmaterial so reichlich und so gut, und die Dauer des Beobachtungszeitraums so lang ist, daß die Bestimmung sämtlicher Bahnelemente einen sehr hohen Grad von Genauigkeit erreicht.

Wenn man nun ein Verzeichnis von solchen parabelnahen Kometenbahnen aufstellt, bei denen die Exzentrizität mit großer Genauigkeit bestimmt worden ist, so zeigt sich folgendes:

1. Die ganz überwiegende Anzahl der Bahnen hat eine Exzentrizität, die < 1 ist.

2. Es gibt eine sehr kleine Anzahl Bahnen mit hyperbolischer Exzentrizität, also mit $e > 1$. Während aber die *elliptischen* Exzentrizitäten über alle Werte von 1 bis zu den kleinen, den kurzperiodischen Bahnen entsprechenden, Exzentrizitäten verteilt sind, *liegen alle durch genaue Bahnberechnung erhaltenen hyperbolischen Exzentrizitäten der Einheit sehr nahe, d. h. die Bahnen sind der Parabel sehr nahe.*

Der unmittelbare Eindruck beim Studium eines solchen Verzeichnisses von Kometenbahnexzentrizitäten ist also, daß 1. die große Mehrzahl der Kometen sich in elliptischen Bahnen bewegt, von solchen an, die in ihrer gesamten Ausdehnung in den inneren Teilen des Sonnensystems liegen, bis zu Bahnen, die sehr nahe parabolisch sind, und die deshalb sehr lange Umlaufszeiten — Jahrtausende — haben, und daß 2. eine sehr kleine Anzahl Kometen von dem interstellaren Raum in das Sonnensystem hineingekommen wäre, jedoch mit auffallend schwacher Hyperbolizität.

Dieser letztere Schluß, der auch früher gezogen wurde, hat sich indessen als nicht stichhaltig erwiesen. Aus dem einfachen Grunde, weil die bei der definitiven Bahnberechnung erhaltene Bahnexzentrizität zwar die Bewegung eines Kometen zu einem Zeitpunkt charakterisiert, für den die Bahn berechnet ist — *eine oskulierende Bahn* (vgl. S. 247), unter Berücksichtigung der Störungen während des Beobachtungszeitraums abgeleitet — dagegen aber kein exakter Ausdruck für die Bewegungsverhältnisse des Kometen zu anderen Zeiten ist, also auch nicht zu Zeiten, zu denen der Komet sich weit draußen in den äußeren Teilen des Planetensystems auf dem Wege zum Innern des Systems befand, wo die Erde sich in ihrer Bahn bewegt, und wo der Komet beobachtet worden ist.

Wir wissen ja (vgl. S. 247), daß der Bewegung eines Kometen infolge der Störungen durch die großen Planeten zu verschiedenen Zeiten verschiedene Elementensysteme entsprechen, und daß deshalb die für einen bestimmten Zeitpunkt geltende — oskulierende — Bahnexzentrizität nicht genau für die Bewegung des Kometen zu einem anderen Zeitpunkt Gültigkeit hat. Nun liegen die Verhältnisse ja so, daß eine ganz kleine Änderung der Exzentrizität für eine Planetenbahn oder eine kurzperiodische Kometenbahn nur eine kleine unwesentliche Korrektion bedeutet, daß aber eine kleine Änderung der Exzentrizität für eine parabelnahe Bahn eine fundamentale Umkehrung des ganzen Problems bedeuten kann: die Exzentrizität 0.9999500 bedeutet elliptische Bewegung, die Exzentrizität 1.0000500 bedeutet eine hyperbolische.

241. *Die ursprünglichen Bahnen der Kometen.* Aus der vorhergehenden Überlegung folgt, daß die für einen bestimmten Punkt einer parabelnahen Kometenbahn geltenden oskulierenden Elemente keine Antwort auf die Frage der ursprünglichen Bahn des betreffenden Kometen geben. Um diese zu finden, muß man mit Hilfe einer genauen Störungsrechnung der Bewegung des Kometen durch eine größere Anzahl zurückliegender Jahre folgen, und zwar so weit zurück, daß man sicher sein kann, daß die Störungen vor dieser Zeit unmerklich gewesen sind. Solche Berechnungen sind für die Kometen ausgeführt worden, die sich zu dem Zweck am besten eigneten: Kometen, für die die definitive Bahnbestimmung eine oskulierende Bahn ergeben hatte, die entweder hyperbolisch (sehr wenige Fälle) oder elliptisch war, mit *e sehr* nahe gleich 1. Kometenbahnen mit *ausgeprägt* elliptischer Form (die allermeisten) brauchen ja von diesem Gesichtspunkte aus nicht untersucht zu werden.

Die Resultate liegen vor für 13 Kometen, die die obengenannten Bedingungen erfüllten, und die gleichzeitig auch die Anforderungen an die Güte des Beobachtungsmaterials und die Länge des Beobachtungszeitraums befriedigten. Aus technischen Gründen ist die Berechnung für $\frac{1}{a}$ statt für e ausgeführt worden. Es sei bemerkt, daß $e \gtreqless 1$ mit $\frac{1}{a} \lesseqgtr 0$ gleichwertig ist (vgl. S. 210). In allen Fällen umfaßte die Berechnung die Störungen, die die Planeten *Jupiter* und *Saturn* in der Bewegung des betreffenden Kometen bewirkt haben.

Wir sehen, daß die Rückwärtsrechnung in 12 von 13 Fällen die Bahn in der Richtung nach der elliptischen Gestalt hin verändert hat. In 3 Fällen ist ein kleiner

Komet	Oskulierendes e	Oskulierendes $1/a$	Mittlerer Fehler	Ursprüngliches $1/a$
1853 III	1.0002514	−0.0008193	±0.0000228	+0.0000829
1882 II	0.9999078	+0.0118963	±0.0002710	+0.0121488
1886 I	1.0004461	−0.0006944	±0.0000220	−0.0000071
1886 II	1.0002286	−0.0004770	±0.0000091	+0.0003166
1886 IX	1.0003824	−0.0005765	±0.0000276	+0.0000630
1890 II	1.0004103	−0.0002151	±0.0000101	+0.0000718
1897 I	1.0009270	−0.0008722	±0.0000476	+0.0000368
1898 VII	1.0010336	−0.0006074	±0.0000096	−0.0000157
1902 III	0.9999675	+0.0000810	±0.0000184	−0.0000168
1905 VI.	1.0001846	−0.0001424	±0.0000501	+0.0006210
1910 I	0.9999723	+0.0002143	±0.0001479	+0.0033021
1914 V	1.0001618	−0.0001465	±0.0000031	+0.0000119
1925 VII	1.0004276	−0.0002730	±0.0000226	+0.0001150

hyperbolischer Rest vorhanden, dieser muß indessen mit Rücksicht auf den mittleren Fehler des aus der Bahnbestimmung resultierenden Wertes von $\frac{1}{a}$ als ganz illusorisch betrachtet werden, um so mehr, als die Exzentrizitäten mit Sicherheit durchschnittlich noch weiter in der Richtung auf eine elliptische Bahn verschoben worden wären, wenn man auch die Störungen von *Uranus* und *Neptun* in Rechnung gezogen hätte.

Das Resultat des zur Zeit vorliegenden Materials kann dann so formuliert werden: 1. Die absolut überwiegende Mehrzahl von Kometen hat eine ausgesprochen elliptische Bewegung, und 2. durch Rückwärtsrechnung der Störungen für die dazu geeigneten sehr parabelnahen Kometenbahnen hat es sich gezeigt, daß die meisten zu einem früheren Zeitpunkt mit Sicherheit elliptisch waren, und daß, so wie die Sache im Augenblick steht, tatsächlich keine einzige sicher hyperbolische Bewegung übrigbleibt. Wir dürfen deshalb aussprechen, daß diese Unsersuchungen unbedingt in der Richtung weisen, daß die Kometen unserem Sonnensystem angehören.

242. *Gesetzmäßigkeiten bei den Kometenbahnen.* Im § 238 ist von einer Beziehung zwischen einer Reihe kurzperiodischer Kometen auf der einen Seite und einem der großen Planeten — namentlich Jupiter — auf der anderen Seite die Rede gewesen. Hier besteht kein Zweifel an der Realität des Phänomens, und es kann auch kein Zweifel daran bestehen, daß dies Phänomen auf die eine oder andere Weise durch den betreffenden Planeten verursacht ist.

Ganz anders verhält es sich mit einer anderen Gesetzmäßigkeit bei den Bahnverhältnissen der Kometen, die in demselben Paragraphen besprochen wurde: der Tatsache, daß alle Periheldistanzen unter einer gewissen Größe — einigen wenigen astronomischen Einheiten — liegen. Dies Verhalten, das im übrigen für alle bekannten Kometenbahnen gilt — nicht nur für die Bahnen der kurzperiodischen Kometen — hat, wie im § 238 angedeutet, seine einfache Erklärung darin, daß Kometen mit sehr großen Periheldistanzen — und zweifellos gibt es deren unzählige in unserem Sonnensystem — für die Beobachtung von unserer Erde aus unzugänglich sind.

Zu kosmogonischen Zwecken hat man nach verschiedenen Gesetzmäßigkeiten bei den Kometenbahnen gesucht und auch, außer dem erwähnten Verhalten der Periheldistanzen, solche gefunden. Es hat sich z. B. gezeigt, daß alle Perihellängen zwei statistische Maxima haben, bei etwa 100° und etwa 280°; dies Verhalten hat zu vielen kosmogonischen Überlegungen Anlaß gegeben, Holetschek hat aber nachgewiesen, daß diese beiden scheinbaren Maxima, ganz wie das obenerwähnte Verhalten der Periheldistanzen, nur eine Folge der Bedingungen ist, unter denen die Kometen von der Erde aus beobachtet werden können und also keine reelle Bedeutung für die Bahnen der Kometen haben. Ganz dasselbe gilt für ein anderes statistisches Resultat: Daß kleine Neigungen der Bahn gegen die Ekliptik häufiger vorkommen als große, braucht nur ein Ausdruck für die Tatsache zu sein, daß Kometen mit kleiner Bahnneigung größere Aussicht haben, von der Erde aus beobachtet zu werden als Kometen mit großer Bahnneigung, die sich ja nur ganz kurze Zeit in der Nähe der Erdbahn aufhalten.

Im großen ganzen darf gesagt werden, daß die Diskussion der statistischen Gesetzmäßigkeiten bei den Kometenbahnen nicht zu positiven kosmogonischen Resultaten geführt hat, wenn von den besprochenen Fragen der Bahnform abgesehen wird.

243. *Die physischen Verhältnisse der Kometen.* Das nebelartige Aussehen und die Durchsichtigkeit der Kometen kann durch die Annahme erklärt werden, daß jeder Komet, abgesehen vom Kern, aus einem ungeheuren Schwarm fester Körper von verschiedener Größe besteht, die alle zusammen aber klein sind im Verhältnis zu ihren gegenseitigen Entfernungen. Man hat diesen Schwarm sehr treffend „kosmischen Staub" genannt, mit welchem Ausdruck aber nicht gesagt sein soll, daß Dimensionen und Entfernungen so klein sind wie bei Staubwolken auf der Erde.

Eine untere Grenze für die Größe der Partikeln kann daraus abgeleitet werden, daß die Kometen sich nach dem Gravitationsgesetz bewegen. Für sehr kleine Partikeln übt der Lichtdruck der Sonne eine größere Kraft aus als die Gravitationskraft seitens der Sonne, und auch für größere Partikeln spielt er eine merkliche Rolle. Einen solchen Effekt hat man nicht nachweisen können, und daraus hat man geschlossen, daß die Durchmesser der Partikeln mindestens ca. 1 cm betragen.

Die gesamte Masse eines solchen Schwarms von Partikeln ist so klein, daß man niemals eine merkbare Anziehung von einem Kometen auf andere Himmelskörper hat nachweisen können, obwohl die Entfernung von Planeten oder Trabanten in einigen Fällen sehr klein gewesen ist.

Bei den starken Temperaturänderungen, denen die Kometen infolge ihrer langgestreckten Bahnen ausgesetzt sind, muß man annehmen, daß nicht alle die Stoffe, aus denen sie bestehen, immer in fester Form verbleiben; sie verdampfen, der Dampf wird aber nicht, wie bei einem Planeten mit ausreichender Anziehungskraft, wie eine Atmosphäre zusammengehalten werden; vielmehr werden die einzelnen Moleküle als selbständige Teile des Schwarms auftreten.

Hierdurch können die Kometen selbstleuchtend werden.

Daß dies tatsächlich der Fall ist, geht auch aus spektroskopischen Untersuchungen der Kometen hervor.

Das Spektrum des Kometenkopfes ist ein kontinuierliches Spektrum mit Absorptionslinien wie das Sonnenspektrum; dies Spektrum wird durch reflektiertes Sonnenlicht verursacht. Außerdem aber kommen Emissionsbänder und Emissionslinien vor, die von Molekülen und Atomen im Kometenkopfe selbst herrühren.

Auf der nächsten Seite sind die wichtigsten der in Spektren von Kometenköpfen gefundenen Banden und Linien angeführt, zusammen mit den Molekülen und Atomen, für die sie charakteristisch sind.

Von dem Mechanismos bei der Lichtemission des Kometenkopfes muß angenommen werden, daß freie Moleküle und Atome durch Absorption von Sonnenlicht auf energiereichere Zustände überspringen und dadurch instand gesetzt werden, die beobachteten Banden und Linien auszusenden.

Art der Banden oder der Linien	Wellenlängen in A.E.[1]	Die entsprechenden Moleküle und Atome
Zyanbanden	3590, 3883, 4216, 4606, 6495	CN
Raffety-Bande	4109	CH_x (Kohlenwasserstoffverbindung, deren Zusammensetzung nicht feststeht).
Swan-Banden	4381, 4737, 5165, 5635, 6191	C_2
Drei Chromlinien	5204.5, 5206.0, 5208.4	Cr
Fünf Eisenlinien	5269.5, 5328.0, 5371.5, 5397.1, 5429.7	Fe
Eine Nickellinie	5476.9	Ni
Die gelbe Natriumdoppellinie . .	5890.0, 5895.9	Na

Indem man das Mittel für alle zuverlässig beobachteten Kometen und das Mittel für die Erscheinungen vor und nach dem Periheldurchgang bildete, hat man Kurven konstruieren können, die die Intensität der Banden und der Linien (in Einheiten der gesamten Helligkeit des Kometen) in ihrer Abhängigkeit von der heliozentrischen Distanz (r) zeigen.

Die Kurve für die Banden hat ein Maximum um $r = 1$ herum; für größere r sinkt die Kurve langsam, für kleinere r schneller, an einer Stelle zwischen $r = 0.1$ und $r = 0.2$ verschwinden die Banden vollständig.

Die Kurve für die Linien erhebt sich erst bei ungefähr $r = 0.8$ über Null und steigt danach sehr stark mit abnehmendem r.

Dies Verhalten läßt sich so erklären, daß bei kleinem r wegen der größeren Sonnenwärme stärkere Verdampfung erfolgt und daher mehr freie Moleküle und Atome auftreten, und daß gleichzeitig bei sehr kleinem r die Sonnenstrahlung so stark ist, daß Moleküle dissoziiert werden.

Die Entwicklung eines Kometenschweifes scheint folgendermaßen vor sich zu gehen. Wenn sich der Komet der Sonne nähert, strömt zuerst Materie vom Kern aus in der Richtung auf die Sonne zu; diese Materie wird aber bald nach den Seiten abgebogen und dann in der Richtung, die der Sonne abgewandt ist, fortgeschleudert. Je nach der verschiedenen Geschwindigkeit, mit der dies Fortschleudern relativ zu der Eigengeschwindigkeit des Kometen vor sich geht, kann die Richtung des Schweifes etwas verschieden werden. Der Schweif krümmt sich mit der konvexen Seite nach vorn. Man muß annehmen, daß die ausgestoßenen Partikeln so klein sind, daß die Wirkung des Lichtdruckes groß wird (s. oben), wodurch die stattfindenden Bewegungen sich erklären lassen.

Charakteristisch für die Spektren von Kometenschweifen sind Emissionsbanden von CO^+; diese Banden sind bei Laboratoriumsversuchen unter sehr niedrigem Druck beobachtet worden. CO entsprechende Emissionsbanden (Ångström- und Thalén-Banden), die im Laboratorium unter höherem Druck beobachtet werden, finden sich nicht in den Spektren der Kometenschweife, auch nicht im Spektrum des Kopfes. Dies läßt sich so erklären, daß CO, um in den energiereichen Zustand zu gelangen, der die genannten Banden ausstrahlt, Strahlung von der Wellenlänge 1150 A.E. absorbieren muß; solche kurzwellige Strahlung ist aber im Sonnenlicht sehr schwach.

[1] Die Wellenlängen gelten bei den Bandenspektren für die Grenzen der Bänder auf der langwelligen Seite, da diese ziemlich gut definiert sind; das Cyanband 6495 bildet eine Ausnahme, indem die Wellenlänge hier für den am stärksten leuchtenden Kopf des Bandes gilt.

Sternschnuppen und Feuerkugeln. Das Zodiakallicht.

244. *Sternschnuppen und Feuerkugeln. Die jährliche und die tägliche Periode in hrem Auftreten. Sternschnuppen* können in jeder klaren, mondlosen Nacht beobachtet werden. Ihre Helligkeit kann bis zur 1. Größenklasse heranreichen. Die meisten Sternschnuppen sind viel schwächer, viele hat man nur mit dem Fernrohr gesehen. Sternschnuppen sind in der Regel scharf begrenzt, sternähnlich. Die Dauer des Phänomens beträgt vom Bruchteil einer Sekunde bis zu 3—4 Sekunden; in dieser Zeit bewegt sich die Sternschnuppe unter den Sternen in Bogen größten Kreises, deren Längen zwischen Bruchteilen eines Grades und mehreren Graden variieren.

Die Sternschnuppen werden hervorgerufen durch kleine Partikeln, die mit großer Geschwindigkeit in die Atmosphäre eindringen und infolge Reibung an der Luft verdampfen und aufleuchten. Wegen der Verdampfung können sie meistens nicht die ganze Atmosphäre durchdringen.

Feuerkugeln leuchten zuerst schwach, die Helligkeit wächst dann aber sehr stark, so daß Feuerkugeln bedeutend heller als die hellsten Sterne werden können, so hell, daß man sie am Tage hat beobachten können. Zuletzt steht die Feuerkugel beinahe still, worauf man eine Art von Explosion beobachtet. Längs der Bahn der Feuerkugel sieht man einige Minuten hindurch einen leuchtenden Schweif, der nach und nach verblaßt.

Nach der Explosion sieht man manchmal *Meteorsteine*, die schwach leuchtend zur Erde fallen. Diese variieren in der Größe von ganz kleinen Steinen bis zu Steinen mit einem Gewicht von vielen Tonnen.

Meteorsteine werden nach ihrer Beschaffenheit eingeteilt in Eisenmeteore, die aus Eisen und Nickel bestehen, Steinmeteore, die aus Silikaten bestehen, und Glasmeteore, die aus schwer schmelzbarem Glas bestehen.

Die chemischen Elemente, die am häufigsten in Meteorsteinen vorkommen, sind: Sauerstoff, Eisen, Silizium, Magnesium und Nickel.

Sternschnuppen treten manchmal in Schwärmen auf, so daß ihre Bahnen, nach rückwärts verlängert, mit größerer oder kleinerer Annäherung einen gemeinsamen Schnittpunkt haben. Dieser Punkt wird *Radiationspunkt* genannt. Bereits frühzeitig hatte man bemerkt, daß einige Schwärme zu derselben Jahreszeit wiederkehren, entweder jedes Jahr oder mit einem Zwischenraum von mehreren Jahren. Sie werden periodische Sternschnuppen genannt, im Gegensatz zu den übrigen, die man sporadische nennt. Als Beispiel solcher, die jedes Jahr gesehen werden, kann der sog. *Laurentiusschwarm* genannt werden, der diesen Namen erhalten hat, weil er sich in den Nächten um den 10. August, St. Laurentius' Tag, zeigt; er ist jedoch nicht besonders reichhaltig, meistens beobachtet man nur 20—30 in der Stunde. Diese Sternschnuppen haben ihren Radiationspunkt im Perseus und werden deshalb auch als die *Perseiden* bezeichnet. Ein anderer Schwarm, mit dem Radiationspunkt im Löwen und deshalb *Leoniden* genannt, ist zeitweise mit außerordentlichem Glanz Mitte November aufgetreten, so in den Jahren 1799, 1833 und 1866; im letztgenannten Jahre fand in der Nacht zwischen dem 13. und dem 14. November ein wahrer Feuerregen statt, der jedes Zählen unmöglich machte. Auch Ende November hat sich in gewissen Jahren ein reicher Schwarm mit dem Radiationspunkt in der Andromeda gezeigt.

Die Beobachtungen, die man an Sternschnuppen anstellen kann, müssen sich, außer der Bestimmung des Radiationspunktes, wenn ein solcher vorhanden ist, in der Hauptsache auf eine Zählung der Häufigkeit und der Angabe des Ortes am Himmel beschränken. Wenn zwei Beobachter an verschiedenen Orten der

Erde ein und dieselbe Sternschnuppe beobachtet und beide sich genau den Ort am Himmel, wo sie erschien und verschwand, gemerkt haben, so hat man darin ein Mittel, die Höhe des betreffenden Punktes über der Erdoberfläche zu berechnen, da die Örter infolge der Parallaxe für die beiden Beobachter verschieden sind. Die Erfahrung hat gelehrt, daß die Höhe 100—150 km, manchmal weniger, beträgt.

Eine statistische Behandlung der Beobachtungen, die auf diese Weise im Laufe der Zeit ausgeführt worden sind, hat zu folgenden Resultaten geführt:

1. Ganz abgesehen von solchen periodischen Schwärmen wie den genannten, hat die Häufigkeit der Sternschnuppen eine ausgeprägte *jährliche Periode,* mit dem Maximum im Herbst und dem Minimum im Frühjahr.

2. Ebenso hat man eine *tägliche Periode* gefunden, indem durchschnittlich die meisten am Morgen auftreten (wenn der Himmel noch hinreichend dunkel ist), die wenigsten am Abend.

3. Es kommen durchschnittlich mehrere Male so viel Sternschnuppen auf der östlichen Hälfte des Himmels als auf der westlichen vor. Der Punkt, um den sich die Sternschnuppen am dichtesten gruppieren, liegt also immer auf der östlichen Seite des Himmels, man hat aber bemerkt, daß er im Laufe des Jahres wandert, so daß er im Herbst am weitesten nach Norden gelangt, im Frühjahr am weitesten nach Süden.

245. *Erklärung der Sternschnuppen und Feuerkugeln und der täglichen und der jährlichen Periode. Bahnen im Raume. Beziehungen zu Kometen.* Eine Theorie, die eine Erklärung der obengenannten Phänomene gibt, beruht auf der Hypothese, daß sich draußen im Raume eine Menge kleiner fester Körper, *Meteoriten,* befinden, die sich in Bahnen derselben Art wie die Kometen bewegen, in langgestreckten Kegelschnitten also, und daß die Meteoriten, die die Erde in ihrer jährlichen Bahn um die Sonne trifft, sich manchmal in Schwärmen zusammenhalten, deren einzelne Bestandteile sich also in ziemlich parallelen Bahnen bewegen, sonst aber im großen ganzen in allen möglichen Richtungen durch den Raum eilen.

Die Erde bewegt sich mit einer annähernd konstanten Geschwindigkeit von 30 km in der Sekunde. Mit Hilfe von (36) auf S. 210 findet man leicht, daß die parabolische Geschwindigkeit in derselben Entfernung von der Sonne $\sqrt{2}$ mal größer ist, also 42 km in der Sekunde. Wenn ein Meteorit sich in einer parabolischen Bahn bewegt, kann die relative Geschwindigkeit, mit der er in die Atmosphäre eindringt (wenn wir einen Augenblick von der Geschwindigkeitsänderung absehen, die die Anziehung der Erde bewirkt), deshalb jeden beliebigen Wert zwischen 72 und 12 km in der Sekunde haben. Selbst die kleinste von ihnen ist so bedeutend, daß die Luft stark zusammengepreßt wird, und die dabei entwickelte Wärme den Meteoriten zum Glühen bringt. Solange dies anhält, sehen wir die Sternschnuppe. Meistens sind die Meteoriten wahrscheinlich so klein, daß sie sich bereits hoch oben in der Atmosphäre aufzehren; es kommt aber auch vor, daß sie größer sind; dann beobachten wir eine Feuerkugel, und es können Bruchstücke als Meteorsteine zur Erde fallen. Ein wesentlicher Teil der kosmischen Geschwindigkeit wird bereits hoch oben verbraucht, um den Luftwiderstand zu überwinden, so daß die Ankunft auf der Erde wie ein gewöhnlicher Fall aus großer Höhe vor sich geht.

Die Perioden in der Häufigkeit der Sternschnuppen sind eine Folge der Bewegung der Erde. Der Punkt am Himmel, auf den die Erde sich in einem gegebenen Augenblick hinbewegt, wird *Apex* genannt, der diametral entgegengesetzte, also der Punkt, von dem die Erde sich fortbewegt, heißt *Antapex.*

Die Lage dieser beiden Punkte ersieht man aus Abb. 150, die die nahezu kreisförmige Bahn der Erde um die Sonne S vorstellt. In dem Augenblick, in dem die Erde in E ist, zeigt die Tangente EA auf den Apex hin. Da die Tangente in der Bahnebene liegt, sieht man hieraus erstens, daß der Apex ein Punkt in der Ekliptik sein muß, und da der Winkel SEA 90° beträgt (wenn man von der Exzentrizität der Erdbahn absieht, die bewirkt, daß er zwischen 89° und 91° variieren kann), so ist der Apex der Punkt der Ekliptik, der 90° westlich (bei uns rechts) von der Sonne liegt oder, wie man es auch ausdrücken kann, der Apex ist der Punkt in der Ekliptik, in dem die Sonne sich vor einem Vierteljahr befand, da ja die jährliche Bewegung der Sonne von Westen nach Osten vor sich geht. Abb. 151 stellt die Himmelskugel vor mit dem Beobachter in E, der Sonne in S und dem Apex in A.

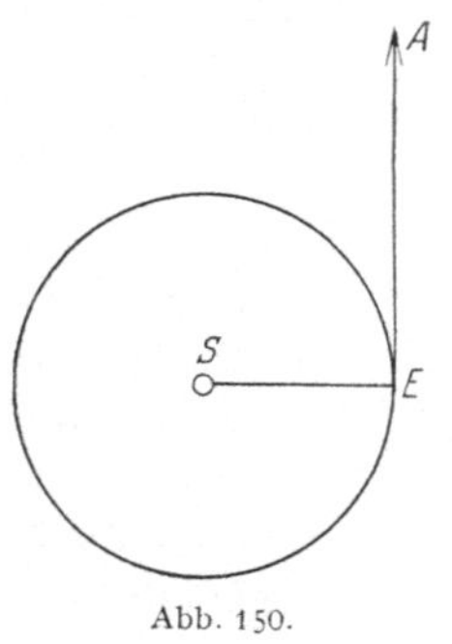

Abb. 150.

Die Bedeutung dieses Punktes in der Theorie der Sternschnuppen ersieht man aus der folgenden Betrachtung: Wenn die Erde still stände, würden die Sternschnuppen nach der Hypothese im Laufe der Zeit gleichmäßig über den ganzen Himmel verteilt erscheinen. Wenn umgekehrt die Meteoriten im Raume still ständen, während die Erde in ihrer Bahn um die Sonne wandert, müßten alle Sternschnuppen den Eindruck machen, als kämen sie vom Apex. Wenn nun beide Bewegungen stattfinden, wird man zwar im Laufe der Zeit Sternschnuppen über den ganzen Himmel sehen, die meisten aber um den Apex, die wenigsten um den Antapex herum. Es ist zu bemerken, daß die größere durchschnittliche Geschwindigkeit in der Nähe des Apex auf die Anzahl der Sternschnuppen um den Apex herum vergrößernd einwirkt, weil die größere Geschwindigkeit auf die Erhitzung in der Erdatmosphäre und dadurch indirekt auf die Sichtbarkeit der Meteore Einfluß hat.

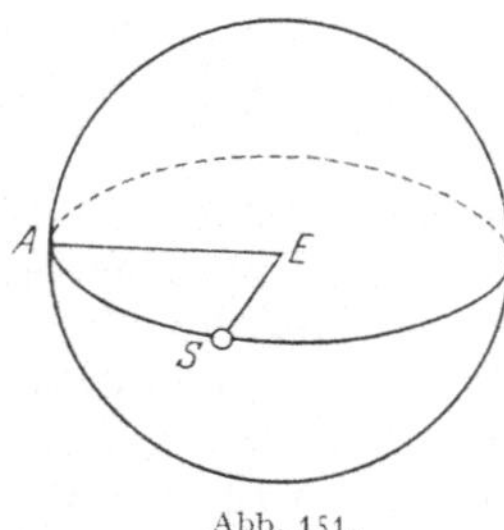

Abb. 151.

Die Häufigkeit der Sternschnuppen muß dann von der Stellung des Apex relativ zum Horizont des Beobachters abhängen. Im Herbst hat der Apex dieselbe hohe Deklination und denselben langen Tagbogen wie die Sonne im Sommer, im Frühling dagegen denselben kurzen Tagbogen wie die Sonne im Winter; daß es mehr Sternschnuppen im Herbst gibt als im Frühling, ist deshalb ebenso natürlich wie daß wir mehr Sonnenschein haben im Sommer als im Winter. Während der täglichen Bewegung geht der Apex 90° in der Ekliptik der Sonne voran und wird dann auch nahezu 6 Stunden vor dieser kulminieren. Der Apex wird also seine obere Kulmination morgens, seine untere abends haben, woraus die tägliche Periode in der Häufigkeit der Sternschnuppen folgt. Schließlich sieht man, daß der Apex, der um Mitternacht aufgeht (etwas früher im Herbst, etwas später im Frühling) und seine größte Höhe in den Morgenstunden erreicht, sich dann auf der östlichen Seite des Himmels befindet, so lange es dunkel ist, dagegen auf der westlichen Seite des Himmels, wenn man wegen des Tageslichtes keine Sternschnuppen sehen kann.

Die Radiation der Sternschnuppen hängt von der Perspektive ab. Wenn ein Schwarm in die Atmosphäre eindringt, werden die parallelen Bahnstücke, in denen sie als Sternschnuppen aufleuchten, so auf die Himmelskugel projiziert werden, daß die Bahnen, nach rückwärts verlängert, einen gemeinsamen Schnittpunkt erhalten, in ähnlicher Weise wie die parallelen Linien in einer langen geraden Straße für einen Beobachter am einen Ende der Straße gegen das andere Ende derselben zusammenzulaufen scheinen. Im letztgenannten Falle erhält das Auge wegen der scheinbaren Größe der verschiedenen Gegenstände einen bestimmten Eindruck vom Unterschiede der Entfernungen, bei den Phänomenen am Himmel aber fällt dieser Eindruck fort; der einzelne Beobachter kann nur die Richtungsänderung, die die Visierlinie durchmacht, konstatieren.

Kennt man die Geschwindigkeit, mit der ein Meteoritenschwarm auf die Erde stößt, so kann man mit Hilfe des Radiationspunktes die Bahn bestimmen, die der Schwarm vorher im Raum beschrieb. Wenn die Bewegungsrichtung und die Geschwindigkeit eines Himmelskörpers in einer gegebenen Entfernung von der Sonne bekannt sind, so ist damit die ganze Bahn bestimmt (vgl. § 170). Die Entfernung von der Sonne ist hier dasselbe wie die Entfernung der Erde; die Richtung vom Beobachter zum Radiationspunkt ist die relative Bewegungsrichtung, und da die Richtung und die Geschwindigkeit der Erdbewegung bekannt sind, so kann die absolute Bewegungsrichtung des Schwarms daraus gefunden werden, wenn die absolute Geschwindigkeit bekannt ist. Kann man davon ausgehen, daß die Bahn eine Parabel ist, so ist die absolute Geschwindigkeit gleich $\sqrt{2}$ mal der Geschwindigkeit der Erde und man hat dann die genügende Grundlage zur Berechnung parabolischer Bahnelemente.

Wenn die Bahn elliptisch ist und man die Umlaufszeit des Schwarms auf eine andere Weise kennt, dann ist damit auch die große Achse der Ellipse und damit wiederum die elliptische Geschwindigkeit gegeben. Die elliptischen Bahnelemente können dann berechnet werden. Die Bedeutung einer solchen Rechnung liegt nicht darin, daß man dann die Bahnen der kleinen Körper kennt, die als solche durch ihr Auftreten als Sternschnuppen in unserer Atmosphäre bereits zugrunde gegangen sind, sondern darin, daß man die Bewegung der Teile des Schwarms kennt, die an der Erde vorbeigeschlüpft sind und die deshalb ein anderes Mal wiederkommen können. Im Jahre 1866 berechnete SCHIAPARELLI eine parabolische Bahn für die Auguststernschnuppen (die Perseiden) und fand dabei nahezu dieselben Elemente, die früher für einen kleinen Kometen 1862 III berechnet waren, nur mit dem Unterschied, daß man für den Kometen eine Umlaufszeit von etwa 120 Jahren gefunden hatte, also eine langgestreckte Ellipse. SCHIAPARELLI berechnete auch die Bahn für die Leoniden, wobei er von einer Umlaufszeit von $33^1/_4$ Jahren (vgl. S. 314) ausging. Kurz darauf berechnete OPPOLZER die Bahn für den Kometen 1866 I, wobei sich wieder eine nahe Übereinstimmung zeigte; für diesen Kometen wurde die Umlaufszeit 33.18 Jahre gefunden. Sie ist unter den vorhergenannten periodischen Kometen nicht aufgeführt, da der Komet im Jahre 1899 nicht wiedergefunden wurde.

Diese Entdeckungen waren von Wichtigkeit, weil sie feste Anhaltspunkte für die obenerwähnte Hypothese ergaben, daß die Bahnen der Meteoriten von derselben Beschaffenheit wie die der Kometen sind; bereits früher hatten nämlich verschiedene Astronomen die Vermutung ausgesprochen, daß die Meteoriten als Überreste von Kometen zu betrachten seien. Wenn ein Schwarm von bedeutenden Dimensionen, bei dem die Anziehung der einzelnen Teile untereinander nur unbedeutend ist, in die inneren Teile des Sonnensystems gelangt, so entsteht dort ein merklicher Unterschied zwischen der Anziehung der Sonne auf die nächsten und die entferntesten Teile; wenn die Bahn elliptisch ist, so werden hierdurch, evtl. in Verbindung mit den Störungen der Planeten, kleine Differenzen in den Umlaufszeiten bewirkt, die sich im Laufe der Zeit anhäufen, so daß die Materie nach und nach längs der Bahn verstreut wird. In dem sehr langgestreckten Ring, der die Perseiden verursacht, scheint sich die Zerstreuung über die ganze Bahn zu erstrecken, da man diese Sternschnuppen jedes Jahr zu der Zeit sehen kann, in der die Erde durch den Schnittpunkt geht; bei den Leoniden dagegen muß die Zerstreuung weniger weit vorgeschritten sein, da sie sich nur in gewissen Zwischenräumen gezeigt haben, nämlich wenn der zugehörige Komet in der Nähe war. Nach der früheren Periode zu urteilen konnten diese Sternschnuppen in den Jahren 1899 oder 1900 wieder erwartet werden, die Anzahl erwies sich aber als ziemlich unbedeutend; der Berechnung der Störungen zufolge, die Jupiter seit dem Jahre 1866 auf den Schwarm ausgeübt hat, liegt der Grund hierfür ohne Zweifel darin, daß der absteigende Knoten der Bahn nun der Erdbahn nicht mehr so nahe fällt wie vorher.

Später hat man andere solche Fälle von Übereinstimmung zwischen Kometen und Sternschnuppen mit bekannten Radiationspunkten gefunden. Ein solcher Zusammenhang aber zwischen Meteorschwärmen und bekannten Kometen ist als ein Ausnahmefall zu betrachten.

Mit Ausnahme der wenigen Fälle, bei denen es auf diese Weise als sicher angesehen werden kann, daß ein Meteorschwarm von einem bestimmten Kometen herstammt, ist die Frage der Meteorbahnen im Raume sehr schwer zu lösen. Die Bestimmung der Bewegungsgeschwindigkeit der Sternschnuppen und der Meteore im Raume — und damit die Bestimmung ihrer Bahnen — ist sehr unsicher, und im Laufe der Zeit sind stark divergierende Meinungen über diese Geschwindigkeiten und diese Bahnen geäußert worden. So ist z. B. die Frage, ob ein wesentlicher Teil der Meteore Geschwindigkeiten besitzt, die auf interstellaren Ursprung hinweisen, eine interessante und zur Zeit sehr viel diskutierte Frage, die noch nicht als endgültig gelöst betrachtet werden kann.

246. *Das Zodiakallicht* ist ein anderes Phänomen, das vielleicht auch auf Überreste von Kometen zurückzuführen ist. Es erscheint als schwach leuchtender Streifen am dunklen Himmel; es ist am breitesten und hellsten in der Nähe des Horizonts (ganz unten wirkt die Absorption der Luft stark) und läuft spitz nach oben an der Ekliptik entlang. Das Zodiakallicht hat seinen Namen nach dem Tierkreis oder dem Zodiakus. Da die Ekliptik bei uns immer einen spitzen Winkel mit dem Horizont bildet, erhält das Zodiakallicht das Aussehen eines langgestreckten schiefen Dreiecks, jedoch nach oben etwas abgerundet. Bei klarer Luft kann sein Licht heller als das der Milchstraße leuchten, es ist aber niemals so scharf begrenzt, da die Helligkeit von der Mitte nach den Seiten sowohl als auch von unten nach oben abnimmt. Es nimmt an der täglichen Bewegung des Himmels teil und kann bei uns bis zu 60° oder 80° Elongation auf beiden Seiten der Sonne verfolgt werden, unter niedrigeren Breiten häufig noch weiter. In den Tropen kann man es das ganze Jahr hindurch sehen, bei uns aber nur zu der Zeit des Jahres, in der die Ekliptik einen hinreichend großen Winkel mit dem Horizont bildet, nachdem der Himmel am Abend hinreichend dunkel geworden ist oder bevor es am Morgen hell wird; wenn nämlich der Winkel klein ist, so daß der ganze Lichtstreifen in der Nähe des Horizonts liegt, dann wird die Absorption in den unteren Luftschichten zu stark, als daß das zarte Licht hindurchdringen könnte. Der Monat Februar und Anfang März sind bei uns die beste Zeit, um das Zodiakallicht des Abends am westlichen Himmel zu sehen, im Oktober sieht man es am besten morgens am östlichen Himmel. Bei hellem Mondschein bleibt es unsichtbar.

Die Mittellinie des Lichtstreifens fällt im allgemeinen nicht genau mit der Ekliptik zusammen. Die Abweichung wird zum Teil durch die schiefe Stellung verursacht, da die Luft mehr Licht auf der unteren als auf der oberen Seite absorbiert; aus Beobachtungen in den Tropen, wo die Ekliptik senkrecht zum Horizont stehen kann, geht hervor, daß die Abweichung von der Ekliptik nur unbedeutend ist.

Den innersten Teil des Zodiakallichts kann man außer bei totalen Sonnenfinsternissen nicht sehen, meistens ist aber dann die Korona der Sonne so hell, daß der Himmelsgrund nicht hinreichend dunkel wird; man hat deshalb nur ausnahmsweise eine beträchtliche Verlängerung der Korona in der Richtung der Ekliptik feststellen können.

Es ist im Jahre 1909 auf der Lick-Sternwarte gelungen, das Spektrum des Zodiakallichts zu photographieren, indem man eine Gesamtexpositionszeit von $12^1/_2$ Stunden, auf 13 Nächte verteilt, anwandte. In dem kontinuierlichen Spektrum wurden mit Sicherheit zwei dunkle Linien gefunden, nämlich FRAUNHOFERS G und $H + K$. Dies deutet darauf hin, daß das Zodiakallicht durch reflektiertes Sonnenlicht verursacht wird. Von den reflektierenden Partikeln muß angenommen werden, daß sie mit ungeheuer geringer Dichte in den inneren Gebieten des Sonnensystems und nahezu in der Ebene des Sonnensystems verteilt sind.

Astronomische Konsequenzen der Relativitätstheorie.

247. *Bewegung des Merkurperihels. Ablenkung des Lichts am Sonnenrand. Rotverschiebung.* Die allgemeine Relativitätstheorie hat die NEWTONschen Gleichungen, die die Grundlage für die Erklärung der Bewegungen im Sonnensystem bilden, modifiziert. Die Geschwindigkeiten, die im Sonnensystem vorkommen, sind alle klein im Verhältnis zur Lichtgeschwindigkeit, und infolgedessen sind die Modifikationen, rein zahlenmäßig, sehr klein. Die wichtigste Abweichung ist eine rechtläufige Bewegung des *Merkurperihels*, die 0″.4 im Jahre beträgt. Ein entsprechender Widerspruch zwischen der Erfahrung und den Planetentheorien nach NEWTONS Gleichungen war bereits LEVERRIER aufgefallen.

In diesem Zusammenhang sollen zwei andere Konsequenzen der Relativitätstheorie erwähnt werden, die innerhalb der Astronomie von Bedeutung sind. Die eine ist eine *Ablenkung des Lichts*, wenn es sehr nahe am Sonnenrande vorbeigeht. Der theoretische Betrag der Ablenkung am Sonnenrand ist 1″.75. Die andere ist eine *Rotverschiebung* des Lichts (also auch der Spektrallinien), die proportional ist der Masse dividiert durch den Radius des Sterns, von dem das Licht ausgesandt wird.

Die Lichtablenkung am Sonnenrand ist durch Beobachtungen von Sternen in der Umgebung der Sonne während totaler Sonnenfinsternisse konstatiert worden.

Die Rotverschiebung hat man bei den Spektrallinien der Sonne angedeutet gefunden, sie ist aber auf der Sonne so gering, daß andere Ursachen (Strömungen) ebenso große Verschiebungen ergeben. Auf einem der weißen Zwerge (vgl. S. 393), dem Begleiter des Sirius, hat man indessen die Rotverschiebung beobachten können. Hier ist der Radius des Sterns so klein, daß die Verschiebung einem DOPPLER-Effekt für eine Radialgeschwindigkeit von etwa 20 km $\sec^{-1}$ entspricht (die entsprechende Zahl für die Sonne ist etwa 0.6 km $\sec^{-1}$). Ungefähr um diesen Betrag sind die Linien nach Rot verschoben relativ zu der Lage, die man nach der Bahnbewegung des Siriusbegleiters um den Sirius hätte erwarten müssen. Die Untersuchung wird hier nur durch das starke zerstreute Licht des Sirius selbst erschwert.

Bewegungsformen im Sonnensystem.

248. Das Neuste in bezug auf die Bahnformen in unserem Sonnensystem war die Entdeckung des Planeten Pluto (im Frühling 1930), dessen Bahn um die Sonne in der Hauptsache außerhalb der Bahn des Neptun liegt (vgl. S. 303), und die Entdeckung (im Frühling 1932) der zwei kleinen Planeten Amor und 1932 HA, die die Vorposten des Asteroidenrings nach innen bedeuten.

Wenn wir für einen Augenblick an unsere Kenntnis der Bahnformen zurückdenken wollen, wie die Dinge um die Mitte des vorigen Jahrhunderts lagen, so hatten wir:

1. die vier inneren großen Planeten (Merkur, Venus, Erde, Mars), deren Bahnen Ellipsen sind mit nicht besonders großer Exzentrizität und mit kleiner Neigung gegen die Ekliptik;

2. in einem verhältnismäßig schmalen Gürtel zwischen Mars und Jupiter eine Anzahl von kleinen Planeten, die in elliptischen Bahnen laufen mit durchschnittlich größeren Exzentrizitäten und Neigungen als die unter 1 und 3 erwähnten großen Planeten;

3. die vier äußeren großen Planeten (Jupiter, Saturn, Uranus und — seit dem Jahre 1846 — Neptun) mit kleinen Bahnexzentrizitäten und Neigungen;

4. eine große Anzahl von Kometen, mit Bahnen, die alle möglichen Neigungen gegen die Ekliptik haben, und mit Exzentrizitäten, die wesentlich größer sind als die der Planetenbahnen. Eine Anzahl dieser Kometen hat ihre ganze Bewegung innerhalb der Grenzen der bekannten Planetenbahnen, die überwiegende Mehrzahl aber läuft in Bahnen, die sehr langgestreckt sind, bis zu Bahnen hinauf, deren Form in der Nähe der Parabel liegt, und die weit außerhalb des Bereichs der Bahn des äußersten bekannten Planeten gelangen.

Zwischen Planeten- und Kometenbahnen war eine tiefe Kluft vorhanden.

So standen die Dinge bis zum Jahre 1898. Jetzt haben die Verhältnisse von wichtigen Gesichtspunkten aus ein anderes Aussehen.

Im Jahre 1898 wurde der kleine Planet Eros entdeckt. Seine Bahn durchbrach den alten Rahmen, indem dieser Planet teilweise innerhalb der Bahn des Mars wandelt.

In den darauffolgenden Jahrzehnten entdeckte man, nach und nach, so wie die instrumentellen Mittel besser wurden, einen kleinen Planeten nach dem anderen, eine Gruppe von kleinen Planeten nach der anderen mit Bahnen, die sich nicht in das alte Schema einfügen ließen (vgl. S. 292 bis 293).

Drei bekannte kleine Planeten (die Albert-Gruppe) bewegen sich in Bahnen, die stark exzentrisch sind und die in den Aphelien bis in die Nähe der Bahn des Jupiter gelangen.

Zehn kleine Planeten (die Jupitergruppe) kennen wir, die in (nicht sehr exzentrischen) Bahnen mit ungefähr derselben mittleren Entfernung von der Sonne wie Jupiter wandern.

Ein kleiner Planet (Hidalgo) ist gefunden worden, der mit stark exzentrischer Bewegung (und übrigens auch mit großer Bahnneigung) in seinem Aphel beinahe ebensoweit von der Sonne entfernt ist wie Saturn. Nach älteren Vorstellungen würde man sagen: Ein Planet, der in einer typischen Kometenbahn wandert.

Unter den kurzperiodischen Kometen gibt es einen, der im Jahre 1927 auf der Hamburger Sternwarte gefundene Komet 1925 II, dessen Bahn — mit kleiner Exzentrizität — ganz zwischen den Bahnen von Jupiter und Saturn liegt, also ein Komet, der in einer typischen Planetenbahn wandert.

Im Frühling 1930 kam die Entdeckung eines großen Planeten (Pluto) mit einer stark exzentrischen Bahn, die im wesentlichen außerhalb der Neptunbahn liegt.

Im Frühling 1932 wurde ein kleiner Planet (1932 HA) entdeckt, der — mit großer Bahnexzentrizität — sich zeitweise nicht nur innerhalb der Erdbahn, sondern sogar innerhalb der Venusbahn befindet.

Als Zusammenfassung unseres jetzigen Wissens können wir sagen, daß es überhaupt keinen Wesensunterschied mehr gibt *zwischen verschiedenen Typen von*

Planetenbahnen, keinen zwischen *kurzperiodischen und parabelnahen Kometenbahnen*, und auch keinen zwischen *Planeten- und Kometenbahnen untereinander*, abgesehen von einer Tatsache: daß alle Planeten rechtläufig sind, während ungefähr die Hälfte der Kometen direkte, die Hälfte retrograde Bewegung hat.

Das Ganze scheint auf ein einheitliches System hinauszulaufen; es kann sein, daß es vielleicht überhaupt zwischen Planeten und Kometen keinen Wesensunterschied gibt. Sowohl Planeten als Kometen gehören, wie man jetzt allen Grund hat anzunehmen, dem Sonnensystem an. Unser ganzes Sonnensystem ist aller Wahrscheinlichkeif nach mit Körpern angefüllt, großen und kleinen, und angefüllt mit Bahnen. Objekte, die weit entfernt sind, können wir — auch wenn sie an und für sich noch so groß sind — nicht wahrnehmen. Wenn sie Bahnen besitzen, die sehr exzentrisch sind, und Periheldistanzen, die unter einer gewissen Grenze liegen, können sie uns hinreichend nahe kommen, um beobachtet zu werden, und dies ganz besonders, wenn sie als sehr seltene Gäste in die inneren Teile des Sonnensystems gelangen und deshalb noch die Stoffe enthalten, die zu den typischen Kometenphänomenen — Verdampfung und Schweifbildung — Anlaß geben können. Alle Unterschiede scheinen ausschließlich in den Bahnverhältnissen begründet und von diesen abhängig zu sein. Kometen und Planeten in unserem Sonnensystem werden nach Millionen (um die Zahl vorsichtig zu wählen) zu zählen sein, die weit überwiegende Mehrzahl von ihnen aber wird hier von der Erde aus nie beobachtet werden können.

Der Unterschied, der übriggeblieben ist zwischen Planeten- und Kometenbahnen — die Tatsache, daß alle Planetenbewegungen direkt sind, während die Bewegungen der Kometen, die sich in stark exzentrischen Bahnen bewegen, gleichmäßig zwischen direkter und retrograder Umlaufsrichtung verteilt sind — könnte mit dem Umstand zusammenhängen, von dem bereits die Bahnformen eine Andeutung geben: daß die Kometen im wesentlichen in den äußeren Teilen des Systems und zu Zeiten entstanden wären, in denen das Sonnensystem sich noch nicht zu einem System mit ausgesprochen gemeinsamer Umlaufsrichtung gesammelt hatte, während die bekannten Planeten in einem späteren Stadium der Entwicklungsgeschichte des Sonnensystems entstanden wären.

Zur Kosmogonie unseres Sonnensystems mag diese Andeutung hier genügen. Vermutungen über die Urgeschichte unseres Sonnensystems lassen sich zwar aufstellen, und seit der Veröffentlichung der KANT-LAPLACEschen Theorie hat es an Versuchen, eine Geschichte des Sonnensystems zu begründen, nicht gefehlt. Auf dem jetzigen Standpunkte der Wissenschaft lassen sich jedoch auf die diesbezüglichen Fragen keine zuverlässigen Antworten geben.

Stellarastronomie und Astrophysik.

Helligkeit. Farbe. Durchmesser. Flächenhelligkeit.

249. *Die Helligkeit der Sterne.* Die Lichtmenge, die man einen Stern aussenden sieht, wird durch eine Zahl angegeben, die seine *Größenklasse* oder seine *Größe* genannt wird. Die Größe ist so definiert, daß einer größeren Lichtmenge eine kleinere Zahl entspricht. Die der Größenklasse 1.0 entsprechende Lichtmenge ist 2.512mal größer als die der Größenklasse 2.0 entsprechende Lichtmenge, die der Größenklasse 2.0 entsprechende Lichtmenge ist 2.512mal größer als die der Größenklasse 3.0 entsprechende, usf. Die Zahl 2.512 ist gewählt, weil ihr Logarithmus gleich 0.4 ist, eine für die Rechnung sehr bequeme Zahl. Zwei Lichtmengen l_1 und l_2 mit dem *Verhältnis* zwischen den Lichtmengen $\frac{l_1}{l_2}$

entsprechen zwei Größenklassen m_1 und m_2 mit der *Differenz* $m_2 - m_1$. Zwischen diesen beiden besteht die Gleichung:

$$\frac{l_1}{l_2} = (2.512)^{m_2 - m_1}.$$

oder:

$$\log\frac{l_1}{l_2} = 0.4\,(m_2 - m_1)\,.$$

Dies bedeutet:

$$\log l_1 + 0.4 m_1 = \log l_2 + 0.4 m_2\,.$$

Es ist also für zusammengehörige Werte von l und m:

$$\log l + 0.4 m = \mathrm{const}$$

oder:

$$m = \mathrm{const} - 2.5 \log l\,.$$

Diese letzte Gleichung kann man als Definitionsgleichung der Größenklassen bezeichnen.

Beispiel 1. Setzt man die der Größenklasse 6.0 entsprechende Lichtmenge gleich 1, so hat man für die den folgenden Größenklassen entsprechenden Lichtmengen:

Größenklasse	Lichtmenge
1.0	$(2.512)^5 = 100.0$
2.0	$(2.512)^4 = 39.81$
3.0	$(2.512)^3 = 15.85$
4.0	$(2.512)^2 = 6.310$
5.0	$(2.512)^1 = 2.512$
6,0	$(2.512)^0 = 1.000$

Beispiel 2. Zu zwei Lichtmengen mit dem Verhältnis 1 : 50 gehören zwei Größenklassen mit einem Unterschied x, bestimmt durch:

$$(2.512)^x = 50$$
$$x \cdot \log(2.512) = \log 50$$
$$0.4x = 1.699$$
$$x = 4.25$$

Durch die gegebene Definition ist die jeder Lichtmenge entsprechende Größenklasse bestimmt, wenn nur die *einer* Lichtmenge entsprechende Größenklasse festgelegt ist. Daraus ergibt sich die Konstante in der Definitionsgleichung. Eine häufig benutzte Festlegung ist die, daß man die Lichtmenge, die vom Polarstern zu uns gelangt, mit der Größenklasse $2^m.12$ bezeichnet.

Von einem Stern der Größenklasse m sagt man, daß er von der Größe m ist. Man benutzt die Schreibweise Größenklasse oder Größe z. B. $5^m.23$.

250. *Scheinbare und absolute Größe.* Die Lichtmenge, die man einen Stern aussenden sieht, hängt von der gesamten vom Stern ausgesandten Lichtmenge und von der Entfernung des Beobachters vom Stern ab. Wenn sich die Entfernung des Beobachters vom Stern ändert, ändert sich auch die scheinbare Helligkeit des Sterns. Charakteristisch für den Stern ist die gesamte vom Stern ausgesandte Lichtmenge. Man führt, um ein Maß für diese zu haben, den Begriff *absolute Größe* ein. Absolute Größe wird als die Größe definiert, die ein Stern haben würde, wenn die Entfernung des Beobachters vom Stern 10 *parsec* betrüge (ein parsec ist die Entfernung, von der aus die halbe große Achse der Erdbahn unter dem Winkel 1″ gesehen wird, vgl. S. 405). Die absolute Größe eines Sterns ist nur von der gesamten vom Stern ausgesandten Lichtmenge abhängig. Zum Unterschied von der absoluten Größe des Sterns wird die Helligkeit, die ein Beobachter auf der Erde wahrnimmt, seine *scheinbare Größe* genannt. Wenn keine Verwechslung zu befürchten ist, wird die scheinbare Größe einfach die Größe genannt. Die Bezeichnungen *scheinbare Helligkeit* bzw. *absolute Helligkeit* haben dieselbe Bedeutung wie scheinbare Größe bzw. absolute Größe.

251. *Der Zusammenhang zwischen absoluter Größe, Entfernung und scheinbarer Größe.* Die scheinbare Größe eines Sterns m ist als die Größe in der Entfernung, in der wir uns von dem Stern befinden, definiert; diese Entfernung ist durch die Parallaxe π des Sterns gegeben. Die absolute Größe M war als die Größe in der Entfernung 10 parsec vom Stern definiert. Die m und M entsprechenden Lichtmengen l und L verhalten sich umgekehrt wie die Quadrate der beiden Entfernungen $\frac{1}{\pi}$ parsec und 10 parsec. Folglich hat man:

$$\frac{l}{L} = \left(\frac{10}{\frac{1}{\pi}}\right)^2 = 100\,\pi^2 .$$

Man erhält also $M - m$ aus der Gleichung:

$$100\,\pi^2 = (2.512)^{M-m},$$

da ja:

$$\frac{l}{L} = (2.512)^{M-m}.$$

Die Gleichung kann:

$$2 + 2\log\pi = (M - m)\log(2.512)$$

oder:

$$2 + 2\log\pi = 0.4\,(M - m)$$

geschrieben werden, also:

$$M = m + 5 + 5\log\pi .$$

Beispiel 1. Die scheinbare Größe m eines Sterns ist $5^{\mathrm{m}}.6$, seine Parallaxe π ist $0''.300$. Seine absolute Größe ist dann bestimmt durch:

$$\begin{aligned} M &= 5.6 + 5 + 5\log 0.300 \\ &= 5.6 + 5 - 5 \cdot 0.523 \\ &= 5.6 + 5 - 2.6 \\ M &= 8^{\mathrm{m}}.0 . \end{aligned}$$

Beispiel 2. Die scheinbare Größe der Sonne beträgt $-26^{\mathrm{m}}.7$. Ein parsec ist 206264.8mal der Entfernung der Erde von der Sonne; für die Sonne muß man also $\pi = 206264''.8$ setzen. Hieraus erhält man die absolute Größe der Sonne:

$$\begin{aligned} M &= -26.7 + 5 + 5\log 206264.8 \\ &= -26.7 + 5 + 5 \cdot 5.314 \\ &= -26.7 + 5 + 26.6 \\ M &= 4^{\mathrm{m}}.9 . \end{aligned}$$

252. *Bolometrische, visuelle, photographische und photoelektrische scheinbare Größe.* Ein objektives Maß für die scheinbare Helligkeit eines Sterns ist die gesamte Lichtenergie, die pro Sekunde durch eine zur Richtung nach dem Stern senkrechte Fläche mit dem Areal 1 cm² hindurchgeht, wenn die Fläche sich in der Entfernung der Erde vom Stern befindet. Für die *Sonne* kann diese Größe relativ leicht gemessen werden. Das Prinzip der Meßmethoden ist, daß die Lichtenergie in Wärmeenergie umgesetzt und eine daraus folgende Temperaturerhöhung gemessen wird (*Pyrheliometer*). Die Messungen müssen wegen Absorption in der Atmosphäre der Erde reduziert werden. Man hat den folgenden Wert gefunden:

$$1.35 \cdot 10^6 \mathrm{erg\,cm^{-2}\,sec^{-1}}$$
$$= 1.94 \mathrm{gkal\,cm^{-2}min^{-1}} \text{(die Solarkonstante)}.$$

Auch für die helleren Sterne hat die objektive Methode angewandt werden können. Auf dem Mt. Wilson wurden empfindliche Thermosäulen in Verbindung mit dem 250 cm-Spiegel hierzu benutzt. Für etwas mehr als 100 hellere Sterne liegen Messungen vor.

Wenn das Auge gleich empfindlich für Licht aller Wellenlängen wäre, dann würde Photometrie mit dem Auge (visuelle Photometrie, s. S. 11) dieselben Resultate geben wie objektive Photometrie. Ein gelber Stern und ein violetter Stern würden z. B. gleich hell gesehen werden, wenn die ausgesandte Lichtenergie pro sec pro cm² in der Entfernung des Beobachters für beide Sterne gleich groß wäre. Das Auge sieht indessen den gelben Stern heller, da es für gelbes Licht empfindlicher ist als für violettes. Abb. 152 zeigt die relative Empfindlichkeit des Auges für Licht von verschiedenen Wellenlängen, wenn die größte Empfindlichkeit gleich 1 gesetzt wird.

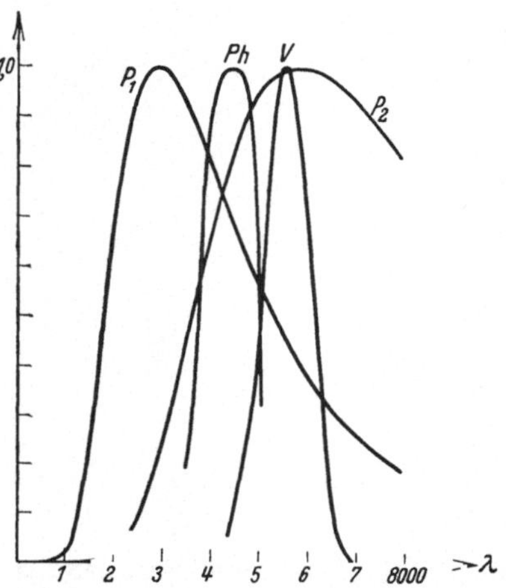

Abb. 152. Zwei PLANCK-Kurven, den Temperaturen von 10000° (P_1) und 5000° (P_2) entsprechend, und Empfindlichkeitskurven für eine photographische Platte (*Ph*) und für das Auge (*V*). Der Maßstab der Ordinaten ist für die beiden PLANCK-Kurven verschieden; wäre er für beide gleich, so hätte P_2 nur eine Höhe von $\frac{1}{2^5} = \frac{1}{32}$ der Höhe von P_1.

Wenn Sternlicht, das aus allen möglichen Wellenlängen zusammengesetzt ist, objektiv photometriert wird, erhält man ein Maß für die Summe der Lichtenergie aller Wellenlängen. Wird mit dem Auge photometriert, so erhält man ebenfalls ein Maß für die Summe der Lichtenergie aller Wellenlängen, jedoch so, daß die Energie für jede einzelne Wellenlänge je nach der Empfindlichkeit des Auges für die betreffende Wellenlänge reduziert ist. Der Unterschied zwischen objektiver (bolometrischer) und visueller Größe eines Sterns hängt also von der spektralen Zusammensetzung des Lichtes dieses Sterns ab. Wie wir später sehen werden (§ 258), ist die Verteilung des Sternlichtes über die Wellenlängen mit einiger Annäherung dieselbe wie die Verteilung nach dem PLANCKschen Gesetz für eine bestimmte Temperatur. Der Unterschied zwischen bolometrischer und visueller Helligkeit kann also mit einer gewissen Annäherung in Abhängigkeit von der Temperatur (der effektiven Temperatur, $T_{\text{eff.}}$), die die spektrale Verteilung des Lichtes der Sterne charakterisiert, ausgedrückt werden. Die untenstehende Tafel gibt den Unterschied Δm (bolometrische — visuelle Größenklasse) in Abhängigkeit von der effektiven Temperatur.

$T_{\text{eff.}}$	Δm (Bol.-Vis.)	$T_{\text{eff.}}$	Δm (Bol.-Vis.)
3000°	— 1ᵐ.67	12000°	— 0ᵐ.58
4000	— 0 .62	13000	— 0 .73
5000	— 0 .18	14000	— 0 .89
6000	— 0 .02	15000	— 1 .04
7000	— 0 .00	16000	— 1 .19
8000	— 0 .06	17000	— 1 .34
9000	— 0 .16	18000	— 1 .49
10000	— 0 .29	19000	— 1 .63
11000	— 0 .43	20000	— 1 .77

Da der Nullpunkt in jedem System von Größenklassen willkürlich ist (vgl. die Definition des Nullpunktes, S. 322), so ist der Unterschied zwischen zwei Systemen im voraus nur bis auf eine Konstante bestimmt. In der obenstehenden Tafel ist die Konstante so gewählt worden, daß der Unterschied im Maximum gleich Null wird. Für Licht von einem Stern mit einer effektiven Temperatur zwischen 6000° und 7000° ist die visuelle Größe also gleich der bolometrischen Größe. Für andere effektive Temperaturen, sowohl höhere als niedrigere, sind die Sterne visuell lichtschwächer als bolometrisch.

Ebenso wie das Auge ist auch die photographische Platte dem Licht von verschiedenen Wellenlängen gegenüber verschieden empfindlich. Abb. 152 zeigt eine Empfindlichkeitskurve für eine photographische Platte. Folglich entsteht ein Unterschied zwischen bolometrischer Größe und photographischer Größe, der von der effektiven Temperatur abhängt.

Da die Empfindlichkeitskurven für das Auge und für die photographische Platte verschieden sind, entsteht ein ebenfalls von der effektiven Temperatur abhängiger Unterschied zwischen visuellen und photographischen Größenklassen. Dieser Unterschied wird der *Farbenindex* genannt:

$$\text{Farbenindex} = m_{\text{photographisch}} - m_{\text{visuell}} .$$

Die Konstante ist hier so gewählt, daß der Farbenindex für $T_{\text{eff.}}$ gleich etwa 13000° gleich Null ist[1].

Die untenstehende Tafel zeigt den Verlauf des Farbenindex, wenn die effektive Temperatur variiert.

$T_{\text{eff.}}$	Farbenindex
3000°	$+1^{\text{m}}.8$
6000	$+0\ .7$
10000	$+0\ .1$
20000	$-0\ .3$

Orthochromatische Platten und Gelbfilter geben eine Empfindlichkeitskurve, die sehr nahe wie die des Auges verläuft. Die durch Aufnahmen auf orthochromatischen Platten durch Gelbfilter bestimmten Größenklassen fallen deshalb sehr nahe mit den visuellen Größenklassen zusammen. Solche Größen werden *photovisuelle* genannt.

Die durch Photozellen bestimmten Größenklassen geben *photoelektrische* Systeme von Größenklassen, die für Kaliumzellen ungefähr dem System der photographischen, für Rubidiumzellen ungefähr dem der visuellen Größenklassen entsprechen.

253. *Die gegenseitigen Beziehungen der verschiedenen photometrischen Systeme.* Wir wollen etwas genauer auf die gegenseitigen Beziehungen der verschiedenen photometrischen Systeme eingehen.

Ganz allgemein können wir die Verhältnisse folgendermaßen beschreiben. Einer jeden photometrischen Apparatur entspricht eine gewisse Empfindlichkeitskurve, die die Abhängigkeit der Lichtempfindlichkeit von der Wellenlänge des Lichts charakterisiert. Die Helligkeit eines Sterns wird aus der *wirksamen Intensität* des Sternlichts gegenüber der betreffenden photometrischen Apparatur abgeleitet. Dabei ist die wirksame Intensität die Summe der wirksamen Intensitäten für alle im Sternlicht vorhandenen Wellenlängen. Die wirksame Intensität des Lichts einer bestimmten Wellenlänge aber ist proportional 1. der Intensität des Sternlichts für diese Wellenlänge und 2. der Empfindlichkeit der photometrischen Apparatur gegenüber dieser Wellenlänge. Ist $I(\lambda)$

---

[1] Eigentlich lautet die Definition: Der Farbenindex wird gleich Null gesetzt für Sterne des Spektraltypus A0 (s. S. 342).

die Intensität für die Wellenlänge λ, $P(\lambda)$ die Empfindlichkeit der photometrischen Apparatur für die Wellenlänge λ, so ist die wirksame Intensität des Sternlichts im Wellenlängenbereich λ bis $\lambda + d\lambda$ proportional:

$$P(\lambda) \cdot I(\lambda)\, d\lambda\,. \tag{1}$$

Die gesamte wirksame Intensität (W.I.) aller Wellenlängen wird also:

$$\text{W.I.} = \text{const} \int_0^\infty P(\lambda) \cdot I(\lambda)\, d\lambda\,. \tag{2}$$

Die Größenklassen sind durch die folgende Gleichung definiert (vgl. S. 322):

$$m = \text{const} - 2.5 \log \text{W.I.} \tag{3}$$

Aus diesen beiden Gleichungen folgt:

$$m = \text{const} - 2.5 \log \int_0^\infty P(\lambda) \cdot I(\lambda)\, d\lambda\,. \tag{4}$$

Die Empfindlichkeitskurve einer photometrischen Apparatur $P(\lambda)$ ist durch eine Reihe von Faktoren gegeben. Die Funktion $I(\lambda)$ soll die Intensitätskurve des Sterns außerhalb der Atmosphäre bedeuten. Die Atmosphäre ist dann als der photometrischen Apparatur zugehörig anzusehen. Zur Apparatur gehört ferner das benutzte optische System, Linsen oder Spiegel, ferner eventuell benutzte Filter. Schließlich gehört zur Charakterisierung der photometrischen Apparatur die Angabe des lichtempfindlichen Organs (Auge, Thermosäule usw.).

Der Einfluß der Atmosphäre wird durch den sogenannten *Transmissionskoeffizienten* (Durchlässigkeitszahl) beschrieben. Durch diesen gibt man an, einen wie großen Bruchteil des vom Weltraum kommenden Lichts die Erdatmosphäre durchläßt. Der Transmissionskoeffizient der Erdatmosphäre ist eine Funktion der Wellenlänge. Wir bezeichnen ihn mit $p(\lambda)$. Im allgemeinen werden alle photometrischen Messungen auf das Zenit reduziert (vgl. S. 13 und 330). Dann bezieht sich $p(\lambda)$ auf die Durchlässigkeit für $z = 0°$. Analog kann man den Transmissionskoeffizienten des benutzten optischen Systems definieren. Dieser ist auch eine Funktion der Wellenlänge und möge mit $q(\lambda)$ bezeichnet werden. Schließlich definiert man auch für eventuell benutzte Filter den Transmissionskoeffizienten in derselben Weise; er sei mit $f(\lambda)$ bezeichnet. So erhält man, daß die Intensität des Lichts, das das lichtempfindliche Organ trifft, proportional:

$$I(\lambda) \cdot p(\lambda) \cdot q(\lambda) \cdot f(\lambda) \tag{5}$$

ist. Wird kein Filter benutzt, so ist $f(\lambda) = 1$ zu setzen. Die wirksame Intensität ist 1. proportional dieser Intensität und 2. proportional der Empfindlichkeit des lichtempfindlichen Organs. Letztere ist wieder eine Funktion der Wellenlänge und möge mit $g(\lambda)$ bezeichnet werden. Die wirksame Intensität des Lichts im Wellenlängenbereich λ bis $\lambda + d\lambda$ ist dann proportional:

$$I(\lambda)\, d\lambda \cdot p(\lambda) \cdot q(\lambda) \cdot f(\lambda) \cdot g(\lambda)\,. \tag{6}$$

Vergleicht man diesen Ausdruck mit dem Ausdruck (1), so findet man, daß die Empfindlichkeitsfunktion $P(\lambda)$ der photometrischen Apparatur gegeben ist durch:

$$P(\lambda) = p(\lambda) \cdot q(\lambda) \cdot f(\lambda) \cdot g(\lambda)\,, \tag{7}$$

einem Produkt aus Faktoren, die den Einfluß der Erdatmosphäre, der optischen Apparatur, des Filters und der Empfindlichkeit des lichtempfindlichen Organs beschreiben.

Es sei noch bemerkt, daß es nur auf das Verhältnis der $P(\lambda)$-Werte für verschiedene λ ankommt, nicht auf absolute Werte oder, anders ausgedrückt, daß die Funktion $P(\lambda)$ nur bis auf einen für alle Wellenlängen konstanten Faktor bekannt zu sein braucht. Aus Gleichung (4) ist ersichtlich, daß eine Multiplikation von $P(\lambda)$ mit einem von λ unabhängigen Faktor nur eine Verschiebung des willkürlichen Nullpunkts der Größenklassen bewirkt.

Hat man nun mit zwei photometrischen Apparaturen mit den Empfindlichkeitsfunktionen $P'(\lambda)$ und $P''(\lambda)$ Größenklassen m' und m'' bestimmt, so gilt gemäß (4):

$$m' = \text{const}' - 2.5 \log \int_0^\infty P'(\lambda)\, I(\lambda)\, d\lambda \tag{8}$$

und:

$$m'' = \text{const}'' - 2.5 \log \int_0^\infty P''(\lambda)\, I(\lambda)\, d\lambda \tag{9}$$

und folglich:

$$m' - m'' = \text{const} - 2.5 \log \frac{\int_0^\infty P'(\lambda)\, I(\lambda)\, d\lambda}{\int_0^\infty P''(\lambda)\, I(\lambda)\, d\lambda}\,. \tag{10}$$

Es seien die Funktionen $P'(\lambda)$ und $P''(\lambda)$ bekannte Funktionen. Nach (10) kann man dann den Unterschied der Größenklassen rechnerisch bestimmen unter bestimmten Annahmen über $I(\lambda)$. Nimmt man an, daß die Intensitätsverteilung dem PLANCKschen Gesetz folgt, so kann man also $m' - m''$ als Funktion der effektiven Temperatur ausrechnen. Die Konstante in (10) muß durch irgendeine Festlegung bestimmt werden; im allgemeinen setzt man fest, daß die Größenklassen in beiden Systemen für A0-Sterne dieselben sein sollen (vgl. S. 325 Fußnote). Abweichend wird nur die bolometrische Helligkeit definiert: sie fällt bei derjenigen effektiven Temperatur mit der visuellen Helligkeit zusammen, bei der der Unterschied der beiden Systeme stationär ist (vgl. S. 325), etwa bei F5-Sternen.

Im Ultravioletten sind die Absorptionslinien im Spektrum so zahlreich, daß der Ansatz einer PLANCKschen Energieverteilung für $I(\lambda)$ in (10) zu illusorischen Resultaten führt. Die Stärke der Absorptionslinien ist in der Hauptsache eine Funktion der effektiven Temperatur (vgl. S. 346). Durch Messung der wahren Energieverteilung im Spektrum für Sterne verschiedener effektiver Temperatur (vgl. S. 338) kann man den Einfluß der Absorptionslinien ermitteln und in (10) in Rechnung stellen.

Es sollen noch einige konkrete Angaben über die Funktion $P(\lambda)$ verschiedener photometrischer Apparaturen gemacht werden.

1. Könnte man die Sternstrahlung mit Thermoelementen außerhalb der Erdatmosphäre und ohne optische Instrumente beobachten, so hätte man eine photometrische Apparatur mit $P(\lambda)$ unabhängig von der Wellenlänge. Mit dieser Apparatur würde man bolometrische Helligkeiten erhalten.

2. Für die obenerwähnte Apparatur auf dem Mt. Wilson (S. 324) wird $P(\lambda)$ gleich dem Produkt aus dem Transmissionskoeffizienten der Erdatmosphäre über dem Mt. Wilson $p(\lambda)$ und dem von dem Reflexionsvermögen der Spiegel abhängigen Transmissionskoeffizienten des Spiegelteleskops $q(\lambda)$. Die mit dieser Apparatur gemessenen Helligkeiten nennt man *radiometrische* Helligkeiten. Der Unterschied zwischen bolometrischer und radiometrischer Helligkeit ergibt sich aus (10), indem für $P'(\lambda)$ eine Konstante (z. B. 1), für $P''(\lambda)$ das Produkt der Transmissionskoeffizienten der Erdatmosphäre und der benutzten optischen

Apparatur, $p(\lambda)\,q(\lambda)$, eingesetzt wird. Der Unterschied zwischen radiometrischer und visueller Helligkeit wird oft *Wärmeindex* genannt.

Insofern ist es also unrichtig, die radiometrischen Helligkeiten als objektiv (d. h. unabhängig von speziellen Umständen) zu bezeichnen, als sie ja von den speziellen Größen $p(\lambda)$ und $q(\lambda)$ abhängen. Objektiv wären nur die unter 1 besprochenen bolometrischen Helligkeiten.

3. Bei visuellen Beobachtungen wird $P(\lambda)$ gleich dem Produkt aus $p(\lambda)$, $q(\lambda)$ und der Empfindlichkeit des Auges $g_v(\lambda)$. Abb. 152 zeigt den Verlauf der Empfindlichkeitsfunktion $g_v(\lambda)$. Das Maximum liegt zwischen 5500 und 5600 A.E. Die Funktion $q(\lambda)$ ist in dem in Betracht kommenden Wellenlängenbereich im allgemeinen praktisch konstant, kann also gleich 1 gesetzt werden.

Die Empfindlichkeitskurve des Auges ist mit der Intensität des auffallenden Lichts etwas veränderlich. Bei immer schwächerem Licht verschiebt sie sich etwas gegen Violett. Diese Erscheinung nennt man das PURKINJE-Phänomen. Will man erreichen, daß bei visuellen Beobachtungen die Empfindlichkeitskurve $P(\lambda)$ der photometrischen Apparatur immer dieselbe bleibt, so müssen die Beobachtungen so angestellt werden, daß nicht nur die zu vergleichenden Sterne gleich hell gemacht werden, sondern auch die Helligkeit, auf die sie gebracht werden, immer dieselbe bleibt. Die Verschiebung der Empfindlichkeitskurve ist allerdings nicht sehr groß, so daß die genannte Bedingung nur annähernd erfüllt zu sein braucht.

Für gewisse Zwecke (vgl. den folgenden Paragraphen) benutzt man bei visueller Photometrie einen Rotkeil im Strahlengang. Der Rotkeil kann (meßbar) verschoben werden, so daß die Dicke d des Keils an der Stelle, wo er vom Sternlicht passiert wird, geändert werden kann, wodurch die Größe der Absorption im Keil geändert wird. In jeder Stellung wirkt der Rotkeil geradeso wie ein Filter; die Wirkung des Rotkeils wird für jedes d durch einen Transmissionskoeffizienten, der eine Funktion der Wellenlänge ist, beschrieben. Dieser möge mit $k_d(\lambda)$ bezeichnet werden. Für die Dicke 1 hat man den Transmissionskoeffizienten:

$$k_1(\lambda)\,;$$

bei der Dicke 2 wirkt der Keil wie zwei Keile der Dicke 1:

$$k_2(\lambda) = k_1(\lambda)\cdot k_1(\lambda)\,.$$

Allgemein wirkt der Keil bei der Dicke d wie d Keile der Dicke 1:

$$k_d(\lambda) = [k_1(\lambda)]^d\,.$$

Das Verhältnis der Intensitäten nach und vor dem Durchgang durch den Keil ist also:

$$\frac{I(\lambda)_{\text{nach}}}{I(\lambda)_{\text{vor}}} = [k_1(\lambda)]^d\,.$$

Verwandelt man das Intensitätsverhältnis gemäß S. 322 in einen Größenklassenunterschied, so findet man:

$$m(\lambda)_{\text{nach}} - m(\lambda)_{\text{vor}} = -2.5\log[k_1(\lambda)]^d = d\cdot(-2.5\log k_1(\lambda))\,.$$

Die Differenz der Größenklassen nach und vor dem Durchgang durch den Keil ist also für alle Wellenlängen proportional der passierten Keildicke.

Für $P(\lambda)$ erhält man bei der Keildicke d:

$$P_d(\lambda) = p(\lambda)\cdot q(\lambda)\cdot k_d(\lambda)\cdot g_v(\lambda)\,.$$

Durch einen Rotkeil kann man die Farbe eines Sternbilds ändern. Mit Hilfe eines Rotkeils und eines NICOL-Prismas kann man, wie wir im folgenden Paragraphen sehen werden, ein Sternbild einem Vergleichstern gleichmachen, sowohl in bezug auf Helligkeit wie auf Farbe. Dann ist die auf das Auge wirkende Intensität für Sternbild und Vergleichsternbild gleich. Aus der Energieverteilung im Vergleichssternspektrum, der Stellung des Rotkeils und der Stellung des NICOL-Prismas sowie dem Transmissionskoeffizienten des Fernrohrs und der Atmosphäre kann man auf die Energieverteilung im Sternspektrum schließen. Man könnte dann durch eine Integration über alle Wellenlängen die bolometrische Größe bestimmen. Eine solche Bestimmung hätte aber allzusehr den Charakter einer Extrapolation, weil durch die visuelle Beobachtung nur Gleichheit der Intensitäten im visuellen Gebiet des Spektrums festgestellt werden kann. Man berechnet deshalb statt dessen das folgende Integral:

$$\int_{\lambda_1}^{\lambda_2} I(\lambda)\, d(\lambda)\,,$$

wo λ_1 und λ_2 den Grenzen des visuellen Gebiets entsprechend gewählt werden (etwa gleich 4400 bzw. 6600 A.E.). Die entsprechenden Helligkeiten nennt man *kolorimetrische Helligkeiten.*

4. Bei photographischen Beobachtungen wird $P(\lambda)$ gleich dem Produkt aus $p(\lambda)$, $q(\lambda)$ und der Empfindlichkeit der photographischen Platte $g_{\text{ph}}(\lambda)$. Abb. 152 zeigt den Verlauf der Empfindlichkeitskurve für eine normale Platte. Das Maximum der Empfindlichkeit liegt bei etwa 4500 A.E. Außerhalb des Wellenlängenbereichs 3100 bis 5100 A.E. ist die Empfindlichkeit praktisch gleich Null. Orthochromatische Platten sind außer für ultraviolettes und violettes Licht auch für Licht mit größeren Wellenlängen bis etwa 6000 A.E. empfindlich. Panchromatische Platten haben eine ziemlich konstante Empfindlichkeit für einen sehr weiten Wellenlängenbereich von Ultraviolett bis Rot. Auch bei photographischen Platten ändert sich die Empfindlichkeitskurve etwas mit der Intensität des auffallenden Lichts: er gibt ein PURKINJE-Phänomen auch für photographische Platten.

Benutzt man ein Gelbfilter, das für Licht mit Wellenlängen kürzer als etwa 4600 A.E. praktisch undurchlässig ist, vor einer orthochromatischen Platte, so wird $P(\lambda)$ ungefähr ebenso verlaufen, wie wenn mit dem Auge beobachtet wird (vgl. die umstehende Tabelle; durch geeignete Wahl von Filtern und Platte kann man $P_v(\lambda)$ noch näher kommen). Benutzt man ein Blaufilter, das praktisch nur Licht zwischen 3600 und 4500 A.E. durchläßt, so verschiebt sich das Maximum der $P(\lambda)$-Kurve gegenüber dem Fall, wo das Licht die Platte direkt trifft, nach kürzeren Wellenlängen.

In der umstehenden Tafel sind zur Erläuterung der Transmissionskoeffizient der Erdatmosphäre $p(\lambda)$, der Transmissionskoeffizient eines Spiegelteleskops mit zwei Spiegeln $q(\lambda)$, die Empfindlichkeit des Auges $g_v(\lambda)$, einer normalen Platte $g_{\text{ph}}(\lambda)$ und einer orthochromatischen Platte $g_{\text{orth}}(\lambda)$, ferner der Transmissionskoeffizient eines Blaufilters $f_{\text{bl}}(\lambda)$ und eines Gelbfilters $f_{\text{gb}}(\lambda)$ und schließlich $P(\lambda)$ für einige photometrische Apparaturen als Funktion der Wellenlänge zusammengestellt. Den Werten $P_{\text{rad}}(\lambda)$, $P_v(\lambda)$, $P_{\text{ph}}(\lambda)$ bzw. $P_{\text{phv}}(\lambda)$ entsprechen radiometrische, visuelle, photographische und photovisuelle Helligkeiten.

Die Methode, nach der $p(\lambda)$ bestimmt wird, möge noch kurz erläutert werden. Wenn man von der Strahlenbrechung und der Krümmung der Schichten gleicher Dichte in der Atmosphäre absieht, was bei nicht zu kleinen Höhen erlaubt ist, so ist die Absorption in der Erdatmosphäre proportional $\sec z$, wo z die Zenitdistanz ist, weil dann die Länge eines Sehstrahls in der Zenitdistanz z für alle

λ in $\mu\mu$	$p(\lambda)$	$q(\lambda)$	$g_v(\lambda)$	$g_{ph}(\lambda)$	$g_{orth}(\lambda)$	$f_{bl}(\lambda)$	$f_{gb}(\lambda)$	$P_{rad}(\lambda)$	$P_v(\lambda)$	$P_{ph}(\lambda)$	$P_{phv}(\lambda)$
300		0.02		0.0	—	0.00					
320	0.54	0.00		0.1	—	0.01		0.00		0.0	
340	0.59	0.36		0.2	—	0.17		0.21		0.0	
360	0.63	0.58		0.3	—	0.30		0.37		0.1	
380	0.67	0.64		0.7	—	0.40		0.43		0.4	
400	0.71	0.69		0.9	—	0.56		0.49		0.6	
420	0.76	0.74		1.0	—	0.51		0.56		0.8	
440	0.79	0.79	0.06	1.0	4	0.28		0.62	0.05	0.9	
460	0.81	0.82	0.18	1.0	3	0.06	0.02	0.66	0.16	1.0	0.1
480	0.84	0.83	0.28	0.9	1.3	0.00	0.25	0.70	0.26	0.9	0.4
500	0.86	0.84	0.50	0.4	0.8		0.59	0.72	0.48	0.5	0.6
520	0.87	0.85	0.78	0.0	0.6		0.74	0.74	0.76	0.0	0.6
540	0.88	0.85	0.97		1.0		0.78	0.75	0.96		1.0
560	0.88	0.86	0.98		0.6		0.78	0.76	0.98		0.6
580	0.89	0.86	0.84		0.2		0.78	0.77	0.85		0.2
600	0.89	0.86	0.62		0.0		0.78	0.77	0.63		0.0
620	0.90	0.87	0.40				0.78	0.78	0.41		
640	0.91	0.87	0.19				0.78	0.79	0.20		
660	0.92	0.88	0.05				0.78	0.81	0.05		
680	0.93	0.89	0.01				0.78	0.83	0.01		
700	0.94	0.89					0.78	0.84			

Schichten proportional sec z wird. Beispielsweise ist die Absorption bei $z = 60°$ (für alle Wellenlängen) doppelt so groß wie die Absorption im Zenit. Letztere ist also gleich dem Unterschied der Absorption für $z = 0°$ und $z = 60°$. Durch Beobachtungen derselben Sterne in verschiedenen Zenitdistanzen kann man also teils die Reduktion auf das Zenit, teils $p(\lambda)$ für das Zenit ermitteln.

In diesem Paragraphen haben wir uns dafür interessiert, wie die Helligkeiten verschiedener photometrischer Systeme aufeinander zu reduzieren sind. Im folgenden Paragraphen werden wir uns damit beschäftigen, wie aus den Unterschieden der Helligkeiten verschiedener Systeme effektive Temperaturen bequem bestimmt werden können.

254. *Farbenäquivalente.* Es ist erwähnt worden, daß man aus der Energieverteilung in dem Spektrum eines Sterns eine Größe ableiten kann, die ungefähr der Temperatur in der Atmosphäre des Sterns entspricht. Für lichtschwache Sterne ist eine detaillierte Untersuchung des Spektrums nicht möglich; es ist daher von großer Bedeutung, daß die Bestimmung z. B. des Farbenindex (der für bedeutend schwächere Sterne gemessen werden kann) die effektive Temperatur zu ermitteln gestattet.

Das einfachste Beobachtungsresultat, das mit der Temperatur zusammenhängt, ist die Farbe eines Sterns. Rote Sterne haben niedrigere Temperatur als gelbe und weiße. Subjektives Schätzen von Farben hat bei sehr geübten Beobachtern zu ziemlich guten Resultaten geführt.

Wir haben gesehen (vgl. S. 12), daß man von Schätzungen der Helligkeit zu visueller Photometrie übergeht, indem die zu vergleichenden Helligkeiten meßbar geändert werden, bis sie gleich groß sind. Ebenso kann man von Farbenschätzungen zu einer visuellen *Kolorimetrie* übergehen, wenn es gelingt, die Farben der Sternbilder meßbar zu ändern, so daß Gleichheit mit einem Vergleichstern in bezug auf Helligkeit und Farbe hergestellt werden kann.

Für zwei Sterne sei die Intensitätsverteilung durch $I'(\lambda)$ und $I''(\lambda)$ gegeben. Der Farbenunterschied der zwei Sterne ist durch die Änderung des Verhältnisses:

$$\frac{I'(\lambda)}{I''(\lambda)}$$

mit der Wellenlänge gegeben. Ist das Verhältnis für alle Wellenlängen das gleiche, so ist die Farbe die gleiche. Verwandelt man die Intensitäten in Größenklassen $m'(\lambda)$ bzw. $m''(\lambda)$, so findet man, daß die Farbe die gleiche ist, wenn der Unterschied $m'(\lambda) - m''(\lambda)$ für alle Wellenlängen derselbe ist.

Im visuellen Gebiet ist die PLANCKsche Gleichung eine gute Näherung:

$$I(\lambda) = \frac{\text{const}}{\lambda^5} \frac{1}{e^{\frac{c_2}{\lambda T}} - 1}.$$

Ferner ist im visuellen Gebiet bei nicht zu hoher effektiver Temperatur ($T < 10000°$) $e^{\frac{c_2}{\lambda T}}$ viel größer als 1 (vgl. hierzu S. 371). Dann kann man genähert setzen:

$$I(\lambda) = \frac{\text{const}}{\lambda^5} e^{-\frac{c_2}{\lambda T}}.$$

Für die Größenklassen $m(\lambda)$ erhält man gemäß S. 322:

$$m(\lambda) = \text{const} + 12.5 \log \lambda + 2.5 \log e \cdot \frac{c_2}{\lambda T}.$$

Für $m'(\lambda) - m''(\lambda)$ findet man:

$$m'(\lambda) - m''(\lambda) = \text{const} + 2.5 \log e \cdot \left(\frac{c_2}{T'} - \frac{c_2}{T''}\right) \frac{1}{\lambda}.$$

In der betrachteten Näherung ist also der Unterschied zwischen den Größenklassen bis auf eine Konstante proportional $\frac{1}{\lambda}$. Im Proportionalitätsfaktor geht die Differenz der reziproken Sterntemperaturen ein.

Für zwei Sterne der (als verschieden vorausgesetzten) Temperaturen T' und T'' ändert sich $m'(\lambda) - m''(\lambda)$ mit der Wellenlänge, die Farben sind also verschieden. Könnte man den Gang von $m'(\lambda) - m''(\lambda)$ mit λ durch Benutzung eines verschiedenen Strahlengangs für die beiden Sterne kompensieren, so wäre dadurch erreicht, daß die Sternbilder die gleiche Farbe hätten. Nun gibt es einen Rotkeil, dessen Absorption sich mit der Wellenlänge gerade so ändert, daß die Absorption, in Größenklassen ausgedrückt, abgesehen von einer für alle Wellenlängen konstanten Absorption proportional $\frac{1}{\lambda}$ ist. Im Proportionalitätsfaktor geht die Dicke des Keils an der Stelle, wo ihn das Sternlicht passiert, ein (vgl. S. 328). Hiermit ist die Möglichkeit gegeben, den Gang von $m'(\lambda) - m''(\lambda)$ mit λ mit Hilfe eines solchen Rotkeils zu kompensieren. Im Strahlengang für den heißeren Stern befindet sich der Rotkeil. Man ändert durch Verstellen des Keiles die Dicke, bis die Farbe des Sternbilds die gleiche ist wie die des Vergleichsterns. Die Keildicke, die Gleichheit der Farben herbeiführt, ist, wie man sieht, proportional der Differenz der reziproken Temperaturen des Sterns und des Vergleichsterns. Aus der gemessenen Keildicke kann die effektive Temperatur des Sterns ermittelt werden.

Als Vergleichstern benutzt man eine künstliche Lichtquelle, deren Licht nach dem PLANCKschen Gesetz verteilt sein muß. Die effektive Temperatur des Vergleichsterns mag zwischen 2000° und 3000° liegen. Mit Hilfe eines NICOL-Prismas sorgt man dafür, daß Stern und Vergleichstern gleich hell sind.

Mit Farbenschätzungen und visueller Kolorimetrie erreicht man schwächere Sterne als mit visueller Spektralphotometrie. Jedoch kommt man auch mit einem großen Instrument kaum weiter als bis zur 9. Größe. Bei schwachen Sternen werden photographische Methoden benutzt.

Der Vergleich von zwei Gebieten des Spektrums, z. B. durch photographische oder photoelektrische Messungen mit Blaufilter und Gelbfilter, gibt ein Maß, das mit der effektiven Temperatur zusammenhängt.

Allgemein hängen, wie wir im vorigen Paragraphen gesehen haben, die Unterschiede zwischen Helligkeiten, die photometrischen Systemen mit verschiedenen $P(\lambda)$ entsprechen, mit der effektiven Temperatur zusammen.

Der Vergleich der Helligkeiten nach zwei verschiedenen photographisch-photometrischen Systemen, z. B. photographischer und photovisueller Helligkeit, kann sehr bequem vorgenommen werden, indem die nötigen photographischen Aufnahmen auf derselben Platte erfolgen. Man photographiert z. B. eine Sterngegend zuerst durch ein Blaufilter (oder ohne Filter), verschiebt dann die Platte ein wenig und photographiert die Gegend durch ein Gelbfilter. Man erhält so von jedem Stern ein „Blaubild" und ein „Gelbbild".

Ein bequemes Verfahren zum Vergleich der Blaubilder und Gelbbilder ist das folgende. Man nimmt zuerst eine Reihe Blaubilder auf mit Expositionszeiten, die in geometrischer Progression wachsen, z. B. mit t gleich 10^s, 20^s, 40^s und 80^s, und dann ein Gelbbild mit einer Expositionszeit, die gewöhnlich wegen der geringeren Gelbempfindlichkeit der Platte etwas größer gewählt wird als die längste Expositionszeit für die Blaubilder, im obigen Fall z. B. gleich 160^s. Man vergleicht nun das Gelbbild mit den Blaubildern und schätzt die Expositionszeit ab, die nötig gewesen wäre, um ein Blaubild von derselben Größe und Schwärzung zu erhalten wie das Gelbbild. Das Verhältnis dieser Expositionszeit zur Expositionszeit für das Gelbbild, das *Expositionszeitverhältnis*, ist ein Maß für den Helligkeitsunterschied im blauen und im gelben Teil des Spektrums. Je heller das Blau, eine um so kürzere Expositionszeit ist notwendig, damit das Blaubild dem Gelbbild gleicht. Die Bestimmung des Expositionszeitverhältnisses kann entweder direkt durch Einschätzen des Gelbbildes zwischen die Blaubilder geschehen oder unter Anwendung der gewöhnlichen Methoden zur photometrischen Auswertung von photographischen Sternbildern (vgl. S. 12). Es sei noch bemerkt, daß die Expositionszeitverhältnisse je nach der Wahl der photographischen Platte und der Filter etwas verschieden werden.

Das geschilderte Verfahren ist kein strenges photometrisches Verfahren. Man kann nicht unmittelbar aus Expositionszeiten auf Helligkeiten schließen. Eine Verdopplung der Expositionszeit hat nicht genau denselben Einfluß wie eine Verdopplung der Lichtintensität, die Expositionszeitverhältnisse bedürfen also einer Reduktion, um Intensitätsverhältnisse zu geben, und diese Reduktion ist nicht gleich groß für helle und schwache Sterne. Ferner ist zu berücksichtigen, daß die Abhängigkeit der Empfindlichkeit der Platte von der Wellenlänge sich mit der Helligkeit der Sterne ändert (PURKINJE-Phänomen, vgl. S. 329).

Unter Benutzung der in der exakten Photometrie gebräuchlichen Hilfsapparate (z. B. Absorptionsgitter oder Beugungsgitter, s. S. 12 bzw. 13) läßt sich das Verfahren leicht in ein exaktes Verfahren umbilden.

Andererseits ist ja das Expositionszeitverhältnis eine Funktion der Sternhelligkeit und der Sternfarbe. Kennt man also für eine Reihe von Sternen auf der Platte die Helligkeit und den Farbenindex im voraus, so kann man leicht für jede Helligkeit den Zusammenhang zwischen Expositionszeitverhältnis und Farbenindex ermitteln. Im allgemeinen werden die Reduktionskurven der Expositionszeitverhältnisse auf die Farbenindizes für verschieden helle Sterne nicht sehr verschieden sein. Alsdann kann man die Farbenindizes für die anderen Sterne auf der Platte ableiten. In dieser Form ist die Methode für Durchmusterungszwecke sehr geeignet.

Wird das Bild eines Sterns aufgenommen, indem ein grobes Beugungsgitter (s. S. 13) vor das Objektiv (bei Refraktoren) oder vor den Spiegel (bei Reflektoren) gesetzt wird, so werden auf der Platte außer dem Zentralbild noch mehrere Reihen von Spektren abgebildet, von denen in der Regel die beiden Spektren erster Ordnung die einzigen sind, deren Helligkeit für Messungszwecke ausreicht. Der Abstand zwischen den beiden „Schwerpunkten" der beiden Spektren im Bild auf der Platte hängt von der Energieverteilung im Spektrum ab. Er wird um so kleiner, je mehr sich das Energiemaximum gegen Violett verschiebt, d. h. der Abstand wird mit wachsender effektiver Temperatur kleiner. Der Schwerpunkt im Spektrum gibt das auf der Platte wirksamste (effektivste) Gebiet des Spektrums an (die Entfernung des Schwerpunkts vom Zentralbild wird als die halbe Entfernung zwischen den Schwerpunkten gemessen). Aus der Entfernung vom Zentralbild und der Gitterkonstante kann die Wellenlänge dieses Gebiets berechnet werden. Die so gefundene Wellenlänge wird die *effektive Wellenlänge* genannt. Die effektive Wellenlänge hängt ebenso wie das Expositionszeitverhältnis außer von der effektiven Temperatur auch etwas von der Sternhelligkeit ab. Die Messungen sind deshalb ähnlich zu reduzieren wie die Messungen von Expositionszeitverhältnissen (vgl. oben).

Die effektive Wellenlänge, die verschiedenen Farbenindizes und die übrigen Maße für den Unterschied zwischen zwei Spektralgebieten werden mit einem gemeinsamen Namen *Farbenäquivalente* genannt.

Die untenstehende Tafel zeigt den gegenseitigen Zusammenhang einiger Farbenäquivalente. Zur Ableitung der Tafel wurden die in Betracht kommenden Sterne in Gruppen nach dem Spektraltypus geteilt (vgl. S. 342) und für jede Gruppe Mittelwerte gebildet.

Effektive Temperatur	Farbenindex phot.-vis.	Effektive Wellenlänge (für Reflektoren)	Expositionszeitverhältnis: $\log \frac{t_{gb}}{t_{bl}}$
22000°	$-0^m.33$	414 $\mu\mu$	(1.11)
13000	0 .00	425	0.98
8500	+0 .33	430	0.86
6000	+0 .67	437	0.73
4400	+1 .12	448	0.58
3200	+1 .73	455	0.39

255. *Die Durchmesser der Sterne.* Das Bild eines Fixsterns im Fernrohr ist ein Beugungsbild. Das Beugungsbild ist ein von konzentrischen Ringen umgebenes Scheibchen. Der Durchmesser δ des Beugungsscheibchens hängt von der Öffnung o des Instrumentes ab und beträgt für die bei visuellen Beobachtungen in Betracht kommende effektive Wellenlänge 5600 A.E.:

$$\delta = \frac{11''.6}{o},$$

wo o in cm ausgedrückt wird.

In der folgenden Tafel ist δ für verschiedene Öffnungen (für $\lambda = 5600$ A.E.) in Bogensekunden angegeben:

o	δ
5 cm	2''.3
15	0 .8
40	0 .3
100	0 .12
250	0 .05

Selbst für den 100zölligen Reflektor auf dem Mt. Wilson ist das Beugungsscheibchen so groß, daß man nicht erwarten darf, den Winkeldurchmesser eines Fixsterns direkt messen zu können (die Sonne würde in der Entfernung 1 parsec einen Winkeldurchmesser von 0''.009 haben).

Läßt man das Licht durch zwei nebeneinanderliegende Öffnungen gehen, die um D voneinander entfernt sind, so erhält man durch Interferenz ein Beugungsbild, dessen Charakter von der Entfernung D abhängt. Der Charakter des Beugungsbildes hängt aber für hinreichend große D auch merklich von dem Winkeldurchmesser des Sterns ab; man kann also bei hinreichend großem D den Winkeldurchmesser der Sterne auf diesem Wege messen. Auf dem Mt. Wilson hat man in Verbindung mit dem 100zölligen Reflektor ein Spiegelsystem mit einem Abstand D bis zu 6 m konstruiert. Mit dieser Anordnung (*Interferometer*) ist es geglückt, einzelne der größten Winkeldurchmesser von Fixsternen zu messen. Sieben sichere Werte sind in der untenstehenden Tafel angeführt. Zugleich sind die (nicht so sicheren) Parallaxen und die mit Hilfe dieser Parallaxen berechneten linearen Durchmesser in Einheiten des Sonnendurchmessers angegeben.

Stern	Winkeldurchmesser	Parallaxe	Spektraltypus	Durchmesser in Einheiten des Sonnendurchmessers
o Ceti (Mira)	0″.056	0″.020	M6e	300
α Orionis (Beteigeuze)	0 .047*	0 .010	M0	500
α Scorpii (Antares)	0 .040	0 .009	M0	480
α Herculis	0 .030	0 .007	M5	460
β Pegasi	0 .021	0 .020	M2	110
α Tauri (Aldebaran)	0 .020	0 .057	K5	38
α Bootis (Arcturus)	0 .020	0 .108	K0	20

Alle sieben Sterne haben bedeutend größere Durchmesser als die Sonne. Es liegt in der Natur der Sache, daß diese Tafel Sterne mit verhältnismäßig großem Durchmesser enthält; kleinere Durchmesser können nicht gemessen werden. Zur Erläuterung der Zahlen soll angeführt werden, daß der Durchmesser der Erdbahn 215 Sonnendurchmesser beträgt.

Würde Betelgeuze uns so nahe stehen wie der nächste Fixstern, so hätte er einen Winkeldurchmesser von etwa 4″ und er würde dann als eine wirkliche Sternscheibe im Fernrohr erscheinen.

256. *Die Flächenhelligkeiten der Sterne.* Aus der scheinbaren Helligkeit und der Parallaxe eines Sternes kann man seine absolute Helligkeit berechnen (vgl. S. 323) nach der Formel:

$$M = m + 5 + 5\log\pi\,. \tag{1}$$

Andererseits ist die absolute Helligkeit der Sonne bekannt, gleich $4^m.9$ (vgl. S. 323, Beispiel 2). Die gesamte von der Sonne pro Sekunde ausgestrahlte Energie E läßt sich aus der Solarkonstante (vgl. S. 324) und dem bekannten Abstand der Erde von der Sonne berechnen:

$$\begin{aligned} E_\odot &= 4\pi(1.495\cdot 10^{13})^2\cdot 1.35\cdot 10^6\,\text{erg sec}^{-1}\\ &= 3.81\cdot 10^{33}\,\text{erg sec}^{-1}\,. \end{aligned}$$

Für einen Stern mit bekanntem M kann man nun die Größe E_* durch Vergleich mit der Sonne erhalten. Der Unterschied der absoluten Helligkeiten ist $M - 4.9$; daraus erhält man das Verhältnis $\frac{E_*}{E_\odot}$ (vgl. S. 322):

$$\frac{E_*}{E_\odot} = (2.512)^{4.9-M}. \tag{2}$$

Damit diese Rechnung die Gesamtenergie ergeben soll, müssen die absoluten Helligkeiten bolometrische sein (vgl. S. 324). Für die Sonne ist die Reduktion

* Der Winkeldurchmesser ist veränderlich.

auf die bolometrische Helligkeit sehr klein (vgl. die Tafel S. 324); es ist $M_{\text{bol.}}$ für die Sonne gleich $4^{\mathrm{m}}.85$.

Die Gleichung (2) kann man auch schreiben:

$$\log \frac{E_*}{E_\odot} = 0.4(4.85 - M)\,, \tag{3}$$

oder, indem man M nach (1) durch m und π ausdrückt:

$$\log \frac{E_*}{E_\odot} = 1.94 - 0.4\,m - 2 - 2\log\pi$$

$$\log \frac{E_*}{E_\odot} = -0.06 - 0.4\,m - 2\log\pi\,. \tag{4}$$

Beispiel: Für Capella (die hellere Komponente) hat man:

$$m = 0^{\mathrm{m}}.7$$

$$\pi = 0''.063\,.$$

Bolometrische Korrektion: $-0^{\mathrm{m}}.1$, also

$$\log \frac{E_*}{E_\odot} = -0.06 - 0.4 \cdot 0.6 - 2\log 0.063$$

$$= -0.06 - 0.24 + 2.40 = 2.10$$

$$\frac{E_*}{E_\odot} = 126$$

$$E_* = 480 \cdot 10^{33}\ \mathrm{erg\,sec^{-1}}.$$

Aus der gesamten ausgestrahlten Energie E kann man, wenn der Sternradius R bekannt ist, den Energiestrom H pro Flächeneinheit der Sternoberfläche, die *Flächenhelligkeit*, berechnen:

$$H = \frac{E}{4\pi R^2}\,. \tag{5}$$

Für die Sonne ist der Radius bekannt (vgl. S. 262). Man erhält:

$$H_\odot = \frac{3.81 \cdot 10^{33}}{4\pi\,(6.95 \cdot 10^{10})^2} = 6.2 \cdot 10^{10}\ \mathrm{erg\,cm^{-2}\,sec^{-1}}.$$

Mit Hilfe der Formel (4) kann man H durch m, π und R ausdrücken. Man vergleicht zuerst H_* und $H_\odot$:

$$\frac{H_*}{H_\odot} = \frac{E_*}{E_\odot} \cdot \frac{R_\odot^2}{R_*^2} \tag{6}$$

also:

$$\log \frac{H_*}{H_\odot} = \log \frac{E_*}{E_\odot} - 2\log \frac{R_*}{R_\odot}\,. \tag{7}$$

Mit (4) findet man dann:

$$\log \frac{H_*}{H_\odot} = -0.06 - 0.4m - 2\log\pi - 2\log \frac{R_*}{R_\odot}\,. \tag{8}$$

Der Anwendungsbereich dieser Formel ist sehr beschränkt, weil es nur in seltenen Fällen möglich ist, den Sternradius direkt zu bestimmen: Bei Bedeckungsveränderlichen findet man die Radien der beiden Komponenten in Einheiten der Achse der relativen Bahn aus der Diskussion der Lichtkurve. Die Länge der Bahnachse in Kilometern kann man dann bestimmen, wenn die Geschwindigkeitskurven der beiden Komponenten aus Beobachtungen der Doppler-Verschiebung der Spektrallinien bekannt sind (vgl. § 294). Hiernach findet man unmittelbar R_* in Kilometern und somit $\frac{R_*}{R_\odot}$. Um dann $\frac{H_*}{H_\odot}$ nach (8) berechnen zu können, muß man auch noch die Parallaxe kennen. Zuverlässige direkt bestimmte Parallaxen sind nun für Bedeckungsveränderliche nur in ganz wenigen Fällen bekannt. Meistens sind die Parallaxen zu klein für genügend genaue Bestimmungen. Diese wenigen Fälle sind unten zusammengestellt.

Stern	π	$m_{\text{bol.}}$ helle Komp.	$m_{\text{bol.}}$ schw. Komp.	$\frac{R_*}{R_\odot}$ h. Komp.	$\frac{R_*}{R_\odot}$ s. Komp.	$\frac{H_*}{H_\odot}$ h. Komp.	$\frac{H_*}{H_\odot}$ s. Komp.
β Aurigae	0″.025	$2^m.5$	$2^m.5$	2.80	2.80	18	18
i Bootis	0 .076	6 .9	6 .9	0.6	0.6	0.7	0.7
α Geminorum C .	0 .075	8 .6	8 .6	0.58	0.58	0.18	0.18

Gleichung (8) kann man auch in etwas anderer Form schreiben. Die Größe $\pi \cdot R_*$ ist dem Winkeldurchmesser d, unter dem der Stern erscheint, proportional. Nennt man den Abstand zum Stern p und den Abstand Sonne—Erde a, so ist nach der Definition der Parallaxe (vgl. S. 404):

$$\frac{d}{\pi} = \frac{2R_*}{a} = \frac{2R_*}{215 R_\odot}$$

also:

$$d = \frac{1}{107} \frac{R_*}{R_\odot} \pi \tag{9}$$

oder:

$$\log d = - \log 107 + \log \frac{R_*}{R_\odot} + \log \pi . \tag{10}$$

Wenn man (10) in (8) einsetzt, erhält man:

$$\log \frac{H_*}{H_\odot} = - 0.06 - 0.4m - 2\log 107 - 2\log d$$

$$\log \frac{H_*}{H_\odot} = - 4.12 - 0.4m - 2\log d . \tag{11}$$

In diese Gleichung geht jetzt außer der scheinbaren Größe nur der Winkeldurchmesser des Sterns ein. Bei einigen Sternen ist es möglich gewesen, den Winkeldurchmesser interferometrisch zu messen (vgl. § 255). Für diese Sterne kann $\frac{H_*}{H_\odot}$ dann nach (11) berechnet werden. Hier ist, im Gegensatz zu dem Fall, wo der lineare Durchmesser bekannt ist, die Kenntnis der Parallaxe nicht erforderlich.

Die Ergebnisse für diejenigen Sterne, für die d gemessen ist, sind hier zusammengestellt:

Stern	d	$m_{\text{bol.}}$	$\frac{H_*}{H_\odot}$
o Ceti (Max.)	0″.056	$+0^m.1$	0.021
α Orionis	0 .047	−1 .3	0.11
α Scorpii	0 .040	−1 .0	0.11
α Herculis	0 .030	−0 .5	0.13
β Pegasi	0 .021	+0 .6	0.09
α Tauri	0 .020	−0 .2	0.22
α Bootis	0 .020	−0 .5	0.31

Sternspektren.

257. *Die Spektren der Sterne.* Ein Sternspektrum besteht im allgemeinen aus einem kontinuierlichen Untergrund, dem kontinuierlichen Spektrum, der von Absorptionslinien — den FRAUNHOFERschen Linien — durchzogen ist (vgl. § 9).

Zur vollständigen Beschreibung eines Sternspektrums gehören Angaben über die Lichtenergie in jedem Wellenlängenbereich. Man muß so viele Punkte der Energiekurve (Abszisse: Wellenlänge, Ordinate: Energie) kennen, daß die Kurve sicher gezogen werden kann.

Eine solche vollständige Beschreibung besitzt man nun in keinem einzigen Fall. Erstens ist der durch die Beobachtungen erfaßbare Wellenlängenbereich begrenzt. Strahlung, die kurzwelliger als 2900 A.E. ist, wird von der Erdatmosphäre praktisch vollständig absorbiert, und im Ultrarot sind die Meßmethoden unempfindlich, so daß detaillierte Untersuchungen nur bis etwa 10000 A.E. reichen. Besonders die kurzwellige Grenze bewirkt empfindliche Lücken in unserem Wissen von den Sternspektren; in der Tat gibt es Sterne, für die der Hauptteil des Spektrums jenseits dieser Grenze liegt. Zweitens gehört zur vollständigen Erfassung aller Feinheiten der Energiekurve eine sehr große Dispersion, die instrumentell zu erreichen schon schwierig ist, und die für gewöhnliche Sternaufnahmen wegen der Lichtschwäche gar nicht in Frage kommt, sondern nur auf die Sonne angewandt werden konnte.

Die Energiekurven in Abb. 152 ähneln den Energiekurven von Sternspektren, wenn man von den Absorptionslinien absieht. Die Abb. 153 zeigt die Energiekurve im Bereich einer starken Absorptionslinie, die *Linienkontur*. Schwache Absorptionslinien sind viel schmäler.

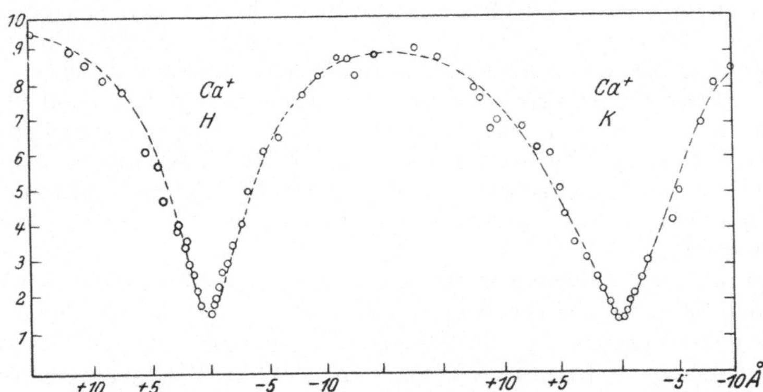

Abb. 153. Die Energiekurve der Sonne im Bereich der Linien *H* und *K* des einfach ionisierten Kalziums. Der Abstand von der Linienmitte ist in Ångström angegeben.

Die Ausmessung der Konturen schmaler Linien ist gerade der Fall, wo man Spektralaufnahmen mit sehr großer Dispersion, mit Spektrographen sehr großen Auflösungsvermögens aufgenommen, zur Verfügung haben muß. Bei kleiner Dispersion werden die Linienkonturen verzerrt. Es ist aber immer möglich, die gesamte im Bereich der Absorptionslinie absorbierte Lichtenergie zu messen, denn diese ändert sich durch die Verzerrung nicht. Die genannte Größe ist zur Charakterisierung der Absorptionslinie gut geeignet. Man pflegt sie oft in Ångström auszudrücken: Wenn man das Gebiet der Absorptionslinie mit einem gleich breiten Nachbargebiet ohne Linienabsorption vergleicht, so fehlt eine gewisse Energie, die gleich der in einem x Ångström breiten absorptionsfreien Gebiet vorhandenen Energie sein mag; man sagt dann, die Gesamtabsorption in der Linie sei gleich x Ångström oder die *Äquivalenzbreite* der Linie sei x Ångström.

Bei der Beschreibung eines Sternspektrums muß man sich nach dem Gesagten mit den folgenden Angaben begnügen:

1. Angaben über die Intensität des kontinuierlichen Spektrums im erreichbaren Wellenlängenbereich. Die Messungen sind in Wellenlängenbereichen vorzunehmen, die annähernd frei von Absorptionslinien sind. Im kurzwelligen Teil des Spektrums kann es bei vielen Sternen schwierig sein, solche Bereiche zu finden, da die Absorptionslinien zahlreich sind. Im Sonnenspektrum z. B. muß man im Violetten ganz schmale Bereiche nehmen, von der Breite eines Ångströms, um stärkere Absorptionslinien zu vermeiden.

2. Angaben über die Lage (durch die Wellenlänge) und über die Stärke (z. B. durch die Äquivalenzbreite) aller sichtbaren Absorptionslinien. Ferner Angaben über die Konturen der stärkeren Linien, wenn möglich genaue Angaben der Kontur, sonst Angaben, ob die Linie scharf und schmal oder breit und verwaschen erscheint.

3. In vereinzelten Sternspektren kommen Emissionslinien vor. Für diese können ähnliche Angaben gemacht werden wie für die Absorptionslinien.

Die Trennung in ein kontinuierliches Spektrum und ein Absorptionslinienspektrum ist nur eine praktische Trennung, die sich bewährt hat. Sie entspricht dem direkten Eindruck bei der Betrachtung von Sternspektren, sie ist für die Angaben der Beobachtungsresultate bequem und, wie wir sehen werden, liegt sie auch den theoretischen Ausführungen über Sternspektren zugrunde.

Die Energiemessungen im Sternspektrum werden nach ähnlichen Prinzipien vorgenommen wie photometrische Messungen im unzerlegten Licht.

Mit Ausnahme der Sonnenbeobachtungen werden die Beobachtungen hauptsächlich visuell oder photographisch angestellt. Zunächst wird das Sternspektrum mit einem künstlichen kontinuierlichen Vergleichsspektrum verglichen. Mit Hilfe von Nicol-Prismen, Absorptionskeilen oder Gittern (vgl. S. 12 und 13) werden die Intensitäten schmaler Bereiche derselben Wellenlängen in den beiden Spektren verglichen. Die Unterschiede können z. B. in Größenklassen ausgedrückt werden. Außerdem muß die Energiekurve des Vergleichsspektrums bestimmt werden; dies kann durch Energiemessungen mit Bolometer oder Thermoelement ausgeführt werden.

Die praktischen Schwierigkeiten bei solchen Messungen sind erheblich, indem für den Vergleich mit dem Sternspektrum das künstliche Spektrum möglichst durch dasselbe optische System erzeugt werden muß wie das Sternspektrum und ungefähr dessen Intensität haben soll. Für die Bolometer- oder Thermoelementmessungen der künstlichen Lichtquelle sind lichtstärkere Anordnungen erforderlich.

Handelt es sich um die Feststellung der Kontur einer Absorptionslinie, so sind die Verhältnisse einfacher. Man darf annehmen, daß die Empfindlichkeit photographischer Platten innerhalb des Bereiches der Linie konstant ist und Vergleichsspektren und Energiemessungen werden überflüssig.

Für die Sonne sind Bolometermessungen direkt möglich, allerdings für ziemlich breite Wellenlängenbereiche. Für die hellsten Sterne gelangen direkte Energiemessungen mit Radiometer für breite Wellenlängenbereiche unter Benutzung sehr lichtstarker Optik (250 cm-Spiegel auf der Mt. Wilson-Sternwarte).

Bei allen Energiemessungen ist der Einfluß der Extinktion in der Erdatmosphäre (vgl. S. 326) zu berücksichtigen.

258. *Das kontinuierliche Spektrum. Effektive Temperatur. Farbtemperatur.* Eine glatte Energiekurve durch Punkte, die Wellenlängenbereichen ohne starke Absorptionslinien entsprechen, kann man die Energiekurve des kontinuierlichen Spektrums nennen. Es hat sich gezeigt, daß die Energiekurve des kontinuierlichen Spektrums der Sonne einer Energiekurve nach dem Planckschen Gesetz (vgl. S. 19), der Temperatur von 6000° entsprechend, sehr ähnlich ist. Dasselbe gilt für die gemessenen Sternspektren, nur haben die Temperaturen andere Werte.

Hierdurch ergibt sich die Möglichkeit, die Form der Energiekurve durch eine einzige Zahl annähernd zu charakterisieren, durch diejenige Temperatur, deren entsprechende PLANCK-Kurve sich der gemessenen Energiekurve am besten anpaßt.

Den den Energiekurven entsprechenden Temperaturen kommt jedoch eine viel weitere Bedeutung bei. Erstens sind die Temperaturen gewissermaßen als Sternoberflächentemperaturen anzusehen, zweitens stehen sie mit den Flächenhelligkeiten in engem Zusammenhang.

Dies lehrt eine Betrachtung der Bedingungen, unter denen das kontinuierliche Spektrum der Sterne zustande kommt. Die genauere Diskussion dieser Frage wird in einem späteren Abschnitt erfolgen. Hier sollen die Verhältnisse nur so weit besprochen werden, wie sie für den vorliegenden Zweck in Betracht kommen.

Eine isotherme Kugel würde pro Flächeneinheit H erg pro Sekunde ausstrahlen:

$$H = \sigma T^4$$
$$\sigma = 5.72 \cdot 10^{-5} \text{erg}\,\text{cm}^{-2}\,\text{Grad}^{-4}, \tag{1}$$

wenn T die Temperatur der Kugel ist (vgl. S. 19). Die Strahlung, die den Beobachter eines Sterns erreicht, stammt aus den äußersten Schichten des Sterns. Hier ist die Temperatur nun nicht konstant, sondern steigt mit der Tiefe der betrachteten Schicht unter der Oberfläche. Die Ausstrahlung ist dann der vierten Potenz eines gewissen Mittelwerts der Temperatur für die in Betracht kommenden Schichten (T_m) proportional:

$$H = \sigma T_m^4. \tag{2}$$

Für die isotherme Kugel ist die Energieverteilung im Spektrum des ausgestrahlten Lichts durch die PLANCKsche Formel gegeben, und die Temperatur der Kugel kann aus Beobachtungen der Form der Energieverteilungskurve bestimmt werden. Für den Fall eines Sterns wird die Energieverteilung wieder eine Art mittlere Energieverteilung, den verschiedenen Temperaturen der strahleden Schichten entsprechend. Die genaue Form der Energieverteilungskurve hängt von dem relativen Anteil der Schichten verschiedener Tiefe an der Strahlung in verschiedenen Wellenlängen ab. Dadurch spielt das Absorptionsvermögen gegenüber Licht in verschiedenen Wellenlängen in den äußeren Schichten in das Problem hinein (vgl. S. 377).

Für den einfachen Fall, wo der Absorptionskoeffizient für alle Wellenlängen derselbe ist, ergibt sich: 1. Die Energieverteilung im Spektrum entspricht sehr nahe der PLANCKschen Verteilung einer gewissen Temperatur (doch ist die ganze Kurve ein wenig nach Violett verschoben); 2. diese Temperatur ist sehr nahe gleich der nach (2) aus der Gesamtausstrahlung pro Flächeneinheit errechneten Temperatur.

Für die Sonne haben nun die Beobachtungen der Helligkeitsabnahme der Sonnenscheibe nach dem Rand gezeigt, daß der Absorptionskoeffizient, wenn man von den Absorptionslinien absieht, wirklich für alle Wellenlängen annähernd gleich ist (vgl. S. 377). Es ist natürlich eine offene Frage, ob dies auch für Sterne z. B. höherer Temperatur zutrifft oder ob die geänderten physikalischen Bedingungen auch Änderungen im Verhalten des Absorptionskoeffizienten verursachen. Auf jeden Fall wird man aber eine enge Korrelation zwischen H und der die Energieverteilung charakterisierenden Temperatur erwarten müssen.

Zur Vermeidung von Unklarheiten führt man die folgenden Definitionen ein:

1. Die nach (2) errechnete Temperatur soll jetzt die **effektive Temperatur** (T_{eff}) heißen:

$$H = \sigma T_{\text{eff}}^4$$
$$\sigma = 5.72 \cdot 10^{-5} \text{ erg cm}^{-2} \text{ Grad}^{-4}. \tag{3}$$

2. Aus der Energieverteilung im Spektrum errechnete Temperaturen sollen *Farbtemperaturen* heißen. Dabei ist folgendes zu bemerken. Gesetzt, die Energieverteilung sei genau durch das PLANCKsche Gesetz gegeben (vgl. S. 19):

$$i(\lambda, T) = \frac{c_1}{\lambda^5} \frac{1}{e^{\frac{c_2}{\lambda T}} - 1}, \tag{4}$$

dann kann man aus den relativen Intensitäten $i(\lambda_1)$ und $i(\lambda_2)$ in zwei Wellenlängenbereichen die Temperatur ermitteln. In der Tat findet man aus (4):

$$\frac{i(\lambda_1)}{i(\lambda_2)} = \frac{\lambda_2^5}{\lambda_1^5} \frac{e^{\frac{c_2}{\lambda_2 T}} - 1}{e^{\frac{c_2}{\lambda_1 T}} - 1}, \tag{5}$$

eine Gleichung, die nur T als Unbekannte enthält, und aus der also T bestimmt werden kann.

Bei beliebiger Energieverteilung kann man immer nach der Formel (5) aus den relativen Intensitäten in zwei Wellenlängenbereichen (λ_1 und λ_2) eine Temperatur ausrechnen. Bei verschiedener Wahl der Wellenlängenbereiche wird man im allgemeinen verschiedene Temperaturen errechnen. Nur wenn die Energieverteilung genau dem PLANCKschen Gesetz folgt, errechnet man bei jeder Wahl von λ_1 und λ_2 dieselbe Temperatur. Ist die Energieverteilung nicht sehr von einer PLANCKschen verschieden, so werden die verschiedenen (λ_1, λ_2)-Intensitäten annähernd dieselbe Temperatur ergeben. Dann sind auch die errechneten Temperaturen zur Charakterisierung der Energieverteilung nützlich. Nach (5) errechnete Temperaturen nennt man nun Farbtemperaturen. Neben der Farbtemperatur müssen auch die Wellenlängenbereiche, aus deren Intensitätsverhältnis die Farbtemperatur berechnet wurde, angegeben werden.

Farbenindizes (vgl. S. 325) zeigen das Intensitätsverhältnis von allerdings ziemlich breiten Wellenlängenbereichen an. Man kann die aus Farbenindizes berechneten Temperaturen somit als Farbtemperaturen ansprechen.

Mit Hilfe der Begriffe der effektiven Temperatur und der Farbtemperatur kann man die obenbesprochenen Eigenschaften der Ausstrahlung von Sternoberflächen auch so ausdrücken: Im allgemeinen sind die aus verschiedenen (von starken Absorptionslinien freien) Wellenlängenbereichen berechneten Farbtemperaturen untereinander annähernd gleich und von der effektiven Temperatur wenig verschieden.

Zur näheren Prüfung der Frage, wie nahe man mit Gleichheit von effektiver Temperatur und Farbtemperatur rechnen kann, ermittelt man für diejenigen Sterne, für die H bekannt ist (vgl. die beiden Tabellen S. 336), die zugehörige effektive Temperatur nach (3) und vergleicht mit den gemessenen Farbtemperaturen. Das Ergebnis ersieht man aus der nebenstehenden Zusammenstellung.

Die effektiven Temperaturen und die Farbtemperaturen sind hiernach in der Tat sehr nahe gleich. Man wird daher aus den relativ leicht zu bestimmenden Farbtemperaturen mit ziemlich großer Genauigkeit auf die effektive Temperatur schließen und dann die Flächenhelligkeit H nach (3) berechnen können. Dies ist gerade wegen der geringen Zahl direkt bestimmter Flächenhelligkeiten von großer Bedeutung. Aus Gleichung (11) S. 336 ersieht man, *daß man in dieser Weise Winkeldurchmesser bestimmen kann, bei bekannter Parallaxe auch lineare Durchmesser.*

Stern	$\frac{H_*}{H_\odot}$	$T_{\text{eff.}}$	Farb-temperatur
β Aurigae	18	12000°	12000°
Sonne	1	5740	6400
i Bootis	0.7	5300	6200
α Bootis	0.31	4300	4100
α Tauri	0.22	3900	3400
α Geminorum C	0.18	3700	3400
α Herculis	0.13	3400	3100
α Scorpii	0.11	3300	3000
α Orionis	0.11	3300	3100
β Pegasi	0.09	3200	3100
o Ceti (Max.)	0.021	2200	(2300)

Die Form der Energiekurve des kontinuierlichen Spektrums ist also in einer gewissen Näherung durch den einen Parameter der Flächenhelligkeit oder der damit äquivalenten effektiven Temperatur bestimmt. Es ist eine wichtige Frage, ob die Form der Energiekurve noch von anderen Parametern abhängig ist oder ob kleinere Abweichungen von der der $T_{\text{eff.}}$ entsprechenden PLANCK-Kurve für Sterne derselben effektiven Temperatur immer dieselben sind, so daß $T_{\text{eff.}}$ wirklich der einzige Parameter ist. Die Beobachtungen haben nun gezeigt, daß in dem Bereich zwischen 4000 und 7000 A.E. die Form der Energiekurve des kontinuierlichen Spektrums nur von einem Parameter abhängt. Im ultravioletten Teil des Spektrums hat man aber den Einfluß anderer Parameter spüren können. Allerdings ist hier, wie früher erwähnt, die Feststellung der Energiekurve des kontinuierlichen Spektrums wegen der zahlreichen stärkeren Absorptionslinien schwierig. Deutlich ausgeprägt sind namentlich Änderungen an der kurzwelligen Seite der BALMER-Serie des Wasserstoffs.

Aus den Betrachtungen über das Zustandekommen des kontinuierlichen Spektrums (vgl. § 267) sieht man, daß Schwankungen im Absorptionskoeffizienten für eine bestimmte Wellenlänge die Intensität in dieser Wellenlänge beeinflußt. Gerade an der kurzwelligen Seite der Grenze der BALMER-Serie kann man Schwankungen im Absorptionskoeffizienten erwarten; hier setzt nämlich die photoelektrische Absorption durch Wasserstoffatome im zweittiefsten stationären Zustand ein (vgl. S. 18). Die Anzahl dieser Atome ist sehr groß und auch bei konstanter effektiver Temperatur Schwankungen unterworfen (vgl. S. 387).

259. *Das Absorptionslinienspektrum. Spektraltypus.* Wenn man Spektren verschiedener Sterne betrachtet, fallen die großen Unterschiede in bezug auf die Absorptionslinien gleich auf (vgl. Abb. 155). Die eingehendere Betrachtung einer größeren Anzahl Sternspektren lehrt jedoch, daß es sehr viele Sterne gibt, die ähnliche Spektren zeigen. Hierdurch ist die Möglichkeit gegeben, die Sterne in Gruppen zu teilen, so daß die Sterne einer Gruppe in den Hauptzügen ähnliche Spektren haben. Es hat sich ferner gezeigt, daß die Gruppen eine zusammenhängende Serie bilden in dem Sinne, daß zu jeder Gruppe Nachbargruppen gehören, mit Sternen, deren Spektren nur wenig abweichen.

Es ist also möglich, die Sternspektren in eine eindimensionale zusammenhängende *Spektralserie* einzuordnen.

Man kann die Sternspektren zuerst ganz grob in drei Gruppen teilen (nach SECCHI und VOGEL). Eine Gruppe (I) ist durch sehr starke Wasserstofflinien ausgezeichnet. In der zweiten Gruppe (II) sind die Wasserstofflinien noch auffallend, aber der allgemeine Eindruck wird durch zahlreiche andere Linien beherrscht, hauptsächlich Metallinien (Kalziumlinien, Eisenlinien, Magnesiumlinien u. a.). In der dritten Gruppe (III) endlich sind sehr charakteristische Absorptionsbanden vorhanden, die auf Moleküle (Titanoxyd u. a.) zurückzuführen sind (Abb. 154).

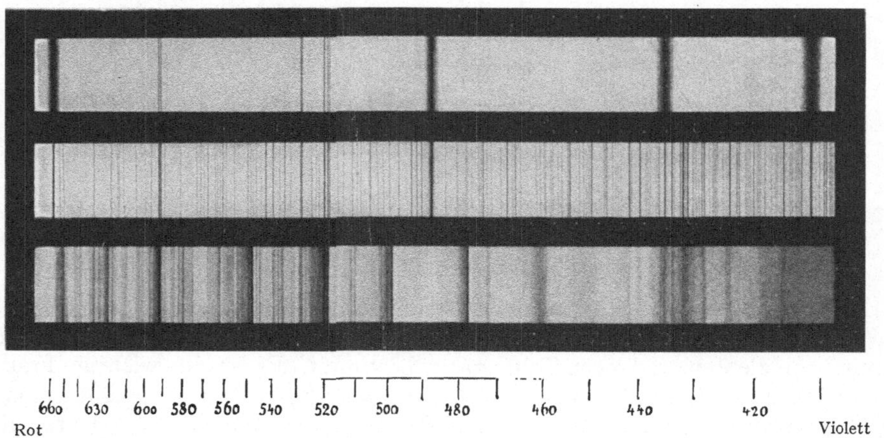

Abb. 154. Die drei Hauptklassen der Fixsternspektren (SECCHI-VOGEL). Die Wellenlängen sind in $\mu\mu$ angegeben.

Der Übergang von der einen Gruppe zur nächsten ist ganz kontinuierlich. Dies zeigt sehr deutlich die Abb. 155. Man sieht, wie beim Übergang von der ersten Gruppe die Wasserstofflinien allmählich schwächer werden, während die Metallinien an Intensität zunehmen, bis schließlich beim Übergang zur dritten Gruppe die Absorptionsbanden allmählich stärker werden.

Man kann nun für eine genauere Klassifikation aller Sternspektren der ganzen Spektralserie entsprechend bestimmte Klassen und Unterklassen definieren.

Die jetzt allein gebräuchliche Klassifikation ist die HARVARD-Klassifikation. Nach dieser wurden bisher etwa 268000 Sterne, meist heller als 9^m, auf der HARVARD-Sternwarte klassifiziert. Die Resultate sind in einem Katalog, dem HENRY DRAPER-*Katalog*, zusammengestellt.

Die HARVARD-Klassifikation wurde nach photographischen Aufnahmen mit dem Objektivprisma (vgl. S. 16) vorgenommen. So waren die Spektren nur einige Millimeter lang, und die Merkmale, nach denen das Spektrum beurteilt wurde, mußten entsprechend gewählt werden. Die stärksten Linien waren maßgebend, und nahe zusammenfallende Linien konnten nicht getrennt werden. Photographische Aufnahmen mit größerer Dispersion haben jedoch gezeigt, daß die HARVARD-Klassen und -Unterklassen annähernd homogen sind, daß in der Tat die Spektren einer Unterklasse ähnlich sind, auch wenn man auf Aufnahmen größerer Dispersion die feineren Einzelheiten (schwächere und eng benachbarte Absorptionslinien) untersucht.

Die berücksichtigten Linien liegen in dem normalen photographischen Gebiet von etwa 3900 A.E. bis etwas über 5000 A.E.

Die Spektralklassen der HARVARD-Klassifikation haben die folgenden Namen erhalten: O, B, A, F, G, K, M. Außerdem wurden eine Anzahl Unterklassen benutzt, so daß die ganze Spektralserie wie folgt läuft: Oa, Ob, Oc, Od, Oe, Oe5, B0, B1, B2, B3, B5, B8, B9, A0, A2, A3, A5, F0, F2, F5, F8, G0, G5, K0, K2, K5, Ma, Mb, Mc, Md. Für eine noch feinere Unterteilung kann man die Dezimaleinteilung vollständiger benutzen, als dies bei der HARVARD-Klassifikation geschah: Ein Spektrum zwischen G5 und K0 wird etwa G8 bezeichnet usw. Statt der Bezeichnungen Ma, Mb, Mc des HENRY DRAPER-Katalogs gebraucht man jetzt auch hier eine Dezimalteilung: M0, M3,

M8 und eventuell die zwischenliegenden Zahlen. Md bedeutet im HENRY DRAPER-Katalog M-Sterne mit Emissionslinien. Diese werden jetzt mit Me bezeichnet (s. weiter unten). Statt der Bezeichnungen Oa ... Oe5 benutzt man jetzt auch die Dezimaleinteilung: O5 ... O9. Das Vorkommen von Emissionslinien wird dann auch hier mit einem beigefügten e bezeichnet.

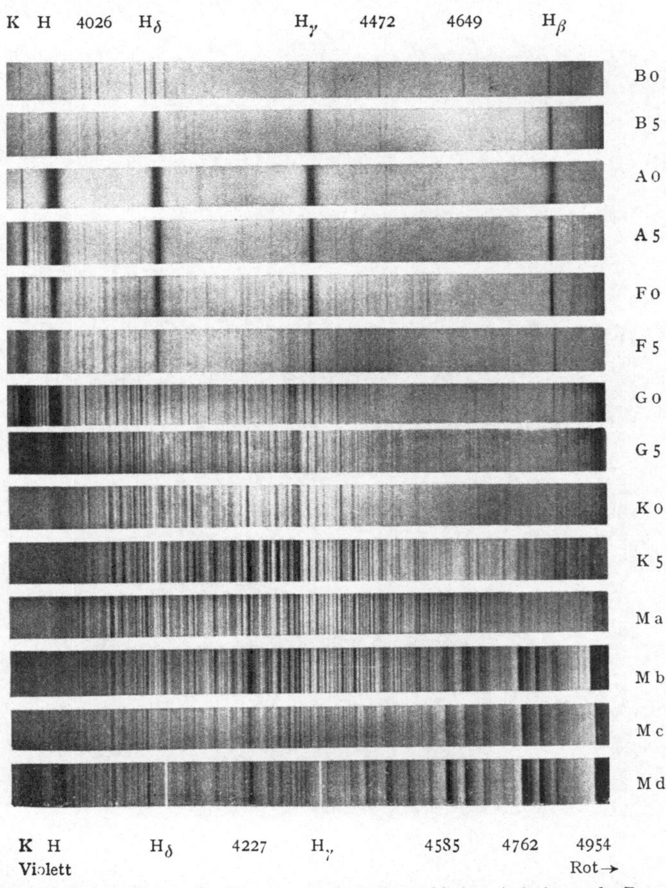

Abb. 155. Die wichtigsten Spektralklassen der Fixsterne nach photographischen Aufnahmen der Detroit-Sternwarte. Über die mit Buchstaben oder Wellenlängenangaben hervorgehobenen Linien findet man genauere Angaben in der Tabelle S. 345; 4585, 4762 und 4954 sind die Wellenlängen der Köpfe von Titanoxydbanden.

Die HARVARD-Klassen sind einerseits durch typische Vertreter definiert z. B.:

O ζ Puppis
B0 ε Orionis
A0 α Canis majoris (Sirius)
F0 δ Geminorum
G0 α Aurigae (Capella)
K0 α Bootis (Arcturus)
M0 α Orionis (Betelgeuze).

Andererseits sind die Klassen durch die Stärke gewisser charakteristischer Linien definiert. In der folgenden Zusammenstellung sind die für die Klassen charakteristischen Linien angeführt.

O: Absorptionslinien von Wasserstoff, Helium, ionisiertem Helium, dreifach ionisiertem Silizium, doppelt ionisiertem Kohlenstoff und doppelt ionisiertem

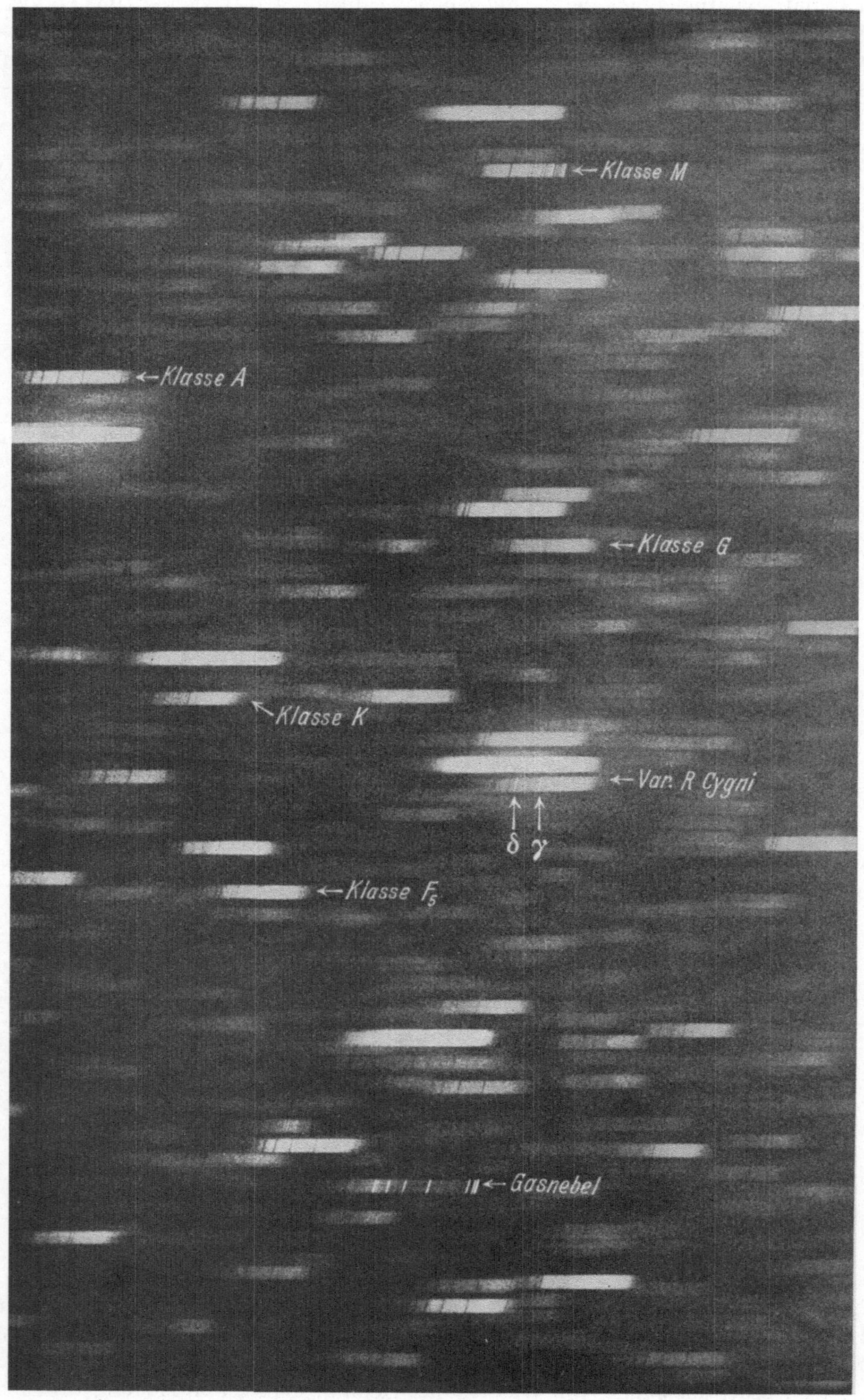

Abb. 156. Verschiedene Spektraltypen nach einer Objektivprismenaufnahme der HARVARD-Sternwarte. In diesen Spektren liegt Rot am rechten, Violett am linken Ende.

Stickstoff. In dieser Spektralklasse treten Emissionslinien häufig auf (WOLF-RAYET-Sterne, vgl. S. 451). Die O-Sterne sind sehr selten.

B: Von hier ab normal nur Absorptionslinien. Heliumlinien stark, Wasserstoff gegen A zunehmend. Die Linien *H* und *K* des ionisierten Kalziums schwach vorhanden, gegen A zunehmend.

A: Wasserstofflinien sehr stark, bis A 1 noch Heliumlinien. *H* und *K* ziemlich stark, gegen F zunehmend.

F: *H* und *K* stark, zunehmend gegen G, Wasserstofflinien noch stark, abnehmend gegen G. Die Linie 4227 des Kalziums erscheint, zunehmend gegen G. Die *G*-Bande von Kohlenwasserstoff (CH) erscheint, zunehmend gegen G.

G: *H* und *K* stark, die Kalziumlinie 4227 ziemlich stark, Eisenlinien ziemlich stark, zahlreiche Metallinien. Wasserstofflinien noch ziemlich stark, abnehmend gegen K. Die *G*-Bande ist stark.

K: Metallinien stark, *H*, *K* und 4227 stark, Wasserstofflinien noch vorhanden, *G*-Bande stark. Absorptionsbanden erscheinen bei K 5.

M: Absorptionsbanden (Titanoxyd u. a.) vorherrschend, Metallinien stark, *H*, *K* und 4227 stark, Wasserstofflinien vorhanden, *G*-Bande schwächer.

Den Verlauf der Intensität der für die Klassifikation wichtigsten Linien (nach Schätzungen bzw. Messungen auf der HARVARD-Sternwarte) zeigt die folgende Übersicht. Die angegebenen Intensitäten, in willkürlicher Skala, zeigen die relative Stärke der Linien und ihre Änderungen durch die Spektralserie hindurch.

	Ca^+ (*K*) 3934	Ca^+ (*H*), H (*Hε*) 3968, 3970	He 4026	Fe 4046	O^+ 4070, 4072, 4076	H (*Hδ*) 4102	Fe 4144	Ca 4227	CH* (*G*-Bande) 4299-4315	Fe 4326	H (*Hγ*) 4340	Fe, Cr, Mg 4353	Fe 4383	Fe 4405	He 4472	O^+ 4649	H (*Hβ*) 4861
B 0		12	12		8	9					9				11	8	9
B 1		14	13		11	10					10				12	12	10
B 2		15	14		8	10					10				12	9	10
B 3		17	15		0	11					11				12	7	11
B 5		18	12			13					13				11	4	12
B 8		19	11			14					14				10	0	13
B 9	5	20	8	0		15	0	2		0	15	0	3	0	8		14
A 0	10	20	0	2		16	2	2		0	16	2	3	0	0		15
A 2	13	20		3		16	3	3		3	16	4	4	0			15
A 3	14	16		5		15	4	6		5	15	5	5	0			15
A 5	15	15		5		15	4	6		3	15	4	5	6			13
F 0	17	17		6		14	5	8		6	13	6	7	4			12
F 5	20	18		7		11	6	9	(8)	8	11	7	7	7			11
F 8	20	20		8		10	6	9		9	10	5	8	5			9
G 0	20	20		9		9	8	10	(10)	10	9	7	9	6			8
G 5	20	20		9		8	8	10		11	9	8	10	7			8
K 0	22	25		10		8	9	12	(12)	11	9	8	10	8			7
K 2				11		8	9	14		12	9	7	10	9			6
K 5				9		8	9	14	(11)	11	9	8	10	8			5
M 0	30	30		11		9	11	14		11	10	8	11	8			7
M 3				11		7	10	16	(10)	10	9	9	10	9			4

Es sei bemerkt, daß Linien mit Intensitäten unter etwa 8 bis 10 auf kurzen Objektivprismenspektren unsichtbar sind.

Für B-Sterne sind die Heliumlinien und Wasserstofflinien zur Bestimmung des Spektraltypus geeignet. Von A 0 bis etwa F 5 ist die Linie *K* sehr geeignet. Von hier ab kommt die *G*-Bande in Betracht sowie die Eisenlinien (besonders 4326) und die Kalziumlinie 4227. Von K 5 ab sind schließlich die Absorptionsbanden des Titanoxyds maßgebend.

* Eine Kalzium- und eine Eisenlinie fallen in dies Gebiet (vgl. S. 17).

Außer den genannten Klassen gibt es einige andere, die sehr selten vorkommen. Es sind dies die Klassen R, N und S. Die Sterne dieser Klassen sind rote Sterne, in deren Spektren auffallende Banden vorkommen, die von den Banden der Klassen K 5 und M verschieden sind. Für R und N sind es Kohlebanden, für S Zirkonoxydbanden. In R und N sind die Metallinien wie in K 5 und M stark. In S sind auffallend starke Absorptionslinien von ionisiertem Baryum und Strontium vorhanden.

Sind in einem Spektrum Emissionslinien vorhanden, wird dies durch ein hinzugefügtes e bezeichnet, z. B. bedeutet B 1 e ein B 1-Spektrum, in dem Emissionslinien vorkommen.

Sind im Spektrum Besonderheiten vorhanden, so wird dies durch ein angehängtes p („peculiar“) bezeichnet, z. B. A 0 p.

260. *Spektraltypus und Farbe.* Es fiel schon früh auf, daß die Sterne der Gruppe I weiß sind, die der Gruppe II gelb und die der Gruppe III rot. Es hat sich gezeigt, daß zwischen Spektraltypus und Sternfarbe bzw. Farbenäquivalent eine enge Korrelation besteht. Die nebenstehende Tafel zeigt den Zusammenhang zwischen HARVARD-Spektralklassen und Farbenindex.

Spektrum	Farbenindex phot.-vis.
B 0	$-0^m.33$
A 0	0 .00
F 0	+0 .33
G 0	+0 .67
K 0	+1 .12
M 0	+1 .73

Dies bedeutet (vgl. S. 325), daß zwischen Spektraltypus und effektiver Temperatur ein enger Zusammenhang besteht. Die folgende Tafel gibt die den Spektralklassen ungefähr entsprechenden Temperaturen.

Der Charakter des Absorptionslinienspektrums ist also wesentlich von der effektiven Temperatur abhängig. Da es ja in der Tat gelingt, die Spektren in eine eindimensionale Spektralserie einzuordnen, hat es ferner den Anschein, als ob die Absorptionslinien nur von der effektiven Temperatur abhängen. Wir werden sehen, daß innerhalb der einzelnen Spektralklassen doch kleine Unterschiede vorhanden sind, daß also auch andere Faktoren die Absorptionslinien beeinflussen, wenn auch die Temperatur der wesentlichste Faktor ist.

Spektrum	Effektive Temperatur
B 0	22000°
A 0	13000
F 0	8500
G 0	6000
K 0	4400
M 0	3200

261. *Spektrum und absolute Helligkeit.* Es wurde oben erwähnt, daß die HARVARD-Klassen annähernd homogen sind. Es soll jetzt näher auf die kleineren Unterschiede innerhalb einer Klasse eingegangen werden.

Wenn die Klassen nicht ganz homogen sind, so wird eine Klassifikation etwas verschiedene Resultate ergeben, je nach den verschiedenen Linien, die man für die Klassifikation gerade benutzt. Man kann die Frage am besten so untersuchen, daß man die Klassen immer durch die Stärke einer einzigen Linie oder durch das Intensitätsverhältnis eines einzigen Linienpaares definiert, und dann die Stärke anderer Linien daraufhin untersucht, ob sie innerhalb der so definierten Klassen noch von Stern zu Stern variieren. Die HARVARD-Klassen sind in der Tat für Untersuchung in dieser Richtung sehr geeignet, indem die Klassifikation für die Klassen A bis F hauptsächlich nach der Stärke der Linie K geschieht, für die Klassen G und K nach dem Intensitätsverhältnis zwischen der Eisenlinie 4326 und $H\gamma$.

Es hat sich gezeigt, daß innerhalb einer HARVARD-Klasse einzelne Linien sogar sehr großen Änderungen unterworfen sind. Dies gilt insbesondere für Linien, die ionisierten Metallen entsprechen. So variieren z. B. die Linien von ionisiertem Eisen (Fe^+), ionisiertem Titanium (Ti^+), ionisiertem Scandium (Sc^+) und ionisiertem Yttrium (Y^+) sehr stark innerhalb der Spektralklasse F. Die Linien des ionisiertem Strontiums (Sr^+) zeigen große Änderungen. Gewisse Banden, die CN entsprechen, die sog. Zyanbanden, schwanken stark an Intensität. Auch sehr starke Linien wie die Wasserstofflinien sind merklichen Änderungen innerhalb einer Spektralklasse unterworfen, besonders für M-Sterne. Die Kalziumlinie 4227 ändert sich auch beträchtlich. Ferner sind auffallende Unterschiede im Aussehen der Linien vorhanden, indem die Schärfe der Linien von Stern zu Stern variiert. Innerhalb derselben Spektralklasse findet man Sterne mit ziemlich verwaschenen Linien und solche mit sehr scharfen Linien.

Die Korrelation zwischen Spektralklasse und Farbenindex ist nicht ganz eindeutig, vielmehr sind gewisse Schwankungen im Farbenindex für Sterne derselben Spektralklasse deutlich vorhanden. Das sind Schwankungen von demselben Charakter wie die obengenannten.

Wir sehen also, daß die Temperatur für das Aussehen des Absorptionslinienspektrums zwar ein wesentlicher Faktor ist, daß aber doch bestimmt andere Faktoren — oder jedenfalls ein anderer Faktor — von Einfluß sind.

Untersucht man Sterne einer bestimmten Farbe, z. B. rote Sterne, in bezug auf andere physikalische Merkmale, so findet man, daß diese von Stern zu Stern sehr stark variieren. Die Radien variieren außerordentlich stark, ebenso die absoluten Helligkeiten und auch die Massen (vgl. § 273). Dies sei hier nur kurz angeführt, um zu zeigen, daß die anderen Faktoren (oder der andere Faktor) physikalischer Natur sein können und nicht unbedingt chemischer Natur sein müssen, etwa in dem Sinn, daß abnorm starke Linien durch große Häufigkeit des betreffenden Elements verursacht seien.

Wenn man nach einem Faktor physikalischer Natur sucht, der für die Ausbildung der Absorptionslinien wesentlich sein soll, so liegt es nahe, den Einfluß der absoluten Helligkeit auf das Spektrum zu untersuchen. In vielen Fällen ist die absolute Helligkeit direkt aus Parallaxe und scheinbarer Helligkeit berechenbar (vgl. S. 323), und wenn die Parallaxe zu klein ist, um genau genug gemessen zu werden, kann man aus der Eigenbewegung größenordnungsmäßig richtige absolute Helligkeiten berechnen (vgl. S. 461). Andererseits ist die absolute Helligkeit für Sterne derselben Flächenhelligkeit ein Maß für den Radius infolge der Gleichung (7), S. 335.

Als erstes Resultat von Untersuchungen in dieser Richtung zeigte sich, daß Sterne mit sehr scharfen Linien oft von großer absoluter Helligkeit waren. Ferner, daß Sterne mit abnorm starken Metallionenlinien immer absolut sehr hell sind. Bei der näheren Verfolgung dieses Problems ergab sich, daß in der Tat eine enge Beziehung besteht zwischen der absoluten Helligkeit und der Intentisät der genannten veränderlichen Linien. Die nebenstehende kleine Tafel, nach Messungen auf der HARVARD-Sternwarte, zeigt das Verhalten der Kalziumlinie 4227 innerhalb der Spektralklasse G 9.

Absolute Helligkeit	Intensität von 4227
$-0^M.5$	56
$+1\ .0$	51
$+5\ .9$	28

Die angeführten Zahlen sind den totalen von der Linie absorbierten Lichtenergien ungefähr proportional. Man sieht, wie diese Linie innerhalb der Klasse G 9 mit wachsender absoluter Leuchtkraft kräftiger wird.

Untersucht man die Änderungen des Farbenindex innerhalb einer Spektralklasse näher, so findet man einen ausgesprochenen Zusammenhang mit der absoluten Helligkeit.

Die folgende kleine Tafel zeigt dies sehr deutlich. Sie enthält für die angegebenen absoluten Helligkeiten die entsprechenden photoelektrischen Farbenindizes (vgl. S. 332) für Sterne der Spektralklasse G 9.

Absolute Helligkeit	Farbenindex
$-0^{M}.4$	$-0^{m}.08$
$+2\ .6$	$-0\ .17$
$+5\ .6$	$-0\ .26$

Innerhalb der Spektralklasse G 9 wächst der Farbenindex also mit der absoluten Leuchtkraft. Indem man den Zusammenhang zwischen Farbenindex und effektiver Temperatur berücksichtigt, erhält man das wichtige Resultat, daß absolut helle G 9-Sterne niedrigere effektive Temperaturen haben als absolut schwache. Dasselbe gilt auch für andere Spektralklassen, jedenfalls für die Spektralklassen F, G, K und M.

Zusammenfassend kann man sagen, daß der Charakter des Spektrums jedenfalls von zwei Parametern, Temperatur und absoluter Helligkeit, abhängig ist. Die Frage, ob noch weitere Parameter von Bedeutung sind, ist noch ungeklärt. Jedoch zeigen Sterne von gleicher effektiver Temperatur und gleicher absoluter Helligkeit in den Hauptzügen gleiche Spektren, so daß die Beschreibung mit zwei Parametern vorläufig ausreichend ist.

262. *Zweidimensionale Spektralklassifikation. Die spektroskopische Parallaxenmethode.* Die Klassifikation nach einer eindimensionalen Spektralserie erweist sich also als unzureichend. Eine feinere Klassifikation muß zweidimensional sein. Das einfachste zweidimensionale Klassifikationsschema ist eine Modifikation des HARVARD-Schemas. Man teilt jede HARVARD-Klasse in drei Gruppen, die absolut sehr hellen, absolut hellen und absolut schwachen Sternen entsprechen, und bezeichnet die Zugehörigkeit eines Spektrums zu einer der drei Gruppen durch einen vor die Spektralklasse gesetzten kleinen Buchstaben: c, g oder d. Die Bezeichnung cF0 z. B. bedeutet also, daß das Spektrum den allgemeinen Charakter eines F0-Spektrums hat, insbesondere daß die Linie *K* die für F0 charakteristische Stärke hat, während gleichzeitig z. B. die Metallionenlinien ungewöhnlich stark sind. Das Spektrum der Sonne ist dG0, Capella hat das Spektrum gG0 usw.

Die c-Sterne haben gewöhnlich sehr scharfe Linien (vgl. oben), doch keinesfalls immer. Auch bei d-Sternen treten bisweilen sehr scharfe Linien auf, z. B. im Sonnenspektrum.

Die c-Sterne sind sehr selten, die d-Sterne sind unter den helleren Sternen selten (vgl. S. 394).

Durch sorgfältige Untersuchung des Spektrums kann man genauere Klassifikationen vornehmen, als es der groben Einteilung in drei Gruppen entspricht. Man gibt dann außer der HARVARD-Klasse als zweite „Koordinate" eine Zahl an, die der absoluten Helligkeit entsprechen soll. Man teilt gewissermaßen jede HARVARD-Klasse in eine große Anzahl Gruppen statt der drei obengenannten (c, g, d), und bestimmt die zu jeder Gruppe gehörige absolute Helligkeit empirisch aus den durch Parallaxenbestimmungen bekannten absoluten Helligkeiten.

Die genauen Untersuchungen von Sternspektren sind von größter Bedeutung für das Verständnis der Vorgänge in den Sternatmosphären. Im nächsten Abschnitt wird auf die theoretische Deutung der empirischen Befunde näher eingegangen werden. Zugleich haben diese Untersuchungen, wie aus dem bereits Entwickelten hervorgeht, zu einer Methode geführt, Parallaxen nach dem Spektrum zu bestimmen. Aus der genauen Klassifikation des Spektrums folgt die absolute Helligkeit, und diese ergibt zusammen mit der scheinbaren Helligkeit aus der Gleichung $M = m + 5 + 5 \log \pi$ die Parallaxe (vgl. S. 323). Diese

Methode, Parallaxen zu bestimmen, nennt man die spektroskopische Parallaxenmethode.

Für die Klassifikation nach dem zweidimensionalen Schema sind prinzipiell zwei Merkmale notwendig, z. B. Intensität der Linie K und Intensität der Sr^+-Linie 4078 oder Farbenindex und Intensität der Wasserstofflinie $H\gamma$. Zur Erhöhung der Genauigkeit benutzt man aber oft Schätzungen mehrerer Linien.

Die genauesten spektroskopischen Parallaxen erhält man naturgemäß bei Benutzung von Spektren größerer Dispersion. Es ist jedoch auch möglich, ziemlich genaue spektroskopische Parallaxen mit Hilfe von kurzen Objektivprismenspektren zu bestimmen. Man benutzt dann als Merkmale die Intensität von ziemlich breiten Spektralbereichen. So gibt z. B. die Bestimmung der folgenden beiden Verhältnisse:

$$a = \frac{\text{Intensität } 4227 - \text{G-Bande}}{\text{Intensität G-Bande} - 4383}, \quad b = \frac{\text{Intensität } 4144 - 4184}{\text{Intensität } 4227 - 4272}$$

die Möglichkeit, die Klassifikation nach dem zweidimensionalen Schema vorzunehmen und die absolute Helligkeit mit einer Unsicherheit von etwas weniger als einer Größenklasse zu bestimmen. Das Verhältnis a entspricht einem Farbenindex, b mißt die Gesamtabsorption einer Zyanbande. Diese Methode ist für G-, K- und M-Sterne geeignet. Für B-, A- und F-Sterne benutzt man in ähnlicher Weise Messungen der Stärke der Wasserstofflinien in Verbindung mit einem Farbenindex.

Durch Spektralklassifikation teilt man die Sterne in Gruppen, die physikalisch viel homogener sind als z. B. die Gruppe aller Sterne eines Sternkatalogs. Besonders bei zweidimensionaler Klassifikation sind die Gruppen sehr homogen. Davon wird in einem späteren Abschnitt näher die Rede sein (vgl. § 275). Hierdurch ist die Spektralanalyse für die Stellarstatistik von größter Wichtigkeit geworden (vgl. z. B. § 313).

Die Eigenschaften der Sternatmosphären und die theoretische Deutung der Sternspektren.

263. *Sternspektrum und Sternatmosphäre. Die Probleme der theoretischen Spektralanalyse.* Das Licht, das ein Stern aussendet, stammt aus den alleräußersten Schichten. Das Aussehen des Spektrums ist durch die physikalischen und chemischen Verhältnisse in diesen Schichten bestimmt. Diese Verhältnisse variieren von Stern zu Stern und entsprechend variiert das Spektrum von Stern zu Stern.

Die physikalischen und chemischen Verhältnisse in den äußersten Schichten sind durch zweierlei bestimmt:

1. Die chemische Zusammensetzung. Bei den bestehenden Verhältnissen (hoher Temperatur und niedrigem Druck) spalten sich die allermeisten Moleküle in Atome; nur in den Sternen mit niedriger Temperatur in den äußersten Schichten kommen einzelne Moleküle vor, im wesentlichen Titanoxyd- und Zyanmoleküle. Die chemische Zusammensetzung wird charakterisiert, indem das relative Vorkommen der Elemente angegeben wird.

2. Die Einwirkung der Sternmasse innerhalb der betrachteten äußersten Schichten. Diese Einwirkung kann durch zwei Größen charakterisiert werden: durch die von der Anziehung der ganzen Sternmasse herrührende Schwerebeschleunigung g auf der Oberfläche des Sterns und durch die gesamte Strahlungsenergie pro Quadratzentimeter H nach außen durch die äußersten Schichten des Sterns, die Flächenhelligkeit.

Der physikalisch-chemische Zustand in den äußersten Schichten und damit das Aussehen des Sternspektrums ist also abhängig von der relativen Häufigkeit der vorkommenden Elemente in den äußersten Schichten, der Schwerebeschleunigung auf der Oberfläche g und der Flächenhelligkeit H. Diese Faktoren variieren von Stern zu Stern, und es ist die Aufgabe der theoretischen Spektralanalyse, die Variationen des Spektrums von Stern zu Stern als Effekte von Änderungen in diesen Faktoren zu deuten.

Es liegt also die folgende Aufgabe vor. Man weiß, daß in einer Sternatmosphäre gewisse Elemente mit gewisser relativer Häufigkeit vorkommen. Ferner weiß man, daß die Schwerebeschleunigung auf der Oberfläche g und daß die Flächenhelligkeit H ist. Welches Spektrum wird man von diesem Stern beobachten? Die vollständige Antwort soll nicht nur die Energiekurve des gesamten ausgestrahlten Lichtes enthalten, sondern die Energiekurve des Lichtes, das die Oberfläche unter irgendeinem gegebenen Winkel verläßt, so daß die Energiekurve für jeden Punkt der vom Beobachter gesehenen Sternscheibe angegeben werden kann. Allerdings kann nur für die Sonne die Scheibe beobachtet werden, so daß außer bei der Sonne nur die totale ausgestrahlte Energie durch die Beobachtungen bestimmt werden kann.

Ist diese Aufgabe gelöst, so kann auch die umgekehrte — praktisch vorliegende — Aufgabe gelöst werden: Das Spektrum ist beobachtet, welches sind die relativen Häufigkeiten der Elemente, welche Werte haben H und g?

In den folgenden Abschnitten sollen zuerst die atomaren Mechanismen, die in den Sternatmosphären eine Rolle spielen, behandelt werden. Dann gehen wir auf das Zusammenspiel der atomaren Mechanismen ein, wenn eine große Anzahl Atome miteinander — durch Stöße oder durch Strahlung — in Wechselwirkung stehen. Zunächst besprechen wir den Gleichgewichtszustand in einem homogenen, unendlich ausgedehnten Gas, dann gehen wir auf die verwickelteren Verhältnisse in den Sternatmosphären ein und werden sehen, wie unsere Kenntnisse der Verhältnisse im homogenen ausgedehnten Gas weitgehend Anwendung finden. Eine exakte Theorie der Sternatmosphären im Sinne einer genauen Beantwortung der oben skizzierten Fragestellungen gibt es noch nicht, wir werden aber sehen, wie man die empirischen Befunde alle qualitativ verstehen, und wie man aus dem Spektrum jedenfalls qualitative Schlüsse in bezug auf Elementenhäufigkeit, Flächenhelligkeit H und Schwerebeschleunigung g ziehen kann.

264. *Die atomaren Mechanismen der Lichtemission und Lichtabsorption.* In einem früheren Abschnitt (vgl. S. 17) ist von der atomtheoretischen Deutung der Prozesse der Lichtemission und Lichtabsorption die Rede gewesen. Wir werden jetzt etwas näher auf diese Fragen eingehen müssen, im Zusammenhang mit dem vorliegenden speziellen Problem der Lichtemission und Lichtabsorption in den Sternatmosphären.

Zuerst sei kurz an den Mechanismus der Lichtemission und Lichtabsorption erinnert. Ein Atom ist einer Reihe stationärer Zustände fähig. Diese unterscheiden sich durch die Konfiguration der den Atomkern umgebenden Elektronen. Die innere Energie des Atoms, der Energieinhalt, ist im allgemeinen für jede Konfiguration der Elektronen, für jeden stationären Zustand also, verschieden. Ein Atom kann aus einem stationären Zustand spontan in einen anderen von geringerem Energieinhalt übergehen, indem gleichzeitig ein Lichtquant ausgesandt, emittiert, wird. Die Energie des Lichtquants ist gleich dem Energieverlust des Atoms infolge des Überganges in den energieärmeren Zustand. Unter Absorption eines Lichtquants kann ein Atom aus einem stationären Zustand in einen anderen von größerem Energieinhalt übergehen.

Unter Absorption eines Lichtquants genügend großer Energie kann ein Atom ionisiert werden; man kann dies auch so ausdrücken, daß das Atom in einen stationären Zustand übergeht, in dem ein Elektron frei ist. Diesen Vorgang nennt man Photoionisation oder photoelektrische Ionisation. Umgekehrt kann ein freies Elektron von einem Ion unter Lichtemission eingefangen werden; dies entspricht einem Übergang aus einem stationären Zustand mit einem freien Elektron. Schließlich sind noch Übergänge zwischen zwei stationären Zuständen möglich, wo ein Elektron in beiden Zuständen frei ist und nur seine Energie (und dadurch seine Geschwindigkeit) ändert. Bei allen spontanen Übergängen ist die Energie des emittierten bzw. absorbierten Lichtquants durch die Energiebilanz gegeben: Energie eines emittierten Lichtquants gleich Energieverlust des Atoms oder auch des Systems Ion + Elektron, Energie eines absorbierten Lichtquants gleich Energiegewinn des Atoms oder des Systems Ion + Elektron (vgl. hierzu Abb. 10, S. 18).

Ein Lichtquant darf man sich als kleine Partikel von bestimmter Energie (E) vorstellen, die sich in einer bestimmten Richtung mit Lichtgeschwindigkeit c fortbewegt. Die Partikel hat ein Bewegungsmoment $\frac{E}{c}$; ein emittierendes Atom erfährt einen Rückstoß von dieser Größe in der der Bewegungsrichtung des Lichtquants entgegengesetzten Richtung; ebenso erfährt ein absorbierendes Atom einen Stoß in der Bewegungsrichtung des absorbierten Lichtquants.

Schließlich sei noch an die BOHRsche Frequenzbedingung:

$$E = h\nu \tag{1}$$

erinnert (vgl. S. 17).

Übergänge zwischen den stationären Zuständen eines Atoms finden nun nicht nur unter Strahlungsprozessen statt. Durch den Stoß eines anderen Atoms, eines Ions oder eines Elektrons kann das Atom in einen anderen stationären Zustand übergehen. Die Energie der stoßenden Partikel ändert sich hierdurch, und zwar nimmt die Energie der stoßenden Partikel um ebensoviel ab oder zu, wie der Energiegewinn bzw. Energieverlust des gestoßenen Atoms beträgt, so daß die gesamte Energie konstant bleibt. Insbesondere sieht man, daß ein Atom in einen energiereicheren Zustand nur übergehen kann, wenn die Energie der stoßenden Partikel ausreicht, um den diesem Übergang entsprechenden Energiegewinn auszugleichen.

Durch den Stoß einer Partikel von genügend großer Energie kann ein Atom auch ionisiert werden. Die ionisierende Partikel verliert so viel Energie, wie der Energieunterschied zwischen Ion + Elektron und dem unionisierten Atom beträgt. Diesen Vorgang nennt man Stoßionisation. Ebenso kommt der umgekehrte Prozeß vor: Ein Elektron wird von einem Ion eingefangen, die hierdurch verlorene Energie findet man in einer dritten stoßenden Partikel wieder, die mit entsprechend vergrößerter Geschwindigkeit davonfliegt.

Wir richten jetzt die Aufmerksamkeit auf die Lichtquanten, insbesondere auf die Möglichkeiten der Emission und Absorption von Lichtquanten von einer gegebenen Energie E und der Frequenz $\nu = \frac{E}{h}$. Wir wollen uns dabei auf die Verhältnisse in einem Gas beschränken, wo die Abstände so groß sind, daß ein beliebiges Atom nur in den kurzen Augenblicken eines Zusammenstoßes von anderen Atomen wesentlich beeinflußt wird. Dies ist in Sternatmosphären immer der Fall.

Ferner sei bemerkt, daß bei den hier in Betracht kommenden stationären Zuständen die Konfiguration der inneren festgebundenen Elektronen immer dieselbe bleibt, so daß bei den spontanen Änderungen des stationären Zustands nur die Konfiguration der äußeren, leichter gebundenen Elektronen, der sog. Valenzelektronen, geändert wird. Die Bindungsenergien der inneren Elektronen sind so groß, daß diese durch die Lichtquanten und stoßenden Partikeln in den Sternatmosphären nicht beeinflußt werden.

Man kann sich ein Gas vorstellen, in dem sich alle Atome in dem Zustand kleinsten Energieinhalts, dem Grundzustand, befinden. Es ist ersichtlich, daß in diesem Gas Lichtemission überhaupt unmöglich ist. Sobald aber Atome in Zuständen größeren Energieinhaltes vorhanden sind, können Lichtquanten emittiert werden, indem die betreffenden Atome in einen energieärmeren Zustand übergehen; man hat Linienemission. Sind Ionen und freie Elektronen vorhanden, können durch Einfangen Lichtquanten emittiert werden oder es können Lichtquanten durch Übergänge emittiert werden, wo die Geschwindigkeit eines freien Elektrons abnimmt, das Elektron aber frei bleibt. Da die Geschwindigkeiten der Elektronen beliebige Werte haben können, hat man ein kontinuierliches Emissionsspektrum.

Wir betrachten jetzt die Absorptionsprozesse. Befinden sich alle Atome im Grundzustand, so können Lichtquanten einer ganzen Reihe Frequenzen absorbiert werden. Erstens Lichtquanten aller Frequenzen, die Übergängen in andere stationäre Zustände größerer Energie des gebundenen Elektrons entsprechen, zweitens Lichtquanten sämtlicher Frequenzen, die genügend groß sind, um das Atom zu ionisieren. Wir haben Linienabsorption und kontinuierliche Absorption. Sind auch Atome in anderen stationären Zuständen vorhanden, so kommen noch weitere Frequenzen hinzu, den Übergängen aus diesen entsprechend. Es sei besonders hervorgehoben, daß Atome in den energiereicheren Zuständen durch Lichtquanten geringerer Energie ionisiert werden können, so daß also das Gebiet der kontinuierlichen Absorption weiter nach niedrigeren Frequenzen reicht. Sind schließlich freie Elektronen und Ionen vorhanden, so können sämtliche Frequenzen absorbiert werden durch Übergänge, bei denen die Energie des freien Elektrons um die Energie des absorbierten Lichtquants wächst.

Die durch Ionisation gebildeten Ionen verhalten sich genau wie die neutralen Atome: sie können in verschiedenen stationären Zuständen vorhanden sein, verschiedenen Konfigurationen der noch gebundenen Elektronen entsprechend, und sie können weiter ionisiert werden; man spricht von zweifacher, dreifacher und mehrfacher Ionisation.

Man sieht, daß sowohl das Emissionsvermögen wie das Absorptionsvermögen eines Gases von der Häufigkeit des Vorkommens der verschiedenen stationären Zustände von neutralen Atomen und Ionen oder, wie man auch sagt, von der Verteilung der Atome über die stationären Zustände abhängig ist.

Beobachtet man im Laboratorium die Absorption in einem Gas, so bemerkt man eine kräftige Absorption von Lichtquanten derjenigen Frequenzen, die Übergängen aus dem Grundzustand in energiereichere Zustände entsprechen. Weiter bemerkt man eine ziemlich kräftige Absorption von Lichtquanten so hoher Energie und Frequenz, daß sie Atome im Grundzustand ionisieren können. Man schließt hieraus, daß die Atome sich fast alle im Grundzustand befinden. Ganz in Übereinstimmung hiermit wird fast kein Licht vom Gas emittiert. Um Lichtemission im Gas hervorzurufen, muß eine nicht verschwindende Anzahl der Atome in energiereichere Zustände gebracht werden. Dies kann in verschiedener Weise geschehen. Man kann das Gas mit sehr intensivem Licht bestrahlen, das es absorbieren kann, und so erreichen, daß zahlreiche Atome in energiereichere Zustände übergehen. Oder man kann die Gasatome heftigen Stößen aussetzen, die sie in Zustände größerer Energie überführen, z. B. durch einen Funken, durch Elektronenbombardement oder durch starkes Erwärmen. Man sagt dann, daß man das Gas angeregt hat oder insbesondere, daß man einen bestimmten stationären Zustand angeregt hat. Die zur Anregung eines stationären Zustandes nötige Energie, den Energieunterschied gegen den Grundzustand, nennt man die Anregungsenergie oder das *Anregungspotential* des stationären Zustands.

Man pflegt diese Energie in Volt auszudrücken und meint mit der Energie 1 Volt diejenige Energie, die ein Elektron gewinnt, indem es durch ein elektrisches Feld von 1 Volt fällt.

Aus der bekannten Ladung des Elektrons findet man leicht:

$$1 \text{ Volt} \sim 1.591 \cdot 10^{-12} \text{ erg}.$$

Die Energie eines Lichtquants kann man natürlich auch in Volt ausdrücken. Nach der Frequenzbedingung ist:

$$E = h\nu$$

$$h = 6.55 \cdot 10^{-27} \text{ erg sec} \sim 4.12 \cdot 10^{-15} \text{ Volt} \cdot \text{sec}.$$

Die Frequenz hängt mit der Wellenlänge zusammen durch:

$$\nu = \frac{c}{\lambda},$$

$$c = 2.997 \cdot 10^{10} \text{ cm} \cdot \text{sec}^{-1}.$$

Hieraus kann man nun schließlich den Zusammenhang zwischen der Energie des Lichtquants, in Volt ausgedrückt, und der Wellenlänge finden:

$$E = h\nu = \frac{hc}{\lambda} = 12.34 \cdot 10^{-5} \frac{1}{\lambda} \text{ Volt} \cdot \text{cm}$$

oder:

$$E\lambda = 12340 \text{ Volt} \cdot \text{Ångström}. \tag{2}$$

Z. B. entspricht einem Lichtquant der Energie 5 Volt eine Wellenlänge von 2468 Ångström.

Durch sehr kräftige Anregung kann das Atom in einen stationären Zustand übergehen, wo ein Elektron frei wird, d. h. das Atom wird ionisiert, entweder durch Bestrahlung (Photoionisation) oder durch Stoß (Stoßionisation). Die zur Ionisation nötige Energie nennt man Ionisationsenergie oder *Ionisationspotential*. Ionisationspotentiale werden ebenso wie Anregungspotentiale in Volt ausgedrückt. Man sieht, daß das Ionisationspotential das Anregungspotential desjenigen stationären Zustands ist, wo ein Elektron gerade frei ist.

Als Beispiel betrachten wir Natrium. Natrium hat ein äußeres Elektron (ein Valenzelektron). Die verschiedenen stationären Zustände entsprechen verschiedenen Bindungsenergien dieses Elektrons gegenüber dem Atomkern und den inneren Elektronen. Der Zustand kleinster Energie mit Ausnahme des Grundzustands — der zweittiefste Zustand, wie man sagt — hat ein Anregungspotential von 2.09 Volt. Setzt man Natriumatome Stößen von Partikeln mit einer Energie größer als 2.09 Volt aus, so wird also dieser Zustand angeregt. Dann kann Lichtemission stattfinden, und zwar muß das Atom dabei in den Grundzustand zurückspringen, weil der Grundzustand der einzige Zustand geringeren Energieinhalts ist. Die Frequenz des emittierten Lichtes ist durch die Frequenzbedingung $E = h\nu$ bestimmt. Hier ist E gleich dem Anregungspotential, also 2.09 Volt. Man findet daraus durch eine leichte Umrechnung nach der Relation (2), daß die Frequenz einer Wellenlänge von 5890 A.E. entspricht. Dies ist die Wellenlänge der bekannten gelben Natriumlinie, von Fraunhofer D genannt. Das Ionisationspotential des Natriums ist 5.12 Volt. Stoßionisation erfordert also stoßende Partikeln einer Energie von mindestens 5.12 Volt, Photoionisation Lichtquanten von mindestens derselben Energie, was wieder nach der genannten Relation Licht, das kurzwelliger als 2413 A.E. ist, entspricht.

Die Natriumlinie 5890 ist in Wirklichkeit eine Doppellinie. Sie besteht aus zwei benachbarten Linien, mit den Wellenlängen 5889.96 und 5895.93. Schon bei mäßiger Dispersion lassen sich die beiden Linien trennen. Dementsprechend sind beim Natrium in Wirklichkeit zwei stationäre Zustände vorhanden mit dem Anregungspotential 2.09 Volt. Der Energieunterschied der beiden Zustände ist sehr gering, etwa 0.002 Volt. Die beiden Zustände erscheinen immer gleichzeitig angeregt.

Solche doppelten und auch mehrfachen Linien kommen bei vielen Elementen vor. Man nennt sie Dubletts, Tripletts usw., zusammenfassend *Multipletts*. Die Komponenten eines Multipletts sind oft weiter voneinander getrennt, als es bei Natrium der Fall ist; dennoch ist es möglich, durch genaue Analyse des Spektrums zu erkennen, daß sie zusammengehören. Wir können hierauf nicht weiter eingehen, werden uns aber in einem anderen Zusammenhang mit den Eigenschaften von Multiplettlinien zu beschäftigen haben (vgl. S. 388).

Zum Schluß sei noch etwas über die Natur der Absorptionslinien und Emissionslinien angeführt. Die Linien sind nicht absolut scharf. Erstens erzeugt der DOPPLER-Effekt (vgl. S. 20) eine Unschärfe: die emittierenden und absorbierenden Atome haben wegen der Wärmebewegung verschiedene Geschwindigkeiten, und dies ruft kleine Unterschiede in den Frequenzen der emittierten bzw. absorbierten Lichtquanten hervor, was schließlich eine Unschärfe der beobachteten Linien verursacht. Aber auch ohne merkbaren DOPPLER-Effekt (z. B. bei sehr niedrigen Temperaturen und entsprechend kleiner Wärmebewegung) sind die Linien nicht scharf. Dies kann man auf eine Unschärfe der stationären Zustände zurückführen: Es sind nicht nur stationäre Zustände mit einer ganz bestimmten Energie vorhanden, sondern auch solche, deren Energie ein wenig von dieser verschieden ist. Allerdings ist die Zahl der Atome in stationären Zuständen mit größerer Abweichung im Energieinhalt verhältnismäßig außerordentlich klein. Man spricht von einer natürlichen Unschärfe der stationären Zustände. Für den Grundzustand ist die natürliche Unschärfe viel kleiner als für die anderen Zustände, bei einem vollkommen ungestörten Atom im Grundzustand ist sie verschwindend.

265. *Über quantitative Berechnung des Absorptions- und Emissionsvermögens.* Wir haben im vorigen Paragraphen qualitative Überlegungen über Absorptions- und Emissionsvermögen eines Gases angestellt und insbesondere den Einfluß der Verteilung der Atome über die stationären Zustände diskutiert. Es soll jetzt angedeutet werden, wie man quantitative Rechnungen über diese Größen anstellen kann.

In einem Gas sei eine Anzahl der Atome in einem bestimmten angeregten Zustand. Wir wollen uns nun nicht mit der qualitativen Aussage begnügen, daß dann Lichtemission in gewissen Frequenzen möglich ist, sondern fragen nach der Intensität des emittierten Lichtes, d. h. nach der Zahl der pro Zeiteinheit emittierten Lichtquanten. Ganz ähnlich bei den Absorptionsprozessen: Neben den qualitativen Aussagen, daß von Atomen in einem gegebenen stationären Zustand Lichtquanten der und der Frequenzen absorbiert werden, verlangen wir Auskunft über die Zahl der pro Zeiteinheit absorbierten Lichtquanten.

Man präzisiert die Fragestellungen durch Einführung des Begriffes der *Übergangswahrscheinlichkeit* zwischen zwei stationären Zuständen. Sind N Atome in einem stationären Zustand vorhanden, und ist die Übergangswahrscheinlichkeit für den Übergang in einen anderen Zustand gleich w, so bedeutet dies, daß die Zahl (n) der in der Zeit Δt stattfindenden Übergänge:

$$n = N w \Delta t \tag{1}$$

ist.

Die Übergangswahrscheinlichkeiten können durch atomare Konstanten ausgedrückt werden. Die atomtheoretische Berechnung (nach der Quantenmechanik) dieser atomaren Konstanten ist eine Aufgabe ähnlicher Natur wie z. B. die atomtheoretische Berechnung der Energien der stationären Zustände.

Sind Atome in einem angeregten Zustand sich selbst vollkommen überlassen ohne jede äußere Störung, so sind die Übergangswahrscheinlichkeiten für die Übergänge direkt atomare Konstanten. Insbesondere sind für den Grundzustand alle Übergangswahrscheinlichkeiten Null. Anders wenn die Atome einer Strahlung ausgesetzt sind. Dann ist auch die Intensität der Strahlung maßgebend. Die Ausdrücke für die Übergangswahrscheinlichkeiten sind aber sehr einfach. Wir betrachten zwei stationäre Zustände, 1 und 2; 2 sei der energiereichere der beiden. Der Energiedifferenz $E_2 - E_1$ entspricht eine gewisse Frequenz nach der Frequenzbedingung $E_2 - E_1 = h\nu$. Nur Strahlung dieser Frequenz beeinflußt die Übergangswahrscheinlichkeiten der Übergänge $2 \to 1$ und $1 \to 2$. Fällt die Strahlung in allen Richtungen auf die Atome, und ist I_ν die Intensität der Strahlung für die Frequenz ν (für alle Richtungen gleich), so hat man folgende Ausdrücke für die Übergangswahrscheinlichkeiten w_{21} und w_{12} der Übergänge $2 \to 1$ und $1 \to 2$:

$$w_{21} = a_{21} + b_{21} I_\nu \tag{2}$$

$$w_{12} = b_{12} I_\nu , \tag{3}$$

wo jetzt a_{21}, b_{21} und b_{12} atomare Konstanten sind. Die Übergangswahrscheinlichkeiten sind lineare Ausdrücke in I_ν. Ist I_ν gleich Null, so hat man den früher erörterten Fall. Beide Übergangswahrscheinlichkeiten wachsen mit der Intensität der Strahlung. Fällt die Strahlung nicht in allen Richtungen auf die Atome, sondern nur innerhalb des Raumwinkels ω, so ist in den Gleichungen (2) und (3) $I_\nu \cdot \frac{\omega}{4\pi}$ statt I_ν einzusetzen (Strahlung in allen Richtungen entspricht dem Raumwinkel 4π).

Es seien N_1 Atome im Zustand 1, N_2 Atome im Zustand 2. Dann ist die Zahl der Übergänge $2 \to 1$ bzw. $1 \to 2$ in der Zeit Δt nach (1) und (2) bzw. (3):

$$n_{2\to 1} = N_2 (a_{21} + b_{21} I_\nu) \Delta t \tag{4}$$

$$n_{1\to 2} = N_1 b_{12} I_\nu \Delta t . \tag{5}$$

Die letzte Gleichung zeigt, daß die Zahl der durch Übergänge $1 \to 2$ pro Zeiteinheit absorbierten Lichtquanten von der Frequenz ν der Intensität des auffallenden Lichts dieser Frequenz, I_ν, proportional ist. Das Absorptionsvermögen des Gases gegenüber Licht der Frequenz ν ist dem Faktor $N_1 b_{12}$ proportional.

Die Gleichungen (2) und (3) können atomtheoretisch begründet werden. Man ist imstande, die Reaktion des Atoms auf die Störung durch die Strahlung quantenmechanisch zu verfolgen und so die Übergangswahrscheinlichkeiten zu berechnen. Zur Feststellung numerischer Werte der Atomkonstanten a_{21}, b_{21} und b_{12} für die verschiedenen Atome bedarf es allerdings im allgemeinen sehr schwieriger numerischer Rechnungen. Zwischen den Konstanten gelten jedoch gewisse einfache Beziehungen, und zwar dieselben für alle Atome. Es ist unter gewissen Voraussetzungen über die stationären Zustände, nämlich daß sie einfach und nicht aus zusammenfallenden (oder sehr nahe zusammenfallenden) stationären Zuständen zusammengesetzt sind:

$$a_{21} = \frac{2 h \nu^3}{c^2} b_{12} \tag{6}$$

$$b_{21} = b_{12} . \tag{7}$$

Durch diese Gleichungen können die Übergangswahrscheinlichkeiten also durch eine atomare Konstante ausgedrückt werden.

Zusammenfallende oder nahe zusammenfallende stationäre Zustände kann man oft als einen stationären Zustand behandeln. Die Übergangswahrscheinlichkeiten sind dann entsprechend zu modifizieren. Der stationäre Zustand 1 sei aus g_1 zusammenfallenden stationären Zuständen zusammengesetzt, der Zustand 2 aus g_2. In jedem der stationären Zustände, aus denen 1 zusammengesetzt ist, befindet sich der Bruchteil $\frac{1}{g_1}$ der Gesamtzahl der Atome in 1, für 2 ist der Bruchteil $\frac{1}{g_2}$ (vgl. darüber, daß gleich viele Atome in den einfachen stationären Zuständen des zusammengesetzten Zustands vorhanden sind, S. 363). Man hat jetzt sämtliche Übergangsmöglichkeiten zu berücksichtigen: aus jedem der stationären Zustände von 1 in jeden der stationären Zustände von 2 und umgekehrt. Jeder der Übergänge $2 \rightarrow 1$ ist für den Bruchteil $\frac{1}{g_2}$ der Atome in 2 möglich, jeder der Übergänge $1 \rightarrow 2$ für den Bruchteil $\frac{1}{g_1}$ der Atome in 1. Dies gibt:

$$a_{21} = \frac{1}{g_2} a'_{21} + \frac{1}{g_2} a''_{21} + \frac{1}{g_2} a'''_{21} + \cdots$$

$$b_{21} = \frac{1}{g_2} b'_{21} + \frac{1}{g_2} b''_{21} + \frac{1}{g_2} b'''_{21} + \cdots$$

$$b_{12} = \frac{1}{g_1} b'_{12} + \frac{1}{g_1} b''_{12} + \frac{1}{g_1} b'''_{12} + \cdots$$

in leicht verständlicher Schreibweise. Die gestrichenen Größen beziehen sich jetzt auf Übergänge zwischen einfachen stationären Zuständen, und es gelten für diese folglich die Gleichungen (6) und (7):

$$a'_{21} = \frac{2 h \nu^3}{c^2} b'_{12}\,; \qquad a''_{21} = \frac{2 h \nu^3}{c^2} b''_{12}\,; \qquad a'''_{21} = \frac{2 h \nu^3}{c^2} b'''_{12}$$

$$b'_{21} = b'_{12}\,; \qquad b''_{21} = b''_{12}\,; \qquad b'''_{21} = b'''_{12} \qquad \text{usw.}$$

Hiermit erhält man unmittelbar:

$$a_{21} = \frac{g_1}{g_2} \frac{2 h \nu^3}{c^2} b_{12} \tag{6a}$$

$$b_{21} = \frac{g_1}{g_2} b_{12}\,, \tag{7a}$$

gültig für die aus g_1 bzw. g_2 stationären Zuständen zusammengesetzten Zustände 1 und 2.

Übergänge, bei denen ein Elektron frei wird bzw. eingefangen wird, kann man unter demselben Gesichtspunkt betrachten. Man kann Übergangswahrscheinlichkeiten von Übergängen zwischen einem stationären Zustand 1, einem gebundenen Elektron entsprechend, und einem stationären Zustand 2, einem freien Elektron mit der Geschwindigkeit v entsprechend, betrachten und ganz ähnliche Ausdrücke ableiten. Man erhält somit Ausdrücke für die Wahrscheinlichkeit von Photoionisation und Elektroneneinfang. Ähnliches gilt auch für Übergänge zwischen zwei stationären Zuständen, die beide einem freien Elektron entsprechen.

Es soll noch die Bedeutung der oben besprochenen Unschärfe der stationären Zustände in diesem Zusammenhang erörtert werden. Wir betrachten wieder zwei stationäre Zustände 1 und 2, einem gebundenen Elektron entsprechend. Wir haben von den Übergangswahrscheinlichkeiten der Übergänge $1 \rightarrow 2$ und $2 \rightarrow 1$ schlechthin gesprochen, ohne darauf Rücksicht zu nehmen, daß die stationären Zustände eine endliche Breite haben, so daß man eigentlich Übergangswahrscheinlichkeiten zwischen Zuständen mit Energien, die innerhalb eines gewissen schmalen Spielraums beliebig sein können, hätte betrachten müssen.

Man hat diese Frage atomtheoretisch verfolgen können. In der Tat ist man in der Lage, die genannten Teilübergangswahrscheinlichkeiten, die zusammen die Übergangswahrscheinlichkeit $1 \to 2$ bzw. $2 \to 1$ ergeben, zu bestimmen. Zur Erläuterung betrachten wir den einfachsten Fall, wo der Zustand 1 der Grundzustand ist; hier sind die Verhältnisse deshalb einfach, weil die Unschärfe des Grundzustands verschwindend klein ist. Die Energie des Grundzustands sei E_1. Die mittlere Energie des stationären Zustands 2 sei E_2^0. Die Übergangswahrscheinlichkeit für einen Übergang von 1 in einen stationären Zustand mit einer Energie zwischen E und $E + \Delta E$ ist dann durch einen Ausdruck der folgenden Form gegeben:

$$w_{1E} = \frac{\gamma \cdot \Delta E}{\left(\frac{1}{2}\gamma\right)^2 + \frac{4\pi^2}{h^2}(E - E_2^0)^2} I_\nu\,, \tag{8}$$

wo γ ein Maß für die Unschärfe ist.

Die Übergangswahrscheinlichkeit nimmt mit wachsendem $E - E_2^0$ sehr schnell ab. Dabei kommt es, wie aus (8) ersichtlich ist, auf das Verhältnis zwischen $(E - E_2^0)$ und dem Maß der Unschärfe γ an. Die Summe der Teilübergangswahrscheinlichkeiten ist gleich $b_{12} I_\nu$. Die Formel (8) zeigt, zusammen mit der Frequenzbedingung $E - E_1 = h\nu$, wie in diesem Falle der Absorptionskoeffizient innerhalb der Linie variiert.

Sind beide stationäre Zustände unscharf, so werden die Ausdrücke etwas weniger einfach, aber doch von ganz derselben Art wie (8).

Das Absorptionsvermögen variiert also innerhalb der Absorptionslinie mit der Frequenz. Es zeigt sich, daß die Abhängigkeit von der Frequenz immer durch einen Ausdruck der folgenden Form gegeben ist:

$$\alpha_\nu = \frac{\gamma'}{\left(\frac{1}{2}\gamma'\right)^2 + 4\pi^2(\nu - \nu_0)^2}\,, \tag{9}$$

wo γ' ein Maß der Unschärfe der Spektrallinie ist und ν_0 die Frequenz der Linienmitte bedeutet.

Bei den astronomischen Anwendungen dieser Formel ist $(\nu - \nu_0)$ immer groß gegenüber der Größe γ'. Dann ist einfach:

$$\alpha_\nu = \frac{\text{const}}{(\nu - \nu_0)^2}\,. \tag{9a}$$

Zusammenfassend kann man sagen, daß man Emissionsvermögen und Absorptionsvermögen von Atomen in beliebigen stationären Zuständen durch die Übergangswahrscheinlichkeiten vollkommen beschreiben kann.

Weiß man also, wie in einem gegebenen Augenblick die Atome über die stationären Zustände verteilt sind, so kann man das Verhalten der Atome bei einer gegebenen Bestrahlung berechnen; man kann die Anzahl der von den Atomen des Gases absorbierten und emittierten Lichtquanten jeder Frequenz angeben.

Die Verteilung der Atome über die stationären Zustände wird nun durch die Übergänge zwischen diesen beeinflußt, teils durch die gerade betrachteten Übergänge, die die Absorption und Emission von Lichtquanten begleiten, teils durch die früher besprochenen strahlungslosen Übergänge durch Partikelstöße.

In den Sternatmosphären bildet sich ein gewisser Gleichgewichtszustand aus. An einem gegebenen Ort ist die Heftigkeit der Stöße durch die Wärmebewegung, d. h. durch die Temperatur gegeben, diese ist wieder von der Bestrahlung und dem Absorptionsvermögen abhängig, während die für die Emission und Absorption maßgebende Verteilung über die stationären Zustände wieder durch die Stoßheftigkeit und die Bestrahlung bestimmt wird. Es stellt sich ein gewisses Gleichgewicht ein, bei dem die Verteilung über die stationären Zustände, die Absorption und die Emission an jedem Ort zeitlich konstant ist. Durch die Absorption und Emission in den verschiedenen Schichten der Atmosphäre ist schließlich die den Beobachter erreichende Strahlung bestimmt. Hiervon wird in den folgenden Abschnitten näher die Rede sein.

266. *Gleichgewichtszustände eines homogenen, unendlich ausgedehnten Gases.* Wir betrachten zunächst als Vorbereitung den einfachsten Fall des Gleichgewichtszustands eines homogenen, unendlich ausgedehnten Gases einer bestimmten Dichte und einer bestimmten Temperatur. Im Gleichgewichtszustand müssen alle das Gas charakterisierenden Größen zeitlich konstant sein: Die Geschwindigkeitsverteilung der vorhandenen Partikel muß zeitlich konstant sein; ebenso die Zahl pro Volumeneinheit der neutralen Atome im Grundzustand, in einem beliebigen angeregten Zustand usw., der einfach ionisierten Atome in einem beliebigen stationären Zustande, kurz: die Verteilung der Atome über die stationären Zustände muß zeitlich konstant sein. Ferner muß auch die Zahl pro Volumeneinheit der Lichtquanten jeder Frequenz zeitlich konstant sein.

Soll die Zahl der Atome in einem beliebigen stationären Zustand zeitlich konstant sein, so muß die Zahl der Übergänge in diesen Zustand gleich derjenigen der Übergänge aus dem Zustand sein, die Zufuhr muß gleich der Abwanderung sein.

Das Gleichgewicht stellt sich folgendermaßen ein. Die Zahl der Übergänge aus einem beliebigen Zustand ist proportional der Anzahl der Atome in dem betreffenden Zustand. Ist in einem gegebenen Augenblick z. B. die Abwanderung größer als die Zufuhr, so nimmt die genannte Anzahl ab, und infolgedessen wird auch die Abwanderung kleiner. Dies setzt sich so lange fort, bis die Abwanderung gleich der Zufuhr geworden ist. Wie man sieht, ist der Gleichgewichtszustand ein stabiler, indem Abweichungen vom Gleichgewichtszustand immer Änderungen auf ihn zu hervorrufen.

Übergänge in den bzw. aus dem betrachteten Zustand sind in mannigfacher Weise möglich. Zunächst kann man unterscheiden zwischen Übergängen, die unter Emission oder Absorption von Strahlung stattfinden, kurz Strahlungsübergängen, und strahlungslosen Übergängen durch Partikelstöße. Die Strahlungsübergänge können unterteilt werden, je nach den stationären Zuständen des betrachteten Atoms, aus denen bzw. in die sie erfolgen. Dasselbe gilt für die strahlunglosen Übergänge, diese können aber noch weiter unterteilt werden, nämlich nach der Art und der Energie der stoßenden Partikel.

Die obengenannte Gleichgewichtsforderung sagt nun bloß aus, daß die Gesamtzahl aller Übergänge in den Zustand gleich der Gesamtzahl aller Übergänge aus dem Zustand sein soll. Über den Anteil der Übergänge einer gewissen Art an den Gesamtzahlen sagt sie nichts aus. Es wäre z. B. denkbar, daß die Übergänge in einen stationären Zustand durch Partikelstöße stattfänden, während die Übergänge aus dem Zustand Strahlungsübergänge wären. Allerdings würde dies einen Übergang von Bewegungsenergie in Strahlungsenergie bedeuten, der bei vollkommenem Gleichgewicht durch andere Prozesse genau aufgehoben werden müßte. Dies würde nun eine gegenseitige Anpassung verschiedenartiger Prozesse aneinander verlangen, die eigentlich gar nicht zu erwarten ist. Wir kennen in der Tat nur einen Fall, wo ein universeller Zusammenhang zwischen den Übergangswahrscheinlichkeiten zweier Prozesse besteht: der Fall, daß der eine Prozeß genau der umgekehrte des anderen ist. Ein Beispiel hiervon sind die Gleichungen (6) und (7) zwischen den die auf S. 355 betrachteten Übergänge $1 \rightarrow 2$ und $2 \rightarrow 1$ regelnden atomaren Konstanten.

Solche Überlegungen haben nun zu der Annahme geführt, daß in einem vollkommenen Gleichgewichtszustand, wie dem betrachteten, ganz allgemein ein beliebiger Übergangsprozeß gleich häufig ist wie der genau entgegengesetzte Übergangsprozeß. Diese Annahme nennt man die Annahme von dem detaillierten Ausgleich. Nach dieser Annahme ist z. B. die Zahl der Übergänge $1 \rightarrow 2$ unter Absorption eines Lichtquants $h\nu = E_2 - E_1$ gleich der Zahl der Übergänge $2 \rightarrow 1$ unter Emission eines Lichtquants $h\nu = E_2 - E_1$; die Zahl der Übergänge $1 \rightarrow 2$ durch den Stoß eines Elektrons mit der Energie $E_e > E_2 - E_1$, wodurch das Elektron mit der Energie $E_e - (E_2 - E_1)$ weiter fliegt, ist gleich der Zahl der Übergänge $2 \rightarrow 1$ durch den Stoß eines Elektrons mit der Energie $E_e - (E_2 - E_1)$, das dann mit der Energie E_e fortfliegt usw.

Nach der Annahme des detaillierten Ausgleichs kann man bei vollkommenem Gleichgewicht die Zeitrichtungen Vergangenheit → Zukunft und Zukunft → Vergangenheit nicht unterscheiden.

Die Annahme ermöglicht wichtige Schlüsse in bezug auf den Gleichgewichtszustand:

1. Wir betrachten zunächst die *Geschwindigkeitsverteilung* der Partikeln des Gases. Die Geschwindigkeiten der Partikeln ändern sich ständig durch die Zusammenstöße. Nach der obigen Annahme muß die Zahl der Stöße einer beliebigen Art gleich der Zahl der Stöße umgekehrter Art sein. Die Zahl der Stöße einer gegebenen Art hängt nun von der Geschwindigkeitsverteilung ab. Die Verteilungsfunktion der Geschwindigkeiten — die die Zahl der Partikeln zwischen beliebigen Grenzen der Geschwindigkeit gibt — geht somit in die Stoßzahlgleichung ein und kann in der Tat unter gewissen allgemeinen Voraussetzungen über die Natur der Stöße (daß die zwischen den Partikeln wirkenden Kräfte Zentralkräfte sind) ermittelt werden. Das so gefundene Verteilungsgesetz der Partikelgeschwindigkeit heißt *das* MAXWELL*sche Verteilungsgesetz.*

Es lautet wie folgt: Die Zahl der Partikeln der Masse m in der Volumeneinheit sei N. Dann ist die Zahl dieser Partikeln, die rechtwinklige Geschwindigkeitskomponenten zwischen den Grenzen:

$$u \text{ und } u + du$$
$$v \text{ und } v + dv$$
$$w \text{ und } w + dw$$

haben, in der Volumeneinheit gleich:

$$N\left(\frac{m}{2\pi k T}\right)^{3/2} e^{-\frac{1}{2} m (u^2+v^2+w^2) \frac{1}{kT}} \, du\, dv\, dw\,. \tag{1}$$

Hier ist T die Temperatur und k eine Konstante, auf deren Bedeutung wir gleich zurückkommen werden.

Man kann das MAXWELLsche Verteilungsgesetz auch in etwas anderer Weise formulieren. Es enthält erstens eine Aussage über die Richtungen der Partikelgeschwindigkeit: alle Richtungen kommen gleich oft vor, und zweitens eine Aussage über die Größe (V) der Partikelgeschwindigkeit. Statt diese zu betrachten, kann man die damit äquivalente Größe $\frac{1}{2} m V^2$, die kinetische Energie, einführen. Man findet aus dem MAXWELLschen Gesetz (1) (durch eine Integration über alle Richtungen), daß die Zahl der Partikeln der Masse m, deren kinetische Energie zwischen den Grenzen:

$$E \text{ und } E + dE$$

liegt, in der Volumeneinheit gleich:

$$N \cdot \frac{2}{\sqrt{\pi}} \left(\frac{1}{kT}\right)^{3/2} e^{-\frac{\frac{1}{2} m V^2}{kT}} \left(\frac{1}{2} m V^2\right)^{1/2} d\left(\frac{1}{2} m V^2\right)$$

d. h.

$$N \cdot \frac{2}{\sqrt{\pi}} \left(\frac{1}{kT}\right)^{3/2} e^{-\frac{E}{kT}} \sqrt{E}\, dE \tag{2}$$

ist.

Wie man sieht, ist jetzt die Form der Gleichung für Partikeln jeder Masse dieselbe. Die Masse geht nur implizite durch die Beziehung $E = \frac{1}{2} mV^2$ in das Gesetz ein.

Die Gleichungen (1) und (2) bedürfen einiger Erläuterung. Sie müssen beide die Bedingung erfüllen, daß sie die Summe der Partikeln mit allen möglichen Geschwindigkeiten bzw. kinetischen Energien gleich N ergeben. Dies bestätigt man leicht durch eine Integration; die Faktoren $\frac{2}{\sqrt{\pi}}$ usw. sind eben durch diese Bedingung bestimmt. Nach (2) kann man die mittlere kinetische Energie der Partikeln ableiten. Sie ist für Partikeln aller Massen gleich:

$$\overline{E} = \frac{\int\limits_0^\infty E \cdot e^{-\frac{E}{kT}} \sqrt{E}\, dE}{\int\limits_0^\infty e^{-\frac{E}{kT}} \sqrt{E}\, dE} = \frac{(kT)^{5/2} \cdot \frac{3}{2} \sqrt{\frac{\pi}{2}}}{(kT)^{3/2} \cdot \sqrt{\frac{\pi}{2}}} = \frac{3}{2} kT. \tag{3}$$

In der Tat **definiert** man die Temperatur durch die Bedingung, daß die Temperatur der mittleren kinetischen Energie proportional sein soll. Die Proportionalitätskonstante k nennt man die BOLTZMANNsche Konstante. Bei der allgemein gebräuchlichen Wahl der Einheiten hat sie die Größe:

$$1.372 \cdot 10^{-16} \text{ erg Grad}^{-1}. \tag{4}$$

Ohne diese Temperaturdefinition hätte man $\overline{E}$ im Verteilungsgesetz beibehalten müssen, und hätte es nicht in der Form (1) oder (2) schreiben können.

Es ist für unsere Zwecke bequem, die kinetische Energie der Partikeln in Volt auszudrücken (vgl. S. 353). Aus:

$$1 \text{ Volt} \sim 1.591 \cdot 10^{-12} \text{ erg}$$

folgt:

$$k = 0.862 \cdot 10^{-4} \text{ Volt Grad}^{-1}. \tag{5}$$

Die mittlere kinetische Energie der Partikeln ist nach (3) und (5):

$$\overline{E} = 1.293 \cdot 10^{-4} \cdot T \text{ Volt}.$$

Abb. 157 zeigt die Verteilung der kinetischen Energie der Partikeln für zwei Temperaturen, $T = 5000°$ und $T = 20000°$. Die Abszisse ist die Partikelenergie in Volt, die Ordinate ist der Partikelzahl nach (2) proportional. Man sieht z. B.: Für $T = 5000°$ ist die Zahl der Partikeln mit einer kinetischen Energie zwischen 2.0 und 2.1 Volt pro Volumeneinheit gleich etwa $0.1 \cdot 0.05\, N = 0.005\, N$. Für $T = 20000°$ ist diese Anzahl gleich etwa $0.022\, N$.

Differenziert man das MAXWELLsche Verteilungsgesetz nach der Temperatur, so erhält man:

$$\frac{\partial N(E,T)}{\partial T} \sim -\frac{3}{2} T^{-\frac{5}{2}} e^{-\frac{E}{kT}} + T^{-\frac{3}{2}} \frac{E}{kT^2} e^{-\frac{E}{kT}} = \frac{3}{2} T^{-\frac{5}{2}} e^{-\frac{E}{kT}} \left\{\frac{E}{\overline{E}} - 1\right\}. \tag{6}$$

Hieraus ersieht man, wie bei steigender Temperatur die Zahl der Partikeln mit einer kinetischen Energie kleiner als der mittleren ($E < \overline{E}$) abnimmt, die Zahl der Partikeln mit $E > \overline{E}$ zunimmt. Die Zahl der Partikeln mit einer beliebigen Energie E wächst also mit steigender Temperatur, bis $\frac{3}{2} kT = \overline{E} = E$ wird, und nimmt dann bei noch höherer Temperatur wieder ab.

2. Wir betrachten ferner die Verteilung der Atome über die stationären Zustände. Zuerst untersuchen wir die Verteilung über die stationären Zustände des neutralen Atoms für sich, über die stationären Zustände des einfach ionisierten Atoms für sich usw. Wir vergleichen mit anderen Worten stationäre Zustände derselben Ionisationsstufe. Danach wollen wir stationäre Zustände verschiedener Ionisationsstufe mit einander vergleichen.

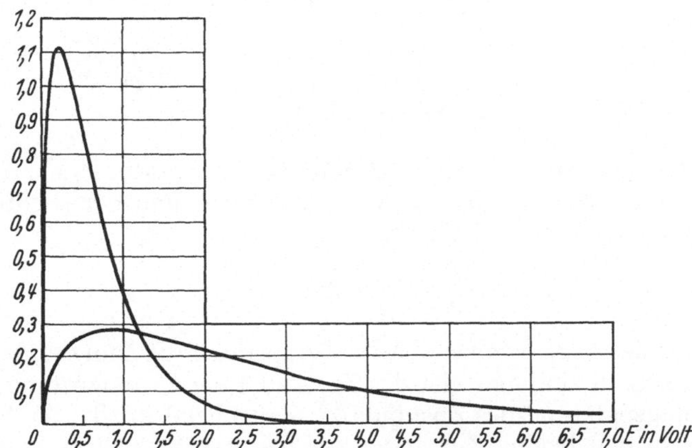

Abb. 157. Die Verteilung der kinetischen Energie der Partikeln eines Gases für $T = 5000°$ (die spitze Kurve) und 20 000° (die flache Kurve).

Zwei stationäre Zustände z. B. des neutralen Atoms heißen wieder 1 und 2 ($E_2 > E_1$). Wir fassen die strahlungslosen Übergänge $1 \rightarrow 2$ und $2 \rightarrow 1$ durch Stoß freier Elektronen ins Auge. Wir spezifizieren zwei Übergänge, von denen der eine der umgekehrte des anderen ist:

a) Übergang $1 \rightarrow 2$ durch Stoß eines freien Elektrons mit der Energie $E_e > E_2 - E_1$, wodurch das freie Elektron mit der um $E_2 - E_1$ verminderten Energie $E_e - (E_2 - E_1)$ fortfliegt.

b) Übergang $2 \rightarrow 1$ durch Stoß eines freien Elektrons mit der Energie $E_e - (E_2 - E_1)$, wodurch das freie Elektron mit der um $E_2 - E_1$ vermehrten Energie E_e fortfliegt.

Die Zahl der im Gas pro Volumeneinheit und Zeiteinheit stattfindenden Übergänge a ist proportional: der Zahl pro Volumeneinheit — kurz Zahl — der vorhandenen Atome im Zustand 1, N_1, und der Zahl der freien Elektronen mit der Energie E_e. Die Proportionalitätskonstante ist eine von den Zuständen 1 und 2 und der Elektronenergie E abhängige atomare Konstante. Aus dem Ausdruck (2) findet man, daß die Zahl der Elektronen mit der Energie E_e (genauer mit einer Energie zwischen E_e und $E_e + dE_e$) proportional

$$N_e \left(\frac{1}{kT}\right)^{3/2} e^{-\frac{E_e}{kT}}$$

ist, wenn N die Gesamtzahl der freien Elektronen bedeutet. Die Proportionalitätskonstante hängt von E_e (und dE_e) ab, nicht aber von der Temperatur und der Dichte. Folglich ist die Zahl der Übergänge a gleich:

$$n_{1 \rightarrow 2} = \alpha N_1 N_e \left(\frac{1}{kT}\right)^{3/2} e^{-\frac{E_e}{kT}}, \tag{7}$$

wo α eine von der Art des Stoßes abhängige atomare Konstante ist.

Ganz ähnlich erhält man für die Zahl der Übergänge b:

$$n_{2\to 1} = \beta N_2 N_e \left(\frac{1}{kT}\right)^{3/2} e^{-\frac{E_e-(E_2-E_1)}{kT}}, \tag{8}$$

wo jetzt β eine von der Art des Stoßes b abhängige Konstante ist.

Nach der Annahme von dem detaillierten Ausgleich muß nun im Gleichgewicht immer:

$$n_{1\to 2} = n_{2\to 1}$$

sein, es muß also:

$$\frac{N_2 N_e \left(\frac{1}{kT}\right)^{3/2} e^{-\frac{E_e-(E_2-E_1)}{kT}}}{N_1 N_e \left(\frac{1}{kT}\right)^{3/2} e^{-\frac{E_e}{kT}}} = \frac{\alpha}{\beta}$$

eine nur von der Art der Stöße abhängige Konstante sein. Insbesondere ist diese Konstante unabhängig von der Temperatur und der Dichte. Es gilt also für alle Temperaturen und Dichten:

$$\frac{N_2}{N_1} = \text{const}\, e^{-\frac{(E_2-E_1)}{kT}} \tag{9}$$

Diese Formel zeigt, wie bei höherer Temperatur die Zahl der Atome in energiereicherem Zustand zunimmt. Ist der Zustand 1 der Grundzustand, so ist $E_2 - E_1$ das Anregungspotential des Zustands 2. Maßgebend für das Verhältnis der Zahl der Atome in den beiden Zuständen ist also das Verhältnis zwischen dem Anregungspotential und der mittleren kinetischen Energie der Partikeln des Gases. Ist das Anregungspotential groß gegenüber E, so ist die Zahl der Atome im betreffenden Zustand relativ sehr klein.

Die Konstante in (9) ist eine von den beiden Zuständen 1 und 2 abhängige Konstante. Für jede Kombination von zwei Zuständen gilt eine Gleichung von der Form der Gleichung (9) mit einer von den beiden Zuständen abhängigen Konstanten. Betrachtet man ein Gas sehr hoher Temperatur, so daß kT sehr groß gegen die in Betracht kommenden $(E_2 - E_1)$-Werte ist, so wird der Exponentialfaktor praktisch gleich 1, und die Verhältnisse der Zahlen N reduzieren sich auf die eben genannten Konstanten. Man hat also:

$$N_1 : N_2 : N_3 : N_4 \cdots = q_1 : q_2 : q_3 : q_4 \quad \text{für } kT \gg E_m - E_n, \tag{10}$$

wo jedem stationären Zustand eine Konstante q entspricht. Die Gleichung (9) wird mit diesen Bezeichnungen:

$$\frac{N_2}{N_1} = \frac{q_2}{q_1} e^{-\frac{E_2-E_1}{kT}}. \tag{11}$$

Die Zahlen q nennt man statistische Gewichte der stationären Zustände. Durch (10) ist eine Interpretation der statistischen Gewichte gegeben. Das durch (9) bzw. (11) ausgedrückte Gesetz heißt das BOLTZMANNsche Gesetz. Es gilt, wie schon hervorgehoben, für zwei beliebige Zustände derselben Ionisationsstufe.

Über die statistischen Gewichte q macht man folgende Annahme, die man als eine einfache, den Experimenten gerechtwerdende Annahme hinstellen kann: Die statistischen Gewichte aller einfachen (nicht zusammengesetzten) stationären Zustände sind gleich derselben Zahl. Da es immer nur auf das Verhältnis von statistischen Gewichten ankommt, kann man diese Zahl beliebig festsetzen und wählt sie am bequemsten gleich 1. Für einen einfachen stationären Zustand ist also $q = 1$.

Fallen g stationäre Zustände zusammen in dem Sinn, daß sie die gleiche Energie E haben (vgl. S. 356), so wird die Anzahl der Atome im zusammengesetzten Zustand durch eine Summe von Gliedern, der Formel (11) entsprechend, ausgedrückt: Der Exponentialfaktor ist für jedes Glied derselbe, das statistische Gewicht für jedes Glied gleich 1, und die Zahl der Glieder g. Durch Addition der Glieder sieht man, daß für zusammengesetzte Zustände wieder eine Gleichung der Form (11) gilt, wenn für q die entsprechende Anzahl von einfachen Zuständen, aus denen der betreffende Zustand zusammengesetzt ist, eingesetzt wird.

Wir können also allgemein schreiben:

$$\frac{N_2}{N_1} = \frac{g_2}{g_1} e^{-\frac{E_2 - E}{kT}}; \tag{11a}$$

wo also g_1 und g_2 die Zahlen der einfachen Zustände, aus denen 1 bzw. 2 zusammengesetzt sind, bedeuten.

Wir gehen jetzt dazu über, die Zahl der Atome in stationären Zuständen verschiedener Ionisationsstufe zu vergleichen. Wir können uns damit begnügen, die Grundzustände der verschiedenen Ionisationsstufen zu vergleichen. Nach (11) kennen wir ja die Verhältnisse zwischen den Anzahlen der Atome in verschiedenen Zuständen derselben Ionisationsstufe.

Wir vergleichen die Zahl der Atome im Grundzustand einer beliebigen Ionisationsstufe mit der Zahl der Atome im Grundzustand der darauffolgenden Ionisationsstufe. Der Einfachheit halber wollen wir das neutrale Atom und das einfach ionisierte Atom betrachten; die Überlegungen sind aber für beliebige aufeinanderfolgende Ionisationsstufen dieselben, und die Schlußformel hat immer genau dieselbe Form.

Die Überlegungen verlaufen in ganz derselben Weise wie bei der Ableitung der BOLTZMANNschen Formel.

Es sei N_1 die Zahl pro Volumeneinheit der Atome im Grundzustand, 1, des neutralen Atoms, N_1^+ die Zahl der Atome im Grundzustand des einfach ionisierten Ions, 1^+, ferner N_e die Zahl der freien Elektronen. Das Ionisationspotential des neutralen Atoms sei χ. Wir spezifizieren zwei Übergänge zwischen 1 und 1^+, von denen der eine der umgekehrte des anderen ist:

a) Übergang $1 \to 1^+ +$ ein freies Elektron mit der Energie E'_e durch Stoß eines freien Elektrons mit der Energie $E''_e > \chi$, wodurch das stoßende Elektron mit der um $\chi + E'_e$ verminderten Energie $E''_e - (\chi + E'_e)$ fortfliegt.

b) Übergang $1^+ +$ ein freies Elektron mit der Energie $E'_e \to 1$ durch Stoß eines freien Elektrons mit der Energie $E''_e - (\chi + E'_e)$, wodurch das stoßende Elektron mit der um $\chi + E'_e$ vermehrten Energie E''_e fortfliegt.

Die Zahl der pro Volumeneinheit und Zeiteinheit stattfindenden Übergänge a ist gleich:

$$n_{1 \to 1^+ + E'_e} = \alpha N_1 \cdot N_e \left(\frac{1}{kT}\right)^{3/2} e^{-\frac{E''_e}{kT}},$$

wo α eine von der Art des Stoßes abhängige atomare Konstante ist. Ebenso hat man für die Zahl der Übergänge b:

$$n_{1^+ + E'_e \to 1} = \beta N_1^+ \cdot N_e \left(\frac{1}{kT}\right)^{3/2} e^{-\frac{E'_e}{kT}} \cdot N_e \left(\frac{1}{kT}\right)^{3/2} e^{-\frac{E''_e - (\chi + E'_e)}{kT}},$$

wo β wieder eine atomare Konstante ist.

Nach der Annahme von dem detaillierten Ausgleich muß nun im Gleichgewicht:

$$n_{1 \to 1^+ + E'_e} = n_{1^+ + E'_e \to 1}$$

sein, es muß also:

$$\frac{N_1^+ \cdot N_e \left(\frac{1}{kT}\right)^{3/2} e^{-\frac{E'_e}{kT}} \cdot N_e \left(\frac{1}{kT}\right)^{3/2} e^{-\frac{E''_e - (\chi + E'_e)}{kT}}}{N_1 \cdot N_e \left(\frac{1}{kT}\right)^{3/2} e^{-\frac{E''_e}{kT}}} = \frac{\alpha}{\beta}$$

eine atomare Konstante, insbesondere also unabhängig von der Temperatur und der Dichte sein. Es gilt also für alle Temperaturen und Dichten:

$$\frac{N_1^+ N_e}{N_1} = \text{const}\,(kT)^{3/2} e^{-\frac{\chi}{kT}}. \tag{12}$$

Diese Formel zeigt, wie bei höherer Temperatur die Zahl der Atome im ionisierten Zustand relativ zur Zahl der Atome im neutralen Zustand zunimmt. Ist $\chi \gg kT$, das Ionisationspotential also viel größer als die durchschnittliche kinetische Energie $\bar{E} = \frac{3}{2} kT$ der Partikeln des Gases, so wird die Zahl der ionisierten Partikeln im allgemeinen klein sein. Aus der Formel (12) ersieht man ferner, wie eine Verdünnung des Gases wirkt: Die Zahlen N werden durch die Verdünnung kleiner, und dies bewirkt stärkere Ionisation, damit $N_1^+ N_e : N_1$ konstant bleibt. (Wäre der Ionisationsgrad konstant, so würde der Zähler mit dem Quadrat der Verdünnung abnehmen, weil zwei N im Zähler vorkommen, während der Nenner nur mit der ersten Potenz der Verdünnung abnehmen würde. Diese Wirkung wird durch stärkere Ionisation, die N_1^+ und N_e vergrößert, N_1 verkleinert, kompensiert).

Die Konstante in Gleichung (12) ist ähnlicher Natur wie die Konstante in Gleichung (9). Sie entspricht gewissermaßen einem Verhältnis zwischen statistischen Gewichten. Um sie zu berechnen, muß man das statistische Gewicht eines beliebigen stationären Zustands mit einem freien Elektron angeben können. Durch Untersuchungen über den Grenzübergang zwischen sehr lose gebundenen Elektronen und gerade freien Elektronen hat man die betreffenden statistischen Gewichte ermitteln können und dann den folgenden Wert der Konstante gefunden:

$$\text{const} = \frac{2\,(2\pi m_e)^{3/2}}{h^3} \frac{q_1^+}{q_1}.$$

Hier ist m_e die Masse des Elektrons, h die PLANCKsche Konstante, während q_1^+ und q_1 die statistischen Gewichte des Grundzustands des Ions bzw. des neutralen Atoms sind. Durch Einsetzung in Gleichung (12) erhalten wir:

$$\frac{N_1^+ N_e}{N_1} = \frac{2\,(2\pi m_e)^{3/2}}{h^3} \frac{q_1^+}{q_1} (kT)^{3/2} e^{-\frac{\chi}{kT}}. \tag{12a}$$

Wie schon bemerkt, gelten ganz analoge Gleichungen für beliebige aufeinanderfolgende Ionisationsstufen. Man hat die den beiden Grundzuständen entsprechenden statistischen Gewichte q_1^+ und q_1 einzusetzen, ebenso das entsprechende Ionisationspotential χ.

Es ist jetzt leicht einzusehen, daß man mit Hilfe der Gleichungen (11) und (12a) die Verteilung der Atome über die stationären Zustände vollständig berechnen kann. Die gesuchten Zahlen sind in derselben Bezeichnungsweise wie oben:

$$\begin{matrix} N_1 & N_2 & N_3 \cdots \\ N_1^+ & N_2^+ & N_3^+ \cdots \\ N_1^{++} & N_2^{++} & N_3^{++} \cdots \\ \vdots & & \end{matrix}$$

Durch (11) sind die Verhältnisse aller N in derselben Horizontalreihe gegeben, durch (12a) die Verhältnisse der N in der ersten Vertikalreihe. Somit sind sämtliche Verhältnisse zwischen den N berechenbar. Die Summe aller N muß gleich der gegebenen Zahl der Atome pro Volumeneinheit sein.

In die Rechnung gehen folgende Größen ein: Die statistischen Gewichte der stationären Zustände, die Energiedifferenzen zwischen den stationären Zuständen und die Ionisationspotentiale. Diese Größen sind für die Mehrzahl der Grundstoffe bekannte Größen. In Gleichung (12a) geht ferner die Zahl der Elektronen ein; diese kann leicht durch die Zahlen der Ionen verschiedener Ionisationsstufe ausgedrückt werden, infolge der Bedingung, daß das Gas elektrisch neutral sein muß.

Als Beispiel betrachten wir Kalzium. Kalzium hat zwei Valenzelektronen. Wir brauchen hier nur Änderungen in der Konfiguration dieser leichter gebundenen Elektronen zu berücksichtigen; die Konfiguration der inneren festgebundenen Elektronen ist hier immer dieselbe (vgl. S. 351). Es kommen also in Betracht: stationäre Zustände des neutralen Atoms (mit zwei Valenzelektronen), stationäre Zustände des einfach ionisierten Atoms (mit einem Valenzelektron) und der Grundzustand des zweifach ionisierten Atoms (das ohne leicht gebundene Elektronen ist). Wir wollen der Einfachheit halber beim neutralen und einfach ionisierten Atom nur den Grundzustand und den zweittiefsten stationären Zustand in Betracht ziehen. Die Zahl der Atome in den energiereicheren Zuständen ist ohnehin in den hier zu betrachtenden Fällen relativ sehr klein.

Wir haben dann die folgende Reihe von stationären Zuständen:

Ionisationsstufe	Stationärer Zustand	Anregungspotential	Anregungspotential vom Grundzustand des neutralen Atoms gerechnet	Statistisches Gewicht	Zahl pro Volumeneinheit
Ca	Grundzustand	0 Volt	0 Volt	$q_1 = 1$	N_1
Ca	Tiefster angeregter Zustand	1.88 „	1.88 „	$q_2 = 9$	N_2
Ca^+	Grundzustand	0 „	6.08 „	$q_1^+ = 2$	N_1^+
Ca^+	Tiefster angeregter Zustand	1.69 „	7.77 „	$q_2^+ = 10$	N_2^+
Ca^{++}	Grundzustand	0 „	17.90 „	$q_1^{++} = 1$	N_1^{++}

Ionisationspotential Ca $\rightarrow Ca^+$: 6.08 Volt
„ $Ca^+ \rightarrow Ca^{++}$: 11.82 „

Mit diesen Werten kann nun die Verteilung der Kalziumatome über die stationären Zustände als Funktion der Temperatur und der Zahl der Kalziumatome pro Volumeneinheit — also der Dichte — berechnet werden.

Die folgende Tabelle zeigt die Abhängigkeit der Verteilung von der Temperatur für zwei verschiedene Dichten. Man sieht, wie bei höherer Temperatur die Zahl der Atome im Grundzustand des neutralen Atoms ständig abnimmt, während für die energiereicheren Zustände die Zahlen zuerst zunehmen und dann bei noch höherer Temperatur abnehmen, weil jetzt die noch energiereicheren Zustände bevorzugt werden. Wenn man zu sehr hohen Temperaturen geht, dann wird natürlich schließlich auch Ca^{++} weiter ionisiert (im Sterninnern ist Kalzium fast vollständig ionisiert, vgl. S. 398).

In einem weiten Temperatur- und Dichtebereich befinden sich die meisten Atome entweder im Grundzustand des neutralen Atoms oder im Grundzustand des einfach ionisierten Atoms. Vernachlässigt man die anderen Zustände, so erhält man ein besonders einfaches Problem. Es sei jetzt:

N die Gesamtzahl der Kalziumatome (der neutralen und ionisierten),
Nx die Zahl der einfach ionisierten Kalziumatome,

dann ist:

$N(1 - x)$ die Zahl der neutralen Kalziumatome,

Nx die Zahl der freien Elektronen.

$N_e = 10^{13}$

T	N_1	N_2	N_1^+	N_2^+	N_1^{++}
10000°	$4 \cdot 10^{-9}$	$4 \cdot 10^{-9}$	0.0037	0.0026	1.00
8000	$1 \cdot 10^{-6}$	$7 \cdot 10^{-7}$	0.13	0.056	0.81
6000	0.00023	0.000055	0.83	0.16	0.011
5000	0.0035	0.00040	0.91	0.090	0.000096
4000	0.15	0.0058	0.81	0.030	$6 \cdot 10^{-8}$
3000	0.98	0.0062	0.0097	0.000071	$6 \cdot 10^{-15}$
2000	1.00	0.00017	$4 \cdot 10^{-8}$	$1 \cdot 10^{-11}$	$2 \cdot 10^{-30}$

$N_e = 10^{11}$

T	N_1	N_2	N_1^+	N_2^+	N_1^{++}
10000°	$4 \cdot 10^{-13}$	$4 \cdot 10^{-13}$	0.000037	0.000026	1.00
8000	$2 \cdot 10^{-10}$	$1 \cdot 10^{-10}$	0.0016	0.00069	1.00
6000	$1 \cdot 10^{-6}$	$3 \cdot 10^{-7}$	0.39	0.075	0.53
5000	0.000035	$4 \cdot 10^{-6}$	0.90	0.090	0.0096
4000	0.0018	0.000068	0.96	0.036	$8 \cdot 10^{-6}$
3000	0.50	0.0031	0.49	0.0036	$3 \cdot 10^{-11}$
2000	1.00	0.00017	$4 \cdot 10^{-6}$	$1 \cdot 10^{-9}$	$2 \cdot 10^{-26}$

Damit erhält man aus (12a):

$$\frac{Nx \cdot Nx}{N(1-x)} = \frac{2\,(2\pi m_e)^{3/2}}{h^3} \cdot \frac{2}{1}\,(kT)^{3/2}\,e^{-\frac{\chi}{kT}}$$

oder:

$$\frac{x^2}{1-x} = \frac{2\,(2\pi m_e)^{3/2}}{h^3} \cdot \frac{2}{1} \cdot \frac{(kT)^{3/2}\,e^{-\frac{\chi}{kT}}}{N}, \tag{13}$$

eine Gleichung, die den Bruchteil x der ionisierten Atome, den Ionisationsgrad, direkt aus Temperatur und Dichte zu berechnen gestattet. Man erhält das frühere Resultat wieder, daß hohe Temperatur und geringe Dichte die Ionisation fördern.

3. Schließlich untersuchen wir die Zahl der Lichtquanten gegebener Frequenz pro Volumeneinheit.

Wir haben wiederholt von der Intensität der Strahlung in einer gegebenen Frequenz gesprochen. Um Unklarheiten zu vermeiden, sei die genaue Definition dieses Begriffs angeführt. Im allgemeinen wird in einem Raum, wo Strahlung vorhanden ist, einem Strahlungsfeld, die Intensität an verschiedenen Orten und in verschiedenen Richtungen verschieden sein. Um an einem gegebenen Ort O die Intensität der Strahlung einer gegebenen Frequenz in einer gegebenen Richtung R festzustellen, betrachtet man eine kleine ebene Fläche des Areals $d\sigma$ durch O senkrecht zur Richtung R und mißt die Energie der Strahlung zwischen den Frequenzen ν und $\nu + d\nu$, die die Fläche in Richtung innerhalb eines Raumwinkels $d\omega$ um die gegebene Richtung pro Zeiteinheit passiert. Diese Energie ist gleich:

$$I_\nu(O, R) \cdot d\sigma \cdot d\omega \cdot d\nu\,,$$

wenn $I_\nu(O, R)$ die gesuchte Intensität in O in der Richtung R ist. Intensität ist also Strahlungsenergie pro Zeiteinheit, pro Flächeneinheit, pro Raumwinkel, pro Frequenzeinheit.

Legt man eine Fläche $d\sigma'$ schräg zu der gegebenen Richtung, so daß ihre Normale mit der gegebenen Richtung den Winkel Θ bildet, dann wird sie von derjenigen Strahlung durchsetzt, die die Parallelprojektion in der Richtung R der Fläche $d\sigma'$ auf $d\sigma$ passiert. Die Parallelprojektion hat das Areal $d\sigma' \cos\Theta$, und die passierende Energie ist folglich:

$$I_\nu(O, R) \cdot d\sigma' \cdot d\omega \cdot d\nu \cdot \cos\Theta .$$

In dem hier betrachteten Fall der Strahlung in einem homogenen ausgedehnten Gas ist die Intensität an allen Orten und in allen Richtungen die gleiche:

$$I_\nu(O, R) = I_\nu .$$

Wir sprechen von der Zahl der Lichtquanten in der Volumeneinheit mit Frequenzen zwischen ν und $\nu + d\nu$, das ist $N_\nu d\nu$. Diese haben die Energie $\varrho_\nu = h\nu \cdot N_\nu d\nu$. Die Größe ϱ_ν nennt man Strahlungsdichte. In dem betrachteten homogenen ausgedehnten Gase haben N_ν und ϱ_ν überall dieselben Werte. Aus der Strahlungsdichte ϱ_ν kann die Intensität I_ν durch eine einfache geometrische Überlegung gefunden werden. Es ist:

$$\varrho_\nu = \frac{4\pi}{c} I_\nu , \qquad (1)$$

wo c die Lichtgeschwindigkeit bedeutet. Um diese Formel abzuleiten, gehen wir von der Definition der Intensität aus. Da jedoch hier die Intensität an allen Orten dieselbe ist, kann die in der Definition betrachtete Fläche beliebig groß genommen werden. Ihr Areal sei σ. Um die Flächennormale (z. B. die nach oben gerichtete) legen wir einen Kegel K mit dem Raumwinkel $d\omega$. Nach der Definition der Intensität wird die Fläche in dem Zeitraum zwischen t und $t + dt$ von Lichtquanten mit der Frequenz zwischen ν und $\nu + d\nu$ und Bewegungsrichtungen innerhalb des genannten Kegels so oft passiert, daß die Energie der Lichtquanten zusammen:

$$I_\nu \, d\nu \cdot \sigma \cdot d\omega \cdot dt$$

beträgt.

Andererseits sind die passierenden Lichtquanten alle diejenigen, die sich zur Zeit t in einer Schicht von der Dicke $c \cdot dt$ unter der Fläche σ befinden und sich mit Richtungen innerhalb des Kegels K nach oben bewegen; denn gerade diese und keine anderen gelangen im Zeitraum zwischen t und $t + dt$ in der richtigen Richtung durch die Fläche σ. Das in Frage kommende Volumen ist:

$$\sigma \cdot c\, dt ,$$

die Gesamtzahl der Lichtquanten mit Frequenzen zwischen ν und $\nu + d\nu$ innerhalb dieses Volumens ist:

$$N_\nu \, d\nu \cdot \sigma \cdot c\, dt ,$$

die Strahlungsenergie dieser Lichtquanten ist:

$$\varrho_\nu d\nu \cdot \sigma \cdot c\, dt .$$

Von der Gesamtzahl bewegt sich nur ein Bruchteil in Richtungen innerhalb des Raumwinkels $d\omega$, und zwar der Bruchteil:

$$\frac{d\omega}{4\pi} ,$$

denn die Richtungen sind gleichmäßig über den (allen Richtungen entsprechenden) Raumwinkel 4π verteilt.

Hiernach wird die Energie der in Frage kommenden Lichtquanten:

$$\varrho_\nu d\nu \cdot \sigma \cdot c\, dt \cdot \frac{d\omega}{4\pi} .$$

Dieser Ausdruck soll mit dem obigen identisch sein:

$$\varrho_\nu d\nu \cdot \sigma \cdot c\, dt \cdot \frac{d\omega}{4\pi} = I_\nu d\nu \cdot \sigma \cdot d\omega \cdot dt,$$

d. h. es ist tatsächlich:

$$\frac{c}{4\pi} \cdot \varrho_\nu = I_\nu$$

oder:

$$\varrho_\nu = \frac{4\pi}{c} I_\nu .$$

Nach diesen Bemerkungen über Strahlungsintensität, Strahlungsdichte und Lichtquantenzahl gehen wir dazu über, die Zahl der Lichtquanten gegebener Frequenz pro Volumeneinheit aus Gleichgewichtsbetrachtungen abzuleiten.

Wir betrachten wieder zwei Übergänge, von denen der eine der umgekehrte des anderen ist. Es seien 1 und 2 zwei stationäre Zustände mit den Energien E_1 und E_2 ($E_2 > E_1$). Die Übergänge seien: a) Übergang $1 \rightarrow 2$ unter Absorption eines Lichtquants der Energie $h\nu = E_2 - E_1$; b) Übergang $2 \rightarrow 1$ unter Emission eines Lichtquants der Energie $h\nu = E_2 - E_1$.

Die Zahl der pro Zeiteinheit stattfindenden Übergänge a bzw. b haben wir schon früher betrachtet. Sie sind durch die Gleichungen (4) und (5) S. 355 gegeben.

Es seien die Anzahl der Atome in den Zuständen 1 und 2 pro Volumeneinheit N_1 bzw. N_2. Dann ist nach (4) und (5) S. 355:

$$n_{1\rightarrow 2} = N_1 b_{12} \cdot I_\nu \tag{2}$$

$$n_{2\rightarrow 1} = N_2 (a_{21} + b_{21} I_\nu) . \tag{3}$$

Nach dem Prinzip des detaillierten Ausgleichs muß nun:

$$n_{1\rightarrow 2} = n_{2\rightarrow 1}$$

sein, also ist:

$$N_1 b_{12} I_\nu = N_2 (a_{21} + b_{21} I_\nu) . \tag{4}$$

Zwischen N_1 und N_2 gilt die BOLTZMANNsche Gleichung (11a) S. 363:

$$\frac{N_2}{N_1} = \frac{g_2}{g_1} e^{-\frac{E_2 - E_1}{kT}} = \frac{g_2}{g_1} e^{-\frac{h\nu}{kT}}, \tag{5}$$

wenn wieder g_1 und g_2 die Zahl der in 1 bzw. 2 zusammenfallenden stationären Zustände ist. (Für die folgenden Ableitungen könnten wir uns auf den Fall einfacher stationärer Zustände ($g_1 = g_2 = 1$) beschränken, da ja bei detailliertem Ausgleich für jedes Paar der einfachen Zustände, aus denen die zusammengesetzten Zustände bestehen, $n_{1\rightarrow 2}$ gleich $n_{2\rightarrow 1}$ sein muß; um aber gleich die Zahl der Übergänge zwischen zusammengesetzten Zuständen zu erhalten, betrachten wir den allgemeineren Fall).

Zwischen den atomaren Konstanten a_{21}, b_{21} und b_{12} gelten die Gleichungen (6a) und (7a), S. 356:

$$a_{21} = \frac{g_1}{g_2} \frac{2h\nu^3}{c^2} b_{12} \tag{6}$$

$$b_{21} = \frac{g_1}{g_2} b_{12} . \tag{7}$$

Drückt man nach diesen Gleichungen N_2 durch N_1 aus, a_{21} und b_{21} durch b_{12}, so wird aus (4):

$$N_1 b_{12} \cdot I_\nu = N_1 b_{12} \cdot \frac{g_2}{g_1} e^{-\frac{h\nu}{kT}} \left(\frac{g_1}{g_2} \cdot \frac{2h\nu^3}{c^2} + \frac{g_1}{g_2} I_\nu \right) \tag{8}$$

oder nach Division durch $N_1 b_{12}$:

$$I_\nu = e^{-\frac{h\nu}{kT}}\left(\frac{2h\nu^3}{c^2} + I_\nu\right). \tag{9}$$

Es resultiert somit eine Gleichung für I_ν, in der keine auf die Zustände 1 und 2 sich beziehenden Größen mehr eingehen. In der Tat muß man gerade verlangen, daß dieselbe Intensität für alle Übergänge Gleichgewicht herbeiführt. Wir sehen, daß diese Forderung erfüllt ist, und ferner, daß dies durch die früher gewählte Festlegung des statistischen Gewichts bedingt ist [vgl. Gleichung (5) und (8)]. Hierin haben wir eine weitere Rechtfertigung dieser Festlegung.

Löst man die Gleichung (9) in bezug auf I_ν, so erhält man:

$$I_\nu e^{\frac{h\nu}{kT}} = \frac{2h\nu^3}{c^2} + I_\nu,$$

d. h.

$$I_\nu = \frac{2h\nu^3}{c^2}\,\frac{1}{e^{\frac{h\nu}{kT}} - 1} \tag{10}$$

Dies ist die PLANCK*sche Gleichung* für die Intensität der Strahlung im Gleichgewichtszustand, für die Frequenz ν und die Temperatur T. Die Funktion von ν und T in (10) bezeichnet man oft mit $B_\nu(T)$:

$$B_\nu(T) = \frac{2h\nu^3}{c^2}\,\frac{1}{e^{\frac{h\nu}{kT}} - 1}. \tag{11}$$

Mit Hilfe der Beziehung (1) zwischen Strahlungsintensität und Strahlungsdichte findet man aus (10):

$$\varrho_\nu = \frac{8\pi h\nu^3}{c^3}\,\frac{1}{e^{\frac{h\nu}{kT}} - 1}, \tag{12}$$

und schließlich ergibt sich die Zahl der Lichtquanten mit Frequenzen zwischen ν und $\nu + d\nu$ pro Volumeneinheit durch Division mit $h\nu$:

$$N_\nu = \frac{8\pi\nu^2}{c^3}\,\frac{1}{e^{\frac{h\nu}{kT}} - 1}. \tag{13}$$

Die gesamte Energie der Strahlung aller Frequenzen pro Volumeneinheit erhält man aus (12) durch Integration:

$$\varrho = \int_0^\infty \varrho_\nu d\nu = \frac{8\pi^5 k^4}{15 c^3 h^3} \cdot T^4 = \text{const}\, T^4.$$

Es ist dies das STEFAN*sche Gesetz,* daß die Strahlungsenergie pro Volumeneinheit der vierten Potenz der Temperatur proportional ist.

Durch Integration findet man die mittlere Energie der Lichtquanten:

$$\overline{h\nu} = 2.70\, kT, \tag{14}$$

also größer als die mittlere Partikelenergie $\frac{3}{2}\, kT$.

Abb. 158 zeigt die Zahl der Lichtquanten pro Volumeneinheit der Frequenz ν und Energie $h\nu$ für die Temperaturen $T = 5000°$ und $T = 20000°$ nach (13). Bei höherer Temperatur wird N_ν für alle Energien größer, und das Maximum der Kurve verschiebt sich nach größeren Energien (man vgl. die entsprechende Abb. 157).

Die Gleichungen für die Intensität und die Strahlungsdichte werden oft in etwas anderer Form gegeben als in (10) und (12): Aus I_ν und ϱ_ν berechnet man leicht I_λ und ϱ_λ, die Intensität bzw. Strahlungsdichte der Strahlung mit Wellenlängen zwischen λ und $\lambda + d\lambda$ (vgl. S. 19 und 340). Aus $\lambda\nu = c$ folgt:

$$\left|\frac{d\lambda}{\lambda}\right| = \left|\frac{d\nu}{\nu}\right|, \tag{15}$$

und hiermit findet man leicht I_λ und ϱ_λ, da:

$$I_\lambda d\lambda = I_\nu d\nu \quad \text{und} \quad \varrho_\lambda d\lambda = \varrho_\nu d\nu \tag{16}$$

ist.

Die Zahl der pro Volumeneinheit vorhandenen Lichtquanten N_ν ist durch (13) gegeben. Wir wollen jetzt die Zahl der in der Zeiteinheit pro Volumeneinheit emittierten und absorbierten Lichtquanten untersuchen. Zunächst bemerken wir, daß diese beiden Zahlen gleich groß sind, so daß wir nur die eine festzustellen brauchen. Wir wählen die Zahl der Absorptionen.

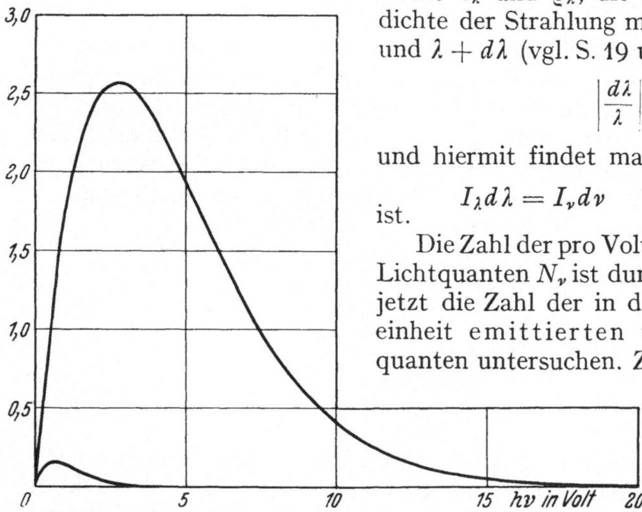

Abb. 158. Zahl der Lichtquanten pro Volumeneinheit der Frequenz ν für $T = 5000°$ (niedrige Kurve) und $T = 20\,000°$. Einheit der Ordinaten $= 10^{13}$.

Würden die Lichtquanten $h\nu$ nur durch Übergänge $1 \rightarrow 2$ absorbiert, so hätte man einfach nach (2) für die gesuchte Zahl der absorbierten Lichtquanten A_ν:

$$A_\nu = N_1 b_{12} \cdot I_\nu = N_1 b_{12} \cdot B_\nu(T), \tag{17}$$

wo $B_\nu(T)$ die oben in (11) definierte Funktion ist.

Die absorbierte Energie wäre:

$$A_\nu \cdot h\nu = N_1 b_{12} \cdot h\nu \cdot B_\nu(T). \tag{18}$$

Nun sind im allgemeinen eine ganze Reihe Übergänge vorhanden, durch die Lichtquanten $h\nu$ absorbiert werden können:

$$A_\nu \cdot h\nu = h\nu \cdot B_\nu(T)\{N_1' b_{12}' + N_1'' b_{12}'' + \cdots\}. \tag{19}$$

Wir sehen, daß die Zahl der absorbierten Lichtquanten proportional ist: 1. der universellen Funktion $B_\nu(T)$, 2. dem speziellen von der Art und Zahl der Atome abhängigen Klammerausdruck in (19). Der Klammerausdruck mißt das Absorptionsvermögen des Gases. Das Absorptionsvermögen ist durch die Übergangswahrscheinlichkeiten und durch die Verteilung der Atome über die stationären Zustände gegeben.

Aus der Gleichheit der Zahl der Absorptionen und Emissionen schließen wir, daß auch *die Zahl der emittierten Lichtquanten proportional der universellen Funktion $B_\nu(T)$ und proportional dem Absorptionsvermögen ist.*

Das Absorptionsvermögen ist durch die Übergangswahrscheinlichkeiten und die Verteilung der Atome über die stationären Zustände gegeben, auch wenn (wie in Sternatmosphären) die Intensität der Bestrahlung nicht durch das PLANCKsche Gesetz und die örtliche Temperatur gegeben ist. Dies geht unmittelbar aus (17) bzw. der Verallgemeinerung von (17) im Sinne von (19) hervor und ist auch unmittelbar aus (2) abzulesen: Die Zahl der Absorptionen ist immer proportional der Intensität der Bestrahlung; die Proportionalitätskonstante, die das Absorptionsvermögen mißt, ist durch die verschiedenen N_1 und b_{12} gegeben.

Anders das Emissionsvermögen. Wäre in Gleichung (3) nur das erste Glied vorhanden, so wäre freilich die Zahl der emittierten Lichtquanten für alle Frequenzen durch die verschiedenen N_2 und a_{21}, d. h. durch die Verteilung der Atome über die stationären Zustände und die Übergangswahrscheinlichkeiten bestimmt. Infolge des Vorhandenseins des zweiten Gliedes hängt aber das Emissionsvermögen auch von der Art der Bestrahlung ab.

Hierbei ist aber folgendes zu beachten. Im allgemeinen ist das erste Glied bedeutend größer als das zweite. Das Verhältnis des zweiten Gliedes zum ersten ist infolge (6), (7) und (10):

$$\frac{b_{21} I_\nu}{a_{21}} = \frac{I_\nu}{\frac{2 h \nu^3}{c^2}} = \frac{1}{e^{\frac{h\nu}{kT}} - 1},$$

wenn die Intensität I_ν gleich der PLANCKschen Intensität einer gewissen Temperatur T ist, die nicht mit der örtlichen Temperatur übereinzustimmen braucht.

Der Mittelwert von $h\nu$ bei PLANCKscher Energieverteilung ist nach (14) $2.70\,kT$. Mit diesem Wert von $h\nu$ wird das obige Verhältnis $\frac{1}{14}$. Als zweites Beispiel berechnen wir das Verhältnis für $\lambda = 5000$ A.E. und $T = 6000°$, etwa dem sichtbaren Teil des Sonnenspektrums entsprechend. Nach S. 353 und 360 entsprechen diese Zahlen $h\nu = 2.47$ Volt und $kT = 0.517$ Volt; damit findet man für das obige Verhältnis den Wert $\frac{1}{118}$.

In fast allen astronomischen Anwendungen kann das zweite Glied in (3) vernachlässigt werden. Dies bedeutet, daß dann auch das Emissionsvermögen durch die Übergangswahrscheinlichkeiten und die Verteilung der Atome über die stationären Zustände allein bestimmt ist. Ferner sieht man: Wenn die Verteilung der Atome über die stationären Zustände der Verteilung in einem homogenen ausgedehnten Gas einer bestimmten Temperatur und Dichte entspricht, so wird das Emissionsvermögen dasselbe wie in diesem, also proportional dem Absorptionsvermögen und der universellen Funktion $B_\nu(T)$. Dieser Satz findet bei der Behandlung der Verhältnisse in Sternatmosphären in lokalem thermodynamischem Gleichgewicht (vgl. § 267) eine wichtige Anwendung.

In dem betrachteten ausgedehnten, homogenen Gas ist für alle Frequenzen die Zahl der pro Volumeneinheit vorhandenen Lichtquanten unabhängig von den Eigenschaften des Gases, und die Abhängigkeit dieser Zahl von der Frequenz ist durch eine einfache, regelmäßig verlaufende Funktion gegeben. Das Absorptionsvermögen dagegen hängt von der Art des Gases ab, variiert auch unregelmäßig mit der Frequenz. Es ist z. B. sehr groß für die engen Bereiche der Spektrallinien. Ähnliches gilt für das Emissionsvermögen. Daß die Zahl der pro Volumeneinheit vorhandenen Lichtquanten die genannten Eigenschaften hat, rührt daher, daß Emission und Absorption einander angepaßt sind: Ist z. B. in einem bestimmten Frequenzbereich die Zahl der Emissionen pro Volumen sehr groß, so ist in diesem Frequenzbereich der Absorptionskoeffizient auch sehr groß, so daß an einem bestimmten Ort nur die in einer relativ kleinen Umgebung emittierten Lichtquanten anlangen können. Ist das Emissionsvermögen dagegen klein, so ist auch der Absorptionskoeffizient klein, und die Lichtquanten können von weither ankommen. So kommt ein Ausgleich zustande.

Der Nachteil des geringeren Emissionsvermögens wird gewissermaßen durch den Vorteil einer größeren freien Weglänge aufgewogen. Der Ausgleich kann aber natürlich nur dann zustande kommen, wenn die Dimensionen des Gases so groß sind, daß der Vorteil einer großen freien Weglänge der Lichtquanten wirklich ausgenutzt werden kann. Im Laboratorium sind z. B. die Dimensionen in Entladungsröhren sehr klein, verglichen mit den freien Weglängen der Lichtquanten von Frequenzen, die nicht gerade in den Bereich von Spektrallinien fallen. Deshalb wird auch unter diesen Umständen kein kontinuierliches Spektrum beobachtet, sondern ein Linienspektrum. Beobachtet man die Chromosphäre am Sonnenrande, so liegen die Verhältnisse ähnlich. Es sind wegen der geringen Dichte der Chromosphäre die freien Weglängen von Lichtquanten mit Frequenzen, die nicht mit denen der Spektrallinien übereinstimmen, groß, verglichen mit der Länge des Sehstrahls durch die Chromosphäre. Also auch hier wird die Wirkung des geringen Emissionsvermögens durch die Wirkung des größeren Gebietes, dessen Strahlung zum Beobachter gelangen kann, nicht aufgewogen, weil das betreffende Gebiet nur zu einem kleinen Teil mit Materie erfüllt ist. In Übereinstimmung hiermit ist das Chromosphärenspektrum ein Linienspektrum (vgl. S. 270). Wenn man von den Verhältnissen ganz am Rand absieht, sind die Längen der Sehstrahlen durch Sonne und Sterne, verglichen mit der freien Weglänge der Lichtquanten, immer als unendlich anzusehen. Übereinstimmend hiermit zeigen Sonne und Sterne ein kontinuierliches Spektrum. (Daß in diesem kontinuierlichen Spektrum Absorptionslinien vorhanden sind, rührt, wie wir sehen werden, von der Lichtstreuung in den äußersten Schichten der Atmosphären her).

267. *Sternatmosphären. Lokales thermodynamisches Gleichgewicht. Das kontinuierliche Spektrum.* Wir haben im vorigen Paragraphen gesehen, wie wir die physikalischen Verhältnisse in einem homogenen ausgedehnten Gas vollständig übersehen können. Es ist hier möglich, die Geschwindigkeitsverteilung der Partikeln, den Ionisations- und Anregungszustand der Atome und die Zahl der Lichtquanten jeder Frequenz anzugeben. Wir gehen jetzt dazu über, die Verhältnisse in einer Sternatmosphäre zu betrachten.

Zuerst einiges über die allgemeinen physikalischen Bedingungen in einer Sternatmosphäre. Als Atmosphäre bezeichnet man denjenigen Teil eines Sterns, der direkt gesehen werden kann, in dem Sinne, daß Licht aus den tiefsten Schichten der Atmosphäre den Beobachter noch in nicht verschwindender Menge erreichen kann. Nach außen verliert sich die Atmosphäre allmählich in den leeren Raum. Der Druck und die Dichte und auch die Temperatur wachsen stetig, wenn man zu immer tieferen Schichten übergeht. Durch die Atmosphäre strömt die vom Stern ausgestrahlte Energie. Durch die ganze Atmosphäre ist der Nettostrom von Energie nach außen konstant. Die Atmosphäre kann Energie weder aufheben noch abgeben.

Betrachten wir nun ein kleines Volumenelement in der Atmosphäre. Hier werden Übergangsprozesse stattfinden von ganz derselben Art wie im homogenen ausgedehnten Gas: strahlungslose Übergänge durch Stöße und Strahlungsübergänge. Der Gleichgewichtszustand wird aber ganz anderer Art, denn hier stehen Gebiete miteinander in Wechselwirkung, in denen Dichte und Temperatur verschieden sind. Unser Volumenelement wird von Strahlung durchsetzt, die der vom Volumenelement emittierten Strahlung nicht zu entsprechen braucht, und diese Strahlung ist stark asymmetrisch, ganz nahe an der Oberfläche sogar fast ausschließlich nach außen gerichtet. In dem homogenen ausgedehnten Gas im Gleichgewicht konnte zwischen den Zeitrichtungen Vergangenheit → Zukunft und Zukunft → Vergangenheit nicht unterschieden werden (vgl. S. 359). In der Sternatmosphäre ist die Zeitrichtung bestimmbar, indem Ausstrahlung stattfinden soll.

Durch Strahlung stehen in den Sternatmosphären Gebiete miteinander in Wechselwirkung, die in weit größerem Abstand voneinander sind, als daß sie durch Partikelstöße aufeinander einwirken könnten. Durch eine Analogie mit der kinetischen Gastheorie kann man das auch so ausdrücken, daß die mittlere freie Weglänge der Lichtquanten viel größer ist als die der materiellen Partikeln. Der größere Abstand bedeutet entsprechend größere Unterschiede in bezug auf Dichte und Temperatur und entsprechend größere Unterschiede gegen den Fall des homogenen ausgedehnten Gases.

Während ferner die Verteilung der Strahlung über die verschiedenen Richtungen sehr ungleichmäßig ist, ist die Verteilung der Richtungen der Partikelstöße eine ziemlich gleichmäßige (die vorhandene Asymmetrie rührt hier von der Wirkung der Schwere her).

Der Gleichgewichtszustand in dem betrachteten Volumenelement kommt durch strahlungslose Übergänge und Strahlungsübergänge zustande. Es ist nach dem oben Gesagten klar, daß die Art des Gleichgewichtszustandes dem Fall des homogenen ausgedehnten Gases desto ähnlicher sein wird, je mehr die Übergänge durch Stöße über die Strahlungsübergänge überwiegen.

Den Grenzfall, daß in jedem Volumenelement der Gleichgewichtszustand nur durch die Dichte und die Temperatur am Ort des Volumenelementes bestimmt ist, nennt man den Fall des lokalen thermodynamischen Gleichgewichts.

Wenn der Einfluß der Stöße über den Einfluß der Strahlung ganz überwiegt, hat man sehr nahe lokales thermodynamisches Gleichgewicht, denn die mittlere freie Weglänge der stoßenden Partikeln ist im allgemeinen so klein, daß das ganze Gebiet, mit dem das betrachtete Volumenelement durch Stöße in Wechselwirkung steht, sehr nahe dieselbe Temperatur und Dichte hat. (Nebenbei sei bemerkt, daß im Sterninnern sehr nahe lokales thermodynamisches Gleichgewicht herrscht, unabhängig davon, ob Strahlung oder Stöße überwiegen, denn hier sind die relativen Temperatur- und Dichteänderungen über Abstände, die den mittleren freien Weglängen sowohl der Lichtquanten wie der materiellen Partikeln entsprechen, sehr klein).

Es fragt sich nun, ob man annehmen darf, daß in Sternatmosphären lokales thermodynamisches Gleichgewicht herrscht. Um dies zu untersuchen, muß man einen Vergleich anstellen zwischen dem Einfluß der Stöße und der Strahlung auf die Übergänge. Nun kann man ganz allgemein einsehen, daß der Einfluß der Stöße gegenüber dem Einfluß der Strahlung für konstante Temperatur bei höherer Dichte immer größer werden wird. Die Zahl der Übergänge durch Strahlung ist nämlich annähernd proportional der Dichte, die Zahl der Übergänge durch Stöße aber annähernd proportional dem Quadrat der Dichte — sie ist proportional dem Produkt der Zahl pro Volumeneinheit der gestoßenen und der stoßenden Partikel. Es kommt also auf die Dichte in der Sternatmosphäre an.

Hieraus kann man folgenden Schluß ziehen. Strahlung einer Frequenz, für die der Absorptionskoeffizient relativ klein ist, stammt aus relativ tiefen Schichten — je kleiner der Absorptionskoeffizient, je tiefer sieht man in den Stern hinein — und hier ist die Dichte relativ hoch. Dann darf man am ehesten erwarten, daß lokales thermodynamisches Gleichgewicht vorhanden ist in den für die Intensität der Strahlung maßgebenden Schichten. Dagegen wird Strahlung einer Frequenz, für die der Absorptionskoeffizient relativ groß ist, aus den äußersten relativ sehr verdünnten Schichten stammen, und man wird erwarten, daß hier kein lokales thermodynamisches Gleichgewicht vorhanden sein wird. Allerdings bedarf es einer näheren Untersuchung der Dichten und der entsprechenden Häufigkeiten von Strahlungs- und Stoß-Übergängen, um die Vermutung sicherzustellen. Qualitative Überschlagsrechnungen haben sie nun bestätigt. Der Schluß ist also der, daß die Strahlung zwischen den Absorptionslinien — die wir das kontinuierliche Spektrum genannt haben — aus Schichten in lokalem thermodynamischem Gleichgewicht stammt, die Strahlung in den Absorptionslinien dagegen nicht.

Der nächste Schritt ist die Untersuchung des Aufbaus einer Atmosphäre in lokalem thermodynamischem Gleichgewicht. Wir wissen, daß an jedem Orte die physikalischen Verhältnisse denjenigen in einem ausgedehnten homogenen Gas einer bestimmten Dichte und einer bestimmten Temperatur entsprechen. Festzustellen ist, wie Dichte und Temperatur mit dem Ort sich ändern.

Zunächst leuchtet es ein, daß wegen der Kugelsymmetrie des Sterns die Dichte und die Temperatur nur von der Tiefe unter der Oberfläche abhängen. Die Dichte wächst mit der Tiefe, dem wachsenden Gewicht der gegen die Gravitationswirkung des ganzen Sterns getragenen Schichten entsprechend. Es ist mechanisches Gleichgewicht vorhanden. Die Temperatur wächst auch mit der Tiefe. Die Temperatursteigerung stellt sich auf den nach außen fließenden Nettostrom ein: In lokalem thermodynamischem Gleichgewicht strahlt jedes Volumenelement gemäß dem seiner Temperatur und Dichte entsprechenden Anregungs- und Ionisationszustand und absorbiert ebenso gemäß seiner Temperatur und Dichte (vgl. S. 371). Infolge der so bestimmten Emissionen und Absorptionen darf in keinem Volumenelement die Energie abnehmen oder zunehmen, sondern es muß der Nettostrom nach außen durch alle Schichten der Atmosphäre konstant sein. Es herrscht Strahlungsgleichgewicht. Durch diese Forderung ist der Temperaturzuwachs nach innen festgelegt.

Die Berechtigung der Annahme, daß in den Schichten, die das kontinuierliche Spektrum emittieren, lokales thermodynamisches Gleichgewicht herrscht, haben wir bereits diskutiert. Ferner haben wir darauf hingewiesen, daß die Atmosphäre Energie weder aufheben noch abgeben kann. Änderungen von Schicht zu Schicht im Nettostrahlungsstrom nach außen können also nur auftreten, wenn durch die materiellen Partikeln Energie von Schicht zu Schicht transportiert wird, durch Wärmeleitung oder durch Strömungen von Schicht zu Schicht. Wegen der relativ kleinen freien Weglänge der materiellen Partikeln ist die Wärmeleitung nur klein. Andererseits wissen wir, daß wir es in den Sonnenflecken mit Strömungsphänomenen zu tun haben, es ist aber nicht wahrscheinlich, daß die so transportierten Energiemengen neben den durch Strahlung transportierten in Betracht kommen können. Vielmehr ist es wahrscheinlich, daß Strahlungsgleichgewicht vorhanden ist, daß also der Nettostrahlungsstrom sehr nahe konstant ist.

Die Bedingungen des mechanischen Gleichgewichts und des Strahlungsgleichgewichts lassen sich in Differentialgleichungen ausdrücken, denen die Dichte und die Temperatur genügen müssen (die Differentialgleichungen sind denjenigen, die im Sterninnern gelten, analog; die Integration verläuft in der Atmosphäre wegen der Wichtigkeit der Randbedingungen etwas anders).

Wir haben bis jetzt vorausgesetzt, daß 1. lokales thermodynamisches Gleichgewicht und 2. Strahlungsgleichgewicht vorhanden ist. Bei der weiteren Behandlung des Problems macht man außerdem eine speziellere Annahme. Man betrachtet den Fall, daß der Absorptionskoeffizient k_ν für alle Frequenzen gleich groß ist, mit Ausnahme von kleinen Frequenzbereichen, wo er beliebig groß sein darf. In diesem Fall wird die Lösung übersichtlich. Andererseits weichen die tatsächlichen Verhältnisse nicht sehr von den vorausgesetzten ab, was sich darin zeigt, daß die Theorie des vereinfachten Falles Werte für die Ausstrahlung ergibt, die von den beobachteten nicht sehr abweichen.

Man kann die Gleichgewichts-Differentialgleichungen jede für sich behandeln. durch Einführung des Begriffes der *optischen Tiefe* unter der Oberfläche. In die Gleichung für die Änderung der Temperatur mit der Tiefe geht der Absorptionskoeffizient (k) — genauer ein gewisser Mittelwert des Absorptionskoeffizienten ($\bar{k}$) über alle Frequenzen — einer Schicht von der Dicke 1 als Faktor ein. Unter den gemachten Voraussetzungen über k_ν wird $\bar{k}$ praktisch gleich dem konstanten Wert von k_ν außerhalb der schmalen Frequenzbereiche, wo k_ν groß sein darf, indem letztere praktisch keinen Einfluß auf den in Frage kommenden Mittelwert haben. Die Temperaturänderung bei der Tiefenänderung dh ist proportional:

$$k\,dh\,.$$

Der Absorptionskoeffizient hängt andererseits von der Dichte ab. Führt man aber die optische Tiefe τ statt der geometrischen Tiefe ein, definiert durch:

$$d\tau = k\,dh \tag{1}$$

oder:

$$\tau = \int_0^h k\,dh\,, \tag{1a}$$

so kann die Differentialgleichung für die Temperatur für sich behandelt werden, und ihre Integration liefert T als Funktion der optischen Tiefe τ. Will man dann nachher T als Funktion der geometrischen Tiefe bestimmen, so muß man die Dichteverteilung und den Absorptionskoeffizienten in verschiedenen Tiefen ermitteln, um nach (1a) τ als Funktion von h zu bestimmen.

Der Begriff der optischen Tiefe hat vor dem der geometrischen den Vorteil, daß er bei einer sich allmählich in den Raum verlierenden Sternatmosphäre seinen Sinn behält: Man integriert vom unendlich Fernen, und erst wo die Dichte und damit der Absorptionskoeffizient merklich wird, fängt die optische Tiefe nach (1a) an, merklich zu wachsen.

Die Behandlung des Problems der Bestimmung der Temperatur als Funktion der optischen Tiefe hat man numerisch durchführen können, und auch mit einer gewissen Annäherung analytisch. Das Resultat findet man in der nebenstehenden Tabelle.

Die Tabelle gibt das Verhältnis der vierten Potenz der Temperatur zur vierten Potenz der durch:

$$H = \sigma T_{\text{eff.}}^4 \tag{2}$$

gegebenen effektiven Temperatur (vgl. S. 340). Außerdem gibt sie eine lineare Näherungsfunktion. Die Tafel zeigt, wie nahe diese sich an die Funktion anschmiegt.

τ	$\frac{T^4}{T_{\text{eff.}}^4}$	Näherungsfunktion $\frac{17}{32} + \frac{3}{4}\tau$	$\frac{T}{T_{\text{eff.}}}$
0.0	0.43	0.44	0.81
0.2	0.64	0.64	0.89
0.4	0.80	0.80	0.95
0.6	0.96	0.96	0.99
0.8	1.12	1.12	1.03
1.0	1.26	1.27	1.06
2.0	2.02	2.03	1.19
3.0	2.76	2.78	1.29
4.0	3.51	3.53	1.37
5.0	4.26	4.28	1.44
$\tau\to\infty$	$0.51 + \frac{3}{4}\tau$	$0.53 + \frac{3}{4}\tau$	

Die Oberflächentemperatur T_0 ist also gegeben durch:

$$\frac{T_0^4}{T_{\text{eff.}}^4} = 0.43 \tag{3}$$

oder:

$$T_0 = 0.81\,T_{\text{eff.}} \tag{4}$$

Der genaue Wert der Konstante in (3) ist $\frac{\sqrt{3}}{4} = 0.4330$.

Die Lösung unseres Problems läßt sich natürlich bis zur Oberfläche angeben. Es sei aber bemerkt, daß unsere Voraussetzung des lokalen thermodynamischen

Gleichgewichts ja nicht bis zur Oberfläche zutreffen wird. Dennoch wird die hier gefundene Oberflächentemperatur, wie genauere Untersuchungen zeigen, sehr nahe richtig sein.

Die Atmosphäre haben wir als diejenigen Schichten definiert, aus denen noch Strahlung in merklicher Menge den Beobachter erreicht. Wir können nach dieser Definition die optische Tiefe der tiefsten Schichten der Atmosphäre, d. h. die optische Dicke der Atmosphäre, angeben. Ein Lichtstrahl, der eine Schicht der Dicke dh senkrecht passiert, wird nach der Definition des Absorptionskoeffizienten um den Betrag:

$$dI = I \cdot k \cdot dh = I \cdot d\tau \cdot \frac{k}{\bar{k}} \tag{5}$$

geschwächt, wenn I seine Intensität ist. Es ist also:

$$\frac{dI}{I} = d\tau \cdot \frac{k}{\bar{k}}. \tag{6}$$

Es sei $\frac{k}{\bar{k}}$ konstant durch die Atmosphäre. Dann ist die Lösung:

$$I = I' e^{(\tau - \tau') \cdot k/\bar{k}}, \tag{7}$$

wenn I' die Intensität in einer gewissen optischen Tiefe τ' ist. Ein Lichtstrahl, der aus der optischen Tiefe τ' stammt und senkrecht zur Oberfläche geht, verläßt nach (7) den Stern mit der Intensität:

$$I_0 = I' e^{-\tau' \cdot k/\bar{k}}, \tag{8}$$

denn für die Sternoberfläche ist ja $\tau = 0$.

Setzt man $I_0 : I' = 0.01$ für $k = \bar{k}$ als Grenze, so erhält man:

$$\tau' = 4.6\,.$$

$I_0 : I' = 0.001$ würde $\tau' = 6.9$ ergeben. Die optische Dicke der Atmosphäre kann man also etwa gleich 5 setzen. Die Zahl ist ja innerhalb gewisser Grenzen ziemlich willkürlich. Die Temperatur in der Atmosphäre variiert demnach zwischen etwa 0.8 $T_{\text{eff.}}$ und 1.5 $T_{\text{eff.}}$. Die optische Tiefe, für die die Temperatur gleich $T_{\text{eff.}}$ ist, ist etwa $\tau = \frac{2}{3}$.

Ein Strahl, der die Schichten unter dem Winkel Θ schneidet, wird durch den längeren Weg mehr geschwächt:

$$\frac{dI}{I} = d\tau \cdot \frac{k}{\bar{k}} \sec\Theta, \tag{6a}$$

so daß, wenn $\frac{k}{\bar{k}}$ konstant ist,

$$I_0 = I' e^{-\tau' \frac{k}{\bar{k}} \sec\Theta} \tag{8a}$$

wird.

Nachdem der Temperaturverlauf als Funktion der optischen Tiefe unter der Voraussetzung des lokalen thermodynamischen Gleichgewichts gefunden ist, ist es nicht schwierig, die Ausstrahlung des Sterns zu ermitteln für diejenigen Frequenzen, für die die Voraussetzung zutrifft, also für das kontinuierliche Spektrum. Die Ausstrahlung eines jeden Volumenelementes ist im lokalen thermodynamischen Gleichgewicht durch seine Temperatur und Dichte gegeben, gleich $k_\nu B_\nu(T)$ für die Frequenz ν (vgl. S. 370—371). Die Schwächung andererseits, die ein nach außen gerichteter Strahl erleidet, ehe er die Oberfläche erreicht, ist durch die optische Tiefe gegeben. Um die Gesamtausstrahlung in einer gegebenen Frequenz des kontinuierlichen Spektrums zu ermitteln, hat man die Beiträge der verschiedenen Schichten zu summieren, indem man jeden Beitrag im Verhältnis der erlittenen Schwächung vermindert. Man erhält so für die

Intensität der Strahlung der Frequenz ν, die die Oberfläche unter dem Winkel Θ verläßt, einen Ausdruck der Form:

$$I_\nu(\Theta) = \int_0^\infty k_\nu B_\nu(T)\, e^{-\tau \frac{k_\nu}{\bar{k}} \sec\Theta} \cdot \sec\Theta\, dh$$
$$= \int_0^\infty B_\nu(\tau)\, e^{-\tau \frac{k_\nu}{\bar{k}} \sec\Theta} \cdot \frac{k_\nu}{\bar{k}} \sec\Theta\, d\tau . \qquad (9)$$

Die Diskussion dieses Ausdrucks ergibt folgende Resultate:

1. Wäre T konstant gleich T_0, so erhielte man aus (9):

$$I_\nu(\Theta) = B_\nu(T_0) , \qquad (10)$$

also in allen Richtungen eine Intensität entsprechend der PLANCKschen Gleichung mit $T = T_0$.

2. Für $\Theta \to 90°$, also $\sec\Theta \to \infty$, erhält man aus (9) ebenso:

$$I_\nu(90°) = B_\nu(T_0) , \qquad (11)$$

wo T_0 die Oberflächentemperatur ist. Dies entspricht der Intensität der Strahlung nahe am Sonnenrand (vgl. S. 267).

3. Je größer $\frac{k_\nu}{\bar{k}}$ ist, desto näher ist $I(\nu, \Theta)$ gleich $B_\nu(T_0)$:

$$I_\nu(\Theta) = B_\nu(T_0) \text{ für } k_\nu \to \infty . \qquad (12)$$

Wenn k_ν kleiner wird, wächst $I_\nu(\Theta)$.

4. $I_\nu(\Theta)$ ist immer als ein Mittelwert derjenigen $B_\nu(T)$, für die $e^{-\tau \frac{k_\nu}{\bar{k}} \sec\Theta}$ nicht verschwindend klein ist, aufzufassen. Ist k_ν oder $\sec\Theta$ sehr groß, so kommen also nur die äußersten Schichten mit einer Temperatur sehr nahe gleich T_0 in Betracht, in Übereinstimmung mit (11) bzw. (12).

Setzt man $k_\nu = \bar{k}$, wie wir es für das kontinuierliche Spektrum vorausgesetzt haben, so kann man das Integral in (9) numerisch berechnen, da B_ν eine bekannte Funktion von τ ist, weil ja T eine bekannte Funktion von τ ist. Man erhält mit $k_\nu = \bar{k}$ somit die Intensitätsverteilung im kontinuierlichen Spektrum, zunächst die Intensitätsverteilung für jede Richtung für sich, und durch eine Integration auch die Intensitätsverteilung der Gesamtausstrahlung, wie man sie bei einem Stern allein beobachten kann. Die numerische Rechnung hat ergeben, daß diese sehr nahe mit der Strahlung nach dem PLANCKschen Gesetz mit $T = T_{\text{eff.}}$ übereinstimmt. Da man ja die Intensität für jede Richtung für sich berechnen kann, kann man auch die Helligkeitsverteilung über die Sternscheibe ermitteln. Für die Sonne hat man in dieser Weise mit $k_\nu = \bar{k}$ gute Übereinstimmung mit der Erfahrung erreicht.

In der Tat verhalten sich die beobachteten Intensitäten im kontinuierlichen Spektrum so, wie die hier angedeutete Theorie voraussagt (vgl. S. 267). Somit kann nach der Annahme des lokalen thermodynamischen Gleichgewichts das kontinuierliche Spektrum befriedigend gedeutet werden.

268. *Die Absorptionslinien.* Wir haben schon gesehen, daß die Strahlung im Bereich einer Absorptionslinie wegen des großen Absorptionskoeffizienten aus den äußersten verdünnten Schichten stammt, wo lokales thermodynamisches Gleichgewicht nicht vorhanden ist.

Daß dies der Fall ist, kann sehr einfach direkt aus den Beobachtungen gefolgert werden. Wäre nämlich auch in den Schichten, denen die Strahlung im Bereich der Absorptionslinien entstammt, lokales thermodynamisches Gleichgewicht vorhanden, so hätte man für die Intensität innerhalb der Spektrallinie einen Ausdruck von der Form der Gleichung (9) des vorigen Paragraphen. Da nun in der Absorptionslinie k_ν sehr groß ist, so wäre [vgl. (12)]:

$$I_\nu(\Theta) = B_\nu(T_0)$$

innerhalb der Spektrallinie also zwar etwas kleiner als im umgebenden kontinuierlichen Spektrum, aber nur im Verhältnis:

$$\frac{B_\nu(T_0)}{B_\nu(T_{\mathrm{eff.}})},$$

d. h. im Verhältnis etwa 1 : 2. Die beobachteten Kontraste sind aber von der Größenordnung 1 : 10. Noch krasser zeigt sich der Widerspruch im Spektrum der Sonne nahe am Sonnenrand. Hier ist auch für das kontinuierliche Spektrum die Intensität gleich $B_\nu(T_0)$ [vgl. (11)], und die Absorptionslinien müßten nahe am Sonnenrand verschwinden, was durchaus nicht der Fall ist. Die Beobachtungen zeigen somit direkt, daß lokales thermodynamisches Gleichgewicht in den betreffenden äußersten Schichten nicht vorhanden ist.

Die Wechselwirkung zwischen Strahlung und Materie im Fall des lokalen thermodynamischen Gleichgewichts ist, wie wir gesehen haben, die folgende: Ein gewisser Teil der Strahlung wird absorbiert, die absorbierte Strahlungsenergie wird durch Stöße auf viele Partikeln gleichmäßig verteilt und schließlich als PLANCKsche Strahlung gleichmäßig in allen Richtungen emittiert. Wäre z. B. die auffallende Strahlung annähernd monochromatisch und einseitig gerichtet, so würde die absorbierte Strahlungsenergie in eine über alle Frequenzen und Richtungen verteilte PLANCKsche Strahlung verwandelt werden als Folge der Stöße. Diese Art der Wechselwirkung nennt man oft *reine Absorption.*

Um nun die Bedingungen verstehen zu können, die vorherrschen, wenn kein lokales thermodynamisches Gleichgewicht vorhanden ist, betrachten wir den entgegengesetzten Grenzfall, daß der Einfluß der Stöße auf die Übergänge gegenüber dem Einfluß der Strahlung verschwindend ist, so wie wir es bei sehr geringen Dichten erwarten müssen.

Es seien wieder 1 und 2 zwei stationäre Zustände eines Atoms. Strahlung der Frequenz $\nu = \frac{1}{h}(E_2 - E_1)$ wird durch Atome im Zustand 1 durch den Übergang $1 \rightarrow 2$ absorbiert. Da der Einfluß der Stöße zu vernachlässigen ist, werden die Atome in den Zustand 1 durch den Übergang $2 \rightarrow 1$ zurückkehren, unter Emission derselben Strahlung der Frequenz $\nu = \frac{1}{h}(E_2 - E_1)$. Die Wechselwirkung zwischen Strahlung und Materie ist also in Abwesenheit der Stöße eine ganz andere: Strahlung einer gegebenen Frequenz wird absorbiert und in derselben Frequenz wieder emittiert, so daß durch die Wechselwirkung nur die Richtung der Strahlung modifiziert wird. Ist z. B. die auffallende Strahlung annähernd monochromatisch und einseitig gerichtet, so wird ein Teil der Strahlung absorbiert und in derselben Frequenz, aber über alle Richtungen verteilt, wieder emittiert. Diese Art der Wechselwirkung nennt man *reine Streuung.*

Im allgemeineren Fall, wo weder Strahlung noch Stöße vollständig überwiegen, kann man die Wechselwirkung zwischen Strahlung und Materie als gleichzeitig vorhandene Absorption und Streuung beschreiben.

Wir betrachten wieder den Fall, daß die Stöße ohne Einfluß sind. Sind für die Atome mehr als zwei stationäre Zustände vorhanden, so werden die Verhältnisse etwas verwickelter. Wir betrachten drei stationäre Zustände 1, 2 und 3. Wird nun durch einen Übergang Strahlung der Frequenz $\nu_{31} = \frac{1}{h}(E_3 - E_1)$

absorbiert, so ist es auch in Abwesenheit von Stößen nicht sicher, daß das Atom in 1 durch den Übergang $3 \rightarrow 1$ zurückkehrt, unter Emission und Strahlung der Frequenz $\nu_{31} = \frac{1}{h}(E_3 - E_1)$. Es ist möglich, daß dies durch die Übergänge $3 \rightarrow 2$ und $2 \rightarrow 1$ geschieht, indem Strahlung der Frequenzen $\nu_{32} = \frac{1}{h}(E_3 - E_2)$ und $\nu_{21} = \frac{1}{h}(E_2 - E_1)$ emittiert wird. Diesen Vorgang nennt man *Fluoreszenz.*

Im Gleichgewichtszustand des homogenen ausgedehnten Gases spielt die Fluoreszenz keine Rolle. Hier sind ja nach der Annahme des detaillierten Ausgleichs z. B. die Übergänge $1 \rightarrow 2$ und $2 \rightarrow 1$ unter Absorption bzw. Emission von Strahlung gleich häufig. Ist annähernd lokales thermodynamisches Gleichgewicht vorhanden, so ist die Zahl der verschiedenen Übergänge an jedem Ort annähernd die gleiche wie im Falle des homogenen ausgedehnten Gases der entsprechenden Dichte und Temperatur, also auch hier spielen Fluoreszenzphänomene keine Rolle. In den äußersten verdünnten Schichten einer Atmosphäre, die infolge des asymmetrischen Strahlungsstroms vom Zustand des homogenen ausgedehnten Gases weit entfernt sind, und wo der Einfluß der Stöße sehr klein ist, kann die Fluoreszenz eine Rolle spielen.

Wir gehen jetzt dazu über, die Bedeutung der Streuung für die Ausbildung von Absorptionslinien zu untersuchen. Wie wir gesehen haben, besteht der Effekt der Streuung darin, daß sie die Strahlung gleichmäßig über alle Richtungen zu verteilen sucht. Zur Erläuterung dieses Effekts betrachten wir ein sehr schematisches Bild der Verhältnisse in einer Sternatmosphäre. Es sei in einer gewissen Frequenz ν die Strahlung teils gerade nach außen, teils gerade nach innen gerichtet. Die Intensität der nach außen gerichteten Strahlung sei I'_ν, die der nach innen gerichteten I''_ν. Dann ist der Nettostrom nach außen:

$$F_\nu = I'_\nu - I''_\nu .$$

Die Strahlung passiere eine streuende Schicht. Dann wird von der nach außen gerichteten Strahlung ein gewisser Bruchteil absorbiert und auf beide Richtungen, nach außen und nach innen, gleich verteilt wieder emittiert. Analog für die nach innen gerichtete Strahlung. Eine Schicht der Dicke dx streue den Bruchteil:

$$s_\nu \, dx \cdot I'_\nu$$

des nach außen gerichteten Strahlungsstromes, und den Bruchteil:

$$s_\nu \, dx \cdot I''_\nu$$

des nach innen gerichteten Strahlungsstroms. Die Größe s_ν nennt man den *Streukoeffizienten* der Schicht gegenüber Strahlung der Frequenz ν. Das gestreute Licht wird beidemal zuerst absorbiert und dann emittiert, nach dem Streugesetz: halb nach außen, halb nach innen. Die Schicht bewirkt demnach folgende Änderungen in dem nach außen bzw. nach innen gerichtetem Strahlungsstrom:

1. I'_ν (nach außen) auf der Oberseite der Schicht war:
$I'_\nu + s_\nu \, dx \, I'_\nu - \frac{1}{2} s_\nu \, dx (I'_\nu + I''_\nu)$ auf der Unterseite der Schicht.
2. I''_ν (nach innen) auf der Oberseite der Schicht wird:
$I''_\nu - s_\nu \, dx \, I''_\nu + \frac{1}{2} s_\nu \, dx (I'_\nu + I''_\nu)$ auf der Unterseite der Schicht.
3. Der Nettostrom F_ν ist auf der Oberseite der Schicht $I'_\nu - I''_\nu$; auf der Unterseite der Schicht ist F_ν:

$$\{I'_\nu + s_\nu \, dx \, I'_\nu - \tfrac{1}{2} s_\nu \, dx \, (I'_\nu + I''_\nu)\} - \{I''_\nu - s_\nu \, dx \, I''_\nu + \tfrac{1}{2} s_\nu \, dx \, (I'_\nu + I''_\nu)\} = I'_\nu - I''_\nu .$$

Der Nettostrom ist also konstant.

4. Die mittlere Intensität ist $\frac{1}{2}(I'_\nu + I''_\nu)$ auf der Oberseite der Schicht; auf der Unterseite der Schicht ist die mittlere Intensität:

$$\tfrac{1}{2}\{I'_\nu + s_\nu dx\, I'_\nu - \tfrac{1}{2} s_\nu dx\,(I'_\nu + I''_\nu)\} + \tfrac{1}{2}\{I''_\nu - s_\nu dx\, I''_\nu + \tfrac{1}{2} s_\nu dx\,(I'_\nu + I''_\nu)\}$$
$$= \tfrac{1}{2}(I'_\nu + I''_\nu) + \tfrac{1}{2} s_\nu dx\, F_\nu .$$

Da der Nettostrom nach außen geht, $F_\nu = I'_\nu - I''_\nu$ also positiv ist, so wächst die mittlere Intensität durch die Streuprozesse nach innen.

Der ganze streuende Teil der Atmosphäre wirkt in derselben Weise. Der Nettostrom bleibt also konstant, die mittlere Intensität wächst nach innen. Allmählich geht nun die streuende Schicht in die Schichten über, wo lokales thermodynamisches Gleichgewicht herrscht, und hier ist die mittlere Intensität die durch die PLANCKsche Gleichung gegebene. Die mittlere Intensität in den obersten streuenden Schichten ist also — weil die Intensität wegen der Streuung nach innen zunehmen muß — kleiner als die Intensität nach der PLANCKschen Gleichung. Dasselbe gilt für den Nettostrom nach außen, der ja höchstens das Doppelte der mittleren Intensität beträgt $(I'_\nu - I''_\nu \leqq I'_\nu + I''_\nu)$. Hierdurch kann man das Auftreten der Spektrallinien verstehen. Die Streuung ist für die Frequenzen des kontinuierlichen Spektrums sehr gering; hier sieht der Beobachter also die aus den Schichten in lokalem thermodynamischem Gleichgewicht stammende sehr nahe PLANCKsche Strahlung, die im vorigen Abschnitt behandelt wurde. Im Frequenzbereich der Absorptionslinien ist die Streuung groß. Hier wird also durch die Streuung die mittlere Intensität, die in den Schichten im lokalen thermodynamischen Gleichgewicht den PLANCKschen Wert hatte, stark herabgesetzt, und die Intensität der den Stern verlassenden Strahlung ist im Bereich der Spektrallinien relativ gering.

Unsere grobe Betrachtung hat somit das Verständnis der Ausbildung der Absorptionslinie durch Streuung in den höchsten verdünnten Schichten der Sternatmosphäre vermittelt. Eine genauere Theorie muß berücksichtigen, daß die Strahlung über alle Richtungen im Raum verteilt ist und nicht nur aus zwei einander entgegengesetzten Strömen besteht, ferner daß der Übergang zwischen den verdünnten streuenden Schichten und den Schichten in lokalem thermodynamischem Gleichgewicht ein ganz allmählicher ist. Eine Theorie, die alle Einzelheiten der Wechselwirkung zwischen Strahlung und Materie in den Sternatmosphären berücksichtigt, gibt es zur Zeit nicht. Eine ganze Reihe Resultate der Theorie ist jedoch schon jetzt gesichert:

1. Die Strahlungsintensität innerhalb einer Spektrallinie hängt von dem Produkt der Anzahl der streuenden Atome und des atomaren Absorptionskoeffizienten dieser Atome (vgl. S. 355) ab. Je größer dieses Produkt ist, je kleiner ist die Intensität. Sind viele streuenden Atome vorhanden, so wird die entsprechende Absorptionslinie also kräftig.

2. In einer gewissen Näherung ist die Intensität innerhalb einer Spektrallinie durch den folgenden einfachen Ausdruck gegeben:

$$I_\nu = I_{\text{kont.}} \frac{\varkappa_0}{\varkappa_0 + \sigma_\nu}, \tag{1}$$

wo die Buchstaben die folgende Bedeutung haben:

I_ν die Intensität für die Frequenz ν innerhalb der Spektrallinie,

$I_{\text{kont.}}$ die Intensität im kontinuierlichen Spektrum unmittelbar außerhalb der Linie,

$\varkappa_0$ der Absorptionskoeffizient unmittelbar außerhalb der Absorptionslinie — eigentlich ein Mittelwert dieses Absorptionskoeffizienten durch die Atmosphäre,

σ_ν der Linienabsorptionskoeffizient, d. h. der Absorptionskoeffizient, der zu dem Übergang gehört, dem die Absorptionslinie entspricht — auch hier ein Mittelwert durch die ganze Atmosphäre.

Die Intensität in einer bestimmten Frequenz ist also mit einer gewissen Näherung umgekehrt proportional dem gesamten Absorptionskoeffizienten in dieser Frequenz.

Der Linienabsorptionskoeffizient σ_ν, der einem Übergang $1 \rightarrow 2$ entspricht, ist gleich dem Produkt aus der Zahl der Atome im Zustand 1 und dem atomaren Absorptionskoeffizienten für den Übergang $1 \rightarrow 2$ (vgl. S. 370):

$$\sigma_\nu = n_1 \cdot \alpha_\nu . \tag{2}$$

Für den atomaren Absorptionskoeffizienten gilt ein Ausdruck der folgenden Form, der die Abhängigkeit von der Frequenz zeigt (vgl. S. 357):

$$\alpha_\nu = \frac{c}{(\nu - \nu_0)^2}, \tag{3}$$

wo c eine Konstante ist.

Setzt man (2) und (3) in (1) ein, so erhält man:

$$I_\nu = I_{\text{kont.}} \frac{x_0}{x_0 + \dfrac{n_1 c}{(\nu - \nu_0)^2}} . \tag{4}$$

Durch diese Gleichung ist die Linienkontur bestimmt. Im Zentrum der Linie ist in der betrachteten Näherung, wie die Gleichung (4) zeigt, die Intensität Null. Wie man sagt, ist die Restintensität Null. Benutzt man für α_ν statt der Gleichung (9a) auf S. 357 die genauere Gleichung (9), so findet man, daß die Restintensität zwar endlich, aber praktisch gleich Null ist. Je größer n_1 (die Zahl der Atome im Zustand 1) ist und je kleiner $\nu - \nu_0$ (der Abstand vom Zentrum der Linie) ist, je kleiner wird die Intensität. In größerem Abstand vom Zentrum der Linie geht die Intensität allmählich in die des kontinuierlichen Spektrums über.

Haben zwei Absorptionslinien nicht sehr verschiedene Frequenzen, so wird x_0 für beide ungefähr denselben Wert haben. Ganz allgemein haben wir im vorigen Paragraphen gesehen, daß x_0 über das ganze Spektrum annähernd konstant ist. Dies erleichtert den Vergleich zwischen den Absorptionslinien: es kommt nur noch auf den Vergleich der Größen:

$$\frac{n_1 c}{(\nu - \nu_0)^2}$$

an. Hat für zwei Linien $n_1 c$ denselben Wert:

$$n_1' c' = n_1'' c'',$$

so ist die Linienkontur die gleiche: gleiche Intensität in gleichem Abstand von der Linienmitte. Ist dagegen:

$$n_1' c' = K n_1'' c'',$$

so wird die erste Linie $\sqrt{K}$mal so breit. Denn wenn man für die erste Linie $\nu - \nu_0$ immer $\sqrt{K}$mal größer nimmt als für die zweite, $(\nu - \nu_0)^2$ also Kmal größer, so werden die entsprechenden Intensitäten gerade gleich groß. Dies kann man so ausdrücken, daß die Linienbreite der Wurzel aus dem Produkt der Konzentration der absorbierenden Atome und dem atomaren Absorptionskoeffizienten proportional ist.

Als Beispiel vergleichen wir die beiden Natriumlinien D (vgl. S. 353). Beiden entsprechen Übergänge aus dem Grundzustand, in beiden Fällen ist n_1 gleich der Zahl pro Volumeneinheit der Natriumatome im Grundzustand. Ferner ist (wie quantenmechanische Überlegungen zeigen) für die kurzwelligere Linie c doppelt so groß wie für die langwelligere. Die Breite der ersten soll also $\sqrt{2}$mal der der zweiten sein. Dies steht in Übereinstimmung mit der Erfahrung.

Wir betrachten schließlich die früher eingeführte Größe der gesamten in einer Spektrallinie absorbierten Energie. Diese ist gemäß (4):

$$\Delta E = \int (I_{\text{kont.}} - I_\nu)\, d\nu = I_{\text{kont.}} \int \left(1 - \frac{x_0}{x_0 + \frac{n_1 c}{(\nu - \nu_0)^2}}\right) d\nu. \tag{5}$$

Das Integral ist über die ganze Absorptionslinie zu erstrecken. Durch Ausführung der Integration findet man:

$$\Delta E = I_{\text{kont.}}\, \pi\, \nu_0 \sqrt{\frac{n_1 c}{x_0}}.$$

Diesen Ausdruck kann man noch etwas vereinfachen. Die Größe x_0 ist ein Mittelwert für die Atmosphäre des Absorptionskoeffizienten im kontinuierlichen Spektrum. Eine Schicht der geometrischen Dicke h hat die optische Dicke $x_0 h$, wenn der Absorptionskoeffizient x_0 ist (vgl. S. 375). Multipliziert man in (6) im Zähler und Nenner des Bruchs mit der geometrischen Dicke H der Schicht oberhalb der optischen Tiefe 1, so erhält man, weil:

$$H x_0 = 1$$

ist:

$$\Delta E = I_{\text{kont.}} \cdot \pi\, \nu_0 \sqrt{n_1 c H} = I_{\text{kont.}} \cdot \pi\, \nu_0 \sqrt{N_1 c}. \tag{7}$$

Die Größe $N_1 = n_1 H$ hat folgende Bedeutung: n_1 ist ja die mittlere Zahl pro Kubikzentimeter der Atome im Zustand 1, $N_1 = n_1 H$ wird also die Zahl dieser Atome in einer Säule mit der Grundfläche 1 qcm von der Höhe der Schicht über der optischen Dicke 1. Man nennt N_1 oft die Zahl der betreffenden Atome über 1 qcm der Photosphäre.

Die gesamte absorbierte Energie ist also in der betrachteten Näherung, mit der (7) gilt, proportional der Quadratwurzel aus der Zahl der absorbierenden Atome über 1 qcm der Photosphäre im oben definierten Sinn.

Ganz ähnlich erhält man aus (4) durch Multiplikation im Zähler und Nenner mit H:

$$I'_\nu = I_{\text{kont.}} \frac{1}{1 + \frac{N_1 c}{(\nu - \nu_0)^2}}. \tag{8}$$

Hat man nun für eine Absorptionslinie die Linienkontur oder die gesamte absorbierte Energie gemessen, so kann man nach (8) oder (7) auf die Zahl der betreffenden Atome schließen, vorausgesetzt daß man den atomaren Absorptionskoeffizienten atomtheoretisch berechnen kann. Solche Untersuchungen hat man tatsächlich durchführen können, und hat dadurch wichtige Einblicke in die Konstitution der Sternatmosphären gewonnen. Auf diesen Punkt kommen wir in einem folgenden Abschnitt zurück.

3. Die in 2 besprochenen Näherungsformeln sind unter gewissen vereinfachenden Voraussetzungen abgeleitet. Erstens tragen sie nicht den Änderungen in den physikalischen Verhältnissen mit der Tiefe unter der Oberfläche genau Rechnung, sondern beschreiben die Verhältnisse durch gewisse Mittelwerte. Zweitens sind sie nur richtig unter der Voraussetzung, daß in den Sternatmosphären keine Fluoreszenz stattfindet. Schließlich ist die in 2 gebrauchte Formel für den atomaren Absorptionskoeffizienten nur richtig in einigem Abstand vom Linienzentrum, weil der der Wärmebewegung entsprechende DOPPLER-Effekt

die Linien etwas verbreitert (vgl. S. 354); dadurch entstehen nahe der Linienmitte, wo der Absorptionskoeffizient nach (3) sehr stark mit der Frequenz variiert, erhebliche Abweichungen von dem einfachen Ausdruck.

Der letztgenannte Umstand ist namentlich bei schwachen schmalen Absorptionslinien von Wichtigkeit. Hier muß man den DOPPLER-Effekt unbedingt berücksichtigen und einen entsprechend modifizierten Ausdruck für den Absorptionskoeffizienten ansetzen. Dadurch ändert sich sowohl die Gleichung, die die Linienkontur gibt, als auch diejenige, die die gesamte absorbierte Energie gibt. Bei schwachen Linien kommt es namentlich auf die letztere Größe an, weil diese hier am sichersten gemessen werden kann (vgl. S. 337). Für ganz schwache Linien, für die also ΔE klein ist, wird ΔE proportional $N_1 c$ statt $\sqrt{N_1 c}$; letzteres gilt nur, wenn der DOPPLER-Effekt (bei starken breiten Linien) vernachlässigt werden kann.

Daß die Fluoreszenzen vernachlässigt worden sind, ist ein wichtiger Punkt. Wir haben ja gesehen, daß es wahrscheinlich ist, daß in den höchsten verdünnten Schichten die Fluoreszenzphänomene von Bedeutung sind (vgl. S. 379). Es ist deshalb von Interesse zu untersuchen, ob nicht Abweichungen zwischen der Erfahrung und der in 2 besprochenen Theorie vorhanden sind, die auf die Existenz von Fluoreszenzphänomenen hindeuten.

Im allgemeinen ist die Übereinstimmung zwischen den in 2 besprochenen Gleichungen und der Erfahrung eine gute: Die Linienkonturen sind annähernd in Übereinstimmung mit (4), und im Fall der Natriumdoppellinie und in ähnlichen Fällen stimmen die Voraussagungen der Theorie. In einem Punkt besteht jedoch krasser Widerspruch, nämlich in bezug auf die Restintensitäten. Diese sind nach der Theorie in 2 Null (vgl. S. 381), während sie nach den Beobachtungen fast nie Null sind, sondern mindestens von der Größenordnung $^1/_{10}$ des kontinuierlichen Spektrums.

Die Strahlung im Zentrum einer Absorptionslinie stammt aus den alleräußersten Schichten, wo Stöße keine Rolle spielen können. Ist der Gleichgewichtszustand durch die Streuungsprozesse bestimmt, so können — weil die Streuung im Zentrum der Linie so groß ist — Übergänge, die eine Ausstrahlung in der Linienmitte ergeben, in den alleräußersten Schichten nicht vorkommen.

Wir wollen etwas näher untersuchen, welche Übergänge es sind, die Ausstrahlung in der Linienmitte ergeben. Wir betrachten zunächst den Fall, daß der Zustand 1 der Grundzustand ist. Dann kann die Unschärfe des Zustandes 1 vernachlässigt werden (vgl. S. 354). Der Zustand 2 ist dagegen unscharf. Die Mitte des unscharfen Zustandes 2 nennen wir 2°. Ein Übergang $2^\circ \rightarrow 1$ gibt also Ausstrahlung in der Linienmitte. Sind beide Zustände unscharf, so entspricht einer ganzen Reihe von Übergängen Strahlung in der Linienmitte, nämlich allen Übergängen zwischen zwei Zuständen, die nach derselben Seite gleichweit von den Mitten der beiden unscharfen Zustände abweichen. Im folgenden berücksichtigen wir nur den einfachen Fall, wo der Zustand 1 der Grundzustand ist.

Damit eine Ausstrahlung in der Linienmitte stattfinden kann, müssen also in den alleräußersten Schichten Atome im Zustand 2° vorhanden sein, die durch den Übergang $2^\circ \rightarrow 1$ diese Ausstrahlung ergeben. Durch Übergänge $1 \rightarrow 2^\circ$ allein kann dies nicht erreicht werden — das ist das Resultat der Anwendung der reinen Streutheorie. Übergänge in 2° durch Stöße finden wegen der geringen Dichte in den alleräußersten Schichten nicht statt. Die Frage ist dann, ob Strahlungsübergänge in 2° aus anderen stationären Zuständen als 1 eine Rolle spielen. Wenn detaillierter Ausgleich vorhanden ist, so spielen diese Übergänge keine Rolle, weil ihre Wirkung von den entgegengesetzten Übergängen genau aufgehoben wird. Wenn aber dies nicht der Fall ist — wenn im Gegenteil

Fluoreszenzphänomene eine Rolle spielen — dann ist die Möglichkeit für Strahlungsübergänge in 2°, gefolgt von Übergängen 2°→ 1, gegeben.

Im allgemeinen sind allerdings in den anderen stationären Zuständen des gebundenen Elektrons, aus ähnlichen Gründen wie für 2, so wenig Atome vorhanden, daß sie nicht ausreichen, um eine genügende Zahl von 2°-Zuständen zu geben. Aber freie Elektronen sind genügend vorhanden, und werden mehr freie Elektronen in 2° eingefangen als Elektronen aus 2° freigemacht werden, so ist die Möglichkeit für Übergänge 2°→ 1 gegeben.

Daß tatsächlich mehr Elektronen in 2° eingefangen werden, als aus 2° durch Ionisation verschwinden, folgt unmittelbar daraus, daß verhältnismäßig weniger Atome in 2° vorhanden sind als freie Elektronen, verglichen mit dem Fall des lokalen thermodynamischen Gleichgewichts. [Wenn weniger Elektronen in einem Zustand vorhanden sind, so wird ja die Zahl der Übergänge aus dem Zustand herabgesetzt; vgl. (1), S. 354].

So deuten die beobachteten Restintensitäten darauf hin, daß Fluoreszenzphänomene in den verdünnten Teilen der Sternatmosphäre eine Rolle spielen.

Vielleicht spielen Fluoreszenzphänomene auch bei den sehr selten vorkommenden hellen Emissionslinien (vgl. S. 338) eine Rolle. Die hellen Emissionslinien treten fast ausnahmslos in Sternen mit sehr großen Radien und infolgedessen mit sehr ausgedehnten verdünnten Atmosphären auf, in denen gerade Fluoreszenzen möglich sind. Man kann sich vorstellen, daß freie oder gebundene Elektronen in einem Zustand 2 in sehr großer Zahl übergehen und hauptsächlich durch den Übergang 2 → 1 abgeführt werden. Dann entsteht eine Emissionslinie mit der Frequenz $\nu = \frac{1}{h}(E_2 - E_1)$.

269. *Die Zahl der Atome in den verschiedenen stationären Zuständen und die Spektralklassifikation.* Wir haben im vorigen Paragraphen gesehen, wie die Stärke einer Absorptionslinie mit der Zahl der Atome über 1 qcm der Photosphäre in demjenigen Zustand, der die betreffende Linie durch Übergang in einen energiereicheren Zustand absorbieren kann, zusammenhängt. Aus Messungen konnte auf diese Zahl geschlossen werden, und ganz allgemein war die Linie kräftiger, je größer die Zahl der Atome in diesem Zustand war.

Es soll in diesem Paragraphen auf die Frage eingegangen werden, wie man die beobachteten Änderungen der Linienstärken von Stern zu Stern, die also mit Änderungen in der Zahl der entsprechenden Atome im absorbierenden Zustand verknüpft sind, zu deuten hat.

Es ist naheliegend, Änderungen in den Linienstärken direkt als Änderungen in der relativen Häufigkeit der betreffenden Elemente zu deuten. Sind in einem Sternspektrum z. B. die Heliumlinien stark, so sollte dies bedeuten, daß Helium in der Sternatmosphäre in sehr großer Menge vorhanden ist. Sehr kräftige Balmer-Linien sollten bedeuten, daß Wasserstoff in ungewöhnlich großen Mengen vorkommt usw.

Wir können jedoch sofort einsehen, daß diese Schlußweise falsch ist. Nehmen wir das Beispiel der Balmer-Linien. Wir wissen, daß starke Balmer-Linien mit großer Häufigkeit derjenigen Atome verknüpft sind, die durch Übergänge in energiereichere Zustände die Balmer-Linien absorbieren. Das sind Wasserstoffatome im zweittiefsten stationären Zustand. Wir sind also nur zu dem Schluß berechtigt, daß Wasserstoffatome in diesem Zustand in ungewöhnlich großer Menge vorhanden sind, wenn die Balmer-Linien ungewöhnlich kräftig sind. Um auf die Häufigkeit der Wasserstoffatome überhaupt schließen zu können, muß man die Verteilung der Wasserstoffatome über die stationären Zustände, einschließlich der stationären Zustände, die Ion + freies Elektron entsprechen, kennen: man muß wissen, einen wie großen Bruchteil von der Gesamtzahl der Wasserstoffatome die Wasserstoffatome im zweittiefsten stationären Zustand ausmachen. Ganz Analoges gilt natürlich für jedes beliebige Element.

Ferner muß man den folgenden Umstand berücksichtigen. Oft sind es nur ganz wenige der stationären Zustände der Atome eines Elements, die Linien absorbieren, die im beobachtbaren Teil des Spektrums — zwischen 2900 A.E. und 10000 A.E. — liegen. Bei Wasserstoff z. B. gibt nur der zweittiefste stationäre Zustand solche Linien. Wenn also nicht gerade Atome in diesen Zuständen zahlreich vorhanden sind, so werden alle beobachtbaren Linien des Elements schwach.

Man sieht also, daß die relative Häufigkeit eines Elements von Stern zu Stern nicht notwendig sehr verschieden sein muß, weil die Intensitäten der sichtbaren Linien des Elements von Stern zu Stern stark variieren. Vielmehr können die Änderungen der Linienstärken im wesentlichen von Änderungen in der Verteilung über die stationären Zustände herrühren.

Wäre in allen Schichten der Atmosphäre lokales thermodynamisches Gleichgewicht vorhanden, so könnte man die Verteilung der Atome über die stationären Zustände — den Ionisations- und Anregungszustand also — an jedem Ort als Funktion der Dichte und Temperatur angeben. Dies erfordert nur die Anwendung der in § 266 besprochenen Theorie. Aus den Entwicklungen des vorigen Paragraphen geht aber hervor, daß das Vorhandensein der Absorptionslinie geradezu an Abweichungen vom Zustand des lokalen thermodynamischen Gleichgewichts gebunden ist. Z. B. zeigt eine Absorptionslinie in der Frequenz $\nu = \frac{1}{h}(E_2 - E_1)$ direkt an, daß in den äußersten Schichten die Zahl der Atome im Zustand 2 im Verhältnis zu der Zahl der Atome im Zustand 1 kleiner ist als im Fall des lokalen thermodynamischen Gleichgewichts. Man könnte also denken, daß die Theorie des § 266 hier unanwendbar sei. Eine genauere Überlegung zeigt jedoch, daß man erwarten muß, daß diese Theorie wesentliche Züge der Verhältnisse wiederzugeben vermag.

Betrachten wir zuerst die Ionisationsverhältnisse in den äußersten Schichten. Die Ionisation geschieht hier wesentlich durch Absorption der Strahlung des kontinuierlichen Spektrums (die Zahl der Ionisationen ist allerdings wegen der geringen Dichte so gering, daß die Absorptionen die Intensität der Strahlung im kontinuierlichen Spektrum nur sehr wenig herabsetzen). Die Intensität im kontinuierlichen Spektrum wird deshalb für den Ionisationsgrad maßgebend sein. Nun ist ja die Energieverteilung im kontinuierlichen Spektrum, wie wir gesehen haben, sehr nahe eine PLANCKsche, der effektiven Temperatur entsprechend. Allerdings passiert die Strahlung die äußersten Schichten nur in einer Richtung, was eine Reduktion der Ionisationen auf die Hälfte zur Folge hat. Die Ionisationsverhältnisse entsprechen hierdurch, wie man durch Rechnung genauer hat nachweisen können, ungefähr den Verhältnissen im lokalen thermodynamischen Gleichgewicht bei einer Temperatur T, die zwischen der effektiven Temperatur und der Oberflächentemperatur liegt. Setzt man in der Ionisationsgleichung (12a) S. 364 die Temperatur gleich $T_{\text{eff.}}$ und multipliziert auf der rechten Seite mit $\frac{1}{2}$, so findet man einen ziemlich nahe richtigen Wert für den Ionisationsgrad.

Anders bei den Anregungsverhältnissen innerhalb derselben Ionisationsstufe. Das Verhältnis zwischen den Zahlen der Atome in zwei stationären Zuständen 1 und 2 derselben Ionisationsstufe ist in den äußersten Schichten wesentlich durch die Intensität der Strahlung in der Frequenz $\nu = \frac{1}{h}(E_2 - E_1)$ bestimmt, und diese weicht wegen der Streuung in dem Absorptionslinienbereich von der PLANCKschen Intensität ab. Für die Zahl der Atome im Grundzustand bedeutet die Abweichung relativ wenig, weil im allgemeinen innerhalb einer Ionisationsstufe die meisten Atome doch im Grundzustand sind, so daß Schwankungen in der Anzahl in den übrigen Zuständen nicht sehr stark auf die Zahl im Grundzustand zurückwirken können.

Zusammenfassend kann man sagen, daß man erwarten muß, daß die Theorie des § 266 die Zahlen der Atome in den Grundzuständen der verschiedenen Ionisationsstufen ziemlich genau wird voraussagen können. Weiterhin nimmt man an, daß sie qualitativ auch für andere Zustände anwendbar ist, zur Voraussagung gewisser allgemeiner Züge der Verteilung.

Im § 266 haben wir gesehen, daß Ionisations- und Anregungszustand in der folgenden Weise mit Temperatur und Dichte zusammenhängen:

1. Die Zahl der Atome im Grundzustand des neutralen Atoms nimmt bei steigender Temperatur immer ab (vgl. die Tabelle S. 366).

2. Die Zahl der Atome in jedem energiereicheren Zustand, sei es ein angeregter Zustand des neutralen Atoms, sei es der Grundzustand oder ein angeregter Zustand eines Ions, nimmt bei steigender Temperatur zuerst zu, erreicht ein Maximum und nimmt dann ab (vgl. die Tabelle S. 366).

3. Das in 2 erwähnte Maximum wird bei desto höherer Temperatur erreicht, je höher die Energie des betreffenden Zustandes relativ zum Grundzustand ist. Hohe Anregungspotentiale erfordern hohe Temperaturen, damit der betreffende Zustand angeregt wird, hohe Ionisationspotentiale erfordern ebenfalls hohe Temperaturen, damit die betreffenden Ionen zahlreich vorhanden sein sollen [vgl. die Tabelle S. 366 und die Formeln (11a) und (12a), S. 363 und 364).

4. Bei geringerer Dichte schreitet die Ionisation weiter fort.

Auf Grund dieser Tatsachen lassen sich die Änderungen der Spektren von Stern zu Stern qualitativ verstehen. Wir betrachten zuerst die Reihe der HARVARD-Klassen. Wir haben gesehen, daß die HARVARD-Klassen sehr nahe mit der effektiven Temperatur zusammenhängen. Der Klasse B entsprechen hohe Temperaturen, und die Temperatur nimmt durch die HARVARD-Klassen bis zur Klasse M stetig ab.

Die BALMER-Linien sind in M schwach, nehmen gegen A immer zu, erreichen dort ein Maximum und nehmen dann ab. Dies Verhalten entspricht nach 2 ganz dem, was man von Linien, die von einem angeregten Zustand absorbiert werden, erwarten muß. Das Maximum wird bei relativ hoher Temperatur, 10000°, erreicht; dem entspricht, daß das Anregungspotential des zweittiefsten Zustands des Wasserstoffatoms ziemlich hoch ist, gleich 10.2 Volt.

Die Linie 4227 des neutralen Kalziums nimmt mit steigender Temperatur immer ab. Dies stimmt mit 1, da 4227 von dem Grundzustand des neutralen Kalziums absorbiert wird.

Die von Atomen im Grundzustand des neutralen Heliums absorbierten Linien liegen alle im extremen Ultraviolett (zwischen 500 und 600 A.E.) und sind also in den Sternspektren nicht beobachtbar. Das Anregungspotential des zweittiefsten Zustandes ist 19.7 Volt, darauf folgen Zustände mit Anregungspotentialen zwischen 20.5 Volt und dem Ionisationspotential 24.5 Volt. Die beobachtbaren Linien des neutralen Heliums rühren von Heliumatomen in diesen Zuständen her. Infolge der sehr hohen Anregungspotentiale erreichen sie ein Maximum erst bei den sehr hohen Temperaturen der heißesten B-Sterne.

Die Beispiele lassen sich vermehren. Immer zeigen die Linien, die dem Grundzustand eines neutralen Atoms entsprechen, eine fortgesetzte Abnahme mit steigender Temperatur, die anderen Linien erreichen ein Maximum, das bei desto höherer Temperatur liegt, je höher die Energie des die Linie absorbierenden stationären Zustandes ist.

Was den Einfluß der Dichte betrifft, so hat man auch diesen verfolgen können. Wir haben gesehen (vgl. § 263), daß der Zustand in der Atmosphäre von den beiden Parametern H, der Flächenhelligkeit, und g, der Oberflächengravitation, abhängig ist. Die Flächenhelligkeit bestimmt die effektive Temperatur und damit auch die Oberflächentemperatur und die gesamte Temperaturverteilung in der Atmosphäre. Den Einfluß wechselnder Temperatur haben wir bereits verfolgt. Die Oberflächengravitation bestimmt die Dichte der Atmosphäre. Je größer die Oberflächengravitation, desto dichter ist die Atmosphäre. Hierdurch beeinflußt die Oberflächengravitation nach 4 den Ionisationszustand. Z. B. bedeutet die sehr geringe Oberflächengravitation der c-Sterne, daß die Dichte sehr gering ist und die Ionisation entsprechend fortgeschritten ist. Dies ist mit der Erfahrung in Übereinstimmung, da gerade bei den c-Sternen Metallionenlinien ungewöhnlich kräftig sind (vgl. S. 348). Die Dichte beeinflußt den Absorptionskoeffizienten des kontinuierlichen Spektrums und beeinflußt hierdurch indirekt die Stärke der Absorptionslinien [vgl. Gleichung (4), S. 381]. Beide Effekte müssen von einer genauen Theorie berücksichtigt werden. In der Tat gelingt es hierdurch, wesentliche Züge der Variationen der Spektren von Stern zu Stern innerhalb einer HARVARD-Klasse als Folge wechselnder Oberflächengravitation zu erklären. Den Zusammenhang dieser letztgenannten Variationen mit der absoluten Leuchtkraft werden wir noch später zu besprechen haben (vgl. S. 400).

270. *Quantitative Untersuchungen über die relative Häufigkeit der Elemente.* Es wurde bereits erwähnt (vgl. S. 382), daß man aus Messungen der Kontur oder der Gesamtabsorption einer Absorptionslinie die Zahl der absorbierenden Atome über 1 qcm der Photosphäre berechnen kann. Hierzu ist allerdings erforderlich, daß man den Absorptionskoeffizienten in der Absorptionslinie, genauer die Konstante c in (7) bzw. (8), kennt. Prinzipiell können die verlangten c-Werte immer quantenmechanisch berechnet werden. Zur Zeit sind die Berechnungen nur für einzelne Fälle durchgeführt worden. In diesen Fällen hat man dann Atomzahlen berechnen können. Wären alle c-Werte bekannt, so könnte man für alle Elemente und alle stationären Zustände, die beobachtbare Linien absorbieren, die Zahl der Atome über 1 qcm der Photosphäre berechnen. Hierdurch würde man die Gesamtzahl der Atome über der Photosphäre und ferner die relative Häufigkeit der Elemente in der betrachteten Sternatmosphäre erhalten. Die Verteilung der Atome eines beliebigen Elements über die verschiedenen stationären Zustände würde durch die Beobachtungen bekannt werden. Man könnte untersuchen, wie nahe die Verteilung der Atome über die stationären Zustände derselben Ionisationsstufe mit der Verteilung nach der BOLTZMANNschen Gleichung [Gleichung (11), S. 362] übereinstimmt. Aus dem Verhältnis der Atomzahlen für die Grundzustände verschiedener Ionisationsstufen könnte man die Zahl der freien Elektronen pro Volumeneinheit berechnen unter der Annahme, daß die Ionisationsgleichung (12a) S. 364 gültig ist (vgl. S. 385). Die so berechnete Elektronenzahl pro Volumeneinheit ist ein gewisser Mittelwert durch die in Frage kommenden Schichten.

Für die Grundzustände von Ca und Ca^+, von Sr und Sr^+ und einigen anderen Elementen hat man für die Sonne die Untersuchungen durchführen können. Die nebenstehende Tabelle zeigt die Resultate für Ca, Ca^+, Sr und Sr^+.

Element	N
Ca	$0.034 \cdot 10^{18}$
Ca^+	$23 \cdot 10^{18}$
Sr	$0.0011 \cdot 10^{18}$
Sr^+	$0.021 \cdot 10^{18}$

Die Zahlen zeigen erstens, daß Kalzium in der Sonnenatmosphäre sehr viel häufiger ist als Strontium, zweitens daß die Ionisation für Ca und Sr ziemlich weit fortgeschritten ist. (Eine Überschlagsrechnung nach der Ionisationsgleichung zeigt, daß Ca^{++} und Sr^{++} jedoch keine Rolle spielen; vgl. auch die Tabelle S. 366). Mit der effektiven Temperatur $T_{\text{eff.}} = 5740°$ berechnet man aus den Verhältnissen $N_1^+ : N_1$ für Ca und Sr mit Hilfe der gemäß S. 385 modifizierten Ionisationsgleichung (12a) S. 364 (vgl. auch die Tabelle S. 366) die mittlere Zahl der Elektronen pro Kubikzentimeter N_e:

$$N_e \sim 10^{13}\,\text{cm}^{-3}.$$

Kalzium und Strontium ergeben annähernd dieselben Werte.

Für Kalzium wurden die Untersuchungen auf Sterne der Spektralklassen A bis M ausgedehnt. Als Resultat wurde gefunden, daß die Anzahl der Kalziumatome (die Summe der Anzahlen der neutralen und ionisierten) für alle Spektralklassen nahezu dieselbe ist.

In einigen Fällen hat man schließlich die Gültigkeit der BOLTZMANNschen Gleichung bestätigen können.

Wie wir gesehen haben, hängt die Kontur bzw. die gesamte absorbierte Energie von der Größe Nc ab [Gleichungen (7) und (8), S. 382]. Für Spektrallinien, die zu einem Multiplett gehören (vgl. S. 354), kann man nun ohne schwierige Berechnungen die Verhältnisse der Nc-Werte berechnen. Wir haben schon erwähnt, daß für die Natriumdoppellinie D die c-Werte der beiden Linien sich wie 1 : 2 verhalten, während N für die Linien den gleichen Wert hat. Innerhalb eines Multipletts variieren die c-Werte in weiten Grenzen, der kleinste kann z. B. 100mal kleiner als der größte sein. Der c-Wert der stärksten Linie, die ein Element absorbieren kann, ist aber wahrscheinlich für alle Elemente ungefähr gleich.

Für die Linien eines Multipletts kann man den Gang der Gesamtabsorption ΔE mit Nc untersuchen. Für breite Linien ergibt sich in Übereinstimmung mit (7) Proportionalität von ΔE mit $\sqrt{Nc}$. Für schmale Linien sind infolge des DOPPLER-Effektes Abweichungen vorhanden (vgl. S. 383). Eine Kurve, die die Abhängigkeit der beobachteten ΔE von den relativen Nc-Werten zeigt, kann gezeichnet werden, und diese Kurve kann man nun benutzen, um aus der Gesamtabsorption die Nc-Werte zu bestimmen. Den Übergang von relativen zu absoluten Nc-Werten ermöglichen die starken Linien, für die die einfache Theorie, die zum Wurzelgesetz führt, noch gilt. Das Verfahren liefert dann Nc-Werte für schwache Linien, ohne daß man auf die Theorie für diese einzugehen braucht.

Für solche Untersuchungen ist es nicht einmal nötig, Messungen von ΔE oder von Konturen zur Verfügung zu haben. Auch geschätzte Intensitäten in willkürlicher Skala können durch relative Nc-Werte innerhalb eines Multipletts geeicht werden.

Hierdurch konnten mit Hilfe der ROWLANDschen Schätzungen der Intensitäten von Sonnenlinien (vgl. S. 266) Schlüsse auf die relative Häufigkeit der Elemente in der Sonnenatmosphäre gezogen werden. Einen Auszug aus den Resultaten findet man S. 273. Der Übergang von den Nc-Werten auf die N-Werte geschah, indem die c-Werte für die stärksten Linien gleich groß gesetzt wurden (vgl. oben).

Auch für einige helle Sterne konnten derartige Untersuchungen durchgeführt werden. Die relative Häufigkeit der Elemente scheint annähernd die gleiche wie für die Sonne zu sein. Vergleicht man in den verschiedenen Sternspektren immer die gleichen Linien, so fällt die Unsicherheit in bezug auf die c-Werte fort. Bestimmt man z. B. N_e in der oben angegebenen Weise, so kann bei Unkenntnis der c-Werte N_e nur bis auf einen unbekannten Faktor bestimmt werden (der allerdings, wenn es sich um stärkste Linien handelt, ungefähr 1 ist);

dieser Faktor ist aber in den verschiedenen Sternen der gleiche, und ein Vergleich der N_e-Werte kann unmittelbar vorgenommen werden.

Die Untersuchungen in dieser Richtung förderten eine Abweichung in der Verteilung der Atome über die stationären Zustände gegenüber den Gleichungen für lokales thermodynamisches Gleichgewicht zutage. Für Zustände mit kleinen Anregungspotentialen folgt die Verteilung noch der BOLTZMANNschen Gleichung, für größere Anregungspotentiale sind starke Abweichungen vorhanden. Die Verhältnisse sind nicht ganz geklärt, vielleicht hängt die Abweichung mit Abweichungen des kontinuierlichen Spektrums im äußersten Ultraviolett von der PLANCKschen Gleichung zusammen.

Die relative Häufigkeit der Elemente auf der Sonne stimmt mit derjenigen, die man für die Erdkruste gefunden hat, in den Hauptzügen überein. Nur Wasserstoff ist in der Sonne sehr viel häufiger als auf der Erde, was wegen der Flüchtigkeit des Wasserstoffs und der viel geringeren Schwerebeschleunigung auf der Erdoberfläche durchaus verständlich erscheint. Etwa ein Drittel der Elemente konnten in der Sonnenatmosphäre und in den Sternatmosphären nicht nachgewiesen werden. Für fast alle diese Elemente kann man unter Annahme plausibler Häufigkeiten zeigen, daß tatsächlich keine Linien im beobachtbaren Teil des Spektrums zu erwarten sind.

Aus der relativen Häufigkeit und der beobachteten Anzahl über 1 qcm der Photosphäre z. B. für die Kalziumatome kann man die gesamte Masse oberhalb 1 qcm der Photosphäre abschätzen. Man kann mit anderen Worten die gesamte Masse der Atome, die die optische Dicke 1 geben, berechnen. Daraus findet man unmittelbar durch Division einen Mittelwert des Absorptionskoeffizienten, dem die Masse 1 g entspricht, des Massenabsorptionskoeffizienten.

Wir haben früher gesehen (vgl. S. 377), daß der Absorptionskoeffizient im kontinuierlichen Spektrum für alle Wellenlängen annähernd denselben Wert hat. Jetzt sehen wir, wie man diesen Wert abschätzen kann. Durch Betrachtung aller in den Sternatmosphären möglichen Absorptionsprozesse kann man den Absorptionskoeffizienten auf theoretischem Wege ermitteln. Genaue Berechnungen sind natürlich wegen der großen Zahl der Absorptionsmöglichkeiten sehr umständlich, eine grobe Abschätzung ergibt aber einen Wert, der mit dem aus den Beobachtungen gefundenen Wert größenordnungsmäßig übereinstimmt.

271. *Die Intensitätsmaxima der Spektrallinien in der* HARVARD-*Reihe.* Unter der Annahme konstanter Elementenhäufigkeit kann man mit Hilfe der BOLTZMANNschen Gleichung und der Ionisationsgleichung (12a) S. 364 diejenigen Temperaturen feststellen, für die die Anzahl der Atome in einem gegebenen Zustand ein Maximum erreicht, und für die infolgedessen die von diesem Zustand absorbierten Linien maximal sind. Für die Berechnung muß der Wert der mittleren Zahl N_e der freien Elektronen pro Volumeneinheit bekannt sein. Einen brauchbaren Wert für N_e haben wir bereits ermittelt.

In dieser Weise hat man für eine Reihe Absorptionslinien die Temperatur ermittelt, für die man erwarten muß, daß die Linien maximal sind. Die Beobachtungen ergeben nun die HARVARD-Klasse, für die die Maxima tatsächlich eintreten. Die folgende Tabelle zeigt die Resultate einer solchen Untersuchung.

Der Gang der Zahlen ist mit zwei Ausnahmen (Ca^+ und N^+) sehr regelmäßig. Die Temperaturen stimmen gut mit den nach den effektiven Temperaturen zu erwartenden überein.

Bei der Berechnung der Maxima wurden nur die Änderungen in der Anzahl der absorbierenden Atome berücksichtigt, die Stärke einer Absorptionslinie hängt aber auch von der Größe der kontinuierlichen Absorption ab (vgl. S. 381). Die

Übereinstimmung mit den effektiven Temperaturen deutet infolgedessen darauf hin, daß die Änderungen des kontinuierlichen Absorptionskoeffizienten längs der Spektralserie nicht sehr groß sind.

Die folgende Tabelle wurde mit etwas verschiedenen Werten von N_e berechnet. Für Ba^+, Sr^+ und Ca^+ wurden relativ kleine Werte benutzt. Dies war notwendig, um eine regelmäßige Temperaturreihenfolge zu erreichen. Die genannte Annahme über N_e läßt sich aber physikalisch begründen durch einen Hinweis darauf, daß die genannten Atome, insbesondere Ca^+, dazu neigen, ausgedehnte Chromosphären zu bilden (vgl. S. 270). In solchen Chromosphären ist die Dichte außerordentlich gering. Die genannte schlechte Übereinstimmung bei Ca^+ deutet allerdings darauf hin, daß für Ca^+ eine zu geringe Dichte angenommen worden ist. Vielleicht werden aber auch genauere Beobachtungen zeigen, daß das Maximum bei M0 statt bei K0 eintritt; das Maximum ist nämlich nicht sehr ausgeprägt (vgl. die Tabelle S. 366). Die Maxima der Ca^+-, Sr^+- und Ba^+-Linien liegen bei relativ niedrigen Temperaturen; dies wirkt auch mit, den Wert von N_e herabzusetzen, weil bei diesen Temperaturen die meisten Elemente wenig ionisiert sind.

Element	Temperatur, für die die Linie maximal ist	Spektralklasse, für die das Maximum beobachtet wurde
V	2500°	nicht beobachtet
Ba^+	2700	M 3
Cr	2900	M 1
Sr^+	3000	M 0
Mg	3700	K 2—K 5
Fe	3800	K 2
Ca^+	3100	K 0
Zn	4800	G 0
Fe^+	7000	F 5
Mg^+	9000	A 2
H	9250	A 0
Si^+	10500	A 0
N^+	18400	B 3—B 5
C^+	16800	B 3
He	16800	B 2—B 3
Si^{++}	18000	B 1—B 2
O^+	21100	B 0—B 1
Si^{+++}	25000	O 9
C^{++}	25400	O 9
N^{++}	29100	nicht beobachtet
He^+	36000	nicht beobachtet

Daß gerade die Ca^+-Atome dazu neigen, eine Chromosphäre zu bilden, können wir jetzt auch verstehen. Die große Mehrzahl der Ca^+-Atome befindet sich im Grundzustand. Von den Linien, die vom Grundzustand absorbiert werden, haben die Linien K und H den größten Absorptionskoeffizienten. Die Wellenlängen dieser Linien sind 3934 A.E. bzw. 3968 A.E. In diesen Wellenlängen ist nun die Intensität der Sonnenstrahlung im kontinuierlichen Spektrum groß. Diese Umstände bewirken, daß eine große Anzahl Lichtquanten von den Atomen absorbiert werden, und daraus folgt weiter, daß für die Ca^+-Atome der Lichtdruck nach außen ungewöhnlich groß wird. Durch den Lichtdruck können die Ca^+-Atome in den verdünnten ausgedehnten Chromosphären getragen werden. Wichtig ist auch, daß das Ionisationspotential von Ca^+ groß ist, so daß trotz der geringen Dichte Ca^+ nicht weiter ionisiert wird. Für Ba^+ und Sr^+ liegen die Verhältnisse ähnlich wie für Ca^+.

Das Russell-Diagramm. Der innere Aufbau der Sterne.

272. *Das* Russell-*Diagramm.* Wir haben in den vorhergehenden Abschnitten gesehen, wie man für einen Stern die folgenden Größen bestimmen kann:

1. Die absolute Helligkeit, aus der scheinbaren Helligkeit und der Parallaxe, insbesondere auch die absolute bolometrische Helligkeit, die ein Maß für die gesamte von dem Stern ausgestrahlte Energie ist.

2. Den linearen Radius (in Kilometern oder in Einheiten des Sonnenradius), allerdings nur in ganz wenigen Fällen, entweder aus interferometrisch bestimmten Winkeldurchmessern und bekannten Parallaxen oder aus photometrischen und spektroskopischen Daten bei Bedeckungsveränderlichen.

3. Farbtemperaturen, aus photometrischen Messungen im kontinuierlichen Spektrum.

4. Den Spektraltypus, nach eindimensionaler oder zweidimensionaler Klassifikation.

Wir können noch hinzufügen, daß man:

5. in Doppelsternsystemen Massen bestimmen kann (vgl. §§ 282 und 294).

Ferner wissen wir, daß man aus der Farbtemperatur mit ziemlich großer Sicherheit auf die effektive Temperatur schließen kann, und daß man aus dieser wieder die Flächenhelligkeit direkt und den Radius in Winkelmaß bei bekannter scheinbarer Helligkeit berechnen kann (vgl. S. 340). Ist die Parallaxe bekannt, erhält man weiter den Radius in Längenmaß oder, anders ausgedrückt, aus der absoluten Helligkeit und der Flächenhelligkeit, kann man den Radius in Längenmaß bestimmen.

Schließlich haben wir gesehen, daß man auf theoretischem Wege ohne weiteres einsehen kann, daß der Spektraltypus mit der Flächenhelligkeit und der Schwerebeschleunigung auf der Oberfläche zusammenhängt: Das Aussehen eines Sternspektrums ist durch diese beiden Größen und die relative Häufigkeit der Elemente in der Sternatmosphäre gegeben (vgl. S. 349). Empirisch hat man diesen Zusammenhang sehr deutlich gefunden. Am ausgeprägtesten ist der Zusammenhang zwischen der Flächenhelligkeit oder der damit äquivalenten effektiven Temperatur und dem Spektraltypus. Der Zusammenhang zwischen der HARVARD-Klassifikation und der effektiven Temperatur ist in der Tat sehr eng (vgl. die Tabelle S. 346). Auch der Zusammenhang mit der Schwerebeschleunigung auf der Oberfläche ist, wie wir gesehen haben, als Korrelation zwischen Spektrum und absoluter Helligkeit empirisch deutlich nachweisbar (vgl. S. 347). Also kann man aus dem Spektraltypus erstens mit ziemlich großer Sicherheit auf die effektive Temperatur schließen und daraus wie oben auf den Radius, zweitens kann man — bei zweidimensionalem Spektraltypus — auf die absolute Helligkeit schließen.

Die oben in 2 und 5 genannten Methoden sind nur in relativ sehr seltenen Fällen anwendbar. Spektraltypen (4) kennt man in sehr großer Anzahl (über 300000) nach der eindimensionalen HARVARD-Klassifikation, in geringerer Anzahl (etwa 10000) nach zweidimensionaler Klassifikation. Genaue Farbtemperaturen (3) kennt man wegen der ziemlich schwierigen Messungen nur wenige (einige Hundert). Messungen von Farbenindizes, die ja als gröbere Farbtemperaturmessungen anzusehen sind, liegen in größerer Zahl vor. Schließlich sind Bestimmungen von absoluten Helligkeiten nach 1 dann möglich, wenn genügend genaue Parallaxen vorliegen, hauptsächlich nach direkten Parallaxenmessungen für Sterne mit so großen Parallaxen (etwa $> 0''.04$), daß die Messungsunsicherheit bedeutend kleiner als die Parallaxe selbst ist. Von solchen Fällen kennt man einige Hundert.

Am leichtesten bestimmbar sind von den genannten Größen Farbenindex und Spektraltypus, und mit Hilfe von diesen annähernd richtige Flächenhelligkeit und effektive Temperatur. Eine nicht geringe Anzahl absoluter Helligkeiten sind bekannt und schließlich einige wenige Massen und direkt bestimmte Radien.

Es ist eine wichtige Aufgabe, zu untersuchen, wie die aufgezählten Beobachtungsgrößen von Stern zu Stern variieren. Hierzu benutzt man das sog. RUSSELL-*Diagramm*. In diesem wird ein Stern als Punkt eingetragen. Der Spektraltypus ist die Abszisse, die absolute Helligkeit die Ordinate, diese beiden Größen bestimmen also den zu einem Stern gehörenden Punkt im RUSSELL-Diagramm (vgl. Abb. 159).

Nach dem bereits Angeführten kann man im allgemeinen den Spektraltypus als bekannte Größe ansehen. Um einen Stern im RUSSELL-Diagramm abzubilden, kommt es im wesentlichen darauf an, seine absolute Helligkeit zu bestimmen.

Oft verwendet man als Abszisse nicht den Spektraltypus, sondern die effektive Temperatur, und benutzt dann bei bekanntem Spektraltypus den Zusammenhang zwischen diesen beiden, um das Bild eines Sterns einzuzeichnen. Die Ordinate kann die absolute visuelle, photographische oder bolometrische Helligkeit sein. Der Übergang von der einen zu der anderen von diesen Größen geschieht ja leicht bei bekannter effektiver Temperatur (vgl. S. 324 und 325).

Einem gegebenen Punkt im RUSSELL-Diagramm entspricht ein bestimmter Sternradius, der Radius der Sterne, die in dem betreffenden Punkt abgebildet werden. Ist die Abszisse die effektive Temperatur und die Ordinate die absolute bolometrische Helligkeit, so ist die Berechnung des Radius besonders einfach. Man hat für die Flächenhelligkeit H die Gleichung (3) auf S. 340:

$$H = \sigma T_{\mathrm{eff.}}^4 , \tag{1}$$

und ferner die Gleichung (7) auf S. 335 zwischen den Verhältnissen der Flächenhelligkeit H, der Energieausstrahlung E und dem Radius R, für einen beliebigen Stern und die Sonne:

$$\log \frac{H_*}{H_\odot} = \log \frac{E_*}{E_\odot} - 2 \log \frac{R_*}{R_\odot} . \tag{2}$$

Aus der absoluten bolometrischen Helligkeit M berechnet man das Verhältnis der Energieausstrahlung des Sterns und der Sonne nach (3), S. 335:

$$\log \frac{E_*}{E_\odot} = 0.4\,(4.85 - M) . \tag{3}$$

Setzt man (1) und (3) in (2) ein, so erhält man:

$$4 \log \frac{T_{\mathrm{eff.}*}}{T_{\mathrm{eff.}\odot}} = 0.4\,(4.85 - M) - 2 \log \frac{R_*}{R_\odot} . \tag{4}$$

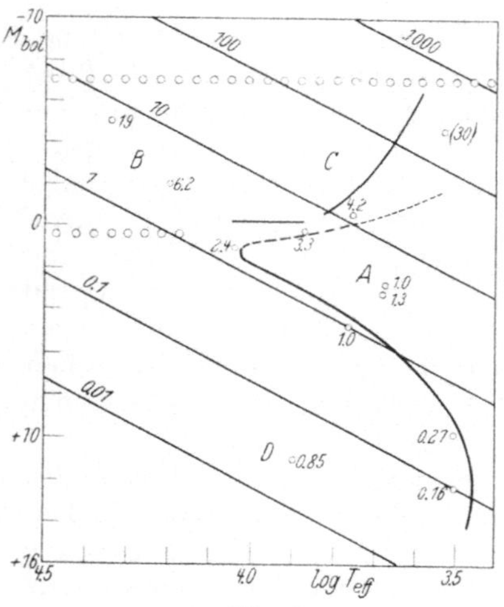

Setzt man schließlich die bekannte effektive Temperatur der Sonne (5740°) in (4) ein und löst die Gleichung nach dem Radius auf, so erhält man:

$$\log \frac{R_*}{R_\odot} = 8.49 - 0.2\,M - 2 \log T_{\mathrm{eff.}} . \tag{5}$$

Diese Gleichung gestattet es, den einem Punkt mit den Koordinaten $T_{\mathrm{eff.}}$ und M entsprechenden Radius zu berechnen. In Abb. 159 ist als Abszisse $\log T_{\mathrm{eff.}}$ benutzt und als Ordinate die absolute bolometrische Helligkeit M. Dann werden die Kurven durch Punkte, denen gleiche Radien entsprechen, gerade Linien, wie die lineare Gleichung (5) zeigt. Solche Geraden sind in Abb. 159 für $R = 1000$ bzw. 100, 10, 1, 0.1 und 0.01 eingezeichnet. Mit Hilfe dieser Geraden kann man den Radius eines Sterns mit gegebenem Bildpunkt annähernd abschätzen, wenn man ihn nicht nach (5) berechnen will.

Abb. 159.

Die Beobachtungsdaten in 1, 3 und 4 finden im RUSSELL-Diagramm direkt ihren Ausdruck.

Wir wissen schon, daß die wenigen direkt beobachteten Radien (2) die nach Gleichung (5) berechneten Radien bestätigen (vgl. S. 340). Diese brauchen wir also nicht gesondert im Diagramm einzutragen.

Was schließlich die wenig zahlreichen beobachteten Massen betrifft, so kann man sie zur Übersicht in das RUSSELL-Diagramm neben den entsprechenden Bildpunkten als Zahlen eintragen.

So können alle Beobachtungsdaten in das RUSSELL-Diagramm eingetragen werden.

Beispielsweise hat man für die Sonne die Daten $T_{\text{eff.}} = 5740°$ (oder Spektraltypus G0), somit $\log T_{\text{eff.}} = 3.76$, die absolute bolometrische Helligkeit $4^m.85$ und die Masse 1.0. Der Bildpunkt der Sonne in Abb. 159 hat die Koordinaten $x = 3.76$ und $y = 4.85$, und neben dem Bildpunkt steht 1.0, die Masse.

273. *Die beobachtete Verteilung der Sterne im* RUSSELL-*Diagramm.* Wie bereits bemerkt, kommt es für die Abbildung eines Sterns im RUSSELL-Diagramm wesentlich darauf an, absolute Helligkeiten zu bestimmen. Diese kennt man genügend genau für eine Anzahl der näheren Sterne.

Man kennt etwa 40 Sterne näher als 5 parsec (vgl. die Tabelle S. 459). Es ist möglich, ja sogar äußerst wahrscheinlich, daß es innerhalb des Abstandes 5 parsec noch mehr Sterne gibt als diese 40, es ist aber auch ziemlich sicher, daß die 40 Sterne über die Hälfte der vorhandenen Sterne ausmachen (vgl. hierzu die näheren Ausführungen S. 460). Diese 40 Sterne wird man daher als einen einigermaßen typischen Ausschnitt betrachten können, aus dem man auf die Fixsterne im allgemeinen schließen darf, vorausgesetzt natürlich, daß die Eigenschaften der Sterne sich mit dem Abstand von der Sonne nicht wesentlich ändern. Trägt man diese nächsten Sterne in das RUSSELL-Diagramm ein, so fällt es gleich auf, daß sie beinahe alle in geringem Abstand von einer gekrümmten Linie im RUSSELL-Diagramm liegen. In der Abb. 159 ist diese Linie eingezeichnet. Wenn alle Sterne genau auf die Linie fielen, so wäre ein eindeutiger Zusammenhang zwischen Spektraltypus bzw. effektiver Temperatur einerseits und der absoluten Helligkeit andererseits vorhanden. In Wirklichkeit ist eine kleine Streuung vorhanden. Den Zusammenhang zwischen Spektraltypus und absoluter Helligkeit kann man auch in einer Tabelle veranschaulichen. Die nebenstehende Tabelle gibt für die angeführten Spektraltypen die mittlere absolute Helligkeit (neben der bolometrischen auch die visuelle und photographische).

Spektrum	$M_{\text{bol.}}$	$M_{\text{vis.}}$	$M_{\text{phot.}}$
A 0	$0^M.9$	$1^M.3$	$1^M.3$
F 0	2 .8	2 .8	3 .1
G 0	4 .3	4 .3	4 .9
K 0	5 .4	5 .6	6 .4
M 0	7 .7	8 .6	10 .1

Man sagt gewöhnlich, daß die Sterne, die in geringem Abstand von der Normallinie im RUSSELL-Diagramm liegen, zur *Hauptserie* der Sterne gehören.

Die wenigen Ausnahmen, die also nicht zur Hauptserie gehören, sind Sterne vom Typus A, die relativ sehr kleine absolute Helligkeiten haben. Da sie also große Flächenhelligkeit haben und trotzdem relativ schwach leuchten, müssen sie relativ sehr kleine Oberflächen und Radien besitzen, was man auch leicht mit Hilfe der Radiengeraden in der Abb. 159 bestätigt. Man nennt diese Sterne weiße Zwergsterne oder *weiße Zwerge*. Ein Stern vom Typus K fällt auch etwas heraus und hat einen relativ kleinen Radius. Wie man sieht, liegen die absoluten Helligkeiten innerhalb ziemlich weiter Grenzen, zwischen 1.3 und 16.5. Die größeren absoluten Helligkeiten sind die selteneren. Die Sonne ist ein normaler G0-Stern mit der absoluten Helligkeit 4.8. Die meisten Sterne sind absolut schwächer als die Sonne. Es ist sehr gut möglich, daß es viele Sterne noch schwächer als 16^M gibt; unsere Kenntnisse sind bei den sehr schwachen Sternen noch unvollständig (vgl. S. 460).

Innerhalb des Abstandes 10 parsec kennt man etwa 100 Sterne. Zeichnet man diese in das RUSSELL-Diagramm ein, so erhält man ein ganz ähnliches Bild.

Die meisten Sterne liegen um dieselbe Linie wie vorher, einige weißen Zwerge sind vorhanden. Außerdem ist noch ein Stern hinzugekommen, der von der Hauptserie in anderer Weise abweicht. Es ist ein K 0-Stern der absoluten Helligkeit 1.2, ein K0-Stern also von ungewöhnlich großer Helligkeit und, wie man leicht sieht, von ungewöhnlich großem Radius. Er ist in der Tat etwa 100mal so hell wie die K 0-Sterne der Hauptserie.

Geht man davon aus, daß die Sterne mit wenigen zu vernachlässigenden Ausnahmen der Hauptserie angehören, so wird man auf Schlüsse geführt, die mit der Erfahrung in krassem Widerspruch stehen. Nehmen wir als Beispiel die K 0-Sterne. Die K 0-Sterne der Hauptserie haben eine absolute Helligkeit von etwa 6^M. Man wird deshalb nach der Definition der absoluten Helligkeit erwarten, daß alle K 0-Sterne heller als von der scheinbaren Größe 6^m, näher als 10 parsec sein werden. Die Anzahl der K 0-Sterne heller als von der scheinbaren Helligkeit 6^m ist etwa 500, während unter den Sternen innerhalb des Abstandes 10 parsec nur 10 K 0-Sterne bekannt sind. Dies ist der genannte Widerspruch. Man kann den Widerspruch weiter verfolgen, indem man die Parallaxen der K 0-Sterne heller als von der scheinbaren Größe $m = 6^m$ untersucht. Diese sind in der Tat fast alle viel kleiner als $0''.10$. Dies bedeutet, daß die meisten der betrachteten K 0-Sterne mit $m < 6^m$ absolut viel heller sein müssen als die K 0-Sterne der Hauptserie. Der Widerspruch wäre also der, daß unter den Sternen näher als 5 bzw. 10 parsec die K 0-Sterne eine absolute Helligkeit von etwa 6^M haben, während die K 0-Sterne unter den Sternen mit $m < 6^m$ absolut viel heller sind.

Der Widerspruch ist jedoch nur ein scheinbarer. Er beruht darauf, daß absolut helle Sterne bei Abzählungen bis zu einer Grenzgröße gewissermaßen im Vorteil sind, gerade wegen ihrer hohen Leuchtkraft. Um dies näher zu erläutern, betrachten wir ein schematisches Beispiel. Es seien zwei Arten von K 0-Sternen vorhanden, absolut helle mit der absoluten Helligkeit $M = 1^M$ und absolut schwache mit $M = 6^M$. Beide Arten seien gleichmäßig im Raum verteilt, und zwar so, daß in jeder Kugel mit dem Radius 10 parsec 20 der absolut schwachen Sterne und einer der absolut hellen Sterne vorhanden sind. Untersucht man nun die nächsten Sterne, z. B. die Sterne innerhalb 10 parsec, so wird man gerade 20 der absolut schwachen Sterne finden und nur einen absolut hellen, und also ganz richtig schließen, daß die große Mehrzahl der Sterne zu den absolut schwachen gehört. Untersucht man aber die Sterne heller als von der scheinbaren Größe $m = 6^m$, so wird man folgendes finden. Heller als scheinbare Größe 6^m sind (nach der Definition der absoluten Helligkeit) diejenigen der Sterne mit $M = 6^M$, die näher als 10 parsec sind. Das sind 20 Sterne. Die Sterne mit $M = 1^M$ sieht man aber heller als von der scheinbaren Größe 6^m, wenn sie nur näher als 100 parsec sind, eben weil sie $100 = 10^2$mal mehr Licht ausstrahlen. Innerhalb 100 parsec sind $10^3 = 1000$ von diesen Sternen vorhanden. Von den Sternen heller als $m = 6^m$ sind also 1000 absolut hell und nur 20 absolut schwach. Das sind nun aber Zahlen von demselben Charakter wie die für die K 0-Sterne gefundenen, und so klärt sich der scheinbare Widerspruch auf.

Man wird also annehmen dürfen, daß in jedem Volumen die große Mehrzahl der Sterne der Hauptserie angehört, daß aber ein geringer Bruchteil absolut heller Sterne vorhanden ist, die einen großen Bruchteil der scheinbar hellen Sterne ausmachen. Der erstgenannte Bruchteil wird so gering sein, daß man um diese absolut hellen Sterne in etwas größerer Zahl mitzubekommen, ziemlich große Volumina betrachten muß, größer als Kugeln mit den Radien 5 bzw. 10 parsec.

Man geht deshalb dazu über, Sterne mit kleinerer Parallaxe als $0''.10$ zu untersuchen, obwohl erstens die relative Genauigkeit mit kleinerer Parallaxe immer geringer wird, und zweitens das Parallaxenmaterial mit kleinerer Parallaxe immer unvollständiger wird in dem Sinn, daß man von den Sternen mit einer Parallaxe über einem gewissen Grenzwert einen um so kleineren Bruchteil kennt, je kleiner der Grenzwert ist. Man kennt z. B. von den Sternen mit $\pi > 0''.20$ wahrscheinlich über die Hälfte, von den Sternen mit $\pi > 0''.02$ wahrscheinlich weniger als 1%.

Ferner zieht man spektroskopisch bestimmte absolute Helligkeiten (nach zweidimensionaler Spektralklassifikation) heran. Diese Methode reicht bedeutend weiter in den Raum hinaus als die Methode der direkt bestimmten Parallaxen. Allerdings ist die spektroskopische Methode gewissermaßen keine unabhängige Methode, weil der Zusammenhang zwischen Spektrum und absoluter Helligkeit empirisch ermittelt werden muß — die spektroskopische Methode muß geeicht werden — am sichersten mit Hilfe direkt bestimmter Parallaxen. Schematisch kann man den Sachverhalt so beschreiben. Es seien für zwei Sterne die Spektren, nach zweidimensionaler Klassifikation, vollkommen gleich. Man nimmt dann an, daß die absolute Helligkeit der beiden Sterne gleich ist. Aus dem Unterschied der scheinbaren Helligkeiten kann man dann unmittelbar das Verhältnis der Abstände der beiden Sterne berechnen. Es sei der hellere scheinbar fünf Größenklassen heller; er ist dann 10mal näher als der schwächere. Man habe für den helleren die Parallaxe mit einiger Sicherheit zu $0''.05$ bestimmt. Dann schließt man, daß die Parallaxe des schwächeren $0''.005$ ist. Diese Parallaxe des schwächeren Sterns hätte man direkt gar nicht mit auch nur einiger Sicherheit bestimmen können. In einem folgenden Abschnitt (vgl. § 307) werden wir noch andere Methoden zur Eichung der spektroskopischen Methode kennenlernen.

Im folgenden sind die Ergebnisse der Untersuchungen zusammengestellt. Es hat sich gezeigt, daß absolut helle Sterne unter allen Spektraltypen vorkommen. Man hat gefunden, daß Sterne in anderen Gebieten als um die Hauptserie und im Bereich der weißen Zwerge wie folgt vorkommen:

1. Die O- und B-Sterne, die wir unter den Sternen innerhalb 5 bzw. 10 parsec gar nicht angetroffen haben, sind absolut sehr helle Sterne. Ihre absoluten Helligkeiten liegen etwa zwischen den Grenzen 0^M und -7^M. Im RUSSELL-Diagramm liegen sie oben links, in dem mit *B* bezeichneten Gebiet in der Abb. 159. Die Zahl der B-Sterne pro Volumeneinheit — die räumliche Dichte der B-Sterne — ist sehr gering.

2. Man findet viele G- und K-Sterne mit einer absoluten Helligkeit von etwa 0^M und auch einige A-, F- und M-Sterne dieser Helligkeit. In der Abb. 159 liegen diese Sterne um die als Fortsetzung der eigentlichen Hauptserie gezogene gestrichelte Kurve. Die Parallaxen dieser Sterne sind meist gering, und für eine einigermaßen sichere Bestimmung der gestrichelten Kurve hat man auch andere Methoden als die Methode der direkten Bestimmung von Parallaxen heranziehen müssen. Diese Methoden beziehen sich auf Doppelsterne und werden im Abschnitt über Doppelsterne behandelt (vgl. S. 410 und 412). Die Sterne in diesem Gebiet des RUSSELL-Diagramms nennt man, wegen ihrer großen Radien, *Riesensterne* oder *Giganten*, im Gegensatz zu den Sternen der eigentlichen Hauptserie, die man *Zwergsterne* nennt. Die gestrichelte Kurve in Abb. 159, um die die Riesen liegen, nennt man den *Riesenast*. Der Unterschied zwischen Riesen und Zwergen ist um so ausgeprägter, je weiter man zu niedrigen effektiven Temperaturen geht, also je weiter man gegen die Spektralklasse M geht. Etwa bei A0 fallen Riesen und Zwerge zusammen. Die räumliche Dichte der Riesensterne ist klein gegenüber der räumlichen Dichte der Zwergsterne, dagegen groß gegenüber derjenigen der B-Sterne.

3. In dem Gebiet zwischen Riesen und Zwergen findet man auch Sterne. G- und K-Sterne mit absoluten Helligkeiten um etwa 2^{M} kommen nicht selten vor. Sterne in diesem Gebiet, in Abb. 159 mit *A* bezeichnet, nennt man oft Riesen, etwas genauer nennt man sie *schwache Riesen* oder *Unterriesen*. Im Gebiet zwischen den Unterriesen und den Zwergsternen kommen sehr wenig Sterne vor. Betrachtet man also z. B. die K0-Sterne, so sind diese sehr deutlich in absolut helle Riesen und Unterriesen auf der einen Seite und absolut schwache Zwerge auf der anderen Seite getrennt. Die Riesen und Unterriesen sind g-Sterne, die Zwerge d-Sterne (vgl. S. 348). Die räumliche Dichte der Unterriesen ist größer als die räumliche Dichte der Riesen derselben Spektralklasse. Sie ist sehr viel kleiner als die der Zwergsterne derselben Spektralklasse und auch bedeutend kleiner als die der Sterne auf der Hauptserie, die dieselbe Masse (vgl. § 294) haben.

4. In dem Gebiet oberhalb der gestrichelten Kurve, das in Abb. 159 mit *C* bezeichnet ist, findet man ebenfalls Sterne. Das sind also absolut sehr helle Sterne der Spektralklassen A bis M. Man nennt sie *Überriesen* oder *Übergiganten*. Die c-Sterne (vgl. S. 348) sind Übergiganten. Die räumliche Dichte der Überriesen ist sehr gering, noch kleiner als die räumliche Dichte der B-Sterne. Im Gebiet *C* liegen diejenigen veränderlichen Sterne, die man Cepheiden nennt (vgl. S. 439). Die kurzperiodischen Cepheiden liegen um die in Abb. 159 eingezeichnete waagerechte Linie, die langperiodischen um die rechts nach oben abbiegende Kurve.

Dies haben die Beobachtungen über die Verteilung der Sterne im RUSSELL-Diagramm gelehrt. Wir werden in einem folgenden Abschnitt auf die theoretische Deutung der beobachteten Verteilung zurückkommen. Schließlich wird das RUSSELL-Diagramm in den Problemen der Stellarstatistik eine wichtige Rolle spielen. Hier geht man gewissermaßen den umgekehrten Weg wie in diesem Abschnitt, indem man die Lage eines Sterns im RUSSELL-Diagramm zu bestimmen sucht, um die absolute Helligkeit und daraus die Parallaxe zu erhalten in solchen Fällen, wo die Parallaxen zu klein sind, um direkt bestimmt werden zu können.

274. *Die Sternmassen in den verschiedenen Gebieten des* RUSSELL-*Diagramms*. In der Abb. 159 sind einige, mit einer Ausnahme zuverlässig bestimmten Sternmassen neben den den betreffenden Sternen entsprechenden Bildpunkten eingetragen.

Die größte eingetragene Masse ist 30 Sonnenmassen. Es gibt Sterne, die wahrscheinlich Massen von etwa 100 Sonnenmassen haben. Die kleinste eingetragene Masse ist 0.16 Sonnenmassen. Wahrscheinlich haben die Sterne mit $M > 13^{M}$ noch kleinere Massen.

Es fällt gleich auf, daß die größten Massenwerte oben stehen, die kleinsten unten. Auf der Hauptserie wachsen die Massenwerte stetig nach oben, von 0.16 bis 2—3 Sonnenmassen. Geht man von der eigentlichen Hauptserie längs der gestrichelten Kurve weiter, so wachsen die Massenwerte stetig weiter (bis 4.3 für Capella; wahrscheinlich bis etwa 10 für K und M).

Die weißen Zwerge haben Massen von der Größe der Sonnenmasse und etwas kleiner. Mit diesen Massen und den berechneten Radien findet man sehr hohe Dichten für diese Sterne, Dichten von der Größenordnung 10000—100000 mal der Dichte des Wassers.

Die B-Sterne haben große, zum Teil sehr große Massen (4 bis 20 Sonnenmassen). Für einen Übergiganten der Spektralklasse K besitzt man einen — allerdings noch sehr unsicheren — Massenwert. Dieser ist sehr groß, zwischen 10 und 30 Sonnenmassen.

Schließlich sieht man, daß im Gebiet der Unterriesen ziemlich kleine Massenwerte, von der Größe der Sonnenmasse und etwas größer, vorkommen.

Betrachtet man nur die Sterne der eigentlichen Hauptserie, die ja in jedem Volumen die große Mehrzahl der Sterne ausmachen, so sieht man, daß ein sehr enger Zusammenhang, nicht nur zwischen Leuchtkraft und effektiver Temperatur, sondern auch zwischen Masse und Leuchtkraft, besteht. Die Sterne der Hauptserie liegen — schematisch — auf einer Kurve im RUSSELL-Diagramm, die Lage auf der Kurve wird durch die Masse bestimmt. Zwei Sterne mit gleicher Masse haben — sehr nahe — gleiche Leuchtkraft, gleiche effektive Temperatur, gleichen Radius und gleiches Spektrum, sie sind in der Tat für einen Beobachter, der keine anderen Größen feststellen kann, einander — sehr nahe — gleich.

Betrachtet man auch Sterne außerhalb der Hauptserie, so hört die Eindeutigkeit auf: Es gibt z. B. B-Sterne und G-Sterne derselben Masse, es gibt einen Unterriesen mit der Sonnenmasse, weiße Zwerge und rote Hauptserienzwerge derselben Masse usw.

Betrachtet man, wie vorher, das Gebiet um die gestrichelte Kurve in Abb. 159 als Fortsetzung der eigentlichen Hauptserie, so sieht man, daß die Aussage über Sterne der eigentlichen Hauptserie auch hier richtig bleibt: durch die Masse sind auch auf der Fortsetzung der Hauptserie die Leuchtkraft, die effektive Temperatur usw. gegeben.

Abweichendes Verhalten zeigen weiße Zwerge, B-Sterne, Übergiganten der Klassen A bis M und Unterriesen. Hierauf kommen wir im folgenden Abschnitt, in dem die theoretische Deutung dieser Verhältnisse besprochen werden soll, zurück.

275. *Der innere Aufbau der Sterne. Die Lage eines Sterns gegebener Masse und chemischer Zusammensetzung im* RUSSELL-*Diagramm.* Wir wollen in diesem Paragraphen ähnliche Überlegungen anstellen über die Sterne, wie wir in § 211 über die Sonne angestellt haben.

Wie dort hervorgehoben wurde, dürfen die Untersuchungen in dieser Richtung nicht als abgeschlossen angesehen werden, und viele der Folgerungen sind als nicht ganz gesicherte Ergebnisse der Theorie aufzufassen. Für die Überlegungen dieses Paragraphen kommt als neues Unsicherheitsmoment hinzu, daß Schlüsse über die Fixsterne im allgemeinen nur durch sehr weitgehende Verallgemeinerungen hervorgehen können, weil es nur in ganz speziellen Fällen möglich ist, für einen Fixstern die in dieser Diskussion nötigen Beobachtungsdaten zu erhalten. So besteht immer auf diesem Gebiet in hohem Grade die Möglichkeit, daß neu hinzukommende Beobachtungen zu Änderungen der theoretischen Auffassungen zwingen werden.

Bereits im Abschnitt über die Sonne haben wir aufgezählt, was ein Beobachter im günstigsten Falle direkt über einen Stern erfahren kann: wie die physikalischen und chemischen Bedingungen in der — einen sehr kleinen Teil des Sternes ausmachenden — Atmosphäre sind, und wie groß die Masse, der Radius und die gesamte ausgestrahlte Energie sind.

Die Spektren der Sterne deuten auf große Gleichförmigkeit in der chemischen Zusammensetzung der Sternatmosphären hin. Erstens haben zahlreiche Sterne fast ganz gleiche Spektren. Zweitens lassen die Spektren sich zwanglos in ein nur zweidimensionales Klassifikationsschema einordnen. Drittens können die Unterschiede zwischen Sternspektren qualitativ als Folgen geänderter physikalischer Bedingungen verstanden werden, ohne daß es nötig wäre, anzunehmen, daß die chemische Zusammensetzung verschieden ist. Schließlich sei noch erwähnt, daß die, allerdings nicht sehr ausgedehnten, quantitativen Untersuchungen über die relative Häufigkeit der Elemente in den Sternatmosphären gezeigt haben, daß diese von Stern zu Stern nicht sehr verschieden ist.

Um auch über das Innere der Sterne Schlüsse ziehen zu können, geht man ähnlich vor wie im Falle der Sonne (vgl. § 211). Man nimmt an, daß die Sterne wie die Sonne im Gleichgewicht sind und rechnet in der früher beschriebenen Weise von außen nach innen. Dabei findet man ähnliche physikalische Bedingungen wie im Sonneninnern. Die Materie ist fast vollständig ionisierte Materie, die trotz großer Dichte ähnliche Eigenschaften hat wie ein ideales Gas, weil die ionisierte Materie aus Partikeln besteht, die viel kleiner sind als neutrale Atome. Die Temperaturen sind von derselben Größenordnung wie bei der Sonne (20 Millionen Grad). In den Riesensternen sind die Dichten in großen Teilen sehr gering, die Temperaturen etwas niedriger als für die Sonne (5 Millionen Grad), in Sternen kleiner Masse auf der Hauptserie sind die Dichten etwas größer als in der Sonne, die Temperaturen ungefähr dieselben. In den weißen Zwergen erreicht die Dichte ziemlich schnell sehr hohe Werte, wenn man nach innen geht. In der Tat ist die Dichte so hoch, daß hier, im Gegensatz zu anderen Sternen, die Materie nicht die Eigenschaften des idealen Gases hat. Sie ist nicht ganz so zusammendrückbar wie ein ideales Gas; trotzdem ist die Zusammendrückung sehr weit getrieben, wie die hohe mittlere Dichte zeigt. Die weißen Zwerge sind gerade ausgezeichnete Beispiele dafür, daß die Materie zu sehr hohen Dichten zusammengepreßt werden kann.

Die weitere Problemstellung ist die gleiche wie bei der Sonne (vgl. S. 277). Man wird entweder annehmen müssen, daß in normaler Sternmaterie die Atomkerne als kräftige Energiequellen auftreten, was physikalisch eigentlich nicht zu erwarten ist, oder daß die Sterne einen überdichten Kern, in dem extreme physikalische Bedingungen vorhanden sind, besitzen, der der Sitz der Energiequellen der Sterne ist. Die Argumente bleiben die gleichen wie im Falle der Sonne, ihr Gewicht ist aber für verschiedene Sterne etwas verschieden: Ein B-Stern wie V Puppis strahlt etwa 700 Erg pro Sekunde pro Gramm Sternmaterie aus, die Sonne 2 Erg pro Sekunde und Gramm und ein weißer Zwerg wie Sirius B etwa 0.007 Erg pro Sekunde und Gramm, und es ist schwieriger, sich eine große Ausstrahlung normaler Materie vorzustellen als eine kleine. Einen weißen Zwerg kann man sich gut ohne überdichten Kern als Sitz der Energiequelle vorstellen.

Für die Sterne muß wie bei der Sonne eine Beziehung zwischen Masse, Radius und Leuchtkraft bestehen, die Masse-Leuchtkraft-Relation (vgl. S. 278). In diese Gleichung gehen als Parameter wie bei der Sonne gewisse Konstanten ein, die von der chemischen Zusammensetzung abhängen, insbesondere vom Wasserstoffgehalt. Man kann nun für diejenigen Sterne, wo man Masse, Radius und Leuchtkraft aus den Beobachtungen kennt, wie bei der Sonne so vorgehen, daß man diese beobachteten Werte in die Gleichung einsetzt und so eine Gleichung für die von der chemischen Zusammensetzung abhängigen Konstanten erhält.

Für Sterne der Hauptserie und ihre Fortsetzung in dem Riesenast findet man, wie bei der Sonne, daß eine chemische Zusammensetzung, ähnlich der in der Sonnenatmosphäre gefundenen (vgl. S. 273), Konstanten gibt, die die Gleichungen befriedigen. Insbesondere findet man, daß diese Sterne zu etwa einem Drittel ihres Gewichts aus Wasserstoff bestehen. Für B-Sterne findet man einen größeren Wasserstoffgehalt, bei den Übergiganten ist der Wasserstoffgehalt wahrscheinlich auch groß (allerdings besteht das Beobachtungsmaterial für die Übergiganten nur aus einem einzigen sehr unsicheren Massenwert), für Unterriesen findet man einen kleineren Wasserstoffgehalt als auf der Hauptserie. Die weißen Zwerge scheinen einen kleinen Wasserstoffgehalt zu haben.

Man könnte vermuten, daß in den Sternatmosphären hauptsächlich leichte Elemente vorhanden wären, während die schweren Elemente gegen das Zentrum sinken würden. Diese Vermutung bestätigt sich indessen nicht, indem also das leichteste aller Elemente, Wasserstoff, im Innern ungefähr gleich häufig zu sein scheint wie in der Atmosphäre. Man muß vielmehr annehmen, daß im Sterninnern irgendein Mischprozeß etwa durch langsame Strömungen stattfindet. Es ist ferner zu beachten, daß bei ionisierter Materie die schweren Atomkerne viel schwieriger nach unten diffundieren können als in einem unionisierten Gas schwere neutrale Atome. Damit keine elektrischen Felder entstehen, müssen die Atomkerne nämlich gewissermaßen ebensoviel freie Elektronen mitschleppen, wie ihrer positiven Ladung entspricht, die Atomkernladung aber nimmt mit dem Atomgewicht zu. Die leichten Elektronen wirken dann als Träger, die bei großem Gewicht in größerer Zahl vorhanden sind, und setzen die Diffusionsgeschwindigkeit entsprechend herab. Vielleicht ist die Diffusionsgeschwindigkeit so klein und das Alter der Sterne verhältnismäßig so gering, daß die Diffusion nur wenig fortgeschritten sein kann, auch wenn Mischprozesse nicht vorhanden sind.

Man darf zur Zeit kaum erwarten, die im Sterninnern gefundenen Unterschiede im Wasserstoffgehalt in den Sternatmosphären wiederfinden zu können. Die quantitative Analyse der Sternatmosphären hat noch keine sehr große Genauigkeit erreicht.

Für Sterne der Hauptserie und ihre Fortsetzung in dem Riesenast ist der Wasserstoffgehalt sehr nahe derselbe, und wahrscheinlich ist auch die relative Häufigkeit der übrigen Elemente konstant. Diese Sterne machen, wie wir gesehen haben, die große Mehrzahl der Sterne aus. Im vorigen Paragraphen haben wir aus den vorliegenden Beobachtungstatsachen den folgenden Schluß gezogen: Bis auf wenige Ausnahmen sind zwei Sterne, die gleiche Massen haben, einander sehr nahe gleich, sie haben gleiche Radien, gleiche Leuchtkraft, gleiches Spektrum. Jetzt können wir den Satz erweitern: Ohne Ausnahme sind zwei Sterne, die gleiche Massen haben, einander sehr nahe gleich, wenn überdies ihre chemische Zusammensetzung die gleiche ist. Dies wollen wir uns noch deutlicher machen.

Zunächst betrachten wir die Sterne mit einem Wasserstoffgehalt von etwa einem Drittel ihres Gewichts. Das ist die große Mehrzahl der Sterne. Sie gehören alle zur Hauptserie und deren Fortsetzung, für sie gilt der Satz also ausnahmslos. Für die B-Sterne mit großem Wasserstoffgehalt und die Unterriesen und weißen Zwerge mit kleinem Wasserstoffgehalt kann man den Satz nicht so genau kontrollieren, man kennt aber keine Ausnahmen.

Nun sahen wir im Abschnitt über die Sonne (vgl. S. 276), daß man gerade erwarten muß, daß zwei Sterne mit gleichen Massen und gleicher chemischer Zusammensetzung auch gleiche Radien, gleiche Leuchtkraft haben, und überhaupt gleichen Aufbau besitzen, wenn es Sterne sind, die während z. B. 10^9 Jahren einigermaßen unverändert sind und nicht relativ schnell zusammenschrumpfen oder sich ausdehnen. Ein Stern von gegebener Masse und Zusammensetzung muß dann nämlich ebensoviel Energie ausstrahlen, wie die Atomkerne in ihm erzeugen, und dies ist nur bei einem bestimmten Radius möglich, bei dem dann auch die Ausstrahlung und der Aufbau ganz bestimmt sind. Andere Masse oder andere Zusammensetzung bewirken anderen Radius, andere Leuchtkraft und geänderten Aufbau.

Daß wir nun diesen Satz bestätigt finden, weist darauf hin, daß die Sterne wirklich als über längere Zeit stabile Gebilde aufzufassen sind.

Wir sehen also, daß man empirisch zu dem Schluß geführt wird, daß die Lage eines Sterns im RUSSELL-Diagramm durch seine Masse und chemische Zusammensetzung bestimmt ist, und daß dies theoretisch gerade zu erwarten ist. Mit einem Wasserstoffgehalt von etwa einem Drittel kommt man auf die Hauptserie bzw. ihre Fortsetzung, bei kleiner Masse unten, mit kleiner Leuchtkraft, bei größerer Masse immer mehr nach oben. Sehr große Massen (mehr als etwa 10 Sonnenmassen) scheinen bei diesem Wasserstoffgehalt nicht zu existieren. Bei größerem Wasserstoffgehalt kommt man von der Hauptserie nach links, bei größerer Masse immer höher. Bei kleinerem Wasserstoffgehalt kommt man bei mittleren Massen (1—2 Sonnenmassen) von der Hauptserie nach rechts in das Gebiet der Unterriesen, bei kleinen Massen aber in das Gebiet der weißen Zwerge.

Die charakteristischen Züge der Verteilung der Sterne im RUSSELL-Diagramm gehen daraus hervor, daß 1. die Mehrzahl der Sterne einen Wasserstoffgehalt von etwa einem Drittel hat und so um die Linie der Hauptserie und ihre Fortsetzung in dem Riesenast liegt, und daß 2. große Massen nur bei großem Wasserstoffgehalt möglich zu sein scheinen.

Zum Schluß soll noch auf die Frage von dem Zusammenhang zwischen Spektrum und absoluter Helligkeit in dieser Verbindung eingegangen werden. Sind zwei Sternspektren nach zweidimensionaler Klassifikation einander gleich, so sind, wie wir gesehen haben, für die beiden Sterne die Flächenhelligkeit und die Oberflächengravitation gleich, also die Größen:

$$H = \frac{L}{4\pi R^2} \tag{1}$$

und:

$$g = \frac{GM}{R^2}\,. \tag{2}$$

Nach (1) und (2) können H und g für jeden Punkt des RUSSELL-Diagramms angegeben werden, denn jedem Punkt entspricht ja, wie wir gesehen haben, eine bestimmte Masse, ein bestimmter Radius und eine bestimmte Leuchtkraft. Man kann sich somit vorstellen, daß durch Punkte mit gleichem H Kurven gezogen werden und ebenso Kurven durch Punkte mit gleichem g. Haben nun zwei Sterne gleiches H und gleiches g, so liegen sie auf der gleichen H-Kurve und auf der gleichen g-Kurve, folglich im Schnittpunkt der beiden, also im selben Punkt des RUSSELL-Diagramms. Die beiden Sterne sind also gleich und haben auch die gleiche Leuchtkraft. Somit ist die Leuchtkraft durch eine zweidimensionale Spektralklassifikation eindeutig bestimmbar.

Eigenbewegung. Radialgeschwindigkeit. Parallaxe. Raumgeschwindigkeit. Bewegung des Sonnensystems.

276. *Eigenbewegung.* Wenn der Ort eines Sterns am Himmel zweimal durch Beobachtungen mit längeren Zwischenzeiten bestimmt wird, und seine Koordinaten wegen der beiden periodischen Änderungen, Aberration und Nutation, korrigiert wie auch durch Anbringung der Präzession auf einen gemeinsamen Zeitpunkt bezogen werden, so kann es, wie bereits auf S. 86 erwähnt wurde, vorkommen, daß sich ein Unterschied zeigt, der einer Bewegung des Sterns selbst relativ zu unserem Sonnensystem zuzuschreiben ist.

Bereits im Jahre 1718 wies HALLEY durch Vergleich der Beobachtungen aus seiner eigenen Zeit mit denen des Altertums das Vorhandensein einer solchen Eigenbewegung für einzelne der hellsten Sterne nach. TOBIAS MAYER fand (1760) durch Vergleich seiner eigenen Beobachtungen mit denen OLE RÖMERS bei gewissen Sternen sichere Werte für eine Anzahl Eigenbewegungen. Eine feste Grundlage aber zur Bestimmung der Eigenbewegung einer größeren Anzahl Sterne hat man erst durch BRADLEYS Beobachtungen aus der Mitte des 18. Jahrhunderts erhalten, die ersten, die an Genauigkeit mit denen unserer Zeit verglichen werden können. Durch Vergleiche von Beobachtungen aus neuerer Zeit untereinander hat man Eigenbewegungen bei einer großen Anzahl von Sternen nachweisen können.

Die größte bis jetzt bekannte Eigenbewegung beträgt 10″.30 im Jahre. Die untenstehende Tafel enthält die zehn größten bekannten Eigenbewegungen (wegen der Radialgeschwindigkeit s. § 278).

	E.B. pro Jahr	Parallaxe π	Visuelle Größenklasse	Spektrum	Radial-Geschwindigkeit km/sec
Barnards Stern . . .	10″.30	0″.542	$9^m.7$	M 3	−110
Kapteyns Stern . . .	8 .70	0 .320	9 .2	K 2	+242
Groombridge 1830 . .	7 .04	0 .101	6 .5	G 5	− 98
Lacaille 9352	6 .90	0 .247	7 .4	M 2	+ 10
Cordoba 32416 . . .	6 .11	0 .182	8 .3	K 5	+ 24
61 Cygni A und B. .	5 .21	0 .300	$5^m.6$; $6^m.3$	K 7; K 8	− 64
Wolf 359	4 .84	0 .407	13 .5	M 4	− 90
Lalande 21185 . . .	4 .77	0 .403	7 .6	M 2	− 87
ε Indi	4 .67	0 .291	4 .7	K 5	− 40
Lalande 21258 . . .	4 .52	0 .177	8 .5	M 2	+ 64

Die meisten Eigenbewegungen sind weit geringer. Lewis Boss' Katalog enthält Positionen und Eigenbewegungen für 6188 Sterne (diese Sterne sind beinahe alle heller als $7^m.5$ visuell). Von diesen haben:

3 Sterne eine E.B. > 4″ pro Jahr
9 „ „ „ > 2″ „ „
41 „ „ „ > 1″ „ „
128 „ „ „ > 0″.5 „ „

Die überwiegende Anzahl der Sterne im Boss-Katalog hat also Eigenbewegungen, die kleiner als eine halbe Bogensekunde pro Jahr sind.

Lichtschwache Sterne sind durchschnittlich weiter entfernt als helle Sterne. Die durchschnittliche E.B. nimmt ab mit der Entfernung und nimmt also auch ab, wenn man zu schwächeren Sternen geht. Die durchschnittliche E.B. für Sterne 10. Größenklasse beträgt 0″.013 pro Jahr.

Für die Sterne des Boss-Katalogs lagen zahlreiche Ortsbestimmungen vor. Insgesamt benutzte Boss etwa 100 Sternkataloge aus dem Zeitraum 1755 bis 1900 zur Ableitung der Örter und Eigenbewegungen der Sterne seines Katalogs. So gut es möglich war, wurden systematische Korrektionen der Örter der verschiedenen Kataloge ermittelt und an die Örter angebracht, um sie auf ein homogenes System zu reduzieren.

Für eine Anzahl helle Fundamentalsterne (vgl. S. 64), die sehr oft beobachtet waren, leitete Auwers Örter und Eigenbewegungen ab. Diese Sterne bildeten den *Fundamentalkatalog der Astronomischen Gesellschaft*, und durch Hinzunahme neuerer Beobachtungen erhielt er verbesserte Werte der Örter und Eigenbewegungen, die im *Neuen Fundamentalkatalog* des Berliner Jahrbuchs (N.F.K.) zusammengefaßt sind. Zur Zeit wird unter Benutzung der Beobachtungen der letzten Jahrzehnte dieser Fundamentalkatalog noch weiter verbessert.

Für die schwächeren Sterne ist das Eigenbewegungsmaterial viel spärlicher. Die Sterne des Boss-Katalogs sind, wie schon erwähnt, fast alle heller als $7^m.5$.

Der Sternkatalog der Astronomischen Gesellschaft, der *A.G.-Katalog*, enthält am Meridiankreis bestimmte Örter von 138000 Sternen zwischen den Deklinationen +80° und −2°. Dieser Katalog entstand in der folgenden Weise: Der Himmel wurde in Zonen von fünf Grad Breite in Deklination geteilt, und eine

Reihe von Sternwarten übernahm die Bestimmung der Sternörter am Meridiankreis, so daß im allgemeinen eine Sternwarte eine Zone übernahm. Alle Sterne bis einschließlich $9^m.0$ in der Bonner Durchmusterung (s. S. 458) und einige schwächeren wurden beobachtet. Die Beobachtungen erfolgten hauptsächlich in den Jahren 1870 bis 1900. Für die Sterne nördlich von $+80°$ und südlich von $-2°$ liegen ungefähr bis zur selben Helligkeitsgrenze ähnliche Beobachtungen vor. Sie erfolgten meist in etwas späteren Jahren.

In den Jahren 1928 bis 1932 wurde eine Wiederholung des A.G.-Katalogs unternommen. Dabei erfolgten die Beobachtungen hauptsächlich photographisch (auf den Sternwarten Bonn, Hamburg und Pulkowo). Eine für die Reduktion der Platten (vgl. S. 55) genügende Anzahl Sterne wurde mit dem Meridiankreis beobachtet. Wenn die Bearbeitung dieser Beobachtungen abgeschlossen ist, wird man also durch Vergleich mit den älteren A.G.-Katalogen die Eigenbewegungen aller Sterne heller als etwa 9^m bestimmen können. Auf der Yale-Sternwarte wurden die Positionen der A.G.-Sterne in den Deklinationsgürteln $-2°10'$ bis $+2°$, $+50°$ bis $+55°$ und $+55°$ bis $+60°$ photographisch bestimmt. Die Kataloge liegen seit mehreren Jahren vor; der mittlere Fehler der Positionen dieser Kataloge ist $0''.24$ in α und $0''.23$ in δ.

In verschiedenen Arealen des Himmels wurden durch Vergleich älterer und neuerer photographischer Platten Eigenbewegungen auch für viel schwächere Sterne bestimmt.

277. *Die Bewegung des Sonnensystems relativ zu den Sternen der Sternkataloge.* Es ist im voraus wahrscheinlich, daß alle Sterne eine Bewegung im Raum haben, darunter auch die Sonne. Letzteres geht auch aus den Beobachtungen hervor. Obwohl nämlich die bis jetzt bekannten Eigenbewegungen in allen möglichen Richtungen am Himmel vor sich gehen, ist doch, wenn man den Durchschnitt von einer großen Anzahl über den Himmel verteilter Eigenbewegungen nimmt, ein deutlicher Überschuß in einer bestimmten Richtung vorhanden. Dies rührt, wie man annehmen muß, daher, daß unser eigenes Sonnensystem eine Bewegung in der entgegengesetzten Richtung hat. Bereits W. HERSCHEL konnte aus den zu seiner Zeit bekannten Eigenbewegungen die Richtung dieser Bewegung ableiten. Der Punkt am Himmel, auf den das Sonnensystem sich hinbewegt, und den er den *Apex des Sonnensystems* nannte, liegt nach HERSCHEL im Sternbild des Hercules. Spätere Untersuchungen haben dies Resultat in der Hauptsache bestätigt. Da die Bewegung der Sonne und der Sterne im Raum nicht als vollkommen geradlinig vor sich gehend angenommen werden kann, wird die Lage des Apex im Laufe der Zeiten wechseln, ohne Zweifel aber wird sehr lange Zeit vergehen, bevor diese Veränderung für uns merkbar werden kann.

Die genaue Bestimmung der Richtung der Sonnenbewegung im Raum ist ein schwieriges Problem. Aus den Eigenbewegungen erhält man die Bewegung der Sonne gegenüber der Gruppe der benutzten Sterne. Es ist nun sehr gut möglich, daß verschieden ausgewählte Gruppen von Sternen relativ zueinander in Bewegung sind. Die abgeleiteten Sonnenbewegungen werden entsprechende Unterschiede zeigen. So haben z. B. sämtliche Sterne in den Plejaden eine gemeinsame Bewegung; ebenso fünf der Sterne in Ursa major, nämlich alle mit Ausnahme von α und η. Auch an anderen Stellen des Himmels sind Systeme zu finden, die in dieser Weise zusammengehörig sind (vgl. S. 447). Dies ist einer der Gründe dafür, daß die verschiedenen Versuche, die Lage des Apex zu bestimmen, etwas verschieden ausfallen. L. BOSS fand bei Behandlung von mehr als 5000 über den ganzen Himmel verteilten Sternen mit bekannter Eigenbewegung die Rektaszension $270°$ und die Deklination $+34°$. (Über die Methoden zur Apexbestimmung s. Anhang S. 508, über den Zusammenhang mit dem Problem der Bestimmung der Präzessionskonstante s. § 204).

278. *Radialgeschwindigkeit.* Was man durch die Eigenbewegung eines Sterns kennenlernt, ist nur die Richtungsänderung, die die Gesichtslinie zum Stern im Laufe der Zeit erfährt; für einen Stern mit bekannter Entfernung würde man also diejenige Komponente der linearen Geschwindigkeit, die senkrecht zur Gesichtslinie steht, berechnen können. Im Spektroskop aber hat man ein Mittel, um für jeden Stern, der nicht zu schwach für spektroskopische Untersuchungen ist, ganz unabhängig von der Entfernung, die Komponente in der *Richtung der Gesichtslinie* (*Radialgeschwindigkeit,* R.G.) zu bestimmen. Das erstemal gelang dies im Jahre 1868, als HUGGINS in London eine kleine Verschiebung einer der kräftigen Wasserstofflinien im Spektrum des Sirius messen konnte. Aus der Formel auf S. 20 ersieht man, daß bei einer Wellenlänge von 5000 A.E. eine Verschiebung von 1 A.E. bereits eine relative Geschwindigkeit von $^1/_{5000}$ der Lichtgeschwindigkeit bedeutet, das sind 60 km in der Sekunde, woraus man ersehen kann, daß sehr genaue Messungen erforderlich sind. Da der Beobachter, der der Erde in ihrer jährlichen Bewegung folgt, eine Geschwindigkeit von etwa 30 km in der Sekunde hat in einer Richtung, die sich im Laufe des Jahres ändert, so muß man auf diejenige Komponente dieser Bewegung Rücksicht nehmen, die in die Richtung der Gesichtslinie fällt, um die Bewegung des Sterns relativ zu unserem Sonnensystem zu finden.

Später sind vollkommenere Apparate konstruiert worden. Mit diesen wird das Spektrum des Sterns und einer irdischen Lichtquelle auf derselben Platte photographiert, wodurch die Linienverschiebung leicht gemessen werden kann. Die Sicherheit der Bestimmung beruht auf der Anzahl und Schärfe der Linien; in günstigen Fällen ist die Unsicherheit kleiner als $^1/_2$ km in der Sekunde.

Augenblicklich kennt man etwa 7000 Radialgeschwindigkeiten. Für alle Sterne, die scheinbar heller als $5^m.5$ sind, liegen Radialgeschwindigkeiten vor. Im vorigen Paragraphen haben wir die Radialgeschwindigkeiten für die 10 Sterne mit den größten bekannten Eigenbewegungen gegeben. Die untenstehende Tafel

Stern	α 1900.0	δ 1900.0	Vis. Gr.	Sp.	E.B. Bogensek. pro Jahr	R.G. km/sec
α Eridani (Achernar)	$1^h\ 34^m.0$	−57° 45′	$0^m.60$	B 5	0″.088	+19
α Tauri (Aldebaran)	4 30 .2	+16 19	1 .06	K 5	0 .203	+54.1
α Aurigae (Capella)	5 9 .3	+45 54	0 .21	G 0	0 .437	+30.2
β Orionis (Rigel)	5 9 .7	− 8 19	0 .34	B 8 p	0 .001	+23.6
α Orionis (Betelgeuze)	5 49 .8	+ 7 23	0.1—1.2	M 0	0 .029	+21.0
α Argus (Canopus)	6 21 .7	−52 38	−0 .86	F 0	0 .018	+20.5
α Canis majoris (Sirius)	6 40 .7	−16 35	−1 .58	A 0	1 .316	− 7.5
α Canis minoris (Procyon)	7 34 .1	+ 5 29	0 .48	F 5	1 .242	− 3.0
β Geminorum (Pollux)	7 39 .2	+28 16	1 .21	K 0	0 .625	+ 3.3
α Leonis (Regulus)	10 3 .0	+12 27	1 .34	B 8	0 .248	+ 3
β Crucis	12 41 .9	−59 9	1 .50	B 1	0 .056	+20
α Virginis (Spica)	13 19 .9	−10 38	1 .21	B 2	0 .055	+ 1.6
β Centauri	13 56 .8	−59 53	0 .86	B 1	0 .041	−12
α Bootis (Arcturus)	14 11 .1	+19 42	0 .24	K 0	2 .282	− 5.1
{α Centauri A	14 32 .8	−60 25	0 .33	G 0}	3 .680	−22.2
{α Centauri B	14 32 .8	−60 25	1 .70	K 5}		
α Scorpii (Antares)	16 23 .3	−26 13	1 .22	M 0	0 .034	− 3.2
α Lyrae (Wega)	18 33 .6	+38 41	0 .14	A 0	0 .346	−13.8
α Aquilae (Altair)	19 45 .9	+ 8 36	0 .89	A 5	0 .655	−26
α Cygni (Deneb)	20 38 .0	+44 55	1 .33	A 2 p	0 .001	− 6
α Piscis Australis (Fomalhaut)	22 52 .1	−30 9	1 .29	A 3	0 .365	+ 6,5

gibt die Eigenbewegungen und die Radialgeschwindigkeiten für Sterne, die scheinbar heller als $1^{m}.50$ sind. Eine positive R.G. bedeutet, daß der Stern sich von der Sonne entfernt, eine negative, daß er sich ihr nähert.

Auch bei dieser Bewegungskomponente tritt natürlich die Bewegung des Sonnensystems in Erscheinung. Durch Behandlung einer hinreichend großen Anzahl von einigermaßen gleichmäßig über den Himmel verteilten Sternen kann diese Bewegung bestimmt werden, und zwar jetzt nicht nur allein die Richtung, sondern auch die Geschwindigkeit (Näheres über die Methode s. S. 508). Der Apex des Sonnensystems ist auf diesem Wege, aus den Radialgeschwindigkeiten der Sterne heller als $5^{m}.5$, zu:

$$\alpha = 271^{\circ}, \quad \delta = +29^{\circ}$$

und die Geschwindigkeit der Sonne auf diesen Punkt zu etwa 19.6 km in der Sekunde bestimmt worden. Diese Geschwindigkeit entspricht etwa einem Weg von vier Erdbahnradien im Jahre.

Indem man nun jede einzelne beobachtete Radialgeschwindigkeit von der Komponente der Sonnengeschwindigkeit befreite, hat man die durchschnittliche Größe der Radialgeschwindigkeit für Sterne der Spektraltypen B, A, F, G, K, M berechnet:

B	5.0 km/sec	(284 Sterne)
A	9.9 ,, ...	(500 ,,)
F	12.5 ,, ...	(199 ,,)
G	14.8 ,, ...	(244 ,,)
K	15.3 ,, ...	(687 ,,)
M	16.1 ,, ...	(234 ,,)

Die diesen Zahlen entsprechenden durchschnittlichen Geschwindigkeiten im Raume sind doppelt so groß (R.G. ist die Projektion der Geschwindigkeit auf die Gesichtslinie; die durchschnittliche Verkürzung durch die Projektion ist $^1/_2$). Die Geschwindigkeit der Sonne im Raum ist also etwas kleiner als die durchschnittliche Raumgeschwindigkeit der Sterne.

279. *Die Entfernungen der Sterne.* Da die Erde sich in einer Bahn von bedeutenden Dimensionen um die Sonne bewegt, so muß die Gesichtslinie nach einem Fixstern notwendigerweise im Laufe des Jahres einer Richtungsänderung unterworfen sein. Es muß mit anderen Worten eine *jährliche Parallaxe* entstehen. Wie früher erwähnt (§ 65), muß diese sich dadurch zu erkennen geben, daß jeder Stern im Laufe des Jahres scheinbar eine kleine Ellipse beschreibt, deren große Achse der Ekliptik parallel ist. Die kleine Achse, die senkrecht dazu steht, ist gleich der großen Achse, multipliziert mit dem Sinus des Winkels, den die Gesichtslinie mit der Ebene der Ekliptik bildet, also mit dem Sinus der Breite des Sterns (vgl. Anhang S. 511). Zu den beiden Zeiten des Jahres, wenn der Stern in Konjunktion oder Opposition mit der Sonne ist, muß der Stern sich in den Endpunkten der kleinen Achse befinden; zu den beiden dazwischenliegenden Zeiten, also wenn der Stern in Quadratur zur Sonne ist, steht er in den Endpunkten der großen Achse. Je weiter der Stern entfernt ist, desto kleiner werden die Dimensionen der Ellipse.

Unter *jährlicher Parallaxe* versteht man ganz allgemein den Winkel zwischen der Linie von der Erde zum Stern und der Linie von der Sonne zum Stern, spezieller aber wird damit der größte Wert bezeichnet, den dieser Winkel erreichen kann, der Winkel also, unter dem der Radius der Erdbahn vom Stern aus erscheint (man kann hierbei ganz von der Exzentrizität der Erdbahn absehen).

Wie früher angedeutet (vgl. S. 155), waren die mißglückten Versuche, eine solche jährliche Änderung in den Koordinaten der Fixsterne nachzuweisen, lange Zeit einer der schlimmsten Steine des Anstoßes für die Kopernikanische Theorie.

Als BRADLEY im Jahre 1725 seine Beobachtungen anfing, geschah das unter anderem mit der Absicht, die jährliche Parallaxe für den Stern γ im Drachen zu suchen, der auf seiner Sternwarte nahe dem Zenit kulminierte (vgl. S. 83 und 85). Er fand nun zwar, daß die Koordinaten der Sterne einer jährlichen Änderung unterworfen sind, die in vielem der obenerwähnten ähnelt. Aber abgesehen davon, daß sich die große Achse der Ellipse für alle Sterne gleich ergab, war auch das ganze Phänomen um ein Vierteljahr verschoben (vgl. S. 93), indem der Stern sich im Endpunkt der großen Achse der Ellipse befand, wenn er in Konjunktion oder Opposition mit der Sonne war. Was BRADLEY gefunden hatte, war die Aberration des Lichtes, die allerdings für die Frage der Bewegung der Erde um die Sonne genau so entscheidend war; von einer Parallaxe aber fand er weiter keine Spur.

Später hat man in einzelnen Fällen eine jährliche Parallaxe bei einer solchen absoluten Bestimmung der Koordinaten nachweisen können; besonders aber ist man dazu übergegangen, die größere Genauigkeit von Winkelmessungen auszunutzen, die gewisse Mikrometer und namentlich das Heliometer bei relativen Messungen darbieten. Man bestimmt dann zu verschiedenen Zeiten des Jahres die Stellung des Sterns relativ zu einem oder mehreren Sternen in der Nachbarschaft und findet dadurch die relative Parallaxe. Sollte es sich so treffen, daß die Nachbarsterne uns näher stehen als der untersuchte Parallaxenstern, so kommt seine relative Parallaxe negativ heraus. Obwohl man im voraus nicht wissen kann, ob ein Stern näher oder entfernter als ein anderer ist, hat man doch Merkmale, nach denen man sich richten kann. Erstens die Helligkeit des Sterns; durchschnittlich werden die uns nächsten Sterne heller erscheinen als die entfernteren, woraus jedoch nicht gefolgert werden kann, daß jeder helle Stern uns näher steht als ein schwacher. Dann auch die Eigenbewegung, und diese hat sich in der Tat als ein zuverlässigeres Kriterium gezeigt. Lichtschwache Sterne ohne merkliche Eigenbewegung darf man deshalb im allgemeinen als so weit entfernt betrachten, daß sie als feste Punkte benutzt werden können, so daß auf sie bezogene relative Bestimmungen als absolute Bestimmungen betrachtet werden dürfen. Durch statistische Untersuchungen hat man eine angenäherte Kenntnis der durchschnittlichen Parallaxe der schwächeren Sterne (vgl. S. 461) und kann somit gemessene relative Parallaxen auf absolute reduzieren. Aus dem bereits entwickelten geht hervor, daß diese Reduktion klein ist.

In späteren Jahren hat man auch die Photographie zu demselben Zweck in Anwendung gebracht. Man kann auf photographischen Platten, die zu verschiedenen Zeiten des Jahres aufgenommen sind, entweder die Stellung eines bestimmten Sterns relativ zu anderen Sternen, die als Fixpunkte betrachtet werden können, ausmessen, oder man kann die Parallaxe jedes einzelnen relativ zum Durchschnitt aller bestimmen, wodurch die entferntesten eine negative relative Parallaxe erhalten werden. Mit photographischen Refraktoren langer Brennweite erreicht man eine höhere Genauigkeit als bei irgendeiner anderen Methode.

Kennen wir die jährliche Parallaxe π eines Sterns, ausgedrückt in Bogensekunden, also den Winkel, unter dem die mittlere Entfernung (r) der Erde von der Sonne vom Stern aus erscheint, so ist

$$\text{die Entfernung des Sterns} = \frac{206\,264.8\ r}{\pi}\,.$$

Als Einheit für Sternentfernungen benutzt man die Entfernung, die einer Parallaxe von $1''$ entspricht. Diese Einheit wird *parsec* genannt. Beträgt die Parallaxe π Bogensekunden, so wird die Entfernung in parsec $= \frac{1}{\pi}$. Man benutzt auch häufig — besonders in populären Darstellungen — eine andere Einheit für Entfernungen innerhalb der Fixsternwelt: das *Lichtjahr*. Unter einem Lichtjahr versteht man die Weglänge, die das Licht in einem Jahr zurücklegt. Das Verhältnis zwischen parsec und Lichtjahr wird durch die folgende Gleichung ausgedrückt: 1 parsec = 3.26 Lichtjahre.

Zum erstenmal gelang die Bestimmung der jährlichen Parallaxe eines Sterns im Jahre 1838, als BESSEL in Königsberg den in der Tafel S. 401 erwähnten Doppelstern 61 Cygni, der die größte damals bekannte Eigenbewegung hatte, zum Gegenstand einer Beobachtungsreihe mit dem Heliometer machte. Er fand $\pi = 0''.35$. Von späteren Bestimmungen haben einige einen etwas größeren, andere einen etwas kleineren Wert gegeben. Man rechnet jetzt für diesen Stern $\pi = 0''.30$.

Ungefähr gleichzeitig mit diesen Untersuchungen BESSELS gelang es W. STRUVE (Dorpat) und HENDERSON (Kap), Parallaxen für Wega bzw. α Centauri zu bestimmen.

Stern	Parallaxe
Proxima Centauri	0''.79
α Centauri	0 .76
Barnards Stern	0 .54
Wolf 359	0 .41
Lalande 21185	0 .40
Sirius	0 .36

Die nebenstehende Tafel enthält Parallaxen für die sechs uns nächsten Fixsterne (s. außerdem die Tafel auf S. 459).

Für über 3000 meist hellere Sterne sind Parallaxen gemessen worden. Für die Mehrzahl ist die Parallaxe so klein, daß die Meßungenauigkeit (etwa 0''.01) sehr ins Gewicht fällt. Parallaxen, die durch direkte Winkelmessungen bestimmt sind, nennt man *trigonometrische Parallaxen*. Wir haben gesehen (vgl. S. 348), daß man aus Beobachtungen von Sternspektren Parallaxen bestimmen kann, *spektroskopische Parallaxen*. In den folgenden Abschnitten werden wir auch andere Parallaxenmethoden kennenlernen. Die meisten Parallaxenmethoden sind aber schließlich von dem Vorhandensein trigonometrischer Parallaxen abhängig: sie müssen mit Hilfe von diesen geeicht werden.

280. *Die räumlichen Geschwindigkeiten der Sterne.* Es bezeichnen x, y, z die rechtwinkligen Raumkoordinaten eines Sterns in bezug auf die Sonne in einem Koordinatensystem, dessen X-Achse gegen den Frühlingspunkt, dessen Y-Achse gegen den Punkt ($\alpha = 90°$, $\delta = 0°$) und dessen Z-Achse gegen den Nordpol zeigt (das Äquatorsystem). Die Komponenten der räumlichen Geschwindigkeit eines Sterns relativ zur Sonne sind dann $\frac{dx}{dt}$, $\frac{dy}{dt}$ und $\frac{dz}{dt}$. Diese können durch die Änderungen des Abstands, der Rektaszension und der Deklination ausgedrückt werden (vgl. Anhang S. 508):

$$\begin{aligned} \frac{dx}{dt} &= \frac{dR}{dt}\cos\delta\cos\alpha - \frac{d\delta}{dt}R\sin\delta\cos\alpha - \frac{d\alpha}{dt}\cos\delta\sin\alpha \\ \frac{dy}{dt} &= \frac{dR}{dt}\cos\delta\sin\alpha - \frac{d\delta}{dt}R\sin\delta\sin\alpha + \frac{d\alpha}{dt}\cos\delta\cos\alpha \\ \frac{dz}{dt} &= \frac{dR}{dt}\sin\delta \qquad\qquad + \frac{d\delta}{dt}R\cos\delta\,. \end{aligned} \tag{1}$$

Es ist bequem, $\frac{dx}{dt}$, $\frac{dy}{dt}$ und $\frac{dz}{dt}$ in der Einheit Kilometer pro Sekunde auszudrücken. Dann soll für $\frac{dR}{dt}$ die Radialgeschwindigkeit (R.G.) in Kilometern pro Sekunde eingesetzt werden. Die entsprechenden Werte von $R\frac{d\alpha}{dt}$ und $R\frac{d\delta}{dt}$ können aus der jährlichen Eigenbewegung in α und δ in Bogensekunden, $(\mathrm{E.B.}'')_\alpha$

und $(\text{E.B.}'')_\delta$ und der Parallaxe (in Bogensekunden) π'' abgeleitet werden. Nach S. 405 ist R:

$$R = \frac{206\,264.8}{\pi''} \text{ Erdbahnradien}.$$

Daraus folgt:

$$R\frac{d\alpha}{dt} = \frac{206\,264.8}{\pi''}\,\frac{(\text{E.B.}'')_\alpha}{206\,264.8} \text{ Erdbahnradien im Jahr}$$

$$R\frac{d\delta}{dt} = \frac{206\,264.8}{\pi''}\,\frac{(\text{E.B.}'')_\delta}{206\,264.8} \quad \text{,,} \quad \text{,,} \quad \text{,,}$$

Nun ist (vgl. Anhang S. 506):

$$1 \text{ Erdbahnradius im Jahr} = 4.74 \text{ km pro Sekunde}.$$

Es ist somit:

$$\left.\begin{aligned} R\frac{d\alpha}{dt} &= 4.74\,\frac{(\text{E.B.}'')_\alpha}{\pi''} \text{ Kilometer pro Sekunde} \\ R\frac{d\delta}{dt} &= 4.74\,\frac{(\text{E.B.}'')_\delta}{\pi''} \quad \text{,,} \quad \text{,,} \quad \text{,,} \;. \end{aligned}\right\} \tag{2}$$

Schließlich erhält man die gesuchten Geschwindigkeitskomponenten in Kilometern pro Sekunde:

$$\left.\begin{aligned} \frac{dx}{dt} &= \text{R.G.}\cdot\cos\delta\cos\alpha - 4.74\,\frac{(\text{E.B.}'')_\delta}{\pi''}\cdot\sin\delta\cos\alpha - 4.74\,\frac{(\text{E.B.}'')_\alpha}{\pi''}\cdot\cos\delta\sin\alpha \\ \frac{dy}{dt} &= \text{R.G.}\cdot\cos\delta\sin\alpha - 4.74\,\frac{(\text{E.B.}'')_\delta}{\pi''}\cdot\sin\delta\sin\alpha + 4.74\,\frac{(\text{E.B.}'')_\alpha}{\pi''}\cdot\cos\delta\cos\alpha \\ \frac{dz}{dt} &= \text{R.G.}\cdot\sin\delta \qquad + 4.74\,\frac{(\text{E.B.}'')_\delta}{\pi''}\cdot\cos\delta\,. \end{aligned}\right\} \tag{3}$$

Doppelsterne und mehrfache Systeme.

281. *Visuelle Doppelsterne.* Als W. HERSCHEL im Jahre 1774 sein erstes großes Spiegelteleskop fertiggestellt hatte, wandte er sich gleich der Aufgabe zu, Parallaxen von Fixsternen nach der vorher angegebenen Methode zu bestimmen, dadurch, daß er den Ort eines hellen Sterns relativ zu dem eines schwächeren Nachbarsterns maß. Das, was er benötigte, waren *optische* Doppelsterne, die man nur zufällig nahe beieinander am Himmel sieht, die sich in Wirklichkeit aber in sehr verschiedenen Entfernungen von uns befinden. Während seiner Durchmusterung des Himmels fand er aber weit mehr Doppelsterne, als bei einer zufälligen Verteilung der Sterne am Himmel erwartet werden könnten, und deswegen nahm er an, daß viele davon *physische* Doppelsterne seien, d. h. solche, die so dicht im Raum zusammen stehen, daß ihre gegenseitige Anziehung merkbar wird. Diese Auffassung erwies sich endgültig als richtig, als es W. HERSCHEL gelang, bei Doppelsternpaaren eine Bahnbewegung festzustellen.

Viele ausgezeichnete Beobachter haben HERSCHELS Arbeit in dieser Richtung fortgesetzt. Doppelsterne werden oft mit einem Σ von einer Zahl gefolgt bezeichnet, die die Nummer des Sterns in einem Verzeichnis (Mensurae micrometricae) von W. STRUVE angibt. Der Buchstabe β weist auf die durch BURNHAM entdeckten Doppelsterne hin. Die Komponenten in einem doppelten oder mehrfachen System werden mit A, B, C . . . bezeichnet.

Im folgenden werden wir sehen, daß man Doppelsterne kennt, die auch in den größten Fernrohren nicht getrennt gesehen werden können. Trennbare Doppelsterne nennt man zum Unterschied vcn diesen *visuelle Doppelsterne.*

Beobachtungen der relativen Lage der Komponenten eines visuellen Doppelsterns werden mit dem Mikrometer ausgeführt. Man mißt den Abstand (in

Bogensekunden) und den Positionswinkel der schwächeren Komponente, bezogen auf die hellere. Ist die Bahnbewegung merklich, so ändern sich Abstand und Positionswinkel, und ein kleinerer oder größerer Teil der scheinbaren Bahnbewegung wird bekannt. Einige Doppelsterne hat man während mehrerer Umläufe der einen Komponente um die andere verfolgen können. Für nicht zu enge Paare benutzt man auch mit Vorteil photographische Aufnahmen für die Positionsmessungen.

Visuelle Doppelsterne werden jetzt solche Sternpaare genannt, bei denen die scheinbare Entfernung zwischen den zwei Komponenten eine gewisse Grenze nicht übersteigt, die man folgendermaßen festgesetzt hat. Für zwei Sterne mit einer vereinten scheinbaren Helligkeit innerhalb der in der folgenden Tabelle genannten Grenzen sind die Grenzwerte der Distanz:

m	d	m	d	m	d
<2	40″	4–6	10″	9–11	3″
2–4	20	6–9	5	>11	1

Bei dieser Wahl der Grenze erreicht man, daß nur sehr wenige optische Doppelsterne mitgenommen werden, während die allermeisten physischen Doppelsterne die Bedingungen erfüllen werden. Die schwachen Sterne sind durchschnittlich weiter entfernt; deshalb setzt man hier eine niedrigere Grenze des Winkelabstandes fest. Oft kann man auch bei Sternen, die in größerem Winkelabstand voneinander stehen, feststellen, daß sie physisch verbunden sind, nämlich wenn sie gleiche Eigenbewegung zeigen. Natürlich muß die Eigenbewegung ziemlich groß sein, damit man sicher sein kann, daß die Übereinstimmung innerhalb der Beobachtungsgenauigkeit nicht auf Zufall beruht. Den schwächeren Stern nennt man in solchen Fällen gewöhnlich einen *entfernten Begleiter.*

Man kennt etwa 20000 Doppelsternpaare, von denen die meisten eine kleinere Entfernung als 5″ und viele eine kleinere Entfernung als 1″ haben[1]. Mit den größten Fernrohren unserer Zeit kann man, wenn der Unterschied an Helligkeit nicht zu groß ist, Entfernungen bis zu 0″.15 hinunter messen.

Wenn ein System nur aus zwei Komponenten besteht, wird die relative Bewegung der einen in einer Ellipse mit der anderen im Brennpunkt vor sich gehen. Die Bahnebene kann natürlich jeden beliebigen Winkel mit der Gesichtslinie bilden, da aber die Projektion einer Ellipse wieder eine Ellipse ist, wenn auch mit anderen Brennpunkten, so wird auch die Bewegung am Himmel, die die eine Komponente eines Doppelsterns im Laufe der Zeit um die andere auszuführen scheint, eine Ellipse darstellen. Die Möglichkeit, die Elemente der wirklichen Bahn im Raume zu bestimmen, beruht auf den KEPLERschen Gesetzen, nach denen die Bahnen Ellipsen sind, und die Flächengeschwindigkeit konstant ist sowohl in der wirklichen Bahn als auch in der projizierten Bahn. Die Umlaufszeit tritt hier als ein besonderes Element auf, da ihre Berechnung mit Hilfe der mittleren Entfernung die Kenntnis der Massen erfordert, und diese sind nicht a priori bekannt. Der Natur der Beobachtungen zufolge muß ein bedeutender Teil der Bahn durchlaufen sein, ehe die Berechnung ein zuverlässiges Resultat ergeben kann. In Systemen, die aus drei oder mehr Komponenten bestehen, von denen man auch Beispiele hat (vgl. S. 436), wird die Bewegung komplizierter.

---

[1] Damit zwei Sterne mit dem bloßen Auge getrennt sichtbar sein können, muß die Entfernung mehrere Bogenminuten betragen. ε Lyrae (etwas links von Wega) besteht aus zwei Sternen 5. Größe mit der Entfernung 3′.5; es gehören aber ungewöhnlich gute Augen dazu, um sie getrennt sehen zu können. α Capricorni (ein gutes Stück unter Altair) besteht aus zwei Sternen von ungefähr 4. Größe, mit einer Entfernung 6′.3; diese sind mit normal guten Augen getrennt zu sehen. ζ Ursae Majoris hat einen Stern 5. Größe (Alkor) scheinbar ganz nahe bei sich, die Entfernung beträgt aber in Wirklichkeit 11′.8.

Die Elemente der relativen Bahn der einen Komponente um die andere sind also die folgenden (vgl. auch S. 161):

U die Umlaufszeit.
a die halbe große Achse der Bahnellipse in Bogensekunden.
e die Exzentrizität der Bahnellipse.
Ω der Positionswinkel des aufsteigenden Knotens in bezug auf die Tangentialebene der Himmelskugel für den betrachteten Doppelstern. Dieser Winkel ist um 180° unbestimmt, weil, wie man unmittelbar einsieht, die scheinbare Bahnbewegung zwei Bahnbewegungen im Raum, von denen die eine das Spiegelbild der anderen in bezug auf die Tangentialebene ist, entsprechen kann. Man weiß also nicht, ob ein Knoten der aufsteigende oder der absteigende Knoten ist.
ω die Länge des Periastrons (analog dem Perihel) von der Knotenlinie gerechnet.
i die Neigung der Bahnebene gegen die Tangentialebene der Himmelskugel.
T die Zeit des Periastrondurchgangs (analog der Perihelzeit).

Die Bestimmung der Elemente einer Doppelsternbahn aus der beobachteten scheinbaren Bewegung ist eine geometrische Aufgabe. Die scheinbare Ellipse liege gezeichnet vor. Zunächst wird die Umlaufszeit aus den Beobachtungen bestimmt, entweder direkt als die Zeit eines vollen Umlaufs oder — mit Hilfe des Flächensatzes — aus der Zeit, die die Überstreichung eines bekannten Bruchteils des Ellipsenareals erfordert. Die räumliche Bahn soll durch eine Parallelprojektion in der Richtung der Gesichtslinie auf die zur Gesichtslinie senkrechte Tangentialebene der Himmelskugel in die scheinbare Ellipse übergehen. Man stelle sich einen elliptischen Zylinder auf der Ellipse der scheinbaren Bahn mit der Zylinderachse parallel zur Gesichtslinie vor. Auf diesem Zylinder muß die räumliche Bahn liegen. Alle Schnitte dieses Zylinders sind Kegelschnitte, aber nur einer ist eine Ellipse mit einem Brennpunkt, der durch die Parallelprojektion in die bekannte Lage des Hauptsterns — der ja im Brennpunkt der räumlichen Ellipse steht — übergeht (genauer sind es zwei, die gegenseitig Spiegelbilder in bezug auf die Tangentialebene sind; vgl. oben). Diese Ellipse ist die gesuchte Bahnellipse, ihre Ebene die Bahnebene. Die Lösung des geometrischen Problems, eine Schnittellipse mit dem Brennpunkt über einem gegebenen Punkt zu finden, kann auf verschiedene Weise geschehen, entweder graphisch oder rechnerisch.

Man kennt über tausend Doppelsternpaare, für die die Beobachtung eine physische Verbindung hat nachweisen können, aber nur für etwas über hundert hat eine Bahnbestimmung ausgeführt werden können. Von diesen haben ungefähr die Hälfte Umlaufszeiten unter 100 Jahren. Die Exzentrizität ist oft bedeutend, durchschnittlich etwa 0.5. Die kürzeste Umlaufszeit, 5.70 Jahre, hat man bei δ Equulei, einem Stern 4. Größe, gefunden, bei dem die Entfernung der Komponenten niemals $0''.4$ übersteigt. α Centauri ist ein Doppelstern, mit einer Umlaufszeit von 80 Jahren. Es sind naturgemäß Bahnen mit relativ kurzen Umlaufszeiten, die bestimmt werden konnten.

Eine Statistik der vorliegenden Elemente zeigt, daß die Richtungen der Bahnnormalen und Apsidenlinien nach dem Zufall verteilt sind. Die Bahnellipsen scheinen mit größerer Umlaufszeit immer mehr exzentrisch zu sein.

Eine besondere Stellung nehmen Sirius und Procyon ein. Durch Vergleich von Meridianbeobachtungen aus verschiedenen Zeiten hatte Bessel gefunden, daß die Eigenbewegung für diese beiden Sterne Veränderungen unterworfen war. Diese waren solcher Art, daß der Stern eine periodische Bewegung um einen naheliegenden Punkt zu haben schien, von dem er annahm, daß er der Schwerpunkt eines Doppelsternsystems sei, dessen andere Komponente dunkel oder zu schwach leuchtend ist, um gesehen werden zu können. Auf Grundlage dieser Veränderungen der Eigenbewegung hat zuerst PETERS, später AUWERS, die Bahn des Sirius um den gemeinsamen Schwerpunkt berechnet. Im Jahre 1862 fand der amerikanische Instrumentenbauer ALVAN CLARKE bei der Prüfung eines neuen Fernrohrs einen kleinen Stern in einigen Sekunden Entfernung von Sirius. Es stellte sich heraus, daß er in der Richtung des berechneten Schwerpunktes stand, und spätere Beobachtungen haben gezeigt, daß es wirklich die vermutete Komponente war. Die Umlaufszeit beträgt 50 Jahre. Auch für Procyon berechnete AUWERS eine Bahn, und im Jahre 1896 gelang es, mit dem großen Refraktor der Lick-Sternwarte einen Stern 13. Größe in etwa 5″ Entfernung und ungefähr in der Richtung des berechneten Schwerpunkts zu finden. Die Umlaufszeit beträgt hier 39 Jahre.

Von 100000 Sternen am nördlichen Himmel, die heller als 9. Größenklasse sind, erwiesen sich bei einer Untersuchung 5400 als visuelle Doppelsternpaare. Von den mit bloßem Auge sichtbaren Sternen sind über 10% visuelle Doppelsternpaare. Von 27 Sternen näher als 5 parsec sind 8 visuelle Doppelsternpaare. Deshalb muß angenommen werden, daß ein erheblicher Bruchteil der Sterne Doppelsternpaare sind. Bei entfernten und lichtschwachen Systemen aber ist die Doppelsternnatur schwer nachweisbar.

282. *Die Massen der Komponenten in visuellen Doppelsternsystemen.* Die mittlere Entfernung innerhalb eines Doppelsternpaares findet man in Winkelmaß ausgedrückt, z. B. in Bogensekunden (a''). Für einige wenige Doppelsterne mit bekannten Bahnen kennt man indessen auch die Parallaxe, und für diese können die Dimensionen der Bahn auch in linearem Maß ausgedrückt werden. Das Verhältnis zwischen der mittleren Entfernung a'' und der (in Sekunden ausgedrückten) Parallaxe ergibt nämlich die mittlere Entfernung a in Einheiten des Erdbahnradius. So ist für α Centauri $a'' = 17''.66$, $\pi = 0''.76$, also $a = 23.2$, d. h. etwas größer als die Entfernung des Uranus von der Sonne. In solchen Fällen kann man auch die Gesamtmasse des Doppelsterns in Einheiten der Sonnenmasse berechnen. Wir hatten auf S. 212 die folgende Gleichung (46):

$$\frac{U_1^2}{U^2} = \frac{M+m}{M_1+m_1} \cdot \frac{a_1^3}{a^3}. \tag{1}$$

Bezeichnen wir mit M_1 und m_1 die Massen der Sonne und der Erde, mit a_1 die halbe große Achse der Erdbahn und mit U_1 die Umlaufszeit der Erde, ferner mit M und m die Massen der beiden Komponenten in einem Doppelsternsystem, mit a die halbe große Achse und mit U die Umlaufszeit dieses Systems, dann können wir $M_1 = 1$, $m_1 = 0$ (im vorliegenden Problem mit hinlänglicher Genauigkeit), $U_1 = 1$ und $a_1 = 1$ setzen. Wir erhalten dann:

$$M + m = \frac{a^3}{U^2} = \frac{a''^3}{U^2 \pi^3}, \tag{2}$$

wo die Einheiten für Masse, Umlaufszeit und Länge sind: die Masse der Sonne, das Jahr und die halbe große Achse der Erdbahn.

Aus (2) ersieht man auch, daß π bestimmt werden kann, wenn die Gesamtmasse als bekannt vorausgesetzt wird, und daß ein Fehler in der Masse verkleinert in π eingeht. Mit $M + m = 2$ erhält man ziemlich gute Parallaxen. Noch bessere Resultate werden erzielt, wenn die Masse-Leuchtkraft-Relation (vgl. S. 398) zur Abschätzung der Massen benutzt wird. In dieser Weise bestimmte Parallaxen werden *dynamische Parallaxen* genannt.

Ist die Bewegung der Komponenten um den gemeinsamen Schwerpunkt (durch Messungen relativ zu Sternen in der Umgebung) bekannt, so kann man aus dem Verhältnis zwischen den Dimensionen der Bahnen das Massenverhältnis und also die Massen jede für sich bestimmen. Die folgende Tafel zeigt einige in dieser Weise bestimmte Massen:

Stern	Massen der Komponenten in Einheiten der Sonnenmasse
Sirius	2.6; 0.9
Procyon	1.2; 0.4
α Centauri	1.1; 0.9
Krüger 60	0.3; 0.14

283. *Die Lage der Komponenten visueller Doppelsterne im* RUSSELL-*Diagramm.* Es ist eine wichtige Frage, ob die Eigenschaften der Komponenten visueller Doppelsterne mit den allgemeinen Eigenschaften der gewöhnlichen Sterne übereinstimmen oder ob mit der Doppelsternnatur irgendwelche Besonderheiten im Aufbau des Sterns verknüpft sind. Wie im § 272 wollen wir die Sterneigenschaften durch das RUSSELL-Diagramm ausdrücken. Die Frage ist also, ob die Komponenten von visuellen Doppelsternen eine ähnliche Verteilung im RUSSELL-Diagramm zeigen wie normale Sterne.

Die Bestimmung des Spektraltypus ist bei visuellen Doppelsternen eine schwierigere Aufgabe als bei gewöhnlichen Sternen, weil die beiden Spektren sich leicht überlagern. Es ist jedoch möglich, zuverlässige Bestimmungen zu erhalten, wenn der Winkelabstand mehr als etwa 2″ bei gleich hellen Komponenten beträgt. Bei ungleich hellen Komponenten muß der Winkelabstand größer sein. So ist die Aufnahme des Spektrums von Sirius B, der 10 Größenklassen schwächer als Sirius A ist, eine sehr schwierige Aufgabe, trotzdem der Winkelabstand etwa 10″ ist.

Die absolute Helligkeit kann bei bekannter Parallaxe in der gewöhnlichen Weise aus der scheinbaren Helligkeit berechnet werden. Es liegt für visuelle Doppelsterne eine Anzahl für diesen Zweck genügend genauer direkt bestimmter Parallaxen vor (ein nicht unerheblicher Teil der nächsten Sterne sind ja visuelle Doppelsterne). Ferner steht eine Anzahl genügend zuverlässiger dynamischer Parallaxen (vgl. S. 410) zur Verfügung.

Das Ergebnis der Untersuchungen in dieser Richtung ist, daß die Komponenten der visuellen Doppelsterne sich durchaus wie normale Sterne verhalten: die große Mehrzahl gehört der Hauptserie an, eine Anzahl liegt um den Riesenast, verhältnismäßig sehr wenige sind B-Sterne und Übergiganten; Unterriesen sind wahrscheinlich in mäßiger Anzahl vorhanden. Schließlich sind weiße Zwerge wahrscheinlich gar nicht selten unter den visuellen Doppelsternen. In der Tat sind drei der fünf bekannten weißen Zwerge Doppelsternkomponenten. Als Doppelsternkomponenten fallen weiße Zwerge auf, weil sie trotz ihrer weißen Farbe sehr lichtschwache Begleiter sind.

Dies Ergebnis ist von großer Wichtigkeit, denn es rechtfertigt die Verallgemeinerung, die wir gemacht haben, indem wir die bei Doppelsternen bestimmten Massen als für normale Sterne typisch angesprochen haben (vgl. § 275).

Mit wenigen Ausnahmen liegen die Komponenten von Doppelsternen also um die Linie der Hauptserie oder um ihre Fortsetzung in den Riesenast. Dies bedeutet, daß im allgemeinen zwei Doppelsternkomponenten gleicher scheinbarer Helligkeit und folglich — da der Abstand praktisch derselbe ist — auch gleicher absoluter Helligkeit annähernd gleiches Spektrum haben werden. Diese Folgerung hat man durch die Beobachtungen weitgehend bestätigt gefunden.

Wie man ferner sieht, ist zu erwarten, daß von zwei Zwergsternkomponenten die scheinbar hellere die größere Flächenhelligkeit und die höhere effektive Temperatur und ein entsprechend gegen A verschobenes Spektrum haben wird, während umgekehrt bei zwei Riesensternkomponenten die scheinbar hellere die niedrigere effektive Temperatur und ein entsprechend gegen M verschobenes

Spektrum haben wird. Oder anders ausgedrückt, es ist zu erwarten, daß die Verbindungslinie der Bildpunkte der beiden Komponenten im RUSSELL-Diagramm bei zwei Riesensternen von oben nach unten nach links geht, der Neigung des Riesenastes entsprechend, während sie bei zwei Zwergsternen von oben nach unten nach rechts geht, entsprechend der Neigung der eigentlichen Hauptserie. In vielen Fällen ist es auch bei ziemlich ungenauer Parallaxe doch möglich, zu unterscheiden, ob man es mit einem Riesenpaar oder einem Zwergpaar zu tun hat, und in diesen Fällen hat man auch diese Folgerung durch Beobachtungen bestätigen können. Bei Doppelsternen, von denen die eine Komponente ein Riesenstern, die andere ein Zwergstern ist, gilt keine einfache Regel. Dieser Fall kommt seltener vor.

Man hat Doppelsternbeobachtungen mit Erfolg zur Festlegung der Linie der Hauptserie und des Riesenastes benutzen können. Die Methode ist die folgende: Man bestimmt die Differenz der scheinbaren Helligkeit der Komponenten. Die Differenz der absoluten Helligkeiten ist dieselbe. Ferner stellt man die Spektralklasse der beiden Komponenten fest. Man hat dann gewissermaßen eine bestimmte Sehne der gesuchten Kurve gefunden, und aus einer großen Anzahl solcher Sehnen läßt sich die Form der Kurve genau ermitteln. Man kann das Material auch rechnerisch behandeln, indem man die Kurve durch eine Tabelle wie die Tabelle auf S. 393 ersetzt. Jedes Komponentenpaar liefert dann eine Gleichung zwischen den Zahlen in der Tabelle. Aus diesem Beobachtungsmaterial läßt sich selbstverständlich nur die Form der Kurve ermitteln, nicht ihre absolute Lage im RUSSELL-Diagramm. Diese muß mit Hilfe von bekannten Parallaxen bestimmt werden.

284. *Spektroskopische Doppelsterne* sind eine Klasse Doppelsterne, die man erst seit etwa 4 Jahrzehnten kennt. Die Komponenten stehen bei diesen Doppelsternen zu dicht zusammen, um einzeln gesehen werden zu können, selbst mit den größten Fernrohren; die für Doppelsterne charakteristische Bewegung aber gibt sich, in der Komponente in der Richtung der Gesichtslinie, durch eine periodische Verschiebung der Spektrallinien zu erkennen.

Der zuerst entdeckte spektroskopische Doppelstern ist ζ_1 Ursae majoris (ζ_1 im Großen Bären), der als solcher von E. C. PICKERING erkannt wurde, ungefähr zur selben Zeit, als VOGEL eine veränderliche Radialgeschwindigkeit für Algol (1888) nachwies. Die Umlaufszeit für ζ_1 im Großen Bären beträgt ungefähr 20 Tage.

Man kennt über 1000 spektroskopische Doppelsterne. Die Umlaufszeit, die für etwa 300 hat bestimmt werden können, beträgt meistens einige Tage.

Sind die beiden Komponenten ungefähr gleich hell, so sind im Spektrum die Spektrallinien beider Komponenten sichtbar. Fast immer sind in diesem Fall die Spektren der Komponenten ungefähr gleich. Infolge der Bahnbewegung sieht man dann zu gewissen Zeiten alle Linien doppelt. Die Größe der Aufspaltung variiert regelmäßig im Laufe der Periode, zweimal in jeder Periode fallen die Linien der beiden Komponenten zusammen.

Oft ist die eine Komponente soviel heller als die andere, daß die Linien der schwächeren Komponente nicht sichtbar sind. (Im allgemeinen sind die Linien der schwächeren Komponente unsichtbar, wenn der Helligkeitsunterschied über zwei Größenklassen beträgt).

Durch ausgedehnte Meßreihen kann man die Art der periodischen Schwankung der Radialgeschwindigkeit feststellen. Nimmt man in einem rechtwinkligen Koordinatensystem die Zeit als Abszisse, die Radialgeschwindigkeit als Ordinate und zeichnet eine den Beobachtungen entsprechende Kurve für eine volle Periode, so erhält man eine *Radialgeschwindigkeitskurve*, die die Schwankungen graphisch darstellt (vgl. Abb. 160).

Sind die Linien beider Komponenten sichtbar, so kann man die relative Geschwindigkeit aus den Aufspaltungen bestimmen, ohne daß man die genauen Wellenlängen der Linien zu bestimmen braucht. Bei großen Aufspaltungen (also großen relativen Geschwindigkeiten) kann man dann Aufnahmen mit dem Objektivprisma benutzen. Sollen die Bewegungen jeder Komponente für sich bestimmt werden, so sind genaue Wellenlängenbestimmungen durch Vergleich mit einem irdischen Vergleichsspektrum unumgänglich. Ist nur ein Spektrum sichtbar, so ist ein Vergleichsspektrum immer notwendig.

285. *Der Spektraltypus der spektroskopischen Doppelsterne.* Spektroskopische Doppelsterne sind für alle Hauptklassen der HARVARD-Klassifikation bekannt. Die nebenstehende Tafel zeigt die Verteilung der spektroskopischen Doppelsterne über die Spektralklassen.

Spektralklasse	Anzahl	Relative Anzahl	Relative Anzahl bei normalen Sternen heller als $5^m.25$
O	27	3%	0.3%
B 0—B 7	201	20	9
B 8—A 4	358	36	27
A 5—F 4	111	11	12
F 5—G 4	124	12	12
G 5—K 4	151	15	30
K 5—M 8	30	3	10
	1002		

Die Zahl der spektroskopischen Doppelsterne der Spektralklassen O und B bis A 3 ist auffallend groß. Diejenigen Sterne, die auf veränderliche Radialgeschwindigkeit untersucht worden sind, sind überwiegend scheinbar hellere Sterne ($m < 6^m$), und unter diesen sind ja die Spektralklassen O und B nicht selten (vgl. § 273), jedoch sind die Zahlen für normale Sterne, wie die Tafel zeigt, erheblich kleiner als die Zahlen für die spektroskopischen Doppelsterne.

Diesen Sachverhalt kann man noch näher verfolgen. Man kann sich die Aufgabe stellen, den Bruchteil, den die spektroskopischen Doppelsterne von allen Sternen ausmachen, für die verschiedenen Spektralklassen festzustellen. Nach dem Gesagten wird man erwarten, daß dieser Bruchteil für die Spektralklassen O und B besonders hoch ist. Dies ist in der Tat der Fall. Unter den O- und B-Sternen heller als 6^m sind etwa die Hälfte spektroskopische Doppelsterne. Auch diese helleren Sterne sind nicht vollständig untersucht, so daß der Bruchteil noch höher, vielleicht $^2/_3$, sein mag. Für die Spektralklassen A, F, G, K und M sind die Bruchteile geringer: zwischen $^1/_{10}$ und $^1/_{20}$.

Unter den bekannten Sternen näher als 5 parsec (vgl. § 307) sind keine spektroskopischen Doppelsterne vorhanden, unter den (etwa 100) bekannten Sternen näher als 10 parsec sind zwei Sterne spektroskopische Doppelsterne. Die Sterne der Hauptserie sind also relativ selten spektroskopische Doppelsterne.

Etwa 20% der bekannten spektroskopischen Doppelsterne zeigen die Spektra beider Komponenten. Für die Spektraltypen O, B, A, F und G sind es 20 bis 30%, für die Spektralklassen K und M fehlen Sterne mit zwei Spektren fast ganz.

286. *Bestimmung der Bahnelemente spektroskopischer Doppelsterne.* Aus der Radialgeschwindigkeitskurve können die Elemente der Bahnbewegung bestimmt werden. Wir betrachten zunächst den Fall, daß die Bewegung einer Komponente in bezug auf den Schwerpunkt untersucht werden soll.

Die Elemente der Bahnbewegung sind die gleichen wie im Falle eines visuellen Doppelsterns. Nur fällt hier das Element Ω fort, da an der Radialgeschwindigkeitskurve ja nichts geändert wird, wenn man zu einem anderen Ω durch eine Drehung um die Gesichtslinie übergeht. Ferner kommt als neues Element die Radialgeschwindigkeit V des Schwerpunkts des Systems in bezug auf die Sonne hinzu.

Wir betrachten die Bahnbewegung um den Schwerpunkt in einem Koordinatensystem mit der Z-Achse parallel der Gesichtslinie, mit der positiven Richtung von dem Beobachter weg gerichtet. Die Radialgeschwindigkeit der betrachteten Komponente in bezug auf die Sonne ist gleich der Summe der Radialgeschwindigkeit des Schwerpunkts und der Projektion der Geschwindigkeit in der Bahnbewegung um den Schwerpunkt auf die Z-Achse:

$$\text{R.G.} = V + \frac{dz}{dt}. \tag{1}$$

Die Projektion der Geschwindigkeit auf die Z-Achse ergibt sich nach den Gleichungen des Zweikörperproblems. Zuerst wollen wir die z-Koordinate durch die Elemente ausdrücken und dann die gefundene Gleichung nach der Zeit differenzieren. Wir benutzen in den Berechnungen die früheren Bezeichnungen (vgl. S. 202 bis 230). Die polaren Koordinaten in der Bahn in bezug auf den — im Brennpunkt der Bahnellipse befindlichen — Schwerpunkt seien wie gewöhnlich r und v. Wir suchen die Projektion des Radiusvektors auf die Z-Achse. Den Radiusvektor zerlegen wir in zwei Komponenten, nach der Knotenlinie (X) und der Senkrechten auf der Knotenlinie (Y) in der Bahnebene [Winkel (X) → (Y) gleich $+90°$]. Die Knotenlinie steht senkrecht zur Z-Achse, die Komponente nach der Knotenlinie fällt also bei der Projektion fort. Die andere Komponente ist:

$$r\cos(\omega + v - 90°) = r\sin(\omega + v). \tag{2}$$

Es ist ja der Winkel zwischen Knotenlinie und Periastron gleich ω, der Winkel zwischen Knotenlinie und Radiusvektor gleich $\omega + v$ und also der Winkel zwischen der Senkrechten zur Knotenlinie und dem Radiusvektor $\omega + v - 90°$. Der Winkel zwischen der Senkrechten zur Knotenlinie und der Z-Achse ist gleich $90° - i$, so daß man schließlich für z:

$$z = r\sin(\omega + v)\sin i \tag{3}$$

erhält [vgl. auch die letzte Formel (55) auf S. 215].

Durch Differentiation dieser Gleichung findet man:

$$\frac{dz}{dt} = \frac{dr}{dt}\sin(\omega + v)\sin i + r\cos(\omega + v)\sin i\,\frac{dv}{dt}. \tag{4}$$

Die Größen $\frac{dr}{dt}$ und $\frac{dv}{dt}$ können aus den Gleichungen des Zweikörperproblems gefunden werden. Es gilt (vgl. S. 214 und 230):

$$r = \frac{a(1-e^2)}{1 + e\cos v} \tag{5}$$

und:

$$r^2\frac{dv}{dt} = \mu a^2\sqrt{1-e^2}, \tag{6}$$

wo:

$$\mu = \frac{2\pi}{U}. \tag{7}$$

Aus (5) erhält man durch Differentiation:

$$\frac{dr}{dt} = \frac{a(1-e^2)}{(1+e\cos v)^2}\,e\sin v\,\frac{dv}{dt}, \tag{8}$$

und aus (8) mit Hilfe von (5):

$$\frac{dr}{dt} = \frac{r^2}{a(1-e^2)}\,e\sin v\,\frac{dv}{dt}. \tag{9}$$

Mit Hilfe von (9) kann man $\frac{dr}{dt}$ durch $\frac{dv}{dt}$ ausdrücken, und aus (6) hat man $\frac{dv}{dt}$. Setzt man (9) in (4) ein, erhält man:

$$\frac{dz}{dt} = \frac{e\sin i}{a(1-e^2)}\sin v\cdot\sin(\omega + v)\cdot r^2\frac{dv}{dt} + \sin i\cdot\cos(\omega + v)\cdot\frac{1}{r}\cdot r^2\frac{dv}{dt}. \tag{10}$$

Setzt man in (10) den Wert von $r^2 \frac{dv}{dt}$ nach (6) und den Wert von $\frac{1}{r}$ nach (5) ein, so ergibt sich:

$$\frac{dz}{dt} = \frac{\mu a \sin i}{\sqrt{1-e^2}} e \sin v \sin(\omega + v) + \frac{\mu a \sin i}{\sqrt{1-e^2}} (1 + e \cos v) \cos(\omega + v)\,. \tag{11}$$

Benutzt man in (11) die Identität:

$$\sin v \sin(\omega + v) + \cos v \cos(\omega + v) = \cos(\omega + v - v) = \cos\omega\,,$$

so erhält man schließlich:

$$\frac{dz}{dt} = \frac{\mu a \sin i}{\sqrt{1-e^2}} \{\cos(\omega + v) + e \cos\omega\}\,. \tag{12}$$

Für die Radialgeschwindigkeit hat man nach (1) und (12):

$$\text{R.G.} = V + \frac{\mu a \sin i}{\sqrt{1-e^2}} \{\cos(\omega + v) + e \cos\omega\} \tag{13}$$

oder:

$$\text{R.G.} = V + K\{\cos(\omega + v) + e \cos\omega\}\,, \tag{14}$$

wo:

$$K = \frac{\mu a \sin i}{\sqrt{1-e^2}}\,. \tag{14a}$$

In die Gleichung für die Radialgeschwindigkeit gehen die Elemente a und i nur in der Kombination $a \sin i$ ein. Aus der Radialgeschwindigkeitskurve kann man also diese beiden Elemente nicht jedes für sich bestimmen, sondern eben nur die Kombination $a \sin i$.

Die Gleichungen (13) bzw. (14) und (14a) drücken den Zusammenhang zwischen der Radialgeschwindigkeitskurve und den Elementen aus. Mit Hilfe dieser Gleichung kann man aus der Radialgeschwindigkeitskurve die Elemente bestimmen.

Das Element V ergibt sich unmittelbar aus der folgenden Überlegung. Nach einer vollen Periode muß die betrachtete Doppelsternkomponente in dieselbe Lage in bezug auf den Schwerpunkt zurückgekommen sein, insbesondere muß z wieder denselben Wert haben. Die Totaländerung von z während einer Periode ist also Null:

$$z_{t+U} - z_t = \int_t^{t+U} \frac{dz}{dt}\, dt = 0\,. \tag{15}$$

Setzt man in (1) die Gleichung (15) ein, so erhält man:

$$\int_t^{t+U} (\text{R.G.} - V)\, dt = 0$$

oder:

$$V = \frac{1}{U} \int_t^{t+U} \text{R.G.}\, dt\,. \tag{16}$$

V ist also der zeitliche Mittelwert der Radialgeschwindigkeit. Zeichnet man im Radialgeschwindigkeitsdiagramm eine horizontale Linie in der Höhe V ein, so sind die Abstände der Radialgeschwindigkeitskurve von dieser Linie:

$$\text{R.G.} - V = \frac{dz}{dt}\,.$$

Nach (15) ist das mit Vorzeichen gerechnete Areal zwischen der Radialgeschwindigkeitskurve und der V-Linie also Null. Die numerischen Werte der Areale über und unter der V-Linie sind also gleich. Dies ergibt eine bequeme

Methode zur Festlegung der V-Linie mit Hilfe eines Planimeters, wenn die Radialgeschwindigkeitskurve gezeichnet vorliegt (vgl. Abb. 160).

Die übrigen Elemente ergeben sich wie folgt. Aus (14) ersieht man, daß der größte Wert von R.G. erreicht wird, wenn:

$$\cos(\omega + v) = +1$$

ist, also im aufsteigenden Knoten, und daß der maximale Wert der R.G.:

$$(\text{R.G.})_{\text{Max.}} = V + K + Ke\cos\omega \quad (17)$$

ist. Ebenso hat die R.G. ihren kleinsten Wert, wenn:

$$\cos(\omega + v) = -1$$

ist, also im absteigenden Knoten. Der kleinste Wert der R.G. ist:

$$(\text{R.G.})_{\text{Min.}} = V - K + Ke\cos\omega\,. \quad (18)$$

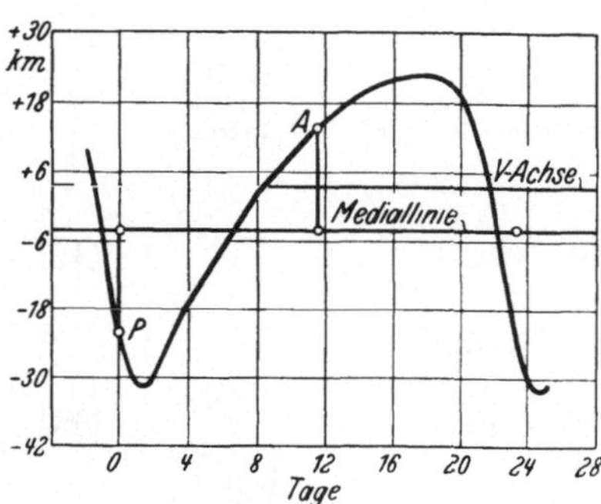

Abb. 160. Radialgeschwindigkeitskurve.

Die Differenz der beiden Extreme, die Amplitude der Radialgeschwindigkeitskurve, ist nach (17) und (18):

$$\text{Amplitude} = 2K\,. \quad (19)$$

Die Elementenkombination K [vgl. (14a)] kann also unmittelbar als die halbe Amplitude der Radialgeschwindigkeitsschwankung gefunden werden. Ferner ist:

$$(\text{R.G.})_{\text{Med.}} = \frac{(\text{R.G.})_{\text{Max.}} + (\text{R.G.})_{\text{Min.}}}{2} = V + Ke\cos\omega\,. \quad (20)$$

Da V schon bekannt ist, findet man aus (20) die Größe $Ke\cos\omega$.

Im Periastron ist:

$$v = 0°,\quad \cos(\omega + v) = \cos\omega$$

und:

$$(\text{R.G.})_{\text{Per.}} = V + K\cos\omega + Ke\cos\omega = (\text{R.G.})_{\text{Med.}} + K\cos\omega\,. \quad (21)$$

Im Apastron ist:

$$v = 180°,\quad \cos(\omega + v) = -\cos\omega$$

und:

$$(\text{R.G.})_{\text{Ap.}} = V - K\cos\omega + Ke\cos\omega = (\text{R.G.})_{\text{Med.}} - K\cos\omega\,. \quad (22)$$

Aus (21) und (22) ersieht man: Legt man im Radialgeschwindigkeitsdiagramm eine Linie, die vom Maximum und Minimum der Kurve gleich weit liegt, die Mediallinie (vgl. Abb. 160), so liegen die Punkte, die dem Periastron und dem Apastron entsprechen, in gleichem Abstand über und unter dieser Linie. Der Abstand ist gleich $K|\cos\omega|$.

Geht man also von einem Schnittpunkt der Mediallinie mit der Radialgeschwindigkeitskurve aus und betrachtet Punkte auf der Kurve mit gleicher Höhe über und unter der Mediallinie in immer größerem Abstand vom Schnittpunkt, so kommt man schließlich auf die dem Periastron und dem Apastron entsprechenden Punkte, nämlich wenn der zeitliche Abstand gerade gleich der halben Periode ist. So bestimmt man Periastron und Apastron. Dabei entspricht dem Periastron derjenige der beiden Punkte, wo die Änderung der Radialgeschwindigkeit die größere ist. Differenziert man nämlich (14), erhält man:

$$\frac{d}{dt}(\text{R.G.}) = -K\sin(\omega + v)\frac{dv}{dt} \quad (23)$$

d. h.:

$$\left(\frac{d}{dt}(\text{R.G.})\right)_{\text{Per.}} = -K\sin\omega\left(\frac{dv}{dt}\right)_{\text{Per.}} \quad (24)$$

und:
$$\left(\frac{d}{dt}(\mathrm{R.G.})\right)_{\mathrm{Ap.}} = K \sin\omega \left(\frac{dv}{dt}\right)_{\mathrm{Ap.}}, \tag{25}$$
und nach dem Flächensatz ist die Winkelgeschwindigkeit im Periastron am größten.

Außer der Zeit des Periastrondurchgangs ermittelt man hiermit die Größe $K\cos\omega$, die also positiv oder negativ ist, je nachdem das Periastron oberhalb oder unterhalb der Mediallinie liegt.

Da jetzt K, $K\cos\omega$ und $Ke\cos\omega$ [vgl. (20)] bekannt sind, so findet man unmittelbar $\cos\omega$ und e. Den Quadranten von ω findet man leicht, da nach (24) die Radialgeschwindigkeit im Periastron abnimmt oder zunimmt, je nachdem $\sin\omega$ positiv oder negativ ist.

Ist $\cos\omega$ nahe gleich 1, so wird die Bestimmung von ω ungenau. Es ist aber auch möglich, aus den Eigenschaften der Radialgeschwindigkeitskurve $\sin\omega$ zu bestimmen, was man in diesem Falle tun wird. Hierauf gehen wir jedoch nicht weiter ein.

Alle direkt bestimmbaren Elemente sind jetzt bekannt:

die Umlaufszeit U und damit auch die mittlere tägliche Bewegung $\mu = \frac{2\pi}{U}$;
die halbe Amplitude $K = \frac{\mu a \sin i}{\sqrt{1-e^2}}$;
die Periastronzeit T;
die Exzentrizität e;
die Periastronlänge ω.

Schließlich findet man aus K, μ und e die Elementenkombination $a \sin i$.

Sind nur die relativen Radialgeschwindigkeiten der beiden Komponenten bekannt, so kann man in ähnlicher Weise die Elemente der relativen Bahn bestimmen. Indem wir die Größen der absoluten Bewegung der helleren Komponente mit dem Index 1 bezeichnen, die Größen der absoluten Bewegung der schwächeren Komponente mit dem Index 2, lautet (13) für die absoluten Bewegungen der beiden Komponenten:

$$(\mathrm{R.G.})_1 = V + \frac{\mu a_1 \sin i}{\sqrt{1-e^2}}\{\cos(\omega+v) + e\cos\omega\} = V + K_1\{\cos(\omega+v) + e\cos\omega\}$$
$$(\mathrm{R.G.})_2 = V + \frac{\mu a_2 \sin i}{\sqrt{1-e^2}}\{-\cos(\omega+v) - e\cos\omega\} = V + K_2\{-\cos(\omega+v) - e\cos\omega\}.$$

Dabei haben wir von dem Umstand Gebrauch gemacht, daß die Elemente V, i und e für die beiden Bahnen gleich sind, und daß $\omega_2 = 180° + \omega_1$ ist (vgl. § 179). Hiermit erhält man für die relative Radialgeschwindigkeit:

$$(\mathrm{R.G.})_{\mathrm{rel.}} = (\mathrm{R.G.})_1 - (\mathrm{R.G.})_2 = \frac{\mu(a_1+a_2)\sin i}{\sqrt{1-e^2}}\{\cos(\omega+v) + e\cos\omega\}$$
$$= (K_1+K_2)\{\cos(\omega+v) + e\cos\omega\} = K_{\mathrm{rel.}}\{\cos(\omega+v) + e\cos\omega\}. \tag{26}$$

Diese Gleichungen sind dieselben wie (13) bzw. (14), nur tritt die halbe große Achse der relativen Bahn auf und V ist fortgefallen.

Die Bestimmung der Elemente verläuft in genau derselben Weise wie vorher. Schließlich erhält man dieselben Elemente wie vorher mit der Ausnahme, daß V fehlt, und daß die halbe große Achse der relativen Bahn erhalten wird.

287. *Bestimmung der Massen spektroskopischer Doppelsterne.* Hat man die Elemente der Bahnbewegung beider Komponenten eines spektroskopischen Doppelsterns aus den Radialgeschwindigkeitskurven bestimmt, so kennt man die folgenden Größen:

$a_1 \sin i$ für die Bewegung der Komponente mit der Masse m_1
$a_2 \sin i$ „ „ „ „ „ „ „ „ m_2
U die für beide Bewegungen gleiche Umlaufszeit.

Daraus kann man Schlüsse in bezug auf die Massen m_1 und m_2 (die in Doppelsternproblemen gebräuchliche Bezeichnung) ziehen. Erstens ist (vgl. S. 229):

$$\frac{m_2}{m_1} = \frac{a_1}{a_2} = \frac{a_1 \sin i}{a_2 \sin i}. \tag{1}$$

Ferner gilt [vgl. (100), S. 229]:

$$\mu = \frac{2\pi}{U} = \frac{k}{a_1^{3/2}} \sqrt{m_1 + m_2} \left(\frac{m_2}{m_1 + m_2}\right)^{3/2}, \tag{2}$$

oder umgeordnet:

$$(m_1 + m_2) = \left(\frac{2\pi}{k}\right)^2 \frac{a_1^3}{U^2} \left(1 + \frac{m_1}{m_2}\right)^3. \tag{3}$$

In (3) ist U bekannt und $\frac{m_1}{m_2}$ findet man nach (1). Die halbe große Achse a_1 ist aber unbekannt. Multipliziert man (3) beiderseits mit $\sin^3 i$, erhält man:

$$(m_1 + m_2) \sin^3 i = \left(\frac{2\pi}{k}\right)^2 \frac{(a_1 \sin i)^3}{U^2} \left(1 + \frac{m_1}{m_2}\right)^3. \tag{4}$$

Die rechte Seite ist nunmehr vollständig bekannt. Multipliziert man noch mit $\frac{m_1}{m_1 + m_2}$, so erhält man:

$$m_1 \sin^3 i = \left(\frac{2\pi}{k}\right)^2 \frac{(a_1 \sin i)^3}{U^2} \left(1 + \frac{m_1}{m_2}\right)^3 \left(\frac{1}{1 + \frac{m_2}{m_1}}\right). \tag{5}$$

Analog gilt:

$$m_2 \sin^3 i = \left(\frac{2\pi}{k}\right)^2 \frac{(a_2 \sin i)^3}{U^2} \left(1 + \frac{m_2}{m_1}\right)^3 \left(\frac{1}{1 + \frac{m_1}{m_2}}\right). \tag{5a}$$

Auch hier ist die rechte Seite bekannt. Die Massen selbst kann man aber nicht bestimmen, so lange die Bahnneigung unbekannt ist. Aus den Gleichungen erhält man Minimalwerte für die Massen ($\sin i \leqq 1$).

Bei der Elementenberechnung erhält man $a \sin i$ aus K [vgl. (14a), S. 415]:

$$a \sin i = K \sqrt{1 - e^2}\, \frac{1}{\mu} = K \sqrt{1 - e^2}\, \frac{U}{2\pi}. \tag{6}$$

Setzt man (6) in (1) ein, so erhält man:

$$\frac{m_2}{m_1} = \frac{K_1}{K_2}. \tag{7}$$

Die Massen verhalten sich umgekehrt wie die Amplituden.

Führt man (6) und (7) in (4) ein, so ergibt sich:

$$(m_1 + m_2) \sin^3 i = \left(\frac{2\pi}{k}\right)^2 \left(\frac{1}{2\pi}\right)^3 U K_1^3 (1 - e^2)^{3/2} \left(1 + \frac{K_2}{K_1}\right)^3 \tag{8}$$

oder:

$$(m_1 + m_2) \sin^3 i = \frac{1}{2\pi k^2} (K_1 + K_2)^3\, U\, (1 - e^2)^{3/2}. \tag{9}$$

Ebenso wird (5):

$$m_1 \sin^3 i = \frac{1}{2\pi k^2} K_2 (K_1 + K_2)^2\, U\, (1 - e^2)^{3/2}. \tag{10}$$

Ganz analog gilt, wie man aus (7) und (10) ersieht:

$$m_2 \sin^3 i = \frac{1}{2\pi k^2} K_1 (K_1 + K_2)^2\, U\, (1 - e^2)^{3/2}. \tag{11}$$

Die Größe der Gaussschen Konstante k hängt von den benutzten Einheiten ab. Am bequemsten ist es, K in Kilometern pro Sekunde und U in mittleren

Sonnentagen auszudrücken. Als Einheit der Masse benutzt man die Sonnenmasse. Mit diesen Einheiten hat man:

$$\begin{aligned} m_1 \sin^3 i &= 1.038 \cdot 10^{-7} K_2 (K_1 + K_2)^2 U (1 - e^2)^{3/2} \\ m_2 \sin^3 i &= 1.038 \cdot 10^{-7} K_1 (K_1 + K_2)^2 U (1 - e^2)^{3/2} \qquad (12) \\ (m_1 + m_2) \sin^3 i &= 1.038 \cdot 10^{-7} (K_1 + K_2)^3 U (1 - e^2)^{3/2}. \end{aligned}$$

Man sieht, daß für Sterne mit derselben Masse die Amplituden kleiner sind, je größer die Umlaufszeiten sind. Für Sterne mit derselben Umlaufszeit sind die Amplituden größer, je größer die Massen sind.

Als Beispiel nehmen wir den spektroskopischen Doppelstern Capella. Bei Capella hat man für beide Komponenten Elemente bestimmt. Es ist:

$$\begin{aligned} K_1 &= 25.8 \text{ km sec}^{-1} \\ K_2 &= 32.5 \text{ km sec}^{-1} \\ U &= 104.022 \text{ mittlere Sonnentage} \\ e &= 0.0086\,. \end{aligned}$$

Hiermit findet man:

$$\begin{aligned} \frac{m_1}{m_2} &= \frac{32.5}{25.8} = 1.26 \\ m_1 \sin^3 i &= 1.19 \\ m_2 \sin^3 i &= 0.94\,. \end{aligned}$$

Die Massen sind also jedenfalls größer als 1.19 bzw. 0.94 Sonnenmassen. Mehr kann vorläufig nicht behauptet werden, weil i unbekannt ist. Wir werden jedoch in einem folgenden Paragraphen sehen, daß man für das Doppelsternsystem Capella auf anderem Wege die Bahnneigung i hat bestimmen können.

Ist bei zwei sichtbaren Spektren nur die relative Bahn ermittelt worden, so kann man nach (12) die Massenfunktion $(m_1 + m_2) \sin^3 i$ ermitteln. Gelingt es auf anderem Wege, i zu bestimmen, so kann man die Summe der Massen, $m_1 + m_2$, finden.

288. *Die Umlaufszeiten und Bahnexzentrizitäten der spektroskopischen Doppelsterne.* Die kürzesten Perioden, die bei spektroskopischen Doppelsternen bekannt sind, betragen etwa $0^d.3$. Unten sind einige Daten für W Ursae majoris zusammengestellt, einen spektroskopischen Doppelstern mit der Umlaufszeit $0^d.334$:

W Ursae majoris.

Zwei Spektren sichtbar. Spektraltypus der Komponenten ungefähr gleich: G0.

$$\begin{aligned} U &= 0^d.334 \\ K_1 &= 134 \text{ km sec}^{-1} \\ K_2 &= 188 \text{ ,, ,,} \\ e &= 0.0 \\ a_1 \sin i &= 610000 \text{ km} = 0.88 \text{ Sonnenradien} \\ a_2 \sin i &= 860000 \text{ ,,} = 1.24 \text{ ,,} \\ (a_1 + a_2) \sin i &= 1470000 \text{ ,,} = 2.12 \text{ ,,} \\ m_1 \sin^3 i &= 0.65 \text{ Sonnenmassen} \\ m_2 \sin^3 i &= 0.47 \text{ ,,} \\ \frac{m_1}{m_2} &= 1.40\,. \end{aligned}$$

Nach diesen Zahlen handelt es sich höchstwahrscheinlich um zwei sonnenähnliche Komponenten, die in sehr kleinem Abstand — einem Abstand von der Größenordnung eines Sonnenradius oder noch kleiner — umeinander kreisen. Wollte man den kleinen Wert von $(a_1 + a_2)\sin i$ durch eine kleine Bahnneigung i erklären, so müßte man auch Massen, die beträchtlich größer als die Sonnenmasse sind, annehmen infolge des Faktors $\sin^3 i$. Dann wären die Radien der Komponenten aber auch viel größer anzunehmen. Z. B. würde man mit $i = 30°$ einen Abstand zwischen den Komponenten gleich 4.2 Sonnenradien haben und Massen gleich 5.2 bzw. 3.8. Die Komponenten wären dann Capellaähnlich statt sonnenähnlich (vgl. § 274), und ihr Radius wäre über 10 Sonnenradien, also eine unmögliche Konfiguration. In einem der folgenden Paragraphen werden wir sehen, daß man auf anderem Wege diesen Schluß bestätigt gefunden hat.

Es ist dann auch klar, daß für Komponenten dieser Spektralklassen eine wesentlich kürzere Umlaufszeit unmöglich ist, da dann der entsprechende Abstand zwischen den Komponenten kleiner als die Summe der Radien der Komponenten wird. Für andere Spektralklassen liegen die Verhältnisse, wie wir gleich sehen werden, nicht viel günstiger, zum Teil erheblich ungünstiger, und wir können die beobachtete untere Grenze für die Umlaufszeiten also als eine notwendige untere Grenze verstehen.

Die Bedingung, daß die Summe der Radien kleiner sein muß als der kleinste Abstand zwischen den Mittelpunkten der Komponenten, ist allgemein:

$$r_1 + r_2 < (a_1 + a_2)(1 - e)\,. \tag{1}$$

Indem wir den Fall, der die kürzestmögliche Umlaufszeit ergibt, suchen, betrachten wir Kreisbahnen:

$$\begin{aligned} r_1 + r_2 &< a_1 + a_2 \\ e &= 0\,. \end{aligned} \tag{1a}$$

Nach dem dritten KEPLERschen Gesetz ist [vgl. (2), S. 410]:

$$m_1 + m_2 = \frac{(a_1 + a_2)^3}{U^2}\,, \tag{2}$$

wo die Einheiten die auf S. 410 genannten sind, oder:

$$a_1 + a_2 = (m_1 + m_2)^{1/3}\, U^{2/3}\,. \tag{3}$$

Setzt man (3) in (1a) ein, so erhält man:

$$r_1 + r_2 < (m_1 + m_2)^{1/3}\, U^{2/3}\,, \tag{4}$$

d. h. als Ungleichung für die Umlaufszeit:

$$U > \sqrt{\frac{(r_1 + r_2)^3}{m_1 + m_2}}\,. \tag{5}$$

Führt man statt Jahr, Erdbahnradius und Sonnenmasse (vgl. S. 410) die Einheiten mittlerer Sonnentag, Sonnenradius und Sonnenmasse ein, so wird die Gleichung:

$$U > 0^{\mathrm{d}}.116 \sqrt{\frac{(r_1 + r_2)^3}{m_1 + m_2}}\,. \tag{5a}$$

Sind die beiden Komponenten gleich, so erhält die Ungleichung (5a) eine besonders einfache Form. Dann ist:

$$\frac{(r_1 + r_2)^3}{m_1 + m_2} = \frac{(2\,r_1)^3}{2\,m_1} = 4\,\frac{r_1^3}{m_1} = \frac{4}{\delta_1} = \frac{4}{\delta_2}\,,$$

wenn δ die Dichte in Einheiten der Sonnendichte bedeutet. Die Ungleichung lautet dann:

$$U > \frac{0^{\mathrm{d}}.23}{\sqrt{\delta}}\,. \tag{6}$$

Dichtere Doppelsterne können also kürzere Umlaufszeiten haben als weniger dichte.

Sind die Komponenten nicht gleich, so kommt es auf einen gewissen (5a) entsprechenden Mittelwert der Dichten an.

Bei Zwergsternen der Klassen K und M sowie bei weißen Zwergen könnte man wegen ihrer hohen Dichte (vgl. Abb. 159) noch kürzere Umlaufszeiten als bei W Ursae majoris erwarten. Wegen ihrer geringen absoluten Helligkeit kommen aber diese Sterne unter den helleren Sternen, die auf Veränderlichkeit der Radialgeschwindigkeit untersucht worden sind, fast gar nicht vor. In der Tat kennt man nur drei spektroskopische Doppelsterne unter den K-Zwergen und einen unter den M-Zwergen, einen entfernten Begleiter von α Geminorum. Beide Komponenten sind im letztgenannten Falle M-Zwerge, die Umlaufszeit ist ziemlich klein, $0^d.81$, könnte allerdings noch erheblich kleiner sein, ohne daß der Abstand zwischen den Komponenten zu klein würde.

Bei den O- und B-Sternen sind die kürzesten bekannten Umlaufszeiten etwas größer als 1 Tag. Diese Sterne haben Dichten, die größenordnungsmäßig 10- bis 100mal kleiner als die Sonnendichte sind (Abb. 159 und § 294). Die untere Grenze für die Umlaufszeit liegt also 3- bis 10mal höher als für sonnenähnliche Sterne. Die beobachtete untere Grenze von etwa 1 Tag ist also auch hier auf die besprochene geometrische Bedingung zurückzuführen. Die A- und F-Sterne nehmen in bezug auf die untere Grenze für U eine Zwischenstellung zwischen G- und B-Sternen ein, wie man erwarten muß.

Die K- und M-Sterne unter den scheinbar hellen Sternen sind, wie erwähnt, mit wenigen Ausnahmen Riesen. Die Dichten der Riesen sind sehr gering (vgl. S. 398), von der Größenordnung 10^{-3} bis 10^{-7}. Man wird keine Umlaufszeiten unter etwa 10 Tagen erwarten, wahrscheinlich ist die Grenze für M-Sterne noch höher. In der Tat trifft man hier auch nur solche verhältnismäßig lange Umlaufszeiten.

Umlaufszeiten von 1 bis 20 Tagen sind für alle Spektralklassen außer K und M (s. oben) sehr häufig. Größere Umlaufszeiten kommen für alle Spektralklassen vor, sind aber für O und B und auch für A und F seltener, für G, K und M kommen sie häufig vor. Dieser Sachverhalt zeigt sich deutlich in der nebenstehenden Tabelle der mittleren Umlaufszeiten für die verschiedenen Spektralklassen.

Spektralklasse	$\bar{U}$
O —B 4	24^d
B 5—A 4	18
A 5—F 4	20
F 5—G 4	110
G 5—K 4	265
K 5—M 7	962

Große Umlaufszeiten kommen bei B-Sternen vereinzelt vor. So hat der B-Stern χ Aurigae eine Umlaufszeit von 655 Tagen. Diese Fälle sind in der nebenstehenden Tafel nicht berücksichtigt.

Die Bahnexzentrizitäten der spektroskopischen Doppelsterne sind meistens relativ klein. Nahezu die Hälfte der spektroskopischen Doppelsterne mit bekannten Bahnen hat Exzentrizitäten kleiner als 0.10, nur etwa 6% haben Exzentrizitäten über 0.60. Die mittlere Exzentrizität ist ungefähr 0.2.

Bei spektroskopischen Doppelsternen mit kurzer Umlaufszeit sind die Bahnexzentrizitäten durchschnittlich kleiner als bei denen mit großer Umlaufszeit, ebenso wie bei visuellen Doppelsternen. Dies geht aus der folgenden Tabelle deutlich hervor, in der Mittelwerte von U und e einander gegenübergestellt sind.

$\bar{U}$	$\bar{e}$	$\bar{U}$	$\bar{e}$	$\bar{U}$	$\bar{e}$
$1^d.3$	0.09	$12^d.1$	0.22	172^d	0.28
3 .4	0.05	49	0.32	791	0.33

Bei den spektroskopischen Doppelsternen der Spektralklassen O, B, A und F sind ja die Umlaufszeiten durchschnittlich kleiner als für G, K und M. Wegen der Korrelation zwischen Umlaufszeit und Exzentrizität wird man erwarten, daß bei den erstgenannten Sternen die Exzentrizitäten durchschnittlich etwas größer sind als bei den letztgenannten. Dies ist auch der Fall, jedoch ist der Unterschied nicht so ausgesprochen, wie man erwarten dürfte. Dies hängt mit einem anderen Umstande zusammen, nämlich daß bei gleicher Umlaufszeit die Exzentrizitäten bei G-, K- und M-Sternen etwas kleiner sind als bei O-, B-, A- und F-Sternen.

289. *Die Massen der spektroskopischen Doppelsterne.* Sind die Linien beider Komponenten sichtbar und liegen Elemente der Bahnbewegung vor, so ergibt sich gleich das Verhältnis der Massen der beiden Komponenten. Nach (7) des vorigen Paragraphen hat man für das Verhältnis α der Masse m_2 (der schwächeren Komponente) zu der Masse m_1 (der helleren):

$$\alpha = \frac{m_2}{m_1} = \frac{K_1}{K_2}.$$

Für fast 100 spektroskopische Doppelsterne konnten Werte des Massenverhältnisses in dieser Weise bestimmt werden. Mit ganz wenigen Ausnahmen hat die hellere Komponente die größere Masse. In den meisten Fällen ist das Massenverhältnis nicht sehr von 1 verschieden. Im Mittel ist $\alpha = 0.75$. Bei O-, B- und A-Sternen kommen kleinere α-Werte vor als bei den übrigen Spektralklassen, bis etwa 0.2 herab.

Im allgemeinen wird man gerade erwarten, daß die Massen nicht sehr verschieden sind, weil ja die Helligkeiten ungefähr gleich sein müssen, damit man beide Spektren sieht.

Auch bei zwei sichtbaren Spektren können die Massen ja nur bis auf einen im allgemeinen unbekannten, von der Bahnneigung abhängigen, Faktor bestimmt werden. Unter der Annahme, daß die Bahnneigungen nach dem Zufall verteilt sind, kann man allerdings gewisse allgemeine Schlüsse ziehen. Als wichtigstes Resultat findet man, daß die O- und B-Sterne die größten Massen haben.

Wir werden jedoch sehen, daß es in einer nicht geringen Anzahl von Fällen möglich ist, die Bahnneigung auf anderem Wege zu bestimmen. Es sind dies die Fälle, wo gleichzeitig eine visuelle Bahnbestimmung vorliegt (vgl. § 290 und 291), sowie diejenigen Fälle, wo Bedeckungen der Komponenten stattfinden (vgl. § 294). In diesen Fällen können dann die Massen direkt bestimmt werden. Die Resultate werden wir in einem der folgenden Paragraphen besprechen (§ 297).

290. *Visuelle Doppelsterne, bei denen Radialgeschwindigkeitsänderungen beobachtet worden sind.* Der visuelle Doppelstern, der die kürzeste bekannte Umlaufszeit hat, ist δ Equulei mit $U = 5.70$ Jahren (vgl. S. 409). Unter den spektroskopischen Doppelsternen kommen Umlaufszeiten von mehr als 1 Jahr vor. Es ist deshalb naheliegend, zu untersuchen, ob nicht bei den visuellen Doppelsternen mit den kürzesten Umlaufszeiten Änderungen in den Radialgeschwindigkeiten der Komponenten beobachtet werden können.

Nach Gleichung (14a) S. 415 ist die halbe Amplitude der Radialgeschwindigkeitskurve durch den folgenden Ausdruck gegeben:

$$K = \frac{\mu a \sin i}{\sqrt{1-e^2}} = \frac{2\pi}{U} \frac{a \sin i}{\sqrt{1-e^2}}. \tag{1}$$

Für die unten aufgeführten Doppelsterne mit relativ kurzer Umlaufszeit haben die visuellen Beobachtungen die folgenden Elemente ergeben:

Stern	U Jahre	a''	π	a Erdbahnradien	e	i	K km sec^{-1}
δ Equulei	5.70	0''.27	0''.064	4.2	0.39	99°	24
α Centauri	80.1	17 .66	0 .76	23.2	0.52	79	10
ε Hydrae AB . . .	15.3	0 .23	0 .022	10.5	0.65	50	21

Bei α Centauri ist die Umlaufszeit nicht besonders klein; wegen der großen scheinbaren Helligkeit beider Komponenten können die Radialgeschwindigkeiten aber relativ sehr genau bestimmt werden.

Mit diesen Elementen sind die K-Werte nach (1) berechnet. Die benutzten Parallaxen sind teils durch direkte Messungen bestimmt, teils sind es dynamische Parallaxen.

Der Gang der Berechnung von K ist aus dem folgenden Beispiel (δ Equulei) zu ersehen. Es ist:

$$K = \frac{6.28}{5.70} \cdot \frac{4.2}{0.92} \cdot 0.99 = 5.1 \text{ Erdbahnradien pro Jahr}.$$

Da aber (vgl. Anhang S. 506):

$$1 \text{ Erdbahnradius pro Jahr} = 4.74 \text{ km pro Sekunde},$$

so findet man:

$$K = 24 \text{ km pro Sekunde}.$$

Dies ist die halbe Amplitude in der relativen Bahnbewegung, da ja a die halbe große Achse der relativen Bahn ist. Der Wert von K ist so groß, daß die Radialgeschwindigkeitsunterschiede zwischen den Komponenten durch Beobachtungen leicht festzustellen sein sollten. In der Tat hat man die Unterschiede der Radialgeschwindigkeiten infolge der relativen Bahnbewegung durch Beobachtungen messen können. Die Beobachtungen ergaben:

$$K = 31 \text{ km pro Sekunde}.$$

Mit Hilfe der visuellen Elemente kann K aus $(\text{R.G.})_{\text{rel.}}$ nach (26) S. 417 bestimmt werden, ohne daß es nötig ist, die Radialgeschwindigkeitskurve bzw. ihr Maximum und Minimum zu bestimmen.

Ist die Parallaxe π nicht sicher bekannt, so kann sie durch Vergleich der beiden K-Werte bestimmt werden: Man hat π so zu wählen, daß zwischen den K-Werten Übereinstimmung vorhanden ist. Im obigen Fall hätte $\pi = 0''.048$ genaue Übereinstimmung herbeigeführt. Die aus der Kombination der visuellen und spektroskopischen Daten gefundene Parallaxe wäre also $0''.048$. Man kann den Sachverhalt auch so ausdrücken, daß aus den spektroskopischen Beobachtungen $a \sin i$ folgt und aus den visuellen Beobachtungen die Bahnneigung i, so daß a in Kilometern oder in Erdbahnradien bekannt wird. Die visuellen Beobachtungen geben a'', und das Verhältnis der beiden gibt die Parallaxe. Im folgenden Paragraphen findet man ein Zahlenbeispiel hierfür.

Bis jetzt sind für zehn visuelle Doppelsternsysteme Radialgeschwindigkeitsänderungen bzw. Radialgeschwindigkeitsunterschiede zwischen den beiden Komponenten beobachtet worden.

291. *Beobachtung spektroskopischer Doppelsternsysteme mit dem Interferometer.* Eine ähnliche Interferenzanordnung wie die, die zur Bestimmung von Winkeldurchmessern von Fixsternen dient (vgl. § 255), kann für Doppelsternbeobachtungen benutzt werden, wenn die Komponenten annähernd gleich hell sind. Das Aussehen des Interferenzbildes der beiden Komponenten hängt ab von der Distanz und dem Positionswinkel der Doppelsternkomponenten, gemessen relativ zur Distanz und zum Positionswinkel der freien Öffnungen im benutzten Strahlengang. Es ist in der Tat möglich, mit Hilfe der Interferenzanordnung Distanz und Positionswinkel von Doppelsternen zu messen. Unter Anwendung des großen Mt. Wilson-Reflektors gelang es, mit dieser Methode hellere Doppelsterne zu messen, die mit dem Auge am selben Reflektor nicht getrennt werden konnten. So konnte die scheinbare Bahn von Capella (vgl. S. 419) mit hoher Genauigkeit gemessen werden, obwohl die Distanz der Komponenten nur $0''.05$ beträgt. Eine

Bahnbestimmung konnte nun ganz wie bei gewöhnlichen visuellen Doppelsternen erfolgen. Es liegt also bei Capella der im vorigen Paragraphen besprochene Fall vor. Die interferometrischen Beobachtungen ergaben $i = 41°.1$. Damit erhält man aus den spektroskopischen Daten (vgl. S. 419):

$$m_1 = 4.18 \text{ Sonnenmassen}$$
$$m_2 = 3.32 \quad ,, \quad .$$

Die spektroskopischen Beobachtungen ergaben:

$$a_1 \sin i = 36.8 \text{ Millionen Kilometer}$$
$$a_2 \sin i = 46.4 \quad ,, \quad ,, \quad .$$

Damit findet man jetzt:

$$a_1 = 56.0 \text{ Millionen Kilometer}$$
$$a_2 = 70.6 \quad ,, \quad ,,$$
$$a_1 + a_2 = 126.6 \quad ,, \quad ,, \quad ,$$

d. h.

$$a_1 + a_2 = 0.847 \text{ Erdbahnradien} .$$

Mit dem interferometrisch bestimmten Wert für a'':

$$a'' = 0''.054$$

findet man schließlich als Parallaxe für Capella:

$$\pi = \frac{0''.054}{0.85} = 0''.063 .$$

Dieser Parallaxenwert ist einer der sichersten, über die man überhaupt verfügt.

Der früher erwähnte spektroskopische Doppelstern ζ_1 Ursae majoris konnte ebenfalls mit dem Interferometer gemessen werden, trotzdem die Distanz nur 0''.01 betrug.

292. *Photometrische Doppelsterne.* Wenn bei einem Doppelsternpaar die Entfernung zwischen den Komponenten im Verhältnis zu ihren Radien nicht groß ist und gleichzeitig der Winkel zwischen seiner Bahnebene und der Richtung der Gesichtslinie klein ist, können Verfinsterungsphänomene auftreten. Von der Erde aus gesehen werden die beiden Komponenten in bestimmten Zwischenräumen einander ganz oder teilweise bedecken. Das Resultat ist eine periodische Änderung in der Helligkeit des Doppelsternpaares (das als ein Stern erscheint), mit einer Periode gleich der Periode der Bahnbewegung. Ein Doppelstern, der sich auf diese Weise zu erkennen gibt, wird *photometrischer Doppelstern* oder *Bedeckungsveränderlicher* genannt.

In § 288 haben wir gesehen, daß bei kurzperiodischen spektroskopischen Doppelsternen der Abstand zwischen den Komponenten von derselben Größenordnung ist wie die Radien der Komponenten. Man wird deshalb erwarten, daß ein Teil dieser Sterne photometrische Doppelsterne sind. Dies ist in der Tat der Fall. Etwa 50 spektroskopische Doppelsterne sind als photometrische Doppelsterne bekannt. Zu diesen gehört beispielsweise der in § 288 diskutierte spektroskopische Doppelstern W Ursae majoris.

Man kennt über 500 photometrische Doppelsterne. Die meisten sind so lichtschwach, daß man Radialgeschwindigkeiten nicht hat bestimmen können. In diesen Fällen zeigt sich der Doppelsterncharakter also nur durch die periodischen Helligkeitsschwankungen.

Abb. 161 veranschaulicht die Verhältnisse bei einem photometrischen Doppelstern schematisch. A und B sind die beiden Doppelsternkomponenten. Beide bewegen sich um den gemeinsamen Schwerpunkt. Für einen Beobachter, den man sich weit unten in der Ebene des Papiers denken muß, wird A in der Stellung 1 sich entfernen; nach einem viertel Umlauf gelangt B vor A (Stellung 2), wodurch ein Minimum der Helligkeit zustande kommt, während keine Bewegung in der Richtung der Gesichtslinie und keine Verschiebung der Spektrallinien stattfindet; in der Stellung 3 wird A sich nähern, und die Spektrallinien sind gegen das violette Ende verschoben. In der Stellung 4 gelangt A vor B, wodurch die Helligkeit wieder ein Minimum erhält, während keine Bewegung in der Richtung der Gesichtslinie stattfindet. In der Regel ist A so viel heller als B, daß nur das Spektrum von A sichtbar ist.

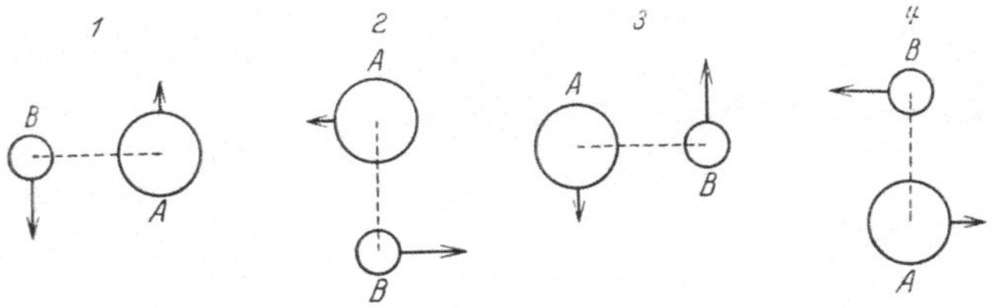

Abb. 161.

Bedeckungen finden also zweimal in jeder Periode statt. Ist der Helligkeitsunterschied zwischen den Komponenten groß, so wird die Helligkeitsabnahme infolge der Bedeckung der dunkleren Komponente nur gering. In der Lichtkurve wird ein Hauptminimum und ein wenig tiefes Nebenminimum vorhanden sein. Das Nebenminimum ist öfters so flach, daß es bei nicht sehr genauen Messungen überhaupt nicht wahrgenommen wird.

Bei den meisten photometrischen Doppelsternen ist das eine Minimum flach. Dies entspricht ganz der Tatsache, daß bei den meisten spektroskopischen Doppelsternen nur das Spektrum der einen Komponente sichtbar ist. Der bekannteste Stern dieses Typus ist Algol (β Persei).

Zwischen den Bedeckungen ist die Helligkeit annähernd konstant. Kleinere Helligkeitsschwankungen sind vorhanden. Sie sind auf Reflexionseffekte zurückzuführen. Nach Anfang einer Bedeckung nimmt die Helligkeit ab, indem ein immer größerer Teil der hinteren Sternscheibe bedeckt wird. Ist die hintere Sternscheibe die kleinere, so kann eine totale Bedeckung eintreten. Dann wird die hintere Komponente eine Zeitlang vollkommen bedeckt bleiben, und während dieser Zeit ist dann die Helligkeit konstant und gleicht der Helligkeit der vorderen Komponente. Ist die hintere Sternscheibe die größere, so kann eine ringförmige Bedeckung stattfinden. Dann wird von der hinteren Sternscheibe eine Zeitlang ein konstantes Areal bedeckt. Ist die hintere Sternscheibe gleichmäßig hell, so wird auch in diesem Falle die Helligkeit während dieser Zeit konstant bleiben. Ist sie gegen den Rand etwas dunkler, so ändert sich die Helligkeit etwas während der ringförmigen Bedeckung. Oft kommen nur partielle Bedeckungen vor. Dann ist kein konstantes oder fast konstantes Minimum vorhanden. Steht die Bahnebene senkrecht zur Tangentialebene der Himmelskugel für den Stern, beträgt also die Bahnneigung 90°, dann sind die Bedeckungen immer total oder ringförmig. Bei kleineren Bahnneigungen erhält man meistens partielle Bedeckungen.

Es gibt photometrische Doppelsterne, die während der ganzen Periode, auch außerhalb der Bedeckungen, stärkere Helligkeitsänderungen zeigen. Diese werden *β Lyrae-Sterne* genannt, nach einem bekannten Vertreter dieses Typus. Die photometrischen Doppelsterne, die keine (oder nur geringe) Helligkeitsschwankungen außerhalb der Bedeckungen zeigen, nennt man *Algolsterne*.

Bei den β Lyrae-Sternen sind die Komponenten einander so nahe, daß sie wegen der gegenseitigen Schwerewirkung von der Kugelform abweichen. Wahrscheinlich rotieren die Komponenten in gebundener Rotation und sind in der Richtung der Verbindungslinie verlängert. Hierdurch wird die Helligkeit während der ganzen Periode veränderlich. Sind die Komponenten gleich oder fast gleich, so werden die Verhältnisse nach einer halben Periode wieder nahe die gleichen. Sterne dieses Typus nennt man *W Ursae majoris-Sterne*, nach dem schon früher besprochenen Doppelstern.

Die Verteilung der photometrischen Doppelsterne über die Spektralklassen ähnelt der Verteilung der kurzperiodischen spektroskopischen Doppelsterne, wie man erwarten muß. O- und B-Sterne sind unter den photometrischen Doppelsternen relativ häufig, G- und K-Sterne relativ selten. Unter den Algolsternen sind A-Sterne sehr häufig, meistens ist die hellere Komponente ein A-Stern und die schwächere Komponente ist erheblich schwächer. In einzelnen Fällen hat man das Spektrum der schwächeren Komponente während der Bedeckung der helleren feststellen können. Bei U Cephei ist die hellere Komponente ein A 0-Stern, die schwächere ein K 0-Stern, der etwa zwei Größenklassen schwächer als der A 0-Stern ist.

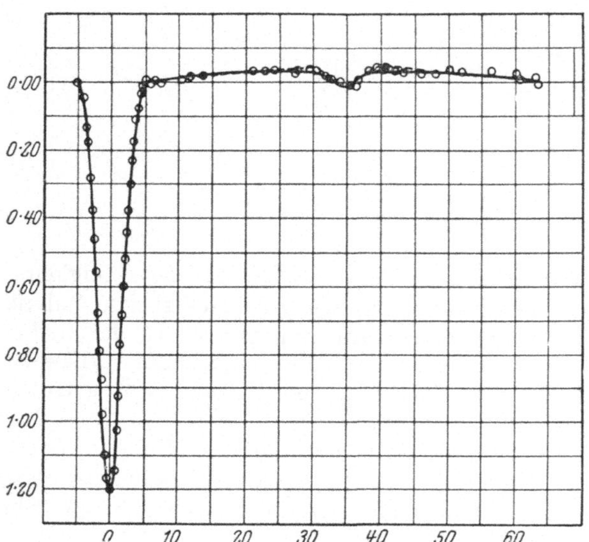

Abb. 162. Lichtkurve für Algol. Die Abszissen sind Tage gerechnet vom Hauptminimum, die Ordinaten sind Größenklassen; die Größe im Augenblick des Anfangs bzw. des Endes der Bedeckung ist gleich 0.00 gesetzt worden.

Die Perioden sind meist unter 10 Tagen. Es sind aber auch einzelne photometrische Doppelsterne mit Perioden von einigen hundert Tagen bis zu mehreren Jahren bekannt.

Im allgemeinen liegt der Zeitpunkt für das Nebenminimum sehr nahe in der Mitte zwischen den Zeitpunkten für das vorangehende und das folgende Hauptminimum. Hieraus kann man den Schluß ziehen, daß die Bahnen der Komponenten wenig exzentrisch sind. Ist nämlich die Bahn merklich exzentrisch, mit einer Apsidenlinie, die mit der Gesichtslinie einen beträchtlichen Winkel bildet, so daß die Komponente das Periastron in der Zeit zwischen den Bedeckungen passiert, so wird die Winkelgeschwindigkeit während der Bewegung von einer Bedeckung zur nächsten erheblich größer sein, wenn das Periastron passiert wird, als wenn das Apastron passiert wird, und die Zeit zwischen den betreffenden Bedeckungen wird entsprechend kürzer. Fallen Periastronzeit und Apastronzeit annähernd mit den Zeitpunkten der Bedeckungen zusammen, so daß der Winkel zwischen der Apsidenlinie und der Gesichtslinie klein ist, dann werden allerdings auch bei merklich exzentrischer Bahn die Zwischenzeiten nahe gleich. Im Einzelfall kann man also doch nicht sicher sein, daß die Exzentrizität klein ist, wenn das Nebenminimum nahe in die Mitte zwischen den Hauptminima fällt; wenn dies aber ganz allgemein der Fall ist, so müssen die Bahnen im allgemeinen nahe kreisförmig sein, da man annehmen muß, daß die Lagen der Apsidenlinien nach dem Zufall verteilt sind.

Nun haben wir früher gesehen, daß kurzperiodische spektroskopische Doppelsterne kleine Exzentrizitäten haben. Wir werden also gerade erwarten, daß die Bahnen photometrischer Doppelsterne nahe kreisförmig sind.

293. *Die Bestimmung der Bahnelemente photometrischer Doppelsterne.* Die Lichtintensität eines photometrischen Doppelsterns während einer Bedeckung ist gleich der Lichtintensität der vorderen Sternscheibe, vermehrt um die Lichtintensität des unbedeckten Areals der hinteren Sternscheibe. Wenn man von den kleinen Reflexionseffekten absieht, ist die Helligkeit eines beliebigen Areals auf einer der Sternscheiben während der ganzen Umlaufszeit konstant. Wären nun die Sternscheiben gleichmäßig hell, so wäre die Lichtintensitätsabnahme gegenüber der Lichtintensität außerhalb der Bedeckung einfach dem jeweils bedeckten Areal proportional. Hierdurch wäre ein Weg gegeben, um aus der Helligkeit das bedeckte Areal in Einheiten der ganzen Sternscheibe zu berechnen. Nun wissen wir aber, daß auf der Sonnenscheibe ein Helligkeitsabfall gegen den Rand vorhanden ist (vgl. S. 267), und es ist anzunehmen, daß dies im allgemeinen bei allen Sternscheiben der Fall ist. Aus den kleinen Helligkeitsänderungen während ringförmiger Bedeckungen kann man dies auch direkt beobachten (s. oben). Jedoch wird die Annahme gleichmäßig heller Scheiben bei der Deutung der Helligkeitsänderungen wahrscheinlich zu einer sehr brauchbaren Näherung führen. Im folgenden werden wir diese Annahme machen, kommen aber später auf die Frage zurück.

Es sei:

r_1 der Radius der Komponente mit dem größeren Radius
$r_2 = k r_1$ „ „ „ „ „ „ kleineren „
l_1 die Lichtintensität der Komponente mit dem größeren Radius
l_2 „ „ „ „ „ „ kleineren „ .

Es ist also $r_2 < r_1$, d. h. $k < 1$. Die Areale der Sternscheiben 2 und 1 verhalten sich wie $k^2 : 1$. Die Einheit der Lichtintensität sei so gewählt, daß:

$$l_1 + l_2 = 1 .$$

Wir betrachten zuerst den Fall einer totalen und einer ringförmigen Bedeckung, wo also die Helligkeit in beiden Minima eine gewisse Zeit konstant bleiben. Es sei l_t die Lichtintensität im Minimum bei der totalen Bedeckung, l_r die Lichtintensität im Minimum bei der ringförmigen Bedeckung.

Es sei zunächst bemerkt, daß die bedeckten Areale bei totaler und ringförmiger Bedeckung gleich sind (beide gleich dem Areal der kleineren Sternscheibe). Die Bedeckung derjenigen Komponente, die die größere Flächenhelligkeit hat, ergibt also das tiefere Minimum.

Da 1 die Komponente mit dem größeren Radius ist, so ist 1 bei der totalen Bedeckung die vordere, bei der ringförmigen die hintere Komponente. Also hat man:

$$l_t = 1 - l_2 = l_1 , \tag{1}$$

$$l_r = 1 - k^2 l_1 , \tag{2}$$

indem bei der ringförmigen Bedeckung der Bruchteil k^2 der Sternscheibe 1 bedeckt wird.

Aus (1) und (2) kann man k bestimmen:

$$l_r = 1 - k^2 l_t$$

oder:

$$k^2 = \frac{1 - l_r}{l_t} . \tag{3}$$

Wenn das Minimum bei der ringförmigen Bedeckung nicht zu flach ist, erhält man aus (3) einen brauchbaren Wert des Verhältnisses der Radien der Komponenten. Im allgemeinen ist aber das Minimum flach, so daß der Zähler klein wird und nicht genau genug bestimmt werden kann.

Es sei in einem beliebigen Augenblick, während derjenigen Bedeckung, die total wird (T-Bedeckung), das bedeckte Areal der hinteren (kleineren) Sternscheibe gleich α, wenn als Arealeinheit die ganze kleinere Sternscheibe genommen wird. Dann ist die Lichtintensität l in diesem Augenblick:

$$l = 1 - \alpha l_2 . \tag{4}$$

Da ja nach (1):

$$1 - l_2 = l_t$$

ist, so hat man:

$$l = 1 - \alpha (1 - l_t) \tag{5}$$

oder:

$$\alpha = \frac{1 - l}{1 - l_t} \quad (T\text{-Bedeckung}). \tag{6}$$

Diese wichtige Gleichung gestattet es, die jeweils bedeckte Fläche aus der momentanen Helligkeit und der Minimalhelligkeit zu berechnen.

Für einen beliebigen Augenblick während derjenigen Bedeckung, die ringförmig wird (R-Bedeckung), sei das bedeckte Areal der hinteren (größeren) Sternscheibe gleich α, wenn als Arealeinheit wieder die ganze kleinere Sternscheibe genommen wird. Während der Dauer der ringförmigen Bedeckung ist also $\alpha = 1$, da eine Fläche gleich der kleineren Sternscheibe bedeckt ist. Dann ist die Lichtintensität l in diesem Augenblick:

$$l = 1 - k^2 \alpha l_1 , \tag{4a}$$

weil jetzt von der größeren Komponente 1 eine Fläche gleich α mal der kleineren Sternscheibe, also gleich αk^2mal der Fläche von 1, bedeckt ist.

Nach (2) ist:

$$l_r = 1 - k^2 l_1 ,$$

also:

$$k^2 l_1 = 1 - l_r .$$

Damit erhält man aus (4a):

$$l = 1 - \alpha (1 - l_r) \tag{5a}$$

oder:

$$\alpha = \frac{1 - l}{1 - l_r} \quad (R\text{-Bedeckung}) . \tag{6a}$$

Diese Gleichung ist von ganz derselben Form wie (6). Eine Gleichung dieser Form bestimmt also sowohl für totale wie ringförmige Bedeckung die Größe der bedeckten Fläche aus der momentanen Helligkeit; in die Gleichung soll nur immer die Helligkeit im betreffenden Minimum eingesetzt werden.

Wir betrachten nunmehr partielle Bedeckungen. Die Lichtintensität im Minimum sei l_P, wenn die größere Komponente die vordere ist (P-Bedeckung), und l_p, wenn die kleinere Komponente die vordere ist (p-Bedeckung). Ferner sei α_0 das bedeckte Areal im Helligkeitsminimum, wieder mit der Fläche der kleineren Komponente als Einheit. Im Gegensatz zu totalen und ringförmigen Bedeckungen, wo $\alpha_0 = 1$, ist hier $\alpha_0 < 1$. Man hat dann:

$$l_P = 1 - \alpha_0 l_2 \quad (P\text{-Bedeckung}) \tag{7a}$$

$$l_p = 1 - k^2 \alpha_0 l_1 \quad (p\text{-Bedeckung}) . \tag{7b}$$

Hiermit erhält man, weil $l_1 + l_2 = 1$:

$$l_P + \frac{l_p}{k^2} = 1 + \frac{1}{k^2} - \alpha_0$$

oder:

$$\alpha_0 = 1 - l_P + \frac{1 - l_p}{k^2}, \tag{8}$$

eine Gleichung, aus der man α_0 bestimmen kann, wenn außer den Beobachtungsgrößen l_P und l_p auch k bekannt ist (über die Bestimmung von k später Näheres).

Für einen beliebigen Augenblick während der P-Bedeckung sei das bedeckte Areal der hinteren (kleineren) Sternscheibe α, wenn die Arealeinheit wie immer die ganze kleinere Sternscheibe ist. Dann ist die Lichtintensität l in diesem Augenblick:

$$l = 1 - \alpha l_2 \qquad (P\text{-Bedeckung}). \tag{9a}$$

Ganz analog gilt während der p-Bedeckung:

$$l = 1 - k^2 \alpha l_1 \qquad (p\text{-Bedeckung}). \tag{9b}$$

Eliminiert man l_2 bzw. l_1 aus (7a) bzw. (7b) und (9a) bzw. (9b), so erhält man:

$$\alpha_0 l_2 = 1 - l_P$$

$$\alpha\, l_2 = 1 - l$$

$$\alpha = \alpha_0 \frac{1 - l}{1 - l_P} \qquad (P\text{-Bedeckung}) \tag{10a}$$

und:

$$k^2 \alpha_0 l_1 = 1 - l_p$$

$$k^2 \alpha\, l_1 = 1 - l$$

$$\alpha = \alpha_0 \frac{1 - l}{1 - l_p} \qquad (p\text{-Bedeckung}). \tag{10b}$$

Nach (10a) und (10b) kann α also bei partiellen Bedeckungen aus der momentanen Helligkeit und der Minimumshelligkeit gefunden werden, ganz wie bei totalen bzw. ringförmigen Bedeckungen aus (6) bzw. (6a). Nur muß man hier α_0 kennen. Bei T- und R-Bedeckungen ist ja $\alpha_0 = 1$ [vgl. die Gleichungen (6) und (6a)]. Wie wir gesehen haben, kann man α_0 bei bekanntem k nach (8) berechnen.

Nachdem wir jetzt gesehen haben, wie man aus den Helligkeiten das jeweils bedeckte Areal zu berechnen hat, gehen wir dazu über, die Größe des bedeckten Areals mit der Bahnbewegung in Verbindung zu bringen.

Die Sternscheiben seien Kreise mit den Radien r_1 und r_2. Es sei δ der Abstand zwischen den Zentren der Kreise. Der Abstand δ ist also die Projektion des Abstandes zwischen den Zentren der Komponenten auf die Tangentialebene der Himmelskugel für den betrachteten Stern.

Ist:

$$\delta < r_1 + r_2,$$

so ist ein gewisser Teil der hinteren Komponente bedeckt. Das bedeckte Areal ist gleich groß, unabhängig davon, welche der Komponenten die hintere ist. Die kleinere Fläche hat das Areal:

$$\pi r_2^2 = \pi k^2 r_1^2.$$

Gemäß der Definition von α ist das jeweils bedeckte Areal also:

$$A = \alpha \cdot \pi k^2 r_1^2. \tag{11}$$

Durch eine einfache geometrische Überlegung kann dieses Areal durch δ, r_1 und $r_2 = k r_1$ ausgedrückt werden. Das bedeckte Areal ist gleich der Summe der Areale zweier Segmente mit den halben Öffnungswinkeln φ_1 und φ_2, wo:

$$r_1 \sin\varphi_1 = r_2 \sin\varphi_2$$

also:

$$\sin\varphi_1 = k \sin\varphi_2 \tag{12}$$

und:
$$\delta = r_1 \cos\varphi_1 + r_2 \cos\varphi_2 = r_1(\cos\varphi_1 + k\cos\varphi_2). \tag{13}$$

Daraus findet man mit Hilfe der bekannten Formel für das Areal eines Segmentes mit dem halben Öffnungswinkel φ:

$$\begin{aligned} A &= r_1^2(\varphi_1 - \cos\varphi_1 \sin\varphi_1) + r_2^2(\varphi_2 - \cos\varphi_2 \sin\varphi_2) \\ &= r_1^2\{\varphi_1 - \cos\varphi_1 \sin\varphi_1 + k^2\varphi_2 - k^2 \cos\varphi_2 \sin\varphi_2\}, \end{aligned}$$

oder mittels (12):

$$\begin{aligned} A &= r_1^2\{\varphi_1 - k\cos\varphi_1 \sin\varphi_2 + k^2\varphi_2 - k\cos\varphi_2 \sin\varphi_1\} \\ &= r_1^2\{\varphi_1 + k^2\varphi_2 - k\sin(\varphi_1 + \varphi_2)\}. \end{aligned}$$

Schließlich erhält man für α nach (11):

$$k^2\pi\alpha = \varphi_1 + k^2\varphi_2 - k\sin(\varphi_1 - \varphi_2). \tag{14}$$

Nach (12) und (13) sind φ_1 und φ_2 aus $\frac{\delta}{r_1}$ und k bestimmbar, und nach (14) α aus k, φ_1 und φ_2. Den Zusammenhang zwischen $\frac{\delta}{r_1}$, k und α hat man in bequeme Tafeln gebracht. Aus diesen findet man sowohl α mit den Argumenten $\frac{\delta}{r_1}$ und k als $\frac{\delta}{r_1}$ mit den Argumenten α und k.

Aus der Lichtkurve kann man — bei totalen und ringförmigen Bedeckungen immer, bei partiellen wenn k bekannt ist — α als Funktion der Zeit berechnen. Jetzt sehen wir, daß man aus α bei bekanntem k die Projektion δ des Abstandes zwischen den Komponenten auf die Tangentialebene in Einheiten des Radius der größeren Komponente berechnen kann.

Der Weg zur Berechnung der Bahn ist damit klar. Man macht in bezug auf k eine Hypothese. Mit dem hypothetischem k-Wert kann man, wie wir gesehen haben, $\frac{\delta}{r_1}$ als Funktion der Zeit berechnen. Wenn man diese Rechnung ausgeführt hat, untersucht man, ob die berechneten $\frac{\delta}{r_1}$-Werte mit einer Bahnbewegung nach den KEPLERschen Gesetzen vereinbar ist. Sind sie dies, so war der hypothetische k-Wert richtig. Sonst muß man die Rechnung mit einem neuen k-Wert wiederholen, bis die $\frac{\delta}{r_1}$-Werte die dynamischen Bedingungen erfüllen. Jetzt sind die Elemente der Bahnbewegung bekannt geworden, und außerdem also auch k, das Verhältnis der Radien der Komponenten. Bei bekanntem k können schließlich bei partiellen Bedeckungen α_0 und die Helligkeiten l_1 und l_2 aus (8), (7a) und (7b) bestimmt werden.

Es erübrigt noch, die Projektion des Komponentenabstandes δ als Funktion der Zeit t nach den Gesetzen der KEPLERschen Bewegung auszudrücken. Der Ausdruck für δ nimmt eine besonders einfache Form an, wenn man für die Bahnbewegung eine Kreisbewegung voraussetzt. Im vorigen Paragraphen haben wir gesehen, daß die meisten photometrischen Doppelsterne in der Tat wenig exzentrische Bahnen haben müssen. Wir machen also die Annahme, daß die relative Bahn der Komponenten eine Kreisbahn mit dem Radius R ist.

Es sei dann:

T die Zeit der Mitte einer Bedeckung; die Verbindungslinie (X) zwischen den Komponenten zur Zeit T steht dann senkrecht zur Knotenlinie (Y).

U die Umlaufszeit.

Die Winkelbewegung in der Kreisbahn seit der Mitte des Minimums ist:

$$\Theta = \frac{2\pi}{U}(t - T). \tag{15}$$

Den Radiusvektor R zwischen den beiden Sternen kann man in zwei Komponenten zerlegen: $R\cos\Theta$ in der Richtung (X) und $R\sin\Theta$ in der Richtung (Y). R ist also die Hypotenuse in einem rechtwinkligen Dreieck mit den Katheten $R\cos\Theta$ und $R\sin\Theta$ in den Richtungen (X) und (Y). Die Projektion dieses Dreiecks auf die Tangentialebene der Himmelskugel für den Stern ist wieder ein rechtwinkliges Dreieck (weil die eine Kathete parallel der Knotenlinie ist), mit den Katheten $R\cos\Theta\cos i$ und $R\sin\Theta$. Die Hypotenuse ist die gesuchte Projektion des Radiusvektors auf die Tangentialebene. Es ist also:

$$\delta^2 = R^2(\cos^2\Theta\cos^2 i + \sin^2\Theta)$$

oder:

$$\delta^2 = R^2(\cos^2\Theta - \cos^2\Theta\sin^2 i + \sin^2\Theta) = R^2(1 + \sin^2\Theta\sin^2 i - \sin^2 i),$$

d. h.:

$$\delta^2 = R^2(\cos^2 i + \sin^2 i\sin^2\Theta)\,. \tag{16}$$

Als dynamische Bedingung hat man also:

$$\begin{aligned}\left(\frac{\delta}{r_1}\right)^2 &= \left(\frac{R}{r_1}\right)^2\cos^2 i + \left(\frac{R}{r_1}\right)^2\sin^2 i\sin^2\Theta \\ &= A + B\sin^2\Theta\,,\end{aligned} \tag{17}$$

wo A und B während der Bahnbewegung Konstanten sind.

Die Hypothesenrechnung verläuft nun wie folgt: Mit dem hypothetischen k-Wert rechnet man $\frac{\delta}{r_1}$ als Funktion von t aus. Mit Hilfe von (15) findet man $\frac{\delta}{r_1}$ als Funktion von Θ. Ist der k-Wert richtig, so muß die Beziehung zwischen den daraus berechenbaren, einander entsprechenden Werten von $\left(\frac{\delta}{r_1}\right)^2$ und $\sin^2\Theta$ eine lineare sein. Zur Untersuchung, ob diese Bedingung erfüllt ist, muß man mindestens drei Punkte der Lichtkurve benutzen. Für diese drei berechnet man $\left(\frac{\delta}{r_1}\right)^2$ und $\sin^2\Theta$, und kann dann entweder graphisch oder rechnerisch untersuchen, ob die mit $\left(\frac{\delta}{r_1}\right)^2$ und $\sin^2\Theta$ als Koordinaten eingezeichneten Punkte wirklich auf einer Geraden liegen. Hat man schließlich den richtigen k-Wert in dieser Weise ermittelt, so findet man aus der zugehörigen $\left(\frac{\delta}{r_1}\right)^2$-$\sin^2\Theta$-Geraden A und B und daraus $\frac{R}{r_1}$ und i.

Die Umlaufszeit, die Bahnneigung, die Radien der beiden Komponenten in Einheiten des Bahnradius und die Lichtintensitäten der beiden Komponenten sind somit aus der Lichtkurve bestimmbar.

Es ist auch möglich, wenn auch viel umständlicher, elliptische Bahnbewegung zu behandeln. Dann werden als neue Elemente die Bahnexzentrizität und die Länge des Periastrons bestimmbar.

Schließlich braucht man nicht gleichmäßig helle Sternscheiben vorauszusetzen (vgl. S. 427). Ein beliebiger Ansatz für die Helligkeitsverteilung kann behandelt werden. Wo man bei gleichmäßig hellen Scheiben das bedeckte Areal als Funktion von $\frac{\delta}{r_1}$ und k berechnet, muß man dann die Lichtintensität der bedeckten Fläche als Funktion von $\frac{\delta}{r_1}$ und k berechnen. Dies ist ebensogut möglich, nur sind die Berechnungen verwickelter. Es sind mehrmals Berechnungen durchgeführt worden, teils nach der Annahme gleichmäßig heller Scheiben, teils nach einem einfachen Ansatz für die Randverdunkelung, der sie sicher etwas übertreibt. Der Unterschied zwischen den Resultaten zeigt dann die Unsicherheit, die durch diesen Faktor verursacht ist.

Es sei noch erwähnt, daß man oft die elliptische Form der Komponenten berücksichtigen muß (vgl. S. 426). Die Abplattung geht dann als Element in die Berechnungen ein und kann aus der Analyse der Lichtkurve bestimmt werden. Ferner sind die kleinen Reflexionseffekte zu berücksichtigen, indem man die Lichtkurve wegen ihres Einflusses korrigiert.

294. *Photometrische Doppelsterne, für die photometrische und spektroskopische Elemente vorliegen.* Unter den photometrischen Elementen kommt, wie wir im vorigen Paragraphen gesehen haben, die Bahnneigung i vor. Wenn spektroskopische Elemente für beide Komponenten vorliegen, kann man bei bekannter Bahnneigung die Massen der Komponenten berechnen (vgl. § 287). Ferner findet man bei bekanntem i die halbe große Achse in der relativen Bahn a in Kilometern oder in Einheiten des Sonnenradius. Aus der Lichtkurve sind die Radien der Komponenten in Einheiten des Abstandes der Komponenten bestimmt worden. Man kennt somit die Radien der Komponenten in Kilometern oder in Einheiten des Sonnenradius. Die scheinbaren Helligkeiten jeder Komponente für sich sind aus der Lichtkurve ebenfalls abgeleitet worden. Kennt man die Parallaxe des Sterns, so sind auch die absoluten Helligkeiten der Komponenten berechenbar. Dann hat man also für jede Komponente die Masse, den Radius und die Leuchtkraft direkt bestimmt. Freilich kommt es nur selten vor, daß die Parallaxe aus direkten Messungen genau genug bestimmt werden kann. Sonst berechnet man aus dem Spektraltypus die Flächenhelligkeit und aus dem linearen Radius und der Flächenhelligkeit die absolute Helligkeit (vgl. S. 335). Durch Vergleich mit der scheinbaren Helligkeit kann man auf diesem Wege auch die Parallaxe bestimmen. Bei den O- und B-Sternen ist allerdings die Bestimmung der Flächenhelligkeit aus dem Spektraltypus eine ziemlich ungenaue (vgl. S. 346).

Bei etwa 30 Doppelsternen sind in dieser Weise Massen, Radien und Leuchtkräfte bestimmt worden (nur bei drei von diesen konnte die Parallaxe direkt genau genug gemessen werden).

In der folgenden Tabelle sind für einige typischen Systeme eine Reihe Daten angeführt, die aus den spektroskopischen und photometrischen Beobachtungen abgeleitet werden konnten.

Stern	Umlaufszeit	Bahnneigung	Spektrum	Masse $M_\odot = 1$	Radius $R_\odot = 1$
HD 1337	$3^d.52$	52°	O 8; O 8	36; 34	23.8 ; 15.5
V Puppis	1 .45	74	B 1p; B 3	19; 19	8.4 ; 7.7
σ Aquilae	1 .95	72	B 3; B 4	6.2 ; 5.1	3.6 ; 3.6
W Ursae majoris .	0 .334	76	G 0; G 0	0.69; 0.49	0.78; 0.78
α Geminorum C . .	0 .814	86	M 1e; M 1e	0.52; 0.52	0.58; 0.58
β Aurigae	3 .96	77	A 0p; A 0p	2.4 ; 2.4	2.8 ; 2.8
TV Cassiopeiae . .	1 .81	74	B 9; [G 0]	2.4 ; 1.2	2.7 ; 2.9
Z Herculis	3 .99	82	F 5p; [G 8]	1.6 ; 1.3	1.8 ; 3.3

Stern	Absolute bolom. Helligkeit	Dichte $\delta_\odot = 1$	Halbachse der relativen Bahn $R_\odot = 1$	Abstand der Oberflächen $R_\odot = 1$
HD 1337	-9^M ; -7^M	0.003; 0.009	40.1	0.8
V Puppis	−5 ; −4	0.044; 0.058	18.0	1.9
σ Aquilae	−2 ; −1.5	0.15 ; 0.12	14.7	7.5
W Ursae majoris .	+5.4; +5.4	2.1 ; 1.5	2.20	0.64
α Geminorum C . .	+8.0; +8.0	2.6 ; 2.6	3.71	2.55
β Aurigae	−0.5; −0.5	0.11 ; 0.11	17.7	12.1
TV Cassiopeiae . .	−0.7; +2.6	0.12 ; 0.05	9.5	3.9
Z Herculis	+2.5; +3.1	0.29 ; 0.04	15.1	10.0

Ist nur die eine Komponente spektrographisch beobachtet, so kann man nicht alle Größen direkt erhalten. In der Gleichung (12), S. 419:

$$m_1 \sin^3 i = 1.038 \cdot 10^{-7} K_2 (K_1 + K_2)^2 U (1 - e^2)^{3/2} \tag{1}$$

kennt man jetzt die Größen i, K_1, U und e. Unbekannt sind m_1 und K_2 oder, indem man das Massenverhältnis:

$$\alpha = \frac{m_2}{m_1} = \frac{K_1}{K_2} \tag{2}$$

einführt, m_1 und α. Die Gleichung (1) ist somit eine Gleichung zwischen zwei Unbekannten, m_1 und α. Wir können (1) etwas umformen, indem wir das Massenverhältnis einführen:

$$1.038 \cdot 10^{-7} \frac{1}{\alpha} \left(1 + \frac{1}{\alpha}\right)^2 = \frac{\sin^3 i}{K_1^3 U (1 - e^2)^{3/2}} m_1 \,. \tag{3}$$

Ist $\frac{1}{\alpha}$ auch nur etwas größer als 1, was meistens der Fall sein wird, da ja das Spektrum der Komponente 2 unsichtbar ist, so eignet sich diese Gleichung gut für die Bestimmung von α aus einem hypothetischen Wert von m_1, weil dann ein prozentischer Fehler in m_1 nur mit etwa einem Drittel in α übergeht (vgl. das ähnliche Verhältnis bei der Bestimmung dynamischer Parallaxen visueller Doppelsterne, § 282). Im allgemeinen wird man schon aus dem Spektraltypus der helleren Komponente einen annähernd richtigen Massenwert schätzen können. Genauer ist es, die Masse nach der Lage im RUSSELL-Diagramm (aus Spektraltypus und absoluter Helligkeit) zu schätzen.

Für die Radien und die absoluten Helligkeiten kann man in ähnlicher Weise durch einen geschätzten Massenwert ziemlich zuverlässige Werte erhalten. Dafür sind aber gar keine spektroskopischen Daten notwendig. Dies ist von großer Wichtigkeit, da, wie schon erwähnt, die meisten photometrischen Doppelsterne so schwach sind, daß spektroskopische Daten bis jetzt nicht bestimmt werden konnten.

Das Verfahren ist ganz dasselbe wie bei visuellen Doppelsternen (vgl. § 282). Aus der Beziehung:

$$(a_1 + a_2) = U^{2/3} (m_1 + m_2)^{1/3} \tag{4}$$

kann man die große Halbachse der relativen Bahn mit ziemlich großer Genauigkeit aus einem geschätzten Wert der Summe der Massen bestimmen. Aus den photometrischen Daten erhält man damit in gewöhnlicher Weise den Radius in Kilometern oder Sonnenradien und aus dieser und der Flächenhelligkeit die absolute Helligkeit und schließlich durch Vergleich mit der scheinbaren Helligkeit die Parallaxe.

Man kann den Sachverhalt auch so ausdrücken: Aus der scheinbaren Helligkeit und der Flächenhelligkeit folgt der Radius im Winkelmaß (vgl. S. 340). Aus dem photometrisch bestimmten Verhältnis zwischen dem Sternradius und der großen Halbachse in der relativen Bahn folgt dann die Halbachse im Winkelmaß. Dann ist das Problem ganz dasselbe wie bei visuellen Doppelsternen, nämlich mit Hilfe von U und a'' eine dynamische Parallaxe zu bestimmen.

295. *Die Rotation der Komponenten enger Doppelsterne.* Bei engen Doppelsternen ist anzunehmen, daß die Komponenten in gebundener Rotation rotieren. Wir haben schon gesehen, daß eine gebundene Rotation für die Erklärung des Lichtwechsels bei β Lyrae-Sternen wichtig ist. In einem Doppelsternsystem wie V Puppis, wo die Komponenten sich fast berühren und wahrscheinlich mit großer Geschwindigkeit rotieren, äußert sich diese im Aussehen der Spektrallinien.

Als einfachstes Beispiel betrachten wir zwei gleich helle, gleich große Komponenten, die sich fast berühren. In dem Augenblick, wo die Komponenten die größte relative Geschwindigkeit in der Gesichtslinie haben (Stellung 1 bzw. 3 in Abb. 161), bewegt sich die eine Komponente (sagen wir Stellung 1 entsprechend die linke) relativ zum Schwerpunkt auf den Beobachter zu, die andere von dem Beobachter weg. Infolge der gebundenen Rotation ist die Geschwindigkeit des linken Randes (v_a) in bezug auf den Schwerpunkt gleich der numerischen Summe der Geschwindigkeit in der Bahn und der Rotationsgeschwindigkeit:

$$v_a = a\omega + r\omega = 2\,a\omega\,,$$

wenn ω die Rotationsgeschwindigkeit, a den Abstand des Zentrums vom Schwerpunkt und r den Komponentenradius bezeichnet. Da die Komponenten sich fast berühren, ist $a = r$. Für den rechten Rand sind Bahngeschwindigkeit und Rotationsgeschwindigkeit einander entgegengesetzt, und man erhält die Geschwindigkeit v_b:

$$v_b = a\omega - r\omega = 0\,.$$

Analog erhält man für den linken bzw. rechten Rand der anderen Komponente die Geschwindigkeit 0 bzw. $2\,a\omega$ in entgegengesetzter Richtung. Es sind somit auf den beiden Sternscheiben alle Geschwindigkeiten zwischen $V + 2\,a\omega$ und $V - 2\,a\omega$ vertreten, und die Linie wird ein breites Band. Allerdings wird die Intensität in der Mitte und nahe den Rändern ziemlich klein, weil, wie eine geometrische Betrachtung zeigt, der größere Teil der Sternscheiben von der Rotationsbewegung relativ wenig beeinflußt wird.

Während der Bedeckung (Stellung 2 bzw. 4, Abb. 161) sind die Bahnradialgeschwindigkeiten annähernd Null. Die Linie erscheint nur wegen der Rotation etwas verbreitert.

Bei größerem Komponentenabstand fällt die Rotationsbewegung entsprechend weniger ins Gewicht gegenüber der Bahnbewegung.

Bei Algol hat man die Rotation der helleren Komponente direkt beobachten können. Während der Bedeckung wird von der helleren Komponente zuerst hauptsächlich der eine und darauf hauptsächlich der andere Rand freigelassen. Die Rotationsbewegung äußert sich durch einen systematischen Unterschied in den Radialgeschw ndigkeiten unmittelbar vor und nach dem Minimum. Aus diesem Unterschied hat man die Äquatorgeschwindigkeit der Rotation in Kilometern pro Sekunde berechnen können. Da die Rotationsperiode bei gebundener Rotation gleich der bekannten Umlaufszeit ist, kann man die Länge der Äquatorperipherie und somit den Radius der hellen Komponente in Kilometern oder in Sonnenradien finden. Aus den aus der Lichtkurve bestimmten Verhältnissen zwischen Komponentenradien und Bahnradius ergibt sich schließlich der Radius der schwächeren Komponente und der Bahnradius in Kilometern oder in Einheiten des Sonnenradius. Somit sind alle Größen, die man bei zwei spektroskopischen Bahnen (vgl. § 294) berechnen kann, auch hier, wo das Spektrum der einen Komponente unsichtbar ist, ermittelt worden.

Bei einigen anderen Systemen liegen die Verhältnisse ähnlich wie bei Algol.

Schließlich soll noch der Doppelstern ζ Aurigae erwähnt werden. Dieser ist ein spektroskopischer Doppelstern mit einer Umlaufszeit von 973 Tagen. Die hellere Komponente ist ein Übergigant der Spektralklasse K 5, die schwächere ein B 1-Stern. Der Radius der helleren Komponente ist von der Größenordnung des Erdbahnradius, der Radius des B-Sterns ist etwa 100mal kleiner. Bei diesem Doppelstern ist — allerdings bis jetzt nur eine — totale Bedeckung des B-Sterns durch den K-Stern beobachtet worden. Bei der Bedeckung der K-Komponente durch die B-Komponente ist die Helligkeit des bedeckten Areals wegen der relativ kleinen Flächenhelligkeit des K-Sterns so gering, daß man die Bedeckung nicht beobachten kann. Aus der beobachteten Bedeckung konnten (wegen der Unvollständigkeit der Beobachtungen nur genäherte) photometrische Elemente berechnet werden. Ferner zeigte sich ein Rotationseffekt etwas anderer Art als der oben besprochene. Als die totale Bedeckung vorüber war, wurde im violetten Teil des Spektrums, das hauptsächlich von der B-Komponente stammt, die Linie *K* (vgl. S. 345) sichtbar, die höchstwahrscheinlich von Absorption in der ausgedehnten Chromosphäre der K-Komponente herrührte. Diese Linie zeigte nun eine der Rotationsbewegung des Randes der K-Komponente entsprechende Verschiebung. Wenn die Beobachtungen vollständiger werden, können hieraus ähnliche Schlüsse gezogen werden wie bei Algol. Die Masse der K-Komponente ist groß, wahrscheinlich gleich etwa 30 Sonnenmassen, die der B-Komponente etwa gleich 10 Sonnenmassen.

296. *Rotationseffekt bei einfachen Sternen.* Es ist anzunehmen, daß auch einfache Sterne ebenso wie die Komponenten enger Doppelsterne rotieren. Bei der Sonne und wahrscheinlich bei den meisten Sternen sind die Rotationseffekte sehr klein. Es ist aber sehr wohl möglich, daß es schnell rotierende Sterne gibt, für die dann die Spektrallinien entsprechend verbreitert erscheinen werden. Zur Untersuchung der Frage ist eine genaue Kenntnis der normalen Linienkonturen bei nichtrotierenden Sternen (vgl. S. 381) wichtig, damit man Abweichungen, die auf Rotation zurückzuführen sind, sicher feststellen kann. Nach den bisherigen Untersuchungen scheinen Fälle rascher Rotation einfacher Sterne tatsächlich vorzukommen.

297. *Die Verteilung spektroskopischer und photometrischer Doppelsterne im* RUSSELL-*Diagramm.* Es ist in verschiedener Weise möglich, für spektroskopische Doppelsterne absolute Helligkeiten abzuleiten. Außer den bei normalen Sternen anwendbaren Methoden kommen die in § 294 besprochenen Methoden in Betracht. Hierdurch hat man Einblicke in die Verteilung der spektroskopischen und photometrischen Doppelsterne im RUSSELL-Diagramm gewonnen. Wir haben schon gesehen, daß die Verteilung über die Spektralklassen keine normale ist, indem die Klassen O, B und A bevorzugt sind. Diese Erscheinung finden wir natürlich in der Verteilung im RUSSELL-Diagramm wieder. Wir haben folgende Gruppen:

α) Absolut helle O- und B-Sterne. Diese kommen häufig vor und machen einen großen Bruchteil aller Sterne in dem betreffenden Gebiet des RUSSELL-Diagramms aus.

β) Einzelne Übergiganten der Spektralklassen G und K.

γ) Einige Riesensterne der Spektralklassen G und K.

δ) Zwergsterne auf der Hauptserie. Diese sind ziemlich selten, teilweise deswegen, weil sie relativ lichtschwach sind.

ε) Unterriesen der Spektralklassen G und K. Diese sind ziemlich häufig.

Die Massen der O- und B-Sterne und wahrscheinlich auch die der Übergiganten sind groß, die der Zwergsterne sind von der Größenordnung der Sonnenmasse, ebenso die der Unterriesen. Sehr große Massen kommen unter den O-Sternen vor, wahrscheinlich bis etwa 100 Sonnenmassen.

Für eine nähere Diskussion sei auf §§ 274 und 275 verwiesen. Die dort diskutierten Massenwerte sind zu einem großen Teil Massen spektroskopischer und photometrischer Doppelsterne.

Nach der Lage der beiden Komponenten im RUSSELL-Diagramm kann man die spektroskopischen und photometrischen Doppelsterne in Klassen einteilen. Die folgenden Klassen sind die häufigsten:

a) Die Komponenten sind ungefähr gleiche, massige O- oder B-Sterne großer Leuchtkraft (V Puppis).

b) Die hellere Komponente ist ein ziemlich massiger A-Stern mit einer absoluten Helligkeit etwa gleich 0^M oder etwas heller, die schwächere Komponente ist ein G-Stern oder K-Stern mit einer absoluten Helligkeit von etwa 2^M bis 3^M und mit einer Masse etwa gleich der Sonnenmasse oder etwas größer (Algol).

c) Die Komponenten sind ungefähr gleich und gehören der Zwerghauptserie an (TX Herculis [zwei A 2-Sterne], α Geminorum C [zwei M 1 e-Sterne]).

d) Die Komponenten sind ungefähr gleich und etwas weniger dicht als die Sterne der Hauptserie derselben Masse (β Aurigae).

e) Die eine Komponente gehört der Zwerghauptserie an und ist etwas weniger dicht als ein normaler Zwerg, die schwächere Komponente ist ein Unterriese von noch geringerer Dichte (Z Herculis).

Genaueres über die Eigenschaften der Sterne dieser Klassen ersieht man aus der Zusammenstellung S. 432.

Spektroskopische und photometrische Doppelsterne, die wie Capella aus zwei Riesenkomponenten bestehen, sind sehr selten.

298. *Mehrfache Systeme.* Sternsysteme mit mehr als zwei Komponenten — mehrfache Systeme — sind in ziemlich großer Zahl bekannt. Die Zahl der bekannten mehrfachen Systeme beträgt einige Prozent der Zahl der bekannten Doppelsternsysteme. Oft ist die eine Komponente eines weiten Doppelsterns selbst ein enger Doppelstern oder die eine Komponente eines visuellen Doppelsterns ist ein spektroskopischer Doppelstern. Bei einigen spektroskopischen Doppelsternen zeigen sich Störungen der Bahnbewegung, die auf eine entferntere schwächere Komponente zurückzuführen sind. Viele Doppelsterne haben sehr entfernte physische Begleiter (vgl. S. 408). Solche entfernten schwachen Begleiter haben z. B. Capella und α Centauri. Castor (das ist α Geminorum) ist ein visueller Doppelstern. Beide Komponenten sind spektroskopische Doppelsterne, und ein entfernter physischer Begleiter, α Geminorum C, ist ein spektroskopischer und photometrischer Doppelstern. Mehrfache Systeme, wo die Abstände von der gleichen Größenordnung sind, kommen sehr selten vor, und wenn sie vorkommen, sind die Abstände so groß (ϑ Orionis), daß man von einer Übergangsform zu den offenen Sternhaufen (vgl. S. 446) sprechen kann. In einigen Fällen konnten die Bahnbewegungen in mehrfachen Systemen verfolgt werden.

Veränderliche und neue Sterne.

299. *Die verschiedenen Klassen veränderlicher Sterne. Veränderliche* oder *variable Sterne* sind solche, deren Helligkeit im Laufe der Zeit wechselt. Einige haben eine bestimmte Periode des Lichtwechsels, andere nicht. Einer der merkwürdigsten, der schon mehr als 300 Jahre als veränderlich bekannt ist, ist *o* im Walfisch, auch *Mira* (der Wunderbare) genannt. Seine Periode, die nicht ganz konstant ist, beträgt durchschnittlich 11 Monate. Im Minimum ist er in der Regel etwa 9. Größe, nach Verlauf von 3 bis 4 Monaten aber kann er mit dem bloßen Auge wahrgenommen werden. Im Maximum ist er meistens etwa 3. Größe, manchmal aber gelangt er nur bis zur 4. oder 5., zuweilen aber erreicht er auch einmal die 2. Größe, so z. B. im Dezember 1906. Die Gegend des Walfisches, wo Mira steht, ist ungefähr in der Mitte zwischen dem Quadrat im Pegasus und dem Orion; hier gibt es drei Sterne, α, γ und δ Ceti, die ein leicht zu erkennendes Dreieck bilden, mit α, der 2. Größe ist, am weitesten nach links, δ (4. Größe) am weitesten nach rechts, und γ (3. Größe) etwas höher als dieser; wird die Linie durch α und δ nach rechts um ungefähr ihre eigene Länge verlängert, dann trifft sie Mira.

Man kennt über 7000 veränderliche Sterne.

Die veränderlichen Sterne, die keinen besonderen Namen tragen, werden mit den großen lateinischen Buchstaben von R bis Z bezeichnet, danach mit RR, RS usw. unter Hinzufügung des Namens des Sternbildes. In manchen Sternbildern ist die Anzahl veränderlicher Sterne so groß, daß man nach ZZ mit der Benennung AA, AB ... AZ, BB, BC ... BZ hat fortfahren müssen usw. bis QQ, QR ... QZ. Im Schützen und im Schlangenträger ist man sogar genötigt gewesen, zur Numerierung überzugehen.

Eine Klasse von Sternen, deren Helligkeit veränderlich erscheint, ist bereits erwähnt worden: die photometrischen Doppelsterne (die Algolsterne, die β Lyrae-Sterne und die W Ursae majoris-Sterne). Diese Gruppe soll hier nicht näher besprochen werden. In dieser Gruppe wird der Lichtwechsel durch die geometrischen Verhältnisse im Doppelsternsystem hervorgerufen. Bei den eigentlichen veränderlichen Sternen muß man tiefgehende Variationen in dem physischen Verhalten des Sterns annehmen.

Die Beobachtungen veränderlicher Sterne beziehen sich auf eine Reihe von Merkmalen:

1. Man verfolgt den Lichtwechsel durch — visuelle oder photographische — photometrische Beobachtungen. Zeigt es sich hierbei, daß der Lichtwechsel periodisch erfolgt, so ermittelt man aus den Beobachtungen die Zeitpunkte der Maxima und Minima und daraus die Länge der Periode, ferner die Maximums- und Minimumshelligkeit und die Form der Lichtkurve (vgl. Abb. 163 und 164). Ist der Lichtwechsel nur annähernd periodisch, leitet man eine mittlere Periode und eine mittlere Lichtkurve ab. Ist schließlich der Lichtwechsel sehr unregelmäßig, so wird eine Lichtkurve, die ein fortlaufendes Bild der Lichtänderung gibt, abgeleitet.

Die Helligkeitsbeobachtungen veränderlicher Sterne werden meistens nicht nach den in § 7 beschriebenen photometrischen Methoden, sondern nach der sogenannten *Stufenschätzungsmethode* ausgeführt. In der Nähe des Veränderlichen wird eine Sequenz von nichtveränderlichen Sternen ausgewählt, mit denen der Veränderliche während des ganzen Lichtwechsels verglichen werden kann. Die Beobachtungen laufen nun darauf hinaus, die Helligkeit des Veränderlichen gewissermaßen zwischen den Helligkeiten der Sterne der Sequenz zu interpolieren. Den Helligkeitsunterschied zwischen zwei Sternen gibt man hierbei in Stufen an, indem man sich auf den unmittelbaren Eindruck stützt. Jeder Beobachter hat seine eigene Stufenskala. Die Stufenschätzungsmethode geht auf ARGELANDER zurück; in der Praxis hat sie sich als eine sehr ökonomische und — namentlich bei Beobachtungen von Veränderlichen mit relativ großer Amplitude — auch hinreichend genaue Methode erwiesen. Kennt man die Helligkeit der Vergleichsterne in Größenklassen, so können auch die Stufenangaben in Größenklassen verwandelt werden. Zeitpunkte der Maxima und Minima sowie Perioden können natürlich ohne Kenntnis der Größen der Vergleichsterne abgeleitet werden, wenn nur immer dieselbe Sequenz von Vergleichssternen benutzt wird.

Wenn die Amplituden klein sind, müssen möglichst genaue Methoden benutzt werden. Auf der Sternwarte Berlin-Babelsberg sind ausgedehnte Beobachtungsreihen solcher Sterne mit Hilfe der photoelektrischen Zelle (vgl. S. 13) ausgeführt worden.

2. Man verfolgt die Änderung des Spektraltypus, der Energieverteilung im kontinuierlichen Spektrum, eines Farbenäquivalents oder von einzelnen Linien im Spektrum und behandelt die Beobachtungen ähnlich wie die Helligkeitsbeobachtungen. Bei vielen Veränderlichen verschieben sich die Linien im Spektrum; man verfolgt dann die Änderungen der Wellenlängen. Indem man die

Verschiebungen als DOPPLER-Verschiebungen deutet, erhält man eine Radialgeschwindigkeitskurve des Veränderlichen (vgl. Abb. 164).

Die Ausführung der unter 2. aufgezählten Beobachtungen ist viel zeitraubender als die Ausführung von Helligkeitsbeobachtungen und kann außerdem mit Ausnahme der Bestimmung des Farbenindex nur für hellere Veränderliche erfolgen.

Die helleren Vertreter der Klassen (s. unten) werden möglichst ausführlich beobachtet. Bei den schwächeren beschränkt man sich auf Untersuchungen des Lichtwechsels und macht die Annahme, daß eine Einteilung in Klassen nach der Natur des Lichtwechsels zu homogenen Klassen führt, so daß die scheinbar helleren Klassenvertreter in jeder Hinsicht als typisch angesehen werden können.

Die Entdeckung veränderlicher Sterne geschieht jetzt meist durch Vergleich (mit Hilfe des Blinkmikroskops oder des Stereokomparators) photographischer Platten, die zu verschiedenen Zeiten aufgenommen worden sind. Die Beobachtung der Helligkeiten schwacher Veränderlicher erfolgt auch meist photographisch; auf die Sternbildchen auf den Platten wird die Stufenschätzungsmethode angewandt.

Die Auffindung schwacher Veränderlicher ist nicht nur für das Studium der Veränderlichen selbst von Bedeutung. Wie weiter unten erwähnt, sind alle eigentlichen Veränderlichen Riesensterne oder Übergiganten, und die Untersuchung schwacher Veränderlicher bietet deshalb ein ausgezeichnetes Hilfsmittel für die Untersuchungen über das Sternsystem (vgl. z. B. § 310).

Die veränderlichen Sterne werden in Klassen nach der Natur des Lichtwechsels eingeteilt. Die beiden wichtigsten Klassen sind die *Mirasterne* (nach dem obenerwähnten Vertreter dieser Klasse, Mira Ceti, benannt) und die *Cepheiden* (nach δ Cephei benannt). Außer diesen beiden Klassen, die die größten sind, finden sich andere Klassen, die wahrscheinlich Übergänge zwischen den genannten Klassen oder Übergänge zu den Novae bilden.

Die beiden Hauptklassen sollen näher besprochen werden.

Die *Mirasterne* haben Perioden zwischen 90 und 600 Tagen, am häufigsten um 300 Tage herum. Größerer Periode entspricht durchschnittlich größere Amplitude in der visuellen Lichtkurve. Der Lichtwechsel von Mira, der oben beschrieben ist, ist für die Klasse typisch.

Alle Mirasterne sind rote Sterne, die meisten haben den Spektraltypus Me (s. S. 343), mit Emissionslinien des Wasserstoffs im Spektrum. Die Intensität der Emissionslinien ändert sich im selben Takt wie die Helligkeit. Die Intensität der Emissionslinien relativ zu dem übrigen Spektrum ist am größten kurz nach dem Helligkeitsmaximum; kurz nach dem Helligkeitsminimum sind die hellen Linien nicht zu sehen. Einige Mirasterne gehören den Spektralklassen N, R und S an.

Die Radialgeschwindigkeiten, die den Verschiebungen der Emissions- und Absorptionslinien entsprechen, sind periodisch veränderlich, und zwar mit derselben Periode wie die Lichtänderung. Die Emissionslinien sind relativ zu den Absorptionslinien nach dem Violett zu verschoben. Diese Verschiebung ist kurz nach dem Lichtmaximum am größten, ungefähr zu der gleichen Zeit, wo die Emissionslinien am stärksten sind; die Verschiebung geht gegen Null gleichzeitig mit dem Verschwinden der hellen Linien, d. h. kurz nach dem Helligkeitsminimum.

Die Oberflächentemperaturen bei den Mirasternen sind niedrig, zwischen etwas unter 2000° und 4000°. Die Temperatur von Mira variiert zwischen 2300° im Maximum und 1800° im Minimum.

Für Mira ist der Winkeldurchmesser direkt, interferometrisch, gemessen worden (s. S. 334). Diese Messungen geben zusammen mit der Parallaxe für

Mira einen Durchmesser von etwa dem 300fachen des Sonnendurchmessers. Eine Variation des Durchmessers hat man nicht konstatieren können.

Während die Änderungen in den visuellen Helligkeiten für die Mirasterne groß sind, sind die Änderungen in der gesamten ausgesandten Energie nicht

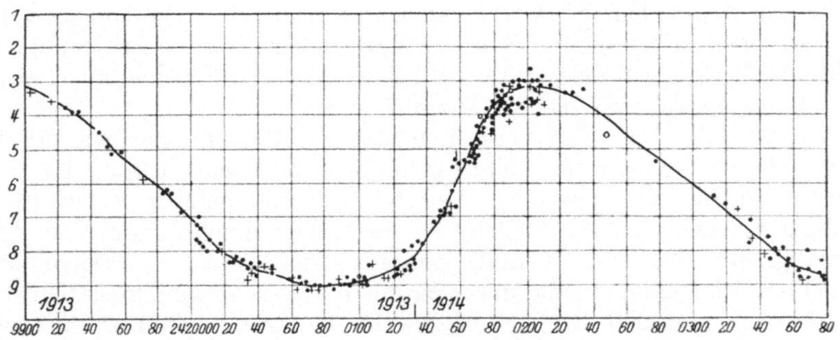

Abb. 163. Lichtkurve für Mira Ceti.

besonders groß, d. h. die Variationen der bolometrischen Helligkeit haben keine besonders großen Amplituden. Die folgende kleine Tafel zeigt die Verhältnisse für Mira.

	$m_{vis.}$	$m_{bol.}$	$m_{vis.} - m_{bol.}$
Nahe dem Minimum	$8^m.9$	$1^m.5$	$7^m.4$
Nahe dem Maximum	4 .5	0 .2	4 .3
Amplitude	4 .4	1 .3	3 .1

Die große visuelle Amplitude wird also durch die große Variation von $m_{vis.} - m_{bol.}$ (vgl. die Tafel auf S. 324) hervorgerufen. Daß die Variation von $m_{vis.} - m_{bol.}$ so groß ist, obwohl die Temperatur sich nicht besonders stark ändert, ist durch die niedrige Temperatur verursacht. Auch spielen Absorptionsbanden im visuellen Teil des Spektrums hierbei eine Rolle: Die Absorptionsbanden sind bei niedriger Temperatur am kräftigsten und setzen die visuelle Helligkeit erheblich herab.

Der große Radius (etwa 300 Sonnenradien) und die große absolute bolometrische Helligkeit (-3^M im Maximum) zeigen, daß Mira ein Übergigant ist. Alle Mirasterne sind Übergiganten oder jedenfalls Riesensterne. Die Massen sind wahrscheinlich von der Größenordnung 10 Sonnenmassen.

Die *Cepheiden* haben Perioden zwischen einem Zehntel Tag und 45 Tagen. Perioden um $0^d.5$ und 5^d herum kommen am häufigsten vor; Perioden um 1^d herum sind sehr selten. Bereits hieraus ersieht man, daß die Cepheiden natürlich in zwei Gruppen zerfallen: langperiodische Cepheiden mit Perioden zwischen 1^d und 45^d und kurzperiodische Cepheiden mit Perioden unter 1^d.

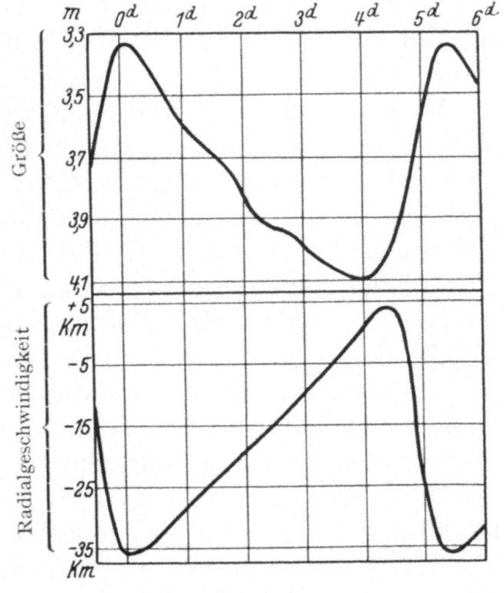

Abb. 164. Helligkeits- und Radialgeschwindigkeitskurve für δ Cephei.

Die Lichtkurve für δ Cephei sieht man auf Abb. 164. Die Cepheiden haben Amplituden von etwa 1^m, unabhängig von der Periode. Die Form der Lichtkurve ist von Stern zu Stern etwas verschieden. Cepheiden mit derselben Periode haben meist ähnliche Lichtkurven. Der Anstieg vom Minimum zum Maximum ist fast immer viel steiler als der Abfall vom Maximum zum Minimum.

Die Perioden sind bei den Cepheiden in einem ganz anderen Grad konstant als bei den Mirasternen, Änderungen sind jedoch konstatiert worden; z. B. nimmt die Periode für δ Cephei etwa eine Zehntel Sekunde im Jahre ab.

Die Cepheiden haben Spektralklassen von A bis K. Zu langen Perioden gehören die Spektralklassen F bis K, zu kurzen Perioden die Spektralklasse A. Je größer die Periode ist, desto röter ist der Stern. Der Zusammenhang zwischen Periode und Spektraltypus ist ein ziemlich enger.

Die Spektralklasse variiert periodisch mit derselben Periode wie der Lichtwechsel. δ Cephei gehört im Lichtmaximum dem Spektraltypus F1 an, im Minimum dem Spektraltypus G0. Die Oberflächentemperatur ist am höchsten im Helligkeitsmaximum, am niedrigsten im Helligkeitsminimum. Die Radialgeschwindigkeiten variieren ebenfalls periodisch mit derselben Periode wie der Lichtwechsel. Im Helligkeitsmaximum hat die Radialgeschwindigkeit den größten negativen Wert (auf den Beobachter zu), im Helligkeitsminimum hat sie den größten positiven Wert (vom Beobachter fort).

Die Variationen in der Radialgeschwindigkeit sind für Schichten verschiedener Tiefe in der Sternatmosphäre verschieden. Die Amplituden wachsen bei einigen Cepheiden mit der Tiefe unter der Oberfläche (Linien von den äußersten Schichten zeigen die geringsten Variationen in der DOPPLER-Verschiebung), bei anderen ist es umgekehrt. Die Phase hängt auch etwas von der Tiefe ab.

Die Cepheiden haben große absolute Helligkeiten. Die absolute Helligkeit hängt sehr eng mit der Periode zusammen. Je größer die Periode ist, um so größer ist die absolute Helligkeit. Für die kurzperiodischen Cepheiden ändert sich die Helligkeit nur wenig mit der Periode (vgl. Abb. 165).

Der enge Zusammenhang zwischen Periode und absoluter Helligkeit ist zuerst bei den Cepheiden in den MAGELLANschen Wolken (s. S. 454) nachgewiesen worden. Diese Cepheiden befinden sich alle in praktisch demselben Abstand von uns, also ist der Unterschied zwischen scheinbarer und absoluter Helligkeit konstant, und die Beziehung zwischen Periode und absoluter Helligkeit erscheint als eine Beziehung zwischen Periode und scheinbarer Helligkeit (vgl. Abb. 165).

Es ist ersichtlich, daß die Beziehung zwischen der absoluten Helligkeit und der Periode aus Beobachtungen der scheinbaren Helligkeiten und Perioden von Cepheiden, die sich in praktisch gleichem Abstand befinden, wie z. B. die Cepheiden in der kleinen MAGELLANschen Wolke, bis auf eine konstante Verschiebung der absoluten Helligkeiten ermittelt werden kann. Die Aufgabe, den Betrag der konstanten Verschiebung zu bestimmen, wird S. 461 behandelt.

Die Cepheiden sind Übergiganten; ihre absoluten Helligkeiten sind größer als die der normalen Riesensterne. Es ist M etwa 0^M für die kurzperiodischen Cepheiden bis -5^M für die langperiodischen. Die Cepheiden sind c-Sterne (vgl. S. 348). Die Massen der Cepheiden sind groß, wahrscheinlich zwischen 3 und 50 Sonnenmassen, sie sind um so größer, je größer die Periode ist.

Die Radien sind von etwa 7- bis zu 200mal größer als der Radius der Sonne, sie sind ebenfalls um so größer, je größer die Periode ist.

Man kann zusammenfassend sagen, daß die Cepheiden nahe um eine gekrümmte Linie im RUSSELL-Diagramm liegen. Diese Linie ist in Abb. 159, S. 392 eingezeichnet. Die Periode hängt mit der Lage auf der Linie eng zusammen: Je größer die Periode, je weiter nach oben rechts liegt der Stern.

Die *RV Tauri-Sterne* sind eine sehr seltene Klasse veränderlicher Sterne, die in gewissen Hinsichten einen Übergang von den Cepheiden zu den Mirasternen bilden. Ihre Perioden liegen meist zwischen 70 und 200 Tagen, sind also durchschnittlich größer als die Perioden der Cepheiden und kleiner als die der Mirasterne. Die Spektren gehören den Klassen G bis M an. Die Perioden sind nicht ganz konstant. Charakteristisch für die Lichtkurven ist ein sekundäres Minimum zwischen je zwei Hauptminima. Die Lichtkurven sind stark veränderlich. So bleibt z. B. das sekundäre Minimum zuweilen aus.

Die *R Coronae borealis-Sterne* zeigen oft jahrelang konstante Helligkeiten, werden dann plötzlich sehr viel schwächer und erreichen nach einiger Zeit wieder ihre normale Helligkeit. Die Wiederkehr der Minima erfolgt ganz unregelmäßig. Das Spektrum von R Coronae borealis ist c G0. Im Minimum erscheinen die Emissionslinien ionisierter Metalle.

Die *U Geminorum-Sterne* haben eine Zeitlang konstante Helligkeiten und werden dann plötzlich um mehrere Größenklassen heller. Die Maxima kehren in ziemlich unregelmäßigen Zeitintervallen von der Größenordnung 100 Tage wieder. U Geminorum ist ein F-Stern. Im Minimum treten sehr breite Emissionslinien von Wasserstoff und Helium auf.

Jede dieser drei Klassen umfaßt etwa 10 bis 20 Sterne.

Die *μ Cephei-Sterne* sind rote Sterne, die unregelmäßige Lichtschwankungen zeigen. Die Maxima und Minima erfolgen in unregelmäßigen Zwischenräumen von der Größenordnung eines Monats oder mehr. Die Maximums- und Minimumshelligkeiten sind stark veränderlich. Die Gesamtamplitude des Lichtwechsels bleibt fast immer unter zwei Größenklassen. Die μ Cephei-Sterne gehören den Spektralklassen K, M, N und R an. Zu den μ Cephei-Sternen gehören μ Cephei, α Herculis und α Orionis. Bei dem letztgenannten Stern überlagern sich ein langsamer und ein schneller Lichtwechsel kleiner Amplitude. Im ganzen sind etwas weniger als 100 μ Cephei-Sterne bekannt.

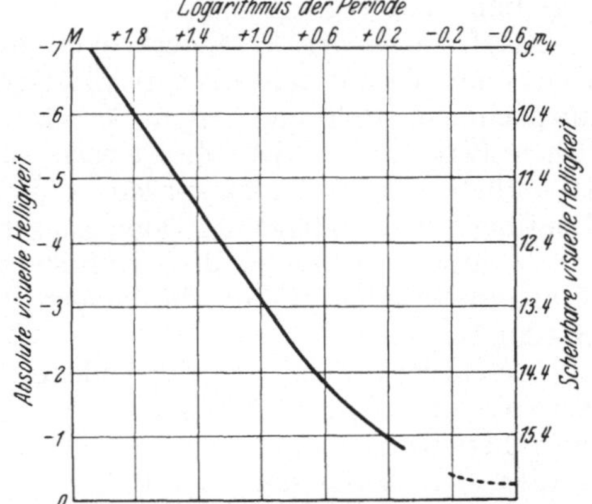

Abb. 165. Der Zusammenhang zwischen Periode und absoluter Helligkeit bei den Cepheiden. Der gestrichelte Teil der Kurve bezieht sich auf die kurzperiodischen Cepheiden. Die scheinbaren Größen rechts gelten für die kleine MAGELLANsche Wolke. Die Größen sind als Mittel der Maximums- und Minimumsgröße berechnet. (Die scheinbaren Helligkeiten sind nach den ursprünglichen Messungen angeführt; nach neueren Messungen bedürfen sie einer Korrektur von etwa $+1^{m}$).

Schließlich ist noch eine Klasse veränderlicher Sterne zu nennen, die unregelmäßige schnelle Helligkeitsänderungen von oft sehr kleiner Amplitude (kleiner als $0^{m}.1$) zeigen. Die Helligkeitsschwankungen setzen bei diesen zeitweise ganz aus; zeitweise verlaufen sie periodisch, mit Perioden von wenigen Stunden bis zu einigen Tagen. An einer Reihe dieser Sterne hat man kleine Radialgeschwindigkeitsänderungen festgestellt, die den Helligkeitsänderungen parallel verlaufen. Bei Wega (α Lyrae), der zu dieser Klasse gehört, konnte nachgewiesen werden, daß die Radialgeschwindigkeitsänderungen annähernd als Spiegelbild der Helligkeitsänderungen verlaufen, ähnlich wie bei den Cepheiden (vgl. Abb. 164). Die Radialgeschwindigkeitsänderungen sind für verschiedene Elemente verschieden. Zu dieser Klasse gehören z. B. β Ursae majoris und γ Lyrae.

Mit der letztgenannten Klasse verwandt ist wahrscheinlich eine Klasse Sterne, die kleine regelmäßige Radialgeschwindigkeitsänderungen zeigen, die einer Bahnbewegung nicht entsprechen können, die *β Canis majoris-Sterne.*

Alle veränderlichen Sterne sind Riesensterne oder Übergiganten. Einige unregelmäßig veränderliche Sterne in Orion, die Zwerge sind, sind wahrscheinlich wie die Bedeckungsveränderlichen keine echten Veränderlichen, sondern werden zeitweise von dunklen Wolken, die in ihrer Nähe vorkommen, bedeckt.

300. *Theorien des Phänomens der Veränderlichkeit.* Man hat bislang keine vollständige Theorie zur Deutung der bei den veränderlichen Sternen beobachteten Phänomene aufstellen können. Die Veränderlichkeit der Mirasterne und Cepheiden kann nicht als ein Bedeckungsphänomen eines Doppelsternpaares gedeutet werden, bei den Mirasternen schon deswegen nicht, weil die Periode unregelmäßig veränderlich ist; bei den Cepheiden, weil die Radialgeschwindigkeit Maximum und Minimum im Helligkeitsminimum bzw. im Helligkeitsmaximum hat (vgl. Abb. 164).

Als Ursache der Veränderlichkeit die Bewegung eines engen Doppelsternpaares mit daraus folgenden physikalischen Veränderungen der Komponenten anzunehmen, stößt auch auf große Schwierigkeiten. Die unregelmäßig veränderlichen Perioden bei den Mirasternen können auf der Grundlage einer solchen Hypothese nicht gedeutet werden. Für die Cepheiden wird man bei der näheren Deutung auf Grundlage der Doppelsternhypothese zu dem Resultat geführt, daß ein eventueller Begleiter des Hauptsterns sich in einer Entfernung von dessen Zentrum befinden müßte, die kleiner als der Radius des Hauptsterns ist (vgl. S. 420).

Wesentliche Züge des Cepheidenphänomens hat man mit Hilfe der sog. Pulsationstheorie deuten können: man nimmt an, daß die Cepheiden mit einer Periode gleich der Periode der beobachteten Phänomene pulsieren. Hierbei variiert der Radius um etwa 10%.

Man hat die Natur der Pulsationen eines Sterns näher untersuchen können. Ein wichtiges Resultat der Theorie ist eine Beziehung zwischen der Pulsationsperiode und der mittleren Dichte des Sterns. Je dichter der Stern, je kürzer ist die Pulsationsperiode. Unter sonst gleichen Umständen ist:

$$P\sqrt{\varrho} = \text{const}\,. \qquad (1)$$

Diese Gleichung stimmt gut mit der Erfahrung.

Ferner zeigt die Theorie, daß in allen Schichten im Innern der Nettostrom der Energie nach außen am größten ist in derjenigen Phase der Pulsation, wo die Dichte am größten ist — bei maximaler Kompression. Bei maximaler Kompression ist nämlich nicht nur die Dichte, sondern auch die Temperatur und der Temperaturgradient am größten, während der Absorptionskoeffizient am kleinsten ist. Mit Hilfe der Gleichung für den Nettostrom der Energie nach außen (vgl. S. 274) sieht man, daß dieser in der Tat dann am größten ist.

Nun fällt die Phase der größten Helligkeit nach den Beobachtungen mit der Phase der größten Ausdehnungsgeschwindigkeit nach außen zusammen, also nicht mit der Phase der größten Kompression. Dabei ist folgendes zu beachten. Die Pulsationstheorie gilt nur für das Innere des Sterns, nicht für die Atmosphäre. Der Energieinhalt der Atmosphäre ist aber so gering, daß die Atmosphäre den Strahlungsstrom nach außen nicht ändern kann. Die Phase der beobachteten größten Helligkeit muß deshalb mit der Phase der größten Kompression im Innern zusammenfallen. Es fragt sich also, ob es möglich ist, daß die Phase der größten Kompression im Innern mit der Phase der größten Geschwindigkeit nach außen in der Atmosphäre zusammenfällt. Damit dies der Fall sein soll, muß erstens die Dicke des Atmosphärengebiets stark veränderlich sein, und zwar so, daß die Dicke der Atmosphäre in der Phase der größten Kompression im Innern schon stark wächst, und zweitens muß die Dicke des Atmosphärengebiets so groß sein, daß die Schwankungen in der Dicke die Pulsationen des Innern (deren Amplitude etwa 10% des Sternradius ausmacht) überdecken können. Solche Verhältnisse sind denkbar, wenn die Cepheiden sehr ausgedehnte Chromosphären haben, was wahrscheinlich ist. Das Gleichgewicht der Chromosphäre ist Änderungen im Strahlungsstrom gegenüber sehr empfindlich. Genaue Untersuchungen der Verhältnisse in einer ausgedehnten Chromosphäre, die von einem veränderlichen Strahlungsstrom durchsetzt wird, liegen zur Zeit nicht vor.

Betrachten wir nun eine beliebige Kugelschale im Sterninnern. In einem nichtpulsierenden Stern ist die Differenz der nach außen aus der Kugelschale ausströmenden Energie und der von innen in die Kugelschale hineinströmenden Energie (es handelt sich in beiden Fällen um den Nettostrom) gleich der in der Kugelschale von den Atomkernen erzeugten Energie. Durch die Pulsation ändern sich die Verhältnisse, und in gewissen Phasen gewinnt die Kugelschale Energie, in gewissen Phasen verliert sie Energie. Von den Energieschwankungen der Kugelschale infolge der Schwankung des Strahlungsstromes weiß man erstens, daß sie sehr klein sind, verglichen mit dem Wärme-, Strahlungs- und Ionisationsenergieinhalt der Kugelschale. Dies bedeutet, daß die Pulsationen sehr nahe adiabatisch verlaufen: Die auf ein beliebiges Volumenelement von der umgebenden Materie ausgeführte Arbeit findet man im Volumenelement sehr nahe in Form von Wärme-, Strahlungs- und Ionisationsenergie wieder. Zweitens sieht man ein, daß die Energieschwankungen auf die Dauer von großem Einfluß sind. Nehmen wir z. B. an, ein beliebiges Volumenelement empfängt in der Phase der größten Kompression und der höchsten Temperatur immer weniger Energie von außen als im Durchschnitt, bei der entgegengesetzten Phase mehr Energie als im Durchschnitt. Im Laufe einer oder einiger Pulsationsperioden spielt dies, weil die betreffende Energie so klein ist, keine Rolle, aber im Laufe einiger hunderttausend Perioden wird die Amplitude allmählich verkleinert — verkleinert, weil in diesem Fall die kleinste Energiezufuhr bei der höchsten Temperatur und umgekehrt stattfindet. Im Laufe von einer gewissen Zeit klingen die Pulsationen allmählich ab. Wenn die größte Energiezufuhr dagegen bei der höchsten Temperatur stattfindet, so werden die Pulsationen allmählich verstärkt bzw. werden sie gegen eine etwa vorhandene kleine Reibung aufrechterhalten. Es hängt also von der Phase der größten Energiezufuhr ab, ob die Pulsationen aussterben oder aufrechterhalten werden.

Es hat sich gezeigt, daß man im allgemeinen erwarten muß, daß die Pulsationen im Laufe relativ kurzer Zeit abklingen werden. Dies stimmt damit, daß die allermeisten Sterne nicht pulsieren. Ferner hat sich gezeigt, daß unter besonderen Umständen, namentlich bei großer Masse des Sterns, die Möglichkeit besteht, daß Pulsationen aufrechterhalten werden können. Die Verhältnisse sind allerdings nicht geklärt, die Antwort hängt auch von der Art des Aufbaus des Sternes, die man annimmt (vgl. S. 277 und 398), ab.

Es ist naheliegend, zu vermuten, daß Pulsationen bei größeren Massen für gewisse kritische chemische Zusammensetzungen und entsprechenden Aufbau aufrechterhalten werden. Dadurch würde die Tatsache, daß die Cepheiden alle nahe um eine gekrümmte Linie im RUSSELL-Diagramm liegen, verständlich. Der Zusammenhang zwischen der Periode und der Lage auf der Linie erklärt sich durch (1).

Vielleicht ist auch die Veränderlichkeit der Mirasterne als Folge von Pulsationen zu verstehen. Die Perioden und Dichten der Mirasterne stimmen größenordnungsmäßig mit der für Pulsationen gültigen Gleichung (1). Es ist noch unklar, wie die Unregelmäßigkeiten in den Perioden bei den Mirasternen zu verstehen sind.

Bei den unregelmäßigen Veränderlichen kleiner Amplitude hat man es wahrscheinlich mit Strömungen in ausgedehnten Atmosphären zu tun.

301. *Neue Sterne* (*Novae*) sind solche, die plötzlich aufleuchten und eine Zeitlang sichtbar bleiben, schließlich aber entweder verschwinden oder ganz schwach werden. Der berühmteste unter ihnen ist TYCHO BRAHEs Stern, der in der Cassiopeia erschien, und der von ihm zum Gegenstand einer langen Reihe von Beobachtungen gemacht wurde, vom 11. November 1572 an, dem Tag, an dem TYCHO zum erstenmal auf ihn aufmerksam wurde. Ende November war er ebenso hell wie Venus; noch im Februar und März des Jahres 1573 war er 1. Größe, nahm aber nach und nach an Helligkeit ab, bis er im März 1574 für das bloße Auge verschwand. Jetzt findet man an diesem Ort ($\alpha = 0^h\,20^m.6$, $\delta = +63°\,44'$, 1925.0) nur einen Stern 11. bis 12. Größe.

Man hat gegen 100 Novae im Milchstraßensystem gefunden und eine noch größere Anzahl in den Spiralnebeln, davon etwa 100 im Andromedanebel.

Bekannte Novae sind Nova Coronae 1866, Nova Cygni 1876, Nova Aurigae 1892, Nova Persei 1901, Nova Geminorum 1912, Nova Aquilae 1918, Nova Cygni 1920 und Nova Pictoris 1925.

Es gibt einige Sterne, die große Ähnlichkeit mit den neuen Sternen haben, ohne daß man sie als Novae bezeichnen kann. Sie zeigen novaähnliche Lichtausbrüche, die sich aber in Zwischenräumen von mehreren Jahren wiederholen. Ein typisches Beispiel ist der Stern T Pyxidis; ähnliches Verhalten zeigen η Carinae und P Cygni.

Von den neuen Sternen späterer Zeit ist die *Nova Persei* 1901 besonders bemerkenswert. Früh am Morgen des 22. Februar 1901 wurde sie von ANDERSON in Edinburgh als ein Stern 3. Größe gesehen. Zwei Nächte vorher war sie auf einer photographischen Aufnahme dieser Gegend, die auf der HARVARD-Sternwarte erhalten war und Sterne 11. Größe zeigte, unsichtbar. Den 23. und 24. Februar war sie ebenso hell wie Capella, die in der Nähe stand, eine kurze Zeit sogar heller. Bereits am 25. war ein Abnehmen bemerkbar, und jetzt wurde der Stern, jedoch unter ständigen Fluktuationen, immer schwächer. Am Schluß des Jahres war er 7., am Schluß des Jahres 1902 10. Größe, und jetzt ist er noch schwächer.

Photographische Aufnahmen des Spektrums der Nova zeigten das folgende Verhalten. So lange die Helligkeit noch in der Zunahme begriffen war, war das Spektrum ein Absorptionslinienspektrum vom Spektraltypus B mit den Absorptionslinien gegen Violett verschoben, entsprach also einem DOPPLER-Effekt mit der Bewegung auf den Beobachter zu. Am 24. Februar war das Spektrum vollständig verändert. Es fanden sich auf einem im Violetten und Ultravioletten sehr kräftigen kontinuierlichen Spektrum stark ausgeprägte helle und breite Linien, jede mit einem dunklen, breiten Begleiter auf der violetten Seite. Ende März waren diese dunklen Begleiter verschwunden, und gleichzeitig wurde auch das kontinuierliche Spektrum schwächer. In der folgenden Phase fanden sich die aus den galaktischen Nebeln bekannten Emissionslinien (s. S. 452), doch sehr verwischt, nicht scharf wie in Nebelspektren. Zuletzt fanden sich von den breiten, hellen Linien nur einige wenige vor, die charakteristisch für die WOLF-RAYET-Sterne der Spektralklasse O sind. Ähnliche Verhältnisse haben sich auch bei anderen Novae gezeigt.

Um viele Novae herum hat man Nebelmassen von einer Ausdehnung bis zu einigen Bogensekunden konstatiert. Die Nebelscheibe wächst eine Zeitlang nach dem Aufleuchten der Nova.

Der neue Stern im Perseus wies ein merkwürdiges Verhalten auf. Auf der Lick-Sternwarte erhielt man im Laufe des Winters 1901 bis 1902 eine Reihe von photographischen Aufnahmen von der Gegend um den Stern herum mit dem 150 cm-Reflektor und mit Expositionszeiten zwischen 7 und 11 Stunden. Auf allen Platten erschien der Stern von ausgedehnten Nebelmassen (bis zu 10 Bogenminuten von der Nova entfernt) umgeben, und man glaubte nachweisen zu können, daß einzelne, ausgeprägte Teile derselben sich im Lauf der Zeit beträchtlich vom Stern entfernten. Da der Stern keine merkbare Parallaxe hat, ist die Entfernung so groß, daß von einer Bewegung der Materie selbst keine Rede sein kann; deshalb glaubt man, daß es die Lichtgeschwindigkeit selbst sei, die sich dadurch zu erkennen gab, daß das Licht des stark aufleuchtenden Sterns nach und nach von stets entfernteren Teilen der an und für sich dunklen oder nur schwach leuchtenden Nebelmasse reflektiert wurde.

In einigen Fällen hat man für Novae die Parallaxen bestimmen können. Die mit Hilfe der Parallaxen bestimmten absoluten Helligkeiten im Lichtmaximum liegen mit einiger Streuung um den Mittelwert -6^M. Die Novae erreichen somit sehr große absolute Helligkeiten.

Die starke Violettverschiebung der Spektrallinien der Novae unmittelbar vor dem Maximum führt zu der Annahme, daß der Stern sich in dieser Phase schnell ausdehnt. Das Aussehen des Spektrums unmittelbar nach dem Maximum stimmt mit dieser Annahme überein. Die große Intensität im Violetten und Ultravioletten rührt wahrscheinlich daher, daß durch die Ausdehnung tiefere, heiße Schichten an die Oberfläche gebracht worden sind. Die große Leuchtkraft im Maximum rührt von der hohen Temperatur dieser Schichten, zusammen mit der infolge der Ausdehnung sehr großen Oberfläche, her. Die breiten, hellen, stark nach Violett verschobenen Linien, die nach dem Maximum im Spektrum auftreten, zeigen, daß die Ausdehnung sich fortsetzt. Der Stern ist von einer Gasschale umgeben, die in schneller Ausdehnung begriffen ist. Die Teile der Schale, die sich gerade gegen den Beobachter bewegen, geben am meisten gegen Violett verschobene Linien, für die Teile, die sich schräg zur Gesichtslinie bewegen, ist die Violettverschiebung kleiner. Die Absorptionslinien stammen nun aus denjenigen Teilen der Gasschale, die, vom Beobachter gesehen, sich gerade über dem Stern befinden. Deshalb sind die Absorptionslinien am stärksten gegen Violett verschoben. Da den verschiedenen Teilen der Gasschale verschiedene Radialgeschwindigkeiten entsprechen, werden die Linien sehr breit. Eine weitere Bestätigung dieser Auffassung ergeben die Beobachtungen von Nebelscheiben um die Novae. Daß schließlich die in den galaktischen Nebeln auftretenden Linien erscheinen, zeigt, daß die physikalischen Bedingungen jetzt denjenigen in den Nebeln ähnlich sind (vgl. S. 452), d. h. daß die Dichte äußerst gering ist, und daß auch die Bestrahlung vom Stern infolge großer Entfernung vom Stern relativ schwach ist. Das WOLF-RAYET-Spektrum, das nach einigen Jahren erscheint, stammt vom Stern selbst und zeigt, daß der Stern in diesem Stadium eine hohe Oberflächentemperatur hat.

Eine Theorie der Novae muß erklären, wie die oben beschriebenen Bewegungen entstehen.

Unter den verschiedenen Versuchen, das Erscheinen neuer Sterne zu erklären, kann der Versuch SEELIGERS genannt werden, der darauf hinausläuft, daß sie als kosmische Sternschnuppen in großem Maßstab zu betrachten sind, indem ein Stern bei seiner Bewegung im Raum in eine ausgedehnte Nebelmasse oder Staubmasse eindringt. Durch den Zusammenstoß werden die Oberflächenschichten erhitzt, und große Gasmassen werden vom Stern ausgestoßen. Die Fluktuationen der Helligkeit nach dem Maximum werden durch wechselnde Absorption in der Staubmasse verursacht.

Eine andere Theorie fußt auf der Annahme, daß das Novaphänomen durch plötzliche große Veränderungen der Verhältnisse im Innern des Sterns verursacht wird, daß eine Art Explosion stattfindet. Man kann an irgendeine Instabilität im Aufbau denken. Es ist auch möglich, daß das Novaphänomen mit der Bildung eines überdichten Kerns in Zusammenhang stehen kann (vgl. S. 492). Schließlich besteht auch die Möglichkeit, daß eine äußere Störung, z. B. durch den Einsturz eines Riesenmeteors, eine vorübergehende Störung des inneren Gleichgewichts des Sterns hervorruft, die dann den Novaausbruch herbeiführt.

Die Zahl der aufleuchtenden galaktischen Novae ist auf 1 bis 10 im Jahre zu schätzen. Eine Abschätzung des Bruchteils, den die Sterne unseres Sternsystems, die in einem Jahr einen Novaausbruch erleiden, von allen Sternen des Sternsystems ausmachen, erhält man wie folgt. Die absolute visuelle Helligkeit der Novae im Maximum beträgt ungefähr -6^M. Die Novae, die heller als von der scheinbaren Größenklasse $0^m.5$ werden, sind deshalb näher als 200 parsec. Innerhalb 200 parsec befinden sich schätzungsweise $2 \cdot 10^6$ Sterne (§§ 307 bis 308). Nimmt man an, daß seit etwa 1500 alle Novae, die heller als $0^m.5$ wurden, bemerkt worden sind, so findet man für ihre Häufigkeit 4 in 400 Jahren, d. h. 0.01 pro Jahr. Der gesuchte Bruchteil ist also 1 Nova pro Jahr auf $2 \cdot 10^8$ Sterne. Diese Zahl gibt natürlich nur die Größenordnung an. Nun rechnet man mit einem Alter des Sternsystems von mindestens 10^{10} Jahren (vgl. § 321). Somit ist es wahrscheinlich, daß ein großer Teil aller Sterne das Novastadium mindestens einmal passieren.

Die während eines Novaausbruchs ausgestrahlte Energie ist sehr klein, verglichen mit der totalen Wärme- und Strahlungsenergie des Sterns. Der Stern, so wie er vor und nach dem Novaausbruch aufgebaut ist, wird also sehr nahe dieselbe Energie haben. Diese Tatsache wird wahrscheinlich zu interessanten Schlüssen Anlaß geben, wenn der Aufbau eines Sterns vor und nach einem Novaausbruch genauer bekannt sein wird.

Sternhaufen und Nebel.

302. *Sternhaufen.* An vielen Stellen des Himmels kann man Sterne wahrnehmen, die in Gruppen dicht zusammen stehen. Solche Objekte nennt man *Sternhaufen.*

Man unterscheidet zwischen *kugelförmigen Sternhaufen* und *offenen Sternhaufen.* Die kugelförmigen Sternhaufen sind ziemlich scharf begrenzte und regelmäßig geformte sehr sternreiche Haufen mit starker Konzentration der Sterne gegen das Zentrum hin. Die offenen Sternhaufen sind weniger regelmäßig, enthalten nicht so viele Sterne, und die Sterne sind gegen das Zentrum hin nicht stark konzentriert. Man kennt Übergangsformen zwischen kugelförmigen Sternhaufen und offenen Sternhaufen.

Man hat etwa 100 kugelförmige Sternhaufen und über 300 offene Sternhaufen gefunden. Ein bekannter kugelförmiger Sternhaufen ist der Sternhaufen im Herkules, zwischen η und ζ. Bekannte offene Sternhaufen sind die Plejaden, das Haar der Berenice (zwischen Arcturus und dem Löwen), die Krippe (Praesepe) im Krebs und die beiden Sternhaufen im Perseus.

Bei den größten kugelförmigen Sternhaufen nimmt man an, daß sich etwa eine Million Sterne in ihnen vorfinden. Von diesen sind im allgemeinen nur die hellsten zu sehen. Die offenen Sternhaufen enthalten, wie schon erwähnt, weit weniger Sterne, einige davon unter hundert, andere ein paar tausend Sterne.

Zu den offenen Sternhaufen rechnet man auch eine andere Klasse zusammengehörender Sterne, die sogenannten *Sternströme* („moving clusters"), die zwar nicht als dichte Haufen am Himmel zu sehen sind, die sich aber dadurch auszeichnen, daß die in ihnen befindlichen Sterne eine parallele Bewegung durch den Raum haben. Beispiele für Sternströme sind die Hyaden und der Ursa major-Strom. Die Sternströme unterscheiden sich von offenen Sternhaufen, weil sie verhältnismäßig so nahe Objekte sind, daß die darin befindlichen Sterne nicht dicht zusammen am Himmel gesehen werden. Zum Ursa major-Strom

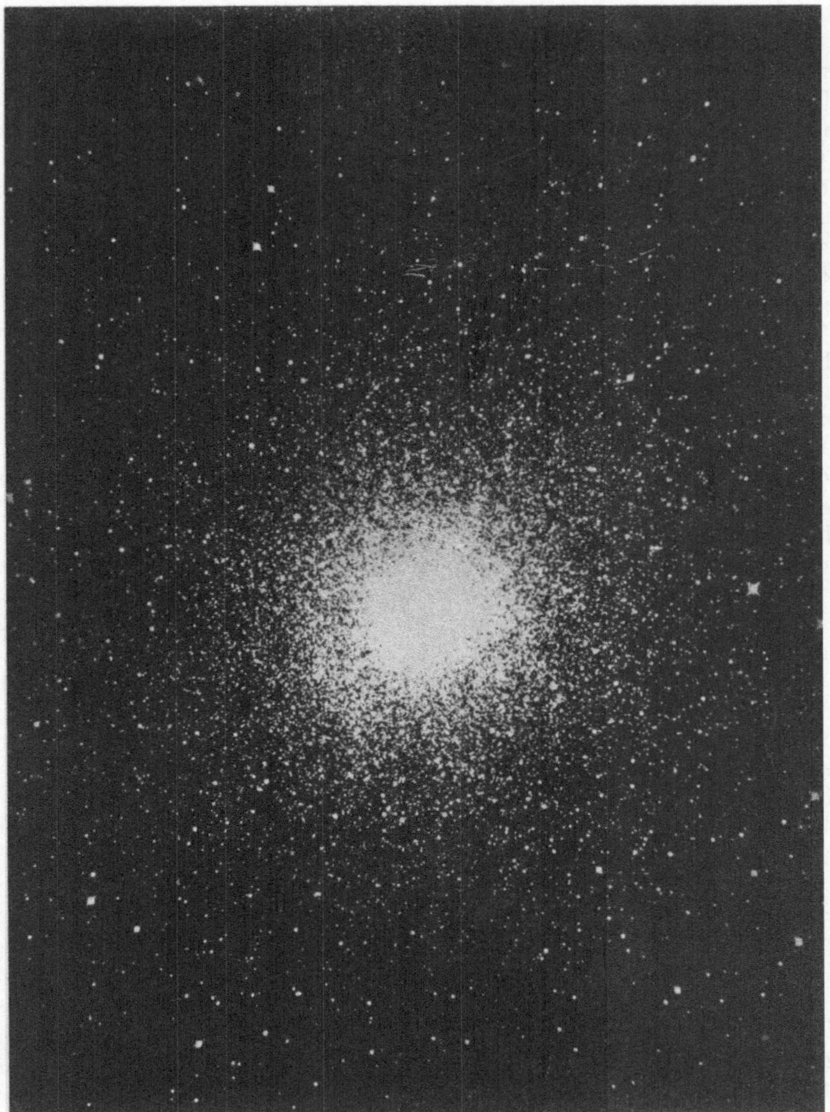

Abb. 166. Kugelförmiger Sternhaufen. Der große Haufen im Hercules (Messier 13).

gehört eine Reihe heller Sterne, die über einen großen Teil des Himmels zerstreut sind, z. B. Sirius, β Aurigae, α Coronae borealis und β Eridani.

Die kugelförmigen Sternhaufen sind sehr ungleichmäßig über den Himmel verteilt. Die Verteilung ist symmetrisch um die Ebene der Milchstraße, die Verteilung über die galaktischen Längen (vgl. S. 456) aber ist sehr ungleichmäßig. Die galaktischen Längen zwischen 300° und 350° sind stark bevorzugt.

Die mittlere galaktische Breite ist wegen der Symmetrie um die Milchstraße ungefähr 0°, das Mittel der galaktischen Breiten ohne Rücksicht auf das Vorzeichen ist etwa 22°. Die Gegend der größten Häufung der kugelförmigen Sternhaufen liegt im Sternbild Sagittarius.

Die offenen Sternhaufen sind ebenfalls um die Milchstraße symmetrisch verteilt. Die Verteilung in galaktischer Länge ist gleichmäßig. Die offenen Sternhaufen sind stark gegen die Milchstraße konzentriert. Etwa 70% aller offenen Sternhaufen haben galaktische Breiten zwischen $-5°$ und $+5°$.

Die Verteilung der Sterne eines Sternhaufens im RUSSELL-Diagramm zu bestimmen, ist eine einfachere Aufgabe als die Bestimmung der Verteilung für die Sterne im allgemeinen. Da die Sterne des Haufens sich praktisch im selben Abstande vom Beobachter befinden, ist der Unterschied zwischen absoluter und scheinbarer Größenklasse für alle Sterne des Haufens derselbe. Mit Hilfe der scheinbaren Helligkeiten und Spektraltypen oder Farbenindizes können die Bildpunkte der Sterne im RUSSELL-Diagramm bis auf eine konstante, von der Parallaxe abhängige, Verschiebung in der Richtung der Achse der absoluten Helligkeit angegeben werden.

Für eine Reihe kugelförmiger Sternhaufen liegen ausgedehnte Messungen von scheinbaren Helligkeiten und Farbenindizes vor. Für eine beträchtliche Anzahl Sterne in offenen Sternhaufen sind scheinbare Helligkeiten und Spektraltypen bestimmt worden.

Zeichnet man die den Beobachtungen entsprechenden, verschobenen RUSSELL-Diagramme, so findet man die folgenden Resultate.

In den kugelförmigen Sternhaufen kommen Zwergsterne nicht vor. Entweder sind die Beobachtungen nicht zu den schwachen Zwergen vorgedrungen oder es sind tatsächlich in den kugelförmigen Sternhaufen keine Zwergsterne vorhanden. Bei einzelnen kugelförmigen Sternhaufen wurden die Beobachtungen auf so schwache Sterne ausgedehnt, daß Zwergsterne sich hätten zeigen müssen, wenn sie vorhanden wären. Die vorhandenen Sterne liegen um den Riesenast und über dem Riesenast. Es sind also Riesensterne und Übergiganten. Sehr charakteristisch ist in vielen kugelförmigen Sternhaufen eine Gruppe Übergiganten der Spektralklassen A bis G von ungefähr gleichen absoluten Helligkeiten.

Die offenen Sternhaufen zeigen verschiedene Arten der Verteilung. Ein besonders sternreicher offener Sternhaufen wie Messier 37 zeigt die Zwerghauptserie und ihre Fortsetzung in den Riesenast. In anderen offenen Haufen kommen Riesensterne nicht vor, sondern nur Zwerge und B-Sterne. Die Plejaden gehören zu diesem Typus. Es gibt auch offene Sternhaufen, die Sterne der Zwerghauptserie bis A und Unterriesen der Spektralklasse K enthalten (die Hyaden).

In den kugelförmigen Sternhaufen kommen kurzperiodische Cepheiden häufig vor. Wie wir wissen, sind die absoluten Helligkeiten für alle kurzperiodischen Cepheiden ungefähr gleich (vgl. S. 440). Aus den scheinbaren Helligkeiten der kurzperiodischen Cepheiden in kugelförmigen Sternhaufen können ihre relativen Abstände also gefunden werden. Zur Bestimmung der absoluten Abstände muß man den Wert der absoluten Helligkeit kennen. Aus Beobachtungen der Eigenbewegungen von uns verhältnismäßig nahen l a n g periodischen Cepheiden konnten ihre absoluten Helligkeiten bestimmt werden (vgl. S. 461). Durch eine Extrapolation der Periode-Leuchtkraft-Relation (vgl. Abb. 165) für die langperiodischen Cepheiden auf die k u r z periodischen Cepheiden erhielt man dann die absolute Helligkeit dieser. Die Richtigkeit der Extrapolation wird durch die beobachteten scheinbaren Helligkeiten derjenigen — allerdings wenig zahlreichen — kurzperiodischen Cepheiden, die in der kleinen MAGELLANschen Wolke zusammen mit langperiodischen Cepheiden vorkommen, bestätigt.

Somit können die Abstände derjenigen kugelförmigen Sternhaufen, in denen kurzperiodische Cepheiden vorkommen, bestimmt werden. Wo Cepheiden nicht vorkommen, leitet man aus der durchschnittlichen scheinbaren Helligkeit der hellsten Sterne des Haufens Abstände ab, indem man für diese eine durchschnittliche absolute Helligkeit ansetzt, die man für solche Haufen bestimmt, wo kurzperiodische Cepheiden beobachtet worden sind. Das Verfahren ist natürlich nicht einwandfrei, es ist z. B. denkbar, daß die hellsten Sterne systematisch heller sind in solchen Haufen, wo Cepheiden vorkommen, als in solchen, wo sie nicht vorkommen. Man wird aber jedenfalls die richtige Größenordnung für den Abstand treffen. Schließlich können auch angenähert richtige Abstände ermittelt werden durch die Annahme, daß Sternhaufen, die unter demselben Winkeldurchmesser erscheinen, gleiche Abstände haben. Auch diese Annahme kann leicht zu etwas fehlerhaften Resultaten führen, da größere Unterschiede in den linearen Dimensionen sehr wohl vorkommen können, so daß ein größerer ferner Haufen denselben Winkeldurchmesser zeigen kann wie ein kleinerer naher.

Zuverlässigere Resultate werden erhalten, wenn die kugelförmigen Sternhaufen in Klassen je nach dem Konzentrationsgrad geteilt werden, und die durchschnittliche absolute Helligkeit der hellsten Sterne aus der absoluten Helligkeit der Cepheiden für jede Klasse für sich bestimmt wird. Als hellste Sterne werden z. B. die 25 hellsten (mit Ausschluß der fünf hellsten, die vielleicht dem Vordergrund angehören) gewählt. Es zeigt sich, daß diese 25 Sterne in stark konzentrierten Haufen durchschnittlich $1^m.3$ Größenklassen heller sind als die Cepheiden, in weniger konzentrierten Haufen dagegen nur $0^m.9$ Größenklassen heller.

Für die kugelförmigen Sternhaufen findet man mit Hilfe der genannten Methoden sehr große Abstände von 7000 bis 60000 parsec. Für die Durchmesser der kugelförmigen Sternhaufen findet man Werte von der Größenordnung 30 parsec. Die räumliche Sterndichte in den kugelförmigen Sternhaufen ist sehr groß, besonders in den zentralen Teilen. Während in der Umgebung der Sonne in einer Kugel mit dem Durchmesser 10 parsec 3 Sterne absolut heller als 3^M vorkommen, ist die Zahl dieser Sterne im kugelförmigen Sternhaufen Messier 3 mehrere Tausende.

Die Abstände der offenen Sternhaufen hat man aus den scheinbaren Helligkeiten der hier vorhandenen Zwergsterne der Hauptserie bestimmen können. Die absoluten Helligkeiten dieser Sterne sind ja aus der Spektralklasse ziemlich genau bestimmbar. Wo Spektralklassifikationen nicht vorliegen, kann man die Abstände aus dem Winkeldurchmesser des Haufens schätzen, in ähnlicher Weise wie bei den kugelförmigen Sternhaufen.

Die Abstände der bekannten offenen Sternhaufen sind viel kleiner als die der kugelförmigen Sternhaufen. Sie sind von der Größenordnung 1000 parsec und sind selten über 3000 parsec.

Die Durchmesser sind von der Größenordnung 5 parsec, die räumlichen Sterndichten sind geringer als in den kugelförmigen Sternhaufen, wenn auch größer als in der nächsten Umgebung der Sonne.

Die aus den Abständen sich ergebende räumliche Verteilung der kugelförmigen und offenen Sternhaufen wird an anderer Stelle diskutiert (vgl. S. 468).

Die Verteilung der Sterne in kugelförmigen und offenen Sternhaufen kann man aus Sternzählungen ermitteln. Es ist nämlich möglich, von der Verteilung in der Projektion auf die Tangentialebene der Himmelskugel auf die räumliche Verteilung zu schließen.

Die hellsten Sterne sind gegen das Zentrum hin stärker konzentriert als die schwächeren. Durch eine Analogie mit den Verhältnissen in einem idealen Gas, wo der Gleichgewichtszustand durch Zusammenstöße der Partikeln zustande kommt, hat man aus den beobachteten verschiedenen Konzentrationen verschiedener Gruppen von Sternen Durchschnittswerte für die Massen der Sterne in den Gruppen ermitteln können. Die so bestimmten Massen stimmen mit denjenigen, die man in Doppelsternsystemen hat bestimmen können, gut überein (vgl. §§ 282 und 294).

Für die Sterne der Sternströme hat man auf besondere Weise die Parallaxen bestimmen können. Da die Bewegungen der Sterne im Raum parallel sind, zeigen die Eigenbewegungen alle auf denselben Punkt an der Sphäre, den Konvergenzpunkt (vgl. Abb. 167). Der Konvergenzpunkt kann also aus den Eigenbewegungen bestimmt werden. Der Konvergenzpunkt gibt nun die Bewegungsrichtung der Sterne des Sternstromes relativ zur Sonne an. Wenn diese Richtung bekannt ist, folgt die Parallaxe aus der Eigenbewegung und der Radialgeschwindigkeit (vgl. Anhang S. 507).

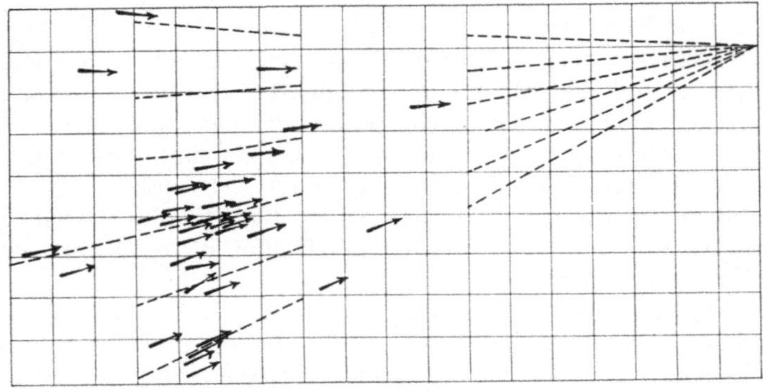

Abb. 167. Eigenbewegung der Hyaden.

Die Sterne der normalen Sternströme gehören meist der Zwerghauptserie an. Zu den Sternströmen rechnet man aber oft auch gewisse Gruppen von B- und A-Sternen, die sehr geringe absolute Geschwindigkeiten haben. Diese Sterne zeigen dann eine Strombewegung, die der Sonnenbewegung nahe entgegengesetzt ist.

303. *Die galaktischen Nebel.* Als Nebel bezeichnete man ursprünglich alle leuchtenden Flecke, die nicht in einzelne Sterne aufgelöst werden konnten. Einige der Nebel hat man später teilweise in einzelne Sterne auflösen können, und die weitaus meisten Nebel bestehen wahrscheinlich in jedem Fall teilweise aus einzelnen Sternen. Man hat den Namen Nebel jedoch als eine gemeinsame Bezeichnung beibehalten. Die Nebel werden in zwei Gruppen eingeteilt, die galaktischen Nebel und die nichtgalaktischen Nebel. Diese beiden Gruppen sind wesensverschieden. Die galaktischen Nebel sind Objekte im Milchstraßensystem, die nichtgalaktischen Nebel befinden sich außerhalb des Milchstraßensystems und können weit größere Dimensionen als die galaktischen Nebel haben (Näheres s. § 304 und S. 485).

Die galaktischen Nebel werden in die *diffusen* und die *planetarischen* Nebel eingeteilt.

Die diffusen Nebel sind sehr unregelmäßig geformte, ausgedehnte, schwach leuchtende Objekte. Ihre Winkeldurchmesser liegen zwischen einigen Bogenminuten und mehreren Graden.

Die planetarischen Nebel werden als kleine runde Scheiben oder Ringe gesehen und haben eine gewisse äußerliche Ähnlichkeit mit Planetenscheiben. Sie haben Winkeldurchmesser von einigen Bogensekunden bis zu 15 Bogenminuten.

In der Regel befindet sich in der Mitte eines planetarischen Nebels ein Stern, der Zentralstern. Wenn man in einigen planetarischen Nebeln keinen Zentralstern hat beobachten können, so liegt das wahrscheinlich nur an besonderen für die Beobachtung ungünstigen Faktoren; man nimmt an, daß der Zentralstern sich bis auf ganz wenige Ausnahmen vorfindet.

Die Zentralsterne sind WOLF-RAYET-Sterne (vgl. S. 345). Die breiten Emissionslinien in ihrem Spektrum können so gedeutet werden, daß ständig Masse

Abb. 168. Der große Gasnebel im Sternbilde Orion. Aufnahme der YERKES-Sternwarte.

von der Sternatmosphäre radial nach außen abgeschleudert wird (vgl. das entsprechende Verhalten im Novaspektrum, S. 445). Vielleicht besteht ein organischer Zusammenhang zwischen den abgeschleuderten Massen und dem umgebenden Nebel.

Man kennt etwas über hundert diffuse Nebel und eine ähnliche Anzahl planetarische Nebel. Ein bekannter diffuser Nebel ist der Orionnebel (Abb. 168), ein bekannter planetarischer Nebel ist der Ringnebel in der Leier (Abb. 169).

Das Licht der diffusen Nebel wird wahrscheinlich ausschließlich durch Beleuchtung von Sternen hervorgerufen, die entweder in der Nebelmasse oder in deren Nähe liegen. Für beinahe alle diffusen Nebel hat man solche Nachbarsterne nachweisen können, die die primäre Ursache der Lichtaussendung der Nebel sind. Zugleich hat man einen Zusammenhang zwischen der Helligkeit des Sterns und des Nebels nachweisen können. Ferner hat man einen Zusammenhang zwischen den Spektren des Sterns und des Nebels nachgewiesen. Einem Spektrum O bis B 0 des Sterns entspricht ein Emissionslinienspektrum des Nebels, anderen vorkommenden Spektren des Nachbarsterns (hauptsächlich von B 1 bis A 2) entspricht ein kontinuierliches Spektrum des Nebels, in einigen Fällen ein kontinuierliches Spektrum mit Absorptionslinien.

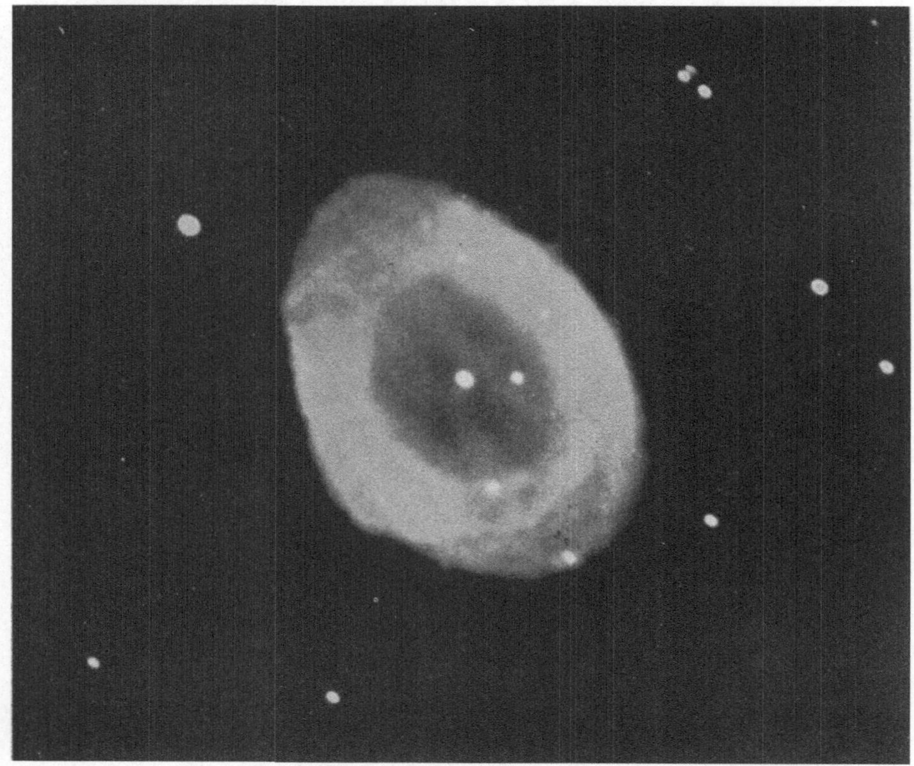

Abb. 169. Planetarischer Nebel in der Leier.

Falls die diffusen Nebel nur leuchten, wenn ein Stern in ihrer Nähe befindlich ist, müßte man auch *dunkle* diffuse Massen im Raume nachweisen können. Man hat auch solche nachgewiesen; sie gehen, wie man erwarten konnte, oft in leuchtende diffuse Nebel über. Diese dunklen Massen geben sich durch eine Absorption des Sternlichtes zu erkennen, die scheinbar relativ sternarme Gegenden hervorruft. Dunkle absorbierende Massen sind ein sehr auffälliges Phänomen in der Milchstraße. Durch Vergleich der Sternzahlen verschiedener Größenklassen in und neben den sternarmen Gegenden hat man den Abstand und den Betrag der Absorption von dunklen Nebeln bestimmen können. Bekannte Dunkelnebel sind die Dunkelnebel im Sternbild Taurus und bei ϱ Ophiuchi und der „Kohlensack“ in der Nähe des südlichen Kreuzes.

Man muß annehmen, daß diffuse Nebel mit Emissionslinien aus freien Atomen bestehen, die Sternlicht absorbieren und es in Spektrallinien wieder aussenden. Von den dunklen Massen nimmt man an, daß sie aus größeren und kleineren Staubpartikeln bestehen, die Licht durch Schattenwirkung absorbieren. Man hat nämlich nachweisen können, daß diese dunklen absorbierenden Massen die spektrale Zusammensetzung des Lichts nicht modifizieren. Die diffusen Nebel mit kontinuierlichem Spektrum bzw. kontinuierlichem Spektrum mit Absorptionslinien bilden den Übergang zwischen den beiden Grenzfällen. Hiermit stimmt die früher hervorgehobene Tatsache überein, daß sehr heiße Sterne als Nachbarsterne das Emissionslinienspektrum geben.

In einigen offenen Sternhaufen, z. B. in den Plejaden, sind diffuse und auch dunkle Nebelmassen vorhanden.

Die planetarischen Nebel geben Emissionslinienspektren mit einem schwachen Untergrund von einem kontinuierlichem Spektrum. Die Emissionslinien entsprechen Wasserstoff, doppelt ionisiertem Stickstoff und Sauerstoff und dreifach ionisiertem Sauerstoff. Einzelne der Linien sind nur in Nebelspektren bekannt und können nachweisbar nur dort auftreten, wo eine so geringe Dichte wie in den Nebeln besteht. Früher glaubte man, daß diese Linien durch ein oder zwei auf der Erde unbekannte Grundstoffe hervorgerufen seien. Die Linien treten deshalb im Laboratorium nicht auf, weil die entsprechenden Übergangswahrscheinlichkeiten außerordentlich klein sind. In den Nebeln sind die äußeren Störungen so klein, daß ein Atom in dem energiereicheren von den beiden Zuständen so lange verweilen kann, daß der Übergang schließlich, trotz der geringen Übergangswahrscheinlichkeit, doch stattfindet.

Für die planetarischen Nebel nimmt man an, daß der Zentralstern die primäre Energiequelle ist. Die Verhältnisse der Zentralsterne sind nicht klargelegt. Es sind heiße Sterne mit geringer absoluter Helligkeit, im RUSSELL-Diagramm etwas oberhalb der weißen Zwerge gelegen.

Die planetarischen Nebel sind visuell immer viel heller als die Zentralsterne. Dies liegt wahrscheinlich daran, daß der Hauptteil der Strahlung der Zentralsterne im Ultravioletten liegt, während die Nebel so angeregt werden, daß sie im visuellen Teil des Spektrums strahlen.

304. *Die anagalaktischen Nebel.* Die nichtgalaktischen oder *anagalaktischen* Nebel werden in *ellipsenförmige* Nebel, *spiralförmige* Nebel und Nebel vom Typus der MAGELLANschen Wolken eingeteilt.

Die ellipsenförmigen Nebel erscheinen als kleine regelmäßige diffuse Objekte (von Bruchteilen einer Bogenminute bis zu einigen wenigen Bogenminuten Durchmesser) mit starker Konzentration der Lichtintensität gegen das Zentrum hin. Ihre Form ist am häufigsten elliptisch, in einigen Fällen kreisförmig, in anderen Fällen linsenförmig. In einigen wenigen Fällen hat man einzelne Sterne in diesen Nebeln nachweisen können, in einem Fall hat man eine Nova in einem elliptischen Nebel beobachtet. Man nimmt allgemein an, daß die elliptischen Nebel aus einzelnen Fixsternen bestehen, und daß nur die große Entfernung bewirkt, daß sie diffus gesehen werden. Die kleinsten ellipsenförmigen Nebel sind etwas größer als die größten kugelförmigen Sternhaufen und können möglicherweise als sehr große kugelförmige Sternhaufen aufgefaßt werden. Es besteht aber auch die Möglichkeit, daß wir es in den elliptischen Nebeln mit ausgedehnten Gasmassen zu tun haben.

Die spiralförmigen Nebel sind diffuse Objekte, die sich dadurch auszeichnen, daß sie Spiralarme haben, in der Regel zwei, die sich aus einem Kern herauswinden. Die Spiralform ist sehr wechselnd. In vielen Fällen sieht man die äußeren Teile der spiralförmigen Nebel in einzelne Sterne aufgelöst.

Man nimmt an, daß die spiralförmigen Nebel hauptsächlich aus einzelnen Sternen bestehen, vielleicht ist aber der Kern in einigen Fällen eine zusammenhängende Nebelmasse. In anderen Fällen ist der Kern wahrscheinlich annähernd mit einer Milchstraßenwolke oder einem kugelförmigen Sternhaufen zu vergleichen. In vielen spiralförmigen Nebeln sind dunkle Partien zu sehen, die dunklen Staubmassen in den Nebeln entsprechen; in mehreren dieser Nebel sieht man kleinere diffuse Nebel, die den diffusen galaktischen Nebeln entsprechen. Ferner hat man in mehreren spiralförmigen Nebeln Cepheiden und Novae wie auch Sternhaufen gefunden.

Abb. 170. Spiralnebel (Messier 51) in den Jagdhunden. Aufnahme der Mt. Wilson-Sternwarte mit dem $1^1/_2$ m Spiegelteleskop.

Bekannte Spiralnebel sind der Andromedanebel und der Nebel Messier 33 im Triangulum, beide für das bloße Auge sichtbar (Messier 33 jedoch nur unter besonders günstigen Umständen).

Nebel vom Typus der MAGELLANschen Wolken sind so genannt nach zwei großen nebelartigen Flecken am südlichen Himmel, 20° vom Südpol, den MAGELLANschen Wolken. Diese Klasse umfaßt etwa 20 Objekte derselben Art wie die MAGELLANschen Wolken. Diese Objekte haben keine Spiralstruktur und weisen nur geringe Verdichtung gegen das Zentrum auf. Sie bestehen aus einzelnen Fixsternen und anderen aus dem Milchstraßensystem bekannten Objekten.

In den MAGELLANschen Wolken hat man Sternhaufen, diffuse Nebel, planetarische Nebel, O-Sterne, Cepheiden und rote langperiodische veränderliche Sterne nachgewiesen.

Die elliptischen Nebel sind die zahlreichsten, Nebel vom Typus der MAGELLANschen Wolken sind am wenigsten häufig vertreten. Man schätzt die Anzahl nichtgalaktischer Nebel auf die Größenordnung von einigen Millionen.

Der „New General Catalogue of Nebulae and Clusters" (N.G.C.) ist ein Verzeichnis von etwa 8000 Nebeln und Sternhaufen. Die dort angeführten Beschreibungen der Objekte beruhen in der Hauptsache auf den Beobachtungen von W. HERSCHEL, J. HERSCHEL und Lord ROSSE.

Eine Durchmusterung der Nebel heller als die 13. Größenklasse ergab folgende Resultate. Von den 1025 Nebeln wurden 701 als spiralförmige, 217 als ellipsenförmige (sphäroidische) und 29 als unregelmäßige Nebel klassifiziert. 78 Nebel konnten nicht klassifiziert werden. Somit sind unter den helleren Nebel die meisten spiralförmig, und es ist anzunehmen, daß die Mehrzahl der schwachen als ellipsenförmig klassifizierten Nebel in Wirklichkeit spiralförmig sind.

Abb. 171. Spiralnebel von der Kante gesehen, mit einem Streifen dunkler Materie, der einen Teil des Lichtes abschirmt.

Das Universum.

305. Die Bestrebungen der Astronomie sind zu allen Zeiten darauf ausgegangen, das Wahre aus dem Scheinbaren herauszufinden. Ebenso wie man seit langem aus der scheinbaren Stellung und Bewegung der Sonne und der Planeten den Aufbau des Sonnensystems gefunden hat, so hat man auch versucht, sich eine Vorstellung von der Form des *Universums* und der gegenseitigen Stellung der Himmelskörper darin zu bilden. Unter Universum wird hier der Inbegriff aller Körper verstanden, die wir sehen können oder von deren Vorhandensein wir auf andere Weise Gewißheit haben. Für die Sterne kann zwar durch Beobachtung die Richtung direkt bestimmt werden, für die Entfernung aber ist es nur in Ausnahmefällen möglich, direkte Messungen (vgl. S. 405) auszuführen. Die Bestrebungen der Astronomen sind in den letzten Jahrzehnten zum großen Teil darauf ausgegangen, diese Schwierigkeit zu umgehen und andere Fundamente für eine Vorstellung von den Entfernungen im Universum zu suchen.

Bei Betrachtungen dieser Art spielt die *Milchstraße* eine hervorragende Rolle. Dies auffallende leuchtende Band erstreckt sich so gut wie ohne Unterbrechung, wenn auch mit verschiedener Helligkeit, um den ganzen Himmel herum; es verläuft nahe an einem größten Kreis entlang, dessen einer Pol in dem Sternbild des Haares der Berenice mit der Rektaszension um 190°, der Deklination um $+28°$ herum liegt; der entgegengesetzte Pol, der Südpol der Milchstraße, fällt in die Südgrenze des Walfisches. Von diesem größten Kreis und seinen Schnittpunkten mit dem Äquator ausgehend, wird die *galaktische Länge* (l) und die *galaktische Breite* (b) analog der Länge und Breite relativ zur Ekliptik definiert.

An mehreren Stellen hat die Milchstraße kleinere Ausläufer, an anderen Stellen dunkle Öffnungen; an einer Stelle vom Schwan bis weit hinunter auf den südlichen Himmel ist sie in zwei Zweige geteilt. In dieser Gegend ist sie an mehreren Stellen sehr hell; dies sieht man am besten zu der Zeit, in der Wega am höchsten steht. In der entgegengesetzten Richtung, etwas links vom Orion, ist sie dagegen ziemlich lichtschwach.

Im Fernrohr löst die Milchstraße sich in einzelne Sterne auf. Die Struktur der Milchstraße wird dadurch hervorgerufen, daß die Sterne hauptsächlich in der Form gewaltiger Ansammlungen von Sternen, Sternwolken geordnet sind, die teilweise mehr oder weniger übereinander greifen, teils isoliert liegen. Eine bekannte Milchstraßenwolke ist die Cygnus-Wolke zwischen β und γ Cygni. Zwischen den sternreichen Gegenden der Sternwolken kommen weit sternärmere Gegenden vor, die zum Teil durch die früher erwähnte Absorption in dunklen Staubmassen hervorgerufen werden. Die leuchtenden galaktischen Nebel sind ebenfalls für die Milchstraße typisch.

306. Von den *älteren Versuchen*, sich ein Bild des Universums zu schaffen, sollen einige genannt werden.

KANT baute die Welt durch einen Analogieschluß auf. Ebenso wie sich die Trabanten um die Planeten und diese wieder sich um die Sonne bewegen, ebenso bewegt die Sonne sich um eine *Zentralsonne*, und ebenso wie die Bahnebenen der Planeten nur kleine Winkel miteinander bilden, so sind auch die Sonnen in der Hauptsache um eine gemeinsame Ebene gruppiert; dort, wo diese Ebene die Himmelskugel schneidet, und in der Nachbarschaft müssen uns die meisten Sterne erscheinen. Die Milchstraße, von deren Licht man also annimmt, daß es durch unzählige lichtschwache Sterne hervorgerufen wird, spielt dadurch dieselbe Rolle für die Sonnen wie die Ekliptik und der Tierkreis für die Planeten. Als Zentralsonne wählte KANT den Sirius wegen seines Glanzes und seiner Stellung dicht bei der Milchstraße. Alle Sterne, die wir einzeln sehen können, gehören zu diesem großen Milchstraßensystem. Andere Systeme gleicher Art sehen wir aus gewaltiger Entfernung als Nebelflecke.

Obwohl man einräumen muß, daß der Gedanke groß und verlockend ist, kann er doch in seiner ursprünglichen Form nicht aufrechterhalten werden. Ein einzelner Stern mit ausreichender Fähigkeit, das System zusammenzuhalten, so wie die Sonne im Planetensystem, kann nicht nachgewiesen werden, und speziell hat der Sirius nach unserem jetzigen Wissen keine bedeutend größere Masse als unsere eigene Sonne (S. 411).

W. HERSCHEL arbeitete einen großen Teil seines Lebens daran, eine Grundlage für die Erforschung des Baus des Weltalls zustande zu bringen. Nachdem er im Jahre 1784 ein 19zölliges Spiegelteleskop aufgestellt hatte, führte er eine Methode ein, die er *star-gauging* nannte und die am besten als eine Eichung der Tiefen des Himmelsraums bezeichnet werden kann. Er ging von der Vorstellung aus, daß die für uns sichtbaren Sterne, von einzelnen lokalen Gruppen

Abb. 172. Partie der Milchstraße im Sternbild Cygnus. (Wolf, Heidelberg.)

abgesehen, im großen ganzen mit einigermaßen gleich großen gegenseitigen Entfernungen im Raum verteilt sind. Aus seinen Beobachtungen fand er, daß man im Felde ein und desselben Fernrohrs an verschiedenen Stellen des Himmels eine verschiedene Anzahl Sterne sieht. Er schloß nun, daß die Ausdehnung des Universums in der Richtung, in der man die meisten Sterne wahrnimmt, am größten sein müßte. Den ganzen Himmel auf diese Weise zu untersuchen, war unerreichbar; nachdem er aber seine Eichungen nach einem gewissen Plan verteilt hatte, kam er vorläufig zu dem Resultat, daß das Universum die Form einer runden Scheibe hat, die auf der einen Seite gespalten ist (der großen Teilung der Milchstraße entsprechend) und deren Durchmesser $5^1/_2$mal so groß ist wie ihre Dicke. Die Sonne sollte sich etwas seitlich vom Mittelpunkt der Scheibe befinden.

Damit diese Eichungen die beabsichtigte Bedeutung haben könnten, war es eine notwendige Voraussetzung, daß HERSCHEL mit seinem Fernrohr die Grenzen des Universums erreicht hätte. Das Instrument, das er zu den Eichungen angewandt hatte, war das genannte Spiegelteleskop mit einer Öffnung von etwa 19 Zoll und einer Brennweite von 20 Fuß. Als er später sein Riesenteleskop mit einer Öffnung von 4 Fuß und einer Brennweite von 40 Fuß vollendet hatte, wollte er damit prüfen, wie es sich in dieser Beziehung verhielt; falls er nämlich mit dem großen Instrument nicht wesentlich mehr Sterne sehen konnte als mit dem kleineren, durfte er annehmen, mit diesem die Grenze erreicht zu haben. Indem er einige der Eichungen mit dem Riesenteleskop wiederholte, fand er, daß sich um die Pole der Milchstraße herum nicht sehr viel mehr Sterne zeigten, als er vorher gesehen hatte, an anderen Stellen aber sah er weit mehr, und in der Milchstraße selbst kamen nicht allein unzählige neue Sterne hinzu, sondern auch neue leuchtende Partien, die sich nicht auflösen ließen: das Universum schien endlos zu sein.

Durch fortgesetzte Untersuchung der Einzelheiten der Milchstraße und der vielen Sterngruppen gelangte HERSCHEL zuletzt zu dem Resultat, daß sich seine ursprüngliche Voraussetzung von der einigermaßen gleichmäßigen Verteilung der Himmelskörper wahrscheinlich nicht aufrechterhalten ließ. Seine erste Anschauung wurde im Jahre 1785 geäußert, 1796 aber gab er sie teilweise und 1802 vollständig auf.

HERSCHELS star-gauging hat natürlich trotzdem ihre große Bedeutung. Sie wurde später von seinem Sohn JOHN HERSCHEL mit demselben Instrument während eines mehrjährigen Aufenthaltes in Kapstadt am südlichen Himmel fortgesetzt.

ARGELANDER verfertigte in den Jahren 1852 bis 1859 Karten von möglichst allen Sternen bis zur Größe $9^m.0$ vom Nordpol bis zu 2° südlicher Deklination. Das Verzeichnis dieser Sterne, deren Anzahl 320000 übersteigt, geht unter dem Namen der *Bonner Durchmusterung* (*B.D.*) und ist später bis zu 23° südlicher Deklination fortgesetzt worden. Auch für den übrigen Teil des südlichen Himmels liegt eine ähnliche Arbeit vor, die *Cordoba-Durchmusterung*. In den späteren Jahren ist die Photographie zu demselben Zweck in Anwendung gekommen: ein großer Katalog nach photographischen Aufnahmen auf der *Kap-Sternwarte* (*Cape Photographic Durchmusterung*), ferner die internationale *Carte du Ciel*, die *Harvard-Map of the Sky* und die FRANKLIN-ADAMS-Karten. In kleinen über den ganzen Himmel verteilten Arealen, den sog. *Selected Areas* von KAPTEYN, sind die Sterne bis zur 16., teilweise bis zur 19. Größenklasse durchmustert und ihre Helligkeiten bestimmt worden.

Diese Verzeichnisse haben die Grundlage für statistische Untersuchungen verschiedener Art gebildet, indem man mit ihrer Hilfe für verschiedene Himmelsgegenden die Anzahl der Fixsterne pro Quadratgrad kennt, die heller sind als 1^m, 2^m, 3^m . . . (vgl. S. 471).

307. *Die nächsten Fixsterne. Parallaxenbestimmung mit Hilfe von Eigenbewegungen.* Wie bereits betont, ist die Kenntnis der Anordnung der Fixsterne und der anderen bekannten Himmelskörper im Raum von den Möglichkeiten zur Bestimmung ihrer Entfernungen abhängig. Die Methoden, die zu diesem Zweck zur Anwendung gelangt sind, sind weit verschieden, je nachdem ob es sich um relativ kleine oder große Entfernungen handelt.

Für Sterne, die uns näher stehen als 20 parsec, kann die Entfernung ziemlich sicher durch Messung der trigonometrischen Parallaxe direkt bestimmt werden (vgl. S. 405; trigonometrische Parallaxen können mit modernen Methoden mit einer Unsicherheit von etwa 0″.01 bestimmt werden).

Die untenstehende Tafel enthält verschiedene Daten für 36 Sterne, für die man eine trigonometrische Parallaxe größer als 0″.20 gemessen hat. Die Tafel enthält, außer dem Namen des Sterns, die visuelle scheinbare Größe, den Spektraltypus, die jährliche Eigenbewegung, die trigonometrische Parallaxe und die visuelle absolute Größe, aus der Formel:

$$M = m + 5 + 5 \log \pi$$

berechnet.

Die Sterne sind nach abnehmender absoluter Helligkeit geordnet; 17 von den 36 Sternen sind Komponenten doppelter oder dreifacher Systeme (die Komponenten sind mit den Buchstaben A, B, C bezeichnet).

Nr.	Stern	$m_{vis.}$	Sp.	E.B. pro Jahr	π	$M_{vis.}$
1.	Sirius A	−1.6	A 0	1″.32	0″.363	1.2
2.	α Aquilae	0.9	A 5	0 .65	0 .204	2.5
3.	Procyon A	0.5	F 5	1 .24	0 .304	2.9
4.	α Centauri A	0.3	G 0	3 .68	0 .758	4.7
5.	o^2 Eridani A	4.5	G 5	4 .08	0 .205	6.1
6.	τ Ceti	3.6	K 0	1 .92	0 .319	6.1
7.	α Centauri B	1.7	K 5	3 .68	0 .758	6.1
8.	ε Eridani	3.8	K 0	0 .97	0 .305	6.2
9.	ε Indi	4.7	K 5	4 .67	0 .291	7.0
10.	61 Cygni A	5.6	K 7	5 .21	0 .300	8.0
11.	Lacaille 8760	6.6	M 1	3 .53	0 .253	8.6
12.	61 Cygni B	6.3	K 8	5 .21	0 .300	8.7
13.	Groombridge 1618	6.8	M 0	1 .45	0 .250	8.8
14.	Lacaille 9352	7.4	M 2	6 .90	0 .247	9.3
15.	Groombridge 34 A	8.1	M 2	2 .85	0 .290	10.4
16.	B D + 20° 2465	9.0	M 4	0 .49	0 .202	10.5
17.	Lalande 21185	7.6	M 2	4 .77	0 .403	10.6
18.	Argelander-Oeltzen 17415—6	9.1	M 4	1 .31	0 .222	10.8
19.	Σ 2398 A	8.8	M 4	2 .28	0 .288	11.1
20.	B. D. + 43° 4305	9.5	M 5	0 .86	0 .213	11.1
21.	Sirius B	8.4	A 7	1 .32	0 .363	11.2
22.	o^2 Eridani B	9.7	A	4 .08	0 .205	11.3
23.	Krüger 60 A	9.3	M 3	0 .94	0 .264	11.4
24.	Σ 2398 B	9.3	M 5	2 .28	0 .288	11.6
25.	Kapteyns Stern	9.2	K 2	8 .70	0 .320	11.7
26.	B. D. − 7° 4003	9.2	M 5	1 .33	0 .331	11.8
27.	B. D. − 12° 4523	9.5	M 5	1 .24	0 .351	12.2
28.	o^2 Eridani C	10.8	M 6	4 .08	0 .205	12.4
29.	Groombridge 34 B	10.5	M 5	2 .85	0 .290	12.8
30.	Krüger 60 B	10.8	M 4	0 .94	0 .264	12.9
31.	Barnards Stern	9.7	M 3	10 .30	0 .542	13.4
32.	Van Maanens Stern	12.3	F 0	3 .01	0 .246	14.2
33.	Innes' Stern	12	—	2 .69	0 .340	14.7
34.	Procyon B.	13	—	1 .24	0 .304	15.4
35.	Proxima Centauri	11	M	3 .76	0 .786	15.5
36.	Wolf 359	13.5	M 4	4 .84	0 .407	16.5

Drei dieser Sterne (Nr. 21, 22 und 32) sind weiße Zwerge. Die übrigen gehören der Hauptserie im RUSSELL-*Diagramm* (S. 393) an und liegen mit geringer Streuung um die Linie der Hauptserie herum. Rote Riesensterne finden sich nicht in der Liste. Alle Sterne innerhalb der Entfernung 5 parsec sind wahrscheinlich unter den 36 Sternen der Liste nicht enthalten. Die Gesamtanzahl der Sterne innerhalb dieser Entfernung ist sicher größer, vielleicht $1^1/_2$mal so groß.

Der Platz der Sonne in der Liste wäre zwischen Nr. 4 und 5 mit $M = 4^M.9$ und Spektrum G 0.

Die Liste zeigt deutlich, daß die absolut lichtschwächeren Sterne in großer Überzahl sind. Ferner sieht man, daß die absoluten Größen ein großes Intervall überspannen, von $1^M.2$ bis zu $16^M.5$. Sterne mit größerer absoluter Helligkeit (bis hinauf zu $M = -7^M$) sind bekannt. Sie sind selten, so selten, daß man nicht erwarten darf, daß einer in einer Liste von 36 Sternen vorkommt. Sterne mit $M > 16^M.5$ können sehr wohl in größerer Zahl vorhanden sein, trotzdem kein solcher Stern bisher gefunden worden ist.

Es ist kaum anzunehmen, daß es weitere Sterne innerhalb 5 parsec mit scheinbarer Größe heller als 6^m gibt. Für alle Sterne mit $m < 6$ und auch nur einigermaßen großer Eigenbewegung sind nämlich Parallaxen bestimmt worden. Die Liste ist infolgedessen bis zur absoluten Größe $7^M.5$ als vollständig anzusehen ($7.5 = 5 + 6 + 5 \log 0.2$).

Die allermeisten Sterne innerhalb 5 parsec werden E.B. $> 0''.5$ haben. In der obigen Liste ist die kleinste E.B. $0''.49$. Einer E.B. $= 0''.5$ entspricht für $\pi = 0''.2$ eine lineare Tangentialgeschwindigkeit von $4.74 \cdot \frac{0.5}{0.2} = 12$ km pro Sekunde (vgl. Anhang S. 506). Aus den Untersuchungen über die Geschwindigkeitsverteilung der Sterne (vgl. S. 487) geht hervor, daß Tangentialgeschwindigkeiten relativ zur Sonne unter 12 km pro Sekunde ziemlich selten sind, so daß tatsächlich für $\pi > 0''.2$ die meisten Sterne E.B. $> 0''.5$ haben werden. Um die Liste der Sterne näher als 5 parsec auch für $M > 7^M.5$ möglichst vollständig zu erhalten, wird man deshalb Sterne mit E.B. $> 0''.5$ aufsuchen und ihre Parallaxen bestimmen. Die meisten der Sterne der Liste sind in der Tat zuerst als Sterne ungewöhnlich großer Eigenbewegung aufgefallen; danach erfolgte die Bestimmung der Parallaxe. Zur Zeit kennt man etwas mehr als 1000 Sterne mit E.B. $> 0''.5$, die Liste über solche Sterne ist aber kaum weiter als bis $m = 7^m$ vollständig. Wenn in einigen Jahren die Wiederholung der A.G.-Zonen (vgl. S. 402) vorliegt, so wird die Liste der Sterne mit E.B. $> 0''.5$ jedenfalls bis 9^m vollständig sein. Dann wird man durch Bestimmung der Parallaxen dieser Sterne die Liste der Sterne näher als 5 parsec bis $M = 10^M.5$ ziemlich vollständig erhalten. In gewissen Arealen des Himmels (zusammen ein paar tausend Quadratgrad, etwa 5% des ganzen Himmels umspannend) wurden große Eigenbewegungen mit Hilfe des Stereokomparators oder des Blinkmikroskops (vgl. S. 292) systematisch gesucht. Bis zur scheinbaren Größe 13^m ist die Liste der Sterne mit E.B. $> 0''.5$ in diesen Arealen ziemlich vollständig. Sowie diese Untersuchungen allmählich über den ganzen Himmel ausgedehnt werden und Parallaxenbestimmungen gefolgt sind, wird die Liste der Sterne näher als 5 parsec immer vollständiger werden.

Ein Unterschied in absoluter Größe von 15 Größenklassen entspricht einem Verhältnis zwischen den ausgesandten Lichtmengen von $(10^{0.4})^{15} = 10^6$. Man sieht, daß für zwei Sterne mit derselben scheinbaren Helligkeit das Verhältnis zwischen den Entfernungen z. B. sehr wohl 1000 sein kann (bis hinauf zu 10000). Dies Verhältnis und der Umstand, daß die absolut lichtschwachen Sterne sich in großer Überzahl befinden — beides Tatsachen, die aus dem Studium der uns nächsten Fixsterne hervorgehen — soll besonders hervorgehoben werden, da diese beiden Umstände, wie man später sehen wird, eine wesentliche Schwierigkeit für die vollständige Erforschung des Aufbaus des Sternsystems ergeben.

Für Entfernungen von etwa 100 parsec gibt die Messung der trigonometrischen Parallaxe eine sehr unsichere Bestimmung der Entfernung, und für noch größere Entfernungen wird diese Methode ganz unbrauchbar. Hier müssen andere Methoden angewandt werden.

Wie früher betont (S. 405), werden entfernte Sterne durchschnittlich geringere Eigenbewegung haben als näherstehende Sterne. Dieser Umstand kann benutzt werden, um eine angenäherte Kenntnis der Parallaxe zu erhalten.

Ganz grob kann man sagen, daß das Verhältnis von E.B. zu π im allgemeinen zwischen nicht allzu verschiedenen Grenzen liegen wird: Für die 36 Sterne der Tabelle liegt es zwischen 2.4 und 28. Im Einzelfall kann die Hypothese $\frac{\text{E.B.}}{\pi} = \text{konst.}$ ganz verkehrte Resultate geben, schon aus dem Grund, weil E.B. zufällig Null sein kann für einen Stern, wenn seine Bewegung relativ zur Sonne gerade in der Richtung der Gesichtslinie vor sich geht. Für Gruppen von Sternen werden solche Zufälligkeiten sich ausgleichen, und besonders für Sterngruppen von demselben Spektraltypus (und deshalb mit einigermaßen gleicher durchschnittlicher Raumgeschwindigkeit, s. die Tafel S. 404) wird diese Methode ganz gute Parallaxen geben (Durchschnittsparallaxe für die Sterne der Gruppe). Noch zuverlässigere Werte erhält man, wenn für die betrachteten Sterne die durchschnittliche Raumbewegung aus Radialgeschwindigkeitsmessungen bestimmt worden ist.

Diese Methode nimmt nur Rücksicht auf die Größe der Eigenbewegung. Mit Hilfe der bekannten Richtung der Eigenbewegung kann man die E.B. in zwei Komponenten auflösen, die eine in der Richtung des Apex der Sonne (s. S. 402) und eine dazu senkrechte. Nimmt man das Mittel dieser Komponenten für eine Sterngruppe, so wird, falls die Bewegung der Sterne im Raum ganz zufällig verteilt ist, die Komponente senkrecht zur Richtung des Apex Null oder sehr klein sein, während die Komponente in der Richtung des Apex durch die Bewegungsgeschwindigkeit der Sonne und die mittlere Entfernung der Gruppe bestimmt sein wird (vgl. S. 507). Dies ergibt eine Methode zur Bestimmung von Gruppenparallaxen. Das Kriterium für ihre Brauchbarkeit wird darin bestehen, daß das Mittel der Komponenten in der Richtung des Apex wesentlich größer ist als das Mittel der darauf senkrecht stehenden Komponenten.

Oft liegt der folgende Fall vor. Für eine gewisse Klasse von Sternen sind die Entfernungen bis auf eine Konstante, die für alle Sterne der Klasse denselben Wert hat, bekannt. Es gilt dann, diese Konstante zu bestimmen. So kann man z. B. die absolute Helligkeit eines δ Cephei-Veränderlichen bis auf eine vorläufig unbekannte Konstante aus der Periode ableiten (vgl. S. 440). Mit Hilfe der scheinbaren Helligkeit kann dann der Logarithmus der Entfernung bis auf eine Konstante gefunden werden, die Entfernung selbst aber bis auf einen unbekannten Faktor, der für alle Cepheiden denselben Wert hat. Der unbekannte Faktor sei R. Dann hat man für die Abstände p:

$$p = R \cdot d,$$

wo die d-Werte für jeden Cepheiden berechnet werden können. Nun ist, wenn man von der individuellen Bewegung (Pekuliarbewegung) absieht und nur den Einfluß der Sonnenbewegung berücksichtigt, die Eigenbewegung in der Richtung vom Apex fort (vgl. S. 507):

$$\text{E.B.} = \boldsymbol{s} H \sin L \frac{1}{R \cdot d},$$

wo H die Sonnengeschwindigkeit, ausgedrückt in parsec pro Jahr und L der Winkelabstand des Sterns vom Antiapex ist. Löst man die Gleichung nach $\frac{1}{R}$ auf, so erhält man:

$$\frac{1}{R} = \frac{\text{E.B.} \cdot d}{\boldsymbol{s} H \sin L}.$$

Für jeden Cepheiden erhält man somit eine Gleichung für die Unbekannte $\frac{1}{R}$. Der Fehler, mit dem jede Gleichung $\frac{1}{R}$ gibt, beruht teils auf den Meßfehlern bei der Bestimmung der Eigenbewegung, teils auf der Pekuliarbewegung. Der Einfluß beider wächst proportional $\operatorname{cosec} L$, der Einfluß der Meßfehler wächst noch proportional d. Je nachdem, ob der eine oder der andere Fehler überwiegt, ist demnach das Gewicht (vgl. S. 494) der einzelnen Gleichung proportional $\sin^2 L$ bzw. $\frac{1}{d^2} \sin^2 L$ anzusetzen (im allgemeinen kommt ein gewisser Mittelwert in Frage).

Für langperiodische Cepheiden gibt diese Methode zuverlässige Resultate, weil bei diesen die Pekuliarbewegungen klein sind. Bei den kurzperiodischen Cepheiden sind die Pekuliarbewegungen so groß, daß keine sicheren Resultate erhalten werden.

Die Eichung spektroskopischer Parallaxen mit Hilfe von Eigenbewegungen ist ein ganz ähnliches Problem. Durch zweidimensionale Spektralklassifikation hat man eine Klasse von Sternen ausgesucht, deren absolute Helligkeiten gleich sind. Es gilt, die absolute Helligkeit zu bestimmen. Auch hier sind die Entfernungen bis auf einen zu ermittelnden Faktor R bekannt.

Sind sowohl Eigenbewegung wie Radialgeschwindigkeit der Sterne einer solchen Klasse bekannt, so kann man folgendermaßen vorgehen. Macht man in bezug auf R eine Hypothese, so sind die Parallaxen, und aus diesen und den E.B. und R.G. die Raumgeschwindigkeiten bekannt (vgl. § 280). Man wird annehmen, daß die Raumgeschwindigkeiten in allen Himmelsarealen nach demselben Gesetz verteilt sind (vgl. S. 487). Die errechneten Raumgeschwindigkeiten mögen nun diese Bedingung für ein gewisses R erfüllen, dieses R ist dann als das richtige anzusehen.

308. *Die Häufigkeitsfunktion der absoluten Helligkeiten.* Die Funktion, die die Verteilung der Sterne über die absoluten Helligkeiten beschreibt, nennt man die Häufigkeitsfunktion der absoluten Helligkeiten. Es sei $N(M)\,dM$ die Zahl der Sterne pro Volumeneinheit mit absoluten Helligkeiten zwischen M und $M + dM$. Dann ist die Gesamtzahl der Sterne pro Volumeneinheit:

$$N = \int_{-\infty}^{+\infty} N(M)\,dM\,,$$

und der Bruchteil der Sterne, die absolute Helligkeiten zwischen M und $M + dM$ haben, ist:

$$\varphi(M)\,dM = \frac{N(M)\,dM}{N}.$$

Die Funktion $\varphi(M)$ ist die Häufigkeitsfunktion der absoluten Helligkeit. Die Funktionen $\varphi(M)$ und $N(M)$ unterscheiden sich nur durch eine Konstante, haben also den gleichen Verlauf.

Eine bequeme Volumeneinheit ist das Volumen einer Kugel mit dem Radius 10 parsec. Gewöhnlich benutzt man als Volumeneinheit ein Kubikparsec: das Volumen eines Würfels mit der Seite ein parsec. Die Kugel mit 10 parsec Radius hat das Volumen $\frac{4\pi}{3} \cdot 1000 = 4189$ Kubikparsec. Wäre die Liste der Sterne näher als 5 parsec vollständig, so wäre:

N annähernd $= 300$ Sternen pro Einheitskugel $= 0.07$ Sternen pro Kubikparsec.

N ist nach dem Gesagten größer, vielleicht ist $N \sim 0.1$ Stern pro Kubikparsec.

Die Funktion $\varphi(M)$ ist bis etwa $M = -7^M$ Null, bis $M = 1^M$ noch sehr klein und wächst dann schnell an. Zwischen $M = 5^M.5$ und $M = 6^M.5$ sind in der Liste 4 Sterne vorhanden. Für $M = 6^M$ ist $\varphi(M)$ also etwa $\frac{4}{40} = 0.1$. Die Zahl gibt natürlich nur die Größenordnung an. Für große M, größer als 12^M, scheint $\varphi(M)$ nach der Liste wieder abzunehmen. Höchstwahrscheinlich ist dies in Wirklichkeit nicht der Fall, sondern rührt daher, daß mit abnehmender Helligkeit die Liste immer unvollständiger wird.

Nach der Liste der Sterne näher als 5 parsec kann der Verlauf der Funktion $\varphi(M)$ für die absolut helleren Sterne (mit $M < 5^M$) nicht festgestellt werden. Dazu ist die Zahl dieser Sterne zu gering. Die absolut hellsten Sterne sind ja überhaupt nicht vertreten. Um die Funktion $\varphi(M)$ auch für die helleren Sterne zu ermitteln, muß man andere Methoden benutzen.

Betrachtet man statt der Sterne mit $\pi > 0''.2$ diejenigen mit $\pi > 0''.02$, so liegen die Verhältnisse viel günstiger. Bei konstanter Sterndichte wird die Sternzahl jetzt tausendmal größer sein, und man wird erwarten, daß der Verlauf der Funktion $\varphi(M)$ jedenfalls bis $M = 0^M$ festgelegt werden kann. Die Untersuchungen haben in der Tat gezeigt, daß man dann $\varphi(M)$ bis etwa $M = -2^M$ annähernd bestimmen kann. Jedoch ist es nicht möglich, die Untersuchungen in derselben einfachen Weise wie bei $\pi > 0''.2$ durchzuführen. Während vielleicht über die Hälfte der Sterne mit $\pi > 0''.2$ bekannt sind, sind wahrscheinlich weniger als 1% der Sterne mit $\pi > 0''.02$ bekannt.

Man könnte nun so vorgehen, daß man einfach ganz wie für $\pi > 0''.2$ eine Liste der bekannten Sterne mit $\pi > 0''.02$ aufstellt und die Sterne innerhalb bestimmter Grenzen der absoluten Helligkeit abzählt. Die so erhaltene Verteilungsfunktion $\varphi(M)$ würde aber sehr stark gefälscht sein. Erstens beziehen sich die vorhandenen Parallaxenmessungen hauptsächlich auf die scheinbar helleren Sterne, was eine Unvollständigkeit der Liste für die absolut schwächeren Sterne bewirkt, die für die Grenze $\pi > 0''.02$ viel ausgeprägter ist als für die Grenze $\pi > 0''.2$. Zweitens sind die Parallaxensterne nicht einmal eine zufällige Auswahl der scheinbar helleren Sterne, sondern es wurden für die Parallaxenmessungsprogramme vorzugsweise Sterne mit größeren Eigenbewegungen ausgesucht.

Nehmen wir an, es käme darauf an, die Funktion $N(M)$ für $M < 5^M.5$ genau zu bestimmen. Sterne mit $M < 5^M.5$ und $\pi > 0''.02$ sind heller als die scheinbare Größe 9^m $(9 + 5 + 5 \log 0.02 = 5.5)$. Hätte man genaue Parallaxen für alle Sterne heller als 9^m, so wäre die Ermittlung der Funktion $N(M)$ für $M < 5^M.5$ also ohne weiteres möglich. Hätte man für einen ganz nach dem Zufall ausgewählten Teil der Sterne mit $m < 9^m$ genaue Parallaxen, so könnte man ebenfalls die Funktion $N(M)$ für $M < 5^M.5$ ermitteln. Wenn die Auswahl eine ganz zufällige ist, werden ja die absoluten Helligkeiten für die ausgewählten Sterne dieselbe Verteilung haben wie für sämtliche Sterne. Nur darf die Zahl der ausgewählten Sterne nicht so klein sein, daß die Bestimmung von $N(M)$ unsicher wird wie bei den absolut hellen Sternen mit $\pi > 0''.2$.

Wie schon hervorgehoben, sind die Parallaxensterne keine zufällige Auswahl z. B. aller Sterne mit $m < 9^m$. Es sind vorzugsweise scheinbar hellere Sterne und Sterne mit größeren Eigenbewegungen. Betrachtet man aber Sterne mit scheinbaren Helligkeiten zwischen gewissen Grenzen und E.B. zwischen gewissen Grenzen (z. B. $5^m < m < 6^m$, $0''.06 <$ E.B. $< 0''.08$), so sind unter diesen die Parallaxensterne eine zufällige Auswahl. Man kann also eine Häufigkeitsfunktion $\varphi'(M)$ der absoluten Helligkeiten für diese Sterne ableiten. Teilt man also die Sterne in eine ganze Reihe von m-E.B.-Gruppen ein, wo für jede

Gruppe die scheinbaren Helligkeiten und die Eigenbewegungen der Sterne innerhalb bestimmter Grenzen liegen, so kann für jede m-E.B.-Gruppe die Häufigkeitsfunktion bestimmt werden. Die Frage ist nun, wie man daraus die gesuchte Häufigkeitsfunktion $\varphi(M)$ der absoluten Helligkeiten ermitteln kann. Dies ist nun unmittelbar möglich, wenn man weiß, wie die sämtlichen Sterne über die betrachteten m-E.B.-Gruppen verteilt sind, also für jede Gruppe die Gesamtzahl der Sterne der Gruppe kennt. Machen nun für eine gewisse Gruppe die Sterne mit gemessenen Parallaxen 10% aller Sterne der Gruppe aus, so hat man nur die Zahl der Parallaxensterne für jedes Intervall der absoluten Helligkeit mit 10 zu multiplizieren, um den Beitrag dieser Gruppe zu der Häufigkeitsfunktion zu erhalten. Für jede Gruppe bestimmt man nun den Multiplikationsfaktor. Summiert man schließlich für alle Gruppen, so erhält man $N(M)$ und daraus die gesuchte Häufigkeitsfunktion.

Für die m-E.B.-Gruppen, die verhältnismäßig hellen Sternen und größeren Eigenbewegungen entsprechen, werden die Parallaxensterne einen größeren Teil aller Sterne ausmachen als für die Gruppen schwacher Sterne mit kleiner Eigenbewegung. Die Multiplikationsfaktoren werden im ersten Falle kleiner als im letzten. Man kann den Sachverhalt so ausdrücken, daß durch die Anwendung der Multiplikationsfaktoren die Fehler infolge der systematischen Auswahl der Parallaxensterne genau kompensiert werden.

Für die helleren Sterne ist nun die Verteilung der Sterne über die m-E.B.-Gruppen nach dem Boss-Katalog (vgl. S. 401) bekannt. Für schwächere Sterne ist die Verteilung nur für gewisse Himmelsareale vollständig bekannt. Dies genügt aber, um die Verteilung annähernd festzustellen. Es ist die Verteilung bis zur scheinbaren Größe 12^m als annähernd bekannt anzusehen. Die Verteilungsfunktionen $\varphi'(M)$ für die einzelnen Gruppen können aus den beobachteten Parallaxen durch eine graphische Ausgleichung gewonnen werden, oder man kann versuchen, sie rechnerisch durch eine einfache Funktion darzustellen. Man erreicht z. B. eine gute Darstellung der Beobachtungen, wenn man die $\varphi'(M)$ als Gausssche Fehlerkurven (vgl. Anhang S. 497) ansetzt:

$$\varphi'(M) = \text{const} \cdot e^{-\left(\frac{M-M_0}{h}\right)^2},$$

und die Konstanten aus den Beobachtungen bestimmt.

Schließlich sei noch bemerkt, daß es bei diesen und ähnlichen Problemen wichtig ist, den Einfluß der zufälligen Fehler auf die Verteilungsfunktionen zu berücksichtigen. Als einfaches Beispiel können wir die Verteilungsfunktion der Parallaxen einer m-E.B.-Gruppe betrachten. Aus den Beobachtungen folgt direkt durch Abzählung die den Beobachtungen entsprechende Verteilungsfunktion der Parallaxen für die Sterne der Gruppe. Die Verteilungskurve stimmt aber mit der wahren Verteilungskurve nicht überein. Sie geht aus der wahren Verteilungskurve in der folgenden Weise hervor: Jedem wahren Parallaxenwert (richtiger jedem beliebig engen Parallaxenintervall) entspricht — wegen der zufälligen Beobachtungsfehler — eine Reihe beobachteter Parallaxenwerte, die nach einem Fehlergesetz verteilt sind; die beobachtete Verteilungskurve entsteht durch die Überlagerung aller den Intervallen der wahren Verteilungskurve entsprechenden Fehlerkurven. Unter der Annahme, daß die Fehlerkurven Gausssche Fehlerkurven entsprechend einem gewissen mittleren Fehler sind (vgl. Anhang S. 499), ist die Beziehung zwischen der beobachteten und der wahren Verteilungskurve gegeben. Bei bekanntem mittleren Fehler kann die wahre Verteilungskurve aus der beobachteten bestimmt werden.

Man kann nun Verteilungsfunktionen $\varphi'(M)$ für die m-E.B.-Gruppen für verschiedene Grenzwerte der Parallaxe ($\pi > 0''.02$, $\pi > 0''.03$ usw.) ermitteln und die resultierenden Verteilungskurven vergleichen. Diese zeigen nun gute Übereinstimmung. Nach dem oben skizzierten Verfahren findet man nicht nur die Verteilungsfunktion $\varphi(M)$, sondern auch die Gesamtzahlen (N) aller Sterne näher als die den betrachteten Grenzwerten der Parallaxe entsprechenden Abstände. Vergleicht man diese, so kann man eventuelle Änderungen in der räumlichen Sterndichte mit dem Abstand feststellen. Es hat sich gezeigt, daß die Sterndichte bis 100 parsec sehr nahe konstant ist.

Die folgende Tabelle zeigt den Gang der Funktion $N(M) = N \cdot \varphi(M)$ [Sternzahl pro Kubikparsec], so wie sie nach der skizzierten Methode erhalten wurde.

Ein großer Teil der Funktion $N(M)$ läßt sich durch eine GAUSSsche Fehlerkurve sehr nahe darstellen. Die Tabelle zeigt den Grad der Übereinstimmung.

M	$\log N(M)$	GAUSSsche Fehlerkurve
− 4	3.52	3.49
− 3	4.12	4.17
− 2	4.72	4.80
− 1	5.32	5.37
0	5.93	5.87
+ 1	6.44	6.31
+ 2	6.78	6.69
+ 3	7.04	7.01
+ 4	7.25	7.27
+ 5	7.43	7.46
+ 6	7.52	7.60
+ 7	7.58	7.67
+ 8	7.60	7.68
+ 9	7.60	7.63
+10	7.62	7.52
+11	7.77	7.35
+12	7.96	7.11
+13	8.13	6.82

Bei den absolut hellsten Sternen sind fast alle Parallaxen sehr klein, und ihre Anwendung führt zu unsicheren Resultaten. Diese Sterne finden sich hauptsächlich in den *m*-E.B.-Gruppen mit kleinen Eigenbewegungen. Bei diesen Gruppen ergibt die Anwendung der beobachteten Parallaxen also unsichere Resultate. Hier hilft man sich dann in anderer Weise.

Wir betrachten die Sterne einer gewissen scheinbaren Helligkeit (eine *m*-Gruppe), z. B. die Sterne mit *m* zwischen $5^m.0$ und $5^m.5$. Diese sind teils relativ nahe absolut schwächere Sterne, teils absolut hellere Sterne in größerer Entfernung, und zwar um so heller, je größer die Entfernung. Diese Sterne haben nun gewisse Geschwindigkeiten in bezug auf die Sonne, die Tangentialkomponenten der relativen Geschwindigkeiten haben gewisse Werte. Die Eigenbewegungen hängen mit den Tangentialkomponenten der Geschwindigkeit durch die Gleichung (vgl. Anhang S. 506):

$$\text{T.G.} = 4.74 \frac{\text{E.B.}}{\pi}$$

zusammen. Wären die Sterne alle von derselben absoluten Helligkeit, so wären sie alle ungefähr in der gleichen Entfernung. Das Verteilungsgesetz der E.B. wäre dann das gleiche wie das Verteilungsgesetz der T.G. Nun ist das Verteilungsgesetz der T.G. annähernd durch eine GAUSSsche Fehlerkurve gegeben (vgl. S. 487). Wären die Abstände die gleichen, so wäre die Verteilungsfunktion der E.B. also auch eine GAUSSsche Fehlerkurve. Sind statt dessen die Abstände verschieden und nach irgendeinem Gesetz verteilt, so wird die Verteilungskurve der E.B. eine Summe von GAUSSschen Fehlerkurven. Durch eine Analyse der Verteilungskurve der E.B. kann man die Verteilungskurve der Abstände bestimmen, wenn die GAUSSsche Verteilungskurve der T.G. bekannt ist. Dies ist eine Aufgabe ganz ähnlich wie die der Ermittlung einer wahren Verteilungskurve aus einer beobachteten (vgl. S. 464).

Aus der Verteilungskurve der Abstände der Sterne der *m*-Gruppe kann man die Verteilungsfunktion der absoluten Helligkeiten der *m*-Gruppe direkt ableiten. Die gesuchte Verteilungsfunktion der absoluten Helligkeiten von *m*-E.B.-Gruppen kann man auch ermitteln. Die Eigenbewegung ist durch:

$$\text{E.B.} = \frac{\text{T.G.}}{4.74} \pi$$

gegeben. Für jedes π gibt es also gewisse T.G., die E.B. innerhalb der Grenzen einer gewissen m-E.B.-Gruppe geben. Der Bruchteil der Sterne der m-Gruppe, die diese T.G. haben, ist nach dem Verteilungsgesetz der T.G. bekannt. Man kann so für jedes π den Bruchteil der Sterne der m-Gruppe angeben, die der betrachteten m-E.B.-Gruppe angehören. Da die Verteilungsfunktion der π für die m-Gruppe ja ermittelt werden konnte, so folgt (als Produktsumme) die Verteilungsfunktion der Abstände der Sterne der m-E.B.-Gruppe und daraus die gesuchte Verteilungsfunktion der absoluten Helligkeiten der m-E.B.-Gruppe.

Diese Methode wurde für die Gruppen mit kleiner Eigenbewegung bei der Ermittlung der Werte in der Tabelle S. 465 benutzt.

Es sei hervorgehoben, daß die Methode die Kenntnis der Verteilungsfunktion der T.G. voraussetzt. Diese kann z. B. aus beobachteten Radialgeschwindigkeiten abgeleitet werden.

Es sei noch erwähnt, daß nach ganz denselben Prinzipien wie die in diesem Paragraphen beschriebenen die Verteilungskurven der absoluten Helligkeiten für jede Spektralklasse für sich bestimmt werden können. In dieser Weise erhält man die statistische Verteilung der Sterne im RUSSELL-Diagramm (vgl. § 273).

309. *Photometrische Parallaxen.* Für sehr große Entfernungen versagen die in § 307 besprochenen Methoden zur Parallaxenbestimmung, weil auch die Eigenbewegungen für entfernte Sterne so klein sind, daß sie nicht mit Sicherheit gemessen werden können.

Für diese großen Entfernungen ist die wichtigste Methode die Bestimmung sog. *photometrischer Parallaxen.* Auf S. 323 ist eine Gleichung zwischen der absoluten Größe M, der scheinbaren Größe m und der Parallaxe π abgeleitet worden. Kennt man M und m, so kann die Parallaxe berechnet werden oder, anders ausgedrückt: kennt man die gesamte ausgesandte Lichtmenge und die Lichtmenge, die durch eine Flächeneinheit in der Entfernung des Beobachters hindurchgeht, dann kann diese Entfernung berechnet werden. Die Gleichung zwischen M, m und π lautete:

$$M = m + 5 + 5 \log \pi .$$

In dieser Gleichung kann man m, die scheinbare Größe, immer als bekannt voraussetzen: sie ist der Messung direkt zugänglich. Das Problem, photometrische Parallaxen zu bestimmen, wird also mit dem Problem, absolute Größen zu bestimmen, gleichbedeutend.

Es ist erwähnt worden (S. 348), daß absolute Größen aus den Eigenschaften des Spektrums bestimmt werden können. Dies gibt also die Möglichkeit zur Bestimmung von photometrischen Parallaxen.

Die Methode ist auf Sterne mit nicht allzu schwacher scheinbarer Helligkeit beschränkt, indem man zur Bestimmung von M gute Spektren zur Verfügung haben muß. Man hat ja aber Kriterien (Zyanogenabsorption, die Stärke der BALMER-Linien), die M eine ziemlich gute Genauigkeit verleihen, selbst bei Spektren, die mit dem Objektivprisma aufgenommen sind (vgl. S. 349). Auf diese Weise kann M zur Zeit für Sterne bis herunter zur scheinbaren Größe 13^m bestimmt werden.

Die Methode erfordert, daß man im voraus — nach anderen Methoden — die absolute Größe einer Anzahl Sterne kennt, um den Zusammenhang zwischen den Spektralkriterien und M zu bestimmen. Diese absoluten Größen werden z. B. durch Messung trigonometrischer Parallaxen bestimmt oder durch Bestimmung von Gruppenparallaxen, indem man so zur Kalibrierung der Methode verhältnismäßig nahe stehende Fixsterne benutzt (vgl. S. 462).

Die Sterne der Hauptserie im RUSSELL-Diagramm zeigen eine ziemlich geringe Streuung um die Linie der Hauptserie. Weiß man also von einem Stern, daß er der Hauptserie angehört, so kann seine absolute Größe ziemlich genau aus dem Spektraltypus oder dem Farbenindex bestimmt werden. Die Schwierigkeit liegt hier darin, zu entscheiden, ob der Stern der Hauptserie angehört oder nicht. Im folgenden werden Fälle besprochen, wo dies möglich ist. Bei O-Sternen und B-Sternen (und teilweise bei A-Sternen) fällt diese Schwierigkeit fort, da diese nicht in Riesensterne und Zwergsterne aufgeteilt sind. Dafür ist die Streuung in den absoluten Größen beträchtlicher. Ebenso wie es gelingen kann, nachzuweisen, daß Sterne der Hauptserie angehören, kann manchmal auch nachgewiesen werden, daß gelbe und rote Sterne Riesensterne sind. Dies führt dann auch zu einer ungefähren Bestimmung der absoluten Größe.

Manchmal wird man zu der Annahme geführt, daß ein Stern zu den absolut hellsten gehört; er wird dann die absolute Größe etwa -7^{M} haben.

Diese Methoden gehen, wie man sieht, darauf hinaus, die absolute Größe für Sterne zu bestimmen, indem ihr Platz im RUSSELL-Diagramm mit einer gewissen Annäherung gefunden wird.

Es ist erwähnt worden (S. 440), daß ein Zusammenhang zwischen Periode und absoluter Größe für diejenigen veränderlichen Sterne besteht, die man Cepheiden nennt. Für diese Sterne kann M aus der Periode bestimmt werden. Die kurzperiodischen Cepheiden haben absolute Größen von etwa 0^{M}. Auch hier gilt die Regel, daß man, um die Methode benutzen zu können, zuerst M für Cepheiden in der Nähe der Sonne bestimmen muß, entweder durch trigonometrische Parallaxen oder durch Gruppenparallaxen (vgl. S. 461).

Auch für rote langperiodische veränderliche Sterne kann M mit einiger Genauigkeit angegeben werden.

Novae erreichen durchschnittlich im Maximum die absolute Größe -6^{M}. Sie zeigen ziemlich große Streuung um diesen Wert; doch kennt man viele Novae in derselben Entfernung (z. B. im Andromedanebel; s. unten), so daß man das Mittel bilden kann, dann kann die Parallaxe mit einer ziemlich hohen Genauigkeit bestimmt werden.

Es gibt also Kategorien von Sternen, die relativ geringe Streuung um ein bekanntes M aufweisen. Gehört ein Stern zu einer solchen Kategorie, so erhält man sein M mit einer gewissen Genauigkeit, und die Entfernung kann bestimmt werden.

Gewisse Sterne können sofort in die richtige Kategorie eingeordnet werden: Novae, Cepheiden, rote langperiodische veränderliche Sterne, O-Sterne und B-Sterne.

Für Sterne anderer Kategorien läßt sich dies nur indirekt machen. In Fällen, in denen man viele Sterne mit derselben Entfernung kennt, z. B. in offenen Sternhaufen und kugelförmigen Sternhaufen, ist die Möglichkeit hierfür vorhanden, wie wir S. 448 gesehen haben. Für eine solche Gruppe kann das RUSSELL-Diagramm bis auf eine Verschiebung in der Richtung der M-Achse konstruiert werden. In solchen RUSSELL-Diagrammen für Gruppen von Sternen in derselben Entfernung kann man zwischen verschiedenen Kategorien von Sternen unterscheiden. Finden sich Sterne der Hauptserie vor, so wird dies deutlich aus der Geometrie des RUSSELL-Diagramms hervorgehen. Finden sich solche Sterne nicht vor, dann werden gelbe und rote Sterne Riesensterne und Übergiganten sein. Auch andere Züge der Geometrie des RUSSELL-Diagramms können zur Lokalisierung darin benutzt werden. Jede Lokalisierung im RUSSELL-Diagramm führt sofort zu absoluten Größen und damit zu Entfernungsbestimmungen.

Die photometrischen Parallaxen sind auf Grund der Annahme berechnet, daß die Lichtintensität mit dem Quadrat der Entfernung abnimmt. Die Annahme ist nur berechtigt, wenn im interstellaren Raum keine merkliche Absorption stattfindet. Ist eine merkbare Absorption vorhanden, so werden die photometrischen Parallaxen kleiner als die wirklichen, die photometrisch bestimmten Abstände größer als die wirklichen. Die Frage, ob eine merkliche Absorption vorhanden ist, ist deshalb von größter Bedeutung.

Im folgenden werden wir zuerst die photometrischen Parallaxen diskutieren. Es erweist sich als notwendig, die Resultate durch Überlegungen anderer Art zu ergänzen. Wir werden sehen, daß diese Überlegungen zu der Annahme einer merkbaren Absorption führen. Wir werden also die Resultate des folgenden Paragraphen so weit zu revidieren haben, als es das Vorhandensein der Absorption notwendig macht. Zum Schluß werden wir sehen, wieweit die Resultate der verschiedenen Untersuchungsmethoden sich zu einem Gesamtbild vereinigen lassen.

310. *Das Skelett des Milchstraßensystems.* Aus dem Gesagten geht hervor, daß man Entfernungen für eine Reihe von Objekten mit einer gewissen Annäherung bestimmen kann: Novae, Cepheiden, rote langperiodische veränderliche Sterne, O-Sterne, B-Sterne, offene Sternhaufen, kugelförmige Sternhaufen.

Diese Objekte sind alle absolut hell. Ferner sind sie leicht kenntlich, d. h. es ist leicht zu entscheiden, ob ein Objekt einer bestimmten der genannten Kategorien angehört. Die Entfernung kann daher selbst für sehr entfernte Mitglieder der genannten Klassen bestimmt werden.

Man erhält eine Vorstellung der Struktur des Fixsternsystems, indem man die räumliche Verteilung der genannten Objekte untersucht. Man erhält durch Untersuchung der räumlichen Verteilung dieser Objekte gewissermaßen ein *Skelett* des Sternsystems. Man geht von der Hypothese aus, daß die genannten Objekte typische Vertreter für die Fixsterne als Ganzes sind. Wenn die räumliche Verteilung der Objekte bestimmt ist, besteht die wesentliche Aufgabe darin, soweit wie möglich die Richtigkeit dieser Hypothese zu prüfen.

Aus den Untersuchungen der räumlichen Verteilung der genannten Objekte sollen folgende Resultate hervorgehoben werden.

1. Die offenen Sternhaufen sind ziemlich gleichmäßig über einen Raum mit der größten Ausdehnung in der Ebene der Milchstraße und bedeutend weniger ausgedehnt in der dazu senkrechten Richtung verteilt. Der Durchmesser des Systems in der Ebene der Milchstraße beträgt etwa 6000 parsec. Die Dicke in der Richtung senkrecht zur Ebene der Milchstraße beträgt etwas über 1000 parsec. Die Sonne befindet sich ungefähr im Zentrum des Systems.

2. Die B-Sterne, die langperiodischen Cepheiden und die Novae zeigen eine ähnliche Verteilung im Raum wie die offenen Sternhaufen.

3. Die kugelförmigen Sternhaufen liegen über einen viel größeren Raum verteilt. Das System der kugelförmigen Sternhaufen hat die größte Ausdehnung in der Ebene der Milchstraße. Die Mehrzahl der kugelförmigen Sternhaufen gruppiert sich um ein Zentrum, das in der Richtung des Sternbilds Sagittarius in 13000 parsec Entfernung liegt, innerhalb einer Entfernung von 15000 parsec von diesem in der Ebene der Milchstraße und 6000 parsec in der dazu senkrechten Richtung. Einzelne liegen jedoch weit entfernt vom Zentrum bis zu 50000 parsec in der Ebene der Milchstraße, bis zu 20000 parsec in der Richtung senkrecht dazu. Um die Milchstraßenebene zeigt sich eine merkwürdige Lücke in der Verteilung: man kennt keinen kugelförmigen Sternhaufen innerhalb einer planparallelen Schicht um die Milchstraßenebene, die eine Dicke von 2500 parsec hat.

4. Die kurzperiodischen Cepheiden unterscheiden sich von den Objekten in 1. dadurch, daß sie in viel größeren Abständen von der Milchstraßenebene vor-

kommen. Abstände von mehr als 1000 parsec kommen oft vor. Ähnliches gilt für die langperiodischen Veränderlichen der Spektralklasse Me.

5. In gewissen Himmelsarealen hat man schwache veränderliche Sterne systematisch gesucht. Hierbei hat man das folgende wichtige Resultat gefunden. In der Richtung des Sternbilds Sagittarius findet sich eine größere Anzahl schwacher kurzperiodischer Cepheiden. Die scheinbaren Größen liegen hauptsächlich zwischen $15^{m}.4$ und $16^{m}.1$. Diesen scheinbaren Größen entsprechen Entfernungen etwa zwischen 12000 und 17000 parsec. Die betreffenden kurzperiodischen Cepheiden liegen also um das Zentrum der kugelförmigen Sternhaufen verteilt. Es scheint, als ob auch rote langperiodische Veränderliche hier vorhanden wären. Die Resultate systematischer Absuchungen gewisser anderer Areale in der Nähe der Milchstraße nach schwachen Veränderlichen deuten zunächst darauf hin, daß die schwachen kurzperiodischen Cepheiden ebenso wie die kugelförmigen Sternhaufen in einer gewissen Schicht um die Milchstraßenebene nicht vorkommen.

Offene Sternhaufen, kugelförmige Sternhaufen, Cepheiden, rote langperiodische veränderliche Sterne und Novae geben so ein räumliches Bild des folgenden Charakters: zwei große Systeme in einiger Entfernung voneinander; die kugelförmigen Sternhaufen gehören hauptsächlich dem einen System an, einzelne kugelförmige Sternhaufen liegen jedoch weit von dessen Zentrum entfernt. Die beiden Hauptsysteme nennt man gewöhnlich das *Lokalsystem* und das *Sagittariussystem*.

Das Ziel der weiteren Untersuchung muß darin bestehen: 1. und 2. die Struktur der beiden Hauptsysteme festzustellen, besonders mit Rücksicht auf das Vorkommen von Fixsternen über die speziellen Objekte hinaus, 3. zu entscheiden, ob sich zwischen den beiden Hauptsystemen und den kugelförmigen Sternhaufen Fixsterne vorfinden, vielleicht bis zur Peripherie des Systems der kugelförmigen Sternhaufen oder darüber hinaus.

1. Am leichtesten zugänglich für Untersuchungen ist natürlich das Hauptsystem, dem die *Sonne* angehört, das Lokalsystem. Das Phänomen der Milchstraße wird in der Hauptsache durch Sterne, die diesem Hauptsystem angehören, verursacht. Die Milchstraßenwolken sind, wie erwähnt (S. 456), ein hervorstechender Zug in der Struktur der Milchstraße. Für Milchstraßenwolken, für die die Entfernungen bestimmt sind, hat man Werte für die Entfernungen von einigen tausend parsec gefunden. Entfernungsbestimmungen für Milchstraßenwolken sind nach ähnlichen Prinzipien wie für offene Sternhaufen möglich (Konstruktion des RUSSELL-Diagramms), obwohl das Problem hier wegen der größeren Ausdehnung der Milchstraßenwolken nicht so einfach ist.

Die früher erwähnten dunklen Staubmassen und leuchtenden Nebelmassen sind ein für dies System charakteristisches Phänomen.

Die B-Sterne sind im Lokalsystem ziemlich ungleichmäßig verteilt, in einigen Gegenden kommen sie zahlreich, in anderen fast gar nicht vor. Eine Ansammlung von B-Sternen liegt in der Richtung des Sternbilds Orion in einer Entfernung von einigen hundert parsec, eine andere in der ungefähr entgegengesetzten Richtung der Sternbilder Scorpius und Lupus in einer Entfernung von etwas über 100 parsec. Die erstgenannte Ansammlung liegt etwas südlich, die letztere etwas nördlich von der Milchstraßenebene: Die mittlere Ebene der näheren B-Sterne ist etwa 12° gegen die Milchstraßenebene geneigt.

Es ist früher besprochen worden (S. 460), daß die Fixsterne zum überwiegenden Teil absolut lichtschwach sind. Zur Erläuterung der Bedeutung dieser Tatsache soll ein Beispiel angeführt werden. In einer Milchstraßenwolke in der Entfernung 2500 parsec werden Sterne mit der scheinbaren Größe 21^{m} — d. h. die schwächsten Sterne, die zur Zeit auf photographischen Platten abgebildet werden können — die absolute Größe 9^M haben; aus der Liste S. 459 ersieht man, daß über die Hälfte der Sterne in einer solchen Milchstraßenwolke mit den jetzigen Hilfsmitteln unsichtbar sein werden. Die Größenklasse 21^m bezeichnet die Grenze dessen, was abgebildet wird; photometrische Messungen werden in der Regel nicht weiter als bis zu etwa 18^m ausgeführt, einem weit geringeren Bruchteil der Sterne der Wolke entsprechend.

Die Verteilung der offenen Sternhaufen deutet darauf hin, daß das Lokalsystem in der zur Ebene der Milchstraße senkrechten Richtung bedeutend weniger ausgedehnt ist als in dieser Ebene selbst. Dies wird durch Untersuchungen über die Verteilung der Fixsterne in der zur Ebene der Milchstraße senkrechten Richtung bestätigt. In einer Entfernung von 800 parsec von der Ebene der Milchstraße ist die Dichte der Sterne bereits sehr gering.

2. Die nähere Untersuchung des *Sagittariussystems* ist aus zwei Gründen schwierig. Die Entfernung 13000 parsec bewirkt, daß nur absolut hellere Sterne beobachtet werden können; in dieser Entfernung entspricht die scheinbare Größe 18^m der absoluten Größe $2^M.4$ (von den 36 Sternen in der Liste S. 459 ist nur einer heller als $2^M.4$). Außerdem werden durch einen Zufall die zentralen Teile des Haufens für einen Beobachter in der Umgebung der Sonne durch dunkle Staubmassen verdeckt, die in einiger Entfernung von der Sonne gerade in dieser Richtung liegen. Es scheint aber, daß das Sagittariussystem von derselben Größenordnung wie das Lokalsystem, vielleicht sogar bedeutend größer ist.

3. Die Frage, ob sich im ganzen Raum zwischen den *kugelförmigen Sternhaufen* Sterne vorfinden, so daß also dort ein System gebildet wird von einer Dimension wie der Raum, den die kugelförmigen Sternhaufen einnehmen, kann durch Überlegungen, wie wir sie in diesem Paragraphen angestellt haben, nicht entschieden werden. Auf jeden Fall kann das Vorhandensein absolut lichtschwacher Sterne in diesem Raum nicht unmittelbar verneint werden, da diese sich der Beobachtung wegen ihrer geringen scheinbaren Helligkeiten entziehen können.

In diesem Zusammenhang muß zunächst die Frage beantwortet werden, ob das Lokalsystem wirklich ein begrenztes abgeschlossenes System bildet. Der Schluß, daß das Lokalsystem begrenzt ist, beruht hauptsächlich darauf, daß alle bekannten offenen Sternhaufen und B-Sterne Entfernungen innerhalb einiger tausend parsec haben. Es ist denkbar, daß durch zukünftige Untersuchungen entferntere offene Sternhaufen und B-Sterne gefunden werden, die bisher wegen ihrer Lichtschwäche nicht bemerkt worden sind. In § 312 werden wir sehen, daß die Diskussion der Resultate von Sternzählungen gewisse Schlüsse in bezug auf diese Frage erlauben.

Es ist natürlich eine wichtige Aufgabe, die Anzahl der Fixsterne, die zu den betrachteten Systemen gehören, festzustellen. Hier stößt man wieder auf die Schwierigkeit, die absolut lichtschwachen Sterne mitzubekommen. Die vollständigen Durchmusterungen umfassen nur scheinbar relativ helle Sterne. Mit Hilfe der Sternzählungen in den „ausgewählten Arealen" (vgl. S. 458) hat man indessen die Sternzahlen bis herunter zur Größenklasse 18^m annähernd ermitteln können. Die nebenstehende Tafel zeigt die Resultate. Die Tafel gibt für verschiedene galaktische Breiten b den *Logarithmus* der Anzahl Sterne pro Quadratgrad, die heller sind als die in der Spalte links angegebene photographische Größenklasse m.

Durch eine Extrapolation, die natürlich sehr unsicher ist, ist man zu einer Gesamtanzahl von 30 Milliarden Sternen gekommen. Die dunklen Staubmassen bewirken, daß diese Zahl vielleicht zu klein ist: viele Sterne werden durch dunkle Staubmassen verdeckt sein. Man hat die Gesamtanzahl auf 100 Milliarden Fixsterne geschätzt. Das Lokalsystem, dem unsere Sonne angehört, enthält vielleicht 100 bis 1000 Millionen Fixsterne. Indessen beruhen auch diese Zahlen auf sehr unsicheren Extrapolationen.

Das Lokalsystem, das Sagittariussystem und die kugelförmigen Sternhaufen bilden auf jeden Fall eine Einheit; es bleibt dabei zunächst zweifelhaft, wie die Struktur in dem Raume zwischen diesen Objekten ist.

$m \backslash b$	0°	10°	20°	40°	60°	90°
4	8.19	8.12	7.99	7.78	7.71	7.66
5	8.65	8.58	8.45	8.24	8.17	8,12
6	9.11	9.03	8.90	8.70	8.62	8.57
7	9.56	9.48	9.35	9.15	9.07	9.01
8	0.00	9.92	9.79	9.59	9.51	9.44
9	0.45	0.36	0.22	0.03	9.94	9.86
10	0.89	0.79	0.65	0.45	0.35	0.26
11	1.32	1.21	1.06	0.86	0.74	0.64
12	1.74	1.63	1.47	1.25	1.11	1.00
13	2.16	2.04	1.87	1.62	1.46	1.33
14	2.57	2.43	2.24	1.97	1.78	1.65
15	2.96	2.82	2.60	2.30	2.09	1.94
16	3.33	3.19	2.94	2.60	2.37	2.21
18	4.01	3.87	3.56	3.12	2.86	2.68
20	4.60	4.46	4.09	3.53	3.26	3.07
21	4.87	4.72	4.33	3.70	3.42	3.22

311. *Der Zusammenhang zwischen der Zahl der Sterne heller als eine bestimmte scheinbare Größe und dem Verlauf der Sterndichte mit dem Abstand.* In einem früheren Abschnitt ist von den Sterneichungen W. HERSCHELS die Rede gewesen. Wir haben gesehen, wie HERSCHEL aus seinen Sternzählungen Schlüsse in bezug auf den Aufbau des Sternsystems ziehen konnte. Wir wollen jetzt etwas genauer auf diese Fragen eingehen und werden sehen, wie die Sternzählungen neueren Datums (vgl. die obige Tafel) zusammen mit den Untersuchungen über die Häufigkeitsfunktion der absoluten Helligkeiten (vgl. § 308) einen Ausgangspunkt für Untersuchungen über den Aufbau des Sternsystems bilden. Wir betrachten zuerst einige schematische Beispiele, die den Zusammenhang zwischen den aus Sternzählungen gefundenen Zahlen und dem Aufbau des Sternsystems erläutern sollen.

1. Wir betrachten zuerst als schematisches Beispiel ein Sternsystem, in dem alle Sterne die gleiche absolute Helligkeit haben. Durch Sternzählungen sei die Zahl der Sterne heller als von der scheinbaren Größe $1^m, 2^m, 3^m \ldots$ bekannt. Es sei A_m die Zahl der Sterne, die heller als von der scheinbaren Größe m sind. Ist nun die räumliche Dichte der Sterne im betrachteten Sternsystem konstant, so ist (vgl. Anhang S. 511):

$$A_{m+1} = 3.98\, A_m\,, \tag{1}$$

d. h. wenn man eine Größenklasse weitergeht, so wird die Sternzahl 3.98mal so groß. Nimmt aber die räumliche Dichte mit größerem Abstand vom Beobachter ab, so wird die Zunahme in der Sternzahl kleiner sein, und ist das Sternsystem begrenzt, so wird die Sternzahl von einer gewissen scheinbaren Größe ab konstant bleiben, nämlich wenn alle Sterne bis zur Grenze des Systems sichtbar geworden sind. Wenn in gewissen Richtungen die Dichte schneller abnimmt bzw. die Grenze des Systems näher liegt als in anderen, so werden in diesen Richtungen die Zahlen A_m relativ langsam mit m anwachsen und für große m (scheinbar schwachen Sternen entsprechend) werden in diesen Richtungen die Zahlen A_m relativ klein sein, verglichen mit den entsprechenden Zahlen für andere Richtungen.

Als Beispiel eines Systems mit nach außen abnehmender Sterndichte nehmen wir das folgende. Die Dichte (d. h. die Zahl der Sterne pro Volumeneinheit) im Abstand r sei:

$$D(r) = D_0 e^{-\frac{r^2}{2 r_0^2}}, \tag{2}$$

so daß die Dichte also gemäß einer Fehlerkurve abnimmt (vgl. Anhang S. 498 und Abb. 173). In sehr großen Entfernungen ($r \gg r_0$) ist die Sterndichte praktisch gleich Null. In kleineren Entfernungen ($r < r_0$) ist D annähernd gleich D_0, für $r = 0$ ist $D = D_0$.

Die absolute Größe der Sterne (die ja nach unserer Annahme für alle Sterne des Systems die gleiche ist) sei M. Sterne, die heller als von der Größe m erscheinen, sind dann näher als p parsec (entsprechend der Parallaxe $\frac{1}{p}$), wo:

$$M = m + 5 + 5 \log \frac{1}{p} \tag{3}$$

oder:

$$\log p = 1 + 0.2(m - M). \tag{4}$$

Wir betrachten nun die Sterne innerhalb eines Areales $d\omega$ auf der Himmelskugel, d. h. die Sterne innerhalb eines Kegels mit der Spitze im Beobachtungsort und dem Öffnungsraumwinkel $d\omega$. Wir betrachten denjenigen Teil des Kegels, in dem der Abstand vom Beobachtungsort zwischen r und $r + dr$ beträgt. Das Volumen dieses Teils ist:

$$r^2 d\omega \cdot dr.$$

Mit Hilfe von (2) findet man die Zahl der Sterne in diesem Volumen:

$$r^2\, d\omega\, dr \cdot D_0\, e^{-\frac{r^2}{2 r_0^2}}.$$

Hiermit findet man nun leicht durch eine Integration die Zahl aller Sterne innerhalb des Kegels, die näher als p parsec sind:

$$A(p) = \int_0^p r^2\, d\omega\, D_0\, e^{-\frac{r^2}{2 r_0^2}}\, dr$$

oder:

$$A(p) = D_0\, d\omega \int_0^p r^2\, e^{-\frac{r^2}{2 r_0^2}}\, dr. \tag{5}$$

Die Gesamtzahl der Sterne innerhalb des Kegels ist endlich:

$$A(\infty) = D_0\, d\omega \int_0^\infty r^2\, e^{-\frac{r^2}{2 r_0^2}}\, dr$$

$$= D_0\, d\omega \sqrt{\frac{\pi}{2}}\, r_0^3.$$

Die Dichteabnahme nach dem Gesetz (2) ist in der Tat für größere Entfernungen so stark, daß die entfernteren Teile des Kegels nur wenig zur Gesamtzahl beitragen.

Die Gleichung (5) kann in etwas anderer Form geschrieben werden, indem man gewissermaßen r_0 als Abstandsmaß einführt. Durch Multiplikation und Division mit r_0^3 erhält man:

$$A(p) = D_0\, r_0^3\, d\omega \int_0^p \left(\frac{r}{r_0}\right)^2 e^{-\frac{1}{2}\left(\frac{r}{r_0}\right)^2} \cdot d\left(\frac{r}{r_0}\right),$$

oder indem man:

$$x = \frac{r}{r_0}, \quad r = x r_0$$

einführt:

$$A(p) = D_0 r_0^3 d\omega \int_0^{p/r_0} x^2 e^{-\frac{x^2}{2}} dx, \tag{6}$$

weil ja:

$$r = p,$$
$$x = \frac{p}{r_0}$$

entspricht.

Setzt man:

$$\varphi(a) = \int_0^a x^2 e^{-\frac{x^2}{2}} dx, \tag{7}$$

so wird (6):

$$A(p) = D_0 r_0^3 d\omega \cdot \varphi\left(\frac{p}{r_0}\right). \tag{8}$$

Die durch das bestimmte Integral in (7) definierte Funktion kann man als eine bekannte, z. B. durch numerische Integration (vgl. Anhang S. 504) berechenbare Funktion ansehen.

Mit Hilfe von (8) und (4) kann man nun den dem betrachteten schematischen Beispiel entsprechenden Verlauf der Zahlen A_m berechnen. Nach (4) ist:

$$\log \frac{p}{r_0} = 1 + 0.2(m - M) - \log r_0$$

$$\frac{p}{r_0} = 10 \cdot 10^{-0.2(M + 5 \log r_0)} \cdot 10^{0.2m}. \tag{9}$$

Die Größen M und r_0 sind Konstanten des betrachteten Sternsystems. Durch (9) ist $\frac{p}{r_0}$ als Funktion von m bestimmt, nach (7) und (8) $A_m = A(p)$ als Funktion von $\frac{p}{r_0}$. Die folgende Tabelle zeigt den Verlauf der A_m für $M + 5 \log r_0 = 10$. Für andere Werte dieser Konstante ist das Argument m nach (9) nur um den Unterschied gegen 10 zu verschieben, damit die Tabelle wieder richtig wird.

Nennt man die in der Tabelle gegebene Funktion $\psi(m) \cdot A_\infty$, so ist:

$$A_m = \psi(m + 10 - M - 5 \log r_0) \cdot \sqrt{\frac{\pi}{2}} D_0 r_0^3 d\omega. \tag{10}$$

m	A_m
0	$0.00027 \cdot A_\infty$
1	0.0011
2	0.0041
3	0.016
4	0.061
5	0.20
6	0.53
7	0.90
8	1.00
9	1.00
10	1.00

Die Tabelle zeigt nun folgendes. Für kleine m, d. h. wenn man nur scheinbar helle Sterne mitzählt, wächst A_m sehr nahe dem Ausdruck (1) entsprechend. Dies entspricht der Tatsache, daß nur diejenigen Gebiete des Kegels gesehen werden, wo D noch annähernd konstant ist. Bei größeren m wird die Zunahme der A_m immer langsamer, bis schließlich die Zunahme praktisch gleich Null wird. Im letztgenannten Fall sieht der Beobachter so weit in den Raum hinaus, daß die Dichte praktisch gleich Null geworden ist. Für kleine m ist also $A_{m+1} = 3.98 A_m$, für große m ist $A_m = \text{const} = A_\infty$. Im speziellen Fall $M + 5 \log r_0 = 10$ liegt das Übergangsgebiet etwa zwischen $m = 4^m$ und $m = 7^m$. Im allgemeinen Fall liegt es entsprechend etwa zwischen $m = 4 + (M + 5 \log r_0 - 10)$ und $m = 7 + (M + 5 \log r_0 - 10)$.

2. Als zweites schematisches Beispiel betrachten wir den Fall, daß es im Sternsystem absolut helle Sterne mit der absoluten Helligkeit M' und absolut schwache Sterne mit der absoluten Helligkeit M'' gibt $(M' < M'')$. Dieses System kann man gewissermaßen als Summe zweier Teilsysteme der zuerst betrachteten Art auffassen. Man hat z. B.:

$$A_m = A'_m + A''_m, \tag{11}$$

wo A'_m sich auf das Teilsystem mit $M = M'$, A''_m sich auf das Teilsystem mit $M = M''$ beziehen mag, während A_m für das betrachtete zusammengesetzte System gilt.

Ist nun in diesem Fall die räumliche Dichte für beide Teilsysteme konstant (gleich D' bzw. D''), so ist:

$$A'_{m+1} = 3.98\, A'_m \tag{12}$$

und:

$$A''_{m+1} = 3.98\, A''_m, \tag{13}$$

also nach (11):

$$A_{m+1} = 3.98\, A_m, \tag{14}$$

genau wie vorher. Das Verhältnis $A'_m : A''_m$ — das Verhältnis der relativen Anteile der beiden Teilsysteme an A_m — ist nach (12) und (13) für alle m dasselbe. Es hängt von D', M', D'' und M'' ab. Je größer die absolute Leuchtkraft der Sterne eines Systems und je größer die Dichte der Sterne des Systems sind, desto größer wird der relative Anteil der Sterne des Systems an den A_m.

In § 273 haben wir gerade den eben diskutierten Fall betrachtet und insbesondere einen konkreten Fall untersucht, wo der relative Anteil des Teilsystems absolut heller Sterne an den A_m groß war, trotz der verhältnismäßig geringen räumlichen Dichte dieser Sterne.

Es seien nun wieder die räumlichen Dichten mit dem Abstand vom Beobachter allmählich abnehmend. Wir betrachten zuerst den Fall, daß die Abnahme für die Teilsysteme die gleiche ist, so daß also das Verhältnis der räumlichen Dichten der Sterne der beiden Teilsysteme konstant ist. In diesem Fall zeigt sich nun folgendes. Für kleine m nehmen A'_m und A''_m noch annähernd in Übereinstimmung mit (11) und (12) zu, weil hier nur verhältnismäßig nahe Gebiete beobachtet werden, wo die Dichte noch nicht wesentlich abgenommen hat. Bei größeren m wird die Zunahme aber kleiner als nach (11) und (12), und zwar ist dieser Effekt für die absolut hellen Sterne am stärksten, weil diese in größeren Entfernungen gesehen werden, wo die Dichte entsprechend stärker abgenommen hat. Allmählich wird deshalb $A''_m : A'_m$ — das Verhältnis der Zahl der absolut schwächeren zu der Zahl der absolut helleren Sterne — wachsen.

Nehmen wir beispielsweise wieder an, daß die Dichte nach dem Fehlergesetz (2) abnimmt. Wir haben ja vorausgesetzt, daß die Abnahme für die beiden Teilsysteme nach demselben Gesetz erfolgt. Es sei also:

$$D'(r) = D'_0\, e^{-\frac{r^2}{2 r_0^2}} \tag{15}$$

und:

$$D''(r) = D''_0\, e^{-\frac{r^2}{2 r_0^2}}, \tag{16}$$

so daß also wirklich:

$$\frac{D'(r)}{D''(r)} = \frac{D'_0}{D''_0} \tag{17}$$

für alle r denselben Wert hat.

Dann hat man gemäß (10):

$$A'_m = \psi(m - (M' + 5 \log r_0)) \cdot \sqrt{\frac{\pi}{2}} D'_0 r_0^3 \, d\omega \,, \tag{18}$$

$$A''_m = \psi(m - (M'' + 5 \log r_0)) \cdot \sqrt{\frac{\pi}{2}} D''_0 r_0^3 \, d\omega \,, \tag{19}$$

$$A_m = A'_m + A''_m \,,$$

und:

$$A''_m : A'_m = \frac{D''_0}{D'_0} \, \frac{\psi(m - (M'' + 5 \log r_0 - 10))}{\psi(m - (M' + 5 \log r_0 - 10))} \,. \tag{20}$$

Es sei z. B. $M' = 0^M$, $M'' = 5^M$, $D' = 0.001$ und $D'' = 0.1$. Ferner sei $r_0 = 100$ parsec. Damit erhält man die Zahlen der untenstehenden Tabelle. Zuerst überwiegen die absolut hellen Sterne trotz ihrer geringeren räumlichen Dichte, für größere m gewinnen die absolut schwächeren Sterne allmählich die Oberhand.

Befolgt die Dichteabnahme für die Teilsysteme nicht das gleiche Gesetz, ist also das Verhältnis der räumlichen Dichten der Sterne der beiden Teilsysteme nicht an allen Orten des Sternsystems dasselbe, so lassen sich die Verhältnisse nicht so leicht übersehen. Nimmt die räumliche Dichte für die absolut helleren Sterne langsamer ab als für die absolut schwächeren, so wird der eben besprochene Effekt der allmählichen Überhandnahme der absolut schwächeren Sterne teilweise kompensiert oder gar überkompensiert. Nimmt dagegen die räumliche Dichte der absolut helleren Sterne schneller ab als die der absolut schwächeren, so wird der Effekt noch verstärkt.

m	A'_m	A''_m	$A''_m : A'_m$
5	$0.20 \cdot 1.25 \cdot 10^3 d\omega$	$0.00027 \cdot 1.25 \cdot 10^5 d\omega$	0.13
6	0.53	0.0011	0.20
7	0.90	0.0041	0.46
8	1.00	0.016	1.6
9	1.00	0.061	6.1
10	1.00	0.20	20
11	1.00	0.53	53
12	1.00	0.90	90
13	1.00	1.00	100
14	1.00	1.00	100
15	1.00	1.00	100

3. Schließlich betrachten wir den Fall, daß mehrere Teilsysteme mit verschiedenen absoluten Helligkeiten vorhanden sind. Statt (11) hat man jetzt:

$$A_m = A'_m + A''_m + A'''_m + \cdots \,, \tag{21}$$

und ähnlich modifizierte Gleichungen statt der weiteren Gleichungen. Alle Folgerungen, die für zwei Teilsysteme gelten, gelten auch, wie man leicht einsieht, in diesem Fall.

Sind schließlich alle absoluten Helligkeiten innerhalb gewisser Grenzen vertreten, so hat man statt der Summe in (21) ein Integral:

$$A_m = \int_{M_1}^{M_2} A_m(M) \, dM \,, \tag{22}$$

oder allgemeiner:

$$A_m = \int_{-\infty}^{+\infty} A_m(M) \, dM \,. \tag{22a}$$

Ein Teilsystem besteht jetzt aus den Sternen mit absoluten Helligkeiten zwischen M und $M + dM$. Die den Teilsystemen entsprechenden räumlichen Dichten heißen $D(M; r) \, dM$. Alle Gleichungen können genau wie früher aufgestellt werden, nur treten Integrale an Stelle der Summen auf. Die räumlichen

Dichten $D(M; r)$ sind, als Funktionen von M betrachtet, die früher diskutierten Verteilungsfunktionen der absoluten Helligkeiten.

In diesem allgemeinen Fall nimmt man immer an, daß die räumlichen Dichten in derselben Weise mit dem Abstand variieren, daß also die Verteilungsfunktion der absoluten Helligkeiten an allen Orten des Sternsystems dieselbe ist. Wenn nämlich die Verteilungsfunktion von Ort zu Ort veränderlich ist, genügen die aus den Sternzählungen gefundenen Zahlen A_m und die Verteilungsfunktion der absoluten Helligkeiten in der Nähe des Beobachters nicht, um weitere Schlüsse über den Aufbau des Sternsystems zu ziehen. Die Zahl der Unbekannten wird gewissermaßen zu groß. Liegen Gründe vor, anzunehmen, daß die Verteilungsfunktion der absoluten Helligkeiten sich mit dem Ort ändert, so sucht man die Sterne in Gruppen zu teilen, für die man wieder annehmen darf, daß die Verteilungsfunktion örtlich konstant ist. Diese Gruppenteilung kann z. B. eine Einteilung nach Spektralklassen sein. Hiervon wird später etwas näher die Rede sein.

Ist die Verteilungsfunktion der absoluten Helligkeiten $\varphi(M)$ örtlich konstant, so hat man überall im Sternsystem:

$$D(M; r)\, dM = D(r) \cdot \varphi(M)\, dM\,, \tag{23}$$

wo $D(r)$ die Zahl der Sterne aller absoluten Helligkeiten pro Volumeneinheit bedeutet.

Für die Sternzahlen A_m findet man in diesem Fall die folgenden Gleichungen. Zuerst werden die $A_m(M)$ mit Hilfe von (23) gefunden. Die Ableitung ist ganz analog der Ableitung der Gleichung (5). Wir betrachten wieder die Sterne innerhalb eines Kegels mit dem Öffnungsraumwinkel $d\omega$. Die Zahl der Sterne mit absoluten Helligkeiten zwischen M und $M + dM$, die näher als p parsec sind, ist:

$$\begin{aligned} A(p; M)\, dM &= \int_0^p D(r)\, \varphi(M)\, dM \cdot r^2\, d\omega\, dr \\ &= \varphi(M)\, dM\, d\omega \int_0^p D(r)\, r^2\, dr\,. \end{aligned} \tag{24}$$

Die Sternzahl A_m findet man, indem man in (24) die durch m und M bestimmte Grenzentfernung p einsetzt [vgl. (4)]:

$$\log p = 1 + 0.2(m - M)\,, \tag{25}$$

also:

$$A_m(M)\, dM = \varphi(M)\, dM\, d\omega \int_0^{10^{1+0.2(m-M)}} D(r)\, r^2\, dr\,. \tag{26}$$

Schließlich findet man A_m aus (22a):

$$A_m = d\omega \int_{-\infty}^{+\infty} dM\, \varphi(M) \int_0^{10^{1+0.2(m-M)}} D(r)\, r^2\, dr\,. \tag{27}$$

Diese Gleichung zeigt den Zusammenhang zwischen der Funktion A_m der Sternzahlen bis zur scheinbaren Größe m, der Verteilungsfunktion der absoluten Helligkeiten $\varphi(M)$ und dem Dichtegesetz $D(r)$, wenn die Verteilungsfunktion örtlich konstant ist.

In dieser Gleichung dürfen wir $\varphi(M)$ als eine aus den Untersuchungen der Sterne in der näheren Umgebung der Sonne bekannte Funktion ansehen. Die Sternzahlen A_m bilden eine durch die Sternzählungen bekannt gewordene Funktion der scheinbaren Größe m. In (27) ist $D(r)$ dann die unbekannte Funktion. In der Tat kann nach (27) die Funktion $D(r)$ bestimmt werden. $D(r)$ ist nämlich so zu wählen, daß die Gleichung (27) für alle Werte der scheinbaren Größe m befriedigt ist. Die Unbekannten des Problems sind die Werte der Funktion $D(r)$ für jeden Wert von r, die Gleichungen sind eine Gleichung (27) für jeden Wert von m. Es gilt also, unendlich viele Unbekannte aus unendlich vielen Gleichungen zu bestimmen. Derartige Probleme treten in der mathematischen Analysis oft auf, die Gleichung (27) — eine *Integralgleichung* — ist ein gutes Beispiel eines solchen Problems. Wenn A_m und $\varphi(M)$ gewisse einfache Funktionen sind, kann man die Lösung analytisch angeben: $D(r)$ wird eine einfache angebbare Funktion, die von den anderen beiden Funktionen abhängt. Das Problem kann aber immer numerisch gelöst werden, indem statt des Problems der unendlich vielen Gleichungen mit unendlich vielen Unbekannten ein entsprechendes Problem mit endlich vielen Gleichungen und Unbekannten gelöst wird, ähnlich wie man ein Integral numerisch auswerten kann, indem man es durch eine Summe einer endlichen Zahl von Summanden ersetzt (vgl. Anhang S. 504).

Hierdurch ist es möglich geworden, quantitative Schlüsse über die Änderungen der Sterndichte mit dem Abstand in verschiedenen Richtungen zu ziehen.

Seeliger benutzte nach eingehender Bearbeitung des vorliegenden Beobachtungsmaterials die Sternzählungen zu quantitativen Berechnungen des Verlaufs der Sterndichte. Das in § 308 beschriebene Verfahren zur Bestimmung des Verteilungsgesetzes der absoluten Helligkeiten geht auf Kapteyn zurück. Kapteyn benutzte das gefundene Verteilungsgesetz in Verbindung mit den Resultaten von Sternzählungen dazu, den Verlauf der Sterndichte in der eben besprochenen Weise zu ermitteln. Die Resultate von Seeliger und Kapteyn stimmen im wesentlichen überein. Die Ausdehnung des Sternsystems ist am größten in der Milchstraßenebene. Im Abstand 4000 parsec ist die Sterndichte auf 5% der Sterndichte in der Umgebung der Sonne gefallen und nimmt mit noch größerem Abstand weiter ab. Die Ausdehnung ist am geringsten in den beiden Richtungen senkrecht zur Milchstraßenebene, und zwar in diesen beiden Richtungen ungefähr die gleiche. In einem Abstand von etwas weniger als 1000 parsec ist die Sterndichte auf 5% der Sterndichte in der Umgebung der Sonne herabgegangen und nimmt weiter nach außen sehr schnell ab.

312. *Der Einfluß einer Absorption des Lichtes im interstellaren Raum auf die Relation zwischen Sternzahl und Sterndichte.* Es war nun schon früh den Forschern auf diesen Gebieten klar, daß die aus den Sternzahlen erschlossenen Sterndichten dadurch schwer verfälscht sein könnten, daß im Sternsystem über größere Abstände eine merkliche Absorption des Lichtes stattfindet. Schon der allererste Schluß, daß die Sterndichte mit wachsendem Abstand kleiner wird, wenn, wie beobachtet, die Zunahme der Zahlen A_m mit m langsamer als nach (1) erfolgt, kann falsch sein. Die langsamere Zunahme kann in der Tat ebensogut darauf beruhen, daß die ferneren Sterne mehr geschwächt werden, als es dem Gesetz von der Abnahme mit dem Quadrat der Entfernung entspricht, daß also die Gleichung (3) auf S. 472 richtiger geschrieben werden muß:

$$m = M + 5 + 5 \log \frac{1}{p} + \Delta m \,, \tag{28}$$

wo:

$$\Delta m = \Delta m(r) \tag{29}$$

die mit dem Abstand wachsende Absorption des Lichtes bedeutet.

Man kann in der Tat vollkommene Übereinstimmung mit den beobachteten Sternzahlen A_m erreichen, wenn man ein Sternsystem mit konstanter Sterndichte annimmt. Man muß nur die Größe der Absorption in verschiedenen Richtungen und Abständen entsprechend ansetzen. So wie man die Gleichungen (27) befriedigen konnte durch passende Wahl der Sterndichte, so kann man sie ebensogut befriedigen durch passende Wahl der Absorptionen bei konstanter Sterndichte.

Nun kann man aus den Beobachtungen von Durchmessern und Helligkeiten von anagalaktischen Nebeln und kugelförmigen Sternhaufen ableiten, daß die Absorption in den Richtungen zu diesen Objekten über größere Entfernungen nicht groß sein kann. Wäre eine beträchtliche Absorption vorhanden, so wären die photometrischen Parallaxen der entfernteren Objekte und dann auch die berechneten Dimensionen systematisch zu groß, und es würde sich ein Gang der Dimensionen mit der Entfernung zeigen. Dies ist nun nicht der Fall. Andererseits weisen die Sternleeren in gewissen Richtungen in der Milchstraße sehr deutlich darauf hin, daß in diesen Richtungen eine starke Absorption des Lichtes stattfindet.

Die anagalaktischen Nebel und die kugelförmigen Sternhaufen sind nun in der unmittelbaren Nähe der Milchstraße relativ selten. Die schwachen kurzperiodischen Cepheiden zeigen ein ähnliches Verhalten (vgl. § 310). Dies kann so gedeutet werden, daß in einer gewissen dünnen Schicht um die Milchstraßenebene eine kräftige Absorption vorhanden ist.

Die offenen Sternhaufen kommen in der Nähe der Milchstraße am häufigsten vor (dies hängt mit der Abplattung des Milchstraßensystems und damit, daß die offenen Sternhaufen in großen Entfernungen gesehen werden, unmittelbar zusammen; vgl. S. 313). Sie eignen sich deshalb für eine Untersuchung der Frage, ob in einer dünnen Schicht um die Milchstraßenebene Absorption stattfindet. Die Methode ist die gleiche wie bei den anagalaktischen Nebeln und den kugelförmigen Sternhaufen. Aus der scheinbaren Größe und der absoluten Größe wird die Entfernung nach (28), S. 477 berechnet, indem die Absorption Δm gleich Null gesetzt wird. Aus der Entfernung und dem Winkeldurchmesser folgt der lineare Durchmesser. Findet man nun, daß die so berechneten linearen Durchmesser mit wachsendem Abstand zunehmen, so deutet dies darauf hin, daß Absorption vorhanden ist. Denn eine Absorption Δm bewirkt ja gerade, daß die mit $\Delta m = 0$ berechneten Abstände zu groß werden und ebenso die berechneten linearen Durchmesser. Den Betrag der Absorption kann man abschätzen, indem man Δm proportional dem Abstand ansetzt und die Proportionalitätskonstante so wählt, daß jetzt kein Gang mit dem Abstand in den linearen Durchmessern mehr vorhanden ist.

Derartige Untersuchungen mit Hilfe offener Sternhaufen deuten darauf hin, *daß in einer relativ dünnen Schicht um die Milchstraßenebene wirklich in allen Richtungen eine Absorption stattfindet.* Die Größe der Absorption beträgt etwa eine halbe Größenklasse pro 1000 parsec. Allerdings sind die Resultate nicht definitiv sichergestellt. Es ist eine schwierige Aufgabe, Winkeldurchmesser für die wenig konzentrierten offenen Sternhaufen anzugeben, und es ist leicht möglich, daß systematische Fehler auftreten, weil das Aussehen der offenen Sternhaufen sich mit der Entfernung ändert.

Die Absorption ist auf kleine Entfernungen von einigen hundert parsec (außerhalb absorbierender dunkler Nebel) zu vernachlässigen. In allen Richtungen, die einen erheblichen Winkel (größer als etwa 20°) mit der Milchstraßenebene bilden, ist die Länge des Sehstrahles durch die einige hundert parsec dicke Schicht verhältnismäßig so klein, daß die Absorption keine merkbare Rolle spielt. Aber über Entfernungen von einigen tausend parsec innerhalb der absorbierenden Schicht ist die Absorption beträchtlich. Bei einer Absorption von $0^m.5$ pro 1000 parsec erscheint ein Stern im Abstand 4000 parsec 2^m schwächer, als wenn keine Absorption vorhanden wäre. Bestimmt man aus der scheinbaren und der absoluten Helligkeit den Abstand, ohne die Absorption zu berücksichtigen, so wird man, da *m* also 2^m zu groß ist, den Abstand 2.5mal zu groß finden, also gleich 10000 parsec statt 4000 parsec.

Wenn eine Absorption vorhanden ist, so kann sie entweder für alle Wellenlängen die gleiche sein — wenn sie z. B. durch Schattenwirkung relativ großer Partikeln zustande kommt — oder sie kann mit der Wellenlänge variieren, wie z. B. die Absorption in der Erdatmosphäre. Ist die Absorption für verschiedene Wellenlängen verschieden, so sagt man, daß die Absorption *selektiv* ist.

Eine selektive Absorption läßt sich nun leichter nachweisen als eine für alle Wellenlängen konstante. Sie bewirkt ja eine Modifikation der spektralen Zusammensetzung des Lichtes; beispielsweise wird ja das Sonnenlicht bei dem Durchgang durch die Atmosphäre röter.

Kann nun eine selektive Absorption nachgewiesen werden, so weiß man dadurch, daß Absorption stattfindet. Ist aber keine selektive Absorption vorhanden, so kann dies entweder bedeuten, daß die Absorption nicht selektiv ist oder daß überhaupt keine Absorption stattfindet.

Nun scheint eine selektive Absorption wirklich vorhanden zu sein. Sterne derselben Spektralklasse werden mit größerem Abstand röter. Es kann dies freilich daran liegen, daß die ferneren Sterne durchschnittlich größere absolute Helligkeiten haben (vgl. S. 348). Man muß versuchen, die beiden Effekte zu trennen.

Beschränkt man sich auf Sterne der näheren Umgebung der Sonne, so ist die Änderung der durchschnittlichen absoluten Helligkeit mit dem Abstand klein oder gar verschwindend. Allerdings müssen dann wegen des entsprechend geringeren Effekts genauere Messungen der Farbenindizes vorliegen. Unter Benutzung sehr genauer photoelektrisch gemessener Farbenindizes (vgl. S. 332) ist es gelungen, eine selektive Absorption sicher festzustellen. Es scheint nach diesen Untersuchungen, als ob in gewissen Richtungen keine selektive Absorption vorhanden wäre, in anderen dagegen eine verhältnismäßig starke.

Die langperiodischen Cepheiden eignen sich besonders gut für diese Untersuchungen. Es sind absolut helle Sterne, die bis in große Entfernungen gesehen werden können, sie liegen in der in Frage kommenden Schicht um die Milchstraße, und vor allen Dingen ist die spektrale Zusammensetzung ihres Lichtes ziemlich eindeutig durch die Periode gegeben (vgl. S. 440). Farbenänderungen mit dem Abstand infolge selektiver Absorption können also sehr sicher festgestellt werden. Derartige Untersuchungen wurden vor einigen Jahren geplant, die Resultate liegen aber noch nicht vor.

Es ist also wahrscheinlich, daß in allen Richtungen, die innerhalb einer gewissen Schicht um die Milchstraßenebene verlaufen, eine erhebliche Absorption stattfindet.

Dies ist von sehr großer Bedeutung für die Frage der Ausdehnung des Sternsystems in der Richtung der Milchstraße. Wir haben schon an einem Zahlenbeispiel gesehen, wie groß der Einfluß der Absorption auf alle photometrischen Parallaxen ist, und für die hier in Betracht kommenden Entfernungen können fast ausschließlich photometrische Parallaxen bestimmt werden. Auf die Resultate der Methode der Sternzählungen hat die Absorption einen ganz ähnlichen Einfluß.

Wenn die Absorption in der betrachteten Schicht konstant ist oder nach irgendeinem einfachen Gesetz mit dem Abstand von der Milchstraßenebene variiert, dann können in bezug auf die Sterndichte noch Schlüsse gezogen werden. Man kann die Untersuchungen unter verschiedenen Annahmen über die Größe der Absorption durchführen und die plausibelste Lösung als die richtige ansehen.

Besteht dagegen die Möglichkeit, daß die Absorption sehr unregelmäßig variiert, so können keine sicheren Schlüsse mehr über den Aufbau des Sternsystems in der Umgebung seiner Hauptebene — der Milchstraßenebene — gezogen werden.

Es ist natürlich klar, daß man alle Gegenden, wo abnorm starke Absorption sicher vorhanden ist, für sich behandeln muß. Die weiteren Schlüsse beruhen dann auf der Annahme, daß die Größe der Absorption sonst regelmäßig verläuft.

Die im vorigen Paragraphen besprochene Methode zur Bestimmung von Sterndichten aus Sternzählungen kann leicht modifiziert werden, so daß eine konstante Absorption berücksichtigt wird. Man hat einfach die Gleichungen (28) und (29) mit einem dem Abstand proportionalen Δm:

$$\Delta m = a \cdot r,$$

zu benutzen, statt Δm gleich Null zu setzen, wie es in § 311 geschah. Die Berechnungen werden mit verschiedenen Werten der Konstante a ausgeführt, damit die plausibelste Dichteverteilung ausgewählt werden kann. Gleichzeitig wird dann a bestimmt. Es ist aus dem bereits Gesagten klar, daß der Einfluß auf die Resultate in höheren galaktischen Breiten keinen nennenswerten Einfluß hat. Es handelt sich um die Sterndichte in größerer Entfernung nahe der Milchstraßenebene.

Die folgende Tabelle zeigt die Resultate für die Sterndichte unter verschiedenen Annahmen über a. Die Einheit der Sterndichte ist die Sterndichte in der nächsten Umgebung der Sonne. Die Gegenden, in denen die Sternzählungen erfolgten, liegen in der Milchstraße:

$\log p$	p	$a = 0.00$	$a = 0.40$	$a = 0.60$	$a = 0.80$
2.0	100 parsec	1.00	1.00	1.00	1.00
2.2	158	0.46	0.59	0.70	0.62
2.4	251	0.32	0.41	0.49	0.45
2.6	398	0.23	0.24	0.28	0.32
2.8	631	0.16	0.24	0.28	0.32
3.0	1000	0.17	0.28	0.28	0.64
3.2	1580	0.11	0.28	0.48	0.64
3.4	2510	0.067	0.28	0.48	0.64
3.6	3980	0.040	0.28	0.61	1.21
3.8	6310	0.026	0.32	0.61	1.21
4.0	10000	0.014	0.32		

Mit $a = 0$, also ohne Absorption, nimmt die Sterndichte wie früher ab. Mit $a = 0^m.4$ wird die Sterndichte in sehr großen Entfernungen annähernd konstant, es findet aber eine merkliche Dichteabnahme bis etwa 400 parsec statt. Bei noch größerem a wird diese Dichteabnahme kleiner, aber jetzt nimmt die Sterndichte in großen Entfernungen wieder zu.

Jenseits 10000 parsec bzw. 6000 parsec bei starker Absorption sind die Werte unsicher, weil die Sternzählungen nur bis $m = 18^m$ reichen.

Die plausibelste Annahme über a ist diejenige, die zu annähernd konstanter Dichte in großen Entfernungen führt, also $a = 0^m.4$. Sehr bemerkenswert ist die Tatsache, daß danach in einem Gebiet um die Sonne mit einem Durchmesser von etwa 600 parsec die Sterndichte relativ hoch ist.

In gewissen Richtungen nimmt die Sterndichte zuerst ab und dann wieder zu. Diese Richtungen zeigen auf die früher genannten Sternwolken. Für die Scutumwolke hat man in dieser Weise eine Entfernung gefunden, die mit der auf anderem Wege (vgl. S. 469) gefundenen gut übereinstimmt.

Das wichtigste Resultat der Diskussion ist dies: Nimmt man an, daß die Absorption zu vernachlässigen ist, so folgt, daß es ein begrenztes Lokalsystem gibt (vgl. S. 470). Nimmt man aber an, daß eine Absorption von $0^m.4$ oder mehr pro 1000 parsec vorhanden ist, so findet man, daß die Sterndichte wenigstens bis 10000 parsec erheblich bleibt.

313. *Änderungen der Verteilungsfunktion der absoluten Helligkeiten mit dem Abstand von der Milchstraßenebene.* Wir haben gesehen, daß für höhere galaktische Breiten die Absorption die aus den Sternzählungen ermittelten Sterndichten nicht merklich beeinflußt. Hier ist aber ein anderer Faktor in diesem Zusammenhange wesentlich. Die Methode des § 311 beruht ja darauf, daß die Verteilungsfunktion der absoluten Helligkeit unabhängig vom Abstand ist. Nun scheint diese Annahme für Richtungen, die einen erheblichen Winkel mit der Milchstraßenebene bilden, nicht richtig zu sein. Die Verteilungsfunktion ändert sich mit dem Abstand.

Dies zeigt schon die Verteilung der Sterne verschiedener Spektralklassen über die galaktischen Breiten. Die folgende Tabelle zeigt die Zahl der Sterne pro 100 Quadratgrad heller als $8^m.25$ (bis zu dieser Grenze ist der HENRY DRAPER-Katalog vollständig) für die verschiedenen Spektralklassen, und zwar in galaktischer Breite 40° bis 90° und nahe an der Milchstraße:

Gal. Breite	B	A	F	G	K	M	Alle Sterne
40°—90°	0.3	13.2	12.5	19.8	43.0	7.6	96.4
0°	29.7	96.9	18.7	26.0	69.0	17.5	257.8

Die B-Sterne sind außerordentlich stark, die A-Sterne sehr stark gegen die Milchstraße konzentriert. Die anderen Typen zeigen weniger starke Konzentration.

Dies erklärt sich teilweise durch den folgenden Umstand. Die B- und A-Sterne sind absolut heller als z. B. die F- und G-Sterne. Die B- und A-Sterne heller als $8^m.25$ sind deshalb durchschnittlich weiter entfernt. Ist nun ihr durchschnittlicher Abstand von der Milchstraßenebene derselbe wie für die anderen Sterne, so werden sie doch auf der Himmelskugel näher an der Milchstraße erscheinen.

Eine genauere Nachrechnung zeigt jedoch, daß diese Erklärung nicht ausreicht. Die B- und A-Sterne müssen auch im Raum gegen die Milchstraßenebene konzentriert sein. Die c-Sterne (vgl. S. 348) zeigen dasselbe Verhalten wie die B-Sterne. Da nun die B- und A-Sterne und die c-Sterne absolut helle Sterne sind, so wird infolgedessen die Verteilungsfunktion sich mit dem Abstand von der Milchstraßenebene ändern, und zwar so, daß die relative Zahl der absolut hellen Sterne gegen diese Ebene wächst.

Dies bedeutet nun, daß die Methode des § 311 nicht exakt ist. Für genauere Untersuchungen sind die Sterne nach den Spektralklassen zu trennen und jede Klasse für sich zu untersuchen. Für schwächere Sterne trennt man am besten die Sterne in Gruppen nach den Farbenindizes.

Wenn man die Sternverteilung in Richtungen, die einen großen Winkel mit der Milchstraßenebene bilden, betrachtet, so zeigt sich das S. 475 beschriebene Phänomen, daß die absolut schwachen Sterne bei größeren m allmählich überhandnehmen, sehr deutlich, weil die Dichteabnahme relativ schnell erfolgt. Durch die genannte Konzentration der absolut hellen Sterne gegen die Milchstraßenebene wird der Effekt noch verstärkt.

Trotz der genannten Schwierigkeit, daß die Verteilungsfunktion der absoluten Helligkeiten in hohen galaktischen Breiten nicht konstant ist, sind die Resultate hier sicherer, da die Absorption keine nennenswerte Rolle spielt. Auch können die Resultate durch Parallaxenmethoden wie die spektroskopische und solche, die auf der Benutzung von Eigenbewegungen fußen, hier herangezogen werden, weil praktisch die Grenzentfernung relativ klein ist, nur etwas mehr als 1000 parsec.

314. *Die Struktur des Milchstraßensystems.* Die Untersuchungen über das Skelett des Sternsystems (vgl. § 310) und die Untersuchungen mit Hilfe von Sternzählungen (vgl. § 311) weisen beide auf die Existenz eines Gebietes um die Sonne mit einem Durchmesser von einigen tausend parsec hin, wo die Sterndichte relativ groß ist.

In der Struktur des näheren Sternsystems scheinen die Milchstraßenwolken eine große Rolle zu spielen. Man kann dies Gebiet gewissermaßen als eine Zusammenballung von Milchstraßenwolken ansehen. Die Sonne scheint ungefähr im Zentrum einer Milchstraßenwolke mit einem Durchmesser in der Ebene der Milchstraße von etwa 600 parsec zu stehen.

Die Dicke des Systems in der Richtung senkrecht zur Milchstraßenebene ist relativ klein. Nur die kurzperiodischen Cepheiden und die langperiodischen Veränderlichen der Spektralklasse Me sind in sehr großen Entfernungen von der Milchstraßenebene beobachtet worden.

Als weiteres Resultat ergaben die Untersuchungen über das Skelett des Milchstraßensystems, daß ein zweites System sich um ein Zentrum in der Richtung des Sternbilds Sagittarius ($l = 325°$, $b = 0°$) in einer Entfernung von etwa 14000 parsec gruppiert (das Sagittariussystem).

Aus den Sternzählungen konnte ferner geschlossen werden, daß das Lokalsystem sich in der Milchstraße wenigstens bis 10000 parsec fortsetze, wenn in einer dünnen Schicht um die Milchstraße eine merkbare Absorption vorhanden ist.

Bei Vorhandensein einer Absorption der genannten Art müssen die Resultate über das Skelett des Milchstraßensystems revidiert werden. Die offenen Sternhaufen und die B-Sterne liegen innerhalb der Schicht, in der die Absorption stattfindet, bei diesen ist die Absorption also über den ganzen Lichtweg wirksam. Eine ohne Berücksichtigung der Absorption berechnete photometrische Parallaxe, der die Entfernung 4000 parsec entspricht, muß, um einer Absorption von $0^{m}.4$ pro 1000 parsec Rechnung zu tragen, vergrößert werden, so daß die Entfernung sich auf 2500 parsec reduziert. Die Dimensionen des durch die offenen Haufen und die B-Sterne bestimmten Systems (des Lokalsystems) wären also etwas zu reduzieren. Die kugelförmigen Sternhaufen und die kurzperiodischen Cepheiden erreichen viel größere Abstände von der Milchstraßenebene. Obwohl die Entfernungen der kugelförmigen Sternhaufen groß sind, sind daher die Längen der Sehstrahlen durch die (verhältnismäßig dünne) absorbierende Schicht relativ kurz. Es sei die Dicke der absorbierenden Schicht 400 parsec; ein kugelförmiger Sternhaufen befinde sich in der Entfernung 10000 parsec und 2000 parsec über der Milchstraßenebene. Die Länge des Sehstrahls durch die absorbierende Schicht wird dann $\frac{200}{2000} \cdot 10000$ parsec gleich 1000 parsec, die entsprechende Absorption wird hiermit nach obiger Voraussetzung $0^{m}.4$. Ein kugelförmiger Sternhaufen in derselben Entfernung, aber in der Milchstraßenebene, würde dagegen vier Größenklassen geschwächt werden. Es wird hierdurch verständlich, daß keine kugelförmigen Sternhaufen in der Nähe der Milchstraße beobachtet worden sind (vgl. S. 468). Für die schwachen kurzperiodischen Cepheiden verläuft die Diskussion ganz analog. Die Entfernung des Zentrums des Sagittariussystems reduziert sich bei Berücksichtigung der Absorption von 14000 auf schätzungsweise 10000 parsec.

Aus verschiedenen Gründen ist die nähere Erforschung des Sagittariussystems schwierig: die Entfernung ist groß, die zentralen Teile werden durch einen Dunkelnebel in der Nähe der Sonne verdeckt (vgl. S. 470), und schließlich ist die Absorption für die Teile des Systems, die nicht weit von der Milchstraßenebene liegen, sehr stark. Es ist deshalb nicht merkwürdig, daß vom Sagittariussystem nur kugelförmige Sternhaufen, kurzperiodische Cepheiden und rote langperiodische Veränderliche, gerade diejenigen Objekte, die sich weit über die absorbierende Schicht erheben können, beobachtet worden sind. Andererseits ist es natürlich sehr wichtig, über die Mächtigkeit des Sagittariussystems etwas zu erfahren. Das ist nun möglich, indem wir die bisherigen (morphologischen) Betrachtungen durch eine dynamische Betrachtung ergänzen.

A priori kann man eine Ansammlung von kugelförmigen Sternhaufen wie diejenige, die um das Zentrum im Sagittarius beobachtet worden ist, entweder als eine zufällige Ansammlung oder als ein System, das durch lange Zeiten hindurch zusammenhält, auffassen. Aus den beobachteten Radialgeschwindigkeiten schließt man, daß die Ansammlung nur eine relativ kurze Zeit (weniger als 100 Millionen Jahre) besteht und noch bestehen kann, wenn keine zusammenhaltende Kraft wirksam ist. Eine solche kurzdauernde zufällige Ansammlung von Objekten, die sonst sehr spärlich im Weltraum vorkommen, ist nun so unwahrscheinlich, daß man schließen darf, daß tatsächlich Kräfte wirken, die die Ansammlung als ein System für lange Zeiten zusammenhalten. Aus der durchschnittlichen Geschwindigkeit der kugelförmigen Sternhaufen, sowie der durchschnittlichen Entfernung vom Zentrum, kann man nun die Größe des Kraftfelds abschätzen. Es zeigt sich, daß die gegenseitige Anziehung der kugelförmigen Sternhaufen selbst bei weitem nicht ausreicht. Vielmehr muß eine Gesamtmasse von schätzungsweise 10 Milliarden Sonnenmassen um das Zentrum vorhanden sein. Dies ist das gesuchte Maß für die Mächtigkeit des Sagittariussystems. Wie diese Masse verteilt ist, bleibt vorläufig unbekannt, sie mag einen kugelförmigen Raum ausfüllen oder einen gegen die Milchstraßenebene abgeplatteten Raum. Das Sagittariussystem kann sich auch in der Milchstraßenebene fortsetzen, nur muß innerhalb des Durchschnittsabstands der kugelförmigen Sternhaufen vom Zentrum eine Masse von größenordnungsmäßig 10 Milliarden Sonnenmassen vorhanden sein.

Das Sagittariussystem ist somit ein größeres System als das Lokalsystem. Wahrscheinlich ist die Sterndichte im Sagittariussystem die größere.

Wir haben S. 480 gesehen, daß es sehr wohl möglich, ja sogar wahrscheinlich ist, daß das System, das wir das Lokalsystem nennen, sich in der Milchstraßenebene fortsetzt. Es kann, wie eben erwähnt, auch sein, daß das Sagittariussystem sich in der Milchstraßenebene fortsetzt. Somit besteht die Möglichkeit, daß wir uns in einem zusammenhängenden Milchstraßensystem befinden, das *um die Milchstraßenebene mit dem Sagittariussystem als Zentrum des ganzen Systems angeordnet ist*. Der Durchmesser des Systems in der Milchstraßenebene wäre dann etwa 30000 parsec; die Lage der Sonne wäre ziemlich exzentrisch. Mit einigen Ausnahmen (kugelförmige Sternhaufen, kurzperiodische Cepheiden, rote langperiodische Veränderliche) haben alle Objekte des Systems durchschnittlich kleine Abstände von der Milchstraßenebene, so daß die effektive Dicke nur etwa 1000 bis 2000 parsec betragen mag. Am besten kann man vielleicht das System mit einem stark abgeplatteten Umdrehungsellipsoid vergleichen.

Andererseits besteht auch die Möglichkeit, daß Sagittariussystem und Lokalsystem begrenzt sind, so daß das Milchstraßensystem aus diesen beiden Systemen, einigen kugelförmigen Sternhaufen (die weit ab vom Sagittariuszentrum stehen) und vielleicht noch einigen (vorläufig unbekannten) Systemen zusammengesetzt ist. Hiernach wäre das Milchstraßensystem als eine Art Obersystem von selbständigen Systemen aufzufassen. Man kann noch weiter gehen und die Milchstraßenwolken als die eigentlichen Untersysteme auffassen.

Für die Auffassung, daß das ganze Milchstraßensystem ein zusammenhängendes System mit Rotationssymmetrie um eine Achse senkrecht zur Milchstraßenebene durch das Sagittariuszentrum ist, spricht die Tatsache, daß nach dieser Auffassung eine einheitliche Deutung der Bewegungsphänomene in der Umgebung der Sonne möglich ist (§§ 317—319). Für die andere Auffassung spricht, daß man außerhalb des Milchstraßensystems kein System mit einem Durchmesser von 30000 parsec kennt, dagegen aus selbständigen Systemen bestehende Obersysteme von dieser Größe beobachtet hat (vgl. S. 485).

315. *Die Kalziumwolke im interstellaren Raum.* In einigen Sternspektren hat man Absorptionslinien beobachtet, die ihren Ursprung außerhalb der Atmosphäre des Sterns zu haben scheinen. Die wichtigsten sind die Linie K des Ca^+ und die Linie D des Na. In den Spektren gewisser spektroskopischer Doppelsterne treten sie als *stationäre Linien* auf, die an den periodischen Verschiebungen der anderen Linien nicht oder nur in geringerem Grade teilnehmen. In frühen B-Sternen ist die Linie K manchmal als feine Linie sichtbar, wo sie wegen der hohen Temperatur des Sterns im Spektrum nicht zu erwarten ist. Man schreibt diese Linie einer Absorption im interstellaren Raum zu. Die Dichte im interstellaren Raum ist sicher außerordentlich gering, die betreffenden Atome aber im ganzen interstellaren Raum vorhanden. Damit eine Absorptionslinie von der Materie im interstellaren Raum erzeugt werden und beobachtbar sein soll, müssen gewisse Bedingungen erfüllt sein. Die Linie muß im sichtbaren Gebiet des Spektrums liegen; sie muß von Atomen im Grundzustand stark absorbiert werden, sie darf von anderen Linien des Sterns nicht überdeckt werden, und schließlich soll der Stern so weit entfernt sein, daß der Weg durch das Gas lang wird; es soll der Stern also ein absolut heller Stern sein. Wie man sieht, sind diese Bedingungen in den Fällen, wo stationäre Linien beobachtet wurden, gerade erfüllt.

Man hat einen Zusammenhang zwischen der Stärke der betreffenden Linien und dem Abstand des Sterns nachweisen können in dem Sinn, daß die Linien am stärksten sind, wenn der Stern weit entfernt ist, so wie man es in der Tat erwarten muß. Dies bedeutet eine starke Stütze für die Annahme, daß es sich um eine Absorption im interstellaren Raum handelt.

Früher nahm man an, daß die betreffenden Linien in der Umgebung der spektroskopischen Doppelsterne, in deren Spektrum sie beobachtet waren, ihren Ursprung hatten. Sie nehmen manchmal, wenn auch in geringerem Maße, an den Verschiebungen der anderen Linien teil. Indessen lassen sich diese Fälle wohl so verstehen, daß es sich um eine Überlagerung einer relativ starken interstellaren Linie und einer schwachen Sternlinie handelt.

Daß gerade Kalzium im interstellaren Raum vorkommt, hängt vielleicht damit zusammen, daß Kalzium leicht Chromosphären bildet und vielleicht auch in den interstellaren Raum ausgestoßen wird. Die Dichte der Ca^+-Atome im interstellaren Raum ist von der Größenordnung 1 Atom pro Kubikzentimeter.

316. *Das System der anagalaktischen Nebel.* Verläßt man das Milchstraßensystem, so kommt man zu Objekten von der Größenordnung der in diesem befindlichen Systeme: zu den nichtgalaktischen oder anagalaktischen Nebeln.

In einem vorhergehenden Abschnitt (S. 454) ist erwähnt worden, daß die nichtgalaktischen Nebel wahrscheinlich Ansammlungen von Fixsternen und anderen für unsere Umgebung typischen Objekten sind.

Die nächstliegenden der größeren nichtgalaktischen Nebel hat man teilweise in einzelne Sterne auflösen können, und für die Objekte, in denen man Novae und Cepheiden gefunden hat, hat man auf die früher besprochene Weise die Entfernung bestimmen können; dadurch sind auch die Dimensionen dieser Objekte bestimmt worden.

Die größeren der nichtgalaktischen Nebel haben ungefähr dieselben Dimensionen wie das Lokalsystem und das Sagittariussystem. Die kleineren Objekte bilden in bezug auf die Dimensionen eine Reihenfolge ungefähr bis hinunter zu den kugelförmigen Sternhaufen.

Die MAGELLANschen Wolken liegen dem Milchstraßensystem verhältnismäßig nahe. Die Entfernung der größeren Wolke ist etwa 26000 parsec, die der kleineren etwa 29000 parsec. Die entsprechenden linearen Durchmesser sind 3300 parsec und 1800 parsec. Die anderen Nebel mit gut bestimmten Entfernungen sind weiter entfernt. Hier geben wir die Entfernungen und die Dimensionen für drei bekannte unter ihnen.

Objekt	Entfernung	Durchmesser
Andromedanebel	260000 parsec	13000 parsec
Messier33 Trianguli	250000 ,,	4000 ,,
N.G.C. 6822	200000 ,,	1200 ,, (größter) 600 ,, (kleinster)

Die beobachteten nichtgalaktischen Nebel bilden ein System, das *metagalaktische System*, mit mehreren Millionen Mitgliedern. Es ist möglich, daß die Mehrzahl der überhaupt existierenden Nebel mit den heutigen Hilfsmitteln beobachtet werden können. Mit dem 250 cm-Reflektor auf dem Mt. Wilson werden nicht mehr Nebel abgebildet als mit dem 150 cm-Reflektor. Dabei ist zu bemerken, daß die längere Brennweite des 250 cm-Reflektors nachteilig wirkt, wenngleich die günstige Wirkung der größeren Öffnung bei den kleinsten Nebeln hierdurch wohl kaum ganz aufgehoben wird (vgl. hierzu S. 4). Bis zur 13. Größenklasse nimmt die Zahl der Nebel gemäß der auf S. 455 genannten Durchmusterung für jede Größenklasse auf das Vierfache zu, wie man es bei gleichförmiger Verteilung erwartet (vgl. S. 511).

Charakteristisch für das metagalaktische System ist, daß die Mitglieder des Systems verhältnismäßig dicht zusammen liegen: die durchschnittliche Entfernung ist nur etwa 30mal größer als die Durchschnittsgröße der Objekte. Dieser Umstand macht es verständlich, daß Mitglieder des metagalaktischen Systems sich oft in Gruppen von nur zwei bis zu einigen tausend Mitgliedern anordnen (*Nebelhaufen*). Man kennt etwa 60 solche Gruppen. Vielleicht ist das Milchstraßensystem als eine solche Gruppe von Systemen aufzufassen (vgl. S. 484).

Ein Problem, dessen Lösung noch gänzlich aussteht, ist das Problem des Vorkommens von Fixsternen zwischen den Nebeln des metagalaktischen Systems. Das Problem ist nicht einmal für den Raum innerhalb des nächsten Gebietes des metagalaktischen Systems gelöst.

Die Ausdehnung des metagalaktischen Systems ist von der Größenordnung 100 Millionen parsec. Man kennt kein Objekt, daß so weit entfernt ist, daß es nicht zum metagalaktischen System gehörte.

317. *Die Bewegungsverhältnisse im Milchstraßensystem.* Die durchschnittliche Entfernung zwischen Sternen im Milchstraßensystem ist so groß, daß gegenseitige Anziehung zwischen zwei Sternen, die einander sehr nahe kommen, nur im Verlaufe eines sehr langen Zeitraums eine Rolle spielen wird. Die Bewegung eines Sterns wird durch Zeiträume bis zu Milliarden Jahren durch das gesamte Schwerefeld von allen anderen Sternen und die Geschwindigkeit des Sterns im Felde in einem gewissen Augenblick bestimmt sein.

Die Natur des Schwerefeldes ist nicht bekannt. Sie hängt wahrscheinlich hauptsächlich von der Verteilung der absolut lichtschwachen Sterne und der Verteilung von dunklen Staubmassen ab, da die absolut hellen Sterne sicher nur einen kleinen Teil der Gesamtmasse enthalten. Es ist indessen keine unwahrscheinliche Annahme, daß das Schwerefeld um die Ebene der Milchstraße und um das Zentrum des Sagittariussystems herum einigermaßen symmetrisch ist, und daß es mit der Entfernung von der Ebene der Milchstraße und mit der Entfernung vom Zentrum variiert (vgl. S. 483).

Aus Radialgeschwindigkeit, Eigenbewegung und Parallaxe kann die Bewegung eines Sterns im Raum relativ zur Sonne berechnet werden (vgl. § 280). Kennt man daher die Bewegung der Sonne im Schwerefeld, so kann man für Sterne, für die die genannten Daten bekannt sind, die weitere Bewegung im Schwerefeld verfolgen.

Zwar hat man im Laufe der relativ ungeheuer kurzen Beobachtungszeiten von der Größenordnung 100 Jahre nur einen ungeheuer kleinen Teil der Bahn des einzelnen Sterns beobachtet, man kann aber versuchen, die Bewegungen der Fixsterne in der Umgebung der Sonne als Bewegungen in verschiedenen Punkten von Bahnen mit gemeinsamem Charakter zu deuten. So hat man die Möglichkeit, die Bewegungsverhältnisse in der Umgebung der Sonne aus Hypothesen 1. über die Natur des Schwerefeldes und 2. über die Bewegungsgeschwindigkeit der Sonne im Schwerefeld zu deuten, da die Fixsternbahnen berechnet werden können, wenn diese beiden Faktoren gegeben sind.

Mit Hilfe der Hypothese von der Symmetrie des Schwerefeldes um die Ebene der Milchstraße und um das Zentrum des Sagittariussystems und der Hypothese, daß die Bewegung der Sonne im Schwerefeld im wesentlichen eine Kreisbewegung um das Zentrum des Milchstraßensystems in retrograder Richtung ist, ist man zur Deutung wesentlicher Züge der beobachteten Bewegungsverhältnisse in der Umgebung der Sonne gelangt. Man muß das Vorhandensein einer Gesamtmasse von etwa 100 Milliarden Sonnenmassen, mehr oder weniger stark gegen das Zentrum hin konzentriert, voraussetzen. Dies steht damit nicht im Widerspruch, was früher über die Anzahl der Sterne im Milchstraßensystem (s. S. 470) gesagt ist. Dieser Masse entspricht eine Revolutionszeit für die Sonne und die Sterne in ihrer Umgebung von etwa 200 Millionen Jahren.

Die kugelförmigen Sternhaufen nehmen nicht oder nur mit kleiner Rotationsgeschwindigkeit an der Rotationsbewegung um das Zentrum teil und weisen deshalb Radialgeschwindigkeiten relativ zur Sonne auf, die einer durchschnittlichen Raumbewegung in der Richtung, die der Umdrehungsbewegung der Sonne entgegengesetzt ist, entsprechen.

Im folgenden Paragraphen werden wir die Beobachtungsdaten über die Bewegungen der Fixsterne näher betrachten und die Zusammenhänge mit den entwickelten Gesichtspunkten verfolgen.

318. *Gesetzmäßigkeiten in den Bewegungen der Sterne.* Für einige tausend Fixsterne kennt man genügend genaue π, E.B. und R.G., um zuverlässige Raumgeschwindigkeiten relativ zur Sonne bestimmen zu können (vgl. § 280). Durch das Studium der Verteilung dieser Raumgeschwindigkeiten wird man einen Einblick in die Bewegungsverhältnisse des Sternsystems gewinnen.

Zur Veranschaulichung der Verhältnisse denken wir uns die Raumgeschwindigkeiten als Punkte in einem Geschwindigkeitsraum eingetragen, so daß jeder Raumgeschwindigkeit ein Punkt entspricht, dessen Koordinaten gleich den Geschwindigkeitskomponenten sind. Als Koordinatenachsen wählen wir gleich Achsen, die sich auf das Milchstraßensystem beziehen. Die Z-Achse soll nach dem nördlichen Pol der Milchstraße gerichtet sein, die X-Achse nach dem Sagittariussystem in der Milchstraßenebene.

Trägt man in dieser Weise die Raumgeschwindigkeiten in den Geschwindigkeitsraum ein, so erhält man folgendes Bild. Die Mehrzahl der Punkte gruppiert sich um einen Punkt, der etwas seitlich vom Koordinatenanfangspunkt — der ja die Sonnengeschwindigkeit repräsentiert — liegt. Dies zeigt, daß die Sonne gegen die Sterne bewegt ist, so wie wir früher gesehen haben (vgl. §§ 277 und 278).

Wir trennen nun die Sterne in Gruppen und untersuchen jede Gruppe für sich. Die natürliche Trennung wäre eine Trennung nach der Lage im RUSSELL-Diagramm, das Material reicht aber für eine detaillierte Untersuchung nicht aus. Man trennt in der Hauptsache nach den Spektraltypen, berücksichtigt aber, wenn möglich, den Unterschied zwischen Riesen und Zwergen.

Die B-Sterne und viele A-Sterne gruppieren sich mit relativ geringer Streuung um ein Zentrum. Die Abweichungen sind nach allen Richtungen ungefähr gleich groß.

Unter den A-Sternen fallen die Mitglieder des Hyaden-Stromes und des Ursa major-Stromes auf. Sie häufen sich um zwei Punkte, die den Stromgeschwindigkeiten entsprechen.

Die Sterne der Spektralklassen F, G, K und M liegen normal mit einiger Streuung um einen gewissen Punkt, der also einem relativ zu diesen Sternen ruhenden Stern entspricht. Die Streuungen zeigen das folgende sehr bemerkenswerte Verhalten. Sie sind am kleinsten in der Richtung der Z-Achse und am größten in einer Richtung, die sehr nahe mit der Richtung der gewählten X-Achse zusammenfällt. Die Geschwindigkeitsverteilung ist annähernd eine *ellipsoidische*, d. h. wenn man Flächen so legt, daß die Dichte der Geschwindigkeitspunkte auf den Flächen konstant ist, so werden die Flächen annähernd Ellipsoide. Die kürzeste Achse der Ellipsoide zeigt in der Richtung der Z-Achse, die längste annähernd in der Richtung der X-Achse.

Die Größen der Geschwindigkeitskomponenten nach den Achsen sind annähernd nach einem GAUSSschen Fehlergesetz verteilt.

Es gibt auch Gruppen, die eine große Streuung der Geschwindigkeitspunkte zeigen. Das sind z. B. kurzperiodische Cepheiden, langperiodische Veränderliche der Spektralklasse Me und planetarische Nebel. Bei diesen Gruppen zeigt sich nun die auffallende Erscheinung, daß sie im Mittel gegen die Mehrzahl der Sterne bewegt sind. Der Mittelpunkt unter den Geschwindigkeitspunkten ist gegen den Ruhepunkt der normalen Sterne verschoben, und zwar in der Richtung der negativen Y-Achse. Die Verschiebung ist um so größer, je größer die Streuung ist.

Sehr große Geschwindigkeitskomponenten ($>$ 100 km) in der Richtung der Z-Achse kommen nicht vor, auch nicht solche in der positiven Richtung der Y-Achse. Die größten Geschwindigkeiten haben alle negative Y-Komponenten. Diesen Effekt nennt man die Asymmetrie der hohen Geschwindigkeiten.

Diese Tatsachen lassen sich nun alle nach der im vorigen Paragraphen skizzierten Rotationshypothese verstehen.

Wir wollen dies für den Asymmetrieeffekt genauer nachweisen. Das Sternsystem rotiert als Ganzes um sein Zentrum. In der Umgebung der Sonne haben die meisten Sterne sehr nahe dieselbe Geschwindigkeit in bezug auf das Zentrum, die Streuungen der Geschwindigkeiten sind gegenüber der absoluten Geschwindigkeit klein. Wenn nun ein Stern gegenüber der Rotationsgeschwindigkeit eine zusätzliche Geschwindigkeit hat, die groß ist und in derselben Richtung wie die Rotationsbewegung verläuft, so läuft er Gefahr, das System zu verlassen, so wie ein Körper einen Zentralkörper in einer Hyperbel verlassen kann. Verläuft die zusätzliche große Geschwindigkeit in der entgegengesetzten Richtung, so wird der Stern im System verbleiben. Nun zeigt die Rotationsbewegung gerade in die Richtung der positiven Y-Achse, und so wird die Asymmetrie der hohen Geschwindigkeiten verständlich. Hohe Geschwindigkeiten in der Richtung senkrecht zum Milchstraßensystem bewirken auch, daß der betreffende Stern das System verläßt.

Schon lange bevor das Beobachtungsmaterial für eine Diskussion von Raumgeschwindigkeiten ausreichte, hatte man festgestellt, daß in den Sterngeschwindigkeiten gewisse systematische Züge vorhanden waren. Die Richtungen der Eigenbewegungen waren nicht so verteilt, wie wenn sie nur der Sonnenbewegung und ganz nach dem Zufall verteilten Sternbewegungen entsprachen. KAPTEYN wies nach, daß die Verteilung der Richtungen der Eigenbewegungen gedeutet werden konnten unter der Annahme, daß die Sterne in der Hauptsache zwei Sternströmen angehörten, außer der Sternstrombewegung aber noch nach dem Zufall verteilte Bewegungen besaßen. SCHWARZSCHILD zeigte später, daß man die Verteilung der Richtungen der Eigenbewegungen ebensogut erklären konnte unter der Annahme einer ellipsoidischen Geschwindigkeitsverteilung, so wie wir sie oben betrachtet haben.

In den Radialgeschwindigkeiten zeigt sich die ellipsoidische Geschwindigkeitsverteilung, indem die durchschnittlichen Radialgeschwindigkeiten nach Abzug der Komponente der Sonnenbewegung deutlich größer sind in den Richtungen der großen Achse der ellipsoidischen Geschwindigkeitsverteilung.

Unter der Annahme, daß die Sterne in Kreisen um ein Zentrum rotieren, so daß die Zentrifugalkraft gerade gleich der Anziehungskraft gegen das Zentrum ist, kann man eine Gesetzmäßigkeit in den Radialgeschwindigkeiten ableiten. Sie sollen im Mittel in gewissen Richtungen positiv, in anderen Richtungen negativ sein. Die Radialgeschwindigkeiten sollen eine Variation mit der galaktischen Länge zeigen, die wie $\sin 2(\lambda - \lambda_0)$ verläuft, wo λ_0 die galaktische Länge der Richtung zum Zentrum ist. Die Amplitude ist proportional der mittleren Entfernung der betrachteten Sterne. Obwohl für die näheren Sterne die Amplitude klein ist, hat man diesen Effekt in den Beobachtungen deutlich nachweisen können.

In den beobachteten Radialgeschwindigkeiten ist neben den schon genannten systematischen Zügen noch der folgende vorhanden: Im Mittel sind die Radialgeschwindigkeiten (nach Abzug der Komponente der Sonnengeschwindigkeit) für Sterne gewisser Spektraltypen nicht genau Null, sondern positiv. Dieser Effekt wird gewöhnlich der *K-Effekt* genannt. Für die B-Sterne hat man für den genannten Mittelwert $K = +4.9$ km sec^{-1}, für die A-Sterne $K = +1.7$ km sec^{-1} gefunden. Für die anderen Spektraltypen beträgt K nur Bruchteile eines Kilometers pro Sekunde. Ob der K-Effekt wirklich als Folge einer Ausdehnungsbewegung der betreffenden Sterngruppen zu deuten ist, oder ob die Ursachen der Linienverschiebungen in den physikalischen Verhältnissen in den Atmosphären der betreffenden Sterne zu suchen sind, ist noch ungeklärt. Vielleicht haben einige B-Sterne so große Massen, daß die relativistische Rotverschiebung (vgl. § 247) eine bedeutende Rolle spielt. Eine Ausdehnungsbewegung der genannten Art läßt sich im Rahmen der reinen Rotationstheorie des Milchstraßensystems nicht deuten.

Schließlich sei noch erwähnt, daß die Untersuchungen über die Rotation des Fixsternsystems um eine Achse senkrecht zur Milchstraßenebene bei Gelegenheit der Untersuchung der Präzessionskonstante zu einem positiven Resultat führten (vgl. S. 259).

Die ungleiche Größe der Geschwindigkeiten senkrecht zur Milchstraßenebene für die verschiedenen Spektralklassen steht mit den Verschiedenheiten in der galaktischen Konzentration direkt in Verbindung: den kleinen Geschwindigkeiten der B- und A-Sterne entspricht z. B. eine größere Konzentration gegen die Milchstraße, weil die Amplituden in den pendelnden Bewegungen senkrecht zur Milchstraßenebene kleiner sind. Ganz analog ist die Konzentration der kugelförmigen Sternhaufen, der kurzperiodischen Cepheiden und der langperiodischen

Veränderlichen der Klasse Me gegen die Milchstraßenebene relativ gering, weil die Geschwindigkeitsstreuung dieser Objekte relativ sehr groß ist.

Das System der kugelförmigen Sternhaufen scheint an der Rotation nicht teilzunehmen. Aus den Radialgeschwindigkeiten kugelförmiger Sternhaufen kann somit die Raumgeschwindigkeit der Sonne ermittelt werden. Die Bestimmung ist aber keine genaue, da ja erstens die meisten kugelförmigen Sternhaufen in der Richtung des Rotationszentrums stehen und so keine große Radialgeschwindigkeiten infolge der Rotation haben, und zweitens weil die Eigengeschwindigkeiten der kugelförmigen Sternhaufen sehr groß sind.

319. *Die Dynamik des Milchstraßensystems.* Nach der Rotationshypothese bildet das Milchstraßensystem ein System, das dauernd zusammenhält. Dagegen werden zufällige Verdichtungen langsam aufgelöst, weil die Rotation keine starre ist. Eine starre Rotation wäre nur möglich, wenn die Anziehungskraft nach dem Zentrum dem Abstand zum Zentrum proportional wäre; die Anziehungskraft scheint aber mit dem Abstand abzunehmen, so daß die Rotationsbewegungen eher den Planetenbewegungen ähnlich sind. Dies bedeutet, daß z. B. Milchstraßenwolken und insbesondere die Verdichtung in der Umgebung der Sonne allmählich aufgelöst werden, während das Milchstraßensystem als Ganzes weiter besteht.

Man findet auch eine entgegengesetzte Ansicht vertreten, nach der die Milchstraßenwolken als den Nebeln analoge Systeme das eigentlich Beständige sind (vgl. S. 483). Dann muß man versuchen, die Bewegungsphänomene anders zu deuten. Eine Vermehrung des Beobachtungsmaterials wird wohl eine Entscheidung zwischen den beiden Auffassungen möglich machen.

320. *Die Bewegungsverhältnisse in dem metagalaktischen System.* Wie erwähnt, ist die Ausdehnung von Objekten in dem metagalaktischen System verhältnismäßig groß im Verhältnis zu den Entfernungen zwischen Nachbarsystemen. Die Schwerkraft zwischen Nachbarsystemen wird die Bewegungsverhältnisse des metagalaktischen Systems stark beeinflussen. Von diesen Bewegungsverhältnissen weiß man durch Beobachtung nur sehr wenig. Radialgeschwindigkeiten für eine Anzahl nichtgalaktischer Nebel sind bekannt; sie sind groß, von der Größenordnung 1000 bis 10000 km in der Sekunde. Die größeren Radialgeschwindigkeiten sind alle positiv, entsprechen also Bewegungen von dem Milchstraßensystem weg. Die Radialgeschwindigkeiten wachsen annähernd proportional der Entfernung vom Beobachter. Sind die beobachteten Linienverschiebungen wirklich auf solche großen Bewegungen zurückzuführen, so hat man es mit einer gewaltigen allgemeinen Ausdehnung des Universums zu tun. Die Ausdehnungsgeschwindigkeit ist so groß, daß das Universum vor etwa 10^9 bis 10^{10} Jahren einen ganz anderen Charakter hatte als jetzt.

Die einfachste Deutung der Ausdehnung des Universums ist die, daß wir es mit einem System in Auflösung zu tun haben, in dem die am schnellsten bewegten Objekte die größten Entfernungen vom Zentrum erreicht haben. Eine nähere Diskussion der Verhältnisse erfordert aber ein Eingehen auf die Frage der Natur der zwischen den Nebeln wirkenden Kräfte. Dies ist im Rahmen der allgemeinen Relativitätstheorie möglich gewesen, die Resultate sind aber bis jetzt nicht eindeutig.

Kosmogonische Probleme.

321. In den vorhergehenden Abschnitten haben wir uns mit Fragen beschäftigt, die sich auf den Aufbau der einzelnen Sterne und des Universums beziehen, so wie sie jetzt beschaffen sind. Es liegt in der Natur der Sache, daß Fragen von der Entwicklungsgeschichte und der Zukunft der Sterne und Sternsysteme viel schwieriger sind, und daß die Antworten, die wir geben können, viel unbestimmter sein werden.

Zunächst können wir uns die Frage stellen, wie lange Zeiten vergehen müssen, ehe sich Sterne und Sternsysteme merklich ändern.

Einen festen Anhaltspunkt hat man in dem aus Mischungsverhältnissen radioaktiver Elemente und ihrer Produkte bestimmten Alter der Erdkruste. Dies Alter beträgt etwa $2 \cdot 10^9$ Jahre. Die Sonne und das Sonnensystem existierten also vor jedenfalls $2 \cdot 10^9$ Jahren, das Alter kann natürlich viel größer sein.

Weitere Anhaltspunkte erhält man durch Anwendung des Energieprinzips auf Sonne und Sterne.

Die in einem Stern vorhandene Energie setzt sich aus den folgenden Teilenergien zusammen: 1. der der Ruhmasse der Elementarteilchen — Protonen und Elektronen — entsprechenden Energie (μc^2, wenn μ die Ruhmasse, c die Lichtgeschwindigkeit bedeutet), 2. der Bindungsenergie zwischen den Elementarteilchen, aus denen die Atomkerne zusammengesetzt sind (der Atomkernenergie), 3. der den elektromagnetischen Kräften zwischen den Atomkernen und den außerhalb der Atomkerne vorhandenen Elektronen entsprechenden Energie (der elektromagnetischen Energie), 4. der den Gravitationskräften zwischen allen Teilchen des Sterns entsprechenden Energie (der Gravitationsenergie), 5. der den Geschwindigkeiten der Partikeln entsprechenden Energie (der kinetischen Energie), 6. der den im Stern vorhandenen Lichtquanten entsprechenden Energie (der Strahlungsenergie).

Die Summe dieser Energien dividiert durch das Quadrat der Lichtgeschwindigkeit ist die Masse des Sterns. Die bei weitem größte Energie ist die unter 1 genannte, den Ruhmassen entsprechende Energie. Die zweitgrößte ist die unter 2 genannte Atomkernenergie; sie ist größenordnungsmäßig 100mal kleiner als die erstgenannte. Sehr viel kleiner als die Energien unter 1 und 2 sind schließlich die elektromagnetische Energie, die Gravitationsenergie, die kinetische Energie und die Strahlungsenergie (3, 4, 5 und 6).

Die Energien 1 und 2 unterscheiden sich von den Energien 3, 4, 5 und 6 dadurch, daß sie vom Aufbau des Sterns unabhängig sind. Die Energien 3, 4, 5 und 6 ändern sich, wie man unmittelbar einsieht, mit dem Aufbau; z. B. ändern sie sich, wenn der Stern sich zusammenzieht.

Aus den Beobachtungen weiß man nun, wieviel Energie Sonne und Sterne pro Sekunde ausstrahlen. Vergleicht man diese Energie mit der Gesamtenergie von Sonne und Sternen, so erhält man einen Anhaltspunkt in bezug auf das mögliche Alter der Sonne und der Sterne.

Die Sonne möge als Beispiel dienen. Die Masse der Sonne ist $2.0 \cdot 10^{33}$ g. Dem entspricht eine Gesamtenergie von $2.0 \cdot 10^{33} \cdot c^2 = 1.8 \cdot 10^{54}$ erg. Die Ausstrahlung beträgt $3.8 \cdot 10^{33}$ erg pro Sekunde. Ein Jahr enthält $3.16 \cdot 10^7$ sec, die jährliche Energieausstrahlung der Sonne ist also $1.2 \cdot 10^{41}$ erg. Im Laufe von 10^{12} Jahren macht dies $1.2 \cdot 10^{53}$, d. h. etwa 7% der Gesamtenergie der Sonne aus. Man schließt hieraus, daß jedenfalls im Laufe von 10^{12} Jahren die Sonne sich merklich ändern muß.

Eine merkliche Änderung kann aber im Laufe viel kürzerer Zeit eintreten. Nehmen wir zuerst an, daß die Ruhmassenenergie und die Atomkernenergie unveränderlich sind. Die Energien 3, 5 und 6 betragen für die Sonne zusammen etwa 5.10^{48} erg; im Laufe von nur 10^7 Jahren beträgt die Ausstrahlung der Sonne $1.2 \cdot 10^{48}$, also über 20% dieser Energien. Die Gravitationsenergie der Sonne ändert sich bei einer Änderung des Sonnenradius. Einer Änderung von $1.2 \cdot 10^{48}$ erg entspricht einer Änderung des Radius von etwa 20%. Man sieht, daß die Sonne sich im Laufe der verhältnismäßig kurzen Zeit von 10^7 Jahren merkbar ändern muß, wenn die Ruhmassenenergie und die Atomkernenergie unverändert bleiben.

Wenn also der Energieverlust eines Sterns infolge seiner Ausstrahlung in den Weltraum ausschließlich die Energien 3, 4, 5 und 6 trifft, so wird der Stern sich relativ schnell ändern, und zwar bewirkt der Energieverlust eine Kontraktion des Sterns. Man hat unter der genannten Voraussetzung die Zeit berechnen können, die verlaufen sein muß, bis die Sonne sich aus einem weit ausgedehnten Gas in ihre jetzige Gestalt zusammengezogen hat. Das so berechnete Alter der Sonne ist etwa 20 Millionen Jahre.

Ein so kleines Alter der Sonne ist aber mit dem früher genannten Alter der Erdkruste unvereinbar. Man wird also schließen, daß der Energieverlust infolge der Ausstrahlung entweder die Ruhmassenenergie oder die Atomkernenergie oder beide betrifft.

Bei einigen Cepheiden hat man direkt nachweisen können, daß die Änderung der Energien 3, 4, 5 und 6 viel kleiner sein muß als die Ausstrahlung. Mit Hilfe der Gleichung (1), S. 442, zwischen Periode und Dichte eines Cepheiden kann man aus der jährlichen Periodenänderung die Dichteänderung, also auch die Kontraktion oder Expansion, und daraus die jährliche Änderung der Energien 3, 4, 5 und 6 berechnen. Bei den untersuchten Cepheiden sind die berechneten Änderungen tatsächlich viel kleiner als die Ausstrahlungen, bei δ Cephei z. B. beträgt die Änderung der Energien 3, 4, 5 und 6 weniger als 1% der Ausstrahlung.

Soll ein Stern über längere Zeiträume ($> 10^8$ Jahre) unverändert bleiben, so muß der Energieverlust durch Abnahme der Ruhmasse oder der Atomkernenergie gleich oder sehr nahe gleich der Ausstrahlung sein. Dies ist der in § 211 diskutierte Fall. Als wichtigste Konsequenz fanden wir dort, daß dann der Radius, die Leuchtkraft und der ganze Aufbau nur von der Sternmasse und der chemischen Zusammensetzung abhängen wird. In § 275 haben wir diese Konsequenz mit der Erfahrung verglichen und dabei Übereinstimmung zwischen Theorie und Erfahrung gefunden.

Wir wollen nun zunächst annehmen, daß die Ruhmasse unverändert bleibt, so daß die sekundliche Ausstrahlung gleich der sekundlichen Verminderung der Atomkernenergie ist, und die Konsequenzen dieser Annahme verfolgen.

Änderungen in der gesamten Atomkernenergie sind nur durch Änderungen der Atomkerne, also Verwandlung der Elemente, möglich. Solche Verwandlungen kennen wir in den radioaktiven Prozessen. Radioaktive Prozesse reichen nun nicht aus, um die Abnahme der Atomkernenergie zu erklären; im Gegenteil ist der Inhalt der Sonne und Sterne an radioaktiven Elementen in den Atmosphären und wahrscheinlich im ganzen Innern äußerst gering. Wollte man trotzdem wirklich voraussetzen, daß die Ausstrahlung gleich der von radioaktiven Atomkernen verlorenen Energie wäre, so würde man zu Widersprüchen mit der Erfahrung geführt werden. Wenn nämlich in einem Stern die Ausstrahlung auch nur etwas größer ist als der Energieverlust der Atome, so zieht der Stern sich zusammen; hierdurch werden die radioaktiven Prozesse nicht beeinflußt, die Ausstrahlung wird aber, wie die Theorie zeigt, größer, der Stern zieht sich also immer schneller zusammen; ein solcher „radioaktiver" Stern wäre also instabil. Man muß vielmehr annehmen, daß die Elementenverwandlung durch äußere Kräfte, z. B. durch Partikelstöße, hervorgerufen wird, um solche Widersprüche zu vermeiden, die, wie das obige Beispiel zeigt, die Folge sind, wenn die Geschwindigkeit, mit der die Verwandlungen vor sich gehen, als unabhängig von äußeren Kräften, also unabhängig vom Aufbau des Sterns, angenommen werden. Die Verwandlungsgeschwindigkeiten und damit die zeitliche Abnahme der Atomkernenergie, müssen bei einer Kontraktion des Sterns stärker anwachsen als die Ausstrahlung, damit der Stern stabil sein kann.

Nun zeigen Theorie und Experiment, daß Atomkerne nur durch Partikelstöße sehr großer Energie beeinflußt werden. Die Elemente geringer Kernladung bilden eine Ausnahme, diese sind aber in den Sternen mit Ausnahme von Helium nur in verschwindenden Mengen vorhanden; der Heliumkern (α-Partikel) ist aber (trotzdem die Kernladung klein ist) stabil. In der Tat erwartet man nicht, daß unter den normalen Verhältnissen in Sonne und Sternen die Atomkerne überhaupt beeinflußt werden; die Temperaturen (etwa 20 Millionen Grad) sind zu niedrig. Diese Tatsache führte eben zur Aufstellung der S. 277 diskutierten Theorie. Nach dieser Theorie ist ein überdichter Kern vorhanden, wo die Energien der Partikeln so groß sind, daß die Atomkerne durch Stöße beeinflußt werden können.

Die größte Änderung der Atomkernenergie findet bei Elementenaufbau statt, wo ein Proton in einem Atomkern aufgenommen wird. In der Sonne reicht der größtmögliche Atomkernenergieverlust zur Deckung der Ausstrahlung während etwa 10^{11} Jahren aus.

Da die der Atomkernenergie entsprechende Masse nur einen ganz kleinen Teil der Gesamtmasse ausmacht, so ist nach der diskutierten Annahme der größtmögliche Massenverlust infolge der Ausstrahlung praktisch belanglos.

Nimmt man aber an, daß die Ruhmasse abnehmen kann, indem z. B. Protonen und Elektronen sich gegenseitig vernichten, während die entsprechende Energie in Strahlungsenergie übergeht, so kann die Sternmasse erheblich (z. B. auf ein Zehntel oder noch weniger) abnehmen. Die Lebensdauer wird entsprechend länger (vgl. das Zahlenbeispiel S. 490). Es ist möglich, daß derartige Prozesse unter den extremen Verhältnissen in einem überdichten Kern stattfinden können.

Die bisherigen Überlegungen fußen alle auf dem Gesetz von der Konstanz der Energie. Es sei noch bemerkt, daß die Möglichkeit besteht, daß in einem überdichten Kern dies Gesetz seine Gültigkeit verliert.

Die Entwicklungsgeschichte eines Sterns kann man sich wie folgt vorstellen. Zuerst zieht der Stern sich aus einer weit ausgedehnten Gasmasse zusammen; die Kontraktion setzt sich fort, weil infolge der relativ niedrigen Temperatur Ruhmasse und Atomkernenergie ungeändert bleiben. Die Kontraktion setzt sich so lange fort, bis sich (wahrscheinlich katastrophenartig) ein überkompressibler überdichter Kern bildet. Nunmehr erweitert sich der Stern, bis die Ausstrahlung gleich der vom überdichten Kern abgegebenen Energie ist. Dieser erste Teil der Entwicklung dauert nur einen kleinen Bruchteil der Lebensdauer des Sterns. Der Stern ist nun an der Stelle im RUSSELL-Diagramm angelangt, die seiner Masse und chemischen Zusammensetzung entspricht. Eine weitere Entwicklung ist möglich, wenn Masse und chemische Zusammensetzung oder eins von beiden sich ändern. Die Möglichkeiten hierfür haben wir bereits diskutiert.

Die weißen Zwerge sind vielleicht Sterne, in denen die Abnahme der Atomkernenergie ebenso groß wird wie die Ausstrahlung, ehe ein überdichter Kern gebildet wird (vgl. S. 398).

Die obenstehenden Ausführungen sind gemäß der Natur der Sache mehr als ein Beispiel einer möglichen Entwicklungstheorie aufzufassen denn als eine fertige Entwicklungstheorie.

Die Frage, weshalb die große Mehrzahl der Sterne Massen unter 3 Sonnenmassen hat und fast gar keine Sterne Massen über 50 Sonnenmassen haben, ist noch nicht geklärt. Vielleicht ist — oder war in einem früheren Entwicklungsstadium — der Strahlungsdruck (vgl. S. 274) in sehr massigen Sternen so groß, daß sie instabil wurden. Über den Grund für die Gleichmäßigkeit in der Verteilung der Elemente weiß man fast gar nichts.

Die Kosmogonie der Sternsysteme bietet eine Reihe meist noch ungelöster Probleme. Ein wichtiger Gesichtspunkt ist hierbei, daß völlig regellose Sternverteilung und gleichmäßige Verteilung der kinetischen Energie Zeichen großen Alters sind, weil beides durch die nur in großen Zeitabständen stattfindenden nahen Vorübergänge von Sternen bewirkt wird (vgl. S. 485). Nach diesem Kriterium kann das Alter der Milchstraße nicht überaus groß sein. Schließlich sei in diesem Zusammenhang an das Phänomen der relativ sehr schnellen Ausdehnung des Universums erinnert.

Von der Kosmogonie des Sonnensystems ist S. 321 die Rede gewesen. Es sei hier nur erwähnt, daß man sich entweder vorstellen kann, daß die Planeten und Kometen in einem frühen Entwicklungsstadium aus derselben ausgedehnten Masse wie die Sonne, gewissermaßen als Überreste, sich gebildet haben oder aber, daß in einem späteren Stadium, als die Sonne bereits ähnlich wie jetzt aufgebaut war, durch einen nahen Vorübergang eines andern Sterns als Folge der starken Flutwirkung von der Sonne Materie losgerissen worden ist, wodurch Planeten entstanden sind. Wegen der Seltenheit solcher Vorübergänge kann die Anzahl der in letztgenannter Weise entstandenen Sonnensysteme nur sehr gering sein.

Doppelte und mehrfache Systeme kommen in der Fixsternwelt so oft vor, daß nahe Vorübergänge als Ursache von Doppelsternbildung nicht in Frage kommen. Man kann entweder an ein gleichzeitiges Entstehen aus einer ausgedehnten Masse denken oder man kann sich vorstellen, daß ein Stern (z. B. infolge relativ schneller Rotation) sich in zwei Sterne geteilt hat. Bei weit voneinander entfernten Komponenten ist die erstgenannte Möglichkeit die wahrscheinlichere, bei engen Doppelsternen vielleicht die zweite.

Andere kosmogonische Probleme treten auf, wenn man sich ein Bild des Universums in noch früheren Stadien, als wir bis jetzt diskutiert haben, machen will. Schließlich kann man versuchen, Schlüsse über eine beliebig weit entfernte Zukunft des Universums zu ziehen. Auf diese Fragen soll hier jedoch nicht näher eingegangen werden.

Anhang.

Auf den folgenden Seiten werden eine Reihe Formeln, Rechenbeispiele, Tafeln und Diagramme sowohl als die Behandlung einiger Probleme gegeben, die wir, um die fortlaufende Darstellung nicht zu sehr zu belasten, in die Hauptkapitel des Buches nicht aufgenommen haben.

I. Formeln und Methoden.

Reihenentwicklungen für $\sin x$ *und* $\cos x$.

$$\sin x = x - \frac{x^3}{1.2.3} + \frac{x^5}{1.2.3.4.5} - \cdots$$

$$\cos x = 1 - \frac{x^2}{1.2} + \frac{x^4}{1.2.3.4} - \cdots$$

Einige Formeln und Sätze aus der Theorie der Beobachtungen.

Im folgenden wird das Zeichen [ ] als Zeichen für eine Summe benutzt.

Das arithmetische Mittel einer Anzahl Beobachtungen als der wahrscheinlichste Wert einer gesuchten Größe. Wenn eine Reihe Beobachtungen $(a_1, a_2 \ldots a_N)$

von ein und derselben Größe x dasselbe Gewicht haben, ist der wahrscheinlichste Wert der gesuchten Größe gleich dem arithmetischen Mittel (M) der beobachteten Werte, also:

$$M = \frac{a_1 + a_2 + \cdots a_N}{N} = \frac{[a]}{N}. \tag{1}$$

Wenn die Beobachtungen verschiedenes Gewicht haben, erhalten wir als den wahrscheinlichsten Wert:

$$M_p = \frac{[p\,a]}{[p]}, \tag{2}$$

wo p das Gewicht der einzelnen Beobachtung bedeutet.

Das arithmetische Mittel und das Prinzip der Methode der kleinsten Quadrate. Wenn wir eine Mittelbildung nach der Formel (1) ausgeführt haben, können wir nachher für jede Beobachtung die Differenz zwischen dem beobachteten Wert und dem Mittel berechnen. Diese Differenzen nennt man die *übrigbleibenden Fehler*; man bezeichnet sie allgemein mit dem Buchstaben v:

$$\begin{aligned} a_1 - M &= v_1 \\ a_2 - M &= v_2 \\ \vdots \quad & \quad \vdots \\ a_N - M &= v_N. \end{aligned} \tag{3}$$

Wir addieren diese Gleichungen und erhalten:

$$[a] - N \cdot M = [v],$$

woraus, mit Hilfe von (1):

$$[v] = 0, \tag{4}$$

d. h. die Summe der übrigbleibenden Fehler muß gleich Null sein.

Einen anderen wichtigen Satz über das arithmetische Mittel erhalten wir in der folgenden Weise. Wir bezeichnen, wie vorher, mit x die unbekannte Größe, die wir durch unsere Beobachtungen bestimmen wollen. Wir denken uns einen bestimmten Wert x_0 dieser Größe und bilden die Differenzen zwischen den beobachteten Größen und diesem x-Wert. Diese Differenzen nennen wir auch hier die übrigbleibenden Fehler. Wenn wir auch in diesem allgemeinen Falle die übrigbleibenden Fehler mit dem Buchstaben v bezeichnen, erhalten wir:

$$\begin{aligned} a_1 - x_0 &= v_1 \\ a_2 - x_0 &= v_2 \\ \vdots \quad & \quad \vdots \\ a_N - x_0 &= v_N, \end{aligned} \tag{5}$$

wo $v_1, v_2 \ldots$ natürlich eine allgemeinere Bedeutung haben als in (3). Wir bilden nun den Ausdruck für die Summe der Quadrate der übrigbleibenden Fehler, also:

$$[(a - x_0)^2], \tag{6}$$

und können zeigen, daß das arithmetische Mittel derjenige Wert von x ist, der diese Quadratsumme kleiner macht als irgendein anderer Wert der unbekannten Größe; der Wert der gesuchten Größe ist also derjenige, der die Quadratsumme der übrigbleibenden Fehler zu einem Minimum macht. Der Beweis lautet folgendermaßen: Bedingung eines Minimums ist bekanntlich, daß die erste Ableitung nach der unbekannten Größe gleich Null sein soll, also:

$$\frac{\partial}{\partial x_0}[(a - x_0)^2] = 0,$$

$$[2\,(a - x_0)] = 2\,[a - x_0] = 0,$$

und:

$$[a] - N x_0 = 0$$

oder:

$$x_0 = \frac{[a]}{N},$$

wodurch unser Satz bewiesen ist.

Auflösung eines Gleichungssystems mit mehreren Unbekannten und mit einer Anzahl Gleichungen, die (wesentlich) größer ist als die Anzahl der Unbekannten. Die Methode der kleinsten Quadrate. Wenn eine Anzahl Größen, die durch gewisse Relationen miteinander verbunden sind, bestimmt werden sollen, und wenn wir eine Anzahl von Beobachtungen angestellt haben, die (wesentlich) größer ist als die Anzahl der gesuchten Größen, so können die in der Praxis auftretenden Aufgaben auf das folgende Problem reduziert werden. Wir bezeichnen die gesuchten Größen mit $x, y, z \ldots$, die beobachteten Werte (deren Zahl q betragen soll) mit $n_1, n_2 \ldots n_q$ und eine Anzahl numerisch bekannter Größen mit $a_1, a_2 \ldots a_q, b_1, b_2 \ldots b_q, \ldots$ Wir nehmen an, daß wir die folgenden linearen Gleichungen haben, wo wir uns der Einfachheit halber auf vier Unbekannte beschränken:

$$\begin{aligned} a_1 x + b_1 y + c_1 z + d_1 t &= n_1 \\ a_2 x + b_2 y + c_2 z + d_2 t &= n_2 \\ \vdots \qquad\qquad \vdots \qquad\qquad &\vdots \\ a_q x + b_q y + c_q z + d_q t &= n_q . \end{aligned} \tag{7}$$

Diese Gleichungen werden die *Bedingungsgleichungen* genannt.

Wir nehmen für unsere Unbekannten x, y, z, t gewisse Werte x_0, y_0, z_0, t_0 an. Wir setzen diese Werte in das Gleichungssystem (7) ein. Wenn diese Werte der Unbekannten nahe richtig sind, werden die linken Seiten der Gleichungen (7) nahe gleich n_1 bzw. $n_2 \ldots n_q$ sein. Die übrigbleibenden Fehler bezeichnen wir wie vorher mit $v_1, v_2 \ldots v_q$. Wenn wir die Vorzeichen in derselben Weise wählen wie in (3), erhalten wir dann:

$$\begin{aligned} a_1 x_0 + b_1 y_0 + c_1 z_0 + d_1 t_0 - n_1 &= -v_1 \\ a_2 x_0 + b_2 y_0 + c_2 z_0 + d_2 t_0 - n_2 &= -v_2 \\ \vdots \qquad\qquad \vdots \qquad\qquad \vdots \qquad\qquad &\vdots \\ a_q x_0 + b_q y_0 + c_q z_0 + d_q t_0 - n_q &= -v_q . \end{aligned} \tag{8}$$

Das Prinzip, wonach das Problem jetzt behandelt wird, ist *das Prinzip der Methode der kleinsten Quadrate:* Man sucht ein solches Wertsystem für die Unbekannten, das die Summe der Quadrate der übrigbleibenden Fehler zu einem Minimum macht, also:

$[v^2]$ oder, wie man es auch schreibt, $[vv] =$ Minimum.

Für die Begründung dieses Prinzips muß auf die Spezialliteratur verwiesen werden. Hier begnügen wir uns damit, es als ein Axiom zu betrachten, daß die nach diesem Prinzip bestimmten Werte für die Unbekannten die wahrscheinlichsten Werte der Unbekannten sind, die aus dem betreffenden Beobachtungsmaterial abgeleitet werden können.

Auf dies Prinzip kann nun die folgende Methode zur Bestimmung der Unbekannten aufgebaut werden.

Wir haben nach (8):

$$[vv] = [(ax + by + cz + dt - n)^2] . \tag{9}$$

Die Bedingungen dafür, daß $[vv] = \text{Min.}$ sein soll, sind:

$$\begin{aligned}\frac{\partial[vv]}{\partial x} &= 0\\ \frac{\partial[vv]}{\partial y} &= 0\\ \frac{\partial[vv]}{\partial z} &= 0\\ \frac{\partial[vv]}{\partial t} &= 0.\end{aligned}\tag{10}$$

Wir betrachten zunächst die erste dieser vier Gleichungen und erhalten:

$$\frac{\partial[vv]}{\partial x} = [2a(ax+by+cz+dt-n)] = 2\{[aa]x+[ab]y+[ac]z+[ad]t-[an]\} = 0,$$

wo der Faktor 2 selbstverständlich weggelassen werden kann.

Wenn wir die drei übrigen Gleichungen (10) in derselben Weise behandeln und alles zusammenstellen, erhalten wir die folgenden Gleichungen:

$$\begin{aligned}[aa]\,x + [ab]\,y + [ac]\,z + [ad]\,t &= [an]\\ [ab]\,x + [bb]\,y + [bc]\,z + [bd]\,t &= [bn]\\ [ac]\,x + [bc]\,y + [cc]\,z + [cd]\,t &= [cn]\\ [ad]\,x + [bd]\,y + [cd]\,z + [dd]\,t &= [dn]\,.\end{aligned}\tag{11}$$

Man nennt diese Gleichungen die *Normalgleichungen*. Dies Gleichungssystem ist aus dem Prinzip der Methode der kleinsten Quadrate abgeleitet. Es enthält ganz allgemein genau so viele Gleichungen, wie es Unbekannte im Problem gibt, und durch Auflösung dieses Gleichungssystems — nach den bekannten Prinzipien der elementaren Algebra — können wir also für die Unbekannten diejenigen Werte bestimmen, die nach dem Prinzip der Methode die wahrscheinlichsten Werte der Unbekannten sind, die aus dem betreffenden Beobachtungsmaterial abgeleitet werden können.

(Es ist leicht, zu zeigen, daß, wenn die ursprünglichen Gleichungen verschiedene Gewichte $p_1, p_2 \ldots$ haben, wir dann erst jede von ihnen mit der Quadratwurzel aus dem zugehörigen Gewicht multiplizieren müssen, ehe wir die Normalgleichungen bilden).

Elemente der Fehlertheorie. Systematische und zufällige Fehler. Wenn man nach den Formeln (1) oder (2) ein nichtgewichtetes oder gewichtetes Mittel aus einer Anzahl Beobachtungen gebildet oder ein solches Formelsystem wie (7) nach der Methode der kleinsten Quadrate aufgelöst hat und so einen Wert für die unbekannte Größe bzw. Werte für die unbekannten Größen gefunden hat, so entsteht die Aufgabe, zu untersuchen, mit welcher Unsicherheit diese Bestimmung erfolgt ist. Solche Probleme: zu untersuchen, mit welcher Unsicherheit, also — umgekehrt — mit welcher Genauigkeit unbekannte Größen mit Hilfe von Beobachtungen bestimmt werden können, gehören einem Gebiet an, das man unter dem Namen *Fehlertheorie* zusammenfaßt, weil solche Untersuchungen von den Fehlern abhängen, mit denen die Beobachtungen behaftet sind. Im folgenden werden die Elemente dieser Theorie auseinandergesetzt.

Unter den Beobachtungsfehlern unterscheidet man zwei prinzipiell verschiedene Arten: die *systematischen Fehler* und die *zufälligen Fehler*.

Die systematischen Fehler einer Beobachtungsreihe sind solche Fehler in den beobachteten Werten, die man nach bestimmten Gesetzen formulieren oder jedenfalls sich formuliert denken kann, und für die man deshalb die individuellen Beobachtungen korrigieren kann, wenn man die Mittel hat, die Gesetze, denen diese Fehler folgen, mathematisch oder numerisch festzulegen. Beispiele: 1. Den Einfluß der Refraktion auf die Koordinaten eines Gestirns kann man als systematischen Beobachtungsfehler betrachten und behandeln, wenn es sich darum handelt, eine Anzahl in verschiedenen Höhen angestellter Beobachtungen zu vergleichen. 2. Eine zwischen zwei Beobachtern evtl. vorhandene konstante Differenz in den Schätzungen der Durchgangszeiten eines Sterns durch einen Mikrometerfaden im Fernrohr kann durch besondere Beobachtungen bestimmt und nachträglich an die Beobachtungen als Korrektion angebracht werden.

Die zufälligen Fehler einer Beobachtungsreihe sind solche Fehler in den einzelnen Beobachtungen, die von unübersehbaren, nach den verschiedensten Richtungen wirkenden Ursachen bewirkt werden, deren Einfluß man deshalb nicht durch individuelle Berechnung, sondern nur durch Hinzuziehung eines größeren Beobachtungsmaterials wesentlich eliminieren kann. Beispiel: Die durch Luftunruhe verursachten Ortsveränderungen eines Sterns im Feld eines Fernrohrs. Diese Fehlerquelle kann nur dadurch wesentlich eliminiert werden, daß man die Messungen mehrere Male wiederholt und dann das Mittel bildet.

Im folgenden sehen wir von den systematischen Fehlern ab. Wir nehmen also an, daß alle vorliegenden Beobachtungen wegen etwa vorhandener systematischer Fehler korrigiert sind, und daß wir es deshalb nur mit zufälligen Fehlern zu tun haben.

Das typische (GAUSS*sche*) *Fehlergesetz.* Mit den zufälligen Fehlern liegt nun die Sache so, daß sie zwar individuell durch kein Gesetz ausdrückbar sind, daß sie jedoch erfahrungsgemäß in ihrer Gesamtheit gewissen allgemeinen Gesetzen folgen. Wir können zunächst ein paar wichtige Eigenschaften typischer Beobachtungsreihen kurz so ausdrücken:

1. Positive und negative zufällige Fehler kommen gleich häufig vor.

2. Kleine zufällige Fehler sind häufiger als große.

Es hat sich gezeigt, daß die Häufigkeit zufälliger Fehler verschiedener Größe sich durch ein bestimmtes mathematisches Gesetz formulieren läßt.

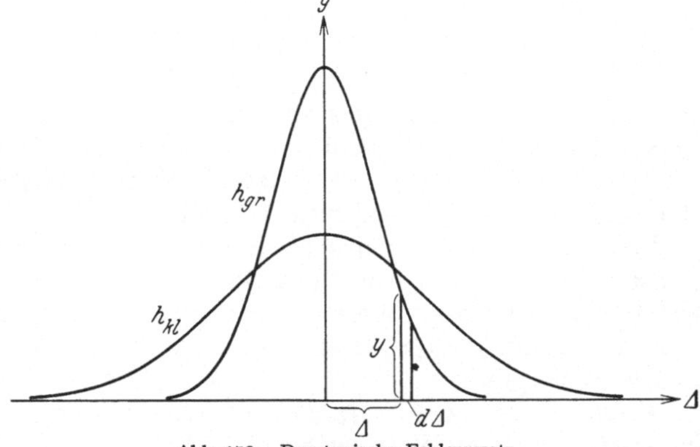

Abb. 173. Das typische Fehlergesetz.

Wir sehen in Abb. 173 zwei Kurven. Wir bezeichnen mit Δ die zufälligen Beobachtungsfehler verschiedener Größe, positiv rechts, negativ links von der Ordinate gezählt. Die beiden Kurven stellen die Verteilung der zufälligen Fehler bei zwei Beobachtungsreihen verschiedener Güte dar, und zwar so, daß bei jeder dieser Kurven das von zwei Ordinaten y_1 und y_2 von der Abszissenachse zwischen den entsprechenden Δ-Werten Δ_1 und Δ_2 und von der Kurve eingeschlossene Areal einen Ausdruck für die Verteilung (die Anzahl) der zufälligen Fehler gibt. Die mit $h_{\text{gr.}}$ bezeichnete Kurve entspricht einem guten Beobachtungsmaterial: große (positive und negative) Fehler sind selten, kleine (positive und negative) Fehler sind häufig; die mit $h_{\text{kl.}}$ bezeichnete Kurve entspricht einem schlechteren Beobachtungsmaterial: große Fehler häufiger, kleine Fehler weniger häufig als im ersteren Falle.

Wir legen ein für allemal fest, daß wir die ganze Anzahl Fehler in einer Beobachtungsreihe (das ganze Areal also zwischen der Abszissenachse und der betreffenden Kurve) als Einheit wählen; wir haben dann im folgenden nur alle entsprechenden Zahlen mit der gesamten tatsächlichen Anzahl der Beobachtungen N zu multiplizieren.

Nach dem oben Gesagten hat nun die Abb. 173 den folgenden Sinn: Die Anzahl der Fehler der vorliegenden Beobachtungsreihe, die zwischen Δ und $(\Delta + d\Delta)$ liegen, wird durch das differentielle Areal $y\,d\Delta$ definiert. Die Anzahl Fehler zwischen a_1 und a_2 wird dann durch das Integral:

$$\int_{a_1}^{a_2} y\,d\Delta \tag{12}$$

dargestellt, wo y eine Funktion von Δ ist; wir schreiben $y = \varphi(\Delta)$. Bei einem tatsächlich vorliegenden Beobachtungsmaterial — mit einer endlichen Anzahl von Beobachtungen — würde die Abbildung nicht eine glatte, kontinuierliche Kurve, sondern eine von kleinen Rechtecken begrenzte, also diskontinuierliche, Kontur zeigen. Je größer das Beobachtungsmaterial ist, um so besser wird, bei richtiger Wahl der Funktion, die kontinuierliche Darstellung dem vorliegenden Beobachtungsmaterial entsprechen.

Nach der obigen Festlegung in bezug auf die Einheit der Areale soll:

$$\int_{-\infty}^{+\infty} y\,d\Delta = \int_{-\infty}^{+\infty} \varphi(\Delta)\,d\Delta = 1 \tag{13}$$

sein.

Die Untersuchung eines umfassenden Materials typischer, von systematischen Fehlern befreiter, Beobachtungsreihen hat nun gezeigt, daß das folgende Fehlergesetz (zu dem übrigens auch theoretische Erwägungen führen):

$$\varphi(\Delta) = \frac{h}{\sqrt{\pi}}\,e^{-h^2\Delta^2} \tag{14}$$

mit der Erfahrung gut übereinstimmt; h ist hier eine Konstante, die für die Güte einer bestimmten Beobachtungsreihe bezeichnend ist (vgl. Abb. 173, wo $h_{\mathrm{gr.}}$ einen großen, $h_{\mathrm{kl.}}$ einen kleinen h-Wert bedeutet). Man hat der Größe h den Namen *Maß der Genauigkeit* gegeben.

Das durch (14) ausgedrückte Gesetz wird das *typische* oder das GAUSS*sche Fehlergesetz* genannt. Ein Blick auf den Ausdruck (14) zeigt unter anderem sofort, daß dies Gesetz die zwei wichtigen oben angedeuteten allgemeinen Sätze über die Häufigkeit positiver und negativer Fehler verschiedener numerischer Größe wiedergibt.

Vergleich des GAUSS*schen Fehlergesetzes mit der Erfahrung. Tafel des Fehlerintegrals.* Aus dem Vorhergehenden [Abb. 173 und Formel (14)] ersieht man, wie man die theoretische Anzahl der Fehler innerhalb verschiedener Fehlergrenzen berechnen kann. Wenn wir z. B. den Bruchteil (B) der ganzen Anzahl Fehler berechnen wollen, der nach dem GAUSSschen Fehlergesetz zwischen den Grenzen $-a$ und $+a$ liegen soll, so erhalten wir:

$$B = \frac{h}{\sqrt{\pi}}\int_{-a}^{+a} e^{-h^2\Delta^2}\,d\Delta\,. \tag{15}$$

Durch die Substitution $h\Delta = t$ wird dies Integral in das folgende umgeformt:

$$B = \frac{1}{\sqrt{\pi}}\int_{-ha}^{+ha} e^{-t^2}\,dt = \frac{2}{\sqrt{\pi}}\int_{0}^{+ha} e^{-t^2}\,dt\,. \tag{16}$$

Auf S. 546 geben wir, mit dem Argument x, eine Tafel des Integrals:

$$\frac{2}{\sqrt{\pi}}\int_0^x e^{-t^2}\,dt\,. \tag{17}$$

Wenn wir für eine gegebene Beobachtungsreihe die Anzahl der Fehler berechnen wollen, die nach der Theorie zwischen $-a$ und $+a$ liegen sollen, brauchen wir nur den für dies Beobachtungsmaterial geltenden Wert von h zu kennen [wie wir h aus den Beobachtungen selbst berechnen können, werden wir später sehen; vgl. die Formeln (22′) und (21)]. Wir gehen in die Tafel des Integrals (17) mit dem Wert ha als Argument ein und erhalten dadurch den erwähnten Bruchteil B. Multiplikation mit der gesamten Anzahl der Beobachtungen N gibt dann die theoretische Anzahl der Fehler zwischen $-a$ und $+a$, und wir können diese sofort mit der aus dem Beobachtungsmaterial erhaltenen Anzahl vergleichen (s. weiter unten).

Mittlerer Fehler. Wir haben gesehen, wie das Prinzip der Methode der kleinsten Quadrate mit dem Begriff der Summe der Fehlerquadrate operiert: Die Unbekannte oder die Unbekannten sollen so bestimmt werden, daß die Summe der Quadrate der übrigbleibenden Fehler kleiner sein soll als für jeden anderen Wert der unbekannten Größe (jedes andere Wertsystem der unbekannten Größen).

Im Zusammenhang hiermit definieren wir jetzt durch die folgende Formel einen neuen Begriff: den *mittleren Fehler* ε einer Beobachtungsreihe:

$$\varepsilon^2 = \frac{[\varDelta\varDelta]}{N}\,, \tag{18}$$

wo $\varDelta$ den wahren Fehler einer Beobachtung und N die Anzahl der Beobachtungen bedeutet, d. h. das Quadrat des mittleren Fehlers ist gleich dem Mittel der Quadrate der wahren Fehler der vorliegenden Beobachtungen.

Bei der kontinuierlichen Betrachtungsweise erhalten wir für den mittleren Fehler die folgende Definition:

$$\varepsilon^2 = \frac{h}{\sqrt{\pi}}\int_{-\infty}^{+\infty} e^{-h^2\varDelta^2}\cdot\varDelta^2\cdot d\varDelta\,, \tag{19}$$

weil $\varDelta^2$ das Fehlerquadrat bedeutet und $\frac{h}{\sqrt{\pi}}e^{-h^2\varDelta^2}d\varDelta$ die Anzahl der Fehler von der Größe $\varDelta$ bis $\varDelta + d\varDelta$ gibt (eigentlich sollte der Ausdruck rechts in dieser Formel durch die gesamte Anzahl der Fehler:

$$\frac{h}{\sqrt{\pi}}\int_{-\infty}^{+\infty} e^{-h^2\varDelta^2}\,d\varDelta\,,$$

dividiert werden; diese Anzahl ist jedoch, wie wir wissen, definitionsgemäß gleich 1).

Beziehung zwischen dem mittleren Fehler (ε) *und dem Genauigkeitsmaß* (h). Aus (19) können wir eine Beziehung zwischen dem mittleren Fehler einer Beobachtungsreihe und der Größe h, die ja auch für die Güte eines bestimmten Beobachtungsmaterials bezeichnend ist, ableiten.

Wir benutzen dieselbe Substitution wie vorher: $h\varDelta = t$, und erhalten aus (19):

$$\varepsilon^2 = \frac{1}{h^2\sqrt{\pi}}\int_{-\infty}^{+\infty} e^{-t^2}\cdot t^2\,dt\,. \tag{20}$$

Das Integral in (20) hat aber den Wert $\frac{1}{2}\sqrt{\pi}$, und wir erhalten dann:

$$\varepsilon^2 = \frac{1}{2h^2},$$

woraus:

$$h = \frac{1}{\varepsilon\sqrt{2}}, \tag{21}$$

also eine Gleichung, die h gibt, wenn ε bekannt ist.

Berechnung des mittleren Fehlers ε bei einem gegebenen Beobachtungsmaterial. Wir wissen, wie man das arithmetische Mittel M aus einer Anzahl beobachteter Werte $a_1, a_2 \ldots$ einer gesuchten Größe bildet und wie man nachher die übrigbleibenden Fehler, d. h. die Differenzen $a_1 - M$, $a_2 - M \ldots$ berechnet. Wir bezeichneten diese übrigbleibenden Fehler mit $v_1, v_2 \ldots$ Bei der Definition des mittleren Fehlers gingen wir von den wahren Fehlern $\Delta_1, \Delta_2 \ldots$ aus. Die übrigbleibenden Fehler ergeben sich also direkt aus den Beobachtungen; wie verhalten sich aber die wahren Fehler in den Beobachtungen zu den nach dem Mittelbilden übrigbleibenden? Wir haben das arithmetische Mittel als den wahrscheinlichsten Wert der gesuchten Größe charakterisiert, den man aus dem vorliegenden Beobachtungsmaterial ableiten kann; er ist aber nicht der wahre Wert. Den wahren Wert der gesuchten Größe kennen wir im allgemeinen nicht, also auch nicht die wahren Fehler. Wenn das Beobachtungsmaterial gut ist, wird das arithmetische Mittel dem wahren Wert sehr nahe kommen; aber identisch sind sie nicht. Die wahren Fehler in den Beobachtungen werden also nicht mit den übrigbleibenden genau übereinstimmen, obschon der Unterschied bei einem guten Beobachtungsmaterial klein sein wird. Wenn wir nun den mittleren Fehler durch die Gleichung:

$$\varepsilon^2 = \frac{[\Delta\Delta]}{n} \tag{18}$$

definieren, ist es also klar, daß wir im allgemeinen den genauen Wert dieses ε nicht berechnen können, da wir die Δ nicht kennen. Wir können aber behaupten, daß die Formel:

$$\varepsilon^2 = \frac{[vv]}{n} \tag{22}$$

der Wahrheit ziemlich nahe kommen wird, und noch eins: daß diese Formel einen etwas zu kleinen Wert für ε geben muß, weil, wie wir wissen, $[vv]$ definitionsgemäß kleiner ist als alle anderen Fehlerquadratsummen, die man mit Hilfe verschiedener Werte der Unbekannten erhalten würde, also auch kleiner als die Quadratsumme der wahren Fehler.

Mit Hilfe theoretischer Erwägungen ist man zu der folgenden Formel als der wahrscheinlich besten gekommen:

$$\varepsilon^2 = \frac{[vv]}{n-1} \tag{22'}$$

Es soll jedoch betont werden, daß die Überlegenheit des Ausdrucks (22') über (22) oft ziemlich illusorisch ist: bei einer sehr kleinen Anzahl Beobachtungen gilt die Theorie überhaupt nicht, und bei einer sehr großen Anzahl Beobachtungen wird der Unterschied zwischen (22') und (22) belanglos. Bei dem oben besprochenen Vergleich zwischen Beobachtung und Fehlertheorie wird man auch bei der Aufzählung der innerhalb verschiedener Grenzen auftretenden Fehler in der Regel die übrigbleibenden Fehler statt der wahren Fehler verwenden können.

Mittlerer Fehler einer Größe, die Funktion einer oder mehrerer anderer Größen mit bekanntem mittleren Fehler (bekannten mittleren Fehlern) ist. Wenn wir eine Funktion:

$$y = ax \tag{23}$$

haben, und ε_x der mittlere Fehler von x ist, ergibt sich ohne weiteres für den mittleren Fehler ε_y von y:

$$\varepsilon_y = a\,\varepsilon_x\,. \tag{24}$$

Für andere Funktionen liegt die Sache nicht so einfach. Wir geben hier die Ausdrücke für ein paar spezielle Fälle:

1. Wenn
$$y = ax + bz + ct \cdots \tag{25}$$
und wir die mittleren Fehler mit ε_y, ε_x, ε_z, $\varepsilon_t \ldots$ bezeichnen, gibt die Theorie das folgende Resultat:
$$\varepsilon_y^2 = a^2\varepsilon_x^2 + b^2\varepsilon_z^2 + c^2\varepsilon_t^2 + \cdots \tag{26}$$

2. Für den mittleren Fehler ε_M des arithmetischen Mittels M aus einer Anzahl Beobachtungen findet man, wenn ε den mittleren Fehler einer einzelnen Beobachtung und N die Anzahl der Beobachtungen bedeuten:

$$\varepsilon_M = \frac{\varepsilon}{\sqrt{N}}, \tag{27}$$

ein Satz, der übrigens nur ein spezieller Fall der Formel (26) ist.

Für die Ableitung dieser Sätze sowie für die Anwendung der ganzen Fehlertheorie auf das allgemeine Problem der Auflösung einer Anzahl Gleichungen nach der Methode der kleinsten Quadrate muß auf die Speziallitertur verwiesen werden.

Interpolation.

Wir definieren ein *Differenzenschema* für eine Funktion $f(x)$ in der folgenden Weise, wo a ein gewisses gegebenes Argument bezeichnet:

$$\begin{array}{ccccccc}
{}^{II}f(a-1) & & f(a-1) & & \cdot & & \cdot \\
 & \{{}^{I}f(a-\tfrac{1}{2})\} & & f^{I}(a-\tfrac{1}{2}) & & \cdot & \\
\{{}^{II}f(a)\ \} & & f(a) & & f^{II}(a) & & \cdot \\
 & {}^{I}f(a+\tfrac{1}{2}) & & f^{I}(a+\tfrac{1}{2}) & & f^{III}(a+\tfrac{1}{2}) & \\
{}^{II}f(a+1) & & f(a+1) & & f^{II}(a+1) & & f^{IV}(a+1) \\
 & {}^{I}f(a+\tfrac{3}{2}) & & f^{I}(a+\tfrac{3}{2}) & & f^{III}(a+\tfrac{3}{2}) & \\
{}^{II}f(a+2) & & f(a+2) & & f^{II}(a+2) & & f^{IV}(a+2) \\
 & {}^{I}f(a+\tfrac{5}{2}) & & f^{I}(a+\tfrac{5}{2}) & & f^{III}(a+\tfrac{5}{2}) & \\
{}^{II}f(a+3) & & f(a+3) & & f^{II}(a+3) & & \cdot \\
 & {}^{I}f(a+\tfrac{7}{2}) & & f^{I}(a+\tfrac{7}{2}) & & \cdot & \\
{}^{II}f(a+4) & & f(a+4) & & \cdot & & \cdot \\
 & {}^{I}f(a+\tfrac{9}{2}) & & \cdot & & \cdot & \\
{}^{II}f(a+5) & & \cdot & & \cdot & & \cdot
\end{array} \tag{1}$$

Hier ist f *die Funktion* selbst, f^{I} wird die *erste Differenz* genannt $[f^{I}(a+\frac{1}{2}) = f(a+1) - f(a)$ usw.], f^{II} die *zweite Differenz* $[f^{II}(a+1) = f^{I}(a+\frac{3}{2}) - f^{I}(a+\frac{1}{2})]$ usw. Ein Zahlenwert in den beiden Reihen links, ${}^{I}f$ und ${}^{II}f$, wird die „*erste Summe*" und die „*zweite Summe*" genannt (diese beiden Reihen von Werten kommen erst in den Formeln für *numerische Integration* zur Anwendung).

Zwei der wichtigsten *Interpolationsformeln* sind:

$$\begin{aligned}
f(a+n) &= f(a) + n f^{I}\Big(a+\frac{1}{2}\Big) + \frac{n(n-1)}{1.2} f^{II}(a+1) + \frac{n(n-1)(n-2)}{1.2.3} \times \\
&\quad f^{III}\Big(a+\frac{3}{2}\Big) + \frac{n(n-1)(n-2)(n-3)}{1.2.3.4} f^{IV}(a+2) + \cdots \\
f(a+n) &= f(a) + n f^{I}\Big(a+\frac{1}{2}\Big) + \frac{n(n-1)}{1.2} f^{II}(a) + \frac{(n+1)n(n-1)}{1.2.3} \times \\
&\quad f^{III}\Big(a+\frac{1}{2}\Big) + \frac{(n+1)n(n-1)(n-2)}{1.2.3.4} f^{IV}(a) + \cdots
\end{aligned} \tag{2}$$

Eine wichtige Frage in allen Interpolationsproblemen ist die, welchen Einfluß ein Fehler in einem Funktionswerte auf das Differenzenschema hat. Wir stellen uns vor, wir hätten in der Berechnung eines der Funktionswerte in einem solchen Schema wie dem oben angegebenen einen Fehler $+e$ begangen, und wir wollen untersuchen, wie dieser Fehler auf die Differenzen verschiedener Ordnung wirkt. Wir nehmen an, mit Ausnahme von dem einen Funktionswert, wo der Fehler $+e$ begangen ist, seien alle Funktionswerte genau richtig. Wir können dann für die Fehler das folgende Schema sofort aufstellen:

Fehler in:

f	f^{I}	f^{II}	f^{III}	f^{IV}	f^{V}	f^{VI}	f^{VII}	...	
0		0		0		0			
	0		0		0		$+e$	...	
0		0		0		$+e$			
	0		0		$+e$		$-7e$	...	
0		0		$+e$		$-6e$			
	0		$+e$		$-5e$		$+21e$	...	
0		$+e$		$-4e$		$+15e$			
	$+e$		$-3e$		$+10e$		$-35e$	...	(1a)
$+e$		$-2e$		$+6e$		$-20e$			
	$-e$		$+3e$		$-10e$		$+35e$	...	
0		$+e$		$-4e$		$+15e$			
	0		$-e$		$+5e$		$-21e$	...	
0		0		$+e$		$-6e$			
	0		0		$-e$		$+7e$	...	
0		0		0		$+e$			
	0		0		0		$-e$	...	
0		0		0		0			

Aus diesem Fehlerschema ersehen wir:

1. Ein Fehler in einem der ursprünglichen Funktionswerte bewirkt in den Differenzen Fehler, die mit höherer Ordnungszahl der Differenz immer größer werden. Die höheren Differenzen sind also gegen Fehler in den berechneten Funktionswerten sehr empfindlich.

2. Die in einer Differenz f^{n} von dem Funktionsfehler $+e$ bewirkten maximalen Fehler stehen bei geradem n auf derselben Horizontallinie wie e, bei ungeradem n symmetrisch um diese Horizontallinie. Wenn nur ein einziger Fehler in den Funktionswerten vorhanden ist, können wir deshalb aus den Sprüngen in den Differenzen sofort ablesen, in welchem Funktionswerte der Fehler steckt. Wenn mehrere Fehler vorliegen, dienen die Differenzen auf alle Fälle zu einer Orientierung.

3. Es zeigt sich, daß die numerischen Werte der Koeffizienten von e innerhalb einer vertikalen Kolumne nach einem Gesetz gebildet sind, das mit dem Gesetz der Koeffizienten in der Binomialreihe identisch ist:

$$1, \ \frac{n}{1}, \ \frac{n(n-1)}{2!}, \ \frac{n(n-1)(n-2)}{3!}, \ \frac{n(n-1)(n-2)(n-3)}{4!} \cdots$$

für $n = 4$ z. B.: 1, 4, 6, 4, 1.

Nach Punkt 2. ist es, wenn nur ein einziger Fehler vorliegt, möglich, sofort anzugeben, wo der Fehler steckt. Aber nicht nur das: wir können auch nach 3. mit Hilfe des obigen Fehlerschemas die ungefähre Größe des Fehlers angeben.

Wir wählen zur Beleuchtung dieser Frage ein einfaches Beispiel.

Gesetzt wir hätten die folgenden Funktionswerte, die irgendeine mathematische Funktion darstellen sollen: 1, 8, 27, 64, 125, 206, 343, 512, 729, 1000. Wir stellen diese Werte in einer vertikalen Kolumne auf und bilden die Differenzen bis zur vierten Differenz inklusive:

a	f	f^{I}	f^{II}	f^{III}	f^{IV}
1	1				
		+7			
2	8		+12		
		+19		+6	
3	27		+18		0
		+37		+6	
4	64		+24		−10
		+61		−4	
5	125		+20		+40
		+81		+36	
6	206		+56		−60
		+137		−24	
7	343		+32		+40
		+169		+16	
8	512		+48		−10
		+217		+6	
9	729		+54		
		+271			
10	1000				

Wenn wir den Gang der f^{IV}-Werte betrachten, können wir nicht im Zweifel sein, daß in der Reihe der Funktionswerte ein Fehler bei dem Argument $a = 6$ steckt, und der Vergleich mit der Kolumne f^{IV} in dem Schema (1a) läßt vermuten, daß dieser Fehler gleich -10 sein muß. Dies ist nun in der Tat auch der Fall: Unsere Funktionswerte stellen die Funktion $f(a) = a^3$ dar, nur mit Ausnahme für $a = 6$; der richtige Wert von 6^3 ist 216 statt des angegebenen Wertes 206.

Allgemeiner Ratschlag bei der Berechnung von Tafeln und ephemeridenartigen Zahlenreihen: nach der Berechnung der Funktionswerte für die verschiedenen Argumente immer durch Differenzen prüfen!

Numerische Differentiation.

Wir definieren:

$$f\left(a+\frac{1}{2}\right) = \frac{f(a)+f(a+1)}{2} \quad \text{und} \quad f^{I}(a) = \frac{f^{I}(a-\frac{1}{2})+f^{I}(a+\frac{1}{2})}{2}$$
$$f^{II}\left(a+\frac{1}{2}\right) = \frac{f^{II}(a)+f^{II}(a+1)}{2} \qquad f^{III}(a) = \frac{f^{III}(a-\frac{1}{2})+f^{III}(a+\frac{1}{2})}{2} \tag{3}$$

usw.

Wenn wir also im folgenden ein *ganzes* Argument unter *ungerader* Differenz oder ein *gebrochenes* Argument unter *gerader* Differenz vorfinden, so wissen wir, daß wir es mit einem *Mittel* zu tun haben.

Für die verschiedenen Differentialquotienten hat man dann die folgenden Formeln:

$$\begin{aligned}
\frac{df(a)}{da} &= \frac{1}{w}\left\{f^{I}(a) - \frac{1}{6}f^{III}(a) + \frac{1}{30}f^{V}(a) - \frac{1}{140}f^{VII}(a)\ \ldots\right\}\\
\frac{d^2f(a)}{da^2} &= \frac{1}{w^2}\left\{f^{II}(a) - \frac{1}{12}f^{IV}(a) + \frac{1}{90}f^{VI}(a) - \frac{1}{560}f^{VIII}(a)\ \ldots\right\}\\
\frac{d^3f(a)}{da^3} &= \frac{1}{w^3}\left\{f^{III}(a) - \frac{1}{4}f^{V}(a) + \frac{7}{120}f^{VII}(a)\ \ldots\right\}\\
\frac{d^4f(a)}{da^4} &= \frac{1}{w^4}\left\{f^{IV}(a) - \frac{1}{6}f^{VI}(a) + \frac{7}{240}f^{VIII}(a)\ \ldots\right\}\\
\frac{d^5f(a)}{da^5} &= \frac{1}{w^5}\left\{f^{V}(a) - \frac{1}{3}f^{VII}(a)\ \ldots\right\}\\
&\ldots\ldots
\end{aligned} \tag{4}$$

Für andere Argumente, also z. B. für $a+\frac{1}{2}$, $a+\frac{1}{3}$ usw. können entsprechende Formeln abgeleitet werden.

Numerische Integration.

Die Hauptoperationen bei der *numerischen Integration* sind 1. die Berechnung der Funktion, die integriert werden soll, sowie der Differenzen, 2. die Bestimmung des ersten bzw. des zweiten, des dritten ... Summenwertes am Anfang der Rechnung und danach die Bildung der Summenreihen, und 3. die Berechnung der Integrale für gegebene Argumentwerte. Die Formeln für *einfache* und *doppelte* numerische Integration haben folgendes Aussehen:

Wir schreiben $f(x) = f(a+nw)$ und erhalten dadurch $\int f(x)\,dx = w\int f(a+nw)\,dn$ und $\iint f(x)\,dx^2 = w^2 \iint f(a+nw)\,dn^2$ und definieren:

A = dem Werte des ersten Integrals für das Argument, wo die Integration anfängt,
B = dem Werte des doppelten „ „ „ „ „ „ „ „ .

Wir geben die Formeln zur Berechnung der „Summenwerte" für zwei verschiedene *Anfangs*argumente und ebenso die Ausdrücke für die *Integrale* für zwei verschiedene *obere* Integrationsgrenzen.

Zur Berechnung des ersten und des zweiten Summenwertes:

1. Die Integration fängt bei $(a - \frac{1}{2}w)$ an.

$$
\begin{aligned}
{}^{I}f\left(a-\frac{1}{2}w\right) &= \frac{A}{w} - \frac{1}{24}f^{I}\left(a-\frac{1}{2}w\right) + \frac{17}{5760}f^{III}\left(a-\frac{1}{2}w\right) - \\
&\quad - \frac{367}{967680}f^{V}\left(a-\frac{1}{2}w\right)\ldots \\
{}^{II}f(a) &= \left(\frac{B}{w^2} + \frac{1}{2}\frac{A}{w}\right) + \frac{1}{24}f(a-w) - \frac{17}{5760}\times \\
&\left\{2f^{II}(a-w) + f^{II}(a)\right\} + \frac{367}{967680}\left\{3f^{IV}(a-w) + 2f^{IV}(a)\right\}\ldots
\end{aligned}
\tag{5}
$$

2. Die Integration fängt bei (a) an.

$$
\begin{aligned}
{}^{I}f\left(a-\frac{1}{2}w\right) &= \frac{A}{w} - \frac{1}{2}f(a) + \frac{1}{12}f^{I}(a) - \frac{11}{720}f^{III}(a) + \frac{191}{60480}f^{V}(a)\ldots \\
{}^{II}f(a) &= \frac{B}{w^2} - \frac{1}{12}f(a) + \frac{1}{240}f^{II}(a) - \frac{31}{60480}f^{IV}(a)\ldots
\end{aligned}
\tag{6}
$$

Im Integrationsschema (1) sind die beiden hierdurch berechneten Ausgangswerte in der ersten und zweiten Summenreihe durch Klammern {} hervorgehoben.

Zur Berechnung des einfachen Integrals und des Doppelintegrals für zwei verschiedene obere Integrationsgrenzen hat man die folgenden Formeln:

1. Obere Integrationsgrenze: $[a + (i + \frac{1}{2})w]$.

$$
\begin{aligned}
\int^{a+(i+\frac{1}{2})w} f(x)\,dx &= w\left\{{}^{I}f\left[a+\left(i+\frac{1}{2}\right)w\right] + \frac{1}{24}f^{I}\left[a+\left(i+\frac{1}{2}\right)w\right] - \frac{17}{5760}\times\right. \\
&\left. f^{III}\left[a+\left(i+\frac{1}{2}\right)w\right] + \frac{367}{967680}f^{V}\left[a+\left(i+\frac{1}{2}\right)w\right]\ldots\right\} \\
\iint^{a+(i+\frac{1}{2})w} f(x)\,dx^2 &= w^2\left\{{}^{II}f\left[a+\left(i+\frac{1}{2}\right)w\right] - \frac{1}{24}f\left[a+\left(i+\frac{1}{2}\right)w\right] + \frac{17}{1920}\times\right. \\
&\left. f^{II}\left[a+\left(i+\frac{1}{2}\right)w\right] - \frac{367}{193536}f^{IV}\left[a+\left(i+\frac{1}{2}\right)w\right]\ldots\right\}
\end{aligned}
\tag{7}
$$

2. Obere Integrationsgrenze: $(a + iw)$.

$$\int^{a+iw} f(x)\,dx = w\left\{{}^{I}f(a+iw) - \frac{1}{12}f^{I}(a+iw) + \frac{11}{720}f^{III}(a+iw) - \right.$$
$$\left. - \frac{191}{60480}f^{V}(a+iw)\ldots\right\}$$
$$\iint^{a+iw} f(x)\,dx^2 = w^2\left\{{}^{II}f(a+iw) + \frac{1}{12}f(a+iw) - \frac{1}{240}f^{II}(a+iw) + \right. \qquad (8)$$
$$\left. + \frac{31}{60480}f^{IV}(a+iw)\ldots\right\}$$

Allgemeiner Ratschlag bei der Ausführung numerischer Integrationen: in passenden Zwischenräumen (z. B. bei jedem zehnten Argument) die ersten, zweiten ... Summenwerte durch Summation über den ganzen Zwischenraum kontrollieren!

Bestimmung der Rektaszension und der Deklination eines Himmelskörpers durch Mikrometeranschluß an einen bekannten Fixstern.

Bei einem äquatoreal aufgestellten Refraktor kann man die Differenz in α und δ zwischen einem Kometen und einem bekannten Fixstern z. B. mikrometrisch messen. Die Position des Sterns findet man in einem Sternkatalog, der für ein gewisses Äquinoktium Gültigkeit hat. Diese Sternposition wird zuerst wegen Präzession auf das mittlere Äquinoktium für den Anfang desjenigen Jahres reduziert, in dem die Kometenbeobachtung angestellt worden ist (wir haben dann den mittleren Ort für den Anfang des Jahres), darauf wegen Präzession auf das mittlere Äquinoktium des Beobachtungsdatums (wir haben dann den mittleren Ort für dieses Datum), ferner wegen Nutation auf das wahre Äquinoktium (*wahrer* Ort) und schließlich wegen Aberration auf den *scheinbaren* Ort (vgl. S. 86). Zu den so erhaltenen Werten für α_* und δ_* werden die (wegen Refraktion korrigierten) beobachteten $\alpha_{☄} - \alpha_*$ und $\delta_{☄} - \delta_*$ addiert, worauf zum Schluß die *Parallaxe* in α und δ angebracht wird (s. S. 142), wenn wir die geozentrische Distanz (Δ) des Kometen kennen.

Die numerischen Werte zur Reduktion der Katalogposition eines Sterns vom Äquinoktium des Kataloges auf das Äquinoktium eines anderen Jahresanfangs finden sich im Sternkatalog selber, indem dort für jeden Stern die *jährliche Präzession* und die *Variatio saecularis*, das ist die Änderung der jährlichen Präzession in 100 Jahren, angegeben ist. Wenn wir die erstere mit P_α und P_δ, die letztere mit var_α und var_δ bezeichnen, so wird die Reduktion wegen Präzession auf den Anfang des Beobachtungsjahres t_1 mit Hilfe der folgenden Formeln berechnet:

$$\left.\begin{aligned}\alpha_{t_1} &= \alpha_{\text{Kat.}} + P_\alpha(t_1 - t_{\text{Kat.}}) + \frac{1}{200}(\text{var}_\alpha)(t_1 - t_{\text{Kat.}})^2\\ \delta_{t_1} &= \delta_{\text{Kat.}} + P_\delta(t_1 - t_{\text{Kat.}}) + \frac{1}{200}(\text{var}_\delta)(t_1 - t_{\text{Kat.}})^2\end{aligned}\right\}$$
+ der E.B. des Sterns in α und δ, wenn sie bekannt ist.

Die Reduktion wegen Präzession auf das Beobachtungsdatum und wegen Nutation und Aberration wird mit Hilfe der auf S. 85 und 91 gegebenen Formeln ausgeführt. Wir schreiben also:

$$\left.\begin{aligned}\alpha_{\text{app}} &= \alpha_{t_1} + f + \frac{1}{15}g\sin(G+\alpha)\operatorname{tg}\delta + \frac{1}{15}h\sin(H+\alpha)\sec\delta\\ \delta_{\text{app}} &= \delta_{t_1} + g\cos(G+\alpha) + h\cos(H+\alpha)\sin\delta + i\cos\delta\end{aligned}\right\}$$
+ der E.B. in α und δ vom Jahresanfang an.

Die Größen f, g, G, h, H und i werden, wie vorher erwähnt, in den großen astronomischen Ephemeriden für jeden Tag des Jahres gegeben. Es ist zu bemerken, daß bei der Berechnung dieser numerischen Werte in den großen Ephemeriden auch auf einige kleine Größen Rücksicht genommen worden ist, die wir früher in den Formeln in dem vorliegenden Buche fortgelassen haben, und daß man auch in den Formeln für die Präzession genötigt ist, auf höhere Glieder Rücksicht zu nehmen, wenn es sich um Reduktion für sehr lange Zeiten handelt (Rechenbeispiel s. S. 515).

Der Zusammenhang zwischen Eigenbewegung (E.B.), Radialgeschwindigkeit (R.G.), Parallaxe (π) und wirklicher Bewegung (W.B.) im Raum.

In Abb. 174 ist unser Sonnensystem mit S bezeichnet.

Drei verschiedene Sterne sind in der Abbildung angegeben, mit derselben E.B. und derselben R.G., aber in verschiedenen Entfernungen vom Sonnensystem (Δ) und, damit zusammenhängend, mit verschiedenen Werten der wirklichen Bewegung im Raum (W.B.). Aus der Abbildung ersieht man, daß, wenn wir drei der vier Größen: E.B., R.G., Δ (also π) und wirkliche Bewegungsrichtung für einen Stern kennen, wir dann die vierte berechnen können.

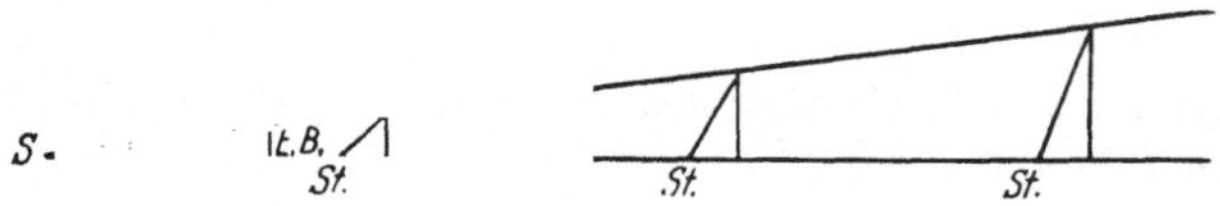

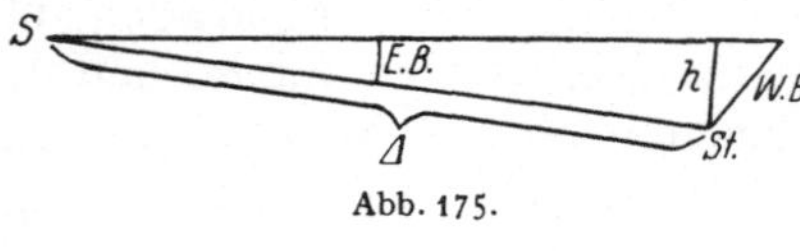

Abb. 174.

Die lineare transversale Bewegung eines Sterns.

In Abb. 175 bezeichnet E.B. die Eigenbewegung eines Sterns, von unserem Sonnensystem aus gesehen, Δ seine Entfernung von uns, W.B. die wirkliche Bewegung des Sterns im Raume und h ihre Projektion senkrecht zur Gesichtslinie Sonne—Stern. Für diese Größe, die die lineare transversale Bewegung des Sterns genannt wird, erhalten wir aus der Figur:

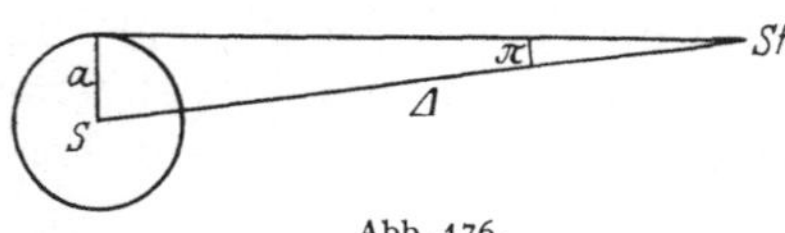

Abb. 175.

$$h = \text{E.B.} \times \Delta\,. \tag{1}$$

In Abb. 176 bezeichnet a die astronomische Längeneinheit (die halbe große Achse der Erdbahn, hier mit ausreichender Genauigkeit: den Erdbahnradius), π die Parallaxe des Sterns und Δ — wie in Abb. 175 — die Entfernung des Sterns von der Sonne.

Abb. 176.

Wir erhalten aus der Figur:

$$a = \pi\Delta\,. \tag{2}$$

Wenn wir Δ aus (1) und (2) eliminieren, erhalten wir:

$$h = \frac{\text{E.B.}}{\pi} \cdot a\,. \tag{3}$$

Wenn wir h in km/sec ausdrücken wollen, erhalten wir, wenn die E.B. in Bogensekunden *pro Jahr* und π in Bogensekunden ausgedrückt sind, und da $a = 149500000$ km ist:

$$h = \frac{\text{E.B.}}{\pi}\,\frac{149\,500\,000}{365.24 \times 86\,400}\,\text{km/sec} = 4.74\,\frac{\text{E.B.}''}{\pi''}\,\text{km/sec}\,. \tag{4}$$

Das Hyadenproblem.

Bei gewissen Sternhaufen hat man (vgl. S. 450) mit Hilfe beobachteter Eigenbewegungen nachweisen können, daß die Sterne in den Haufen scheinbar alle auf einen bestimmten Punkt des Himmels (den *Konvergenzpunkt*) zusteuern. Zweifellos ist die Ursache dieses Phänomens, daß sich alle diese Sterne in parallelen Richtungen im Raum bewegen. Die Richtung von uns zum Konvergenzpunkt gibt dann einfach die Bewegungsrichtung des Haufens im Raum an.

In Abb. 177 gibt S die Lage unseres Sonnensystems an; SK die Richtung zum Konvergenzpunkt — die gemeinsame Bewegungsrichtung der Sterne im Raum also; *St.* bezeichnet einen der Sterne im Haufen; W.G. die wirkliche Geschwindigkeit dieses Sterns im Raum (dasselbe wie W.B. in Abb. 175); R.G. seine Radialgeschwindigkeit; h die oben definierte lineare transversale Geschwindigkeit (das Dreieck, das von den drei letztgenannten Größen gebildet wird, müßte natürlich eigentlich *sehr* klein im Verhältnis zur Entfernung S—*St.* gezeichnet sein).

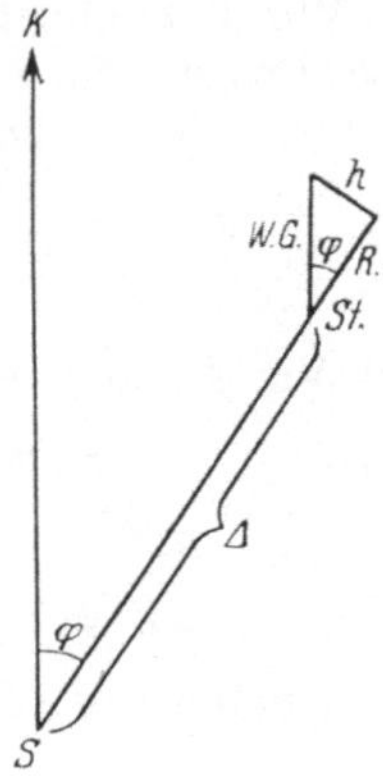

Abb. 177.

Wir erhalten aus Abb. 177:

$$\text{W.G.} = \frac{\text{R.G.}}{\cos\varphi} \text{ km/sec}$$

und:

$$h = \text{R.G.} \operatorname{tg}\varphi \text{ km/sec} \tag{1}$$

und ferner mit Hilfe von (4) auf S. 506:

$$\pi = 4.74 \frac{\text{E.B.}}{\text{R.G.}} \cot\varphi .$$

Wir sehen also, daß wir für eine solche Sterngruppe die Parallaxe bestimmen können, wenn wir die Radialgeschwindigkeit eines einzigen Sterns beobachtet haben. Der erste Haufen, für den diese Methode der Parallaxenbestimmung angewandt wurde, waren die *Hyaden*.

Parallaktische Bewegung (vgl. S. 402 und 461).

Unter der *parallaktischen Bewegung* eines Sterns wird die scheinbare Verschiebung verstanden, die die Bewegung des *Sonnensystems* in dem Orte eines Sterns am Himmel bewirkt.

In Abb. 178 bezeichnet S_1 den Ort der Sonne zu einem gewissen Zeitpunkt, S_2 ihren Ort ein Jahr später; $S_1 S_2$ ist also die lineare Bewegung der Sonne in einem Jahr (H). Wir sehen in der Abbildung die Richtung zum Apex, zum Antapex und zu einem Stern (*St.*), der sich in einer Entfernung Δ vom Sonnensystem befindet und in einer Richtung erscheint, die den Winkel L mit der Richtung zum Antapex bildet. Aus der Abb. 178 ersieht man, daß v die parallaktische Bewegung des Sterns ist.

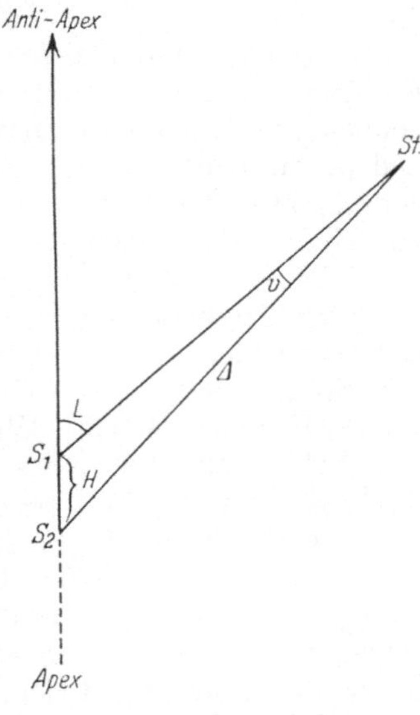

Abb. 178.

Wir erhalten aus der Abbildung:

$$\sin v = \frac{H}{\Delta} \sin L$$

oder, da v immer ein sehr kleiner Winkel ist:

$$v = \frac{H}{\varDelta} \sin L\,,$$

eine Größe, die dann natürlich – durch Multiplikation mit 206265″ – in Bogenmaß verwandelt werden muß.

Die Bestimmung des Apex des Sonnensystems (vgl. S. 402 und 404).

Wir bezeichnen mit $X, Y, Z, R, \alpha, \delta$ die rechtwinkligen und die Polarkoordinaten eines Sterns relativ zu unserem Sonnensystem und im Äquatorsystem. Wir haben dann:

$$\begin{aligned} X &= R \cos\delta \cos\alpha \\ Y &= R \cos\delta \sin\alpha \\ Z &= R \sin\delta\,. \end{aligned}$$

Wir differenzieren diese Gleichungen und erhalten dadurch:

$$\begin{aligned} dX &= dR \cdot \cos\delta \cos\alpha - d\delta \cdot R \sin\delta \cos\alpha - d\alpha \cdot R \cos\delta \sin\alpha \\ dY &= dR \cdot \cos\delta \sin\alpha - d\delta \cdot R \sin\delta \sin\alpha + d\alpha \cdot R \cos\delta \cos\alpha \\ dZ &= dR \cdot \sin\delta + d\delta \cdot R \cos\delta\,. \end{aligned} \tag{1}$$

Wenn wir diese Gleichungen nach $\cos\delta \cdot d\alpha$, $d\delta$ und dR auflösen, erhalten wir:

$$\begin{aligned} \cos\delta \cdot d\alpha &= -\frac{dX}{R} \cdot \sin\alpha + \frac{dY}{R} \cdot \cos\alpha \\ d\delta &= -\frac{dX}{R} \cdot \sin\delta \cos\alpha - \frac{dY}{R} \cdot \sin\delta \sin\alpha + \frac{dZ}{R} \cdot \cos\delta \\ dR &= dX \cdot \cos\delta \cos\alpha + dY \cdot \cos\delta \sin\alpha + dZ \cdot \sin\delta\,. \end{aligned} \tag{2}$$

Die beiden ersten dieser Gleichungen sind die Fundamentalgleichungen im Problem der Bestimmung von *Rektaszension* und *Deklination* des Apex des Sonnensystems (A und D) mit Hilfe von beobachteten *Eigenbewegungen* in α und δ, die dritte ist die Fundamentalgleichung im Problem der Bestimmung von A, D und der *linearen Geschwindigkeit* der Bewegung des Sonnensystems mit Hilfe von beobachteten *Radialgeschwindigkeiten*.

I. *Bestimmung von A und D des Apex des Sonnensystems mit Hilfe von beobachteten Eigenbewegungen.* Wir denken uns, daß wir α und δ und beobachtete Eigenbewegungen in α und δ (μ_α und μ_δ) für eine große Anzahl (Tausende) von Sternen haben, so weit wie möglich einigermaßen gleichmäßig über den ganzen Himmel verteilt. Wir teilen die ganze Himmelskugel in eine große Anzahl Felder ein. Für jedes Feld bilden wir die durchschnittlichen Werte von α, δ, μ_α und μ_δ. Wir bezeichnen diese durchschnittlichen Werte für ein gewisses Feld mit α, δ, μ_α und $\bar{\mu}_\delta$. Wir nehmen jetzt an:

1. daß die *individuellen* Bewegungen (die Spezialbewegungen oder Pekuliarbewegungen) für Sterne in einem Felde durch diese Mittelbildung einander aufheben, und daß μ_α und $\bar{\mu}_\delta$ also die *durchschnittliche parallaktische Bewegung* der Sterne des Feldes darstellen, und:

2. daß die durchschnittliche Entfernung vom Sonnensystem zu den benutzten Sternen *für die verschiedenen Felder* dieselbe ist.

Wir haben dann $\frac{dX}{R}, \frac{dY}{R}, \frac{dZ}{R}$ = der parallaktischen Bewegung im Raum, dividiert durch die durchschnittliche Entfernung = der Bewegung des *Sonnensystems mit entgegengesetztem Vorzeichen,* dividiert durch diese durchschnittliche Entfernung.

Die beiden ersten Gleichungen in (2) geben uns dann *für jedes Feld* zwei Gleichungen, in denen wir nur $\bar{\alpha}$, $\bar{\delta}$, $\bar{\mu}_\alpha$, $\bar{\mu}_\delta$ statt α, δ, μ_α, μ_δ schreiben müssen. Diese Größen sind bekannt, und eine Auflösung der Gleichungen nach der Methode der kleinsten Quadrate gibt jetzt die numerischen Werte von:

$$\frac{dX}{R}, \quad \frac{dY}{R}, \quad \frac{dZ}{R}.$$

Wenn wir die lineare Geschwindigkeit des Sonnensystems mit H bezeichnen, haben wir:

$$\begin{aligned} dX &= -H\cos D\cos A \\ dY &= -H\cos D\sin A \\ dZ &= -H\sin D\,, \end{aligned} \tag{3}$$

woraus man:

$$\begin{aligned} \operatorname{tg} A &= \frac{dY}{dX} = \frac{\frac{dY}{R}}{\frac{dX}{R}} \\ \operatorname{tg} D &= \frac{\frac{dZ}{R}}{\sqrt{\left(\frac{dX}{R}\right)^2 + \left(\frac{dY}{R}\right)^2}} \end{aligned} \tag{4}$$

erhält.

Wenn wir nur A und D, nicht aber H zu bestimmen wünschen, ist das Problem hiermit also gelöst.

II. *Die Bestimmung von A, D und H mit Hilfe beobachteter Radialgeschwindigkeiten.* Wir benutzen hier die dritte Gleichung in (2). Die beobachteten, auf die Sonne reduzierten, Radialgeschwindigkeiten (vgl. S. 403) entsprechen hier dR. Wir teilen (wie in dem ersten Problem) den Himmel in Felder ein, bilden für jedes Feld die Mittel von α, δ und dR und nehmen an (wie in dem ersten Problem), daß die Spezialbewegungen in dR durch dieses Mittelbilden sich aufheben. Wir erhalten dann für jedes Feld eine Gleichung:

$$dX\cdot\cos\bar{\delta}\cos\bar{\alpha} + dY\cdot\cos\bar{\delta}\sin\bar{\alpha} + dZ\cdot\sin\bar{\delta} = dR\,.$$

Dies Gleichungssystem wird mit der Methode der kleinsten Quadrate nach dX, dY, dZ, aufgelöst.

Die Gleichungen (3) geben uns danach A, D und H.

Formeln zur Berechnung der jährlichen Parallaxe eines Sterns (vgl. S. 93).

Wir bezeichnen in der Abb. 179 mit S die Sonne, mit E die Erde in einem Punkte ihrer Bahn, mit St einen Stern und mit r bzw. r' die Verbindungslinien Stern—Sonne und Stern—Erde. Wir wählen als Koordinatensystem das gewöhnliche Äquatorsystem und erhalten, wenn α, δ die heliozentrischen, α', δ' die geozentrischen Rektaszensionen und Deklinationen des Sterns und X, Y, Z die rechtwinkligen geozentrischen Äquatorkoordinaten der Sonne bedeuten:

$$\begin{aligned} r'\cos\delta'\cos\alpha' &= r\cos\delta\cos\alpha + X \\ r'\cos\delta'\sin\alpha' &= r\cos\delta\sin\alpha + Y \\ r'\sin\delta' &= r\sin\delta + Z\,. \end{aligned} \tag{1}$$

Um die Einwirkung der Parallaxe auf die Rektaszension und die Deklination des Sterns zu berechnen, könnten wir diese Formeln ganz so behandeln, wie wir (vgl. S. 141) die Fundamentalgleichungen des Problems der *täglichen* Parallaxe behandelten. Wir würden in ganz derselben Weise wie damals Ausdrücke für $\alpha' - \alpha$ und $\delta' - \delta$ in unserem Problem erhalten. Die Methode der Ableitung der Formeln für die tägliche Parallaxe auf den S. 140 bis 142 war (ebenso wie die entsprechende Ableitung der Formeln für die Aberration auf S. 88 bis 89) die in der sphärischen Astronomie übliche, wenn man von Anfang an auf die Erlangung **exakter** Formeln zielt (die BESSELsche Methode). Im Verlaufe der Entwicklung haben wir uns nachher auf solche Fälle beschränkt, wo die Effekte **sehr** klein sind, so klein, daß wir höhere Potenzen dieser Effekte vernachlässigen können (die Ausnahmefälle, wo dies nicht erlaubt ist, haben wir kurz angegeben; vgl. S. 141 und 88).

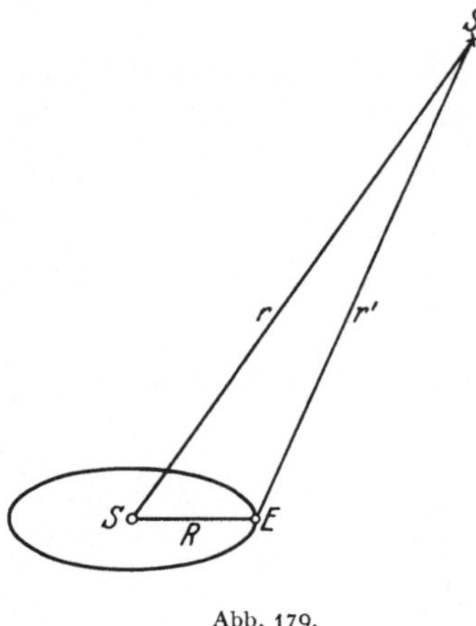

Abb. 179.

In dem jetzt vorliegenden Problem — dem Problem der jährlichen Parallaxe der Fixsterne — können wir, wegen der ungeheuren Entfernungen, von Anfang an von solchen Ausnahmefällen absehen, wenn wir unsere Formeln nur nicht auf Sterne anwenden, die in der unmittelbaren Nähe eines der Himmelspole stehen.

Wir betrachten deshalb die in (1) auftretenden Größen X, Y, Z als kleine Größen erster Ordnung im Vergleich mit den Größen r und r', und wir können sie deshalb vorläufig mit dx, dy, dz bezeichnen. In Analogie mit der Entwicklung auf S. 508 können wir dann das folgende Formelsystem ableiten (die Formel für dr hat in diesem Problem kein Interesse):

$$\begin{aligned} \cos\delta \cdot d\alpha &= -\sin\alpha \frac{dx}{r} + \cos\alpha \frac{dy}{r} \\ d\delta &= -\sin\delta\cos\alpha \frac{dx}{r} - \sin\delta\sin\alpha \frac{dy}{r} + \cos\delta \frac{dz}{r}. \end{aligned} \tag{2}$$

Da $dx = X$, $dy = Y$, $dz = Z$ und (vgl. S. 90):

$$\begin{aligned} X &= R\cos\odot \\ Y &= R\cos\varepsilon\sin\odot \\ Z &= R\sin\varepsilon\sin\odot, \end{aligned}$$

ergibt sich hieraus:

$$\begin{aligned} \alpha' - \alpha &= \frac{R}{r}(-\cos\odot\sin\alpha + \cos\varepsilon\sin\odot\cos\alpha)\sec\delta \\ \delta' - \delta &= \frac{R}{r}(-\cos\odot\sin\delta\cos\alpha - \cos\varepsilon\sin\odot\sin\delta\sin\alpha + \sin\varepsilon\sin\odot\cos\delta). \end{aligned} \tag{3}$$

In diesen Formeln können wir aber R, d. h. den Radiusvektor der Erdbahn, in allen Fällen mit genügender Genauigkeit als eine Konstante behandeln und, wenn wir die halbe große Achse der Erdbahn als Einheit wählen, gleich 1 setzen.

Für r können wir, bei derselben Wahl der Längeneinheit,

$$r\sin p = 1$$

setzen, wenn wir mit p die **Parallaxe des Sterns** bezeichnen. Da p aber immer sehr klein ist (die größte bekannte Sternparallaxe ist etwa $0''.8$), so können wir in unseren Formeln p statt $\sin p$ schreiben, und wir erhalten schließlich für den Einfluß der Parallaxe auf den Ort eines Fixsterns die folgenden Ausdrücke:

$$\begin{aligned} \alpha' - \alpha &= p(-\cos\odot\sin\alpha + \sin\odot\cos\varepsilon\cos\alpha)\sec\delta \\ \delta' - \delta &= p(-\cos\odot\cos\alpha\sin\delta - \sin\odot\cos\varepsilon\sin\alpha\sin\delta + \sin\odot\sin\varepsilon\cos\delta). \end{aligned} \tag{4}$$

In ganz derselben Weise wie bei der Aberration (S. 92) können wir die Formeln für die *Parallaxenellipse* eines Sterns ableiten. Wir vertauschen im Formelsystem (4) überall α und δ gegen λ und β und setzen $\varepsilon = 0$. Wir erhalten dann für die jährliche Parallaxe in λ und β:

$$(\lambda' - \lambda)\cos\beta = -p\sin(\lambda - \odot)$$
$$\frac{\beta' - \beta}{\sin\beta} = -p\cos(\lambda - \odot)\,. \tag{5}$$

Wir bezeichnen $(\lambda' - \lambda)\cos\beta$ mit ξ und $(\beta' - \beta)$ mit η und erhalten:

$$\left(\frac{\xi}{p}\right)^2 + \left(\frac{\eta}{p\sin\beta}\right)^2 = 1\,. \tag{6}$$

Die Anzahl der Sterne von verschiedenen Größenklassen, die am Himmel zu sehen wären, wenn die Sterne gleichmäßig im Raume verteilt wären und alle dieselbe absolute Helligkeit hätten.

Wir nehmen an, daß alle Sterne gleich hell und gleichmäßig in dem Raum um uns herum verteilt wären. Wir denken uns zwei Kugeloberflächen mit unserem Sonnensystem im Zentrum, die eine mit dem Radius r_n, die andere mit dem Radius r_{n+1}. Die scheinbaren Lichtintensitäten von Sternen auf diesen Kugeloberflächen mit den Entfernungen r_n bzw. r_{n+1} werden sich dann wie $r_{n+1}^2 : r_n^2$ verhalten. Wenn wir nun die beiden Radien so wählen, daß ein Stern in der Entfernung r_{n+1} genau *eine Größenklasse schwächer* ist als ein Stern in der Entfernung r_n, so wissen wir, daß der erstgenannte Stern uns 2.512mal weniger Licht sendet als der letztgenannte. Hieraus erhalten wir:

$$\frac{r_{n+1}^2}{r_n^2} = 2.512$$

und:

$$\frac{r_{n+1}}{r_n} = \sqrt{2.512}\,. \tag{1}$$

Bei gleichmäßiger Verteilung aber wird sich die Anzahl der Sterne innerhalb der beiden Kugeln wie r_{n+1}^3 zu r_n^3 verhalten. Wenn wir diese beiden Anzahlen mit A_{n+1} und A_n bezeichnen, erhalten wir also mit Hilfe von (1):

$$\frac{A_{n+1}}{A_n} = \frac{r_{n+1}^3}{r_n^3} = (2.512)^{3/2}$$

oder:

$$\log\frac{A_{n+1}}{A_n} = \frac{3}{2}\log(2.512) = \frac{3}{2} \times 0.4 = 0.6$$

und:

$$\frac{A_{n+1}}{A_n} = 3.98\,.$$

Bei gleichmäßiger Verteilung und gleicher absoluter Helligkeit der Sterne würde sich also die Anzahl der Sterne bis zur Größe $n + 1$ zu der Anzahl der Sterne bis zur Größe n sehr nahe wie $4:1$ verhalten.

II. Rechenbeispiele.

In den folgenden Rechenbeispielen ist in der Regel fünfstellige logarithmische Rechnung angewandt. Im Durchschnitt entspricht die Genauigkeit fünfstelliger Rechnung ungefähr hundertstel Bogenminuten, sechsstelliger zehntel Bogensekunden und siebenstelliger hundertstel Bogensekunden.

Wenn die Rechnung mit der benutzten Tafel einen Überschuß von genau einer halben Einheit in der letzten Stelle ergibt, so entsteht die Frage, ob man die letzte Stelle erhöhen soll oder nicht. Wenn man immer das eine oder immer das andere dieser Prinzipien anwendet, läuft man die Gefahr, bei langen Rechenoperationen einen systematischen Fehler einzuführen. Um dies zu vermeiden, kann man sich z. B. dazu entschließen, immer auf die nächsthöhere gerade Zahl abzurunden, aber nicht auf eine ungerade. Beispiel: 0.345675 wird auf 0.34568 erhöht, 0.345665 aber wird zu 0.34566.

Zu den auf S. 23 und 32 gegebenen Anweisungen für numerische Rechnung soll noch hinzugefügt werden, daß wir in unseren Rechenbeispielen konsequent durch ein kleines *n* rechts unten angeben, daß es sich bei einem Logarithmus um eine negative Zahl handelt. Bei Multiplikation und Division einer Reihe von Zahlen hat man dann die einfache Regel, daß eine gerade Anzahl von *n* einander aufheben.

1. Rechenbeispiel.

Berechnung der Sternzeit für den Kopenhagener Meridian am 15. Juli 1931, $14^h\,12^m\,16^s.27$ Mittlere Sonnenzeit Kopenhagen (zweite Methode). Θ_0 für Greenwich ist an diesem Tage $19^h\,27^m\,32^s.09$ (vgl. S. 74).

M.S.Z.$_{\text{Kop.}}$	14^h	12^m	$16^s.27$	
$(\Theta - \Theta_0)_{\text{Kop.}}$	14	14	36 .28	(obenstehende Zeit in Sternzeitintervall verwandelt)
Θ_0^K	19	27	23 .83	($\Theta_0^G - 8^s.26$; vgl. S. 74)
$\Theta =$	9	42	0 .11	

Das Resultat stimmt auf $0^s.01$ mit der Berechnung auf S. 74 überein (eine solche Unsicherheit von einer Einheit in der letzten Dezimalstelle kann immer erwartet werden).

---

2. Rechenbeispiel.

Berechnung von Höhe und Azimut für einen Stern um $4^h\,11^m\,19^s.4$ M.E.Z. für einen Ort mit $\varphi = +55°\,41'.86$ und $0^h\,52^m\,45^s.0$ östliche Länge von Greenwich, wenn die Koordinaten des Sterns $\alpha = 14^h\,15^m\,8^s.0$ und $\delta = -11°\,2'.42$ sind, und wir für den betreffenden Tag und Ort $\Theta_0 = 0^h\,49^m\,6^s.5$ haben.

A. Berechnung des Stundenwinkels.

M.E.Z.	4^h	11^m	$19^s.4$
Lokalkonstante		7	15 .0
M.S.Z.	4	4	4 .4
$\Theta - \Theta_0$	4	4	44 .5
Θ_0	0	49	6 .5
Θ	4	53	51 .0
α	14	15	8 .0
t	14^h	38^m	$43^s.0$
t	$\pi + 39°\,40'.75$		

B. Berechnung von h und Az.

Der Kürze halber führen wir die Bezeichnungen a, b, $-c$ und d für die vier Glieder in der ersten und der dritten der Gleichungen (2) auf S. 32 ein, so daß:

$$\sin h = \overset{(a)}{\sin\varphi\sin\delta} + \overset{(b)}{\cos\varphi\cos\delta\cos t}$$

$$\cos h \sin Az = \cos\delta\sin t$$

$$\cos h\cos Az = \overset{(-c)}{-\cos\varphi\sin\delta} + \overset{(d)}{\sin\varphi\cos\delta\cos t}.$$

Die Rechnung kann nun in der folgenden Weise angelegt werden:

$\log a$	9.19919_n	$\log b$	9.62911_n	a	-0.15819
$\log\sin\varphi$	9.91702	$\log\cos\varphi$	9.75094	b	-0.42571
$\log\sin\delta$	9.28217_n	$\log\cos\delta$	9.99189	$a+b$	-0.58390
$\log\cos\varphi$	9.75094	$\log\cos t$	9.88628_n		
$\log c$	9.03311_n	$\log\sin\varphi$	9.91702	$-c$	$+0.10792$
		$\log d$	9.79519_n	d	-0.62401
				$-c+d$	-0.51609

$\log\cos\delta$	9.99189	
$\log\sin t$	9.80515_n	
$\log\cos h\sin Az$	9.79704_n	$[\log\cos\delta\sin t]$
$\log\cos h\cos Az$	9.71272_n	$[\log(-c+d)]$
$\log \mathrm{tg}\, Az$	0.08432	

$$\boxed{Az = \pi + 50^\circ 31'.65}$$

$\log\sin Az$	9.88758_n	
$\log\sin h$	9.76634_n	$[\log(a+b)]$
$\log\cos h$	9.90946	
$\mathrm{tg}\, h$	9.85688_n	

$$\boxed{h = -35^\circ 43'.54}$$

3. Rechenbeispiel.

Die Bestimmung der Polhöhe mit Hilfe einer beobachteten Höhe, die wegen Refraktion bereits korrigiert ist. Die Höhe eines Sterns mit den Koordinaten $\alpha = 0^h\,43^m\,28^s.6$, $\delta = +40^\circ\,29'.63$ ist zur Sternzeit $\Theta = 1^h\,2^m\,12^s.4$ beobachtet worden: $h = +58^\circ\,31'.25$. Berechne φ (vgl. S. 112).

		$\log\cos\delta$	9.88109	
Θ	$1^h\,2^m\,12^s.4$	$\log\cos t$	9.99855	
α	$0\;43\;28.6$	$\log m\sin M$	9.87964	$[\log\cos\delta\cos t]$
t	$0^h\,18^m\,43^s.8$	$\log m\cos M$	9.81249	$[\log\sin\delta]$
t	$4^\circ\,40'.95$	$\log \mathrm{tg}\, M$	0.06715	
		M	$49^\circ\,24'.72$	

		$M+\varphi$	$58^\circ\,42'.00$
$\log\sin h$	9.93086	oder	$121\;\;18.00$
$\log\cos M$	9.81332	M	$49\;\;24.72$
$-\log\sin\delta$	0.18751	φ	$+71\;\;53.28$
$\log\sin(M+\varphi)$	9.93169	(oder)	$(+\;9\;\;17.28)$

Wenn wir voraussetzen, daß die Beobachtung nach Süden zu angestellt wurde, ist: $\boxed{\varphi = +71^\circ\,53'.28}$ der richtige Wert.

4. Rechenbeispiel.

Berechnung der Zeit für Auf- und Untergang eines Sterns, mit und ohne Rücksicht auf den Einfluß der Refraktion. Da in diesem Problem keine große Genauigkeit verlangt wird, können wir die Refraktion differentiell behandeln.

Die Koordinaten des Sterns sind: $\alpha = 6^h\,40^m\,8^s.2$, $\delta = -16^\circ\,33'.72$. Man verlangt die Zeit für Auf- und Untergang dieses Sterns, ausgedrückt in M.E.Z.

für einen Ort mit $\varphi = +55^\circ\,41'.86$ und $0^h\,52^m\,45^s.0$ östliche Länge von Greenwich (Sternwarte Lund) an einem Tage, an dem Θ_0 für den betreffenden Ort gleich $16^h\,49^m\,45^s.9$ ist. Die Refraktion im Horizont nehmen wir gleich $35'.0$ an.

Zur Berechnung des Stundenwinkels können wir die einfache Formel (3) auf S. 33 anwenden. Wir erhalten

$\log \operatorname{tg} \varphi$	0.16608
$\log \operatorname{tg} \delta$	9.47333_n
$\log \cos t_0$	9.63941
t_0	$\pm 64^\circ\,9'.35$
t_0	$\pm 4^h\,16^m\,37^s.4$

	Aufgang	Untergang	Refraktion	
t	$-4^h\,16^m\,37^s.4$	$4^h\,16^m\,37^s.4$	$\log 35'.0$	1.5441
λ	6 40 8 .2	6 40 8 .2	$-\log\cos\varphi$	0.2491
Θ	2 23 30 .8	10 56 45 .6	$-\log\cos\delta$	0.0184
Θ_0	16 49 45 .9	16 49 45 .9	$-\log\sin t$	0.0458
$\Theta - \Theta_0$	9 33 44 .9	18 6 59 .7		1.8574
M.S.Z.	9 32 10 .9	18 4 1 .6		$72'.0$
Die Lokalkonstante	7 15 .0	7 15 .0		288^s
ohne Rücks. auf Refr. M.E.Z. =	$9^h\,39^m\,25^s.9$	$18^h\,11^m\,16^s.6$		
Korr. wegen Refr. =	$-4^m.8$	$+4^m.8$		
mit Rücks. auf Refr. M.E.Z. =	$9^h\,34^m.6$	$18^h\,16^m.1$		

Streng genommen hätten wir die Korrektion wegen Refraktion eigentlich bereits an die Stundenwinkel anbringen müssen. Um die Rechnung ohne Refraktion und mit Refraktion getrennt durchzuführen, haben wir indessen die Refraktionskorrektion erst am Schluß angebracht. Der dadurch entstehende Fehler — die 288^s sind Sternzeitsekunden und sollten eigentlich in ein Intervall mittlerer Sonnenzeit verwandelt werden — ist ganz verschwindend.

In der astronomischen Praxis verwendet man bei diesem Problem wie bei so vielen anderen astronomischen Problemen Tafeln oder Diagramme, wodurch viel Arbeit erspart wird.

5. *Rechenbeispiel.*

Reduktion einer Kometenbeobachtung.

Auf der Kopenhagener Sternwarte wurde am 28. April 1927 die folgende Beobachtung des *Kometen Stearns* (1927 d) angestellt:

1927 April 28 $22^h\,50^m\,15^s$ Weltzeit

$$☄ - * = \overset{\Delta\alpha}{-1^m\,31^s.55} \quad \overset{\Delta\delta}{-0'\,15''.5}$$ (Mittel aus sechs Vergleichen).

Komet und Stern standen einander in δ so nahe, daß der *Refraktionsunterschied* nicht berechnet zu werden brauchte.

Der Vergleichstern war Nr. 5209 im Zonenkatalog der Astronomischen Gesellschaft, Leipzig I. Wir finden im Katalog für diesen Stern (vgl. S. 505):

*	$\alpha_{1875.0}$	p_α	var_α	$\delta_{1875.0}$	p_δ	var_δ
5209	$14^h\,41^m\,19^s.39$	$+2^s.9066$	$+0^s.0045$	$+10^\circ\,50'\,10''.9$	$-15''.288$	$+0''.281$

Bei Benutzung der obenstehenden Werte und der im Berliner Jahrbuch für f, g, G, h, H und i für das betreffende Datum gegebenen Werte (vgl. S. 505) und (zur Parallaxenberechnung; vgl. S. 142) des Wertes der geozentrischen Distanz des Kometen $\log\Delta = 0.442$, die wir aus der Berechnung der Bahn des Kometen kennen, stellt sich die Reduktion des beobachteten Kometenortes nun folgendermaßen, wenn wir voraussetzen, daß die E.B. des Sterns verschwindend klein ist:

$\alpha_{\text{Kat.}}$	$14^h41^m19^s.39$	$\delta_{\text{Kat.}}$	$+10°50'10''.9$
Praec.	+ 2 31 .20	Praec.	− 13 11 .2
$\alpha_{1927.0}$	14 43 50 .59	$\delta_{1927.0}$	+10 36 59 .7
Red_α	+ 1.19	Red_δ	− 5 .8
$\alpha_{\text{app.}}$	14 43 51 .78	$\delta_{\text{app.}}$	+10 36 53 .9
☄ − *	− 1 31 .55	☄ − *	− 15 .5
$\alpha_{☄\text{app.}}$	14 42 20 .23	$\delta_{☄\text{app.}}$	+10 36 38 .4
Par_α	− 0 .02	Par_δ	+ 2 .2

Resultat: $\alpha_{☄\text{app. geoz.}} = 14^h42^m20^s.21$
$\delta_{☄\text{app. geoz.}} = +10°36'40''.6$

Die Detailrechnungen sieht man aus der folgenden Aufstellung:

$G + \alpha$	$3^h13^m.0$
G	$12^h29^m.2$
α	14 43 .8
H	15 19 .6
$H + \alpha$	$6^h\ 3^m.4$
$\log \text{Red}_1\, \alpha$	9.0761
$\log \text{tg}\, \delta$	9.2729
$\log \sin (G + \alpha)$ . .	9.8728
$\log g$	9.9304
$\log \cos (G + \alpha)$ . .	9.8234
$\log \text{Red}_1\, \delta$	9.7538
$\log \text{Red}_2\, \alpha$	1.2959
$\log \sec \delta$	0.0075
$\log \sin (H + \alpha)$ . .	0.0000
$\log h$	1.2884
$\log \cos (H + \alpha)$ . .	8.1712_n
$\log \sin \delta$	9.2654
$\log \text{Red}_2\, \delta$	8.7250_n
$\log i$	0.8092_n
$\log \cos \delta$	9.9925
$\log \text{Red}_3\, \delta$	0.8017_n
f	$-0^s.133$
$\text{Red}_1\, \alpha$	+0 .008
$\text{Red}_2\, \alpha$	+1 .317
$\text{Red}\, \alpha$	$+1^s.192$
$\text{Red}_1\, \delta$	$+0''.57$
$\text{Red}_2\, \delta$	−0 .05
$\text{Red}_3\, \delta$	−6 .33
$\text{Red}\, \delta$	$-5''.81$

$\Theta_{0\ \text{Kop.}}$	$14^h19^m44^s$
Θ	14 4 11
α	14 42 20
t	$-0^h38^m\ 9^s$
$\log \cos t$	9.9937
$\log \text{tg}\, \gamma$	0.1693
γ	$+55°54'$
δ	+10 37
$\gamma - \delta$	$+45°17'$
$\log \sin t$	9.2277_n
$\log \sec \delta$	0.0075
$\log \text{Par}\, \alpha \times \Delta$ . .	8.7556_n
$\log \sin (\gamma - \delta)$ . .	9.8516
$\log \text{cosec}\, \gamma$	0.0819
$\log \text{Par}\, \delta \times \Delta$ . .	0.7930
$\log \Delta$	0.442
$\log \text{Par}\, \alpha$	8.314_n
$\log \text{Par}\, \delta$	0.351
$\text{Par}\, \alpha$	$-0^s.02$
$\text{Par}\, \delta$	$+2''.2$

Zur Berechnung von $\log \text{Par}\, \alpha \times \Delta$ und $\log \text{Par}\, \delta \times \Delta$ haben wir die im Nautical Almanac für die Kopenhagener Sternwarte gegebenen numerischen Werte angewandt:

$$\log \text{tg}\, \varphi' = 0.1630$$
$$\log \varrho \cos \varphi' = 9.7521$$
$$\log \varrho \sin \varphi' = 9.9150$$

6. Rechenbeispiel.

Berechnung der Ekliptikalkoordinaten (λ und β) für einen Stern, wenn man die Schiefe der Ekliptik (ε) sowie die Rektaszension (α) und die Deklination (δ) des Sterns kennt.

Wir haben für einen Stern: $\alpha = 15^h\, 43^m\, 24^s.0$, $\delta = -39°\, 29'.10$. Die Schiefe der Ekliptik ist: $\varepsilon = 23°\, 27'.33$.

Berechne λ und β des Sterns.

Im Formelsystem (1) auf S. 66 bezeichnen wir der Kürze halber die vier Glieder in der ersten und dritten Gleichung mit a, $-b$, c und d. Der Gang der Rechnung ist dann folgender:

α	$\pi + 55°\,51'.00$	$\log c$	9.40331_n
δ	$-39°\,29'.10$	$\log\sin\varepsilon$	9.59993
$\log b$	9.40524_n	$\log\sin\delta$	9.80338_n
$\log\sin\varepsilon$	9.59993	$\log\cos\varepsilon$	9.96254
$\log\sin\alpha$	9.91781_n	$\log a$	9.76592_n
$\log\cos\delta$	9.88750	d	-0.58594
$\log\cos\varepsilon$	9.96254	c	-0.25311
$\log d$	9.76785_n	$c + d$	-0.83905

$-b$	$+0.25424$
a	-0.58334
$a - b$	-0.32910
$\log\cos\alpha$	9.74924_n
$\log\cos\delta$	9.88750
$\log\cos\beta\sin\lambda$	9.92378_n [$\log(c + d)$]
$\log\cos\beta\cos\lambda$	9.63674_n [$\log\cos\delta\cos\alpha$]
$\log\operatorname{tg}\lambda$	0.28704

$$\boxed{\lambda = \pi + 62°\,41'.39}$$

$\log\sin\lambda$	9.94867_n
$\log\sin\beta$	9.51733_n [$\log(a - b)$]
$\log\cos\beta$	$9\,97511$
$\log\operatorname{tg}\beta$	9.54222_n

$$\boxed{\beta = -19°\,12'.85}$$

7. Rechenbeispiel.

Die Berechnung des Ortes eines Planeten in seiner elliptischen Bahn zu einer gegebenen Zeit, wenn wir die halbe große Achse, die Exzentrizität und die Perihelzeit (vgl. S. 214) kennen.

Wir haben für einen kleinen Planeten: $\log a = 0.56510$, $\log e = 9.79221$ und $T = 1905$ Jan. 17.1844 M.S.Z. Berlin. Man verlangt die mittlere Bewegung (μ) und die mittlere Anomalie (M), die exzentrische Anomalie (E), die wahre Anomalie (v) und den Radiusvektor (r) für die Zeit $t = 1905$ Febr. 18.0000 M.S.Z. Berlin. Da es sich um einen kleinen Planeten handelt, können wir die Masse (m) gleich Null setzen.

A. Berechnung von μ und M.

$\log k''$	3.55001	$t - T$	$31^d.8156$
$\log a^{3/2}$	0.84765	$\log(t - T)$	1.50264
$\log \mu$	2.70236	$\log M''$	4.20500
		M''	16032″.6

$$\boxed{\mu = 503''.92} \qquad \boxed{M = 4^\circ\, 27'.21}$$

B. Berechnung von E.

Wenn wir M und E in Bogenmaß ausdrücken wollen, müssen wir in der KEPLERschen Gleichung [der dritten Gleichung (52) auf S. 214] auch e in Bogenmaß ausdrücken. Wir wollen die Rechnung in *Bogenminuten* ausführen und erhalten:

$\log e$	9.79221
$\log \frac{360 \cdot 60}{2\pi}$	3.53627
$\log e'$	3.32848
[e'	2130′.50]

Um den richtigen Wert von E zu finden, wählen wir zuerst zwei hypothetische Werte, die wir E_1 und E_2 nennen wollen; wir setzen $E_1 = 10^\circ\, 0'.00$ und $E_2 = 12^\circ\, 0'.00$. Wir schreiben die KEPLERsche Gleichung wie folgt:

$$E = M + e' \sin E\,. \tag{1}$$

Wir setzen auf der rechten Seite in (1) zuerst E_1 und danach E_2 ein. In der untenstehenden Tabelle, die auch die folgenden Hypothesen enthält, sehen wir, daß wir mit E_1 37′.17 zu viel und mit E_2 9′.83 zu wenig erhalten.

$E_1 = 10^\circ\ 0'.00$	gibt rechts in (1) den Wert	$10^\circ\, 37'.17$,	also $+37'.17$	(zu viel)
$E_3 = 11\ \ 34'.90$	„ „ „ (1) „ „	$11\ \ 34.94$,	„ $+\ 0.04$	(zu viel)
$E_4 = 11\ \ 35.00$	„ „ „ (1) „ „	$11\ \ 35.00$,	„ $\ \ 0.00$	(richtig)
$E_2 = 12\ \ \ 0.00$	„ „ „ (1) „ „	$11\ \ 50.17$,	„ $-\ 9.83$	(zu wenig)

Wir haben zwischen E_1 und E_2 interpoliert:

$$E_3 = E_2 - x$$

$$x = \frac{9'.83 \times 120'.00}{37'.17 + 9'.83} = 25'.10$$

also:

$$E_3 = 11^\circ\, 34'.90\,.$$

Darauf interpolierten wir zwischen E_3 und E_2:

$$E_4 = E_3 + x$$

$$x = \frac{0'.04 \times 25'.10}{9'.83 + 0'.04} = 0'.10$$

$$E_4 = 11^\circ\, 35'.00\,.$$

Setzt man E_4 in die Gleichung (1) ein, so ergibt sich kein Fehler mehr; E_4 ist also der richtige Wert.

	(E_1)	(E_2)	(E_3)	(E_4)
$\log e'$	3.32848	3.32848	3.32848	3.32848
$\log \sin E$	9.23967	9.31788	9.30269	9.30275
$\log(e' \sin E)$	2.56815	2.64636	2.63117	2.63123
$e' \sin E$	$6^\circ\ 9'.96$	$7^\circ\, 22'.96$	$7^\circ\ 7'.73$	$7^\circ\ 7'.79$
M	4 27.21	4 27.21	4 27.21	4 27.21
E	$10^\circ\, 37'.17$	$11^\circ\, 50'.17$	$11^\circ\, 34'.94$	$11^\circ\, 35'.00$

C. Berechnung von v und $\log r$.

e	0.61974
$1+e$	1.61974
$1-e$	0.38026
$\log(1+e)$	0.20945
$\log(1-e)$	9.58008
$\log\frac{1+e}{1-e}$	0.62937

$\frac{E}{2} = 5^\circ 47'.50$	
$\log\sqrt{\frac{1+e}{1-e}}$	0.31468
$\log \operatorname{tg}\frac{E}{2}$	9.00616
$\log \operatorname{tg}\frac{v}{2}$	9.32084
$\frac{v}{2}$	$11^\circ 49'.40$
$v = 23^\circ 38'.80$	

$\log e$	9.79221
$\log\cos E$	9.99106
$\log e\cos E$	9.78327
$e\cos E$	0.60711
$1 - e\cos E$	0.39289
$\log(1 - e\cos E)$	9.59427
$\log a$	0.56510
$\log r = 0.15937$	

8., 9., 10., 11. und 12. Rechenbeispiel.

Als Beispiele für Interpolation, numerische Differentiation und numerische Integration (S. 501 bis 505) wählen wir eine Funktion x von t, $x = f(t)$, für die die folgenden numerischen Werte als berechnet vorausgesetzt werden. Die beiden „Summenreihen" (erste und zweite) werden erst in den Beispielen für numerische Integration gebraucht.

Argument (t)	${}^{II}f$	${}^{I}f$	$f = x = f(t)$	f^{I}	f^{II}	f^{III}	f^{IV}
		+ 7 8762.16					
$a-2$	+ 995 8895.56		− 0.003 9303.22				
		+ 3 9458.94		− 155.72		+ 0.61	
$a-1$	+ 999 8354.50		− 0.003 9458.94		+ 155.72		− 0.61
		{ 0.00 }		0.00		0.00	
a	{ + 999 8354.50 }		− 0.003 9458.94		+ 155.72		− 0.61
		− 3 9458.94		+ 155.72		− 0.61	
$a+1$	+ 995 8895.56		− 0.003 9303.22		+ 155.11		− 0.59
		− 7 8762.16		+ 310.83		− 1.20	
$a+2$	+ 988 0133.40		− 0.003 8992.39		+ 153.91		− 0.69
		− 11 7754.55		+ 464.74		− 1.89	
$a+3$	+ 976 2378.85		− 0.003 8527.65		+ 152.02		− 0.49
		− 15 6282.20		+ 616.76		− 2.38	
$a+4$	+ 960 6096.65		− 0.003 7910.89		+ 149.64		− 0.68
		− 19 4193.09		+ 766.40		− 3.06	
$a+5$	+ 941 1903.56		− 0.003 7144.49		+ 146.58		− 0.52
		− 23 1337.58		+ 912.98		− 3.58	
$a+6$	+ 918 0565.98		− 0.003 6231.51		+ 143.00		
		− 26 7569.09		+ 1055.98			
$a+7$	+ 891 2996.89		− 0.003 5175.53				
		− 30 2744.62					
$a+8$	+ 861 0252.27						

Nur bei der Funktion selbst (f) ist die ganze Zahl ausgeschrieben. In allen übrigen Zahlreihen haben wir die Nullen am Anfang gestrichen, die Zahlen sind also in Einheiten der 7. Dezimalstelle ausgedrückt.

8. Rechenbeispiel. Interpolation.

Berechne $x = f(t)$ für $t = a + 4^1/_3$.

Die Rechnung stellt sich wie folgt [s. die zweite Interpolationsformel (2) S. 501]:

$$
\begin{array}{rll}
 & f\ (a+4\ ) = & -0.003\,7910.89 \\
n = +\frac{1}{3} & f^{I}\ (a+4\tfrac{1}{2}) = + & 766.40 \\
\frac{n(n-1)}{1\cdot 2} = -\frac{1}{9} & f^{II}\ (a+4\ ) = + & 149.64 \\
\frac{(n+1)\,n\,(n-1)}{1\cdot 2\cdot 3} = -\frac{4}{81} & f^{III}\ (a+4\tfrac{1}{2}) = - & 3.06 \\
\frac{(n+1)\,n\,(n-1)\,(n-2)}{1\cdot 2\cdot 3\cdot 4} = +\frac{5}{243} & f^{IV}\ (a+4\ ) = - & 0.68
\end{array}
$$

$$
\begin{array}{rl}
f\ (a+4\ ) = & -0.003\,7910.89 \\
+\frac{1}{3} f^{I}\ (a+4\tfrac{1}{2}) = + & 255.467 \\
-\frac{1}{9} f^{II}\ (a+4\ ) = - & 16.627 \\
-\frac{4}{81} f^{III}\ (a+4\tfrac{1}{2}) = + & 0.151 \\
+\frac{5}{243} f^{IV}\ (a+4\ ) = - & 0.014 \\
\boxed{f\ (a+4\tfrac{1}{3}) = -0.003\,7671.91} &
\end{array}
$$

9. Rechenbeispiel. Numerische Differentiation.

[s. die beiden ersten Formeln (4) S. 503].

Berechne $\frac{dx}{dt}$ und $\frac{d^2x}{dt^2}$ für $t = a + 4$.

Mit Hilfe der Formeln (3) S. 503 erhält man:

$$f^{I}(a+4) = +691.58 \quad \text{und} \quad f^{III}(a+4) = -2.72\,.$$

Wir haben im Differenzenschema S. 518 $f^{II}(a+4) = +149.64$ und $f^{IV}(a+4) = -0.68$.

Wir erhalten daraus, da $w = 1$, für $t = a + 4$:

$$\frac{dx}{dt} = +\,691.58 + 0.45 = +0.0000692.0$$

$$\frac{d^2x}{dt^2} = +\,149.64 + 0.06 = +0.0000149.7\,.$$

10. Rechenbeispiel. Numerische Doppelintegration einer Funktion, für die eine Reihe numerischer Werte mit äquidistantem Intervall vorliegt.

Die Integration fängt bei dem Argument $t = a - \frac{1}{2}$ an. Von dem ersten Integral setzen wir voraus, daß es hier den Wert 0, von dem zweiten Integral, daß es den Wert 1 hat. Wir haben also in den Formelsystemen (5) und (6) S. 504:

$$A = 0.0000000.00$$
$$B = 1.0000000.00\,.$$

Berechne jetzt $\int x\,dt$ und $\int\int x\,dt^2$ für die obere Grenze $t = a + 4$.

Wir müssen zuerst mit Hilfe des Formelsystems (5) auf S. 504 den ersten und den zweiten Summenwert für zwei Argumente berechnen. Wir wählen die Argumente $(a - \frac{1}{2})$ bzw. a. Wir erhalten in unserem Beispiel:

$${}^{I}f(a - \tfrac{1}{2}) = 0.0000000.00$$
$${}^{II}f(a) = 1 - 0.0001644.123 - 0.0000001.379 = 0.9998354.50\,.$$

Diese Werte werden in das Schema eingetragen. Die folgenden Werte von ${}^{I}f$ werden fortlaufend so gebildet, daß der nächste f-Wert hinzuaddiert wird: ${}^{I}f(a+\frac{1}{2}) = {}^{I}f(a-\frac{1}{2}) + f(a)$, ${}^{I}f(a+\frac{3}{2}) = {}^{I}f(a+\frac{1}{2}) + f(a+1)$ usw. Ganz analog wird ${}^{II}f$ fortlaufend gebildet, indem das nächste ${}^{I}f$ addiert wird: ${}^{II}f(a+1) = {}^{II}f(a) + {}^{I}f(a+\frac{1}{2})$ usw.

Zur Berechnung der *Integrale* benutzen wir jetzt die Formeln (8) S. 505. Wir erhalten:

$$\int^{a+4} = -0.0175237.64 - 0.0000057.63 - 0.0000000.04 = -0.0175295.3$$

$$\int\int^{a+4} = +0.9606096.65 - 0.0003159.24 - 0.0000000.62 = +0.9602936.8\,.$$

Die Genauigkeit in solchen Berechnungen wie den obenstehenden hängt von der Größe des Intervalls ab. Bei sorgfältiger Rechnung gibt die numerische Integration sehr genaue Resultate, auch wenn sie sich über eine große Anzahl von Intervallen erstreckt.

Das hier gegebene Beispiel numerischer Integration ist verhältnismäßig einfach. Wir setzten voraus, daß wir die Funktion $f(t)$ für eine beliebige Anzahl Intervalle vorausberechnen konnten. Die Methode hat aber eine viel größere Reichweite. Sie kann gebraucht werden nicht nur um eine Funktion zu integrieren, die man für gegebene Argumente vorausberechnen kann; sie kann ebensogut zur Integration einer Gleichung wie dieser:

$$\frac{dx}{dt} = f(x,t)$$

angewandt werden, wo wir $f(x, t)$ nicht vorausberechnen können, sondern x und $f(x, t)$ erst Schritt für Schritt mit Hilfe unserer Integrationsformeln gefunden werden müssen. Wir gehen jetzt zu einem solchen Problem über.

---

11. Rechenbeispiel. Numerische Integration einer Differentialgleichung zweiter Ordnung.

Als Rechenbeispiel für die Integration einer Differentialgleichung wählen wir eine solche, die 1. für die numerische Rechnung möglichst einfach ist und 2. mit Hilfe elementarer Funktionen direkt integriert werden kann, wodurch wir die Möglichkeit einer einfachen Kontrolle unserer durch numerische Integration erhaltenen Resultate haben werden.

Wir gehen von der Differentialgleichung:

$$\frac{d^2x}{dt^2} = -k^2 x \tag{1}$$

aus, wo k^2 eine Konstante bedeutet. Wir nehmen an, daß $k^2 = 0.0039478.43$ ist ($\log k^2$ also gleich $7.5963598 - 10$), und wollen unsere Differentialgleichung unter der Voraussetzung integrieren, daß x (also das doppelte Integral) für $t=0$ den Wert $+1.0000000.00$ und $\frac{dx}{dt}$ (also das einfache Integral) für $t=0$ den Wert $0.0000000.00$ haben soll.

Der Anfang einer solchen Rechnung muß immer in irgendeiner Weise mit Hilfe sukzessiver Näherungen in Gang gesetzt werden. In dem jetzt vorliegenden Falle können wir z. B. in der folgenden Weise vorgehen. Das Beispiel ist so gewählt, daß wir für das Intervall in t die Einheit annehmen können. Da $\left(\frac{dx}{dt}\right)_0 = 0$ sein soll, dürfen wir damit rechnen, daß x sich in der Nähe von $t = 0$

nicht viel ändert, und wir nehmen deshalb an, daß wir für die nächste Umgebung von $t = 0$ als eine erste Näherung x konstant gleich 1 setzen können.

Wir stellen ein Differenzenschema auf, indem wir $t = 0$ mitten zwischen zwei Argumenten $a = -1$ und $a = 0$ verlegen. Unter der angegebenen, annähernd richtigen Voraussetzung der Konstanz von x beim Anfang der Rechnung gibt unsere Differentialgleichung (1) folgende Werte für $\frac{d^2x}{dt^2}$ für die Argumente $a = -2$, $a = -1$, $a = 0$ und $a = +1$:

a	$f = \frac{d^2x}{dt^2}$	f^I	f^{II}	f^{III}	
-2	$-0.003\,9478.43$				
		$0.000\,0000.00$			
-1	$-0.003\,9478.43$		$0.000\,0000.00$		
		$0.000\,0000.00$		$0.000\,0000.00$	(2)
0	$-0.003\,9478.43$		$0.000\,0000.00$		
		$0.000\,0000.00$			
$+1$	$-0.003\,9478.43$				

wo wir gleich die Differenzen mit angesetzt haben.

Die nachher folgende logarithmische Rechnung ist siebenstellig zu führen. Um unnötiges Schreiben von Nullen zu vermeiden, schreiben wir einfach im folgenden in der Regel alles in Einheiten der siebenten Dezimalstelle.

Wenn wir vorläufig bei der Konstanz von x im Anfang der Rechnung bleiben, können wir die für die Berechnung der Ausgangswerte der ersten und zweiten Summen und für die Berechnung der Doppelintegrale für die vier angegebenen Argumente notwendigen Differenzen in unserem Schema ausfüllen, indem wir für sie alle den Wert 0 eintragen.

Wir erhalten so das folgende Schema:

a	$f = \frac{d^2x}{dt^2}$	f^I	f^{II}	f^{III}		
-2	$-3\,9478.43$		0.00			
		0.00		0.00		
-1	$-3\,9478.43$		0.00			
		0.00		0.00	usw.	(3)
0	$-3\,9478.43$		0.00			
		0.00		0.00		
$+1$	$-3\,9478.43$		0.00			

Für die Berechnung von ${}^I f(-\frac{1}{2})$ und ${}^{II} f(0)$ haben wir (vgl. S. 504) die Formeln:

$$\begin{aligned} {}^I f\left(-\frac{1}{2}\right) &= \frac{A}{w} - \frac{1}{24} f^I\left(-\frac{1}{2}\right) + \frac{17}{5760} f^{III}\left(-\frac{1}{2}\right) \cdots \\ {}^{II} f(0) &= \left(\frac{B}{w^2} + \frac{1}{2}\frac{A}{w}\right) + \frac{1}{24} f(-1) - \frac{17}{5760}\{2 f^{II}(-1) + f^{II}(0)\} \\ &\quad + \frac{367}{967\,680}\{3 f^{IV}(-1) + 2 f^{IV}(0)\} \cdots \end{aligned} \tag{4}$$

In unserem Falle ist $A = 0$, $B = 1$ und $w = 1$, also:

$$\begin{aligned} {}^I f\left(-\frac{1}{2}\right) &= -\frac{1}{24} f^I\left(-\frac{1}{2}\right) + \frac{17}{5760} f^{III}\left(-\frac{1}{2}\right) \cdots \\ {}^{II} f(0) &= 1 + \frac{1}{24} f(-1) - \frac{17}{5760}\{2 f^{II}(-1) + f^{II}(0)\} \\ &\quad + \frac{367}{967\,680}\{3 f^{IV}(-1) + 2 f^{IV}(0)\} \cdots \end{aligned} \tag{5}$$

Wir haben aber aus dem Differenzenschema:

$$f(-1) = -39478.43$$

und (vorläufig) alle Differenzen gleich Null.

Die Gleichungen (5) geben uns deshalb:

$${}^{I}f(-\tfrac{1}{2}) = 0$$

$${}^{II}f(0) = 1.0000000.00 - 0.0001644.93 = +0.9998355.07\,.$$

Unter Anwendung dieser Werte und nach Bildung der übrigen ersten und zweiten Summenwerte (vgl. S. 501) wird das Differenzenschema dann das folgende Aussehen erhalten:

a	${}^{II}f$	${}^{I}f$	$f = \frac{d^2x}{dt^2}$	f^{I}	f^{II}	f^{III}	
-2	$+0.9958876.64$		-39478.43		0.00		
		$+0.0039478.43$		0.00		0.00	
-1	$+0.9998355.07$		-39478.43		0.00		
		$\{0.0000000.00\}$		0.00		0.00	
0	$\{+0.9998355.07\}$		-39478.43		0.00		(6)
		$-0.0039478.43$		0.00		0.00	
$+1$	$+0.9958876.64$		-39478.43		0.00		
		$-0.0078956.86$		0.00			
$+2$	$+0.9879919.78$						

Mit Hilfe der Integrationsformeln auf S. 505 können wir jetzt $\frac{d^2x}{dt^2}$ für unsere vier Argumente doppelt integrieren, d. h. wir können jetzt neue Werte von x für diese vier Argumente berechnen, die genauer sind als der vorläufig angenommene (konstante) Wert 1.

Wir haben (vgl. S. 505):

$$\iint^{a} f(x)\,dx^2 = {}^{II}f(a) + \frac{1}{12}f(a) - \frac{1}{240}f^{II}(a) + \frac{31}{60480}f^{IV}(a)\,\ldots \tag{7}$$

Diese Formel gibt für unsere vier Argumente die Integralwerte:

$$\begin{array}{rll} & & \iint = x \\ (-2) & +0.9958876.64 - 0.0003289.87 = & +0.9955586.77 \\ (-1) & +0.9998355.07 - 0.0003289.87 = & +0.9995065.20 \\ (0) & +0.9998355.07 - 0.0003289.87 = & +0.9995065.20 \\ (+1) & +0.9958876.64 - 0.0003289.87 = & +0.9955586.77 \end{array} \tag{8}$$

Mit diesen x-Werten berechnen wir nun aus der Gleichung (1) die Werte von $\frac{d^2x}{dt^2}$ für dieselben vier Argumente (siebenstellige Logarithmenrechnung) und erhalten (über die oberhalb bzw. unterhalb der zwei schrägen Linien stehenden Zahlenwerte werden wir gleich sprechen):

a	$f = \frac{d^2x}{dt^2}$	f^{I}	f^{II}	f^{III}	f^{IV}	
-2	-39303.08		$+155.86$		0.00	
		-155.86		0.00		
-1	-39458.94		$+155.86$		0.00	
		0.00		0.00		(9)
0	-39458.94		$+155.86$		0.00	
		$+155.86$		0.00		
$+1$	-39303.08		$+155.86$		0.00	

wo wir gleich die Differenzen angesetzt haben.

Jetzt kommen wir zu der zweiten Näherung. In der ersten Näherung setzten wir alle Differenzen konstant gleich Null. In der *zweiten Näherung* nehmen wir an, daß wir f^{III} und höhere Differenzen konstant und gleich Null setzen dürfen. Wir können dann, wie wir aus dem Differenzenschema ersehen, $f^{II}(+1) = +155.86$ setzen [und auch $f^{II}(-2)$]. Wir haben mit anderen Worten den Wert für $f^{II}(+1)$ *extrapoliert*. Wir wiederholen jetzt die ganze Rechnung. Wir berechnen ${}^{I}f(-\frac{1}{2})$ und ${}^{II}f(0)$ mit Hilfe des jetzigen Differenzenschemas und aus diesen Werten die ${}^{I}f$ und ${}^{II}f$ für die übrigen Argumente. Wir erhalten [Formelsystem (5)]:

$$
\begin{aligned}
{}^{I}f(-\tfrac{1}{2}) &= 0.0000000.00 \\
{}^{II}f(0) &= 1 - 0.0001644.12 - 0.0000001.38 = +0.9998354.50
\end{aligned}
$$

und füllen das Differenzenschema aus:

a	${}^{II}f$	${}^{I}f$	$f = \frac{d^2x}{dt^2}$	f^{I}	f^{II}	f^{III}	f^{IV}	
-2	$+0.9958895.56$		-39303.08		$+155.86$			
		$+0.0039458.94$		-155.86		0.00		
-1	$+0.9998354.50$		-39458.94		$+155.86$		0.00	
		$\{\ 0.0000000.00\}$		0.00		0.00		(10)
0	$\{+0.9998354.50\}$		-39458.94		$+155.86$		0.00	
		$-0.0039458.94$		$+155.86$		0.00		
$+1$	$+0.9958895.56$		-39303.08		$+155.86$			

Aus diesen Werten berechnen wir jetzt wieder mit Hilfe der Formeln (6) die Doppelintegrale und erhalten:

$$
\begin{array}{rl}
 & \hfill \iint = x \\
-2 & +0.9958895.56 - 0.0003275.26 - 0.0000000.65 = +0.9955619.65 \\
-1 & +0.9998354.50 - 0.0003288.24 - 0.0000000.65 = +0.9995065.61 \\
0 & +0.9998354.50 - 0.0003288.24 - 0.0000000.65 = +0.9995065.61 \\
+1 & +0.9958895.56 - 0.0003275.26 - 0.0000000.65 = +0.9955619.65
\end{array}
\qquad (11)
$$

Wir können dann zu der *dritten Näherung* schreiten.

Mit den jetzt erhaltenen Werten von x berechnen wir aus (1) wieder die Werte der Funktion $f = \frac{d^2x}{dt^2}$ und erhalten für unsere vier Argumente:

a	$f = \frac{d^2x}{dt^2}$	
-2	-39303.22	
-1	-39458.94	
0	-39458.94	(12)
$+1$	-39303.22	

Diese Werte weichen von den Werten der zweiten Näherung (10) bei den Argumenten -1 und 0 überhaupt nicht und bei den Argumenten -2 und $+1$ nur sehr wenig ab. Das neue Differenzenschema sieht nun folgendermaßen aus, wenn wir die ${}^{I}f$- und ${}^{II}f$-Werte berechnen und wie früher extrapolieren:

a	${}^{II}f$	${}^{I}f$	$f = \frac{d^2x}{dt^2}$	f^{I}	f^{II}	f^{III}	f^{IV}	
-2			-39303.22		$+155.72$			
				-155.72		0.00		
-1			-39458.94		$+155.72$		0.00	
		$\{0.0000000.00\}$		0.00		0.00		(13)
0	$\{+0.9998354.50\}$		-39458.94		$+155.72$		0.00	
		$-0.0039458.94$		$+155.72$		0.00		
$+1$	$+0.9958895.56$		-39303.22		$+155.72$		0.00	
		$-0.0078762.16$		$+311.44$		0.00		
$+2$	$+0.9880133.40$		-38991.78		$+155.72$			

Eine nochmalige Durchrechnung würde keine Änderung mehr in den Werten von $f = \frac{d^2x}{dt^2}$ mit sich bringen, und wir sind jetzt an dem springenden Punkt der ganzen Methode angelangt.

Den ${}^{II}f$-Wert für $a = +2$ erhalten wir mit Hilfe der direkt berechneten Größen. Die Werte von f^{IV}, f^{II}, f können wir jetzt mit genügender Genauigkeit vorläufig extrapolieren, und wir haben deshalb alles, was wir brauchen, um mit Hilfe der Formeln (7) und (1) genauere Werte der Funktion $f = \frac{d^2x}{dt^2}$ für das Argument $a = +2$ zu berechnen, Werte, durch die wir auch verbesserte Werte der extrapolierten Differenzen erhalten. Wenn wir, wie hier, ein passendes Intervall gewählt haben, sind die durch die Extrapolation der Differenzen in die Rechnungen eingeführten Fehler so klein, daß eine nochmalige Rechnung nicht nötig ist, und wir haben damit die ganze Berechnung einen Schritt weiter — bis zum Argument $a = +2$ inklusive — geführt.

Wie man von jetzt an die Integration weiter fortsetzen kann, dürfte klar liegen: Wir extrapolieren die Differenzen wieder, indem wir die schräge Linie einen Schritt nach unten führen; mit diesen extrapolierten Differenzen und dem mit ihrer Hilfe berechneten $f = \frac{d^2x}{dt^2}$ für $a = +3$ gibt uns (7) schon den richtigen Wert von x für dies Argument; und so fährt man Schritt für Schritt fort.

Die Differentialgleichung, deren Lösung durch numerische Integration wir jetzt behandelt haben, lautete:

$$\frac{d^2x}{dt^2} = -k^2 x\,. \tag{14}$$

Diese Differentialgleichung läßt sich aber nun, wie oben erwähnt, mit Hilfe einer elementaren Funktion allgemein integrieren, und zwar in der folgenden Form:

$$x = \alpha \cos(kt + \beta)\,, \tag{15}$$

wo α und β Integrationskonstanten sind (α kann immer positiv gewählt werden).

Da in unserem Beispiel $x_0 = 1$ und $\left(\frac{dx}{dt}\right)_0 = 0$ sein soll, erhalten wir für die Bestimmung dieser Integrationskonstanten die folgenden Bedingungen:

$$1 = \alpha \cos\beta \tag{16}$$

und, da $\frac{dx}{dt} = -\alpha k \sin(kt + \beta)$:

$$0 = -\alpha k \sin\beta\,, \tag{17}$$

woraus:

$$\beta = 0$$

und:

$$\alpha = 1 \tag{18}$$

gefunden werden, also aus (15):

$$x = \cos kt\,. \tag{19}$$

Wir gingen aber in unserem numerischen Beispiel davon aus, daß:

$$k^2 = 0.0039478.43$$

sein soll, woraus wir finden:

$$k = 0.0628318.5 \tag{20}$$

oder, in Bogenmaß (also mit 206264″.8 multipliziert):

$$k = 12960''.00 = 3^\circ\,36'\,0''.00\,. \tag{21}$$

Das heißt mit anderen Worten, daß unsere Differentialgleichung, so wie die Integrationskonstanten gegeben sind, die folgende Funktion definiert:

$$x = \cos(3^\circ\,36'\,0''.00\,t)\,. \tag{22}$$

Ein Vergleich mit dem Differenzenschema auf S. 518 zeigt übrigens, daß das jetzt behandelte Rechenbeispiel genau dasselbe ist wie das in diesem Schema gegebene.

Es ist jetzt leicht, mit Hilfe von (22) die Genauigkeit unserer durch numerische Integration erhaltenen x-Werte zu prüfen. Um eine Vorstellung von dieser Genauigkeit zu geben, teilen wir das Endresultat einer durch 25 Intervalle (ein viertel Umlauf) durchgeführten siebenstelligen numerischen Integration unserer Differentialgleichung (1) mit. Durch die numerische Integration ergab sich für $t = 25$:

$$x = -0.0000001.16$$

$$\frac{dx}{dt} = -0.0628318.56$$

Die aus der exakten Lösung der Differentialgleichung erhaltenen Werte [vgl. Gleichung (22)] sind für dasselbe t:

$$x = 0.0000000.00$$

$$\frac{dx}{dt} = -0.0628318.53\,.$$

Wir können jetzt noch weiter gehen: Es ist möglich, die numerische Integration von ganzen *Systemen* von Differentialgleichungen — und zwar Differentialgleichungen jeder beliebigen Ordnung — auszuführen. Die durch numerische Integration ausgeführten Bahnrechnungen innerhalb des *Dreikörperproblems* können z. B. schematisch als Integration eines Systems von Gleichungen des folgenden Typus angedeutet werden:

$$\frac{d^2x}{dt^2} = f(x, y, x_1, y_1) \qquad \frac{d^2y}{dt^2} = \varphi(x, y, x_1, y_1)$$

$$\frac{d^2x_1}{dt^2} = \chi(x, y, x_1, y_1) \qquad \frac{d^2y_1}{dt^2} = \psi(x, y, x_1, y_1)\,.$$

wo vier Differenzenschemas (Integrationsschemas) Schritt für Schritt für alle vier Ausdrücke, die integriert werden sollen:

$$\frac{d^2x}{dt^2}, \quad \frac{d^2y}{dt^2}, \quad \frac{d^2x_1}{dt^2}, \quad \frac{d^2y_1}{dt^2}$$

geführt werden.

Im *problème restreint* (S. 236f.) handelt es sich um die Integration von zwei gleichzeitigen Gleichungen, also um zwei gleichzeitige Integrationsschemas.

Wir wählen wieder eine möglichst einfache Aufgabe, bei der wir außerdem, ebenso wie bei dem Rechenbeispiel 11, die Möglichkeit haben, eine einfache Kontrolle der numerischen Rechnungsresultate auszuführen.

12. Rechenbeispiel.

Wir stellen uns die Aufgabe, das folgende System zweier totaler Differentialgleichungen zu integrieren:

$$\frac{d^2x}{dt^2} = -\frac{k^2x}{r^3} \quad \text{und} \quad \frac{d^2y}{dt^2} = -\frac{k^2y}{r^3}, \tag{23}$$

wo:

$$r^2 = x^2 + y^2$$

sein soll und unter der Voraussetzung, daß k^2 den Wert 0.0039473.43 (wie im Rechenbeispiel 11) hat, und daß die folgenden Bedingungen für den Anfang der Rechnung ($t = 0$) gelten:

$$\begin{aligned} x_0 &= +1.0000000.00 & y_0 &= 0.0000000.00 \\ \left(\frac{dx}{dt}\right)_0 &= 0.0000000.00 & \left(\frac{dy}{dt}\right)_0 &= +0.0628318.53 \end{aligned} \tag{24}$$

Wie wir sehen, stellen die Gleichungen (23) die Differentialgleichungen des auf die relative Bewegung reduzierten Zweikörperproblems dar (vgl. S. 205). Die Anfangsbedingungen (24) sind so gewählt, daß wir es mit dem Spezialfall der Kreisbewegung zu tun haben. Wir wollen jedoch hier das Problem durch numerische Integration behandeln, so wie wir es tun würden, wenn wir nicht imstande wären, die Differentialgleichungen analytisch zu integrieren.

Nach der ausführlichen Darstellung des in dem einfacheren Problem (der Integration der Differentialgleichung $\frac{d^2x}{dt^2} = -k^2x$) angewandten numerischen Prozesses dürfte das Verständnis der Arbeitsmethode in dem jetzt vorliegenden, komplizierteren Falle keine Schwierigkeiten bieten. Wir können diese Methode kurz folgenderweise skizzieren.

Für die ersten vier Argumente können wir in der ersten Näherung für x den konstanten Wert 1 und für y die Werte ansetzen, die wir mit Hilfe des Wertes von $y_0 = 0.0000000.00$ und mit der konstanten Geschwindigkeit $\left(\frac{dy}{dt}\right)_0 = +0.0628318.53$ berechnen oder, wenn wir, wie im vorigen Rechenbeispiel, $t = 0$ für $a = -\frac{1}{2}$ wählen:

a	x	y
-2	1.0000000.00	$-0.0942477.79$
-1	1.0000000.00	$-0.0314159.265$
0	1.0000000.00	$+0.0314159.265$
$+1$	1.0000000.00	$+0.0942477.79$.

Aus der Gleichung $r^2 = x^2 + y^2$ berechnen wir die vier Werte für r (das sich allerdings in unserem Falle bei der definitiven Rechnung als konstant gleich 1 erweist). Aus x, y und r berechnen wir mit Hilfe der zwei Differentialgleichungen in (23) die Werte von $\frac{d^2x}{dt^2}$ und $\frac{d^2y}{dt^2}$ für die vier Argumente.

Von jetzt an stellen wir zwei Schemas auf, das eine für x, das andere für y in der folgenden Weise:

a	${}^{II}f_x$	${}^{I}f_x$	$f_x = \frac{d^2x}{dt^2}$	f_x^I	$f_x^{II} \ldots$	${}^{II}f_y$	${}^{I}f_y$	$f_y = \frac{d^2y}{dt^2}$	f_y^I	$f_y^{II} \ldots$
-2	.		.		.	.		.		.
-1	.	.	.	.	.	.	.	.	.	.
0	.	.	.	.	.	.	.	.	.	.
$+1$	.	.	.	.	.	.	.	.	.	.

Diese zwei Schemas werden jedes für sich, Schritt für Schritt, gleichzeitig geführt. Für beide Schemas stellt sich die Rechnung genau so wie im Rechenbeispiel 11, wenn wir nur berücksichtigen, daß wir bei jedem Argument die Extraarbeit mit der Berechnung von r aus x und y mit Hilfe der Gleichung $r^2 = x^2 + y^2$ ausführen müssen, ehe wir die Funktionen $f_x = \frac{d^2x}{dt^2}$ und $f_y = \frac{d^2y}{dt^2}$ berechnen können. Sonst bleibt sich alles gleich.

(Wenn wir nun die Rechnungsarbeit in dem vorgelegten Problem ausführen, zeigt es sich, daß das Schema für x wieder dasselbe ist wie das auf S. 518 gegebene.)

III. Mondstörungen in Knoten und Bahnneigung.

In den §§ 193 bis 195 haben wir von den Differentialgleichungen der sechs Bahnelemente im Störungsproblem gesprochen und als Beispiel die Gleichung für das Bahnelement a abgeleitet.

Die Differentialgleichung für ein Bahnelement des gestörten Körpers enthält, wie wir damals sahen, rechts vom Gleichheitszeichen partielle Ableitungen der Störungsfunktion nach anderen Elementen, z. B. im Falle $\frac{da}{dt}$ die Ableitung $\frac{\partial R}{\partial T}$. Die Differentialgleichungen für die verschiedenen Bahnelemente lassen sich nun durch Ausführung dieser partiellen Ableitungen und durch sonstige Reduktionen auf verschiedene Formen bringen. So kann man z. B. für das Problem der Störungen in Knoten und Neigung eines Planeten, die durch einen anderen Planeten bewirkt werden, folgende Ausdrücke ableiten, Ausdrücke, die bei der Berechnung spezieller Störungen (vgl. S. 234) von Wichtigkeit sind:

$$\begin{aligned} \frac{d\Omega}{dt} &= \frac{k'' m_1}{\sqrt{p}} \left(\frac{1}{\varrho^3} - \frac{1}{r_1^3}\right) \frac{r \sin u}{\sin i} \cdot \zeta_1 \\ \frac{di}{dt} &= \frac{k'' m_1}{\sqrt{p}} \left(\frac{1}{\varrho^3} - \frac{1}{r_1^3}\right) r \cos u \cdot \zeta_1 , \end{aligned} \tag{1}$$

wo k'' die Gravitationskonstante, in Bogensekunden ausgedrückt, bedeutet, p, r, u, i den halben Bahnparameter bzw. den Radiusvektor, das Argument der Breite und die Bahnneigung des gestörten Körpers, m_1 die Masse, r_1 den Radiusvektor und ζ_1 die Z-Koordinate des störenden Körpers bezeichnen, die letztgenannte auf die Bahnebene des gestörten Körpers bezogen; ϱ ist, wie immer in unseren Störungsformeln, die Verbindungslinie zwischen m und m_1. Die Bahnelemente des gestörten Körpers (Ω und i), um deren Berechnung es sich handelt, beziehen sich auf irgendeine Fundamentalebene, im allgemeinen die Ebene der Ekliptik. Die Einheiten für Masse, Länge und Zeit sind die folgenden: die Sonnenmasse, die halbe große Achse der Erdbahn und der mittlere Sonnentag.

In dem Problem, das wir jetzt behandeln wollen — dem Problem der Mondstörungen in Ω und i — ist die Erde die Zentralmasse und die Sonne der störende Körper. Dementsprechend erhält in unserem Problem der gemeinsame Faktor in den beiden Gleichungen (1), $k'' m_1$, ein anderes Aussehen als im Planetenproblem, wie wir gleich sehen werden.

Zur Ableitung der Differentialgleichungen für Ω und i im Mondproblem wollen wir einen direkten Weg einschlagen. Wir wählen eine elementare Methode, die — sobald wir uns gewisse Vereinfachungen des Problems erlauben — den Vorzug großer Kürze und Einfachheit besitzt und außerdem mit ganz geringfügiger Rechenarbeit zu numerischen Werten führt, die den richtigen Werten ziemlich nahe kommen.

In Abb. 180 bezeichnet E die Erde, ☾ den Mond und der Pfeil rechts die Richtung zur Sonne; ΩP bedeutet die Ekliptik, Ω☾ die Mondbahn. Das Linien-

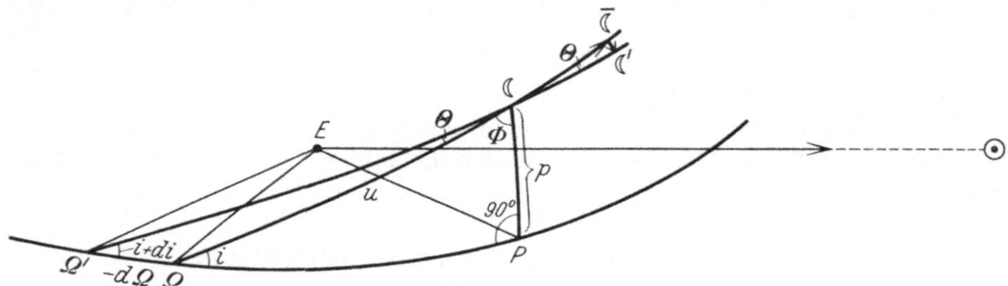

Abb. 180. Mondstörungen in Ω und i.

stück ☾☾̄ bezeichnet die ungestörte Geschwindigkeit des Mondes und ☾̄☾' die durch die Anziehung seitens der Sonne in der Zeit dt bewirkte Beschleunigungskomponente senkrecht zur Mondbahn. Diese beiden Stücke setzen sich zu ☾☾' zusammen, und ☾☾' definiert — mit E zusammen — eine neue, gestörte, Bahnbewegung, mit dem neuen aufsteigenden Knoten $\Omega' = \Omega + d\Omega$ und der neuen Neigung $i' = i + di$.

Wir nehmen nun in unserem Problem zunächst die folgenden Vereinfachungen vor:

I. Wir betrachten die ungestörte Bewegung des Mondes um die Erde als kreisförmig und mit konstanter Geschwindigkeit vor sich gehend. Wir bezeichnen den Radius dieser Kreisbewegung mit a.

II. Wir führen für die Bewegung der Sonne um die Erde (die Bewegung der Erde um die Sonne) genau dieselbe Vereinfachung ein. Den Radius der Sonnenbahn können wir mit a_1 bezeichnen; laut der oben angegebenen Festlegung in bezug auf die Längeneinheit wird $a_1 = 1$.

Das Stück ☾☾̄ war die ungestörte Geschwindigkeit des Mondes. Aus den Formeln der Kreisbewegung im Zweikörperproblem erhalten wir [vgl. (36), S. 210] für diese Geschwindigkeit:

$$☾\bar{☾} = \frac{k\sqrt{m_E + m_☾}}{\sqrt{a}}, \tag{2}$$

wo m_E die Erdmasse und $m_☾$ die Masse des Mondes bedeuten.

Für die von der Sonne in der Zeit dt bewirkte Mondbeschleunigung in der zur Mondbahn senkrechten Koordinate erhalten wir (vgl. S. 203) den Ausdruck:

$$\frac{k^2 M_\odot}{\varrho^2} \cdot \frac{\zeta_1}{\varrho}\, dt\,,$$

wo $M_\odot$ die Sonnenmasse bedeutet (in der Abbildung ist ζ_1 negativ).

Für die von der Sonne bewirkte Erdbeschleunigung ergibt sich:

$$\frac{k^2 M_\odot}{r_1^2} \cdot \frac{\zeta_1}{r_1}\, dt$$

und also für die Störungsbeschleunigung des Mondes in seiner Bewegung um die Erde, wenn wir beachten, daß $M_\odot = 1$ ist:

$$\overline{☾☾'} = k^2\left(\frac{1}{\varrho^3} - \frac{1}{r_1^3}\right)\zeta_1 dt\,. \tag{3}$$

Wir führen jetzt die folgenden beiden Operationen aus: 1. wir suchen einen Ausdruck für den Winkel Θ in der Abb. 180 und 2. wir leiten die diesem Θ entsprechenden Werte von $d\Omega$ und di ab.

Für den numerischen Wert des Winkels Θ erhalten wir aus der Abbildung:

$$|\Theta| = \frac{\overline{☾☾'}}{☾\overline{☾}}\,, \tag{4}$$

und also, mit Hilfe von (2) und (3):

$$|\Theta| = \frac{k\sqrt{a}}{\sqrt{m_E + m_☾}}\left|\left(\frac{1}{\varrho^3} - \frac{1}{r_1^3}\right)\zeta_1\right| dt\,. \tag{5}$$

Um die Winkel $d\Omega$ und di zu berechnen, betrachten wir die beiden sphärischen Dreiecke $\Omega☾P$ und $\Omega'☾P$ in Abb. 180, wo P die Projektion von ☾ auf die Ekliptik bedeutet. Das letztere Dreieck ist von dem ersteren differentiell verschieden, und zwar so, daß der Winkel bei P (= 90°) und die Seite p den beiden Dreiecken gemeinsam ist (dP und dp können also = 0 gesetzt werden) und $d\Phi$ dasselbe ist wie das oben definierte Θ.

Mit Hilfe der 3. und 4. der sphärisch-trigonometrischen Differentialformeln (4) auf S. 24 erhalten wir:

$$\begin{aligned} d\Omega &= -\frac{\sin u}{\sin i} \cdot d\Phi \\ di &= -\cos u \cdot d\Phi\,. \end{aligned} \tag{6}$$

Wenn beachtet wird, daß $d\Phi$ in der Abb. 180 das entgegengesetzte Vorzeichen hat wie ζ_1, so haben wir, mit Hilfe von (5):

$$\begin{aligned} \frac{d\Omega}{dt} &= \frac{k\sqrt{a}}{\sqrt{m_E + m_☾}}\left(\frac{1}{\varrho^3} - \frac{1}{r_1^3}\right)\frac{\sin u}{\sin i} \cdot \zeta_1 \\ \frac{di}{dt} &= \frac{k\sqrt{a}}{\sqrt{m_E + m_☾}}\left(\frac{1}{\varrho^3} - \frac{1}{r_1^3}\right)\cos u \cdot \zeta_1\,. \end{aligned} \tag{7}$$

Wenn wir unserer Vereinfachung I gemäß in (1) $r = p = a$ setzen, so sehen wir, daß die Gleichungen (7) mit (1) identisch werden, abgesehen von der Änderung im Massenfaktor, die dadurch bewirkt ist, daß in unserem Problem die Erde als Zentralmasse und die Sonne als störender Körper auftritt, während im Planetenproblem die Sonne die Zentralmasse und irgendein Planet der störende Körper ist.

Wir gehen jetzt dazu über, die Gleichungen (7) so umzuformen, daß sie unmittelbar integriert werden können. Wir haben in unserem Problem, weil r_1 konstant und $= a_1$ ist (vgl. S. 528):

$$\varrho^2 = a_1^2\left(1 - 2\frac{a}{a_1}\cos\varphi + \frac{a^2}{a_1^2}\right)$$

und deshalb, weil $a_1 = 1$ ist:

$$\varrho^2 = 1 - 2a\cos\varphi + a^2\,, \tag{8}$$

wo φ den Winkel zwischen den Radienvektoren des Mondes und der Sonne bezeichnet. Durch Reihenentwicklung nach dem binomischen Lehrsatz und durch:

III. Vernachlässigung der höheren Potenzen der kleinen Größe $a\left(=\frac{1}{389}\right.$, vgl. S. 176) erhalten wir:

$$\frac{1}{\varrho^3} = 1 + 3a\cos\varphi$$

und also:

$$\frac{1}{\varrho^3} - \frac{1}{r_1^3} = \frac{1}{\varrho^3} - 1 = 3a\cos\varphi\,. \tag{9}$$

Wir nehmen jetzt wieder eine Vereinfachung im Problem vor:

IV. Wegen der Kleinheit der Neigung der Mondbahn gegen die Erdbahn (im Mittel 5° 9′) können wir in einer ersten Näherung in dem Ausdruck $\cos\varphi$ von dieser Neigung absehen. Wir bezeichnen der Analogie wegen den Bogen in der Ebene der Ekliptik von Ω bis zum Radiusvektor der Sonne mit u_1 und schreiben also einfach:

$$\varphi = u - u_1\,. \tag{10}$$

Wir setzen voraus, daß der Mond zur Zeit $t = 0$ den aufsteigenden Knoten passiert hat und haben dann, wenn wir für die Winkelgeschwindigkeiten die Bezeichnungen μ und μ_1 (wie in unseren Zweikörperproblemsformeln) benutzen:

$$\begin{aligned} u &= \mu t \\ u_1 &= u_1^0 + \mu_1 t \\ u - u_1 &= (\mu - \mu_1)t - u_1^0\,. \end{aligned} \tag{11}$$

Für ζ_1, die Z-Koordinate der Sonne in bezug auf die Ebene der Mondbahn, haben wir aus der Abb. 180:

$$\zeta_1 = -a_1\sin i\sin u_1 = -\sin i\sin u_1\,. \tag{12}$$

Aus (7) und (9) ergibt sich dann das folgende Formelsystem:

$$\begin{aligned} \frac{d\Omega}{dt} &= -\frac{3k''a\sqrt{a}}{\sqrt{m_E + m_{☾}}}\sin u\sin u_1\cos(u - u_1) \\ \frac{di}{dt} &= -\frac{3k''a\sqrt{a}}{\sqrt{m_E + m_{☾}}}\sin i\cos u\sin u_1\cos(u - u_1)\,. \end{aligned} \tag{13}$$

Durch Benutzung einiger elementaren trigonometrischen Formeln (vgl. S. 21) erhalten wir hieraus:

$$\begin{aligned} \frac{d\Omega}{dt} &= -\frac{3k''a\sqrt{a}}{4\sqrt{m_E + m_{☾}}}\left\{1 - \cos 2u_1 - \cos 2u + \cos 2(u - u_1)\right\} \\ \frac{di}{dt} &= -\frac{3k''a\sqrt{a}}{4\sqrt{m_E + m_{☾}}}\left\{\sin 2u_1 + \sin 2u - \sin 2(u - u_1\right\}\sin i\,, \end{aligned} \tag{14}$$

woraus wir sofort ersehen, daß $\frac{d\Omega}{dt}$ außer periodischen Gliedern auch ein (negatives) konstantes Glied enthält, $\frac{di}{dt}$ aber nur periodische Glieder.

Die Integration von (14) ergibt, mit Rücksicht auf (11) und wenn wir den Faktor $\frac{3k''a\sqrt{a}}{4\sqrt{m_E + m_☾}}$ kurz mit σ bezeichnen:

$$\begin{aligned} \Omega &= \Omega_0 - \sigma t + \frac{\sigma}{2\mu_1}\sin 2u_1 + \frac{\sigma}{2\mu}\sin 2u - \frac{\sigma}{2(\mu-\mu_1)}\sin 2(u-u_1) \\ i &= i_0 + \frac{\sigma\sin i}{2\mu_1}\cos 2u_1 + \frac{\sigma\sin i}{2\mu}\cos 2u - \frac{\sigma\sin i}{2(\mu-\mu_1)}\cos 2(u-u_1)\,. \end{aligned} \tag{15}$$

Das Hauptresultat dieser Untersuchung lautet: die Knoten der Mondbahn wandern durchschnittlich rückwärts, mit periodischen Variationen; die Neigung ist nur periodischen Variationen unterworfen (vgl. S. 182).

Für die Berechnung der numerischen Koeffizienten in (15) haben wir folgende Werte:

$\log k'' = 3.55001$ (vgl. S. 213) $\qquad \mu = 47434''.89$

$a = \frac{1}{389}$ (S. 176) $\qquad \mu_1 = 3548''.19$ (S. 213)

$m_E = 1:332270$ (S. 279) $\qquad \mu - \mu_1 = 43886''.70$ (16)

$m_☾ = \frac{1}{81.6} m_E$ (S. 184) $\qquad$ (μ berechnet aus der durchschnittlichen Länge des siderischen Monats, vgl. S. 94).

$i = 5°\,9'$ (S. 182)

Die Berechnung der ersten Glieder in (15) stellt sich jetzt folgendermaßen (die periodischen Glieder müssen wegen der in Bogensekunden ausgedrückten Divisoren mit $\boldsymbol{s} = 206264''.8$ multipliziert werden):

$\log \frac{3}{4}$	9.87506 − 10	
$\log k''$	3.55001	
$\log a^{3/2}$	6.11508 − 10	$\sigma = 198''.7$
$-\log\sqrt{m_E + m_☾}$	2.75810	
$\log\sigma$	2.29825	$\frac{\sigma\boldsymbol{s}}{2\mu_1} = 5776''$
$-\log 2$	9.69897 − 10	
$-\log\mu_1$	6.44999 − 10	$\frac{\sigma\boldsymbol{s}}{2\mu_1}\sin i = 518''.$
$\log\boldsymbol{s}$	5.31443	
$\log\frac{\sigma\boldsymbol{s}}{2\mu_1}$	3.76164	
$\log\sin i$	8.95310 − 10	
$\log\left(\frac{\sigma\boldsymbol{s}}{2\mu_1}\sin i\right)$	2.71474	

Wir erhalten also für das Rückwärtsschreiten der Mondknoten:

$$\sigma = 198''.7 \text{ pro mittl. Sonnentag}$$

und für das erste periodische Glied bzw. in Ω und i:

$$1°\,36'\,16''\sin 2u_1 \quad\text{und}\quad 8'\,38''\cos 2u_1\,.$$

Die periodischen Glieder mit den Argumenten $2u$ und $2(u - u_1)$ in (15) erhalten wegen der größeren Divisoren viel kleinere Koeffizienten. Der richtige Wert für das tägliche Rückwärtsschreiten der Mondknoten lautet:

$$\sigma = 190''.77.$$

Der durch unsere einfache Theorie erhaltene Wert weicht also nur um etwa 4% von dem richtigen ab. In dem ersten periodischen Gliede bzw. in Ω und i ist der Fehler noch geringer, etwa 2%.

Wir sehen also, daß unsere Theorie für die ersten Störungsglieder in Ω und i gute Resultate gibt, trotz aller Vereinfachungen, die wir uns erlaubt haben (s. oben I bis IV, wozu noch V hinzukommt: wir haben die ganze Zeit stillschweigend rechts in den Störungsgleichungen die Bahnelemente als Konstanten behandelt).

IV. Zur mathematischen Theorie der Präzession und Nutation.

Einige Sätze aus der Theorie der Rotation fester Körper.

Wir stellen im folgenden einige Sätze aus der analytischen Mechanik über die Rotation fester Körper zusammen:

I. Jeder starre Körper hat einen, innerhalb des Körpers festliegenden, *Schwerpunkt.*

II. Ein starrer Körper besitzt im allgemeinen drei innerhalb des Körpers festliegende, durch den Schwerpunkt gehende *Hauptträgheitsachsen.* In Ausnahmefällen gibt es unendlich viele solcher Achsen (in einem homogenen Rotationsellipsoid z. B. die Polachse und alle Äquatorachsen, in einer homogenen Kugel jeden Durchmesser überhaupt).

III. Wir bezeichnen mit x, y, z die auf den Schwerpunkt des Körpers als Anfangspunkt und auf die Hauptträgheitsachsen als Koordinatenachsen bezogenen Koordinaten eines Massenelements dm. Es gelten dann die folgenden Sätze:

$$\text{(die Schwerpunktsbedingungen)} \quad \int x\,dm = \int y\,dm = \int z\,dm = 0 \tag{1}$$

und:

$$\text{(die Achsenbedingungen)} \quad \int yz\,dm = \int zx\,dm = \int xy\,dm = 0\,. \tag{2}$$

Für die *Hauptträgheitsmomente* (die Trägheitsmomente in bezug auf die Hauptträgheitsachsen) haben wir die folgenden Ausdrücke:

$$A = \int (y^2 + z^2)\,dm; \qquad B = \int (z^2 + x^2)\,dm; \qquad C = \int (x^2 + y^2)\,dm\,. \tag{3}$$

Alle Integrationen in (1), (2) und (3) sind über den ganzen Körper zu erstrecken.

IV. Wie auch die Rotationsbewegung des Körpers beschaffen sein mag, wir können in jedem Zeitmoment eine Achse definieren, um die die Rotation des Körpers in diesem Moment vor sich geht. Wir nennen diese Achse die *instantane* oder *momentane Rotationsachse* und bezeichnen die *Winkel-Rotationsgeschwindigkeit* des Körpers um diese Achse in dem gegebenen Augenblick mit:

$$\omega\,.$$

Diese Winkelgeschwindigkeit kann in drei Komponenten nach den Koordinatenachsen:

$$\omega_1\,,\ \omega_2\,,\ \omega_3$$

zerlegt werden, die der folgenden Gleichung genügen:

$$\omega^2 = \omega_1^2 + \omega_2^2 + \omega_3^2\,. \tag{4}$$

V. Wir setzen jetzt voraus, daß auf die verschiedenen Massenelemente im Körper *äußere Kräfte* einwirken; wir zerlegen die auf ein Massenelement mit den Koordinaten x, y, z in dem oben definierten Koordinatensystem wirkende äußere Kraft in Komponenten nach denselben Koordinatenachsen und bezeichnen diese Kraftkomponenten mit X, Y, Z.

Wir haben dann für die Rotationsbewegung eines starren Körpers die folgenden Differentialgleichungen:

$$\begin{aligned} A\frac{d\omega_1}{dt} + (C - B)\,\omega_2\omega_3 &= \sum (yZ - zY) \\ B\frac{d\omega_2}{dt} + (A - C)\,\omega_3\omega_1 &= \sum (zX - xZ) \\ C\frac{d\omega_3}{dt} + (B - A)\,\omega_1\omega_2 &= \sum (xY - yX)\,, \end{aligned} \tag{5}$$

wo die Summationszeichen rechts vom Gleichheitszeichen sich auf die verschiedenen Massenelemente des Körpers beziehen und bei einem zusammenhängenden festen Körper selbstverständlich durch Integrationszeichen ersetzt werden müssen. Die Gleichungen (5) werden *die* EULER*schen Gleichungen* genannt.

VI. Wir setzen jetzt den Fall voraus, daß keine äußeren Kräfte vorliegen. Die EULERschen Gleichungen erhalten dann die folgende einfache Form:

$$\begin{aligned} A\frac{d\omega_1}{dt} + (C - B)\,\omega_2\omega_3 &= 0 \\ B\frac{d\omega_2}{dt} + (A - C)\,\omega_3\omega_1 &= 0 \\ C\frac{d\omega_3}{dt} + (B - A)\,\omega_1\omega_2 &= 0\,. \end{aligned} \tag{6}$$

Dies Gleichungssystem läßt sich allgemein integrieren; die Lösung gibt die drei Größen $\omega_1, \omega_2, \omega_3$ als elliptische Funktionen der Zeit t. Ein spezieller Fall, der gerade für unser astronomisches Problem Interesse hat, ist der, wenn zwei der Hauptträgheitsmomente denselben Wert haben, z. B. $B = A$. Dies ist z. B. bei einem homogenen Rotationsellipsoid der Fall, und auch bei einem Rotationsellipsoid, wo die Dichte zwar nicht im ganzen Körper konstant ist, in der die Flächen gleicher Dichte aber symmetrisch um die Polachse liegen. Unsere Erde ist z. B., wie wir wissen, mit großer Annäherung ein abgeplattetes Rotationsellipsoid, bei dem wir auch mit großer Annäherung annehmen dürfen, daß die angedeutete Dichteverteilung herrscht. Wir haben also bei der Erde sehr angenähert $B = A$. In diesem speziellen Fall gibt uns die dritte Gleichung (6) das folgende Resultat:

$$\frac{d\omega_3}{dt} = 0\,,$$

also:

$$\omega_3 = \text{const}\,. \tag{7}$$

Wenn wir (7) in die beiden ersten Gleichungen (6) einsetzen, erhalten wir zwei Differentialgleichungen, die mit Hilfe von einfachen trigonometrischen Funktionen integriert werden können. Das Resultat der Lösung des Problems kann folgendermaßen ausgedrückt werden: die instantane Rotationsachse bewegt sich mit konstanter Geschwindigkeit in einer Kreiskegelfläche um die kürzeste Figurenachse (die kürzeste geometrische Achse) des abgeplatteten Rotationsellipsoids (die Polachse). Der instantane Rotationspol wandert also auf der Oberfläche des Ellipsoids mit konstanter Geschwindigkeit in einem Kreis um den geometrischen Pol herum. Die Periode dieser Bewegung ist durch die numerischen Konstanten des Problems — die Rotationsdauer und die Hauptträgheitsmomente $A\,(= B)$ und C der Erde gegeben. Die Rechnung gibt für diese sogenannte EULER*sche Periode* im Fall der Erde den Wert 305 mittl. Sonnentage. Die Amplitude der Wanderung der instantanen Rotationsachse um den geometrischen Pol ist dagegen eine Integrationskonstante des Problems; sie kann auch verschwindend klein sein. Sie muß durch Beobachtung bestimmt werden; was die Erde betrifft, wissen wir, daß eine minimale Polbewegung wirklich vorhanden ist, die allerdings der Theorie für einen starren Erdkörper nicht genau entspricht (vgl. S. 115). In Anbetracht der Geringfügigkeit dieser Bewegung kann die Rotationsbewegung der Erde, wenn nicht die äußerste Genauigkeit verlangt wird, als um eine im Erdkörper festliegende Rotationsachse vor sich gehend behandelt werden. Daß bei der Erde Rotationsachse und Figurenachse fast zusammenfallen, beruht nicht auf einem Zufall; es hängt selbstverständlich damit zusammen, daß die Erde in einem früheren Entwicklungsstadium flüssig war (vgl. S. 143).

VII. Unter den Resultaten, die den Gleichungen (6) abgelesen werden können, ist das folgende besonders bemerkenswert. Wenn wir voraussetzen, daß die Rotation eines starren Körpers in einem Moment genau um eine Hauptträgheitsachse — z. B. die dritte Achse — vor sich geht, so daß ω_3 in diesem Moment einen endlichen Wert hat, der von Null verschieden ist, und $\omega_1 = \omega_2 = 0$ ist, so sehen wir, daß, wenn keine äußeren Kräfte auftreten, alle drei Differentialquotienten $\frac{d\omega_1}{dt}$, $\frac{d\omega_2}{dt}$ und $\frac{d\omega_3}{dt}$ in diesem Moment und für immer gleich Null werden, daß also ω_3 seinen numerischen Wert behält und ω_1 und ω_2 unverändert gleich Null bleiben. Mit anderen Worten: wenn ein starrer Körper in einem Moment um eine der Hauptträgheitsachsen rotiert und keinen äußeren Kräften ausgesetzt wird, so wird er für immer um dieselbe Hauptträgheitsachse rotieren. Man sagt, daß die Hauptträgheitsachsen *freie Achsen* sind.

In der Terminologie des § 89 kann die unter VI. besprochene Bewegung der Momentanachse innerhalb des Körpers in der folgenden Weise charakterisiert werden. Bei jeder Rotation entstehen Zentrifugalkräfte. Diese Zentrifugalkräfte bewirken im allgemeinen eine stetige Änderung der Rotationsverhältnisse des betreffenden Körpers; in dem speziellen Falle aber, wo die Rotation genau um eine Hauptträgheitsachse vor sich geht, sind die Zentrifugalkräfte so um die Rotationsachse verteilt, daß sie sich gegenseitig aufheben.

Das Problem der Präzession und Nutation.

Nach dieser Auseinandersetzung einiger der Hauptsätze aus der Theorie der Rotationsbewegung eines starren Körpers wollen wir den Fall etwas näher betrachten, wo solche äußeren Kräfte vorhanden sind wie diejenigen, die die Phänomene der Präzession und der Nutation bewirken. Wir beschränken uns auf den uns am meisten interessierenden Fall, wo zwei Hauptträgheitsmomente gleich groß sind, und setzen $B = A$.

Wir können dann das Gleichungssystem (5) in folgender Weise schreiben:

$$\begin{aligned} A\frac{d\omega_1}{dt} + (C - A)\,\omega_2\omega_3 &= \sum (yZ - zY) = L \\ A\frac{d\omega_2}{dt} - (C - A)\,\omega_3\omega_1 &= \sum (zX - xZ) = M \\ C\frac{d\omega_3}{dt} &= \sum (xY - yX) = N, \end{aligned} \tag{8}$$

wenn wir der Kürze wegen für die Glieder auf der rechten Seite die Bezeichnungen L, M, N einführen.

In der Abb. 181 bezeichnet O den Schwerpunkt des betreffenden Körpers, X_1, Y_1, Z_1 die Hauptträgheitsachsen, von denen wir die beiden aufeinander senkrechten Achsen in der Äquatorebene beliebig wählen können, dm ein Massenelement innerhalb des Körpers, x, y, z die Koordinaten dieses Massenelementes, m_1 einen Massenpunkt weit draußen im Raume, der nach dem NEWTONschen Anziehungsgesetz auf die verschiedenen Massenelemente innerhalb des rotierenden Körpers einwirkt und x_1, y_1, z_1 die Koordinaten von m_1, alle Koordinaten in dem System X_1, Y_1, Z_1 ausgedrückt. Wie die Abbildung zeigt, bezeichnet r den Radiusvektor von dm, r_1 den Radiusvektor von m_1 und ϱ den Abstand zwischen dm und m_1.

Wir bezeichnen mit ξ, η, ζ die Winkel, die r_1 mit den Koordinatenachsen bildet, wodurch die Koordinaten von m_1 in bezug auf dm die folgenden Werte erhalten:

$$(r_1 \cos\xi - x), \quad (r_1 \cos\eta - y), \quad (r_1 \cos\zeta - z)$$

und:

$$\varrho^2 = (r_1 \cos\xi - x)^2 + (r_1 \cos\eta - y)^2 + (r_1 \cos\zeta - z)^2 \tag{9}$$

wird.

Wenn wir der Kürze wegen die Gravitationskonstante k^2 weglassen, können wir dann für die äußeren auf dm wirkenden Kraftkomponenten sofort schreiben:

$$X = \frac{m_1\, dm\, (r_1 \cos\xi - x)}{\varrho^3}$$
$$Y = \frac{m_1\, dm\, (r_1 \cos\eta - y)}{\varrho^3} \tag{10}$$
$$Z = \frac{m_1\, dm\, (r_1 \cos\zeta - z)}{\varrho^3}$$

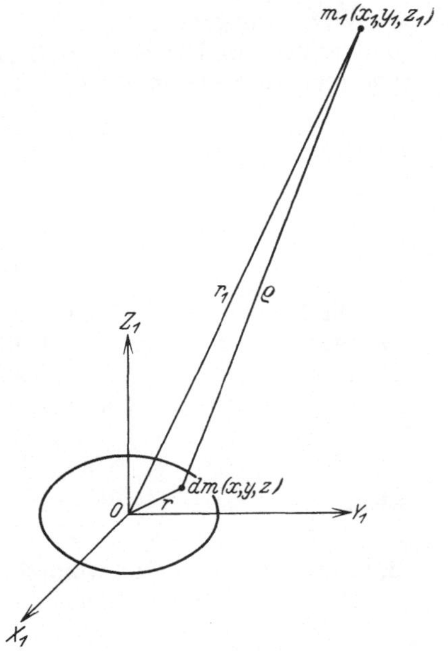

Abb. 181.

und für L, M und N:

$$L = \sum (yZ - zY) = m_1 \int \frac{r_1 (y \cos\zeta - z \cos\eta)}{\varrho^3}\, dm$$
$$M = \sum (zX - xZ) = m_1 \int \frac{r_1 (z \cos\xi - x \cos\zeta)}{\varrho^3}\, dm \tag{11}$$
$$N = \sum (xY - yX) = m_1 \int \frac{r_1 (x \cos\eta - y \cos\xi)}{\varrho^3}\, dm .$$

Aus (9) ergibt sich (vgl. S. 244 und 530):

$$\varrho^2 = r_1^2 \left\{ 1 - \frac{2}{r_1} (x \cos\xi + y \cos\eta + z \cos\zeta) + \frac{r^2}{r_1^2} \right\}, \tag{12}$$

oder, nach Entwicklung von $\frac{1}{\varrho^3}$ in eine Reihe und wenn wir höhere Potenzen des Verhältnisses der Koordinaten der innerhalb des Körpers befindlichen Massenelemente zu den Koordinaten des entfernten Massenpunktes m_1 vernachlässigen (vgl. S. 530):

$$\frac{1}{\varrho^3} = \frac{1}{r_1^3} \left\{ 1 + \frac{3}{r_1} (x \cos\xi + y \cos\eta + z \cos\zeta) \right\}. \tag{13}$$

Bei der Ausführung der Integrationen in (11) sind nur die Koordinaten des Massenelements dm, nicht die Koordinaten des äußeren Massenpunktes m_1 als Veränderliche aufzufassen. Wir setzen (13) in (11) ein und erhalten für die erste der Gleichungen (11):

$$L = \frac{m_1}{r_1^2} \int dm \Big\{ y \cos\zeta - z \cos\eta + \frac{3}{r_1} (xy \cos\zeta \cos\xi - zx \cos\xi \cos\eta + y^2 \cos\eta \cos\zeta$$
$$- yz \cos^2\eta + yz \cos^2\zeta - z^2 \cos\eta \cos\zeta) \Big\}.$$

Unter Berücksichtigung der Gleichungen (1) und (2) wird hieraus kurz:

$$L = \frac{3m_1}{r_1^3}\left(\int y^2\,dm - \int z^2\,dm\right)\cos\eta\cos\zeta\,.$$

Aus (3) ergibt sich aber:

$$\int y^2\,dm - \int z^2\,dm = C - B\,. \tag{14}$$

Wenn wir ganz entsprechend die Ausdrücke für M und N in (11) behandeln und außerdem beachten, daß $B = A$ ist, so erhalten wir für die Glieder auf der rechten Seite in (5) die folgenden Ausdrücke:

$$\begin{aligned} L &= \frac{3m_1}{r_1^3}(C - A)\cos\eta\cos\zeta \\ M &= -\frac{3m_1}{r_1^3}(C - A)\cos\zeta\cos\xi \\ N &= 0\,. \end{aligned} \tag{15}$$

Die Lösung des Problems der Präzession und Nutation kann jetzt, unter den angegebenen Voraussetzungen über Starrheit, Gestalt und Dichteverteilung der Erde, in folgender Weise skizziert werden:

I. Die dritte der Gleichungen (8) gibt, weil $N = 0$:

$$\frac{d\omega_3}{dt} = 0\,,$$

also:

$$\omega_3 = \text{const}, \tag{16}$$

d. h. die Rotationsgeschwindigkeit um die Polachse hat einen konstanten Wert.

Die beiden ersten Gleichungen (8) lauten jetzt:

$$\begin{aligned} A\frac{d\omega_1}{dt} + (C - A)\,\omega_2\omega_3 &= \frac{3m_1}{r_1^3}(C - A)\cos\eta\cos\zeta \\ A\frac{d\omega_2}{dt} - (C - A)\,\omega_3\omega_1 &= -\frac{3m_1}{r_1^3}(C - A)\cos\zeta\cos\xi\,. \end{aligned} \tag{17}$$

Mit Hilfe der Prinzipien der Reihenentwicklung im Zweikörperproblem (vgl. S. 219 bis 221) können wir die vier Funktionen $\frac{1}{r_1^3}$, $\cos\xi$, $\cos\eta$, $\cos\zeta$ in Reihen entwickeln, die nach cos und sin von Vielfachen der mittleren Anomalie des äußeren Massenpunktes m_1 fortschreiten; in den Koeffizienten außerhalb der sin und cos treten Potenzen der Exzentrizität und irgendeine Funktion der Neigung der Bahn von m_1 gegen eine im Raum feste Ebene auf. Die Rechnung ist für die Sonne und für den Mond als anziehende Körper gesondert auszuführen.

Nach Ausführung dieser Operationen erhalten wir aus (17) ein Gleichungssystem, das sich integrieren läßt.

II. Die Ausdrücke für ω_1 und ω_2, die man in dieser Weise erhalten kann (ω_3 ist ja eine Konstante), geben die Rotationsbewegung im Verhältnis zu Koordinatenachsen, die zwar innerhalb des rotierenden Körpers, aber nicht im Raume festliegen. Es lassen sich jedoch ganz allgemein im Rotationsproblem drei Gleichungen ableiten, durch die man die Rotationen um die Hauptträgheitsachsen auf die Bewegung in bezug auf ein im Raum festes Koordinatensystem reduzieren kann.

Abb. 182 zeigt die Beziehungen zwischen diesen beiden Koordinatensystemen. X_1, Y_1, Z_1 sind die drei Hauptträgheitsachsen des betreffenden Körpers, X, Y, Z drei *im Raum* festliegende Achsen. Die Bedeutung der übrigen Bezeichnungen ist ohne weiteres aus der Abbildung ersichtlich. Den Bedürfnissen unseres speziellen Problems gemäß ist die für eine gewisse Epoche gültige Ekliptik zur XY-Ebene gewählt.

Das erwähnte Gleichungssystem lautet:

$$\begin{aligned} \omega_1 dt &= -\cos\varphi\, d\Theta - \sin\Theta \sin\varphi\, d\psi \\ \omega_2 dt &= -\sin\varphi\, d\Theta + \sin\Theta \cos\varphi\, d\psi \qquad (18) \\ \omega_3 dt &= -d\varphi - \cos\Theta\, d\psi\,. \end{aligned}$$

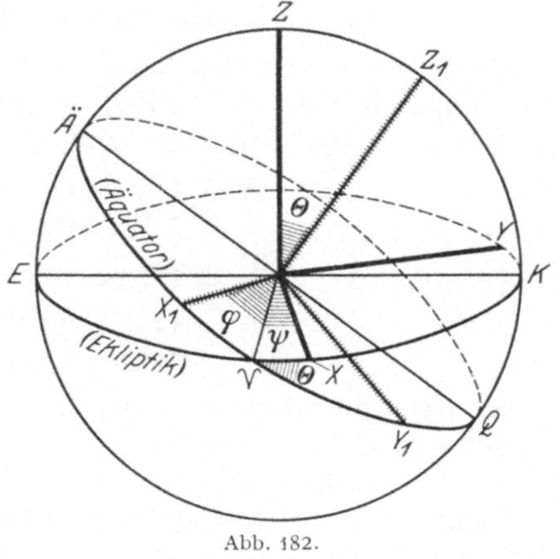

Abb. 182.

In unserem Problem ist Θ dasselbe wie die Schiefe der Ekliptik, ψ ist der Winkel vom Frühlingspunkt bis zu einem festen Punkt in der Ekliptik, $\frac{d\Theta}{dt}$ und $\frac{d\psi}{dt}$ also die durch die Anziehung seitens der Sonne und des Mondes auf den nicht kugelförmigen Erdkörper bewirkten Änderungen pro Zeiteinheit in Schiefe der Ekliptik und Lage des Frühlingspunktes in der Ekliptik; $\frac{d\varphi}{dt}$ ist numerisch dasselbe wie die Winkelgeschwindigkeit der Erdrotation, bezogen auf den veränderlichen Frühlingspunkt.

Die beiden Systeme (17) und (18) enthalten die Gleichungen, deren Lösung die Ausdrücke für die Präzession und die Nutation ergibt. Für die nähere Ausführung der hier kurz und etwas schematisch skizzierten Operationen zur Lösung des Rotationsproblems der Erde muß auf die Spezialliteratur verwiesen werden.

In den Endformeln für Präzession und Nutation tritt die Größe $\frac{C-A}{A}$ als gemeinsamer Faktor auf [vgl. Gleichungssystem (17)]; diese Größe hängt von der Massenverteilung im Erdkörper ab. Die Massenverteilung im Erdkörper ist aber nicht mit genügender Genauigkeit bekannt, und der erwähnte Faktor kann deshalb nicht a priori genügend genau berechnet werden. Man ist auch in der Tat einen umgekehrten Weg gegangen (vgl. S. 258): der Vergleich des durch die Theorie gewonnenen mathematischen Ausdrucks für die Präzession mit ihrem aus den Beobachtungen erhaltenen numerischen Wert gibt uns ein Mittel, um den genannten, von der Massenverteilung im Erdkörper abhängigen Faktor $\frac{C-A}{A}$ zu bestimmen.

Aus den obenstehenden Ableitungen geht hervor, daß die Rotationszeit der Erde konstant sein muß, wenn die Erde wie ein starrer Körper rotiert. Dies Resultat ist von großer Wichtigkeit, weil die Rotationszeit die Zeiteinheit ist, mit der die Bewegungen im Sonnensystem gemessen werden. Auch sehr geringe Änderungen in der Rotationszeit würden sich durch Nichtübereinstimmung von Theorie und Beobachtung zeigen, namentlich beim Mond, weil er der Erde am nächsten ist.

Nun sind tatsächlich beim Mond kleine Abweichungen zwischen Theorie und Beobachtung vorhanden, die man auf Änderungen der Rotationszeit der Erde zurückführt. Dies wäre dadurch zu erklären, daß die Erde nicht ganz wie ein starrer Körper rotiert (vgl. auch S. 115 und 534). Es ist denkbar, daß Massenverschiebungen im Innern der Erde stattfinden. Es ist auch möglich, daß die Erdoberfläche sich gegen das Innere verschiebt (WEGENERS West-Trift); wenn dies mit ungleichmäßiger Geschwindigkeit vor sich geht, werden wir Änderungen in der Länge des Tages beobachten. Die kleinen Änderungen in der Rotationszeit der Erde scheinen sprungweise stattzufinden. Die Sprünge sind von der Größenordnung $0^s.001$, also 10^{-8} von der Rotationszeit selbst.

V. Konstanten. Tabellen. Diagramme.

1 englischer Zoll = 2.540 cm.
1 englischer Fuß = 12 Zoll = 30.480 cm.
1 cm = 0.3937 englische Zoll.

$\pi = 3.141\,5926\,5$	log =	0.497 1498 73
$e = 2.718\,2818\,3$		0.434 2944 82
$\frac{180°}{\pi} = 57°.295\,7795$		1.758 1226 32
$= 3437'.746\,77$		3.536 2738 83
$= 206264''.806$		5.314 4251 33

Lichtgeschwindigkeit = 299 796 km/sec.
Sonnenparallaxe = $8''.80$.
Mittlere Entfernung der Erde von der Sonne = 149 500 000 km.
Lichtzeit = die Zeit, die das Licht braucht, um die mittlere Distanz Sonne—Erde zurückzulegen = $498^s.7 = 0^d.00577$.
Nutationskonstante = $9''.21$.
Aberrationskonstante = $20''.47$.
Gausssche Konstante $k = 0.017\,2021\,0$ $\log k = 8.235\,5814$
,, ,, $k'' = 3548''.188$ $\log k'' = 3.550\,0066$.

Länge des Jahres:

Tropisches Jahr = $365^d.242\,19879 - 0^d.000\,0061\,4$ T*.
Siderisches Jahr = $365\ .256\,36042 + 0\ .000\,0001\,1$ T*.
Anomalistisches Jahr (von Perihel zu Perihel) = $365^d.259\,64134 + 0^d.000\,0030\,4$ T*.
Gregorianisches Jahr (im Mittel) = $365^d.2425$.
Julianisches Jahr = $365^d.25$.

Anfang des astronomischen Jahres (vgl. S. 86): Für den Anfang des astronomischen Jahres (des „*annus fictus*") hat man folgende Definition vereinbart: der Jahresanfang ist auf den Zeitpunkt festgelegt, in dem die Rektaszension der mittleren Sonne, behaftet mit dem konstanten Teil der Aberration = 280° ist. Nach dieser Definition fällt der Jahresanfang z. B. im Jahre 1931 auf Jan. 1.3216. Dieser Zeitpunkt wird mit 1931.0 bezeichnet. Für die folgenden Jahre hat man nur jedesmal die Zeit hinzuzufügen, während der die Rektaszension der mittleren Sonne um 360° wächst, was sehr nahe dasselbe ist wie ein tropisches Jahr, also zur Zeit (s. oben) 365.24220 mittlere Sonnentage. Man erhält, in Weltzeit ausgedrückt:

1932.0 = 1932 Jan. 1.5638
1933.0 = 1933 Jan. 0.8060
1934.0 = 1934 Jan. 1.0482.

Länge des Monats (durchschnittlich):

Synodischer Monat	$= 29^d.530\,588$	$= 29^d\ 12^h\ 44^m\ 2^s.8$
Siderischer Monat	$= 27\ .321\,661$	$= 27\ \ 7\ \ 43\ \ 11\ .5$
Tropischer Monat	$= 27\ .321\,582$	$= 27\ \ 7\ \ 43\ \ 4\ .7$
Anomalistischer Monat	$= 27\ .554\,550$	$= 27\ \ 13\ \ 18\ \ 33\ .1$
Drakonitischer Monat (Knotenmonat)	$= 27\ .212\,220$	$= 27\ \ 5\ \ 5\ \ 35\ .8$

Länge des Tages: { Siderischer Tag $= 23^h\ 56^m\ 4^s.091$ mittlere Sonnenzeit
Mittlerer Sonnentag $= 24\ \ 3\ \ 56\ .555$ Sternzeit.

---

* T = julianische *Jahrhunderte* von 1900 ab gerechnet.

Durch Untersuchungen der Bewegung des Mondes in letzterer Zeit ist es wahrscheinlich geworden, daß die Länge des siderischen Tages im Lauf der Zeit um einen geringen Betrag abnimmt (vgl. S. 537).

1 Parsec = 30.84×10^{12} km.
1 Parsec = 3.26 Lichtjahre.

Anzahl der Quadratgrade auf der Himmelskugel

$$= 4\pi\left(\frac{180}{\pi}\right)^2 = \frac{4}{\pi}(180)^2$$

= sehr nahe 41253.

Präzession und Schiefe der Ekliptik (vgl. S. 82 bis 83).

	m	n	ε
1900.0	$3^s.07233$	20″.0468	23° 27′ 8″.26
1910.0	3 .07252	20 .0460	23 27 3 .58
1920.0	3 .07271	20 .0451	23 26 58 .89
1930.0	3 .07289	20 .0443	23 26 54 .21
1940.0	3 .07308	20 .0434	23 26 49 .52
1950.0	3. 07327	20 .0426	23 26 44 .84

Historische Übersicht über die ungefähre Unsicherheit in gemessenen Positionen.

Altertum	5′—10′	BESSEL (Heliometer)	0″.2
TYCHO BRAHE (Mauerquadrant)	½′	Moderne Heliometer	0″.1
BRADLEY	2″	Photographie (RUTHERFURD)	0″.08
Moderner Meridiankreis	0″.35	Moderne Photographie (lange Brennweite)	0″.025

Übersicht über die Grenzgrößen bei verschiedenen Beobachtungsmethoden.	Größenklasse
Mit bloßem Auge sichtbar	6^m
Mit einem Fernrohr (Refraktor oder Reflektor) von 30 cm Öffnung sichtbar	15^m
Photographisch erreichbar mit 30 cm Öffnung und 30^m Expositionszeit	15^m
Photographisch erreichbar mit 100 cm Öffnung und 30^m Expositionszeit	17^m
Photographisch erreichbar mit kurzbrennweitigem Weitwinkelobjektiv von 10 cm Öffnung und 30^m Expositionszeit	13^m
Schwächste bisher photographierte Sterne	21^m
Einprismenspaltspektrograph mit mäßiger Dispersion (zur Bestimmung von Radialgeschwindigkeiten mit einer Unsicherheit von einigen km pro sec) in Verbindung mit 125 cm-Reflektor, Expositionszeit 30^m, erreicht	7^m
Spaltloser Einprismenspektrograph (für kürzere Spektren zu Klassifikationszwecken) in Verbindung mit 90 cm-Reflektor, Expositionszeit 1^m, erreicht	8^m
Derselbe, Expositionszeit 3^h, erreicht	13^m
Objektivprisma (für kurze Spektren zu Klassifikationszwecken), 30 cm Öffnung, Expositionszeit 3^h, erreicht	12^m
Farbenindizes können nach der Methode der Expositionszeitverhältnisse mit einem 100 cm-Reflektor bei einer gesamten Expositionszeit von 30^m bestimmt werden bis	14^m
Farbenindizes können nach Aufnahmen mit Blau- und Gelbfilter mit einem 90 cm-Reflektor bei einer gesamten Expositionszeit von 4^h bestimmt werden bis	18^m
Effektive Wellenlängen können mit einem 100 cm-Reflektor bei einer Expositionszeit von 30^m bestimmt werden bis	14^m

Extinktion des Lichts.

Die nebenstehende Tabelle gibt die Korrektion, die (mit dem Vorzeichen —) an eine in der Zenitdistanz z beobachtete, in Größenklassen ausgedrückte Helligkeit angebracht werden muß, um sie auf den Wert zu reduzieren, den man gefunden hätte, wenn der Himmelskörper im Zenit (vgl. S. 13 und 330) gestanden hätte.

Die Zahlen gelten für visuelle Beobachtungen. Die kurzwelligeren Strahlen, die am stärksten auf die photographische Platte wirken, werden stärker in der Erdatmosphäre absorbiert. Der Betrag der Extinktion ist bei photographischen Beobachtungen etwa das Doppelte der in der Tafel angeführten Werte.

Argument: Wirkliche Zenitdistanz.

z	Ext.	z	Ext.
0°	$0^m.00$	60°	$0^m.23$
10	0 .00	65	0 .32
20	0 .01	70	0 .45
30	0 .03	75	0 .65
40	0 .06	80	0 .98
50	0 .12	84	1 .49
60	0 .23	88	3 .10

Refraktions-

Zusammengestellt auf der Sternwarte Helsingfors auf

Refraktion

bei 0° C äußerer und innerer Temperatur und 760 mm Barometerstand.

z' = scheinbare Zenitdistanz.

z'	Refr.	Diff.
0°	0″.0	1″.0
1	1 .0	1 .1
2	2 .1	1 .1
3	3 .2	1 .0
4	4 .2	1 .1
5	5 .3	1 .0
6	6 .3	1 .1
7	7 .4	1 .1
8	8 .5	1 .0
9	9 .5	1 .1
10	10 .6	1 .1
11	11 .7	1 .1
12	12 .8	1 .1
13	13 .9	1 .1
14	15 .0	1 .1
15	16 .1	1 .2
16	17 .3	1 .1
17	18 .4	1 .2
18	19 .6	1 .1
19	20 .7	1 .2
20	21 .9	1 .2
21	23 .1	1 .2
22	24 .3	1 .3
23	25 .6	1 .2
24	26 .8	1 .3
25	28 .1	1 .3
26	29 .4	1 .3
27	30 .7	1 .3
28	32 .0	1 .4
29	33 .4	1 .4
30	34 .8	1 .4
31	36 .2	1 .4
32	37 .6	1 .5
33	39 .1	1 .5
34	40 .6	1 .6
35	42 .2	1 .6
36	43 .8	1 .6
37	45 .4	1 .6
38	47 .0	1 .7
39	48 .7	1 .8
40	50 .5	1 .8
41	52 .3	1 .9
42	54 .2	1 .9
43	56 .1	2 .0
44	58 .1	2 .1
45	60 .2	

z'	Refr.	Diff.
45°	1′ 0″.2	2″.1
46	1 2 .3	2 .2
47	1 4 .5	2 .3
48	1 6 .8	2 .4
49	1 9 .2	2 .5
50	1 11 .7	2 .6
51	1 14 .3	2 .7
52	1 17 .0	2 .8
53	1 19 .8	2 .9
54	1 22 .7	3 .1
55	1 25 .8	3 .3
56	1 29 .1	3 .4
57	1 32 .5	3 .6
58	1 36 .1	3 .8
59	1 39 .9	4 .1
60° 0′	1 44 .0	2 .1
30	1 46 .1	2 .2
61 0	1 48 .3	2 .2
30	1 50 .5	2 .3
62 0	1 52 .8	2 .4
30	1 55 .2	2 .5
63 0	1 57 .7	2 .6
30	2 0 .3	2 .6
64 0	2 2 .9	2 .8
30	2 5 .7	2 .8
65 0	2 8 .5	3 .0
30	2 11 .5	3 .0
66 0	2 14 .5	3 .2
30	2 17 .7	3 .3
67 0	2 21 .0	3 .5
30	2 24 .5	3 .6
68 0	2 28 .1	3 .8
30	2 31 .9	3 .9
69 0	2 35 .8	2 .7
20	2 38 .5	2 .7
40	2 41 .2	2 .9
70 0	2 44 .1	3 .0
20	2 47 .1	3 .1
40	2 50 .2	3 .1
71 0	2 53 .3	3 .3
20	2 56 .6	3 .4
40	3 0 .0	3 .5
72 0	3 3 .5	3 .6
20	3 7 .1	3 .8
40	3 10 .9	3 .9
73 0	3 14 .8	

z'	Refr.	Diff.
73° 0′	3′ 14″.8	4″.0
20	3 18 .8	4 .2
40	3 23 .0	4 .3
74 0	3 27 .3	4 .5
20	3 31 .8	4 .8
40	3 36 .6	4 .9
75 0	3 41 .5	5 .1
20	3 46 .6	5 .3
40	3 51 .9	5 .6
76 0	3 57 .5	5 .8
20	4 3 .3	6 .1
40	4 9 .4	6 .4
77 0	4 15 .8	3 .3
10	4 19 .1	3 .4
20	4 22 .5	3 .4
30	4 25 .9	3 .6
40	4 29 .5	3 .7
50	4 33 .2	3 .7
78 0	4 36 .9	3 .8
10	4 40 .7	3 .9
20	4 44 .6	4 .1
30	4 48 .7	4 .1
40	4 52 .8	4 .3
50	4 57 .1	4 .4
79 0	5 1 .5	4 .5
10	5 6 .0	4 .6
20	5 10 .6	4 .8
30	5 15 .4	4 .9
40	5 20 .3	5 .0
50	5 25 .3	5 .2
80 0	5 30 .5	5 .4
10	5 35 .9	5 .5
20	5 41 .4	5 .7
30	5 47 .1	5 .9
40	5 53 .0	6 .0
50	5 59 .0	6 .3
81 0	6 5 .3	6 .5
10	6 11 .8	6 .6
20	6 18 .4	6 .9
30	6 25 .3	7 .2
40	6 32 .5	7 .4
50	6 39 .9	7 .7
82 0	6 47 .6	8 .0
10	6 55 .6	8 .2
20	7 3 .8	8 .6
30	7 12 .4	8 .9
40	7 21 .3	

z'	Refr.	Diff.
82°40′	7′ 21″.3	9″.3
50	7 30 .6	9 .6
83 0	7 40 .2	10 .0
10	7 50 .2	10 .5
20	8 0 .7	10 .9
30	8 11 .6	11 .3
40	8 22 .9	11 .8
50	8 34 .7	12 .4
84 0	8 47 .1	12 .9
10	9 0 .0	13 .5
20	9 13 .5	14 .2
30	9 27 .7	14 .9
40	9 42 .6	15 .6
50	9 58 .2	16 .4
85 0	10 14 .6	17 .2
10	10 31 .8	18 .2
20	10 50 .0	19 .1
30	11 9 .1	20 .1
40	11 29 .2	21 .3
50	11 50 .5	22 .5
86 0	12 13 .0	23 .8
10	12 36 .8	25 .2
20	13 2 .0	26 .8
30	13 28 .8	28 .4
40	13 57 .2	30 .3
50	14 27 .5	32 .3
87 0	14 59 .8	34 .4
10	15 34 .2	36 .9
20	16 11 .1	39 .4
30	16 50 .5	42 .3
40	17 32 .8	45 .5
50	18 18 .3	48 .9
88 0	19 7 .2	52 .7
10	19 59 .9	57 .0
20	20 56 .9	61 .6
30	21 58 .5	66 .8
40	23 5 .3	72 .5
50	24 17 .8	79 .3
89 0	25 37 .1	86 .5
10	27 3 .6	94 .4
20	28 38 .0	103 .3
30	30 21 .3	113 .6
40	32 14 .9	125 .1
50	34 20 .0	138 .6
90 0	36 38 .6	

tafeln.

Grundlage der Tafeln der Pulkowoer Sternwarte (vgl. § 37).

Die allgemeine Refraktion

kann nach der folgenden Formel berechnet werden:

$$\log \text{Refr.} = \log\alpha + \log \operatorname{tg} z' + \lambda\gamma + A\,(B + T).$$

z'	$\log\alpha$	λ	A	Äußere Temp. Celsius	γ	Barom.	B
						mm	
0°	1.7799			−25°	+0.0420	724	−0.0211
10	1.7798			−24	+0.0403	726	−0.0199
20	1.7798			−23	+0.0385	728	−0.0187
30	1.7797			−22	+0.0368	730	−0.0175
				−21	+0.0350	732	−0.0163
35	1.7796			−20	+0.0333	734	−0.0151
40	1.7795			−19	+0.0316	736	−0.0139
45	1.7793	1.002		−18	+0.0298	738	−0.0128
50	1.7791	1.002		−17	+0.0281	740	−0.0116
				−16	+0.0264	742	−0.0104
52	1.7790	1.003		−15	+0.0247	744	−0.0092
54	1.7789	1.003		−14	+0.0230	746	−0.0081
56	1.7788	1.003		−13	+0.0213	748	−0.0069
58	1.7786	1.004		−12	+0.0197	750	−0.0058
60	1.7784	1.004		−11	+0.0180	752	−0.0046
				−10	+0.0163	754	−0.0034
62	1.7781	1.005		− 9	+0.0147	756	−0.0023
64	1.7778	1.006		− 8	+0.0130	758	−0.0011
66	1.7774	1.007		− 7	+0.0114	760	0.0000
68	1.7769	1.008		− 6	+0.0097	762	+0.0011
70	1.7763	1.010		− 5	+0.0081	764	+0.0023
				− 4	+0.0065	766	+0.0034
71	1.7759	1.011		− 3	+0.0048	768	+0.0046
72	1.7754	1.013		− 2	+0.0032	770	+0.0057
73	1.7748	1.015		− 1	+0.0016	772	+0.0068
74	1.7742	1.017		0	0.0000	774	+0.0079
75	1.7734	1.019		+ 1	−0.0016	776	+0.0090
76	1.7724	1.022		+ 2	−0.0032	778	+0.0102
				+ 3	−0.0048	780	+0.0113
77° 0′	1.7712	1.025	1.003	+ 4	−0.0064	782	+0.0124
30	1.7705	1.027	1.003	+ 5	−0.0079	784	+0.0135
78 0	1.7697	1.029	1.003	+ 6	−0.0095	786	+0.0146
30	1.7689	1.032	1.003	+ 7	−0.0111	788	+0.0157
				+ 8	−0.0126	790	+0.0168
79 0	1.7679	1.034	1.004	+ 9	−0.0142	792	+0.0179
30	1.7668	1.037	1.004	+10	−0.0157	794	+0.0190
80 0	1.7655	1.041	1.004	+11	−0.0173	796	+0.0201
30	1.7640	1.045	1.005	+12	−0.0188		
				+13	−0.0204		
81 0	1.7623	1.049	1.005	+14	−0.0219		
20	1.7610	1.052	1.005	+15	−0.0234		
40	1.7596	1.056	1.006	+16	−0.0249		
82 0	1.7581	1.060	1.006	+17	−0.0264		
20	1.7563	1.064	1.007	+18	−0.0279		
40	1.7543	1.069	1.007	+19	−0.0294		
				+20	−0.0309		
83 0	1.7521	1.075	1.008	+21	−0.0324		
15	1.7502	1.079	1.008	+22	−0.0339		
30	1.7482	1.084	1.009	+23	−0.0354		
45	1.7460	1.089	1.009	+24	−0.0369		
				+25	−0.0383		
84 0	1.7435	1.095	1.010	+26	−0.0398		
15	1.7407	1.101	1.010	+27	−0.0412		
30	1.7377	1.108	1.011	+28	−0.0427		
45	1.7343	1.115	1.012	+29	−0.0441		
85 0	1.7305	1.123	1.013	+30	−0.0456		

Temperatur des Barom. Celsius	T
−20°	+0.0014
−15	+0.0010
−10	+0.0007
− 5	+0.0003
0	0.0000
+ 5	−0.0003
+10	−0.0007
+15	−0.0010
+20	−0.0014
+25	−0.0017
+30	−0.0021

Tafeln zur Verwandlung

Tafel zur Verwandlung von Intervallen mittlerer Sonnenzeit in Sternzeitintervalle.

Stunden		Minuten				Sekunden			
M.S.Z.-Stunden	Entsprechendes Sternzeitintervall	M.S.Z.-Minuten	Entsprechendes Sternzeitintervall	M.S.Z.-Minuten	Entsprechendes Sternzeitintervall	M.S.Z.-Sekunden	Entsprechendes Sternzeitintervall	M.S.Z.-Sekunden	Entsprechendes Sternzeitintervall
1^h	$1^h\ 0^m\ 9^s.856$	1^m	$1^m\ 0^s.164$	31^m	$31^m\ 5^s.093$	1^s	$1^s.003$	31^s	$31^s.085$
2	2 0 19 .713	2	2 0 .329	32	32 5 .257	2	2 .005	32	32 .088
3	3 0 29 .569	3	3 0 .493	33	33 5 .421	3	3 .008	33	33 .090
4	4 0 39 .426	4	4 0 .657	34	34 5 .585	4	4 .011	34	34 .093
5	5 0 49 .282	5	5 0 .821	35	35 5 .750	5	5 .014	35	35 .096
6	6 0 59 .139	6	6 0 .986	36	36 5 .914	6	6 .016	36	36 .099
7	7 1 8 .995	7	7 1 .150	37	37 6 .078	7	7 .019	37	37 .101
8	8 1 18 .852	8	8 1 .314	38	38 6 .242	8	8 .022	38	38 .104
9	9 1 28 .708	9	9 1 .478	39	39 6 .407	9	9 .025	39	39 .107
10	10 1 38 .565	10	10 1 .643	40	40 6 .571	10	10 .027	40	40 .110
11	11 1 48 .421	11	11 1 .807	41	41 6 .735	11	11 .030	41	41 .112
12	12 1 58 .278	12	12 1 .971	42	42 6 .900	12	12 .033	42	42 .115
13	13 2 8 .134	13	13 2 .136	43	43 7 .064	13	13 .036	43	43 .118
14	14 2 17 .991	14	14 2 .300	44	44 7 .228	14	14 .038	44	44 .120
15	15 2 27 .847	15	15 2 .464	45	45 7 .392	15	15 .041	45	45 .123
16	16 2 37 .704	16	16 2 .628	46	46 7 .557	16	16 .044	46	46 .126
17	17 2 47 .560	17	17 2 793	47	47 7 .721	17	17 .047	47	47 .129
18	18 2 57 .417	18	18 2 .957	48	48 7 .885	18	18 .049	48	48 .131
19	19 3 7 .273	19	19 3 .121	49	49 8 .049	19	19 .052	49	49 .134
20	20 3 17 .129	20	20 3 .285	50	50 8 .214	20	20 .055	50	50 .137
21	21 3 26 .986	21	21 3 .450	51	51 8 .378	21	21 .057	51	51 .140
22	22 3 36 .842	22	22 3 .614	52	52 8 .542	22	22 .060	52	52 .142
23	23 3 46 .699	23	23 3 .778	53	53 8 .707	23	23 .063	53	53 .145
24	24 3 56 .555	24	24 3 .943	54	54 8 .871	24	24 .066	54	54 .148
		25	25 4 .107	55	55 9 .035	25	25 .068	55	55 .151
		26	26 4 .271	56	56 9 .199	26	26 .071	56	56 .153
		27	27 4 .435	57	57 9 .364	27	27 .074	57	57 .156
		28	28 4 .600	58	58 9 .528	28	28 .077	58	58 .159
		29	29 4 .764	59	59 9 .692	29	29 .079	59	59 .162
		30	30 4 .928	60	60 9 .856	30	30 .082	60	60 .164

Bruchteil von Sekunden mittlerer Sonnenzeit	Zu addieren bei Verwandlung in Sternzeitintervalle
$0^s.000$	
	$0^s.000$
0 .182	
	0 .001
0 .547	
	0 .002
0 .913	
	0 .003
1 . 000	

von Zeitintervallen (vgl. S. 73).

Tafel zur Verwandlung von Sternzeitintervallen in Intervalle mittlerer Sonnenzeit.

Stunden		Minuten				Sekunden			
Sternzeit-stunden	Entsprechendes Intervall mittlerer Sonnenzeit	Sternzeit-minuten	Entsprechendes Intervall mittlerer Sonnenzeit	Sternzeit-minuten	Entsprechendes Intervall mittlerer Sonnenzeit	Sternzeit-sekunden	Ent-sprechendes Intervall mittlerer Sonnenzeit	Sternzeit-sekunden	Ent-sprechendes Intervall mittlerer Sonnenzeit
1^h	0^h 59^m $50^s.170$	1^m	0^m $59^s.836$	31^m	30^m $54^s.921$	1^s	$0^s.997$	31^s	$30^s.915$
2	1 59 40 .341	2	1 59 .672	32	31 54 .758	2	1 .995	32	31 .913
3	2 59 30 .511	3	2 59 .509	33	32 54 .594	3	2 .992	33	32 .910
4	3 59 20 .682	4	3 59 .345	34	33 54 .430	4	3 .989	34	33 .907
5	4 59 10 .852	5	4 59 .181	35	34 54 .266	5	4 .986	35	34 .904
6	5 59 1 .023	6	5 59 .017	36	35 54 .102	6	5 .984	36	35 .902
7	6 58 51 .193	7	6 58 .853	37	36 53 .938	7	6 .981	37	36 .899
8	7 58 41 .364	8	7 58 .689	38	37 53 .775	8	7 .978	38	37 .896
9	8 58 31 .534	9	8 58 .526	39	38 53 .611	9	8 .975	39	38 .893
10	9 58 21 .704	10	9 58 .362	40	39 53 .447	10	9 .973	40	39 .891
11	10 58 11 .875	11	10 58 .198	41	40 53 .283	11	10 .970	41	40 .888
12	11 58 2 .045	12	11 58 .034	42	41 53 .119	12	11 .967	42	41 .885
13	12 57 52 .216	13	12 57 .870	43	42 52 .956	13	12 .964	43	42 .883
14	13 57 42 .386	14	13 57 .706	44	43 52 .792	14	13 .962	44	43 .880
15	14 57 32 .557	15	14 57 .543	45	44 52 .628	15	14 .959	45	44 .877
16	15 57 22 .727	16	15 57 .379	46	45 52 .464	16	15 .956	46	45 .874
17	16 57 12 .897	17	16 57 .215	47	46 52 .300	17	16 .954	47	46 .872
18	17 57 3 .068	18	17 57 .051	48	47 52 .136	18	17 .951	48	47 .869
19	18 56 53 .238	19	18 56 .887	49	48 51 .973	19	18 .948	49	48 .866
20	19 56 43 .409	20	19 56 .723	50	49 51 .809	20	19 .945	50	49 .863
21	20 56 33 .579	21	20 56 .560	51	50 51 .645	21	20 .943	51	50 .861
22	21 56 23 .750	22	21 56 .396	52	51 51 .481	22	21 .940	52	51 .858
23	22 56 13 .920	23	22 56 .232	53	52 51 .317	23	22 .937	53	52 .855
24	23 56 4 .091	24	23 56 .068	54	53 51 .153	24	23 .934	54	53 .853
		25	24 55 .904	55	54 50 .990	25	24 .932	55	54 .850
		26	25 55 .741	56	55 50 .826	26	25 .929	56	55 .847
		27	26 55 .577	57	56 50 .662	27	26 .926	57	56 .844
		28	27 55 .413	58	57 50 .498	28	27 .924	58	57 .842
		29	28 55 .249	59	58 50 .334	29	28 .921	59	58 .839
		30	29 55 .085	60	59 50 .170	30	29 .918	60	59 .836

Bruchteil von Sternzeit-sekunden	Zu subtrahieren bei Verwandlung in Intervalle mittlerer Sonnenzeit
$0^s.000$ – 0 .183	$0^s.000$
0 .183 – 0 .549	0 .001
0 .549 – 0 .915	0 .002
0 .915 – 1 .000	0 .003

Julianisches Datum (vgl. S. 79).

Anzahl der am Mittag des 1. März der Jahre 1800 bis 2000 n. Chr. seit Anfang der Julianischen Periode verflossenen Tage.

Jahr	Julianisches Datum	Jahr	Julianisches Datum	Jahr	Julianisches Datum	Jahr	Julianisches Datum
1800	2378556	1850	2396818	1900	2415080	1950	2433342
1801	2378921	1851	2397183	1901	2415445	1951	2433707
1802	2379286	1852	2397549	1902	2415810	1952	2434073
1803	2379651	1853	2397914	1903	2416175	1953	2434438
1804	2380017	1854	2398279	1904	2416541	1954	2434803
1805	2380382	1855	2398644	1905	2416906	1955	2435168
1806	2380747	1856	2399010	1906	2417271	1956	2435534
1807	2381112	1857	2399375	1907	2417636	1957	2435899
1808	2381478	1858	2399740	1908	2418002	1958	2436264
1809	2381843	1859	2400105	1909	2418367	1959	2436629
1810	2382208	1860	2400471	1910	2418732	1960	2436995
1811	2382573	1861	2400836	1911	2419097	1961	2437360
1812	2382939	1862	2401201	1912	2419463	1962	2437725
1813	2383304	1863	2401566	1913	2419828	1963	2438090
1814	2383669	1864	2401932	1914	2420193	1964	2438456
1815	2384034	1865	2402297	1915	2420558	1965	2438821
1816	2384400	1866	2402662	1916	2420924	1966	2439186
1817	2384765	1867	2403027	1917	2421289	1967	2439551
1818	2385130	1868	2403393	1918	2421654	1968	2439917
1819	2385495	1869	2403758	1919	2422019	1969	2440282
1820	2385861	1870	2404123	1920	2422385	1970	2440647
1821	2386226	1871	2404488	1921	2422750	1971	2441012
1822	2386591	1872	2404854	1922	2423115	1972	2441378
1823	2386956	1873	2405219	1923	2423480	1973	2441743
1824	2387322	1874	2405584	1924	2423846	1974	2442108
1825	2387687	1875	2405949	1925	2424211	1975	2442473
1826	2388052	1876	2406315	1926	2424576	1976	2442839
1827	2388417	1877	2406680	1927	2424941	1977	2443204
1828	2388783	1878	2407045	1928	2425307	1978	2443569
1829	2389148	1879	2407410	1929	2425672	1979	2443934
1830	2389513	1880	2407776	1930	2426037	1980	2444300
1831	2389878	1881	2408141	1931	2426402	1981	2444665
1832	2390244	1882	2408506	1932	2426768	1982	2445030
1833	2390609	1883	2408871	1933	2427133	1983	2445395
1834	2390974	1884	2409237	1934	2427498	1984	2445761
1835	2391339	1885	2409602	1935	2427863	1985	2446126
1836	2391705	1886	2409967	1936	2428229	1986	2446491
1837	2392070	1887	2410332	1937	2428594	1987	2446856
1838	2392435	1888	2410698	1938	2428959	1988	2447222
1839	2392800	1889	2411063	1939	2429324	1989	2447587
1840	2393166	1890	2411428	1940	2429690	1990	2447952
1841	2393531	1891	2411793	1941	2430055	1991	2448317
1842	2393896	1892	2412159	1942	2430420	1992	2448683
1843	2394261	1893	2412524	1943	2430785	1993	2449048
1844	2394627	1894	2412889	1944	2431151	1994	2449413
1845	2394992	1895	2413254	1945	2431516	1995	2449778
1846	2395357	1896	2413620	1946	2431881	1996	2450144
1847	2395722	1897	2413985	1947	2432246	1997	2450509
1848	2396088	1898	2414350	1948	2432612	1998	2450874
1849	2396453	1899	2414715	1949	2432977	1999	2451239
1850	2396818	1900	2415080	1950	2433342	2000	2451605

Erster Ostertag in dem jetzt gültigen (gregorianischen) Kalender.

(Vgl. § 70.)

Datum des 1. Ostertages für den Zeitraum 1801 bis 2000.

1801	April	5	1851	April	20	1901	April	7	1951	März	25
1802	,,	18	1852	,,	11	1902	März	30	1952	April	13
1803	,,	10	1853	März	27	1903	April	12	1953	,,	5
1804	,,	1	1854	April	16	1904	,,	3	1954	,,	18
1805	,,	14	1855	,,	8	1905	,,	23	1955	,,	10
1806	,,	6	1856	März	23	1906	,,	15	1956	,,	1
1807	März	29	1857	April	12	1907	März	31	1957	,,	21
1808	April	17	1858	,,	4	1908	April	19	1958	,,	6
1809	,,	2	1859	,,	24	1909	,,	11	1959	März	29
1810	,,	22	1860	,,	8	1910	März	27	1960	April	17
1811	,,	14	1861	März	31	1911	April	16	1961	,,	2
1812	März	29	1862	April	20	1912	,,	7	1962	,,	22
1813	April	18	1863	,,	5	1913	März	23	1963	,,	14
1814	,,	10	1864	März	27	1914	April	12	1964	März	29
1815	März	26	1865	April	16	1915	,,	4	1965	April	18
1816	April	14	1866	,,	1	1916	,,	23	1966	,,	10
1817	,,	6	1867	,,	21	1917	,,	8	1967	März	26
1818	März	22	1868	,,	12	1918	März	31	1968	April	14
1819	April	11	1869	März	28	1919	April	20	1969	,,	6
1820	,,	2	1870	April	17	1920	,,	4	1970	März	29
1821	,,	22	1871	,,	9	1921	März	27	1971	April	11
1822	,,	7	1872	März	31	1922	April	16	1972	,,	2
1823	März	30	1873	April	13	1923	,,	1	1973	,,	22
1824	April	18	1874	,,	5	1924	,,	20	1974	,,	14
1825	,,	3	1875	März	28	1925	,,	12	1975	März	30
1826	März	26	1876	April	16	1926	,,	4	1976	April	18
1827	April	15	1877	,,	1	1927	,,	17	1977	,,	10
1828	,,	6	1878	,,	21	1928	,,	8	1978	März	26
1829	,,	19	1879	,,	13	1929	März	31	1979	April	15
1830	,,	11	1880	März	28	1930	April	20	1980	,,	6
1831	,,	3	1881	April	17	1931	,,	5	1981	,,	19
1832	,,	22	1882	,,	9	1932	März	27	1982	,,	11
1833	,,	7	1883	März	25	1933	April	16	1983	,,	3
1834	März	30	1884	April	13	1934	,,	1	1984	,,	22
1835	April	19	1885	,,	5	1935	,,	21	1985	,,	7
1836	,,	3	1886	,,	25	1936	,,	12	1986	März	30
1837	März	26	1887	,,	10	1937	März	28	1987	April	19
1838	April	15	1888	,,	1	1938	April	17	1988	,,	3
1839	März	31	1889	,,	21	1939	,,	9	1989	März	26
1840	April	19	1890	,,	6	1940	März	24	1990	April	15
1841	,,	11	1891	März	29	1941	April	13	1991	März	31
1842	März	27	1892	April	17	1942	,,	5	1992	April	19
1843	April	16	1893	,,	2	1943	,,	25	1993	,,	11
1844	,,	7	1894	März	25	1944	,,	9	1994	,,	3
1845	März	23	1895	April	14	1945	,,	1	1995	,,	16
1846	April	12	1896	,,	5	1946	,,	21	1996	,,	7
1847	,,	4	1897	,,	18	1947	,,	6	1997	März	30
1848	,,	23	1898	,,	10	1948	März	28	1998	April	12
1849	,,	8	1899	,,	2	1949	April	17	1999	,,	4
1850	März	31	1900	,,	15	1950	April	9	2000	,,	23

Tafel des Fehlerintegrals $\frac{2}{\sqrt{\pi}}\int\limits_0^x e^{-t^2}\,dt$ (vgl. S. 499).

x	0	1	2	3	4	5	6	7	8	9
0.0	0.000	0.011	0.023	0.034	0.045	0.056	0.068	0.079	0.090	0.101
0.1	0.112	0.124	0.135	0.146	0.157	0.168	0.179	0.190	0.201	0.212
0.2	0.223	0.234	0.244	0.255	0.266	0.276	0.287	0.297	0.308	0.318
0.3	0.329	0.339	0.349	0.359	0.369	0.379	0.389	0.399	0.409	0.419
0.4	0.428	0.438	0.447	0.457	0.466	0.475	0.485	0.494	0.503	0.512
0.5	0.520	0.529	0.538	0.546	0.555	0.563	0.572	0.580	0.588	0.596
0.6	0.604	0.612	0.619	0.627	0.635	0.642	0.649	0.657	0.664	0.671
0.7	0.678	0.685	0.691	0.698	0.705	0.711	0.718	0.724	0.730	0.736
0.8	0.742	0.748	0.754	0.760	0.765	0.771	0.776	0.781	0.787	0.792
0.9	0.797	0.802	0.807	0.812	0.816	0.821	0.825	0.830	0.834	0.839
1.0	0.843	0.847	0.851	0.855	0.859	0.862	0.866	0.870	0.873	0.877
1.1	0.880	0.884	0.887	0.890	0.893	0.896	0.899	0.902	0.905	0.908
1.2	0.910	0.913	0.916	0.918	0.921	0.923	0.925	0.928	0.930	0.932
1.3	0.934	0.936	0.938	0.940	0.942	0.944	0.946	0.947	0.949	0.951
1.4	0.952	0.954	0.955	0.957	0.958	0.960	0.961	0.962	0.964	0.965
1.5	0.966	0.967	0.968	0.970	0.971	0.972	0.973	0.974	0.975	0.975
1.6	0.976	0.977	0.978	0.979	0.980	0.980	0.981	0.982	0.982	0.983
1.7	0.984	0.984	0.985	0.986	0.986	0.987	0.987	0.988	0.988	0.989
1.8	0.989	0.990	0.990	0.990	0.991	0.991	0.991	0.992	0.992	0.992
1.9	0.993	0.993	0.993	0.994	0.994	0.994	0.994	0.995	0.995	0.995
2.0	0.995	0.996	0.996	0.996	0.996	0.996	0.996	0.997	0.997	0.997
2.1	0.997	0.997	0.997	0.997	0.998	0.998	0.998	0.998	0.998	0.998
2.2	0.998	0.998	0.998	0.998	0.998	0 999	0.999	0.999	0.999	0.999
2.3	0.999	0.999	0.999	0.999	0.999	0.999	0.999	0.999	0.999	0.999
2.4	0.999	0.999	0.999	0.999	0.999	0.999	0.999	1.000	1.000	1.000
2.5	1.000	1.000	1.000	1.000	1.000	1.000	1.000	1.000	1.000	1.000

Stereoskopbilder unserer Nachbarsterne und der Bahnverhältnisse des Kometen 1927c.

Das erste *Stereoskopbild* (Abb. 183) ist nach den Tafeln in Nordisk Astronomisk Tidsskrift 1924 Nr. 2 und 1925 Nr. 4 berechnet. Auf dem Bilde befinden sich 205 Sterne, die innerhalb einer Kugel mit dem Radius 10.5 Parsec (34.3 Licht-

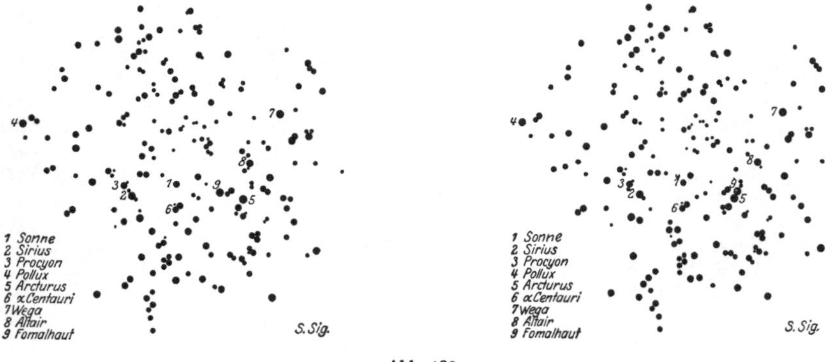

Abb. 183.

jahren) liegen. Diese Gruppe ist auf dem Bilde von einer Stelle in der Richtung des galaktischen Nordpols ($\alpha = 190°$; $\delta = +28°$) und in der Entfernung 100 parsec von der Sonne gesehen. Augenabstand: 10 parsec. Richtige Betrachtungsentfernung: 22 cm.

Die Durchmesser der Sterne auf der Zeichnung sind so gewählt, daß großem Durchmesser große absolute Helligkeit entspricht und umgekehrt.

Das zweite *Stereoskopbild* (Abb. 184) stellt die Erdbahn und die Bahn des Kometen Pons-Winnecke (1927 c) dar. Die Bahn des Kometen ist nach dem folgenden Elementensystem gezeichnet:

$$\begin{aligned} T &= 1927 \text{ Juni } 21.16 \text{ Weltzeit} \\ \omega &= 170^\circ\, 23' \\ \Omega &= 98\;\; 10 \\ i &= 18\;\; 57 \\ e &= 0.68552 \\ a &= 3.3055 \\ q &= 1.0395 \\ U &= 6.010 \text{ Jahre} \end{aligned}$$

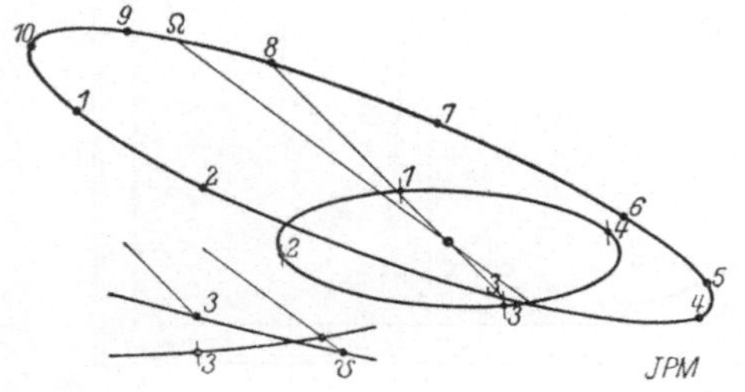

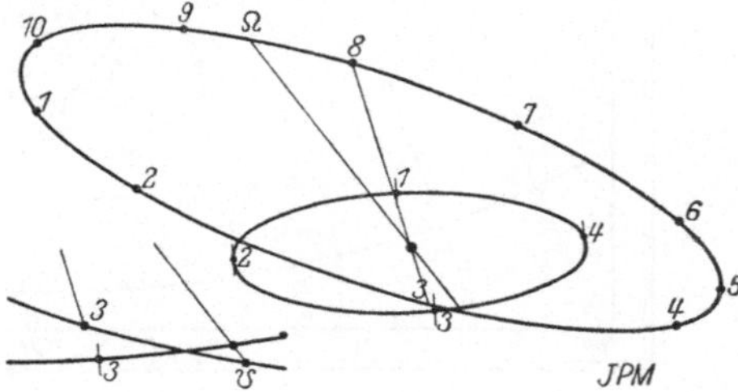

Abb. 184.

Die beiden Geraden sind die Knotenlinie und die Apsidenlinie. Die Punkte auf der Kometenbahn geben den Ort des Kometen zu den Zeitpunkten *1.* 1926 Dez. 22, *2.* 1927 März 22, *3.* 1927 Juni 21 (Perihel), *4.* 1927 Sept. 22, *5.* 1927 Dez. 22, *6.* 1928 Juni 22, *7.* 1929 Juni 22, *8.* 1930 Juni 23 (Aphel), *9.* 1931 Juni 22 und *10.* 1932 Juni 22 an. Die Punkte auf der Erdbahn geben den Ort der Erde zu den entsprechenden Solstitial- und Äquinoktialzeiten (*1.* Dez. 22 usw.) an.

Die kleine Figur unten links ist eine vergrößerte Wiedergabe des Teils der Bahnen, wo Erde und Komet einander am nächsten waren. Die Erde ging am 30. Juni 1927 und der Komet am 29. Juni 1927 durch die Knotenlinie; am 27. Juni war der Komet der Erde am nächsten. Entfernung von der Sonne: 1500 Mill. km; Augenabstand: 300 Mill. km.

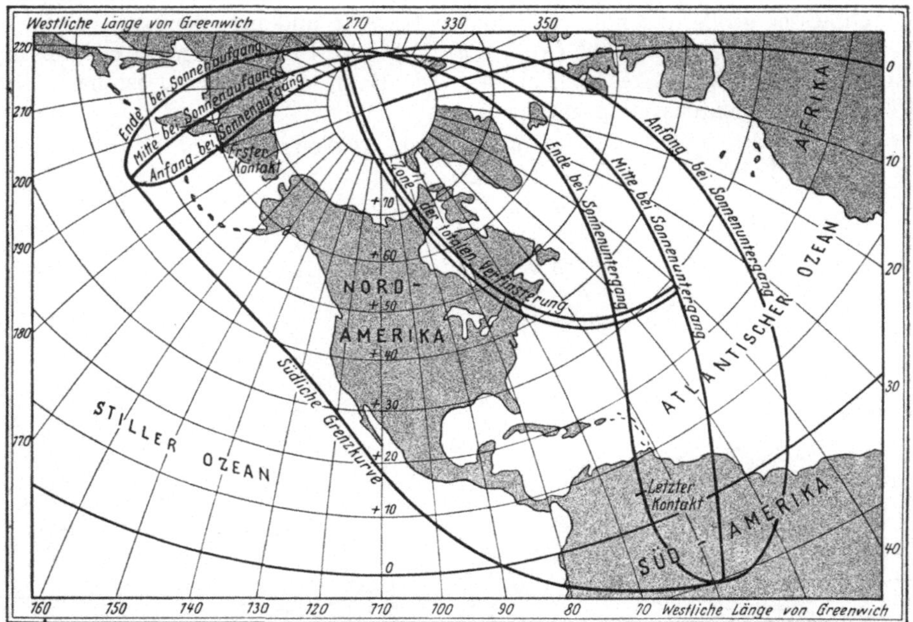

Abb. 185. Totale Sonnenfinsternis am 31. August 1932 (nach dem Berliner Jahrbuch für 1932).

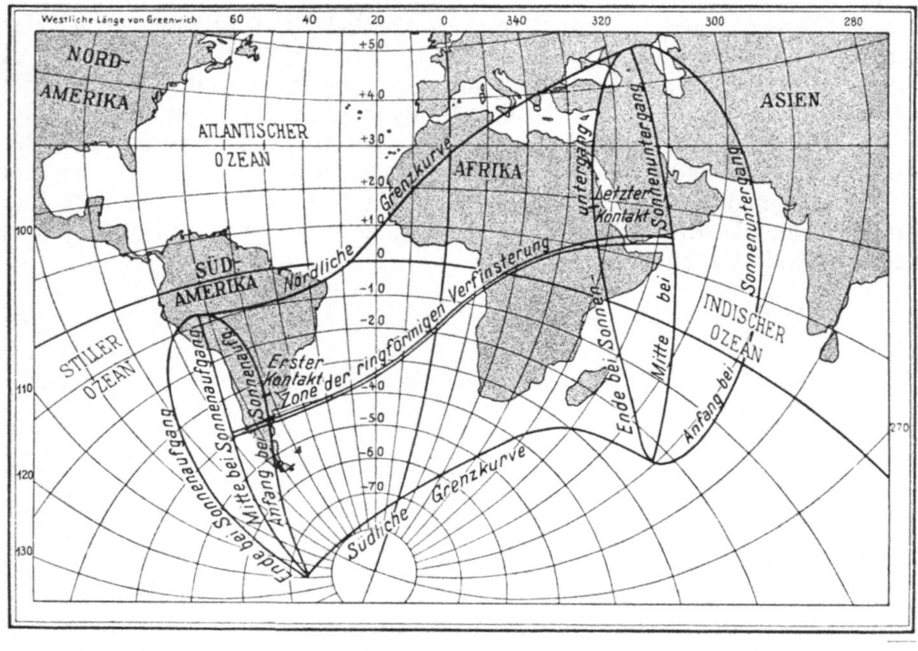

Abb. 186. Ringförmige Sonnenfinsternis am 24. Februar 1933 (nach dem Berliner Jahrbuch für 1933).

(Vgl. § 148).

Sachregister.